兽医助理基础与应用

Veterinary Assisting Fundamentals & Applications

著 [美]Beth Vanhorn　[美]Robert W. Clark　主译　丛恒飞　邵知蔚　张　旭　赵福庆　主审　谢富强

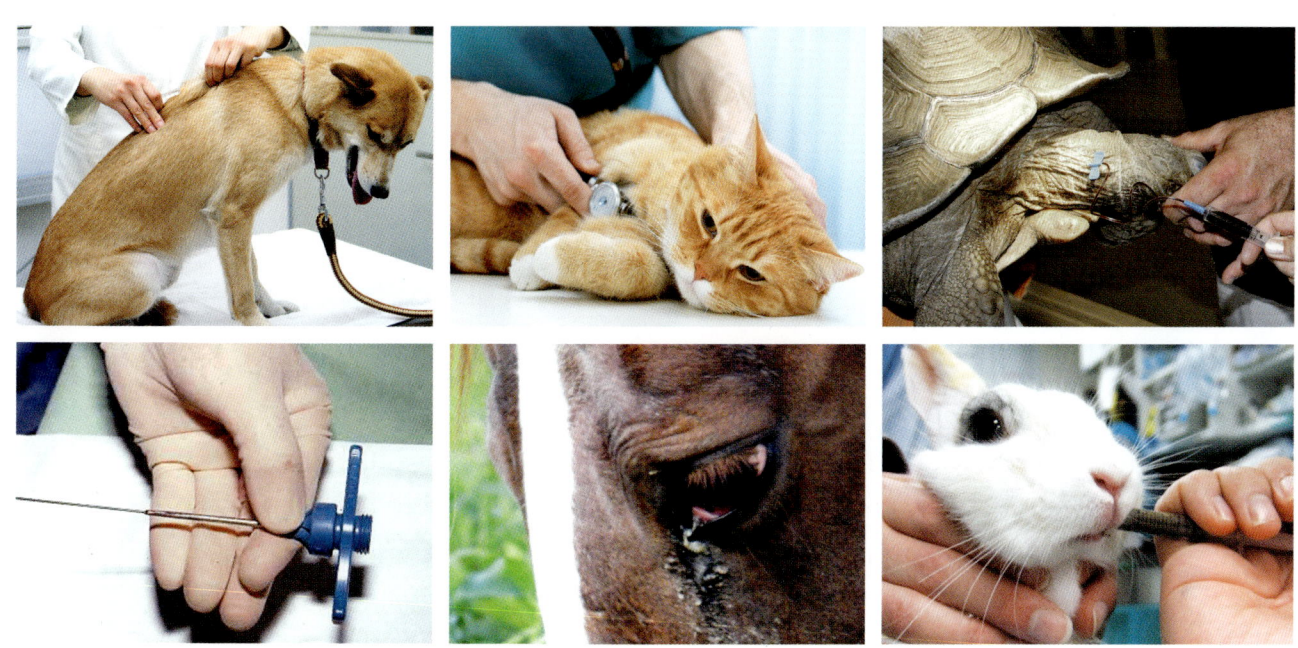

中国农业科学技术出版社

北京市版权局著作权合同登记号：图字 01-2018-4891 号

图书在版编目（CIP）数据

兽医助理基础与应用 /（美）贝恩范·霍恩 (Beth Vanhorn)，（美）罗伯特·W. 克拉克 (Robert W. Clark) 著；丛恒飞等主译. —北京：中国农业科学技术出版社, 2019.5

书名原文：Veterinary Assisting Fundamentals & Applications

ISBN 978-7-5116-4163-2

Ⅰ. ①兽… Ⅱ. ①贝… ②罗… ③丛… Ⅲ. ①兽医学 – 诊疗 Ⅳ. ① S854

中国版本图书馆 CIP 数据核字（2019）第 080009 号

责任编辑	张志花
责任校对	贾海霞
出 版 者	中国农业科学技术出版社
	北京市中关村南大街 12 号　　邮编：100081
电　　话	（010）82106636（编辑室）（010）82109702（发行部）
	（010）82109709（读者服务部）
传　　真	（010）82106631
网　　址	http://www.castp.cn
经 销 者	各地新华书店
印 刷 者	北京科信印刷有限公司
开　　本	210mm×285mm　1/16
印　　张	38
字　　数	1015 千字
版　　次	2019 年 5 月第 1 版　2019 年 5 月第 1 次印刷
定　　价	498.00 元

◆ 版权所有·翻印必究 ◆

Veterinary Assisting Fundamentals & Applications
Beth Vanhorn   Robert W. Clark

Copyright © 2011 by Delmar, a part of Cengage Learning.
Original edition published by Cengage Learning. All rights reserved.
本书原版由圣智学习出版公司出版。版权所有，盗印必究。

China Agricultural Science & Technology Press is authorized by Cengage Learning to publish and distribute exclusively this simplified Chinese edition. This edition is authorized for sale in the People's Republic of China only (excluding Hong Kong, Macao SAR and Taiwan). Unauthorized export of this edition is a violation of the Copyright Act. No part of this publication may be reproduced or distributed by any means, or stored in a database or retrieval system, without the prior written permission of the publisher.

本书中文简体版由圣智学习出版公司授权中国农业科学技术出版社独家出版发行。此版本仅限在中华人民共和国境内（不包括香港、澳门特别行政区及台湾省）销售。未经授权的本书出口将被视为违反版权法的行为。未经出版者预先书面许可，不得以任何方式复制或发行本书的任何部分。

ISBN 978-7-5116-4163-2

Cengage Learning Asia Pte. Ltd.
151 Lorong Chuan, #02-08 New Tech Park, Singapore 556741

本书封面贴有 Cengage Learning 防伪标签，无标签者不得销售。

《兽医助理基础与应用》

译 委 会

主　　译：丛恒飞　邵知蔚　张　旭　赵福庆

副 主 译：赵秉权　叶　楠　王　欣　罗雪妍
　　　　　王心竹　王　倩

其他译者（按姓氏笔画排序）：

　　　　于　泳　万　玲　王雨田　王京阳　王艳立
　　　　王健羽　仇春龙　任　艳　刘　璐　苏丽雪
　　　　杜宏超　谷思燚　张　利　张　栩　张　鑫
　　　　张婷婷　苗中秋　郑关雨　施　尧　祝　婕
　　　　姚卫东　姚丽丽　袁雪梅　栗雨彤　徐彩霞
　　　　高　锋　陶　妍　寇秋雯　韩　周　韩非冶

主　　审：谢富强

序 言

宠物行业作为新兴特色行业，发展迅猛，方兴未艾。宠物行业的上下游产业越发完善，行业内分工日趋成熟，其中宠物医疗行业中的兽医助理岗位就是最具代表的典型岗位。兽医助理岗位专门化和专业化日趋显著；其专业化水平高低，将极大影响宠物医疗机构的诊疗和服务水平，关乎宠物临床治疗效果的达成。当前，国内相关专业院校和宠物医疗机构，逐渐关注和强化兽医助理人才的培养和培训，推动了专业化团队的建设和发展，但相关培养和培训教材，仍然不够完备，比较缺乏。

Veterinary Assisting Fundamentals & Applications 作为一本经典专著，具有极强的针对性和实用性，填补了这方面的"空白"，并在相关专业教师和宠物临床医生们中有着广泛的影响力。

在这样的背景下，辽宁农业职业技术学院和上海朋朋宠物有限公司等单位组建了专业翻译团队，系统地将 *Veterinary Assisting Fundamentals & Applications* 进行了翻译，这十分值得钦佩，他们又为行业做了一件重要的事。

通读全书，比照原著，能够清晰感受到该书的翻译一方面保持了原书的"流程清晰、操作性强"等鲜明特点；另一方面结合国内工作实际，该书给予了较好的补充和完善。该书编排和装帧很是细致和精美，是一本值得推荐和推广的专业译著，很适合作为专业学生的教学、专业人员的培训和工作人员的工作参考。

上海朋朋宠物有限公司总经理

辽宁农业职业技术学院　朋朋宠物科技学院院长

朱　源

2019 年 4 月 13 日　于上海

前　言

近年来，中国的小动物诊疗行业进入了快速发展时期，动物医院的数量和规模迅速扩大，连锁医院、中心医院和专科医院涌现，医院内的部门设置日趋专门化和专业化，人员分工越来越精细。在大多数规模化动物诊疗机构中，兽医师主要负责疾病诊断和治疗方案的制定，兽医助理则协助兽医师完成整个诊疗过程中的其他大部分工作。这一发展趋势与工作分工，要求动物医院内部职责分工更加清晰，各部门配合更加密切，以便有效提高日益增长的诊疗服务的效率和水平。在此快速发展过程中，我们清晰地认识到，兽医助理日趋成为动物诊疗行业的关键岗位，并对动物医疗服务的全过程产生着重要影响。因此，加强兽医继续教育，培养一批具有临床实践能力和独立工作能力的兽医助理迫在眉睫，以满足动物医院数量和规模增长的需要。

目前国内针对兽医助理系统性的培训教材和指导用书相对匮乏，上海朋朋宠物有限公司、辽宁农业职业技术学院朋朋宠物科技学院结合多年小动物临床实践和教育培训工作的经验，从提升兽医助理能力的针对性、适用性和可行性等多个方面考虑，筛选出 Veterinary Assisting Fundamentals & Applications 一书，并将其翻译成中文出版，以期借鉴国外宠物诊疗先进国家的经验，开展针对性的探索和实践，为兽医助理的培养和培训提供教材，为规模化和连锁医院制定助理工作流程与完善规范化操作提供参考资料。在此书的翻译过程中得到了上海策而行企业管理咨询有限公司医疗技术发展部和医务管理部、宠颐生动物医院北京中心医院的大力协助和支持。

Veterinary Assisting Fundamentals & Applications 一书共 4 部分 42 章，翻译过程中去除了实验动物、肉牛和奶牛、役畜、猪、绵羊、山羊、家禽和水产养殖的品种识别与生长管理 8 章，形成了 4 部分 42 章的以小动物、稀有动物和马临床为主的助理操作和知识点的系统用书。全书分为兽医院管理实践与客户关系、兽医动物生产管理、解剖学总论与疾病过程、临床操作 4 部分，涉及兽医学术语和缩略语、病历管理、前台操作、客户关系维护、兽医职业道德、小动物、稀有动物及马的品种识别与生产管理、动物各部位解剖结构以及动物医院各项临床操作等知识点，全书内容翔实，深入浅出，章节结构设置合理，既有基础知识的系统性描述与医院日常操作流程的展示，文末也有复习题和临床案例供进一步学习与思考，非常适合动物医院兽医助理的基础培训以及高职宠物类专业作为教材和辅助书籍，其中的部分内容对繁育者也有很好的借鉴意义。

《兽医助理基础与应用》是一本大书，相关的译者很多，他们要么是小动物临床和医务管理一线的工作人员，要么是高职院校宠物类专业的专职教师，很多都是毕业于中国农业大学、东北农业大学等国内农业名校的兽医学院（系），具有丰富的兽医理论知识和临床实践经验，也具有扎实的文字功底，翻译过程中力求忠实原著，逐字、逐句、逐段把关推敲。原书有一些错误，译者在翻译的过程中进行了修改。但是，毕竟受国内外临床操作描述与工作分工差异的影响，也受译者水平和时间所限，书中难免还有值得商榷之处，敬请读者在使用时予以提出，以期再版时补充修改。

译 者

2019 年 4 月 8 日

目　录

第1部分　兽医院管理实践与客户关系 …………………………… 1

第1章　兽医学术语和缩略语 ………………………………… 2
第2章　病历 …………………………………………………… 12
第3章　安排和预约 …………………………………………… 25
第4章　兽医行政管理 ………………………………………… 35
第5章　沟通和客户关系 ……………………………………… 50
第6章　兽医职业道德和法律问题 …………………………… 62

第2部分　兽医动物生产管理 …………………………………… 69

第7章　犬品种识别与生产管理 ……………………………… 70
第8章　猫品种识别与生产管理 ……………………………… 96
第9章　鸟品种识别与生产管理 ……………………………… 112
第10章　啮齿动物品种识别与生产管理 …………………… 128
第11章　兔的鉴定和饲养管理 ……………………………… 152
第12章　爬行动物及两栖动物品种鉴定和生产管理 ……… 162
第13章　观赏鱼鉴定与生产管理 …………………………… 177
第14章　野生动物的管理和康复 …………………………… 189
第15章　动物园和外来动物的生产管理 …………………… 196
第16章　马品种鉴定和生产管理 …………………………… 204

第 3 部分　解剖学总论与疾病过程 ……… 225

- 第 17 章　生物的结构 ……… 226
- 第 18 章　肌肉骨骼系统 ……… 233
- 第 19 章　消化系统 ……… 241
- 第 20 章　循环系统 ……… 253
- 第 21 章　呼吸系统 ……… 260
- 第 22 章　内分泌系统 ……… 266
- 第 23 章　泌尿系统 ……… 271
- 第 24 章　生殖系统 ……… 276
- 第 25 章　免疫系统 ……… 285
- 第 26 章　神经系统 ……… 289
- 第 27 章　感觉系统 ……… 296
- 第 28 章　动物营养学 ……… 300
- 第 29 章　微生物和寄生虫疾病 ……… 312

第 4 部分　临床操作 ……… 327

- 第 30 章　动物行为 ……… 328
- 第 31 章　基本的兽医保定法和处置操作 ……… 336
- 第 32 章　兽医安全 ……… 396
- 第 33 章　兽医环境卫生和无菌术 ……… 410
- 第 34 章　体格检查和病史 ……… 424
- 第 35 章　检查流程 ……… 433
- 第 36 章　住院流程 ……… 446
- 第 37 章　美容操作 ……… 465
- 第 38 章　兽医辅助操作 ……… 483
- 第 39 章　实验室操作 ……… 506
- 第 40 章　X 线检查 ……… 534
- 第 41 章　药房操作 ……… 550
- 第 42 章　手术辅助操作 ……… 565

第 1 部分

兽医院管理实践与客户关系

第1章 兽医学术语和缩略语

学习目标

学习完本章后，读者应该能够：
- 分析兽医学术语，确定前缀、后缀和词根。
- 识别常用前缀的含义。
- 识别常用后缀的含义。
- 识别常用词根的含义。
- 解释与方位、品种、患病动物病史和药房相关的常见兽医学术语。
- 识别和使用常见的兽医学缩略语。

引言

兽医学领域采用了一种通用语言，以便于所有在行业内各岗位工作的兽医专业人员使用。对兽医学术语基本知识和基础的学习，有助于兽医助理与其他兽医专业人员更好地交流，理解兽医院内的治疗和操作，并能在患病动物记录表上恰当地录入和记载病历。本章侧重于基础知识的学习，包括单词如何发音、如何分解和解释单词的构成，以及如何将这些单词应用于动物和兽医临床领域。

兽医学术语

学习新词汇术语是学习任何新语言的重要部分。兽医学术语是在兽医学领域中使用的语言。有些术语可能比较熟悉，然而很多术语可能都是外来语。兽医学术语通常是基于拉丁语和希腊语形成的。掌握如何分解单词构成来解释单词的含义是学习这门新语言的关键。有些单词看起来可能冗长和复杂，但如果将单词的每个构成部分分别理解，就能建立学习术语的方法。兽医助理需要有一本兽医词典，来查阅遇到的新单词的拼写和含义。

兽医学术语的分解

术语单词由前缀、词根和后缀组成。学习单词的每个部分、掌握分解或拆分单词的方法，并理解它们的含义，会使兽医学术语的学习更简单。前缀是术语词头的部分。词根是术语中给到基本含义的部分。一个术语可能由多个词根组成。后缀指术语末尾的部分。有些词汇还有连接词根的组合元音，以便发音。组合元音常为字母"o"。

> **术语提示**
> 制作快闪记忆卡来学习新术语。用3″×5″或更大的索引卡，在卡片一面写下术语、词根、前缀或后缀，然后另一面写下含义。每天练习新术语 5～10min（图1-1）。

图1-1 两个兽医助理正在用快闪记忆卡一起练习术语

常用词根

词根赋予术语基本的含义。术语中可能包含一个或更多的词根。一些词根由组合元音构成，通常是将字母"o"放置在词根末尾,以便术语发音。表1-1中列举了常用词根,兽医助理需要熟悉这些词根。再次强调:如果遇到新的词根,务必要查阅兽医词典。

表1-1 常用词根

词 根	含 义
ARTHR/O-	关节(的)
CARDI/O-	心脏(的)
CHEM/O-	化学(的)
COL/O-	结肠(的)
CUTANE/O-	皮肤(的)
CYST/O-	膀胱(的)
DENT/O-	牙齿(的)
ELECTR/O-	电(的)
ENTER/O-	肠道(的)
GASTR/O-	胃(的)
HEM/O-	血液(的)
HEPAT/O-	肝脏(的)
HYSTER/O-	子宫(的)
LAPAR/O-	腹腔(的)
MAST-	乳腺(的)
NAS/O-	鼻(的)
NEPHR/O-	肾脏(的)
OSTE/O-	骨骼(的)
OVARI/O-	卵巢(的)
RADI/O-	放射(的)
RECT/O-	直肠(的)
RHIN/O-	鼻(的)
URIN/O-	尿液(的)
UTER/O-	子宫(的)

常用前缀

前缀的含义是不变的;然而,在词根的基础上改变前缀会改变单词的意思。前缀是添加在单词词头的部分,如下:

- 数字:bi- = 二,tri- = 三,quadra- = 四。
- 测量:hyper- = 过量,hypo- = 低于正常。
- 位置和/或方位:sub- = 下方,supra- = 上方,peri- = 周围。
- 否定:an- = 不包含,anti- = 拮抗。
- 颜色:cyan/o- = 蓝,erythr/o = 红,jaund/o = 黄。

举例

Cardi/o 是词根,意思是心脏。

后缀 -ia 意思是状况。

前缀 brady 意思是异常地慢,因此,bradycardia 的意思是一种心跳异常慢的状况(心动过缓)。

前缀 tachy 意思是异常地快,因此,tachycardia 的意思是一种心跳异常快的状况(心动过速)。

很多前缀都有反义词,可用于学习其含义。

举例

ab- = 离开,如在 abduction(流产)。

ad- = 朝向,如在 adduction(内收)。

pre- = 在……之前,如在 preoperative(术前的)。

post- = 在……之后,如在 postoperative(术后的)。

表1-2列举了兽医学中的常见前缀。如果遇到不熟悉的前缀,查阅词典来确定含义十分重要。要养成查阅词典学习新词汇的好习惯。

常见后缀

后缀是位于词尾的部分,常用于定义手术和医学的操作与状况。几个后缀有相同的含义,被称作"与之相关的"后缀(表1-3)。为了定义这些术语,需要看词根来确定其基本意思。表1-4列举了在兽医学中的常见后缀。新后缀请在词典中查找其含义。

组合形式

组合形式包括组合元音,常为字母"o",但也可以是元音"a""e""i"和"u"。在特定的单词中,组合元音放置在前缀和后缀之间,方便发音。有些单词的前缀、后缀和词根组合读起来不顺,将元音放置在词内组成新词便于发音。

把它们放在一起

对前缀、后缀和词根有了基本的认识后,那么将词分解成部分来定义新的术语就变得更容易了。

表 1-2　常见前缀

前　缀	含　义	举　例	定　义
A- 或 AN-	不含；没有	anemia	没有或无血细胞的产生（贫血）
AB-	离开	abduction	从身体中离开（流产）
AD-	朝向	adduction	向身体中心（内收）
ANTI-	拮抗；去阻止	anticoagulant	用于阻止流血的药物（抗凝剂）
DYS-	困难；疼痛	dyuria	排尿困难或疼痛
ECTO-	在外面	ectoskeleton	位于体外的骨骼（外骨骼）
ENDO-	包含，在里面	endothermic	在体内调控的体温（温血的）
EXO-	在外面	exothermic	在体外调控的体温（冷血的）
HYPER-	比正常高	hyperglycemia	高血糖
HYPO-	比正常低	hypoglycemia	低血糖
INTER-	在……之间	interdigital	指（趾）间
INTRA-	在……之内	intramuscular	肌肉内
OLIGO-	非常少	oliguria	产生的尿量很少（少尿）
PERI-	周围	perioperative	围手术期的
POLY-	许多，过量	polyuria	产生的尿量很多（多尿）
POST-	在……之后	postoperative	术后的
PRE-	在……之前	preanesthetic	麻醉前的
SUB-	在……之下	subcutaneous	皮下的
SUPER-	在……之上	superimposed	表面之上

表 1-3　后缀表示"与之相关的"

后　缀	术　语	含　义
-AC	cardiac	心脏相关的
-AL	renal	肾脏相关的
-AN	overian	卵巢相关的
-AR	lumbar	腰部或后背相关的
-ARY	alimentary	胃肠道相关的
-EAL	laryngeal	咽部相关的
-IC	enteric	肠道相关的
-INE	uterine	子宫相关的
-OUS	cutaneous	皮肤相关的
-TIC	nephrotic	肾脏相关的

当分解一个术语时，使用斜线号将词中每个部分隔开。然后着重看每个部分的含义。一旦每个部分的含义都确定了，则将这些部分的含义有逻辑地组合形成新的定义。下面是一些兽医术语分解的例子。

举例

ARTHR/IT IS	关节的炎症（关节炎）
CARDIO/LOGY	对心脏的研究（心脏病学）
CARDIO/MEGALY	心脏增大
CYSTO/CENTESIS	膀胱穿刺术
HEMA/URIA	尿血
HEPATITIS	肝炎
GASTR/IC	胃相关的
LAPARO/TOMY	开腹术
MAST/ECTOMY	乳腺切除术
OVARIO/HYSTER/ECTOMY（缩略语为OHE）	卵巢子宫切除术
RADIO/GRAPH	用X线记录（X线片）
RHINO/PLASTY	鼻部手术修复
URINA/LYSIS	尿液分析

记住：当定义、发音或拼写不熟悉的兽医学术

表 1-4　常见后缀

后缀	含义	举例	定义
-CENTESIS	手术穿刺进入	cystocentesis	膀胱穿刺术
-ECTOMY	手术移除	ovariohysterectomy	卵巢子宫摘除术
-EMIA	血	hypocalcemia	低血钙
-GRAM	记录	electrocardiogram	心脏电活动的记录（心电图）
-GRAPH	用仪器记录	radiograph	用射线记录；X线片
-GRAPHY	用仪器记录的行为	radiography	用射线拍片的行为
-ITIS	炎症	colitis	结肠炎
-LOGY	……的研究	histology	对组织的研究（组织学）
-LYSIS	分析	urinalysis	尿液分析
-MEGALY	增大	cardiomegaly	心脏增大
-OSIS	状况	osteoporosis	骨质流失的状况
-PATHY	疾病	cardiopathy	心脏病
-PEXY	缝合至……	gastropexy	胃缝合至……（胃固定术）
-PLASTY	手术修复	rhinoplasty	鼻部手术修复
-RRHAGE-	喷出	hemorrhage	出血；流血
-RRHEA-	流出	diarrhea	粪便流出（腹泻）
-SCOPE	用于观察的仪器	microscope	用于观察微小事物的仪器（显微镜）
-STOPY	使用用作探查的仪器的行为	endoscopy	用仪器探查身体内部的行为（内窥镜）
-THERAPY	治疗	chemotherapy	用化学药品治疗（化疗）
-TOMY	手术切开；做一个切口	cystotomy	膀胱切开术

语时，最好能先用兽医学词典来查阅其含义，然后再进行病历的输入和与其他人的交流。兽医学术语对某些人来说是一门外语，在兽医院使用统一的语言是必需的，而且随着时间的推移，持续地使用该语言，最终会成为一门使用自如的第二语言。

术语提示

熟能生巧。通过做练习题来学习和复习兽医学术语。关于本书的网站上可以找到其他练习题。

常见方位术语

与体位相关的方位术语对记录身体的位置很有帮助；对手术或影像学摆位也很有帮助。这些术语指示了动物特定的身体部位，使得涉及动物解剖时的交流更便捷（表1-5、图1-2和图1-3）。

表 1-5　常见方位术语

术语	含义
ASPECT	区域
CAUDAL	朝向尾部（后侧）
CRANIAL	朝向头部（前侧）
DISTAL	远离身体的中心（远端）
DORSAL	朝向背部区域（背侧）
LATERAL	身体一边；朝向外面（外侧）
MEDIAL	在一区域里面；朝向内面（内侧）
PALMAR	前肢足部底面（掌侧）
PLANTAR	后肢足部底面（跖侧）
PROXIMAL	离身体的中央更近（近端）
RECUMBENCY	在某个体位躺着（侧卧）
RECUMBENT	卧着
ROSTRAL	朝向鼻部（吻侧）
TRANSVERSE	某区域将其分成前侧和后侧两个部分（横断面）
VENTRAL	朝向腹部或腹部区域（腹侧）

兽医助理基础与应用

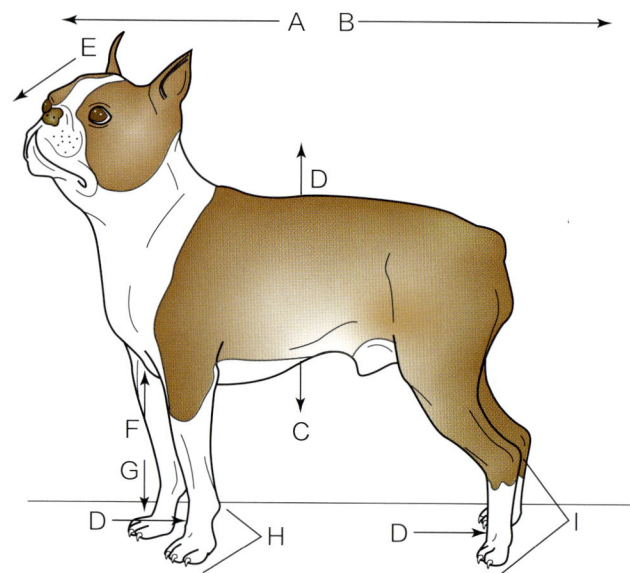

图 1-2 波士顿㹴身上的箭头表示以下方位术语：A= 前侧，B= 后侧，C= 腹侧，D= 背侧，E= 吻侧，F= 近端，G= 远端，H= 掌侧，I= 跖侧

图 1-3 内侧和外侧。这些猫身上的线条代表方位术语"内侧"和"外侧"

兽医临床上的常用术语和缩略语

兽医领域已经形成了一套行业内通用的常用术语，包括患病动物病史、物种信息、体格检查和药房术语。这些术语中还有很多术语有常用的缩略语，用于病历记录。该部分概括了常用术语和缩略语，用于记录病历和治疗白板（表 1-6 至表 1-15 和图 1-4）。

表 1-6 物种术语

AMPHIBIAN	蛙或蟾蜍
AVIAN	鸟
BOVINE	奶牛
CANINE	犬
CAPRINE	山羊
CAVY	豚鼠
EQUINE	马
FELINE	猫
LAGOMORPH	兔
MURINE	大鼠或小鼠
OVINE	绵羊
PORCINE	猪
POULTRY	鸡和火鸡
PRIMATE	猴和猿
REPTILE	蛇和蜥蜴
TERRAPIN	海龟

表 1-7 常见兽医缩略语

C 或 cast	castrated（已去势的）
C-sect	C-section（剖宫产）
d	day（天）
d/c	discharge（出院、分泌物）
DLH	domestic long hair (cat)（家养长毛猫）
DSH	domestic short hair (cat)（家养短毛猫）
d/o	drop off（减少、下降）
EX	exotic 异（宠）的
F	female（雌性）
K-9	dog or canine（犬）
M	male（雄性）
Mo	month（月）
NM	neutered male（已去势雄性动物）
o	owner（主人）
p/u	pick up（来接）
rec	recommend（推荐）
S or SF	spayed or spayed female（已绝育的或已绝育雌性动物）
S/R	suture removal（拆线）
Sx	surgery（手术）
Wk	week（周）
y or yr	year（年）

表 1-8 与患病动物病史相关的术语

ANOREXIA	不食或食欲下降（厌食）
BM	排便（bowel movement）
D	腹泻（diarrhea）
DYSURIA	排尿困难
Dz	疾病（disease）
HBC	车祸（hit by car）
HEMATURIA	血尿
Hx	病史（history）
LETHARGIC	劳累或无活力
PD	多饮（polydipsia）（饮水增加）
PU	多尿（polyuria）（排尿增加）
U	尿（urine）
V	呕吐（vomiting）
V/D	呕吐和腹泻（vomiting and diarrhea）

表 1-9 和体格检查相关的术语

ACUTE	短期（急性）
ANALS or AG	肛门腺（anal glands）
BAR	活跃、警觉、有反应（bright, alert, responsive）
CHRONIC	长期（慢性）
CRT	毛细血管再充盈时间（capillary refill time）
Dx	诊断（diagnosis）
FeLV	猫白血病病毒（feline leukemia virus）
FIP	猫传染性腹膜炎（feline infectious peritonitis）
FIV	猫免疫缺陷病毒（feline immunodeficiency virus）
HR	心率（heart rate）
L	左（left）
LN	淋巴结（lymph node）
mm	黏膜（mucous membranes）
N 或（−）	阴性（negative）

续表

ACUTE	短期（急性）
NR	没有可记录的（nothing reported）
NSF	无可见症状（no signs found）
PE	体格检查（physical exam）
Px	预后（prognosis）
QAR	安静、警觉、有反应（quiet、alert、responsive）
R	右（right）
RR	呼吸次数（respiratory rate）
Rx	处方（prescription）
SOAP	主观、客观、评估、计划（Subjective, Objective, Assessment, Plan）
TPR	温度、脉搏、呼吸（temperature, pulse, respiration）
Tx	治疗（treatment）
URI	上呼吸道感染（upper respiratory infection）
UTI	泌尿道感染（urinary tract infection）
WNL	在正常范围内（within normal limits）
Wt	体重（weight）
+	阳性（positive）

表 1-10 实验室术语和缩略语

Bx	活检（biopsy）
CBC	全血细胞计数（complete blood count）
CHEM	血生化（blood chemistry panel）
C/S 或 C&S	培养和药敏试验（culture and sensitivity）
Cysto	膀胱穿刺术（cystocentesis）
Fecal	粪便样本（fecal or stool sample）
HW	心丝虫（heart worm）
PCV	红细胞压积（packed cell volume）
T4	甲状腺素测试（thyroid test）
UA	尿液分析（urinalysis）

表1-11 药房术语和缩略语

BID	一天两次
Cap	胶囊（capsule）
cc	立方厘米（cubic centimeter）
d	天（day）
EOD	隔日（every other day）
h	小时（hour）
kg	千克（kilogram）
mg	毫克（milligram）
mL	毫升（milliliter）
NPO	禁食禁水（nothing by mouth）
oz	盎司（ounces）
PO	口服（by mouth）
prn	需要时再配
q	每
qd	每天
QID	一天四次
Rx	处方
SID	一天一次
Tab	片剂（tablet）
TID	一天三次
w	周（week）
/	每
# 或 lb	磅
#	配药片剂的数量

表1-12 眼和耳

AD	右耳
AS	左耳
AU	双耳
OD	右眼
OS	左眼
OU	双眼

表1-13 给药途径

Adm.	给药
IC	心内（至心脏内）
ID	皮内（在皮肤层）
IM	肌肉内（在肌肉内）
IN	鼻内（在鼻腔内）
IO	骨内（在骨骼内）
IP	腹膜腔内（腹腔内或腹膜腔内）
IT	气管内（在气管内）
PO	经口或口服
SQ	皮下（在皮肤下）
SUB-Q	皮下（在皮肤下）

表1-14 相关的缩略语

AAHA	美国动物兽医院协会
AVMA	美国兽医学协会
NAVTA	美国兽医技师国家协会
OFA	美国骨科基金会

表1-15 常见动物术语

bitch	未绝育母犬
Litter	一窝新生犬
Puppy	幼犬
Stud dog	未绝育公犬
Whelping	犬分娩
kitten	幼猫
Tom	未绝育公猫；公火鸡
Queen	未绝育母猫
Queening	猫分娩
Buck	公兔子；公山羊；公鹿
Doe	母兔子；母山羊；母鹿
Kingling	兔和貂分娩
Kit	幼兔；幼貂
Lapin	已去势公兔
Gib	已去势公貂
Hob	未去势公貂
Jill	未去势母貂
Sprite	已绝育母貂
Boar	公豚鼠；公猪

> **术语提示**
> 读一张药房的处方笺时，要写出处方笺上所有的信息（包括缩略语）并核实，然后才可以在容器内分装和标记。

续表

Pup	年轻豚鼠；幼鼠；幼年小鼠；幼年大鼠；幼犬
Sow	母豚鼠；母猪
Dam	母大鼠；母小鼠；繁育中的雌性一方
Sire	公大鼠；公小鼠；繁育中的雄性一方
Herd	一群马
Horse	高于14.2掌宽的马
Mare	未绝育成年母马
Pony	矮于14.2掌宽的马
Stallion	未去势成年公马
Weanling	小于1岁的年轻马
Yearling	1～2岁的年轻马
Donkey	驴与驴杂交
Hinny	公马和母驴杂交
Jack	未去势公驴
Jenny	未绝育母驴
Mule	公驴和母马杂交
Ewe	未绝育母绵羊
Lamb	年轻绵羊
Chick	年轻鹦鹉；幼鸡
Cock	公鹦鹉；公鸡
Flock	一窝鸟；一窝鸡、火鸡或鸭
Hen	母鹦鹉；母鸡；母火鸡
Clutch	一窝蛋
Poult	幼年火鸡；幼鸡
Capon	幼年已去势公鸡
Cockerel	未成熟公鸡
Pullet	未成熟母鸡
Rooster	公鸡
Drake	公鸭
Duck	母鸭
Duckling	幼鸭
Barrow	幼年已去势公猪
Farrowing	母猪分娩
Gilt	未分娩过的年轻母猪
Piglet	幼猪
Stag	成熟后去势的公猪
Colt	年轻公马
Filly	年轻母马
Foal	年轻公或母马
Gelding	已去势公马；已去势公驼

续表

Hand	掌宽，测量马身高的单位，等于10.2cm
Lambing	绵羊分娩
Ram	未去势公绵羊
Wether	已去势公绵羊；已去势公山羊
Freshening	产奶动物分娩
Kid	幼年山羊
Kidding	山羊分娩
Bull	未去势公牛；未去势公驼
Cow	未绝育母牛；未绝育母驼
Cria	幼驼
Calf	年轻母牛
Calving	母牛分娩
Heifer	未繁育过的年轻母牛
Stag	成熟已去势公牛
Steer	年轻已去势公牛

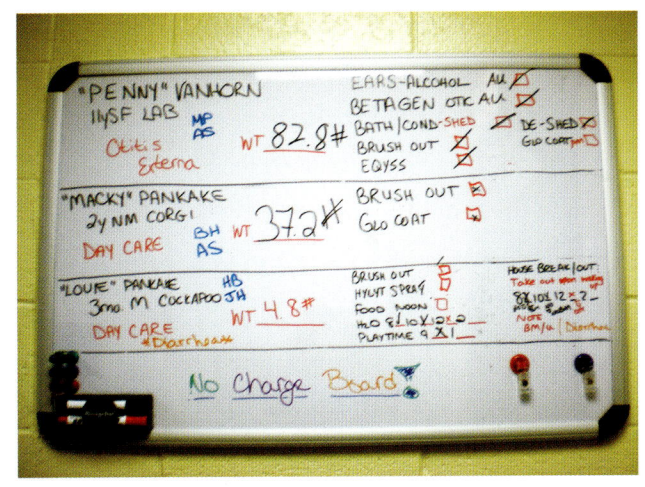

图1-4 理解兽医缩略语十分重要，就像该治疗白板上写的这些；这样做是为了保证动物在兽医院内得到正确的护理和治疗

小结

兽医学术语和兽医缩略语是兽医行业至关重要的组成部分。每一位兽医医疗团队成员都应该具备术语和缩略语的基本知识，以完成其工作，包括阅读兽医院治疗白板、阅读患病动物的病历、阅读住院笼信息卡或阅读药物标签上的用药说明。兽医助理如果要正确完成工作职责，就必须掌握专业知识和理解兽医语言。

复 习 题

配对

将前缀、后缀或词根配上正确的含义。

1. ____ –itis   a. 胃相关的。
2. ____ cardiac   b. 血液。
3. ____ –ectomy   c. 治疗。
4. ____ hepatic   d. 膀胱。
5. ____ hyper–   e. 炎症。
6. ____ post–   f. 超过正常，增多，过剩。
7. ____ hemo–   g. 之后。
8. ____ therapy   h. 心脏相关的。
9. ____ cysto–   i. 手术切除。
10. ____ gastric   j. 肝脏相关的。

解释缩略语

11. 解释下述动物的用药说明：

兽医给了你 Sassy Smith 的 dx 和 tx 计划，你需要完成指示和 d/c "Sassy"。你阅读了以下病历上的内容：Dx: gastritis；NPO×24h，软食×7d 然后恢复成正常饮食；adm. 100mL LRS SQ；d/c；recheck 3d. o to monitor v/d。

12. 你阅读了兽医在病历上写的一份医嘱：

1/7/08 OHE sx.；NR；S/R 8–10d；限制运动和观察 sx 部位。

你会告诉主人什么？请写出你的完整答案。

解决问题

对下列 3 个药房问题给出解决方案。

13. 兽医指示你去给 Smith 女士打电话，告知她更改 "Sweetie" 的剂量，从（1）100mg 胶囊 PO SID 改为（1）100mg 胶囊 PO TID×5d。你将会告诉 Smith 女士什么？

14. 你被要求给 Dr. Daniels 根据以下处方写标签：滴（3）滴 AU BID×10d。你将如何写标签？

15. 你阅读了 "Phoebe" Jones 的病历。上面要求兽医助理 "给 3mL Amoxicillin EOD×1w prn. 药物冷藏保持"。你将如何对 "Phoebe" 治疗？

缩略语解释

解释用于病历记录的常用缩略语。

16. F_____
17. SID_____
18. R_____
19. DSH_____
20. wt_____
21. BAR_____
22. Hx_____
23. BM_____
24. TPR_____
25. HBC_____
26. L_____
27. NM_____
28. BID_____
29. V–D_____
30. q_____
31. TID_____
32. DLH_____
33. UA_____
34. Dx_____
35. S_____

附加题

SOAP 是指什么意思？

临床案例

将下面下划线的内容换成常用缩略语。

一只 6 岁已绝育雌性家养长毛猫因为呕吐和腹泻来兽医院做体格检查。病史显示，该猫各方面都在正常范围内。体温、脉搏和呼吸频率都做了检查，结果正常。患猫体重是 11 磅。兽医做了全血细胞计数和拍摄 X 线片来排除感染和疾病。诊断是急性结肠炎。治疗方案已经给出。猫主人应给予患猫 2 片甲硝唑口服，每天一次，并观察排便情况。下次复查的时间已经预约。

能力技巧

学习兽医学术语和缩略语

目标：

对常用兽医术语和缩略语有基本认知和理解。

准备：

- 准备 3″×5″ 或更大的索引卡。
- 准备彩色的记号笔、钢笔或铅笔。

流程：

1. 准备一个词汇术语列表。用本章节中提到的术语。
2. 在每张索引卡的一面写上术语词汇。
3. 在另一面写上该词汇的含义。
4. 学习每一个词汇，然后尝试背诵其含义。
5. 学习每个含义，然后尝试背诵其对应的词汇。

每天练习学习术语和含义。

第 2 章　病历

学习目标

学习完本章后，读者应该能够：
- 识别病历内的各种表格。
- 正确创建和标记兽医病历。
- 示范如何在病历中记录信息。
- 正确定位、归档和重新整理病历。
- 讨论兽医病历法律要求的重要性。

引言

兽医助理要承担多种办公程序和管理职责，包括极其重要的病历创建、维护和编制。病历是提供患病动物的病情、医院内护理和治疗的书面证据，并且是审查、研究和评估兽医实施的护理与治疗的依据。

兽医病历

兽医病历的主要目的是记录每个患病动物（来兽医院检查的动物，见图 2-1）的详细信息。这些信息包括客户（主人）信息和患病动物信息、病史、医疗及手术记录、病程记录和实验室检查结果。病历是动物的健康日记，特别是在有多位医生的兽医院就诊，病例需要从一个地点转到另一个地点时，病历记录就显得非常重要。兽医病历记录归兽医院所有，是形成病历原始记录的兽医院的财产。即使在兽医团队内，病历也是一个机密的法律文件。这对在兽医院获得的 X 线片、超声图像和其他诊断结果都适用。

该法律文件建立了兽医-客户-患病动物之间的关系（VCPR）。VCPR 合法地允许兽医治疗患病动物和开具药方。VCPR 必须全年维护；作为文件

图 2-1　准确记录是兽医助理的重要职责

证明，通过书面记录保障兽医和工作人员的权益。VCPR 需满足以下标准：①兽医为判断患病动物是否健康和是否需要兽医治疗承担责任，而主人同意遵从兽医的指导；②兽医对动物物种有足够的认识，能够根据动物的就医状况启动常规的、初步的或试验性诊断；③动物住院时，通过检查和定时监测，兽医有能力管理和照顾动物；④当出现不良反应或治疗失败时，可向其他兽医寻求会诊；⑤兽医保存记录动物治疗的病历。

根据美国州法律，从患病动物最后一次复诊时间算起，原始病历在兽医院至少保存 1～3 年。根据患病动物的具体情况，很多兽医院至少会保存病历 7 年。这些文件被储藏在容易查找的地方。为了保障动物持续健康治疗，兽医院不得删除病历，但可以复印病历给主人或发送到主人邮箱。兽医院不得拒发兽医病历文件。

创建病历

每份兽医病历必须包含特定信息和文书。务必要获取并记录主人信息和患病动物信息（表2-1）。这些信息可能会有变化，应定期维护和更新。兽医院建立的主人和患病动物信息，放置在固定的文件夹内并用标签分类标记。

医疗文件要包括以下内容或表格：

为了方便检索，客户和患病动物信息表应放在首页（图2-2）。

表2-1 主人和患病动物信息

主人信息	患病动物信息
姓名	姓名
地址	物种
电话	品种
工作电话	颜色
紧急联系号码	性别
主人 ID 或身份证号	年龄 / 生日
	免疫史
	过敏史
	手术史
	主诉

日期		病历号	
客户 / 患病动物信息表			
请为我们的记录提供以下信息：请打印！			
主人信息			
主人姓名		社会保险号	
地址			
城市 / 州	邮编	国籍	
电话号码（包括区号）	家庭电话	工作电话	
身份证号码	工作单位	工龄	
动物信息			
动物物种（犬、猫、其他）		品种	
动物姓名	性别	动物是否有变更?	
		□是	□否
颜色	出生日期	签名的主人或代理人证明所描述动物的最大价值约 $.	
参考信息			
你是被其他兽医转诊来的吗?			
	□是	□否	如果是，请填写以下信息。
兽医姓名			电话
住址			
城市 / 州			邮编
您会被告知估算的费用和预期规程。请随时与兽医讨论治疗的建议和任何费用。患病动物住院需要最低缴存的金额为初始估算费用的50%。 所有权和同意声明：我是上述动物的主人，或拥有主人同意其治疗的授权。 我特此授权并接受所必需的诊断、治疗、麻醉和外科手术的专业操作。 我承担这些服务的经济责任。 我已阅读上述许可并了解为什么这些程序可能是必要的。我也被告知可能的并发症和预期规程的替代程序。 付款选择：□现金　　□支票　　□银行卡			
签名（主人 / 代理人）			日期

图2-2　客户 / 患病动物信息样表

主要问题清单要描述患病动物的病史、既往史、免疫情况和手术情况（图2-3）。

病程记录：患病动物每次完成治疗后，按照时间顺序记录病历（图2-4）。

实验室检查报告，包括兽医检查结果。

化验报告，详细记录X线片信息，包括兽医院名称、日期、客户姓名、动物名和体位标记。

用药记录注明所有的药物处方。如果处方中的用药是限制成分，还需记录使用限制成分的情况。

外科手术需记录外科手术和麻醉流程。

同意书和其他表格也要记录和存档（图2-5）。

整合病历信息，对于制作动物笼牌也是有帮助

城市动物兽医院 主要问题清单				
主人信息				
主人姓名	□先生 □小姐 □女士 □夫人		患病动物/宠物姓名	
地址			城市/州/邮编	
家庭电话			工作电话	
患病动物/宠物信息				
编号#				
患病动物		物种	品种	
颜色		性别 □公 □母 □绝育	出生日期	
免疫史			体重	

免疫/预防记录											
日期											
狂犬病											
卫佳5											
猫三联											
猫白血病											
粪便检查											

问题清单		
问题	症状日期	解决日期
1.		
2.		
3.		
4.		
5.		
6.		
7.		
8.		
9.		
10.		
11.		
12.		
13.		

图2-3 主要问题清单样表

就诊记录					
就诊记录					
客户姓名		地址			
		电话			
宠物姓名	物种	品种	颜色	性别	
				年龄	
日期/就诊时间					
	S				
	O				
	A				
	P				

图 2-4 就诊记录样表

城市兽医院
街道
镇，SS 00000
同意书

主人姓名	动物姓名
地址	物种
	品种
病历号	性别

我是上述动物的主人或主人授权的代理人，有权执行该同意书。
我在此同意上述动物的住院，并授权兽医和工作人员进行兽医认为对动物健康、安全和福利所必需的任何诊断、药物治疗、麻醉或外科手术。
我特别要求进行以下操作或手术：

我了解在上述操作或手术的过程中，可能发生意想不到的情况，需要进行除上述操作和手术以外的附加操作或程序。我在此同意并授权根据兽医的专业判断执行这些程序或操作。
我也授权使用适当的麻醉剂和其他药物。我理解根据兽医的专业判断将按需雇用兽医助理人员。
我已被告知将要执行的操作或手术的本质以及所涉及的风险。
我明白不能保证结果。
我理解出院时要对专业服务支付所有费用。
我已阅读并理解此授权和同意书。
附加评论 / 信息：

日期	主人或代理人签名
	证人签名

图 2-5　同意书样表

的，笼牌可用于识别和定位兽医院内的每个患病动物（图 2-6）。

每家兽医院病历文件的医疗表格，在使用和排序上都有自己的习惯。重要的是，每个医疗文件都要采用相同的格式记录信息，并放在相同的位置以便使用。

如果兽医建议进行一项特殊治疗，就需要为客户准备一张报价单，来概述推荐的操作或治疗方案以及与其相关的成本，以便客户参考。兽医开始提供推荐的操作或治疗方案之前，客户必须签署授权书或同意书。授权书视为客户和兽医之间的合同。

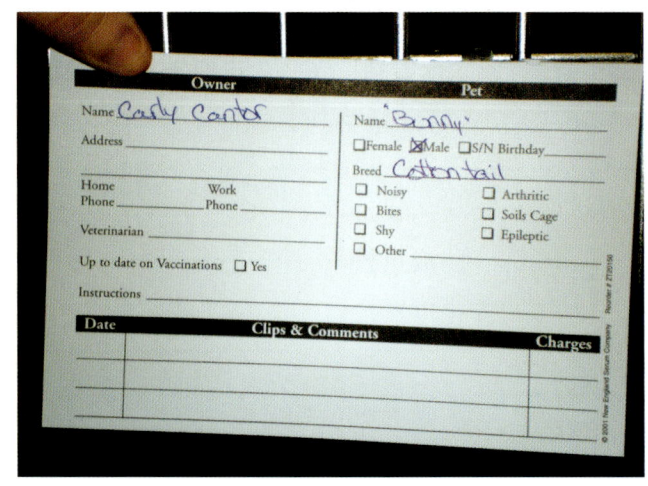

图 2-6　笼牌有助于动物住院期间的识别和病情跟踪

在治疗或操作结束后,客户将收到一张出院医嘱单,包括客户要在动物恢复期间进行护理的相关说明,例如,如何喂药或护理术后伤口。

发票应放在病历的首页,以方便兽医和所有工作人员掌握分项收费的工作清单。在患病动物出院时可以方便地取出发票,并且可以为客户汇总(图2-7)。

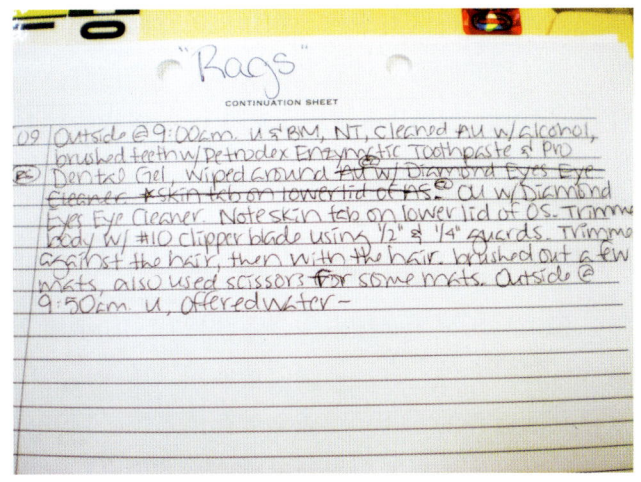

图2-8 正确地更正错误记录的方法:在错误内容处划一条线,并在其后书写正确的内容

图2-7 发票将在客户出院时完成并提交给客户

在病例中记录信息

基于兽医病历的法律要求,书写医疗表格时要遵循某些规则。首先,所有信息必须使用黑色或蓝色墨水书写——永远不要用铅笔或其他颜色的墨水;其次,所有的信息要准确和清晰可读。如果记录出现错误,要在错误内容处画一条线,并在其后重新书写正确的语句(图2-8)。这表示发生了书写错误,而不是更改信息。切勿使用White-Out等修正液擦拭或涂抹信息!表2-2中列举了书写病历时允许使用和禁止使用的记录方式。

记录与客户间的所有通信和电话交谈,在病历中要体现会谈的详细内容,随后记录日期以及参与讨论的团队成员姓名的首字母。这便于其他人也能正确地识别并根据需要与患病动物的护理者进行沟通。

每个患病动物的记录只能包含对应患病动物的病历。在治疗大型动物的兽医院和集约化农场,整个畜群可使用一个病历,但必须能够通过耳标号和

表2-2 在病历中记录信息

允 许	禁 止
使用蓝色或黑色的墨水	使用铅笔
清晰并整洁地书写	使用红色或浅色的墨水
在书写错误处划一条线	使用一种修正液(如Wite-Out)
最初允许出现错误	擦除错误
检查拼写和语法	划叉或刮掉错误
使用正确的兽医医学术语	书写潦草
记录日期和时间	使用通常语言
确认首诊医生	使用错误的语法或拼写
每个患病动物一个病历	将多个动物放在一个病历中,无法准确地识别每个动物
记录与客户的所有交流	

注册号识别治疗过的每一只动物,确定哪些动物已被兽医检查和治疗。实验室研究机构也可以用相似的方式记录,或以其他兽医实验动物协会的规范来要求。

在病历中记录信息时,有些兽医院使用称为SOAP的规范。SOAP是指主观(Subjective)、客观(Objective)、评估(Assessment)和计划(Plan)。主观信息是基于动物总体外观的情况和医疗团队对动物的描述,包括动物的神态和兽医助理对宠物外观的感觉。客观信息是基于患病动物记录的检查事实,包括生命体征,如体温、心率和体重。对患病

动物的评估是兽医对患病动物做出的诊断或指出患病动物存在的问题。计划是给予患病动物治疗或操作程序计划。SOAP常常用于病程记录和病历记录中的体格检查部分。

病历归档

兽医病历记录必须以文件系统保存，如纸质文件或计算机文件。许多兽医院会使用纸质和计算机文件共同保存的方式。纸质文件存档系统必须符合本州兽医临床法规的要求。纸质表格和信息通常保存在马尼拉文件夹中，该文件夹有袋子或夹子可以将所有表格放入。

病历可使用多种方法归档后存储在兽医办公室内。最常用的归档方法是使用按字母顺序归档的系统，其目的是通过字母来定位文件；字母通常是客户的姓。字母表的每个字母都分配有颜色代码，而且主人姓氏的前两三个字母被附在医疗文件夹的外面。这个方法使得根据书架上或文件柜中的颜色和字母顺序，即可轻松识别病历档案（图2-9）。

图2-9 兽助理理必须理解兽医院内使用的归档系统

兽医院中使用的另一种归档方法是数字归档系统。数字归档系统有两种使用方法：可以给客户分配一个号码，或给每个患病动物分配一个号码。每个号码数字对应一个颜色代码。因为每个标签对应一个颜色代码，当文件归档在一起时，可以很容易地通过标签颜色发现归档错误的病历。为了方便使用和定位文件排序，数字被写在标签上，然后附在文件夹上。每个文件夹还要附上患病动物最后一次就诊的年份标签，方便工作人员确定哪些患病动物没按时体格检查。从患病动物的最后一次就诊算起，病历需要保存7年。可能会出现动物死亡或客户搬家或转诊到其他兽医院的情况，当病历不再使用时，可以删除或停用；7年后丢弃。注意，有些客户可能会再搬家回来或决定重返就诊。

知情同意书和证明书

兽医知情同意书的作用是确认每个客户认同患病动物在兽医院的诊疗操作和由此产生的费用。客户应阅读并签署知情同意书，以表示同意必要的医疗服务，并理解可能涉及的任何潜在风险。知情同意书还会说明预估的诊疗费用，从而使客户在法律上同意和授权兽医院对患病动物提供医疗服务。主人应收到知情同意书的副本，原件要放在病历中。

患病动物绝育手术后应获得一份绝育证明（图2-10），为其主人提供证据，证明宠物已被绝育或去势，不再有完整的性器官或繁殖能力。该证明可减免主人的饲养管理费；宠物从收容所收养时，也需要该证明。

兽医院 街道、镇、邮编 绝育证明			
患病动物姓名			品种
性别		年龄	颜色
客户姓名			
地址			
该绝育证明证实上述名字的动物已经做完绝育手术，没有繁殖能力。外科手术由签署本证明的兽医执行。			
（兽医签名）			日期

图2-10 绝育证明样表

宠物注射狂犬病疫苗后要发放狂犬病疫苗免疫证明（图2-11）。在法律上，动物需要注射狂犬病疫苗；动物咬伤或伤害另一个人或宠物时，主人必须出示狂犬病疫苗免疫证明。关于宠物饲养的法律因州而异，每位主人都要查阅与本州相关的犬和动物的法律。

如果动物被运送出州或出国，必须签发健康证明（图2-12）。该证明必须经本州持有执照的兽医体格检查后获得，证明动物健康、无疾病和免疫齐全。健康证明通常包括疫苗记录、健康声明及为了旅行或展示目的而需要的检查结果。

病历是法律文件

兽医及其工作人员应通过保障客户和患病动物所有信息记录的机密性来保护客户的个人隐私。从法律上讲，兽医病历中的所有信息都是私人的，不能进行讨论，除非发布的信息被客户批准。当客户搬家、转诊其他兽医院或转诊兽医专家时，兽医有必要给客户提供病历。当从兽医院提取病历信息时，只能是摘要或副本。兽医助理要熟练使用复印机。当法律或客户需要时，兽医不得扣留病历的副本。客户签署放弃机密性的表格后，病历信息才能被取走（图2-13）。

兽医病历既是法律文件，也是兽医工作人员间的沟通载体。病历为动物疾病、住院护理、治疗和手术史提供文件证据。每名兽医工作人员必须都能够阅读到病历，并据此对动物进行持续妥善的护理和治疗。因有可能在法律案件中审查病历，所以病历必须准确并妥善保存。

城市兽医院 街道、镇、邮编 狂犬病疫苗免疫证明	
患病动物信息	
客户姓名	患病动物姓名
地址	物种
	品种
电话（家庭）	性别
（工作）	身份证号码
免疫信息	
免疫日期	失效日期
疫苗序列号	生产厂商
备注	
兽医签名	

图2-11 狂犬病疫苗免疫证明样表

兽医院 街道、镇、邮编 健康证明				
日期				
客户姓名		患病动物姓名		
地址		物种/品种		
电话	颜色	性别		年龄
疫苗接种	日期	疫苗接种		日期
疫苗接种	日期	疫苗接种		日期
疫苗接种	日期	疫苗接种		日期
检查	结果	日期		
检查	结果	日期		
检查	结果	日期		
该健康证明证明所列动物临床健康,并已接种上述疫苗。该动物已由持有执照的兽医做过检查。健康证 30d 内有效。				
(兽医签名)				
(执照号码)				

图 2-12　健康证明样表

病历公开同意书 授权的患病动物代表放弃保密
我(主人或代理人姓名),是(动物姓名)(品种是　),的(主人或主人的代理人),我明白(动物姓名)病历所包含的信息是保密的。然而,我特别同意(兽医院名称)将(动物姓名)的病历信息提供给(接收病历信息的组织名称)。 上述信息将被公开的特定目的是:
发布的信息仅用于专业目的! 此信息不得全部或部分给予声明以外的任何人或组织。
主人或代理人签字
日期

图 2-13　病历公开同意书

开具发票

兽医助理要熟悉兽医院的开具发票程序。发票既可以使用纸质发票,也可以使用电子发票。纸质发票通常与病历放在一起,记录在兽医院中已结算的项目。电子发票保存在计算机系统中,完成输入的计费项目后,在患病动物出院时打印出发票。

小结

所有兽医助理必须具备和理解与兽医病历保存相关的基础知识。病历用于总结患病动物的病史。病历是法律文件,也是兽医与护理团队之间沟通交流的一种方式,通过这种方式可以妥善照顾来兽医院就诊的每个患病动物。动物每次来兽医院就诊时,其病历就像日记手稿,可以告诉我们患病动物的病史。兽医医疗团队的每名成员都必须学会准确记录病历。病历是每名兽医的重要工具,必须准确地收集信息、记录和维护。病历是兽医院中的法律文件和有价值的工具。兽医和护理团队依靠病历获得每个患病动物的病史。病历要包括合适的标签、信息、表格和准确的医嘱。准确整洁地记录一切非常重要。

复习题

判断题

阅读每个语句,判断对错;正确时,在"T"上画圈,错误时,在"F"上画圈。如果判"F",需要重写或修改,使其成为正确的语句。

1. 兽医病历中的主观性资料包括事实信息,如动物的呼吸频率和体温。　　　　T　F
2. 通过电话采集患病动物信息时,可以用铅笔记录信息;但在记录病历时,只能使用蓝色或黑色墨水。　　　　T　F
3. 每个医疗文件夹中,都要有目录表格,说明病历文件的顺序。　　　　T　F
4. SOAP 格式是归档病历的系统。　　　　T　F
5. 签署同意书后,应将原件交给主人,副本放在病历中。　　　　T　F
6. 医疗记录中的所有错误都要擦除,或用修正液涂在错误的地方上,然后立即修改。　　　　T　F

简答题

下面 2 题中的项目是不正确的医疗记录,请描述纠正错误的正确方法。

7. Wt. 34.3kg——体重应该记录为 3.4kg。你将如何纠正这个错误?
8. T-38.9℃——体温应该记录为 38.3℃。你将如何纠正这个错误?
9. 为什么病历在最后一次就诊后至少保存 7 年是标准做法?
10. 归档病历时通常使用哪两种系统?请解释每个系统。

临床案例

Smith 夫人为她的爱犬 Gretchen 跟 Jones 医生预约了做一次体格检查，Gretchen 的腹部有异常肿胀。兽医助理接待了她，并把她带到检查室。兽医助理快速查阅到了 Gretchen 的医疗档案，并记录好肿块的大小、位置和外观。Jones 医生来到检查室，为 Gretchen 检查，他查看了病历，并问询 Smith 夫人犬近期的健康问题。Jones 医生在病历中注意到，几年前 Gretchen 曾因为类似的问题就诊，当时诊断为脓肿，或由轻微感染引起的积液。

在检查犬的过程中，Jones 医生很快确定 Gretchen 这次的肿胀也是脓肿。他向 Smith 夫人说明情况，Smith 夫人已经忘记了犬以前的问题。兽医引流出脓液，并开出与上次治疗感染相同的抗生素。复诊检查安排在 5d 后。

- 在这个案例中，病历起到了什么作用？
- 如果没有先回顾病历，可能会发生什么？
- 在这种情况下，准确的病历归档如何帮助到兽医助理？

能力技巧任务

创建病历

目标：

为新患病动物创建一个病历。

准备：

- 熟悉兽医院中记录病历的准确流程，注意使用的表格以及它们放置在的病历中的顺序。
- 马尼拉文件夹。
- 字母或数字标签。
- 空白标签。
- 年份标签。
- 客户/患病动物表格、病史表格、就诊记录、实验室检查报告单、手术记录、X线检查报告单、其他表格、笼牌。
- 蓝色或黑色钢笔。
- 选择足够的空间来装订病历。

流程：

1. 根据兽医院中使用的归档系统，在马尼拉文件夹上放置适当的标签，包括主人和患病动物信息标签和归档标签。
2. 将年份标签放在马尼拉文件夹上。
3. 使用蓝色或黑色墨水笔在每张表格上记录主人和患病动物信息。
4. 保存表格，并按照正确的顺序和位置将其归档在病历中。
5. 正确地将病历存档在兽医院备案系统中。
6. 将所有材料放在正确的存储区域。

能力技巧任务

归档病历

目标：

按照办公室流程正确地归档病历。

准备：

- 确定兽医院使用的归档系统的类型。
- 找到归档的文件和文件区。

流程：按字母顺序排列的方法

1. 找到病历文件和主人的姓氏。
2. 将病历按照主人姓氏的字母顺序归档在文件柜中。
3. 如果有多个姓氏，将病历按照主人名字的字母顺序归档。
4. 如果有多个相同名称的文件，将病历按照患病动物姓名的字母顺序归档。
5. 检查归档的每个病历，确保没有发生错误归档。

流程：按数字顺序排列的方法

1. 根据兽医院归档系统，为每个客户分配一个号码。
2. 要有一个独立的记录系统，要么是按姓名的字母顺序排列的索引卡，要么按计算机系统来记录每个客户号码。
3. 每个病历按照号码归档在文件柜中。

流程：预约的病历

1. 根据归档系统方法从文件架或文件柜中调出病历。按照每日预约表取出每个预约过的病历。
2. 将当日预约的病历放在待诊区。按照预约的顺序来排列每个病历。
3. 在预约结束或患病动物出院后，将病历放在储存箱中以进行重新归档。
4. 根据兽医院归档的方法归档文件，并重新检查。
5. 在离开兽医办公区之前，请确保所有文件都已放回正确的位置。

第 3 章　安排和预约

学习目标

学习完本章后，读者应该能够：
- 在兽医院里进行恰当的预约。
- 准确地论述建立一个预约的客户和患病动物所需的必要信息。
- 明确与预约安排相关的医院政策的重要性。
- 安排预约时执行医院政策。
- 高效准确地管理预约时间表。

引言

在兽医院中，预约安排是行政职责的一个重要部分，遵循兽医院安排流程来适当调整每个兽医一天的工作是很重要的。完成这些兽医办公室操作，需要具备处理问题的效率和常见医疗问题的知识，才能使兽医医疗团队在工作时间内不会过度劳累或有过多压力。

兽医预约登记簿

预约登记簿是一个有效的工具，用于兽医院的信息记录和日常工作管理（图 3-1）。有很多样式和格式的预约登记簿或时间表可以在兽医院使用。所使用的预约登记簿类型由医院建立的日程表类型决定。

有些兽医院使用的兽医软件中含有电子预约登记簿。电子登记簿的预约信息保存在兽医计算机系统中。在计算机上录入信息时，根据软件要求进行预约。计算机化程序化的工作方式与传统的书面预约登记簿流程非常相似，但可以更有条理地安排预约时间，并能保存所有信息供将来使用。很多兽医工作正在变得完全计算机化，兽医院中逐渐不再使用纸张。

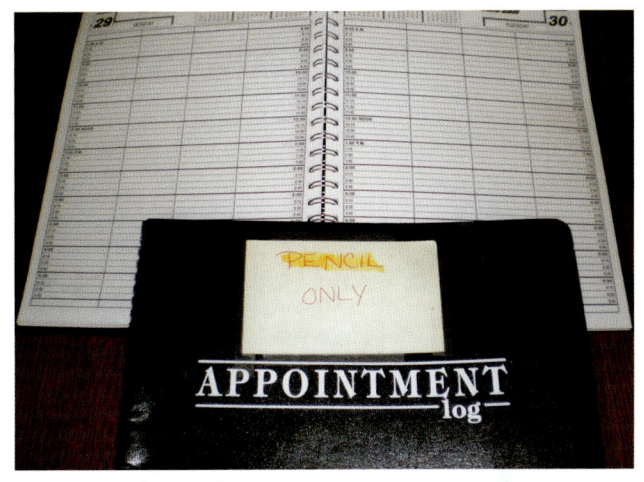

图 3-1　预约登记簿

预约表的类型

兽医院中使用 3 种基本类型的预约表：波形预约表、流程预约表、固定工作时间。了解每种类型的预约表是非常重要的。

波形预约表

波形预约表记录兽医在设定时间段内接诊患病动物的总数。通常由兽医在 1h 内所接诊的患病动物数量决定。通常按预约的规定时间内到达兽医院的顺序就诊。例如，在波形预约表上，可能安排医生在上午 9~10 时的 1h 内接诊 4 个患病动物，这样每个患病动物有 15min 的就诊时间。在患病动物失约或迟到的情况下，波形图是有帮助的。

流程预约表

流程预约表是在特定时间或时间段（每隔 15min 或 30min）接诊患病动物。时间段是为接诊 1 个患病动物而设定的时间，最常用 15min（图 3-2）；因此，在预约登记簿上，每 15min 安排一次预约。

有些医疗问题可能需要比预约的时间段更长或更短。

流程预约表是最常用的兽医预约表类型，可以监控时间和保证全体员工按计划工作。然而，如果没有恰当的管理，很容易造成落后于预约或超额接诊患病动物。

固定工作时间

有固定工作时间的兽医院可以每天在公示的营业时间内接待到达的客户，并按照到达的顺序接诊。这是一种无需预约、先到先看的看诊制度。客户先到前台签到或登记，然后按照先到先得的原则被兽

预约安排		
8	00	
	15	
	30	
	45	
9	00	
	15	
	30	
	45	
10	00	
	15	
	30	
	45	
11	00	
	15	
	30	
	45	
12	00	
	15	
	30	
	45	
1	00	
	15	
	30	
	45	
2	00	
	15	
	30	
	45	
3	00	
	15	
	30	
	45	
4	00	
	15	
	30	
	45	
5	00	
	15	
	30	
	45	

图 3-2　预约登记簿的样表

医接诊。该类型日程表的缺点是无法掌握患病动物的流量。

预约的类型

对那些进行预约操作的员工培训医疗常识是非常重要的，这样才能使他们确定兽医接诊病例需要的时间。如果该预约可能超过预定的时间段，要与主治兽医确认，以获得批准可以安排预约并允许相应地调整时间。

常规预约

常规预约是在工作预约期间，在预约登记簿上安排体格检查之类的预约。常规预约包括每年的体格检查、免疫接种和患病动物检查。每个常规预约可以根据预期的流程或检查所需的时间而间隔开。每个兽医面对特定的预约可能需要不同的时间。

手术预约

手术预约通常保存在单独的预约登记簿和时间表中。手术通常安排在一天中的特定时间进行，由该天有手术任务的兽医预约时间。手术涉及麻醉，需要在无菌的或清洁的特殊环境中执行相关操作。医院内可能会设定专门的手术日或特定的手术时间。手术病例的预约表要包括兽医姓名、手术类型和手术时间。很多兽医院会为手术动物设立一个术前检查的时间。

安排手术预约时，要在时间表上记录以下信息：主人姓名、电话号码、动物名、品种或物种、手术名称。兽医通常需要向客户告知术前注意事项，这些事项要在手术预约建立时同时提供给主人。手术预约时，需要告知客户的常见术前注意事项包括以下内容：

- 术前12h禁食。
- 术前8h禁水。
- 在指定的术前检查时间到达。
- 签署手术知情同意书。
- 签署术前血液检查知情同意书。

- 签署预算或为医疗服务付款的同意书。
- 带上目前开给宠物的所有药物。
- 很多兽医院会分发或邮寄这些注意事项给他们的客户。

急诊和非预约病例

很多兽医院提供急诊和非预约病例接诊服务。急诊是必须立即接诊的，这是生死攸关的事。兽医学中常见的急诊包括车祸、胀气、伤口严重出血。兽医要立即对急诊病例做出明确的判断。非预约病例是没有预约就到达兽医院希望被兽医接诊的客户。即使兽医院明确告知不接诊非预约的到店客户，他们仍会偶尔到来。

解决急诊和非预约病例的最佳方法是在日常预约表中预留接诊时间。这将让客户知道，如果有急诊，诊所是有能力接诊的。这样兽医医疗团队才能按预约时间表提供服务，不会延误客户服务。如果急诊和非预约病例的时间没有使用，这将有助于兽医工作人员追赶和调整预约服务时间。当急诊或非预约病例的客户打电话或到达兽医院时，应立即通知兽医技术员或兽医，以便能适当地处理。

"放下走"预约

许多兽医院提供另一项服务，即"放下走"预约。主人可以根据他们的日程安排和兽医的日常安排就常规预约、外科手术或美容服务设置接送时间。这可保证主人和工作人员一天内处理患病动物的灵活性。设置一个送和接的时间。这些预约图表通常与手术预约表放在一起，在患病动物到达时拿出。需要重点注意的是，主人送来患病动物时，需要对后续的操作签署同意书，并留下联系电话；如果兽医医疗团队有任何问题，将会联系主人。

出诊服务

许多兽医院提供出诊服务和移动式服务。这些服务在客户家中进行。移动式服务通常需要有医疗设备的车辆和在车内就诊的区域。这些服务的预约要在预约表上标注出来或在设立预约前被兽医确认。兽医院要有安排出诊服务的政策。有必要留言和打电话给客户，告诉其出诊服务的日期和时间。一旦安排好日期和时间，要在预约登记簿中注明。工作人员需要考虑兽医可能取消预约和可能需要额外的工作人员。出诊服务和移动式服务所需的相关医疗文件要在预约的日期和时间前准备好，包括可能需要的其他表格。此外还要获取预约的原因，使兽医医疗团队有足够的信息，为预约准备需要的设备和用品。

预约登记簿的管理

重要的是，要确保预约登记簿有足够的空间记录兽医院工作预约的时间框架。确保足够的空间记录预约和预约的时间段所必需的信息也很重要（图3-3A 和图 3-3B）。大多数兽医院在预约登记簿中记录以下信息：

- 客户姓名。
- 电话号码。
- 动物名。
- 品种或物种。
- 简要说明就诊的原因。

这些信息对兽医及其医疗团队做好预约准备并保证每一个预约高效是至关重要的。有些兽医院或兽医可能需要在预约簿上填写其他信息项目；所以，要了解兽医院的预期安排和安排预约的规则。

安排预约

安排预约的最大好处是可以提高效率。很多兽医院设计了常见和常规操作所需的时间表（图3-4）。预约登记簿中的信息要用铅笔记录，以便在客户需要重新安排预约时可以轻松更改（图3-5）。使用铅笔可以擦掉已经取消或重新安排的预约。划掉或用涂改液修改预约登记簿上的信息是不恰当的，这会使预约登记簿很难读懂；如果预约登记簿不能保持整洁和清晰，会使工作人员混淆。预约使用与病历归档系统相同的方法记录。如果病历归档系统方法是按字母顺序排列的，那么先记录客户的

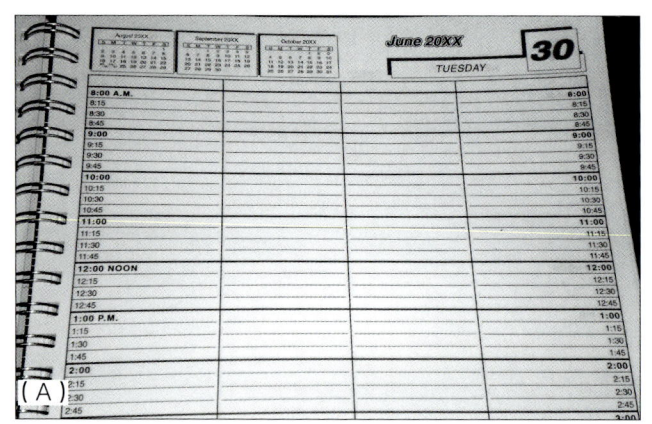

	日期	星期一 6月23日
Julie Simon，555-0001；波斯猫，Amos；眼部感染	8	00
		⑮
		30
		45

（B）

图3-3 要有足够空间允许兽医助理在预约登记簿中记录所有适当的信息

常见兽医操作及其预估时间表	
• 年检和疫苗接种	20min
• 新生犬猫体检	30min
• 犬猫二次疫苗接种	15min
• 复检	10min
• 拆线	5min
• 出院预约	15min
• 患病动物检查	30min
• 会诊	30min
• 行为咨询	45min
• 鸟、爬行动物或异宠检查	45min
• 生殖系统检查	30min
• 人工授精	30min
• 慢性病检查（耳、皮肤）	15min
• 指甲修剪	10min
• 术前血检采血	10min
• X线检查	30min
• 心丝虫检查	10min
• 猫白血病检测	10min
• 粪便检查	10min

图3-4 兽医助理要了解的常规预约和操作所需时间列表

第1部分　兽医院管理实践与客户关系

图3-5　使用铅笔在预约登记簿中记录预约信息

姓，接着在预约登记簿中记录名字。如果病历归档系统方法是按数字排列的，那么在预约登记簿中先记录客户号码然后记录客户名字。此外，在安排预约时，反复检查，以确定信息的准确性、整洁性，并当日完结。管理预约登记簿花的时间越长，整个兽医医疗团队的工作就会越按时，压力也越小。

与客户确认预约信息

安排预约时，建议将预约的日期和时间读给客户，确保客户和患病动物的所有信息准确。表格信息可能会有必要的更改。要尽可能提供预约卡给客户，提醒预约的日期。要确认新客户清楚兽医院的地址，不会迷路或迟到。这也有利于客户和医生提前一天确认所有的预约。反馈完客户并确认预约后，记录在日程表中或医疗图上（图3-6）。许多兽医院有针对未赴约客户的政策，要将其以病史的形式记录在病历内。

图3-6　兽医助理要提前致电客户确认预约，并在预约登记簿中记录所有的更改

取消

如果客户不能按期就诊，要求客户打电话取消预约是很重要的。很多兽医院要求提前24h取消预约。记录所有因主人不能按期就诊而取消的预约。

预留时间

安排一天的预约时，需要考虑一天中进行外科手术的时间、下班时间、员工午餐、休息和休假时间、急诊接诊时间等。在预约表上标记被急诊预约占用的时间，这样做的好处是允许接诊日常急诊又不会打乱正常的预约安排。如果兽医愿意挤出时间接诊急诊，在该时间段划"×"强调显示（图3-7）。可以在早上和下午各预留30min的时间接诊急诊病例，这将有助于兽医按计划接诊，避免落后于日程表。

为多名兽医安排预约

如果兽医院有多名兽医，可以根据每名兽医的可用时间为其安排预约。预约登记簿要包括所有兽医在任何一天的工作和在同一办公时间的所有工作。有些兽医院为兽医技术人员也提供预约，因此可能需要根据每个兽医院的情况精心制作或定制预约登记簿。通常使用彩色编码系统显示多个医生的日程表和不能预约的时间段。可以使用荧光笔和彩色铅笔（图3-8）。

错误安排

粗心地创建一个日程表会导致混乱和客户不满意，也会为兽医健康护理团队和患病动物带来压力。没有人喜欢等待，这往往导致客户不开心和不满意。一个不高兴的客户不会再来兽医院。雇主也不会容忍差劲的日程表。图3-9列出了预约安排中可以和不可以做的事项。需要注意的是，标注一天中已经确定安排的特定日期和时间是很重要的，例如，工作人员和兽医不能再预约的时间，包括午餐时间、手术时间和治疗时间。这些情况需要在预约表中标

星期一，5月9日

8	00			
	15		出库	
	30			
	45		会计	
9	00			
	15			
	30			
	45			
10	00			
	15			
	30			
	45			
11	00			
	15			
	30			
	45			
12	00			
	15		午餐	
	30			
	45			

星期二，5月10日

8	00			
	15		出库	
	30			
	45			
9	00			
	15		牙医	
	30			
	45		预约	
10	00			
	15			
	30			
	45			
11	00			
	15			
	30			
	45			
12	00			
	15		午餐	
	30			
	45			

图 3-7 将不能预约的时间在预约登记簿中划去

Jones 医生	Smyth 医生
日期：	日期：
8:00	8:00
8:15	8:15
8:30	8:30
8:45	8:45
9:00	9:00
9:15	9:15
9:30	9:30
9:45	9:45
10:00	10:00
10:15	10:15
10:30	10:30
10:45	10:45
11:00	11:00
11:15	11:15
11:30	11:30
11:45	11:45
12:00	12:00
12:15	12:15
12:30	12:30
12:45	12:45
1:00	1:00
1:15	1:15

图 3-8 多名兽医的预约表

Jones 医生	Smyth 医生
日期：	日期：
1:30	1:30
1:45	1:45
2:00	2:00
2:15	2:15
2:30	2:30
2:45	2:45
3:00	3:00
3:15	3:15
3:30	3:30
3:45	3:45
4:00	4:00
4:15	4:15
4:30	4:30
4:45	4:45
5:00	5:00
5:15	5:15
5:30	5:30

图 3-8 多名兽医的预约表（续）

可以做	不可以做
·使用铅笔安排预约	·使用钢笔安排预约
·确认所有预约	·认为客户记住了他们被告知的一切
·提供带预约日期和时间的提醒卡	·超量安排兽医和工作人员的预约
·给新客户医院的地址	·忽视遵守医院的预约规定
·给急诊和非预约客户预留时间	·不咨询兽医直接安排上门服务
·确保每个预约准确和完整	·将预约登记簿擦掉或涂修正液
·记录取消和未出现的预约	·所有预约都忘记获取电话号码
·保证预约日程表整洁，易于阅读	
·多名兽医预约表要清晰	
·在划去时间段上打 X，标注非预约时间	

图 3-9 预约登记簿中可以做和不可以做的事项

注，以防止冲突；一定要避免在医生无法工作的时间安排预约。工作人员或兽医不能工作的时间要在预约登记簿上标注，最好的做法是在不能预约的时间框上画一个"×"。

规章和流程

兽医院要有一份详细的规定和流程手册提供给每位工作人员，以便每个人都能了解该兽医院的规章和条例（图 3-10）。规章手册可提供工作人员期待和关心的信息，如着装规定、休假时间、个人时间和病假规定。提供规章手册，有助于所有工作人员都了解雇用规则。规章手册适用于所有员工，有些条例与个人被兽医院雇用时间的长度有关。流程手册可以让所有员工了解关于兽医院本身的工作信息，如客户接待原则、日程安排方法、支付流程和客户就诊时间。这些信息是基于兽医院的日常行为规范形成的，是所有新员工培训的必需内容，有助于所有工作人员以同样的方式完成他们的义务和责

规章手册条目	流程手册条目
着装要求	付款流程
个人形象	预约流程
休假时间	手术流程
病假时间	日程安排流程
个人时间	开门/关门流程
出勤规定	住院/出院流程
继续教育	应急流程（火灾、抢劫、损害等）
福利（员工折扣、统一津贴、补贴）	接听电话
行为守则	发票和账单
	计算机系统流程
	客户就诊时间

图3-10 规章和流程手册中的信息

任。这些手册还会概述雇主对员工的期望，并提供一致的服务以及如何处理实践问题。

小结

预约登记簿和日程安排必须是兽医院规章和流程手册的重要组成部分。每个员工都要了解如何安排预约，并了解安排每种类型预约的流程。高效密切地管理日程表是非常重要的。学会提前工作、使用医疗表单和提前准备设备，会极大减轻兽医院中一天工作的压力。高效和准确的日程安排也有助于提升客户对兽医院服务的满意度，并保证他们再次光顾。兽医医疗团队必须共同努力，营造一个高效和安全的环境。

复 习 题

配对

将术语与其释义配对。

1. 预约卡
2. 电子预约登记簿
3. "放下走"时间
4. 急诊服务
5. 固定就诊时间
6. 流程预约表
7. 间隔
8. 移动式服务
9. 手术预约
10. 波状预约表

a. 为动物晚些时候进行检查或手术预设到达兽医院的时间。
b. 必须即刻接诊的病例，生死攸关。
c. 为客户提供的书面提醒，以便记住为他们宠物安排的预约日期和时间。
d. 提供给工作人员的信息，如着装规定、休假时间、个人时间和病假规定。
e. 安排日程表时，在预约登记簿中安排体格检查（如接种疫苗、年检和复查）预约。
f. 在兽医设定的时间内进行手术和麻醉的预约安排，通常与常规上班时间分开。
g. 一天里的预设时间内，按兽医可接诊患病动物的总数进行的预约，通常以兽医院营业时间内的每个小时为一个时间段。
h. 设置时间内就诊的客户，按照进入兽医院的顺序接诊。
i. 用于安排预约的软件项目，可在兽医电脑系统中保持医疗信息，允许以一种有序的方式在以后使用。
j. 为客户带动物就诊和离开设置一个时间，以便兽医根据日程表进行检查、手术和其他流程。
k. 一天中由兽医设定的为每个患病动物看诊的时间（如下午1：00）的预约安排。
l. 兽医在主人家里检查患病动物的预约安排。
m. 需要接诊一个患病动物而设置的时间，如15min。
n. 配备兽医设备、工具和用品的车辆驶向客户家检查患病动物。
o. 一个客户没有预约到达兽医院，希望被兽医接诊。
p. 提供给所有员工关于兽医院本身的工作信息，如客户接待原则、日程安排方法、支付流程和客户就诊时间。

简答题

1. 列出建立预约时应获得的信息。
2. 作为一名兽医助理，在有多名兽医的兽医院工作，需要你建立预约登记簿。请列出设置日程表时需要考虑的因素以及准确预约的方法。
3. 如何安排日程表，确保午餐时间和兽医院关门时间没有被预约？
4. 在兽医院工作时，应该知道预约安排的哪些相关规章？
5. 在确定预约之前，哪些预约类型应该先和兽医商量？

临床案例

兽医助理 Cathy，在一家小动物兽医院工作，正在接听电话和处理预约日程表。Cathy 接电话："下午好，这里是 Green Valley 兽医院，我是 Cathy，有什么需要帮助您的？"

"是的，我是 Haines 太太。我需要为我的狗'Timmy'预约，它感觉不舒服。"

"Timmy 有过什么异常表现，Haines 太太？"

"它已经呕吐了好几天，不吃东西。它一直很懒，让我很担心。Bloom 医生今天能接诊吗？"

"我认为 Timmy 应该尽快就诊。您能在 2：00 把它带来吗？"

"太好了。非常感谢。"

"我们将在 2：00 接待你和 Timmy"，Cathy 说，并同时在预约登记簿里记录 Haines 太太的姓名和电话号码。她还写了 Timmy 的名字和信息，包括它预约时的呕吐史。当她拉出病历时，她注意到，

Timmy 的年检和疫苗接种逾期。Cathy 在病历和预约日程上记录了这一点。她还指出，Timmy 是一个 10 岁的新墨西哥州牧羊犬。

- 这个兽医院最有可能使用哪种预约形式？
- 在预约登记簿中标记逾期疫苗和年检的信息是如何帮助到兽医的？
- 当列出预约日程表时，什么样的信息可以确定动物的年龄和品种？

能力技巧任务

预约安排

目标：

准确有效地安排预约登记簿中的预约。

准备：

具有关于兽医计算机软件的相关知识。

削尖的铅笔。

橡皮。

预约登记簿。

流程：

1. 预约开始时，预约登记簿打开到当前日期。
2. 使用单线或时间框划 × 标注预约的不可用时间。
3. 确定预约的类型：常规、手术、急诊、"放下走"或上门。
4. 根据日程表间隔时间确定预约所需的时间。
5. 向客户询问预约的首选日期或时间。
6. 检查可用的日期和时间。根据客户和兽医院的适宜性安排预约。
7. 将信息录入预约登记簿，如下所示：
   - 客户姓名（确认）。
   - 根据兽医院病历系统按字母顺序归档或数字归档的顺序录入。
   - 患病动物姓名、年龄、品种或物种。
   - 客户电话号码（确认）。
   - 预约的原因或主诉。
   - 记录接诊患病动物的兽医。
8. 如果为客户现场安排预约，填写一个带日期和时间的预约提醒卡，并交给主人。
9. 提前一天致电客户，提醒他或她预约安排的日期和时间。
10. 当他或她按预约时间到达后，更新并检查客户和患病动物的准确信息。

第 4 章　兽医行政管理

学习目标

学习完本章后，读者应该能够：
- 说明每个兽医医疗团队成员的角色和职责。
- 说明兽医院的收费和价格。
- 论述开具发票的程序。
- 正确接收和清点现金，了解信用卡和支票的付款方式。
- 准备发票并收款。
- 明确薪酬设计的作用。
- 描述计费和收款过程。
- 论述并实践适当的库存管理和质量控制制度。

引言

许多兽医院都有一名负责兽医院管理以及财务的人，他/她可能被培训为行政经理或可能在兽医院有其他的职责和工作。掌握管理工作的知识以及对某些财务相关知识进行基本培训是很重要的。兽医院的管理是成败的关键因素。

兽医团队

兽医医疗团队的成员都要参与兽医院的日常工作。工作范围从实践管理到客户沟通，再到患病动物治疗。

兽医

兽医是医生，在兽医院内承担首要责任。在法律上，兽医对全体工作人员的安全和兽医院内每个雇员的行为负责。兽医是唯一可以合法诊断患病动物、开具处方药物、讨论患病动物预后和手术的团队成员（图4-1）。兽医的教育包括4年兽医预科

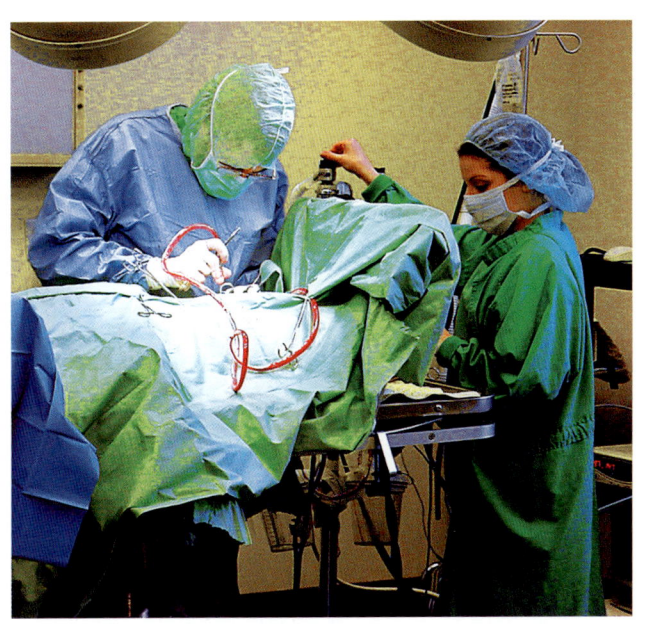

图 4-1　兽医是唯一有资格进行手术的工作人员

教育项目，以获得相关科学课程的理学学士学位。兽医学院提供为期4年的博士课程。在美国，兽医学校必须是美国兽医学协会（AVMA）颁发州执照的学校。AVMA制定了兽医为主人提供的兽医学服务标准和护理质量。美国动物医院协会（AAHA）制定了小型伴侣动物医院的标准。毕业后，兽医必须接受州委员会考试。一旦州委员会的考试通过，兽医将被授权在他或她居住的州执业。兽医需要定期更新他们的执照，并完成一定数量的继续教育。继续教育（CE）是指有执照的兽医和兽医技术员必须在规定的时间内完成专业发展所需数量的课程。这种教育旨在使工作人员了解行业的变化，使兽医院继续获取行业内的新信息。注意：所有工作人员都要获得继续教育学分，这是很重要的。

兽医技术员和兽医技术专家

兽医技术员和兽医技术专家在各种不同动物物

种的兽医医疗和外科护理领域进行了专业培训（图4-2）。专业培训在AVMA认证的机构获得。兽医技术员毕业时有2年专科学位，兽医技术专家毕业生有4年制学士学位。专科学位获得副学士（AS）文凭。学士学位获得理学士（BS）文凭。

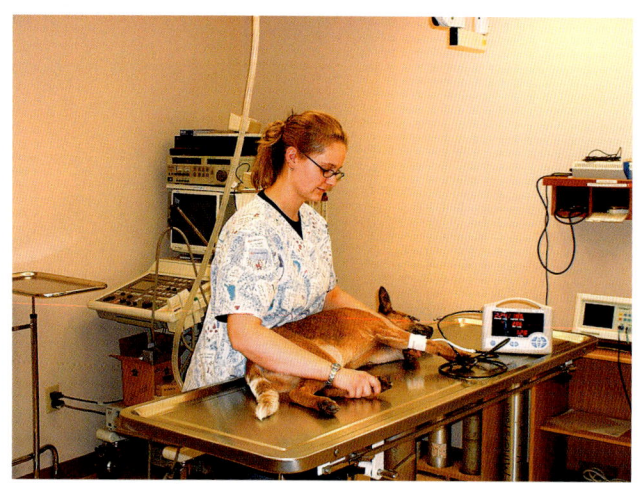

图4-2　兽医技术员在兽医院内执行各种操作

美国国家兽医技术员协会（NAVTA）为兽医技术员和兽医技术专家制定了兽医护理标准。在完成该计划后，毕业生将根据他们打算工作的州的要求参加州委员会的考试。成功地通过考试将获得州执照。根据不同州的情况，技术员将被认定为合法的兽医技术员（CVT），注册的兽医技术员（RVT）或许可的兽医技术员（LVT）。他们在兽医的间接监督下工作。兽医和兽医技术员的职责由每个州的兽医行医法案规定。实践法案是一套管理兽医的规则和条例。

兽医助理

兽医助理是团队中的一名成员，经过培训，可以帮助兽医和兽医技术员完成兽医院的许多任务（图4-3）。兽医助理不是由州授权。许多州的实践法案概述了对兽医助理的一些规定。他们将在兽医的直接监督下工作。许多兽医助理经过交叉培训，意味着他们有能力在兽医院的每个部门工作，完成和承担许多任务和职责。

图4-3　兽医助理是兽医医疗团队的重要组成部分

兽医院经理

兽医院经理是负责管理兽医院内部工作的人员（图4-4）。这个人需要接受企业管理方面的培训。兽医院经理负责兽医工作人员排班、支付账单、维护库存以及监督医院内的日常业务，通常是面试和雇用员工的人。经理负责更新人事手册和流程手册中的信息。人事手册包含全体工作人员的工作说明、出勤代码、休假和病假、着装要求以及对员工的期望和行为准则。流程手册概述兽医院的记事、兽医院规章、员工和客户职责。有些兽医院的经理可能是认证的兽医院管理者。

图4-4　兽医院经理负责兽医院的业务

寄养管理员

寄养管理员是兽医院内负责寄养和动物病房的人（图4-5）。寄养管理员的职责包括住院笼清洁、患病动物饲喂、患病动物监护和复健以及兽医院内清洁和消毒。寄养管理员必须经过培训才能接触处理动物，要具有基本的动物护理知识。他们负责记录患病动物任何异常体征或变化。

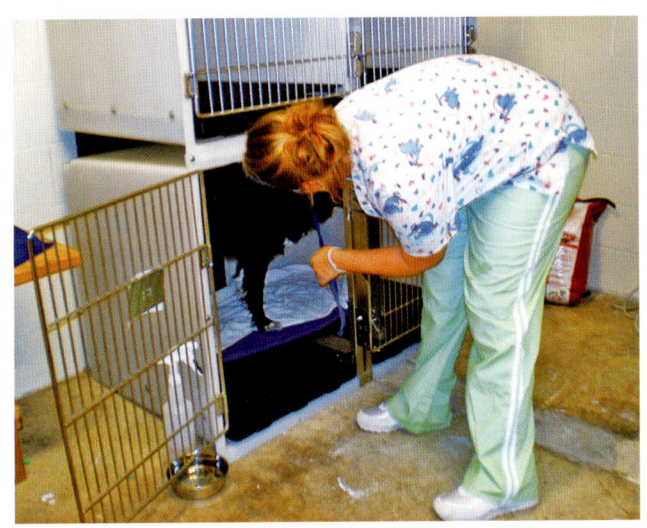

图4-5 寄养管理员维护寄养区域和医院中的住院动物

前台

兽医前台是负责维护前厅的人员（图4-6）。前台的职责与行政助理相似。他们的职责包括安排预约、接听电话、开具发票和收款以及办理患病动物出入院手续。前台对兽医院的日常运转至关重要。前台通常是客户联系的第一人，必须具有良好的沟通能力和办公室技能。

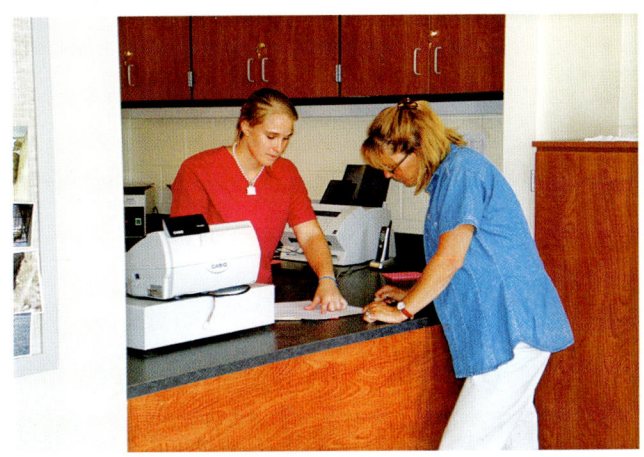

图4-6 前台在会见和问候客户、接听电话和解答问题

职业装和仪表

职业装和仪表因兽医院而异。一般而言，兽医医疗团队（包括兽医、兽医技术员和兽医助理）要穿着专业制服，包括上衣和裤子（图4-7）。这些兽医人员也常常穿白大褂。穿着耐磨的制服和白大褂，可以防止衣服被污染、弄脏或撕裂。这些物品很容易清洗，必要时要更换。有的兽医院有一套所有工作人员穿戴或着装颜色的规定。寄养管理员和前台可能有类似的着装要求或可能要穿上特殊的兽医院衬衫，如保罗衫和卡其布裤子。所有的员工都要穿全封闭的防滑鞋，最好是橡胶底的运动鞋。这是为了安全，也便于清洁和控制污染物的扩散。在兽医院工作时，动物咬伤、针头和玻璃等危险会导致脚部受伤。在接诊大型动物的兽医院中，员工可能要穿着用于防护的较重的靴式鞋。需要在口袋中携带的常用物品包括：蓝色或黑色钢笔、手表或计时器、计算器、纱布卷、剪刀、宽1.27cm的胶带、尼龙绳和听诊器。长发应梳于耳后，首饰最好不戴或尽量少戴。不要戴手镯、长的项链或其他悬挂物

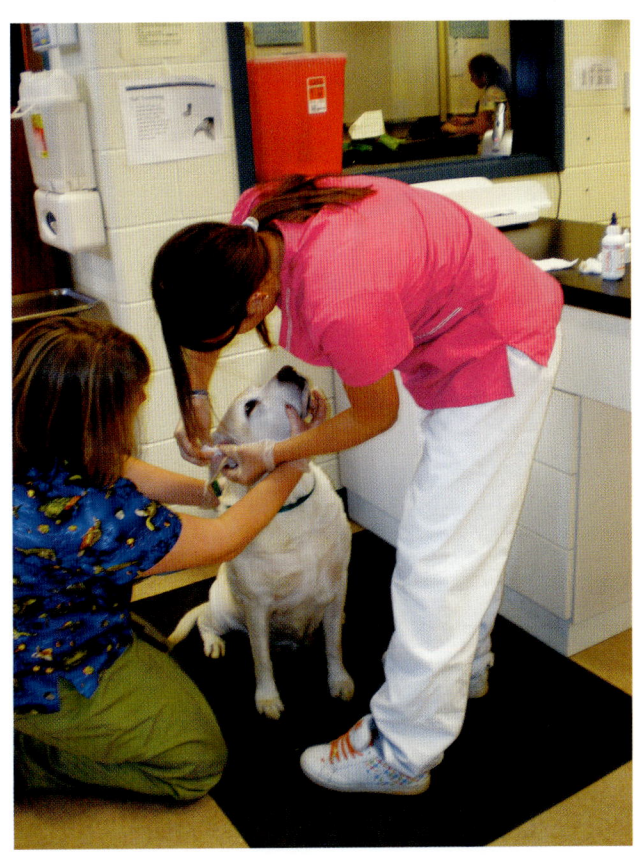

图4-7 兽医助理应以专业的方式穿戴，并打扮整齐

兽医助理基础与应用

品，如耳环圈；如果佩戴装饰物，要保证它们对雇员和动物是安全的。指甲要短、整洁、干净，不要超出手指的末端。工作人员处理动物时不得佩戴人工指甲，因为会增加细菌污染、动物或其他工作人员受伤的可能性。纹身和身体穿孔要保持隐秘，有些兽医院可能反对这些项目。所有兽医院员工的着装要求和仪表都要列在兽医院工作手册中，并概述出雇主的期望。兽医助理表现的专业形象代表整个兽医院的形象。记住，第一印象是持久的印象。客户将根据工作人员的仪表判断他们的专业性。

兽医院

兽医院由多个分区和部门组成，具有不同功能，供兽医完成各种不同的医疗处置。前门通常通向兽医候诊室和接待区（图4-8）。这是客户候诊、被接待和在前台办公人员处登记的区域。

图4-9　检查室

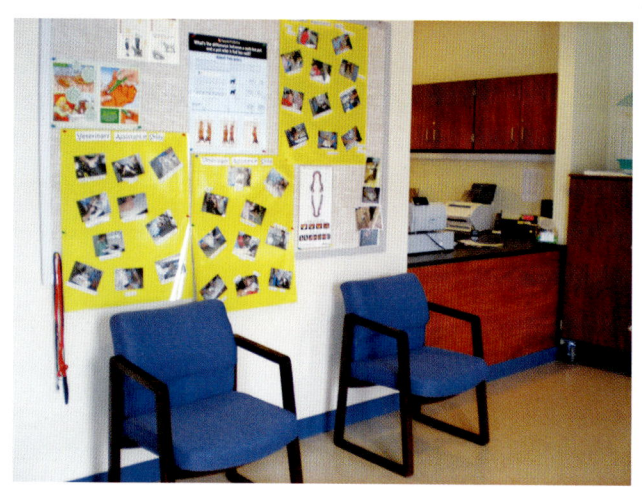

图4-8　候诊室和接待区

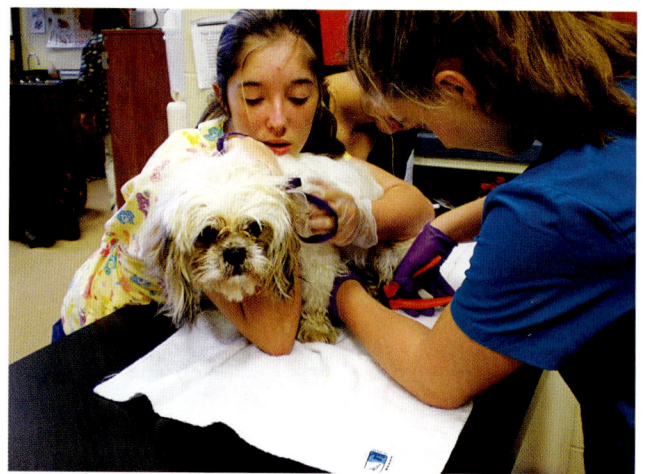

图4-10　治疗室

检查室是患病动物接受常规检查的区域。根据兽医院的大小和兽医的人数，可能有一个或多个检查室（图4-9）。

治疗区，有时称为准备区，是兽医院中为患病动物治疗或准备外科手术操作的区域。这里通常是仅限兽医工作人员使用的区域（图4-10）。

药房是储存和准备药物的区域（图4-11）。

化验室是患病动物检测和准备取样的区域。化验室操作的实例包括：粪便样品、尿液样品和血液检测（图4-12）。

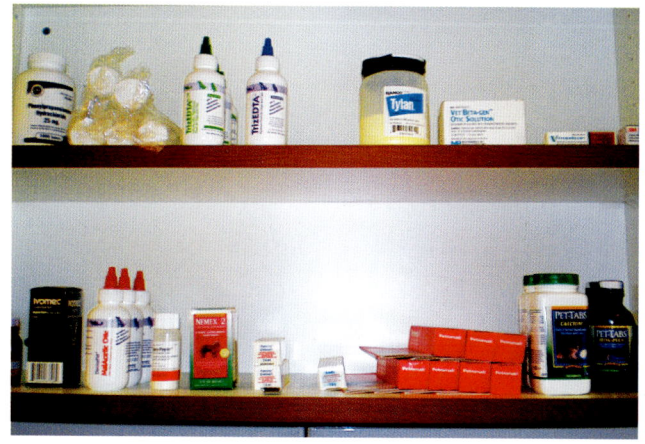

图4-11　药房

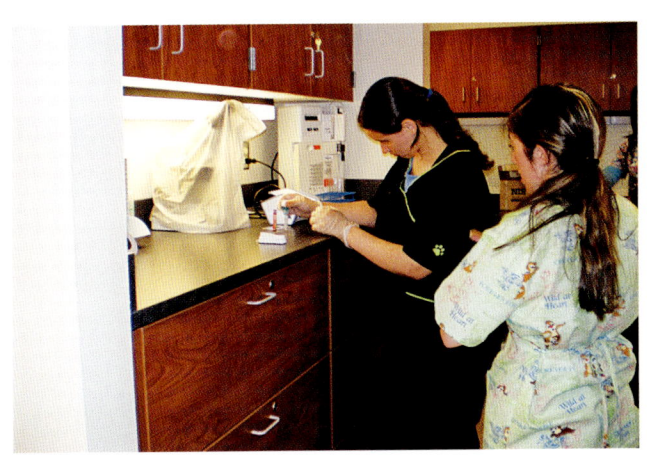

图 4-12　化验室

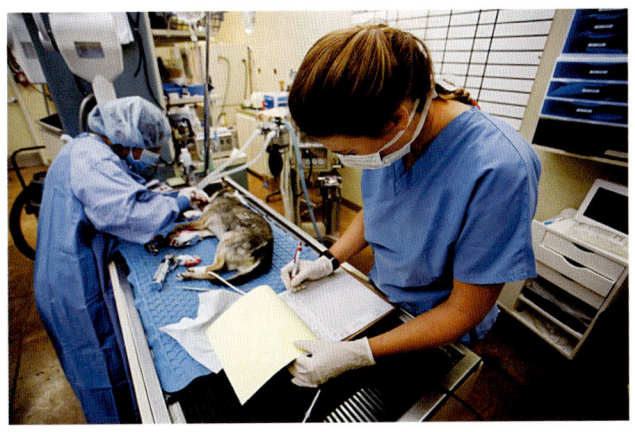

图 4-14　手术室

放射室是符合兽医法规的特定区域,该区域使用辐射和特殊化学药品显影 X 线片(图 4-13)。

重症监护室或 ICU 是危重患病动物接受即刻护理、治疗和住院的区域。该区域有急诊设备,可以护理受伤或生病的动物。

手术室是另一个专门的区域,包含手术台、麻醉机以及用于外科手术的器械和设备(图 4-14)。

隔离病房是一个包含住院笼和设备的房间,用于治疗具有或疑似具有传染性的动物。

住院部是患病动物等待外科手术或治疗的区域,或在兽医院中寄养动物的区域(图 4-15)。

图 4-15　住院部

兽医院管理

兽医院管理包括从办公室管理到工作人员管理的许多工作和责任。工作人员必须按照日常的基础工作安排日程,来覆盖上午、下午和晚上的工作时间。要有足够的工作人员值班,确保兽医院的正常运行是很必要的。兽医院的管理控制通常由老板或老板和兽医院经理完成。这些工作人员通常具有管理和业务方面的经验。其管理责任包括维护员工记录、订购用品和材料、为兽医院支付发票和账单、完成税务和保险信息。经理必须具备良好的业务和沟通能力。

发票和收费

兽医健康护理团队的每个成员都必须具备执业中开具发票和收费流程的基本知识,这是很重要的。一般来说,兽医前台收取客户付款,并处理发票和

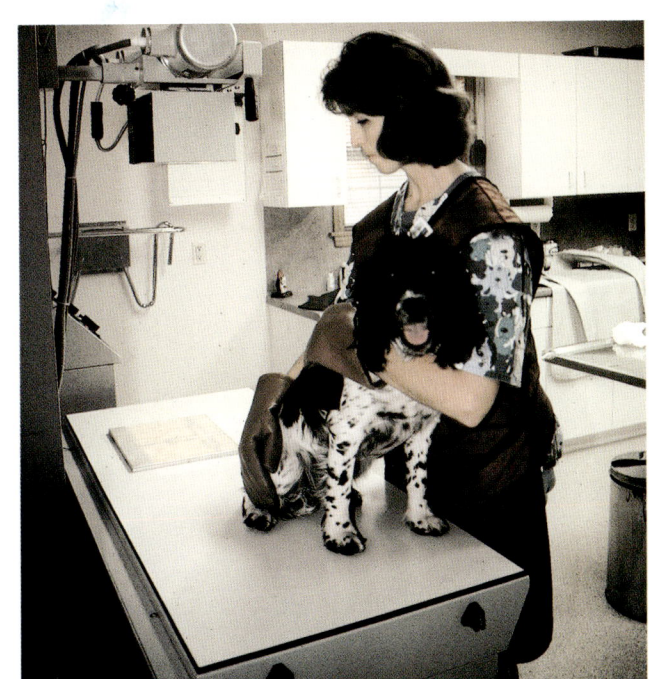

图 4-13　放射室

收据。然而，也可能会出现团队的其他成员处理这些任务的情况。需要在处理钱款、基本的数学技能和沟通能力方面进行培训。

发票通常称为账单，并列出客户必须支付的费用（图4-16）。收据说明账单已支付，以及使用的付款类型。发票和收据可能是标注账单已支付的同一个单据。兽医院的收费构成是根据提供的服务和操作的类型而定的。费用结构列出了医疗服务的价格或花销。有些兽医院使用根据操作或服务列出代码的清单（图4-17）。清单由兽医团队用于圈选或记录已经提供给患病动物的服务。兽医前台或其他兽医团队成员会将费用输入计算机或写在发票之上。这是客户如何为兽医院提供的服务付费的方式。对于团队的所有成员来说，了解服务的成本是很重要的。很多操作涉及设备的使用、耗材、工作人员协助和库存费。客户可能会问为什么某些服务要花费那么多钱。兽医助理必须具有这些服务的基本知识，以便向客户解释操作背后涉及的所有费用。

付款计划应从客户接受预算报价开始。预算报价详述患病动物所需操作大致的花费，这将有助于客户决定在出院时需要用何种付款方法支付费用，付款可选的方式需被前台审查。许多兽医院接受现金、支票或信用卡的付款形式。有些兽医院还提供信用申请，使客户能够获得特殊的信用支付，用于偿还兽医院花费的欠款。有时，兽医院可能允许客户制定专门的付款计划；通常包括一个设定金额的首付款和在设定日期收取较小的付款，直到总余额付清。

发票应列出每种费用的清单，以便让客户了解每个项目的花费。通过账户历史记录，客户以前的发票也可以随时查阅。这也是兽医了解做了什么操作及产生什么费用的一种方式。

工资和会计

工资包括员工薪水和定期给每个员工的手写支票。员工领取工资和补偿金作为总薪酬（图4-18）。总薪酬是雇员扣税前的总金额。工资是员工按小时或固定工资的年收入。时薪按雇员每周工作小时数计算。州法律规定每周工作时间为40h。任何加班的员工，即超过40h的时间，有权获得正常工资的

	动物医院 1823 主路 费城，宾州 15555		
客户姓名：	患病动物姓名：		日期：
医生：	品种：	年龄：	性别：
冠状病毒：	FVRCP到期：	狂犬病到期：	
发票			
体格检查/诊费	35美元		
洗耳	14美元		
聚维酮碘滴耳液	12美元		
阿莫西林片	15美元		
剪指甲	8美元		
总计	84美元		
付费——支票：	现金：		
感谢惠顾！			

图4-16 账单或发票样本

发票清单				
主人姓名：	电话号码：			
家庭地址：				日期：
患病动物：		年龄：	品种：	
诊费	常规诊费	多只宠物诊费	诊费扩展	诊费赠送
检查	综合性体格检查	患病动物年检	患病动物复诊	患病动物检查赠送
治疗	医院护理	天数	静脉注射	天数
	皮下注射	天数	全血计数	生化
	粪便样本	尿液样本	心丝虫测试	猫白血病测试
药物	心丝虫药物	跳蚤 跳蚤/蜱药	蠕虫 蠕虫药	类型 数量
	药	名称	数量	
	药	名称	数量	
	药	名称	数量	
饮食	希尔斯 c/d 罐头 数量	希尔斯 a/d 罐头 数量	希尔斯 r/d 罐头 数量	希尔斯 u/d 罐头 数量
	饲喂日常住院食物	数量		

图 4-17　清单样表

1.5 倍。净收入是扣税后所取得的金额。工资扣除包括保险费、工会会费和计划投资费。工资扣除还包括根据雇员每年申报的总工资扣除联邦所得税而产生。这些申报称为免税额，代表净报酬中包括的额外资金。例如，雇员可以为每个直属家庭成员（例如孩子或配偶）申报免税额。免税额是由雇员申报年工资免征所得税的数额决定的。从图 4-19 可以更好地了解为每个员工建立的员工预留津贴证书表（图 4-19）。此表格根据员工的工资和婚姻状况填写。每个员工也扣留州和地方所得税的收入（图 4-20）。FICA 税是联邦政府税，并扣除社会保障税。这是《联邦保险缴费法》的法律税。

库存管理和内控

大多数兽医院都有维护和管理库存用品的系统。由一个或多个人负责库存管理。这涉及了解目前兽医院中每种药物或用品的数量，还包括了解价格、供应商、库存药物的制药公司以及到期日期。通常，每个兽医院都会做库存盘点。盘点可以掌握兽医院内所有药物和用品的实际计数，以确保准确的库存和维护记录。检查到期的物品，并移除过期物品。补货清单有助于确定当物品变少时重新订购。清单要张贴在兽医院的某处，或是供应变少时工作人员可以注意到的地方，如预约簿、剪贴板和白板等。很多兽医院只备有常用物品使用的最少量，在它们完全用完之前必须重新订购。兽医院经理通常负责订购这些物品。

很多兽医院使用计算机库存系统来监测库存，并协助采购物品。每个物品和耗材的库存被输入到计算机系统中并且与发票系统相连，使得销售或使用的任何物品与客户发票相关，并且从库存总数中移除。兽医院经理通常负责维护库存和订购用品。每个工作人员，包括兽医助理，在库存管理中都发挥着至关重要的作用。每个人在用品数量下降时必须记录，他们还必须跟踪消耗品（如纸巾、纱布、

兽医助理基础与应用

姓名：Mary Crane				雇佣日期：2000年8月16日					终止日期：	
住址：810 哥伦比亚街，新海岸，加州 92663				出生日期：1972年7月2日						
Newport Beach, CA 92663				已婚 X 单身 次数 工资						
社会安全号码：000-00-0000				男 女 X 津贴 1 利率 6 美元/h						
员工号码：3				职业 职员						
				打卡次数 6123						

付款期结束	总工时	定期支付	加班	总薪酬	累积工资	社会保险税	联邦所得税	医院公司	其他扣除项目	总扣除额	净薪	支票号
1/6	40	240.00		240.00	240.00	18.36	26.40	6.25		51.01	188.99	46
1/13	40	240.00		240.00	480.00	18.36	26.40	6.25		51.01	188.99	59
1/20	40	240.00		240.00	720.00	18.36	26.40	6.25		51.01	188.99	72
1/27	40	240.00	54.00	294.00	1,014.00	22.49	36.90	6.25		65.64	228.36	85
2/4	40	240.00		240.00	1,254.00	18.36	26.40	6.25		51.01	188.99	98
2/11	40	240.00		240.00	1,494.00	18.36	26.40	6.25		51.01	188.99	111
2/18	40	240.00		240.00	1,734.00	18.36	26.40	6.25		51.01	188.99	124
2/25	40	240.00		240.00	1,974.00	18.36	26.40	6.25		51.01	188.99	137
4/25	40	248.00*		248.00*	3,902.00	18.97	26.40	6.25		51.01	196.38	372

* 利率增加到 6.2 美元/h

图 4-18 员工工资记录样表

| Form **W-4** | **Employee's Withholding Allowance Certificate** | OMB No. 1545-0010 |
| Department of the Treasury Internal Revenue Service | ► **For Privacy Act and Paperwork Reduction Act Notice, see page 2.** | |

1 Type or print your first name and middle initial	Last name		2 Your social security number
Home address (number and street or rural route)		3 ☐ Single ☐ Married ☐ Married, but withhold at higher Single rate. **Note:** If married, but legally separated, or spouse is a nonresident alien, check the "Single" box.	
City or town, state, and ZIP code		4 If your last name differs from that shown on your social security card, check here. You must call 1-800-772-1213 for a new card. ► ☐	

5　Total number of allowances you are claiming (from line **H** above **or** from the applicable worksheet on page 2) ... 5
6　Additional amount, if any, you want withheld from each paycheck ... 6 $
7　I claim exemption from withholding for 2003, and I certify that I meet **both** of the following conditions for exemption:
　●　Last year I had a right to a refund of **all** Federal income tax withheld because I had **no** tax liability **and**
　●　This year I expect a refund of **all** Federal income tax withheld because I expect to have **no** tax liability.
　If you meet both conditions, write "Exempt" here ... ► 7

Under penalties of perjury, I certify that I am entitled to the number of withholding allowances claimed on this certificate, or I am entitled to claim exempt status.
Employee's signature
(Form is not valid unless you sign it.) ►　　　　　　　　　　　　　　Date ►

8 Employer's name and address (Employer: Complete lines 8 and 10 only if sending to the IRS.)	9 Office code (optional)	10 Employer identification number

Cat. No. 10220Q

图 4-19　雇主扣缴津贴证书

棉球）的库存。这些物品每天都会使用，但不会在发票清单列表上显示。它们可能是用于治疗或外科手术的物品。员工参与库存控制的另一个重要部分是开箱检验货品。当货物到达时，第一步是打开包装盒并找到装箱单。装箱单列出了已订购并送达包装中的每件物品。确保每个物品都已入账并且未损坏是很重要的。新物品的到期日期应在计算机中注明，新订购的数量也应放在计算机库存系统中。根据兽医院的流程，物品应存放在柜子里的货架上。

一些兽医院可能没有使用计算机或计算机库存系统，没有使库存系统自动化。这时，需要手工计数和控制物品，并在笔记本中记录数量。因为涉及实际库存，意味着在临床中要对每个物品进行手工计数和记录，包括办公用品、医疗用品和药品。该系统必须仔细控制，以避免储存的物品耗尽。许多兽医院实行年实际库存的控制，以确保所有记录是准确的。

小结

兽医管理和实践方法对于保持业务成功是必不可少的。结账和处理发票给每个兽医医疗团队成员在工作中带来一部分压力。它需要良好的兽医学知识和良好的沟通能力。了解兽医院的管理方法和政策对于保持兽医院正常运行是非常重要的。库存管理是管理兽医院日常需求的重要组成部分。缺乏用品和药品意味着兽医院和工作人员收入的减少。兽医院依靠客户支付兽医院和工作人员的费用，并确保整个兽医团队的正常运行。

兽医助理基础与应用

如果工资是：		所扣缴的款额为：									
至少	但低于	0	1	2	3	4	5	6	7	8	9
		所得税的预扣金额为：									
$740	$750	$93	$86	$79	$72	$65	$58	$51	$44	$37	$30	$23
750	760	95	88	81	74	67	60	53	45	38	31	24
760	770	96	89	82	75	68	61	54	47	40	33	26
770	780	98	91	84	77	70	63	56	48	41	34	27
780	790	99	92	85	78	71	64	57	50	43	36	29
790	800	101	94	87	80	73	66	50	51	44	37	30
800	810	102	95	88	81	74	67	60	53	46	39	32
810	820	105	97	90	83	76	69	62	54	47	40	33
820	830	108	98	01	84	77	70	63	56	49	42	35
830	840	111	100	93	86	79	72	65	57	50	43	36
840	850	114	101	94	87	80	73	66	59	52	45	38
850	860	116	103	96	89	82	75	68	60	53	46	30
860	870	119	106	97	90	83	76	69	62	55	48	41
870	880	122	109	99	92	85	78	71	63	56	49	42
880	890	125	112	100	93	86	79	72	65	58	51	44
890	900	128	114	102	95	88	81	74	66	59	52	45
900	910	130	117	104	96	89	82	75	68	61	54	47
910	920	133	120	107	98	91	84	77	69	62	55	48
920	930	136	123	110	99	92	85	78	71	64	57	50
930	940	139	126	112	101	94	87	80	72	65	58	51
940	950	142	128	115	102	95	88	81	74	67	60	53
950	960	144	131	118	105	97	90	83	75	68	61	54
960	970	147	134	121	108	98	01	84	77	70	63	56
970	980	150	137	124	110	100	93	86	78	71	64	57
980	990	153	140	126	113	101	04	87	80	73	66	59
990	1000	156	142	129	116	103	06	80	81	74	67	60
1000	1010	158	145	132	119	106	97	00	83	76	69	62
1010	1020	161	148	135	122	108	09	92	84	77	70	63
1020	1030	164	151	138	124	111	100	93	86	79	72	65
1030	1040	167	154	140	127	114	102	05	87	80	73	66
1040	1050	170	156	143	130	117	104	06	89	82	75	68
1050	1060	172	159	146	133	120	106	98	90	83	76	69
1060	1070	175	162	149	136	122	109	99	92	85	78	71
1070	1080	178	165	152	138	125	112	101	93	86	79	72
1080	1090	181	168	154	141	128	115	102	95	88	81	74
1090	1100	184	170	157	144	131	118	104	96	89	82	75
1100	1110	186	173	160	147	134	120	107	98	91	84	77
1110	1120	189	176	163	130	136	123	110	99	92	85	78
1120	1130	192	179	166	152	139	126	113	101	94	87	80
1130	1140	195	182	168	155	142	129	116	102	95	88	81
1140	1150	198	184	171	158	145	132	118	105	97	90	83
1150	1160	200	187	174	161	148	134	121	108	98	91	84
1160	1170	203	190	177	164	150	137	124	111	100	93	86
1170	1180	206	193	180	166	153	140	127	114	101	94	87
1180	1190	209	196	182	160	156	143	130	116	103	96	89
1190	1200	212	198	185	172	159	146	132	119	106	97	00
1200	1210	214	201	188	175	162	148	135	122	109	99	92
1210	1220	217	204	191	178	164	151	138	125	112	100	93
1220	1230	220	207	194	130	167	154	141	128	114	102	95
1230	1240	223	210	196	183	170	157	144	130	117	104	96
1240	1250	226	212	199	186	173	160	146	133	120	107	98
1250	1260	228	215	202	189	176	162	149	136	123	110	99
1260	1270	231	218	205	192	178	165	152	139	126	112	101
1270	1280	234	221	208	194	181	168	155	142	128	115	102
1280	1290	237	224	210	197	184	171	158	144	131	118	105
1290	1300	240	226	213	200	187	174	160	147	134	121	108
1300	1310	242	229	216	203	100	176	163	150	137	124	110
1310	1320	245	232	219	206	192	179	166	153	140	126	113
1320	1330	248	235	222	208	195	182	169	156	142	129	116
1330	1340	251	238	224	211	198	185	172	158	145	137	110
1340	1350	254	240	227	214	201	188	174	161	148	135	122
1350	1360	259	243	203	217	204	190	177	164	151	138	124
1360	1370	259	246	233	220	206	103	180	167	154	140	127
1370	1380	262	249	236	222	209	196	183	170	156	143	130
1380	1390	265	252	238	225	212	199	186	172	159	146	133

图 4-20 联邦周薪工资扣除表

复习题

配对

将术语与其释义配对。

1. 账户历史记录
2. 消耗品
3. 预算
4. 重症监护病房（ICU）
5. 库存
6. 隔离病房
7. 寄养管理员
8. 化验室
9. 收据清单
10. 补货清单

a. 客户以前的发票，可以随时查看过去的付款和费用。
b. 在兽医院内的每一个药品和耗材的实际计数，以保持准确的记录。
c. 包含住院笼和设备的区域，收治传染病和疑似传染病的患病动物。
d. 日常使用未计费在客户发票中的物品，如纸巾、纱布、棉球。
e. 兽医院内需要的或库存减少的物品，需要重新订购。
f. 兽医院内拍摄和显影X线片的区域；该区域因化学和辐射暴露的原因受到监管。
g. 在寄养区域和动物病房工作的人，为动物提供食物、运动和干净的窝。
h. 给客户账单，列有服务和操作的花费。
i. 兽医院内为需要即刻和持续护理的重症患病动物进行治疗和提供住院的区域。
j. 服务大致产生的费用报价。
k. 在兽医院中检测、样品制备或完成分析的地方。
l. 患病动物接受常规检查的区域。
m. 动物被治疗或准备手术的区域。
n. 编码服务和程序的文件清单，允许工作人员跟踪对客户收取的费用。
o. 进行手术并使用有害麻醉气体的区域；该区域必须保持无菌，以防止污染。
p. 包装箱里附的纸张，详细说明装运的物品。
q. 客户填写的文件，以允许他们获得一个信用额度来支付兽医服务。

简答题

请回答以下问题。

1. 列出兽医医疗团队的必要成员，以及他们在兽医院中的工作和职责。
2. 谁确定兽医院内操作的费用和成本？
3. 科学学士与科学学士学位及理学学士与理学学士学位之间有什么区别？
4. 兽医学领域里哪些协会是重要的？
5. 兽医院的组成部分有哪些？每一个区域的重要性是什么？
6. 在兽医职业生涯开始时每个工作人员应该获得什么认证？
7. 列出库存管理的核心部分。
8. 解释员工工资以及如何确定周工资。

兽医助理基础与应用

临床案例

Kate 是 All Creatures 动物医院的医院经理，正在执行月末库存控制和维护客户账户。

一个客户账户仍然没有支付余下的 200 美元，手术过后欠了 2 个月依旧没有信息。Kate 决定给客户邮寄另一张发票，友好但坚定地提醒尚欠余款。

Kate 在审查存货清单时注意到，3 周前的订单仍没收到。她在计算机上查找制药公司的信息，并打电话给公司。供药代表没有接电话，所以她留下一个关于订单未到消息，并要求供药代表 Melissa 今天给她回电话。

- Kate 如何处理逾期付款的情况？
- Kate 如何处理缺失订单的情况？
- 在这些情况下计算机系统如何帮忙？

能力技巧

职业仪表和着装

目标：

在举止和仪表上指导一个人，以符合职业化要求。

准备：

- 刷手服。
- 防滑封闭鞋。
- 纱布卷。
- 1.3～2.5cm 的胶带卷。
- 手表或定时器。
- 听诊器。
- 尼龙皮带。
- 备忘录。
- 剪刀。
- 钢笔。
- 计算器。

流程：

1. 查看员工和操作手册，上面概述了兽医院内工作人员的规章和着装要求。
2. 遵循适当的着装要求，其中包括以下内容：
   - 清洁耐洗的工作服，包括合适和舒适的上衣及裤子。领口适中，裤子合身，不会在弯曲和运动的时候掉下来，有口袋。
   - 封闭整个脚部的防滑鞋，白色胶底帆布鞋优先。鞋子要适合、舒适和合脚。
   - 上述列出的准备物品应随身携带，随时可用。
   - 不佩戴或尽量少佩戴首饰。物品可能会损坏，导致患病动物或员工受伤，或可能受到污染。松散的物品，如耳环、项链和手镯可能会导致患病动物或工作人员受伤。
   - 头发梳于耳后，以便安全地处理患病动物和清楚地看到工作区域。
   - 指甲保持修剪和整齐。长指甲和假指甲往往在其下面藏有细菌和感染性物质，并且对患病动物有更高的污染风险。
   - 纹身和穿环保持隐蔽。很多医院在员工手册中具有规定，应注意。

能力技巧

发票和付款

目标：

正确处理和开具发票，并为提供的服务付款。

准备：

- 具备优秀的沟通技巧。
- 熟悉开发票和收取付款的过程。
- 行动高效和准确。

流程：

1. 确认客户和患病动物。
2. 确保病历和发票属于对应的客户和患病动物。
3. 确保收到所有药物、用品和患病动物物品。
4. 询问客户是否有任何问题。
5. 告知服务费总额。
6. 打印发票并在逐项部分中显示总余额。
7. 询问付款方式。
8. 收取费用并根据医院指示的处理方法操作。
9. 准备付款收据并交给客户。
10. 询问客户是否有其他问题。
11. 感谢主人，赞美患病动物。
12. 让主人知道你期待再次见到他或她。

能力技巧

库存管理流程

目标：

保持兽医院中产品和物品的准确数量。

准备：

- 获得兽医院中所有产品的列表。
- 准备好可用的笔和纸。

流程：

1. 在库存清单上查找物品。
2. 计数每个类别的所有物品，列出兽医院中每个物品的金额。
3. 检查库存清单，了解金额是否准确。
4. 检查每个物品的到期日期。
5. 从货架上移除任何超期或过期的产品。
6. 按到期日期将物品放置在货架上，以便首先使用快过期的物品。
7. 将物品存储在正确的位置。
8. 根据产品数量、制造商、制药公司的订购信息和到期日期以准确更新库存清单。

第 5 章 沟通和客户关系

学习目标

学习完本章后，读者应该能够：
□ 论述与客户的沟通过程和基本内容。
□ 区分恰当与不恰当的沟通方式，以及专业知识对客户的影响。
□ 演示更好地说和听的技巧。
□ 阐述怎样用电话与客户沟通。
□ 解释如何运用人际间的沟通技巧影响客户的看法。
□ 论述怎样处理难缠客户和特殊情况。
□ 论述如何帮助客户摆脱因失去爱宠带来的悲伤。

引言

兽医助理，甚至整个医疗团队，都要依靠人际间的沟通技巧拉近与客户之间的距离。人际交流包括两个或更多人之间的信息传递和回应，其形式可以是书面语、口头交流或肢体语言。兽医助理需要定期交流的人包括客户、全体工作人员和兽医院的其他专业人员，以及行医过程中需要打交道的业务人员，如给兽医院供货的销售代表。

沟通过程

沟通过程有 5 个必不可少的组成部分：发送者、信息、渠道、接收者和反馈（图 5-1）。这个过程始于发送者，他试图传递一个想法，这个想法被称为信息。信息由发送者发送给另一个称为接收者的人，接收者是有意要理解信息的人，信息通过渠道被发送，这个渠道是所选择的沟通路径。沟通路径的例子包括口头的、非口头的和书面的。一旦这个

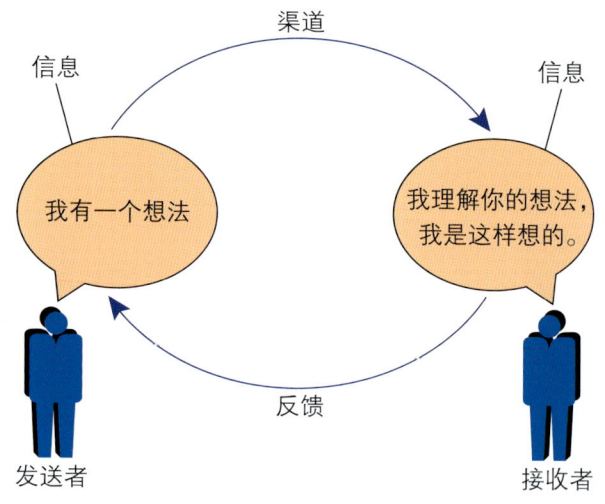

图 5-1 沟通过程

沟通过程完成后，接收者可以返回一个信息，称为反馈。这个过程会一直持续到会谈结束。沟通是将信息从一个人传递到另一个人或另一组人的方式。

口头沟通

采用说话的形式在两个或更多人之间沟通形成理解。口头沟通是人与人之间最常见的沟通方式。兽医助理和其他工作人员以及与客户之间都需要这种类型的沟通（图 5-2）。能够与其他人良好沟通是很重要的。为了更准确地记录信息，现在医学上的口头沟通可先在录音机上录音，之后再写下来。

非口头沟通

非口头沟通是人际间不使用语言而产生相互影响的交流方式。可能是通过肢体语言和神态语言。肢体语言是使用举止和手势来表达一个人的感觉。工作人员经常使用非口头沟通，有助于对待不安、生气或悲伤的客户。例如，非口头沟通包括微

图 5-2　口头沟通在兽医助理的职责中扮演重要角色

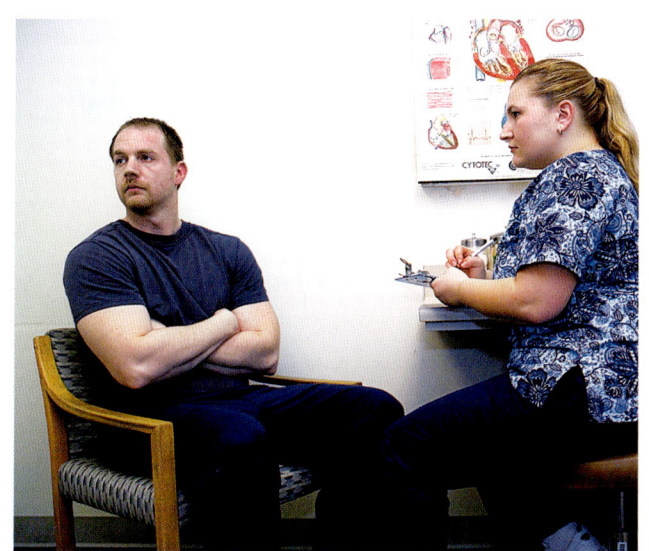

图 5-3　配合肢体语言比口头语言能更好地传递信息

笑、愁眉苦脸、瞪眼或耸肩（图 5-3）。仅使用非口头沟通交流时，很容易混淆信息的含义。为了有效地沟通，配合积极的肢体语言可以使交流过程更顺利。以下是一些积极的肢体语言和手势的举例（图 5-4）：

- 抱住双臂或轻轻折叠在身体前面。
- 以轻松的姿势直立。
- 面对面，保持目光接触。
- 用温柔的声音和清晰的语调说话。
- 与人保持至少 1 个臂展长度的距离，形成舒适的空间。

图 5-4　积极的肢体语言可以增进兽医助理与客户之间的沟通

- 专业着装，佩戴工牌。
- 微笑，并保持轻松的面部表情。
- 养成良好的卫生习惯。

书面沟通

书面沟通用于日常记录就诊过程。书面沟通可使用写信、写备忘录、发电子邮件或发短信的方式。电子邮件和短信已成为流行的沟通方式。书面沟通必须清晰、准确、易懂。在兽医院中，重要的是在每个电话机附近准备备忘录、笔或铅笔，以便能够写出准确的消息和细节。请注意，要记录所有电话留言，并立即将备忘录信息提供给接收者。在备忘录上写上日期、通话时间、来电者姓名、电话号码、留言和您的姓名。确保所记录的信息整洁和准确。病历和过程记录必须具有良好和准确的信息，以便工作人员之间进行妥当的沟通（图 5-5）。

图 5-5　在兽医医疗团队中，书面沟通是沟通的重要组成部分

良好的沟通技巧

与人沟通时,应该注意几个要素,以加强积极沟通的途径。这些要素包括礼貌、善良、耐心、机智、同情和共鸣。礼貌意味着把对别人的需要和关心放在自己需要之前,包括分享、给予和合作等特征。所有人都应该受到尊重和专业的对待。善良是一种特性,是乐于助人、善于理解和以友好的态度工作的例证。每个客户都应该按照你希望被他人对待自己的方式对待。耐心是一种在任何情况下都表现出冷静风度的特征,没有任何负面的抱怨。耐心可能需要实践。有些人和动物需要比其他人更多的耐心。机智是一个在正确的时间做适当的事和说适当的话的特征,有助于与他人保持良好的关系;在说话之前,要思考和计划,因为说话可能会冒犯他人。同情是在悲伤的时候彼此分享感情。共鸣是在特定的时间理解他人的感受。表 5-1 提供常见情况下这些特性的例子。

表 5-1　良好的沟通技巧

礼貌	• 扶门 • 引导客户上车 • 帮客户搬运狗粮 • 带就诊犬到检查室
共鸣	• 当他们的动物安乐死时,让别人感受到理解他们的感情
友好	• 主动询问去帮助他人 • 打电话回访 • 画图表解释如何去做
耐心	• 引导老年人上车 • 对听力困难的人重复确认信息 • 为儿童提供图画书
同情	• 对失去爱宠的客户表达遗憾 • 为客户写表示同情的便条 • 为生病的工作人员送鲜花
机智	• 礼貌地说话 • 不骂人 • 不喊叫 • 专业讨论困难状况

人际沟通

人际沟通包括说话、倾听和观察他人,以便良好的沟通。

说话

语言交流需要练习和经验。这可能是任何职业中令人沮丧的部分。有些人开始讲的话与他们来兽医院的目的毫无关系。他们也可能会问很多问题,其中一些可能不重要。与人交往时,要尊重遇到的每一个人。记住,人是不同的,因此要将每个人视为个体。与团队其他成员交流,可以保障与动物一起工作的安全性,并使每个人的工作变得轻松些。完成动物的治疗方案或完成进度报告可能需要与其他兽医医疗团队的成员沟通互动(图 5-6)。在与人沟通时,有多种方法用来表示尊重:

- 在和其他人接触时,总是先问候他们。
- 以尊重和诚实的态度对待每个人。
- 专业的称呼每一个人,如 Jones 医生、Smith 夫人、李教授。
- 解释信息时,慢慢说,要有耐心。
- 保持兽医院的所有区域整洁和干净,让所有工作人员和进入兽医院的人感到舒适。
- 为每一个需要帮助的人提供便利。
- 微笑,即便在不想笑的时候。

图 5-6　经常需要帮助其他工作人员完成书面报告

倾听

与客户沟通的另一种方式是倾听和回应客户。倾听技能在兽医领域是必不可少的。倾听需要训练自己专注于正在说话的内容。好的倾听者可以准确地听到正在说话的内容，思考这些话以便清楚地理解中心思想。良好的倾听技能还包括观察一个人的肢体语言，来判断他或她的心情。好的听众知道什么时候不说话，让人们说完他们的想法。有必要花时间去理解所说的话，并思考适当的反应是什么。记住，沉默是一种完全理解他人传达信息的方式。有时候，沉默可能是一种良好的做法，花时间思考讲话者说过的内容，这样可以避免遗漏。在理解所说的内容后，要重复你的理解并回复发言人。这会使发送者和接收者有一个共同的理解，并确保信息是准确的。站在兽医立场，兽医助理可能需要与另一名工作人员沟通，如何适当地保定动物或在必要时请求帮助（图5-7）。

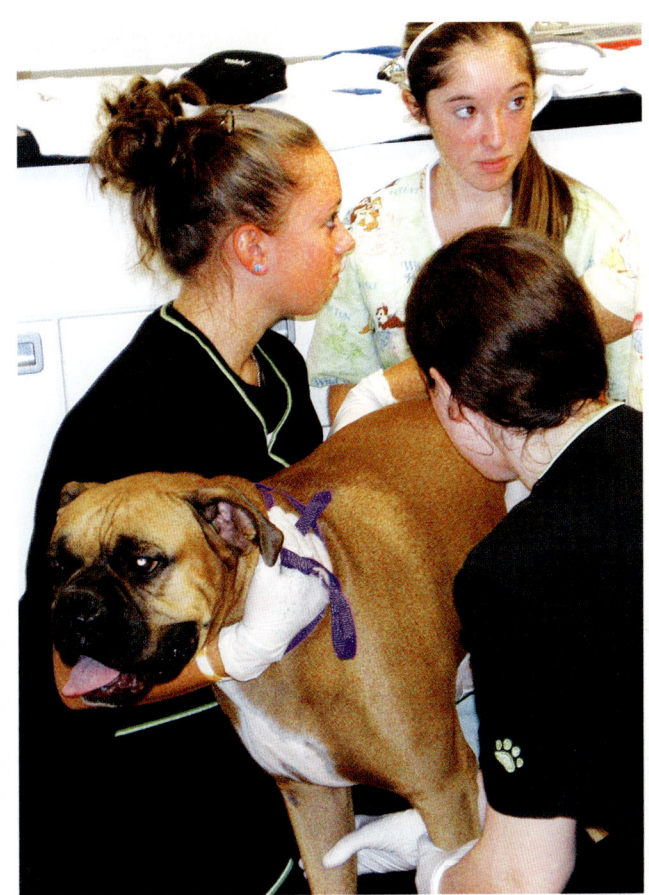

图5-7 停下来听同事说话，确保自身和其他一起工作的人员安全以及动物的安全

观察

观察技巧是指注意人的肢体语言和言语。人的肢体语言是非口头沟通。非口头沟通是一种没有语言的行为。这些行为告诉我们人是如何通过手势或表情表达感受的。很多人可能没意识到他们正在表达的这些行为。有些人愿意使用表情，让别人理解他们的观点。兽医工作人员在临床中可以观察到客户的非口头沟通的例子，如下：

- 微笑。
- 沉重的叹息。
- 摇头。
- 无精打采。
- 手指紧张地敲击。
- 双臂交叉。
- 踱步。
- 愁眉苦脸。
- 怒视。

与难缠的客户沟通

当兽医助理必须面对一个愤怒或难缠的人时，就可能会发生不愉快的状况。当他或她不安时，最好是通过肢体语言和声调了解这个人，有助于避免困境。然而，出现困境时，人会震惊和沮丧，最好的方法是保持冷静。没有确切的方法来对待愤怒的人。最好是通过询问发生了什么问题或情况开始，询问为什么会发生。很多时候，如果生气的人愿意讨论或描述坏状况，这将极大缓解紧张局势，为助理提供时间获取他或她的想法，并考虑可行的计划。下面分享的内容是在对待难缠的人时需考虑的要点：

- 保持积极和坚定的态度。
- 以礼貌和尊重的态度对待每一位客户。
- 在客户带宠物就诊前，与客户沟通发票和操作的费用。
- 解释所有的操作，并询问是否有任何问题。
- 获得客户的许可，并签署知情同意书。
- 乐于助人。

- 保持冷静和放松。
- 减少打扰。
- 不要争辩或说消极的话。
- 不要责怪任何人。
- 为发生的任何误解道歉。
- 在一个有第三方证人的私密地方谈话。
- 保持客观，专心听。
- 保证该人该事得到解决。
- 找中立方帮忙解决问题。

愤怒的人会说他们以后可能后悔的事情。如果有这种情况，不要让自己也变得愤怒。如果客户已经愤怒，兽医要避免愤怒。用机智和尊重对待每一个难缠的人。这些事情对任何人来说都不容易处理，但有时是不可避免的。

电话技巧

在兽医院里，电话是常用的交流方式（图5-8）。这是一个可以产生良好或坏印象的渠道。第一，任何人接听电话都要表现自如，并具备良好的电话沟通技巧。用电话讲话时，要遵守以下规则。首先，要及时地接听电话，试着在第三响接听。第二，愉快地问候来电者，说"早上好"或"谢谢您的来电"能让人愉快一天。此外，还要明确告诉来电者是谁在和他说话以及说话的地点。接下来，要谦恭有礼貌。给予来电者充分的关注，使用礼貌和简单的语言。说话要清晰、响亮，易于理解。有些来电者可能耳背，必要时要调整声音的语调。因此，要重复强调重要的信息。最后，感谢来电者，用愉快的"再见"结束交谈。

在接听电话时，当另一个电话铃响时，要礼貌地询问第一个来电者是否可以把他或她置于候听状态，然后等待回应。这是礼貌的例证，但前提是确认客户没有紧急情况需要立即处理。当一条线路处于候听状态时，要注意：如果候听时间超过1min，应询问来电者的姓名和电话号码，以便及时回拨电话。请记住，电话里等待1min的感觉就像10min。

悲伤和沟通

悲伤是人们失去爱宠后所表达的情感。兽医医疗团队成员会因宠物死去或通过就诊与客户和患病动物变得亲近，也会有一定程度的悲伤。人与动物之间发展的这种亲密关系被认为是人-动物之间的纽带。很多人认为他们的宠物是孩子或家人。动物的陪伴使人快乐。由于存在这种纽带，主人很难面对一只年老或重病的动物。当宠物失去时，悲伤是不可避免的。兽医院中一个常见的操作是安乐死。安乐死是人道地结束一个动物生命的过程。人道这个词用来描述在对待动物的生理、心理和情感福利方面，什么是人类可以接受的。安乐死是一种人道地结束动物痛苦的方式，对主人和兽医工作人员来说都是困难的选择。决定一只宠物安乐死对任何人来说都是一个艰难的选择，应该向客户解释这个过程。经历悲伤过程的人可能会表现出以下情绪。震惊是宠物突然死亡时的情绪，可能会拒绝接受现实。否认是指不能马上接受宠物死亡的事实。讨价还价允许尝试任何可能的方法解决宠物问题。当主人理解并接受宠物已经去世的事实，就会妥协接受。也可能引起主人愤怒，愤怒是大的创伤事件产生的一种自然情绪。这种愤怒可能发泄给他们自己、家庭成员或兽医工作人员。有些人在接受之后也会出现其他一些情绪，包括悲泣、沮丧和内疚。悲泣是失去爱宠后伤心过度导致的。当一个人会哭和谈论他的宠物时，这通常是一个积极的情绪，是伤口愈合过程中一个巨大的部分。沮丧是悲伤的阶段，一个

图5-8 礼貌和愉快的电话沟通技巧会给人留下良好的印象

人变得很伤心以致不能处理日常生活，这种状态需要医生来帮助其康复。当一个人觉得他或她应该为宠物的死亡负责或他或她应该能够做一些事情来拯救宠物的生命时，则会产生内疚。这些悲伤过程中的情绪和状态是兽医助理应该准备处理的事情。客户和工作人员可以通过提供某些有用的策略来处理悲伤，例如，与家人或朋友聊天，与已经失去宠物的其他人交谈，加入丧宠互助小组，或寻求专业的悲伤辅导。

小结

积极有效的人际沟通在兽医院必不可少。兽医助理必须知道怎样接收一个传递清晰和明确的信息，并且还能够有效地倾听。适宜的沟通技巧，包括说、倾听、观察和使用肢体语言，对于成为合格的兽医助理是至关重要的，对兽医工作人员和客户也是很重要的。运用尊重、礼貌、理解以及关怀，并加上沟通技巧的使用，将打造一个更加成功和愉悦的兽医环境。

复 习 题

配对

将术语与其释义配对。

1. 讨价还价　　a. 悲伤的阶段，允许尝试任何可能的方法解决宠物问题。
2. 肢体语言　　b. 在对待动物的生理、心理和情感福利方面，什么是人类可以接受的。
3. 沟通过程　　c. 试图在沟通路径中传达一个想法或信息的人。
4. 共鸣　　　　d. 意味着在正确的时间，说和做恰当的事的特性。
5. 悲伤　　　　e. 伤心的情绪，人们在失去爱宠时的感觉。
6. 人道的　　　f. 通过一个沟通路径传递的想法。
7. 接收者　　　g. 在他人悲伤的时候分享感情。
8. 发送者　　　h. 使用能够观察到的举止和手势描述一个人的感觉。
9. 同情　　　　i. 在沟通路径中获取消息的人。
10. 机智　　　　j. 能够理解另一个人感觉的情感。
　　　　　　　　k. 由接收者发送的回馈信息。
　　　　　　　　l. 将信息传递给其他人时4个必不可少的步骤，包括发送者、接收者、消息、渠道和反馈。

简答题

请回答以下问题。

1. 给出3个沟通渠道的例子。
2. 下列哪种反应是有效沟通的最好例子？
   a. Campbell 太太，听说 Kitty 被汽车撞了，我很遗憾。聊起这个事儿对您一定很困难。猫会让它们自己陷入这么多麻烦，这就是为什么我更喜欢犬的原因。
   b. 当然没有烟灰缸，难道你没看到禁止吸烟的标志吗？

c. Smith 夫人，我知道你很着急，但就诊完毕后，就是要付款。

d. 你好，Tate 先生，你和 Fluffy 今天过得怎么样？请稍坐，我们马上就来。

3. 列出一个人可以展现非口头沟通的 7 种方式。

4. 用于沟通的手势和举止称为 _____。

5. 如何处理一个对自己的账单不满意的难缠客户？

6. 在以下电话对话中，哪种是正确的沟通方式：

a. "您好，请稍等。"

b. "我能帮您吗？"（候听 3min 后）

c. "您说您叫什么名字？"

d. "稍后见。"（挂电话伴随着笑声）

e. "6 点来。"（叹气并挂断电话）

临床案例

兽医助理 Emily 正在被一名顾客训斥，因为他的预约在 35min 之前，有一只生病的狗等待看诊。Emily 被客户的行为吓坏了，并回答说："这不是我的错。停止对我尖叫！"

a. Emily 做错了什么？

b. 写一篇关于你是如何回应客户的脚本。

c. 悲伤的过程有哪些阶段？

第 1 部分 兽医院管理实践与客户关系

 **能力技巧**

人际沟通技巧

目标：

与客户和同事有效地沟通。

准备：

- 确定需要声明的内容。
- 使用需要的参考书，如字典或兽医学术语课本。
- 如果是书面沟通，用黑笔写一个备忘录。
- 在可能的情况下，使用带文字处理程序的计算机。

流程：

口头沟通

1. 仔细聆听，把注意力集中在演讲者身上。
2. 倾听时，注意良好的眼神接触。
3. 准确记录必要的笔记。
4. 说话时使用良好的、清晰的、可听见的、易理解的语调。
5. 说话时伴随眼神接触。
6. 慢慢地说。
7. 使用正确的语法和礼貌。

书面沟通

1. 检查所有拼写，标点符号和语法的准确性。
2. 校对的意义和理解。
3. 必要时使用参考材料。
4. 使用蓝色或黑色墨水整洁、清晰地记录。
5. 把所有书写的事项放在恰当的位置。

能力技巧

客户沟通技巧

目标：

与客户有效地沟通。

准备：

- 确定兽医院中使用的客户沟通方法。
- 确定特定情况下适宜的书面沟通类型。

流程：

书面沟通

1. 检查所有书面信息的准确性和清晰度。
2. 为了理解，阅读所有的信息给客户。
3. 询问客户，他或她是否对信息有任何疑问。
4. 将所有原始文件放在客户档案中，确保客户收到文件的副本。

口头沟通

1. 用可听见的语调清晰而缓慢地说话。
2. 与客户保持目光接触。
3. 为理解信息，阅读客户的肢体语言。
4. 询问客户，他或她是否对信息有任何疑问。
5. 在病人的病历中记录所有的口头沟通细节。

能力技巧

电话沟通技巧

目标：

使用电话沟通时，培养清晰简洁的风格。

准备：

- 在每个电话旁都放便笺、纸和能用的笔。
- 对电话系统有良好的理解和认知。
- 在每部电话附近都有客户和患病动物的信息表。
- 了解医院适当的调度技术。
- 了解如何正确安排预约和维护预约簿。
- 每台电话旁边都有一份可用的价目单。
- 脸部保持微笑，以此来反映声音中的友善。
- 在第二到第三声铃响时接听电话。

流程：

1. 问候来电者，并说出兽医院的名称。例如："早上好，这里是 Homestead 动物医院。"
2. 对来电者说出你的名字。
3. 接着说："我怎样可以帮到您？"
4. 如果可能的话，避免将来电者的通话处于候听状态。如果来电者的通话必须处于候听状态，请先询问来电者是否可以这样做。然后等待回应。
5. 如果候听时间超过一分钟，向来电者询问姓名和电话号码，以便及时回拨电话。
6. 当回复一个候听电话时，告诉来电者："抱歉让您久等了，我是 Amanda，我怎样可以帮到您？"，尽可能直接回拨电话。
7. 记录所有电话信息，并立即写备忘录给信息接收人。整洁、准确地在备忘录上写上日期、通话时间、来电者姓名、电话号码、留言和您的姓名。
8. 认定所有个人来电都是有需求的，以便适当地进行直接询问来电者的姓名和来电原因。
9. 每时每刻保持有礼貌和耐心。用清晰可听见的声调慢慢地说话。

能力技巧

处理难缠客户

目标：

在兽医院中创建一个处理难缠客户问题的策略。

准备：

- 尽量避免制造麻烦的情况。
- 以礼貌和尊重对待每一位客户。
- 在任何时候使用温暖、关怀和积极的态度。
- 在与客户沟通时尽量避免打断客户。
- 减少客户等待的时间。
- 在提供服务前，跟客户沟通预计的费用，每个客户应得到一份预计费用的副本。
- 签署知情同意书，获得客户允许。
- 解释所有的操作细节，并询问客户是否有任何问题。
- 乐于助人。

流程：

1. 保持冷静。
2. 请客户解释问题。允许客户在提问前交谈。倾听客户的需求、问题和观点。
3. 确定谁能最好地解决这种情况。
4. 确定这种情况是否应当在私人的、有第三方证人的情况下处理。
5. 不要表现得有防御性或把责任归咎于别人。
6. 理解。
7. 询问客户他或她想做些什么来帮助解决这个问题。根据需要提供替代方案。
8. 如果客户变的无礼或出言不逊，立即找一名兽医帮忙。

能力技巧

悲伤辅导

目标：

创建处理客户动物死亡致客户悲伤过程的策略方法。

准备：

- 悲伤辅导的电话号码。
- 关于安乐死的印刷品。
- 为儿童准备关于安乐死的彩色画册。

流程：

1. 尽可能少讨论悲伤。悲伤辅导应该由专业人员来做。
2. 提供悲伤辅导热线或电话号码。
3. 所有的客户都应该收到讲述悲伤过程和安乐死的印刷品。
4. 儿童应该得到关于安乐死的彩色画册，用合适的方式帮助孩子了解发生了什么。
5. 准备由兽医和工作人员签名的慰问卡。

第6章 兽医职业道德和法律问题

学习目标

学习完本章后，读者应该能够：
- 论述道德和不道德行为之间的差异。
- 解释患病动物的急诊护理。
- 描述《兽医行医法案》。
- 解释《兽医行医法案》的规章和条例。
- 说明兽医学的专业责任。
- 描述普通法、州法和联邦法之间的区别。

引言

兽医和所有兽医工作人员必须遵守道德行为规范。每个州都有法律规定，首先要满足患病动物的需要。树立高标准的患病动物护理和职业道德及法律规范，已成为行业的责任。每个州的兽医行医法案概述了这些法律。许多兽医院的要求高于法律，形成了相关规章和条例。

兽医职业道德

职业道德是管理恰当行为的规则。兽医职业道德是指导兽医及其专业人员的道德行为。这些道德表明一个人的是非观。AVMA已经制定了兽医学职业道德标准。兽医工作人员最重要的职责是满足患病动物的需求，减轻动物遭受疾病的痛苦。履行这些义务是有职业道德的；没有履行这些义务，是没有职业道德的。下面列出了兽医学中不遵守职业道德的实践案例：

- 不遵守《兽医行医法案》相关的法律。
- 虚假兽医（无执照行医）。
- 诽谤－诋毁其他专业兽医。
- 违反保密协议。
- 临床操作低于患病动物护理的标准。
- 药物滥用问题。
- 虐待或忽视动物。
- 没有VCPR的处方药。

兽医根据患病动物护理要求做出决定，这些决定是通过兽医－客户－患病动物关系建立的，通常称为VCPR。这意味着，在法律上，兽医在做任何诊断、提供治疗、手术、开处方药或说明疾病预后之前，必须检查动物（图6-1）。这种关系必须维持一年时间，以便可以提供列出的服务。每年要进行复查，继续承担对客户和患病动物的法律责

图6-1 兽医在进行治疗或做出诊断前，需要对患病动物进行体格检查

任。一旦兽医建立这种关系,他或她就有责任为患病动物持续提供符合标准的医疗服务,包括可获得指定兽医院的急诊服务。客户可以在任何时间终结 VCPR,兽医只能在为动物提供治疗服务后结束 VCPR。

在伦理上,病历记录是机密。这就意味着,患病动物的信息是隐私的,不能与任何人分享,除非在必要的工作人员护理患病动物期间。客户的个人信息也是不能被泄露的。病历所有权归兽医院,不能由客户或兽医拥有,可以向客户提供副本。客户如索要病历副本需要书面申请,病历原件需要一直合法保留在兽医院。

《兽医法》和《兽医行医法案》

《兽医法》是基于每个州的《兽医行医法案》形成的。《兽医行医法案》是一个法律文件,概述了兽医专业的规章和条例。这些法律因州而异。重要的是,所有工作人员都应获得本州《兽医行医法案》的认证,并遵守相关规定。兽医学州委会管理和监督《兽医行医法案》。每个州都有兽医专业人员、公务员以及法律顾问,监督州内兽医法律。州委会为公众服务,接受对兽医专业人员的投诉,并对专业兽医采取必要的纪律处分。兽医助理要研究所在州的《兽医行医法案》,并熟悉规章和条例。这些信息可以通过访问美国兽医州委员会协会(AAVSB)网站获得:http://www.aavsb.org/。可在该网站查阅执照信息和根据《兽医行医法案》制定的州法律。每个州的《兽医行医法案》都要求所有持照的兽医专业人员,定期参加继续教育或研讨会,及时了解兽医技术和医学信息的更新变化。这会让每个人在其专业领域内获得更新的教育,并学习到更多的专业知识(图6-2)。无论是否持照,所有业内专业人员都要更新技能,在行业内尽可能地学习,以便体现职业道德。兽医对兽医工作人员的督导分为直接督导和间接督导。直接督导是兽医在兽医院或同一科室,如有需要可以立即协助;间接督导是兽医不在兽医院或同一科室,如有需要则可协助。

图6-2 继续教育(CE)是兽医领域的一项要求,可通过参加在线课程完成学习

《兽医基本法》

《兽医基本法》是在违规基础上建立的。《成文法》是政府制定的书面法律。兽医学受这两种类型的法律监管。兽医法律知识对兽医行业的所有人都是至关重要的。兽医助理声称不懂专业内的法律,这是不可以接受的借口或辩护理由。《兽医基本法》基于法庭和法官的判断。成文法基于立法机关和政府的法律。动物是私有财产,就像汽车或房子一样。主人对宠物的损害、丢失和伤害有权维权。同时,这种权利也适用于兽医院,是责任或法律责任。在兽医院就诊时,这种责任和法律责任可以延伸到所有主人和宠物。例如,客户在兽医院地板上滑倒,就涉及责任。玩忽职守是指低于行医标准的操作行为。疏忽是在本应做好的方面表现失败。在这些案例中,客户有权提起法律诉讼。

以下是在兽医院中防止玩忽职守和疏忽的示例：

- 在病历上记录一切。
- 让每个客户签署知情同意书，详细告知操作过程，并给客户报价。
- 锁上所有的窗户、门和药品柜。
- 为所有小型宠物提供牵引带和手提笼。
- 动物保定仅由已受训人员合法地进行。
- 保证动物隔离。
- 所有住院的患病动物都使用身份识别卡和颈带。
- 在日志本上准确记录管控药物使用情况，并做好日常维护。
- 每天检查兽医院所有区域是否存在安全隐患。
- 张贴告示警告客户可能出现的危险。
- 任何不满均可向州兽医学委员会提出申诉。

《联邦兽医法》

《联邦兽医法》是由美国国会通过并由联邦法院系统捍卫的法律。它们比州法律适用更广泛，权威更大。《联邦兽医法》适用于人和宠物。联邦法律针对的人中大多数是兽医工作人员。有关工作场所安全的法律，由职业安全与健康管理局（OSHA）管理。《美国残疾人法案》为身体和心理有需求的员工提供服务。另一项法律是《公平劳动标准法》，管辖儿童和童工，有些指导方针适用于雇用某些年龄段的孩子和他们可能履行的职责。联邦法律也适用于动物。《动物福利法》涉及如何处理和照顾动物，并监督研究机构对动物福利问题。法律也涉及动物权利。这是基于一种观念，动物有感觉和情感，赋予它们与人一样的权利。这些权利多是涉及动物虐待法。忽视和虐待动物通常是由动物保护协会和收容所处理。

联邦机构管理兽医专业人员，也负责监督行业内药物使用情况。美国食品药品管理局（FDA）设定食品添加剂和动物用药的制造标准，特别是那些供人类食用的动物和产品。药品执法局（DEA）负责监督药物，并给有能力开处方药的专业人员颁发兽医EDA许可证，该许可证用于开具那些有可能成瘾或滥用的处方药。这些药物许多都涉及管控成分。管控成分必须始终被锁上并合法地保存，在每次给患病动物开具处方时做好记录，这些记录必须每天更新。

小结

兽医职业道德和法律，对兽医领域内的每个人都很重要。了解这些法律责任，对每个员工都是必要的，但兽医负有最终责任。许多普通的规章适用于安全和常识。最好了解法律并遵守它。每个人都应以专业的态度行事，传递尊重，为患病动物和客户提供高标准和高质量的医疗服务。

复 习 题

配对

将术语与其释义配对。

1. 基本法
2. 机密
3. 管控成分
4. 直接督导
5. 伦理
6. 间接督导
7. 责任
8. 玩忽职守
9. 不称职
10. 道德
11. 疏忽
12. 诽谤
13. 成文法

a. 低于行医标准的操作行为。
b. 未能做到，或未能适当地去做。
c. 以不当的方式负面地谈论别人。
d. 存在潜在成瘾和滥用情况的药物。
e. 基于违反法律的规章和条例。
f. 一个人的是非观。
g. 基于政府书面法律的规章和条例。
h. 管理适当行为的规章制度。
i. 一个人的工作或行为不符合要求。
j. 法律责任。
k. 隐私的、未经许可，不得在兽医院以外跟任何人分享的信息。
l. 某人在工作时，兽医在兽医院或同一科室，如有需要则可协助。
m. 某人在工作时，兽医不在兽医院或同一科室。
n. 某人在工作时，兽医在同一科室，如有需要可以立即协助。

判断对错题

阅读语句 1~10，并判断语句是正确还是错误的，如果语句是错误的，修改成正确的。

1. 兽医需要为所有患病动物提供急诊护理。　　　　T　F
2. 兽医助理不应让客户认为他们是兽医。　　　　T　F
3. VCPR 可以在任何时间结束。　　　　T　F
4. 只有兽医应该为患病动物护理建立高标准。　　　　T　F
5. 质疑兽医的能力是可以接受的。　　　　T　F
6. 道德上，兽医应护理每一位需要治疗的患病动物。　　　　T　F
7. 所有兽医医护人员必须修读 CE 课程以更新他们的专业知识。　　　　T　F
8. 基本法和州法律是一样的。　　　　T　F
9. 按法律要求 VCPR 保持在 2 年时间内。　　　　T　F
10. FDA 管制兽医行业中管控药物的使用。　　　　T　F

简答题

1. 描述在兽医院被认为是没有职业道德的 5 种情况。
2. 列出由联邦法律管辖的 4 个兽医学领域。
3. 什么政府机构管理兽医职业道德领域？
4. 直接督导和间接督导有什么区别？

临床案例

Kelly 是 All Creatures Great and Small 兽医院的一名助理,当客户带着一只正在流血的小狗进门时,她正在前台工作。

"请救救我的小狗,她伤得很严重。"

Kelly 冲到等候区,说:"请试着冷静下来,告诉我发生了什么。"

"今天早上,我在公园里遛 Patches,当她离开我走到街上时,一辆汽车撞了她,我以为她死了。"她回答,"她需要马上看兽医!"

Kelly 检查那只狗,说:"她出血很严重,我给你一条毛巾,这样你可以压住她的伤口。她需要 X 线检查,可能需要缝合。她还可能会发生休克。"

"请让兽医给她检查一下。"

"对不起,Hughes 医生还没来,Carr 医生今天早上接到农场电话出诊了。我写下一个大约需要 15min 路程的急诊兽医院的地址。我会给他们打电话,让他们知道你带了一只狗,需要立即就诊。他们不是最好的医生,但他们有能力救 Patches。"

"求求你,你不能做点什么救救 Patches 吗?"

"不,对不起,我什么也做不了。"

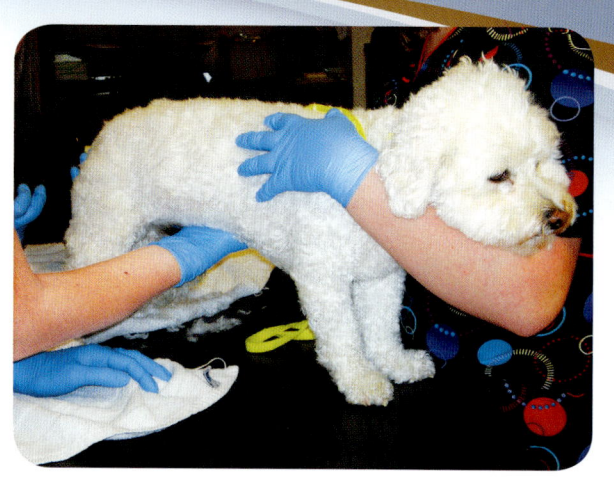

"她会死的,她会死的!"

"我不能救她。你的狗需要看兽医,唯一能救她的兽医在急诊兽医院。我建议你按压出血的地方,并立即带她去。"

"你为什么不帮我?"她回答,边向门口走去,"好吧,我带她去能护理且救她的地方。"

- 在这种情况下,Kelly 做什么是有职业道德的?
- 在这种情况下,Kelly 做什么是没有职业道德的?
- 为了更好地处理这种情况,Kelly 本应该还能做什么?

能力技巧

兽医职业道德

目标：

了解兽医院中应当做什么和不应当做什么。

准备：

- 了解兽医院的规章和条例。
- 了解符合职业道德和不符合职业道德做法之间的差异。
- 运用常识和尊重。

流程：

1. 与其他要求相比，患病动物的需求为先，尽一切方法减少疼痛、减轻痛苦和缓解疾病。
2. 遵守所有法律。
3. 公平和诚实地对待每个人。
4. 兽医基于对患病动物的照护做出所有决定。
5. 每位患病动物必须在一年内建立 VCPR，包括以诊断为目的的体格检查，开具处方药，进行手术或判定预后。这种关系必须每年合法更新。
6. 兽医的职责包括急诊服务在内的患病动物照护的所有方面。
7. 甚至在工作人员之间，病历也是保密的。

能力技巧

兽医专业法律

目标：

获得对兽医专业法律义务的理解。

准备：

- 获得州《兽医实践法案》和规章条例的副本。
- 了解涉及兽医专业的基本法和联邦法。
- 随时运用常识。

流程：

1. 了解所有的法律并遵守它们。
2. 始终在病历里记录所有内容。
3. 让每个客户签署知情同意书。
4. 向每个客户报价。
5. 保持所有门窗关闭并牢固。
6. 为所有小型宠物提供牵引带和手提笼。
7. 动物保定应仅由已受训人员合法执行。
8. 保持动物隔离。
9. 所有住院患病动物使用身份识别卡和身份识别颈圈。
10. 在日志本上准确记录管控药物使用情况并做好日常维护。
11. 每天检查医院所有区域是否存在安全隐患。
12. 张贴告示警告客户可能出现的危险。
13. 向州兽医医学委员会上报任何不当行为。

第2部分

兽医动物生产管理

第 7 章　犬品种识别与生产管理

学习目标

学习完本章后，读者应该能够：
- 定义与犬相关的常见兽医术语。
- 描述犬的生物学特性与发育。
- 识别美国养犬协会（AKC）公认的犬常见品种。
- 论述正确的犬选择方法。
- 论述犬的营养因素。
- 描述正常与非正常的犬行为。
- 说明犬的基础训练方法。
- 对于不同操作，能够适当安全地保定犬。
- 论述犬的适当美容需要。
- 论述犬的基本保健与维护。
- 论述犬的基本疫苗健康计划。
- 说明犬的饲养与繁育。
- 识别犬的常见疾病与预防。
- 识别犬常见的内外寄生虫病。
- 论述犬的常见外科手术操作。

引言

通过向人们提供某种服务，犬已成为最受欢迎的伴侣动物之一，也是社会上最重要的动物物种之一。因此，犬成了"人类最好的朋友"（图 7–1）。研究表明，拥有一只犬能够缓解压力，也会促进形成更健康的免疫系统。抚摸犬并与其分享时光，对人们的健康有积极作用。因此，兽医要致力于犬的健康和福利。

图 7–1　犬是最受欢迎的伴侣动物之一

兽医术语

在兽医学中，了解物种专用术语并在论述时正确使用这些术语至关重要。表 7–1 中包含一些在兽医行业中的常用犬科术语。兽医助理也应该熟悉犬体结构的外在部分。图 7–2 显示了兽医助理应熟悉的犬体每个部位的位置以及用于犬该部位的术语。

表 7–1　犬的专用术语

Canine（K-9）	犬（来自拉丁美洲）
Bitch	母犬
Stud	育龄公犬
Intact	有繁殖能力；仍然有生殖器官
Neuter	手术去除生殖器官
Spay	手术去除雌性生殖器官
Castration	手术去除雄性生殖器官
Litter	相同父母生育的一窝幼犬
Puppy	不到 1 岁的幼犬
Pack	一家的犬群
Gestation	孕期时长
Whelping	母犬的生产过程

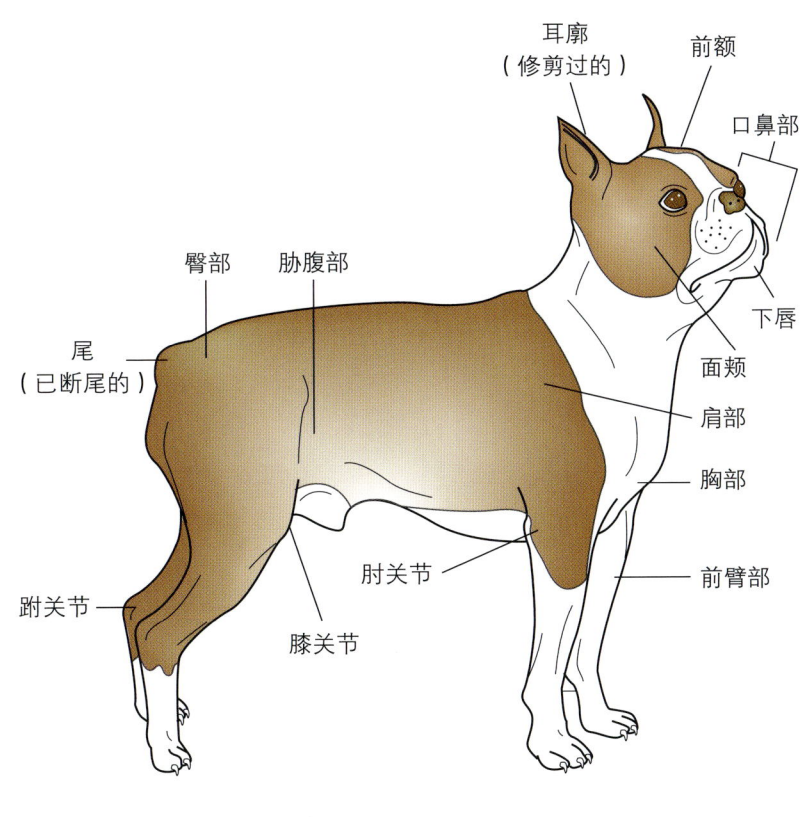
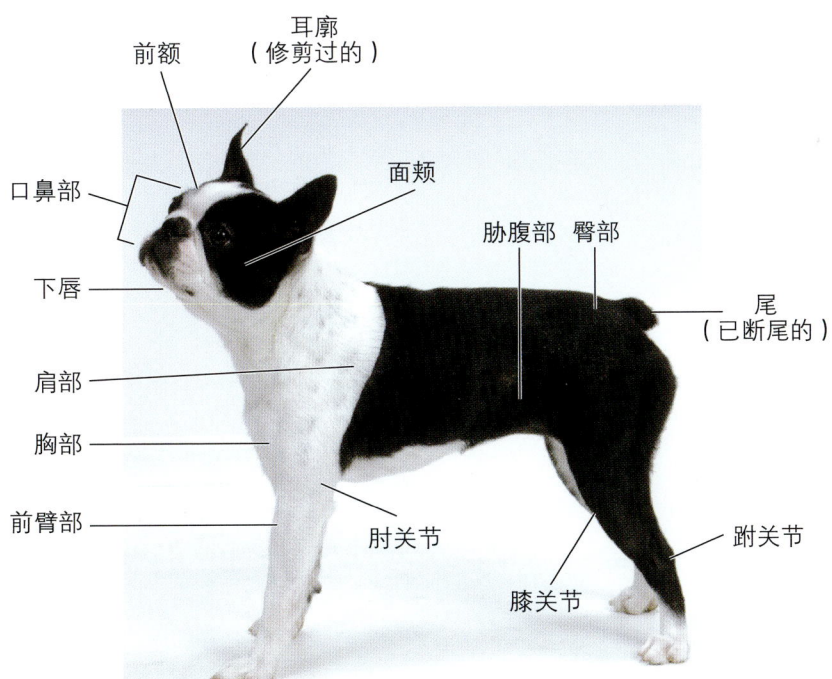

图 7-2 犬的解剖部位

生物学特性

犬是由狼驯化来的,而且在一万年前就被驯化了。驯化意味着动物已经变得温顺,并培育成亲近人类的伙伴。犬可以通过属和种来描述,称为犬科、家犬,识别为狼的近亲。犬是食肉的哺乳动物,或肉食动物。它们能够以与人类相同的方式调节自己体内的温度,属恒温动物。犬具有单胃消化系统,称为单胃动物。犬因体型、体重、年龄和被毛类型不同,而具有不同的用途和目的。犬还有独特的解剖学或身体结构。犬的身体结构与人体结构有相似的功能。犬的身体功能称为生理机能。犬的寿命长短不同,取决于犬的体型和健康状况。小型犬通常比大型犬活得更长。体重和品种不同的犬,寿命差异也很大(有些品种可能具有较高的遗传疾病风险),当然犬的寿命也与它们的主人照顾得好坏息息相关。

品种

美国养犬俱乐部(AKC)把155种犬区分为7个组别,分别为运动犬、猎犬、狸犬、工作犬、牧羊犬、玩赏犬和家庭犬(表7-2)。还设立了一个其他组,用于将尚未分类到上述7组的流行品种进行分类。杂交品种或专门培育的品种也越来越受人们的欢迎。颇为有名的专门培育的犬种是拉布拉多贵宾犬,它是拉布拉多寻回犬和贵宾犬的混血犬种。这是两个常见纯种犬种之间的杂交。纯种犬是指其源自已经注册过且是知名血统的双亲(图7-3)。有些犬是混血品种,或源自两种或更多种非知名血统的犬种(图7-4)。

表7-2 犬的组别和品种

组别	品种编号	品种举例	品种特征
运动犬	27	波音达猎犬、寻回犬、雪达犬、西班牙猎犬	用于打猎、运动,需要定期训练
猎犬	23	巴基度犬、比格犬、侦探猎犬、格力犬	用于打猎,拥有敏锐的嗅觉、良好的耐力和叫声
狸犬	27	艾尔谷犬、公牛犬、狐狸犬	用于猎取害虫,活泼,精力充沛,不能与其他动物良好相处
工作犬	26	拳师犬、大丹犬、哈士奇犬、圣伯纳犬	用于拉雪橇之类的工作,体型大、聪明、学习能力强
牧羊犬	22	柯利犬、德国牧羊犬、牧羊犬、柯基犬	用于管束其他动物的活动,聪明,适合训练
玩赏犬	21	吉娃娃、京巴犬、巴哥犬、西施犬	体型小,不需要太多空间
家庭犬	17	波士顿犬、斗牛犬、大麦町犬、贵宾犬	壮实,非常多样化
其他犬	11	冰岛牧羊犬、布鲁泰克浣熊猎犬	还未纳入AKC认可的7个犬种组别的犬种
混血犬		比格犬、拉布拉多贵宾犬、雪纳瑞	混血犬尚未纳入AKC认可范围。例如:巴哥犬和比格犬;雪纳瑞和贵宾犬;拉布拉多和贵宾犬

第 2 部分　兽医动物生产管理

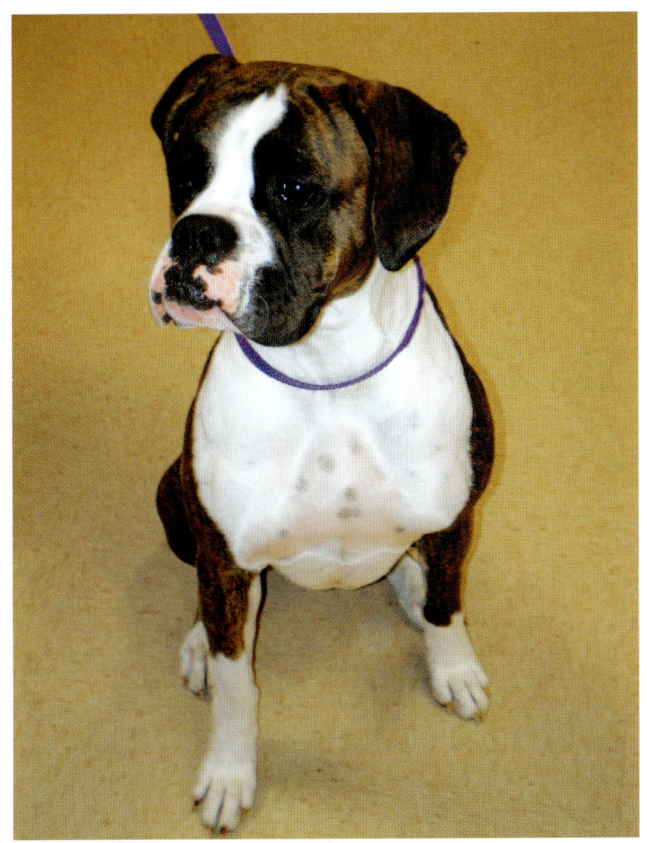

图 7-3　纯种犬具有某一品种的特有特征

图 7-4　混血犬表现为两种或更多不同犬种的特征

品种选择

为了给家庭选择合适的犬，客户会到兽医院寻求帮助和咨询，这是很常见的事情。对于潜在的犬主人，有很多因素需要考虑。当提供犬的选择信息时，引导客户在选择品种时考虑适当的因素，例如客户要考虑是否有照顾幼犬或成年犬的责任心。幼犬需要很多时间和照顾，以及管教、训练和卫生保健。必须考虑的因素如下：

- 成年犬的体型。
- 室内犬或室外犬。
- 犬需要的空间。
- 院子或围栏大小。
- 犬舍类型。
- 长毛犬或短毛犬。
- 美容需求。
- 卫生保健需求。
- 繁殖健康问题。
- 用来繁殖或展示的目的。
- 训练需求。
- 营养需求。
- 区域限制。

提供给客户的最好建议是，先了解几个品种，再决定哪种犬最适合他们的生活方式和家庭需要。兽医院可以为有兴趣的客户提供当地知名的繁育者名单。可以将他们引荐到当地的人道主义庇护所，寻找收养犬的信息。保存这些参考资料，让未来的犬主人成为受过教育并负责任的宠物主人。提供各类犬种信息的网站如下：

- 美国育犬协会 http://www.akc.org。
- 犬品种信息中心 http://dogbreedinfo.com。
- 欧洲育犬协会 http://continentalkennelclub.com。

营养

一只幼犬成长为成年犬，其营养需求随着生长是发生变化的。这些变化形成了人们所熟知的生命阶段。每个生命阶段，由于犬的年龄、健康和生活方式不同，其需要的营养也不同（表 7-3）。

表 7-3 犬的营养需求

生命阶段	需求
幼犬（孤儿犬）	优质幼犬配方，如 Esbilac 或 KMR Feed 60mL/d 每天喂 4 次，至 2 周龄 每天喂 3 次，至断奶 高蛋白、高钙、高脂肪饮食
断奶幼犬	4～5 周龄断奶 从大小适中的高质量幼犬干粮开始 必要时，加温水软化食物 高蛋白、高钙饮食 大型或巨型犬种饲喂中低量蛋白质饮食
1 岁以下的幼犬	高质量幼犬粮 大型幼犬粮 适中的蛋白、钙和磷饮食
成年犬（1～7 岁）——活跃	维持日粮 适中的蛋白、钙和磷饮食，低脂肪
成年犬——超重，不活跃	低热量饮食 健康体重饮食 低脂肪、低热量饮食 低蛋白质、适中的钙和磷饮食
老年犬（7 岁以上）	老年粮 低热量饮食 低脂肪、低热量饮食 适中的蛋白、高磷和高钙饮食

幼犬的饲养

幼犬在 4～5 周龄断奶。断奶是停止哺乳并开始吃固体食物的过程。根据体型和健康状况，有些幼犬可能需要长时间哺乳。在断奶期间，应该喂幼犬一些罐头食物或用温水软化的干性食物。干性食物要大小合适。水分要逐渐减少，并提供干性食物，使幼犬在 6～8 周龄时彻底断奶。这种过渡性食物要一天多次饲喂，并且每次允许幼犬进食 15min。这将教会幼犬学会在规定时间内进食。随着幼犬的成长，应该一天饲喂 2 次。有时繁育者需要照顾由于其母犬拒绝哺乳、疾病或死亡而被遗弃的幼犬。如果幼犬是孤儿，需要有专门配方的食物，如 Esbilac 和 KMR 等商品粮（图 7-5）。也可以自制配方，但是对于孤儿犬的健康来说，最好还是选用专门的商品高质量幼犬配方粮。当准备或打开罐装配方犬粮时，要记录日期并冷藏保存。每次使用时，需要加热，并在 24～48h 内使用。

家庭自制幼犬配方粮：

- 3 个蛋黄。
- 1 杯均脂牛乳。
- 1 汤匙玉米油。
- 1 滴管液体维生素，如 Pet Tinic。

当准备自制配方粮时，必须注意保持各配料的纯度。

该配方粮的饲喂可以使用宠物奶瓶、滴管、注射器或橡胶饲管（图 7-6）。用宠物奶瓶来饲喂幼犬，类似于饲喂婴儿。饲喂前，每天给幼犬称量体重是

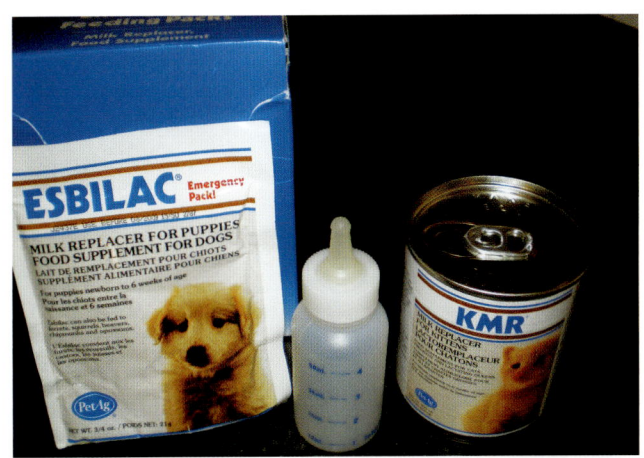

图 7-5 被遗弃的幼犬，可以使用奶瓶饲喂商品幼犬配方粮

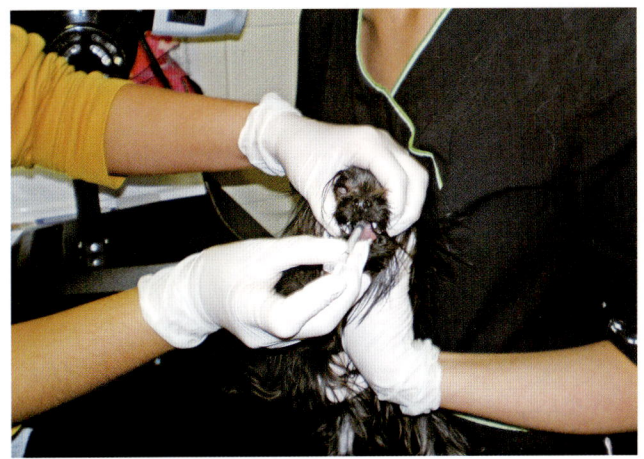

图 7-6 用注射器饲喂幼犬

十分重要的，以便使兽医助理监测幼犬体重增加。幼犬配方粮的标准饲喂量是 132mL/（kg·d），分成 4 次饲喂，直至 2 周龄，然后减至 3 次饲喂，直到断奶。

计算幼犬配方粮饲喂量：

配方粮饲喂量 =132mL/（kg·d）

2 周龄以下的幼犬，每天饲喂 4 次。

2 周龄以上的幼犬，每天饲喂 3 次，直到断奶。

举例

计算 1 周龄 0.7kg 幼犬的每次饲喂量，应使用以下步骤：

体重的千克数 ×132mL=1d 的总饲喂量

0.7 × 132mL=92.4mL

每天饲喂的总毫升数 ÷ 每天饲喂次数 = 每次饲喂量

92.4mL/4 次 = 23mL/ 次

成年犬的饲养

理想情况下，成年犬应饲喂干性食物，以防牙齿积聚牙垢。食物的颗粒大小要适合犬的体型。最好饲喂易消化的高质量宠物食品。高质量犬粮包括 Eukanuba、Iams、Purina、Purina One 和 Nestle。

年龄在 1～7 岁的定期训练的成年犬要饲喂维持性饮食。这将使犬在每天定量活动的基础上维持好体重（图 7-7）。7 岁以上的犬，特别是中大型犬，被认为是老年宠物，应该饲喂老年粮（图 7-8）。老年粮通常由低能量食物组成，适用于活动减少的犬。超重犬应该饲喂低能量饮食。这些饮食能量低，能够帮助犬减轻体重，并满足超重或活动较少犬的日常能量需求。根据犬的年龄、品种和活动水平来饲喂，使其维持理想的体重。宠物食品标签应列出饲养要求。饲喂超重犬时，要按照理想体重而不是实际体重计算饲喂量。标签也要说明必要的饮食配给量，即应该饲喂的食物重量。

图 7-7 年轻好动犬应该饲喂维持饮食

图7-8 老年犬,尤其是大型犬,应该饲喂老年饮食

行为学

犬可能会快乐、害怕或具有攻击性(准备攻击)。快乐的犬十分敏捷、耳朵竖起朝前、张嘴气喘、尾巴向上卷起并摇晃,表现出放松姿态和表情。受到恐吓的犬则会表现尾巴夹在身体下、身体放低接近地面、耳朵平贴于头后、避免眼神直视,听到任何声音就会跳起来,当接近它时,它会伸出一只爪子,还会神情不安地摇晃。愤怒或具攻击性的犬会表现出咆哮、露出牙齿、颈背部的被毛直立、头低向地面、目光直视对方、尾巴直立,处于僵持状态。

犬是自然群居动物。当危险或陌生者靠近时,它们会吠叫发出警告。吠叫是犬的一种自然行为,当拥有或豢养犬时必须考虑到这一点。吠叫也是犬之间进行交流的方式。另一种常见的犬行为是做标记,通过在一个区域撒尿来标记领地。这可以制造某种气味,警示其他动物它所生活的地点。如果犬在家里也做标记,那可能就是问题了。早期去势的犬,标记行为会减少。

基础训练

兽医助理要了解幼年犬和成年犬的基础训练信息,并为当地驯犬师或犬驯导班提供指导。训练是帮助动物理解并获得所需习惯的过程。这些习惯包括自行入宅、服从性训练和社交。自行入宅包括教会犬在特定时间到外面排泄。当犬在室内出现意外情况,通常是小便时,称之为不恰当排泄。服从性训练包括教犬牵遛、坐下、停留并以适当的举止行事。社交包括教会犬以适当的举止行为与其他犬和人相处。有些兽医院会提供幼犬社交课程探讨当宠物还很小的时候,幼犬的新主人应该解决幼犬什么样的举止问题。犬主人常常会问一些有关犬的行为和训练问题。犬主人经常咨询的话题是过度吠叫、标记领地、刨地和不恰当排泄。有些宠物主人会询问犬的专业训练如狩猎行为、技巧或运动相关行为。

设施和住所需求

犬需要某些特定的设施和设备。所有犬都应该有项圈和牵引绳、笼箱或犬舍区、食盆和水碗及适当的铺垫(图7-9,A-D)。玩具是可选的设施,但推荐备齐,以免犬无聊。

保定和处置

动物的嗅觉比人类的发达得多,它们使用嗅觉来感知环境中的变化,因此对犬要小心处理。犬把长时间注视或直接的眼神接触看成是威胁。人的快速移动也可能导致负面反应。很多人会使犬感到恐惧。保定者应该缓慢平静地移动,安静地说话,并避免与紧张的动物有直接的目光接触。兽医助理掌握犬行为和肢体语言的有关知识,对安全和适当保定技巧的应用非常重要。作为一名保定者,兽医助理有能力影响所操作的动物的行为。应仔细监控每一种情况和患犬,以防止操作者、患犬和其他人员受伤。有时候很少的保定就足够了,但是兽医助理必须随时监控患犬的行为变化。保定包括物理保定、口令保定和化学保定,或这些方法的组合。物理保定是指人使用肢体或设备控制动物的体位。口令保定是使用声音来控制动物,如词语NO、SIT或DOWN。化学保定是使用镇静剂或镇定剂使动物平静下来,以完成操作。

> **术语提示**
>
> 镇定剂或镇静剂是用于镇静动物并防止其活动的药物。然而,重要的是,要注意这些药物可能不会缓解痛感。

图 7-9 养犬必需的设施：(A) 项圈和牵引绳；(B) 食盆和水碗；(C) 笼箱和铺垫；(D) 玩具

物理保定

犬有多种常见的物理保定法，包括坐立保定技术，或使犬侧卧。站立保定可在地面上或桌面上。手臂环抱颈部来控制头部，这就是所谓的熊抱。另一只手臂置于胃下方，防止犬坐下并控制其身体（图7-10）。如果犬害怕或抵触，则将扶住颈部的手移动到口鼻处，防止咬伤。

除非犬正在坐着，也可以用同样的方式完成坐式保定（图7-11）。如果大型犬拒绝这种保定，可以利用墙壁阻止犬后退。保定者背对着墙，犬保持坐姿，使犬的后部位于保定者两腿之间，然后用手臂控制头部（图7-12）。小型犬的保定也可以使用相同的方式，保定者可以借用自己的身体。

侧卧，使动物侧躺保定，这种方式通常用于X线检查和其他操作。犬先以坐姿保定，再小心地

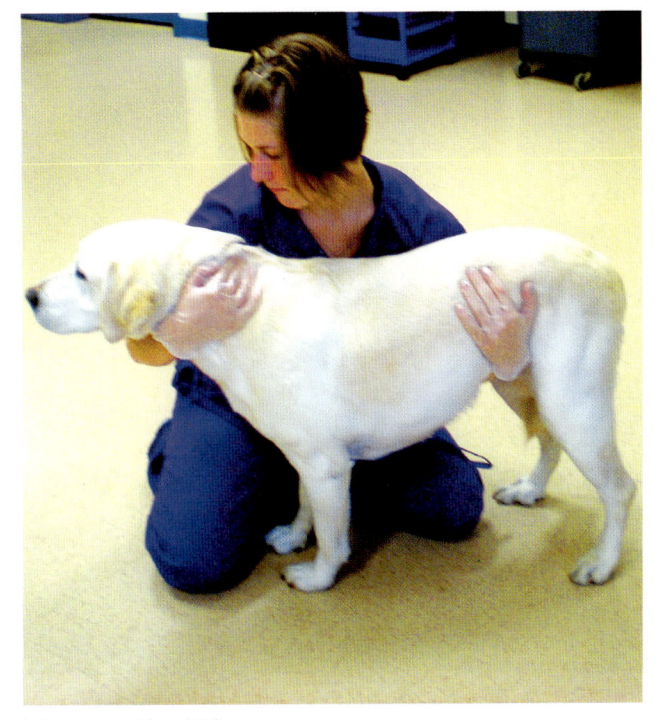

图 7-10 站立保定

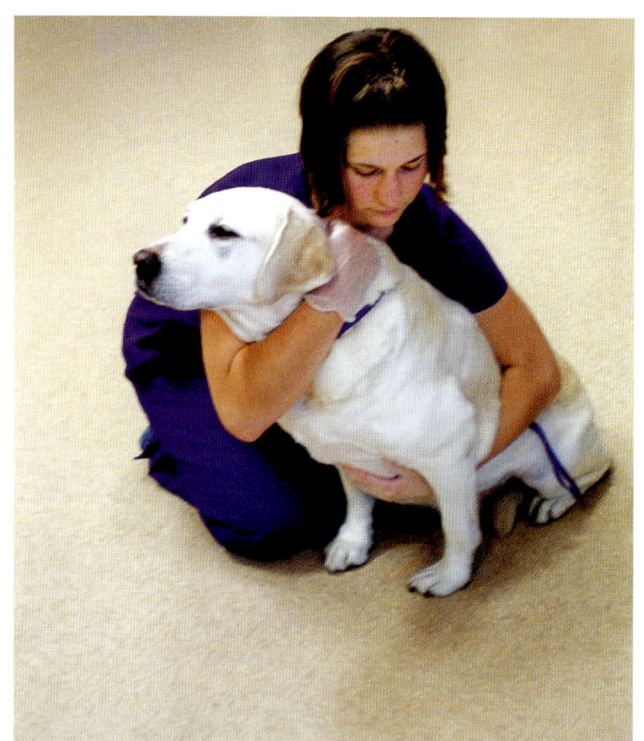

图 7-11 坐式保定

图 7-12 利用墙壁和操作者身体对大型犬进行坐式保定

将其躺下使胸部贴地，然后再小心地调整到需要的侧卧姿势。对于小型犬，保定者必须握住倒卧侧紧挨着地板或桌面的腿，以防止犬站立。保定者的手臂和上身用来轻轻地将犬保定在适当的位置（图7-13）。对于大型犬，需要2～3个保定者。一人保定身体前部，另一个人保定后部（图7-14）。持续保定犬倒卧侧腿是非常重要的，这样可以防止犬站立。还必须考虑犬头部的保护，以免在保定期间犬头部撞击地板。

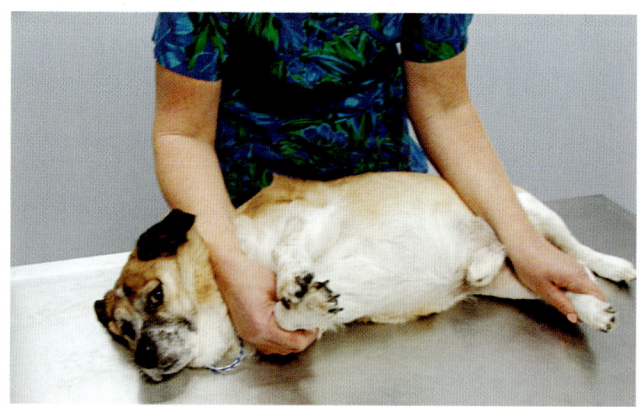

图 7-13 小型犬侧卧保定

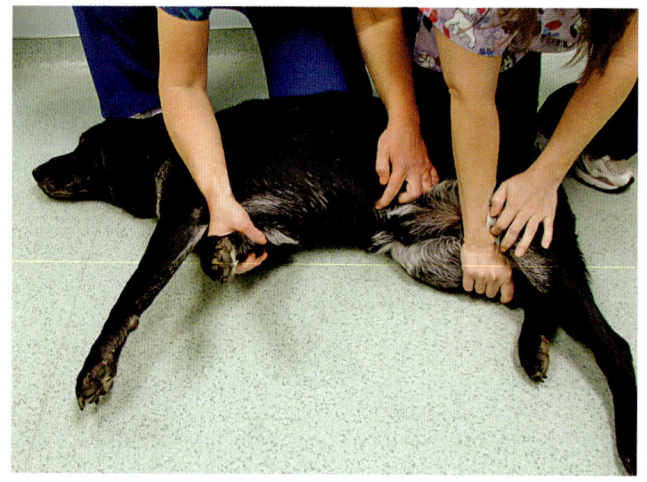

图 7-14 大型犬侧卧保定

俯卧是一种使犬胸部或胸骨着地的保定姿势。先坐式保定患犬，然后施加压力，轻轻地使其胸部着地（图7-15）。对于小型犬，保定者可用一只手臂控制犬的头部，另一只手臂和身体轻轻地将犬控制到位。对于大型犬，一个人可以熊抱犬头部，并轻轻将身体压住肩背部，另一个人保定犬的后部。

仰卧是犬背部靠地面躺卧的姿势，常用于X

头静脉穿刺是从前肢偏内侧的头静脉采集血液。犬坐立或俯卧保定，前肢伸出，便于采血（图7-17）。有些兽医或技术人员还要求保定者环绕肘关节施加压力阻溜静脉。

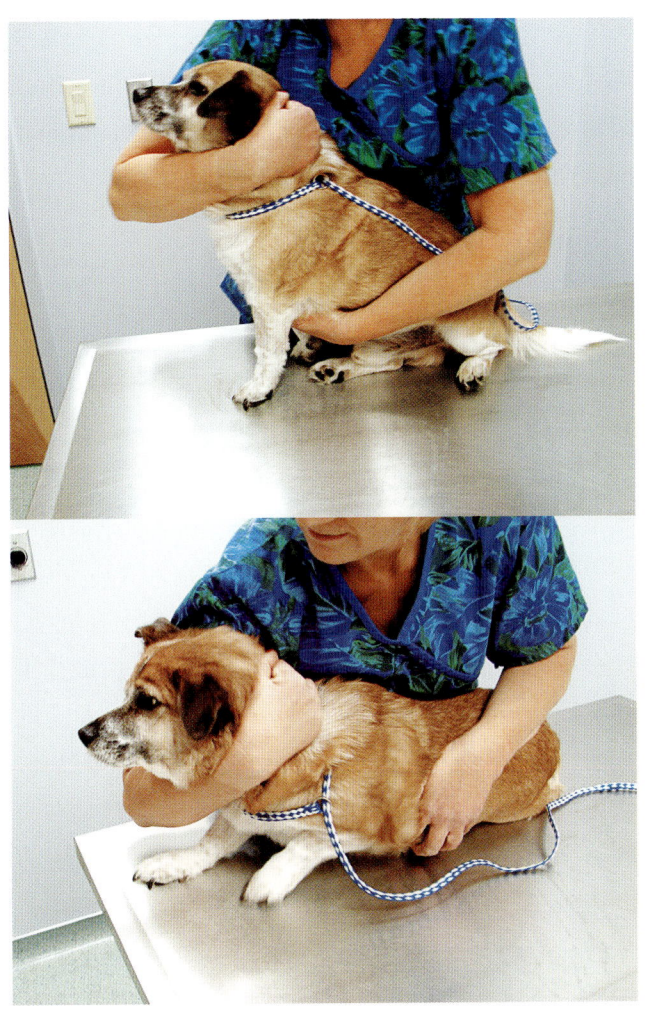

图 7-15　俯卧保定

线摆位。先将犬侧卧保定，然后小心地翻转背部平躺。两人或更多人保定头部、身体中部和身体后部。将前腿拉向犬的头部方向，后肢拉向尾巴的方向（图7-16）。

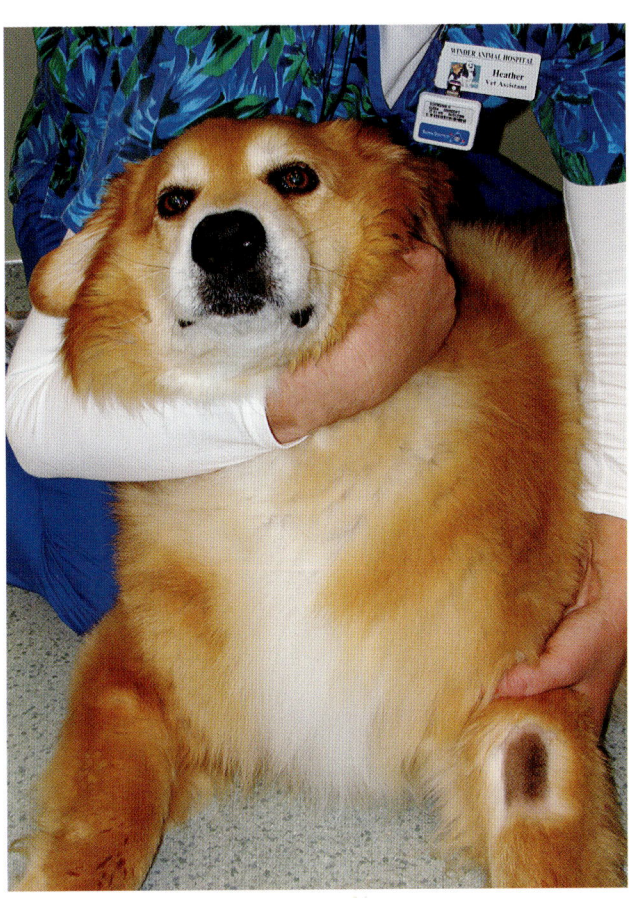

图 7-17　头静脉穿刺保定

颈静脉穿刺是从颈部任一侧的颈静脉采集血液。常用坐立或俯卧保定（图7-18）。对于较小体型的犬，前肢可伸出桌子边缘，以便有更多的空间采集血液样品。

隐静脉穿刺是从后肢小腿外侧采集血液。犬通常侧卧保定，同时要求保定者环绕小腿上部施加压力阻溜血管（图7-19）。

抱犬技术

抱犬时，需要保证保定者和动物的安全。当抱起任何体型的犬时，保定者必须始终保持背部挺直和膝盖弯曲，这样有利于防止背部损伤。小型犬可以通过支撑其身体的前后部（类似于坐式保定）抱

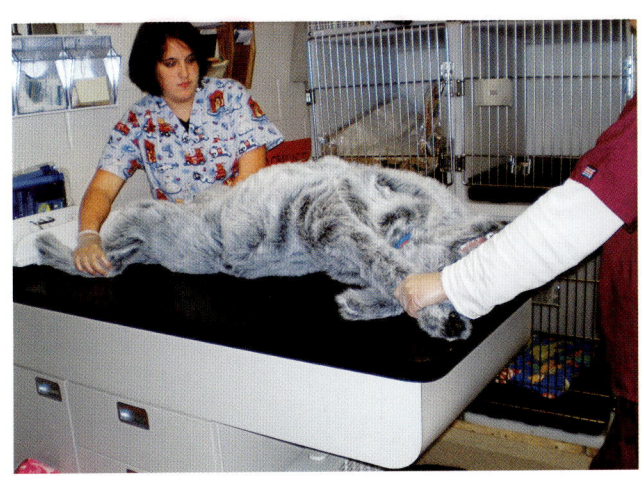

图 7-16　仰卧保定

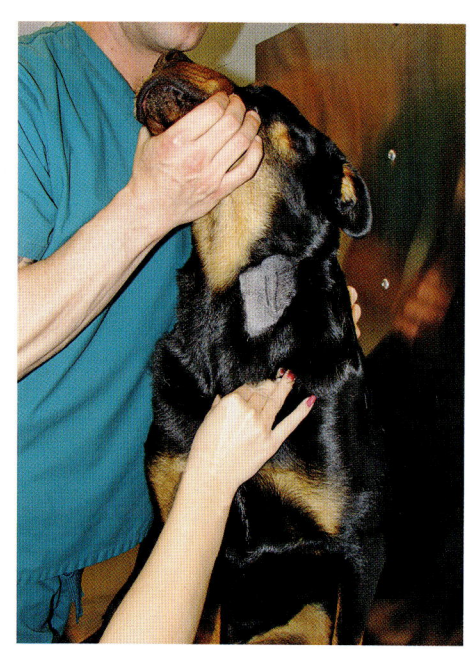

图 7-18 颈静脉穿刺保定

起。大型犬需要两个或更多人抬起。一个人控制头部，另一个人或多个人需要控制其身体后部。抬起时需要对犬腹部和胸部施加力量。要注意，抬起时两人或多人始终保持在犬的一侧。团队合作需要沟通，提示如何配合把犬抬起来。

使用口套

有时需要使用保定设备，防止犬咬伤人或使它们保持平静。一种常用的防止咬伤的设备就是口套。口套可以是商用尼龙、塑料或钢丝网套，或由胶带、牵引绳或纱布材料制成。商用口套通常是可调节的，可以通过卡扣锁到位（图7-20）。不同体型的犬可选用不同型号的口套。口套大小要舒适。口套窄的一面放在犬鼻子上面，而宽的一面放在下颌下面。卡扣放在耳朵后面，牢固地卡入到位（图7-21，A-B）。犬的腿要适当保定，防止扒掉口套。使用口套的时候，要注意安全，保定者应该站在犬的侧面或后面。切勿直接站在犬的前面。如果没有商用口套，可以使用胶带或纱布口套。确保使用充足的、适合犬材质的口套。纱布是薄层材料的卷轴绷带，由网状棉制成。必须保证纱布的厚度，防止断裂。胶带要折叠起来，防止粘贴犬的被毛和皮肤。首先制作一个大环套住口鼻部，然后像系鞋带那样系牢。两端交叉拉紧，在下颌下打结，然后两端拉到耳后打蝴蝶结（图7-22，A-C）。去除口套时，

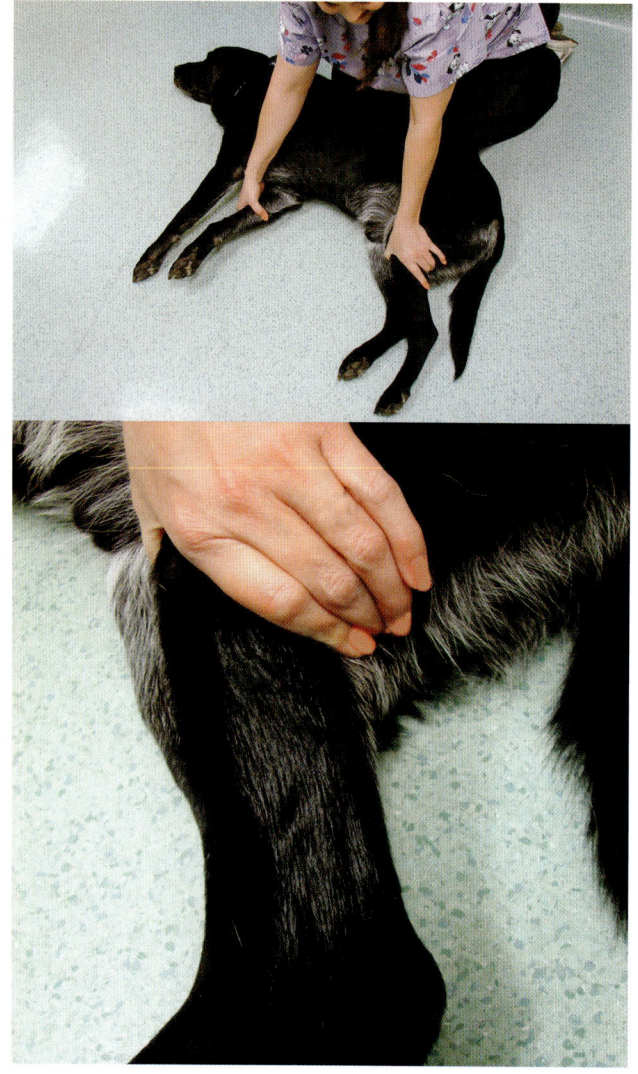

图 7-19 隐静脉穿刺保定

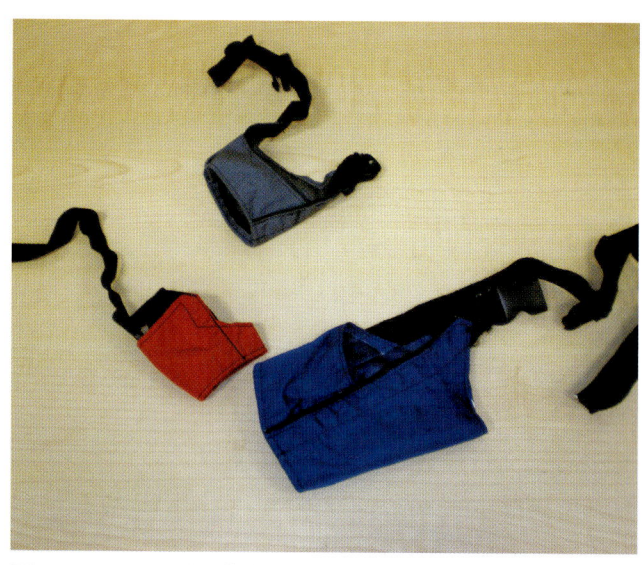

图 7-20 不同型号的商用口套

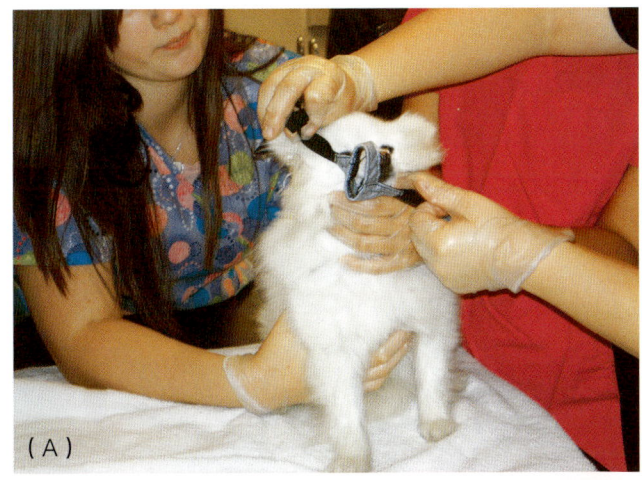

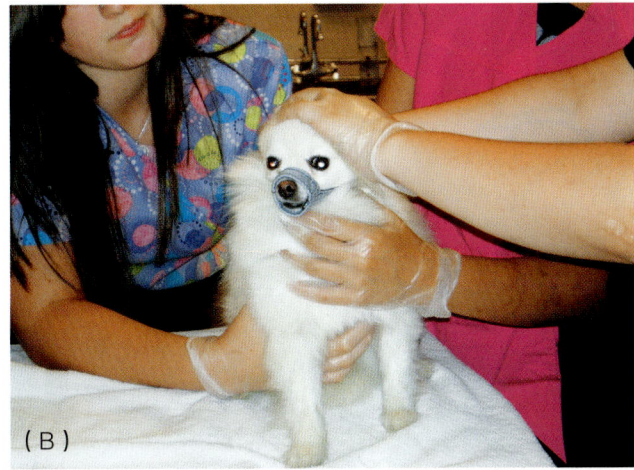

图 7-21 商用口套的使用：(A) 戴上口套；(B) 将口套锁扣到位

松开蝴蝶结，并轻轻地取下口套（图 7-23）。如果犬咬人的话，解开或松开口套，让犬自行将口套移除即可。扁平脸犬，没有突出的口鼻部，如巴哥犬或斗牛犬，称为短头犬。这些犬种容易出现呼吸困难，给这些犬带口套的时候务必小心。口鼻部套入胶带或纱布口套后，一端环绕在材料下并拉紧。两端在眼睛和头部之间拉紧，在颈后部打结系牢。

使用项圈杆

狂犬病保定杆或项圈杆是一种将有攻击性的犬从笼子中取出的保定设备。这根杆很长，在杆的末端有个大圈，这个圈可以通过滑动杆的把手来调节大小（图 7-24）。它像是牵引绳牵遛犬，或控制犬进行适当保定。一旦项圈套在头上，犬会被其后方的保定者控制。不能拉紧，以免窒息。使用这种保定方法时必须小心，避免损伤到犬。

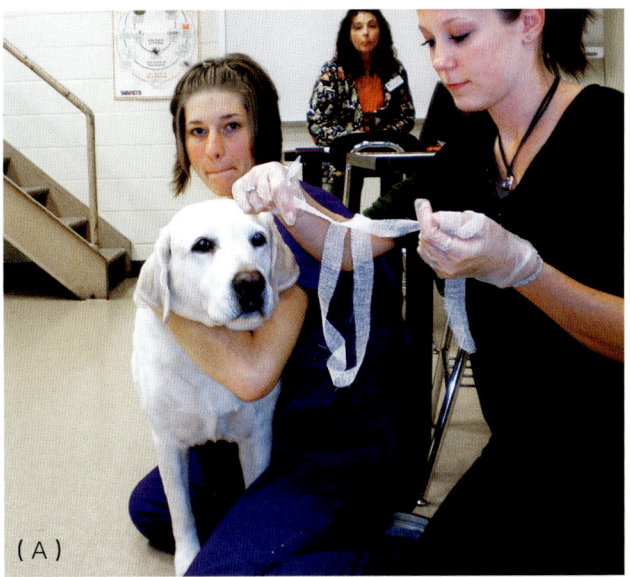

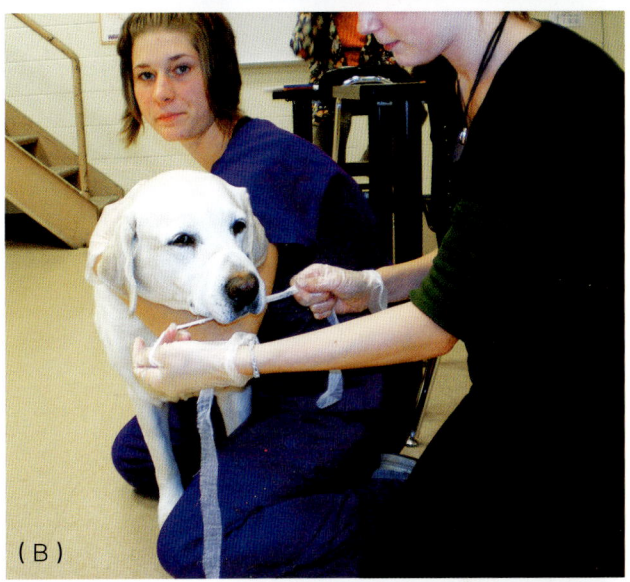

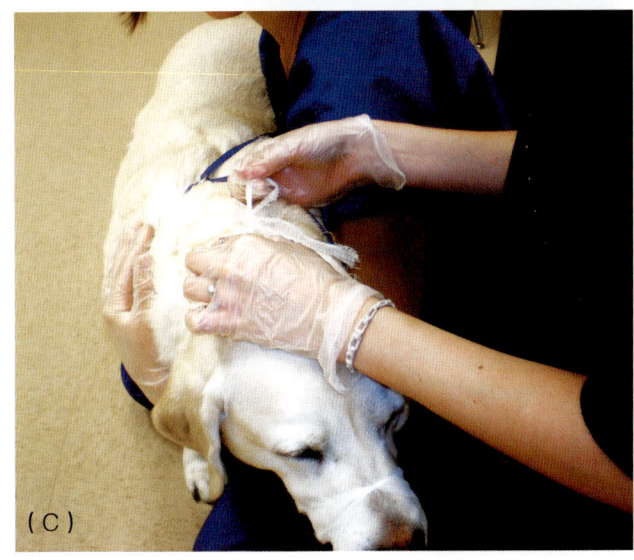

图 7-22 纱布口套的应用：(A) 用纱布绷带制作套环；(B) 将套环套入犬的口鼻部，并拉紧；(C) 套环两端在犬耳后打结

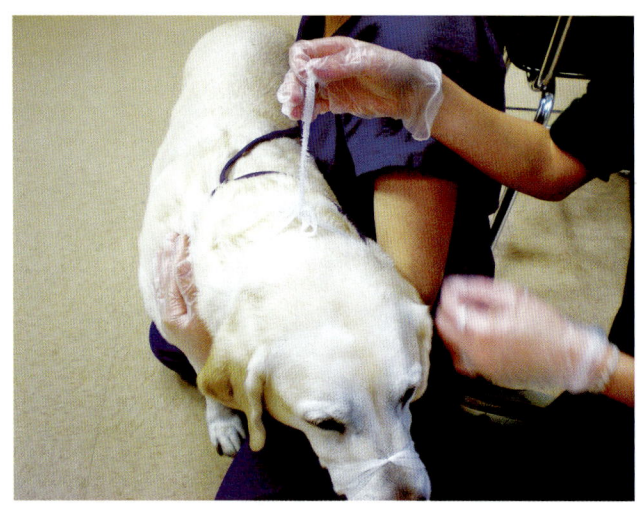

图 7-23 拉开蝴蝶结末端，松开口套

使用镇静剂

有些犬有攻击性不能安全控制，因此为了兽医工作人员的安全，需要使用镇静剂。使用镇静剂，可以使犬平静，并进行安全保定。镇静剂的使用必须由兽医开处方，而且作为其他方法都尝试后的最终选择。镇静是化学保定方法。

美容

兽医院可以提供美容服务，或者说，可以要求兽医助理为住院患犬提供美容护理。美容是以修剪、洗澡等舒适的方式，对患犬进行更好护理的过程（图7-25）。其他美容服务包括洗耳、刷毛、刷牙、修剪指甲、修剪被毛、剃毛和耳道拔毛。首先要进行刷毛，使头发保持在适当位置，并且将在被毛上的衬边或脏物除去。这样可以使兽医助理见到被毛上的问题，并清理出整齐有序的被毛外观。

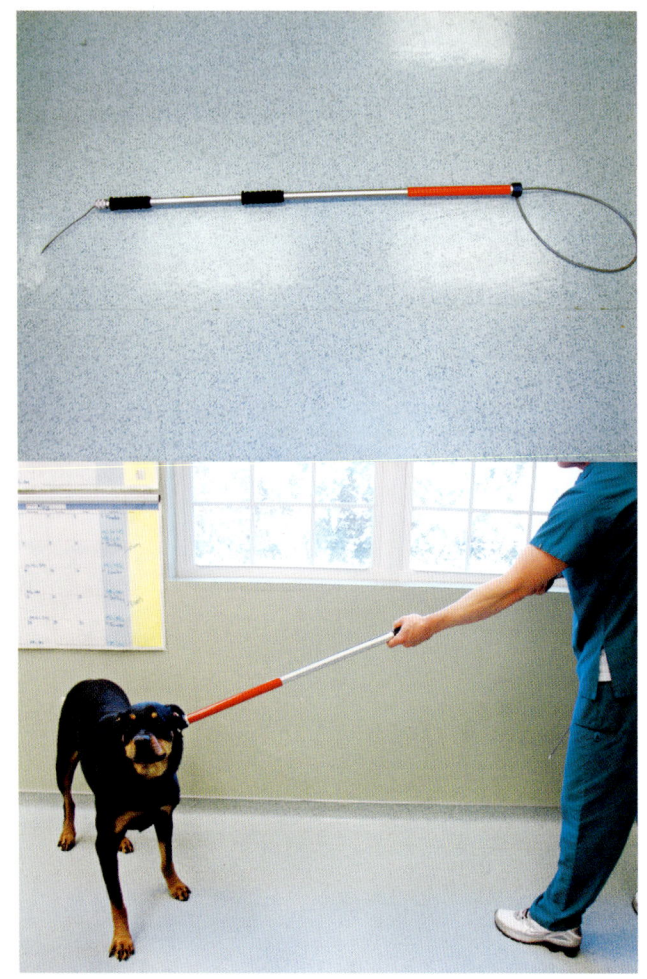

图 7-24 使用项圈杆保定

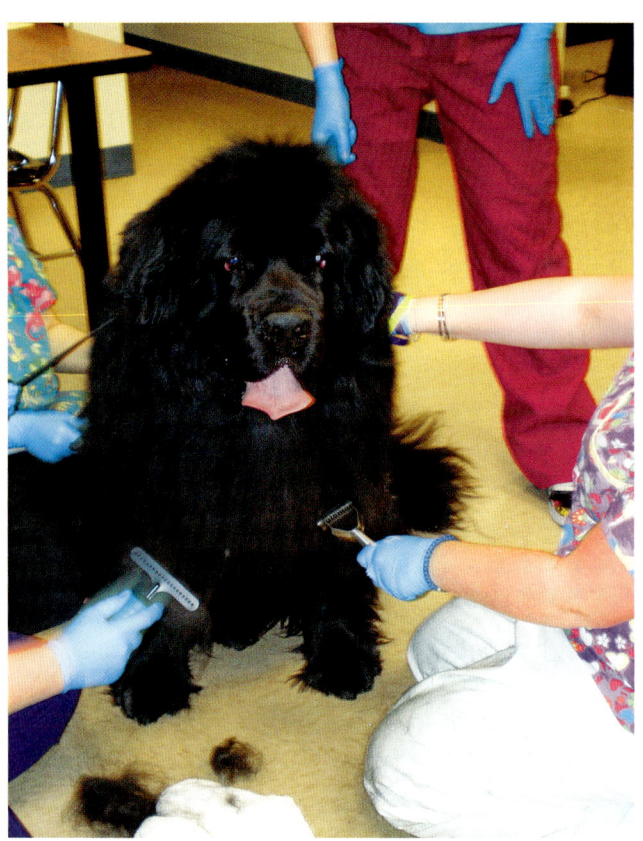

图 7-25 有些兽医院给动物提供美容服务

工具

推头需要上油保持刀片的润滑，冷却润滑油可以防止刀片过热，还要清洗刀片保证清洁卫生和消毒。通常使用牙刷或钢丝刷清除推头刀片上的被毛和碎屑。使用专门的化学制品清洗推头刀片，并进行消毒，防止生锈和损坏。如果推头变钝，可以磨刀片使其锋利。推头刀片有不同型号（表7-4）。刀片型号的选择取决于犬被毛的类型以及需要修剪的长度。推头刀片可以取下清洗，并根据修剪的区域和被毛长度换成不同型号。

表7-4 推头刀片的选择

刀片型号	留毛长度	用法
50#	1/125"	术部准备；贵宾犬的爪部和面部
40#	1/100"	术部准备；贵宾犬爪部；可安装能脱卸的梳子
30#	1/50"	贵宾犬爪部；脚垫之间
15#	3/64"	敏感的爪部和面部；贵宾犬、斗牛犬、狸犬
10#	1/16"	生殖器官和直肠的清洁修剪；猫修剪
9#	5/64"	运动犬种，如可卡犬和雪纳瑞
8.5#	3/16"	头、面部、颈部、背部
1#	1/8"	被毛暗淡的犬；身体修剪
5#	1/4"	身体修剪
4#	3/8"	身体修剪和修剪硬毛犬；短毛修剪
3 3/4#	1/2"	中短修剪；幼犬修剪
5/8#	5/8"	长毛修剪和幼犬修剪
3/4#	3/4"	更长毛犬种的身体修剪

对于兽医助理来说，知道如何正确清洁和保养美容设备和器械是非常重要的。日常维护的要求是保持美容设施的卫生，且正确使用。工具和美容用品的清理，需要用消毒液进行常规消毒，注意要使用标注清洁兽医设备的消毒剂和清洁剂。如果在使用时没有对这些美容器械进行适当的消毒，常常会造成在做美容项目时寄生虫病和疾病的传播。有些兽医助理可能有兴趣从事美容工作，也愿意学习如何按照品种标准来修剪动物。

修剪或剃毛

修剪和剃毛可通过剪刀、稀发剪或推子完成。剪刀的使用要小心，很容易伤到动物。最好使用钝的尖端、圆而不锋利的剪刀。推子可用来剃掉被毛，如某些长毛犬种可能需要围绕直肠或泌尿生殖区域修剪，防止尿和排泄物沾染到毛上（图7-26）。另一个需要经常修剪的位置是脚垫之间，这里长毛会聚集起来导致刺激（图7-27）。耳廓也是经常需要修剪的区域，防止感染（图7-28）。

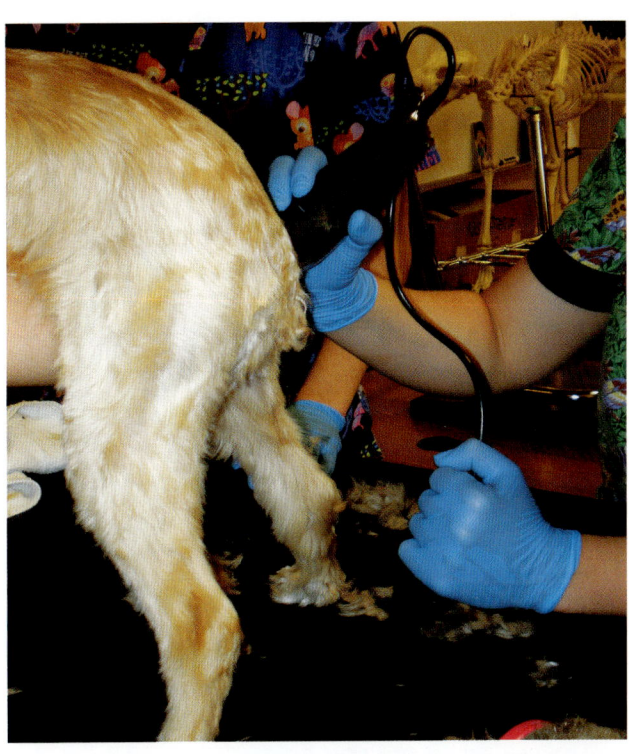

图7-26 某些犬需要修剪泌尿生殖区域，防止感染和维护犬的清洁

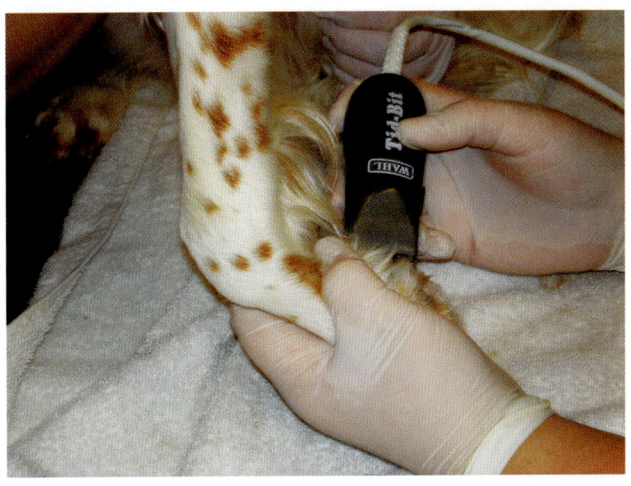

图7-27 犬可能会在脚趾垫之间长毛，要进行修剪，让动物舒适

> **安全警示**
>
> 给动物修剪的时候必须小心，避免剪到或损伤动物，尤其是使用剪刀的时候。

图 7-28　耳廓也是常见的需要修剪的区域，以防止感染

洗澡

洗澡时用温水和适合犬皮肤的温和香波。大多数犬种需要每隔几个月洗一次澡。避免过于频繁地洗澡，否则会导致皮肤干燥且变薄，造成皮肤中的自然油脂流失，皮肤变干和产生皮屑，从而引发其他皮肤疾病。洗澡需要使用保护性的眼药膏，润滑眼睛，防止洗发香波或水的伤害（图 7-29）。洗发香波和护发素涂在被毛上，对被毛和皮肤起作用（图 7-30）。洗发香波和护发素在被毛上作用 5～10min 后再用水冲洗。用温水清洗，并确保所有的化学物质都从被毛上清除（图 7-31）。先用毛巾擦干，然后用吹风机将犬被毛吹干。吹风机常用于吹干小型犬。可以将吹风机放在笼子前，以便彻底吹干犬毛（图 7-32）。要确保吹风机调在适当的温度下，不要造成动物灼伤。犬被毛干后，使用毛刷将被毛梳理顺畅（图 7-33）。使用护发素防止被毛和皮肤干燥（图 7-34）。

梳毛

最好每天或每周常规地给犬梳毛，这样可以保持被毛更健康。长毛犬种因其被毛会延伸至脚垫，容易纠结在一起。脚垫需要修剪和剃毛。有些长毛

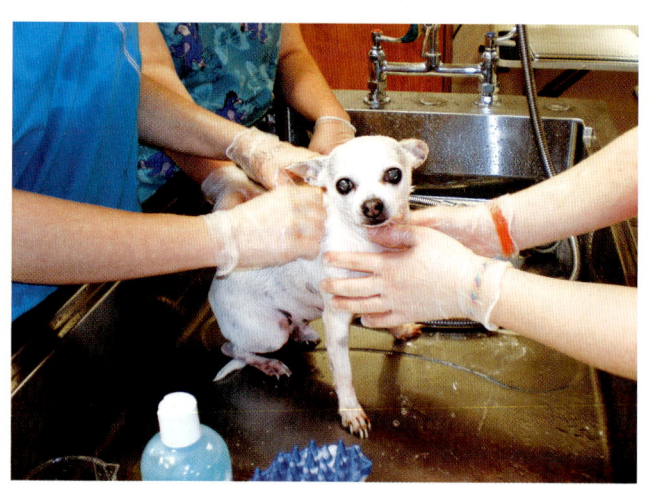

图 7-30　在犬身上使用洗发香波和护发素

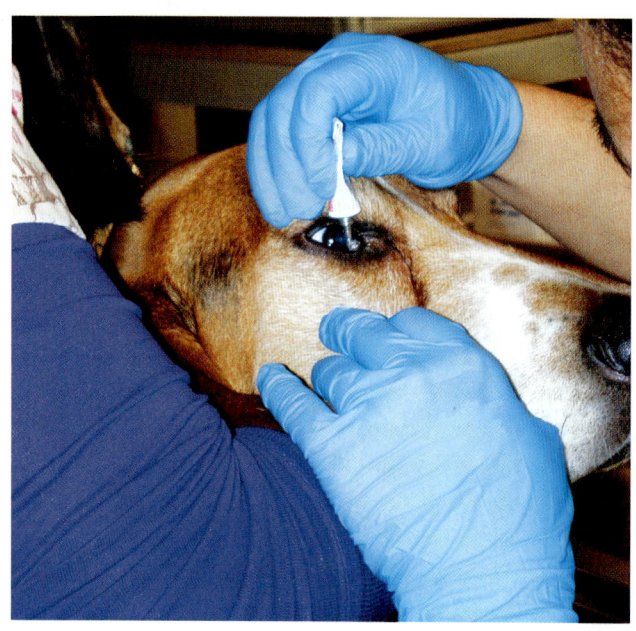

图 7-29　洗澡前涂上眼药膏

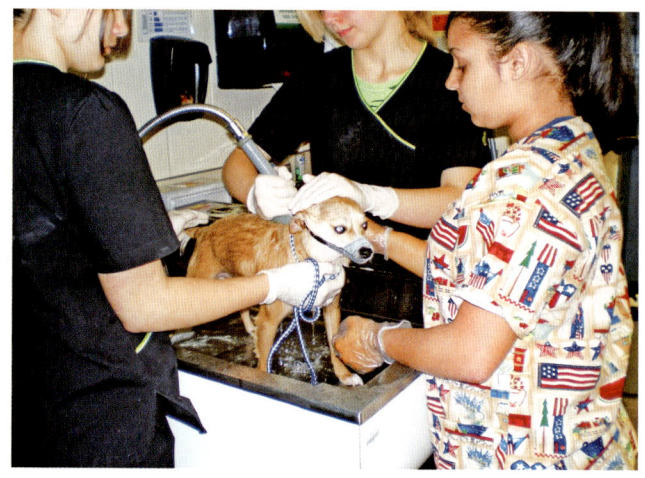

图 7-31　用温水冲洗

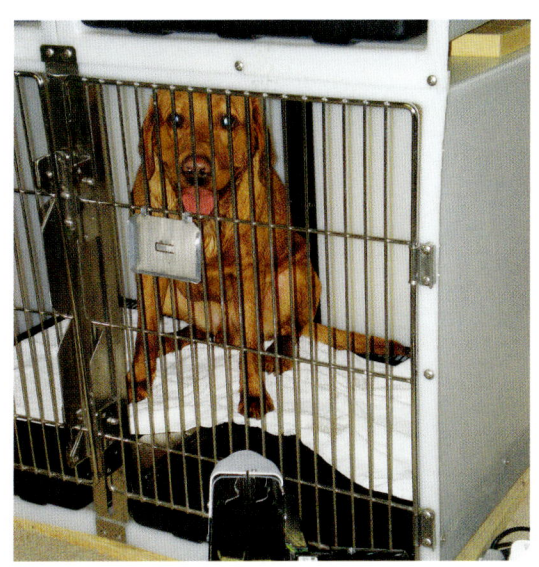

图7-32 将吹风机放在笼子前面,使犬被毛完全干燥。务必确保吹风机的温度不要太高

> **安全警示**
> 小心使用吹风机。如果温度设置太高,患犬可能会灼伤。曾有不正确使用风干装置导致犬死亡的报道。使用风干装置时,千万不要疏忽监测患犬。

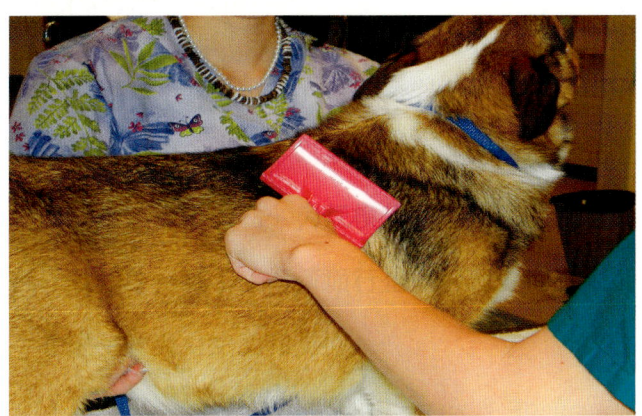

图7-33 犬毛吹干后,用毛刷梳理被毛

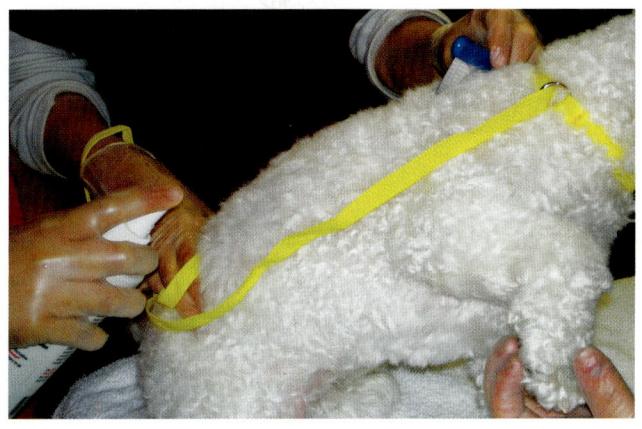

图7-34 将护发素喷涂在犬被毛上,防止被毛和皮肤干燥

犬种需要每天梳毛。了解如何根据犬种正确地护理被毛是非常重要的。有些犬种需要定期洗澡,然而太频繁地洗澡可能引起被毛损伤。

基础保健与护理

每年都要带犬到兽医处体检(PE)。体检有助于确定犬的健康状况,也有助于判断是否发生了疾病以及疾病发展的状况。犬需要每天运动,有些犬种比其他犬种需要更多的活动。常规护理包括指甲修剪(NT)、耳道清洁、肛门腺清理和刷牙。

耳道清洁

要经常检查犬的耳道,必要时还要清洁。有些犬种比其他犬种需要更多次的清洁。这将有助于护理易受耳部感染的犬种。耳道可以用棉球、棉签或纱布块清洁(图7-35)。由于棉签棒可能会折断并陷于耳道内,因此在进行耳道内涂药时,务必要小心。兽医助理只能清理可视处的耳道(图7-36)。犬耳道呈L形,如果清洁操作不当,可能会损伤耳道(图7-37)。最好使用非水溶性的耳垢清洁剂。如果仅是少量碎屑或蜡状物,不需要耳垢清洁剂。有些犬种的耳道里会长出大量耳毛,需要拔除或剃除。要检查耳道内是否有可能积聚灰尘、蜡状物或碎屑。耳道开口在耳廓下方,耳道内部呈L形,L形的尽头是鼓膜。在清洁耳道时,这个区域容易受损伤或被刺破。也很容易将碎屑推到内耳,导致严重的刺激,也可能发生感染。清洁耳道时,最好使用纱布绵或棉球而不是棉签,如果棉签使用不当,可能会导致耳道损伤。开始清洁外部耳廓的时候,使用酒精或耳勺清除脏物或碎屑来擦净外部区域。擦拭须从内耳道开始。然后,最好将耳道清洁剂涂在纱布垫或棉球上清洁内耳道,从内向外清洁耳道,防止将脏物推至鼓膜。需要清洁到无可见脏物为止。严重的耳道污染,要根据兽医的检查评估,有可能需要用耳道清洁剂进行清洗。当耳部清洁完成后,使用干纱布海绵或棉球擦干耳道。洗澡时,也可将棉球放在耳道里,防止进水。只有耳道干净了,兽医才好给动物上药。

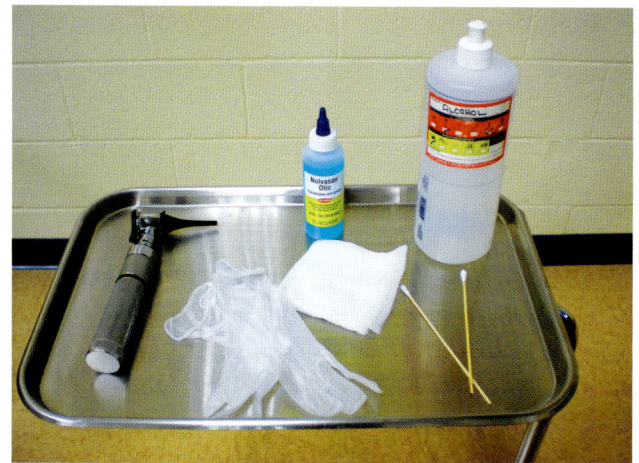

图 7-35 清理犬耳道需要的工具

图 7-36 清洁犬耳道

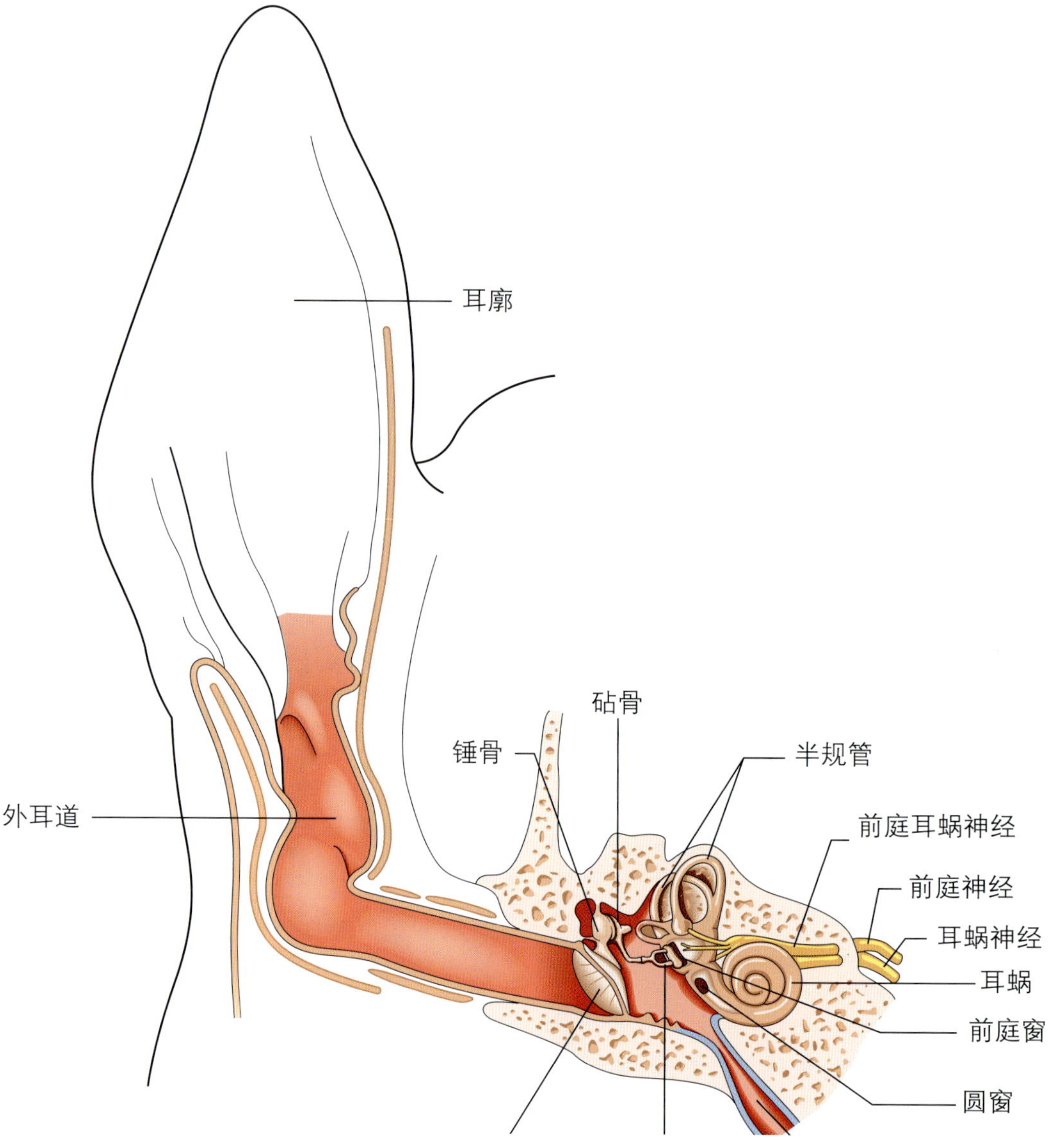

图 7-37 犬耳解剖

指甲修剪

指甲修剪是根据指甲的长度和经常接触的地面类型来完成的。长指甲能够抓取物品,还能够撕裂或抓伤人或损坏家具。修剪指甲需要了解指甲解剖学知识,并需要练习修剪。兽医助理要学会使用手持型指甲修剪器和可以打磨指甲的工具(图7-38)。指甲床有血液供应,为嫩肉。如果指甲被修剪得太短,就会出血。有多种方法可以止血。兽医助理可以使用一种专门的粉末——止血粉,来进行止血(图7-39)。如果出血难以控制,需要使用硝酸银棒。这是一种化学制剂,能够烧灼血管,使血液凝固。在家自行给犬修剪指甲的客户可以使用玉米淀粉、面粉或香皂塞进流血的指甲中止血。如果指甲被修剪得或折断得过短,则可能需要绷带包扎。

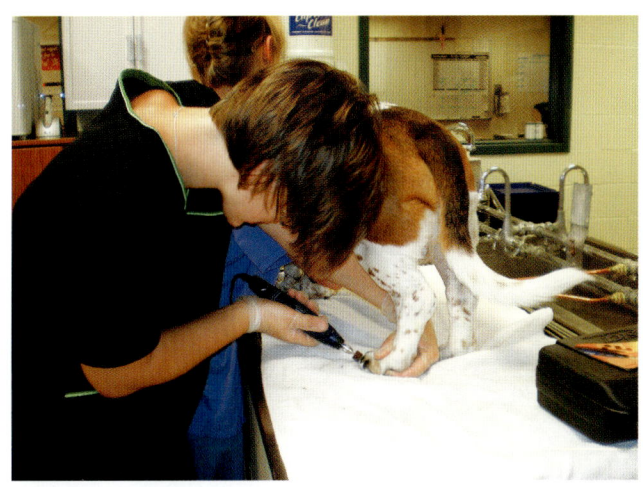

图7-38　使用Dremel工具修剪犬指甲

图7-39　当指甲被修剪得过短时,可以用止血粉止血

拔除耳毛

拔除耳毛是清除耳道内侧明显可见的被毛。可以用止血钳清除耳毛,用止血钳夹住耳毛后将其拔除。那些耳道内长有大量耳毛的犬种需要拔除耳毛,如贵宾犬。耳道内生长的耳毛会导致刺激,并阻碍脏物和碎屑排出。拔除耳毛能够防止污垢或蜡状物在内耳道内聚积。

清理肛门腺

肛门腺是位于直肠两侧的气味腺(图7-40)。气味腺让犬在自己的世界里可以分辨彼此。嗅闻彼此的气味腺是犬相互问候的一种方式。肛囊内有少量犬的排泄物。时间一长,肛囊充盈,对肛门产生压力。有些犬,在排便时就能释放压力。有些犬没有这样的能力,但会显示出需要清理肛囊的症状,如频舔肛门、肛周不适、坐在地板上蹭屁股。从内、从外清理肛门腺都可以。兽医助理要练习从外清理肛门腺,这个操作是在犬站立的情况下完成的。清理时需要佩戴检查手套,还需要纸巾和温肥皂水。从外清理肛门腺方法是,找到位于肛门两侧的肛囊;以钟面描述的话,腺体位于3点和9点的位置。使用拇指和食指轻轻挤压肛囊(图7-41)。肛囊受压后,排出液体。在执行该操作时,不要直接站在犬的后面。腺体会排出并喷射出有异味的液体,液体可能喷射数十厘米。如果肛囊内容物浓稠而变得紧实或难以排出,兽医或兽医技术人员需要从内清理肛门腺。当描述肛门腺清理的操作时,术语"从外"是指从肛门外侧,术语"从内"是指从肛门内侧。

刷牙

给犬刷牙能够阻止牙结石的形成,并减少口臭。兽医助理要学会给犬刷牙,并发现牙科疾病(图7-42)。兽医助理要能够为客户演示如何在家里给犬刷牙。犬需要使用专门的牙膏,含有可被机体吸收的特殊消化酶。人类使用的牙膏不易被消化,还有可能引起犬中毒。有多种牙刷可供选择。一种是长手柄牙刷,这种长手柄牙刷与人的相似。另一种

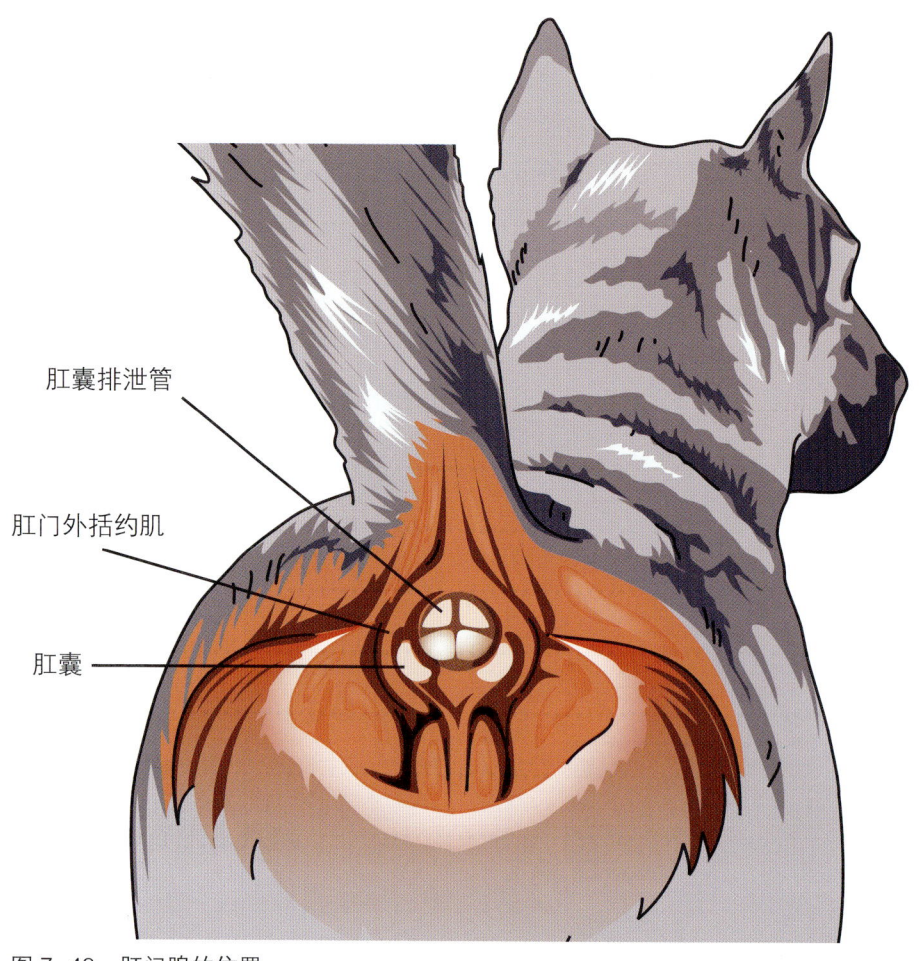

图 7-40　肛门腺的位置

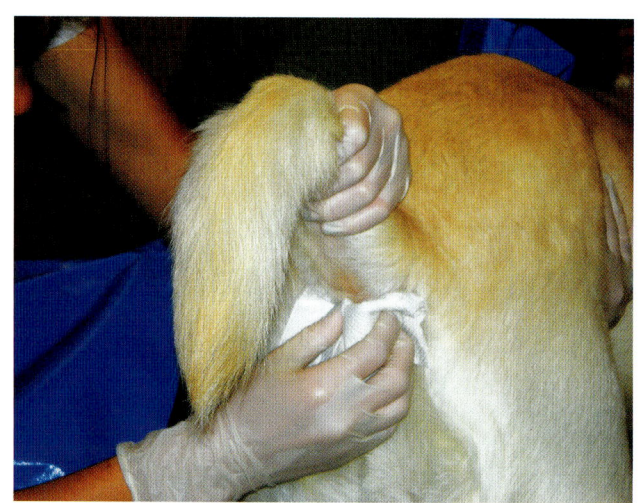

图 7-41　肛门腺清理

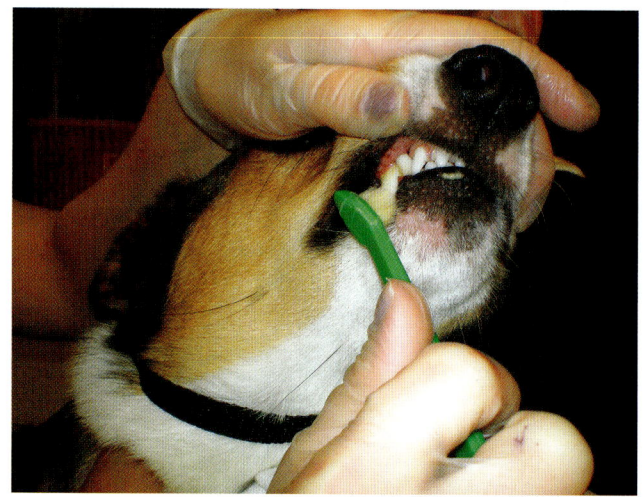

图 7-42　刷牙是犬牙齿护理的重要操作

是指刷，套在食指上刷牙。也可以使用牙科喷雾器，来减少细菌和口臭。通常，牙齿外表面的刷洗需要使用向下的角度，以便刷到牙齿和牙龈。牙龈比较敏感，应轻轻地刷洗。将嘴唇提起能够更容易显露牙齿。刷牙的时候，要特别注意任何齿折、缺失的牙齿及未脱的乳齿。

接种疫苗

接种疫苗从幼犬6~8周龄开始(表7-5)。接种疫苗能够保护幼犬免患某些疾病。大多数幼犬以一次剂量接受系列或多次疫苗免疫。最常用的犬疫苗联苗是DHLPPC组合,也就是熟知的犬瘟热联苗。每个字母代表一种幼犬受保护的疾病:

- D- 犬瘟热。
- H- 传染性肝炎。
- L- 钩端螺旋体。
- P- 副流感病毒
- P- 细小病毒。
- C- 冠状病毒。

表7-5 疫苗接种

年龄	疫苗
6~8周龄	DHLPPC
10~12周龄	DHLPPC
14~16周龄	DHLPPC
16周龄	RV
1岁以上	DHLPPC, RV

DHLPPC疫苗需要连续注射,或多次注射,才能建立免疫系统保护。疫苗间隔1个月注射一次,连续注射3~4次,大约在16周龄完成注射。狂犬疫苗(RV)在12~16周龄注射,有效保护期1年;有些狂犬疫苗有效保护期1年,有些狂犬疫苗是3年。必须按规注射狂犬疫苗。注射疫苗时,签发狂犬疫苗标签和证书。这些疫苗通常经肌内注射(IM)或皮下注射(SQ)给予。有些兽医建议在疫区注射其他疫苗,如莱姆病或窝咳。

繁殖与生产

犬的繁殖与生产技术要求掌握犬繁殖系统和发情周期(通常称为发情期)的总体知识。发情周期是雌性接受雄性并允许繁殖的时期。术语"接受"是指母犬允许公犬与之交配。发情期通常始于6~24月龄,与犬的体型和品种有关。这段时期称为青春期。这是犬接近成年和生殖器官完全发育成熟的阶段。小型犬通常在6~12月龄进入青春期,而大型犬在8~24月龄开始。发情期通常持续10~14d。母犬在发情期会表现如下特征:

- 外阴肿胀(图7-43)。
- 阴道分泌物——通常是淡黄色到血性外观。
- 舔外阴。
- 乳腺肿胀。
- 尾巴翘起,偏向一侧。
- 行为改变。

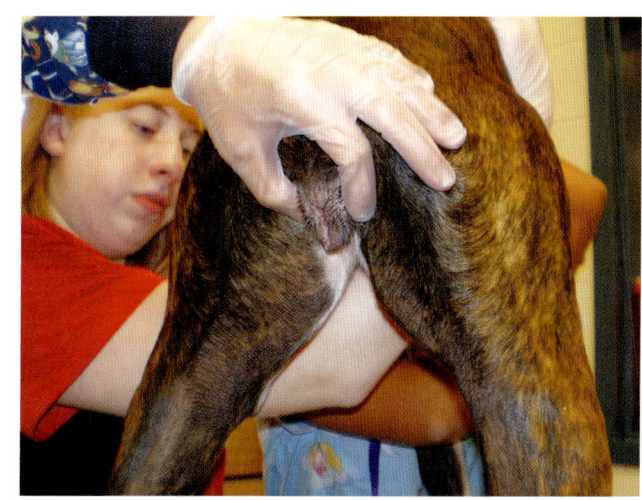

图7-43 外阴肿胀,提示母犬进入发情期

配种通常在出现发情期迹象后10~11d进行。母犬允许公犬接触,每隔一天配种一次,直到母犬不再接受公犬。犬怀孕后,孕期平均63d。犬的生产过程称为分娩。在预产期前2~3周要为犬提供产箱。产箱要放在安静、温暖、黑暗的地方,以缓解母犬的应激。要隐秘地监测犬的生产迹象,确保分娩过程中免受打扰。犬的分娩迹象如下:

- 烦躁不安和焦虑行为。
- 分娩前24h停止进食。
- 有筑窝行为(收集物品筑窝)。
- 舔外阴。
- 转圈、不安。
- 分娩前12~24h乳腺分泌乳汁。
- 呼吸急促。

正常犬分娩在8~12h内完成,具体取决于产仔数量。某些犬的分娩时间偶尔超过24h。正常情况下,胎儿头部首先娩出。当分娩困难时,就会发

生难产。难产可能由多种原因导致，如分娩过程中母犬过于疲劳、胎儿卡在产道或胎儿太大不能进入产道。当母犬显示难产症状时，要立即联系兽医急救。母犬会舔舐胎儿，刺激呼吸，也有助于干燥。一旦胎儿娩出，重要的是尽快开始哺乳，以获得母犬的初乳，前24h的母乳里含有保护免疫系统的抗体（图7-44）。抗体可以保护胎儿免受疾病，直到开始免疫。前7d，孵育温度保持在29.4℃，然后逐渐降到21.1~23.9℃。胎儿每2h哺乳一次，母犬会舔舐它们刺激排尿和排便。胎儿在10~14日龄睁眼，并获得听力；在2周龄时开始行走；摇尾和吠叫在3周龄时形成，此时，应开始社会化训练，帮助其形成自身行为和个性。

图7-44 吉娃娃分娩，1只胎儿即将娩出，另外2只正在哺乳

常见疾病

犬会感染很多类型的传染病。在动物中，有5种类型的疾病：细菌性、病毒性、真菌性、原虫性、立克次体性。

细菌性疾病

细菌侵入身体引起的疾病称为细菌性疾病，如破伤风（常称为牙关紧闭症）和莱姆病（通过蜱叮咬传播）。莱姆病通过蜱传播，通常是鹿蜱，注意莱姆病不是立克次氏体病，是随蜱叮咬将细菌传入血液引起的疾病。

钩端螺旋体病是一种影响犬的细菌性疾病，并经尿液传播。钩端螺旋体病的症状包括发热、嗜睡（不活泼）、血尿、皮肤出血和肝肾损伤。可以接种疫苗，也有相关治疗方法。该病是人畜共患病，处理或清理尿液时要戴上手套。

病毒性疾病

病毒性疾病是病毒侵入身体引起的疾病，不能治疗，只能按规范处理。狂犬病是病毒性疾病，通过咬伤和划伤后经唾液传播；传染性肝炎也是病毒性疾病，是病毒感染肝脏引发的肝炎。

犬瘟热是一种致死性病毒病，尤其是幼犬。感染后有不同的严重度。潜伏期9~14d。环境卫生对控制这种病毒非常重要。可以注射疫苗，但治疗仅限于控制症状。犬瘟热症状包括发热、嗜睡、厌食（不吃）、眼分泌物、鼻漏、呕吐、腹泻、咳嗽，有些病例还会出现癫痫。从犬瘟热恢复的患犬可能出现神经症状，影响行走。

细小病毒病是发生于犬的另一种病毒感染。对幼犬通常是致命的。该病具有高度传染性，患犬应该隔离。保持环境卫生是控制该病最好的方法。细小病毒病的症状包括呕吐、带血腥臭的腹泻、厌食、嗜睡和发热。疫苗能有效预防该病。

狂犬病是影响所有哺乳动物和人类的致命的病毒性疾病。它通过咬伤或划伤后经唾液进入伤口传播。每个州都有狂犬病法律，所有的兽医工作人员都要去查阅和了解该法律。所有犬都必须依法接种狂犬病疫苗。狂犬病症状主要包括行为改变、具有攻击性、口吐白沫、流涎、发热、瘫痪（腿和身体失去运动能力）和死亡。任何怀疑患有狂犬病的犬应该立即在兽医院隔离检疫。专业兽医人员要考虑接种狂犬病疫苗进行预防。暴露前接种疫苗是犬在接触患病动物或污染区前注射疫苗。这将有效地防止动物感染该病。

真菌性疾病

真菌性疾病是由生活在身体外部的真菌引起的。皮肤癣菌病就是真菌性疾病。所有的哺乳动物都容易受到真菌感染，并且具有传染性。真菌性疾病有可能是高度人畜共患的，也会传染给人类。皮肤癣菌病的症状包括皮肤瘙痒、抓挠、脱毛和圆形皮肤结痂损伤。病变部位的皮肤检查可以确诊真菌。所有的窝垫物品和美容用品都要消毒，防止真菌蔓延。适当的环境卫生对控制真菌病很重要。

原虫性疾病

原虫性疾病是由单细胞有机体侵入身体引起的，包括梨形鞭毛虫病（由水污染引起）和球虫病（污染的鸟粪掉入水里和土壤引起）。

立克次氏体病

最后一类是由寄生虫（如跳蚤和蜱）引起的立克次氏体病，如蜱叮咬引起的落基山斑疹热。

常见寄生虫与预防

体内的寄生虫常称为"蠕虫"。寄生虫可能生活在体内，通常是在肠道内；或生活在体外，如动物的皮肤。犬易感染多种类型的体内、外寄生虫。

体外寄生虫

兽医助理要具备识别常见的体外寄生虫（如跳蚤和蜱）的能力。了解犬感染体外寄生虫的症状也很重要。体外寄生虫的症状包括抓擦、啃咬皮肤、皮肤溃疡、可见寄生虫和被毛上的蚤粪。

跳蚤

跳蚤是没有翅膀的昆虫，可以跳跃，寻找热量存活。跳蚤以动物的血液为食，棕黑色。犬对跳蚤的唾液敏感，跳蚤叮咬可以引起犬的过敏反应；跳蚤也会咬人。它们会传播某些疾病。雌性跳蚤每天能产多达50个卵，卵在48h孵化，小跳蚤在15d内长成成虫。这个生活周期会持续下去，成为家庭内的大问题。寄生虫的生活周期包括寄生虫如何开始以及动物被感染后所经过的阶段。跳蚤叮咬的患犬会抓擦、啃咬被毛，在叮咬部位可能形成溃疡。有多种方法可以判断犬是否有跳蚤。跳蚤的粪便好像犬被毛上的污垢。这是跳蚤问题的警示标志。

为了检查跳蚤，可以使用蚤梳梳理被毛，既有利于被毛生长，也有利于清除跳蚤。如果从动物身体上梳理出任何污垢粒子，用水浸湿并观察是否呈红色或铁锈色。如果出现红色，那就是跳蚤粪便中的血粉。在屋内的地板上放一块暖白色的毛巾，关掉所有的灯，等待几分钟，然后开灯，检查毛巾上是否有跳蚤。跳蚤喜欢有热量的地方。

有多种方法可以预防跳蚤，包括用于皮肤和被毛的外用药、经口给予的口服药、跳蚤项圈以及可以杀死或驱除跳蚤的香波和药浴（图7-45和表7-6）。也有在家使用的控制跳蚤的喷雾剂和雾化剂。

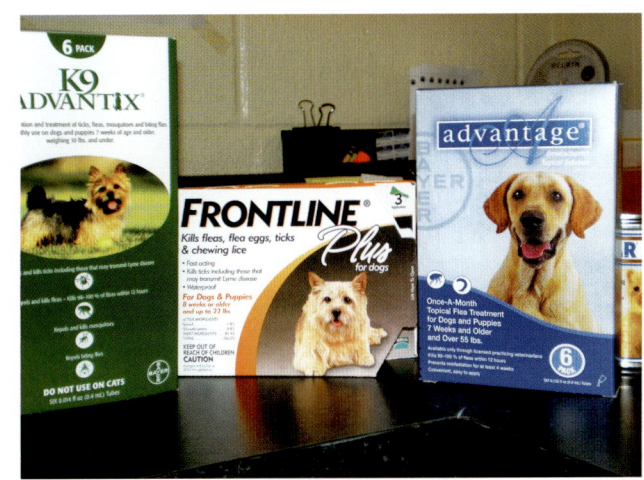

图7-45 多种多样的除蚤产品

蜱

蜱也是没有翅膀的昆虫，寻求活物，通过口器嵌入动物和人的皮肤，吸食血液（图7-46）。在犬的饲养过程中，可能会传染致病的细菌。吸食血液后，蜱的身体会膨胀数倍。对兽医助理来说，务必要小心除蜱，蜱头不能残留在动物皮肤内，否则会引起皮肤感染。蜱在地上产卵，需要2年才能达到成年阶段。蜱叮咬的症状包括发现活蜱、叮咬处瘙痒、皮肤刺激和发红。叮咬处的皮肤感染后，呈现红、肿、热、痛。控制蜱的方法包括日常梳理被毛、检查皮肤寻蜱、使用杀死或驱除蜱的外用产品。

螨虫

螨虫是寄生在皮肤、被毛或耳内的昆虫。有些螨虫肉眼几乎可见，有些很微小，只能通过显微镜看到。耳螨生活在耳道内，在耳内形成厚厚的黑色

表7-6 常见的跳蚤产品对照

产品名称	应用类型	寄生虫控制	使用年龄	防水或耐水	应用频率
Advantage	外用	跳蚤	7周龄	耐水	每月一次
Advantix（拜宠爽）	外用	跳蚤、蜱、苍蝇、蚊子	7周龄	耐水	每月一次
Capstar（诺普星）	口服	跳蚤	4周龄	防水	每天一次或根据需要
Frontline（福来恩）	外用	跳蚤	8周龄	防水	每月一次
Frontline Plus（增效福来恩）	外用	跳蚤、蜱、虱子	8周龄	防水	每月一次
Program	口服/注射	跳蚤	4周龄	防水	口服:每月一次;注射:6个月一次
Promeris	外用	跳蚤、蜱	8周龄	防水	每4～6周一次
Revolution（大宠爱）	外用	跳蚤、蜱、螨虫、心丝虫	6周龄	防水	每月一次
Sentinel	口服	跳蚤、蛔虫、钩虫、鞭虫、心丝虫	4周龄	防水	每月一次

图7-46 蜱

硬皮蜡状物质。耳螨肉眼不可见，引起犬耳道瘙痒，犬会挠耳，有时会因为抓挠引起开放性溃疡。耳螨具有传染性，可以传给所有动物。临床中，需要洗耳，并在显微镜下检查螨虫；可以使用耳药治疗和杀死螨虫。

皮肤螨虫寄生在被毛和皮肤上。有两种类型的皮肤螨虫，疥螨和蠕形螨。疥螨引起疥螨病，会传染，而且能传染给人类，引起疥疮。蠕形螨引起蠕形螨病。脱毛是指掉毛。蠕形螨导致犬区域性脱毛或变稀疏。蠕形螨在所有犬皮肤上都少量地天然存在，在一定条件下引起皮肤刺激和感染。这两种类型的螨虫都会导致严重的皮肤瘙痒，从而导致抓伤、脱毛、皮肤损害和溃疡、皮肤感染和皮肤变色。这两种类型的螨虫肉眼都看不见，必须经兽医或技术人员刮片检查并在显微镜下才能确定。对兽医助理来说，将所有的用品和设备进行消毒很重要，因为这是螨虫常见的传播途径。所有的皮肤病变都要评估螨虫。

虱子

虱子是寄生在被毛上的微小昆虫。虱子具有种属特异性，只感染特定物种。虱子感染的症状包括抓擦、被毛损伤和被毛上可见明显白点。毛上看到的白色斑点是虱子的幼虫，叫作幼虱。它们粘在被毛上，可以用胶带去除，进行显微镜下检查。必须使用外用杀虫剂将虱子杀死。室内所有犬用过的垫子和区域都要处理。

体内寄生虫

兽医助理也要知道体内寄生虫感染的症状。体内有一些常见的寄生虫，通常在肠道内。体内寄生虫通常吸食寄生动物血液，维持生存。有些体内寄生虫很微小，有些寄生虫通过犬肠道排出后可以看见。

心丝虫

对犬主和兽医专业人员来说，心丝虫病都是一个严重的问题。该病是由寄生在犬心脏、肺和血液的体内寄生虫引起的，通过蚊子传播；蚊子是携带者或传播途径。幼年心丝虫叫作微丝蚴，是心丝虫疾病的关键阶段，因为会导致心脏或血流堵塞，从而引发死亡。心丝虫6月龄时成年，长达30.5cm，看起来像面条。预防是最好的方法。目前有多种产品能够预防心丝虫病和其他寄生虫病（表7-7）。在对患犬使用产品之前，兽医要对其进行血液检查，确定阴性。这应该是常规的控制监测方法。心丝虫病检测阳性的患犬治疗要谨慎。心丝虫病的症状包括呼吸急促、咳嗽、无意识运动、易疲劳及可能死亡。

表7-7　犬心丝虫产品对照

产品名称	应用类型	寄生虫控制	使用年龄	应用频率
Advantage Multi	外用	心丝虫、蛔虫、钩虫、鞭虫、跳蚤	7周龄	每月一次
Heartgard（犬心保）	口服	心丝虫	6周龄	每月一次
HeartgardPlus（增效犬心保）	口服	心丝虫、蛔虫、钩虫	6周龄	每月一次
Interceptor	口服	心丝虫、蛔虫、钩虫、鞭虫	4周龄	每月一次
Iverhart Max	口服	心丝虫、蛔虫、钩虫、绦虫	6周龄	每月一次
Revolution（大宠爱）	外用	心丝虫、跳蚤、虱子、耳螨、疥螨	6周龄	每月一次
Sentinel	口服	心丝虫、蛔虫、鞭虫、钩虫、跳蚤	4周龄	每月一次
Tri-Heart	口服	心丝虫、蛔虫、钩虫	6周龄	每月一次

蛔虫

蛔虫是犬和幼犬最常见的体内寄生虫。它们寄生在小肠内。常见的病因是犬摄食啮齿类动物、污染的土壤，或通过胎盘或哺育幼犬将卵传递给幼犬。随粪便排出体外时，蛔虫看起来像面条一样长、细、白。蛔虫感染的症状包括腹部膨胀、腹泻、呕吐、体重减轻、被毛无光泽。蛔虫可以传染人，引起内脏幼虫移行的病症，主要是通过接触污染的土壤引起。虫卵可以侵入肺部和肠道。

钩虫

钩虫是肠道内发现的另一种吸食血液的体内寄生虫。通过接触污染的土壤传染，虫卵可以穿透脚垫和皮肤，幼犬可能通过哺育而获得性感染。被感染的症状包括贫血（红细胞数量减少）、腹泻、呕吐、体重减轻、被毛无光泽。钩虫也可以传染人，引起皮肤幼虫移行的病症，钩虫虫卵可以穿透皮肤进入肠道。

鞭虫

鞭虫是黏附于结肠体内的寄生虫，以吸食肠道血液和组织为食，通过接触污染的土壤传播。虫卵在土壤里可以存活数年，而且难以控制。可进行粪便虫卵检查确定动物是否感染了鞭虫（图7-47）。

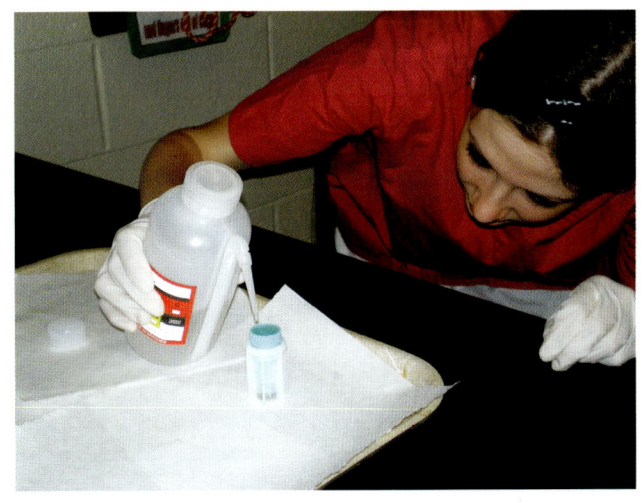

图7-47　粪便虫卵检查

这个操作有多种方式，具体参见第38章实验室操作。鞭虫感染的症状包括贫血、体重减轻、腹泻和被毛无光泽。

绦虫

绦虫是寄生在小肠的体内寄生虫，通过摄食啮齿类动物或跳蚤传播。绦虫节段叫做节片，随着绦虫的生长而脱落（图7-48）。这些节片可能在排泄物或肛门周围见到，呈扁平状、白色，类似于大米粒。绦虫感染的症状包括跳蚤叮咬、腹泻、体重减轻、

图7-48 绦虫

在地上快走。内寄生虫的诊断通过分析排泄物中的虫卵即可,治疗时使用驱虫药。预防寄生虫最好的方式也是用驱虫药控制,并清除院落里的所有粪便。

常见的犬外科手术操作

兽医助理常常会需要与犬主人讨论外科手术操作。兽医助理要知道常见的犬外科手术操作,如卵巢子宫切除术(OHE),通常叫绝育;去势;断爪术;断尾。这是犬常见的外科手术操作。

绝育术是摘除母犬子宫和卵巢,以防止繁育。去势术是摘除公犬睾丸,以防止繁育。通过手术改变雄性和雌性犬特征以防止繁殖,都可以称为阉割。繁育品质低,或不用于繁育的,强烈建议阉割,因为阉割使宠物更健康,并可防止不必要的动物种群增加。

断爪术是切除脚垫上不与地面接触的悬趾或第1指。这些指甲常常会被物体夹住,可能被撕裂,引起疼痛。

兽医做的断尾术是整形手术,用于缩短犬尾的长度。最好在出生后3~5d断尾。兽医助理要对该手术有基本的了解,并告诉客户该手术的益处。

绝育和去势

犬通常在6月龄绝育(子宫卵巢切除术,OHE)。有些兽医推荐在更早的时候给犬做绝育。母犬绝育的切口在腹中线,或后腹部中央。母犬每年有2次季节性发情(巴辛吉犬除外,只有1次发情)。犬每年生2胎幼犬。绝育会减少犬的种群数量,减少对公犬的吸引力,降低乳腺肿瘤发病率,并减少公犬撒尿标记领地的情况发生。绝育一般在全身麻醉下进行,切除子宫和卵巢,缝合切口;7~10d拆线,期间限制运动。

公犬睾丸切除术(去势)不像母犬子宫卵巢去除术那么复杂。睾丸暴露后,结扎精索,切除睾丸,缝合切口;7~10d拆线。犬睾丸切除术可以减少公犬做标记的可能性,减少对母犬的向往,降低睾丸肿瘤发病率。睾丸切除术通常在全身麻醉下进行。

小结

兽医助理必须掌握犬的保定、美容、护理和维护的基本知识,了解教育客户正确养犬所需的医疗信息,才能从事好与犬相关的工作。在兽医院,兽医助理需要向客户讲解这些基本信息,需要向犬主人展示在家里如何让宠物健康快乐。这是动手技能的重要组成部分,因为很多其他动物也可能需要这些相同类型的基本医疗保健需求和维护。

复 习 题

1. 纯种犬和杂种犬有什么区别?
2. 列出犬的 7 个组别,每个组别举出 3 个品种。
3. 侧卧和俯卧的区别是什么?
4. 选择犬需要考虑哪些因素?
5. 母犬发情的标志是什么?
6. 什么时候需要给犬饲喂维持性饮食?
7. 幼犬理想的疫苗程序是什么?
8. 犬应该维持哪些常规的健康习惯?
9. 体内和体外寄生虫的区别是什么?
10. 犬患有寄生虫病的症状有哪些?
11. 疾病由动物传播到人术语是什么?
12. 疾病有哪 5 种分类?每种举 1 个例子。
13. 训练幼犬或成犬的重要性是什么?
14. 兽医助理需要掌握哪些美容服务?
15. 教育客户了解动物传染病和寄生虫病的重要性是什么?

临床案例

一只 5 岁雄性巴吉度猎犬,到兽医院做去势手术。这只犬有口臭和吃硬东西困难的病史。兽医在上周的随访中与主人讨论了牙科手术,可以将体检和年度疫苗一次完成。犬主人早上送来该犬,并询问是否可以在午后接走。兽医在病历中指出,犬需要全身麻醉,并在医院过夜。手术前的晚上和手术当天须禁食禁水。犬主人立即表现得很担心也很着急。

- 在这种情况下,兽医助理应该关注哪些问题?
- 你怎样回答关于客户午后来接犬的问题?
- 就去势手术和牙科手术而言,你应该讨论什么?

第 8 章　猫品种识别与生产管理

学习目标

学习完本章后，读者应该能够：
- 识别经爱猫者协会（CFA）确定的常见猫品种
- 描述猫的生物学特性及其发育。
- 解释猫相关的常见兽医专业术语。
- 描述猫的正常行为与不正常行为。
- 针对不同操作，能够适当安全地保定猫。
- 讨论恰当的猫选育方法。
- 描述猫健康管理实践。
- 描述猫的营养因素。
- 说明猫的饲养和繁殖。
- 讨论猫的基本疫苗程序。
- 了解常见的猫科疾病与防治措施。
- 了解猫常见的体内外寄生虫病。
- 讨论猫科常见手术。
- 讨论猫适当的美容需求。

引言

猫是当今社会最受欢迎的伴侣动物（图 8-1）。猫比较容易照顾，几乎能自给自足。猫从它们的野生对应者——狮子进化而来。全世界有超过 5 亿只家养猫，已确定的猫品种超过 30 种。仅美国就有超过 7 000 万只宠物猫。众所周知，猫是俏皮的、活跃的、机警的宠物，它们的驯养不同于犬，俨然已经成为宠物界重要的组成部分。

兽医术语

在兽医学中，必须了解物种的专业术语，并在

图 8-1　猫作为宠物比犬多

兽医院中适当地使用这些术语。表 8-1 包含了兽医学中常用的一些猫科术语和缩略语。图 8-2 展示了猫身体各部位的位置及术语。

表 8-1　猫科专用术语

猫科术语	猫
Queen	育龄母猫
Tom	育龄公猫
Kitten	1 岁以下的幼猫
Gib	去势公猫
Spay	绝育母猫
Bevy	家养猫群
Queening or kittening	母猫的分娩过程
DLH	家养长毛猫
DSH	家养短毛猫

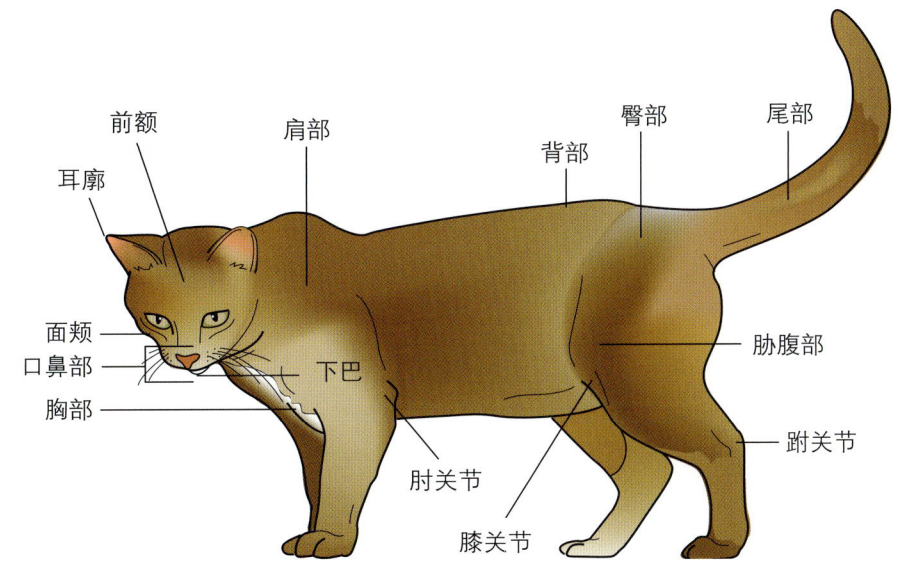

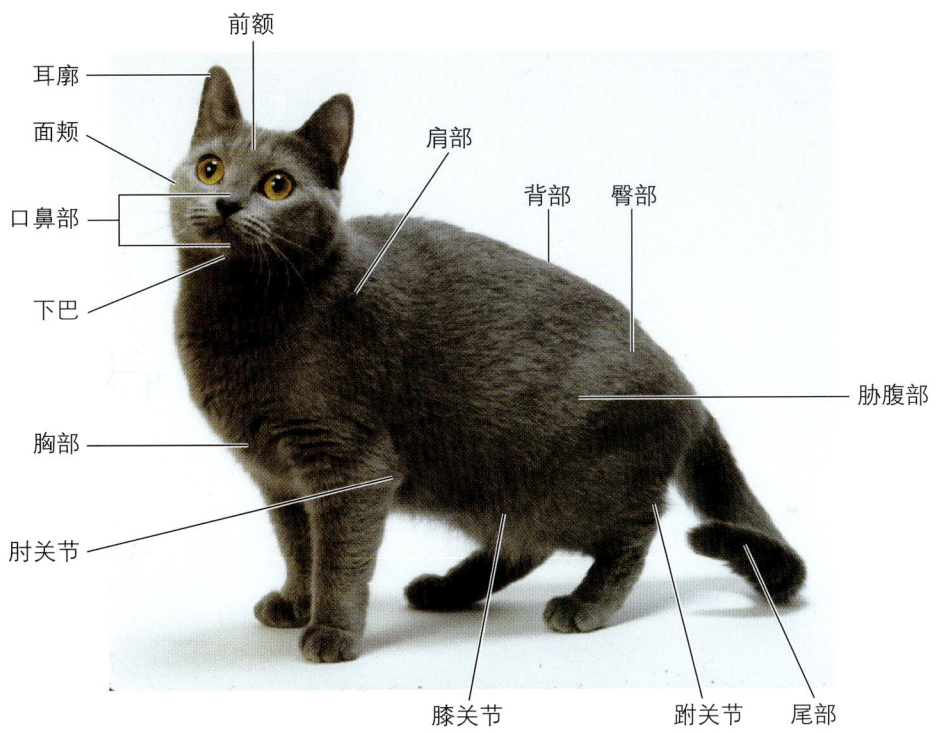

图 8-2 猫的解剖部位图示

生物学特性

猫起源于野猫，家猫属，与狮子很像。目前猫的品种超过 75 个，其中纯种猫有 30 多种。猫的平均寿命为 12～18 岁。已知年龄最大的猫活到了 30 多岁。猫是食肉的哺乳动物或肉食性动物。猫和犬一样，都是恒温动物，能够自行调节体温，它们都是单胃动物。单胃是指消化系统中只有 1 个胃。与犬相似的地方也就这么多。猫以发达的感官系统而著称。猫有敏感的鼻子、敏捷的爪子，外加灵敏的嗅觉和味觉器官、灵敏的耳朵（可以检测到最微弱的声音）、3-D 和夜视能力以及专门作为触角和

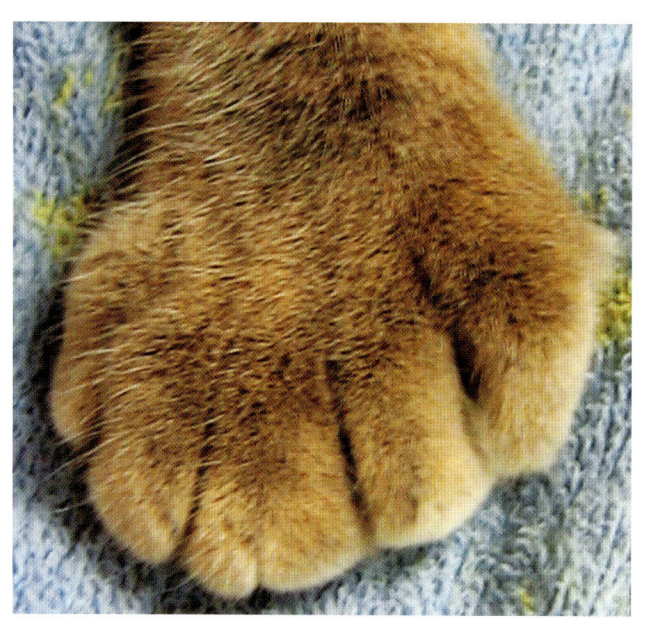

图8-3 多趾猫有额外的脚趾

平衡机制的胡须。猫脚不同于任何其他种类的家畜，它们每个脚垫上有5个脚趾，每个脚趾都有一个可伸缩的爪子。这意味着猫能控制其爪子并将其置于脚垫的外面或里面。猫有4只长脚趾和1只短脚趾。很多猫有额外的脚趾，称为多趾猫（图8-3）。脚垫是柔软的肉层，作为脚底的垫子，在捕食猎物时可以减少噪音。

猫的身体结构是为速度和敏捷而设计的。猫体内平均有250块骨头（图8-4）；猫的身体由500块肌肉组成，其中最大的肌肉在后腿，有助于攀爬和跳跃。

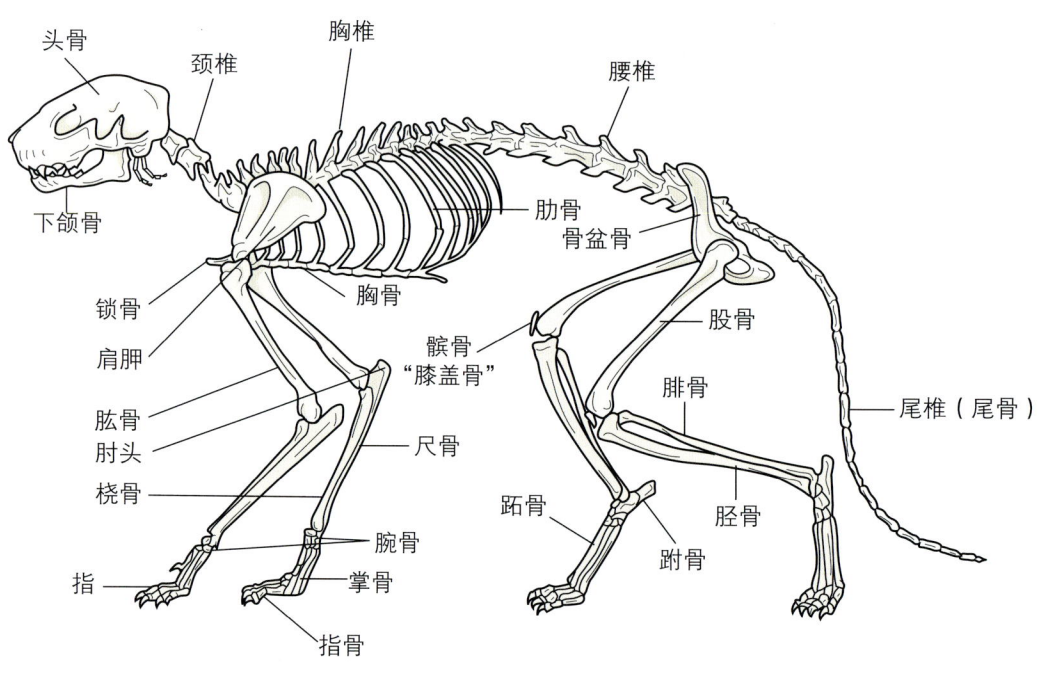

图8-4 猫的骨骼结构

品种

爱猫者协会（CFA）已认定 30 多种猫（表 8-2）。CFA 是一个促进猫健康和负责猫育种的猫品种注册中心。未注册且未知血统的猫通常称为家猫（图 8-5）。有各种不同被毛类型的猫，但大多数猫有明显的长毛或短毛区别。短毛品种不太需要被毛护理保养，长毛品种则需要更好的护理保养，需要每日刷毛和日常梳理美容。长毛品种更容易受到毛球的影响。毛球是从理毛中摄取的被毛丛集，在消化道中累积和收集起来，可能造成阻塞，从而引起严重的健康问题。根据体型不同，成年猫体重从 2.3kg 到 11.3kg 不等。

图 8-5　家猫

表 8-2　猫的品种

短毛猫品种	
Abyssinian 阿比西尼亚猫	Japanese Bobtail 日本短尾猫
American Shorthair 美国短毛猫	Korat 柯拉特猫
American Wirehair 美国硬毛猫	Malayan 马来猫
Bombay 孟买猫	Manx 马恩岛猫
Burmese 缅甸猫	Ocicat 欧西猫
British shorthair 英国短毛猫	Oriental Shorthair 东方短毛猫
Charteux 夏特尔猫	Russian blue 俄罗斯蓝猫
Colorpoint 重点色猫	Scottish fold 苏格兰折耳猫
Cornish Rex 柯利斯卷毛猫	Showshoe Breed 靴猫
Devon Rex 德文卷毛猫	Siames 暹罗猫
Egyptian Mau 埃及猫	Sinapura 新加坡猫
Exotic Shorthair 外国短毛猫	Sphynx 加拿大无毛猫
Havana Brown 哈瓦那棕猫	Tonkinese 东奇尼猫
长毛猫品种	
Balinese and Javanese 巴厘猫	Norwegian Forest 挪威森林猫
Birman 伯曼猫	Persian 波斯猫
Cymric 威尔斯猫	Ragdoll 布偶猫
Himalayan and Kashmir 喜马拉雅和克什米尔猫	Somali 索马利猫
Maine Coon 缅因猫	Turkish Angora 土耳其安哥拉猫
其他猫的品种	
American Curl 美国卷耳猫	Siberian 西伯利亚猫
LaPerm 拉波卷毛猫	Turkish Van 土耳其梵猫
Selkirk Rex 塞尔凯克卷毛猫	

品种选择

客户可能就如何选择一只合适的猫而向兽医助理咨询信息。客户需要考虑很多关于猫选择的因素。客户需要考虑要幼年猫还是成年猫。幼年猫要比成年猫付出更多的训练时间（图 8-6）。客户也要考虑是否需要一只纯种猫，或是否有兴趣从当地收容所领养一只猫。选择猫时必须考虑下面的因素：

- 室内或室外猫。
- 长毛猫还是短毛猫。
- 美容需求。
- 健康需求。
- 生殖健康问题。
- 营养需要。
- 繁育或参展。

图 8-6　幼年猫比成年猫需要更多的训练

为客户提供的最好建议是，让客户研究几个品种并访问当地的动物收容所，以确定哪种猫最适合他们的生活方式。整理一份该地区信得过的猫繁育者清单供客户参考。同时，保存参考资料，帮助这些准猫主人成为受过教育的和负责任的宠物主人。CFA 在其网站上提供有猫品种信息（http://cfa.org）。

营养

猫的饮食需要特殊营养。猫应该饲喂高品质的干粮，以便清理牙结石。猫不要喂犬粮，因为二者物种的营养需求是非常不同的。猫需要额外添加牛磺酸和硫胺素的高蛋白和高脂肪饮食。高蛋白饮食是必要的，因为猫分解蛋白质非常缓慢。牛磺酸对于适当的发育和全身系统功能是必需的。硫胺素是促进被毛健康的 B 族维生素化合物。猫粮可以是干粮、半干粮和湿粮。猫不能给牛奶，会导致消化系统紊乱，引起腹泻。

幼猫的饲养

幼猫需要在出生 24h 内饲喂来自母猫的初乳。母源抗体会保护疫苗注射前的幼猫免受疾病。幼猫需要哺乳 3 周，3～4 周龄开始补饲罐头或湿粮。2 周之后，可以饲喂温水浸湿的干粮。6～8 周龄时断奶，进食幼猫干粮。每天要多次饲喂。饲喂干粮时，选择颗粒大小合适的干粮非常重要。幼猫的饮食需求如下：

- 蛋白质含量 35%～50%。
- 脂肪含量 17%～35%。

幼猫的能量需求如下：

- 2 月龄——175kcal/d。
- 3 月龄——260kcal/d。
- 6 月龄——280kcal/d。

孤儿幼猫需要饲喂商品配方粮，如 KMR 或羊奶；饲喂量 66mL/kg 体重，每天 3～4 次，直到 4 周龄。可以用奶瓶或注射器饲喂（图 8-7）。每日记录幼猫体重，确定正在成长。2 周龄内的幼猫要放在加热垫上，以便维持体温（图 8-8）。4～5 周

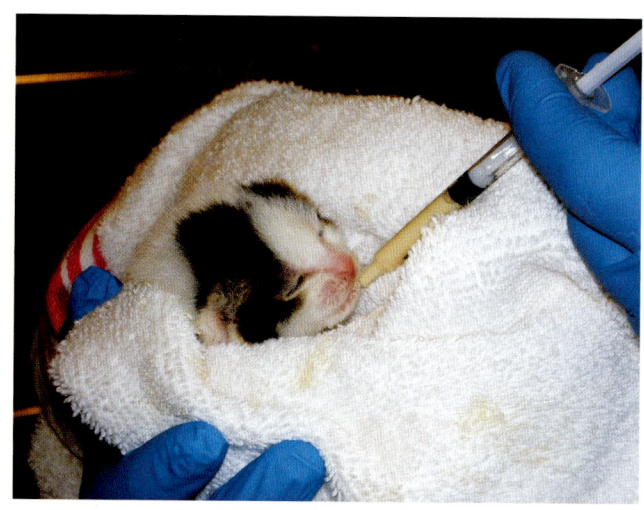

图 8-7　用注射器饲喂孤儿幼猫

图 8-8　将幼猫放在加热垫上保温

龄时，幼猫可以补饲柔软的固体幼猫粮；必要时，用温水软化。

成年猫的饲养

成年猫要根据其理想的体重范围喂食干粮。1～7 岁的健康猫饲喂维持饮食；老年猫饲喂低能量的老年猫粮；超重猫饲喂体重管理日粮。成年猫每天喂 2 次。有专门设计的猫粮针对牙齿牙垢形成，也有毛球配方的日粮，帮助消化道排泄毛球。成年猫的维持饮食大约需要 280kcal/d。妊娠猫没有饲喂限制，在分娩前 20d 内尽可能多地饲喂，一直持续到幼猫断奶。在断奶期间，母猫减少饲喂 1/4，直到达到理想的饲喂量。这也有助于停止泌乳。

行为学

猫继承了野生猫的很多自然本能。猫具备源自祖先的熟练的狩猎技能、标记行为、呼噜声特征和社交技能。家养猫还增加了伴侣动物的特征。与犬类似,猫有3种明显的行为。每一种行为都表现为相应的身体语言,大多数猫会快速地展示行为。有快乐的猫、愤怒的猫和害怕的猫。

快乐的猫

快乐的猫的标志包括在物体或人前磨蹭,耳朵直立向前,尾巴高高竖起,发出咕噜声和喵喵声,并表现得很轻松(图8-9)。

图8-10 愤怒的猫

会地位导致。有繁殖能力的雄性猫比去势猫更容易发生。防御性侵略在兽医院中很常见。这种行为是猫保护自己的一种方式。猫会向人类和其他动物表现这种行为。转向攻击行为是指对并不是引起事端的另一只猫无端的攻击行为。这很有可能是由该猫的社会地位状态决定的。

害怕的猫

在兽医院中,经常见到害怕的猫。害怕的猫有转向侵略性的倾向,其行为特征包括体位降低、尾巴夹在身体下面、耳朵平贴于头两侧、被毛竖立、试图躲藏起来和眼睛变大(图8-11)。当猫变得不安时,它们将试图用抓和咬来保护自己。

图8-9 快乐的猫

愤怒的猫

愤怒的猫很可能会变得凶悍,其症状包括头部被毛竖立,尾巴轻弹或快速移动、嘶嘶作响、嚎叫声、耳朵平贴在头上、眼睛瞪大、瞳孔扩张(图8-10)。有多个原因会使猫变得咄咄逼人,例如领地入侵(这与犬类似,但在猫更严重)。猫会积极保护自己的领地,特别是在多猫家庭。成年雄性猫彼此间的侵略是很常见的。这些行为可能会由性统治地位或社

图8-11 害怕的猫

基础训练

猫需要使用猫砂盒训练排便行为，这是通过将猫放在猫砂盆内让其做出抓挠动作而实现的。建议在房屋内安静隐秘的位置多放置几个猫砂盆。猫需要在独立的区域排便。猫砂盆每天要清洁，并换新猫砂。

设施和住所需求

在猫屋里，要给猫提供食碗和水碗。除此之外，推荐猫主人提供：

- 架子。
- 猫砂盆。
- 猫砂。
- 猫抓板。
- 玩具。

保定和处置

处理猫时要考虑的最重要因素是避免被咬或抓伤。猫咬伤和抓伤会引起严重感染，保定猫时必须小心。兽医助理需要接受适当的保定猫的训练。猫迅速而敏捷，一瞬间就可能咬伤或抓伤人。对猫可以用物理、语言、化学或综合方法进行保定。处理猫时有用的一件物品是使用毛巾。用毛巾盖住猫时，猫感觉不那么害怕，所以如果猫变得很难处理，可用毛巾进行保护（图 8-12）。将毛巾轻轻地盖在猫身上或在某些情况下将毛巾扔在猫身上，可以将猫从猫笼取出。毛巾也可用来包裹猫，叫"小猫卷"。小猫卷是将毛巾放在台子上，猫放在毛巾上，然后一边的毛巾将猫的腿和身体包裹并卷起来（图 8-13）。头在毛巾外，从外观上看起来像一个包裹着猫的玉米卷。这样可以更好地控制猫、接近猫并控制住头部。

另一种控制猫的方法是使用猫包。猫包和猫卷很相似，但猫包也可以显露肢体和身体部位。将猫放在带有拉链的袋子里，以便暴露身体部位来执行某些操作（图 8-14）。猫包可以更好地控制猫的头部和腿，避免损伤。

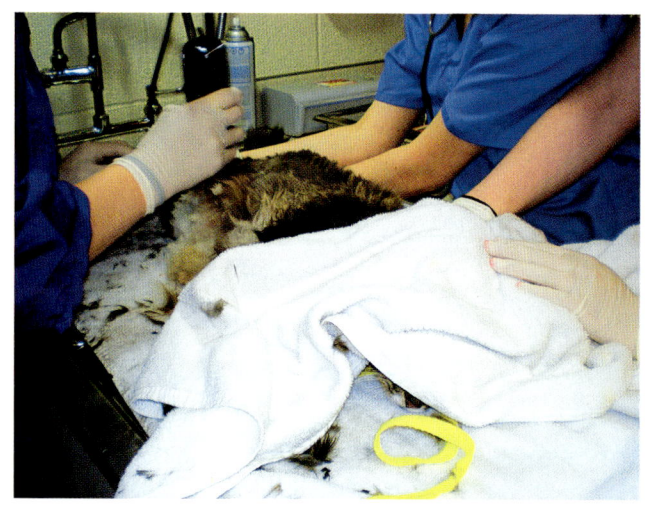

图 8-12 使用毛巾镇定和控制猫

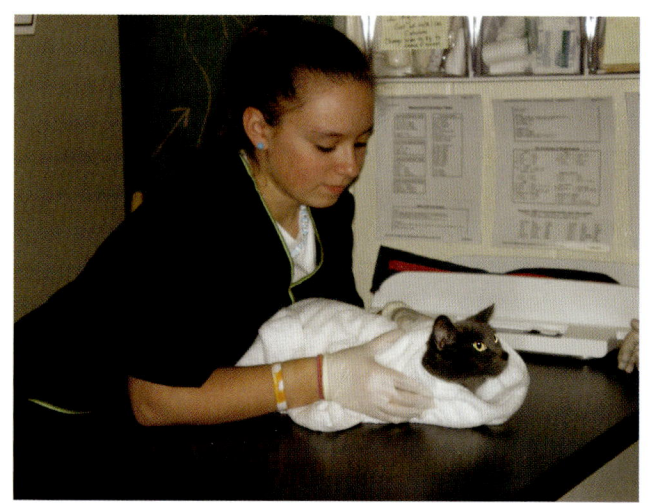

图 8-13 用毛巾制作"小猫卷"来保定猫

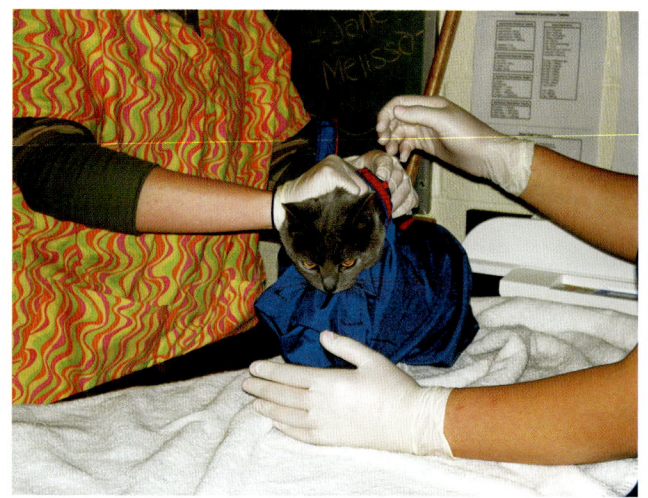

图 8-14 用猫包来保定猫，必要时，可以暴露肢体操作

猫口面罩与犬口面罩类似。将口面罩放在猫脸上，通常会覆盖眼、鼻和口。在鼻部区域有一个小孔用来呼吸。猫不能看见任何东西时，会更好地放松，从而感觉很安全。猫口面罩在样式上与犬口面罩类似，其顶部比底部短。猫口面罩用黏扣带系上。当站在猫的后面或侧面时，它们最适用（图8-15）。猫会尝试抓挠口面罩，因此要小心控制猫腿。当给短头品种猫使用口面罩时，务必小心，确保猫能够呼吸。短头品种是指那种扁平脸，可能会阻碍动物正常呼吸。

猫也可以用伸展猫身技术保定。这种保定是通过伸展猫的身体完成的。首先抓住猫的颈背部皮肤，然后让猫侧卧，保持牢牢抓住猫的颈背部不放。握住后肢，控制身体，避免挠伤（图8-17）。这种姿势可使猫静止不动，保持制动。

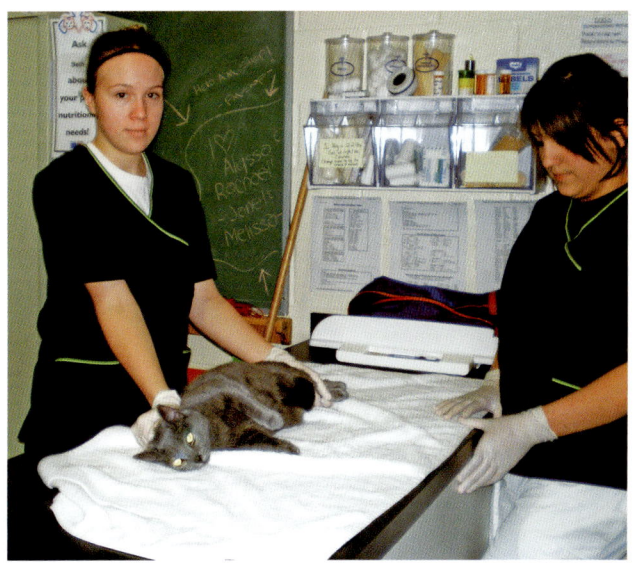

图8-17 伸展猫身保定技术

头静脉采血保定是一只手抓住猫的颈背部控制头部，另一只手伸到对侧控制猫前腿（图8-18）。抓握肢体近端，帮助采血。有时通过仰起猫的下颌，不用怎么保定猫也会安静地坐着。

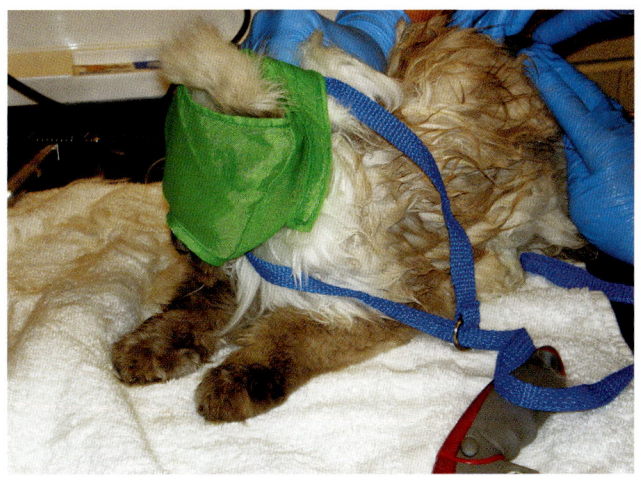

图8-15 用猫口面罩镇定猫，避免被咬伤

也可用抓颈背的方法保定猫。猫颈背部皮肤比较松弛，可以用手牢固地抓住颈部皮肤保定（图8-16）。很多时候，这会导致猫变得恍惚，便于更好地控制猫的头部和身体。如有必要，可以用空闲手握住猫前腿防止抓伤。

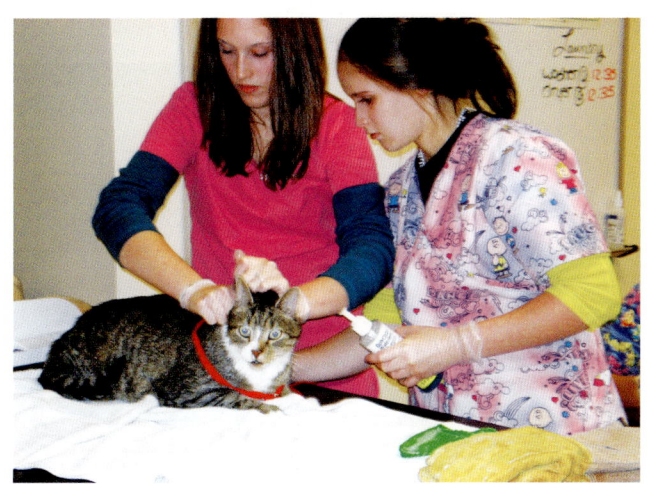

图8-16 抓颈部背侧皮肤保定技术

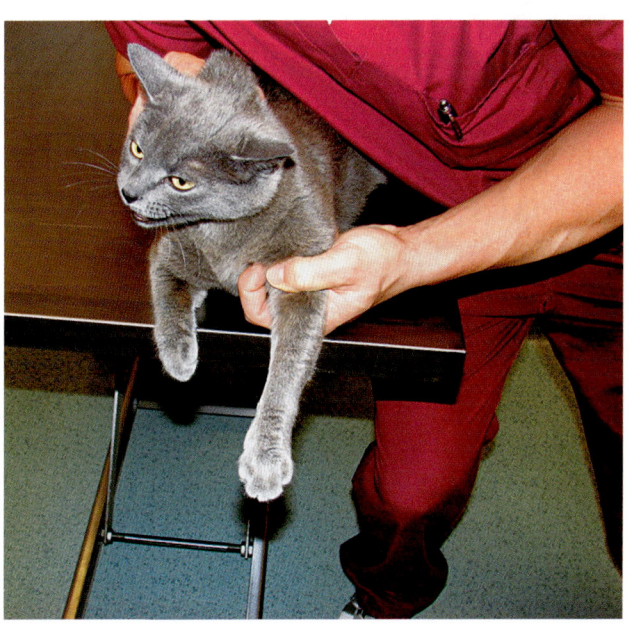

图8-18 头静脉采血保定

颈静脉采血保定方法与小型犬保定类似。抓住下巴，使头部向上伸展（图8-19）。另一只手和胳膊固定猫的前肢，避免挠伤。前肢可以伸出超过桌子边缘。

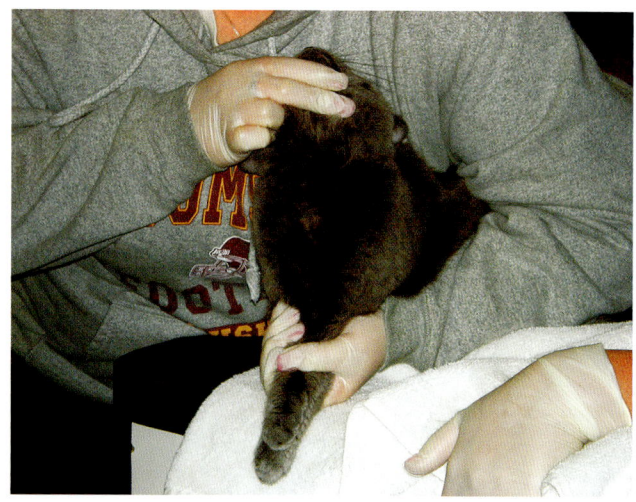

图8-19 颈静脉采血保定

隐静脉采血保定是将一只手抓紧颈背技术和伸展猫身技术结合完成的。另一只手压迫肢体近端，使静脉充盈可视。

猫也可以用保定栏或麻醉箱保定。保定栏是一个用于保定很难控制的野生（野性）猫、狂犬病疑似病例、侵略性很强的猫的金属丝笼。用箱状笼来保定猫进行检查和处置，笼子的两侧有金属丝门开口，并可以向内滑动。向内滑动后，可将猫推抵于笼子的内侧，便于给猫注射疫苗或注射镇静剂进一步保定。麻醉箱也是类似的方式。可以将猫置于玻璃箱内进行检查或进一步镇静。麻醉箱像水族缸一样，在顶部有连接麻醉机的开口，使麻醉剂可以渗透进来，从而保定动物。在兽医院里，保定手套也是保定用具之一。处理具侵略性的猫时，手套的皮革层，可作为手和手臂的保护层。因为手套很笨拙，所以在猫身上使用时必须小心，尽可能避免不必要的损伤，或说，如果保定稍松失去抓握力，猫很可能从中逃脱。

美容

猫有和犬相同的美容需求。长毛猫和短毛猫每天用中性或柔软的鬃毛刷梳理，特别是中长毛猫（图8-20）。每月使用跳蚤梳来观察跳蚤和跳蚤垢。要定期洗澡（图8-21）。猫的美容与犬类似。长毛猫需要剪毛和剃毛，特别是被毛擀毡时（图8-22）。猫可以用香波和水进行常规洗澡；如果猫保定困难，可以用无水香波（图8-23）。将无水香波涂到猫的被毛上，浸入到皮肤然后使其干燥。不需要用水冲洗。该产品是自清洁剂，对被毛自然消毒。许多猫不配合洗澡，务必谨慎，以免被咬伤或抓伤。在猫洗澡前，最好为其修剪指甲，以减少抓伤。

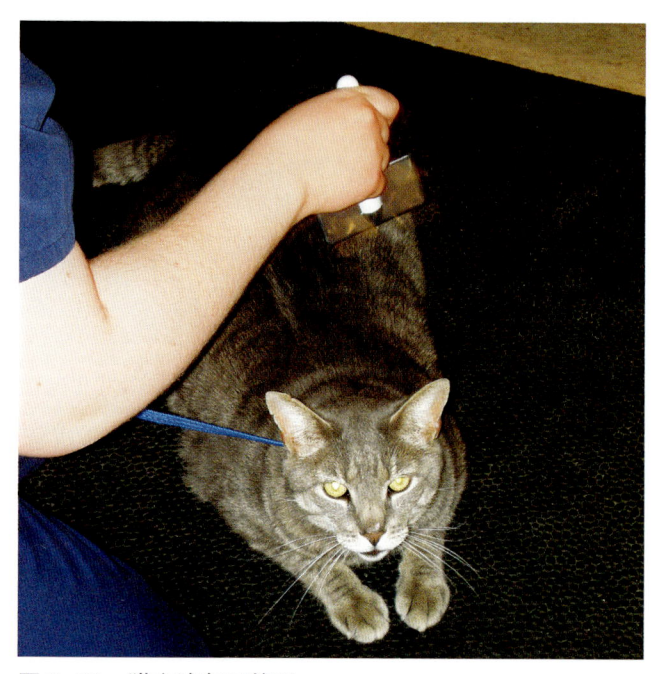

图8-20 猫应该每日梳毛

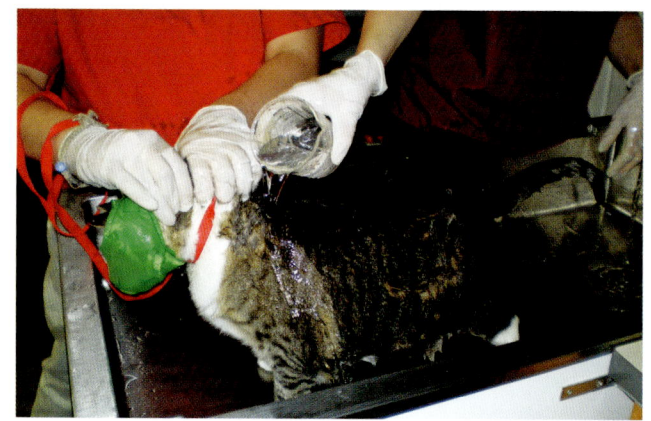

图8-21 猫应该定期洗澡

第 2 部分　兽医动物生产管理

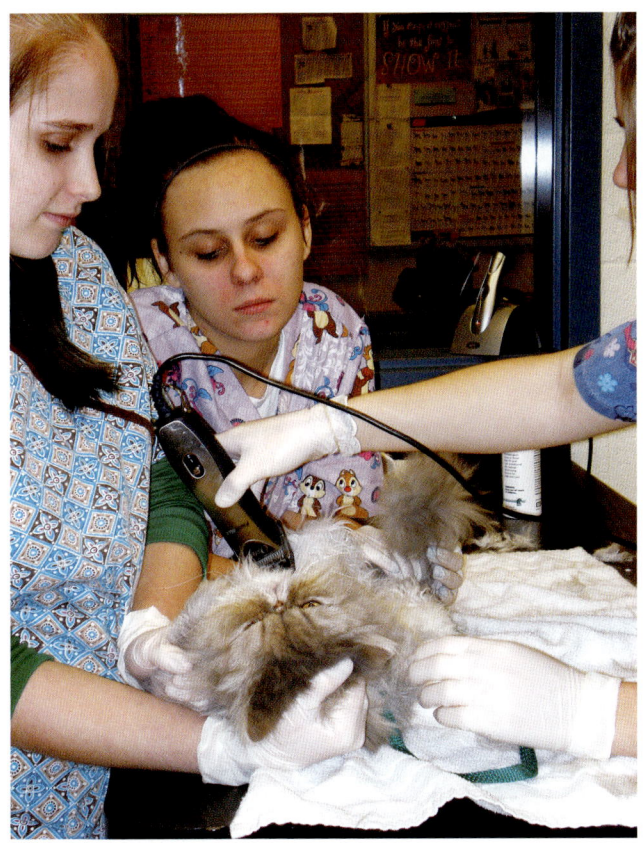

图 8-22　长毛猫被毛擀毡时，需要剃毛

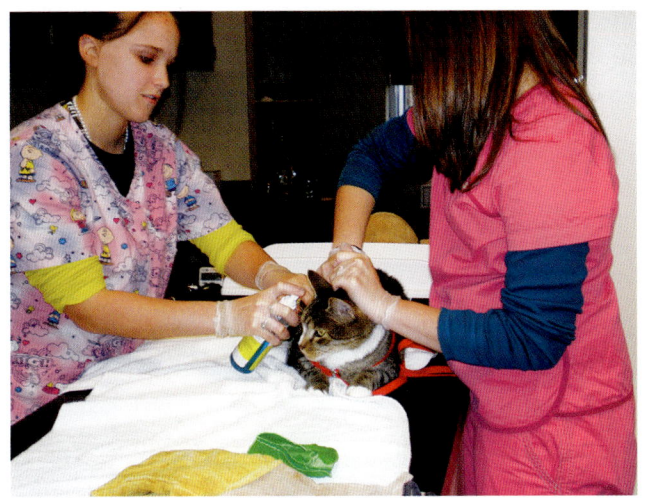

图 8-23　不用使用香波和水进行常规洗澡的猫，可以使用无水香波

在"犬生产管理"章节中，已经概览介绍了刷毛、修剪指甲、耳道清洁、刷牙和清理肛门腺。使用猫用指甲钳或人用指甲钳给猫修剪指甲（图 8-24）。建议在进行任何操作前，都要先修剪猫的指甲，以减少划伤。

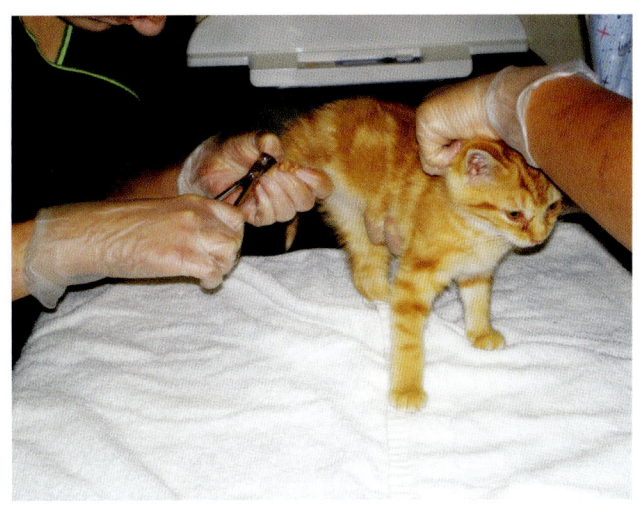

图 8-24　修剪猫指甲

基础保健与护理

每年都要带猫到兽医处体检。体检有助于确定猫的健康状况，也有助于判断是否发生了疾病（图 8-25）。建议每只猫都要进行猫白血病、猫艾滋病和猫传染性腹膜炎的检测。这个检测称为 SNAP 检查，一个非常简单的可以在兽医院完成的血液检查（图 8-26）。检查结果在 10min 内出，检测病猫血液中的抗原和抗体。了解每一只进入兽医院的猫的健康状况非常重要。

也要定期检查耳道、眼睛和牙齿（图 8-27）。像犬一样，猫也需要清理肛门腺。要每年监测猫的体重（图 8-28）。兽医助理要进行适当的培训，以便掌握猫美容的基本技巧，例如剃毛、修剪指甲、清洁耳道、刷牙、清理肛门腺等。

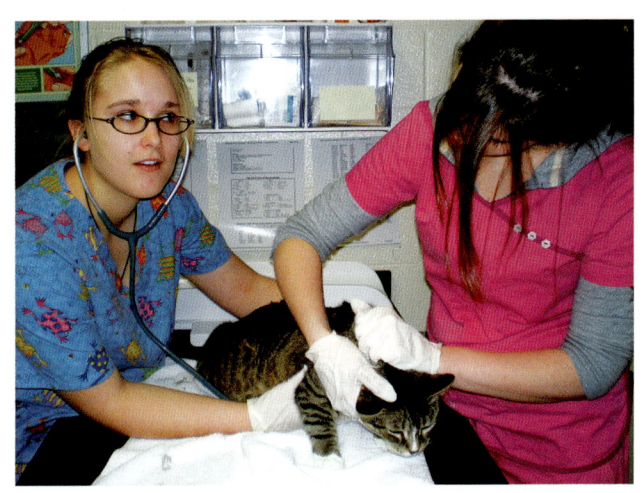

图 8-25　每年都要带猫到兽医处体检

105

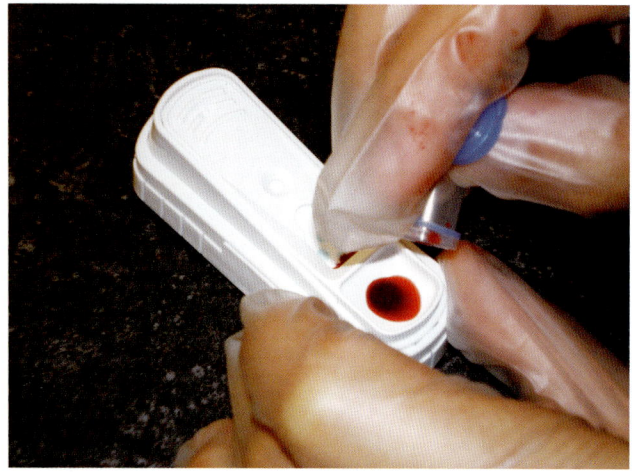

图 8-26　SNAP 检查

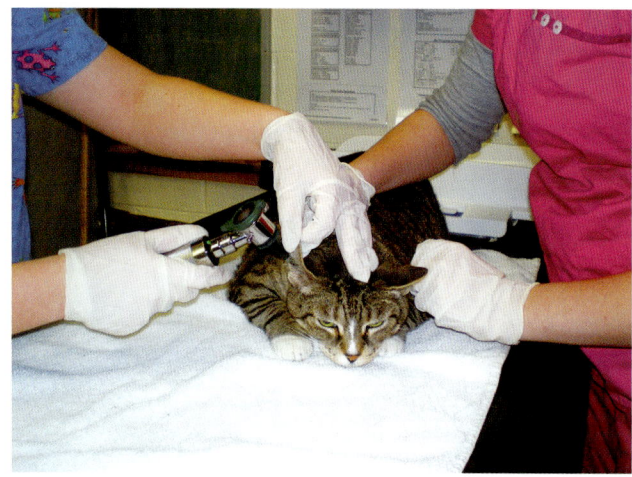

图 8-27　检查猫的耳道

图 8-28　监测猫的体重

接种疫苗

小猫从 6～8 周龄时开始接种疫苗（表 8-3）。最常见的猫疫苗联苗是 FVRCP 组合，也被称为猫瘟热疫苗。每个字母是保护幼猫免受疾病的缩写。

- FVR——猫病毒性鼻气管炎。
- C——杯状病毒。
- P——猫瘟。

表 8-3　猫免疫程序

年龄	疫苗
6～8 周龄	猫瘟、病毒性鼻气管炎、杯状病毒
10～12 周龄	猫瘟、病毒性鼻气管炎、杯状病毒
12 周龄	猫白血病
14～16 周龄	猫瘟、病毒性鼻气管炎、杯状病毒
16 周龄	猫白血病
16 周龄	狂犬病
1 年以上	猫瘟、病毒性鼻气管炎、杯状病毒、猫白血病、狂犬病

FVRCP 疫苗每月注射一次，连续注射 3～4 次，直到 16 周龄。狂犬疫苗在 16 周龄时注射。所有疫苗每年再注射一次。有些兽医也会建议使用其他疫苗来预防猫病，如猫白血病或猫传染性腹膜炎。12 周龄时注射猫白血病疫苗（FeLV），在 3～4 周后再注射一次，然后每年注射一次。

繁殖与生产

母猫是多次发情动物，也就是说，在一个发情季内有多次发情周期。通常，猫的发情周期每隔 15～21d 发生一次，持续 5～7d。猫在 5～8 月龄时开始进入发情期。母猫在发情期有以下特征：

- 嚎叫。
- 行为改变。
- 变声。
- 非常友善，喜欢在物体上磨蹭。
- 转圈并在地上打滚（图 8-29）。
- 撕咬物体。
- 模拟脊柱前低姿态——前身降低，后部抬高，如祈祷状。

图 8-29　转圈、上下翻滚是猫发情的标志

猫是诱导性排卵动物，在交配 2 次后才会怀孕。猫的妊娠期为 60～65d，平均 63d。分娩过程被称为生产或产子。有些繁育者会提供产子箱，但更多的母猫会在屋里找寻一个黑暗而安静的地方产子。卧室或小房间是最好的地方。猫喜静，噪声要保持最低限度。

分娩的标志：

- 焦躁不安。
- 有筑巢行为。
- 气喘。
- 分娩前 12～24h 停止进食。
- 舔外阴。

要监测猫是否难产，即异常生产或生产困难。猫正常的分娩过程是前肢先出来，然后头和身体出来。母猫会舔小猫刺激呼吸，并帮助新生小猫干燥。3～4d 内不要触摸小猫。一般猫每窝产子 3～4 只。小猫要在 29.4℃的室温下孵育数周。小猫 10～14d 睁眼、有听力。小猫出生一周内可以确定性别（图 8-30）。小猫性别可通过肛门到生殖器开口的距离判断。母猫的距离比公猫短。母猫生殖器开口是裂缝，公猫生殖器开口是圆形的。未去势公猫会发育出睾丸。

常见疾病

猫可能发生多种传染性疾病。在兽医院中，常见的猫病包括猫瘟（通常称为猫瘟热）、鼻气管炎、

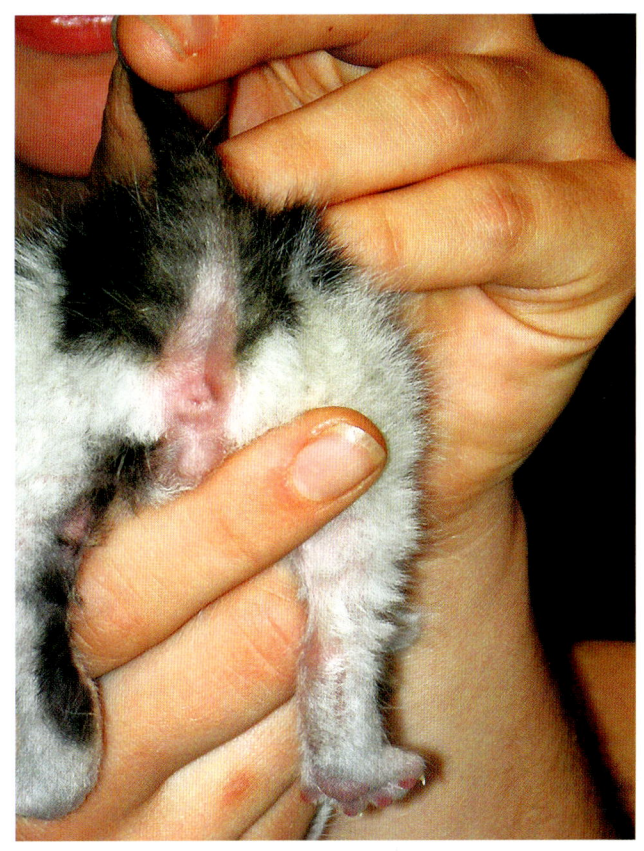

图 8-30　小猫出生一周内可以确定性别

杯状病毒病和狂犬病。也有数种致死性疾病，如猫白血病、猫免疫缺陷病（FIV）和猫传染性腹膜炎。猫一旦诊断出患有这些极端的致死性疾病，客户都要被告知放弃治疗选择安乐死。

猫泛白细胞减少症

猫泛白细胞减少症也叫"猫瘟热"。这是一种通过引起白细胞数量减少而影响猫的全身性病毒病，主要通过尿液、粪便和直接接触传播。幼猫发病通常是致死性的。可用疫苗来预防该病。猫泛白细胞减少症的症状如下：

- 呕吐。
- 腹泻。
- 沉郁。
- 脱水。
- 食欲不振。
- 癫痫。
- 死亡。

猫鼻气管炎

猫鼻气管炎是一种引起猫上呼吸道感染的病毒病，主要通过唾液和鼻漏直接接触传播。该病通常持续 2～4 周，直到症状开始好转。可用疫苗来预防该病。猫鼻气管炎的症状如下：

- 流鼻涕。
- 有眼屎。
- 打喷嚏。
- 流涎／唾液分泌增多。
- 厌食。

猫杯状病毒病

猫杯状病毒病是一种高度传染性病毒病，也会引起上呼吸道感染。从该病存活的猫通常会永久性的头倾斜。该病通过直接接触和身体分泌物传播。可用疫苗来预防该病。猫杯状病毒病的症状如下：

- 流鼻涕。
- 有眼屎。
- 口腔溃疡。
- 肺炎。
- 头倾斜。

猫白血病

猫有多个致死性疾病。这些疾病具有高度传染性，一旦猫被诊断患有该病，就几乎无药可救。猫白血病是最常见的致死性疾病。该病是一种通过直接接触和身体分泌物传播的病毒病。有疫苗可以预防改变，也有相关诊断方法检测。检验结果呈阳性的猫，要与其他猫隔离，防止传染。猫可能表现病征，或可能是病携带者，携带者不表现任何病征，但具备传染能力。

猫免疫缺陷病毒

猫免疫缺陷病毒（FIV）通常称为猫艾滋病。该病是猫物种专属性疾病，但是与人类的艾滋病作用方式相同。该病在猫群中具有高度传染性，传播方式通常为直接传播和咬伤传播。猫的免疫系统受到很大影响，许多猫因其他疾病而死亡。有相关诊断方法检测，但无疫苗预防。检测结果为阳性的猫要严格隔离。与猫白血病一样，猫可能会表现病征或处于携带状态。临床上，可以使用简单的 SNAP 检测诊断猫免疫缺陷病毒（FIV）（图 8-31）。

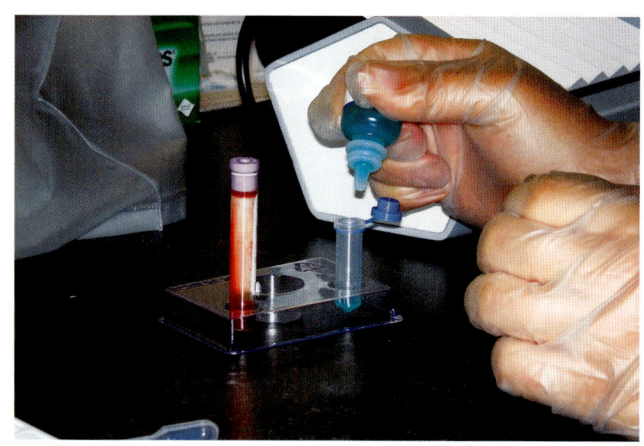

图 8-31 通过 SNAP 检测确定猫免疫缺陷病毒（FIV）感染状态

猫传染性腹膜炎

猫传染性腹膜炎是高度传染性疾病，分为湿式和干式两种类型。该病影响肺和胸腔，引起严重的呼吸问题，从而导致致命的肺炎。有相关诊断方法检测，也有疫苗预防。

狂犬病

狂犬病也是可以发生于猫的致病性疾病。与犬相同，狂犬病通过咬伤或划伤的唾液传播。狂犬病是人畜共患病，所有的猫主人要遵守州法律。野生猫感染狂犬病的风险更大。兽医专业人员要考虑提前免疫预防狂犬病。

常见寄生虫与预防

与犬类似，猫也会感染体内、体外寄生虫病。猫也可能会感染"犬生产管理"章节中列出的跳蚤、蜱、虱子、疥螨和耳螨；请查阅第 8 章了解更多关于体外寄生虫的知识。兽医助理要能鉴别这些体外寄生虫，要熟悉预防和治疗体外寄生虫的产品（表 8-4）。

表 8-4 猫跳蚤产品对照

产品名称	应用类型	寄生虫控制	使用年龄	防水或耐水	应用频率
Advantage	外用	跳蚤	8 周龄	抗水	每月一次
Advantage Multi	外用	跳蚤、钩虫、蛔虫、耳螨、心丝虫	8 周龄	抗水	每月一次
Capstar（诺普星）	口服	跳蚤	4 周龄	防水	每天一次或根据需要
Frontline（福来恩）	外用	跳蚤	8 周龄	防水	每月一次
Frontline Plus（增效福来恩）	外用	跳蚤、蜱、虱子	8 周龄	防水	每月一次
Program	口服/注射	跳蚤	4 周龄	防水	口服：每月一次；注射：6 个月一次
Promeris	外用	跳蚤	8 周龄	防水	每 4～6 周一次
Revolution（大宠爱）	外用	跳蚤、钩虫、蛔虫、耳螨、心丝虫	8 周龄	防水	每月一次

猫也会感染体内寄生虫。猫容易感染蛔虫、钩虫和绦虫。猫很少感染鞭虫。猫也感染心丝虫。猫体内寄生虫与犬体内寄生虫发生的方式相同。请参阅"犬生产管理"章节，查看关于体内寄生虫的信息。兽医助理应了解预防和控制猫体内寄生虫的产品（表 8-5）。

另一种影响猫的寄生虫病是弓形虫病，这是人畜共患病，特别是对孕妇来说，这是个很严峻的问题。弓形虫是原虫，通过猫粪便感染。一只感染的猫会在 12～24h 内排泄弓形虫。女性猫主人（特别是孕妇）接受寄生虫病教育非常重要。孕妇不要清理猫的排泄物或清洁猫砂盆，接触后可能会导致自发性流产或胎儿出生畸形。猫通常通过接触污染的土壤感染该病。

常见外科手术

兽医助理要定期与猫主人讨论猫的外科手术。在"犬生产管理"章节中讨论了几种犬的手术，如卵巢子宫切除术（绝育）、去势术和断爪术。这些外科手术在猫中也很常见，手术过程与犬类似。断爪术是去除猫可伸缩的爪子或远端指节骨的手术。兽医助理很有必要对手术操作有基本的了解，以便向客户说明手术的好处。

绝育

猫通常在 6 月龄绝育。有些兽医会在猫更小时做绝育。母猫施行卵巢子宫切除术（OHE），与犬中讨论的操作相同。母猫直到繁殖期才会出现周期性的发情期，猫每年生 2～3 胎小猫。卵巢子宫切除术（OHE）将减少猫的种群数量，降低对公猫的吸引力，并减少撒尿标记领地的概率。绝育一般在全身麻醉下进行，切除子宫和卵巢，缝合切口；7～10d 拆线，期间限制运动。

公猫睾丸切除术（去势）比公犬去势术简单。暴露睾丸后，结扎精索，切除睾丸，不用缝合切口。猫去势术可以减少公猫撒尿标记和对母猫的眷顾，减少某些疾病或创伤的发生，降低强烈的尿骚味。

表 8-5 猫心丝虫产品对照

产品名称	应用类型	寄生虫控制	使用年龄	应用频率
Advantage Multi	外用	心丝虫、跳蚤、耳螨、钩虫、蛔虫	9 周龄	每月一次
Heartgard（犬心保）	口服	心丝虫、钩虫	6 周龄	每月一次
Interceptor	口服	心丝虫、钩虫、蛔虫	6 周龄	每月一次
Revolution（大宠爱）	外用	心丝虫、跳蚤、耳螨、钩虫、蛔虫	8 周龄	每月一次

断爪术

在兽医院中,常见猫的断爪术。该手术是以外科的方式去除指或爪。手术中去除的是指甲生发的远端指节骨。可以对前爪、后爪,或是两者都进行手术。去除远端指节骨后,缝合指端或用胶状组织黏合,然后包扎控制出血。绷带通常在 48~72h 拆除,依猫的年龄而定。需告知猫主人,不要使用猫砂盆,以免猫砂进入爪部引起感染。很多猫主人会为断爪猫购买特制的猫砂,或将报纸垫在猫砂盆内。猫通常会在 2 周内愈合。断爪猫必须留在家里,出去后可能不能保护自己。很多兽医不愿做这个手术,因为该手术需要大量的疼痛管理。要告知猫主人断爪术的利弊。断爪术的替代方法是用塑料指甲套,以减少家中的刮擦和损毁。

小结

猫已成为受欢迎的伴侣动物。兽医助理需要掌握猫基础保健与护理的知识。猫需要经验丰富的保定者,兽医助理要具备丰富的猫正常和异常行为的知识。在猫科医院中,每天都精进一些,兽医学就越来越专业化了。

复 习 题

1. 说明猫和犬的区别。
2. 列举快乐的猫、愤怒的猫和害怕的猫的特征。
3. 保定猫时,经验丰富和知识渊博为什么很重要?
4. 当鉴定一只猫时,应该考虑哪些因素?
5. 母猫在发情时的特征是什么?
6. 猫所必要的营养需求有哪些?
7. 理想的猫免疫程序是什么?
8. 关于猫的致死性疾病,要告知客户哪些内容?
9. 猫常见的体内寄生虫有哪些?
10. 猫常见的外科手术有哪些?

临床案例

一只 3 周龄小猫到兽医院就诊。这只小猫是来医院的人早上捡的,他们很担心小猫,因为小猫看起来很小。他们从冰箱拿出一些牛奶尝试喂它,但是小猫似乎不想吃。小猫变得愉快起来,但也很警觉,不停地叫。兽医给小猫做了检查,建议饲喂小猫商品配方粮,每天饲喂 3～4 次。兽医离开诊室,猫主人开始咨询兽医助理 Anne。

"今天真出乎我们的意料,我们没有养过任何动物,也不想照顾一只小猫",男主人说。

Anne 回答道:"Smith 医生会给您开配方粮,我们将告诉你如何饲喂小猫。还是很容易的,并不费事。"

女主人回答道:"我认为我们没有钱养

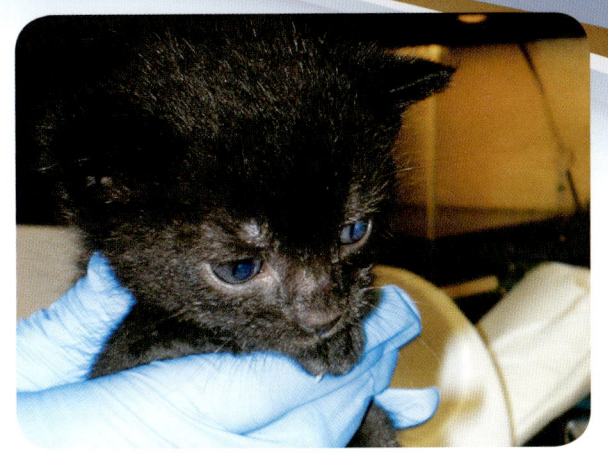

这只小猫。另外,我们计划下周末出去度假,我们照顾不了这只小家伙。"

- 这种情况下,你该怎么办?
- 在本临床案例条件下,可以讨论哪些选择方案?

第 9 章 鸟品种识别与生产管理

学习目标

学习完本章后,读者应该能够:
- 确定并解释与鸟类有关的常用兽医术语。
- 描述鸟类的生物学特征及其发展。
- 描述鸟的种类。
- 识别常见外来鸟类品种。
- 论述鸟的营养需求。
- 了解鸟的正常和异常行为。
- 针对不同操作,能够适当安全地保定小型鸟和大型鸟。
- 说明鸟的饲养和繁育。
- 论述鸟的保健和维护。

引言

鸟是近 50 年才被驯养为伴侣动物。在美国,鸟是排名第三的最受欢迎的宠物(图 9-1)。鸟是外来物种,适合在家或公寓里饲养。不同种类的鸟需求不同。照顾鸟时可能需要一些特殊的设施和工具。因此,兽医助理要对鸟有基本的了解和认知。

图 9-1　在美国,鸟是很受欢迎的宠物

兽医术语

有一些与鸟类特别相关的术语。在兽医学中,熟悉这些术语并知道何时在兽医院中正确使用这些术语至关重要(表 9-1)。

表 9-1　鸟类兽医术语

AVIAN	鸟
Hen	育龄雌鸟
Cock	育龄雄鸟
Brood	在巢中同时孵出的一窝幼鸟
Clutch	巢中所有的鸟蛋
Chick	新生的小鸟
Juvenile	尚未长齐羽毛的雏鸟
Fledgling	离开巢穴但还不能自己觅食的幼鸟
Weanling	离开巢穴并能自己觅食的幼鸟
Flock or company	群鸟 / 鸟群

生物学特性

鸟是一种有羽毛、两条腿、两只翅膀的动物。多数鸟能飞,但有些不能飞。鸟的喙相当于嘴。鸟用双腿直立,每条腿有 4 个趾,用来抓握和攀爬。有些鸟很小,如蜂鸟;有些鸟非常大,如鸵鸟。本章主要讨论兽医学相关的笼养宠物鸟。

鸟的外形与其他伴侣动物差别很大(图 9-2)。有很多结构和术语。表 9-2 列出了兽医助理应该熟悉的鸟的身体结构与对应术语。鸟的羽毛分为不同的解剖部位,如羽支、羽小支和羽根(图 9-3)。在保定和剪翼时,了解羽毛的解剖结构非常重要。可通过检查鸟的外形来判断鸟的健康状态。

第 2 部分　兽医动物生产管理

图 9-2　鸟的外部解剖结构

表 9-2　常见的鸟外部解剖术语

Barb 羽支	从翼开始形成羽毛的部分
Barbule 羽小支	从羽支边缘分出的部分
Beak 喙	形成鸟嘴的坚硬结构
Breast 胸部	胸前区域
Calamus 羽根	羽轴下部，深植于皮肤中
Cere 蜡膜	喙基部的厚皮，容纳鼻孔；性别不同可能颜色不同
Crown 冠	头顶部
Feather 羽毛	翅膀的毛发部分，某些品种依靠羽毛飞行
Keel 龙骨	胸骨
Nape 后颈	头的后部
Orbital ring 眼眶	环绕眼的部分
Primary feathers 初级飞羽	翼后端的羽毛，形成第一排翼
Second feathers 次级飞羽	翼前端的羽毛，形成第二排翼
Shaft 羽轴	羽毛的中间部分，其两侧连接着羽支
Tail feathers 尾羽	鸟身体后下方的羽毛
Talon 爪	脚上的爪或指甲
Throat 喉	喙下部分
Wing 翼	在鸟身体两侧，由羽毛组成，被当作前肢

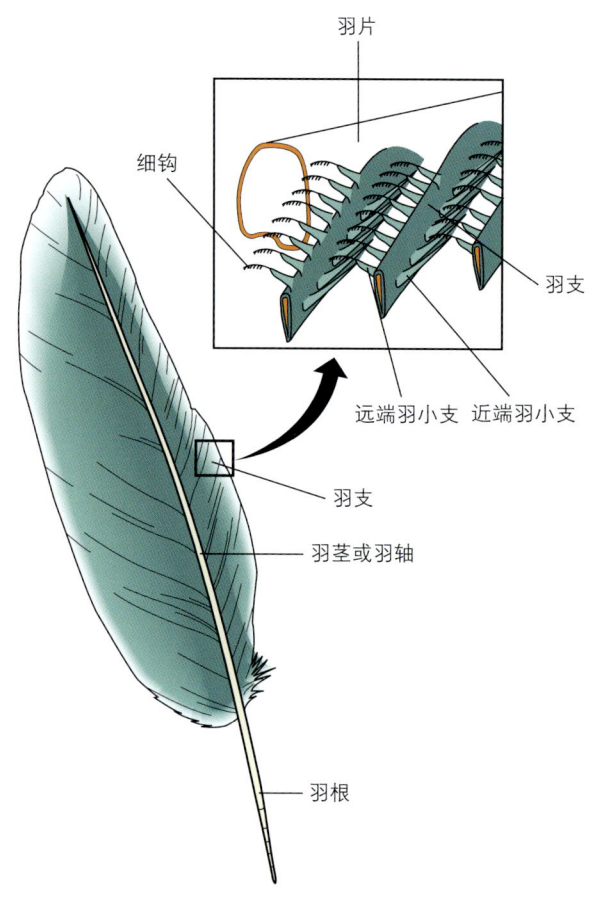

图 9-3 羽毛的解剖结构

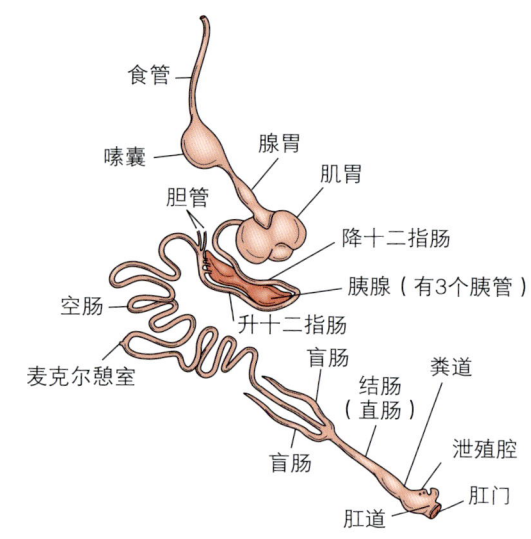

图 9-4 鸟的消化道

鸟是杂食动物,食物来源包括肉和植物。有些品种的鸟在野外为食草性,其食物来源仅为植物。但被人笼养时,它们学会了吃各种类型的食物。鸟的消化系统较特殊(图9-4)。它们有专门的器官储存分解食物以便消化。如食管下方的嗉囊,可用于储存食物。肌胃位于嗉囊下方,作为过滤系统分解坚硬的食物,如种子的外壳或骨。腺胃是连接嗉囊和肌胃的通道。之后食物通过肠道,最后由作为直肠的泄殖腔排出。泄殖腔也叫肛门,是消化系统的体外部分。

鸟的寿命较长。一些大体型鸟的寿命可能比人类还要长。鸟通过产卵繁殖。

鸟的骨骼系统与其他伴侣动物类似。鸟的两条腿为犬猫等动物的后肢。两个翼为其他动物的前肢。在颈部和尾部,鸟只有椎骨,无其他骨骼。在胸腔和腹部下方有一个龙骨,称为胸骨来保护内脏(图9-5)。

品种

鸟类有28个目,数千种鸟。本章将只讨论在鸟繁育者和宠物鸟主人中最受欢迎的品种。每个品种都有不同的特征、行为、习性和独特性,这也是它们受欢迎的原因。

澳洲鹦鹉

澳洲鹦鹉是常见的小体型品种,容易照顾和训练。适合宠物鸟初学者饲养。成鸟的羽毛颜色丰富,包括黄色、灰色、白色和橙色(图9-6)。澳洲鹦鹉来源于澳大利亚。它们友好可爱,喜欢唱歌和吹口哨。蛋的孵化期为25~26d。幼鸟经55日龄左右开始成熟。成鸟吃谷类、水果、种子和绿色食物。有优质的商品鸟食在售。澳洲鹦鹉的身高为25.4~45.7cm。

长尾小鹦鹉

长尾小鹦鹉也被称为虎皮鹦鹉。它们有不同的颜色,如黄色、白色和蓝色(图9-7)。它们的翅膀和尾羽上有黑色的条纹(线条),也来源于澳大利亚。虎皮鹦鹉体型小,容易照顾,适合宠物鸟初学者饲养。它们很活跃,能说话,但往往语速很快。蛋的孵化期为25~26d。它们吃谷物、种子和水果。有优质的商业鸟粮在售。成鸟身高为20.3~25.4cm。虎皮鹦鹉易患某些疾病。

第 2 部分　兽医动物生产管理

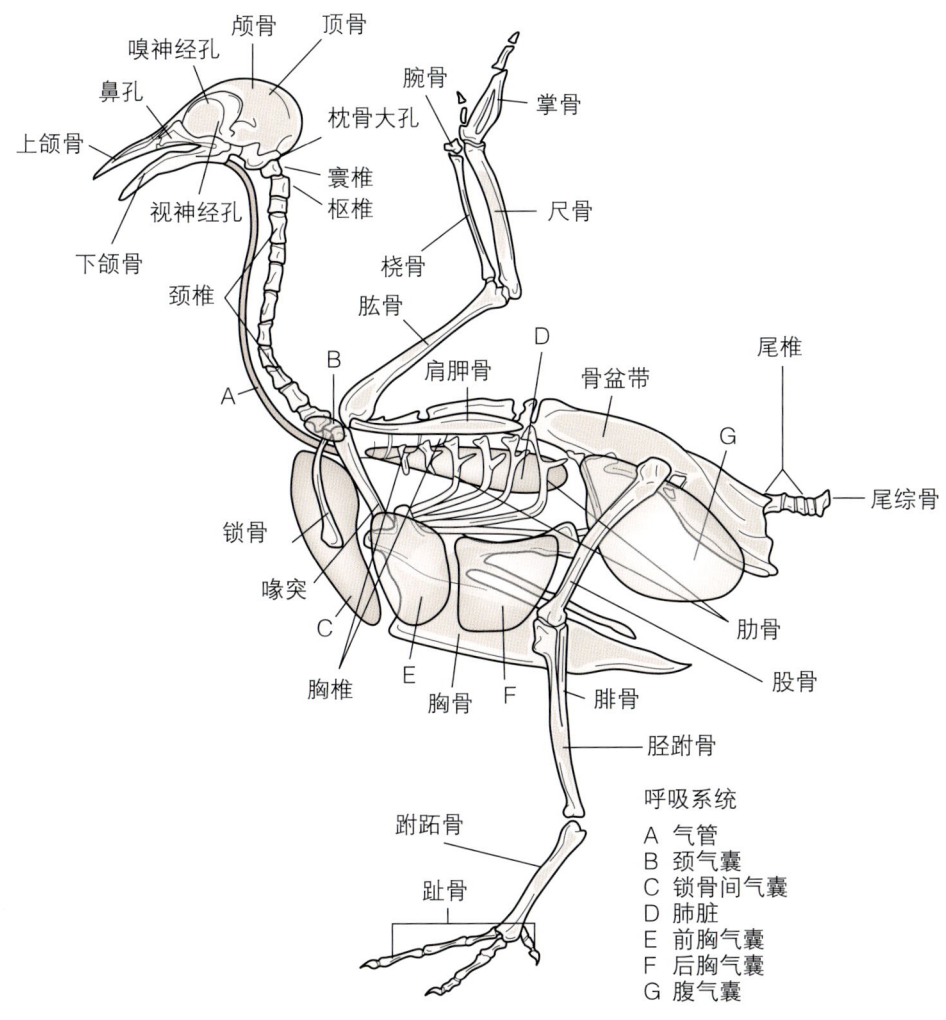

图 9-5　鸟的骨骼系统

呼吸系统
A　气管
B　颈气囊
C　锁骨间气囊
D　肺脏
E　前胸气囊
F　后胸气囊
G　腹气囊

图 9-6　澳洲鹦鹉

图 9-7　长尾小鹦鹉

115

雀鸟

雀鸟有不同的体型、外观和颜色（图9-8），来源于澳大利亚和非洲。它们体型非常小，很容易照顾和饲养。蛋的孵化期为12d，幼鸟经18～21d开始成熟。雄鸟更喜欢唱歌。雀鸟适合初学者饲养。它们吃种子和小粒谷物。成鸟身高在10.2～12.7cm。

图9-8 雀鸟

情侣鹦鹉

情侣鹦鹉是小型鸟，颜色多样（图9-9），适合笼养。情侣鹦鹉来源于埃塞俄比亚。幼鸟时容易驯服，成鸟则很难驯服。情侣鹦鹉会唱歌，但不会说话。它们吃谷物、种子和水果。成鸟身高在12.7～15.2cm。

图9-9 情侣鹦鹉

金丝雀

金丝雀来源于加那利群岛。它们是小型鸟，颜色明亮（图9-10），很受欢迎并且喜欢唱歌。雄性歌唱得更好。金丝雀活动量大，需要较大的笼子。蛋的孵化期为14d，幼鸟在28d内开始成熟。它们喜欢吃种子和少量的绿色食物。成鸟身高在12.7～17.8cm。

图9-10 金丝雀

锥尾鹦鹉

锥尾鹦鹉是中型鸟，颜色多样（图9-11），来源于南美洲。它们非常活跃爱玩。蛋的孵化期为23d，幼鸟在1年内成熟。它们吃谷物、水果、蔬菜和绿色食物。成鸟身高在30.5～35.6cm。

图9-11 锥尾鹦鹉

学舌鹦鹉

学舌鹦鹉有不同的颜色、外观和体型（图 9-12），是中型鸟。多数来源于中部和南美洲。它们非常活泼爱玩，倾向于和某个家庭成员关系更好。它们很容易训练，热爱表演，并且词汇量丰富。它们智商很高。蛋的孵化期为 28～30d，幼鸟在 1 年内成熟。它们吃谷物、坚果、水果、蔬菜和颗粒粮。成鸟通常有几百克重，身高不同。

图 9-12　学舌鹦鹉

金刚鹦鹉

金刚鹦鹉是大型鸟。它们有各种鲜艳的颜色（图 9-13），来源于中南美洲和南美洲。它们十分爱玩，可以被很好地训练。它们很聪明，也容易制造麻烦。

图 9-13　金刚鹦鹉

由于体型较大，它们需要更大的空间。相比小型鸟，它们需要更多的照顾。它们耐寒，但天气寒冷时仍需要保暖。蛋的孵化期为 25d，幼鸟在 1～2 年内成熟。它们吃种子、水果和绿色食物。有些品种偶尔会吃少量的肉。成鸟身高在 38.1～91.4cm。

亚马孙鹦鹉

亚马孙鹦鹉也是一种大型鸟。来源于中南美洲和南美洲。它们很健谈有趣。它们个性可爱，喜欢人的陪伴。它们有各种鲜艳的颜色（图 9-14）。它们吃商业颗粒粮、水果和绿色食物。成鸟身高在 38.1～50.8cm，饲养需要大笼子。

图 9-14　亚马孙鹦鹉

凤头鹦鹉

凤头鹦鹉是一种大型鸟，来源于澳大利亚。它们通常是白色的（图 9-15）。它们拥有丰富的词汇量，可能会很吵，经常通过大声尖叫吸引注意。它们容易训练，喜欢人的陪伴。蛋的孵化期为 25～30d，在 1～2 年内成熟。它们吃各种各样的种子、坚果、水果、蔬菜和绿色食物。成鸟身高在 38.1～61.0cm，饲养需要大笼子。

表 9-3 中总结了各品种的鸟及特征。

图 9-15　凤头鹦鹉

表 9-3　各品种鸟特征

品种	重量（g）	平均寿命（年）	特征
雀鸟	10～15	5～10	容易照顾和繁殖
金丝雀	15～30	10～20	容易照顾
长尾小鹦鹉	30～55	10～20	容易照顾；适合初学者饲养
澳洲鹦鹉	80～90	10～20	容易照顾和训练
情侣鹦鹉	40～50	40～50	较难驯服和训练
学舌鹦鹉	400～500	60～70	容易训练说话和表演
金刚鹦鹉	1000～1400	60～70	有趣，能训练说话
亚马孙鹦鹉	900～1200	60～70	有趣，喜爱说话
锥尾鹦鹉	100～200	40～50	容易训练和照顾
凤头鹦鹉	300～800	50～70	十分吵闹；容易训练

品种选择

选择购买宠物鸟时，要了解以下几点：

- 习性和特征。
- 寿命。
- 对笼子的需求。
- 用品和环境需求。
- 营养需求和饮食。
- 保健和对兽医的需求。
- 鸟的成本。
- 鸟的护理成本。
- 常见的健康问题。

笼养鸟需要更多的关心、健康照顾、笼具以及各种用品。根据鸟的品种和体型差异，这些用品可能很昂贵。许多初次养鸟的人想买幼鸟，因为成鸟可能有一些行为问题，如啄人或尖叫。幼鸟更容易训练，与新主人关系更亲密。成鸟适应这些变化要困难得多。选择宠物鸟是一生的承诺，应认真对待。有些鸟可能比人类更长寿，选择一只鸟作为宠物时必须考虑这个问题。以下的网站有助于了解各种鸟类：

- Bird Breeds——http://www.bird-breeds.com。
- BirdBreeders.com——http://www.birdbreeders.com。

营养

不同品种和体型的鸟吃的食物不同。有许多宠物鸟专用的商品日粮。最好的商品鸟粮是颗粒日粮。鸟的颗粒日粮与兔的日粮非常相似。根据鸟的体型，日粮被压缩成不同大小的块状。每颗日粮都含有必需的蛋白质、维生素和矿物质，以满足鸟每日营养需求。另一种商品鸟粮是种子日粮。种子日粮不是最好的营养食物。种子日粮中含有各种类型的种子，它们的颜色和大小都不同。许多鸟会选择味道最好的种子，其中脂肪含量通常很高。因此，它们可能得不到必需的营养。许多鸟需要补充水果和绿色食物。绿色食物是含有汁液的未干的蔬菜，包括卷心菜、胡萝卜、新鲜玉米、豌豆和豆芽。需要给鸟提供沙砾，帮助消化系统分解坚硬的食物，如种子和坚果。砂砾圆润坚硬，类似沙子，可以与食物颗粒摩擦帮助更好地消化。每天都要提供新鲜的水和食物（图 9-16）。不要饲喂变质和变味的食物。注意不要饲喂新鲜的蔬菜或水果，其中可能有除虫剂或除草剂。当给鸟提供新食物时，最好是主人先去试吃，再给鸟，这样可以让鸟学习接受新鸟粮。有些鸟喜欢有某种颜色、物质或温度的食物。像犬和猫一样，鸟也很容易超重。推荐的鸟商品日粮如下：

- Lafeber 日粮。
- Harrison 日粮。
- Kaytee 日粮。
- Rowdybush 日粮。
- ZuPreem 日粮。

第 2 部分　兽医动物生产管理

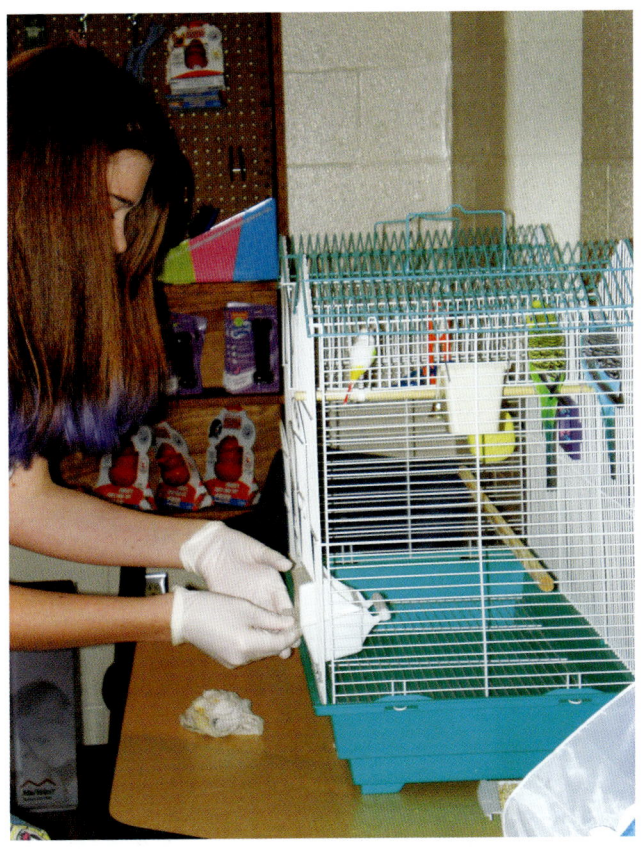

图 9-16　每日给鸟提供新鲜的食物和水很重要

表 9-4 中列出了可以给宠物鸟饲喂的水果和蔬菜。

下面列出了不可以给宠物鸟饲喂的食物：
- 高脂肪的垃圾食品（马铃薯片、甜甜圈等）。
- 鳄梨（鳄梨酱）。
- 巧克力。
- 酒精或咖啡因。
- 水果核。
- 柿子。
- 食盐。
- 洋葱。
- 苹果种子。
- 蘑菇。

表 9-4　鸟可以食用的水果和蔬菜

水果	
	胡萝卜
苹果	
杏	
香蕉	
草莓	
香瓜	
樱桃	
越橘	西兰花
柚子	
葡萄	菜花
猕猴桃	煮熟的红薯
	绿甘蓝
	冷红土豆
	玉米
	黄瓜
	茄子
	青豆
	生菜
芒果	羽衣甘蓝
	豌豆
橙子	萝卜
木瓜	
李子	
桃子	
梨	
菠萝	西红柿

行为学

虽然鸟已经被驯化，但它们仍有野性，会影响它们与人的互动。事实上，许多品种的鸟只有近 1～3 代被驯化。对于兽医助理来说，了解鸟类的正常行为很重要，这样才能教育客户相关的鸟类异常行为。因此，兽医助理要对鸟的行为基础和训练有一定的了解。表 9-5 列出了影响鸟行为的因素。

119

表 9-5 影响鸟行为的因素

因素	举例
品种和遗传	有些鸟很吵；有些鸟的颜色和特征有性别差异
幼年时期的社会化	容易训练；有些成鸟适应变化和接受新主人的能力较差
饲养和环境条件	日常处理很重要；有些鸟有领地意识，很难处理
亲代喂养后的经历	学会吃适当的食物，如种子、颗粒日粮或绿色食物
训练方法	学习离开笼子；学习被运载；学习不啄人
健康状态	了解鸟疾病的征兆；鸟类会掩盖疾病征兆
环境	笼子太小；没有足够的玩具；鸟儿容易感到厌烦

鸟类的行为都是围绕着生存而发生的。在野外，它们在肉食动物的食物链上。因此，鸟类天然是被捕食的，它们会为了保护自己而具有适应行为，包括咬、拍打翅膀和尖叫。而这些对于宠物来说，都是典型的不受欢迎的行为。在野外，群体中的每只鸟都有啄食顺序；每只鸟都有社会等级。在一个家庭里，鸟试图去做一家之主。适当的训练方法可帮助它们学习适当的行为。导致行为问题的因素包括以下几点：

- 与一名家庭成员关系过度亲密。
- 长期独处，一直被禁闭。
- 没有益智玩具。
- 独居。
- 频繁的环境变化。

因此，人们需要对自己饲养的鸟的行为有一个基本的了解，必须妥善处理，以免鸟养成坏习惯。

需要一个常规和稳定的环境

鸟类不能很好地适应变化。在不稳定的环境中，即使轻微的变化也会使鸟应激，并诱发行为问题。常见的鸟不适应变化的例子包括：把笼子移到一个新的位置后，鸟停止进食；改变食物后，鸟开始啄人；或有鸟不熟悉的客人到访时，鸟开始尖叫以便引起注意。

社会化和刺激

鸟的智力为 5～6 岁孩子的水平。情绪上，它们处于 2 岁孩子的水平。和孩子一样，它们需要有界限、纪律和指导来规范其适当的行为。

可以教鸟听从命令进出笼子（图 9-17）。要教会鸟学会尊敬主人和执行命令。教鸟迈步时，手像栖木一样稳稳地伸在鸟的脚前，说"上来"，同时迫使鸟站在手上（图 9-18）。把鸟放回笼子同时命令"下来"。不要允许鸟在人的身体上爬，防止鸟啄人。将拇指放在鸟的脚趾上可以防止它们在人手

图 9-17 教鸟听从命令上下手指

图 9-18 教鸟飞，挥动手把鸟逼到高处

上时顺着胳膊往上爬（图 9-19）。应该反复进行学习。鸟类也需要隐私。鸟笼就是它们的私人领域，建议将鸟放在鸟笼里饲养。晚上可以给它们盖上笼罩，让它们觉得安全，踏实睡觉并有隐私。一些长期被关在笼子里的鸟可能会对笼子有领地意识。

图 9-19　把拇指放在鸟的脚趾上，防止爬上手臂

发声

在野外，尖叫和发声是鸟类正常的行为，尖叫是提醒同伴注意危险，也代表一种社会等级。家养鸟尖叫则是一种寻求关注的行为。所以人们要制定时间表，每天都去关注它们。

解决尖叫最好的方式是在声音太大时将笼子罩上。不要冲着鸟大喊大叫，它们喜欢争论，这会强化它们的行为。因此，这时要走开不去理会这种不良行为，在鸟安静下来后再靠近笼子或奖励玩具，强化这种好行为。

啄人

啄人也是一种防御能力；在野外，鸟通过这种行为栖息和捕食。但家养鸟，则是一种寻求关注的行为（图 9-20），如果不加以制止，它们会进一步攻击。

需谨慎对待鸟的啄咬行为。当鸟栖息在人手上试图去啄咬时，可以通过"地震"法教鸟这个行为是不被允许的。做法是将拇指按在鸟的脚趾上，防止它向手臂移动或有太多的移动空间，在鸟想啄人时，迅速小心地晃动鸟爪子，使其失去平衡而心烦意乱，在鸟每次试图啄人时都做出"不"的指令。

控制啄咬的鸟时，将笼子和栖木降到人的头肩部以下。因为鸟笼在高处或爬向高处时，鸟会有一种支配感，这会使行为问题变得更严重。栖木还可以用来避免被鸟啄伤（图 9-21）。

图 9-20　在野外，啄咬是鸟的本能，但在被豢养时就是一个不良行为

图 9-21　当鸟有啄咬倾向时，可借助栖木训练

啄羽

鸟通常会有啄羽行为，它啄咬并将羽毛从身体里挑出来。有些鸟会在特定的位置挑出羽毛，有的会在全身挑拣羽毛。发生这种行为时，应找兽医确定是否有螨虫或其他寄生虫感染。

有行为问题的鸟可能会出于无聊挑拣自己的羽毛，还有的是为了引人注意。有时候应激也会导致这种行为发生。这种坏习惯很难被控制或改正，而其具体原因尚未得知。可以给鸟佩戴类似猫犬用的伊丽莎白圈来控制啄羽行为。有些鸟在啄羽时具有破坏性，会损伤皮肤甚至造成皮肤破溃感染。

设施和住所需求

所有鸟都需要笼子，而且是尽可能大的笼子（表9-6）。笼子要有足够的宽度和高度，以便鸟可以飞起来做自然运动，在笼内设立不同高度和宽度的栖木。笼内地板为无毒无害的物品，如报纸。将笼子放在主人附近，且无遮挡物，提供一些玩具打发无聊（图9-22）。

表9-6 适合不同品种鸟的笼子的最小尺寸

品种	成对居住 长×宽×高	独居 长×宽×高
非洲灰鹦鹉	4'×3'×4'	3'×2'×2'
亚马孙鹦鹉	4'×3'×4'	3'×2'×2'
虎皮鹦鹉	24"×14"×8"	*
金丝雀	18"×10"×10"	*
鸡尾鹦鹉	4'×2'×3'	26"×20"×20"
美冠鹦鹉	4'×4'×3.5	4'×3'×4'
锥尾鹦鹉	4'×4'×4'	4'×3'×4'
雀类	2'×2'×2'	12"×12"×12"
比翼鸟	4'×4'×4'	*
金刚鹦鹉	6'×6'×6'	3'×2'×3.5'
八哥	+6'×3'×3'	6'×3'×3'

* 这些鸟类喜欢与其他鸟为伴，不适合独居；+豢养一对鸟至少需要这个尺寸

图9-22 提供玩具打发无聊

保定和处置

兽医助理要学会保定鸟类。鸟是比较脆弱的动物，保定时要非常小心，尽可能用最小的力量。保定不当时会引起应激，导致鸟类发生心力衰竭致死，小型鸟更容易发生。因此，保定前最好将笼子放置在安静的暗光线位置，并轻声与它交谈，使其感到舒适。注意不要用力保定鸟的胸部和膈膜（图9-23）。肺脏和心脏位于胸腔的膈膜内，吸气时胸壁扩张，呼气时回缩。其他动物在保定胸部区域时也能呼吸，但鸟类会受到影响。

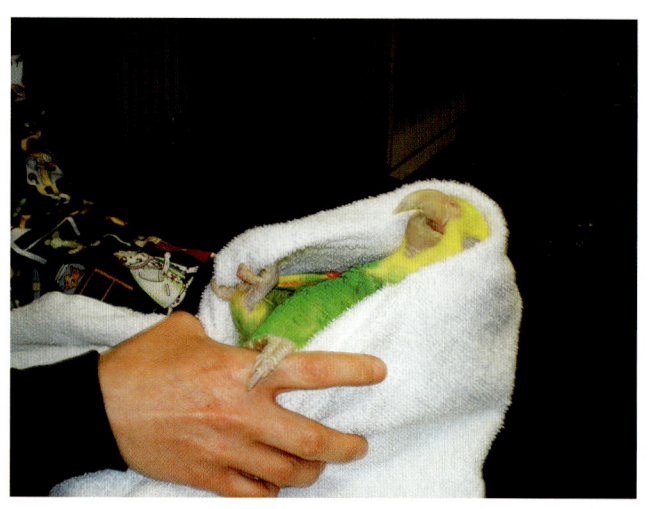

图9-23 不要在鸟的胸部施加太多的压力，它们需要通过扩张和收缩胸廓进行呼吸

注意在处置中大型鸟类时，它们可能会感到威胁，或不习惯人类，从而变得具有攻击性，所以要保护好自己，避免受到严重伤害。金刚鹦鹉等大型鸟类甚至会啄断人的手指，它们的喙很强，会造成严重伤害。可使用厚毛巾（图9-24），或像保定猫一样戴上长的厚手套，方便处置具有攻击行为的大型鸟类。注意佩戴厚手套保定时，不要过于用力。

小型鸟类，如长尾鹦鹉的保定时，可以用一只或两只手，在鸟身后抓住翅膀使其离开身体侧面，用拇指和食指按住头部，另一只手安抚它的身体（图9-25），避免压到胸部。向顾客展示如何训练让鸟跳到手上是很有用的。还可以借助小毛巾或纸巾来保定小型鸟类，避免伤害鸟或保定者。受过训练的

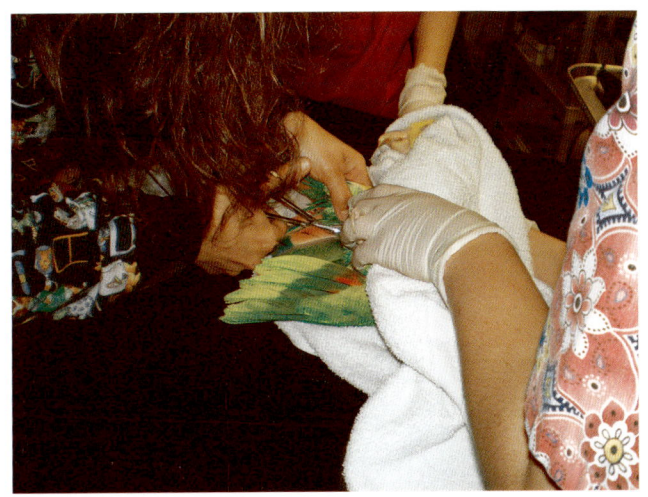

图9-24 使用毛巾保定大型鸟类

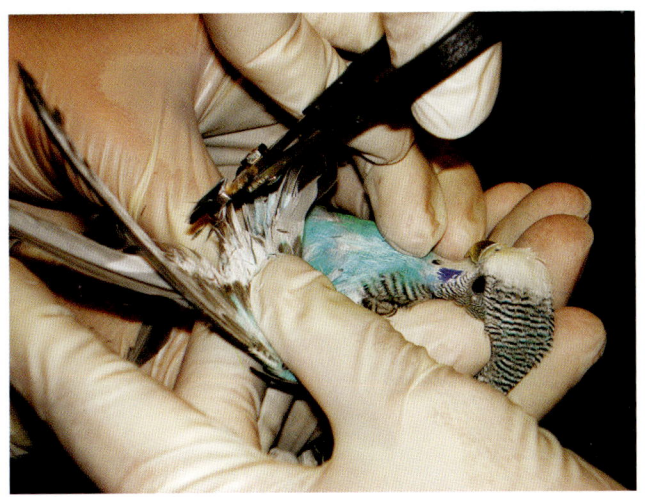

图9-25 保定小型鸟类

大型鸟类，可让它们停在手上栖息时做处置。全程用拇指覆于脚趾上防止攀爬或飞走，如果它不习惯栖息在手上，则可使用厚毛巾来保护手和手臂，同时避免鸟受伤。绝对不要让大型鸟类靠近自己的脸，在保定时可以用手指固定头部防止啄人，用食指放在头顶加以控制，另一只手控制身体两侧的翅膀。使用毛巾会更方便和安全。在医院进行操作时，最好有其他人协同保定。有时，为了更安全的操作，兽医师会通过麻醉的方式使动物安静下来。

根据鸟有没有得到好的行为训练，决定是否徒手或借用毛巾将鸟从笼子里取出来。先将笼内的玩具和物品取出，留出空间便于抓住鸟。把鸟放回到笼子里时，注意把它放到笼子底部，避免从栖木上掉下来或飞行时受伤。

美容

每天都应该用喷雾或浅碗盛水给鸟洗澡，使它们的羽毛保持洁净，让它们可以整理装扮自己。

鸟还应该定期修剪指甲、喙部和翅膀。剪指甲的时候要小心，它们和犬猫一样，爪速很快不要被伤到，另外爪子上也有血液供应，不易被看清，最好是用电烙装置在甲床上烧烙止血。或使用猫用或人用指甲剪，但需要备好止血粉或磷酸银棒进行止血。

鸟的喙部会像指甲一样生长，根据它们的体型和食物类型对喙部修整。一定要确保喙部的尖端不重叠或相嵌，否则会影响进食。可以使用Dremel电磨工具磨碎喙部边缘（图9-26），Dremel电磨工具是一种打磨设备，可以使尖锐粗糙的喙部变得光滑，塑造自然线条，避免鸟受伤，减少对房屋的损坏和对人的伤害。

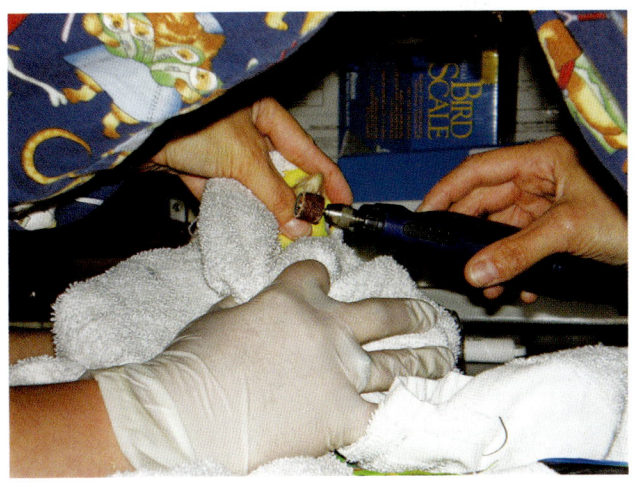

图9-26 修剪喙部

定期修剪翅膀可防止鸟乱飞（图9-27），但也要保证鸟可以在家里自由飞行。具有飞行能力的鸟可能会飞进窗户、风扇或撞到墙上而受伤，也可能飞到户外，并因缺乏足够的照顾而死亡。所以应该根据鸟的体型及飞行能力适当修剪飞羽（图9-28）。飞羽位于成年鸟类翅膀的边缘处，其根部可见血管，因此又称血羽，丰富的血液供应促使羽毛生长，修剪的时候要格外小心不要破坏血管，小型鸟类可能会因此大失血。随着季节的变化，成年鸟类的飞羽会脱落，即"换羽"，如同犬冬天脱毛一样，这段时间应避免修剪翅膀。

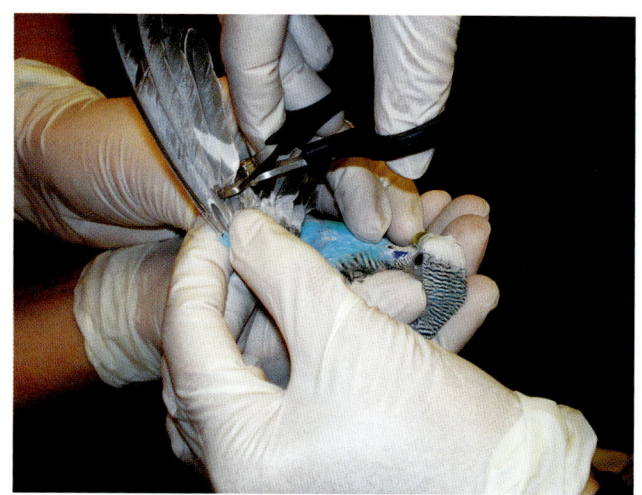

图 9-27　修剪翅膀

图 9-29　笼内物料过多时，鸟可能会受伤

图 9-28　修剪飞羽

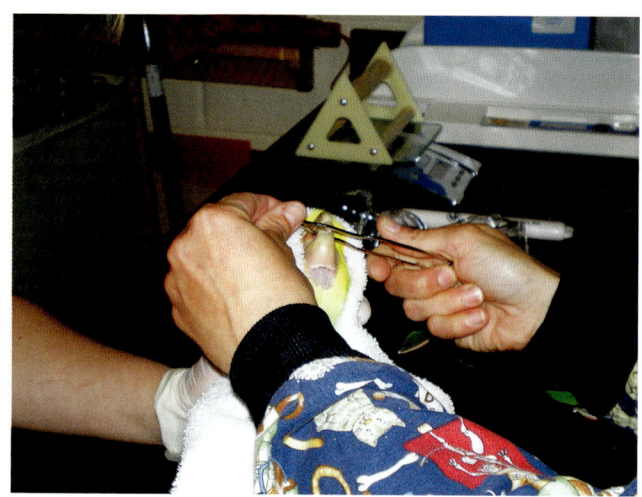

图 9-30　鸟应该每年做一次体检

基础保健与护理

需要为鸟类提供健康舒适的环境。它们对应激或变化的适应性差，所以要维持环境稳定。笼子至少要有翼展的 1.5 倍空间，且不能让粪便污染水源和食物，给鸟提供颜色鲜艳的玩具打发无聊，鸟在无聊时往往会发展一些不良行为。同时应该整理和监控笼内的情况，尤其是放了大量玩具时，因为经常会发现鸟被一些玩具损伤翅膀或指甲（图 9-29）。

与其他动物一样，应该每年让兽医给鸟做一次体检。通过体检评估机体的各个系统，以发现影响到鸟身体健康的潜在变化或疾病（图 9-30）。鸟在野外会有掩盖疾病的行为，所以更需要通过体检发现隐藏的疾病或健康问题。即使感觉不舒服，它们也会表现得很正常，所以一定要让主人意识到这一点，如果鸟表现出不舒服，说明已经病了很长时间，这时就不容易康复了。很多鸟类专家建议：每年给鸟做一次血液检查，以确定健康状况。

在医院，兽医助理在鸟的保定和处置及对鸟的主人进行健康教育中起到关键性作用。告诉主人什么事情会对鸟造成危险很重要，不论是笼子里还是家里，很多东西都可能会使鸟受伤甚至死亡，以下列出了几项危险事宜：

- 吊扇。
- 烟雾。
- 烹饪锅。
- 清洁用品。
- 香水。
- 花和室内植物（一品红、冬青树、槲寄生、杜鹃花、马蹄莲、喜林芋类）。

- 铅、锌。
- 高压处理的木质材料。
- 雪松、野樱桃和一些橡树。

以下木料对宠物鸟是安全的：
- 苹果树。
- 枫树。
- 榆树。
- 白蜡木。
- 桃树。

定期清理笼内所有区域，不要让鸟粪在笼内的任何地方堆积（图9-31），并使用对宠物安全的消毒剂消毒。

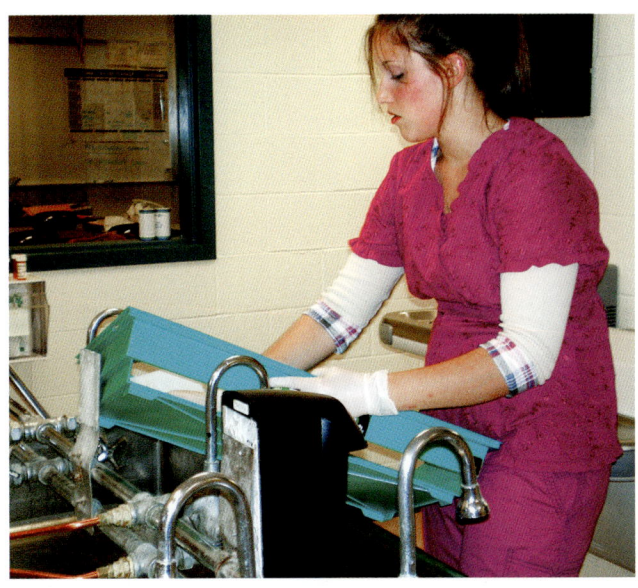

图9-31 使用对宠物安全的清洁剂彻底清洗笼子

接种疫苗

鸟类的疫苗非常少，目前还没有与犬猫类似的疫苗。如果鸟患某种病的风险高时，兽医师应该建议主人给鸟注射疫苗。

繁育与生产

一般而言，鸟类通过雌鸟产卵繁殖后代。所有雌鸟都有产卵能力，它们与雄鸟交配使卵受精，未受精的卵不能孵育出后代。某些品种的雄性和雌性具有共同的特征和颜色。育种时可将血液样本或羽毛样本送到实验室，通过基因检测确定性别。

雌鸟需要和雄鸟共同饲养数天才能产下一个受精卵。一些繁育者会把蛋留在窝内让鸟孵化，或放至温暖的环境直至自然孵化；有的会将蛋放在孵化箱中人工孵化。孵化箱是一个能使蛋保持在恒温状态直至孵化出来的机器。尽管有些鸟不会去照顾蛋或不会孵蛋，但最好的方法还是将蛋放在笼内自然孵化。

鸟的孵化时间为2～4周不等。建议鸟饲主对自己的鸟种类进行研究，尽可能多地了解繁殖需求和周期。有些雌鸟产蛋期需要提高饮食中的钙摄入。

以下罗列出关于鸟类繁育的基础知识：
- 鸟类通常在1～3岁的时候性成熟。
- 雌、雄鸟类同居时要注意，不是所有的配对都能繁育。
- 要提供足够大的笼子，笼内放置窝或巢箱。
- 为雌鸟提供足够的水和食物及必要的补充，如矿物质、钙。
- 提供安静、温暖、湿度适宜的环境。
- 白天提供光源，晚上将笼子罩上。
- 每天清理笼子。
- 不要碰它的蛋。
- 当雏鸟被孵出来时要监护它们，确保没有被推开。
- 每天监控雏鸟的体重直到自行进食。

有时，当卵在雌鸟体内不能以正常速度通过生殖系统时，就会造成难产。这和雄性无关，多见于小型鸟类，在早期可被治疗。以下是难产的迹象：
- 腹部紧张。
- 站立时腿间距过宽。
- 精神沉郁。
- 食欲不振。
- 腹水。
- 羽毛错乱。
- 排便困难。
- 蛋滞留在泄殖腔。

常见疾病

鸟类常见的疾病包括多种致死性传染病、体内外寄生虫感染。常见的重要疾病为鹦鹉热、PBFD（鹦鹉喙羽症）、脂肪肝和鸟疥螨感染。

鹦鹉热

鹦鹉热也被称为衣原体感染，是人畜共患病，儿童及免疫力低的人容易感染，症状与严重流感类似，通过空气或直接接触传播。在应激下，鸟类可携带并散播病原体。鹦鹉热没有特定的症状，任何异常表现都可能是该病的症状。可通过血液学检查诊断疾病。引入新鸟时要进行检疫隔离，避免与现有鸟近距离接触。该病是鸟类的致死性疾病。

鹦鹉喙羽症

鹦鹉喙羽症/PBFD是具有传染性的致死性病毒病，它会侵害鸟类的喙、羽毛及免疫系统。它可通过空气、直接接触或接触污染物传播，分为急性感染和长期慢性感染两种类型。以下是PBFD的症状：

- 精神沉郁。
- 腹泻。
- 体重减轻。
- 食欲不振。
- 羽毛发育异常。
- 喙部增大畸形。
- 口腔病灶。
- 死亡。

脂肪肝

脂肪肝也称肝脂沉积症，是指肝脏内大量的脂肪沉积，严重时可能致死。病因包括高脂肪饮食、过度饲喂、营养不良、遗传因素和中毒。早期诊断时可通过低脂饮食和药物治疗。脂肪肝的症状如下：

- 突然食欲废绝。
- 昏睡。
- 腹部肿胀。
- 绿色粪便。
- 肥胖。

常见寄生虫

和犬猫类似，鸟类也很容易患体内外寄生虫疾病。有些寄生虫更常见于笼养鸟。了解寄生虫感染的症状对兽医助理很有帮助。

鸟疥螨

鸟疥螨感染也称为鳞状腿或面螨。它们是寄生在鸟皮肤、喙和羽毛的体外寄生虫。螨虫的整个生命周期都在一只鸟身上，它们会在皮肤表层打洞，通过直接接触或笼子和设备污染传播。可见皮肤、腿部、面部及喙部的灰白色病变。可能表现出瘙痒和脱毛。可使用伊维菌素治疗。以下是疾病症状：

- 羽毛错乱。
- 动物坐在笼子底部。
- 精神沉郁。
- 食欲不振。
- 昏睡。
- 头埋进翅膀里。
- 眼睛紧闭。

常见手术

很多鸟主人通常不给笼养鸟做绝育。长期产蛋或容易难产的鸟可进行卵巢摘除。鸟类兽医具备专门的外科手术技能。通常采用全身麻醉进行操作。采血时有时也需要镇静或全身麻醉。常使用颈静脉采血，其位于颈部右侧无羽毛区。

小结

鸟类已经成为颇受青睐的伴侣动物。美国有超过4 000万宠物鸟。兽医助理在保定鸟、教育鸟主人如何关爱鸟类、了解鸟的需求、鸟类基础护理方面扮演着必不可少的角色。鸟类健康对兽医院是一个挑战。了解鸟类繁殖行为和需求的知识非常重要。

复习题

1. 列举最常见的宠物鸟类品种。
2. 列举影响鸟类行为的因素。
3. 最常见的鸟类行为问题是什么?
4. 鸟类难产的信号是什么?
5. 哪些食物不能喂给鸟类?
6. 什么样的美容项目对宠物鸟是必要的?
7. 什么是鹦鹉热?
8. 脂肪肝的成因是什么?

临床案例

James 女士为她的斑点亚马孙鹦鹉 Goldie,安排了一次诊疗。Goldie 很难控制,兽医工作人员触碰时会啄人和尖叫。Black 医生建议将 Goldie 带过来诊疗,镇静后进行体格检查。

James 女士不太配合这次诊疗。她觉得她能安全地控制 Goldie,拒绝镇静。兽医助理 John 试图和 James 女士讨论这种情况。"James 女士,我们认为带 Goldie 过来诊疗不会有很大的应激。Black 医生建议镇静后进行检查,这对我们的检查很有帮助,因为我们可能需要采血。"

"我不希望 Goldie 镇静。如果由我抱着它,它会很配合。请安排明天早上的诊疗吧,我会很乐意抱着她进行检查的。"

- 这种情况下,你会建议 John 做什么?
- 这种情况下,哪些是潜在的安全问题?
- 你会如何处理这种情况?

第 10 章 啮齿动物品种识别与生产管理

学习目标

学习完本章后，读者应该能够：
- 明确啮齿动物常用的兽医术语。
- 描述啮齿动物的生物学特性和发育。
- 识别常见啮齿宠物的种类。
- 论述啮齿动物的营养需求。
- 推测并描述啮齿动物的正常和异常行为。
- 针对不同操作，能够适当安全地保定啮齿动物。
- 讨论啮齿动物的繁育与生产。
- 论述啮齿动物的健康护理方案。
- 识别和描述影响啮齿动物的常见疾病。

图 10-1 啮齿动物，如仓鼠，作为伴侣动物逐渐流行起来

引言

啮齿动物是利用大切齿进行咀嚼和啃咬的哺乳动物。常见的啮齿动物包括大鼠、小鼠、仓鼠、豚鼠。啮齿类动物也称为口袋宠物，因为其体型小，可盛放在口袋里，从而作为伴侣动物流行起来（图10-1）。有些品种一直很常见。然而，在加利福尼亚和其他一些地方，饲养啮齿动物是非法的。有些州目前正在考虑更改关于饲养仓鼠、豚鼠、沙鼠的法律。夏威夷和加利福尼亚有反对饲养某些特定种类动物（如刺猬和雪貂）的法律。兽医助理需要了解适当保定和处置这些啮齿动物的基本知识，因为许多啮齿动物会为了保护自己而咬人。

小鼠和大鼠

小鼠和大鼠好奇心强，是友善的口袋宠物。通常可被驯服，尤其是从幼年时期开始饲养时。年龄越小，越好驯服。最好的驯服方式是用手饲喂。小鼠和大鼠可以被训练做各种技巧性动作。这些动物多用于各种研究和营养学探讨。遗憾的是，小鼠和大鼠的野生祖先具有很强的破坏力，而且传播疾病，它们的名声不好。

生物学特性

大鼠和小鼠的平均寿命 1～3 岁，属啮齿目鼠科动物（图10-2）。大鼠和小鼠视力不佳，但嗅觉发达。红色或粉色眼睛的品种视力弱。很多啮齿动物为夜行动物，白天睡觉，晚上活动。啮齿动物的解剖特点类似。大鼠和小鼠的常用外部身体结构术语包括：

- 爪子——脚的肢端。
- 吻——鼻口区域。
- 尾——由后背延伸的长而无毛的有鳞结构。
- 胡须——位于鼻子周围，具有感受功能。

有些类型的小鼠和大鼠是专门用于研究的，其他则是作为宠物饲养的。

第 2 部分　兽医动物生产管理

营养

大鼠和小鼠具有相同的营养需求。它们吃所有类型的食物，包括商品鼠粮球。它们喜欢人类的食物，包括瓜子、坚果、面包、谷类、谷粒和新鲜蔬菜。根据情况可以给它们饲喂任意量的食物。最好给小份食物，这样可以保持干净，不弄脏铺垫。常规维持日粮应包含 14% 蛋白质、4%～5% 脂肪；发育期和繁殖期包含 17%～19% 蛋白质、7%～11% 脂肪。种子日粮是给大鼠和小鼠的配方日粮，只能供应啮齿动物的基本需求。啮齿动物更喜欢向日葵日粮，而非商品鼠粮球。但基础日粮中钙含量低，脂肪和胆固醇含量高。如果只喂食其中一种，会导致肥胖和营养不足。

可用笼子侧面固定饮水瓶供水。需要每日更换新鲜的水。

行为学

大鼠和小鼠都很胆小，需要学习信任人类（图10-3）。当它们习惯人类后，就会变成很有意思的宠物。它们总想逃跑，要关在闭合良好的笼子里。它们需要不停地咀嚼，可以打通木头或塑料。它们容易受到惊吓，需要安静地触摸。需要将它们放在光线好的区域，因为在黑暗的环境中容易应激。紧张或不安时，它们会通过甩尾巴来表达愤怒。高兴时它们会使牙齿颤动或发出咔嗒声，有时会吱吱叫。一些大鼠或小鼠会守卫笼子，这时需要更多的抚摸，避免出现领地意识。

图 10-2　(A) 戴帽大鼠；(B) 白化小鼠

品种

大鼠和小鼠的颜色与类型不同，远多于实际品种的数量。大鼠通常有白色、棕色、黑色或戴帽品种（图 10-2A）。戴帽大鼠体背白色，头肩为黑色或棕色，看起来像戴着帽子。大白鼠常被繁育为科研用途，为实验品种。小鼠有黑色、白色、棕褐色和斑点等各种颜色。有很多花式小鼠以及白鼠，很像大鼠。

品种选择

选择大鼠和小鼠作为宠物时，需要在幼年时收养，并经常触摸它们，使其能够与人交流。多数经常调教的大鼠和小鼠很少咬人。它们是可以娱乐的胆小的社会化宠物。护理和调教良好时，适合当小孩的宠物。

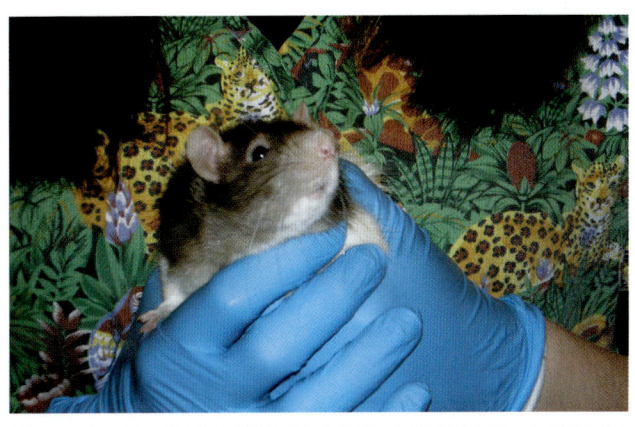

图 10-3　幼年时期开始调教大鼠和小鼠很重要，以便习惯人类

基础训练

大鼠和小鼠都很聪明,易于训练。它们为了食物可以做任何事情,愿意对声音做出反应。调教和训练越多且一致,则越好训练。

设施和住所需求

因为啮齿动物会凿通木头或塑料,所以要用粗钢丝或金属制成笼子。笼子的孔隙要足够小,以防它们逃出笼子。它们通常很好奇,需要有玩具解闷。横条、隧道和滚轮是常见的物件。窝垫要干净,内有木屑、松木刨花、碎纸、小球或猫砂(图10-4)。要提供至少 2.5cm 的窝垫。笼子要保持清洁干燥。成年小鼠至少需要占地 $96.8cm^2$、高 12.7cm 的笼子。大鼠至少需要占地 $258.1cm^2$、高 17.8cm 的笼子。群养大鼠和小鼠需要更大的空间。

图 10-4　大鼠和小鼠需要干净的垫料

保定和处置

经常接触的鼠会坐在手里,易于保定。如果不熟悉或不适应时可能会咬人。永远不要在鼠类睡觉时接触或抓起它们。保定时要抓它们的身体,永远不要拎起尾巴。尾巴被拎起时会从皮肤脱落出现损伤。身体稳当时,抓住尾根部并放置在坚实表面上。另一只手环抓肩颈区域。注意需要迅速完成这个动作,否则大鼠可能转身啃咬。不要过度握紧胸腔,会影响呼吸。头和身体都固定住后,可以举起大鼠(图 10-5)。

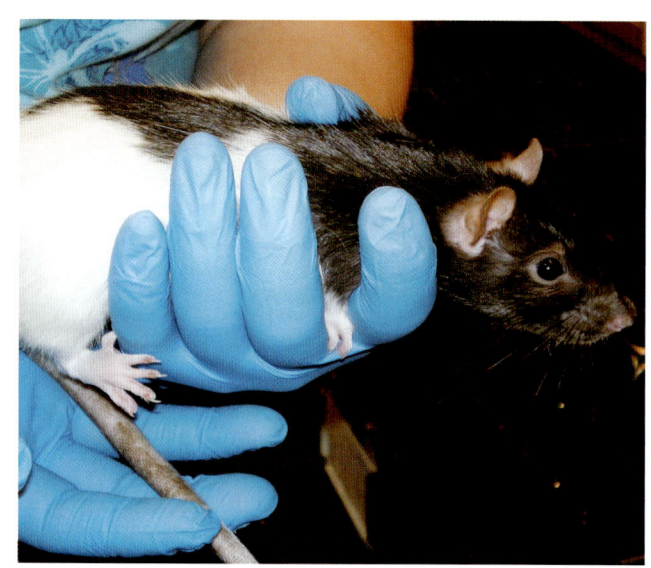

图 10-5　一只戴帽鼠被举起并坐在手掌内

可举起或控制小鼠的尾巴,但注意是尾根而非尾尖。保定鼠类时要安静、冷静、自信。如果保定人员表现出害怕或保定不正确时,多数鼠类会咬人。抓住尾根并置于表面,以便抓住爪子。当鼠用前肢抓住物体表面时轻轻拉一下尾巴。牵拉尾部时,另一只手食指和拇指抓住颈背部耳间松弛的皮肤。操作时要迅速,避免被咬。如果抓住肩后的位置,或没有抓住足够多松弛的皮肤,鼠会回头并啃咬。如果皮肤被抓得太紧,则会影响呼吸。通过适当地固定颈后松弛皮肤,即可举起鼠,并用同一只手的无名指和小指固定尾巴(图 10-6)。

图 10-6 可通过抓住尾根处固定小鼠

美容

大鼠、小鼠及其他啮齿动物，都不需要洗澡和额外的美容。只要处于健康的状态，它们就有很强的自洁能力，会自行舔舐保持被毛干净有光泽。如果被毛不整洁，则提示可能生病了。

基础保健与护理

大鼠和小鼠的笼内需要放一些可咀嚼的东西，以保持牙齿和身体健康。部分牙齿会不断生长变长，容易导致进食异常、口腔溃疡。有时需要剪牙。需要观察被毛是否有跳蚤或螨虫等体外寄生虫。可使用啮齿类用的驱除体外寄生虫的外用药。不要使用犬或猫的产品，可能引起中毒。

接种疫苗

大鼠和小鼠不需要接种疫苗，目前也没有注册给大鼠和小鼠的疫苗。

繁殖与生产

小鼠在 8～10 周龄到达青春期，大鼠通常在 3 月龄，这时可以繁殖。妊娠期为 21d。一窝平均生 6～8 只幼崽。直到生产前，雄性和雌性可在一起饲养；在幼崽断奶（约 3 周龄）前必须将雄性和雌性分开饲养。小鼠幼崽很活泼，会学习攀爬和跳跃。这时需要确保窝垫密闭，防止逃脱。断奶时要确定性别，并分开饲养，否则会继续繁殖。可通过观察会阴部确定大鼠和小鼠的性别（图 10-7 和图 10-8）。该区域包括腹下、双后肢间及尾根部的范围。测量肛门到生殖器的距离，该距离雄性鼠比雌性鼠大。雌性鼠测量的是尿道到肛门的距离，雄性鼠测量的是阴茎尿道到肛门的距离。雄性鼠还有阴囊，其内为产生精子的睾丸。在数天龄时即可确定性别。

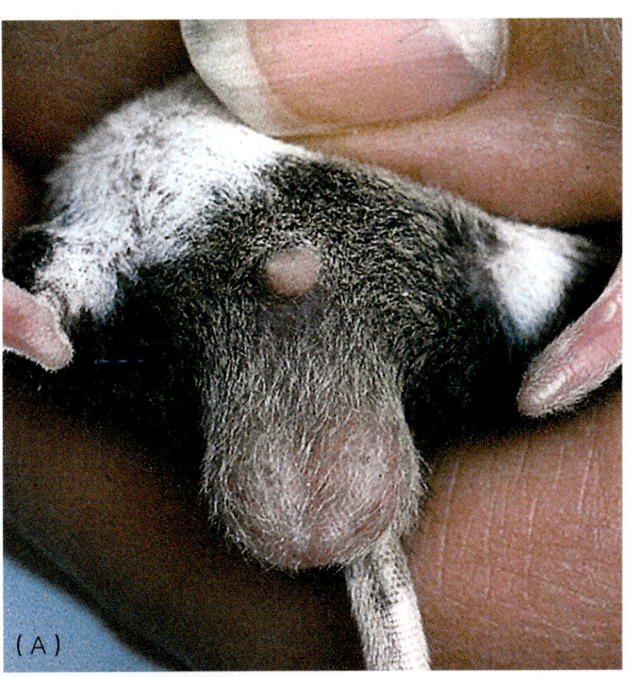

(A)

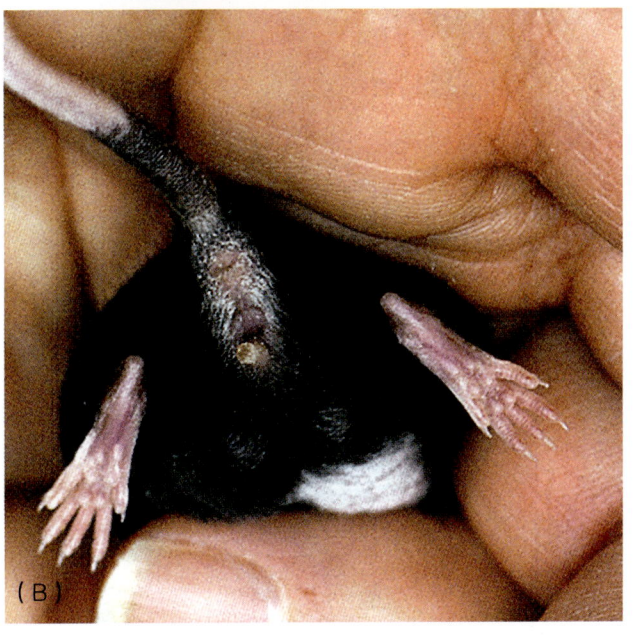

(B)

图 10-7 （A）雄性小鼠的会阴部；（B）雌性小鼠的会阴部

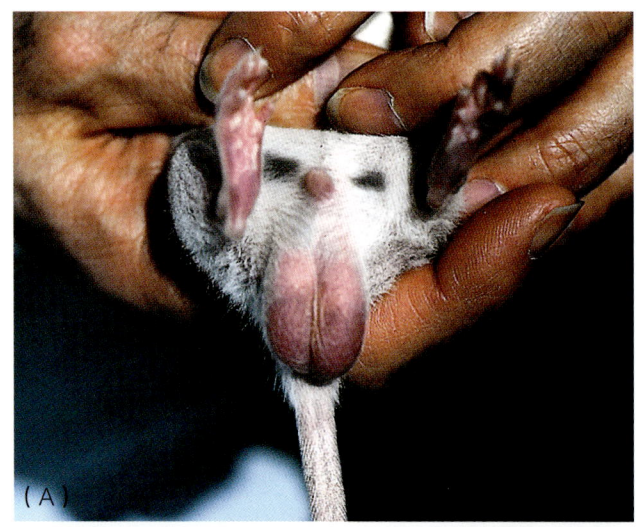

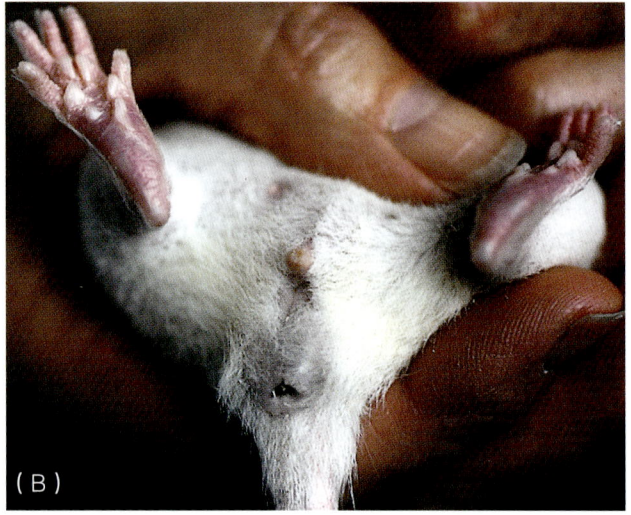

图 10-8 （A）雄性大鼠的会阴部；（B）雌性大鼠的会阴部

常见外科手术

由于大鼠和小鼠的生命周期短，外科手术并不常见。它们常发肿瘤，需要外科切除。多数肿瘤是良性的，偶尔也会是恶性的。很多肿瘤生长很大，导致行动困难。发生肿瘤后，很多大鼠和小鼠会被安乐死（图 10-9）。

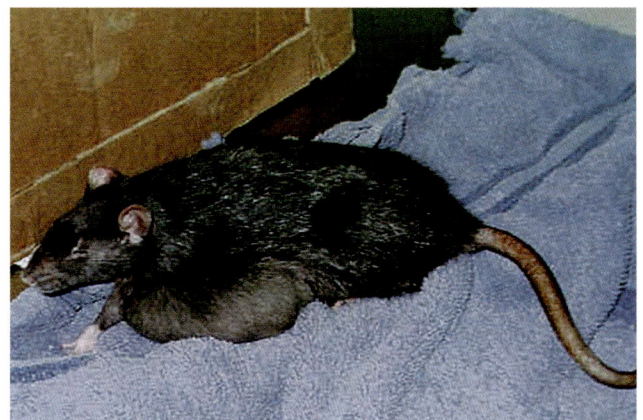

图 10-9 大鼠和小鼠常发肿瘤。肿瘤会长得很大，影响动物活动。这是大鼠的血管瘤

仓鼠

仓鼠是非常活跃的伴侣动物（图 10-10），很受欢迎，同时也常用于实验室研究。仓鼠适应温暖潮湿的荒漠气候与温度。它们来源于亚洲和欧洲。

常见疾病

大鼠和小鼠是相对健康的动物，很少生病，偶尔会发生呼吸道感染，表现流鼻涕、打喷嚏、咳嗽、食欲减退、体重减轻等症状。也可能有肿瘤或癌症发生。

常见寄生虫

大鼠和小鼠会发生跳蚤、螨虫、虱子等外寄生虫感染。常见症状包括脱毛、瘙痒、皮肤抓痕。大鼠和小鼠与犬猫类似，也会感染体内寄生虫，如绦虫、原虫等。进行粪便检查确定寄生虫类型并做驱虫治疗。需要注意用于治疗内、外寄生虫的产品必须贴上标签，以供小鼠和大鼠使用。

图 10-10 仓鼠十分活跃，很好玩

生物学特性

仓鼠身体小而浑圆，皮肤面积大，腿和尾巴短。与大鼠和小鼠类似，也是夜行动物。仓鼠的外部身体结构包括：

- 颊囊——位于颊内侧的开放区域，可用于储存食物。
- 耳——头两侧的无毛小皮瓣。
- 切齿——上下颌的长牙。
- 胡须——在鼻子附近的面部上的长毛。

仓鼠的平均寿命为 18～24 个月。在自然条件下，它们为独居动物，最好单独饲养。

品种

仓鼠的皮毛类型和颜色多样。叙利亚仓鼠也称金黄仓鼠或泰迪熊仓鼠，是最受欢迎的仓鼠品种（图 10-11）。它们体长可达 12.7cm。中国仓鼠是最小型的仓鼠，常用于研究。通过对不同品种杂交可繁育出不同颜色和体型的仓鼠。侏儒仓鼠是小型仓鼠，体长可能 2.5cm 或更小（图 10-12）。

图 10-12　小体型的中国仓鼠

品种选择

选择仓鼠时，主要观察是否警觉、有活力、健康。数周龄大即在宠物店销售的仓鼠有时易感疾病。不活跃的仓鼠可能是生病了。找到一只健康的好胜仓鼠，会带来数年充满愉快的伴侣生活。

选择一只符合笼子大小的仓鼠品种也很重要。侏儒仓鼠及其杂交品种易感疾病。年龄小的仓鼠更容易适应新主人。最好选择愿意互动的仓鼠。黄金仓鼠通常需要单独饲养。

营养

仓鼠每天吃 14.2g 食物。晚上仓鼠比较活跃，适合喂食。多数商品饲料包括各类种子、谷粒、玉米、燕麦和小麦等常见成分。仓鼠喜欢储存食物，经常将食物存留在颊囊里，之后到它们储存食物的地方收藏起来，待之后享用（图 10-13）。经常见到仓鼠在它们的笼子里储存食物。

行为学

仓鼠需要在 15.6～26.7℃的环境下饲养。当环境温度低于 7.2℃时，仓鼠开始冬眠。冬眠是指动物进入一个长的睡眠期，身体各系统运转减慢，直到温度回升。出现冬眠后，最好是逐渐回温，并在仓鼠醒来时提供一杯热牛奶。

图 10-11　泰迪熊仓鼠

图10-14 可将仓鼠饲养在玻璃缸内,保持干净,窝垫清洁

图10-13 (A)仓鼠用颊囊存储食物,之后再收藏起来;(B)仓鼠颊囊存储食物时可增大到数厘米

基础训练

仓鼠的训练与大鼠和小鼠类似。可以通过多次一致性训练、适当抚摸、食物奖赏等方法训练。训练4~7周龄的仓鼠比年纪大的简单。仓鼠喜欢在滚轮和球上运动来释放活力。

设施和住所需求

可将仓鼠饲养在玻璃缸或啮齿动物的笼子里。要格外注意,即使非常狭小的开口,仓鼠都能挤出来。不能饲养在木头或塑料笼子里,它们会啃咬,容易逃跑。它们还很擅长攀爬。与大鼠和小鼠一样,它们喜欢滚轮和隧道。需要保持仓鼠的笼子干净,窝垫柔软无尘(图10-14)。

保定和处置

仓鼠适应人后,保定很简单。需要经常保定和驯服它们。开始时,抚摸仓鼠的背部使其适应触摸。永远不要在仓鼠睡觉时触碰或抓起它们,它们会基于防御反应咬人。防御反应是指动物遭遇危险时保护自己的反应,如啃咬或抓挠。抓起后可以在身体下方垫一只手给它们支撑。很多仓鼠喜欢钻衬衫或大衣口袋。有人认为老年仓鼠比较难保定。不过只要稍加注意,常规保定几乎不引起仓鼠和保定人员的应激。尽管如此,还是要避免被咬。影响仓鼠保定的因素包括松弛皮肤的范围,需要全部抓持来控制动物;仓鼠受惊吓时容易咬人,如睡觉时触摸。可以用小罐头瓶或杯子将仓鼠拿出笼外。操作时,将罐头瓶或杯子放到笼子里,鼓励仓鼠进去。然后盖上盖子,将仓鼠拿出笼外;或可以抓住仓鼠背上松弛的皮肤。将仓鼠放在平台上,手掌覆于其背,向下轻压,同时抓住颈背松弛皮肤控制(图10-15)。抓住足够的背部皮肤时,仓鼠可被保定而不会啃咬。

美容

仓鼠几乎不需要任何美容,只需偶尔刷毛,检查牙齿和尾巴即可,维护上很简单。与大鼠和小鼠类似,它们会自洁。如果发现它们不自洁,看起来蓬乱,皮毛有潮湿的区域,说明它们可能生病了。

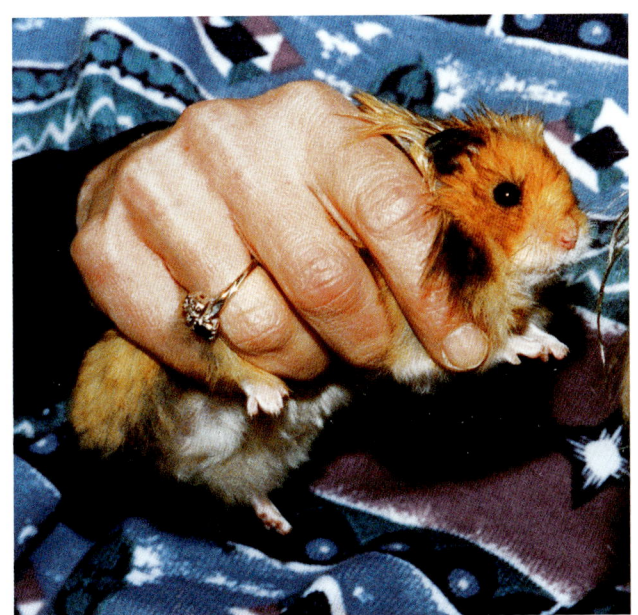

图 10-15　仓鼠应该牢牢地用拇指和食指夹住

基础保健与护理

仓鼠和犬猫类似，需要常规体检（图 10-16）。要检查是否有生病的症状，如呼吸异常、皮肤感染、活力下降。它们的尾巴和牙齿会不断生长，需要定期修剪尾巴和牙齿，避免过长。要注意牙齿的长度，确保能正常吃到食物。

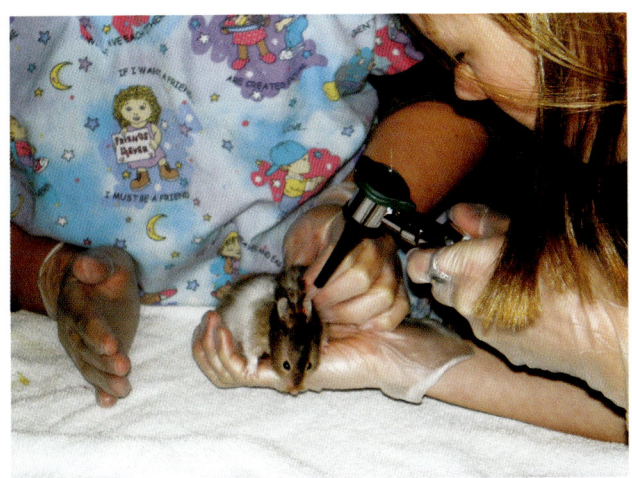

图 10-16　给仓鼠进行体格检查

接种疫苗

仓鼠不需要接种疫苗，目前也没有注册给仓鼠的疫苗。

繁殖与生产

仓鼠在 2 月龄时达到性成熟。为了繁育，可将雌鼠放在雄鼠的笼子里一起圈养。如果将雄鼠放在雌鼠笼子里时，雌鼠会感到威胁和害怕，把雄鼠杀掉。如果雌鼠没有在发情期，它们会打架。要佩戴手套，避免被咬。如果是繁殖季，可以在晚上将雌鼠放在雄鼠的笼子里，如果不是就不要圈养在一起。发情期持续 4d。雌鼠 3 月龄前不能进行繁殖。很多雌鼠在 1 岁前不会繁育后代。妊娠期 16d，一窝 6~8 个幼崽。出生后 7~10d 内不要触摸幼崽。期间不要清理笼子，避免与所有母鼠和幼崽接触。母鼠自卫能力很强，容易感受到威胁，一旦受到打扰可能会杀掉幼崽。这称为同类相食现象。区分性别的方式上，仓鼠和大鼠、小鼠一样（图 10-17）。幼崽需要在 2~3 周龄断奶和分开饲养。

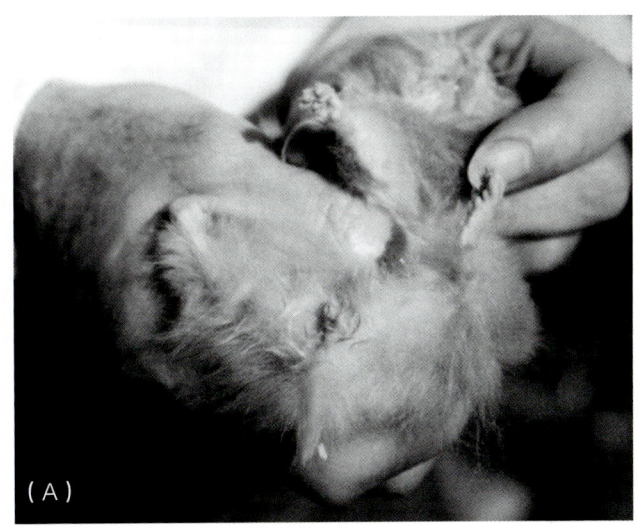

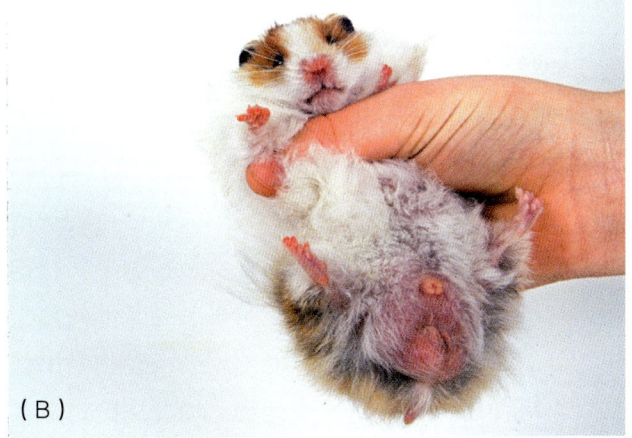

图 10-17　（A）雌性仓鼠的外阴区域；（B）雄性仓鼠的外阴区域

常见疾病

仓鼠容易患数种疾病。其中一个常见病为"湿尾症"。这是一种细菌性疾病，会通过直接接触或细菌孢子快速传播。原因包括过度拥挤的笼子、营养不良、环境卫生差、应激。治疗时需要使用抗生素或内科治疗加液体疗法。将患鼠与其他仓鼠隔离，并改善环境卫生。该病常发生于3~8周龄。"湿尾症"的症状如下：

- 水样腹泻。
- 脱水。
- 体重下降。
- 眼分泌物。
- 流鼻涕。
- 嗜睡。
- 厌食。
- 尾巴潮湿。
- 易躁。

另一个常见的疾病是呼吸道感染，多由细菌感染引起。多与环境卫生差或窝垫灰尘过多有关。如果诊断及时，它们会对抗生素反应良好。笼子的环境必须有所改善。仓鼠呼吸道疾病的临床症状如下：

- 流鼻涕。
- 眼分泌物。
- 打喷嚏。
- 呼吸用力或困难。
- 厌食。
- 沉郁。
- 体重下降。
- 脱水。

常见寄生虫

和犬类似，仓鼠可感染疥螨（图10-18），通常通过窝垫或其他动物传播。症状包括脱毛，特别是大块脱毛，以及抓挠。仓鼠也可感染其他外寄生虫，如跳蚤、虱子和蜱。只能使用啮齿动物专用药物，不可使用犬猫外寄生虫药物。局部用药是指在皮肤或被毛上涂抹药物或化学药品。

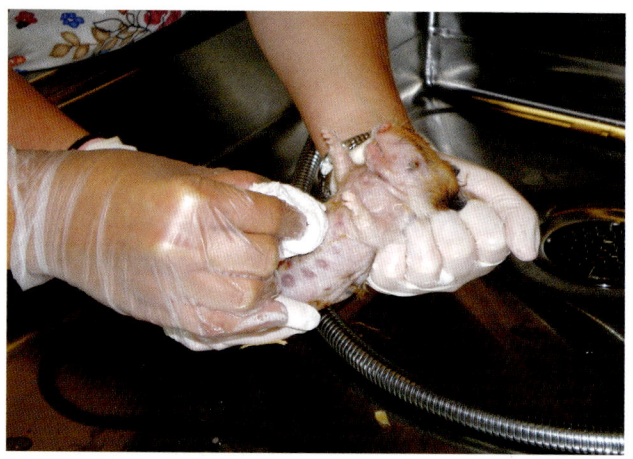

图10-18 仓鼠可感染体外寄生虫

豚鼠

豚鼠的很多特点使其成为非常优秀的宠物，它们以吹口哨问候人而闻名。豚鼠非常适合年纪稍大的孩子的第1只宠物。它们令人愉悦，性格温顺。豚鼠比仓鼠大，比兔子小，体重数百克，一般寿命为5~7年。

生物学特性

豚鼠是啮齿动物，体重大，腿短，没有尾巴。豚鼠常见的外部身体结构包括：

- 颊囊——口腔内储存食物的区域。
- 前脚——4个爪子。
- 后脚——3个爪子。

豚鼠平均寿命为5~7年，有的豚鼠可存活十几年。豚鼠是群居动物，喜欢小范围内群居。几只雌性豚鼠可在同一个生活区融洽相处。如果两只雄性豚鼠，最好是同一窝幼年时就开始一起生活。跟所有啮齿动物一样，豚鼠繁殖力很强，不推荐雄性和雌性豚鼠生活在一起。

品种

豚鼠有数个品种，颜色和被毛各不相同：有的被毛短而光滑，有的被毛长而有趣，还有无毛品种。豚鼠最常见的3个品种是：阿比西尼亚豚鼠——全身被毛蓬松；美国豚鼠——被毛短而光滑；秘鲁豚鼠——被毛光滑，长可拖地（图10-19）。

第 2 部分　兽医动物生产管理

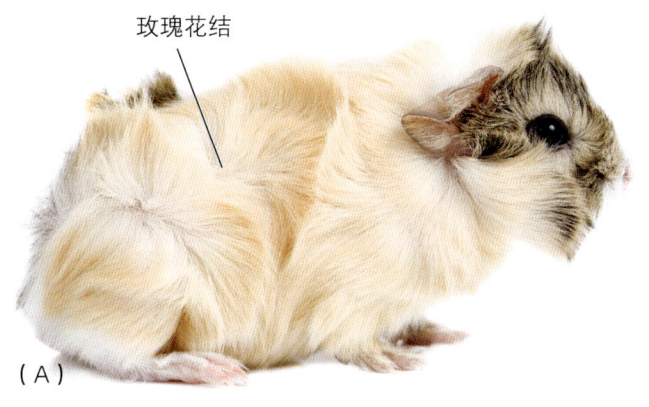

玫瑰花结

（A）

（B）

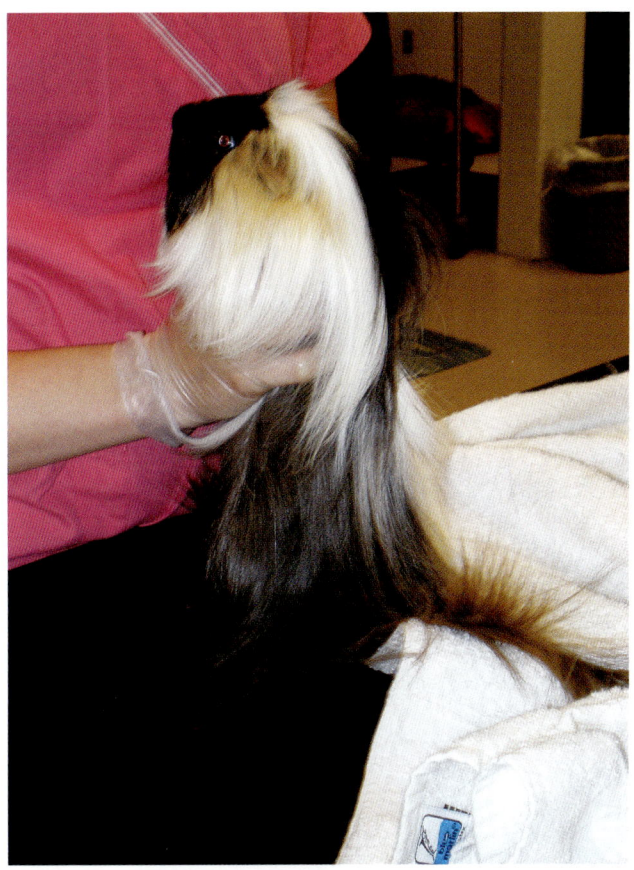

图 10-20　长毛豚鼠需要经常刷毛，以维持被毛洁净、柔顺

营养

要给豚鼠饲喂高品质的商品粮，通常是根据豚鼠特点制作的配方混合颗粒粮。豚鼠的饮食中需要特别添加维生素 C。它们无法像其他动物一样自身合成维生素 C，所以必须摄取富含维生素 C 的食物，包括水果、蔬菜和绿色食品，如苜蓿干草、苹果、胡萝卜、莴苣、芹菜和菠菜。豚鼠是自由采食动物，要准备充足的饮水。多数豚鼠比其他啮齿动物饮水少，因为豚鼠采食量大，食物内包含了大量水分。

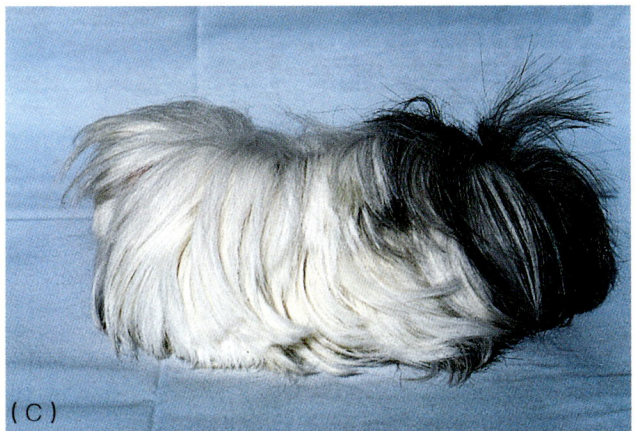

（C）

图 10-19　豚鼠：(A) 阿比西尼亚豚鼠；(B) 美国短毛豚鼠；(C) 秘鲁豚鼠

行为学

豚鼠是群居动物，可以和其他豚鼠生活在一起。它们不像其他啮齿类动物一样打架、跳跃或攀爬。豚鼠性格温和而胆小，在兴奋、害怕或疼痛的时候会咬人。在玩的时候喜欢藏起来，所以围栏里的纸板管和 / 或空咖啡罐的边缘要光滑。豚鼠喜欢玩塑料管和岩石。所有豚鼠都需要一个睡觉和休息的地方。豚鼠在高兴和满足的时候，会发出口哨声。

品种选择

选择豚鼠时要了解其被毛类型和美容需求。一些长毛品种需要多加打理，多多洗澡（图 10-20）。另外，豚鼠是相对温顺的宠物，要引导其行为表现。

兽医助理基础与应用

基础训练

与小鼠、大鼠和仓鼠一样，豚鼠可被训练。训练时机和方法很重要。

设施和住所需求

豚鼠可饲养在铁丝笼或玻璃箱内，每只豚鼠至少要有 $0.09m^2$ 的空间。它们的窝垫要无尘，笼子应定期清洁（图 10-21）。室温保持在 21.1～26.7℃。如果温度低于 18.3℃ 或过热，幼年豚鼠会停止生长。

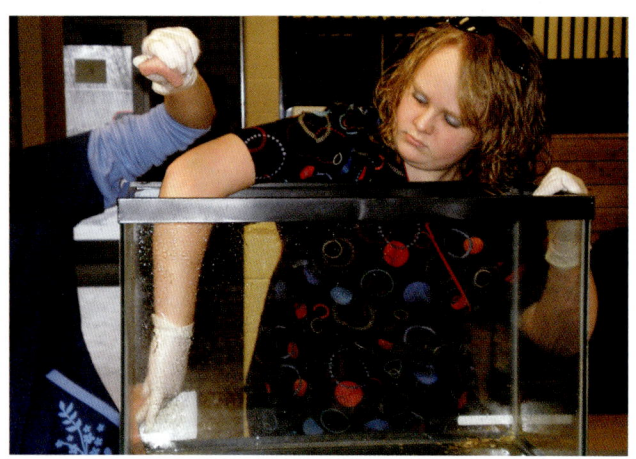

图 10-21 豚鼠的笼具必须定期清洁

保定和处置

大多数豚鼠易于保定，很少咬人，但指甲可能划伤人。应始终用双手保定豚鼠（图 10-22）。一只手轻轻地放在豚鼠躯干周围，另一只手支撑后躯（图 10-23）。这对大体型或妊娠的动物，可以避免内脏损伤。如果动物恐惧或焦躁，可将光线调弱、遮住眼睛，可能会有镇静作用。

图 10-22 用双手保定豚鼠

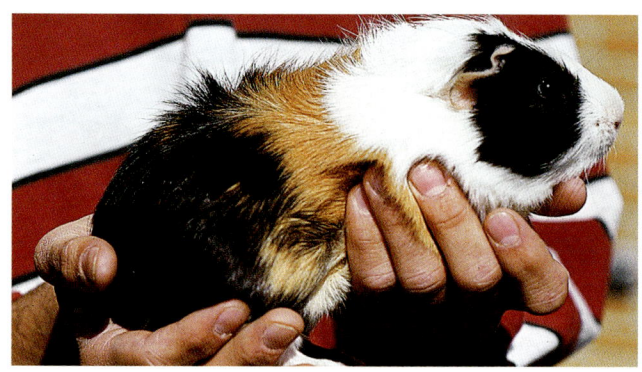

图 10-23 抱起豚鼠时，一只手支撑躯干，一只手支撑后躯

美容

啮齿动物的美容包括修剪过度生长的牙齿、修剪指甲，必要时洗澡。和其他啮齿动物一样，豚鼠的牙齿会不断生长。咀嚼坚硬的物体可保持牙齿健康。常规的牙齿评估可确保牙齿不会过度生长（图 10-24）。啮齿动物可使用安全的无水香波。有些品种需要经常刷毛，尤其是长毛品种。

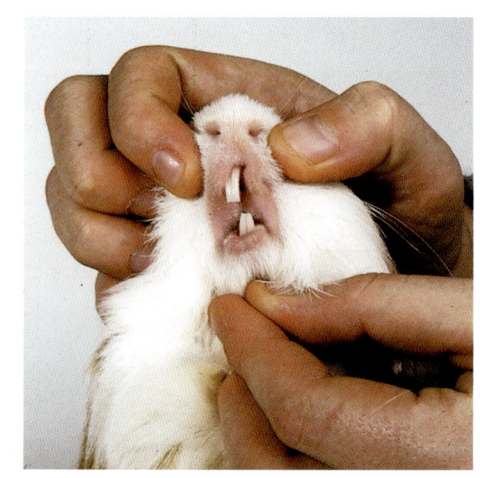

图 10-24 应定期检查豚鼠的牙齿，以确保上下颌牙齿咬合整齐，以及没有过度磨损

基础保健与护理

豚鼠应定期体检（图 10-25）。豚鼠常见的疾病症状包括打喷嚏、咳嗽、腹泻和嗜睡。豚鼠也会感染体外寄生虫，如螨虫和虱子。

接种疫苗

豚鼠不需要接种疫苗，目前也没有注册给豚鼠使用的疫苗。

图 10-25　豚鼠应进行常规体检

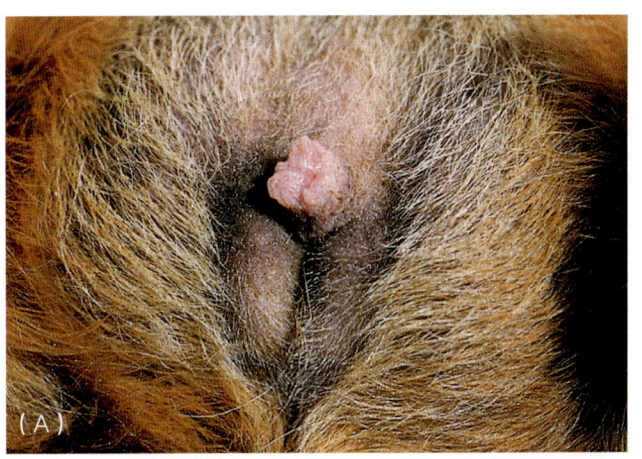

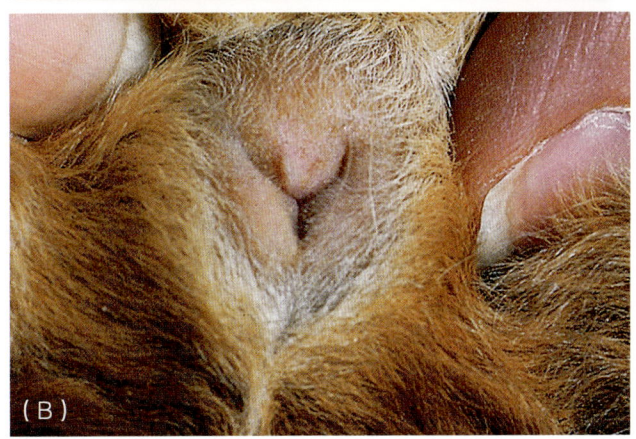

图 10-26　（A）雄性豚鼠生殖器；（B）雌性豚鼠生殖器

繁殖与生产

豚鼠 3~4 月龄时性成熟。在此之前不建议繁殖。和仓鼠一样，繁殖期间需要将雄鼠放进雌鼠的笼子里。雄雌豚鼠住在一起 3 周，因为雌鼠会在 3 周内发情一次。豚鼠妊娠期 63~72d。雌性豚鼠分娩后数小时内就会进入下一个繁育期。在此期间，若雌鼠没有交配，那么幼鼠断奶前就不要让雌鼠再妊娠。幼鼠生下来就有被毛，眼睛睁开，出生第 1d 就能吃固体食物。雌性豚鼠可以护理幼鼠。幼鼠 3 周龄左右断奶，这时要将雄鼠与雌鼠分开饲养，以防繁殖。通过检查生殖器来鉴定豚鼠性别（图 10-26）。雌性豚鼠会阴区呈 Y 形。会阴区是排便的肛门区域，生殖区域是排尿的区域。雄性豚鼠生殖器有一个直的狭缝，轻轻按压可暴露阴茎。雄性豚鼠的睾丸比其他啮齿动物的更大。

常见疾病

豚鼠是不容易患病的宠物。豚鼠不舒服的表现包括安静地坐着、蜷缩、被毛杂乱、厌食、体重减轻和水样粪便。如果出现上述症状，要带去兽医院。豚鼠常发呼吸道疾病，通常与笼内尘土过多有关。呼吸道疾病的症状包括气喘、打喷嚏、眼睛和鼻分泌物异常及食欲下降。

常见寄生虫

豚鼠偶尔会感染体内、外寄生虫，如跳蚤、螨虫或虱子。应使用豚鼠专用的驱体外寄生虫药。豚鼠少见体内寄生虫感染。

沙鼠

沙鼠是一种迷人的宠物，它们行动敏捷，充满了好奇心（图 10-27）。沙鼠干净，容易相处。大多数沙鼠的被毛为多色混合，混合两种或两种以上的颜色。其他常见的颜色包括白色和黑色。

图 10-27　沙鼠

生物学特性

沙鼠与其他啮齿动物不同，为日行性动物，白天活动，晚上睡觉。适合作为宠物饲养。沙鼠长约10.2cm，与仓鼠大小相当，但尾巴很长，通常与身体一样长。成年沙鼠重约3盎司。沙鼠毛色通常是树皮色或浅棕色，可能有白色斑纹。沙鼠胆小，跟它们相处应该轻柔，有规律。挠耳后有助于沙鼠放松。沙鼠常见的外部身体结构术语包括：

- 眼睛——脸部两侧大而黑的圆形区域。
- 口鼻部——面部鼻子和嘴巴的区域。
- 尾巴——背后很长的延伸区域。
- 毛丛——尾巴尖上的黑色被毛。

品种

蒙古沙鼠（或称长爪沙鼠）原产于蒙古和中国地区。它们生活在各种干旱的地区，包括沙漠、低平原、草原和山谷。

品种选择

沙鼠应成对饲养，品种选择与其他啮齿动物类似。沙鼠是群居动物，最好购买成对同窝同性别的。尽管性格各异，但并不是每一只沙鼠都会径直跑到你手上，不过情绪健康的沙鼠会好奇，表现出友善的态度。它们很容易相处，不表现任何病症。

营养

沙鼠可以喂食含有各类种子、谷物、玉米、向日葵种子和燕麦的商品粮。沙鼠喜欢吃水果种子、苹果、生菜、鲜草。沙鼠通常每天吃一汤匙食物。要给予充足的饮水。

行为学

沙鼠会将笼子的某一个区域作为它的"卫生间"。定期清理笼子非常重要。沙鼠适宜的环境温度为18.3~26.7℃，不适合在低温下生活。沙鼠是群居动物，最好不要只养1只。成对或以家庭单位饲养的沙鼠通常感情很好。它们之间会玩、互相追逐、摔跤、嬉戏打闹，也会互相舔毛，相拥而眠。

基础训练

沙鼠非常聪明，很容易训练。连贯的训练会使沙鼠易于相处。

设施和住所需求

沙鼠最好饲养在3.8L的玻璃箱里。玻璃箱比铁丝网笼好，因为沙鼠喜欢挖洞，如果养在铁丝网笼内，沙鼠会把垃圾踢出去。养2只沙鼠时，可以在玻璃箱上方放一个铁丝笼，给它们更多的空间活动。沙鼠好奇心强，有机会就会试图逃跑。它们喜欢攀爬、跳跃和咀嚼。给它们一块木头有助于保持牙齿健康。沙鼠喜欢挖掘和建造隧道，所以在它们栖息地的底部至少要放7.6cm的基质。常见的基质有无尘雪松屑和无尘木屑。

保定和处置

可以一只手抓住尾根部，另一只手抓住颈背后的皮肤来保定沙鼠。注意不要扯尾巴，沙鼠很容易因处理不当而受伤。不能通过拽尾巴的方法保定沙鼠（图10-28）。如果需要额外的保定，只可从上方抓住沙鼠，确保头部在食指和中指间，身体在大拇指和其余手指间。

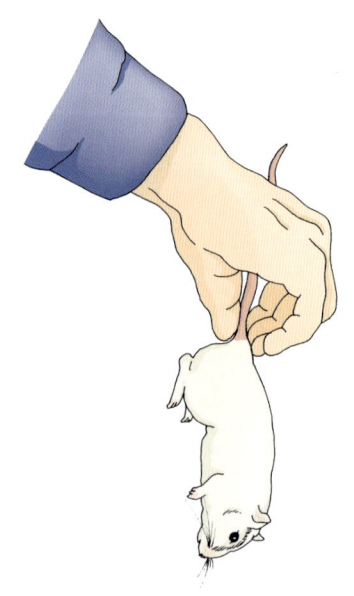

图10-28 绝对不要抓沙鼠的尾巴进行保定

美容

沙鼠不需要频繁的美容。它们会互相舔毛保持清洁。注意观察指甲和牙齿是否生长过度。沙鼠的病症包括被毛蓬乱、舔毛减少。

接种疫苗

沙鼠不需要接种疫苗，目前也没有注册给沙鼠使用的疫苗。

繁殖与生产

沙鼠3月龄左右性成熟。它们会挑选一个终身伴侣。它们可以住在一起，但应该留出适当的时间熟悉彼此。妊娠期为24~25d。通常一胎生5只幼鼠。雄鼠和雌鼠可以和幼鼠一起生活到6周龄断奶。避免在幼鼠眼睛睁开前接触它们。与其他啮齿类动物类似，雄鼠肛门与生殖器之间的距离大于雌鼠，可以据此鉴别性别（图10-29）。

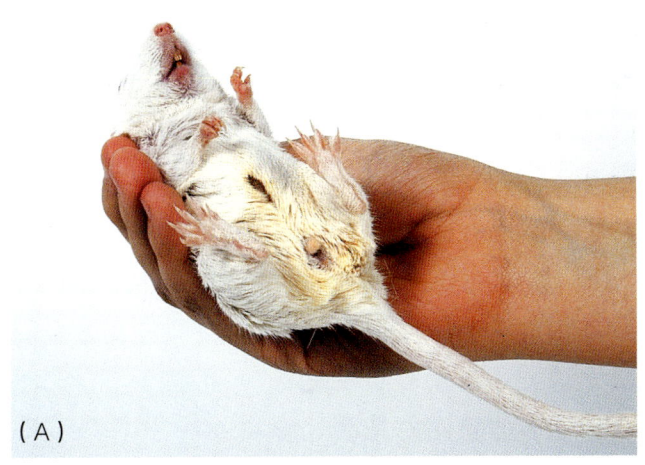

(A)

(B)

图10-29 （A）雄性沙鼠生殖器；（B）雌性沙鼠生殖器

常见疾病

沙鼠相对很少患病。应监测呼吸系统疾病的症状，如打喷嚏、流涕、呼吸频率增多和哮喘。

常见寄生虫

沙鼠常见的体外寄生虫包括跳蚤和螨虫。体内寄生虫罕见，偶尔可能感染绦虫。驱虫时应使用沙鼠专用药物。

雪貂

雪貂是啮齿动物鼬属成员。家养雪貂为小型哺乳动物，遍身绒毛，成年平均体重为0.5~2.3kg（图10-30）。雪貂野性不强，好奇心重，是一种有趣的宠物。雪貂来源于体型较大的貂——臭鼬，在欧洲发展进化，最初用于捕猎兔子。

图10-30 雪貂

生物学特性

雪貂是一种有趣的动物，身体修长，尾巴也长。雪貂有好几种毛色，黑貂是最常见的。雪貂常见的外部身体结构术语包括：

- 躯干——修长的中央区域。
- 面部——脸部眼周的黑色区域。
- 尾部——躯干后长的延伸区域。

雪貂有香腺，可产生强烈的麝香气味，雄性雪貂的气味更为明显。它们是夜行动物，平均寿命5～8年。雪貂具有犬猫的优良特征，又有自己的特质。与猫类似，雪貂小而安静。与犬类似，它们温柔、爱玩、喜欢与人类互动。它们是独居动物，却喜欢和人在一起。它们顽皮好玩的天性，一直保留到老年阶段，因而是人类有趣的伴侣动物。

品种

雪貂都起源于驯化过的黑足鼬，按颜色分类，有黑色、白色、银色和白足雪貂（图10-31）。

(B)

(C)

图10-31 （A）白水貂；（B）银手套雪貂；（C）纯银雪貂

品种选择

雪貂品种的选择与其他啮齿动物相似。雪貂通常喜欢玩，喜欢社交，喜欢接受人的抚摸。有的雪貂可能被摘除了香腺，做了绝育手术，这会有助于雪貂的健康护理和保养。

营养

雪貂可以饲喂商品粮或高品质的猫粮。雪貂是纯肉食动物。它们既吃干粮，又吃罐装食品。

雪貂需要高蛋白饮食和新鲜饮水。避免餐桌食品。雪貂的商品粮包括以下产品：

- 全价雪貂粮（Performance Foods，Inc.）。
- 雪貂福尔蒂粮（Kaytee Products）。
- 雪貂粮（Purina）。
- 马歇尔雪貂粮（Marshall Products）。

行为学

雪貂很聪明，非常擅长它们能力范围内的事情，学习能力很强。它们能识别自己的名字，对口头和视觉命令做出反应，甚至可以学会表演。可以训练雪貂使用猫砂。健康、训练有素的雪貂不会咬人。像所有宠物一样，主人需要教导雪貂什么是正确的行为。相较于其他家庭宠物（如仓鼠），雪貂很少咬人。雪貂非常好奇，喜欢探险。它们爱惹麻烦，会啃咬对它们有害的物品，因此要把它们放在安全的地方。雪貂有"收集癖"，它们会把自己感兴趣的东西拿走并拖到"隐藏点"，如沙发或椅子下面。

基础训练

可以用训练猫使用猫砂的方式训练雪貂。通过奖励机制让它们学习表演。可以像训练犬一样通过喊它的名字让它过来。可以训练雪貂坐着、等待食物、骑在主人的肩膀上。也可以使用牵引绳牵遛（图10-32）。

图 10-32 可以使用牵引绳牵遛雪貂

设施和住所需求

应该在安全的笼子里饲养雪貂，最好选择网笼或金属笼。并确保它们不能从任何开口挤出去。由于雪貂好奇心强，很容易惹麻烦，在笼外时，主人要密切观察。

保定和处置

雪貂的性格差异很大。在保定时，有些攻击性强，有些没有攻击性。和保定猫类似，保定雪貂时，应先抓住颈部和肩部周围（图 10-33）。保定者一只手抓住雪貂的肩部下方，用指抓住颚下，另一只手支撑后躯（图 10-34）。雪貂身体修长，可以快速移动，保定有一定的困难。经常被保定的雪貂往往更容易保定。使用牵引绳时需严加观察，可使用 H 形牵引绳带雪貂外出活动。

图 10-33 抓住颈背部提起雪貂

图 10-34 将一只手置于雪貂前躯腹侧支撑头部，另一只手拖住雪貂后躯下方

美容

即使摘除了香腺，雪貂也有一种天然的麝香气味。天然油性皮肤会持续产生麝香的气味，故不建议经常洗澡。需要定期修剪指甲，可能需要经常梳毛。大多数雪貂会自己梳毛，保持被毛清洁（图 10-35）。

图 10-35 经常梳毛对雪貂有益

基础保健与护理

每年要带雪貂去拜访兽医，以便及早发现潜在问题。每年一次的体检包括体格检查、耳螨检查和口腔检查（图 10-36）。必要时洗牙。阿留申病是高度传染性和潜在致死性疾病，需要每年检测阿留申病毒，以确保没有携带。

接种疫苗

雪貂易感染犬瘟热，通常需要预防接种。6~8周龄接种犬瘟热疫苗（Fervac-D），每月重复一次，至14周龄。1岁后每年免疫一次。有的州会允许并要求兽医为雪貂接种狂犬疫苗。

繁殖与生产

雪貂在10月龄左右性成熟。雌性雪貂通常在春季繁殖，妊娠期平均42d。一胎通常6~8只幼崽。幼貂3~4周龄睁眼，睁眼后开始断奶，8周龄彻底断奶。14周龄达到成年体重。雌性雪貂进入发情周期而没有繁殖，将会持续周期性出血，甚至可能导致死亡。故不做繁育时，要绝育。在一定程度上，绝育后的雪貂麝香体味会减少。与犬猫类似，雪貂直肠的两侧各有一个香腺，可产生麝香气味，通常在绝育时同时摘除。绝育后的雪貂仍有一些气味。可在6月龄绝育。与其他啮齿动物类似，可通过会阴部鉴定雪貂性别（图10-37）。

常见疾病

雪貂是相对健康的动物，但易患犬瘟热和水貂阿留申病。另外，雪貂可发生类似流感症状或呼吸系统疾病，和感冒类似，与人互相传染。生病时注意避免传染雪貂。老年雪貂更易患病，如肾上腺和胰腺相关疾病。肾上腺疾病的临床症状包括脱毛、肌肉萎缩、雄性尿路阻塞、雌性阴门增大。胰腺疾病的临床症状包括嗜睡、恶心和癫痫。

雪貂发生任何消化系统异常（排便改变、体重明显升高或下降、呕吐）都可能是严重的问题。要让雪貂生活在干净无危险物品的环境，避免这些问题发生。避免雪貂接触花生状泡沫包装、橡胶咀嚼玩具、橡皮、橡皮筋、乳胶或塑料制品。

常见寄生虫

雪貂易感染猫常见的体外寄生虫，如跳蚤、虱子、皮肤螨虫和耳螨。需要使用注册给雪貂专用的体外驱虫药。雪貂也会感染绦虫等体内寄生虫。可

图 10-36 （A）清理耳道；（B）剪指甲

通过粪便样本检测体内寄生虫。雪貂也易感染心丝虫病。

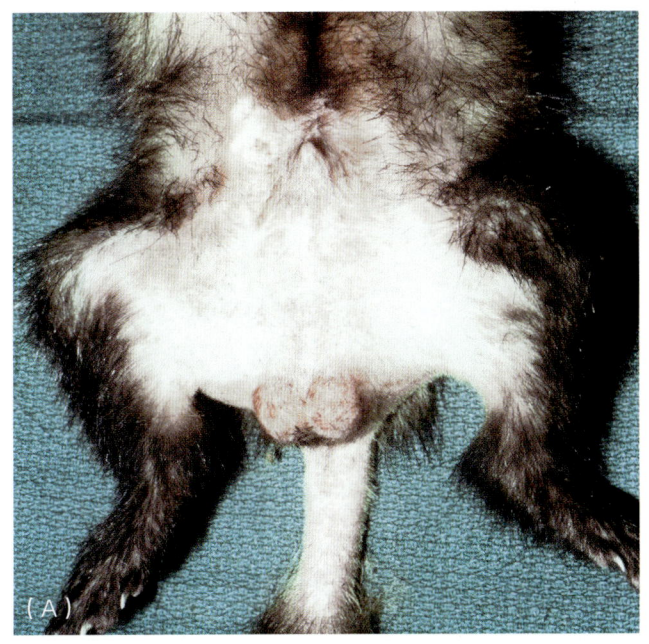

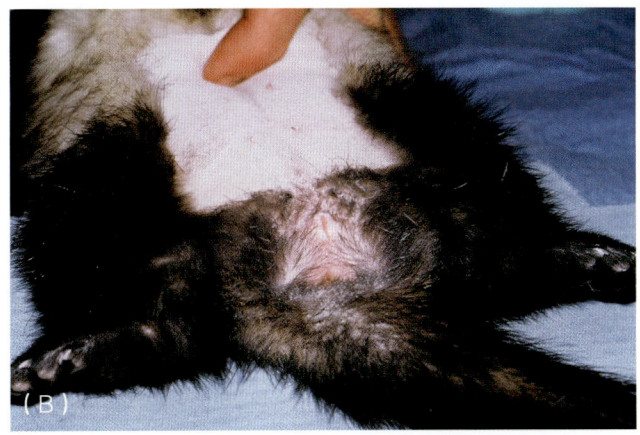

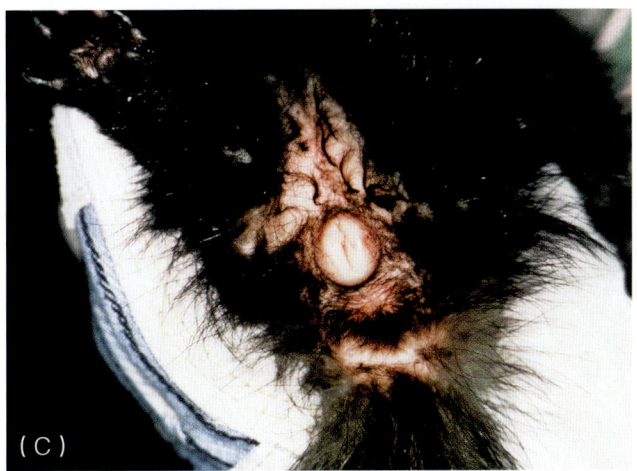

图 10-37　（A）雄性雪貂的生殖区；（B）非发情期雌性雪貂生殖区；（C）发情期雌性雪貂生殖区

刺猬

刺猬是很有趣的宠物，常出乎意料，触碰时会蜷缩成一团。刺猬身上有很多短刺，保定时可能受伤。它们在欧洲和英国很常见，就像美国的臭鼬一样。

生物学特性

刺猬是有趣的动物，背部和身体上有 2.5～3.8cm 花色刚毛或刺（图 10-38）。背部肌肉可使刚毛刺出，保护它们免受掠食者的侵害，但不会发出或射出刚毛。它们呈椒盐色，是昼伏动物，平均寿命 4～7 年。当它们恐惧或紧张时，会卷成一个球，用刚毛保护自己。它们也会卷成一个球入睡。偶尔，刺猬会快速移动以脱离危险。刺猬常见外部身体结构术语包括：

- 嘴——面部嘴周区域。
- 颈——耳后方结构。
- 鼻——面部中间长的部分。
- 刚毛——背部和身体上的刺。
- 下腹部——覆有被毛的无刺的肚皮区域。

刺猬和豚鼠大小类似，体重为 0.5～1.4kg。

图 10-38　背覆刚毛的刺猬

品种

刺猬无品种标准，它们最初起源于英格兰、欧洲和非洲。常见棕、黑和白混合色。

品种选择

刺猬天生害羞，触碰时常卷曲成球。需要在幼年时期及早社交，并经常触摸。

营养

刺猬是肉食动物，喜欢吃蠕虫、昆虫和少量蔬菜水果。要喂食高蛋白的商品刺猬粮或高质量的猫粮。它们容易出现肥胖问题，注意不要过量喂食。

行为学

它们是相对独居的动物，最好单独饲养。刺猬是夜行性动物，通常在太阳下山后开始夜间活动，如觅食。在野外，刺猬会根据天气休眠。冬眠期间，为了节省能量，刺猬的心率会下降近90%。冬眠时间取决于冬季的严酷程度，可能持续几周到6个月。刺猬的主要防御机制是卷曲成一个紧密的球，并突出其刚毛（图10-39）。刺猬通过肌肉把边缘的皮肤拉到脚和头部，形成一个球。其皮下复杂肌肉层使刚毛可以独立移动，遇到潜在威胁时可竖起。当刺猬感觉到危险时，会发出嘶嘶声或咔嗒声。大部分刺猬是害羞而且独立的。

基础训练

由于刺猬天性害羞，通常不会特意训练。但可以训练它们使用猫砂盆。

设施和住房需求

玻璃箱是理想的饲养刺猬的场所（图10-40），在笼子底部放上无尘垫料，如撕碎的报纸、小球或无尘木屑。理想的室内温度为23.89～29.4℃。低温导致刺猬行动迟缓，因为它们是会冬眠的动物。刺猬需要可躲藏的地方，尤其是它们白天睡觉的时候。可以给它们提供一个侧面开口的塑料容器、大

图10-39 当感到恐惧时，刺猬通过卷曲成球进行防御

图10-40 玻璃箱可给刺猬提供良好的封闭围栏

口径的PVC管或硬纸管。它们喜欢运动，可以像仓鼠一样跑滚轮。

保定和处置

检查刺猬时，如果它卷起来，几乎不可能检查。和刺猬"搏斗"得越多，展开它的概率越少。然而，多数宠物刺猬很温顺，佩戴乳胶手套即可保定，操作容易且不适度低。保定未卷曲的刺猬时，可从下面捧起，使它离开桌面，之后用两只手支撑着，通常它们就不会试图卷起来。遇到少数不合作的刺猬时，佩戴乳胶手套会比徒手操作更为方便，可以抓住耳朵之间的皮肤，把它们从桌子上拎起来。第3

种方法是抓住一条腿。可以牢牢抓住后肢，轻轻地将刺猬的后躯从桌子上抬起来。有些刺猬会扭动试图挣脱，但多数刺猬在这种保定时会保持安静。

另一种使刺猬展开的方法是放置在检查台上等待几分钟，将其腹部朝下放置。此时可频繁轻抚其后躯。如果上述方法都不能实现检查目的时，最后一种方法是使用异氟烷。可以用一个大面罩罩在整个刺猬身上至开始放松，然后用一个小面罩罩在它脸上。

美容

刺猬可能会变脏，偶尔需要洗澡。可以用牙刷和温水完成。有些刺猬可接受轻轻喷水去除灰尘和皮屑。在温暖的地方用毛巾擦干。另外，需要定期修剪指甲。

基础保健与护理

理想状态下是每年体检，但同时要注意刺猬可能需要镇静才能进行适当的检查。

接种疫苗

刺猬不需要接种疫苗，目前也没有注册给刺猬使用的疫苗。

繁殖与生产

刺猬7周龄达到性成熟，之后方可繁育。其孕期短，为35d，产仔数量低。雄性和雌性只能在繁殖时同笼。雌性是诱导排卵，发情持续2~5d。雄性会在雌性离开时杀死和吃掉刺猬幼崽。哺乳期约5周，之后即可断奶（图10-41）。

常见疾病

如营养部分所述，刺猬易发肥胖症。同时也好发细菌性皮肤病和脊椎损伤。口腔疾病也很常见，应对进食困难的刺猬进行口腔检查。当垫料灰尘过多时，会出现呼吸系统症状，需要监测呼吸状态。

图10-41　5周龄的幼崽可断奶

常见寄生虫

刺猬易感螨虫、跳蚤和蜱。感染螨虫的症状包括严重的皮屑、刚毛和/或绒毛脱落、皮肤增厚硬化、耳缘增厚、耳道栓塞、全身瘙痒。刺猬不易感染体内寄生虫。

龙猫

龙猫是一种小型的被毛柔滑的啮齿动物（图10-42）。它们被培育成宠物和皮毛动物。龙猫是非常好的宠物，但比其他小型啮齿动物需要更多的照顾和维护。

图10-42　龙猫

生物学特性

龙猫身体浑圆，尾巴和松鼠类似。颜色多样，常见石灰色。龙猫的外部身体结构术语包括：

- 耳朵——头部两侧大的皮瓣。
- 前肢——短的前腿用于抓取。
- 后肢——长的后腿。
- 脚垫——脚底部的表面。
- 尾巴——从背部延伸的大的被毛浓密的区域。

应激时，龙猫会抛出小的毛团。它们是夜行动物，弹跳时活泼且动作迅速。移动时难以预测，可以轻易逃脱。龙猫寿命为 9 ~ 17 年。成年龙猫的体重约 0.5kg。

品种

龙猫无品种标准，有灰色、白色、米色和黑色（图 10-43）等变异。它们起源于南美洲。

品种选择

龙猫是社会性动物，选择时与其他啮齿动物类似。通常单笼饲养，因为它们难以忍受其他的龙猫。它们可以接受触摸且不咬人。被触摸越多的龙猫越易被驯服。它们很需要被关注。

营养

龙猫通常以和兔子饲料相似的丸粒类商品化食物为食。它们喜欢水果、叶菜和葡萄干等零食。需要饲喂高质量的草或苜蓿干草。

行为学

龙猫是优秀的跳跃运动员而且速度很快。它们喜欢社交，但是不喜欢被抓着和拥抱。突然的动作和巨大的噪声会使它们受到惊吓。除非龙猫在手指上闻到食物，否则它们不会咬人。它们有时会啃食衣服和腰带。它们很好奇，应该尽可能多地提供给它们可以爬到顶部的地方。应激时，它们会像犬和猫一样大量脱毛。

（A）

（B）

（C）

图 10-43 常见的龙猫色：（A）白色；（B）米色；（C）黑色。

基础训练

龙猫可以接受训练，但可能需要数周至数月才能信任人。最好对龙猫进行一致和频繁的触摸。

设施和住所需求

龙猫是杂技运动员般的动物，需要很大的空间。它们喜欢在水平和垂直方向上攀爬和跳跃，建议提供一个大型的多层笼子。理想情况下，笼子越大越好。笼子应该由一个小孔电焊网构成，防止腿或脚受伤。地面应该有一块坚实的区域。可以在笼子下面放置托盘，便于清洁。龙猫很害羞，需要一个可躲藏的地方。可选择无破损的箱子，如木箱子或金属箱子。

26.7℃以上的潮湿的环境会导致龙猫中暑。推荐饲养温度为11.1～26.7℃。龙猫需要啃咬坚硬的物品，所以最好提供木质啃咬物品，使其牙齿磨成一个理想的形状。

保定和处置

不能抓龙猫的尾巴进行保定，这会造成严重损伤或尾巴断裂。最好是用一只手放在腹下或环绕颈背，另一只手抓住尾根部的方式抓住身体，从而保定龙猫（图10-44）。抓住尾巴根部可防止龙猫跳跃。使用毛巾可以让龙猫感觉更安全，就像它藏起来一样。

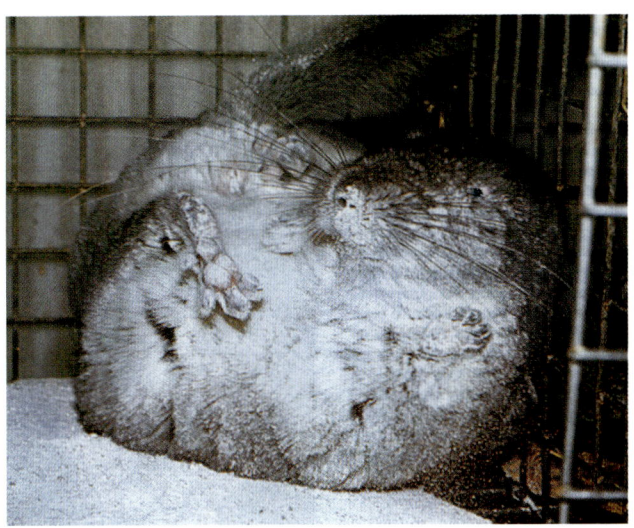

图10-45　龙猫在沙粉浴

基础保健与护理

建议每年给龙猫体检。由于它们的牙齿一直生长，会引起进食困难，故应该经常进行牙齿检查。另外要注意它们的毛球或毛团，因为它们会像猫一样理毛。也可能发生呼吸系统问题，需要监测呼吸困难、气喘和打喷嚏等症状。

接种疫苗

龙猫不需要接种疫苗，目前也没有注册给龙猫的疫苗。

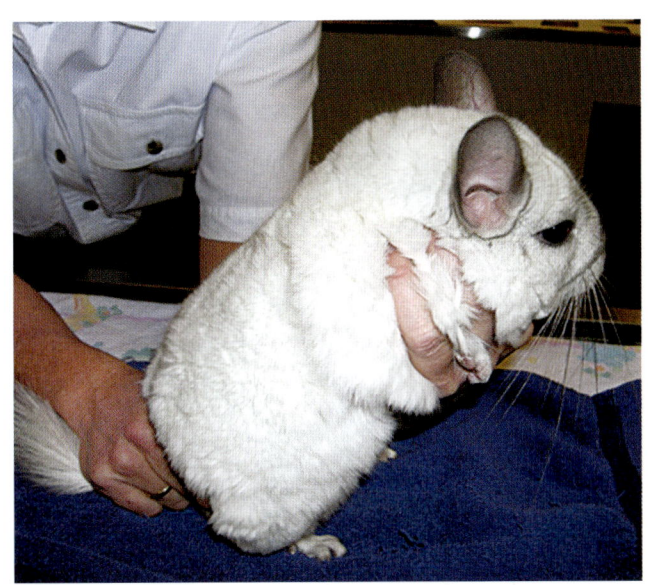

图10-44　保定龙猫时，一手放于身下，另一手抓住尾根部

美容

龙猫需要每天或每两天做一次沙粉浴。沙粉浴是一种特殊的沙粉物质，龙猫可以在里面翻滚，清洁它们细腻的被毛（图10-45）。沙粉可以为它们的皮毛补水和清洁，避免损伤。给龙猫进行沙粉浴时，需在笼子底部放上大概30cm厚的浴沙。可选用商品化的浴沙。

繁殖与生产

龙猫的发情周期为30～50d，妊娠期为111d。龙猫幼崽在3～8周龄断奶。龙猫的性别区分方法与其他啮齿动物类似（图10-46）。

常见疾病

龙猫是健康的口袋宠物。绝大多数龙猫应该监测口腔问题、中暑征兆和呼吸系统问题。

常见寄生虫

龙猫可能感染跳蚤，但罕见体外和体内寄生虫感染。

 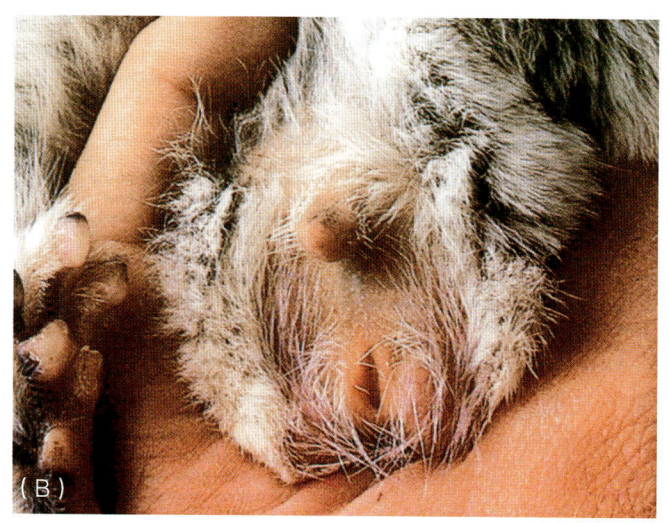

图 10-46 （A) 雌性龙猫的生殖器；(B) 雄性龙猫的生殖器

小结

啮齿动物包括了一些最有趣的和最容易饲养的伴侣动物。沙鼠、大鼠、豚鼠、小鼠和仓鼠是广泛饲养的口袋宠物。对兽医工作人员而言，了解常见啮齿动物的保定方法、保健与护理、住所需求、营养和繁殖护理等知识非常重要。这个兽医领域在畜牧业和异宠医学中越来越受欢迎。

复习题

1. 描述仓鼠和豚鼠发情周期的差异。
2. 为什么要对不用于繁殖的雌雪貂进行卵巢切除?
3. 夜行动物和昼行动物的区别是什么?
4. 为什么啮齿动物会出现呼吸道问题?
5. 豚鼠的营养需求是什么以及为什么?
6. 为什么啮齿动物通常被称为"口袋宠物"?
7. 引起仓鼠腹泻的常见细菌性疾病是什么?
8. 在日常保健计划中,哪些啮齿动物可以接种疫苗?

临床案例

Kline 先生和夫人带来了他们女儿的雪貂,Mikey,这是一只 6 岁未去势雄性雪貂。其临床症状为饮食不佳,严重嗜睡。Kline 一家很担心雪貂可能救不活了。兽医助理 Nicole 在给它称重时注意到它出现萎靡的情况。

"Mikey 表现不适的时间有多长了?",她问 Kline 一家。

"2~3d",他们回答。

"Dawson 医生会马上来检查。我相信他会好的。雪貂几乎很少生病,所以我肯定他只是感冒了。"当 Nicole 离开检查室后,Kline 一家开始讨论雪貂需要被关注的健康问题。他们对被告知的问题感到很困惑。

- 上述情况中什么是错误的做法?
- 你将如何处理这种情况?
- 如何正确处理这种不熟悉的情况?

第 11 章 兔的鉴定和饲养管理

学习目标

学习完本章后，读者应该掌握：
- 常用的兔兽医术语。
- 描述兔的生物学特性与发育特点。
- 鉴定兔的常见品种。
- 论述兔的营养需求。
- 确定兔的正常和异常行为。
- 对于不同操作，能够适当安全地保定兔。
- 论述兔的健康护理方案。
- 详述兔的繁殖与生产。
- 识别和描述兔的常见疾病。

引言

兔已经成为非常受欢迎的室内饲养的伴侣宠物（图 11-1）之一。它们也常被繁育为肉用和毛皮动物。相较其他啮齿动物，兔需要特殊操作和保健护理。

图 11-1 兔是非常受欢迎的宠物和伴侣动物

兽医术语

lagomorph = 兔。
buck = 未去势的雄兔。
doe = 未绝育的雌兔。
lapin = 阉割的雄兔。
kit = 年轻的（盲、聋）兔。
kindling = 生小兔。
herd = 兔群。
junior = 6 个月龄以下的兔。
senior = 6 个月龄以上的兔。

生物学特性

兔是食草性哺乳动物。它们耳朵长、身体圆滚、尾巴短，有 4 个大切齿。家兔比野兔体型稍大，耳朵稍长，且顶端有尖的黑色部分。兔是温血动物，消化系统与犬猫不同；兔和马一样，是非反刍动物，只有一个单胃，用来搅拌和破碎草与粗粮。它们不能呕吐，没有胆囊。消化道强大，可以持续蠕动消化大量食物，如干草和青草。兔常见的外部身体结构术语包括（图 11-2）：

- 耳朵（Ears）– 在头顶端的长而松软的扁平状皮瓣。
- 胁腹（Flank）– 后肢股部前侧的区域。
- 跗关节（Hock）– 后肢的关节。
- 腰部（Loin）– 后背中央区域。
- 颈部（Neck）– 头后方区域。
- 臀部（Rump）– 尾部前方的后背部区域。
- 尾巴（Tail）– 背部延伸的小棉花球样结构。
- 脚趾（Toe）– 脚上的每个趾头。

图 11-3 示意了兔的骨骼结构。

第 2 部分　兽医动物生产管理

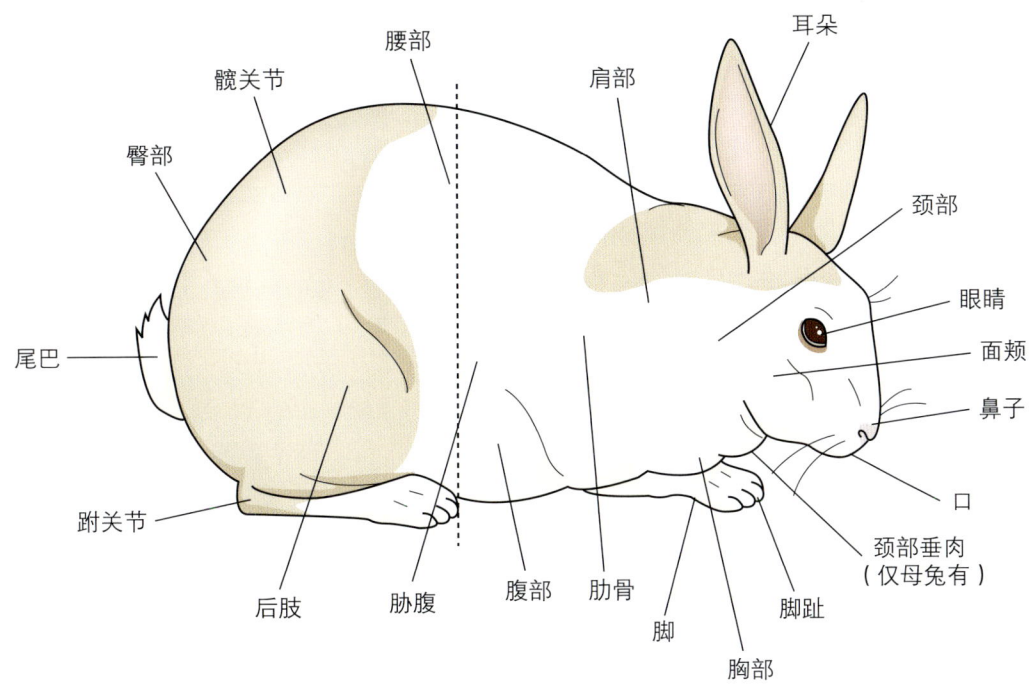

图 11-2　兔的外部解剖结构

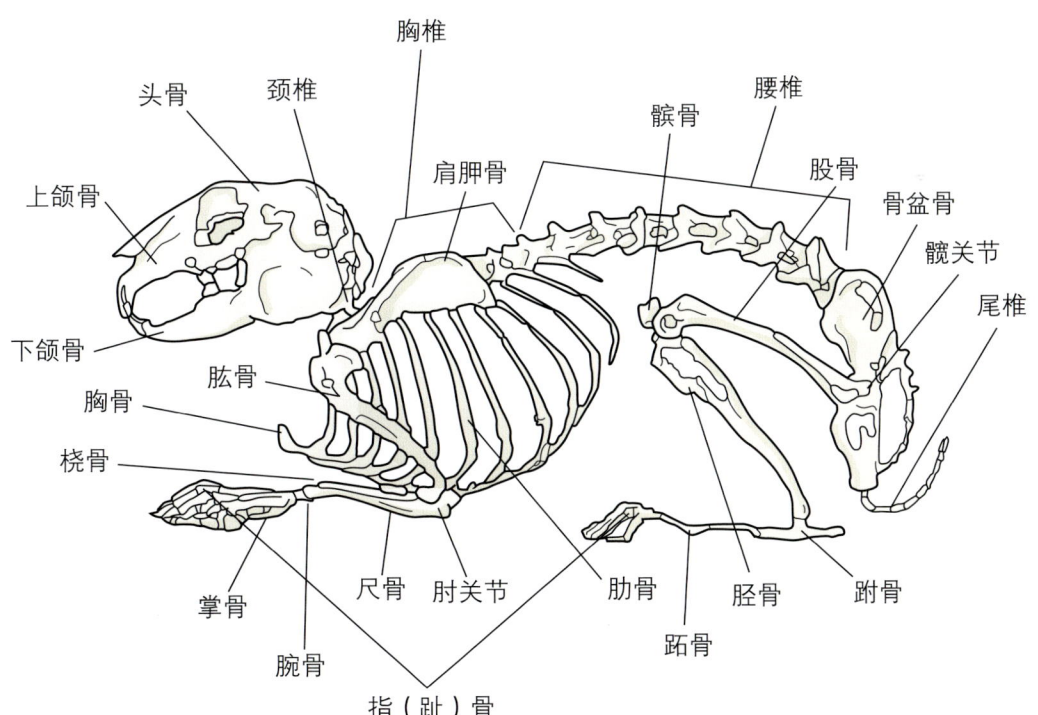

图 11-3　兔的骨骼解剖结构

兔有多种用途，包括肉用、毛皮生产、科研、展示和宠物饲养等。兔的平均寿命为5～6年。

品种

兔有许多品种、颜色和体型。根据外形和体型大小，可将兔分成大约45个品种，从迷你兔到巨型兔。迷你成年兔的体重小于0.9kg，又称侏儒兔，如垂耳兔和荷兰侏儒兔（图11-4）。小型成年兔体重0.9～3.2kg，如荷兰兔和波兰兔（图11-5）。中型兔体重3.6～5.4kg，也称商品兔，如新西兰兔和雷克斯兔（图11-6）。大型兔体重5.4～6.4kg，是半拱品种，包括加利福尼亚兔和青紫蓝兔（图11-7）。最大的是巨型或全拱品种，大约有6.4kg，如弗兰芒巨型兔（图11-8）。

图11-5 小型品种兔：（A）荷兰兔；（B）波兰兔

图11-4 迷你品种兔：（A）迷你垂耳兔；（B）荷兰侏儒兔

图11-6 中型品种兔或商品兔品种：（A）新西兰兔；（B）短毛雷克斯兔

品种选择

选择兔的品种时,要根据体型大小、被毛状况和健康护理需要进行。兔的体型和被毛类型各异。主人在买回之前需要了解品种和所需照料的时间。每个动物都要测体温,临床检查健康;且性格温顺、活泼,易于保定。

营养

兔为草食动物,进食以植物为主的日粮。商品兔粮常制成颗粒状(图11-9)。兔需要自由采食高质量干草,如梯牧草或果树草。食物改变会造成消化系统紊乱。兔喜欢水果、蔬菜等绿色植物,但要少量饲喂(图11-10),饲喂过多可能会造成消化问题。兔不要饲喂过量,会导致肥胖问题。兔的食物日常维持量为自身体重的4%。

夜间,兔会持续进食自己的粪便,因为粪便变软后,便于消化系统消化植物纤维,提供营养。这种粪便称为夜粪。

有时,幼兔会成为离乳兔,这时需要特殊配方食物。要每天称重,监测体重增长(图11-11)。和幼犬猫一样,要给予商品配方食物,如KMR配方。使用商用配方食物时,要添加蛋黄液提供蛋白质。新生兔每日需要5mL,分两次饲喂。表11-1概括了幼兔的饮食方式。

图 11-7 大型品种兔或半拱兔品种:(A)加利福尼亚兔;(B)青紫蓝兔

图 11-8 巨型品种兔或全拱兔品种:弗兰芒巨型兔

图 11-9 商品兔粮

兽医助理基础与应用

图 11-10 兔可以少量饲喂新鲜蔬菜

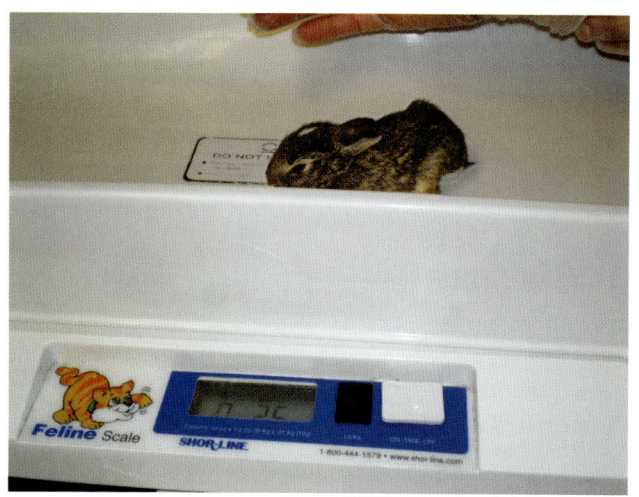

图 11-11 离乳兔每天要称重，监测体重增长情况

表 11-1 幼兔商品配方食物的饲喂方式

新生兔	5mL	分成每日2次饲喂
1 周龄	12～17mL	分成每日2次饲喂
2 周龄	25～27mL	分成每日2次饲喂
3 周龄	30mL	分成每日2次饲喂
3 周龄至断奶	30+ mL	分成每日2次饲喂

行为学

兔是一种可爱、安静、温和的宠物，多数情况下很温顺。不高兴时会发出尖叫声作为警告。它们通过咬或用前肢蹬踢来保护自己。不高兴时，它们会蹬踹后肢。使兔倒置仰躺并抚摸其腹部会使其达到短暂的催眠状态（图11-12），表现出安静或"发呆"状。

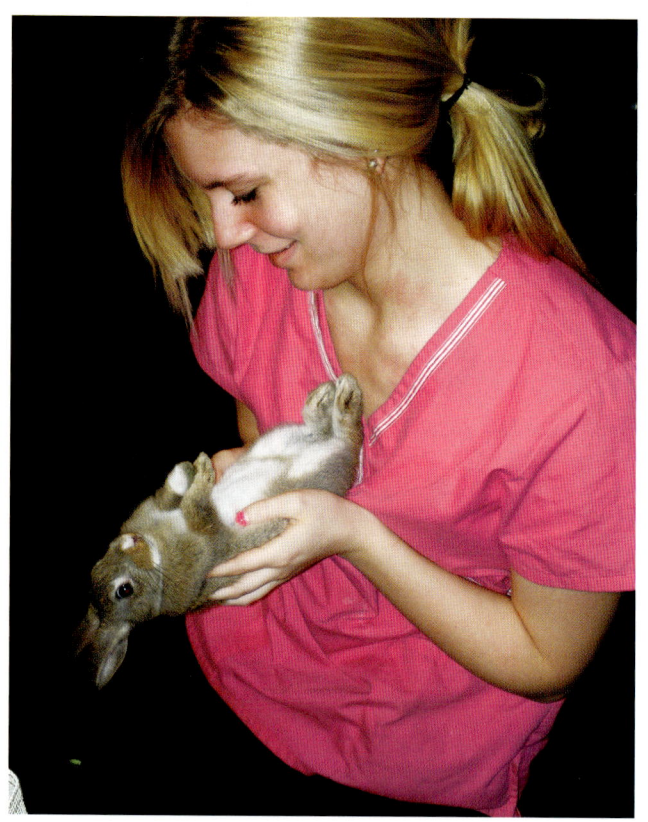

图 11-12 通过将兔倒置仰躺并抚摸腹部，使兔达到短暂的催眠状态

基础训练

兔是可以被驯化的，可以像猫一样训练使用砂盆排泄（图 11-13）。许多人会让兔在室内自由活动，这时要训练它们避免啃咬和破坏行为。兔的训练需要持续一段时间。注意：兔可能会啃咬任何东西，要检查并确保它们活动的区域没有危险品，如电话线和电线。

图 11-13 可以训练兔使用砂盆排泄

设施和住所需求

通常使用兔笼饲养兔。要使用兔专用饲养笼，有巢箱，天气恶劣时可躲避；还有开放的区域，透气通风。周围要用铁丝编制，底部用实木做成，避免使用棉质品。每只兔要提供 0.09m² 的空间。室内散养时需要密切监测，因为兔很好奇，会啃咬任何东西，如果咬到电线或其他能咽下的东西时很容易受伤。兔的繁育者通常在笼子里为其提供巢箱、食盆和水瓶。

也可将兔饲养在由金属丝、塑料或木头制成的商品兔笼里。需要选择坚固的材料，并提供足够的空间（图11-14）。兔喜欢啃咬，在选择笼子时要注意。笼子底部可为实木或铁丝编制，留有托盘收集废物。铺上碎纸、碎屑或无尘刨花，并且定期清理。

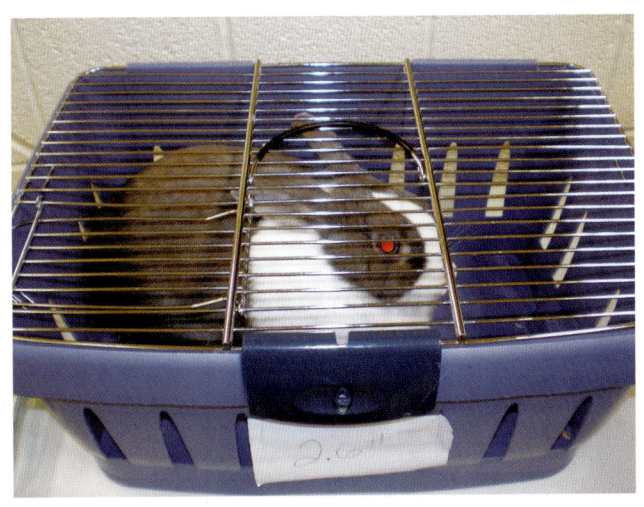

图 11-15　使用航空箱运输兔

图 11-16　保定兔时，要支撑后腿

图 11-14　兔笼

保定和处置

不恰当的处置和保定会使兔或保定者受伤。不能用拎耳朵的方式进行保定。旅行携带时需使用航空箱兔笼（图11-15）。可通过轻拍腹部"催眠"兔。抓起兔时，需要支撑后腿和后背（图11-16）。兔蹬踏后腿时会损伤后背和脊柱。可用毛巾包裹，使其保持镇静，并合理保定（图11-17）。

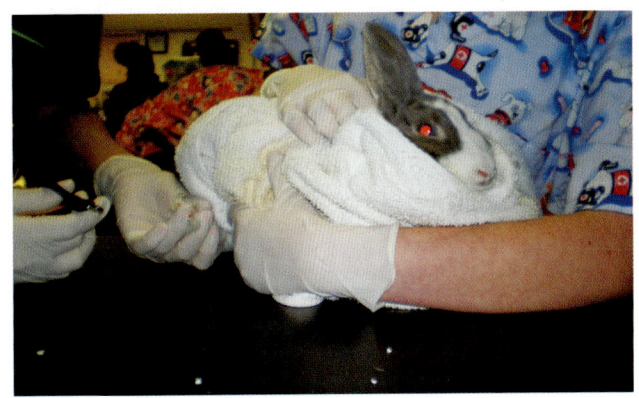

图 11-17　用毛巾保定兔，使其保持镇静

美容

兔需要定期梳毛，根据被毛类型，还可能需要洗澡或其他美容项目（图11-18）。需要定期修剪指甲、截短切齿和牙病治疗（图11-19）。兔的牙齿和指甲会不断生长，所以需要定期修剪和护理（图11-20）。准备手持式指甲剪、止血粉和口腔窥镜来完成美容护理。兔自己也会每天理毛。

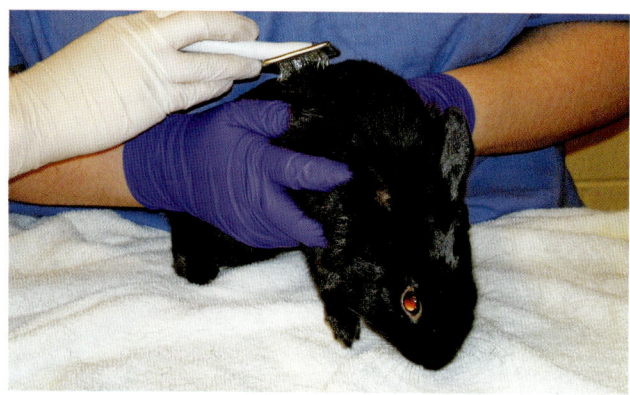

图 11-18　兔需要定期梳毛

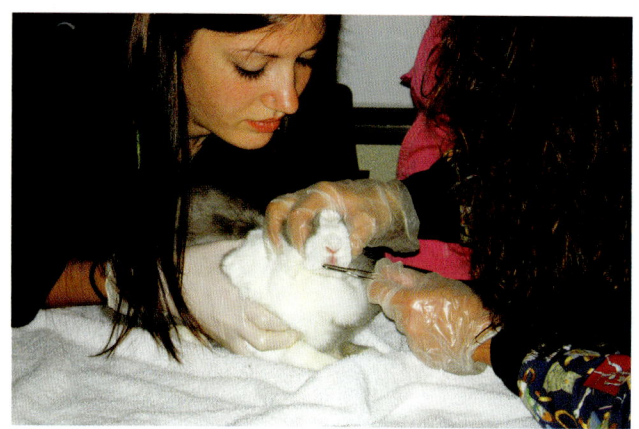

图 11-19　要定期检查兔牙，必要时修剪

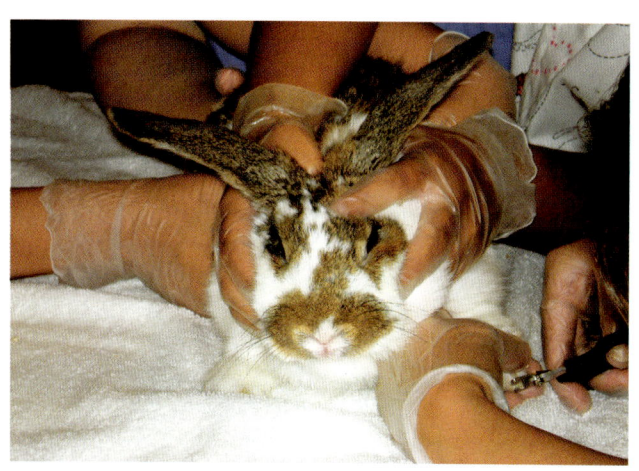

图 11-20　周期性修剪兔指甲

基础保健与护理

兔是相对健康的动物，但饲养不当时容易发生呼吸系统问题。兔笼需要定期清洁，使用无尘草垫来保持兔笼清洁，良好的铺垫也会防止兔脚损伤。避免将兔笼放在易于着凉和过度通风的位置，兔可能因此感冒。食物改变或应激时可能发生腹泻，也可能因肠道运动异常而发生便秘。因此，更换食物时要通过数周调整，使消化系统逐渐适应。长毛品种会像猫一样易患毛球和毛石。可以用化毛药物或菠萝番木瓜果汁帮助分解和预防毛球。通常也可以使用猫的泻药，或粪便软化剂，用于软化粪便和促进肠蠕动。

要监测兔腿和脚是否有损伤，特别是跗关节和脚背处。后肢为弹跳的受力肢，触碰笼子的金属网格或坚硬面时容易造成疼痛。患病时，兔的行为可能会改变。要每年定期体检；发现任何病征时，都要及时去兽医院就诊。进行血液学检查或手术准备时，通常拔毛而非剃毛，因为剃毛会损伤兔脆弱的皮肤。另外，要定期评估体重（图11-21）。

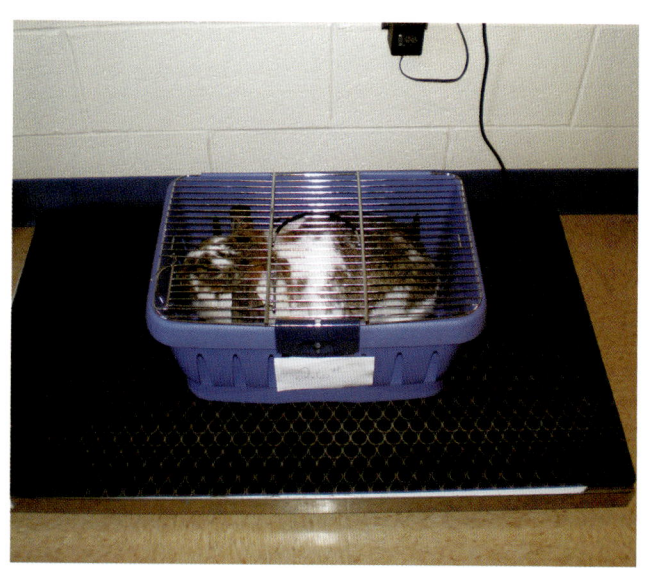

图 11-21　兔每年体检时都要称体重

接种疫苗

兔通常不需要接种疫苗。当地是某些常见病或特定疾病的疫区时，需要接种疫苗。

繁殖与生产

兔大约在6月龄成熟。母兔的领地意识强，要将母兔带到公兔笼子里交配，否则母兔会与公兔打架，甚至伤害公兔。要监测交配的过程，完成后将两只兔分开。兔的妊娠期为30～32d。母兔在分娩前开始筑巢。巢穴通常由稻草、纸和刨花等搭建。母兔会从腹部拔一些毛下来垫巢。每窝通常生6只小兔。刚出生的小兔和小猫、小犬一样无毛，眼睛和耳朵是闭合的。兔很早熟，生长快（图11-22）。小兔可迅速逃离危险，这是适应自然的本能反应。小兔每天只需要护理1～2次。10d睁眼，此时要开始喂食球状兔粮、干草和植物叶子。小兔6～8周龄断奶。

图11-22 小兔生长非常快。图示小兔正在接受兽医的检查

常见疾病

兔会患多种类型的疾病。健康兔应该是活泼的、饮食良好、聪明机警。兽医助理要知道兔容易感染的常见疾病。

呼吸系统疾病

兔易患呼吸系统疾病，往往出现大量鼻漏，称为"流鼻水"。原因可能是兔笼透风不良、窝垫起尘、环境温湿度高、牙病和鼻腔异物。需要确定病因，以确定治疗方案。上呼吸道疾病的症状如下：

- 鼻漏。
- 打喷嚏。
- 前爪毛结团。

巴氏杆菌

呼吸道疾病有时会被误诊，尤其是感染了巴氏杆菌时。这是兔呼吸道的一种常在菌，感染时又称"鼻伤风"，和感冒类似，可引起呼吸道和肺黏膜的急慢性炎症，造成鼻涕和眼分泌物。患病兔会揉擦眼睛和鼻子，面部和爪部上的被毛无光泽，黏液在被毛上变干结团。症状包括打喷嚏和咳嗽。患病兔通常表现为免疫抑制或高度应激。要使用抗生素治疗。治愈兔会成为病原携带者。有症状的兔要隔离并执行严格的卫生标准。

泰泽病

另外一种常见的细菌病称为泰泽病。该病通过孢子在空气中传播，主要造成胃肠道症状。该病没有治疗方案和疫苗，所以预防是关键。包括保持笼内卫生、窝垫除尘及避免过度拥挤。泰泽病的症状如下：

- 水样腹泻。
- 直肠有粪便或血便。
- 厌食。
- 嗜睡。
- 脱水。
- 体重减轻。
- 死亡。

常见寄生虫病

兔常发体外寄生虫感染，如跳蚤、蜱、螨虫。耳螨很常见，要重视。定期美容和驱虫可降低寄生虫感染。被毛或皮肤上的跳蚤和虱子会引起瘙痒和皮肤刺激。耳螨在耳内产生厚的黑硬蜡状耳垢。兔会频繁抓挠造成耳内血管损伤出现耳血肿。可通过局部用耳药治疗耳螨。定期检测皮肤和被毛以确定是否有寄生虫感染的症状（图11-23）。

兔也会感染体内寄生虫。需定期粪便检查进行评估。常见的肠道原虫疾病为球虫病，一旦感染很难治愈。病原可能会侵袭胃和肝脏。常见症状包括腹围膨大、腹泻、体重减轻和食欲下降。轻度感染时没有症状。

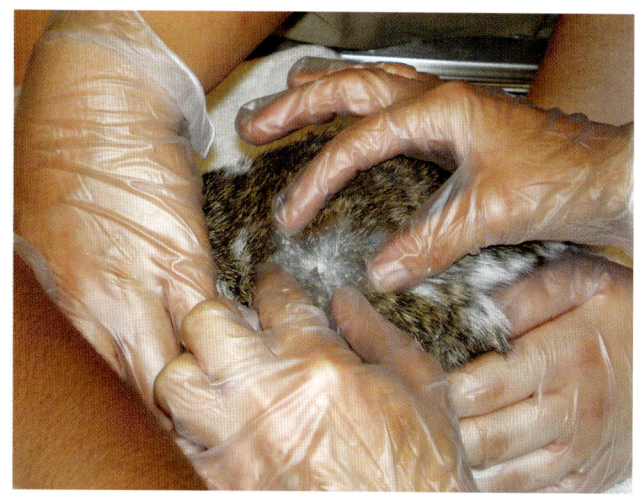

图 11-23 检查兔的被毛，观察是否有寄生虫感染的症状

常见手术操作

兔常见的手术操作包括去势、绝育和拔牙。通常会给兔做去势防止繁殖、减少攻击行为和异常行为。虽然有人推荐更早地进行去势，但多数兔建议在 3～4 月龄去势，因为兔在 4 月龄前就能达到性成熟。去势也会减少尿液的喷射。兔的去势术与猫的去势术类似。

进行绝育或子宫卵巢摘除术可减少攻击行为、避免繁殖、减少不当怀孕和生殖道肿瘤。手术操作和犬猫的类似。推荐在 5～6 月龄或更早进行手术。

牙科手术也很常见，因为兔的牙齿持续性生长。兔的口腔前部有 6 个切齿，后部有几个臼牙，有时会挤压其他牙齿，造成口腔创伤，引起进食困难。牙齿疾病的症状如下：

- 掉食。
- 磨牙。
- 过量流涎。
- 厌食。
- 鼻漏。
- 牙齿的问题需修剪或根据情况进行拔除。

小结

兔是优秀的宠物，经过室内训练和排泄训练，可允许在屋内自由活动。养兔也用于肉类生产和毛皮生产。兔通常称为啮齿动物，但实际上与其他啮齿动物完全不同。兔需要特殊的保定、医疗保健和营养。兽医助理应了解兔的基本护理，并能够在临床实践中适当地保定和操作。

复 习 题

1. 解释非反刍动物的消化系统。
2. 什么是夜粪？夜粪对兔营养的重要性是什么？
3. 兔的妊娠期多长？
4. 什么是毛石？如何预防兔发生毛石？
5. 成年兔的营养需求是什么？
6. 兔的住所需求是什么？
7. 如何进行兔的美容和健康护理？
8. 为什么对兔选择"拔毛"很重要？
9. 兔的跗关节容易发生哪些损伤？
10. 兔呼吸道疾病的症状有什么？

临床案例

Crawford 小姐，第一次饲养兔，给兽医诊所打电话咨询饲养小兔的问题。她最近买了1只安哥拉兔。她在问兔需要的健康管理、需要给兔提供哪些护理以及养兔是否跟养猫 Louie 一样需要体检。

兽医助理 Sally 接了电话，并回答"您好，Crawford 小姐，给小兔进行检查是非常正确的做法，您有哪些问题或关注？"

"不，他看起来非常健康，事实上我都不知道它是不是公兔。我之前从来没养过兔，对它们不了解，我们可以下周给它做健康检查吗？"

"好的，周五下午1点怎么样？"Sally 问。

"好的，顺便问一下，您能告诉我，我应该做些什么？或者说，我需要为小兔提供什么？"

- 怎样回答 Crawford 小姐的问题？
- 可以立即给 Crawford 小姐什么信息？
- 这个情况是否有效地解决了？

第12章 爬行动物及两栖动物品种鉴定和生产管理

学习目标

学习完本章后,读者应该能够:
- 理解有关爬行动物和两栖动物的常用兽医术语。
- 描述爬行动物和两栖动物的生物学特征和发育。
- 鉴别常见的爬行动物品种。
- 鉴别常见的两栖动物品种。
- 论述爬行动物和两栖动物的营养需求。
- 描述爬行动物、两栖动物正常和异常行为。
- 对于不同操作,能够适当安全地保定爬行动物。
- 论述爬行动物和两栖动物的健康护理方案。
- 说明饲养和繁殖爬行动物、两栖动物的过程。
- 说明爬行动物和两栖动物的常见疾病。

引言

爬行动物和两栖动物是越来越受欢迎的宠物。随着人气的攀升,人们需要了解如何饲养并保障健康的知识。爬行动物和两栖动物在很多方面类似,它们对环境要求严格,饲养时务必要小心。爬行动物包括蛇、蜥蜴、龟、鳄鱼和短吻鳄。最常见的家养爬行动物是蜥蜴和蛇(图12-1)。爬行动物有超过6 500个品种。常见的家养两栖动物包括蛙、蟾蜍和蝾螈。

兽医术语

爬虫学是研究爬行动物和两栖动物的学科。有些品种为水生动物或生活在水中(图12-2)。另一些品种为陆生动物或生活在陆地上。还有一些为半

图12-1 蜥蜴是受欢迎的爬行类宠物之一

图12-2 有些爬行动物和两栖动物生活在水生环境中

水生半陆生动物或既可生活在水中又可生活在陆地上（图12-3）。蛇类包括蟒。龟类包括龟和鳖。群生的爬行动物和两栖动物称为"一窝"。当动物怀有幼崽或蛋时，称为妊娠或怀孕。下蛋后，这些蛋称为"一窝蛋"。爬行动物和两栖动物在体温降低时会进入冬眠，称为冬化。这时动物大部分时间用于睡眠，进入几乎不进食的一种半冬眠状态。这些动物有特殊的解剖结构。泄殖腔或直肠通常被称为"排泄口"，用于排泄，并包含生殖器。"冠"是动物头顶部。爬行动物和两栖动物通常圈养在饲养箱或包括栖息地的围栏内。"基质"指铺于动物饲养箱底的材料。

爬行动物和两栖动物有"有毒的"，也有"无毒的"；有卵生繁殖的，也有胎生繁殖的，它们都需要适合的环境和温度才能生活。爬行动物和两栖动物都有食草性、食肉性或杂食性（既食肉也食植物）之分。

图12-3 有些爬行动物和两栖动物为半水生半陆生生活

爬行动物生物学特性

爬行动物的皮肤干燥、有鳞，利用外部温度和环境进行体温调节。这个体温调节的过程称为变温。爬行动物往往触感冰凉，所以被称为冷血动物。

蛇

蛇有细长的身体和尾部，没有四肢、耳朵和眼睑（图12-4）。它们有光滑的皮肤纹理，但不像人们想象的那样具有黏性。常用的蛇外部身体结构术语如下：

- 身体——蛇细长的中间部分。
- 毒牙——位于口腔前端的长牙。
- 分叉舌——口腔中很薄的部分，中间有分叉，用于辨别气味。
- 头——蛇的前端部分，通常呈三角形。
- 颈——头后区域。
- 响器——位于某些品种的尾部，可发出表示警示的响声。
- 鳞片——覆盖身体的最外层皮肤。
- 尾部——身体末端。

图12-4 蛇具有细长的身体和尾部，没有四肢、耳朵和眼睑

图12-5为蛇的解剖结构。

蜥蜴

大多数蜥蜴有四肢、长尾、可活动的眼睑和耳道开口。鬣蜥是最受欢迎的蜥蜴品种（图12-6）。常用的蜥蜴外部身体结构术语如下：

- 尾崤——后腰部棘突。
- 崤——头部后方的颈部区域。
- 垂肉——下颌下方松弛的皮肤褶皱。
- 背崤——背部中央棘突。
- 耳——位于头部两侧、眼后方的小孔。
- 颌面——位于耳孔下方的头部区域。

兽医助理基础与应用

蛇的外部解剖

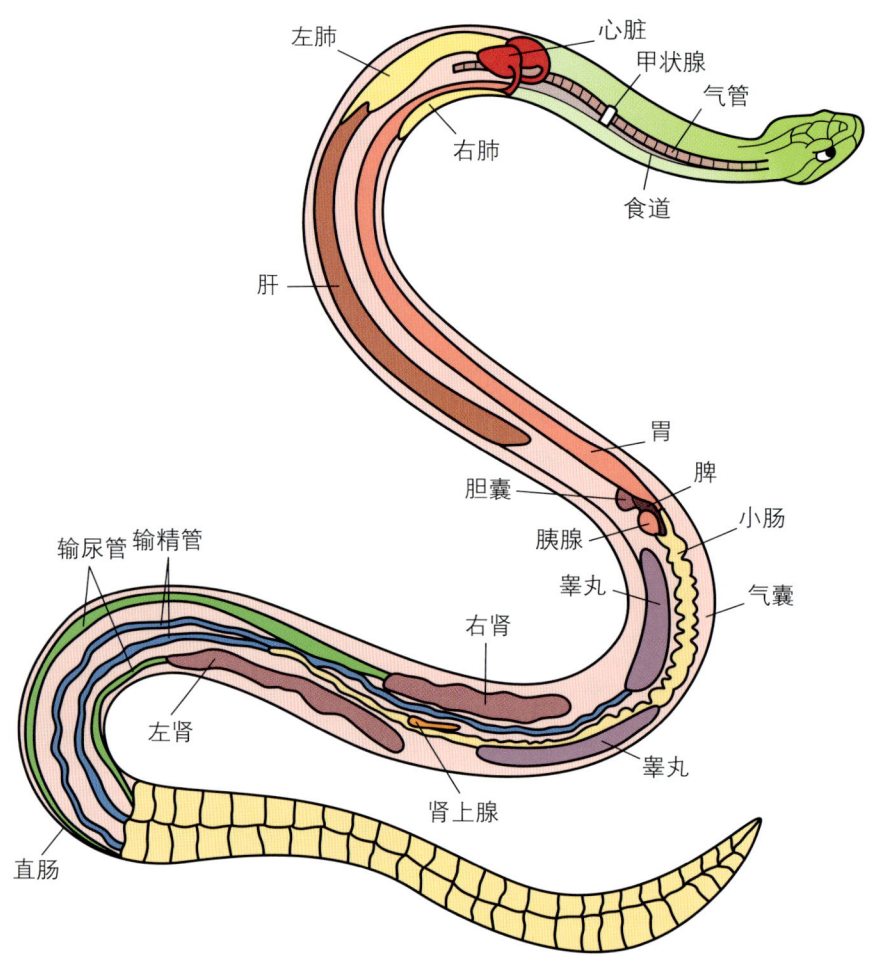

图 12-5 蛇的解剖结构

图 12-6 鬣蜥是受欢迎的蜥蜴类宠物

- 背棘——覆盖背部的长突起。
- 尾——背后方的长部延伸。
- 泄殖腔——后肢后方、身体下方的开口。

图 12-7 为蜥蜴的解剖结构。

龟

龟有甲壳和四肢，可将头、四肢和尾藏到甲壳里保护起来（图 12-8）。

龟可以在陆地上生活，也可以在水中生活。常用的龟外部身体结构术语如下：

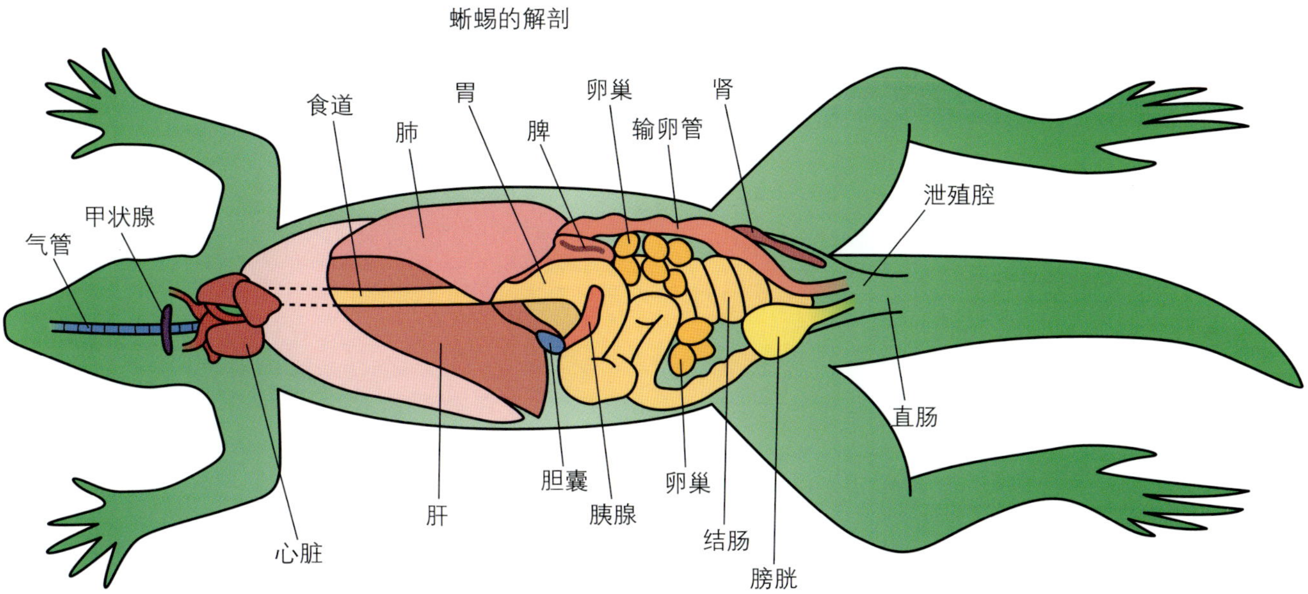

蜥蜴的解剖

图 12-7 蜥蜴的解剖结构

图 12-8 有些龟类可当作宠物饲养

- 背甲——覆盖动物背侧的硬甲，上壳。
- 头——位于身体和甲壳的前方。
- 绞合部——背甲和胸甲在身体两侧的交界处。
- 胸甲——覆盖动物腹侧的硬甲，下壳。
- 盾板——组成甲壳的每一个板。
- 尾——位于身体和甲壳后部。

图 12-9 为龟的解剖结构。

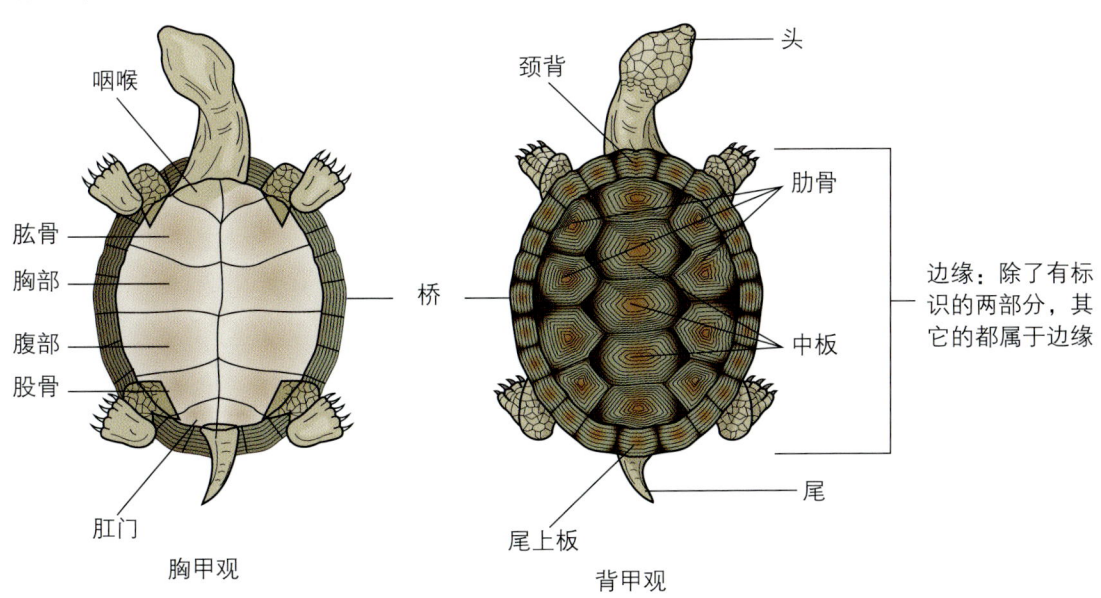

图 12-9 龟的解剖结构

两栖动物生物学特性

两栖动物的皮肤光滑，可在陆地和水中生活。

蛙和蟾蜍

蛙和蟾蜍十分相像。它们的幼体生活在水中；成年后，长出四肢，尾退化（图 12-10）。常用的蛙外部身体结构术语如下（图 12-11）：

- 背侧面——身体背部。
- 鼻孔——面部鼻腔开口。
- 鼓室——位于头部两侧、眼后方的耳开口。
- 腹侧面——身体腹部。

图 12-10　美国牛蛙

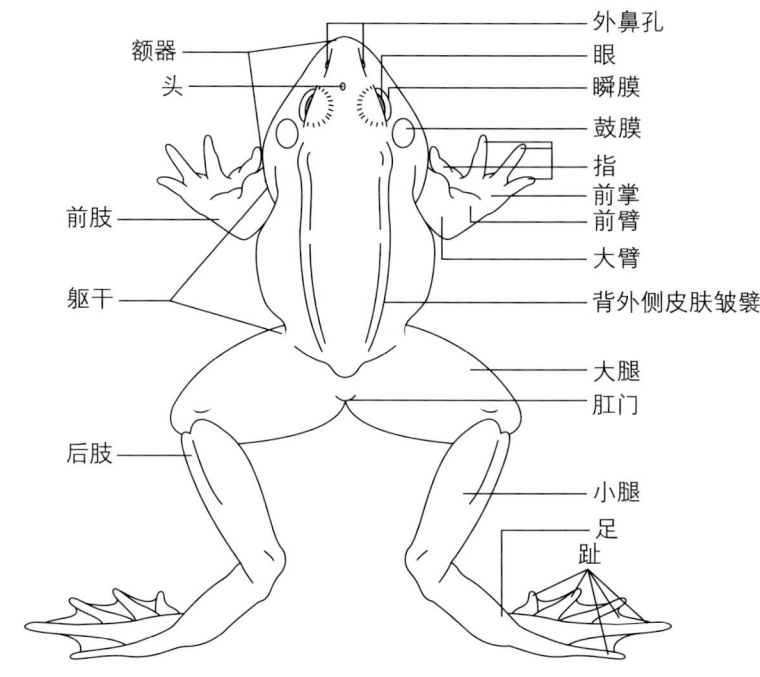

图 12-11　蛙的解剖结构

蝾螈

蝾螈身体较长，有尾，根据种类不同可能有两条或四条腿（图 12-12）。常用的蝾螈外部身体结构术语如下：

- 身体——蝾螈中段。
- 胸——头部后方的颈部区域。
- 尾——背部向后的延伸。
- 排泄孔——后肢后方、身体腹侧的开口。

图 12-13 为蝾螈的解剖结构。

图 12-12　蝾螈

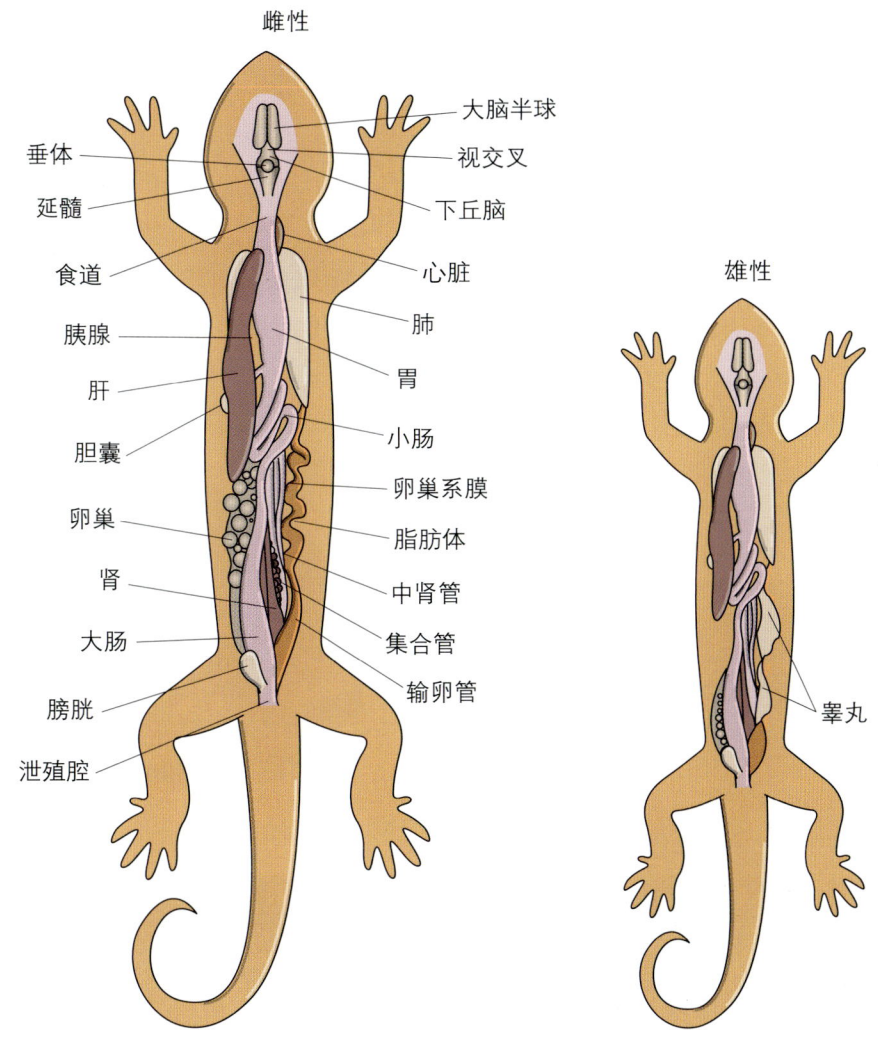

图 12-13 蝾螈的解剖结构

品种

爬行类动物品种不同,其外表、大小和颜色也不同。视品种及医疗保健情况,爬行动物的寿命为 10~20 年。两栖动物根据其品种不同也具有不同的外表、大小和颜色,寿命为 5~20 年或更长。

蛇

蛇有各种各样的品种。常见的家养宠物品种包括巨蚺、蟒和青蛇。它们大小不同,最长的超过 3.7m。很多大型品种捕食活物,是严格的单一食性。它们喜欢温暖可攀爬的地方。笼养温度一般在 29.4~32.2℃。这些品种的大部分可成为很好的宠物,但较大的品种不建议给儿童饲养。图 12-14 为年轻的球蟒。

图 12-14 年轻球蟒

蜥蜴

不同种类的蜥蜴外观和大小不同。常见的宠物蜥蜴包括鬣蜥、壁虎和变色龙。绿鬣蜥是最常见的鬣蜥品种（图 12-15）。蜥蜴不易饲养，因为它们对饮食和环境要求很严格。需求得不到满足时，就会出现营养和健康问题。最常见的壁虎品种是豹壁虎（图 12-16）、胖尾壁虎和凤头壁虎。安乐蜥是一种常见的易获得的小型蜥类，空间需求小，不需要特殊光照。鬃狮蜥和一些其他品种的小蜥蜴也是容易获得的品种。变色龙相对难养，高冠变色龙、杰克逊变色龙、豹纹变色龙最常见。

图 12-15　绿鬣蜥

图 12-16　豹纹壁虎

龟

龟是一种理想的宠物，需要的护理不多，容易饲养。一些常见的饲养品种包括红耳龟、地图龟和箱龟（图 12-17）。在美国，不允许买卖和圈养小于 10.2cm 的龟或幼龟。

图 12-17　（A）红耳龟；（B）地图龟；（C）箱龟

蛙

蛙很适合作为宠物饲养，非常有趣且易于照顾。常见的宠物蛙品种包括牛蛙、青蛙和树蛙（图 12-18）。

蝾螈

蝾螈较少作为宠物，但饲养相对容易。最常见的宠物蝾螈品种包括虎螈（图 12-19）和斑点钝口蝾螈。

图 12-18　绿树蛙

图 12-19　虎螈

品种选择

饲养爬行动物前，宠物主人要事先了解其品种特性、生活环境和健康需求。它们往往需要特殊的饮食、合适的住所、温暖的气候和足够的空间。需要饲养在特制的笼箱中防止逃跑。营养对爬行动物至关重要。有的爬行动物可能长得很大以至于超过饲养空间，并可能有攻击性。有的品种相较其他品种需要更多的照顾和时间。另外需要注意的是，所有的爬行动物和两栖动物都是沙门氏菌的天然宿主，可能对某些人造成潜在的健康问题。

营养

营养对两栖动物和爬行动物的康乐和生存来说是最基本且最重要的。这是一个应根据所圈养的品种进行研究的领域。

蛇

蛇偏向肉食动物。很多人想训练蛇进食猎物的死尸，尤其是饲喂啮齿动物时，因为啮齿动物会咬伤蛇类并造成损伤。有些蛇不吃已死亡的动物。让蛇自己捕食时，最好在旁观察直至被捕食的动物死亡，避免蛇受伤。应该在表面光滑处给蛇投食，避免误食如沙、鹅卵石、水或木片等垫料。根据动物的品种、体型确定投食的频率和量。

蜥蜴

食草类蜥包括鬣蜥，喜食富含钙质的绿叶菜。所有叶菜都要清洗、切断，并在室温或稍高的温度投食。新生蜥蜴每天投食 2 次。幼年至 2.5 岁前应每天投食 1 次。成年个体根据品种不同，每天投食 1 次至两天 1 次。大多数蜥蜴在早晨或傍晚进食。常见的蜥蜴食物包括：

- 深绿叶蔬菜。
- 葡萄。
- 羽衣甘蓝。
- 芥蓝。
- 蒲公英。
- 欧芹。
- 菠菜。
- 宿苣。
- 萝卜叶。

食肉的蜥蜴要投食事先杀死的食物。活的啮齿类动物会导致蜥蜴受伤。大多数食肉蜥蜴每天进食 1 次。牛肉馅泥无法提供充足的钙质。许多以肉为主食的蜥蜴需要额外补充钙质。常见的肉类食物包括：

- 粉虫。
- 蟋蟀。
- 蚱蜢。
- 蠡斯。
- 蚂蚁。
- 乳鼠。
- 鱼。
- 蜗牛。

龟

很多龟成年后大多是食草动物。大多数品种在幼、青年期比成年期更喜食肉类。随着年龄增长，龟类食肉量下降，钙质需要量增加。很多品种保持杂食性。多数陆龟为食草性，食用草、苜蓿、叶和花。鹰嘴龟是肉食性龟类，食物包括昆虫、鱼、虫和蜗牛。箱龟是杂食性，食用多种水果、蔬菜、花、昆虫、蠕虫和小鱼。红耳龟、地图龟和锦龟主食水生植物、蠕虫、昆虫和小鱼。

蛙和蟾蜍

两栖动物的食物来源比较广泛。在冬季，可能需要每天增加食物的摄入量。蛙和蟾蜍捕食陆地上的昆虫、苍蝇、蟋蟀和粉虫。大型蛙类可捕食小鼠和成年啮齿动物。水生品种捕食各种昆虫、蠕虫、鱼和商业饵料，它们须在水中进食。蝌蚪要养在藻间，这是一种依靠光照和水分自然生长的植物。煮熟的深绿叶菜也可进行投食。维生素C对蝌蚪的生长也很重要。它们需要一天多次进食，否则可能捕食同类。长出四肢后停止投食。成年后，要逐渐改变食谱。

蝾螈

蝾螈捕食昆虫、蠕虫、苍蝇、虾和昆虫幼虫。市面上有很多适用于爬行动物和两栖动物的商品饲料。

行为学

相对而言，多数爬行动物和两栖动物的社会性都不强。它们可适应人类，但是过度接触会引起应激，导致厌食。

蛇

自小被饲养且适应人类的蛇是相对温顺的。当焦虑或害怕时，很多蛇可能会咬人。大蟒会拍打、缠绕部分身体并施压。需要对每个品种进行研究以确定其正常行为。蛇会褪掉一层皮，称为蜕皮（图12-20）。当蛇开始蜕皮周期时，眼睛呈云雾样，皮肤可能会变为牛奶色。在蜕皮中期时，眼和皮肤变得澄清。此后1~4d皮肤褪落。蜕皮周期中不能接触蛇，因为它们的皮肤非常脆弱，新皮容易受损。蛇和一些蜥蜴的舌头具有感受功能，它们通过舌头能闻到和听到空气及地面的振动。

图12-20 蜕皮的蛇

蜥蜴

蜥蜴的领地意识很强，会保护它们的笼子，雄性比雌性更是如此。雄性之间的攻击性强于雄性与雌性之间。经期妇女接触蜥蜴时需谨慎。雄性蜥蜴擅于感知激素和气味变化，它们的信息素会引起行为改变，如攻击行为。

龟

大部分龟和鳖都很温顺，且容易保定。害怕时，它们会将头、腿和尾缩进壳内保护自己。但有时候也有例外，某些海龟在必要时，会动作迅速地逃离。

蛙和蟾蜍

蛙和蟾蜍是温顺且易于保定的。当恐惧或害怕时，有些品种会发出难闻的气味，作为一种保护性行为。在晚上或繁殖季节时，它们会成片发声。

蝾螈

蝾螈相当温顺且易于保定。蝾螈好动、善于攀爬、好奇心强。有些蝾螈是夜行的，而其他的在白天活动。

基础训练

一般而言，要训练爬行动物和两栖动物让人触摸并接受人类。这就需要通过频繁且适当的处置技巧来实现。在幼年时期就要训练爬行动物或两栖动物的社会化，使它们更容易接受人类的处置。

设施和住所需求

爬行动物和两栖动物要饲养在安全的饲养箱内，并提供舒适的环境。应仔细挑选饲养箱的垫料，多数品种不适合选用树皮和木屑，它们可能会吞下这些碎屑导致消化道堵塞。饲养箱的垫料主要有以下几种：

- 报纸。
- 木材或松木刨花。
- 人工垫。
- 树枝。
- 沙子。
- 实验室动物垫料。

玻璃水族箱和自制的有机玻璃笼是多数品种的理想饲养环境。蛇擅于越狱，需要放在密闭性良好的箱内，并提供不同高度和尺寸的树枝。多数品种要栖息在树枝上，故需要物体以供攀爬，另外还需要提供原木、岩石或盒子等可躲藏的空间来保护其隐私。食物碗和水盆应该放置在方便享用的地方。要定期清洁笼子，每天清洗食物碗和水盆。温度对爬行动物和两栖动物很重要，绝大多数爬行类动物的笼温需要维持在 23.9～29.4℃，60%～80% 的相对湿度。这可通过在饲养箱内放置热岩石、加热垫和白炽灯泡来提供（图 12-21）。另外，需要在饲养箱内放置温度计监测日常温度。有些发热的物品可能会引起烫伤。

图 12-21 装有热源的玻璃水族箱是两栖动物和爬行动物的理想居住环境

为模拟自然环境，通常在白天升高环境温度，夜晚降低环境温度。每天提供 12～14 h 的日光或光源。半水生动物需要通过过滤系统来获得清洁的水和氧气。水的最佳 pH 值为 6.5～6.8，并要保持清澈。这个 pH 范围可以保证动物生存所需的水的酸碱平衡。

两栖动物通常饲养在含有部分水和部分陆地的水族箱里，陆地部分要保持干燥，通常铺设砂砾、岩石、土壤或木头。很多饲养的两栖动物都是从野外抓回来的。

兽医助理基础与应用

保定和处置

熟知安全地保定和处置两栖动物及爬行动物的方式是非常重要的。

蛇

从兽医的角度来说，饲养蛇最优先要考虑的是是否有毒。很多兽医院都无法处理有毒的蛇。可以直接用手、夹蛇杆或麻醉的方法保定蛇。习惯被人触摸的蛇，可以一只手抓住蛇的头，另一只手抓住身体进行保定（图12-22）。大体型蛇需要更多的保定。最好避免让大型蛇类缠绕人身体的任何部位。有些蛇可以放在包里或开口式枕套里抓取和携带。对小型蛇类保定时，注意不要抓得过紧，以免造成损伤（图12-23）。

图 12-23 保定蛇时注意不要抓得过紧

蜥蜴

保定蜥蜴时，要同时控制头尾端。很多品种的蜥蜴摆尾时会对人造成伤害。最好一只手抓住前肢和头，另一只手抓住后肢和尾（图12-24）。大体型蜥蜴可能需要两个或更多的保定人员。蜥蜴会咬人，有些鬣蜥或大体型蜥蜴会严重咬伤人员。对不习惯被人控制的蜥蜴更难保定。千万不要抓蜥蜴的尾巴，很多蜥蜴会通过断尾来保护自己。保定小蜥蜴时注意不要抓得过紧，以免造成损伤。

图 12-22 （A）保定蛇的正确方式；(B) 恰当的保定方式要控制好头部和身体

图 12-24 保定蜥蜴的正确方式

龟

龟相对温顺,强应激保定时它们会缩进龟壳里,这很麻烦(图 12-25)。当抓取或保定龟时,要用手牢牢抓准龟壳。防止龟缩进龟壳,可将食指置于龟壳下面的后肢前方。龟壳不会闭合,但可能会因动物体型而导致夹伤。某些品种的龟可能会咬伤人。

图 12-25　海龟的回缩能力会使操控和约束成为一个挑战

蛙和蟾蜍

可用单手或双手抓取并保定蛙和蟾蜍。一只手保定头部,另一只手保定身体。大体型品种可使其后肢悬空。小体型动物注意不要抓得过紧,以免造成损伤。

蝾螈

蝾螈在水里移动很快,需要借助网才能抓住。抓取并保定蝾螈时,一只手保定前肢和头部,另一只手保定后肢和身体。水生生物需要浸泡在水里。大体型蝾螈的尾巴可能会伤害保定者。避免抓蝾螈的尾巴,它们会通过断尾来保护自己。

美容

有些爬行动物需要定期洗澡,可在饲养箱里放水、提供浴缸或使用喷壶等方式(图 12-26)。有些品种需要定期修剪指甲。

图 12-26　有些爬行动物和两栖动物需要水源洗澡

基础保健与护理

需要每日观察爬行动物和两栖动物的行为和外观变化,检查牙齿是否健康,泄殖腔周围是否沾有污物,尤其是尿液和排泄物。每年需进行一次粪便检查。监测体重变化。新购宠物要隔离 2~3 个月,以确保不携带疾病。触摸爬行动物和两栖动物时要注意,它们的皮肤上可能携带沙门氏菌,可能引发潜在的人畜共患病。清理饲养箱时戴手套,清理完成后洗手(图 12-27)。

图 12-27　清理饲养箱或触摸爬行动物时要戴手套,清理完成后或触摸后要洗手

接种疫苗

爬行动物和两栖动物不需要接种疫苗。

繁殖与生产

繁育爬行动物和两栖动物在时下很热门。多数品种易于繁育。有些品种具有攻击性，繁育时要注意安全。某些爬行动物和两栖动物容易确定性别，而有些不容易确定。要注意的是，繁育时要将雄性和雌性共同饲养。

蛇

繁育前要先确定蛇的性别，因为很多蛇品种的雌性和雄性长得很像。可使用探针法来分辨蛇的性别：用一个小的金属探针插入泄殖腔或直肠的边缘，也就是半阴茎（雄性的生殖器官）所在的地方（图12-28）。雄性的半阴茎所能张开的角度比雌性大，因为雌性的这个区域只有气味腺。探针进去的深度取决于蛇的鳞片长度。根据体型和品种，雄性一般可插入6~12个鳞片的深度，雌性只能插入2~4个鳞片的深度。可以将雄蛇和雌蛇养在一起进行繁殖。很多品种具有攻击性，交配后尽快分开饲养。某些品种的蛇是胎生，可以直接生出小蛇，其他都是卵生，和鸟类相似，产卵后需要母体孵化。蛇卵可以在蛇窝里，也可以在地上孵化。束带蛇和大蟒蛇是胎生。眼镜王蛇和蟒蛇是卵生。不同品种的蛇妊娠期和孵卵时间不同。束带蛇的妊娠期是90~100d，大蟒蛇妊娠期是120~240d。缅甸蟒蛇的孵卵期为55~65d，球蟒孵卵期为90d。

图12-28 蛇的性别鉴定

蜥蜴

蜥蜴的性别可通过眼观确定。雄性背部和尾部的背嵴更高、颈下褶皱（下颌下方松弛的扁平皮肤）更大、尾基部凸起。雄性蜥蜴的半阴茎在尾基部，轻微用力即可外翻。术语"外翻"是指该区域可以显示或暴露于身体外部。某些品种的蜥蜴可以通过角或鳞片区分雌雄。在繁殖季节，很多蜥蜴的身体会改变颜色（图12-29）。

图12-29 准备繁殖时，雄性会改变颜色

雄性和雌性蜥蜴仅在繁殖期间可共同饲养，其他时间会互相攻击。鬣蜥、壁虎和变色蜥是卵生，变色龙是胎生。

表12-1列出了常见蜥蜴品种的孵化期和妊娠期。

表12-1 不同品种蜥蜴的孵化期和妊娠期

品种	孵化期/妊娠期
绿变色蜥	60~90d；卵生
绿鬣蜥	73~93d；卵生
杰克逊变色龙	90~180d；胎生
豹纹守宫	55~60d；卵生

乌龟

乌龟和鳖也可通过眼观确定性别。雄性的尾巴比雌性的更长更宽。雄性的泄殖腔更靠近尾侧，泄殖腔附近的龟壳是凹陷的或向内的（图12-30）。某些品种的雄龟前肢爪子更长。雌龟体型通常比雄龟大。通过轻轻挤压或用温水冲洗泄殖腔周围可暴露雄龟的半阴茎。大多数雄龟和雌龟可以和平共处。

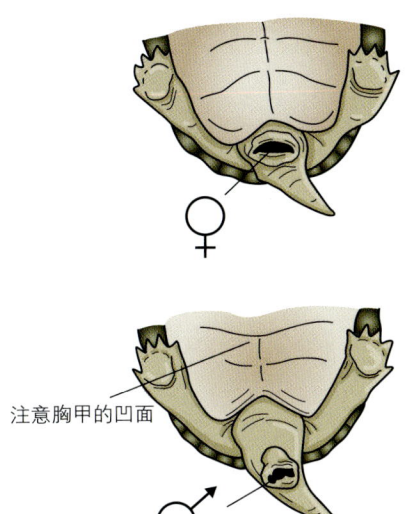

图 12-30　确定海龟的性别

大部分龟是卵生，孵化期不同。箱龟的孵化期是 50～90d，红耳龟为 53～93d。其他多数为 60d 左右。两栖动物的特征是二态性，即雌雄个体间差异很大。多数雌性动物比雄性体型大。在繁殖季节，很多雄性两栖动物的肤色变化很明显。

蛙和蟾蜍

蛙和蟾蜍都是从蝌蚪发育而来的。蝌蚪是新生蛙和蟾蜍的幼体。每个品种的蛙和蟾蜍在发育为成体前都有不同的时间段。

蝾螈

蝾螈较少作为宠物，但它们容易饲养。最常见的蝾螈品种是虎螈和斑点钝口螈。蝾螈有头、躯体、四肢和尾巴，但它们需要在水中和陆地生活。它们和蜥蜴类似，但皮肤光滑没有鳞片。

常见疾病

两栖动物和爬行动物最常见沙门氏菌感染。估计世界上约 3% 的人饲养两栖动物或爬行动物，约 7 万人因为与爬行动物接触而感染沙门氏菌。蛇、蜥蜴和乌龟是最常见的将沙门氏菌传染给人类造成沙门氏菌病的爬行动物。饲养爬行动物和两栖动物的主人都应该了解沙门氏菌感染的潜在风险以及预防措施。儿童和免疫力低下的人感染风险更高，应避免和这些动物接触。接触这些动物和它们的笼子后，要用肥皂和清水彻底清洁双手。爬行动物和两栖动物要饲养在笼子里，不能在屋子里散养。所有它们接触过的地方都必须有效消毒。

当饲养管理和居住环境差时，常见外伤和烧伤所致的感染。将多只爬行动物或两栖动物共同饲养时，会引起打架和攻击行为，撕咬伤口容易造成感染。饲养箱内的尖锐物品所致损伤也会引发细菌感染，可挑选安全的饲养箱装饰物来避免此类情况。与热岩石、灯泡等高温物体直接接触或阳光直晒会造成动物灼伤，需在笼内设立一些物理屏障来避免宠物的直接接触。当出现这些损伤时，抗生素治疗加局部用药可防止病情恶化。

常见寄生虫病

两栖动物和爬行动物会感染体外或体内寄生虫，如钩虫、蛔虫、绦虫和蛲虫。球虫也是很重要的感染。球虫是单细胞寄生虫，可以感染各种动物，主要通过鸟类粪便污染水源传播。触摸这些宠物或清理笼子时要特别小心。另外，它们也会感染肉眼可见的螨虫和虱子。螨虫可能是通过笼子里的垫料或其他物品感染。

常见的外科手术操作

大多数两栖动物和爬行类动物通常不需要接受常规外科手术治疗。然而，某些宠物可能会由于好奇并可能吞食不能消化的异物，此时可能需要手术。建议由两栖动物和爬行动物专科兽医进行这些手术。

小结

两栖动物和爬行动物作为伴侣宠物日益受到欢迎。保证宠物的健康和生活环境需求成为宠物主人的责任，而很多宠物主人都依靠兽医教育他们如何饲养这些动物。这些动物比较脆弱，宠物主人疏忽时，很容易受伤或得病。因此，助理们需要熟悉这些生物的饲养、营养需求、繁殖、保健和疾病控制等的相关知识。

复习题

1. 描述蛇、蜥蜴和龟的特点。
2. 爬行动物和两栖动物的区别是什么？
3. 描述分辨爬行动物性别的方法。
4. 妊娠期和孵化期的区别是什么？
5. 爬行动物开始蜕皮的标志是什么？
6. 为什么爬行动物和两栖动物不能饲喂活物？
7. 鬣蜥适合饲喂什么食物？
8. 列举一些适合爬行动物和两栖动物饲养的垫料。
9. 爬行动物的理想温度是多少？
10. 新购买的爬行动物和两栖动物需要隔离多久？

临床案例

Charles 先生，一位年长的客户，向兽医院打电话咨询乌龟的相关信息，他刚买来一只乌龟给他孙子当礼物。他对他的孙子如何跟乌龟相处有一些疑问和顾虑。

"您好，我要电话咨询，我给我的孙子 Billy 新买了一只红耳龟，我想知道养龟的健康问题，还有，我的孙子该如何抓取乌龟呢？"

兽医助理 Katie 养过几只乌龟，他告诉 Charles 先生："Charles 先生您好，我养过很多乌龟，从没有出过什么意外。乌龟是很好的伴侣。Billy 会很喜欢他的新礼物。抓取乌龟时，要握住它的壳。如果他喜欢，也可以让乌龟在家里到处走动。"

"太好了。宠物店工作人员跟我说了一些抓取乌龟时的注意事项，离开宠物店后我有点担心，所以就打电话来问问。感谢你回答了我的问题。"

- Katie 提供的信息正确吗？

- 如果是你，你会如何回答 Charles 先生的问题？
- 在这种情况下可能会出现什么问题？

第13章 观赏鱼鉴定与生产管理

学习目标

学习完本章后,读者应该能够:
- 解释有关观赏鱼的常见兽医术语。
- 描述观赏鱼的生物学特征及其发育过程。
- 鉴别观赏鱼的常见种类。
- 制定观赏鱼的营养计划。
- 演示捕捞和处理观赏鱼的安全方法。
- 说明观赏鱼的水源和居住需求。
- 建立一个适宜观赏鱼生存的水环境。
- 制定一份适用于观赏鱼的健康管理计划。
- 描述观赏鱼的培育和繁殖方法。
- 论述观赏鱼的常见疾病和健康状况。

引言

在美国,观赏鱼养殖是一个倍受欢迎的大型产业。许多家庭都拥有各种各样、大小不一的鱼缸,饲养着品类各异的鱼。由于体型小、重量轻,这些鱼作为宠物饲养比食用鱼具有更高的价值。观赏鱼需要专门的饲养场所和设施。观看鱼类游泳及其在水生环境中的互动可以缓解压力,这使得观赏鱼产业日益壮大。

兽医术语

观赏鱼主要是杂食动物,它们吃植物也吃肉类食物。没有关于雄性鱼和雌性鱼的专门术语。不过,新生鱼被称为鱼苗。当鱼成熟时,第一年被称为1岁鱼仔(yearling),第二年被称为小鱼(fingerling)。一群鱼叫作鱼群(run 或 school)。

生物学特性

观赏鱼是指因其颜色和外观特别吸引人而饲养的鱼种。许多观赏鱼品种都是基于其美丽的颜色、迷人的花鳍、有趣的特征和整体的乐趣而培育出来的。这些鱼不作为食源性饲养,而是作为宠物和伴侣饲养在人们的家中。饲养观赏鱼是一种娱乐、消遣和休闲。热带鱼构成另一大类的观赏鱼,它们体型小、颜色鲜艳,生活在天然温暖的热带地区的温水中。大多数观赏鱼的原产地并非在美国或北美地区,通常是在南美、亚洲和太平洋岛屿附近区域。夏威夷州是美国境内热带环境中发现热带鱼种类最多的地区。多个州拥有培育进口优质鱼类的适宜的温度和环境。佛罗里达州是美国观赏鱼的主产区。将外来鱼种放养到野外是违法的。许多鱼种在其天然生存区域捕获,饲养在相对封闭的育种环境中。观赏鱼之间有很大的多样性(差异),它们的整体外形已经适应了其特定的栖息地。表栖鱼类的食物和生活环境靠近水体的表层,而底栖鱼类的食物和生活环境在水体的底层。表栖鱼类嘴上翻、背部平坦,底栖鱼类体型扁平且嘴小。像盘丽鱼或天使鱼这种身型高而侧面扁平的鱼种,是生活在静水中的鱼类,而体型细长呈流线型的鱼类则生活在湍急的水域。

鱼鳍的形状是为适应游动、漂浮和选育目的而生的(表13-1),呈单个或成对出现。许多观赏鱼为适应鱼缸饲养,选育出长鳍。它们是通过选择性育种发展而来的。尾鳍即尾巴处的鳍,使鱼能在水中游动。背鳍即背部的鳍,可控制游动方向。

表13-1 尾鳍的形状

叉形尾鳍	游速迅速
圆形尾鳍	动作迅捷

长形尾鳍 吸引异性

大多数鱼类全身覆盖鳞片，保护着鱼的身体。鱼的颜色由色素与光的反射决定，色素即鱼皮肤的颜色。有的鱼种颜色较深，便于融入环境，有的鱼种颜色鲜艳，以便吸引异性。鱼鳃是鱼类的呼吸器官。鱼类通过鳃吸收氧气，在水中进行气体交换（图13-1）。鱼的侧线是位于鳞片下方的器官，用来感知水的振动，让鱼能够侦查危险、寻觅食物和检测水流。鱼鳔是一个充气囊，可以让鱼漂浮起来，防止在水中下沉。常见的鱼体外部结构术语如下：

- 臀鳍：位于身体后部下方的软骨区。
- 尾鳍：位于身体基部的软骨区，充当尾巴。
- 背鳍：位于背部中央的多刺软骨区。
- 帽耳：头两侧眼睛后方的开口。
- 鳃：位于胸鳍前方至头后方身体两侧，相当于开放的肺部。
- 侧线：在身体两侧，鳞片下方，绵延整个体长。
- 胸鳍：位于身体两侧的软骨区，充当手臂。
- 腹鳍：位于身体前部下方，胸鳍下方的软骨区。

图13-2和图13-3展示了鱼外部和内部的解剖结构。

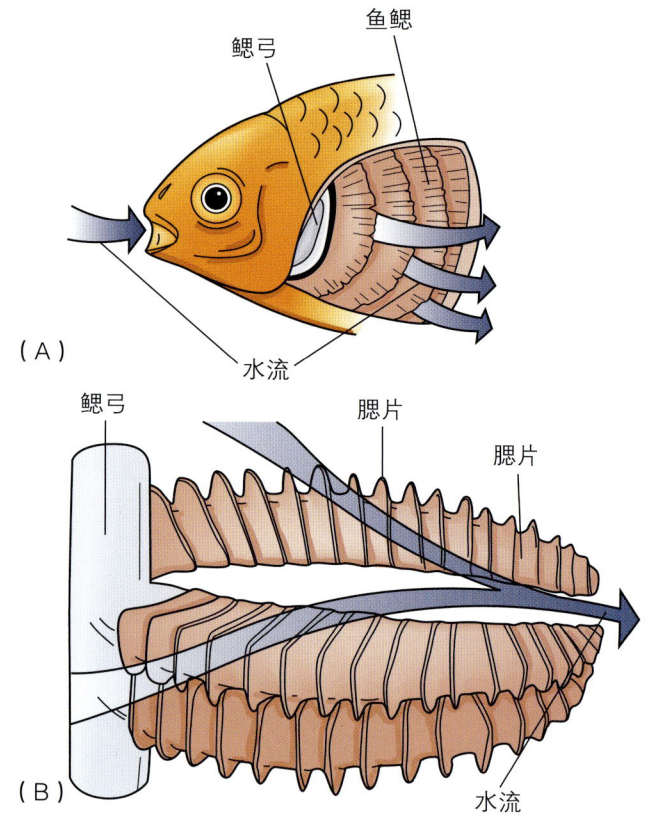

图13-1 （A）鱼通过鳃呼吸；（B）每个鳃由许多鳃丝构成

观赏鱼品种

鱼类生活在淡水中或咸水中。淡水鱼生活在淡水或盐分很低的水域中，它们是最受欢迎的观赏鱼。咸水鱼生活的水域需要很多盐分，这种水是盐和各种矿物质的复杂混合体，咸水鱼需要生活在类似于海洋水族馆的合成海水环境中。

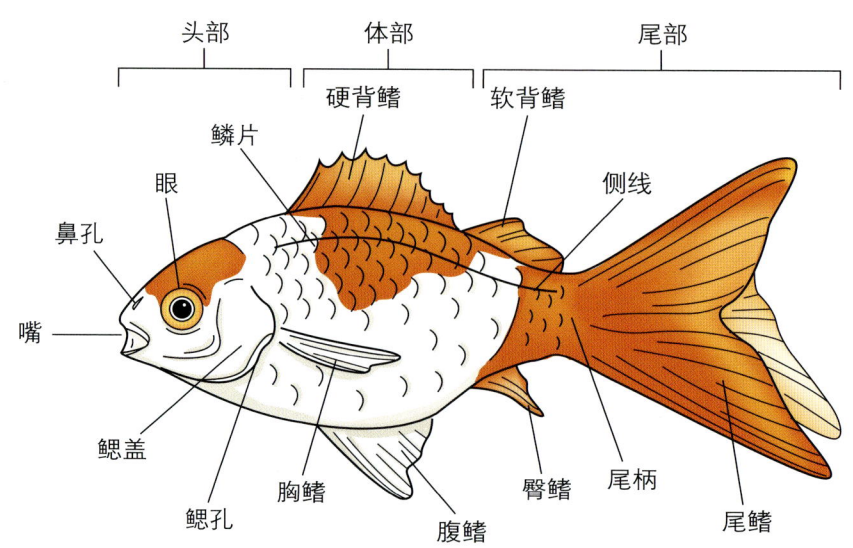

图13-2 鱼的外部解剖结构

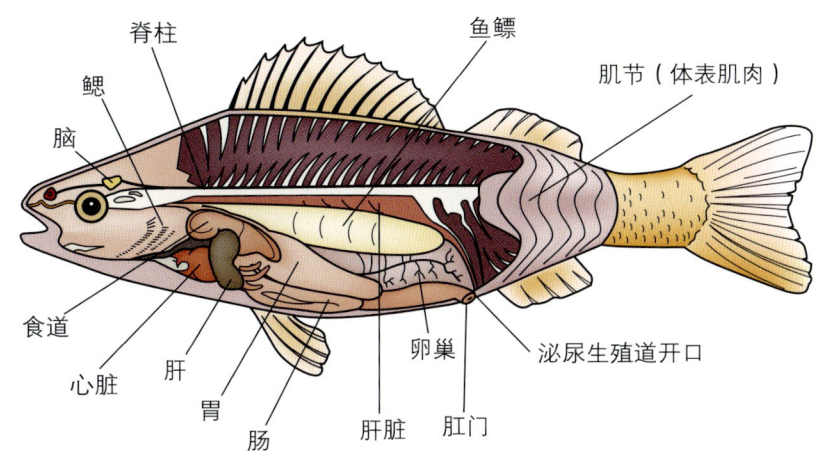

图 13-3 鱼的内部解剖结构

金鱼

金鱼是最古老的观赏鱼种类之一（图 13-4）。它们大约被培育了 2 000 多年。金鱼很小，通常为亮橘黄色，但许多新奇颜色和有趣特点的种类也被培育出来。通过选育，金鱼形成了奇特的鳍、大眼睛和多种颜色。它们的耐受力很强，能适应各种环境。它们的大小取决于容纳它们的鱼缸大小及其营养条件，有些只有 2.5 ~ 5.1cm，而另一些则可长至 0.6m。金鱼每长 5.1cm 需要大约 2 加仑的淡水。它们是非常适合初学者饲养的鱼种。与其他种类相比，它们需要定期清洁，因为它们是一类比较脏的鱼种。目前已知它们的寿命长达 15 年，并可以在 3 ~ 6d 内产出 10 000 颗卵。

图 13-4 种类繁多的泡泡眼金鱼

锦鲤

锦鲤是一种类似于大型金鱼的鲤鱼（图 13-5）。它们通过选育而具有特定的颜色，如鲜红色、黑色、白色、金色和各种颜色的组合色。它们是淡水鱼，长 0.9 ~ 1.2m，重达 4.5kg 甚至更多。大部分锦鲤都饲养在室内或室外的鱼池里和大鱼缸里。

图 13-5 锦鲤

迷鳃鱼

迷鳃鱼是一种会筑巢的鱼，雄鱼修巢和孵卵。鱼巢是雄鱼在植物上吐出泡泡构建而成的。鱼卵会在 24 ~ 30h 内孵出。迷鳃鱼有多种体型。

吻鲈

吻鲈有各种各样的品种（图13-6）。它们是一种有趣的大型淡水鱼，能长到身长30.5cm以上。吻鲈包括接吻吻鲈、蓝吻鲈和三点吻鲈。吻鲈是卵生鱼类。

图13-6 接吻的吻鲈

红鳍银鲫

红鳍银鲫是一种很受欢迎的鱼种（图13-7）。它们非常容易饲养，耐受性强。它们与金鱼有亲缘关系，是一种淡水鱼。体长为5.1~10.2cm，需要充足的光线。繁育时要注意，这些鱼会吃掉自己的鱼卵。

图13-7 红鳍银鲫

脂鲤

相比于其他的鱼种，脂鲤需要更悉心的照料。最常见的品种是以靓丽靛蓝色条纹贯穿全身而闻名的霓虹脂鲤（图13-8）。许多脂鲤会长到2.5~7.6cm。它们的卵会在产后30h内孵化。

图13-8 霓虹脂鲤

鲶鱼

鲶鱼已经发展成了一种体型小、品种多样的观赏鱼。大多数鲶鱼喜欢黑暗的地方或隐藏在淡水鱼池缸的物体中。它们从鱼缸的底部取食，可用来保持鱼缸的清洁。颠倒着游动的颠倒鲶鱼、外观绚丽的玻璃鲶鱼都是很受欢迎的品种（图13-9）。鲶鱼一次产100个鱼卵，并在4~5d内孵化。

图13-9 （A）玻璃鲶鱼；（B）颠倒鲶鱼

孔雀鱼

孔雀鱼是最受欢迎的胎生鱼。它们尾巴和鳍的颜色和形状各异。它们需要比其他鱼种更多的食物，体长可达 5.1～7.6cm。雌鱼一次生产约 200 个胎儿；只有约 50 个能存活。它们每 4～6 周生育一次，许多成年鱼会吃掉幼鱼，故需要分开饲养。它们很容易饲养，耐受力很强。

剑尾鱼

剑尾鱼以其长尾鳍而得名。它们颜色各异，体长 7.6～12.7cm，生活在淡水中，为胎生鱼。成年鱼会吃掉幼鱼，故需要分开饲养。它们吃各种类型的食物。

莫丽鱼

莫丽鱼有小鳍和大鳍两种类型。大鳍的莫丽鱼由于鱼鳍过大，游泳困难。多数莫丽鱼是黑色的，但被繁育出了多种颜色（图 13-10）。它们成群地生活在淡水中，是胎生鱼。

图 13-10　黑莫丽鱼

花斑剑尾鱼

花斑剑尾鱼是一种受欢迎的水族馆鱼类，有着鲜艳的色彩。它们身长可长到约 7.6cm，生活在淡水中。它们很容易饲养，耐受性非常强，也是一种胎生鱼。

天使鱼

天使鱼形状、颜色、大小各异（图 13-11）。大部分生活在咸水中，少数鱼种可以生活在淡水中。它们看起来很纤细，但耐受力很强，可以在一个管理良好的鱼缸中长期生活。它们平均可达 15.2～25.4cm 高。孵化期约 30h。它们在口腔内孵化鱼卵，孵化前将鱼卵安置在植物或沙源上。

图 13-11　天使鱼

小鲈鱼

小鲈鱼生活在盐水水族箱，颜色各异，很受欢迎。它们耐受性很强，适合刚开始饲养咸水鱼的初学者。它们能与其他鱼种和平共处，如果只饲养小鲈鱼，它们会互相攻击。

蝴蝶鱼

蝴蝶鱼是美丽而色彩斑斓的咸水鱼类。它们需要在大型的水族馆内生存。它们体长 15.2～25.4cm。它们具有领地意识，最好与其他品种隔离饲养，单独饲养效果最佳。

品种选择

开始饲养观赏鱼前，重要的是先考虑鱼的种类，并确定它们能否共处。宠物店主和观赏鱼育种者能对鱼的基本情况和饲养给出指导，例如，鱼是比较安静的还是具有侵略性的，几个品种的鱼能否养在同一个鱼缸里，等等。另外，鱼类的成年体型、鱼缸能饲养的鱼数量、水的类型和植物来源也需要考虑，这些内容将在本章讨论。

营养

鱼类很容易被饲喂过度。一条鱼每天要吃掉的食物称为日粮。应根据鱼类需求提供正确的日粮。日粮量与水温、鱼的种类、生命阶段直接相关。水温升高，鱼类对食物需求也会增加。喂食的食物应在几分钟内吃完，因此，只要仔细观察，就能知道需要喂食多少。过量喂食会在水中产生更多废物。通常饲喂薄片或颗粒型的商品鱼食，这些鱼食大多含有蛋白质和谷物。重要的是要阅读所有食品标签的配料清单，以及为某些鱼种推荐使用的量。表13-2 总结了一些常见鱼类的特有营养需求。

设备需求

观赏鱼需要专门的环境才能生存和健康地生活，这些环境是人工模拟的自然栖息地。每个鱼种需求不同。如金鱼只需要基本的系统即可生存，而天使鱼和吻鲈则需要更复杂的系统。基本设备的主体是水箱，以碎石或鹅卵石、植物和其他创意结构来装饰，增加系统的观赏性。可以买到各种类型的鱼缸，观赏鱼最常用的是水族箱，形状和大小各异。最基本的水族箱是一个圆形玻璃碗的小鱼缸，可容纳1加仑水，用于饲养单条耐受性强的鱼，不需要供氧。更大尺寸的水族箱是矩形或方形的玻璃缸，容积为10～100加仑或更大。所有的水族箱都要保证水密性良好，防止漏水。玻璃是首选材料，尤其是咸水环境的鱼缸，既易于清洁，又不会漏水。玻璃厚度为0.6～1.0cm。图13-12展示了水族箱装置的典型构造。与水族箱操作有关的重要术语

表13-2 鱼类营养需求

种类	日粮需求	补充物
丽鱼科鱼	薄片商品粮	海藻
天使鱼	薄片商品粮；冻干红蚯蚓	盐水虾
红鳍银鲫	薄片商品粮	盐水虾
斗鱼	斗鱼薄片；冻干红蚯蚓	盐水虾
鲶鱼	薄片商品粮	盐水虾、沉晶片
盘丽鱼	盘丽鱼薄片；冻干盘丽鱼配方	冻干红蚯蚓
金鱼	金鱼薄片	薄片商品粮
吻鲈	薄片商品粮	盐水虾
泥鳅	薄片商品粮	冰冻盐水虾
脂鲤	薄片商品粮	盐水虾

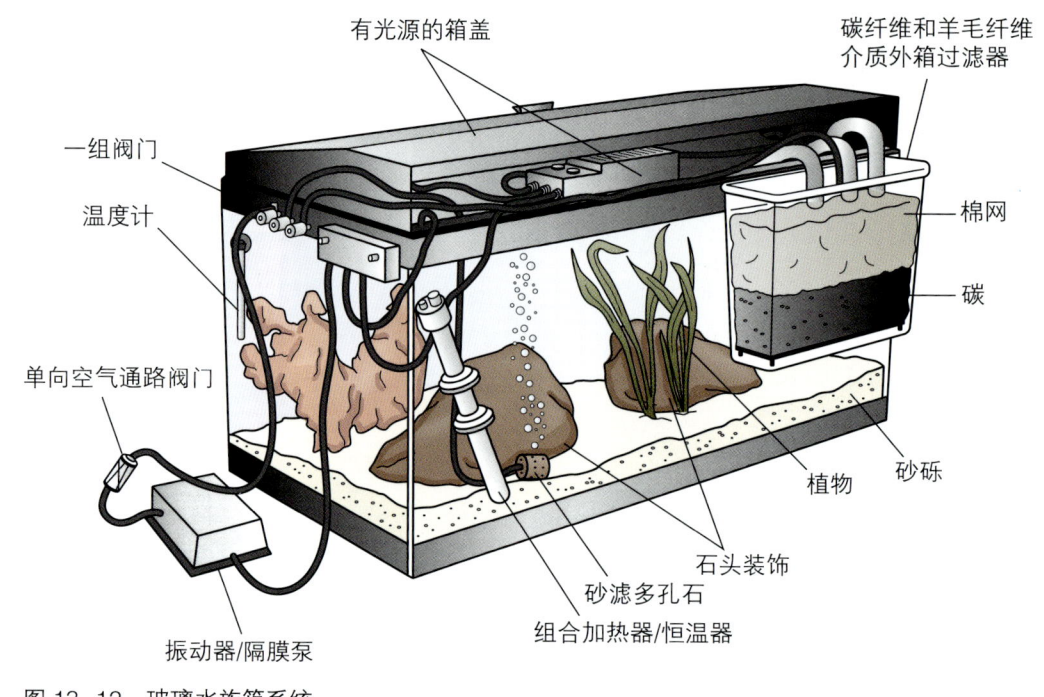

图13-12　玻璃水族箱系统

如下：

- 氧气软管——向水族箱内输送氧气。
- 氧气泵——控制进入水族箱内的氧气流量。
- 箱盖——水族箱顶部的盖子。
- 过滤系统——从水中去除气体和固体杂质。
- 碎石——水族箱底部支撑和固定植物及其他物体的小卵石。
- 加热器——给水加温的电力加热器。
- 光源——位于盖子内的电源为水族箱提供光线。
- 恒温器——保持水温恒定的设备。

基本的和复杂的水族箱系统需要适当的设备和用品以维持水族箱的水质，这对保持鱼类的健康是很必要的。

室内或室外的水塘和喷泉池也可以用来养观赏鱼。这些水塘或喷泉池通常作为装饰，可饲养多种鱼类，如金鱼和锦鲤等耐受性很强的鱼类。水塘和喷泉池通常由塑料、玻璃纤维或混凝土建造，不透水且易于清洁。

大桶是用于繁育鱼群的大型水族箱系统，由混凝土或玻璃纤维制成，可以容纳数百至数千加仑的水。为了维持鱼群的健康，内部必须含有合适的水循环（流动）系统、换气（氧气或空气）系统和排水系统。

池塘通常建在室外，用于饲养耐受性强的大型鱼类，其构造必须适应气候，通常需要有合适的加热源，并且能保护鱼类免受掠食者侵害。

充氧是使用溶解氧（DO）使空气留在水中的过程。溶解在水中的氧被鱼鳃过滤后用于呼吸。不流动的水中几乎不含氧气，如果鱼没有足够的氧气，就会死掉。有数种方法可以为水族箱提供氧气。一种是充气，通过在水里制造泡泡让水流动，使气体在水和空气中相互转移，水中就有了氧气。另一种方法是使用气泵，通过位于水族箱底部的塑料管将空气压入水族箱中。在一些池塘或大桶中，气泵可浮在水面上安装。最后一种方法是使用活的植物给水充氧，称为生物氧合。浮游生物是一种微小的植物，它们与生长在水族箱内的其他活植物为水提供天然的氧气来源，称为光合作用，这个自然过程中会释放氧气。

过滤是去除水质中的固体废物和气体，为鱼类生长提供良好环境的方法。有数种过滤方法供采用。首先，生物过滤是通过水中细菌和其他水中生物将有害物质转化为安全的物质。细菌靠分解鱼类产生的废物、食物残渣和水中产生的气体为生。蜗牛、鳌虾、泥鳅和鲶鱼也可用于清理和去除水中的异物。细菌将水体中的氮气和氨气变为溶解氧。其次，机械过滤是通过各种过滤设备去除水中有害颗粒并保持水质清澈。水流过置于水中的由砾石、木炭和一种叫丝绵的纤维材料制成的过滤器。过滤器需要经常清理，否则可能会被废物堵塞而停止运作。这些系统大部分都有组合氧功能。表13-3总结了各种类型的过滤器。图13-13展示了各种过滤系统。此外，还有化学过滤，即使用特殊的化学物质（如臭氧、活性炭）进行化学过滤，保持水质清澈，防止变黄。

在更复杂的系统中，需要其他类型的设备，包括用于测量水温的温度计。温度计通常连接到水族箱内或浮在水面上。恒温器用于调节恒定水温，低于一定温度时会给水加温。加热器可保持热带水温，以适应一些鱼类的生存需求。许多鱼类需要在 21.1 ~ 29.4℃ 生存。水箱里还有光源，能看见水族箱内部，同时为鱼类和植物生长提供光源。光源应每天供应 10 ~ 12h，并且要小心水源周围的用电。

表13-3 过滤器类型

底部砾石过滤器	放置在水族箱底部，水通过砾石床，以滤去杂质
过滤罐	位于水族箱外部，包含滤去流动水中杂质的杯状管和泵，必须每隔一周清洁或更换一次
外部过滤器	悬挂在水族箱后面，水流通过一个装有过滤材料的管子除去杂质，常见于小水族箱
硝化细菌过滤器	提供细菌生化过滤，昂贵，只能用于大型专业水族箱

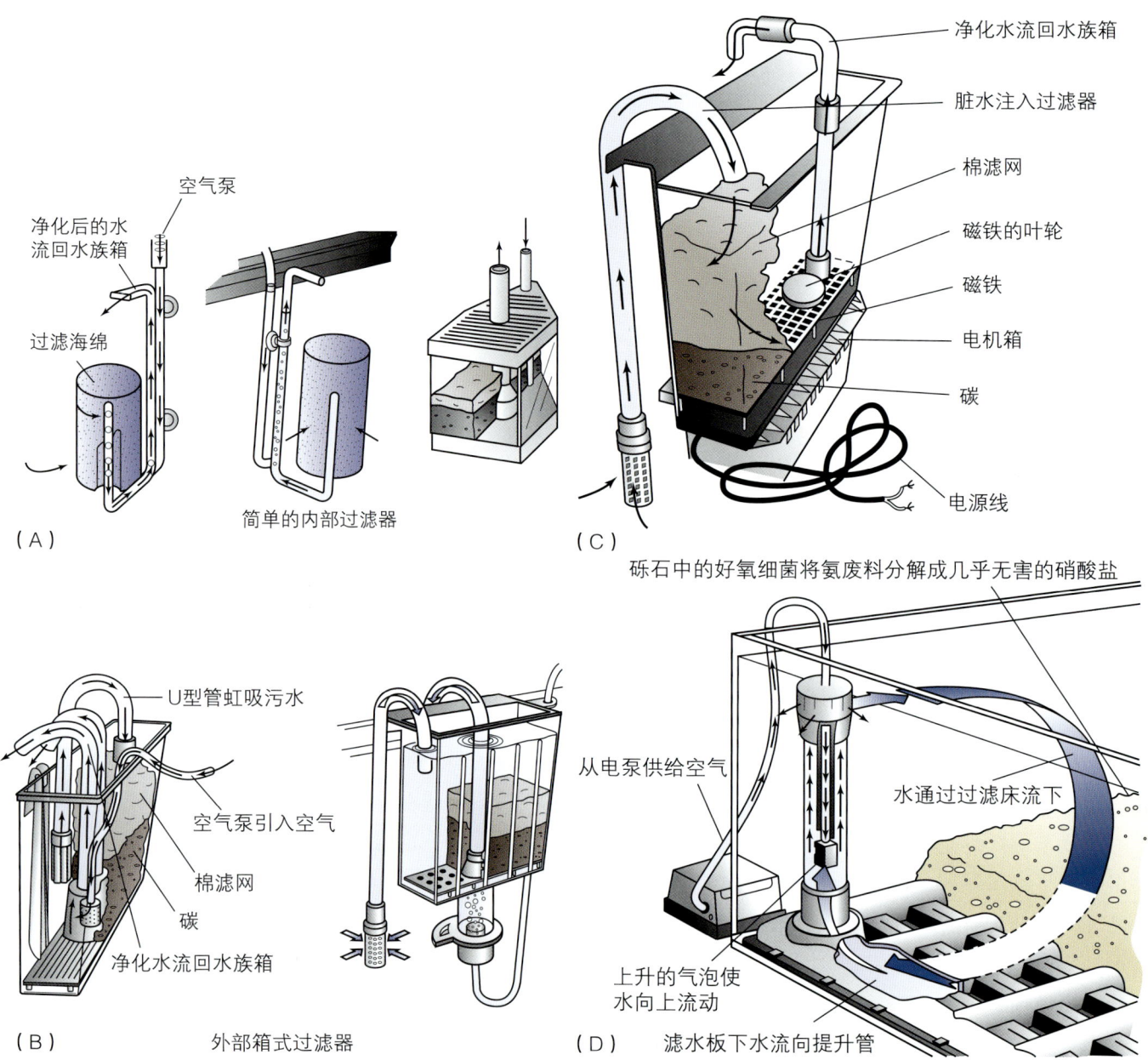

图 13-13 （A）内部过滤器；（B）外部盒式过滤器；（C）电动过滤器；（D）底部砾石过滤器

水源与水质

水源需要与鱼类自然栖息地相仿，所以需要了解将要饲养的鱼种，确定其适应的气候、所需的植物、岩石、鱼种和其他必需的物品。通过这些研究结果，饲养者可为鱼类提供一个健康的人造环境。水质取决于其来源及其中的物质。淡水资源包括自来水、雨水和井水。自来水即家庭和企业中水龙头里的水，易于获得，但通常不适合大多数的水族箱。许多公共供水系统中的水含有过量的氯、硫及其他化学物质，它们对人类无害，但对鱼类有毒。自来水可以放置一段时间后再用于水族箱。可将其收聚在敞口容器中放置至少5d再用于水族箱。大型水族箱需要更大量的水。盛放水的容器必须是干净的，也可以在自来水中放入清洁片。也可以使用未受污染的雨水。注意酸雨等物质对鱼类有毒。在池塘或大桶中饲养鱼类可使用井水，使用前要检测水源，确定对鱼类无害。井水可以像自来水一样放置一段时间。咸水资源可来源于真的海水或人工合成的海水。天然海水可以从海洋和湖泊获得。合成海水是将淡水与盐类混合。温度、pH 值、氮循环、溶氧量、水中含盐量决定水质。水温应根据饲养的鱼类决定，有时需要加温。水温与鱼类原栖息地的温差不应超过 -17.2 ~ -16.7℃。温度突然改变时，鱼的适应性差，容易产生应激死亡。多数观赏鱼适合 21.1 ~ 29.4℃ 的水温，咸水鱼类则适应稍高水温，可使用加热器加热温。水的 pH 值决定水的酸碱度，可测得范围为 0 ~ 14，7.0 为中性，pH 值大于 7.0 为碱性水，pH 值小于 7.0 为酸性水。pH 值越小，水的酸性越强。大多数观赏鱼适应的 pH 值为 7.8 ~ 8.3，水中的物质会引起 pH 值的改变。

氮循环是将废物转化为氨，氨转化为亚硝酸盐，最后转化为硝酸盐的过程，在水中自然发生。氨对于鱼类有毒，并产生气味。当过度饲喂而废物不能过滤掉时，会过量蓄积氨。商业检测工具可测出水中的氨水平，适用于氨在空气中快速蒸发时。溶解氧（DO）是指水中的氧气含量，鱼类通过溶解氧呼吸。多数鱼类需要 5.0mg/kg 的溶氧量，当水中溶氧量低于 3.0mg/kg，鱼就会死亡。氧气表可测得水中溶氧量。盐度是水中的盐含量，淡水鱼不能在咸水中生存。盐含量是用比重计（SG）测量的，水的标准比重为 1.0，咸水的 SG 值高。淡水鱼的适合比重范围为 1.020 ~ 1.024。在水中添加盐则盐度增加。水要定期更换，对大水族箱、大桶或池塘来说，这是一项大工程。监测水质，保持水的清洁和健康。换水时，将鱼类临时安置。

捕捞和保定观赏鱼

先排空鱼缸内的一部分水，减少鱼的活动范围，从而减少抓取时间。最常用的抓鱼方法是用渔网。渔网有不同大小和颜色，最好用黑色或深绿的渔网来抓鱼，用白色的来驱赶使鱼游向另一边的渔网。渔网要柔软可活动，如果变得粗糙和坚硬，就要换掉。使用渔网前，先放到水里使其变软，并让鱼适应渔网。渔网在水里移动时，一定要缓慢。当鱼游进渔网时，要立即把网收回来，并把鱼拿出放到必要的地方。有时候鱼会被网缠住，这时候把鱼和渔网放到比较大的水缸里，把渔网外翻让鱼轻轻地挣脱渔网。如果鱼鳞被渔网缠住，鱼无法轻易挣脱，则需要用剪刀把渔网剪断。用渔网抓鱼的小技巧如下：

- 抓孔雀鱼时，将渔网从下向上兜鱼。孔雀鱼看不见渔网就不会逃跑。
- 抓游得很快的鱼或在鱼缸底部的鱼，需要用两张渔网配合，一张网用来驱赶鱼，一张网用来捕鱼。
- 把一张大网放在鱼缸的一个角落，用小棍或者稻草把鱼赶向渔网。
- 抓天使鱼或者其他精致的热带鱼时，使用塑料袋，避免损伤其漂亮的鱼鳍。

另一种抓鱼的方法是用聚苯乙烯泡沫塑料杯、塑料袋或塑料瓶。最好选用深色的、干净无毒的、密度大的工具，密度大时容易沉入水中，而不轻易浮到鱼缸水面上。把鱼驱赶到这些工具里，然后小心地从鱼缸里拿出来。抓体型大一点的鱼则需要用手，要特别小心，有的鱼会咬人或有的鱼身上会长刺或刺须来自卫。一只手抓鱼尾巴前面的部位，另一只手在身体下方支撑。需要耐心并谨慎。抓稳后就可以把鱼放到需要的地方。抓完鱼或者摸完抓鱼工具之后要彻底洗手。

基础保健与护理

为使水族箱系统保持在理想状态，需要有水族箱的定期维护计划（AMS）（表 13-4）。列表里包括了饲养者需要完成的重要的项目和执行频率。有些事项是需要每天做的，而其他的事项则可能需要每周一次、每月一次或每年一次。

观赏鱼的繁殖与生产

观赏鱼的繁殖与生产已经成为一种热门爱好，而且是一个营利性行业。把雄鱼和雌鱼养在一起，以便交配和产卵。很多鱼会自发交配，有些鱼则需要诱导交配。有时候在交配前把雌、雄鱼分开，让它们相互产生兴趣。有些观赏鱼是胎生，其他的则是卵生。卵生的雌鱼把受精卵排出体外受精。鱼卵

表 13-4　观赏鱼的 AMS 检查事项

每天要做的事项：	提供食物 检查水温 监测溶氧 监测过滤系统 挑出死鱼 观察鱼的行为 记录异常行为
每周要做的事项：	检查水质 检查 pH 值 必要时加水 必要时加入一些化学品
每月要做的事项：	更换或加水 清理鱼缸底部的废物 清除水藻 检查水生植物
每季度要做的事项：	清洁过滤系统 检查电源接口 检查水泵 检查软管
每年要做的事项：	彻底清洁鱼缸 冲洗水缸底部的碎石或鹅卵石 隔一年更换一次水缸基底垫料 更换灯泡

孵化需要持续几天，时间长短与鱼的品种相关。卵生鱼包括金鱼、锦鲤、吻鲈、脂鲤、鲶鱼、红鳍银鲫等。绝大部分观赏鱼都是卵生鱼，但不同品种的鱼卵孵化方式不尽相同。某些鱼是散点排卵，即它们会在鱼缸里自发排卵，使卵在各个角落孵化。当鱼缸里饲养很多鱼时，这些卵通常会被其他成鱼吃掉。可以在鱼缸里放置一些鹅卵石、大理石或植物，使鱼卵附着在缸底或水生植物上保证安全，从而避免被吃掉，这种情况多见于金鱼。

有些鱼类，如慈鲷和脂鲤，会把鱼卵沉积在植物、岩石或其他物体表面，从而避免被猎食者吃掉。其他鱼类，如斗鱼和吻鲈，会建造巢穴来保护鱼卵。有些鱼会把鱼卵藏到嘴里，称为口腔孵化器。少数鱼类是胎生，它们会直接生出在体内孵化好的幼鱼。它们通常生活在 5 条及以上繁殖期的鱼群中，又称群居鱼类。胎生鱼类繁殖时，雄鱼把精子射入雌鱼体内。受精卵在雌鱼体内发育为完整的幼鱼。有些品种的雌鱼会先把雄鱼的精子储存起来直到需要繁殖时再让它和卵子结合。这种胎生鱼类包括莫丽鱼、孔雀鱼、箭尾鱼、新月鱼，它们容易饲养，适合新手。

观赏鱼的疾病与健康

鱼类的生活环境中需要一些有益菌来保持健康。在过滤系统中加入一些细菌，使水质适宜且干净。很多鱼缸里没有足够的有益菌，这时需要加入一些活菌产品，它们需要数天到数周的生长周期。环境中足够的有益菌可维持观赏鱼健康，减少疾病的暴发。当频繁保定或环境突然改变时，观赏鱼容易应激。鱼类行为改变通常提示它们生病，表现如下：

- 不吃东西。
- 鱼鳃活动频繁或呼吸加快。
- 在水面张嘴呼吸。
- 被物体划伤。
- 鱼鳞折叠。
- 鱼鳞受损。
- 眼睛浑浊。
- 身体有出血点。
- 身体有模糊的斑块。
- 身体出现白点。
- 颜色改变。
- 眼睛突出。
- 腹围增大。
- 肛周污物。

应及时隔离患病的鱼，并寻求懂鱼病的兽医帮助。建议治疗病鱼的同时处理鱼缸。新引入的观赏鱼需要在隔离鱼缸里隔离一段时间，与鱼缸里健康的鱼一起饲养前，要确保新鱼没有患病表现。兽医助理要熟悉观赏鱼常见疾病的基本表现，以下为观赏鱼的常见疾病。

腐鳍病

腐鳍病是一种细菌性疾病，病初鱼鳍组织开始腐烂、发炎。可能与水质太差、应激或被其他有攻击性的鱼咬伤相关。治疗方法包括盐水药浴（如果病鱼可以耐受咸水）、局部使用抗生素、水中加入抗生素。

淋巴细胞增多症

淋巴细胞增多症又称花椰菜病。这是一种病毒性疾病，会侵害某些品种鱼。症状包括鱼鳍和鱼身变白、变灰。病因可能是应激或缸内有携带病毒的鱼。无治疗方法，死亡率低。唯一的控制和预防方法为改善水质。

小瓜虫病

小瓜虫病是一种由单细胞有机体引起的原虫性疾病，会引起鱼鳍和鱼身产生白色斑点，也称白点病。可由应激、营养不良或水质污染造成。所有患病的鱼和水生植物都应该被隔离。治疗方法为水中治疗 10～14d。

鱼水霉病

鱼水霉病会在鱼面部、鱼鳃、眼睛等处形成棉絮样覆盖物，因此又称水棉病。这是由水中的真菌孢子感染所致。治疗方法是隔离病鱼，并用抗真菌药治疗。对于耐咸水的鱼类可在每升水中加 2g 盐来辅助治疗。

蒙眼病

蒙眼病是一种侵袭热带鱼单只或两只眼睛的细菌性疾病，还可损伤神经系统。病因是水质太差。预防方法是在合理的过滤方式下，监测水质，并勤换水。治疗方法为使用抗生素和在水里加盐。

腹水

腹水可能是由细菌或病毒感染导致的，由于该病会导致全身积水，又称水肿病。因液体聚积，患鱼身体肿胀，会倒向一侧，从而游泳困难。鱼身肿成松果般大小。病因是水质太差和水中氨浓度过高。治疗方法为使用抗生素和在水里加盐。

鱼鳔失调症

鱼鳔失调症是由细菌感染、营养不良及基因缺陷造成的。该病会造成鱼类上浮和下沉困难。金鱼常发。有些鱼可能无法痊愈，但可通过改善饮食、改善水质、饲喂片状鱼食代替球状鱼食等方式进行治疗。

小结

人们会因为各种原因而养观赏鱼，从养殖售卖到个人娱乐爱好都有。多数鱼类都是养在鱼缸里，而不是它们的自然栖息地。有些鱼是胎生，而其他的则是卵生。为了更好地饲养它们，我们需要研究观赏鱼的营养和健康管理。因为观赏鱼对水源、水质和居住环境的要求很高，所以维护费用也很高。应密切监测鱼类，每天观察可能是疾病迹象的任何行为改变。兽医助理所在的诊所可能会承接鱼类的护理工作，或有可能成为观赏鱼饲养员。

复 习 题

1. 观赏鱼的自然分布环境主要在哪些地方？
2. 列举 6 种观赏鱼的名称，并标明是淡水鱼还是咸水鱼？是胎生还是卵生？
3. 列举观赏鱼鱼缸内所需的设备。
4. 什么是氧合？什么是过滤？它们对观赏鱼来说为何如此重要？
5. 水族箱所用的过滤器是哪种？
6. 鱼缸的水源都有哪些？
7. 决定水质好坏有哪些重要因素？
8. 观赏鱼生病时会出现哪些症状？
9. 描述水族馆的定期维护计划。
10. 饲喂观赏鱼时有哪些指导意见？

临床案例

猫科医院的兽医助理 Allie 迎来了一位客户，她问客户需要什么帮助："嗨，需要我怎样帮助你呢？"。客户回答："我算不上这里的客户，不是来咨询关于猫的问题，只是我养的一些热带鱼最近病了，有的快要死了。它们买的时候都是很昂贵的哦，所以我想找个人聊聊，这种情况我该怎么办。"这位男士似乎为此感到很不安；可是这家医院的兽医没有接触过热带鱼。Allie 跟那位客户说明了这些情况，并表示很无奈，无法帮到他。

Allie 说："Wills 医生不会给鱼治病，他只能给猫和一些小动物看病。我都不确定他是否具有关于鱼类方面的经验或知识。他现在正在做手术，没法跟您当面沟通，我很抱歉，没法帮到您。"

"好吧，没关系。"说完这位客户就走了。

- 在这种情况下，如何做才能让这位客户更满意？
- 你会如何处理这种情况？
- 这种情况下，哪些做法是正确的？

第 14 章 野生动物的管理和康复

学习目标

学习完本章后,读者应该能够:
- 识别常见的野生动物种类。
- 理解并阐释野生动物兽医学的重要性。
- 阐释野生动物的分类。
- 讨论野生动物健康管理的重要措施。
- 执行野生动物管理措施。
- 讨论并描述野生动物的康复方法。

引言

野生动物是指生存在自然栖息地中具有野性的动物。人们乐于观赏、拍摄和捕猎这些动物。野生动物也会生病或受伤,需要兽医照顾;有些人专职于护理野生动物,也有兽医院会接诊生病或受伤的野生动物。由于野生动物自然栖息地环境的破坏,野生动物管理日益成为兽医工作中的重要部分。

野生动物的重要性

野生动物是指未被驯化的活体动物,包括哺乳动物、鸟类、昆虫、鱼类、啮齿动物、爬行动物和其他类型的动物(图 14-1)。人类在很多方面受益于这些动物,它们可为人类提供食物、产品(如毛皮)或供娱乐。

作为食物来源的野生动物

狩猎动物是指被猎取作为食物的动物。在美国,常见的狩猎动物包括鹿、麋鹿、熊、野鸭和鱼类(图 14-2)。种群数量减少或稀少的地区会将圈养的狩猎动物释放到野外,而种群数量密集或过度增长的地区会造成环境破坏和疾病传播。野生动物被猎杀

图 14-1 自然栖息地中的美洲鳄

图 14-2 在美国,白尾鹿常作为狩猎动物被猎杀

后,可以获得食物和副产品,如毛皮、角或蹄。根据动物的种类,许多地区有特定的狩猎季节。

作为资源的野生动物

人们会猎杀或诱捕动物获取毛皮。具有毛皮经济价值的小型哺乳动物,常常选择诱捕的方法狩猎,如使用铁丝笼或陷阱。有些动物也可作为食物来源。根据动物种类不同,不同的区域会有不同的诱捕季节。可诱捕的动物包括海狸、麝鼠和黄鼠狼。

用作娱乐的野生动物

很多人喜欢观赏、拍摄和描绘野生动物。人们沉醉于它们的美丽。世界上有很多休闲度假的地方可以参观自然环境中的动物。很多公园和保护区为居住在那里的动物提供保护和服务。动物园和野生动物园越来越受欢迎，为不能在野外生存的动物提供一个安全的地方生活，并可进行观察（图14-3）。这些地方会配备兽医人员，护理野生动物的健康，并为自然栖息地中濒临灭绝的物种制定繁育计划，以增加它们的种群数量。濒危动物是指在野外环境中数量持续减少且接近灭绝的动物（图14-4）。灭绝指在野外这种动物不复存在，只存在于动物园或野生动物园。

> **美国严重濒危的动物清单**
> - 北极熊。
> - 座头鲸。
> - 灰熊。
> - 灰狼。
> - 佛罗里达州黑豹。
> - 美洲豹。
> - 水獭。
> - 奇努克鲑鱼。
> - 大角羊。
> - 海牛。
> - 美洲狮。
> - 绿海龟。
> - 美洲鳄。

图14-3 动物园为人们提供了对观众和野生动物都安全的观看方式

图14-4 濒危灭绝的美洲鳄

野生动物的控制

狩猎是一种控制野生动物种群和疾病的方式。有些物种在野外数量过剩，会导致疾病暴发并在种群内迅速传播。捕鱼对某些鱼类也起着类似的作用。每个州都有规定的狩猎和捕鱼季节，从而人为控制种群数量多的动物。

兽医学在野生动物管理中的作用

随着土地的消失，野生动物的栖息地和食物来源都将会消失，这种情况称为城市化。为人类修建的城市和家园，取代了动物赖以生存的环境。它们无法在人类的世界中生存，这种情况对许多野生动物造成了持续性威胁。研究机构、动物园、野生动物园或政府部门工作的野生动物兽医，为生病或受伤的野生动物提供服务。他们的职能是为国家监控疫病暴发、护理野生动物、研究种群数量减少、唤起公众关注野生动物。

野生动物分类

野生动物有多种分类。狩猎动物是用于获取食物和副产品的野生动物，体型有大有小。许多地区根据动物种类的不同设有狩猎季。州政府和狩猎委员会根据当季的情况制定规则、标准和颁发狩猎许可证。在美国,每个州都有狩猎委员会及州立部门。国家部门管辖每个州的法律。狩猎委员会基于保护野生动物和人类的目的提供培训。受欢迎的狩猎动物包括鹿、熊、兔和松鼠(图 14-5)。非狩猎动物不是用来获取食物的野生物种,它们仅供观赏和娱乐。其中有些动物是肉食动物的食物来源,有些是环境中的食腐动物。很多非狩猎动物会在城市和居民区见到。常见的非狩猎动物包括臭鼬、负鼠、老鼠、浣熊和豪猪(图 14-6)。

猎用鱼是作为食物或体育运动用途的野生鱼类,它们生活在淡水和海水中。许多州也有委员会制定捕鱼季进行监管并颁发许可证。淡水猎用鱼包括鲈鱼、鳟鱼、鲶鱼(图 14-7)。咸水鱼包括金枪鱼、比目鱼、鲷鱼(图 14-8)。非猎用鱼是过小或过大而难以捕捉的鱼,生活于淡水或海水中,如翻车鱼、蓝鳃太阳鱼以及鲟鱼。

图 14-7　褐鳟鱼是一种淡水猎用鱼

图 14-5　熊是狩猎动物,常被猎杀作为食物或获取皮毛

图 14-8　金枪鱼是一种咸水猎用鱼

猎用鸟是用作食物或体育活动目的的鸟类。它们分为 3 类。候鸟是从一处迁徙到另一处,有时甚至跨州的鸟类。代表动物有乌鸦和丘鹬。水禽会游泳,长时间生活在水中,包括很多品种的野鸭和天鹅(图 14-9)。山地猎用鸟是长期生活在森林中且不迁徙的野生鸟类,包括雉鸡、鹌鹑和火鸡(图 14-10)。猎用鸟受州政府和联邦政府以及狩猎委员会管控。

图 14-6　浣熊是非狩猎动物,常在居住区见到

图 14-9　天鹅是一种候鸟

图 14-10　火鸡是山地猎用鸟

图 14-11　老鹰是猛禽

图 14-12　红雀是非猎用鸟

猛禽是受法律保护禁止猎杀的大型鸟类。它们是捕猎者，以兔子、松鼠等其他动物为食。它们拥有巨大的爪子，用以捕猎或站在树上。猛禽包括白头海雕、枭和鹰（图 14-11）。非猎用鸟包括其他各种鸟类以及鸣禽。许多种类在城市和人类居住区附近生活。它们的生存环境多样，从水域到林地不等，常见的非猎用鸟包括知更鸟、鹈鹕、红嘴蓝鹊、鸽子、红雀和鹪鹩（图 14-12）。

野生动物的健康和管理措施

栖息地是指动物居住并可为其提供食物、水源、空间以及隐蔽场所的区域。这 4 种要素共同支撑着野生动物的生存。如果有一项缺失，则为限制因素。许多植食性动物以阔叶植物为食。房屋建造在森林地带，植被被砍伐，使之成为一个限制因素。在生存因素都具备的情况下，环境能够承载的最大种群数量也会受到限制，称为栖息地的承载能力或能容纳的最大动物数量。这个数值每年都会有增减。动物占领的地区，称为领地。野生动物会保护领地，阻止其他动物入内，因此生存空间容易成为一个限制因素。

野生动物管理是研究野生动物需要、提供生存基本需求、监测生存状态的综合实践。人们从学习哺乳动物课程或研究哺乳动物开始，从事野生动物管理的职业。很多大学提供野生生物学学位。野生生物学家通过研究和分析所有各类野生动物的数据来判断如何保护野生动物（图14-13）。很多生物学家研究某一特定品种的动物长达数年，以获知动物的需求。野生动物健康管理包括监测野生物种的疾病并着力控制疾病的发展。这不单是要制定疾病的治疗方案，同时要对整个动物群体进行治疗。也可以通过人为增加捕猎活动或淘汰患病动物的方式来控制种群数量。其他措施包括大范围接种疫苗来控制疾病传播、诱捕并标记野生动物来进行健康监测、提供治疗措施、监测动物在区域内的迁徙情况。

野生动物的诱捕和保定

诱捕和保定野生动物对动物本身和野生动物工作团队都存在风险。大多数野生动物都可通过不伤害动物的人造笼具捕捉，或在镇静后进行安全的操作。使用飞镖枪将镇静剂发射出去，避免人过于接近野生动物而受伤。这些保定方式可以保证动物和操作人员的安全。然而，在诱捕时，野生动物会产生应激，从而增加了捕获的风险，所以任何从事野生动物工作的人员都必须接受适当的培训。镇静是指通过药物使动物入睡，便于操作。要对镇静的动物进行监护，避免提前苏醒或出现并发症。应由兽医师决定镇静剂的类型、剂量和给药方式，同时，要做好精确的医疗记录。

野生动物的康复

在某些地方，野生动物和人类可以和谐共存。然而，这也意味着野生动物更容易受伤、生病和死亡。野生动物多的地区常设有野生动物康复中心或配备野生动物康复人员。野生动物康复中心为生病或受伤的野生动物提供照料和住所（图14-14）。这些中心里由经验丰富的能够诊治野生动物的兽医人员，包括兽医师、兽医技师和受过保定野生动物训练的兽医助理组成。由于这些项目的营收利润与物资购买和支付雇员难以平衡，很多中心依靠志愿者完成基本事务与资金募集。一般的兽医院中，主

图14-13　野生动物学家通过研究来获得控制及保护野生动物的方法

图14-14　野生动物康复中心会收容并照料生病、受伤或幼小的被遗弃的动物

人带动物接受诊疗服务并支付费用，而这些中心没有这样的商业运作。另外，康复中心照顾的动物，要么再回到动物园，要么再回到野生动物园，并一直接受中心的照料，它们已经失去了在自然环境中独立生存的能力。野生动物康复师是照顾生病或受伤的野生动物的人。他们在家里、在私人兽医院或当地非营利性中心为野生动物提供服务。很多州要求野生动物康复师上课并考试来取得执照。很多野生动物被非法家养，政府部门监督野生动物康复师并要求他们取得执照。处理野生动物对操作人员及附近的居住人员都可能存在危险。因此，多数州规定，任何野生动物不得成为私人财产。多数康复师会和有野生动物工作经验、能够诊断伤病并给出适当治疗方法的兽医一同工作。野生动物康复师要能够对野生动物进行基本的急救和物理治疗。野生动物康复师受以下机构管理：

- 州狩猎委员会。
- 美国鱼类和野生动物服务部。
- 美国农业部。

野生动物康复师要从生物学和生态学开始学习。生物学是研究生命的科学。生态学是研究动物生活环境的科学。动物行为学可帮助人们了解动物正常和异常的行为。另外，还包括野生动物营养、自然历史、环境需求和笼具要求等知识。野生动物康复师不一定需要学位认证，但应经过培训以掌握合理保定、照顾野生动物的基本技巧。许多兽医技术学校和兽医学校提供野生动物管理和康复课程。

野生动物康复旨在为受伤、生病的动物或孤儿提供专业的呵护，尽可能使它们回到自然栖息地生活。野生动物康复不是试图把野生动物变为宠物。这些动物的生存必须对人类有所忌惮。

小结

野生动物是生态环境的重要组成部分，对人类意义重大。它们为人类社会带来美好和愉悦、提供食物、供给副产品。野生动物管理是当今世界的重要组成部分，需要为濒危动物保证重要资源，包括所需的食物、水、空间和庇护。由于人类日益增多地介入其生存环境，野生动物日益受到威胁，因此它们面临着比以往更多的疾病和伤害。野生动物康复和兽医照料已成为兽医领域中重要的组成部分。

复　习　题

1. 什么类型的动物被认为是野生动物？
2. 濒危动物和灭绝动物的区别是？
3. 动物是如何濒危乃至灭绝的？
4. 野生动物的分类有哪些？举例说明每一类别。
5. 野生动物栖息地的4个基本要求是什么？
6. 何谓野生动物学家？
7. 何谓野生动物康复师？
8. 野生动物康复师的要求有哪些？

临床案例

Alison，在Davis动物医院从事兽医助理和野生动物康复师工作。医院的兽医们也是野生动物专家。Alison接到电话称在当地的公路边有只被车撞了的小鹿。肇事者紧急将小鹿送往医院。他们称小鹿正在出血，看起来惊恐和害怕。他们将在10min内到达。Alison通知急救人员准备处置区。

当人们带着受伤的小鹿抵达医院时，他们说小鹿曾试图站立。

当他们带着小鹿进入处置区时，其中一人说："小鹿非常惊慌，在我们让它躺下时多次挣扎。"

工作人员开始处理后，Alison带人们到前门并感谢他们把受伤的动物带来。他们问："动物之后将会怎样呢？"

- 你将如何回答这个问题？
- 谁将承担这个动物的责任？
- 假如兽医院不具备照顾野生动物的能力，你将会怎么做？

第 15 章　动物园和外来动物的生产管理

学习目标

学习完本章后，读者应该能够：
- 识别常见的外来动物和动物园动物品种。
- 说明"外来动物"的定义。
- 说明外来动物的目的和用途。
- 描述外来动物的主要分类。
- 讨论外来动物生产管理中的医疗实践和需求。

引言

外来动物在动物园中是很受欢迎的，有时某些品种也会被作为异宠饲养。很多人喜欢观察和研究各种在自然或野生环境中并不常见的动物种类。这些外来动物需要特殊的健康护理、饮食、操作和保定及环境资源，以保证它们健康无应激。

有些新的品种是用几种外来动物培育成的。很多情况下，兽医专家并没有如何恰当地护理这些新品种的资料信息，它们的存活依赖于人，只有通过各种尝试和错误经验来了解它们的需求。相较于普通家养动物，它们需要更多的照顾和关注。

外来动物

外来动物指非本土生长的动物，且在自然栖息地也很少见。养殖外来动物的目的包括获得新的特征，如艳丽的外观，或获得皮毛，或作为珍奇宠物。通常，它们的存活和健康需要特殊的照护和额外的资源。它们是伴侣动物或养殖与经济动物。多为新晋家养动物，部分具有一些野性。有些可为人类供给食物或副产品，也有一些可供娱乐，如动物园和马戏团的表演。其他可用于投资目的，如销售或养殖。

外来动物的饲养目的和用途

很多情况下，饲养外来动物可为人类提供食物和其他副产品。它们属于食物相关的农业范畴。在美国，美洲驼、羊驼、美洲野牛、鹿、麋鹿、短吻鳄和鸵鸟都是此类。它们的养殖、饲养和照护环境与肉牛或奶牛场类似。它们是为人类的利益而生产的，需要在可控的环境中饲养。一些品种价值很高且昂贵，而相应的外来特定品种的兽医资源有限，所以它们的护理也相对困难。

美洲驼

美洲驼是来自南美洲的哺乳动物，主要用作肉类、皮毛来源和驮兽。其肉中脂肪含量低，十分美味。但在美国，作为肉用的美洲驼日益减少。目前有很多成了宠物，这是它们新的养殖用途。养殖用的美洲驼售价从数百至数千美金不等。它们还可作为护卫动物，因为它们有攻击性，可保护私人财产和其他动物。可用来护卫成群的绵羊和山羊。美洲驼体重为 113.4 ~ 204.1kg，高为 1.5 ~ 1.8m（图 15-1），平均寿命为 15 ~ 25 年。它们是反刍动物，烦躁或恐惧时会吐出反刍的食物。反刍动物有 4 部分胃，可分解通过消化道的食物。反刍是已咀嚼和吞咽的食物返回至口腔再次咀嚼、进一步分解的过程，这是反刍动物的生理特征。

羊驼

羊驼与美洲驼类似，也是来自南美洲的哺乳动物，其体重约只有美洲驼的一半，被毛比美洲驼细腻柔软（图 15-2）。饲养羊驼的主要目的是获取皮毛，用于制衣和其他亚麻产品。羊驼的被毛非常柔

第 2 部分　兽医动物生产管理

图 15-1　（A）为肉用、皮毛来源和驮兽而养殖的美洲驼；（B）年轻的美洲驼

图 15-2　为获取被毛而养殖的羊驼

软，可作为冬装和其他产品的隔热及保暖材料。它们是经济动物，体重为 45.4～79.4kg，寿命与美洲驼类似。养殖一只高质量被毛的种用羊驼花费很高，故价格昂贵。种用动物是指专门用于繁殖的雄性和雌性动物。根据动物的血统和品质，种用雌性羊驼售价为 20 000～30 000 美元，种用雄性羊驼售价为 50 000～60 000 美元。

美洲野牛

美洲野牛是反刍类哺乳动物，与牛的关系很近。饲养美洲野牛的主要目的是获取牛肉和副产品，如毛皮和牛角（图 15-3）。美洲野牛体型大，可能具有攻击性和危险性。它们需要大面积土地、防护围栏和特制的操作与保定设施。成年美洲野牛的平均体重为 454～680kg，高为 1.8～2.1m，平均寿命约 30 年。美洲野牛通常是很安静的动物，但跳跃高度可达 1.8m，奔跑速度比许多马还快。高质量的种用美洲野牛的平均价格为数千美金。美国多个州都有美洲野牛农场及养殖的管理条例。过去数年中，美洲野牛农场的数量逐渐增加，日渐受欢迎，这与其胆固醇和脂肪含量较其他牛肉低有关。因而，该产业具有替代肉牛产业的趋势。一些生产商将美洲野牛和家养肉牛进行杂交，以获得更加健康和美味肉质的肉牛品种，二者的杂交品种也称为皮弗洛牛（beefalo）。杂交品种是指有亲缘关系的两个不同品种的动物繁殖后生成的具有这两个品种特点的动物。

图 15-3　为生产牛肉而养殖的美洲野牛

麋鹿

麋鹿的养殖和销售已成为一种高回报率和盈利的产业。其养殖和护理相对简单，它们需要充足的土地，可适应各种栖息地。饲养麋鹿的主要目的是获取肉类和副产品，包括鹿角上的可做药用和营养补充剂的鹿茸（图 15-4）。动物的副产品是指动物

身体上非主要利润或产品来源的部分,如鹿角、蹄脚、被毛或内脏。麋鹿的鹿角在一天内可新增0.2kg。麋鹿可用于狩猎和放养,即繁殖麋鹿并将其放归至鹿群数量正在减少的野外。麋鹿是与鹿和牛有亲缘关系的反刍动物。其饲养与奶牛非常相似,被认为是未来的家畜。

鸵鸟

鸵鸟是一种大型的、不会飞的鸟类,饲养鸵鸟的主要目的是获得肉类、羽毛、油脂和其他副产品。鸵鸟高2.1m,寿命可达70年(图15-6)。鸵鸟的奔跑速度可达40m/s,蹬踏时可造成严重损伤。它们不需要大面积土地,但需要恰当的栅栏和保定训练。它们每年可生产30～50枚蛋,能适应各种环境。因过去几年鸵鸟农场数量繁多,导致鸵鸟过剩,另外该产业需求下降,所以鸵鸟产品近几年显著减少。然而,鸵鸟市场仍是重要的产业。

图15-4 为肉用和副产品而养殖的麋鹿

鹿

饲养鹿主要为了肉用,即鹿肉(图15-5)。也可以作为种用、狩猎和获取鹿角。它们是需要在牧场放牧的反刍动物。饲养时,因其跳跃能力强,需要特殊的栅栏。红鹿、长耳鹿和白尾鹿等均为可饲养的鹿种。其饲养相对简单,但必须要防止疾病的扩散。生产管理中必须严格控制,以确保农场中所有的鹿都是健康的。

图15-6 为肉用、羽毛和其他副产品而养殖的鸵鸟

短吻鳄

短吻鳄是大型爬行动物,饲养目的包括肉用、获取鳄皮、副产品及野外放养(图15-7)。仅在佛罗里达州,野外短吻鳄的数量已超过150万。在一些区域,它们仍是濒临灭绝的物种。19世纪80年代,美国南部非常流行短吻鳄,其野外数量有所增长。事实上,美国南部多个州组织捕猎短吻鳄。在美国一些区域和其他国家,它们是美味的食物,其肉质具有紧致的纹理和独特的风味。鳄皮可制作皮革产品,如靴子、皮带和手提包。它们对营养、住所和气候的需求是多样化的。人工驯养环境下,短吻鳄可良好地生长与繁殖。它们是危险的野生动物,操作与保定时要严格注意操作者和动物的安全。

图15-5 为获取鹿肉而养殖的鹿

第 2 部分 兽医动物生产管理

外来动物的贸易

外来动物有多种来源。有些是从野外捕获的，有些是从现有养殖场中购买的，其他的是原来在动物园或马戏团表演中供娱乐使用的（图 15-8）。每种商业活动都需要有经验的兽医人员进行照护。许多小型和大型的狩猎动物都源于野生动物，如鹿、麋鹿和短吻鳄，它们需要特殊的健康护理。从养殖者采购的作为未来投资的外来动物，如美洲驼和羊驼，它们作为经济动物饲养，其一般护理、圈养、购买、营养和健康需求通常较家畜要昂贵得多。人们曾经也养殖过大肚猪，但对其产品缺乏兴趣，导致养殖者从中未获得大量收益。有些外来动物也被驯养为宠物，如猴、老虎、鹿、熊和其他品种。它们对人类有一定危险性。饲养任何外来动物品种，都需要由州立或美国国家农业部门制定法律许可。

图 15-7　为肉用、皮和副产品而养殖的短吻鳄

稀有品种

有时也为了其他目的而养殖某些稀有动物。有些动物可替代家畜和其他外来品种，包括哺乳动物、爬行动物、鸟类和水生动物，如凯门鳄、火烈鸟、瘤牛和斑马。稀有品种是指新近繁育的不常见品种，或曾经流行过但目前数量减少的古老品种。对生产商和养殖者而言，使一个稀有品种繁荣和存活是值得自豪的事情。这些品种中很多是家养的，在人类的照护下可良好生存。需要人们努力去维持它们高质量的繁殖并保持这些动物的稀有性。品种的普及通常会导致低质量的繁育行为和基因健康问题，从而降低品种质量。基因健康问题见于没有谨慎繁殖的动物，它们从父母那里遗传到一些有害的特性或疾病。

正在逐渐流行的，作为外来替代物种用于繁殖、食物和副产品用途的其他物种，包括鳗鱼、貂、乌龟、羚羊、蛇、鲨鱼和一些猎禽品种。

图 15-8　动物园中玩球的熊

展览（动物园）和表演动物

动物园是圈养野生和外来动物与植物的公园般的区域。公众参观的动物生活在与原栖息地非常接近的区域（图15-9）。其中很多动物来自其他国家或地区。通过圈养繁育的方式，使某些物种得以持续繁殖。动物园服务于娱乐、教育、科研和保护资源等多种目的。员工通常具有动物学（即研究动物生命）的背景。动物园管理员是管理动物园和园中动物的职员。他们主要培训员工、监护动物的健康护理需求、决定动物的营养需求、清理动物栅栏和向公众提供教育导游。

图15-9 动物园中饲养的用于科研和娱乐的野生动物

动物园中动物的来源有多种途径。有的是由无法恰当护理或不能合法饲养这些动物的人士捐赠或赠送的。有的是从马戏团或其他表演单位退役的。动物园之间也会进行动物交换，以促进整个国家的育种计划。动物园也会从外来动物经销商处购买动物。这些经销商都是购买和售卖外来动物品种的专业人员，可满足动物园对特定品种的需求。外来动物经销商必须拥有允许购买、售卖、圈养和处置大部分外来动物品种的许可证。

动物园兽医要对动物园中的动物进行特殊的健康护理。动物园兽医与其他兽医接受同样的教育，但专攻外来动物和动物园动物。他们接受的训练和继续教育都是关于动物园动物以及如何对所有这些动物进行治疗、提供恰当的健康管理、麻醉与手术、恰当的保定与操作的相关知识。兽医技师和助理也会接受动物园动物和外来动物护理的相关培训。

动物避难所是用于圈养外来动物的大型保护区，保护区内的环境与它们的天然栖息地类似。这些区域圈养着各种各样的外来动物，包括哺乳动物、爬行动物、鸟类和两栖动物及周围天然存在的动物。动物避难所中可能有多种栖息地，包括沼泽地、平原、类沙漠区。在美国，有475个国家野生和外来动物避难所。这些动物是野生的，即它们生活于野外而非家养，人们为它们提供并维护生活环境。通常情况下，维护避难所的职员并不向这些动物提供食物和日常的健康护理，只提供环境。若动物生病或受伤，避难所的职员会联系野生动物或动物园兽医或野生动物康复师对这些动物进行护理。

有些动物避难所的职员中有生物学家，他们具有动物行为学的背景和知识及生物学学位。动物避难所是受法律保护的，避难所内禁止打猎或钓鱼。许多动物避难所是向公众开放的，公众可在避难所内远足、划船、参观和照相。

表演动物是指经过培养和训练可以执行对动物来说不自然的非寻常活动的外来动物。许多人认为，表演动物受人们迫使为完成它们不愿完成的动作而遭到虐待或强迫。这在最近几年已成为一个有争议的话题。马戏团圈养着许多可表演各种技巧和动作的动物品种，它们进行各种表演以娱乐大众。这些动物由人类精心饲养、训练和护理，其中有些已被人类驯化，另一些仍保留着野性。与这些动物相处的人通常会接受动物行为学的培训，他们是动物训练师，可能拥有动物科学或生物学学位。大象是已经适应马戏团表演训练的动物。它们经过训练，可与人类一起工作。很多大象原产地国家都使役过大象。人们可以训练大象如役畜那样移树和拖拽重物。大象重约5 443kg，高约3.7m，寿命长达60年。它们可推动超过9.1m高的树木。基于这些特点，大象是具有潜在危险性的野生动物。

外来动物的护理和管理

用于种用、动物园、马戏团、异宠、替代家畜的外来动物都必定有其经济效益。经济效益是指在商业活动中，除去购买产品和护理的所有成本后获得的利润。这里所说的产品是指外来动物。需要研究如何管理、饲养、护理和售卖外来动物。在外来动物的商业活动中，可能需要巨额的启动资金。需要了解的是，从事外来动物经济活动这种风险性操作的人员应具有动物科学或家畜生产的知识背景，以便更好地理解这个产业。外来动物需要特殊的设备、棚舍和栅栏耗材，这些需要投入数千美元。表15-1列举了外来动物商业活动中需要考虑的运营支出项目。

表 15-1 外来动物的运营支出

外来动物的成本价格及其可获得性	因区域而异	$1 000 ~ 100 000
设备	有时难以采购	$5 000 ~ 50 000
棚舍和栅栏	需要大量储备和维护，可能需要许可证	$10 000 ~ 50 000
营养和食物	可能难以采购	$1 000 ~ 20 000
兽医医疗护理	可能难以获得兽医专家	$10 000 ~ 80 000
职员和劳工	必须使用受培训和有相关知识的员工	$15 000 ~ 50 000
市场和宣传	可能需要教育公众	$10 000 ~ 25 000
公共设施——照明、用电、用水、电话等	因动物物种需求而异	$5 000 ~ 20 000
许可证和执照	取决于各州和联邦的法律	$1 000 ~ 10 000
保险和责任险	取决于各州和联邦的法律及当地有经验的保险公司	$20 000 ~ 100 000 +

拥有或运营外来动物商业活动的从业者，需要了解他们即将饲养的动物，这一点十分重要。很多区域都有各种限制条件，如环境、气候、州立和地区管理条例及相关品种的适销性。很多外来动物都有各种环境和气候要求。它们可能需要热带栖息地、丛林栖息地或北极栖息地。需要确定它们在周围的环境和季节性变化的气候中能否存活和繁衍。若这一物种在天然区域中无法良好生存，则需考虑能否创造适合它们生存的环境。幸运的是，部分动物对非自然的环境并不敏感。它们有些需要长年在室内饲养，或是一年中某些时期在室内饲养。这些限制条件应该在购买外来动物之前确定。熟知饲养地区的联邦、州立和地区的管理条例也十分重要。有很多关于外来动物的法律。有些地区饲养或拥有外来动物需要许可证或执照。拥有和饲养对他人或家养宠物有危险性的外来动物的相关管理条例非常严格。在佛罗里达州、得克萨斯州和路易斯安那州都曾遇到饲养野生动物和外来动物带来的问题，因而，这些地区设立了关于拥有和饲养外来动物的管理条例和限制条件（表 15-2）。将老虎、狮子、熊和狼等野生动物置于不当环境中，会造成公共环境威胁。

表 15-2 具有外来动物相关管理条例的州

阿拉斯加州	亚利桑那州
阿肯色州	加利福尼亚州
科罗拉多州	康奈迪克州
特拉华州	佛罗里达州
乔治亚州	夏威夷州
伊利诺伊州	印第安纳州
艾奥瓦州	堪萨斯州
肯塔基州	路易斯安那州
缅因州	马里兰州
马萨诸塞州	密歇根州
明尼苏达州	密西西比州
内布拉斯加州	新罕布什尔州
新泽西州	新墨西哥州
纽约	北达科他州
俄克拉荷马州	俄勒冈州
宾夕法尼亚州	罗得岛州
南达科他州	田纳西州
得克萨斯州	犹他州
佛蒙特州	弗吉尼亚州
华盛顿州	怀俄明州

法律法规中也有关于防止疾病暴发和流行的相关管理条例。一些外来品种与犬、猫、马和牛的亲缘关系很近，其中有些动物旨在供人食用，容易向人类饲养的家畜传播疾病。在饲养外来动物前，应先了解该地区这一动物相关的盈利情况或相关产品的适销情况。了解相应地区是否有外来动物的投资市场是很重要的。

外来动物和家畜或其他农用动物有许多相似之处，但差异也很多。饲养者应根据动物需求进行特殊照护和圈养，这是基本职责。养殖者、商人和私人饲养者必须了解动物所需的护理，并满足它们的需求。也要为它们提供所需的棚舍、栅栏、饮食、环境卫生、健康护理和环境需求。外来动物的营养需求因物种而异。目前对家畜和伴侣动物的营养配比已有深入的研究和探索。市面上尚无外来动物的商品日粮。因此，饲养者应购买并提供动物在野外进食时所必需的营养。生物学家和动物园已经对很多动物的饮食进行了研究，通过研究可得知其恰当的需求。棚舍和空间需求也因物种而异。动物的以下需求尚待研究：

- 室内、室外或二者结合。
- 所需温度。
- 单独饲养还是群养。
- 每个动物所需的空间。
- 棚舍材料。
- 栅栏材料。
- 保定设备。

最后，最重要的需求是关于外来动物健康和兽医医疗护理的需求。熟悉外来动物的兽医和其他健康护理人员的数量很有限，更何况他们可能还并不知道外来动物的特殊需求。大部分外来动物兽医专家在高校、动物园、水族馆和动物康复中心任职。他们了解外来动物的镇静和麻醉、各种手术过程和诊断与治疗。兽医人员对外来动物进行操作和保定时，应将其看作野生动物，并按照规程操作。即使是最温顺的外来动物品种，在保定相关应激下，也可能具有攻击性并导致损伤。这就说明，需要一些特殊的保定设备和镇静。

小结

外来动物是一种昂贵和高成本的投资，可能有多种用途。主要的外来动物类型包括肉食和皮毛动物、养殖和种用动物、动物园和表演动物、投资动物。无论是商业还是私人用途，外来动物都有其特殊需求。外来动物品种和家养动物品种之间有许多区别。对外来动物的营养、环境、健康和圈养需求的研究都是很有必要的。了解所在地区外来动物相关的管理条例也很重要。

复 习 题

1. 什么是外来动物？
2. 列举外来动物和家养动物的类同与差异点。
3. 外来动物有哪些用途？
4. 讨论外来动物的品种及其用途。
5. 动物园的功能是什么？
6. 动物园如何获得动物？
7. 选择外来动物时，需要考虑哪些问题？
8. 外来动物的住所需求是什么？
9. 盈利率和适销性的差异是什么？
10. 什么是野生动物？

临床案例

Andrews 医生是一名在当地动物园工作的兽医，常与他的兽医助理 Mark 和 Amanda 及技术员 Bethany 一起工作，完成日常的内科和外科病例。今天，他们去动物园看一只可能发生齿根脓肿的山地狮。全体成员对要去动物园工作都表示兴奋，因为这是有趣且具有挑战性的事情。

当他们到达动物园后，动物园管理员 Anthony 带他们到兽医治疗中心进行相关准备工作。兽医 Andrews 和管理员 Anothony 准备用飞镖枪镇静山地狮。Anthony 曾受过这部分培训。助理和技术员则准备可能的检查和拔牙手术。麻醉机已经准备好了。这个团队要一起去镇静狮子了。

"好了，这是 Romeo，一头 6 岁的雄性山地狮，在这里待了 3 年了。它具有攻击性，难以制服，尤其在它的领地上，还有它的配偶 Juliet 在时。我已经将 Juliet 送出去了，我们不需要担心在捕捉 Romeo 的时候它会回来。"

"我会向他投射飞镖，当他倒下时，所有人要尽快地把它搬到担架上，运到手术区域。"

这头狮子被投射后倒下，团队成员过去搬运并将其送到手术区域。当他们到达中心时，Romeo 快要苏醒了。

- 这时发生了什么情况？
- 什么原因导致这种情况发生？
- 兽医们应该如何处理这种情况？
- 如何避免上述情况的发生？

第 16 章 马品种鉴定和生产管理

学习目标

学习完本章后,读者应该能够:
- 理解和讨论常见的马相关的兽医术语。
- 描述马的生物学特性。
- 识别常见的马品种。
- 区分不同级别的马。
- 论述马的营养需求。
- 描述马的正常与异常行为。
- 描述马的设施、设备和马厩需求。
- 为执行兽医操作,恰当而安全地保定马。
- 讨论马必要的医疗护理和操作。
- 描述马的繁殖。
- 讨论马的常见疾病和寄生虫病。

引言

马是饲养员和动物爱好者最喜爱的动物之一。马优雅而美丽,与其他动物不尽相同(图 16-1)。它们与人关系密切,且有多种用途。大多数马匹的饲养是为了娱乐,也有少数是为了工作,在某些农村也将马作为食物。当前,美国有超过 950 万只马。

兽医专业术语

马根据年龄、性别、体型大小和用途分类。目前有多种不同的方式描述马。在美国,成年的雌性马称为母马(mare),有繁殖能力的成年雄性马称为种公马(stallion)。没有生产过的母马称为未产母马(maiden)。马的父亲称为父代马(sire),马的母亲称为母代马(dam)。种用的公马称为种马(stud)。阉割的公马称为阉马(gelding)。新出生的马称为马驹(foal),雌性马叫作母马驹(filly),雄性马叫作公马驹(colt)(图 16-2)。分娩或出生的过程叫作生产(foaling)。在兽医学中,马(horse)称作 equine。马还可以根据体型大小和用途分类,可分为轻型马、重型马和矮种马。一掌(hand)等于 1.2m,可用手测量马肩部的最高点,以此区分马的品种。轻型马肩高 14.3~17 掌,重 408~635kg(图 16-3)。重型马是肌肉发达的大型马,体重超过 635kg,肩高超过 15 掌(图 16-4)。矮种马是小型马,肩高 <14.2 掌,体重 <408kg。这种马比较适合小孩骑乘。其他的马属动物还有驴和骡。驴是马属动物,有时还被称为 burro。母驴称为 jenny,公驴称为 jack。mule 是母马和公驴的杂交品种。hinny 是公马和母驴的杂交品种。

图 16-1 因娱乐、消遣或工作拥有和饲养马匹

图 16-2 马驹(foal)

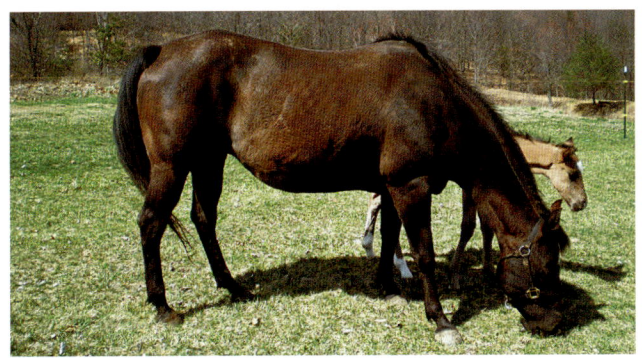

图 16-3　轻型马示例

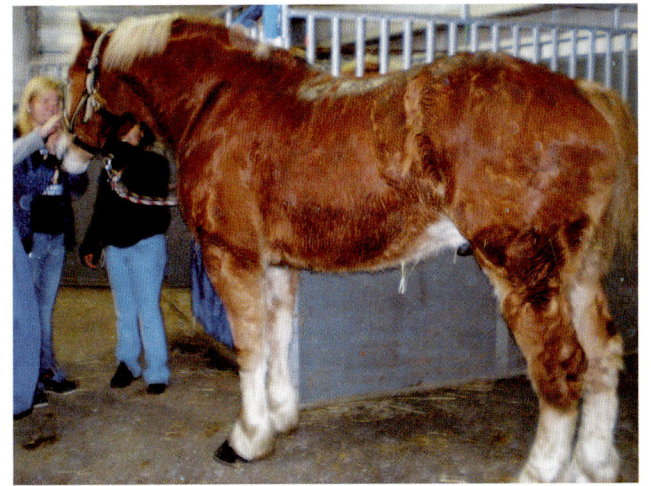

图 16-4　重型马示例

图 16-5　马主要吃植物，为草食动物

图 16-6　马是有蹄动物

生理学特性

与牛类似，马是大动物，也归为家畜。马是家马（Equus caballus）马种，从远古马进化而来。在最近几百年，马的用途发生了巨大的变化，人类培育了许多种类的马。

马是草食动物，需饲喂以植物为基础的食物（图 16-5）。马是哺乳动物，具有非反刍动物的消化系统。非反刍动物的消化系统与人类相似，但是也与其他草食动物（如牛和其他牧草动物）一样，每天需要少量多次进食。马胃的体积相对较小，但是肠道很长，这样可以整天消化吸收食物。马的消化系统通过巨大的盲肠分解草料和粗饲料。马没有胆囊，也不会呕吐。

马是有蹄动物，蹄由与指甲类似的硬质组织构成（图 16-6）。肢和蹄是马的关键部位，很容易受伤。蹄不断生长，必须定期修剪和护理。肢很脆弱，很容易受到严重的损伤。

马是温血或恒温动物，可以维持体内温度恒定。马的身体和结构是根据功能划分的（图 16-7）。马全身约有 205 块骨（图 16-8）。在恰当的健康护理下，马的寿命为 20 年。

马的品种

马可根据身型、体型和用途进行分类。根据体型和颜色分类，马的品种繁多，其中一些是骑乘马，如夸特马（Quarter Horse）、美国花马（Paint）、英国良种马（Thoroughbred）、阿帕卢萨马（Appaloosa）（图 16-9）；一些是重型马，如克莱兹代尔马（Clydesdale）和佩尔什马（Percheron）（图 16-10）；一些是小型马，如设得兰马（Shetland）和威尔士马（Welsh）（图 16-11）。

兽医助理基础与应用

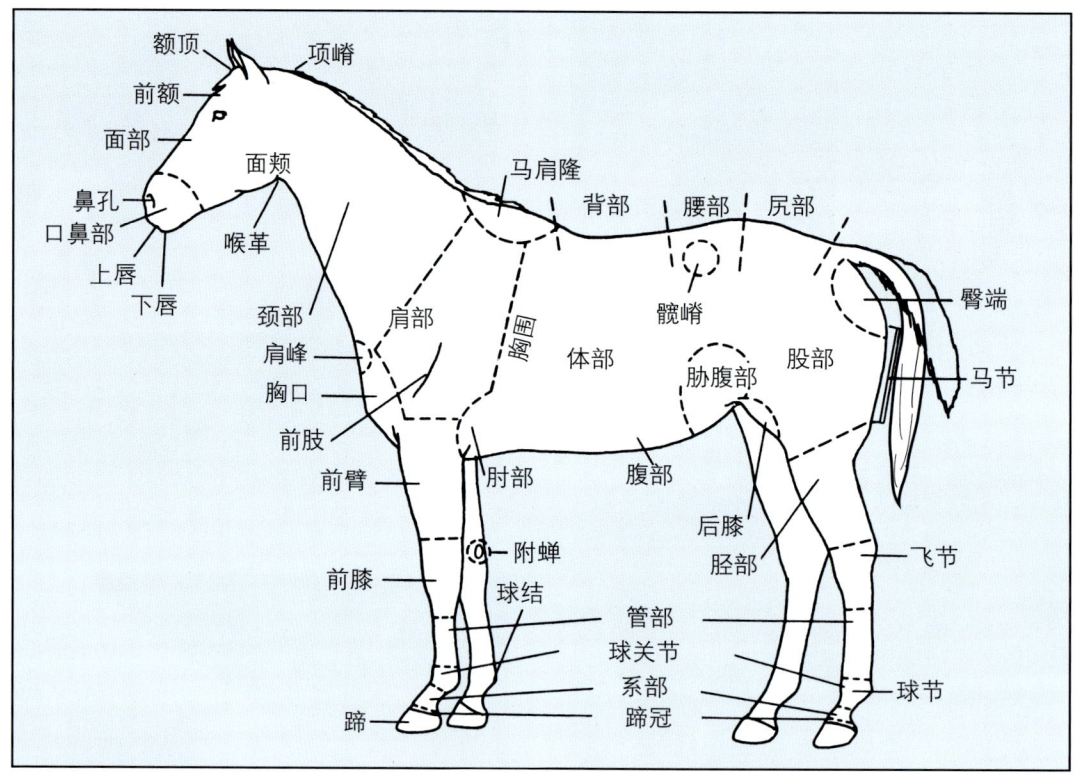

图 16-7 马体表解剖图

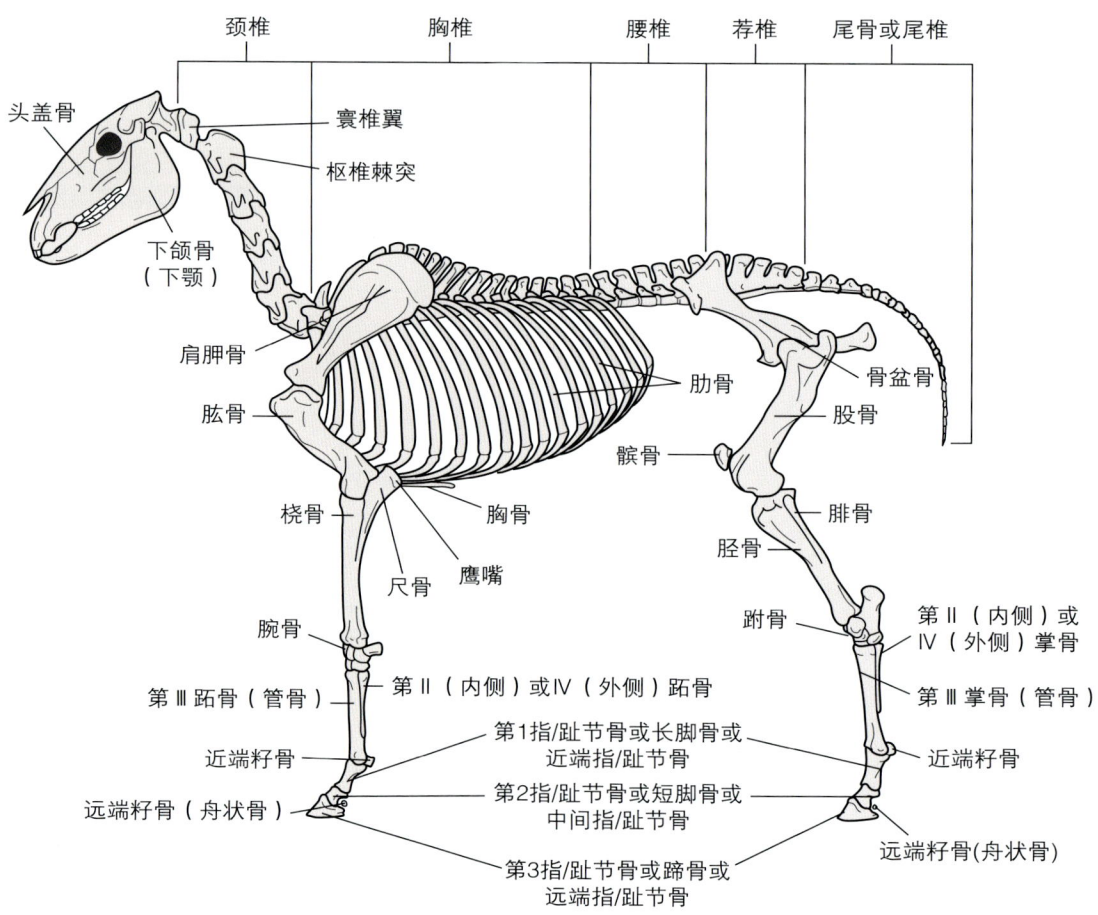

图 16-8 马的骨骼解剖图

图 16-9 （A）美国夸特马；（B）美国花马；（C）英国良种马；（D）阿帕卢萨马

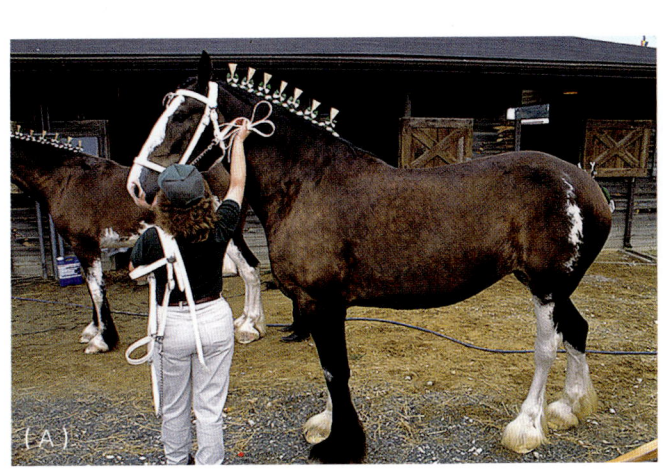
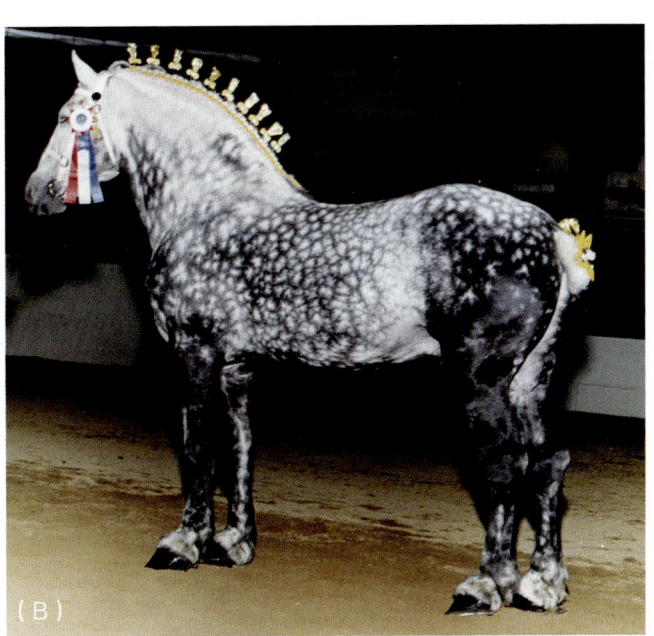

图 16-10 （A）克莱兹代尔马；（B）佩尔什马

图 16-11　美国设得兰矮种马

骑乘马

骑乘马是为了娱乐而用于骑乘和展示的马。骑乘马可根据步态和骑乘目的进一步分类。最流行的骑乘马是夸特马、美国花马、阿帕卢萨马和田纳西舞步马（图 16-12）。

图 16-12　骑乘马，用于展示和比赛

舞步马

舞步马是根据马的步态或走路和跑步的方式分类的马。舞步马的行进频率让骑乘者更容易骑乘，在遇到小坑洼时还可以减少颠簸。这样的马很适合年老的骑乘者，特别是可能有背部疾病的骑乘者。马的步态和速度各异，人花了大量时间选育这种步态和性情的马。流行的舞步马有田纳西舞步马、美国舞步马、落基山马（图 16-13）。

图 16-13　田纳西舞步马是一种巨型马

役马

役马曾作为家畜，在农场用作劳力或作为牲畜饲养。这类马强壮、机敏、稳健、快速、耐力好，有多种用途。它们以发达的肌肉和健壮的身体著称。流行的役马有夸特马、阿帕卢萨马和美国花马（图 16-14）。

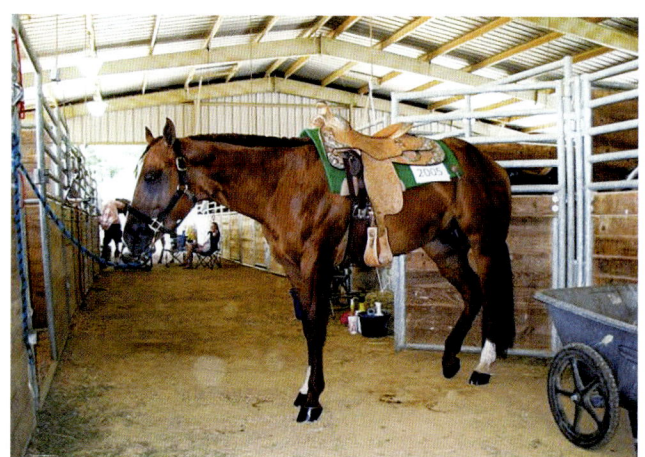

图 16-14　强壮的役马，用作劳动力

猎马和跳马

猎马和跳马是用作猎狐和穿越乡村道路的马。它们的特征是高、体格健壮、肌肉发达，且快速、耐力好，可以跳过大的障碍。猎马用作穿越乡村道路，捕猎狐狸，跳过较小的障碍，而跳马用作在设定的道路上跳过大的障碍（图 16-15）。流行的猎马和跳马有英国良种马和某些温血马。

图 16-15 正在比赛的跳马

赛马

赛马是用作竞速的品种（图 16-16），包括轻驾车赛马。赛马的奔跑能力可以用作体育活动。当前赛马已成为流行的体育活动，其中肯塔基赛马和贝尔蒙特赛马是比较出名的赛马。著名的赛马品种有夸特马和英国良种马。著名的轻驾车赛马有标准赛马和摩根马。

图 16-16 速度赛马

矮种马

矮种马是体型小的马，通常用于儿童骑乘。它们肩高低于14.2掌，温顺且聪明。最著名的品种有设得兰马、威尔士马和美国矮种马（图 16-17）。

图 16-17 美国矮种马

驮马

驮马是大型、肌肉发达、用于拉重物的马。它们又称为工作马，当前在许多工作领域帮助拖拽大型货物。一些著名的驮马有克莱兹代尔马、比利时马和佩尔什马。

品种选择

选择马基于多种因素。某些地区的饲主还要考虑购买、饲养、维护马的成本。马品种选择主要基于体型、性情、品种、步态、目的、性别和颜色。

因为品种和用途不同，马的价格各异。展示马和经过特殊训练的马比其他品种的马更贵。更重要的是，饲养马和购买马都需要一大笔费用，而且还要考虑寄宿、干草和饲喂成本，兽医护理、修蹄，围墙和建筑及辅助设施成本。评估马的性情也很重要，确保所有与马相处的人可以掌控马。除了使用目的外，初学者可能需要一个平静、温顺的马。

选择合适体型的马时,要根据骑者的身高和体重及掌控能力选择。品种、颜色和性别是个人购买时要考虑的因素。

营养

马具有非反刍动物的消化系统,一直在持续地消化食物,可以避免相互粘连。盲肠位于大肠和小肠之间,负责分解粗饲料和蛋白质。马的胃总是在消化食物,持续发出肠鸣音。为了提供足够的能量和蛋白质,马需要饲喂谷物,如燕麦、玉米、小麦或大麦的混合物。根据健康和活动量,有些马需要额外的补充物或矿物质。常见的补充物包括大豆或亚麻油,可以维持皮毛状态。马可以直接吃谷物或颗粒饲料。对于马的消化系统而言,颗粒饲料更容易被消化吸收。可以通过磨碎、压碎或去壳等方式增加谷物的消化率。马所有的饲料必须没有粉末和发霉。马常规维持营养需要的蛋白含量是 1kg 蛋白质 /1 000kg 体重。马每天需要饲喂两次充足的牧草或干草(图 16-18)。常见的饲草或牧草和干草有梯牧草、果园草、紫花苜蓿。干草要保持干燥并检查是否发霉。干草的饲喂量是 1 ~ 2kg/100kg 体重,且一天饲喂多次。牧场上的马至少应有 12 141m² 的放牧空间。为了骨骼、牙齿和组织的生长发育,有些品种的马和马驹需要额外补充必需矿物质和维生素。

最常见的营养缺乏是钙和磷。需要根据每匹马的需求饲喂添加剂。可通过矿物块或盐块为马提供额外的矿物质来源。在贫瘠的牧场或干草饲喂不足时,需要补充维生素 A。经常在室内饲养的马需要补充 B 族维生素。体重过低的马需要饲喂更多的蛋白质或作为脂肪来源的亚麻油。所有的马每天都需要清洁的饮水(图 16-19)。马平均每天需要 10 ~ 12 加仑的水。活动量增加、泌乳及冬天可能造成饮水量增加。马很容易脱水,所以要监测马的饮水量。可以通过向饮水中加入电解质或矿物粉鼓励马饮水,以预防脱水。在运动或工作后,需要立即供给马饮水。为了预防消化系统问题,任何的食物改变都需要用 7 ~ 10d 的时间慢慢完成。表 16-1 列出了马的营养需求。

图 16-19 马需要定时给予饮水

表 16-1 日粮营养需求

蛋白质	10% ~ 12%
脂肪	6% ~ 8%
粗纤维	12% ~ 15%
钙	1% ~ 3%
磷	0.5% ~ 1%
钠	0.2% ~ 0.7%

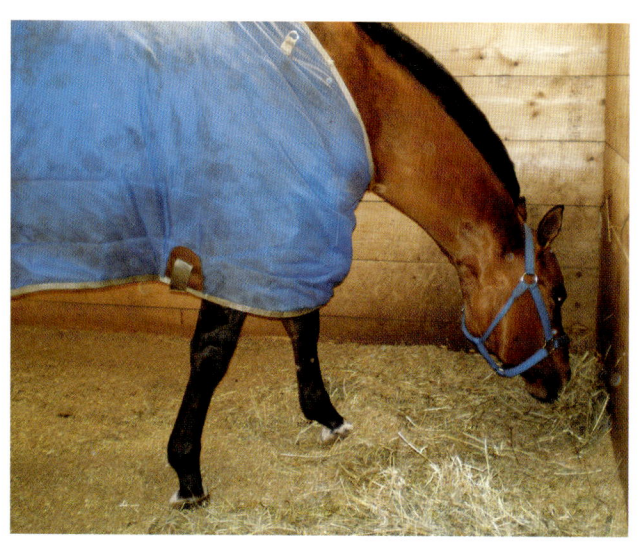

图 16-18 正在吃干草和谷物的马

行为学

马是群居动物,更喜欢结群生活。在马群中,每匹马都有自己的位置,遵循严格的等级制度。这也称为"社会等级",是指动物具有指导其他同类的行为,并可以更多地控制群体。马也可以通过靠近或与其他马匹一起生活来得到安慰,这也可以通过地位来确定它们的行为类型。马生性多疑,并且可以迅速学会识别一个神经紧张的人是在工作还是在对付它们。这将有助于减少人对马的控制难度。由于数千年前的驯化,马已经变得信任人类。马不习惯噪声,通常会对噪声做出各种反应,如惊吓。目前,已经知道马的某些行为类型是正常的,但是对于想要控制和靠近它们的人类来说仍是危险的。受惊吓马的正常行为包括踢、蹬(举起和踢后腿)、起扬(将前肢抬离地面并将身体悬空)、前腿相互碰撞或咬。当马高兴、生气或害怕时,会表现出相应的肢体语言。快乐的马显得轻松,耳朵向前,警觉,尾巴放松和眼神放松。愤怒的马耳朵紧靠头部,露出牙齿,甩尾,踩脚,踢脚或摔倒(图16-20)。受惊吓的马瞪大眼睛,眼睛周围出现白色,头高高仰起,耳朵来回晃动,尾巴可能会高高举起或夹紧,马可能会摇摆或紧张地四处走动,有时可能会发出喷气声。马的某些正常行为表现如下:

- 行为与其他群居动物一致。
- 有打架或飞奔的本能。
- 被捕食动物——可以感受到视它们为食物来源的动物的威胁。
- 声音交流(嘶鸣声、喷鼻声、尖叫声)。
- 照料其他马匹。
- 依偎。
- 耳朵警觉地向前。
- 尾巴静静地垂下。

马的某些异常行为表现如下:

- 咬。
- 踢。
- 刨。
- 咀嚼。

图16-20 表现愤怒的马

- 击打。
- 摇头。
- 耳朵快速移动。
- 耳朵背在脑后。
- 甩尾。

基础训练

马的很多行为都可以训练。马可能被骑、被驱赶、驮物或作为伴侣动物被人类饲养,人们会根据马的各种用途进行训练。专业的驯马师要有能力解决在训练年轻的马或没有过被训经历的马的时候遇到的各种问题,如踢腿、起扬、猛地弓背跃起,这些情况常常发生在一些没有经验的驯马师身上。所有的马经训练后要习惯被绳子牵引与人一起安静地散步(图16-21),也要习惯被拴在柱子上(同时用两根绳子放在笼头的任一侧,然后打结,固定在墙上或柱子上)(图16-22)。还要训练马习惯在一根长绳牵引下围绕驯马师转圈,转圈时根据步法选择不同的长绳。骑马或控马时要教会马基本的指令,如行走、慢跑或小跑和大步慢跑;也要训练马停止和后退。对马进行大量的基础训练可以赢得马的尊重和信任。

设施和住所需求

马场设施要有马厩。马厩至少由3个棚面组成,保护马匹免受天气影响。马厩要包括一个大的

图 16-21　训练马在人的牵引下行走

图 16-22　训练马被固定在墙上或柱子上

开放区域和单匹马厩舍。厩舍的空间区域至少是 3m×3m，高度至少 2.4m。公用区域或人行道大约 1.5m 宽。马厩的下部区域要加固，以防马在踢腿的时候遭到破坏。围场和牧场要建有高质量的护栏，每匹马至少有 4 047m² 的活动区域。马厩还要有可用的水电。

保定和处置

保定马需要经验、知识和读懂马身体语言的良好能力。马听到低稳的声音可以平静下来。对训练者来说，最好的方法是让马闻训练者的手背与训练者轻挠或轻拍马颈部来显示人对马无害。要使用笼头控制马的头部，操作者可以通过笼头正确地引导马（图 16-23）。靠近马的时候，从马的前方偏左侧接近；马习惯于从左侧进行操作和训练。站在马的前方，保持在马的视野范围内是很重要的。马看不到正前方和正后方。接触马的时候，要悄悄地安静地接近，同时注意着马的肢体语言。如果马试图移动，停止接近，同时平静地和它讲话，然后再缓慢向头部移动。接近后，在套上笼头之前，轻拍马颈部。可使用牵引绳绕过马颈部，打结防止绳滑落。站在头颈部左侧，轻轻地将笼头放在口鼻上，将吊带滑至耳后，然后固定笼头，并将牵引绳系在笼头底部的中心环上。在操控马的时候，千万不要将牵引绳缠绕在手上或手腕上。左手拿着牵引绳环，右手抓着牵引绳连接处的笼头，这可以让训练者或操作者自由地从马的一侧移动到另一侧对马进行控制。牵马行走时，站在离马的左肩约 30cm 的位置，务必注意避免被马踩踏。拴马的时候要系一个可以快速解开的活结，并将牵引绳留出 60～90cm 的距离，可以让马小许活动，也可以让马头与马肩隆等高。也可以打一个交叉结，马笼头的两侧放置短绳，

图 16-23　保定者使用马笼头引导马和控制马的移动

允许马在各个方向安全活动。结打在马笼头两侧的面颊环上。对马做检查、注射和采血等操作时，可以适当做一些让马分心的操作，包括：抓住马的耳根轻轻来回摇晃、手慢慢地从面颊上滑下盖住眼睛、摩擦或卷皮（抓住肩部皮肤）（图16-24）或抬腿防止马移动。另外一种控制紧张或难处置的马的方法是使用鼻捻子。鼻捻子是用一个连接到长柄上的链条或绳索，放置在马唇上（图16-25），引起马轻微不适，便于在常规处置时控制马。链条也可以用来更好地控制马，链条系在牵引绳上，并连接在笼头上面，对马的口鼻、下巴、下嘴唇或口内施加压力（图16-26），这也是控制马使之分心的一种方法。抬起马蹄时，保定者站在马的一侧，面向马的后面。保定马的前肢时，保定人员站在马的肩侧，手伸向肢体后侧，轻轻压迫蹄部上端的球节。当马要抬脚时，抓稳蹄部，用前膝保持平衡，或用手紧紧抓住前肢。当马要抬后肢时，站在面向马的后侧，接触后肢，用和控制前肢相同的方式去控制后肢。当马抬脚时，抓住马蹄，轻轻向前伸腿，放置在保定者的膝盖上。

马保定的其他方式包括栓马尾技术（调整马的负重和移动）或使用足枷（防止马踢腿）。拴马尾技术常用于被镇静的马在进行某些操作时避免移动。通过绳子系住尾骨下面的马尾，固定在马身体上（图16-27），如前肢或颈部。足枷放置在四肢，防止马踢腿。保定恐惧的、有攻击性的或难以处理的马的最安全方法是给予镇静剂，很多镇静剂可使马保持站立姿势。随着麻醉药效的减弱，必须密切观察马匹及其肢体语言。马驹可以通过一只胳膊环抱胸前，另一只胳膊抱住臀部，将其抵在墙边（图16-28）。抓住马尾，在其背上前后牵拉，避免马移动。与马接触进行保定和操作时，务必记住，在整个过程中，要与马说话并安抚马。牵马行走或站在马侧时，要注意防踢。保定者一定不要背向马。

图16-24 对马进行常规操作时，卷皮可以分散马的注意力

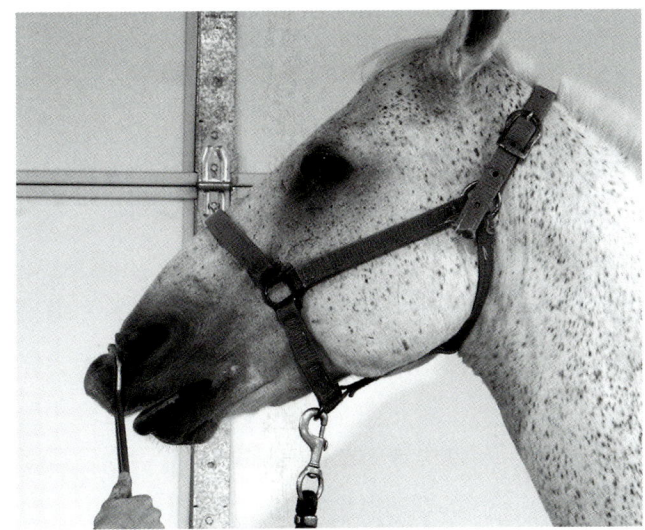

图16-25 马鼻捻子的应用

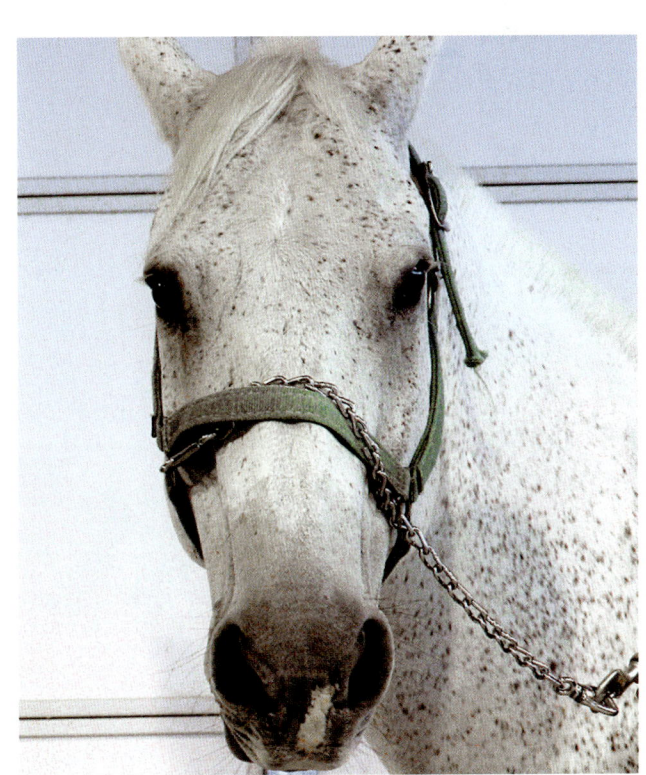

图16-26 在鼻子上端使用链条保定马

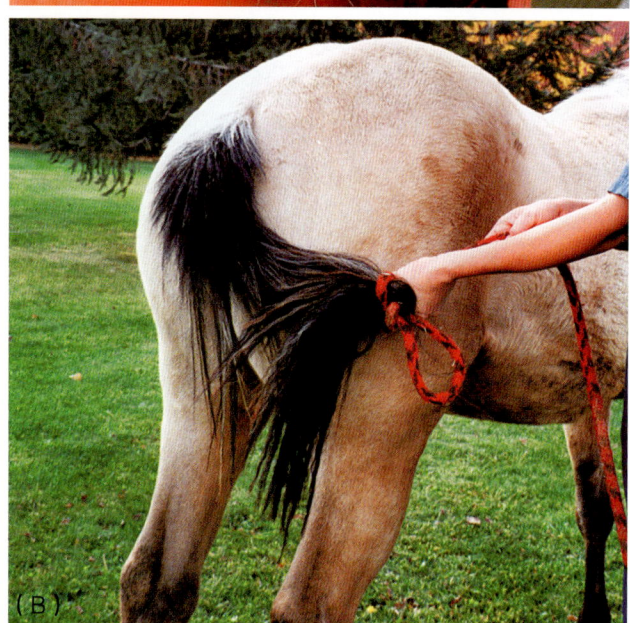

图 16-27 （A）将绳子穿过马尾绕成的环；（B）完成马尾打结

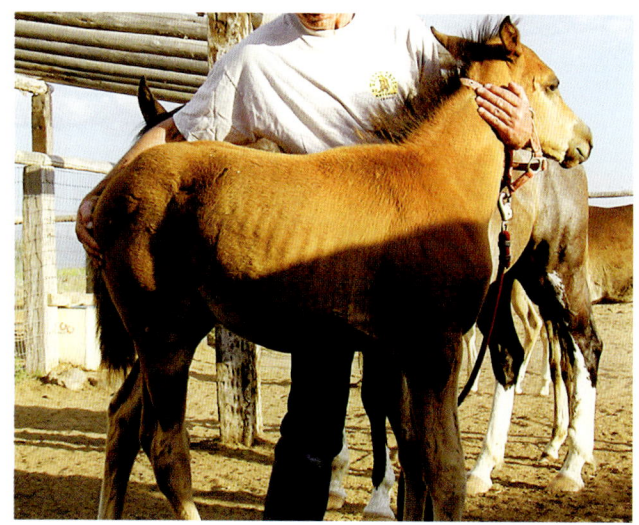

图 16-28 马驹保定

梳洗

马需要连续定期梳洗，如刷拭、洗澡和马蹄保养。对马主来说，梳洗的设备工具和用品是必需的。一些基础的工具和需要的设备如下：

- 马刷。
- 鬃毛/尾刷。
- 马栉。
- 蹄签。
- 沐浴海绵。
- 痂皮刮刀。
- 汗水刮板。
- 护毛喷雾。
- 喷蝇油。
- 蹄油。
- 钳子和刀片。
- 剪刀。

马需要定期清洗身体、鬃毛和马尾。每一匹马都应该有自己的笼头和缰绳，笼头要和马脸相契合，喉勒不能过紧，每天都要清理马蹄（图 16-29）。

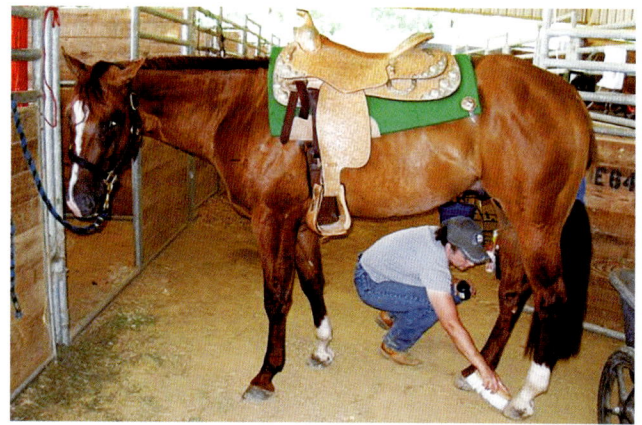

图 16-29 马需要每天护理和清理马蹄

基础保健与护理

马匹健康管理的关键点是预防，需要由知识经验丰富的马兽医制定有规律的健康计划，每天对马进行健康问题或跛行的基础监控，定期做质检、免疫和驱虫。马厩必须每天都做基础清洗，牧场也要定期轮换，定期清理卫生和消毒，预防寄生虫。每匹马都应该有高质量的营养方案，以满足其能量、健康和年龄的需求。马每年至少做 1 次全面体检。新来的马在进入厩舍之前应该做售前和售后的检查。确定马的健康尤为重要，要明确马蹄和马腿是马最重要的部分。

健康检查

马对传染病和有机物非常敏感，所以在新来的马进入农场之前都要做健康体检。体检包括完整的体格检查、血液学检查和 X 线检查。按照国家要求，每 6 个月需要做一次柯金斯检测（Coggins test）。柯金斯是一种血液学检查，用于确定马传染性贫血或 EIA。这种致命的病毒没有疫苗，也无法治愈，通过咬虫叮咬在马匹中迅速传播。所有被运输到别的国家进行演出、活动和旅行的马都要测试阴性。

牙齿护理

马也需要定期的牙齿护理。马的牙齿随着年龄增长而持续变长。齿尖和边缘变锋利后，会造成马口腔疼痛，不能正常进食。对马进行适当的健康护理，能很好地活到 30 多岁。马的全盛时期是 3～12 岁。通过牙齿的外观和磨损程度有助于确定马的年龄（图 16-30）。幼年马的乳齿比成年恒齿更小、更短，但看起来更白。幼年马在 2～3 岁更换乳齿，5 岁时全部换成恒齿。成年恒齿的形状和磨损随着马的年龄而改变。衔铁放在马的口中，便于骑乘。衔铁是金属杆，可以给舌头施加压力，方便骑乘时控马。牙齿尖端或中央会因此磨损。到 12 岁，马的牙齿呈椭圆形。12 岁以后，牙齿变成三角形，并开始向前倾斜。成年马的牙齿数量在 36～40 颗，母马有 36 颗牙，通常没有犬齿；公马通常有 40 颗牙，有犬齿。有的马也会长出狼牙。狼牙是小牙，铅笔头大小，位于第一臼齿前，通常只长在马的上颌，15% 的马会出现。狼牙会导致马口腔的很多问题，引发疼痛，但只是单齿根牙，容易拔除。要对马进行牙齿护理和常规的削锉牙操作。由于上颌比下颌更宽，造成牙齿磨损不均匀，需要削锉牙齿。常用浮子或锉刀削挫尖锐的牙齿（图 16-31）。锋利的边缘会使马感到不适，口中总是有东西。牙齿每年都要做定期检查。有的马比别的马需要更多的口腔检查。下列图表详细说明了不同年龄的马牙齿特性。

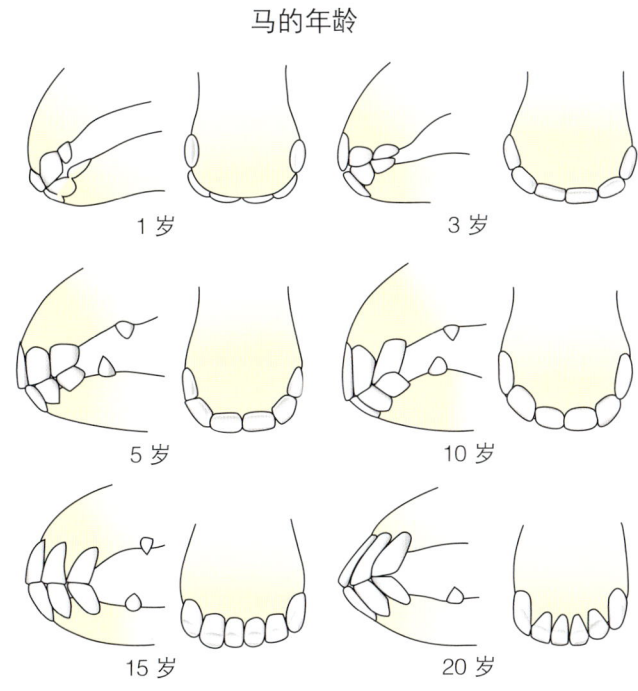

图 16-30　通过检查牙齿判断马的年龄

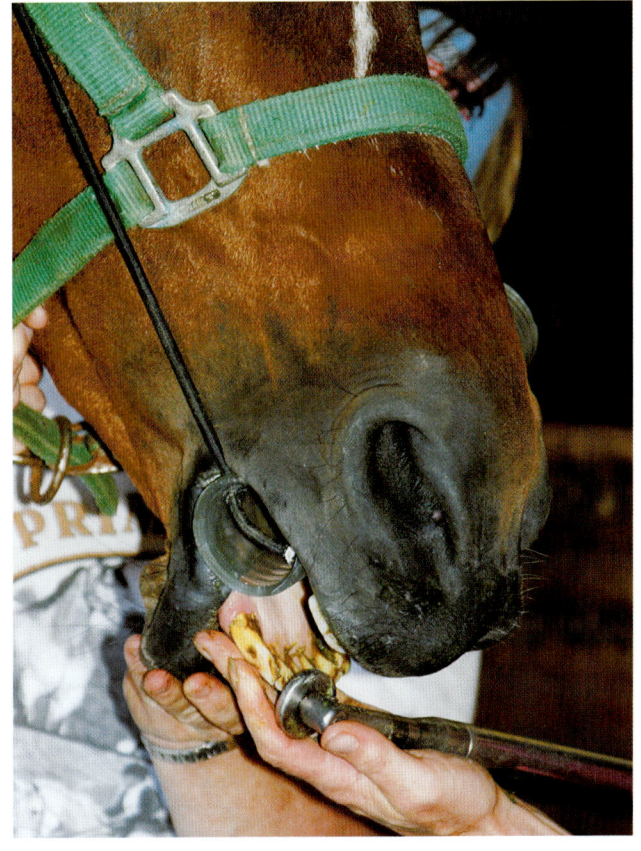

图 16-31　用浮子或锉刀削挫马的牙齿

兽医助理基础与应用

马蹄护理

马也需要常规的蹄护理，通常由蹄铁匠操作。蹄铁匠是专业钉马掌的人，有时被称为装蹄工。马蹄每 4~6 周修剪一次，有些马需要根据用途来选择蹄铁。马蹄的生长方式和指甲相似。为了保持马的平衡和舒适，马蹄需要保持合适的长度和形状。每天也要对马蹄进行清理。通常用蹄签来清理马蹄上的污垢和碎屑。石块或其他杂质可能会楔入马蹄底部，导致跛行和感染。蹄叉是在蹄底面的 V 形软垫区域（图 16-32），不能过湿或过干，否则会导致疼痛。蹄壁或外壳可能会变干开裂，这些损伤可能会导致马蹄腐烂。

阉割

公马通常需要阉割制止繁殖，也便于操控。马的阉割通常在 6 月龄左右。大部分马的阉割操作在站立时完成。由于睾丸的位置和尺寸，切口通常保持开放，以便减少肿胀和方便手术部位引流。不过，一定要防止细菌进入切口。晚秋或早春阉割有利于防止蝇虫刺激切口。

跛行评估

兽医要对马匹进行跛行评估。兽医助理用绳子牵马步行或慢跑，以便让兽医评估马的步态。了解马的步态和自然运动是非常重要的。很多兽医也要观察马在长绳控制和装上马鞍后的运动。长绳可以让马在控制范围内做转圈运动。马的运动包括散步、慢跑、小跑、大步慢跑和快跑（图 16-33）。散步是一种放松的慢四拍步态。在牧场或马术比赛中，骑乘西部马时会使用西部马鞍或重鞍。慢跑是西部马慢两拍步态。小跑也是一种双拍步态，但步幅或两腿之间的距离更大，常见于英国马。大步慢跑是西部马的一种三拍步态，慢跑是英国马的一种三拍步态。英国马在轻型比赛中使用英国马鞍或轻鞍。飞奔是四拍快速步态或每个蹄在不同时间落地的奔跑。在不同的时间，途中每一步之间有一段短暂的四脚离地时间。

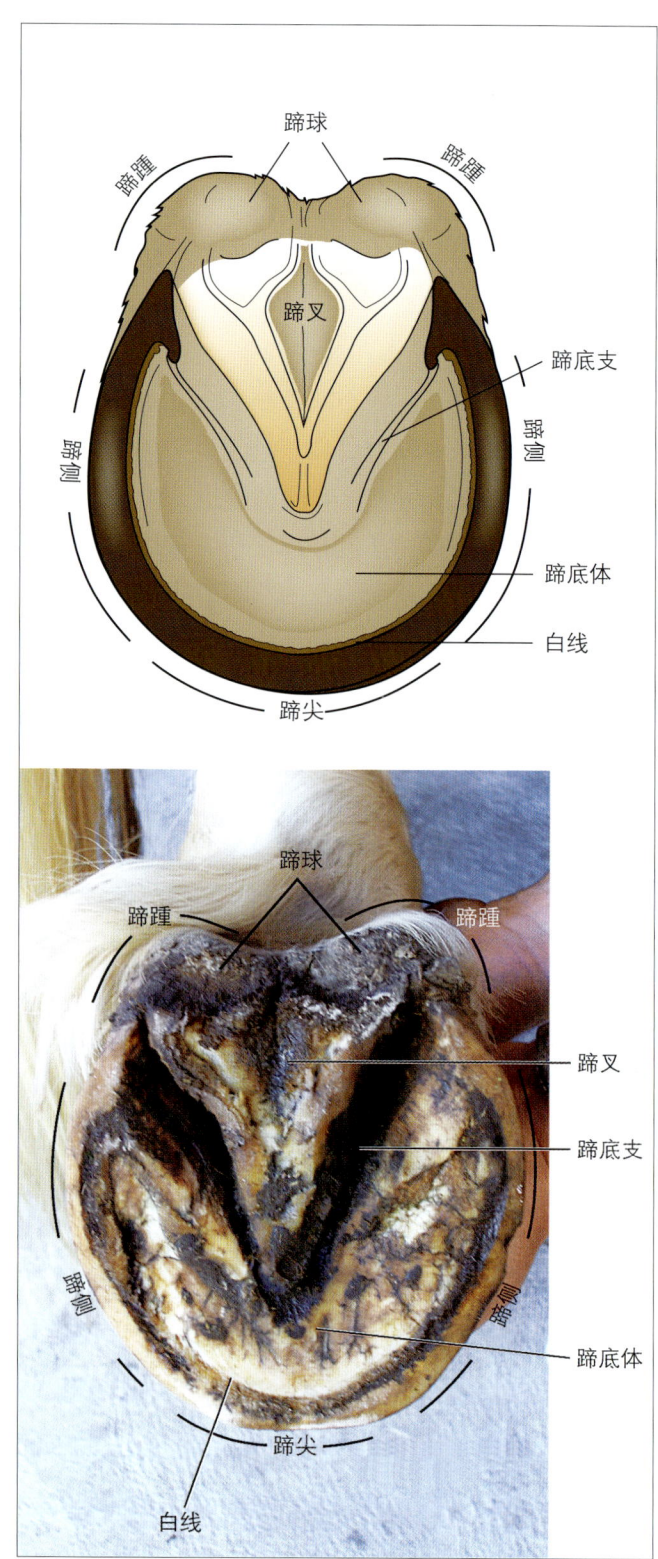

图 16-32 马蹄的局部解剖

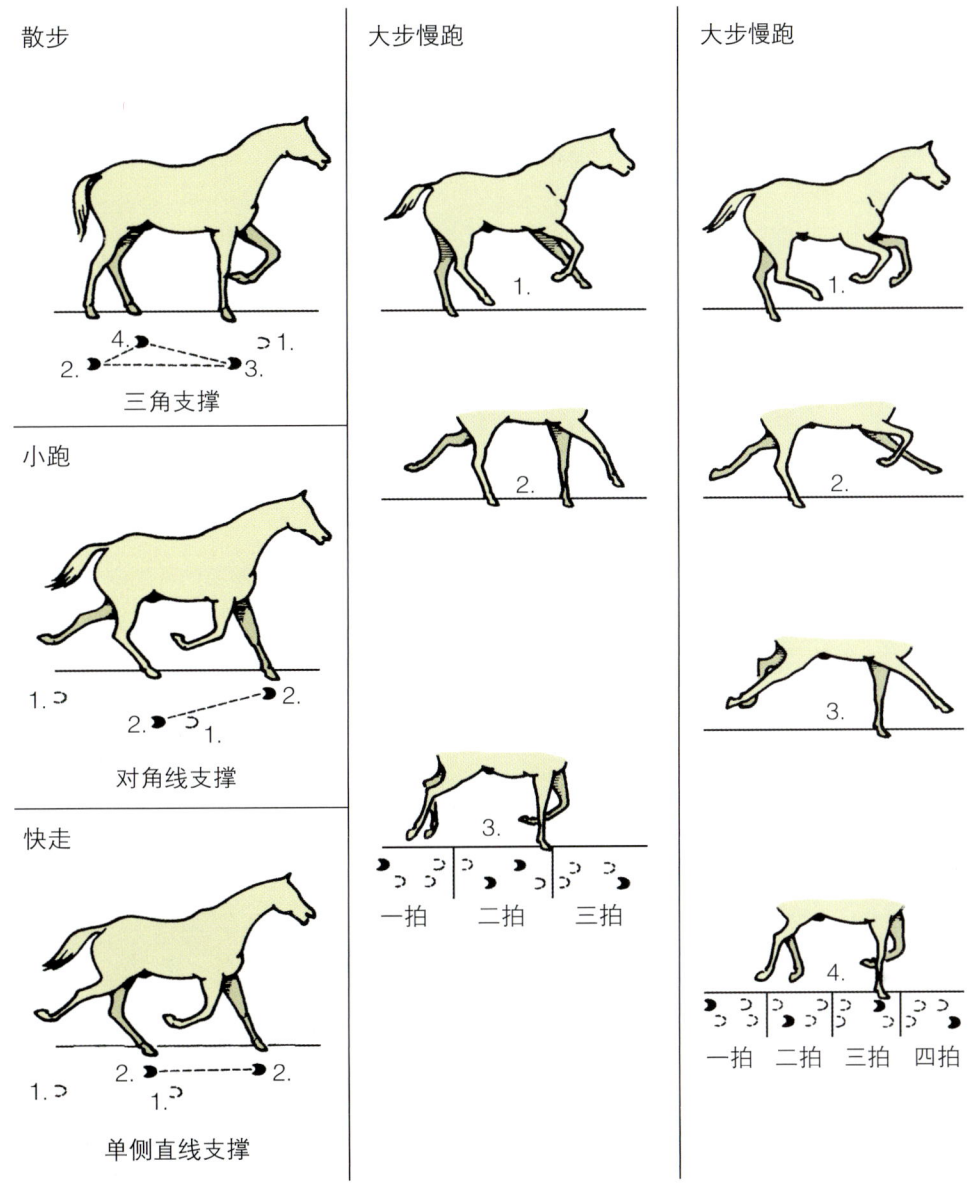

图 16-33 马的基础步态：散步（walk）、小跑（trot）、快走（pace）、大步慢跑（cantor）和飞奔（gallop）

接种疫苗

马的免疫程序要在马驹 4～5 月龄时进行，1 个月内 2～3 次，然后每年 1 次，具体遵医嘱。地理位置和天气环境可能决定疫苗的种类和免疫程序。定期驱虫程序要在马驹出生不久开始，之后每月一次，直到 6 月龄。成年马要每 6～8 周定期驱虫。交替驱虫是很重要的，以免马的免疫系统对某种驱虫药耐受。这就要求，每次驱虫时都要换用不同的驱虫药。表 16-2 和表 16-3 强调了马免疫和驱虫的重要性。

繁殖与生产

如果一个人没有马生殖系统的相关知识和经验，在繁殖马的时候就会遇到困难。马在所有家畜中受孕率最低。通常，50% 的马匹会在繁殖季节怀孕。马的繁殖季节通常从 1 月中旬到初夏。母马的发情周期平均在 12～15 月龄开始，最早在 6 月龄时就可能开始。不要在 3～4 岁前繁殖。马的鼎盛期可以维持到十几岁或 20 多岁。母马的发情周期是每 21d 一次，持续 4～10d。发情的迹象包括以下内容：

表 16-2　常见的马疫苗

疫苗名称	使用频率	预防的疾病
EEE/WEE/VEE（译者注：国内没有对应产品）	每年	脑脊髓炎
破伤风	每年	破伤风类毒素
流感	每6个月	流感病毒
Rhino or EHV（译者注：国内没有对应产品）	每6个月	马鼻肺炎疱疹病毒
狂犬病	每年	狂犬病病毒
马腺疫	每6个月	马腺疫鼻内病毒
西尼罗脑炎	每6个月	西尼罗病毒
波托马克热	每6个月至每年	马波托马克热

表 16-3　常见的马驱虫药

种类	商品名	可防控的寄生虫
伊维菌素	Zimecterin, Eqvalan, Rotation	圆线虫、胃线虫、蛲虫、蛔虫、马胃蝇蛆、线虫
莫西克丁	Quest	圆线虫、毛线虫、蛲虫、蛔虫、马胃蝇蛆
芬苯达唑	Safe-Guard	圆线虫、蛲虫、蛔虫
噻吩嘧啶	Strongid	圆线虫、蛲虫、蛔虫
吡喹酮	EquiMax, Zimectrin Gold, Quest Plus	圆线虫、线形虫、蛲虫、蛔虫、马胃蝇蛆、胃线虫、线虫、绦虫

- 外阴松弛。
- 排尿量增加。
- 外阴肿胀。
- 发声频率增加。
- 少量清亮的阴道黏液性分泌物。
- 尾巴高举一侧。

用于繁殖的母马被称为种母马（broodmare）。抚育马驹时，要给予足够的牧草，并维持足够的运动量（图16-34）。很多种母马都是群养。繁育之前，每匹种母马都要进行健康体检，并进行细菌培养排查感染及可能传染给种公马的疾病。检查包括触诊或感觉卵巢发育卵子的情况，这决定了卵子何时会被释放出来进行受精。这个时间对于母马的繁殖至关重要。有些兽医会使用超声或使用无线电设备和声波来查看卵巢中卵泡的发育情况。对马的繁殖评估，应基于品种的质量，包括是否易于处理和精液质量。要对精液的生育力进行评估，以确保繁育成功。精液要有高数量的精子、良好的运动性（运动）和适当的形态（标准的外观）。由于潜在的攻击性和意外情况，要避开其他马匹。

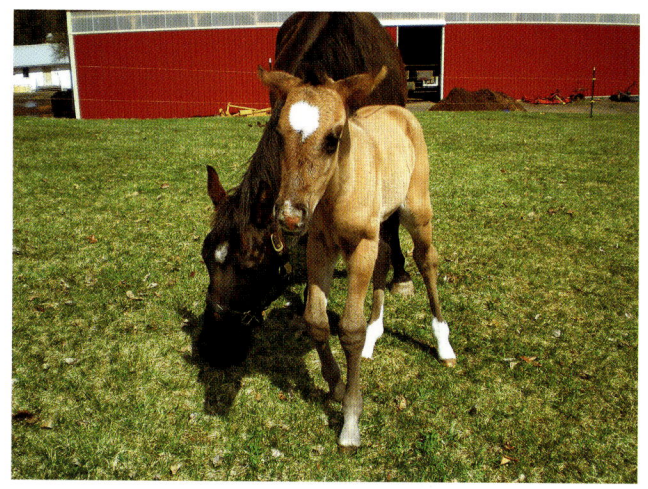

图 16-34　种母马

繁殖可以通过多种方法来实现。骑跨繁殖实际上是种公马与母马交配繁殖。这可以通过人为控制种公马和母马交配进行自然繁殖。这种模式通常在母马有发情迹象时进行，并且每隔一天交配一次，直到母马排卵，发情迹象不再存在。牧场繁殖是指将母马和种公马一起放牧，以便进行自然繁殖。这通常是在特定时间段内确保繁殖。排卵是卵子与精子结合后的释放过程。也可以通过人工授精进行繁殖，是在排卵阶段和适当的发情期，收集种公马精液并将精液授精的过程。必须有一个经验丰富的繁殖马兽医，在正确的时间进行人工授精。

精液有数种方法运送，通常是冷藏或冷冻的。冷藏精液需在24h内以特殊容器运输，并用冰袋保持冷藏。冷冻的精液在特殊的罐子里运输，使用液氮保持精子冷冻。精液的评估和准备运输过程使用特定的药物，以帮助保存精子。通常情况下，母马在排卵前需要进行1～2次授精，因此时间必须准确。母马的妊娠期平均为340d或11个月。分娩或分娩过程应在15～30min的时间内完成。妊娠母马放在大的畜栏或大的牧场生产。在分娩过程之前12～24h开始有努责迹象。分娩时将母马放在干燥清洁的地方是非常重要的。在分娩前7～10d会出现某些迹象，特别是有经验的母马。分娩的迹象包括以下内容：

- 乳房变大。
- 乳房泌乳。
- 不舒服和焦虑。
- 分娩前12h停止进食。
- 出汗。
- 外阴膨胀和肌肉松弛。
- 后背和后肢的肌肉量减少。

当母马的羊水破裂时，分娩过程开始，释放羊膜，并且排出大量的羊水。羊水破裂后不久就会生仔。小马驹出生时正常情况下是先出前肢，蹄朝下，再是头部和身体的其余部分（图16-35）。要监测小马驹是否在出生后不久即开始呼吸。在这个过程中，母马会开始舔舐和清理去除小马驹的囊膜，这会刺激小马驹开始呼吸（图16-36）。母马会继续舔干净小马驹（图16-37）。胎盘可能附着在小马驹上或在出生后迅速排出。胎盘是孕期马驹的排泄物（图16-38）。有些母马会尝试吃含有马驹排泄物的胎盘和羊膜。移除胎盘是马的本能，因为胎盘会吸引掠食者注意到小马驹。要去除胎盘和羊膜，并检查确保所有的组织都已经被排出体外。若胎盘保留，会引起严重的感染，要在分娩过程的几个小时内排出。出生后30min到2h内，小马驹会站起来，但它们的动作摇摆不定，需要数天才能协调一致。马驹在站立后要立即开始哺乳（图16-39）。在出生后，立即用碘剂处理脐带，防止细菌进入体内引起感染。当小马驹开始站立时，要给予由温肥皂水灌肠，促使马驹开始排便。母马可以给予少量的干草和水。

图16-35 分娩时，小马驹的正常胎势

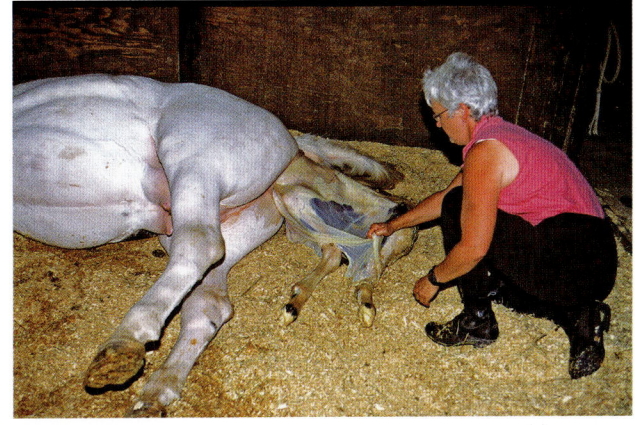

图16-36 需要从马驹身上撕掉羊膜。有时候，母马会自行撕掉羊膜

图 16-37 出生后，母马舔舐和清洁小马驹

图 16-38 检查胎盘，确保完全排出

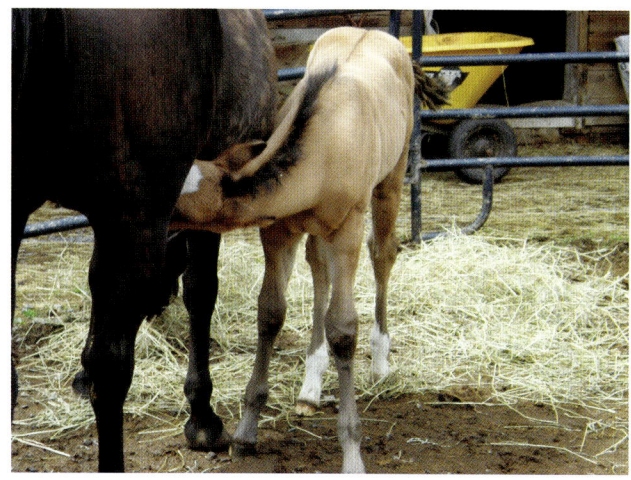

图 16-39 出生后，马驹要立即开始哺乳

常见疾病

马生病或受伤时是公认的脆弱动物。它们的消化系统敏感，骨骼脆弱，很容易受损。任何马场工作人员都必须知道疼痛、跛行和疾病的迹象。马生病后可快速变得非常严重。

急腹痛

急腹痛是常见的马内科疾病，是一种严重的胃痛，如果得不到正确诊疗，可能导致马匹死亡。由于腹部疼痛和不适（图 16-40），急腹痛患马往往会倒地并打滚。这可能会导致胃肠扭转，阻断循环，导致马匹死亡。急腹痛也会导致马便秘或不能排便，致使消化减缓或停止。马可能会因为很多原因发生急腹痛，如体内寄生虫、过度喂食或暴饮暴食、食物霉变或质量差、运动后摄入过多水分，或过热和高热、干草或蛋白质过多，或食物突然变化等。表现急腹痛迹象的马要走动，不能躺下打滚。急腹痛是急诊，要立即联系兽医。急腹痛症状如下：

- 踢侧腹或看腹部。
- 腹部膨胀。
- 频繁躺下和站立。
- 打滚。
- 踢腹部。
- 咬腹部。
- 出汗。
- 不安。

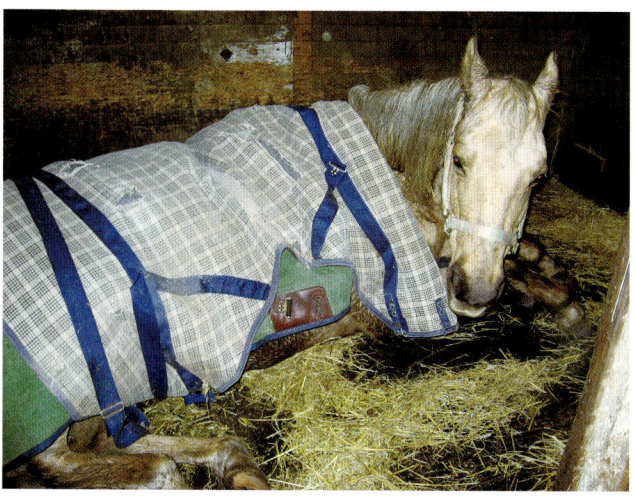

图 16-40 急腹痛

- 便秘或没有排便。
- 厌食（包括食物和水）。

蹄叶炎

马的另一个常见疾病是蹄叶炎。蹄叶炎是蹄骨内薄层和与连接蹄壁组织的一种炎症。蹄叶炎可由很多因素导致，包括过度喂食、过食谷物或干草、饮食突变、过量的冷水、发热或体温过高、分娩后子宫炎症、劳累过度或应激等因素。蹄叶炎会导致严重的跛行和蹄骨旋转，造成马跛行，引发严重疼痛。蹄叶炎患马会表现不愿移动、前后肢靠近站立、蹄区疼痛、跛行、发热和后腿趴开后伸等症状（图16-41）。后腿趴开后伸的马前后肢分开很宽，导致背部下沉或凹陷。

图 16-41 蹄叶炎

马传染性贫血

导致马死亡的另一种疾病是马传贫贫血（EIA）或沼泽热。这是一种由咬虫、蚊虫等引起的病毒病，也可以通过污染的针头传播。这是高度传染性疾病，没有疫苗，没有治疗方法。所有的马匹都应由有执照的兽医每年进行一次检测，并将血液样本提交给国家兽医实验室和农业部。这个检查被称为柯金斯检测。许多州对于展出和旅行目的的马都有法定的检测要求。有些马没有临床症状，只是这种疾病的携带者。EIA 阳性的马匹通常要安乐死，相关物品被隔离。EIA 的症状如下：

- 高热。
- 僵硬。
- 虚弱。
- 体重减轻。
- 黄疸（组织呈黄色）。
- 贫血。
- 四肢肿胀。

马脑脊髓炎

马脑脊髓炎也称为马昏睡病，是由蚊子引起和传播的一种病毒病，是人畜共患疾病。有东欧（EEE）、西方（WEE）和委内瑞拉（VEE）等数种毒株。有疫苗预防，但没有治疗方法。推荐使用杀虫剂防治昆虫。EEE / WEE / VEE 的症状如下：

- 昏睡。
- 困倦。
- 厌食。
- 发热。
- 沉郁。
- 嘴唇和膀胱局部麻痹。
- 无法吞咽。

马流感

马流感是另一种高度传染性的病毒病。疫情会导致全州范围内的突发事件，需要将疫苗接种作为马年度健康计划的一部分。症状包括典型的流感症状，如发热、厌食、沉郁、呼吸急促、咳嗽、虚弱、鼻腔和眼部分泌物。马容易受伤，如创伤、贯穿伤和切割伤。这时，很容易发生细菌感染。梭菌在马粪中自然存在，而且在土壤中长期存活。感染后可以引发破伤风或牙关紧闭症。预防和环境卫生是关键，推荐将接种疫苗作为马年度健康计划的一部分。加强疫苗通常是在严重创伤或受伤后注射，尤其是涉及金属或指甲的创口。发生破伤风的马最终会死亡。破伤风的症状包括僵硬、难以咀嚼、无法吞咽、不愿吃东西。这些症状会随着时间而恶化。

常见寄生虫

常见的内寄生虫包括蛔虫、蝇蛆、圆线虫。这些寄生虫多数吸食肠道中的血液。内寄生虫的最佳防治方法是定期驱虫，每天清洁厩舍，轮转牧场，清洁和消毒水桶，以及常规粪便检查。需要控制的外寄生虫包括蚊子、螨虫、蜱、虱子和癣菌。外寄生虫带有许多疾病，其中一些是人畜共患疾病。外寄生虫的最佳防治方法是使用杀虫剂喷雾，以控制咬虫，定期清理厩舍和定期清除粪便。

小结

当今，马主要用于娱乐和收入来源。马已成为拥有、展出和繁殖的热门家畜。已经培育出很多品种的马。马需要特殊的医疗保健、经验丰富的训练者和知识渊博的兽医工作人员。日常维护和预防保健是整体健康保持良好的关键。兽医助理可以在护理和操控马匹方面发挥重要作用。

复 习 题

1. 在描述马时，掌是什么意思？
2. 马的分类有哪些？解释每种分类。
3. 马有哪些常见的行为？
4. 解释马的消化系统。
5. 用于保定马的设备有哪些？
6. 繁殖马的方法有哪些？
7. 如何通过牙齿判断马的年龄？
8. 马急腹痛的症状是什么？
9. 马的运动方式有哪些？解释马的每种运动方式。
10. EIA 是什么？EIA 的测试方法是什么？

临床案例

Dr. Reese 和兽医助理 Emily，在 Linevillle 马中心工作，接到来自农场的电话，一匹马不吃东西，已经出现不排便的症状，在厩舍躺着打滚，可见明显的疼痛。今天发生这些症状数小时了，主人拒绝对马进行检查。最后，主人同意进行检查，但不确定是否会进行治疗。

"先生，马正剧烈疼痛，非常需要到医院看是否需要手术。我们至少会给马一些止疼药，让马舒服一些"，Dr. Reese 试着解释这匹马需要就诊的重要性。

"好，我真的没有那么多钱可以花在这匹马身上。如果情况真的有那么糟，我想我要放弃治疗了。"

Dr. Reese 和 Emily 讨论了目前情况以及马可能出现的问题。主人只允许了最小

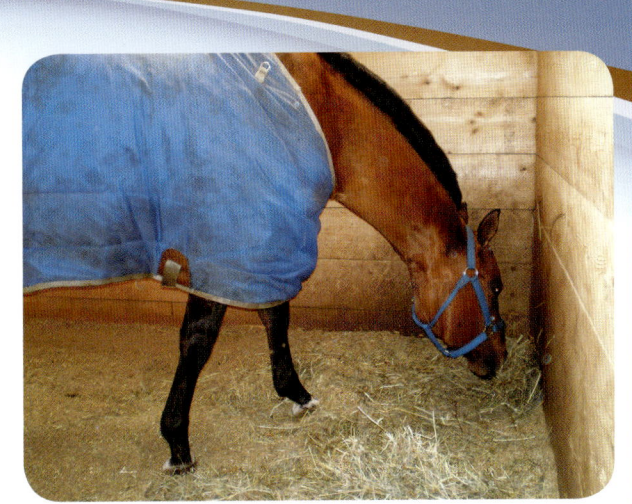

化的检查，不愿给出关于马更多的病史背景。

- 作为兽医助理，你会如何处理这种情况？
- 马的健康可能出现哪些问题？
- 可以让马主人做哪些选择？

第3部分

解剖学总论与疾病过程

第 17 章　生物的结构

学习目标

学习完本章后，读者应该能够：
- 定义解剖学、生理学和病理学概念。
- 识别生物体的结构单位。
- 描述细胞功能和细胞分裂。
- 识别各种类型组织的功能。
- 解释各器官系统的用途。

引言

在辅助保定、处置和护理各种动物时，了解和掌握正常解剖对兽医专业人员极为重要。解剖学是研究机体内部和外部结构的学科。生理学是研究这些结构的功能及其如何运作的学科。充分认识什么是"正常"将有助于在发生异常时识别疾病进程。病理学是研究疾病进程的学科。

不同物种的动物外貌千姿百态，但其身体外部结构和功能是相似的。同一结构在不同物种间可能名称相同，但有时一个结构名称只针对特定物种。本书在繁殖章节会对每个物种进行论述。特定物种外部结构的解剖图和正确术语，可参照各个章节的描述。所有动物都有头部、身体和尾部结构。一些动物有足、爪或蹄。兽医助理必须熟悉经常接触的动物物种的外部解剖结构术语。

细胞

动物最基础的结构单位是细胞。细胞是微观大小的结构，每个生物都是由数万亿个细胞组成的。细胞的形状和大小各异，并各有特定的功能。

细胞的结构

一个细胞由许多细胞器（细胞内的小单位，有特定功能；图 17–1）组成。细胞的结构包括细胞膜，也称细胞壁或浆膜，能维持细胞形态。细胞质是细胞的液体部分，可使细胞内结构移动。细胞核是细胞的脑，位于细胞中央。细胞核内有核仁，核仁形成遗传物质。线粒体是细胞内产生能量的地方，常被称为"细胞动力室"。核糖体是细胞内产生蛋白的结构。溶酶体是消化食物和蛋白的结构。细胞为新陈代谢提供场所。新陈代谢是机体内化学物质被分解和利用的反应。细胞在机体内承担许多功能（表 17–1）。

细胞分裂

细胞分裂是指一个细胞分成两个细胞。机体内有两种细胞分裂类型：有丝分裂和减数分裂。有丝分裂是体细胞（无生殖力的）的细胞分裂，能促进机体的生长和修复。该过程包含了几个阶段（图 17–2）。1 个细胞分裂成 2 个与原细胞一样的细胞。减数分裂是为了繁育和生殖的细胞分裂。这个过程中 1 个细胞分裂成 4 个不同细胞，称作子细胞（图 17–3）。每个子细胞都有母细胞一半数目的染色体。受精时提供另一半染色体。所有新的细胞具有相同的来自父母的遗传物质。表 17–2 概述了细胞分裂的各个阶段。

酶是在新陈代谢过程中可以改变其他化学物质的化学物质。酶分解细胞组分，使细胞被吸收并为机体所用。常见于药物在机体内的作用过程。

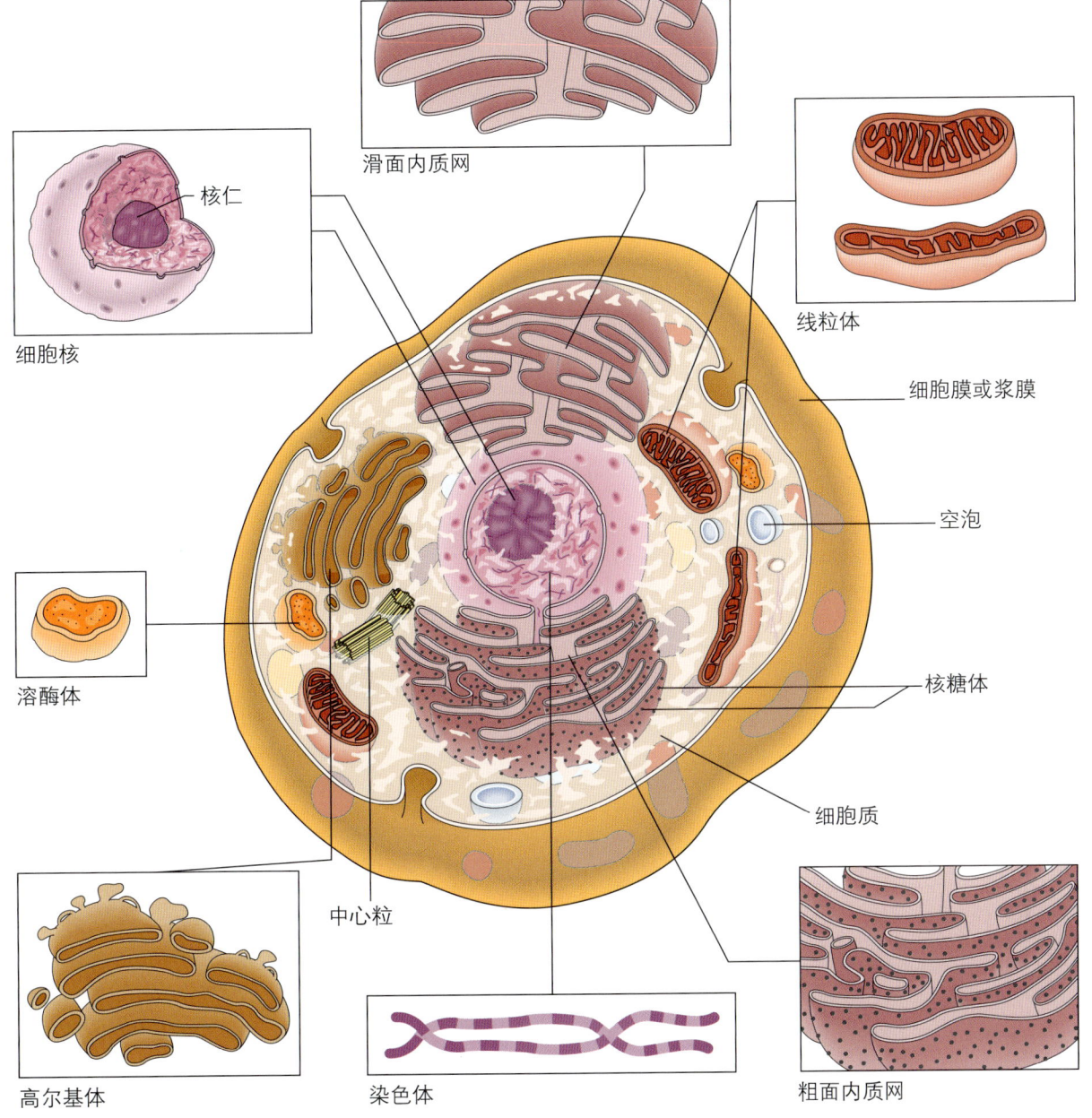

图 17-1 细胞的组成

表 17-1 细胞功能

主动转运	物质从低浓度向高浓度转运的过程
合成代谢	小微粒合成形成大颗粒的过程
分解代谢	大颗粒分解成小微粒的过程
扩散	物质从高浓度向低浓度移动的过程
内吞作用	细胞吞噬微粒的过程
细胞外液（ECF）	在细胞外的液体，如血液
内稳态	维持和平衡机体的过程
渗透作用	物质移动并穿过细胞膜
吞噬作用	死亡细胞和废弃物被吞噬或清除至体外的过程

兽医助理基础与应用

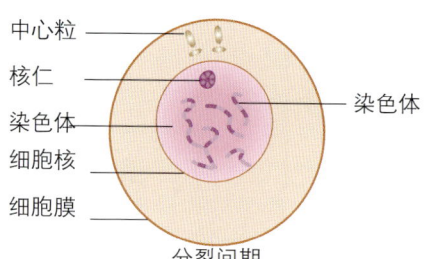

分裂间期
细胞核和细胞核膜清晰。染色体包含于细胞核内，呈线状团块。

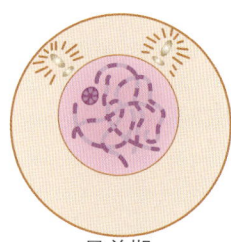 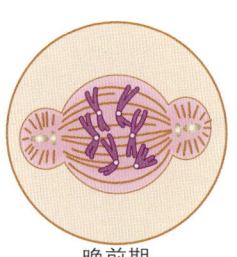

早前期　　　　中前期　　　　晚前期
中心粒开始向相对的两个极点移动，在两极之间形成纤维。染色体开始变得致密。细胞核膜变得没有那么清晰。

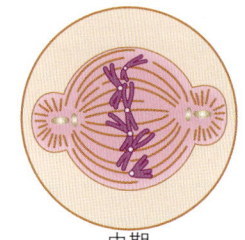

中期
染色体开始连接至两极间的纤维上。

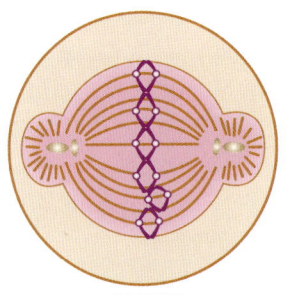 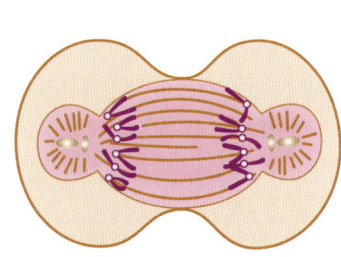

早后期　　　　晚后期
染色体分离并移动至相对的两极。

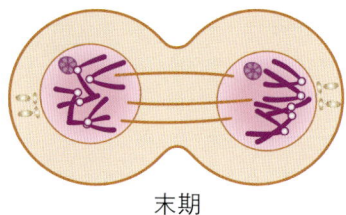

末期
染色体位于两极且核膜开始形成。

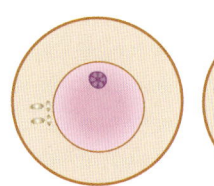 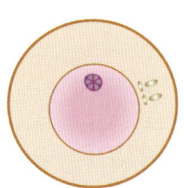

分裂间期
细胞分裂已经完成。两个新的细胞与原来细胞一样。

图 17-2　有丝分裂的阶段

> **术语提示**
> 　　受精是精子和卵子结合产生一个胚胎的过程。
> 　　染色体是从父母双方遗传获得的遗传物质，并可传给后代。

第 3 部分 解剖学总论与疾病过程

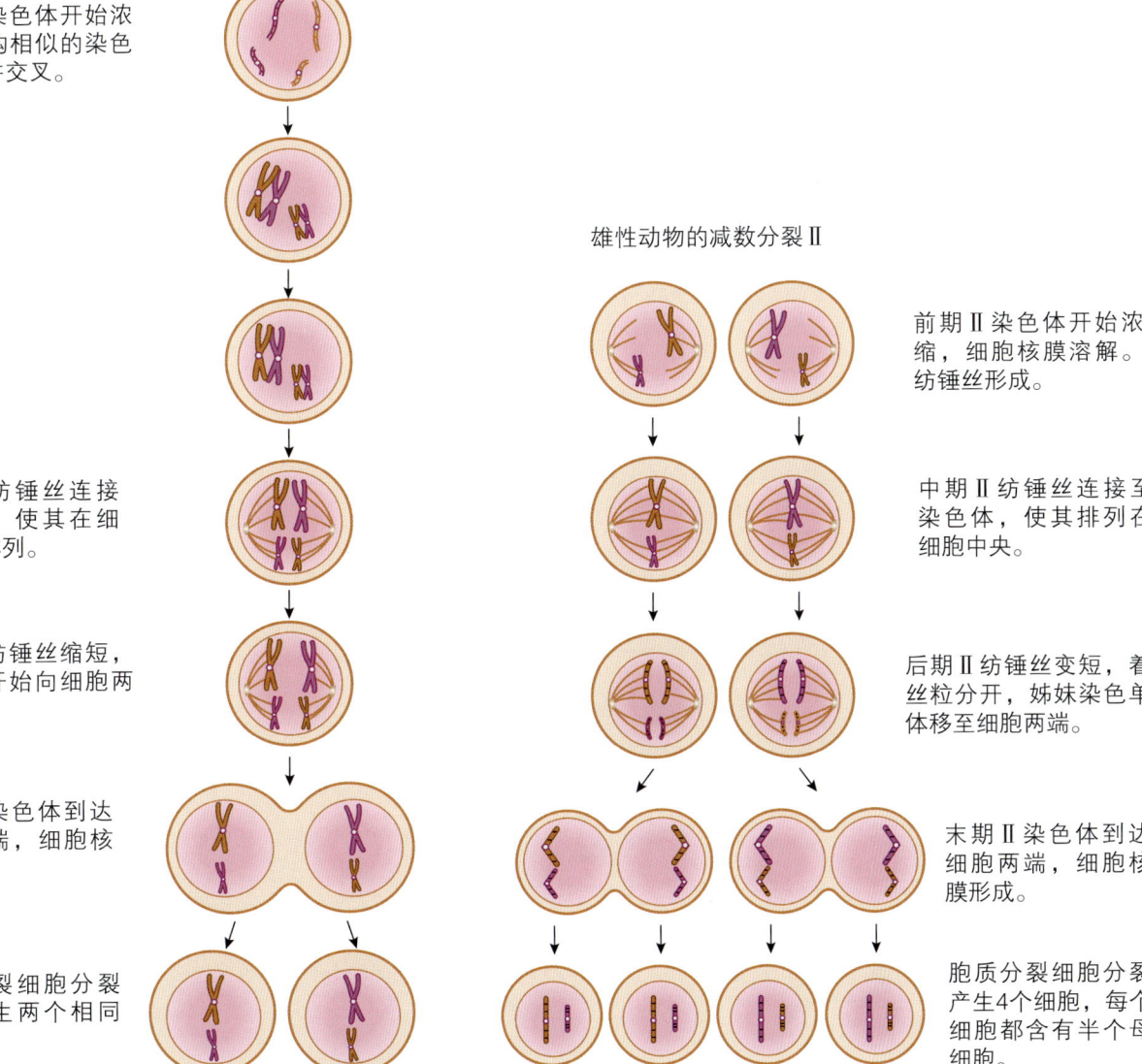

图 17-3 雄性动物的减数分裂

表 17-2 有丝分裂和减数分裂的阶段

分裂间期	细胞处于正常状态
前期	染色质形成并开始变成 X 形
中期	纺锤体在中央形成
后期	染色体分开
末期	分开形成 2 个或 4 个新细胞

组织

组织是由一组结构相似的细胞组成，具有特定的功能，如皮肤和骨骼。对组织的研究称作组织学，这是兽医学中的一个研究领域。动物有4种组织：上皮组织、结缔组织、肌肉组织和神经组织。上皮组织覆盖机体的表面，包裹内脏器官，有保护层的作用。结缔组织用结缔细胞连接和支撑机体结构，如韧带和筋腱（图17-4）。肌肉组织使机体运动（图17-5）。神经组织包含可对刺激应答并对机体反应的粒子。

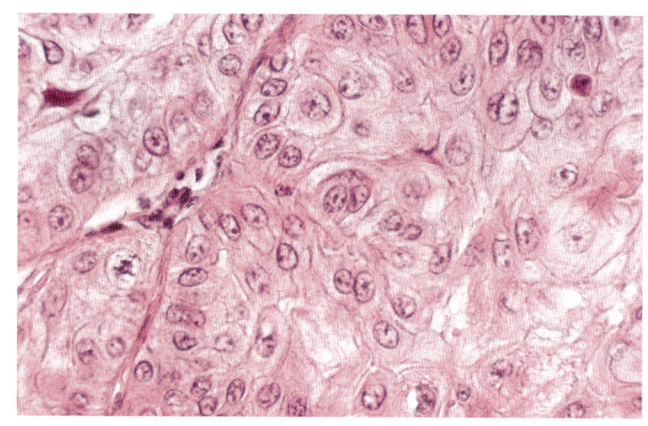

图17-4　马皮肤癌的显微照片（高倍镜）。这些细胞核及细胞的形状、大小均不同

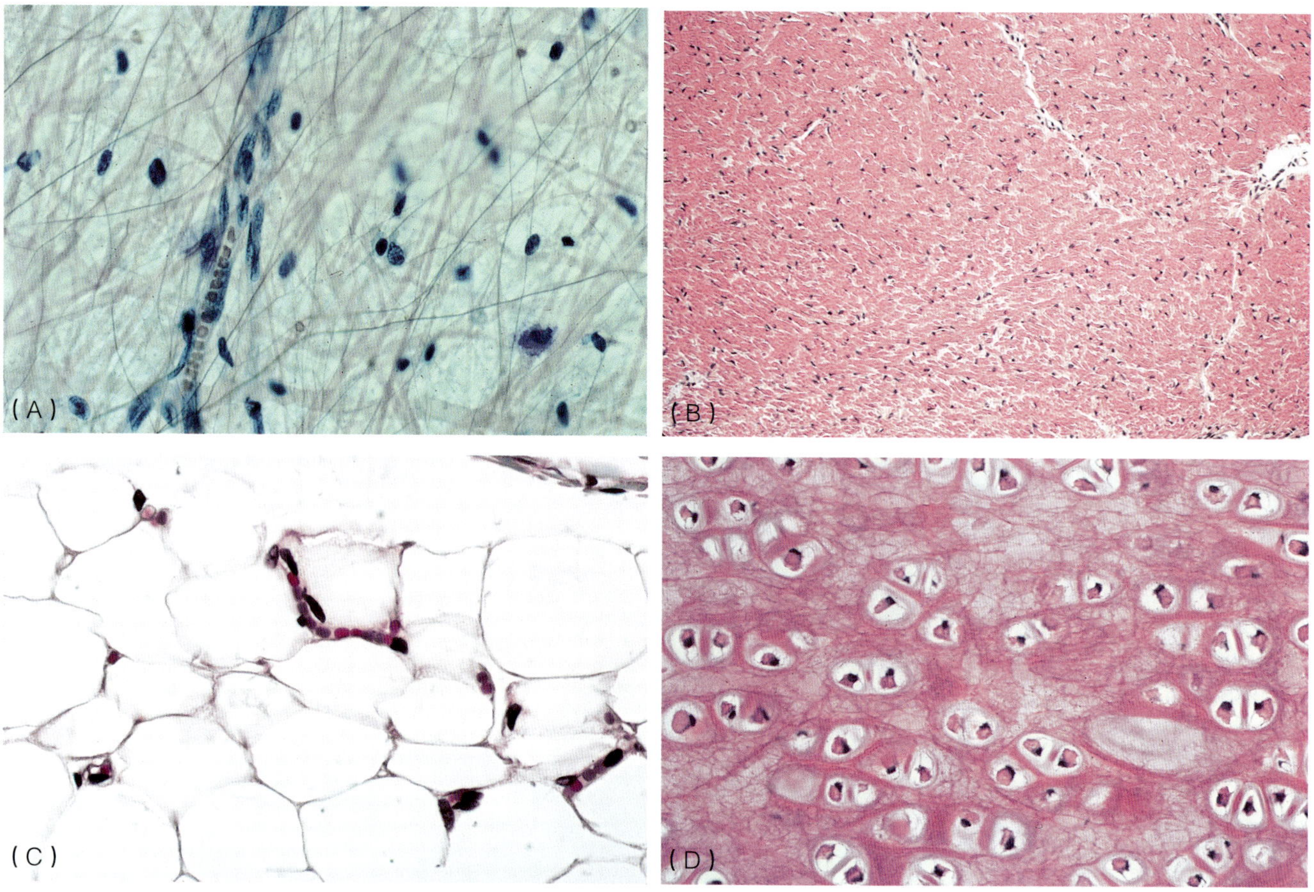

图17-5　结缔组织的类型：（A）猫的肠系膜（使腹腔器官松散连接的结缔组织），可见胶原纤维（粉）和弹性纤维（薄的深色纤维）；（B）绵羊韧带中致密包裹的弹性纤维；（C）脂肪组织；（D）猪的软骨

器官

器官由相似的组织形成，如肝脏、心脏、皮肤、肾脏、胰脏等。每个器官都有特定的功能。它们不是各自工作，而是协同进行特定相关的功能。协同工作的器官称之为器官系统。每个器官系统都有特定的维持生命的功能。每一个生物都是由许多器官系统组成。每个系统相互协同组成一个完整的有生命力的功能有机体。

疾病和损伤

机体系统及其功能会因疾病进程或损伤而中断。感染是外源性病原侵入造成的疾病。感染常导致炎症。炎症是对损伤的一种保护性应答，会造成疼痛和红肿。

外力会造成创伤，如高处坠落。创伤可造成组织破坏或损伤。需要对创伤动物进行急诊管理，以预防失血过多或感染等并发症。

肿瘤是指在某些情况下，局部区域内细胞分裂迅速。肿瘤可为良性或非癌性的，也可能为恶性的癌症。兽医学中需判断某个肿物是否为恶性肿瘤，以确定治疗方案。显微镜下，癌细胞的细胞核大、纺锤体异常，染色后呈簇状细胞（图17-6）。

小结

细胞是生物机体最基础的结构。细胞分裂增殖形成组织。组织形成器官，从而发挥特定功能。器官协同工作，提供生物体所有重要的生命活动。

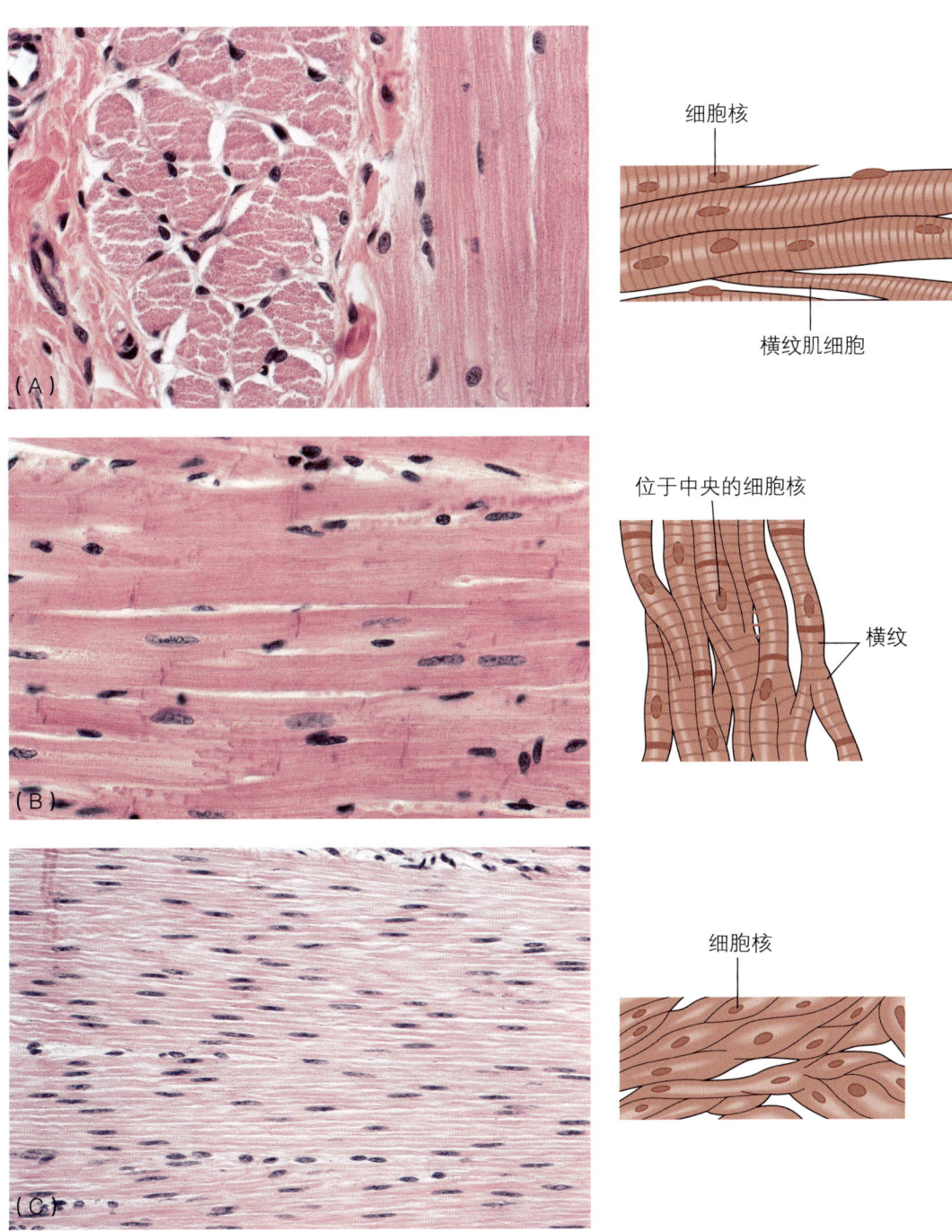

图17-6 肌肉组织的类型：（A）骨骼肌；（B）心肌；（C）平滑肌

复习题

1. 大小、形状和功能相似的细胞群称为什么?
2. 包裹在内部结构上的组织类型称为什么?
3. 研究组织的学科称为什么?
4. 被称为"细胞动力室"的结构是什么?
5. 解释术语"体内平衡"。
6. 细胞有哪些部分?
7. 有丝分裂的阶段有哪些?
8. 解剖学和生理学的区别是什么?
9. 良性肿瘤和恶性肿瘤的区别是什么?
10. 举例说明不同种类的组织类型,并描述它们的功能。

临床案例

Kate 是 Green Lane 动物诊所的兽医助理,她正在为一只12岁已绝育的雌性可卡犬 Callie 做手术准备。Kate 阅读了病历,得知 Callie 左腹部有一个 4cm 肿物,Smith 医生准备手术将其切除,并送至院外实验室活检,确定病因及其是否为恶性。

Callie 的主人 Ames 女士带它做了术前血检,并询问前台几个问题。Ames 女士在便条中写道:如果是癌症,接下来会发生什么,Callie 回家后需要如何护理?

- Kate 应该为 Callie 的手术准备哪些东西?
- 如果肿物是癌症,可以考虑哪些治疗方案?
- Callie 回家后的注意事项是什么?
- 谁应该与 Ames 女士讨论实验室结果?

第 18 章 肌肉骨骼系统

学习目标

学习完本章后，读者应该能够：
- 列举肌肉骨骼系统各结构的名称。
- 描述肌肉骨骼系统的功能。
- 分辨关节的类型及其在身体中的位置。
- 描述肌肉骨骼系统的常见疾病。

引言

肌肉骨骼系统由骨骼、肌肉、肌腱和韧带组成。骨骼组成了动物的骨性结构，为重要器官提供支持和保护，使动物能够运动。骨骼能适应弯曲和生长。

骨

骨是一种坚硬的、有活性的组织，大部分由钙质组成，形成动物的骨骼。骨支撑动物并保护脏器。骨可存储钙和磷等矿物质，当机体需要时可调用，同时为红细胞提供营养素。幼年生长期动物在饮食中需要钙和其他必要的矿物质来促使骨骼形成和生长。

不同年龄和物种动物的骨数量不同。骨的形状可描述为长骨、短骨、扁骨或不规则骨，结构上分皮质骨和松质骨。皮质骨是形成骨外层的组织，较厚，可被修复，并使骨存在弹性和刚性。松质骨像海绵，柔软，位于骨内层。骨通过骨化过程形成。骨内的中空部分称为髓腔，内有液体，可产生血细胞，称为骨髓。骨的其他结构定义表 18-1。图 18-1 标示了长骨的解剖特征。

关节

两块骨之间连接的部位形成关节。动物通过关节在一些区域弯曲和水平移动。体内主要有 3 种类型的关节。纤维性关节是固定的关节，活动范围很小或不活动。两块骨间纤维性关节连接区域称为骨缝线。这是连接骨与骨之间的细线，几乎不能活动。此类型关节多见于头盖骨。软骨性关节连接关节两端，在骨与骨相遇处形成软骨作为保护减震垫。生长期的动物中，此区域称为生长板；随着动物年龄增长，软骨关节变为骨性。第三种类型是滑膜关节。这种关节是可动的，可为单方向活动的铰链关节，围绕固定点旋转的枢轴关节，或多方向旋转的球窝关节。图 18-2 和表 18-2 图示和列举了各类关节。

关节类型不同，其运动方向不同。关节弯曲或关闭使关节变短，关节伸展或打开使关节变长。动物也能运动关节实现外展和内收。外展是指向离开身体的方向运动，内收是指朝向身体的方向运动（图 18-3）。

表 18-1 骨的其他结构

成骨细胞	在年轻、发育期骨中启动骨化过程的微粒
骨细胞	开始形成成熟骨的骨细胞
破骨细胞	成熟骨的微粒，形成矿物质和松质骨
骨膜	在骨外覆盖的薄层结缔组织
骨内膜	在骨内覆盖的薄层结缔组织

肌肉和结缔组织

肌肉遍布动物全身使之可以运动。它们连接身体不同部位，保护身体并提供力量。韧带是连接两骨的组织纤维束，支撑身体所有部位，使肢体能够弯曲和运动。肌腱是连接骨和肌肉的组织纤维束，也可帮助肢体运动。

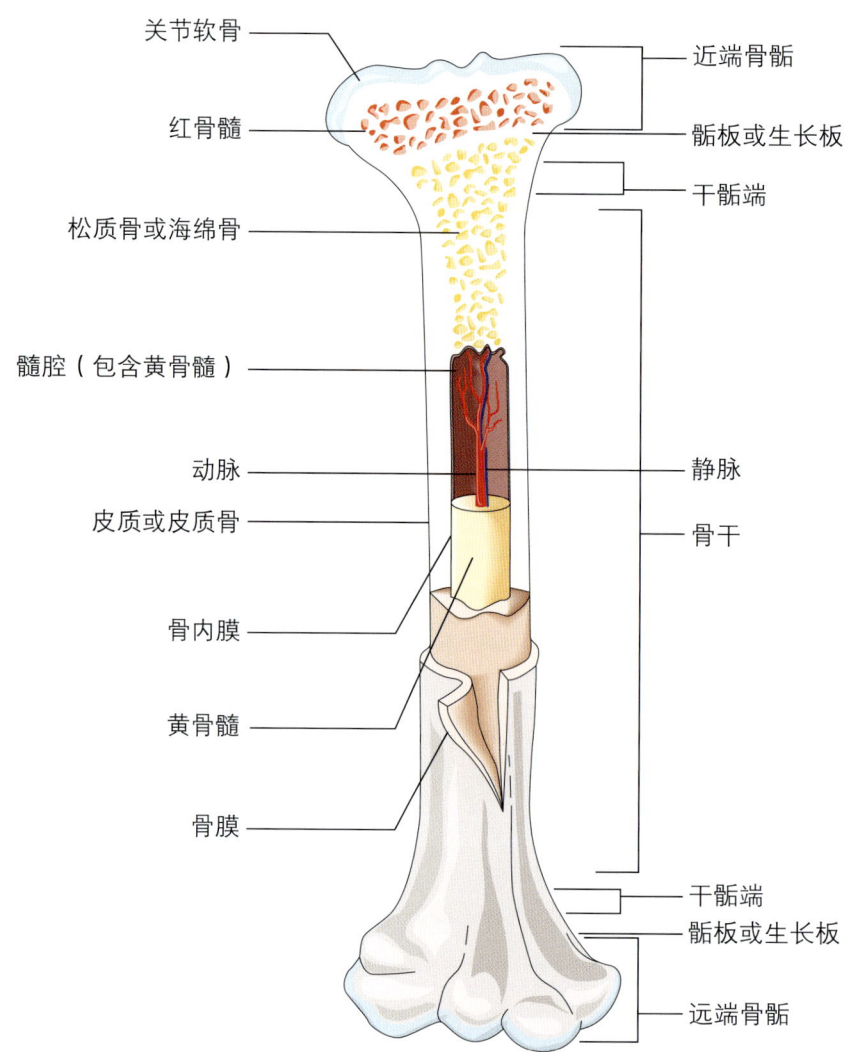

图 18-1 长骨的解剖

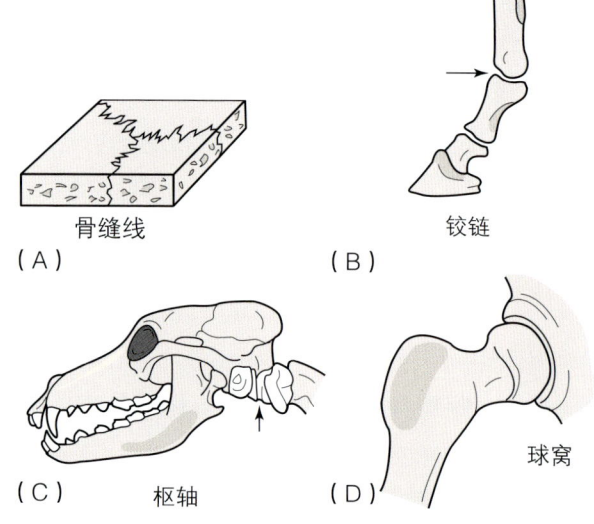

图 18-2 关节举例：(A) 骨缝线；(B) 铰链；(C) 枢轴；(D) 球窝

表 18-2 关节的类型和位置

位 置	关节类型
头骨	纤维关节
骨端生长板	软骨关节
肘关节	滑膜关节（铰链）
椎骨	滑膜关节（枢轴）
髋关节	滑膜关节（球窝）

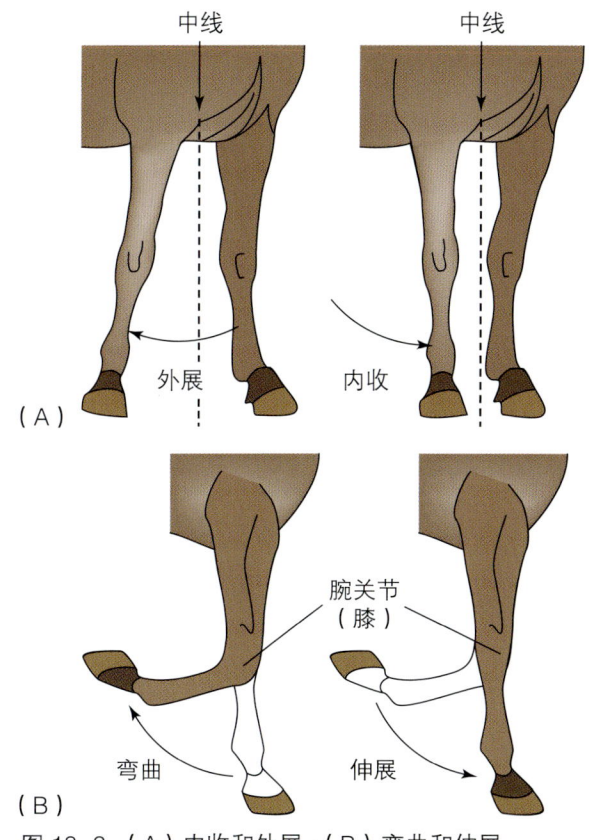

图 18-3 （A）内收和外展；（B）弯曲和伸展

中轴骨

骨骼被分成两部分，中轴骨和附肢骨。中轴骨为身体横轴或纵轴上的骨骼，包括头骨、脊柱、肋骨和胸骨。头骨由多块骨组成，包裹和保护脑部，包括上颌骨、下颌骨等（图 18-4）。在头骨和鼻道内的小的开放空间称为鼻窦。脊柱由脊椎组成，包裹和保护脊髓（图 18-5）。脊柱从头骨基部延伸至尾部末端，使动物能够运动。根据身体的位置将脊柱分成几段。

第一段脊柱是头至颈的颈椎。第 1 颈椎是寰椎，在头骨基部，使动物能上下点头运动。枢椎是第 2 颈椎，使动物能旋转和摇摆运动。第二段脊柱是肩部至胸部的胸椎。每一根肋骨连接对应的胸椎椎体，保护心脏和肺脏。胸骨帮助保护胸腔器官。下一段脊柱是腰椎，是位于后背或腰部区域的脊柱。在骨盆或臀部区域形成荐椎。在骨盆的上方，几个椎体融合，处于脊椎的最高点，称为荐骨。荐骨的两边各有一个坚固的关节，连接至骨盆或髂骨。最后一段脊柱是尾椎，形成尾部区域。此段基本不含脊髓。图 18-6 图示了中轴骨的不同部分。

附肢骨骼

附肢骨骼是肢体的一部分。前腿或前肢是动物前面的腿。前肢包括肩胛骨（通常称为肩胛）、鹰嘴（也称肘头）、肱骨（或前肢上方的大骨）及桡尺骨。桡骨是前肢下方的大骨。尺骨是桡骨后方略小的骨。桡骨和尺骨在顶端和底端融合在一起，并与肱骨连接形成肘关节。肢体下方形成腕骨，这与人的腕骨类似。数个小腕骨排成两列，称为腕关节。前足的长骨称为掌骨。在有蹄类动物，这些骨形成管骨。马的管骨后方有 2 块小赘骨，身体重量主要

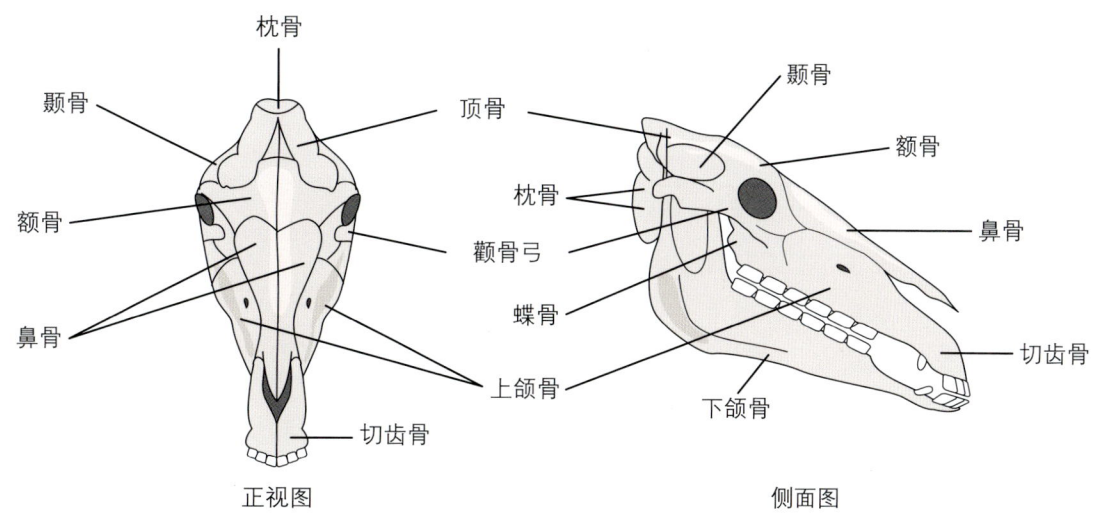

图 18-4 头骨和面部的部分骨骼

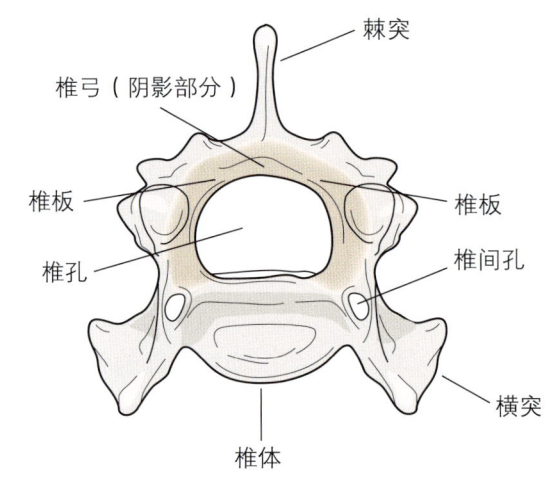

图 18-5 脊椎骨

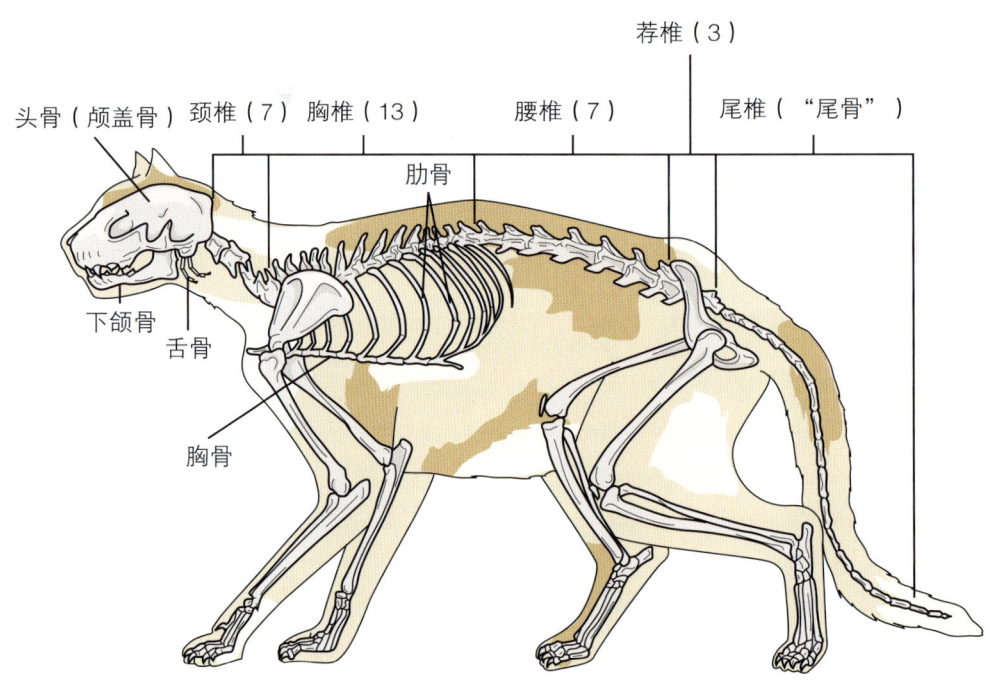

图 18-6 中轴骨

负荷在前肢，过劳时会引起赘骨发炎。指骨形成脚趾或指头。第 1 指骨由内侧一短骨形成，为对生拇指，称悬爪。后肢或下肢形成动物的后腿。骨盆是由髂骨、坐骨和耻骨 3 部分组成。骨盆与后肢通过髋臼或髋球窝关节固定。股骨（或大腿骨）是后肢上部的大骨。髌骨又称膝盖骨，与后肢上下骨形成关节。下部的骨称为胫骨和腓骨。胫骨是后肢下部前侧的大骨；腓骨是胫骨后方的小骨。胫腓骨相遇处为跗关节，它是由几个与踝骨类似的骨构成，统称为跗骨。跖骨是后足的长骨，前肢指部称为指骨，后肢的趾部为趾骨。图 18-7 为组成附肢骨骼的骨。

常见的肌肉骨骼疾病

髋关节发育不良是大型犬常见的遗传性疾病。骨盆和股骨的球窝关节病变，出现关节吻合度差（图 18-8）。该病表现为髋臼窝变浅甚至不同严重程度的股骨头半脱位。常见症状包括不愿躺下或站起，无法上楼梯及跛行，轻度至重度疼痛。部分品种好发，生长期大型犬发育过快时更为好发。可使用抗炎药缓解疼痛和炎症。严重时可能需要髋关节置换手术。可通过筛选繁育犬来降低发病率。繁育犬可通过动物骨科基金会（OFA）或宾夕法尼亚大

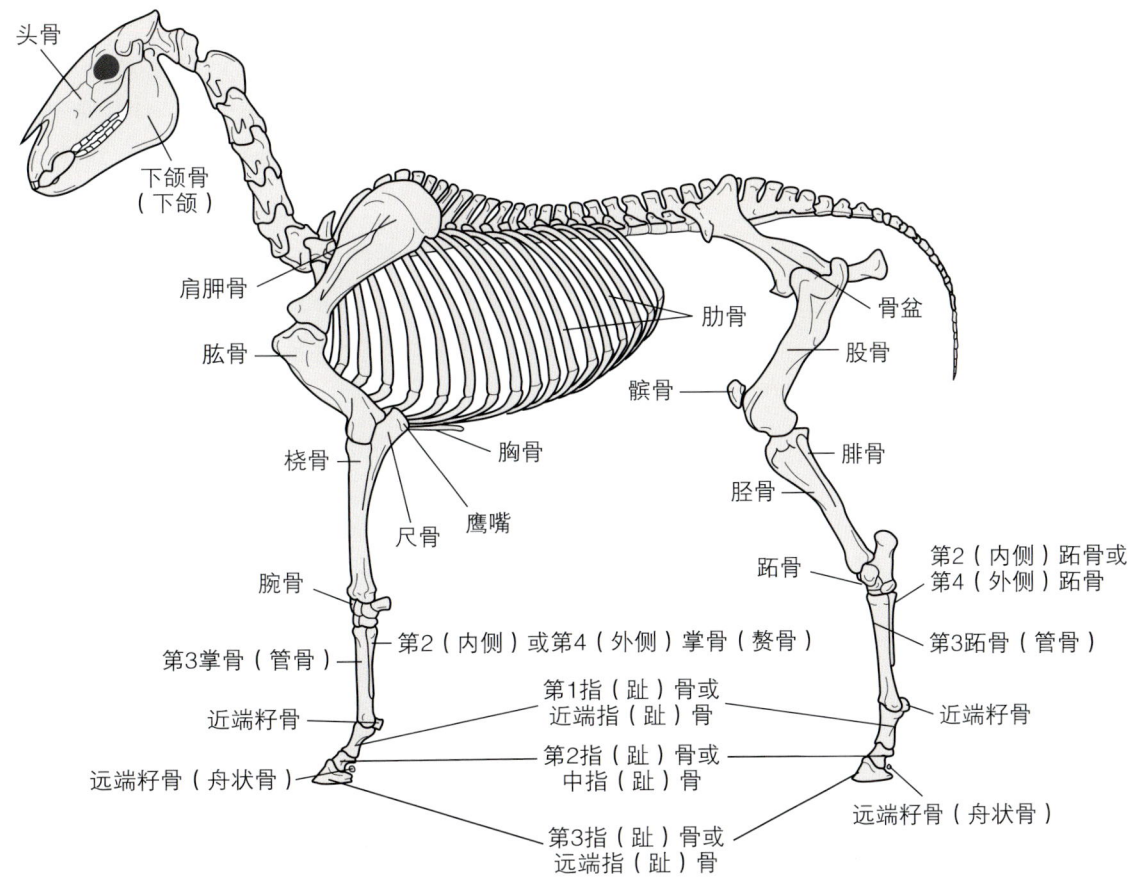

图 18-7　附肢骨骼

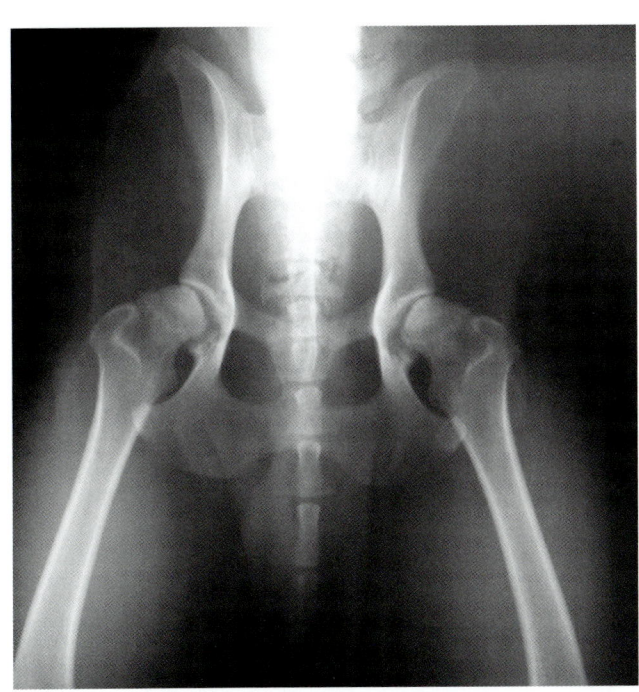

图 18-8　髋关节发育不良患犬的 X 线片。注意：髋臼窝浅，股骨头半脱位（部分脱位）

学 PennHIP 计划获得髋关节 X 线片认证证书，评估繁育犬髋关节发育不良的情况。

关节炎是老年犬关节发生炎症或其他病变的常见疾病。该病造成跛行和疼痛，随时间推移加重。动物关节炎的症状包括：

- 偏用一肢或跛行。
- 坐立困难。
- 嗜睡。
- 关节僵硬或疼痛。
- 不愿跳、跑和爬楼梯。
- 体重增加。
- 活动力减少或对玩耍/活动的兴趣减少。
- 态度或行为改变。
- 警觉性下降。

兽医助理基础与应用

> **髋关节发育不良遗传性好发犬种**
> - 德国牧羊犬。
> - 罗威纳犬。
> - 拉布拉多猎犬。
> - 大丹犬。
> - 金毛寻回猎犬。
> - 圣伯纳犬。

可使用止疼药和抗炎药、营养补充剂来缓解疼痛。目前有很多控制骨关节炎的药物。

椎间盘疾病（IVD）是犬另一个常见病，更常发生于一些特定长背品种犬，如巴吉度犬、腊肠犬和柯基犬。创伤相关炎症施压于椎间盘，引起椎间盘疾病。炎症和肿胀施压于受波及脊椎，引起脊髓神经痛和脊髓损伤。常见症状包括严重疼痛，可能出现瘫痪。瘫痪累及背部、头部、颈部和四肢，可能造成动物排尿和排便失禁。可以使用类固醇抗炎，也可以配合肌松剂来减少疼痛。

活泼好动犬常发生十字韧带撕裂，大型犬则更为复杂。所有体型的动物都可能出现韧带损伤。四肢上遍布韧带，为膝关节提供稳定性的十字韧带最容易在剧烈运动或膝关节受伤时发生损伤或撕裂。这会造成动物跛行和肢废用。可通过抽屉运动确诊，其操作方法是像开关抽屉一样移动膝关节，如果可移动，则为抽屉运动阳性，说明十字韧带撕裂（图18-9）。这种撕裂可累及半月板，它们也是膝关节上的韧带，与十字韧带一同呈 X 形交叉于膝关节上。在十字韧带撕裂的修复与重建上，限制运动、使用止疼药以及手术修复为基本方法。

骨折指骨的连续性中断（图 18-10）。骨折有多种类型。简单骨折是指只有一处骨折且未发生错位。粉碎性骨折是指多处骨折，并形成骨碎片。开放性骨折是指骨折穿透皮肤。骨折有数种修复方法，但都需要先复位和固定才能愈合。有些骨折可以通过夹板固定，即利用敷料和绷带制动损伤部位。铸型固定是指将一种坚硬物质放在骨折部位以保持骨的稳定。手术修复是使用髓内针进行固定（图18-11）。这是将不锈钢的髓内针放置在骨折骨中央，保持骨折愈合时的稳定。也可使用骨板，将手术用钢板与骨螺钉一起放在骨折部位起固定作用（图18-12）。

如果有骨碎片，可使用环扎钢丝固定碎片，促进愈合（图 18-13）。骨折愈合与骨骼发育类似。软骨重建并在骨折部位形成骨痂、变厚。2 周内成骨细胞开始发育，逐渐将骨痂替代为骨骼。完全愈合的时间取决于骨折部位、骨折类型和护理方法。绷带外固定包扎和术后护理也是骨折愈合不可或缺的。

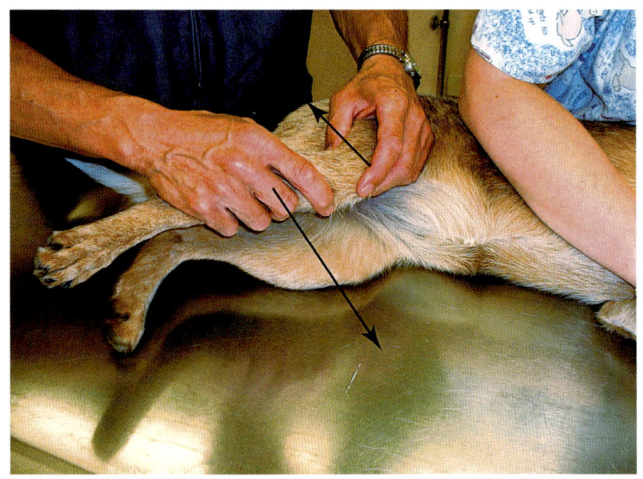

图 18-9 兽医正在进行犬膝关节抽屉运动检查，箭头所指方向为用力的方向

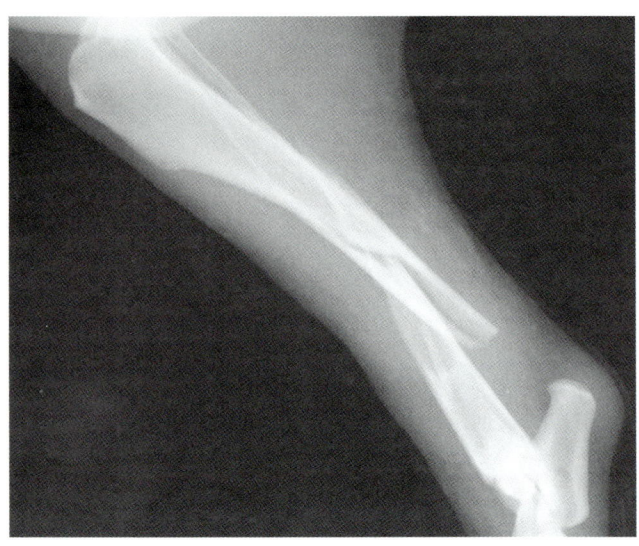

图 18-10 后肢胫腓骨骨折的 X 线片

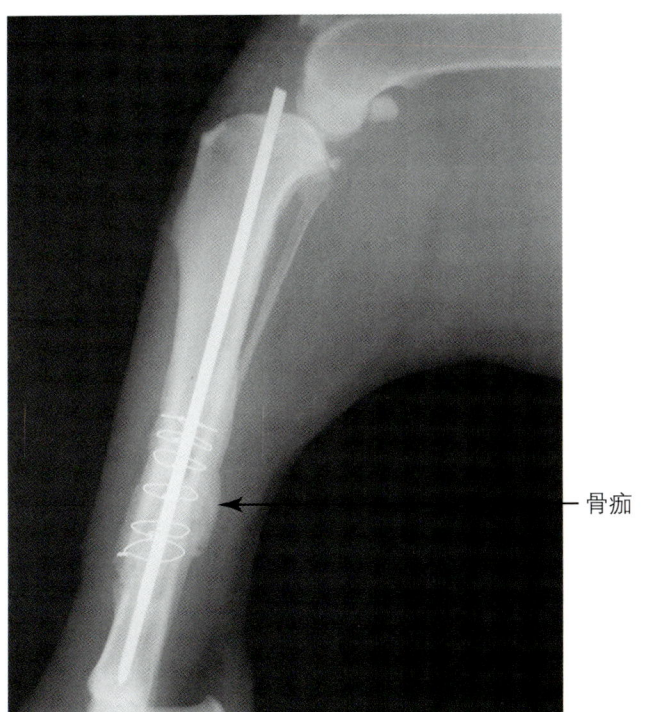

图 18-11　胫骨骨折髓内针内固定的 X 线片

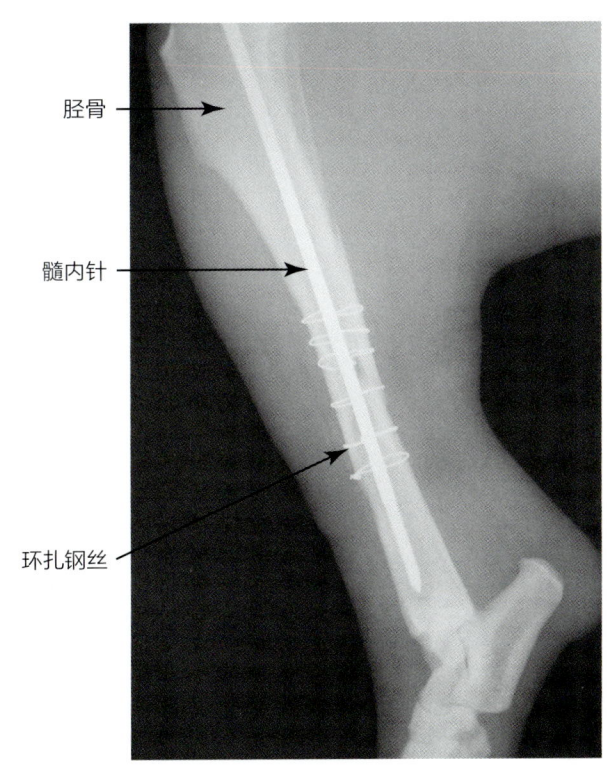

图 18-13　显示环扎钢丝治疗骨折的 X 线片

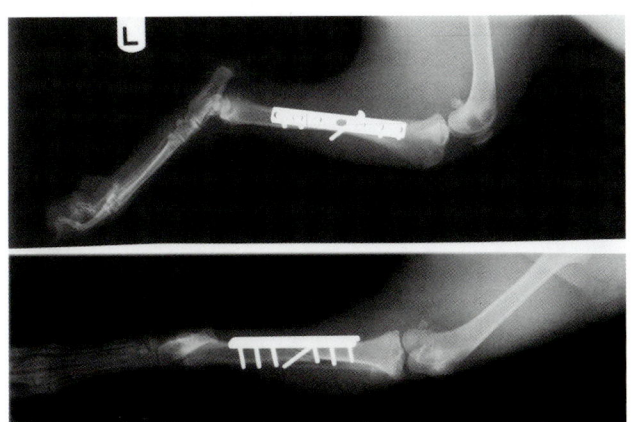

图 18-12　胫骨骨折骨板内固定的 X 线片

小结

肌肉骨骼系统包括骨、肌肉、关节和肌腱。中轴骨包括头骨、脊椎和胸廓。附肢骨包括前后肢。该系统为重要器官提供支持和保护，使动物能够运动。肌肉骨骼系统常见的疾病包括关节疾病、创伤相关性骨折、肌肉骨骼损伤引起的肌肉疼痛或无力、瘫痪和畸形、活动力减少及体重增加。

复习题

1. 骨中通常储存什么矿物质？
2. 术语"屈曲"是指什么？
3. 连接骨与骨的纤维带状组织称为什么？
4. 哪个脊柱节段包含寰椎和枢椎？
5. 后肢胫腓骨相遇的位置是什么骨？常用名称是什么？
6. 肌肉骨骼系统包括哪些部分？
7. 举例中轴骨包含哪些骨。
8. 举例附肢骨包含哪些骨。
9. 举例和描述大型犬好发的肌肉骨骼疾病？
10. 举例和描述老年动物好发的一种骨骼疾病。

临床案例

Jake Anderson，一只6岁已去势雄性英国史宾格犬被匆忙送进Bell动物医院。该犬车祸，右前肢无法负重，非常疼痛。兽医助理Mark将Jake送至检查室，发现患肢肿胀严重，可能发生骨折。Johns医生为其做了体格检查和血液学检查，除了前肢受伤外，其他均正常。助理Mark和Julie对Jake右前肢进行正侧位X线检查，结果由Johns医生判读。

Johns医生诊断为右前肢桡尺骨简单骨折，并与主人沟通病情。

- Johns医生可能与主人讨论哪些治疗方案？

- 当兽医与主人沟通完Jake的治疗方案后，可能需要准备哪些耗材和器械？
- Jake出院后，在家的护理项目包括哪些？

第 19 章　消化系统

学习目标

学习完本章后，读者应该能够：
- 说明组成消化系统的结构。
- 描述消化系统功能。
- 区分单胃、反刍、非反刍和禽类消化系统。
- 举例和描述消化系统相关的常见疾病。

引言

消化系统或胃肠系统（GI）的作用是消化食物。消化是指将食物颗粒分解变成营养素，被机体利用，维持动物的生命。消化系统将营养物质运送并转化为可被细胞利用的形态。

牙齿

食物进入口腔，通过牙齿咀嚼。动物的牙齿结构是适应其采食食物类型的。食肉动物是以肉类为基础饮食的动物，它们的牙齿可抓住食物、撕碎并咀嚼成碎片。犬猫是食肉动物，拥有长的犬齿，用来撕碎食物。食草动物是以植物为基础饮食的动物，它们的牙齿可磨碎植物。牛、绵羊、山羊和马是食草动物。杂食动物是以植物和肉类为基础饮食的动物。它们的牙齿可咀嚼多种类型的食物。猪和人类都是杂食动物。

牙齿由坚硬的牙釉质组成，覆于牙齿表面，也称牙冠，可保护牙齿不受损伤。牙冠是牙齿顶端的部分，在口腔齿龈线的上方。牙齿的第 2 层为牙本质，与骨骼相似。齿根是齿龈下方的部分，牙齿由一个或多个齿根固定在位。牙齿中央是牙髓腔，含有神经、动脉和静脉。图 19-1 显示了牙齿的解剖结构。

牙齿分为乳齿和恒齿。乳齿又称为非永久性牙齿，在新生动物长出，外形弯曲。随动物发育至成熟时脱落，由恒齿替代，恒齿或称为成熟牙齿，其外形更直。牙齿在口腔中以一种特定的齿式排列（图 19-2 和表 19-1）。所有家畜的齿式都一样，但不同物种每类牙齿的数量不同。上、下颌骨最前方的牙齿是切齿，可抓咬食物。切齿旁为犬齿，是口腔内最长最尖的牙齿，可撕裂食物。下一组为前臼齿，它们较宽，可磨损和粉碎食物。犬和猫上颌第 4 前臼齿和下颌第 1 臼齿易发生感染和脓肿。该牙齿称为裂牙，出现脓肿时，会造成眼下方面部肿胀。最后一组牙齿是臼齿。臼齿是口腔后方最大的牙齿。马的牙齿通过研磨将食物弄碎。随着年龄的增长，牙齿磨损增加，故可通过观察牙齿的外形和磨损程度确定马的年龄。

口腔

动物口腔内有 4 个唾液腺可以分泌唾液。唾液是一种便于食物在消化道内分解、吞咽和移动的液体（图 19-3）。舌是口腔内用于控制食物的肌肉组织，可将食物和唾液混合。有些动物舌上的乳突或绒毛可作为味蕾。消化系统的下一个部分是喉咙或口腔后方的咽部。食物通过连接咽和胃呈管状结构的食道进入胃。整个消化系统由一层薄结缔组织覆盖，称为黏膜，它使食物易于通过。食物进入胃肠道后，以波浪状运动通过，这种运动称为蠕动。这些收缩运动使食物向后通过整个胃肠道。

胃系统

动物有 4 种消化系统：单胃、反刍、非反刍和

兽医助理基础与应用

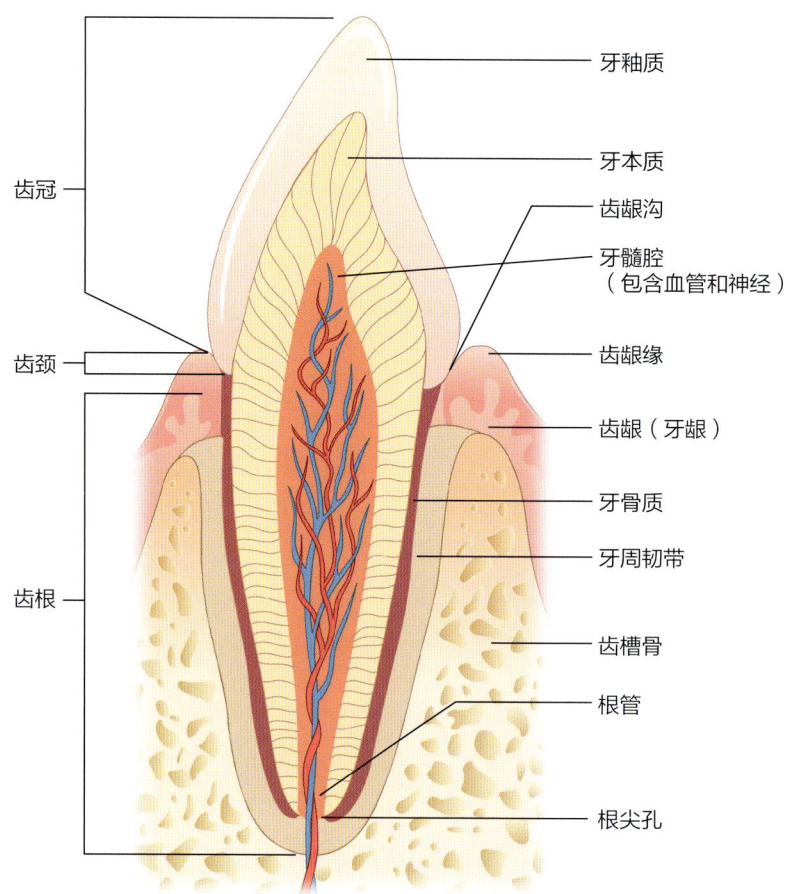

图 19-1 牙齿的解剖结构

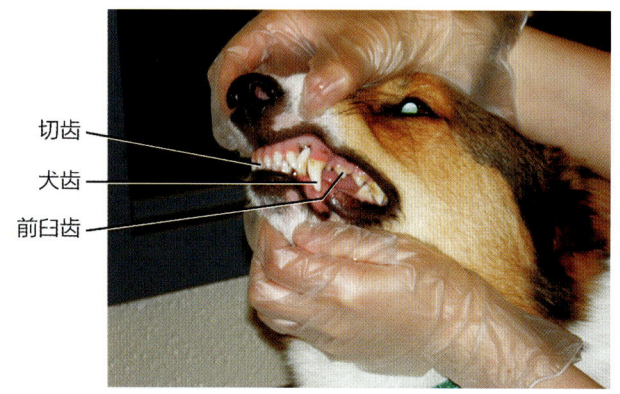

图 19-2 犬的齿式

表 19-1 成年家畜的齿式

犬	2（I 3/3 C 1/1 P 4/4 M 2/3）= 42
猫	2（I 3/3 C 1/1 P 3/2 M 1/1）= 30
马	2（I 3/3 C 1/1 P 3-4/3 M 3/3）= 24-42
山羊	2（I 0/3 C 0/1 P 3/3 M 3/3）= 32
绵羊	2（I 0/3 C 0/1 P 3/3 M 3/3）= 32
猪	2（I 3/3 C 1/1 P 4/4 M 3/3）= 44
奶牛	2（I 0/3 C 0/1 P 3/3 M 3/3）= 32
兔	2（I 2/1 C 0/0 P 3/2 M 3/3）= 28

注：I- 切齿；C- 犬齿；P- 前臼齿；M- 臼齿

禽类系统。不同系统适应于不同动物消化特定类型的食物。

单胃系统

单胃是单个简单的囊状结构，分贲门、胃体和幽门3部分（图19-4）。贲门是胃的入口，将食物滤过进入胃底。食物进入后胃体扩张。幽门是胃的出口。胃内空虚时有很多胃皱褶。括约肌使食物进入和排出胃，胃蠕动使食物被消化。胃酸是由胃产生的，胃前方是肝脏，可产生胆汁，胆汁分泌使食物分解消化和吸收。

之后食物从胃进入小肠，小肠是食物消化和吸

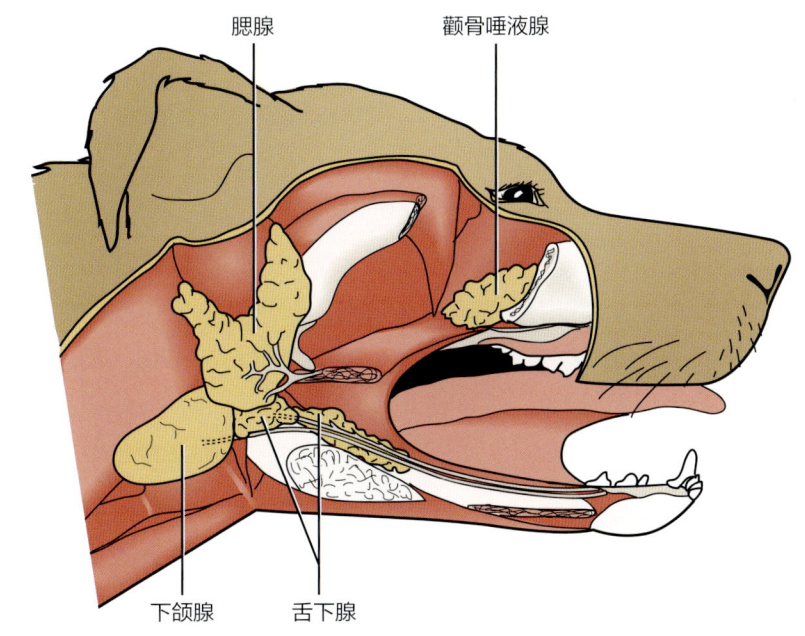

图 19-3 唾液腺

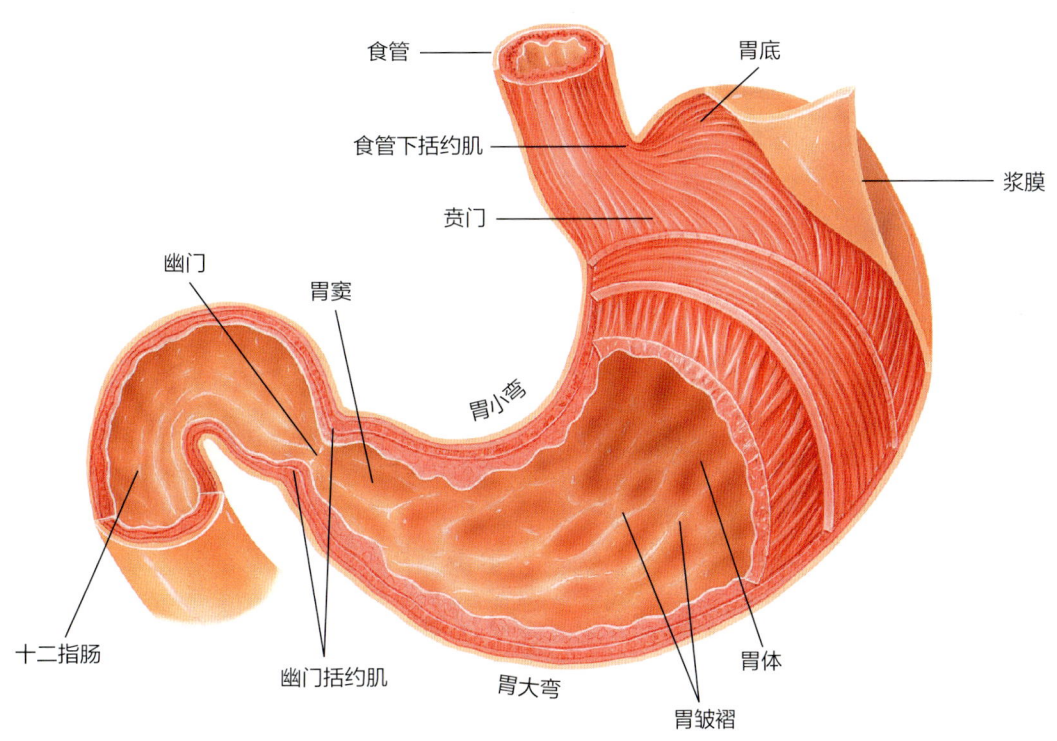

图 19-4 单胃图示

收的主要场所。小肠比大肠长而细。小肠分为3段：十二指肠、空肠和回肠。十二指肠是较短的第一段小肠。空肠是第二段或中段小肠。回肠是最后一段小肠。小肠经过盲肠到达大肠，盲肠是一个可帮助食物进一步消化的小囊。此处大肠直径增宽，称为结肠。在单胃动物，盲肠没有重要作用。结肠分为3部分：升结肠、横结肠和降结肠。升结肠是第一段，横结肠是第二段或中间段，最后一段是降结肠。

胃肠道系统被几种不同的结缔组织覆盖。腹膜是覆盖在整个腹腔的透明薄膜。肠系膜是从腹膜延伸出来的结缔组织，包含血管和神经，供给小肠。大网膜是包裹在所有腹腔脏器周围的薄膜结构。消化系统中有几个脏器负责消化和代谢。胰腺位于肠道旁，分泌3种酶辅助消化，分别是消化蛋白的胰蛋白酶、分解淀粉的淀粉酶和分解脂肪的脂肪酶。胰腺还能帮助维持血糖水平，产生胰岛素释放到血液中，调节体内血糖即葡萄糖的使用。肝脏位于胰腺前侧，持续产生胆汁，并运送至胆囊进行存储，供以后使用。胆汁是消化酶，能分解和消化脂肪。许多药物和其他毒素都在肝脏代谢和分解。血糖产生过多或过少时，体内无法调节血糖，会导致糖尿病。

单胃消化系统相关器官图19-5。

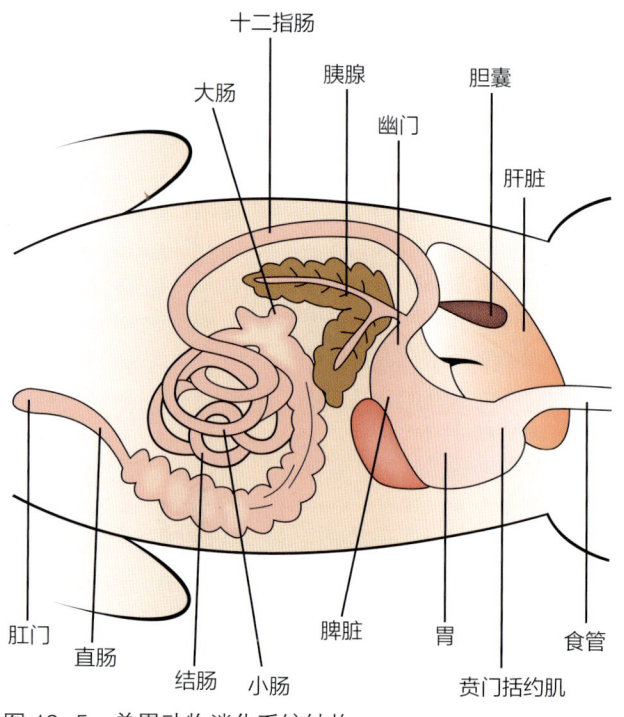

图19-5 单胃动物消化系统结构

反刍系统

消化系统中的另一种胃为反刍胃（图19-6）。奶牛、绵羊或山羊等反刍动物有一个大的胃，分为多个隔室或节段。反刍胃占据了腹腔的3/4。反刍动物没有切齿，反刍胃才是"反刍食物的咀嚼者"。反刍食物是指草或干草类与唾液的混合物。反刍系统分解食物，反流并进一步分解，最终消化。反流是将已经吞咽的食物再次返回口腔的过程。反刍胃的第一部分胃为瘤胃。瘤胃是食物的大储存桶，浸泡食物使其变软，这个过程称为发酵。发酵使细菌分解食物碎片，利于消化。瘤胃大约占胃体积的80%，是最大的隔室。第二部分是网胃，占胃体积的5%，是一个滤过器。网胃外观为蜂巢样，可过滤掉有害的无法消化的食物，避免其通过消化道。无法通过网胃的食物会反流做进一步分解。第三隔室是瓣胃，占胃体积的8%，可吸收营养物质和水，磨损粗饲料和谷物。最后一个隔室是"真"胃，称皱胃。皱胃约占胃体积的10%，作用与单胃动物的胃类似。食物通过每个隔室，反流重新咀嚼，进一步分解，再与唾液混合，然后再次被吞咽。这个过程持续直至食物能到达皱胃。反刍动物能张口咀嚼，故空气容易进入瘤胃，产生气体。当气体逐渐变多，会从瘤胃嗳气，称打嗝。

非反刍系统

另一种消化系统是非反刍系统。马、啮齿类动物和兔的消化系统为非反刍系统，它与单胃系统外观相似。区别是非反刍系统肠道发育良好，小肠和大肠之间有一个大的盲肠（图19-7）。植物纤维在盲肠分解和消化。少量有益菌也可发酵分解植物和干草纤维。非反刍动物吃得慢，消化时间长。马的肠道约21.3m长，盲肠为10.2cm长。非反刍动物无法呕吐，可能与它们没有储存胆汁的胆囊有关。非反刍动物的胆汁直接排向肠道，故不需要胆囊。

家禽系统

最后一种消化系统是禽类系统（图19-8）。这是一种在鸟和家禽中特殊的胃肠道系统，特征是包括一些其他物种不具有的脏器，这些脏器用于分解和磨碎坚硬的食物碎片。禽类的口腔没有牙齿，形成喙。唾液用于软化食物，方便吞咽。食物沿食管进入一个小的囊，为嗉囊。嗉囊软化并存储食物便于后面消化，减缓消化的速度。可触诊嗉囊是否正在消化中。与反刍动物类似，鸟可将食物从嗉囊反流，进行过滤分解和进一步消化。当食物碎片足够小，食物会进入两个胃的特殊器官：前胃和砂囊。前胃的作用与单胃动物的胃类似，可消化食物，向

第 3 部分　解剖学总论与疾病过程

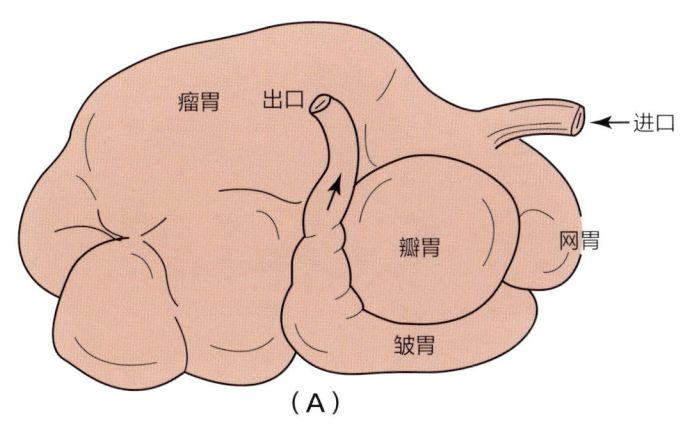

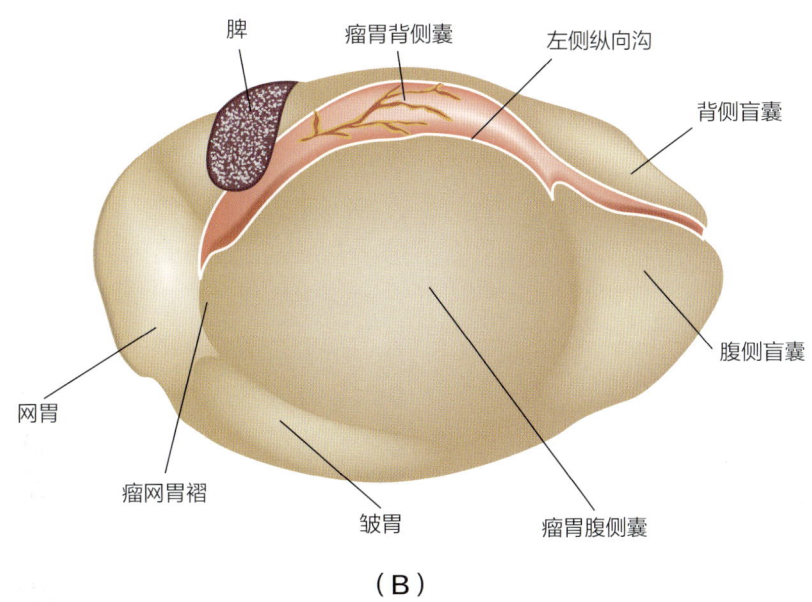

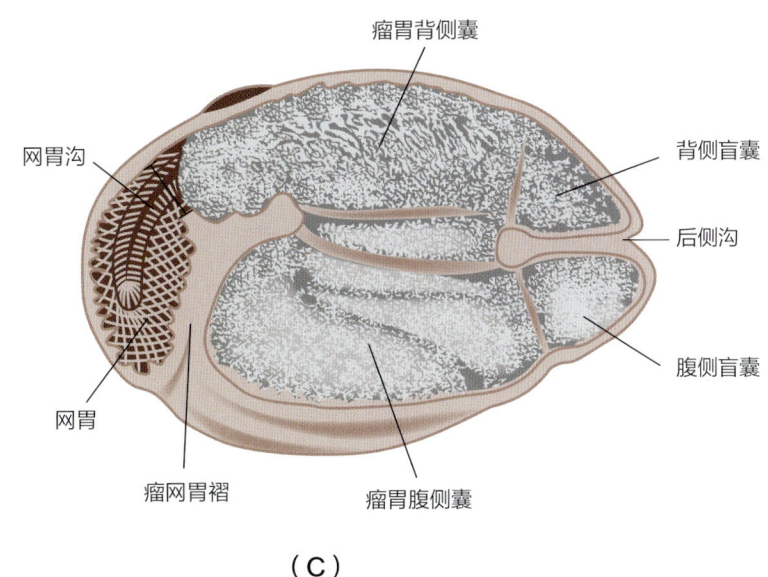

图 19-6　反刍胃图示

兽医助理基础与应用

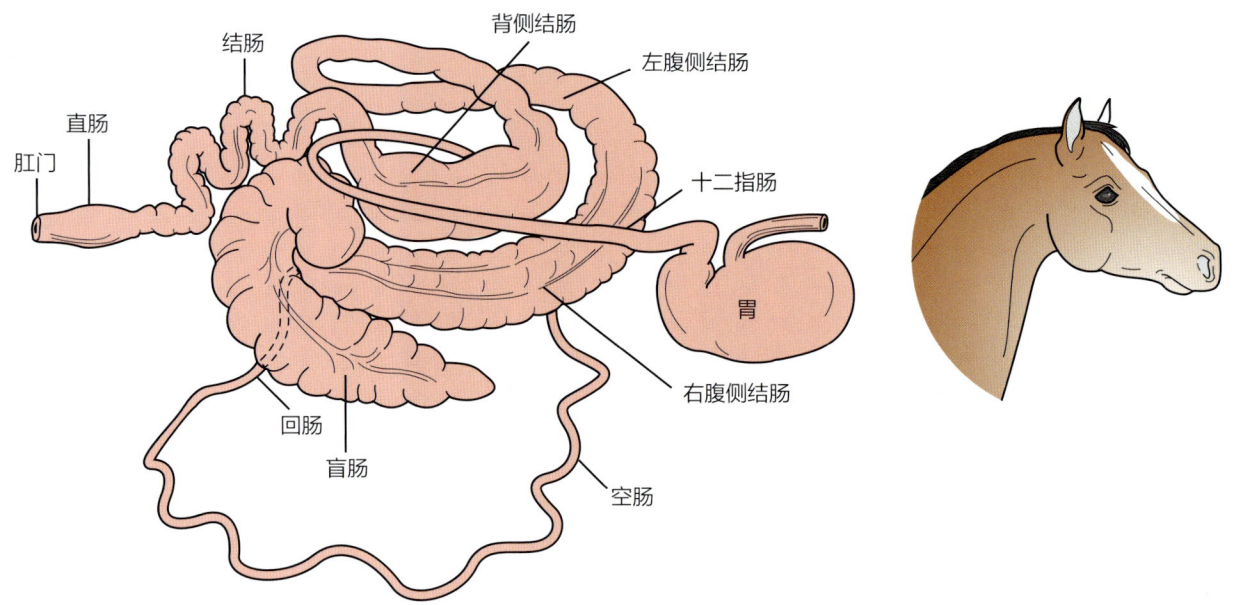

图 19-7　非反刍消化系统的图示

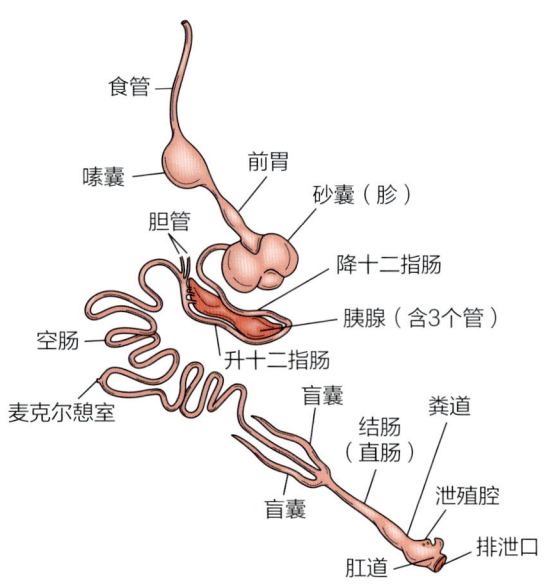

图 19-8　禽类消化系统

食糜中释放消化液软化食物。砂囊是一个肌肉性的器官，在前胃后方，将骨或种皮等坚硬的食物碎片研磨。与其他物种类似，食物从小肠和大肠滤过。消化道的末端是泄殖腔，是废弃物通过的部位。禽类将尿酸盐和粪便同时从泄殖腔排泄出去。泄殖腔也常称为排泄口，与直肠的外部开口位置类似。

常见的消化道疾病

消化道不适可由多种因素造成。消化系统对这种不适的反应通常是呕吐或腹泻。呕吐是指将胃中未消化或部分消化的食物呕出的动作。只有单胃动物才会出现呕吐。反刍和禽类有类似的正常反应——反流，但这是因为动物需要将食物进行再次过滤分解消化。腹泻是指排泄废物外形变软或呈水样，这会造成肠运动不受控制。动物出现呕吐或腹泻时，要做检查以确定原因。

脱水

呕吐和腹泻都可造成脱水——机体体液的丢失。脱水程度可由皮肤弹性评估。肩颈上的皮肤具有弹性，可提起此处皮肤，观察回落的速度来评判脱水程度。皮肤弹性正常时会立即回落。脱水时，皮肤回落速度变慢呈"帐篷"样或不回落至原来位置。另外也可通过观察齿龈或黏膜的颜色与湿润程度来评估水合状态（图 19-9）。脱水时还可以看到眼球深凹。

> **术语提示**
> 齿龈或黏膜可以记录为正常或湿润，发黏或略干，干燥或不湿润。

第3部分 解剖学总论与疾病过程

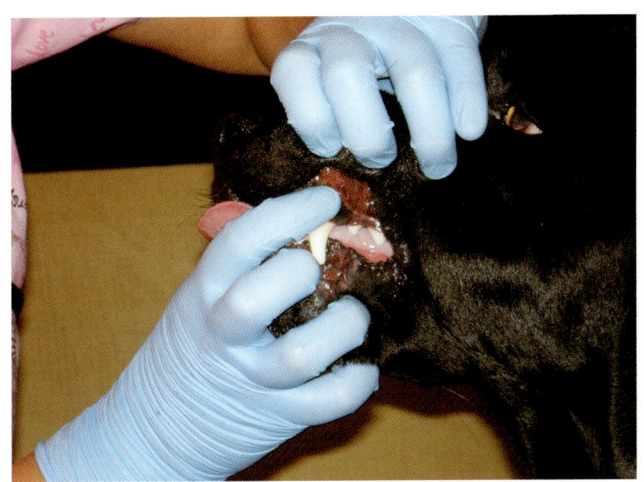

图19-9 检查黏膜确定脱水状态

需要通过静脉或皮下补液的方式纠正脱水。静脉输液时，由兽医师或助理将无菌的塑料留置针放置在静脉中进行。静脉输液适用于严重脱水，需要长时间输液治疗的动物。皮下补液是兽医助理将液体注射在颈部或松弛的皮肤下（图19-10）。皮下输液需要袋装液、输液管和合适型号的针头，适用于轻度脱水与需要短期治疗的患病动物。兽医师决定是否进行补液，并根据脱水程度和原因、动物的整体状态决定输液类型。多数液体以钠离子为基础，这与动物渴感的控制有关。呕吐动物可能需要暂时禁食禁水，给消化系统一段休息时间。

> **术语提示**
>
> 缩写NPO是指"nothing per os"（没有任何经口的东西），也就是禁食禁水。反义词是PO或"per os"或口服。

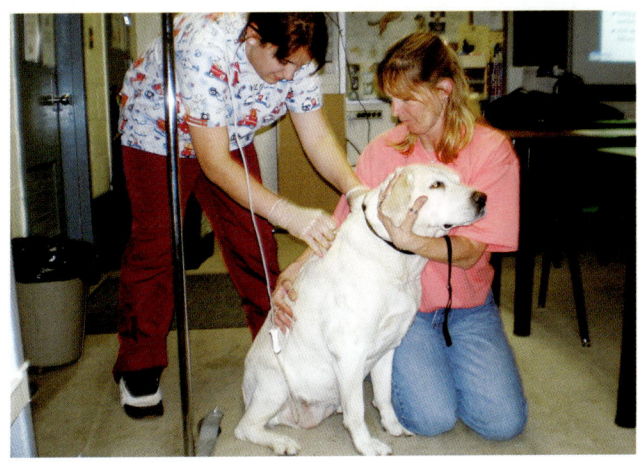

图19-10 静脉输液纠正脱水

在动物恢复饮食前需要补充液体。给予含钠离子溶液时会鼓励动物饮水。氯化钠是含盐液体。生理盐水是等渗溶液，与体液的渗透压一致，可刺激动物的渴感中枢促进饮水。乳酸林格氏液（LRS）常用于补充体液丢失（图19-11）。要评估脱水程度，以确定补液量。表19-2显示了不同脱水程度对应的临床症状。补液量计算公式是脱水百分比乘以动物体重（kg）再乘以1 000，以毫升计数（mL）。

脱水 % × 体重 kg × 1 000 = 补液量 mL

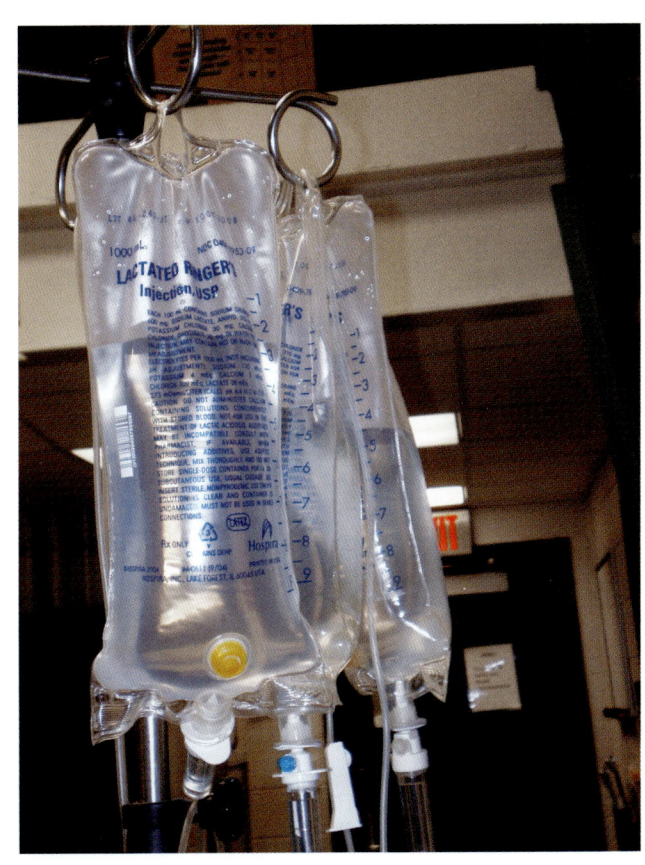

图19-11 皮下补液纠正脱水

表19-2 脱水百分比

6%～7%脱水	黏膜湿润；皮肤弹性略差；眼球轻度凹陷
8%～9%脱水	黏膜发黏；明显眼球凹陷；皮肤弹性差，回落速度很慢
10%～12%脱水	黏膜干燥；严重眼球凹陷；皮肤弹性极差不回落

便秘

便秘是引起肠道不蠕动或蠕动减少的消化系统疾病。便秘的症状包括胃痛、努责、食欲下降。许多因素会导致便秘，如饮食差、食入不消化物质、饮水不足或低纤维饮食。兽医师应评估便秘的动物来确定其原因，并根据严重程度决定治疗方案。有时会进行灌肠，通常使用温肥皂水灌入直肠和结肠，使粪便变软，从而排出。也可经口给予粪便软化剂或缓泻剂来辅助将排泄物变软排出，或使用高纤饮食提高肠道蠕动能力。

急腹痛

急腹痛是马的常见疾病。急腹痛是由多种原因造成的严重胃痛，有时原因不明（表19-3）。马无法呕吐，当它开始表现急腹痛症状时，一定要防止其打滚。马会通过倒下打滚来缓解疼痛和应激，这时胃肠道可能发生扭转或套叠，导致肠道循环阻断（图19-12）。当机体的一部分循环被切断后，组织开始坏死，严重时可致动物死亡。马是非反刍动物，必须一整天慢慢地消化食物碎屑。发生急腹痛或肠套叠时会影响食物消化。

急腹痛是急诊，需要立即发现，并通过体格检查和直肠检查确定严重程度。可监测粪便量和稠度判断患病动物是否可以排便。无论病因能否确定，都需要治疗疼痛。常用氟尼辛葡胺缓解疼痛。可通过手术方法纠正肠套叠，但是肠套叠越久手术成功率越低。急腹痛的症状包括反复卧地和站立、打滚、回头观腹（回头看或咬侧腹）、踢侧腹、无肠道蠕动或很少肠道蠕动、厌食、精神沉郁、饮欲下降或废绝。

胃胀气

胃胀气可见于犬和一些反刍兽，如牛、绵羊和山羊。胃胀气是空气和气体聚集在胃和肠道中，造成腹部膨胀和疼痛。大型犬和巨型犬多发胃胀气的问题，但任何品种的犬均可发生。胃胀气是急诊，应立即就诊治疗。犬出现胃胀气的原因包括进食过快、进食后运动、食入垃圾或不应食入的异物、饮水过量。这种情况又称为胃扩张。胃胀气进一步

表19-3 急腹痛病因

摄入大量谷物或牧草	摄入新鲜草或干草饲料
应激	过度积气
内寄生虫	运动后或高温下喝过量的水
脱水	摄入砂石
饮食突变	便秘或嵌顿
腹腔肿瘤	疝气
药物	未知原因

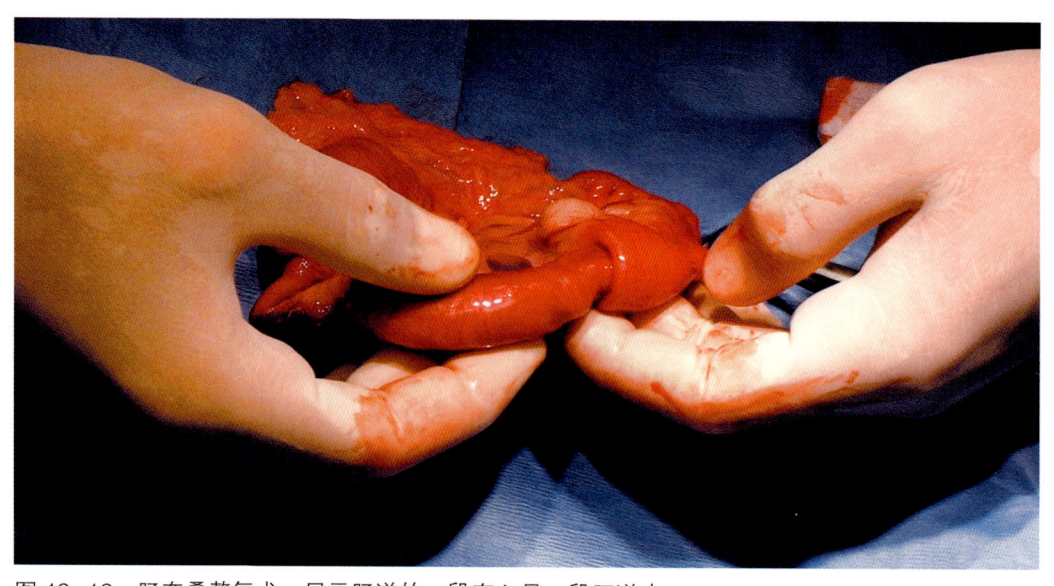

图19-12 肠套叠整复术，显示肠道的一段套入另一段肠道中

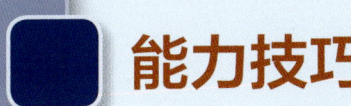

能力技巧

将磅（# 或 lbs）转换为千克（kg）

设备和耗材

- 体重秤。
- 钢笔或铅笔。
- 纸。
- 计算器。

1、用体重秤给动物称体重并记录以磅为单位的体重数。
2、用以下公式换算：体重磅数 ÷2.2=_____kg　# 或 lbs/2.2=_____kg
3、在病历上记录动物的体重磅数和千克数。

将千克数（kg）转换成磅数正好相反。

1、记录动物的体重千克数（kg）。
2、列出公式进行换算：

体重千克数 ×2.2=_____# 或 lbs
kg×2.2=_____# 或 lbs

举例

20# 动物 =9.0kg
20#/2.2=9.0kg

举例：

10kg 动物 =22 磅
10kg×2.2=22#

恶化会出现胃扩张扭转（GDV），即胃或肠道扭转，类似于马的急腹痛。胃胀气或胃扩张时，可通过插胃管排出过量的气体或空气进行治疗。胃扭转则需要立即进行手术纠正。牛和反刍动物胀气时，瘤胃充满气体且无法嗳气排出气体。导致腹部扩张或变大；常见于左侧瘤胃（图 19-13）。反刍动物可出现两种胃胀气：游离气体或泡沫型胀气。消化物阻塞食管时，瘤胃停止收缩和反流，游离气体聚集在瘤胃背侧，可能引起窒息。泡沫型胀气是由动物采食了很多的绿色牧草，产生泡沫样气体，聚集于瘤胃内引起。可使用塑料或金属的套管针，将尖锐的一端通过腹壁放置在瘤胃内，对大型反刍动物进行治疗，这时气体可排出，缓解胃内压力（图 19-14）。

反刍动物也可出现胃扩张扭转，即胃旋转异位。需要手术纠正，即在左侧腹壁切开，兽医师将手臂伸入将胃转回原来位置。

图 19-13　奶牛的胀气，注意左侧腹部胀大

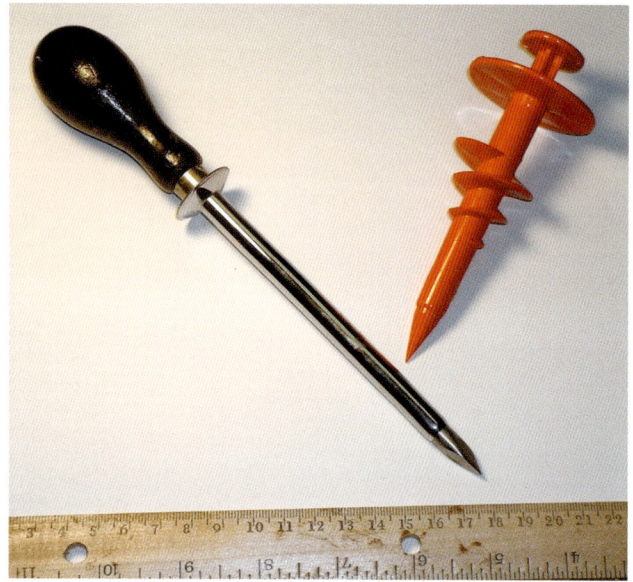

图 19-14　套管针示意图

异物梗阻

异物梗阻是指动物食入不可消化或进入肠道后会变实变硬的物体，包括玩具、家中的物品或外面捡到的东西（图 19-15），见于任何动物。可通过 X 线检查或钡剂造影检查进行诊断。钡剂造影是指食入钡剂后，钡剂通过消化道，每隔一段时间进行 X 线拍摄检查。钡剂是不透射线的，通过消化道时会显示肠道的影像（图 19-16）。X 线片上可确定异物是否在移动，若梗阻在肠道未移动，则需要手术取出。异物梗阻可继发蠕动异常出现肠套叠，造成血供停止。胃肠道切开取异物时，若发现梗阻部位缺血坏死，需进行切除吻合术。切除吻合术是指移除坏死肠段，即切除一段肠道。

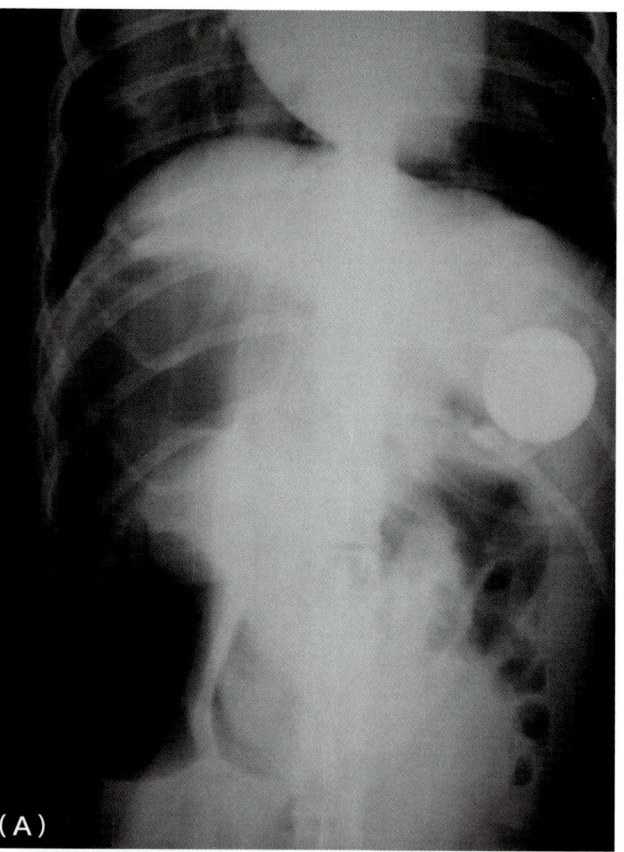

(A)

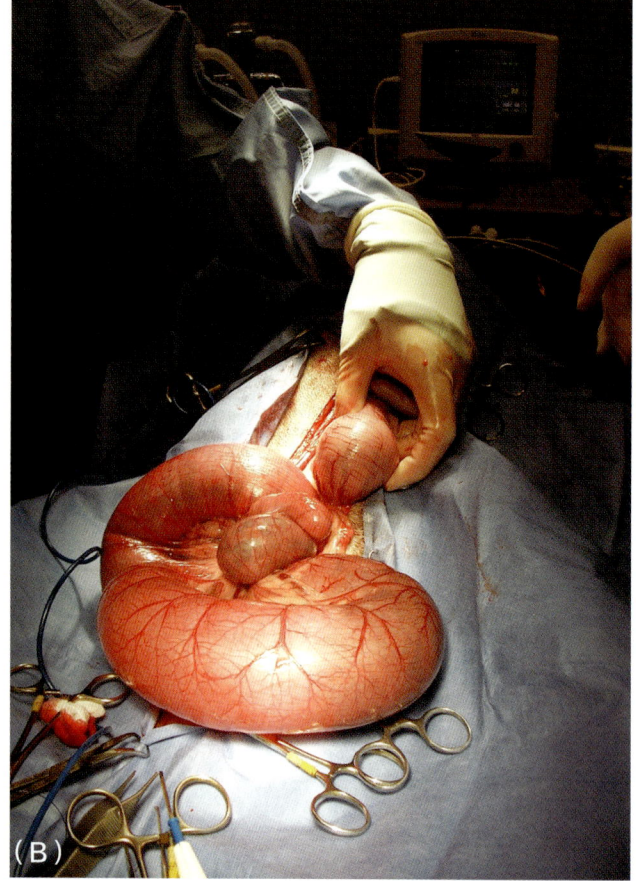

(B)

图 19-15　犬肠梗阻（高尔夫球）

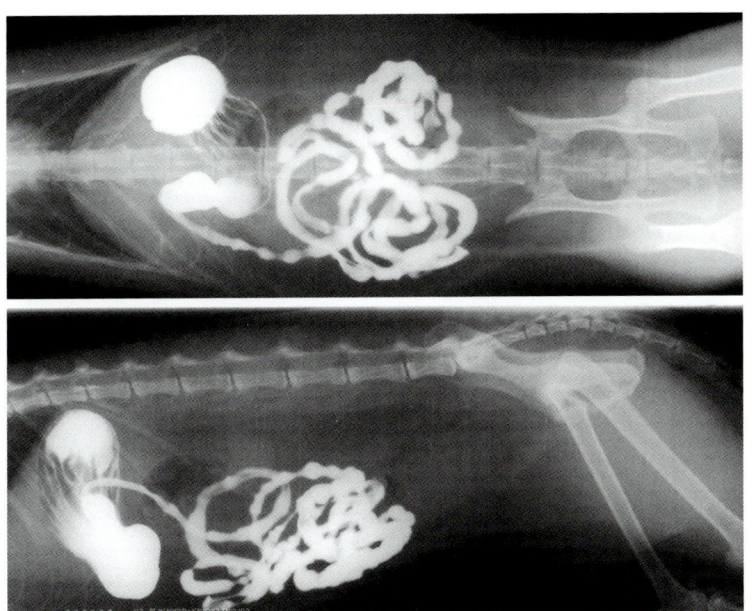

图 19-16　猫的钡剂造影检查。亮白色区域是在胃肠道里的钡剂

出现异物梗阻动物的症状包括：

- 呕吐。
- 恶心或干呕。
- 腹泻。
- 厌食。
- 腹痛。
- 脱水。
- 精神沉郁。

小结

消化系统为机体提供营养物质。动物有 4 种不同类型的消化系统：单胃、反刍、非反刍和禽类。根据动物所食食物不同，动物的消化系统也有所不同。需要兽医进行治疗的常见消化系统疾病或症状，包括呕吐、腹泻、便秘、脱水、胀气、急腹痛和异物梗阻。其中有些是急诊状态，需立即治疗来挽救动物的生命。

复习题

1. 消化系统的非自主肌肉运动称为什么？
2. 以肉类为基础饮食的动物称为什么？
3. 用于磨损食物的牙齿叫作什么？
4. 用于分解淀粉的酶是什么？
5. 哪一种常见的胃肠道疾病会造成马严重疼痛甚至可能危及生命？
6. 消化系统有哪 4 种类型？
7. 每一种类型的消化系统列举两种动物。
8. 比较胀气和急腹痛。
9. 列举和消化系统相关的器官。
10. 描述反刍动物消化系统的功能。

临床案例

Harley 是一只 4 岁已去势雄性拉布拉多犬，有吃衣服、将玩具和任何东西放进嘴里的习惯。它已经呕吐 2d，嗜睡。助理 Alie 将它带进检查室，可见精神沉郁并有不适。Harley 呼吸频率和心率正常，体温升高，39.4℃。

Osborne 医生对其进行了体格检查、血液检查、X 线检查。X 线片显示胃和小肠内有积气，无异物征象。Osborne 医生建议进行钡剂造影检查。

Allie 和另一名助理 Kathleen 将 Harley 带进重症监护室（ICU）。主人向他们提出了几个问题，主要是关于钡剂造影检查的过程。

- 助理应该如何与动物主人解释钡剂造影的过程？

- 如果兽医发现需要对该犬进行手术，会与动物主人讨论哪些问题？
- Allie 和 Kathleen 完成钡餐造影检查需要哪些物品和设备？
- 助理将 Harley 放进 ICU 后，需要采取哪些措施？

第 20 章　循环系统

学习目标

学习完本章后，读者应该能够：
□ 说明组成循环系统的结构。
□ 描述循环系统的功能。
□ 识别和描述各类血细胞及其功能。
□ 描述通过心脏的血流。
□ 描述循环系统常见疾病。

引言

循环系统是生命的基石，包含心脏、血液、动脉、静脉和毛细血管。循环系统的功能包括氧气运输、血液循环、输送营养物、清除废物和激素输送。

血液

循环系统从血液流动开始。血液由 40% 的细胞和 60% 的血浆组成。血浆含多种蛋白：白蛋白、球蛋白和纤维蛋白。白蛋白将水分固锁在血液中，有助于为身体提供水分。球蛋白提供抗体，预防疾病。纤维蛋白帮助凝血。

血液学是研究血液的科学，是兽医院中的基础工作。助理起着重要的作用，包括采血、分析血样、保定患病动物、完成血液试剂检测。血样由兽医或技师采集。采血管上要标注患病动物名字、主人姓名、日期和待检项目。有些检测项目需要血样管在离心机上高速旋转离心（图 20-1）。离心机利用速度分离血液，将细胞从液体中分离出来。分离后的液体为血清，可用于生化分析确定机体器官功能。血液由红细胞和白细胞组成。红细胞（RBC）是机体内含量最高的血细胞（图 20-2A），主要功能是将氧气输送至全身。它在骨髓中产生，称为红细胞

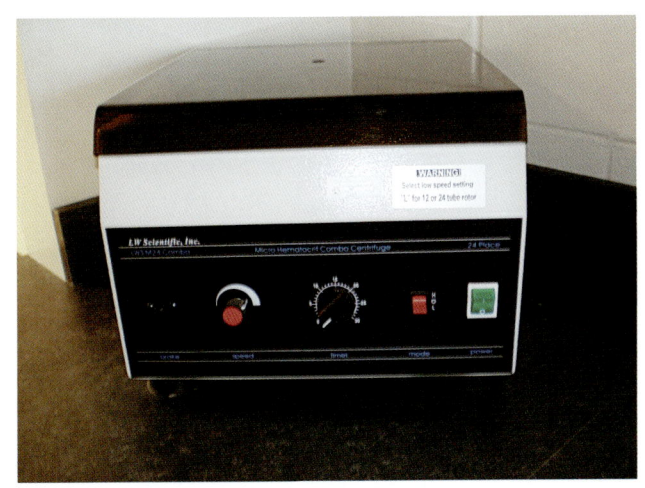

图 20-1　离心机

> **术语提示**
> 凝血是指血流停止的过程，如切伤或刺伤造成流血后出现的停止出血。

生成。红细胞一直不停地产生和更替。红细胞中的血红蛋白能够运输氧气、产生铁使红细胞能够复制或不断产生。白细胞（WBC）也叫白血球，是身体抵抗感染的主要防线。通常在显微镜下确定白细胞的类型和数量（图 20-2B、图 20-2C、图 20-2D）。白细胞有 5 种类型：中性粒细胞、淋巴细胞、嗜酸性粒细胞、单核细胞和嗜碱性粒细胞。每种类型都有特定的功能。中性粒细胞是最常见的白细胞，可以杀灭组织中的微生物。成熟中性粒细胞的细胞核是分叶或分裂的。幼稚型中性粒细胞称为杆状细胞，提示机体存在感染。杆状细胞的细胞核像字母U（图 20-2B）。淋巴细胞是血液中最主要的执行免疫功能的细胞，通过在血液中产生抗体来抵抗疾病。淋巴细胞有一个单核，占细胞主要部分（图 20-2C）。

兽医助理基础与应用

在过敏、炎症及寄生虫感染时，嗜酸性粒细胞升高。它们与嗜中性粒细胞类似，细胞核分叶，胞浆内大量颗粒，外观呈点状（图20-2D）。单核细胞是最大的白细胞，与嗜中性粒细胞一起清除微生物、死亡细胞和异物。单核细胞进入机体不同部位变为巨噬细胞，吞噬和破坏微生物。嗜碱性粒细胞是与过敏反应相关的细胞，其细胞核分叶，胞浆颗粒染色深（图20-2E）。颗粒内含组胺，过敏反应时会释放出来。另一种血液细胞是血小板。血管受损后，血小板辅助血液凝结，使血管收缩。在血管壁受损处血小板凝集，帮助减少出血。血小板在血涂片中显示为小点。血小板形成减少时会造成红细胞补充不足，红细胞计数降低，造成贫血。当红细胞被自身免疫系统破坏时则出现自体免疫性疾病。

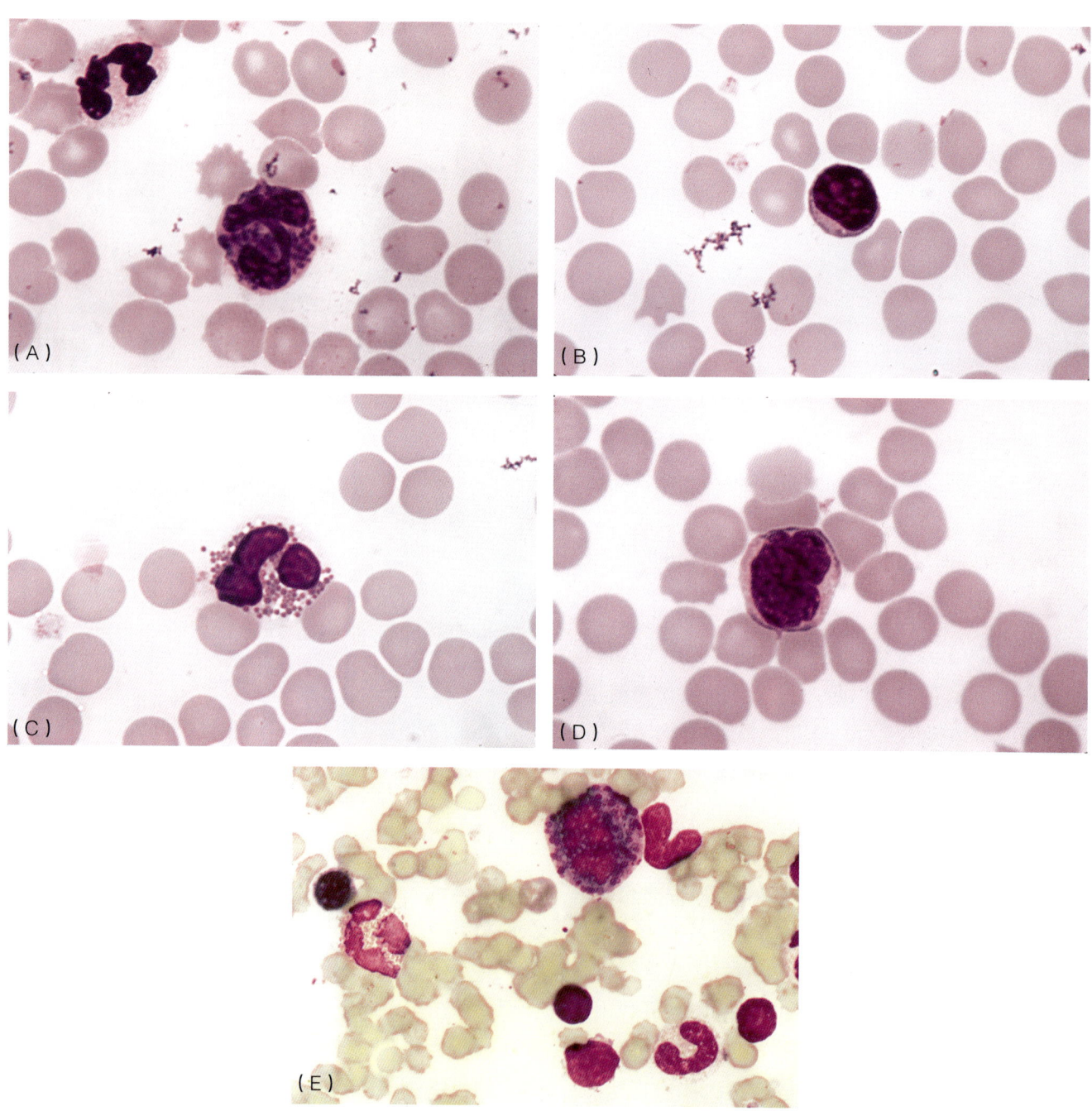

图20-2 （A）犬血涂片，可见大量红细胞：大的深染的有颗粒的是嗜碱性粒细胞，其他胞浆浅染的、细胞核分叶的白细胞是中性粒细胞；（B）犬的骨髓涂片，可见多个白细胞，包含幼稚型白细胞或杆状细胞；（C）犬血涂片，可见一个小淋巴细胞，两个血小板，深色的点为染色质沉积；（D）犬血涂片，可见一个包含颗粒的嗜酸性粒细胞，其颗粒和嗜碱性粒细胞中的颗粒形态相似；（E）犬血涂片，可见一个单核细胞

心脏

心脏是一个具有 4 腔室的器官，位于胸腔内，两肺之间。心脏壁由厚的心脏肌肉组成，称为心肌。肌肉内侧由一薄层覆盖，为心内膜。覆盖心肌外侧的薄层结构为心外膜。心脏外面包裹的囊状薄膜为心包膜，起到覆盖、保护和支持心脏跳动的作用（图 20-3）。

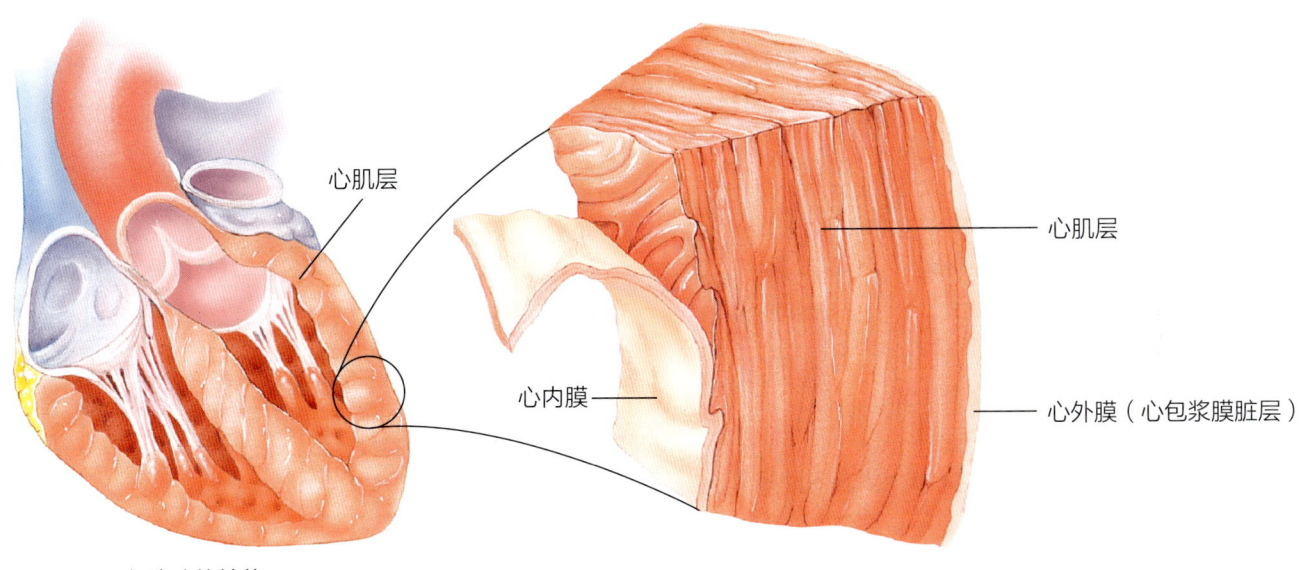

图 20-3　心脏壁的结构

血液流动

血液流至全身形成循环并起氧合作用。全身血流将营养物运送至全身。氧气被吸入肺脏，与二氧化碳进行交换。静脉遍布全身，是将血液运回心脏的血管。动脉遍布全身，是将血液带离心脏的血管。静脉比动脉薄，肌层少，且含瓣膜，使血流往一个方向流动。动脉肌层厚，可检测动物脉搏。脉搏通常和心率一致，心脏每泵一次在外周血管中产生一次脉搏。很多静脉交汇进入一个大静脉，称为腔静脉，最后进入心脏。

血流进入心脏时，先进入薄壁的右心房（图 20-4），然后进入右心室。右心室心壁较厚，将血液泵进肺。心房和心室由房室瓣分开，房室瓣的开合保证血流往单一方向流动。肺动脉携带低氧血并防止血流反流至心脏。肺静脉使血流回薄壁的左心房，再进入心壁最厚的左心室，二者由房室瓣分开。主动脉将心脏泵出的血送到体循环。主动脉是位于胸腔和腹腔的大血管，可防止血流流回心脏。表 20-1 列举了不同动物正常心率范围。

血流流出心脏，机体产生血压（BP），可以测量获得收缩压和舒张压。血管收缩时直径缩小，血压升高，为收缩压。血管舒张直径变大，血压降低，为舒张压。血压反映了一个完整的心动周期内的心脏收缩。收缩期测量的血压称为收缩压，血压数值较高；舒张期测量的血压称为舒张压，血压数值较低。测量血压使用的单位是毫米汞柱（mmHg）。

举例

血压 =120/80。

120 是收缩压。

80 是舒张压。

兽医助理基础与应用

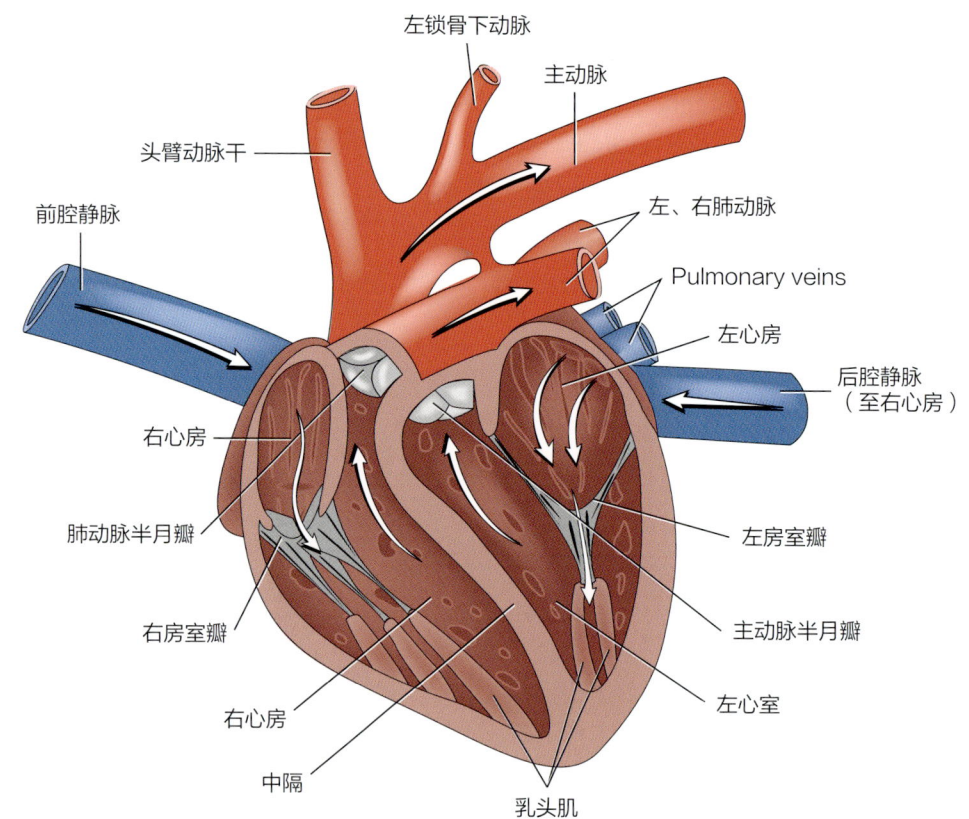

图20-4 心脏内部结构及血流示意图

表20-1 正常的心率和脉搏

种 类	正常心率（每分钟心跳次数）
犬	60～120bpm
猫	160～240bpm
兔	130～325bpm
豚鼠	240～250bpm
马	30～40bpm
母牛	60～80bpm
猪	60～80bpm
鸡	200～300bpm
绵羊或公羊	70～80bpm

心音

心音是瓣膜关闭的声音，可用听诊器检查。听诊器是用于听诊心脏、肺脏和胸腔的设备（图20-5）。心音由心脏起搏点控制，即窦房结。起搏系统控制心脏节律。第一心音由房室瓣关闭产生，听起来像"啦"。第二心音由主动脉和肺动脉瓣关闭产生，听起来像"嗒"。

心电图检查

当动物需要麻醉或患有心脏病时，兽医院需要有能监测心率及心律的设备。心电图可检查心律、评估心脏电流，所用设备称为心电图仪，又称EKG或ECG（图20-6）。心电图仪可记录心脏电流活动。根据心跳变化，在屏幕上显示并以波和线的形式描记心律。根据心脏活动和功能将每一个波以字母命名。EKG可帮助兽医找出心脏的问题。正常的心率和节律称为窦性节律。

第一个波称为P波，是窦房结（起搏点）产生电流，传导至心房的电流，使血液通过，心房收缩。QRS波显示电流和血液通过房室结，并产生一次心室收缩。T波是电流穿越整个心脏并完成整个收缩过程，心脏复极化形成的波，是EKG重要的一部分（图20-7）。

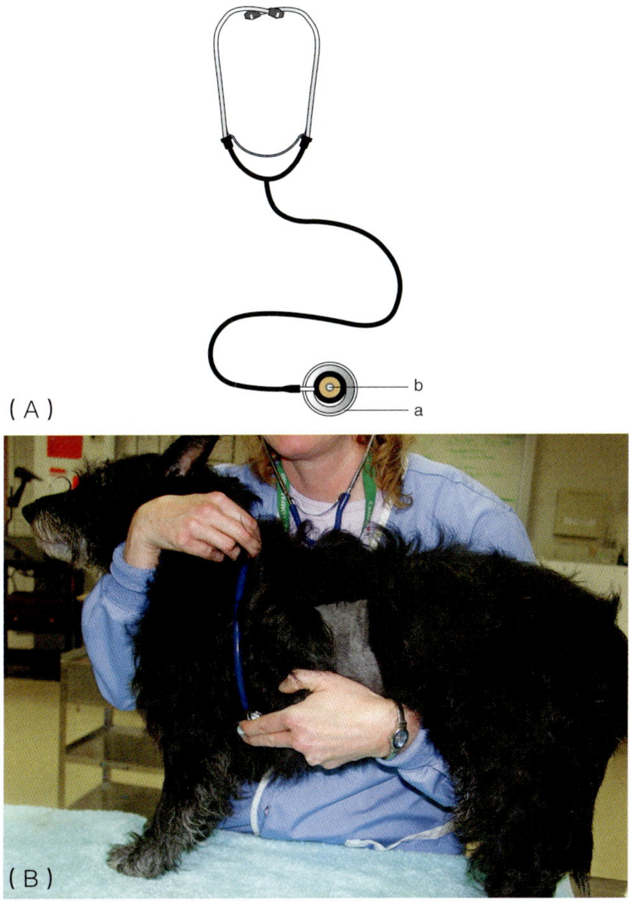

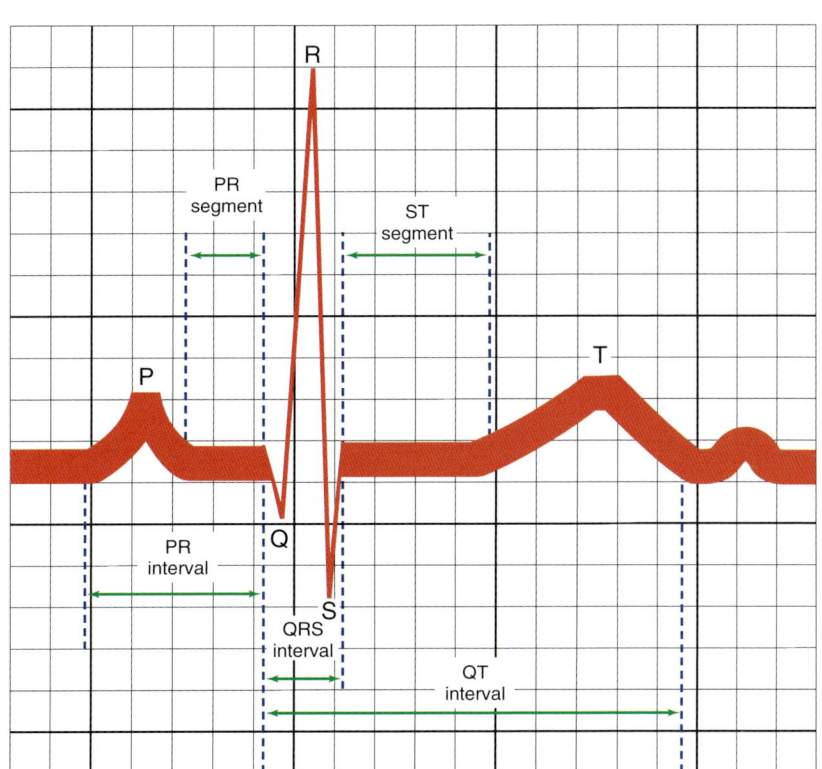

图 20-5 （A）听诊器；（B）听诊心音

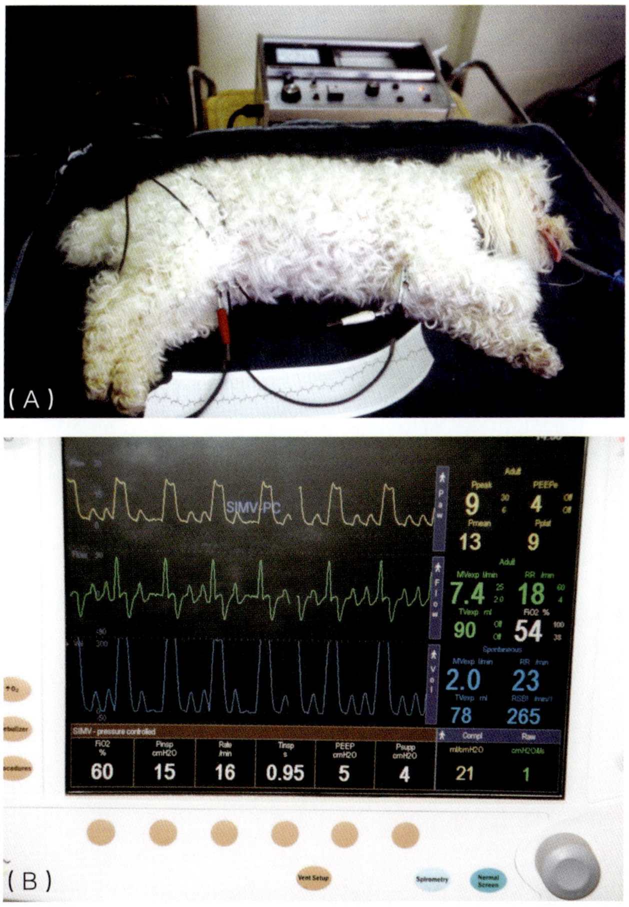

图 20-6 （A）心电图检查；（B）犬的心电图

图 20-7 心电图分解示意图。P 波，为心房兴奋（去极化）。PR 间期为传导通过房室瓣。QRS 波群是由心室兴奋产生的。QT 间期是心室去极化和复极化。ST 段代表心室去极化结束和复极化开始。T 波是心室恢复（复极化）的结果

> **术语提示**
>
> 术语复极化是指重置或重启；描述心脏时指心脏已经准备好进行下一次电冲动。

循环系统的常见疾病

心脏会发生许多异常。这些疾病可通过体格检查、X线检查、EKG或心超来诊断。常见的心脏异常是心杂音，即由于瓣膜异常开闭产生的异常血流，导致听诊时能听到"飕飕"的杂音。

心律不齐

心律不齐是心脏节律或心率发生改变。心动过速是指心跳速度高于正常。心动过缓是指心跳速度低于正常。心搏停止指心脏无法恰当收缩，与人类心脏病发作类似。心搏停止可能由心房颤动造成，见于心脏起搏点或窦房结不工作。心室电流变快引起的心室颤动是最严重的心搏停止。一旦出现停搏，心脏停止收缩，即发生心衰。

休克

休克是指动物组织缺乏足够的氧气和血液供给。可见于各种类型的创伤或心脏病。休克是一种急诊状态，需要立即救治。

小结

心血管系统包含心脏、血液以及血管，其功能是通过血液将氧气和营养素运送到身体的各个组织结构。动脉将血液带离心脏，静脉将血液带入心脏。心脏常见疾病包括心率和节律改变。由创伤造成的严重失血是急诊。

复习题

1. 心脏的外层叫什么？
2. 将血液送入右心房的血管叫什么？
3. 用于测量心脏电活动的设备叫什么？
4. 将血液带离心脏，送入肺脏的血管叫什么？
5. 辅助凝血的蛋白叫什么？
6. 组成循环系统的器官有哪些？
7. 血细胞的 3 种类型是哪些？
8. 说明血液通过心脏的路径。
9. 说明心动过速和心动过缓的区别。
10. 如何区分动脉和静脉？

临床案例

接到来自农场的电话后，Ashton Oak 马中心的 Jansen 医生和助理 Dale 去检查一匹名叫 Roscoe 的纯种马。这匹马几天前出现嗜睡、运动后虚弱以及食欲下降的症状。

体格检查可见患马可视黏膜苍白，心率（HR）和呼吸频率（RR）下降，5%～10% 脱水，虚弱，体重减轻。由于存在贫血症状，兽医师怀疑其为寄生虫或自身免疫性疾病。

Jansen 医生向主人解释贫血造成红细胞计数下降，氧气无法运输至组织，机体无法产生足够红细胞。在完成检查后，Mark 辅助兽医采集了血液和粪便样本，用于进一步诊断。

- 贫血可能的原因有哪些？
- 有什么方法可以预防马出现贫血？
- Jansen 医生与主人可能讨论的治疗方案有哪些？

第 21 章 呼吸系统

学习目标

学习完本章后，读者应该能够：
- 说明组成呼吸系统的结构。
- 描述呼吸系统的功能。
- 说出并描述呼吸系统相关的常见疾病。

引言

呼吸系统与循环系统密切合作，共同为机体供应氧气，排出二氧化碳（图 21-1），使动物和环境间进行气体交换。

呼吸系统的结构

呼吸系统从鼻孔开始。鼻孔内由黏膜覆盖，富含血管，由骨样的薄卷状结构或软骨片组成，形成气道开口，帮助滤尘和过滤异物，防止异物通过上呼吸道进入肺。鼻孔可将冷空气预热后再进入肺。口腔也是气道的一个开口。咽是气体和食物的共同通道。喉是喉咙内的软骨结构，为气道开口。声门开口于喉，会厌覆盖其上，可防止吞咽时食物进入气道和肺。气管是风管，是麻醉中需要建立的气道。麻醉时，可将气管插管放在气管内，使动物在术中处于镇静麻醉的状态（图 21-2）。动物不呼吸或心脏骤停时，气管插管可建立气道。注意：需充盈插管气囊，避免麻醉气体泄漏或其他物体如呕吐物或唾液进入肺脏。

气管由软骨组成，形成管状结构，连接咽和肺。气管形成两个分支并通向双侧肺叶，即支气管。支气管是较大的通路，通过纤细的细支气管连至肺。树枝样的支气管和细支气管末端连接细小的

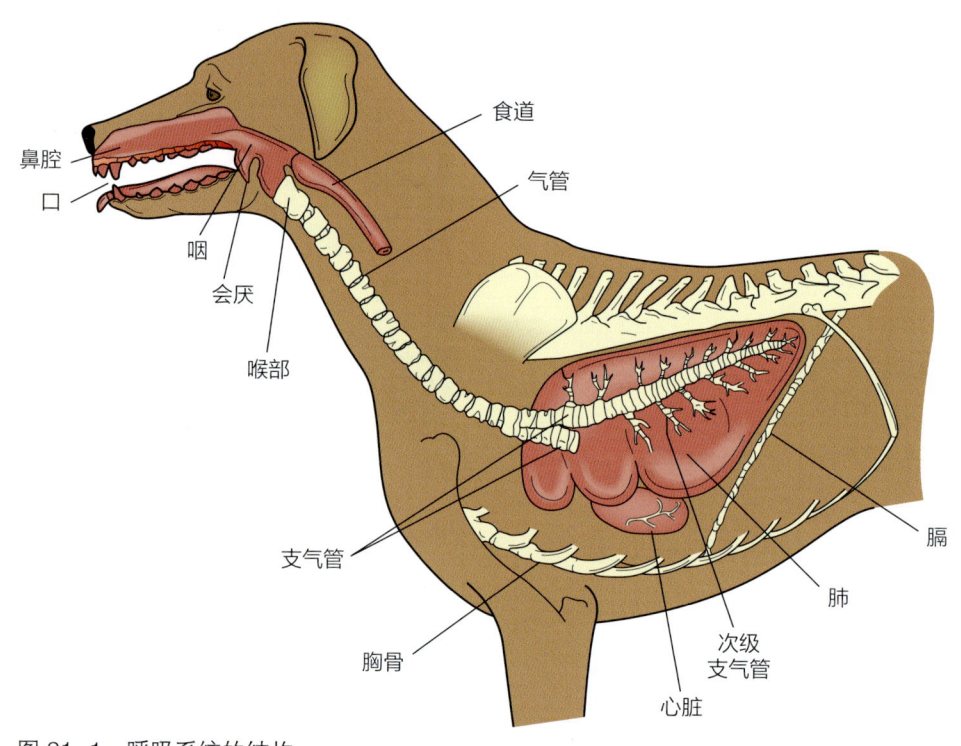

图 21-1　呼吸系统的结构

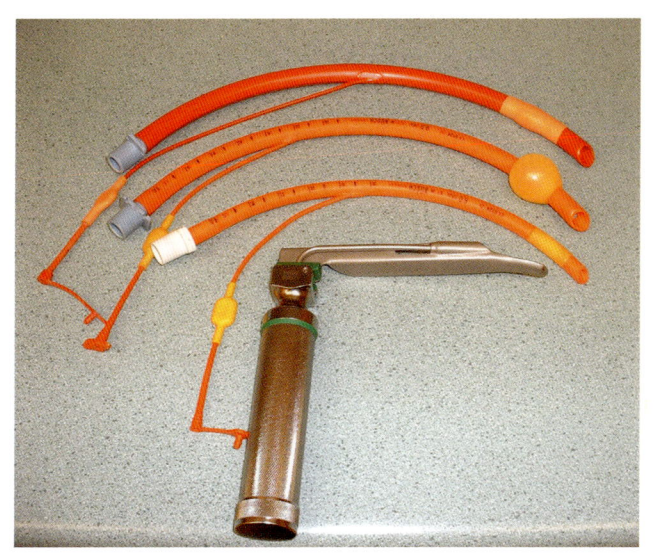

图 21-2 气管插管和喉镜

气囊,即肺泡。肺泡与肺血管交换氧气和二氧化碳(图 21-3)。肺叶围绕在心脏周围,呼吸时充满气体。动物有两侧肺,是呼吸的主要器官(图 21-4)。它们为弹性囊,像气球一样充满气体。又像海绵,可以吸收水分。肺上覆盖的双层膜称为胸膜,对肺脏起支撑作用。胸膜腔内含少量液体,使肺能够工作,交换氧气。这些结构支持呼吸过程。

> **术语提示**
>
> 膈(横膈膜)在胸腔内,由肋骨包围,保护肺。在呼吸过程中扩张和放松。

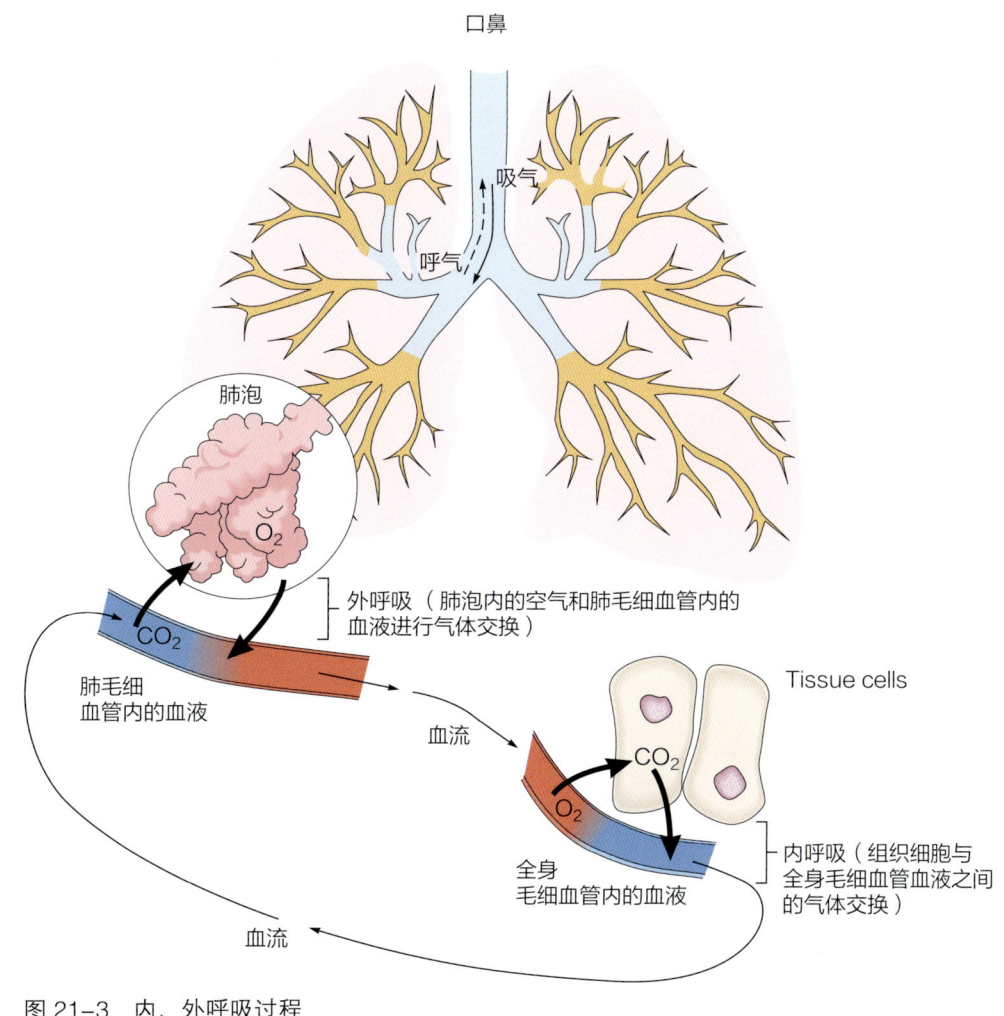

图 21-3 内、外呼吸过程

兽医助理基础与应用

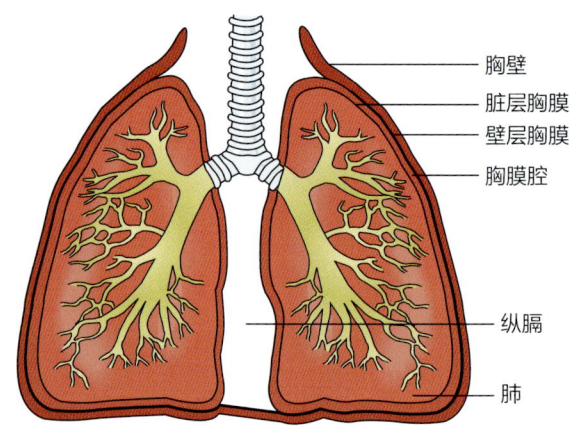

图 21-4 胸腔内呼吸系统结构

呼吸

呼吸是吸气和呼气的过程。吸气时鼻孔和气管开张，肋间肌扩张或放松，膈收缩，胸腔扩张，空气进入肺（图 21-5）。

呼气时，气管和鼻孔放松，肋间肌收缩，胸腔变小，空气从肺呼出。呼吸是由脑部呼吸中枢调控的，是非自主动作。呼吸频率（RR）由多种因素控制和影响，包括兴奋性、体温、活动、发热或疼痛及血液中氧水平。表 21-1 列举了不同动物正常的呼吸频率。

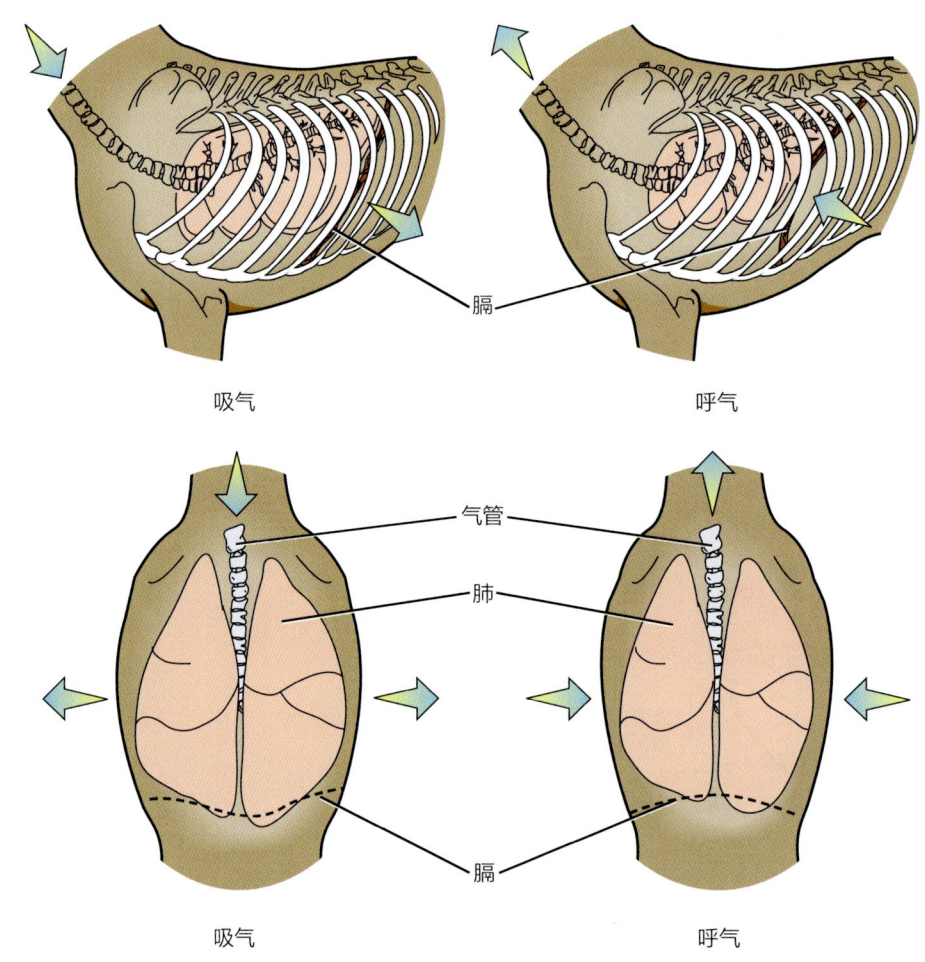

图 21-5 呼吸机制

表 21-1　动物的正常呼吸次数（每分钟呼吸次数）

犬	16~20 次/min
猫	22~26 次/min
兔	30~60 次/min
豚鼠	42~105 次/min
马	12~15 次/min
母牛	30~35 次/min
猪	12~15 次/min
鸡	36~40 次/min
绵羊/山羊	20~22 次/min

疾病和病征

呼吸系统疾病很常见，多数与细菌或病毒感染有关，部分可能与创伤有关。下面会讨论兽医临床中最常见的呼吸系统疾病。

上呼吸道感染

上呼吸道感染（URI）是呼吸系统最常见的疾病。症状包括打喷嚏、咳嗽、鼻分泌物、眼分泌物、喘、呼吸困难（图 21-6）。打喷嚏是用身体的力量将粉尘和异物从呼吸道排出的动作。

图 21-6　患上呼吸道感染的幼猫，注意其双眼疼痛，大量鼻分泌物

肺炎

动物也可能发生肺炎（图 21-7）。病原有 2 种：细菌和病毒。严重的肺炎可能出现胸膜摩擦音。这是肺炎造成的异常肺音，听起来像玻璃纸被折起来的爆裂声，称为爆裂音或啰音。

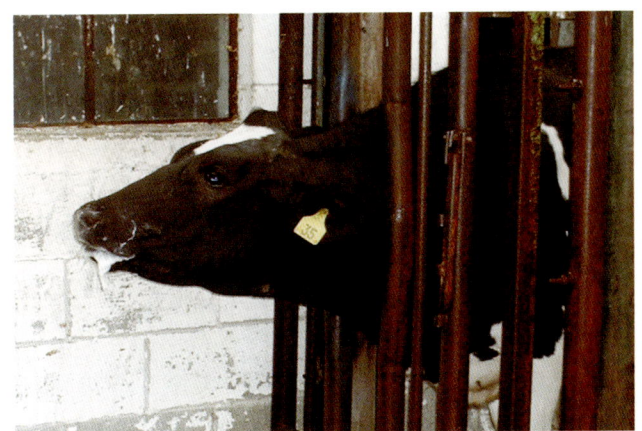

图 21-7　患肺炎的小母牛，排浓稠鼻分泌物，呼吸困难

哮喘

哮喘是肺无法吸入足够的氧气，可导致动物缺氧、黏膜发绀。哮喘发作时可听到喘鸣音，可用支气管扩张剂扩张细支气管和肺。

犬窝咳（波氏杆菌）

波氏杆菌感染或气管支气管炎被称为犬窝咳，侵袭动物的呼吸道。该细菌造成严重的慢性咳嗽，多见于犬。部分犬会有鼻分泌物。接触鼻分泌物和咳痰可造成传播。可使用滴鼻疫苗点鼻预防。其他疫苗以其他方式给予。若犬只经常需要寄养，如赛犬，或常去公园等很多犬聚集的地方，则要加强免疫。

运输热

运输热常发于家畜，如马和牛。运输热造成呼吸道感染，累及肺和胸腔，严重时危及生命。运输和转运家畜会造成应激，引起过热，利于细菌生长；拖车内糟糕的卫生环境使疾病迅速在家畜中传播。治疗该病的关键是抗感染和改善卫生条件。家畜症状包括发热、流鼻涕和咳嗽。可以在运输前 3~4

周给牛接种疫苗。最好的预防办法是保持拖车良好的通风及卫生状况。

膈疝

膈疝是由车祸（HBC）等严重创伤造成的膈破裂，腹腔脏器进入胸腔，肺无法正常扩张，导致呼吸困难。需要手术修复撕裂处，并将移位的脏器还纳回腹腔。若破裂范围较广，影响多个胸腹腔脏器时，需挂急诊。

慢性肺气肿

马受多种呼吸疾病的影响。有种疾病称为肺气肿，通称COPD，是由粉尘过敏造成的（慢性阻塞性肺病）。这是一种慢性阻塞性疾病，只能用抗组胺药和激素控制。患马应在室外，或通风好的厩舍饲养，因为粉尘和潮湿会造成严重呼吸困难。饲喂干草时需要过水，减少空气中粉尘孢子数量。患COPD的马易累、呼吸用力或困难、流鼻涕、咳嗽和哮喘。

喘鸣症

喘鸣症是马另一种常见疾病，源于喉神经损伤，导致喉只能张开很小一部分，从而出现喘鸣的疾病。该病可通过限制运动和药物控制。严重创伤和呼吸问题可以通过手术矫正。

小结

呼吸系统是机体调节呼吸并交换氧气和二氧化碳的系统。氧气的交换对维持生命至关重要。呼吸系统疾病大多与病毒或细菌侵入有关。创伤也可造成呼吸系统损伤。

复 习 题

1. 呼吸系统与哪个系统密切协作，负责将氧气运输至器官？
2. 以下哪些器官组成呼吸系统？
   - A. 骨膜、髓腔、软骨
   - B. 胃底、肠系膜、腹膜
   - C. 心包、血浆、红细胞
   - D. 咽、胸膜、气管
3. 请描述肺炎的异常肺音。
4. 哪种药物可用于扩张细支气管和肺？
5. 哪种呼吸系统疾病与粉尘过敏有关？
6. 阐述呼吸的过程。

临床案例

Redmont 动物医院的 Joseph 医生和兽医助理 Amanda 接到当地奶牛场的电话。Calvins 先生是一名当地的农夫，他有一大群霍斯坦乳牛，其中有一头母牛已经治疗了一周。该母牛之前看起来病了，他给它注射了在当地农场供应商店购买的青霉素。

Amanda 获取了病史信息，而 Joseph 医生准备好了设备。Calvins 先生说母牛已经生病 1 周，呼吸困难，食欲下降，产奶量下降。Amanda 也注意到药瓶上青霉素的信息。

Joseph 医生进行了体格检查，胸部可听诊到肺爆裂音，心率和呼吸频率上升，有轻微发热。

- Joseph 医生认为该母牛最可能是什么疾病？
- 农夫自行治疗是正确的吗？为什么？请解释。
- 如何预防该病？

第22章 内分泌系统

学习目标

学习完本章后，读者应该能够：
- 说明内分泌系统的构成。
- 描述内分泌系统的功能。
- 描述内分泌系统的常见疾病。

引言

动物机体通过协调、整合所有功能，使其成为和谐的有机整体，这叫作内稳态。内稳态的维持包括生长、成熟、繁殖和新陈代谢。内分泌系统负责机体内稳态协调。

内分泌系统的构成

内分泌系统由无数腺体组成，这些腺体遍布全身，分泌激素进入血液，同时分泌化学物质帮助机体排泄废物（图22-1）。这些化学物质和激素通过血液和组织在体内传递，使机体发生变化，调控机体生长，调节性繁殖和发育，在细胞内代谢营养素，维持内稳态，使机体保持平衡。

内分泌腺

内分泌腺分泌激素直接进入血液，随着血液循环被运送到机体的各个部位。内分泌腺包括：

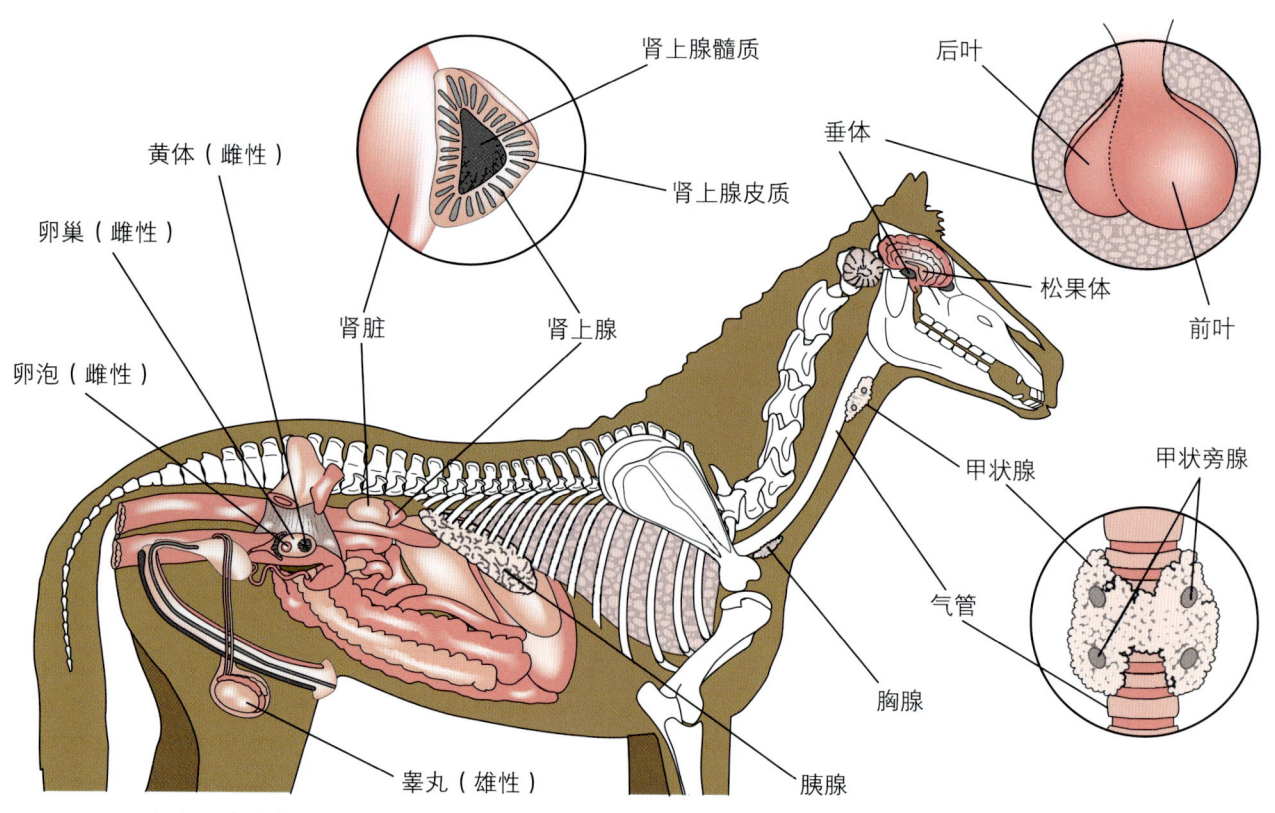

图22-1 马内分泌腺的位置分布

- 垂体。
- 甲状腺。
- 甲状旁腺。
- 肾上腺。
- 胸腺。
- 胰腺。
- 松果体。
- 性腺（雌性动物的卵巢和雄性动物的睾丸）。
- 垂体。

垂体是主要的内分泌腺体。垂体与下丘脑一起控制内分泌系统，并与神经系统联系。垂体位于大脑底部，包括前叶和后叶。后叶与下丘脑相连接。下丘脑由动物胚胎期的脑组织发育形成，下丘脑储存激素，并释放和调节激素。垂体后叶释放两种肽激素：催产素和抗利尿激素（ADH）。催产素对分娩或生产具有至关重要的作用。催产素的释放会促进子宫平滑肌收缩，使乳腺开始分泌乳汁。可注射催产素来增强这些作用。抗利尿激素（ADH）能够促进尿液形成、水分吸收、控制血压、控制机体内水量变化。尿崩症时，抗利尿激素释放减少，血中水含量改变，造成尿液浓度非常低，最后导致动物出现多饮多尿的临床症状。

垂体前叶由下丘脑控制，主要功能是释放激素进入血液，产生和调节生长激素。生长激素能够增加动物机体蛋白质的合成，促进动物生长。垂体前叶同时分泌催乳素，促进乳汁分泌。甲状腺调节和分泌激素受垂体的控制，所以垂体又常称之为"主腺体"（图22-2）。

甲状腺

甲状腺机能亢进或减退都会引发异常，影响动物健康。垂体产生促甲状腺激素（TSH），促甲状腺激素促进甲状腺分泌甲状腺素，控制甲状腺活动和细胞代谢。可以通过检测血液里的T3、T4来判定甲状腺功能是否正常。T3、T4对于甲状腺疾病的诊断至关重要。T3是活化型的甲状腺素，更有效。T4转化后进入组织，帮助机体分解脂肪，控制胆固醇含量。甲状腺位于颈部，分两叶，分别位于气管两侧。甲状腺是唯一一个增大后能被触诊到的内分泌腺体。

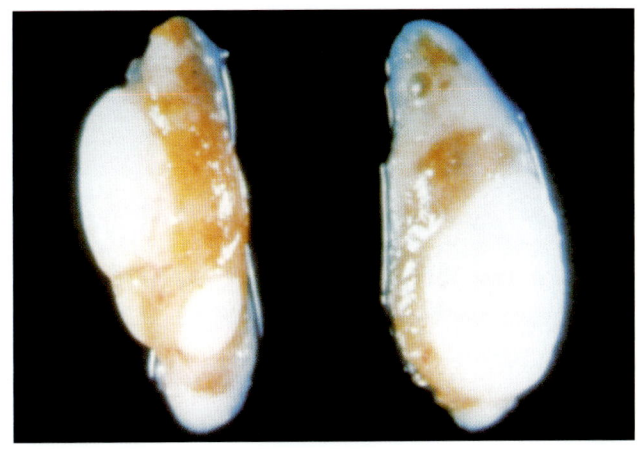

图22-2 猫的甲状腺和甲状旁腺。图中白色区域为明显增大的甲状旁腺；正常的甲状旁腺一般见不到

甲状旁腺

甲状旁腺在甲状腺的表面，分泌甲状旁腺素，调节血钙和血磷水平。

肾上腺

肾上腺也是内分泌系统的一部分，位于肾脏头侧。肾上腺生成并释放肾上腺素和其他激素。肾上腺素是神经系统释放的化学物质，是动物面对应激产生战或逃等本能反应的应答。肾上腺释放短效的肾上腺素和长效的去甲肾上腺素。去甲肾上腺素能够增加心率、血压、血流量、血糖与代谢。肾上腺也调控促肾上腺皮质激素（ACTH）的功能。ACTH能够控制血压、释放胆固醇，也调节机体产生类固醇。应激可促进ACTH分泌，增加机体内ACTH的含量，继而反馈性降低其产生效率。

胰腺

胰腺是内分泌系统中的又一个重要器官，同时具有内分泌和外分泌双重功能。胰腺产生和调节胰岛素生成。胰岛素受血糖水平调控。餐后，胰腺应答产生胰岛素，促发糖代谢，将葡萄糖合成糖原，然后转化为脂肪。食物消化后，血液中的糖代谢水平降低。每一餐后都重复糖代谢过程。

胸腺

胸腺是幼年动物的腺体，通过T淋巴细胞的成熟发挥免疫功能。

松果体

松果体位于大脑中央部分，其功能尚未完全清楚，起调节机体节奏的作用。

性腺

性腺是与生殖相关的腺体。

激素

激素主要由 4 种化学基团组成，调节机体各部分功能。脂肪酸控制激素参与调节雌性动物的发情周期；类固醇在体内自然产生，调节体内控制基本生命功能的化学物质，如胆固醇。氨基酸是最简单的激素，控制甲状腺功能。肽类是体内最大的激素，控制蛋白质合成。激素是通过传递到全身的靶细胞而起作用，像钥匙和锁一样一一对应。机体通过产生酶来发出需要激素发挥功能的信号。酶是产生反应，使机体变化的一种化学物质。酶可持续产生和释放激素，直至完成其功能。如血糖上升，胰岛素分泌量增加，即体现了激素与酶的功能之间的关系。血糖水平开始下降，胰岛素分泌缓慢停止。胰高血糖素的释放能够增加血糖水平。糖尿病就是这项功能没有被机体内的激素正确地调控所引起的。

激素和发情

内分泌系统对雌雄生殖系统的激素产生和调控至关重要。动情激素控制着雌性动物的发情周期。其中的一种动情激素是黄体生成素（LH），在繁殖周期内刺激睾酮分泌，促进排卵并生成黄体（CL）。排卵是指雌性动物释放卵子，以便与存在的精子结合进行繁殖。黄体（CL）在雌性繁殖期内形成，存在于整个妊娠期，以维持妊娠。

另一种动情激素是促卵泡激素（FSH），可以促进卵子生成、调节雌性动物发情周期，并在繁殖过程中形成卵泡和产生雌激素。雌激素的生成意味着发情周期的开始。无论是黄体生成素（LH）还是促卵泡激素（FSH），均由下丘脑调控。还有一种激素是促性腺激素释放激素（GnRH），调节和维持正常的发情周期。

疾病和病症

很多疾病和病症是由内分泌系统所分泌的化学物质造成的。这些病征通常导致明显的临床症状，如体重问题、皮肤问题和饮欲改变。

甲状腺机能减退

甲状腺机能减退是指甲状腺素产生不足。本病导致机体代谢缓慢，造成体重增加、被毛和皮肤问题、虚弱、怕冷。皮肤症状是常见症状，包括脱发和皮炎。治疗方法是终身补充甲状腺激素。犬常发甲状腺机能减退，而且在许多品种中有遗传性。

甲状腺机能亢进

甲状腺机能亢进是指甲状腺素分泌过多，常见于老年猫。主要症状包括体重减轻、贪食、多尿（PU）、多饮（PD）、活动增加、心率增加、甲状腺肿大至可触及。随着病情的发展，可能会出现呕吐和腹泻。治疗方法之一是甲状腺切除术，然后补充甲状腺素。猫甲状腺切除术后通常需要药物补充治疗，以防止甲状腺机能减退。要向主人说明手术并发症，损伤或摘除甲状旁腺都会引起严重的低钙血症。另一种治疗方法是放射性碘疗法（Radiocat）。静脉推注放射性碘，使其在甲状腺素生成异常活跃的部位起效，引起相应的甲状腺组织损伤。而未过度分泌的部位不受影响。还可使用甲巯咪唑进行药物治疗。口服甲巯咪唑可以阻断甲状腺激素的合成，但需要根据情况及时调整剂量。

糖尿病

高糖血症或糖尿病是导致机体血糖水平升高的一种疾病（图 22-3），患病动物往往多食但体重减

> **甲状腺机能减退的好发犬种**
> - 拳师犬。
> - 大丹犬。
> - 金毛寻回猎犬。
> - 腊肠犬。
> - 杜宾犬。
> - 雪纳瑞。

图 22-3 糖尿病患猫

图 22-4 肾上腺皮质机能亢进患犬

轻，渴感增加，多饮多尿（PU/PD）。糖尿病动物会产生破坏胰腺的细胞，而免疫系统会攻击这些细胞。当 75% 的细胞被破坏时，就会表现出糖尿病的症状。治疗方法是给予胰岛素。调控糖尿病是很困难且具有挑战性的，需要规律且一致的饮食来控制体重，如处方粮。根据血糖水平决定胰岛素剂量。控制糖尿病的目标是每天保持胰岛素水平稳定并接近正常，这就需要定期监测和评估血糖水平。长期使用胰岛素会造成肾脏的神经损伤，导致肾功能衰竭。糖尿病可继发视觉问题，如白内障或视网膜疾病。胰岛素过量会导致低血糖，症状包括虚弱、嗜睡、共济失调、精神恍惚、抽搐，严重可能导致昏迷。幼年动物可以在齿龈上涂抹葡萄糖水或 Karo 糖浆治疗低血糖。严重病例需要静脉输液，补充葡萄糖。

肾上腺皮质机能亢进

肾上腺皮质机能亢进常称为库欣综合征，与肾上腺皮质分泌激素过多有关（图 22-4）。发生垂体瘤时，促肾上腺皮质激素（ACTH）分泌过量；发生肾上腺肿瘤时，皮质醇生成过量。本病也可能是医源性的，如使用类固醇。诊断方法是测定皮质醇水平，通过地塞米松抑制试验完成。先采集基础血样，然后给动物注射地塞米松，4～8h 后采集血样。正常情况下，ACTH 和皮质醇水平下降。如果存在垂体瘤，ACTH 水平升高，皮质醇水平不变。如果存在肾上腺肿瘤，ACTH 水平不变，皮质醇水平升高。库欣综合征的症状如下：

- 多饮多尿（PU/PD）。
- 食欲增加。
- 皮肤变薄，被毛稀疏。
- 呼吸急促。
- 腹部膨大（壶腹）。
- 虚弱。
- 嗜睡。
- 脱毛。

库欣综合征的治疗方案包括手术切除肿瘤和药物治疗，以降低血液中的皮质醇水平。如果肾上腺功能衰竭，肾上腺生成皮质醇减少，则需终身治疗；这时称为肾上腺皮质机能减退或阿迪森综合征，症状包括嗜睡、虚弱、体重减轻、呕吐、腹泻、食欲不振和胃肠道问题。因血中钠（Na）和氯（Cl）生成减少、钾（K）浓度增加，会造成低钠血症和高钾血症。该病通过 ACTH 刺激试验进行诊断。先获得基础血样的皮质醇水平，后注射 ACTH 凝胶，1～2h 后采集血样检测皮质醇水平。正常情况下，皮质醇水平增加；阿迪森综合征时，皮质醇水平没有变化。阿迪森氏综合征的治疗需要使用长期激素控制和静脉输液。

小结

内分泌腺与神经系统相互协作，共同维持机体内稳态。这是通过分泌激素作用于特定组织和器官、产生预期效应来完成的。

复 习 题

1. 哪个器官称为"主腺体",控制新陈代谢必需的垂体激素叫什么?
2. 促进排卵的激素叫什么?
3. 肾上腺皮质机能减退是一种糖皮质激素分泌不足的疾病,除此之外还表现哪些症状?
4. 血液中葡萄糖水平异常降低称为什么?
5. 甲状腺机能减退和甲状腺机能亢进有什么区别?
6. 发情的阶段有哪些?

临床案例

Amelia 是一名在小动物兽医诊所工作的兽医助理,她在电话里和 Carl 夫人谈论她的猫 Ruby。Ruby 是一只 16 岁已绝育的雌性家养短毛猫,最近表现出某些异常,包括体重减轻、多饮和叫声增大,她还发现 Ruby 比以前更频繁地去猫砂盆。

Amelia 为 Ruby 预约了 Hall 医生。Carl 夫人问是否需要担心,Amelia 回答"根据 Ruby 的年龄和临床症状,可能是急诊"。

- Ruby 可能是什么病?
- 体格检查时还可能发现 Ruby 的什么症状?
- Hall 医生最有可能向猫主人提出什么建议?

第 23 章　泌尿系统

学习目标

学习完本章后，读者应该能够：
- □ 说明泌尿系统的组成。
- □ 描述泌尿系统的功能。
- □ 说出与泌尿系统相关的常见疾病名称并能进行描述。

引言

食物经过消化、吸收和代谢进行转化。血液和淋巴液将消化产物运送到身体的各个组织。组织细胞通过所需要的氧和食物进行生长和修复，随后将产生的废物排出体外。这一过程主要由泌尿系统参与。泌尿系统的功能包括排泄废物（例如，氮）、分解蛋白和氨基酸、产生氨和尿酸、调节体内水平衡、调控化学元素（例如，钾、钠、氯）、产生激素控制血压、产生肌酐等。肌酐是由肾脏过滤的化学激素，肌酐水平可以反映肾脏功能。

泌尿系统的结构

泌尿系统的结构包括肾脏、输尿管、膀胱和尿道。泌尿系统经由尿液排泄血流中的机体废物（图23-1）。肾脏产生尿液，经输尿管流到膀胱中，在膀胱中储存，随后经由尿道排出体外。

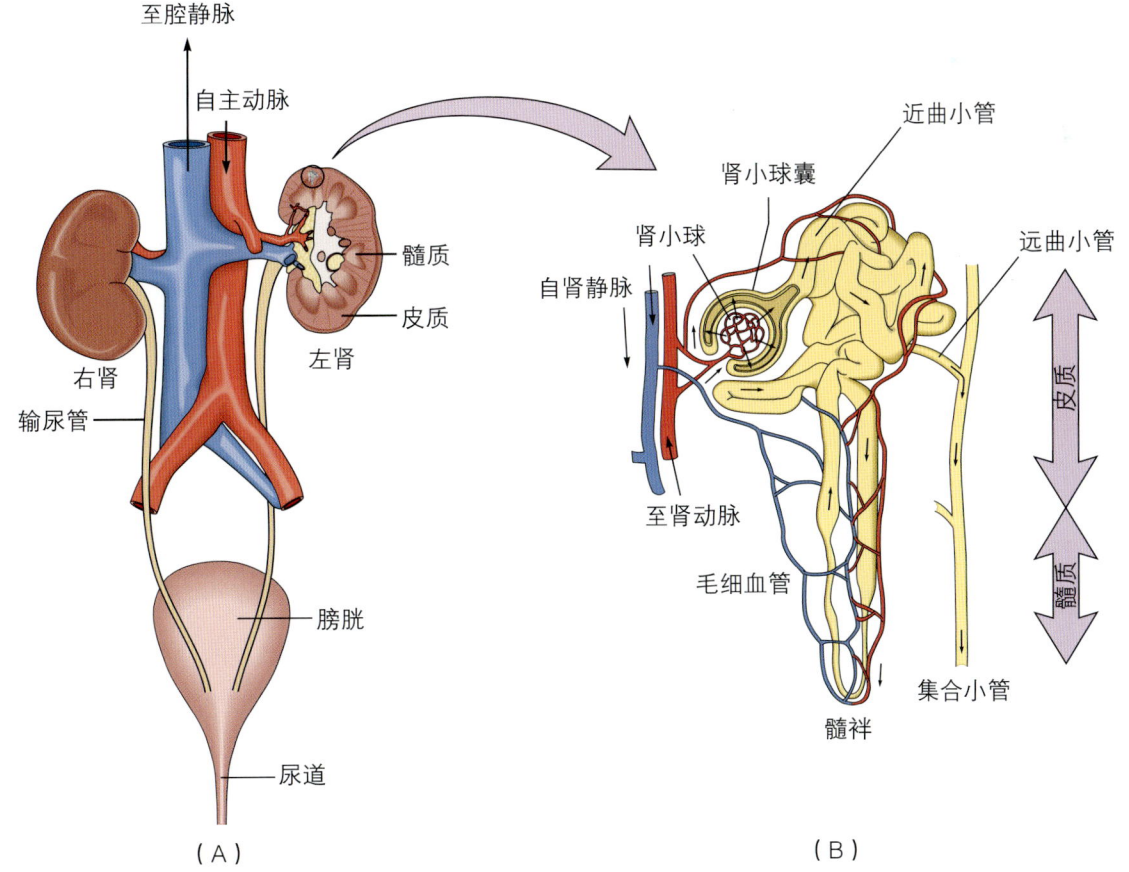

图 23-1　（A）泌尿系统结构；（B）肾单位结构

肾脏

肾脏为成对器官，位于脊柱两侧的背腹中。肾脏产生尿液。肾脏呈红褐色，表面光滑，扁豆状（图23-2）。牛是唯一一种有沟多乳头肾的动物，其肾脏表面粗糙不光滑（图23-3）。每个肾都有肾动脉和肾静脉（位于肾脏的中央）输送肾脏中的血液。体内20%~25%的血液流经肾脏。

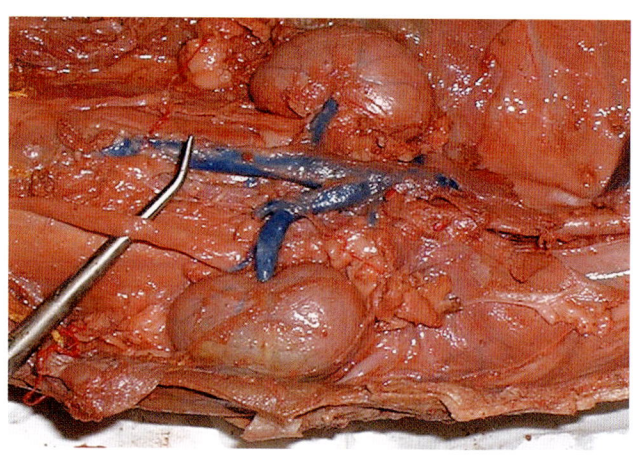

图23-2 猫的肾外观。这是制备好的标本照片，蓝色血管为注射乳胶的肾静脉和后腔静脉。输尿管位于探针上方

图23-3 牛肾外观

肾脏包括外层的皮质和内层的髓质。最中心的是肾盂，这里是动脉、静脉和输尿管出入肾脏的位置。肾单位是肾脏生成尿液的结构单位，经由肾盂分配血液，通过小管过滤后，产生尿液。这个小管称为肾小囊，肾小囊由称为肾小球的毛细血管包围。经渗透作用或者机体吸收水分后，形成尿液。水与血液和可吸收的钠离子混合后，其浓度发生变化，或变稀或变浓。机体80%的水参与尿液形成过程。

输尿管

输尿管始于肾脏中心，为管状结构，将尿液运输到膀胱中。输尿管由平滑肌构成，通过收缩使肾脏的尿液排出。

膀胱

输尿管连接膀胱，这是一个中空器官，通过伸缩储存尿液。膀胱储存尿液的容量取决于动物的大小，例如，一只11.3kg的犬，其膀胱尿液的储尿量大约为100mL。

尿道

尿道与膀胱连接，为肌性管状结构，可将尿液排出体外。雄性的尿道比雌性的更长、更窄。这种解剖结构特点使雄性动物更容易出现尿路梗阻。公犬尿道中有一个骨性结构称为阴茎骨。尿道末尾是典型的S状结构，为尿道最窄的部分。尿液由阴茎排出体外。雌性的尿道宽而短，故雌性动物更易患尿失禁，即尿液从膀胱不自主流出。

常见疾病

机体内废物的排泄对维持身体健康和体内平衡非常关键。

尿失禁

尿失禁是尿液从膀胱中不自主流出。常见于老年和已绝育的雌性动物。尿失禁是膀胱括约肌的收缩不受控制导致，常发生在动物睡眠时或在家里突然发生。多数动物可通过补充雌激素控制膀胱。雌性动物更容易出现尿路感染，称膀胱炎。环境中的细菌污染，动物舔舐外阴、包皮会使细菌进入尿道、膀胱，造成感染。膀胱炎的典型症状包括尿血、尿液增多或尿频、尿失禁和排尿困难（尿痛）。

尿路阻塞

尿路阻塞的成因多样，其中一种情况是膀胱、输尿管、尿道结石引起阻塞（图23-4）。饮食习惯是膀胱结石形成的常见原因。X线片有助于确诊这类疾病,许多动物需要外科手术去除膀胱结石,称为膀胱切开术;然后根据结石的成分分析,选择合适的药物治疗或控制饮食,以减少结石复发概率(图23-5)。大麦町犬常患遗传性尿酸盐结石,它们不能产生足够的酶进行尿酸代谢,所以造成膀胱结石。这种情况可以通过特定的饮食来控制。

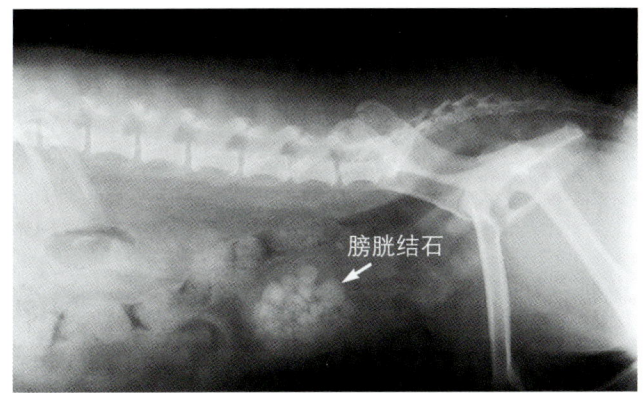

图23-4 X线片显示膀胱结石

图23-5 膀胱结石

猫泌尿系统综合征

猫易患泌尿道疾病。去势公猫患猫泌尿系统综合征(FUS)的概率增加。体重过大或肥胖的公猫更易发。猫泌尿系统综合征会引起泌尿系统阻塞造成排尿困难,这是一种急症,一旦发生,需尽快就诊。猫的尿液容易形成泥沙状结晶样沉淀物,引起尿道阻塞。泌尿系统综合征必须在24~48h内进行治疗,否则,猫不能排尿会进一步演变为肾衰。对患有泌尿综合征的猫注射镇静剂,并使用导尿管冲洗膀胱和尿道。要通过尿检结果确定治疗方案。通常,兽医会导尿,并留置导尿管48h,使沉淀物随着尿液流出。同时进行药物治疗预防感染。导尿管拔出后要对猫进行24h监测,观察是否能够正常排尿。对患有综合征的猫,通过特定的饮食可以减少阻塞形成。对于阻塞频率增加的猫,可以选择替代的治疗方案,如会阴部尿道造口术。这种手术切除了公猫的阴茎部尿道,使其在组织结构上更类似母猫,避免长、窄的雄性尿道造成沉淀物阻塞。猫泌尿系统综合征的主要症状:

- 疼痛引起痛叫。
- 腹部疼痛。
- 膀胱变硬。
- 脱水。
- 虚弱、嗜睡。
- 喘粗气、呼吸急促、心悸。

中毒

抗冻剂中毒或乙二醇中毒会影响泌尿系统造成急诊。因为抗冻剂带有水果香味,会吸引室外的犬和猫吞食。乙二醇是抗冻剂中的一种活性成分,不能通过肾脏进行代谢分解。乙二醇聚集对泌尿系统会产生毒性,引起泌尿系统功能衰退甚至完全丧失。大约80%的动物摄入抗冻剂后会死亡。第一时间进行抢救是处理这种情况的关键。抗冻剂中毒的症状包括中枢神经系统(CNS)问题,如共济失调、定向障碍、无法站立、虚弱、呼吸困难、少尿或无尿、PU/PD、腹部疼痛、呕吐、癫痫、昏迷和死亡。血液和尿液检查有助于诊断抗冻剂中毒,并确定治疗方案。主要的治疗方案是用液体冲洗泌尿系统。

肾衰竭

肾衰竭可能在紧急状况下出现,具有突发性、短促性的特点。也可能会由长时间的慢性疾病引起。由于年龄和其他某些疾病易引起泌尿系统问题,慢性肾衰竭在老龄动物中较为常见。慢性肾衰竭的特征是多饮（PD）、食欲不振、体重减轻、尿失禁、呕吐和腹泻。血检的典型表现是血液尿素氮（BUN）、肌酐和磷升高。血细胞计数可见贫血。常规的治疗方法是输液和饮食控制治疗，控制蛋白和磷的摄入。血液常规监测有助于控制疾病进展。

小结

泌尿系统的主要功能是通过血液滤过排泄机体内的废物。这个过程主要发生在泌尿系统中。泌尿系统也有助于维持机体内体液平衡，维持内环境的稳定。

复习题

1. 什么是尿路感染？尿路感染的症状？解释一下什么是尿失禁？排尿过多的专业术语是什么？
2. 尿液形成排出途径是：
   - A. 肾脏、输尿管、尿道、膀胱
   - B. 输尿管、肾盂、尿道、膀胱
   - C. 肾脏、尿道、膀胱、输尿管
   - D. 肾脏、输尿管、膀胱、尿道
3. 少尿是什么意思？
4. 雄性动物和雌性动物的泌尿系统分别由什么组成？
5. 尿液的成分有什么？
6. 列出并描述泌尿系统的功能。
7. 尿失禁和尿路阻塞的区别是什么？
8. 尿液是如何形成的？

临床案例

Kelly 是 High Pines 动物医院的兽医助理，正在准备 Max（一只 4 岁的大麦町犬）的尿检样本。Kelly 刚刚接受了实验室样本工作的培训。早上，Max 的主人 Kline 先生将 Max 的样本带来，Kelly 先把样本放进冰箱，做好对样本进行分析的准备。MAX 有膀胱结石的病史，并且尿路感染频繁。Kelly 观察到 Max 的尿液呈棕色,混浊。她进行了临床分析后，向主治医生提供如下结果：

尿液：棕色。
外观：混浊、黏稠。
SG：1.245
葡萄糖：阴性
酮体：阴性
胆红素：痕量
蛋白：痕量至 +
红细胞：+++

pH 值：8.5
- Max 最可能患有什么疾病？
- 在这份尿检中，Kelly 还需要对哪些指标进行检测？
- 哪些因素可能与样本有关，应该如何收集 Max 的尿液样本？

第 24 章 生殖系统

学习目标

学习完本章后，读者应该能够：
- 说明生殖系统的结构组成。
- 描述生殖系统的功能。
- 识别和描述雄性和雌性生殖系统之间的差异。
- 描述生殖系统常见的疾病。

引言

生殖系统负责繁衍后代。繁殖后代需要特定的雌性和雄性生殖器官。一般而言，很多物种的生殖系统基本上是相似的。无论雄性或雌性的生殖器官，都叫生殖器。

雌性生殖系统

在雌性动物中，外阴是阴道和内生殖器的外部开口，参与繁殖、分娩和排尿。阴道的底部是尿道，一条狭窄的管道，与膀胱相连。阴道的头侧是子宫颈，子宫颈是子宫的开口。子宫是妊娠期间胚胎发育的部位，呈 Y 形，有 2 个子宫角。子宫是大的中空器官，妊娠期间可以扩张，留足空间供胎儿生长。有些种属的动物在子宫角孕育单个或多个幼体，而有些物种在子宫体内孕育胚胎。子宫角末端逐渐变窄，形成输卵管，容纳卵巢，同时是精子和卵子的运输系统。卵巢有 2 个，分别位于子宫角的末端，是雌性的主要生殖器官，在减数分裂过程中产生卵子。物种间存在差异，例如鸡只有 1 个完全发育的左卵巢。卵巢中有卵泡，是产生卵子的微小结构。每种动物都有一定数量的卵巢和卵泡，出生时就存在。卵子在整个生命过程中被慢慢地消耗。当卵子成熟时，它会移动到卵巢边缘释放。卵子释放的时间范围称为排卵期。图 24-1 显示的是犬和牛的雌性生殖器官。

有些种类的动物，如鸟类、某些鱼类和爬行动物，是卵生的，而非胎生。卵在子宫的漏斗部发育。卵生动物的输卵管分为 4 部分或段：卵子（蛋黄）、

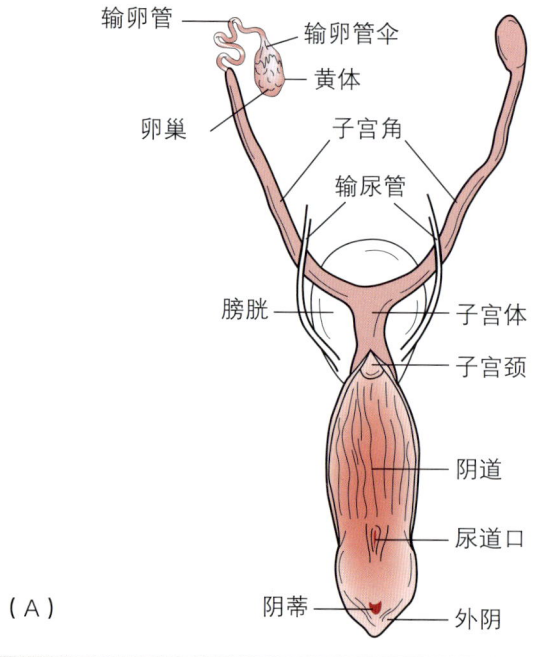

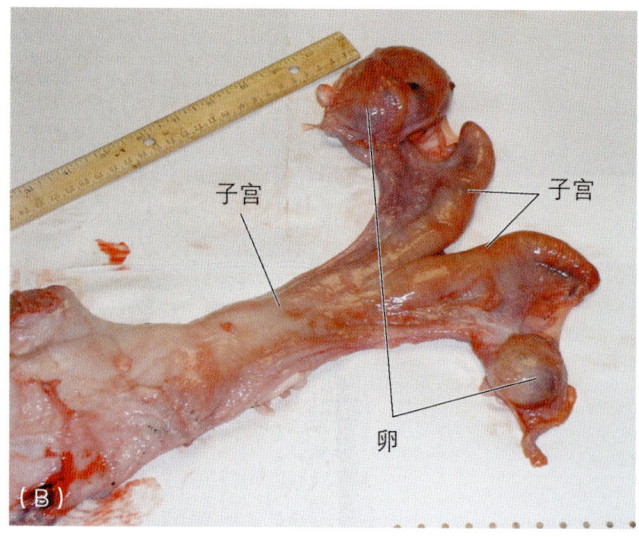

图 24-1 （A）母犬生殖器；（B）奶牛生殖器

蛋白（蛋清）、峡部（壳膜）和子宫。负责产卵的外生殖部分叫泄殖腔。从排卵到产卵需要 24h。图 24-2 显示的是鸟类的生殖器官。

雌激素是主要的雌性生殖激素，在发情周期中引起雌性行为的改变，也同时促进卵泡的生成和发育。孕酮是维持妊娠的激素。

雄性生殖系统

雄性生殖系统起始于外生殖器结构——阴茎。阴茎是雄性动物用于繁殖的生殖器官，同时也是泌尿系统的一部分。阴茎被包皮覆盖和保护。雄性动物的主要生殖器官是睾丸。睾丸产生精子并储存于阴囊中。阴囊为皮肤结构，分成左右两室，分别容纳和保护睾丸，并通过温度控制便于精子生成。为了精子更好地生成，阴囊的温度必须低于机体的温度。精子在青春期开始生成，并持续整个生命过程。精子是雄性生殖细胞，形成于精囊，精囊是睾丸中的管状结构。精子通过附睾进入输精管，从而由睾丸输送出体外。在繁殖期，附睾和输精管输送精液，将精子运送出去。在哺乳动物中，精子通过尿道排出，爬行动物和鸟类通过泄殖腔排出精子。由于器官发育不成熟，所以鸟类没有真正意义上的阴茎。在鱼类中，精子通过生殖孔排出，生殖孔也运输粪便和尿酸盐。图 24-3 显示马的生殖系统。睾酮是

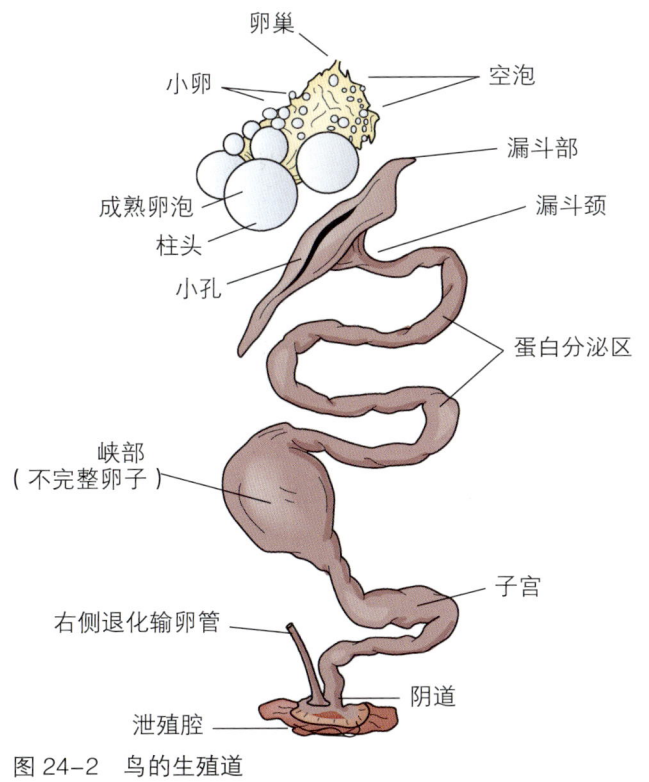

图 24-2 鸟的生殖道

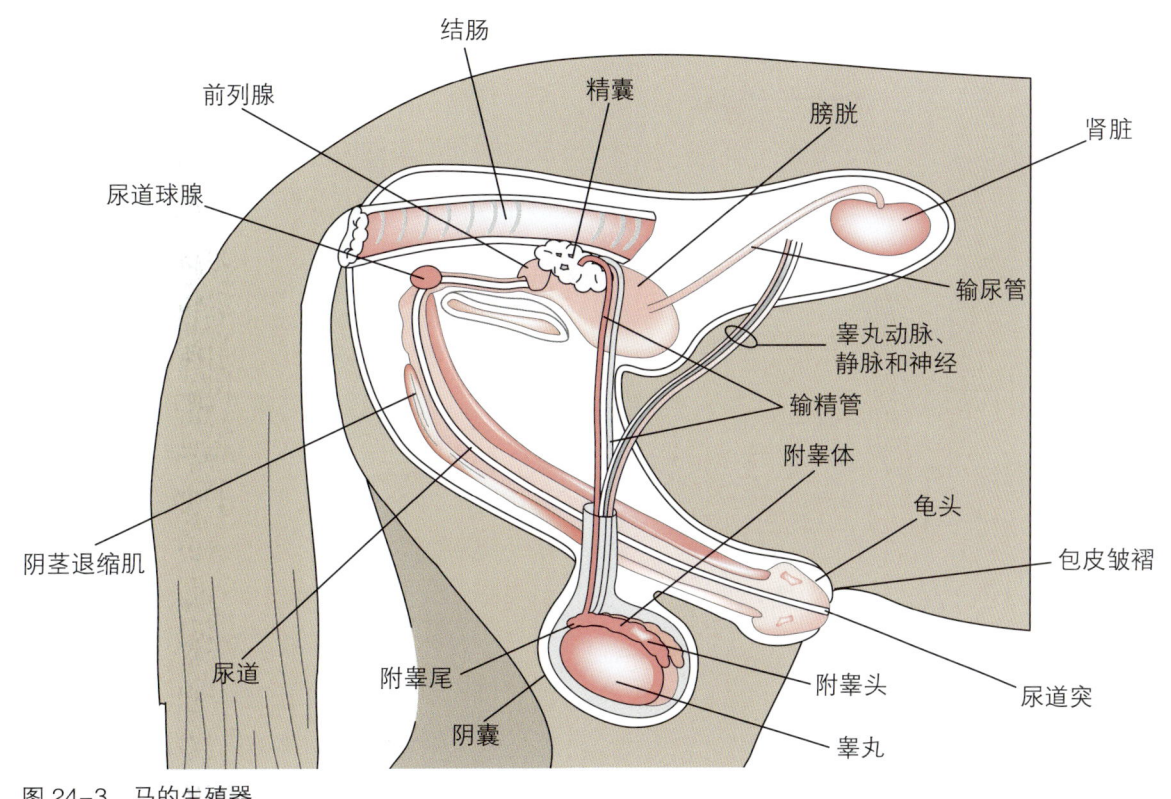

图 24-3 马的生殖器

雄性的主要生殖激素，产生雄性特征，是精子生成必不可少的激素。睾酮导致的雄性特征如下：

- 体型大。
- 肌肉结实，骨架大。
- 具有侵略性。
- 发声低沉。

精液

精液形态观察是确定精子是否正常和数量是否能足够繁殖的重要过程。精子细胞通过减数分裂增殖。精子有头有尾，形态像鞭毛（图24-4）。尾部类似于鞭毛的结构支持精子运动和活动。精子头部存在染色体，决定后代的遗传物质DNA。正常精子细胞有一个头和一条直尾。通过显微镜观察可以判断精子的质量，精子在显微镜下快速移动。当精子和卵子结合时，有性生殖开始发生。这需要同一物种的雄性和雌性相结合，精子和卵子的结合叫作受精（图24-5）。

图24-5 在精子进入卵子之前，卵子的外膜必须先溶解

受精

哺乳动物的受精过程直接在生殖道进行。对于鸟类，雌鸟体内产生一个大的卵子，以蛋的形式排出体外，蛋必须经过孵化，然后幼鸟破壳而出。孵化是指增加温度，使胚胎生长。鱼的体外受精要么通过卵孵化出幼鱼，要么通过口腔孵化。口腔孵化是指鱼把鱼卵放在嘴里直到孵化完成。受精导致受孕，以胚胎的形式创造出新生命。胚胎是发育成新生动物的细胞，怀孕被称为妊娠期，或者说从开始直到幼儿出生的时间段。激素是机体产生的，有助于雄性和雌性发生有性生殖的化学物质。

发情

发情周期是动物接受配种的一段时间。在发情周期中，雌性动物具备繁育能力。发情周期有4个阶段，不同种属动物的发情周期长度和持续时间不尽相同。许多动物是季节性发情，如很多大动物，其发情周期取决于一天的长度。发情前期正好处于未受孕动物发情期之前，孕酮在此期间释放。发情期间，雌性动物接受雄性动物交配。有些动物的发情周期短到12h，而另一些则长到14d。雌激素释放导致发情开始。动物的发情征兆有所不同，但在发情期间，雌性动物有许多现象：外阴肿胀、行为

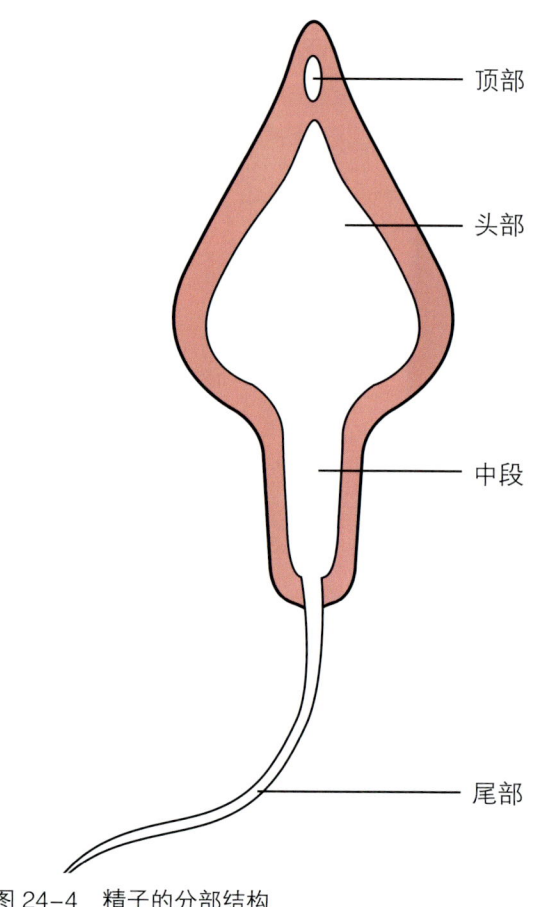

图24-4 精子的分部结构

改变、阴道分泌物增多、排尿次数增多，叫声增加。发情周期和排卵之后是发情后期。有些物种是诱导性排卵，必须通过交配诱发卵子释放，例如猫和兔子；有些物种在排卵期间释放一个卵子，而另一些物种释放多个卵子。表24-1列举了不同物种动物的不同排卵类型。

表24-1 不同物种动物的排卵类型

犬	排卵期间排出多个卵子
猫	诱导排卵释放多个卵子
马	排卵期间释放一个卵子
奶牛	排卵期间释放一个卵子
绵羊	排卵期间释放一个卵子
猪	排卵期间排出多个卵子
山羊	排卵期间释放一个卵子
兔子	诱导排卵释放多个卵子

受精后期生成促黄体生成激素（LH），促进卵子的发育和释放。这种激素引发黄体（CL）生成卵子。黄体促进卵泡增大，在这个阶段，因其颜色和大小，CL称为黄体。促卵泡激素（FSH）刺激卵泡生长，排卵后，必须交配繁殖，以确保妊娠。发情后期持续3～4d，在最后阶段，卵泡破溃，雌激素分泌降低。发情间期妊娠开始，特征是功能性黄体的出现，释放孕激素，维持妊娠。这个阶段维持9～12d，为子宫妊娠做好准备。发情前期是已受孕动物发情周期的最后一个阶段。妊娠发生后，黄体变小，激素分泌减少。如果繁育不成功，或者说未能受孕，则动物走出发情周期，留在无发情间期这个阶段，直到下次发情开始。发情间期不处于发情周期中。图24-6说明的是奶牛的发情周期，表24-2总结了不同种属动物的发情周期。

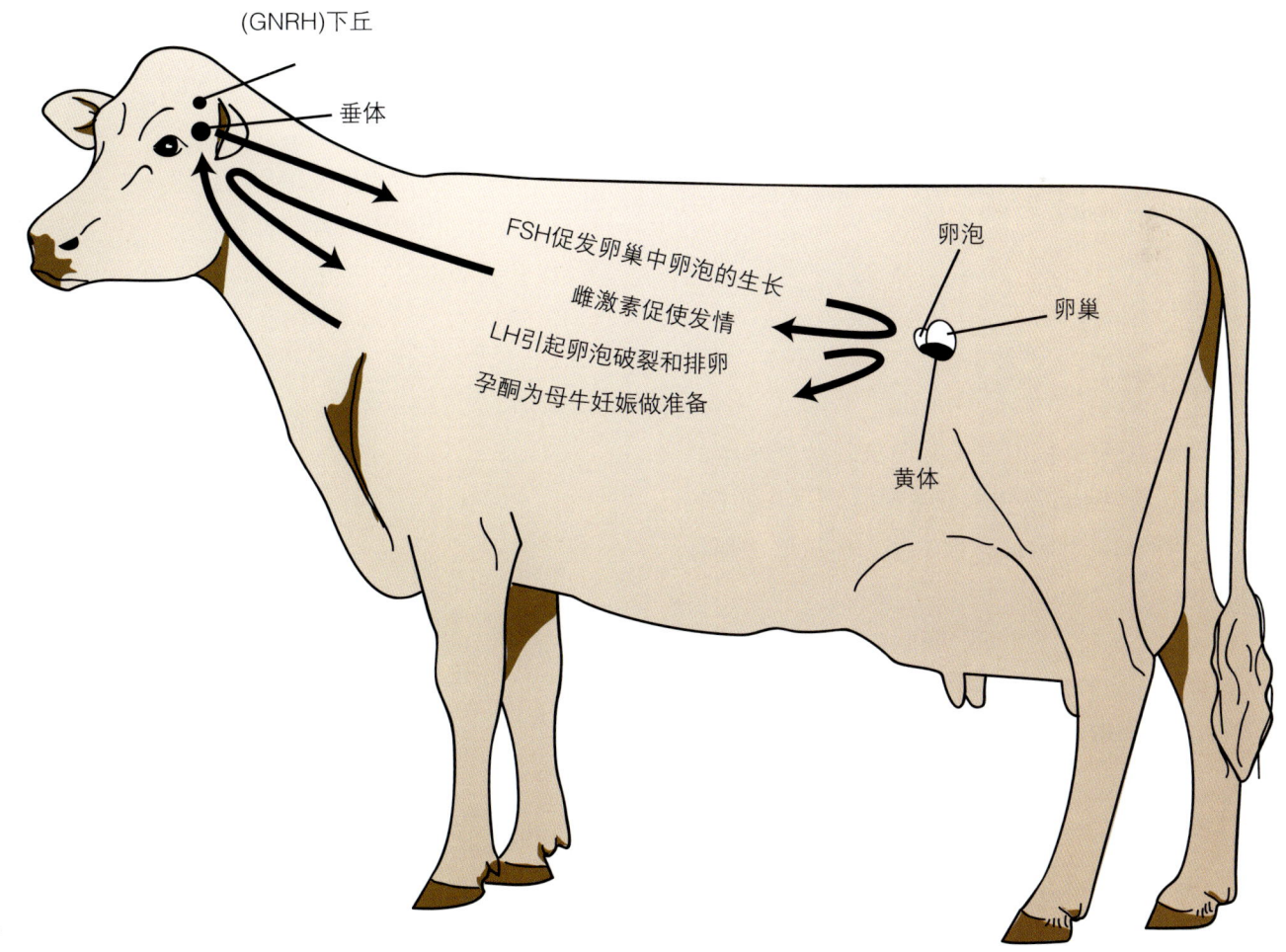

图24-6 牛发情周期的激素。GNRH：促性腺激素释放激素

表24-2 不同种属动物的发情周期

物种	周期	发情时间	排卵时间	发情迹象
犬	一年两次*	9～10d	发情后1～2d	外阴肿胀 阴道分泌物 摆尾 站立等待交配
猫	多次发情——每14～21d为一次发情周期	4～5d	交配后24h（诱导排卵）	塌腰 易于亲近 叫声频繁
马	每21d发情一次	6～10d	发情结束前1～2d	摆尾 眨眼 尿频 阴道分泌物 外阴肿胀 叫声频繁
奶牛	每21d发情一次	12～18h	发情后10～14h	站立等待交配 不安 爬跨其他奶牛
山羊	每21d发情一次	30～40h	发情周期末	快速摆尾 竖尾 爬跨其他山羊
绵羊	每17d发情一次	24～36h	发情后期	发情迹象不明显难以观察 爬跨其他绵羊
猪	每21d发情一次	40～72h	发情中期	外阴肿胀 站立等待交配 塌腰
兔子	持续发情-多次发情	多次发情	交配后8～10h（诱导排卵）	具有攻击性 塌腰

* 巴辛吉犬例外，每年只有1次发情周期

妊娠和孵化

怀孕或妊娠是胎儿在子宫内从受孕到出生的一个发育时期。不同动物的妊娠周期长短不同（表24-3）。怀孕的症状包括食欲增加、体重增加和乳腺增大。

在卵生动物中，先产卵，胚胎在卵里继续生长。这个生长期称为孵化期。孵化期也因种类而各异（表24-4）。适当的温度和湿度对孵化很重要。

分娩过程

分娩过程有3个阶段。分娩时，孕酮水平降低，而雌激素水平升高。雌激素为新生儿的分娩过程做准备。分娩开始时，胎儿释放可的松。分娩的第一

表24-3 不同种属动物的妊娠期

物种	妊娠期长
犬	平均63d
猫	平均63d
马	平均330d
奶牛	平均285d
山羊	平均50d
绵羊	平均150d
猪	平均114d
兔子	平均30d

表24-4 孵化表

鸡	21d
鸭	28d
火鸡	28d
鹅	28～30d
野鸡	24d

阶段为子宫收缩期，胎儿在子宫内转动；其症状包括烦躁、焦虑、紧张和腹部不适。子宫颈开始扩张或张开，使组织软化。当胎儿到达产道的骨盆开口时，进入分娩的第二阶段。随着胎儿进入产道准备出生，腹部收缩，而且愈加强烈。胎儿从产道中娩出（图24-7）。大多数雌性动物会在出生后立即舔舐新生儿，以帮助清洁和干燥胎儿，并刺激其呼吸。这个过程要去除胎儿口鼻处的胎膜。主动分娩期完成后，进入第三阶段，胎盘从子宫中排出。胎盘是母体与胎儿之间的联系，在母体妊娠期间，胎儿通过胎盘吸收营养（图24-8）。胎盘同时也是收集婴儿排泄物的器官。胎盘排出后，子宫逐渐收缩到正常大小，这个过程称为子宫复旧，通常发生于产后1～3周，具体时间因动物种类而各异。

图 24-8　胎盘

精液采集

精液采集是使用专门的兽用设备收集雄性动物的精子用于繁殖实践的过程。很多动物种类和品种都可采集精液，尤其是马、犬和牛。动物种类不同，采集方法不同，但是正确的无菌操作都是采集成功的重要因素。最常用的方法是假阴道（AV）采精，一种类似于阴道的管状物，便于将雄性动物射精后的精液收集起来。重要的是，在接触繁殖期的动物时，兽医助理和其他专业人员要有先进的处置和保定技能，还要具备关于动物肢体语言与行为的知识和经验。精液采集后，要对精子质量进行评估。然后，慢慢冷却，保存，并妥善储存。精液的储存和运输可以冷藏或冷冻。冷藏精液必须在24～48h内使用，以保证精子的存活。冷冻精液贮存在液氮中，可以保存长达40年。

图 24-7　马驹出生

人工授精

人工授精（AI）在许多动物种类、品种和情况下广泛应用。该操作是通过专业的兽用设备而非传统的交配方法来使雌性种用动物繁殖（表24-5）。时机是使用人工授精方法时需要考虑的最重要因素之一。雌性动物必须在发情期而且临近排卵期，准确判断要基于发情周期的评估与观察。人工授精最常见的失败原因是没有正确观察和确定动物的排卵期。使用人工授精方法的原因很多，如雄性动物和雌性动物距离遥远、相处不融洽、好斗不能安全交配或者雌性动物发情周期不好判断等。人工授精的第一步是获取优质的精液。要对精液进行活力和质量评估。冷藏和冷冻精液必须加热到35～36.7℃。新鲜的精液要在24h内使用。要在排卵前至少做2次人工授精。这就要求掌握不同动物品种发情与受精时机的知识。

有些动物的人工授精是把精液送入子宫，而有些是放到子宫颈。这取决于动物种类和生殖过程中胚胎生长的位置。很多雌性动物易于接受人工授精，而有些种类的动物需要镇静后进行人工授精。人工授精后30min内要防止雌性动物排尿或精液从阴道泄露，这一点是非常重要的。动物妊娠后要进行X线或超声检查来确保人工授精的繁育过程已经开始，并确定胎儿的数量。

表24-5 常见的人工授精操作

犬	通过发情时的阴道涂片评估细胞类型和所处的发情阶段	发情后期、存在角化上皮细胞时人工授精	人工授精管放到子宫颈
马	通过触诊或超声检查确定发情周期所处的阶段	分别在第3、5、7d进行人工授精	使用阴道窥器时小心，避免损伤；人工授精管进入子宫
奶牛	大多在夜间发情	发情期后2/3或发情结束1～2h后人工授精	触诊感受卵巢；人工授精管放到子宫颈
绵羊	少用；难以确定发情期	发情周期内2次人工授精	人工授精管进入子宫
猪		发情周期开始后24h、40～48h后人工授精2次	人工授精管放到子宫颈
火鸡	繁殖困难时使用	每周授精2次	母鸡会储存精液

绝育术

绝育术是手术切除动物的生殖器官。子宫卵巢切除术（OHE）指的是手术切除雌性动物的子宫和卵巢。手术切口位于腹中线或腹部中心靠近肚脐的位置。绝育是为了防止动物数量过多、消除动物的攻击性和不良行为及预防肿瘤发生。不建议对正处发情期的雌性动物做绝育，会增加出血并发症。

雄性动物的去势术是指切除睾丸（图24-9），通过切开睾丸附近的阴囊皮肤完成。小动物需要在麻醉下进行手术，并缝合伤口。大动物如牛、马通常在镇静后站着去势，伤口不缝合。绝育/去势术后均需要术后护理，要减少运动，监测伤口肿胀和感染，必要时拆线处理。

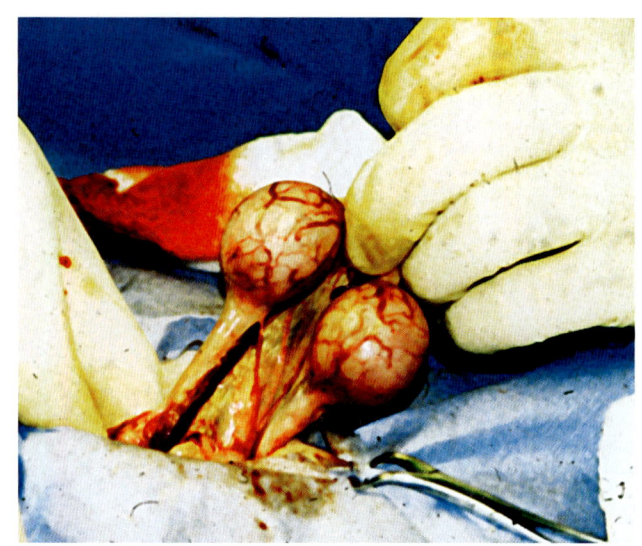

图24-9 公犬去势术

有些雄性动物可能会有 1～2 睾丸没有下降到阴囊里，即隐睾。如果 1 个睾丸没有完全下降到阴囊，就是单侧隐睾；如果 2 个睾丸都没有完全下降到阴囊，则是双侧隐睾。没有完全下降的睾丸可能停留在腹腔、腹股沟管，或阴囊附近的皮下。不能准确地下降到阴囊的睾丸大多数体积较小，这会增加动物罹患肿瘤的风险，并可能引发疼痛。隐睾动物有将这些性状遗传给后代的倾向。

生殖器疾病

雌性动物的子宫可能会发生感染，充满脓液，称为子宫积脓。该病是急诊，必须立即处理。子宫中的细菌聚集并产生毒性，进入血流时，引起败血症。要立即做子宫卵巢切除术，摘除感染的子宫。雌性动物的另一种疾病是子宫脱垂，牛更常见，其他动物产后也可能发生（图 24-10）。胎儿多、大或胎数过多，造成分娩时努责过度，从而增加了发生概率。难产也会引起子宫脱垂。由于阴道和外阴的拉伸，导致子宫、阴道组织与机体分离，子宫体脱出体外。这也是危及动物生命的紧急情况，暴露在外的部分会引起严重的败血性感染，或可能因撕裂引发子宫动脉出血。

未绝育的雌性动物也可能发生卵巢囊肿。卵巢囊肿通常直径大于 1cm，当卵巢或卵泡停止排卵时开始发生，会导致雌性动物不孕。卵巢囊肿的症状包括发情周期缩短和不规则。很多卵巢囊肿的患病动物也会分泌过量的雌激素。

乳腺疾病

乳腺肿瘤是未绝育雌性动物常见的一种疾病，这些肿瘤可能是癌，需要兽医评估。乳腺肿瘤造成一个或多个乳腺肿大，需要做乳腺切除术。在发情

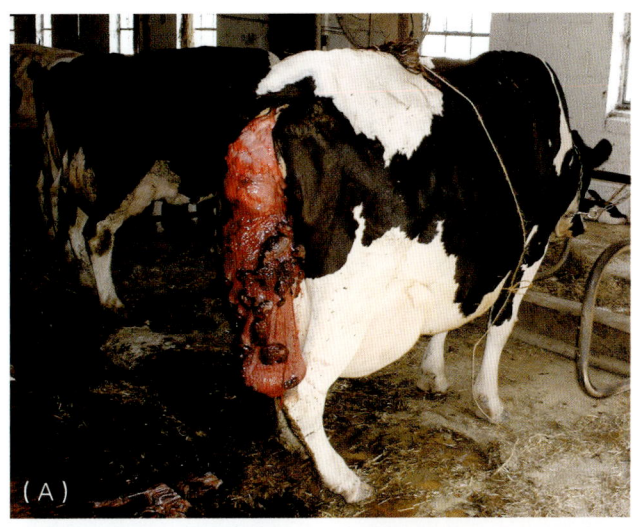

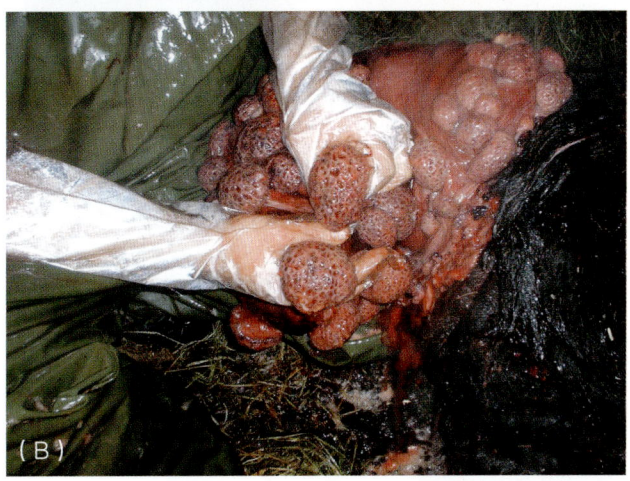

图 24-10 （A）奶牛子宫脱垂；（B）脱垂子宫的胎盘近观

期开始前做子宫卵巢切除术（OHE）的雌性动物，乳腺肿瘤的发生率降低。

小结

生殖系统是动物繁殖和创造新生命的器官。雄性和雌性生殖器官需要受精和孵化来孕育新生命。繁殖是畜牧业的重要组成部分。生殖系统疾病可能导致不孕，致使动物失去生育能力。有些生殖系统疾病可危及生命。

复习题

1. 什么是雌性动物的发情周期？
2. 雌性和雄性外生殖器的专业术语是什么？
3. 绝育的兽医专业术语是什么？
4. 雄性激素有哪些？请描述出来。
5. 雌性动物排卵的时期叫什么？
6. 解释发情周期。
7. 描述分娩的阶段。
8. 受精和孵化是如何发生的？
9. 解释人工授精及使用人工授精的原因。
10. 解释绝育及绝育的原因。

临床案例

Leslie 是 Whiskers and Tails 兽医诊所的兽医助理，正在准备一只 3 岁英国斗牛犬的剖宫产手术。Leslie 查看了患犬的病历记录，注意到该犬一年前做过一次剖宫产手术，手术正常，剖出 6 只幼犬。病历中记录，患犬大约 3 周前就诊过，并拍摄了 X 线片，显示 8 只胎儿。

Dawson 医生和 Sara 技术员到准备室准备麻醉患犬。Leslie 继续准备手术。

- Leslie 需要为该手术准备什么设备和用品？
- 兽医团队需要考虑哪些问题和因素？
- 需要给患犬主人提供哪些客户教育的建议？
- 在这种情况下，哪些因素反映出患犬主人是不负责任的繁育者？

第 25 章　免疫系统

学习目标

学习完本章后，读者应该能够：
- 说明免疫系统的组成结构。
- 描述免疫系统的功能。
- 描述免疫系统的常见疾病。

引言

免疫系统负责维护机体健康，保护动物免受疾病干扰。免疫意指保护，免疫从出生就开始获得，即幼儿接受母体哺育，从产后24h内的乳汁（初乳）内获得母源抗体；这是一种特异性免疫球蛋白，有助于保护新生儿避免疾病和相关疾病的攻击细胞（如病原体）。母源抗体保护幼年动物免受某些疾病，直到疫苗帮助建立起免疫系统。免疫系统在血流中发挥链式协同作用。

疫苗

疫苗接种到体内充当抗原，作为一种外来物质可以产生免疫反应。幼年动物首免后，再结合加强免疫，可以帮助机体慢慢建立起免疫系统，从而产生疾病抵抗力来预防感染。疫苗加强注射会产生初次免疫应答和二次免疫应答。疫苗初次免疫应答提供的抗原需要3~14d建立免疫反应，从而产生抗体。二次免疫应答的疫苗是机体反复暴露的抗原，能够快速产生免疫力，预防疾病发展。有时需要2~3次的加强免疫才能建立好免疫系统，这与疫苗类型、动物年龄和种类、预防的疾病类型有关。

疫苗的类型包括改良活疫苗和灭活疫苗。改良活疫苗由疾病病原体抗原改良制备而成，注入机体内后引起轻微感染，使机体产生免疫力，但不致病（图25-1）。灭活疫苗是将疾病抗原灭活制备而成，以非活性方式注入体内。因此，免疫可为机体提供不同类型的保护方式。主动免疫是动物接种疫苗暴露抗原后获得免疫力的过程。被动免疫是机体接受其他动物或母体抗体获得免疫力的过程。被动免疫可以通过初乳、商品粮或供血动物血浆获得。

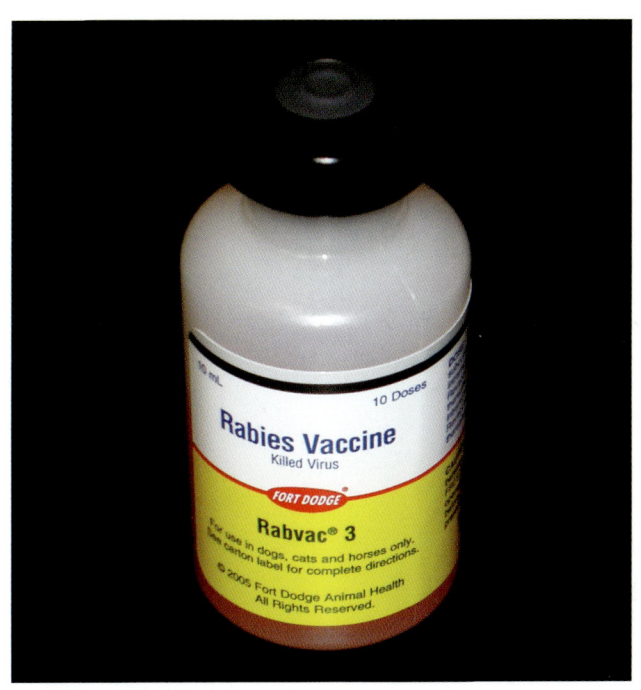

图 25-1　狂犬病是可以用疫苗控制的疾病

接种途径

疫苗可通过多种途径和方式进行接种，最常见的是皮下注射（SQ）和肌内注射（IM）。疫苗接种是动物临床健康和免疫系统的重要组成部分。有些疫苗可以滴鼻（IN），这是犬百日咳或犬窝咳疫苗的常见接种途径。其他途径包括点眼、口服和皮内注射（ID）。皮内注射是指注射到皮肤的真皮层。图25-2显示了疫苗的不同注射方式。

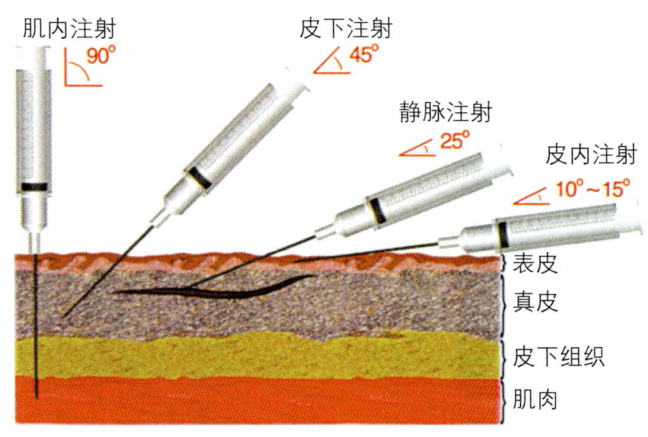

图 25-2　注射途径示例

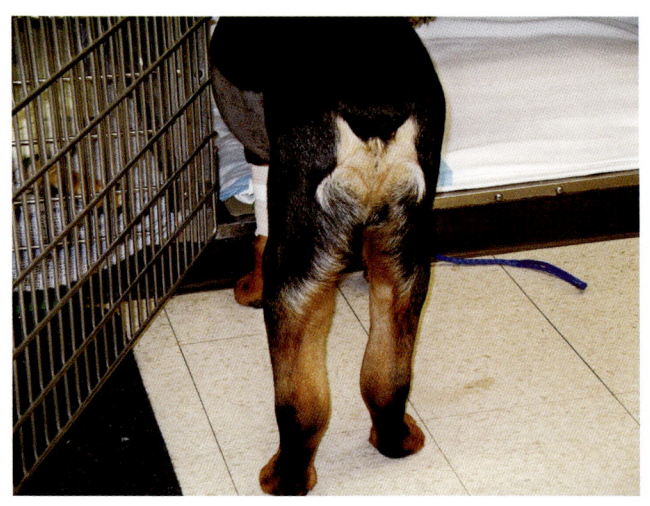

图 25-3　犬后肢水肿（肿胀）

感染

机体的免疫系统控制体温（表 25-1）和预防感染。感染是免疫系统对异常情况的反应。免疫系统也有助于控制和消灭疾病。炎症是机体感染的标志。炎症引起白细胞在炎症部位聚集，可能引起化脓、发红、皮温升高、核心体温升高、水肿和疼痛。

表 25-1　正常动物体温

动物种类	体　温
犬	38.3～38.8℃
猫	38.3～39.2℃
牛	38.3～38.6℃
马	37.2～37.7℃
猪	38.8～39.1℃
山羊	38.8℃
绵羊	39.4℃
兔	38.8～40℃

> **术语提示**
> 水肿是指皮下液体积聚（图 25-3）。

过敏

过敏是动物常见的临床症状。过敏由过敏原引起，如空气中的花粉会引起过敏反应。还有一些常见的过敏原，如豚草、树、草、花等。过敏动物的免疫系统对某些特定的过敏原有超敏反应。当过敏反应发生时，机体释放一种化学物质——组胺，同时伴发某些过敏症状，如瘙痒、眼鼻分泌物、打喷嚏、揉眼睛、皮肤发红。可用抗组胺药物或预防和控制过敏反应的药物治疗过敏反应。皮肤过敏中的典型疾病是异位性皮炎，可能由空气、室内、外部环境和饮食引起。异位性皮炎是动物抓伤皮肤后的继发感染。可以通过皮肤检查（皮内注射过敏原）确定异位性皮炎的原因。如果机体对过敏原过敏，则注射部位皮肤肿胀、发红。另外，过敏测试的方法是血液滴度水平，即测定血液中的抗体效价。血液效价水平测定是一种简单的检查方法，用于检查动物是否患病或过敏。血液滴度水平高提示过敏或存在病原体感染。

酶联免疫吸附测定（ELISA）

临床上常用 ELISA 检验病原体和疾病。该方法可检测血液样本中的抗原或抗体水平。ELISA 检测通过 1 个试剂盒即可完成，其中包含的项目可以完成血液样本的检测，需要 5～10min。ELISA 性价比高，易于操作。临床使用 ELISA 检测的疾病包括心丝虫病、猫白血病和猫艾滋病（FIV）、传染性腹膜炎（FIP）。这样的 ELISA 检测称为 SNAP 检测，它们被包装成一个试剂盒，当与血液混合时，开始启动检测（图 25-4）。

小结

免疫系统的功能是保护机体，以防有害物质侵害。免疫系统产生抗体对侵入机体的外来物质做出反应。接种疫苗可以产生免疫力。

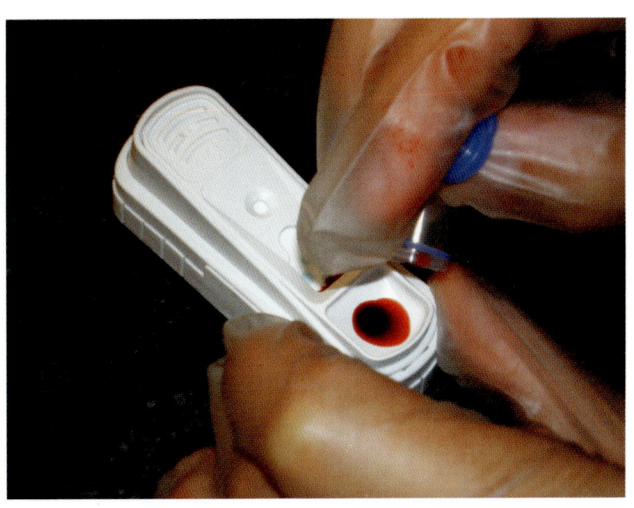

图 25-4　SNAP 检测

复习题

1. 说明抗体和病原体的区别。
2. 说明活苗和灭活苗的区别。
3. 描述疫苗的初次免疫应答和二次免疫应答。
4. 说明炎症和感染的区别。
5. 描述什么是过敏？如何进行治疗？

临床案例

Davis 医生是大动物兽医，正在农场出诊，观察一只一个月前被主人用绳带阉割的幼年绵羊。这只羊已经连续几天身体状态不好，Davis 医生发现绵羊宽基步、僵硬、不愿活动。Davis 医生给其做了体格检查，实施口腔检查时发现羊张不开嘴。睾丸区域因绳带阉割造成循环不良和创伤。Davis 医生认为，伤口很可能是因为感染了细菌才造成现有的临床症状。目前，对绵羊进行治疗的意义不大。

- 这只羊最可能患有什么疾病？
- 这种情况应该如何预防？
- 随着病情的发展，Davis 还有可能看到什么症状？
- Davis 医生会给主人提出什么建议？

第 26 章 神经系统

学习目标

学习完本章后,读者应该能够:
- 说明神经系统的组成结构。
- 描述神经系统的功能。
- 描述神经系统的常见疾病。

引言

神经系统是机体的控制中枢,通过检测和处理机体内部和外部信息并做出相应的反应来协调和控制机体活动。

神经系统是由神经元或控制神经冲动的特殊细胞构成。机体的神经元有 3 种类型:感觉神经元、运动神经元和中间神经元。感觉神经元将信号传递到中枢神经系统(CNS)。运动神经元从中枢神经系统向肌肉传递信号,从而使肌肉做出反应。中间神经元将脑内的信号从一个神经元传递到另一个神经元,从而将信号传递到脊髓。

神经系统的结构

神经系统的主要结构包括脑、脊髓、外周神经和感觉器官。神经系统主要由中枢神经系统和外周神经系统两个部分组成。

中枢神经系统

图 26-1 示例脑的结构。中枢神经系统(CNS)由脑和脊髓组成。脑是神经系统中的主要器官,控制着神经系统和机体的大部分活动。脑分 3 个区域:大脑、小脑和脑干。大脑控制机体的思维过程和自由活动,是脑的最大区域。小脑参与躯体平衡的调节以及随意运动的协调。脑干控制维持生命的功能。脑干内控制机体生命功能的区域叫延髓,延髓是心跳、呼吸和血压调节的中枢,一旦遭到损坏,动物会立即死亡。中脑区控制感觉,包括视觉、嗅觉、听觉、味觉和感觉。中脑区受到损伤时,动物昏迷,出现意识丧失和缺乏。在脑内的其他器官还包括

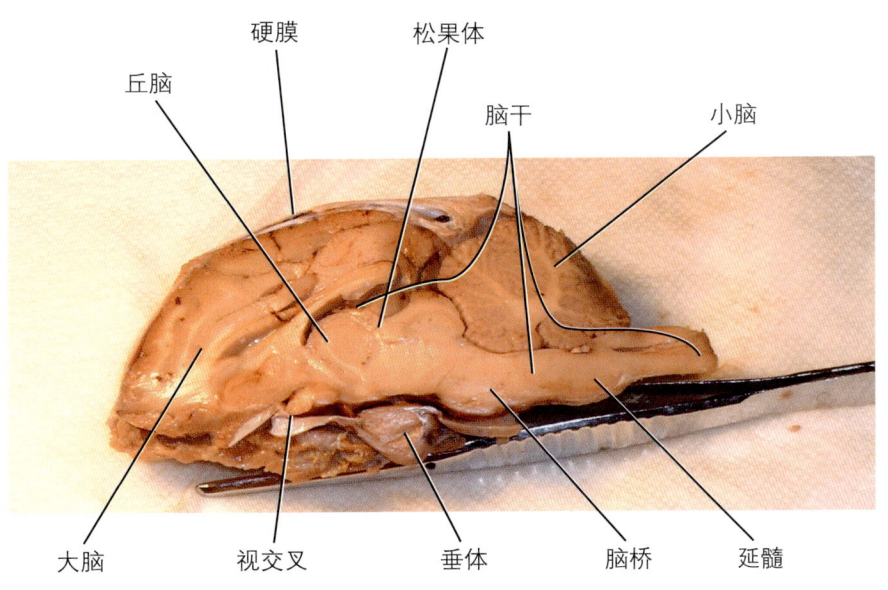

图 26-1 脑的结构

兽医助理基础与应用

位于脑干顶部的丘脑、丘脑前方控制激素分泌的下丘脑以及位于丘脑和下丘脑之间控制激素分泌和调控机体功能的垂体。脑干后方是脊髓。脊髓起始于脑的基部，并向后延续到第 6 或第 7 腰椎。脊髓容纳在脊椎骨形成的椎管内。神经，又称为神经束，由脊髓发出，支配机体的感觉功能，这就是引发疼痛并允许疼痛检查的感觉神经。脊髓神经也有反射和协调功能。脊髓是许多信息出入脑的通路。

> **术语提示**
> 腰椎位于后背部，在记录脊髓和脊椎骨状况时用 L 表示。其他脊椎骨包括颈椎（C）、胸椎（T）、荐椎（S）和尾椎（Co）（图 26-2）。

外周神经系统

外周神经系统（PNS）由脑神经、脊神经和自主神经系统组成。

有 12 对脑神经，起源于脑的下表面。脑神经根据其支配的功能命名，并用罗马数字表示（图 26-3 和表 26-1）。

脊神经从脊髓成对发出。脊椎骨的每个节段都具有 2 个神经分支：背根和腹根。从背根发出的神经是感觉神经，从腹根发出的神经是运动神经。

自主神经系统是外周神经系统的一部分，支配平滑肌、心肌和腺体。自主神经系统进一步分为副交感神经系统和交感神经系统。交感神经系统主要起到第一时间做出"战或逃"反应的作用，还可以加强生命体征和某些药物反应。副交感系统主要起负向反应的作用，如降低生命体征、调节机体系统恢复正常以及控制蠕动。迷走神经是副交感神经系统的主要神经。

中枢神经系统（CNS）和外周神经系统（PNS）的协调功能

中枢神经系统通过接收来自外周神经系统的信号控制脑和脊髓。外周神经系统控制神经、接受刺

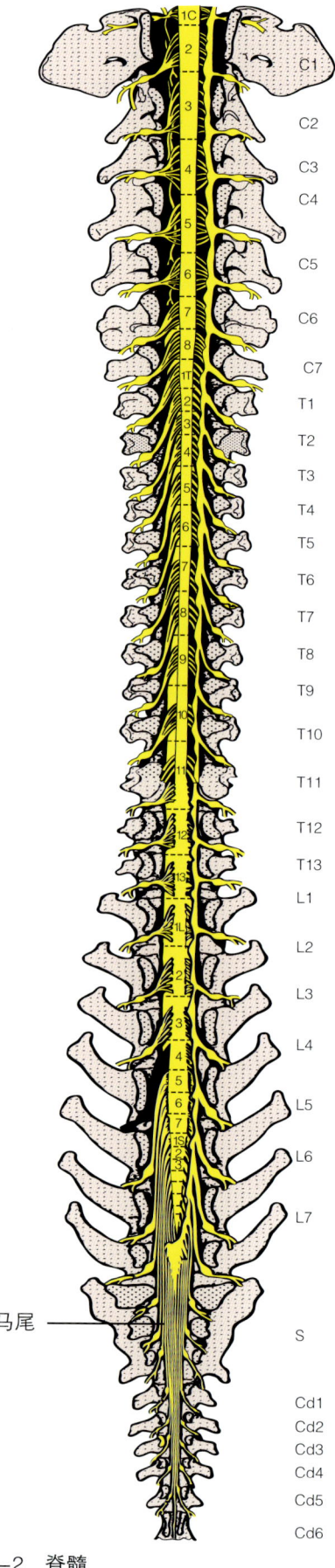

图 26-2 脊髓

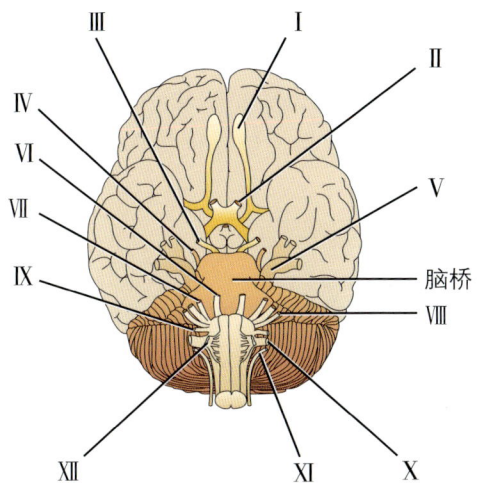

I. 嗅神经
II. 视神经
III. 动眼神经
IV. 滑车神经
V. 三叉神经
VI. 外展神经
VII. 面神经
VIII. 听神经
IX. 舌咽神经
X. 迷走神经
XI. 副神经
XII. 舌下神经

图 26-3　脑神经

表 26-1　脑神经

编号	名称	功　能
I	嗅神经	传导从鼻到脑间的感觉刺激（嗅觉）
II	视神经	传导从眼到脑间的感觉刺激（视觉）
III	动眼神经	传递运动刺激到眼外肌肉（背侧直肌、内侧直肌和腹侧直肌；腹侧斜肌；上提肌）和某些眼内肌肉
IV	滑车神经	传递运动刺激到一条眼外肌肉（背侧斜肌）
V	三叉神经	分为 3 支：眼支——角膜感觉；上颌支——上颌运动；下颌支——下颌运动
VI	外展神经	支配 2 条眼部肌肉的运动（眼球退缩肌和眼外直肌）
VII	面神经	面部肌肉、唾液腺和泪腺的运动；舌前 2/3 的味觉
VIII	前庭耳蜗神经	2 支：耳蜗神经——听觉；前庭神经——平衡
IX	舌咽神经	腮腺和咽部肌肉的运动；舌后 1/3 的味觉、咽黏膜的感觉
X	迷走神经	咽、喉和部分胸腹腔脏器的感觉；吞咽和发声
XI	副神经	肩部肌肉的辅助运动
XII	舌下神经	支配舌运动

激、向中枢神经系统发送信号，从而响应或产生行为。机体内的电信号测量单位是伏特。细胞内产生的电压是特定值。电压的存在有助于反射信号的产生，反射是产生运动的功能单位。信号传送到脑形成反射，促发运动。反射可以是自主反应，也可以是非自主反应。当动物要求机体发挥功能时，发生自主反射，如犬跳跃迎接主人或马踢另一匹马。非自主反射不经过大脑，支配许多机体系统功能，如心跳和呼吸。图 26-4 总结了神经系统的分类及其协调功能。

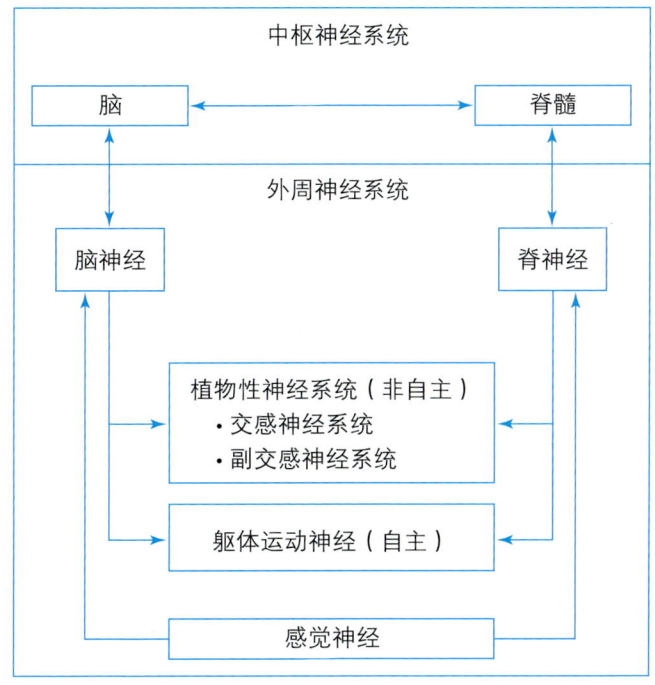

图 26-4　神经系统的分类

感受器（神经末梢）

感受器遍布于机体各个部位的神经内，可以检测机体内和环境的变化。感受器能根据机体的温度引起血管的舒张或收缩。皮肤感受器有助于调控动物体温，疼痛感受器可感受疼痛信号，压力感受器决定感觉和情绪，机械感受器决定本体感受或运动。化学感受器使动物能够产生嗅觉、味觉和听觉。口中的味蕾具有4种类型的感受器：苦、酸、咸和甜。

检查

通过脑神经检查可以确定动物的反射和神经系统如何工作。脑神经检查也有助于确定创伤后是否发生了脑损伤。

也要进行脊神经反射评估肌肉和肌腱的本体感受反应。动物站立评估，将一只脚的脚背着地，观察是否可以马上翻转到正常位置。正常动物会立即将脚翻正；神经损伤时，脚翻正时间延长。膝跳反射也可以用于评估脊神经损伤，该操作需要使用叩诊锤，一种敲击膝关节引发反射的工具。轻轻敲打髌韧带，确定反射运动（图26-5）。正常反射使膝关节伸展。缺乏反应说明后段腰部脊髓神经损伤。

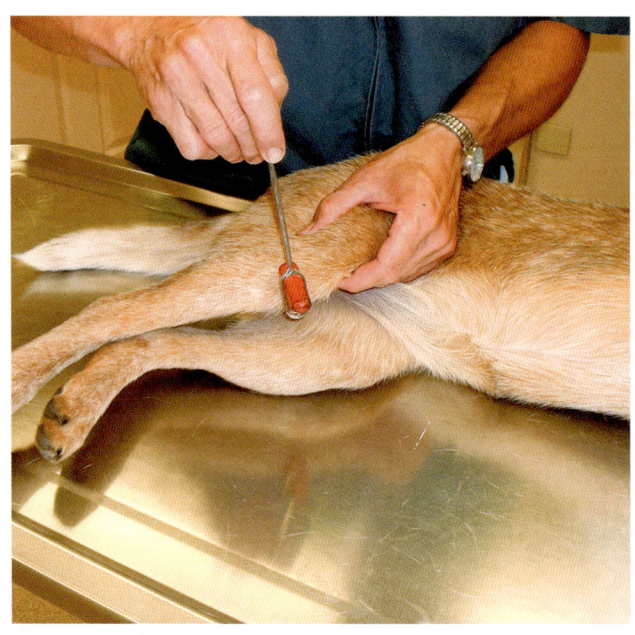

图26-5 兽医正在检查犬的膝跳反射。通过敲击髌韧带，感受器做出瞬间伸长并迅速收缩肌肉的响应

常见疾病和病症

神经系统疾病的病因包括细菌或病毒侵入、其他疾病过程或创伤性损伤等。

椎间盘疾病

许多动物和品种易患对脊柱施加压力的疾病，造成椎间盘压迫，称为椎间盘疾病（IVDD）。压力过大，造成脊髓受压迫（图26-6），引起严重的背痛，严重时轻瘫或麻痹。在犬，长背品种更易患，包括巴吉度犬、腊肠犬和柯基犬。

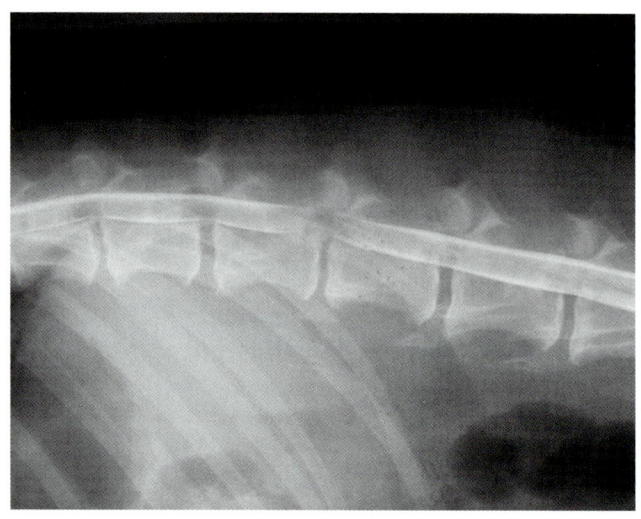

图26-6 脊髓造影显示椎间盘疾病。造影剂注入蛛网膜下腔后，显示脊髓受压迫

癫痫

癫痫是抽搐的医学术语。癫痫是指机体意识和自主控制消失，导致机体发生一系列不受控制的剧烈活动（图26-7）。癫痫可能是疾病、遗传或中毒相关的反应。许多动物在癫痫发作前具有异常行为，在癫痫发作后也可能注意到。癫痫的症状包括以下内容：

- 肢体划动。
- 下颌开闭（嚼口香糖样癫痫）。
- 肌肉抽搐。
- 过度流涎/唾液。
- 小便失禁。
- 大便失禁。

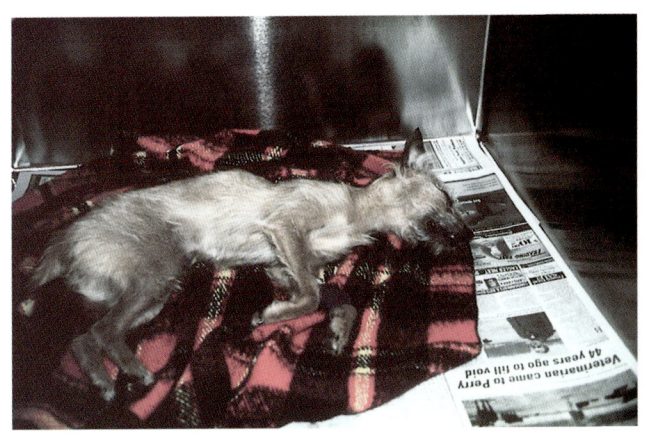

图 26-7 癫痫患犬。癫痫发作期间，犬通常无反应、侧卧、四肢划动、下颌开闭咀嚼样

- 鸣叫——哀号、吠叫、嚎叫。
- 意识丧失。
- 机体僵硬。
- 瞳孔扩张。

症状的严重程度将取决于癫痫发作的长度和严重程度。谨防任何癫痫发作的动物因为无法控制神经系统而咬伤人。要避免犬在楼梯或家具上，以防癫痫发作造成创伤和进一步的伤害。每次癫痫发作都要计时；30min 的癫痫发作挂急诊。对于兽医来说，重要的是查找引发癫痫的确切原因。常见的癫痫发作原因可能包括：

- 癫痫症。
- 遗传因素。
- 创伤或神经系统损伤。
- 肿瘤——与脑或神经系统相关。
- 毒素或化学物质。
- 影响神经系统的传染病。

最常见的癫痫是遗传性癫痫，没有潜在性原因，癫痫是由父母单方或双方遗传因素引起的。遗传性癫痫发作通常在 6 个月至 5 岁之间发生。遗传性癫痫的好发品种包括可卡犬、比格犬、大麦町犬、拉布拉多犬和史宾格犬。癫痫开始的时候偶尔发生，随着年龄和时间的增长而变频。药物治疗可以控制频繁和严重发作。用于控制和预防癫痫发作的药物包括苯巴比妥和溴化钾（KBr）。这些药物主要通过肝脏代谢，因此需要调节剂量和评估肝脏功能，必须随时进行监测。当动物摄取化学物质如有机磷酸酯（杀虫剂和除草剂的成分）时，可能产生毒性和癫痫发作。这些化学物质对神经系统有毒，并且经常产生癫痫发作，因为它们阻断中枢神经系统（CNS）和外周神经系统（PNS）之间的正常活动。

狂犬病

狂犬病毒是一种致命的病毒，可以感染所有哺乳动物和人类。狂犬病通常通过被感染的动物唾液进入到血液中传播。大多数狂犬病病例发生在野生动物身上，蝙蝠、臭鼬、狐狸和浣熊最常见。所有犬、猫、雪貂和家畜物种都要接种狂犬病疫苗，以便控制和预防狂犬病病毒。狂犬病疫苗要按最新法规的要求接种，要建立和完善各地的狂犬病法规，因为许多狂犬病法规仅适用某些物种。限制动物到室外，尤其是伴侣动物，有助于降低潜在的暴露风险。此外，不鼓励饲养野生动物，这样就不会饲喂野生动物，也不会有粪尿排泄，从而降低宠物和家畜与野生动物接触的风险。动物狂犬病的症状多样，可能变得有攻击性，但许多野生动物会变得平静和友好，在白天冒险出来接近人群。其他症状包括过度流涎、口吐白沫、缺乏协调、蹒跚、转圈和其他行为变化。任何怀疑被另一种动物咬伤的宠物或家畜都要立即就诊。狂犬病毒是致命的，只能采样脑组织进行检测，因此任何怀疑患有狂犬病的动物必须安乐死，并且将脑组织送检国家实验室检测。

西尼罗河病毒

西尼罗河病毒主要感染鸟和马。西尼罗河病毒通过蚊虫叮咬传播，导致脑和脊髓炎症或肿胀。其生命周期起始于感染的鸟被蚊虫叮咬，然后再叮咬人、鸟或马造成传播。感染后，5～15d 表现症状。可用西尼罗河疫苗预防。西尼罗河病毒感染的症状如下：

- 蹒跚或绊倒。
- 肌肉无力或抽搐。
- 轻瘫。
- 食欲不振。
- 沉郁或嗜睡。

- 头抵墙或倾斜。
- 视力受损。
- 游走或转圈。
- 无法吞咽。
- 不能站立。
- 发热。
- 惊厥。
- 昏迷。
- 死亡。

小结

神经系统是机体的控制中心，调节和协调机体功能与运动。神经系统包括两部分：中枢神经系统和外周神经系统。神经系统疾病可以起因于其他疾病过程、病毒或细菌侵入或创伤性损伤。

复 习 题

1. 在自主神经系统中,与急诊状态或应激有关的类型是什么?
2. 什么类型的神经负责将冲动由 CNS 传到肌肉?
3. 脑中与思维和记忆有关的最大区域是什么?
4. 脑的哪一部分与肌肉运动有关?
5. 参与心跳和呼吸的反射类型是什么?
6. 描述中枢神经系统的结构和功能。
7. 描述外周神经系统的结构和功能。
8. 区分自主神经系统中的交感神经和副交感神经。
9. 描述冲动如何传递引起反应。
10. 描述脑神经与脊神经的区别。

临床案例

Sally,一只 3 岁的可卡犬,因多次癫痫发作被送往急诊,兽医助理 Alice 从主人那儿获得疾病信息,并在病历中发现 Sally 的癫痫是从昨晚开始发作的。当 Alice 获得 Sally 生命体征时,Sally 又发作了一次;Alice 立即给 Howe 医生打电话说,Sally 躺在她的身边,四肢剧烈抽动,下巴迅速地开合,癫痫发作持续了 60s。

主人非常焦虑和担心,并不断地说,Sally 整晚抽搐 4 次,每次 1~2min。Howe 医生为其做了体格检查和血液学检查,均显示正常。Howe 医生最终诊断 Sally 患有癫痫。

- 癫痫由什么原因引起?
- 应该提醒主人癫痫发作前会有哪些症状?

- 癫痫发作后,动物会出现哪些症状或表现?
- 可以给 Sally 提供什么治疗方法?
- Howe 医生应该和 Sally 的主人谈论哪些犬癫痫的预防措施?

第 27 章 感觉系统

学习目标

学习完本章后，读者应该能够：
- □ 说明感觉系统的组成结构。
- □ 描述感觉系统的功能。
- □ 描述感觉系统的常见疾病。

引言

感觉系统包括所有与触觉、视觉、听觉、嗅觉和味觉有关的结构和器官。感官的功能是接受来自感觉感受器的刺激，然后传送给脑进行解读。本章主要阐述视觉和听觉。

眼睛

眼内的视觉感受器将晶状体聚焦于感光细胞上，使得动物昼夜均具有视力。眼睛由几大部分组成，相互协调，共同产生视觉。眼睛有 3 层：视网膜、巩膜和虹膜（图 27-1）。视网膜是眼睛的内层，其包括两种类型的细胞，一种帮助观察颜色，另一种帮助确定深度。视杆细胞允许眼睛检测光和深度，眼睛内 95% 的细胞由视杆细胞构成。视锥细胞允许动物看见某些颜色，视杆细胞与视锥细胞相互配合，使每种动物均具有发达的视力。虹膜后部是后房，里面有神经、血管和视管。眼睛的中间层为虹膜。虹膜赋予眼睛颜色，并将瞳孔保持在中心，在黑暗和光线中可以扩张和收缩来帮助产生视觉。光刺激瞳孔收缩（闭合），黑暗刺激瞳孔扩张（张开）。虹膜前部是前房，内含玻璃体液；虹膜和晶状体后面有果冻状的液体填充材料，可以调节眼睛内部压力。眼睛的外层是白色的巩膜，被透明的角膜覆盖。角膜通常是眼中常见的划痕和创伤部位。

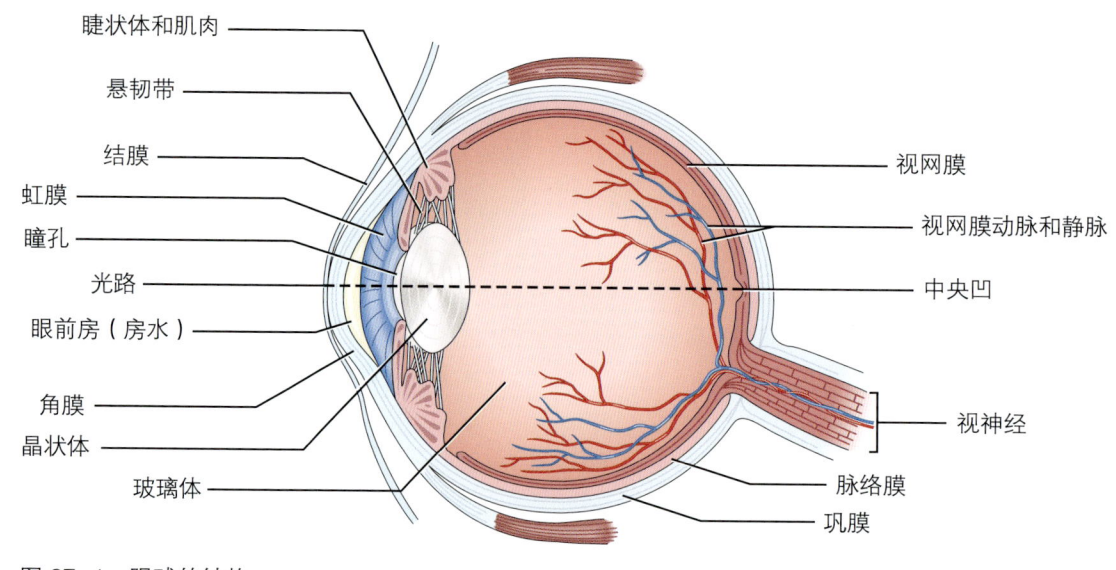

图 27-1 眼球的结构

反射检查

惊吓反应是眼睛的反射检查；检查时，用手迅速向眼睛移动但不能触及眼睛或周围的睫毛。正常反应是眨眼或闭眼；异常反应是眼睛没有变化，或不引起眨眼。瞳孔对光反射是用光源照射动物的眼睛，观察瞳孔收缩或变小；当光源从眼睛移开时，瞳孔会扩张或放大。两只眼睛的瞳孔应该以同样的方式反应。反射正常说明视神经正常。还要检查是否有眼球震颤，这是由内耳、脑干或脑神经的损伤导致的眼睛有节奏地来回跳动。该病会引起类似于晕动病的症状，如呕吐和共济失调。脑神经正常时，不会出现失控的眼球活动。

耳朵

耳朵是帮助机体听见和保持平衡的器官。耳分为外耳、内耳和中耳。外耳由耳廓和外耳道组成。耳廓是耳朵的外部，捕获声波并传输到外耳道。外耳道是管状结构，可以将声音传给鼓膜。中耳包括鼓膜、听小骨、咽鼓管、前庭窗、圆窗和鼓膜泡。鼓膜是外耳和内耳结构的分界。听小骨是内耳的3块骨头（锤骨、镫骨和砧骨），能够传递声音振动。咽鼓管是一条从听小骨到鼻咽的狭窄管道，用于维持中耳的内压。前庭窗是中耳和内耳的分隔膜。圆窗是接收声波的膜，鼓膜泡是位于头骨底部的骨腔。内耳由骨迷路组成，分为3部分：前庭、半规管和耳蜗。前庭包含平衡和定位的感受器。半规管包含检测位置变化的感觉细胞。耳蜗是螺旋形的通道，通过振动和中继振动听到声音。耳朵的结构如图27-2所示。

听力

声波通过耳廓进入耳朵，经由耳道撞击鼓膜。鼓膜振动并传递到听小骨。听小骨通过中耳传导声波，声音振动通过圆窗到达内耳，置换内耳结构内的流体。内耳中的细胞引发神经冲动，并传递给脑。

平衡

耳朵也有助于维持平衡。静态平衡由内耳中的器官控制。由于重力作用，内耳的结构随着头部运动而弯曲。动态平衡由半规管控制。这些结构因响应头部的旋转或成角运动而保持平衡。

小结

眼睛和耳朵是感觉系统器官，眼睛具有可视能力，在黑暗和光亮的条件下都能够看到。耳朵有听力，并有助于保持平衡。

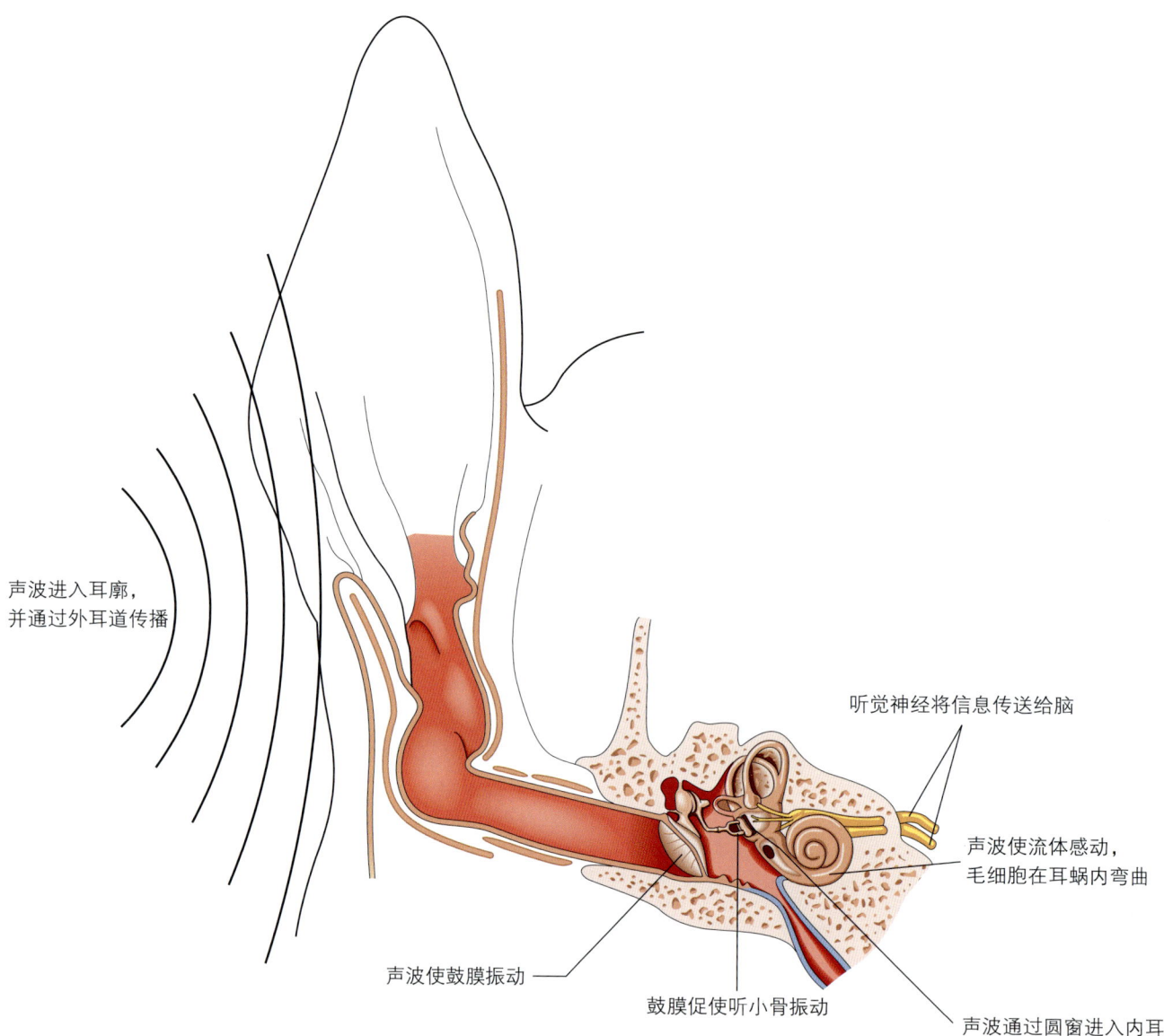

图 27-2 犬耳解剖

复习题

1. "平衡状态"的术语是什么?
2. 耳朵的哪个部分将外耳和中耳分隔开来?
3. 瞳孔周围有颜色的肌肉层是什么?
4. 视网膜的神经末梢聚集形成视神经的区域叫什么?
5. 从前庭窗到内耳的螺旋形通道叫什么名字?
6. 说明瞳孔对光反射。
7. 说明听力的过程。
8. 说明内耳如何帮助维持平衡。

临床案例

Lister 医生正在检查一只 10 岁的波斯猫 Sophie。猫的主人 George 夫人发现猫的眼睛最近有一些变化。Lister 医生注意到,猫两只眼睛的晶状体上覆盖了一层薄薄的白色物质,George 夫人告诉医生说 Sophie 经常跳不到家具上,走路碰撞东西。

Lister 医生给 Sophie 做了体格检查,并在病历记录里注明了"两侧晶状体不透明和瞳孔对光反射降低"。

Lister 医生与 George 夫人讨论了一些治疗方法,并指出因 Sophie 年龄较大,建议 CBC 和血液生化检查,并指出猫的白内障常由其他潜在病症引起。George 夫人同意血液学检查,并让兽医技术人员 Amanda 带 Sophie 到准备室采血。

- 什么原因或因素可能会导致猫的白内障?
- 可以和 George 夫人讨论哪些治疗方案?
- 最可能导致 Sophie 患白内障的原因是什么?

第 28 章 动物营养学

学习目标

学习完本章后,读者应该能够:
- 讨论动物的主要营养需求。
- 描述高质量动物营养学的目的。
- 对比不同消化系统类型和结构的营养需要。
- 描述动物利用营养和营养素的途径。
- 讨论和描述动物饲料的种类。
- 说明动物如何喂养。
- 讨论定量饲喂的重要性。

引言

动物营养学是兽医学的一部分,旨在为不同动物提供特定质量和数量食物的知识和科学依据。许多研究人员、科学家和兽医专家花费大量时间致力于改善动物营养和卫生保健。每一种野生或家养动物都有其饮食平衡的特定营养要求。繁育者希望动物以最快速度长大而且强壮,动物主人希望动物健康和快乐,兽医专家希望为动物健康的各个方面提供正确的信息,尤其是营养方面的重要信息。兽医助理可以向客户提供关于合理营养和饮食的详细信息。他们可以帮助主人为宠物选择最适合的饮食。

动物的营养需要

所有的动物都需要食物来维持生长、生命、繁殖和工作。动物营养学是研究动物如何利用体内食物并将食物转化为机体组织和活动能量的一门科学。每个动物物种都具有自身的需要和要求,这些需要和要求基于动物的环境、工作和活动水平、发育的年龄和阶段、遗传构成和健康差异而不同。

营养素是能够维持动物的生命,使动物可以生长或为生命的生理过程提供能量的任何单一种类的食物成分。

动物日常需要一定量的食品,称为配给量,指动物在 24h 内需要的食物总量。配给量可以按天配给,或一天分成几份进行配给。平衡配给量是包括一个动物所有明确的营养需要和具体数量的饮食。营养素可被机体分解、消化、吸收和利用。有些营养素供给不足或过量,会对动物的健康和生长有害。因此,了解不同种动物的正确配给量是非常重要的。

营养素

营养素是维持生命的食物成分。动物需要 6 种基本营养素:水、碳水化合物、脂肪、蛋白质、维生素和矿物质。

水

水占动物机体的 75% 或以上。新生动物水分含量可能高达体重的 90%。水在动物体内提供多种功能,包括控制体温、维持体型、为机体细胞输送营养素、辅助消化食物、分解食物颗粒并负载机体的废弃物。水构成了所有体液的主要部分,如尿液、血液、粪便、汗液和肺部蒸汽等。水是动物饮食中最关键的营养素。一个动物如果没有食物,要比没有水活的时间更长。动物每消耗 1kg 食物需要 3kg 的水。除消耗食物需要水外,动物需水量还取决于活动量、妊娠期、哺乳期和环境。脱水时,水分流失会导致严重的问题,尤其是当机体失水 10% 或更多时。动物失水 20% 会死亡。以下因素会导致动物失水:

- 腹泻。
- 呕吐。
- 排尿。
- 呼吸。
- 出汗。
- 排便。
- 哺乳。
- 妊娠。

水可以将营养素运送至体内各处，还可以通过水解的化学过程将细胞分解成更小的部分。这意味着在营养素被水解成更小颗粒的过程中，水被添加进分子中，便于在体内运输。

碳水化合物

碳水化合物是为机体提供能量并参与机体构成的营养素。碳水化合物是动物食物供应的最大部分，约占饮食的 75%。碳水化合物包括淀粉、糖和纤维素。碳水化合物由碳、氢和氧 3 种元素组成。这些营养素不储存在体内，每天需要从食物源中获得。碳水化合物可以转化为脂肪。碳水化合物的功能包括维持机体的血糖水平、产生奶中的乳糖、储存脂肪和完成新陈代谢。淀粉存在于植物或谷物中，在动物饮食中提供纤维并占主体部分。淀粉在消化过程中转化成葡萄糖（糖）。含淀粉的食物包括谷物、青贮饲料、燕麦和玉米（图 28-1）。

糖是碳水化合物的另一种形式，是动物饮食中最简单的营养素。水果和牛奶等食物含糖。糖又进一步区分为单分子或单糖和双分子或双糖。葡萄糖是单糖，蔗糖或食糖是双糖。单糖链接在一起的长链构成多糖。这些碳水化合物是其他主要营养素的组成部分，很容易在胃和肠内消化。纤维是来自于植物细胞（其他营养素被消化后留下的）的物质。纤维有助于产生革兰氏阳性细菌，便于消化食物颗粒。含纤维的食物包括干草和青草（图 28-2）。纤维有助于减缓消化过程，并有助于保护胃和肠道内壁。

图 28-1　青贮饲料为家畜提供碳水化合物

图 28-2　牧草为马等草食动物提供纤维

脂肪

脂肪或脂质是动物主要的能量来源。脂肪存在于动物体内的每一个细胞中，在所有营养素中能量含量最高。脂肪在体内发挥作用主要是通过提供隔离环境、保护重要器官、储备能量并使食物更具风味。脂肪形成胆固醇、类固醇和体内其他天然激素。饮食中缺乏脂肪时，会引起被毛和皮肤问题。脂肪过量，会导致肥胖和其他健康问题。许多饮食中含有脂肪酸，这是一种油，来源于脂肪产物，可以用作膳食中的营养素或补充剂。脂肪酸有助于皮肤和被毛外层的水合作用。脂肪是由卡路里定量的，卡路里是定义食物能量的度量单位。动物饲料以千卡为单位进行衡量，即将 1g 水升高 1 华氏度所需要的能量，记为 1kcal。卡路里和千卡都是用热量计测量的，热量计是测量食物释放热量的仪器。食物热量可确定代谢时间长短，反过来还可预测食物颗粒中的总能量。这些是需要放在食品标签上的营养信息。提供脂肪酸食物或商品包括鱼油、亚麻籽油、鱼粉、植物油。脂肪形成固体颗粒，油类或酸类形成液体颗粒。脂肪可以增加食物的适口性，让任何动物吃起来都感觉味道很好。脂肪酸可能是必需脂肪酸或非必需脂肪酸。必需脂肪酸是饮食中必备的，可以产生体内所需的激素。非必需脂肪酸在体内不是必需的，可用作饮食的添加剂。

蛋白质

蛋白质是生长和组织修复中不可缺少的营养元素。蛋白质有助于肌肉、内脏、皮肤、被毛、羊毛、羽毛、蹄和角的形成与发育。蛋白质形成细胞结构和功能的基础。蛋白质对幼年动物的生长发育、繁殖和生育也至关重要。基于动物健康和市场行情考虑，富含蛋白质的饮食可让动物快速增重。蛋白质含有氨基酸，氨基酸是蛋白质链状结构的基本单位。食物中有 23 种氨基酸，10 种是必需氨基酸。必需氨基酸用于生成机体所需的其他氨基酸。蛋白质和氨基酸协同作用，帮助动物的消化系统消化食物。蛋白质来源包括豆粕、脱脂牛奶、鱼粉或苜蓿干草（图 28-3）。生物学价值是描述蛋白原料质量的术语；要根据食品中蛋白质的生物学价值，在食品标签上以百分比标注蛋白质含量。蛋白质的生物学价值越高，食物越容易消化。许多大动物和小动物通过鸡蛋、牛奶、鱼、肉和玉米等食物提供蛋白质。

图 28-3　需要在动物饲料中添加蛋白质

蛋白质缺乏往往是动物最常见的营养问题之一。动物蛋白质摄入不足，会引起发育和健康问题，从而影响生长。幼年动物比成年动物的蛋白质需要量大。蛋白质缺乏的症状如下：

- 发育不良或生长缓慢。
- 厌食或食欲下降。
- 贫血。
- 外形脱相和被毛粗糙。
- 出生体重低。
- 产奶量低。
- 牙病。
- 水肿。
- 骨骼脆弱。

矿物质

机体的各个部位都需要矿物质，但主要存在于骨骼和牙齿中。机体利用矿物质的效率与动物需求和矿物质的可用性有关。钙是矿物质，约占机体矿物质的50%，在很多体液中存在，如血液和组织中。机体依赖于矿物质的平衡，维持心率和呼吸频率等功能。矿物质分为常量矿物质和微量矿物质两种类型。常量矿物质需要量大，如钙、磷和铁。微量矿物质需要量小，如钠、钾和镁。

维生素

维生素是维持生命和健康所需的少量营养素。维生素有助于防御疾病（维生素E），促进生长（维生素D）和繁殖（维生素B_{12}），并通过调节机体功能来促进动物的整体健康。维生素与酶发生反应参与机体功能的发挥。某些维生素在机体系统内作为抗氧化剂来增强免疫系统功能。维生素分为脂溶性维生素和水溶性维生素两种。脂溶性维生素储存在脂肪中，机体需要时释放。维生素A、维生素D、维生素E和维生素K是脂溶性维生素。维生素A是动物商品食物中最常见的维生素。脂溶性维生素过量，会导致毒性反应，对系统造成不良反应，损害肾脏和心脏。水溶性维生素不在体内储存，溶于水，每天按照需要量补充。维生素C和维生素B是水溶性维生素。

维生素D通常由光照获得。通常使用补充剂为机体提供维生素。补充剂是根据动物需要以固体或液体形式添加于饮食中的添加剂。

动物营养与浓度

食物的营养浓度取决于食物如何提供给动物。食品浓度是根据干物质或无水营养物质的量确定的。浓度是由干物质除以饲喂量所得的百分比。干物质对动物需要喂多少量是至关重要的。浓度有助于确定食物的饲喂量，有助于消化。消化是将食物从大分子分解为小分子以供机体利用的过程。

食物类型

动物的食物有多种类型（图28-4）。当选择一种类型的食物饲喂动物时，必须要考虑到物种差异、动物年龄、活动性和健康状况等。计划动物食物时要考虑如下因素：

- 年龄。
- 环境。
- 物种。
- 体型。
- 健康状况。
- 品种。
- 病史。

图28-4 市面上有多种宠物食品可供选择

生长期食物

幼年动物要饲喂生长期食物（图28-5）。生长期食物是为增加肌肉、骨骼、器官和新生儿体重而专门定制的。每个品种的动物都有特定的营养需求。家畜和肉用动物要在短时间内快速增重，以达到上市体重和盈利的目标。生长期食物富含蛋白质、维生素和矿物质等营养成分。

维持期食物

维持期食物供给成熟期和健康成年动物。这些动物可能要工作或比赛，维持期食物有助于动物保持特定的理想体重；保持体重和健康状况不变就是维持。这些类型的食物需要供能，满足动物工作、活动、维持体温和良好的健康状态的需要。维持期食物富含脂肪和碳水化合物，蛋白质、维生素和矿物质含量相对较低。

兽医助理基础与应用

图 28-5 幼犬需要饲喂能促进生长的食物

繁殖期食物

繁殖期食物为繁殖期动物提供额外营养。专门的繁殖期食物可以满足雌性动物哺乳和胚胎发育而增长的能量需求。动物的妊娠早期是营养的最关键时期，胚胎需要大量的蛋白质、维生素和矿物质供生长发育。雄性繁殖动物需要繁殖期食物来保证精子的质量。妊娠动物没有获得足够的营养，会造成整体健康状况欠佳、初生体重不足，也可能流产。

哺乳期食物

哺乳期食物是提供给刚完成生产的雌性动物，此阶段需要给新生仔畜哺乳。哺乳期食物要含有大量水分和高蛋白质、维生素和矿物质。最重要的矿物质是钙和磷。这些营养素改善了奶的产量和质量。

工作食物

工作食物适用于因某些类型的工作或活动造成能量需求增加的家畜。所有的活动都需要必要的营养物质来供能，用以完成工作。工作动物包括耕犁动物、拉车动物、赛马、狩猎动物及展示或比赛动物。工作食物富含碳水化合物、脂肪、维生素和矿物质。

低热量食物

低热量食物通常供给超重或因健康问题不活跃的动物。这类食物专门供给低能量需要的动物，由低碳水化合物、低脂肪、低蛋白质以及适量的维生素和矿物质配制而成，以维持正常的机体功能。

老年食物

另一种针对年龄和健康的饮食是老年食物。这种类型的食物是为一定年龄段的老年动物配制的，它们可能需要增加某些营养素和减少某些营养素。老年食物的特点是低碳水化合物、低脂肪、适量蛋白质、高维生素和矿物质，用于维持骨骼健康和质量，并保护老龄化的机体和免疫系统。大多数低热量食物和老年食物是为特定品种制定的，以动物的消化系统类型为基础。

饲喂动物

兽医学要求所有兽医专业人士都具备一些动物营养学的基本知识。这有助于确定食物的质量和适当的饲喂量。饲料是动物吃的食物，可从中获得营养素和营养。饲料中的营养成分是动物食物的组成成分，有助于确定营养成分，如玉米、大麦或燕麦。动物饲料根据不同类型的营养素分为粗饲料、青绿饲料、精饲料和添加剂。

粗饲料

粗饲料也称粗料，是一种高纤维含量的植物性饲料，如草、茎或叶。除苜蓿干草外，大部分粗饲料蛋白质含量较低。干草和禾本科牧草原料相对便宜，通常丰收依赖于天气。

青绿饲料

青绿饲料生长在短期或长期牧场。短期牧场每个季节重新追播草籽进行种植，如玉米、干草或小米种子。长期牧场的青草每年都重新生长，不需要重新种植或播种，如三叶草或莓系属的牧草（图28-6）。

图 28-6 长期牧场不需要每年重新种植

精饲料

当主要食物原料不充足或不丰富时,将精饲料(浓缩饲料)作为额外的营养源提供给动物。浓缩饲料富含蛋白质和能量,当其他的食物原料(如干草)质量不好时用来饲喂。这些食物包括许多来自普瑞纳(Purina)、希尔思(Hills)或阿格韦(Agway)的袋装商品粮。

添加剂

添加剂是最后一类。当需要在特定健康或疾病需求时作为饲料补充剂提供。添加剂可以是维生素、矿物质或矿物块,如盐。

理想体重

当给动物饲喂需要的食物以获得足够的营养时,重要的是要对食物进行研究并提高质量。为了获得理想的营养价值,最好根据制造商的建议和动物的理想体重来饲喂动物。理想体重是根据动物的年龄、种类、品种、目的或用途以及健康状况而制定的品种标准。

举例

一只 36.3kg 的动物,因其年龄和品种被认为超重,是否超重应由兽医进行评估。兽医建议这只动物需要减掉 4.5kg,所以该动物的理想体重是 31.8kg。主人要根据食品标签和制造商的建议将动物饲喂在 31.8kg 的理想体重范围内。

体况评分

根据理想的机体外观来衡量体重,称为体况评分。这是以理想体重为依据,对动物外观进行评级。大于理想体重的动物看起来可能超重或肥胖。这些动物会有多余的脂肪,机体和臀部显得过宽(图 28-7)。在 1 ~ 10 的评分等级范围内,5 级是平均值,是理想体重。在 7 ~ 10 级范围内为超重,低于 4 级为体重过轻和瘦(图 28-8)。瘦的动物缺乏体脂和肌肉(图 28-9)。

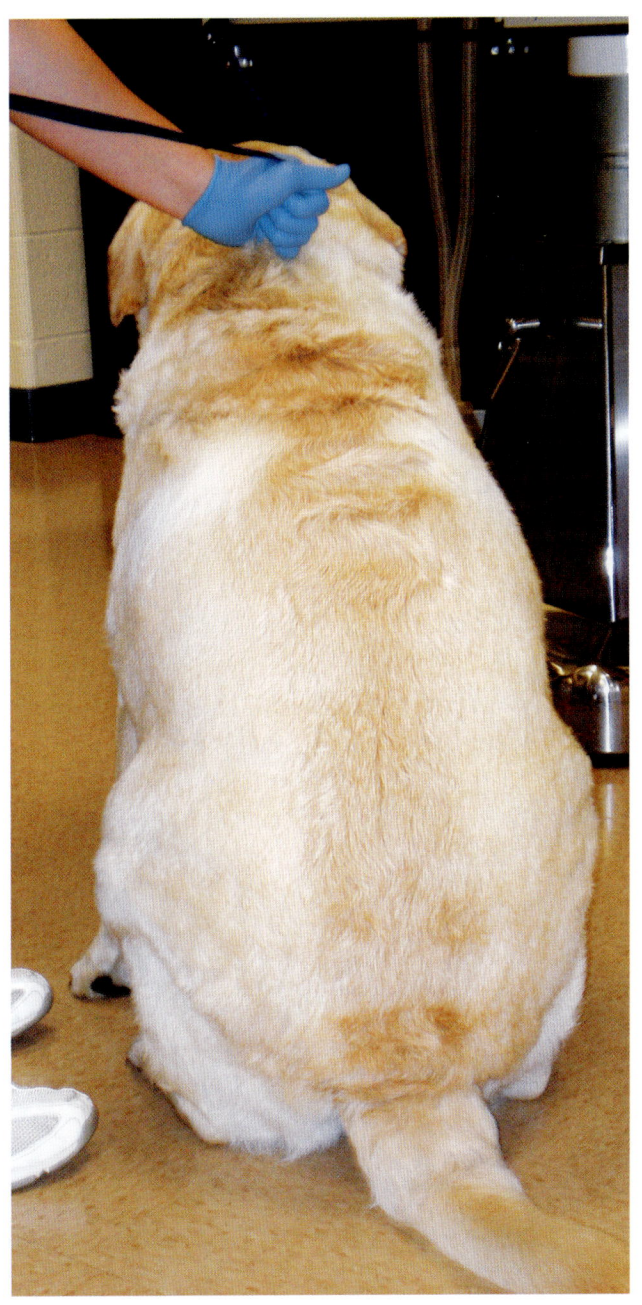

图 28-7 超重犬举例

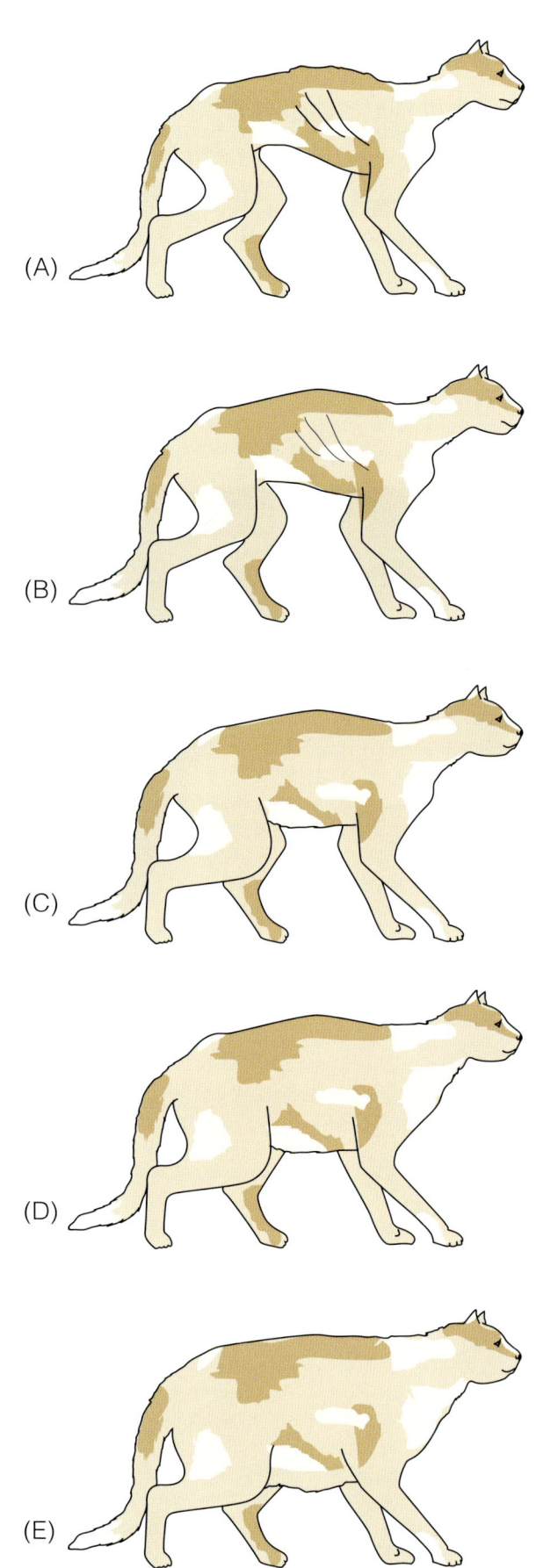

图 28-8 体况评分：(A) 瘦弱；(B) 瘦；(C) 理想；(D) 超重；(E) 肥胖

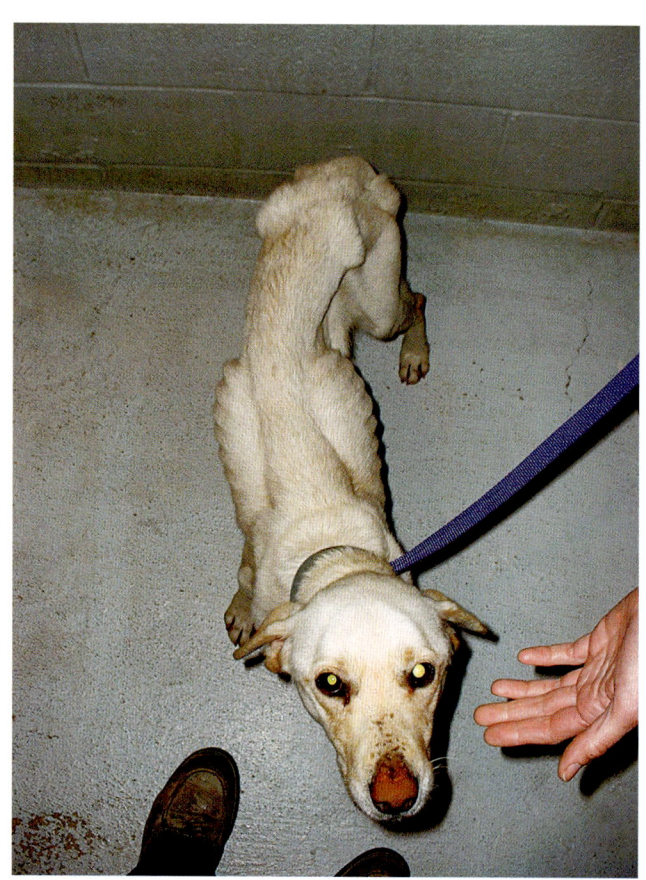

图 28-9 一只疏于照顾而消瘦的犬

食物分析

食物分析由动物饲料公司完成，要求对用于不同品种动物的食物进行检测并证明安全。食物分析是确定食物和预混料中营养成分的过程，以确保其作为平衡饮食供给动物。法律要求食物分析的结果须写在动物食品标签上。标注的内容包括干物质、粗蛋白、灰分、脂肪、粗纤维、无氮提取物和各种其他营养素。

动物食物的营养信息由美国国家研究委员会（NRC）制定，并提供所有饲料成分，包括国际饲料编号或 IFN。提供该信息可以根据动物的大小配制饲喂的适当比例。以下信息要求标注在饲料标签上（图 28-10）：

- 产品名称。
- 营养成分表。
- 条码。
- 制造商名称和地址。

图 28-10 宠物食品标签

饲养计划

喂养动物可以通过自由采食或定时饲喂。自由采食是大群家畜普遍采用的喂养方法。自由采食可以让动物在它们想进食的任何时间采食。食物常常放在动物容易吃到的进料器或食盆中。这对进食干草或青草的家畜很常用。水也是自由饮用的。定时饲喂在伴侣动物或单独和少量饲养的家畜更常见。定时饲喂是在一天中的特定时间给予定量食物。这是给予动物理想营养的最好办法,可以确保每个动物获得足够的食物量。大多数动物的饲养计划是每天至少饲喂 2~3 次。饲料和时间表都是以动物饲养的管理和实践为基础的,涉及每只动物的个体配给量。一些大的生产商和动物主人可能购买计算机化的专业设备,可以在一天当中定时定量地投放食物。这种设备称为自动进料器和自动饮水器。平衡日粮配给量需要考虑的因素包括:

- 动物物种的营养需求。
- 食物和营养成分。
- 研究和实证。
- 适当的营养。

小结

营养是动物为了生存而进食食物的过程。根据个体需要,动物需要进食食物。营养素是动物食物中存在的物质,是动物维持正常功能所必需的。每个动物物种都有不同的营养需求。兽医助理需要对动物营养和动物对优质饮食及配给量的需求有基本的了解。

复习题

1. 什么是动物营养？
2. 适当的动物营养的重要性是什么？
3. 什么是配给量？
4. 什么是平衡配给量？
5. 什么是营养素？
6. 动物所需的 6 种营养素是什么？
7. 脂质的作用是什么？
8. 蛋白质的作用是什么？
9. 维生素和矿物质有什么区别？
10. 饲养动物的方式有哪些？
11. 动物的食物类型是什么？

临床案例

Happy Dog 兽医院的兽医助理 Betsy，与 Good 先生正在讨论营养相关问题。Good 先生拥有一只 10 岁去势雄性比格犬，名字叫 Snoopy，是一只狩猎和牧猎犬。Good 先生注意到 Snoopy 在过去几个月里体重逐渐减轻。病历显示，自去年就医以来，体重减少了 1.8kg。Good 先生担心 Snoopy 的食物有问题。"你认为 Snoopy 应该换另一种食物吗？"他问。

"哦，您需要考虑下面几个问题，如 Snoopy 的年龄、活动水平和健康状况。从病历来看，Snoopy 一直很健康。Wilson 医生今天会给 Snoopy 做检查，所以你可以跟 Wilson 医生谈更换食物的问题。

"你认为 Snoopy 应该吃什么？"Good 先生问。

"是这样，如果是我的犬，我会饲喂高质量的含脂肪多的食物，这样它很快就会恢复体重。"Betsy 回答说。

- Betsy 对客户的答复是正确的吗？
- 你会给 Good 先生提供什么建议？
- 为 Snoopy 选择理想食物需要考虑哪些因素？

能力技巧

住院动物进食

目标：

在兽医指导下正确地为动物准备食物。

准备：

- 适当的食物。
- 食盆。
- 称量设备。
- 清洁剂。

流程：

1. 准备好适当的食物。向兽医咨询专门的饮食需求。
2. 确定 24h 内的饲喂量。
3. 把食物加入食盆，再放入笼子。
4. 当动物吃完时，拿走食盆。
5. 清洁和消毒食盆。

能力技巧

住院动物饮水

目标：

在兽医指导下正确地为动物准备饮水。

准备：

- 准备饮水。
- 水盆。
- 清洁剂。

流程：

1. 根据需要准备好饮水。
2. 将全天需要量的水加到水盆里。
3. 监测动物消耗的水量。
4. 如果水盆溢出，请在发现溢出后立即清洁擦干。
5. 更换水盆。
6. 根据需要清洁水盆。

能力技巧

手术前或麻醉前的患病动物进食和饮水

目标：

为即将进行手术的动物正确地准备食物和饮水。

准备：

- 适当的食物。
- 水。
- 水盆和食盆。
- 清洁剂。

流程：

1. 麻醉前，拿走食盆，禁食 12h。
2. 麻醉前，拿走水盆，禁水 8h。
3. 术后，待患病动物完全清醒并站立时，提供饮水。
4. 数小时后，给予食物；反刍动物和非反刍动物都要这样做。
5. 单胃动物要在麻醉后 12～24h 内提供食物。

第 29 章　微生物和寄生虫疾病

学习目标

学习完本章后，读者应该能够：
- 描述致病的微生物类型。
- 讨论和描述常见的动物体外寄生虫。
- 讨论和描述常见的动物体内寄生虫。
- 明确人畜共患病的影响。

引言

动物的健康状况会通过环境微生物的入侵而发生改变。除此之外，还有更小的昆虫和动物也会引起伴侣动物和生产动物发病。这些寄生虫只能从宿主动物身上觅食，从而将疾病传给这些动物。生产动物发生这些类型的疾病，会极大地影响畜牧业发展，也会影响使用这些动物产品的人的健康。对微生物和寄生虫致病过程的充分理解，有助于兽医助理识别这些疾病，也有助于提供针对性护理及控制疾病过程的方法。

微生物学

微生物学是研究微生物的科学。许多微生物是有益的，可用于制造抗生素和食品。但有些微生物是有害的，称为病原体。病原体可引起传染性或非传染性疾病。传染病很容易在人与动物之间传播，非传染病不会传染给他人。

传染病可通过直接接触和间接接触传播。直接接触是指通过与动物体表或体液接触。间接接触是指通过接触感染动物以外的方式传播，如通过空气传播或通过垫料传播。

微生物类型

疾病可定义为机体内结构或功能的改变，通常以动物的健康或行为出现异常症状进行确认。主要有 5 种致病微生物：病毒、细菌、真菌、原虫和立克次氏体。

病毒性疾病

病毒性疾病是由病毒引起的传染性疾病，可在环境中传播。病毒只能在细胞中生存，不能从细胞外获取营养和繁殖。病毒性疾病通常不使用抗生素治疗，动物必须经历疾病过程，靠支持疗法或护理来维持。支持护理或治疗包括补液、用药减少呕吐和腹泻以及使用止痛药等。常见的病毒包括流感病毒、艾滋病毒（HIV）和西尼罗河病毒。

细菌性疾病

细菌性疾病通过单细胞生物体——细菌进行传播，存在于动物生存环境的所有区域。细菌需要一个能够为其生存提供食物的环境。细菌性疾病可导致腹泻、肺炎、鼻窦炎和各种感染。

真菌性疾病

真菌病通过单细胞生物体——孢子进行传播，孢子主要生活在体外和环境的其他区域，如潮湿的环境。真菌病通常发生在免疫缺陷的动物。

原虫性疾病

原虫病是由单细胞的最简单生命体引起的感染，原虫是寄生虫，在体内、外都可以生存。大多数原虫从动物机体摄入死亡或腐烂的物质，并引起动物感染。

立克次氏体疾病

立克次氏体主要通过昆虫叮咬传播，如跳蚤和蜱。立克次氏体需要在活细胞中繁殖。

寄生虫学

寄生虫学主要研究在其他生物体上或体内生存的寄生虫。寄生虫可以侵入动物的体内或体外。大多数寄生虫在一个特定位置寄生，从宿主或受感染动物身上摄取营养。寄生虫出生后即为幼虫，经历生长阶段后长为可以繁殖的成虫，此为一个生命周期。每种寄生虫都有不同的生命周期和成长期。许多寄生虫通过不同的途径进入到动物体内，入侵消化道、皮肤或肌肉。一种途径是通过摄取食物和水进入体内；其他污染途径包括与土壤接触、皮肤渗透、护理幼畜和接触受感染的粪便。适当的卫生和消毒方法可以控制和防治寄生虫。

体内寄生虫

大动物和小动物体内寄生虫包括蛔虫、鞭虫、钩虫、心丝虫、球虫、绦虫和圆线虫。动物体内可能也寄生着其他类型的体内寄生虫，需要通过粪便检查评估（图 29-1）。许多体内寄生虫入侵肠系统，引起呕吐和腹泻。

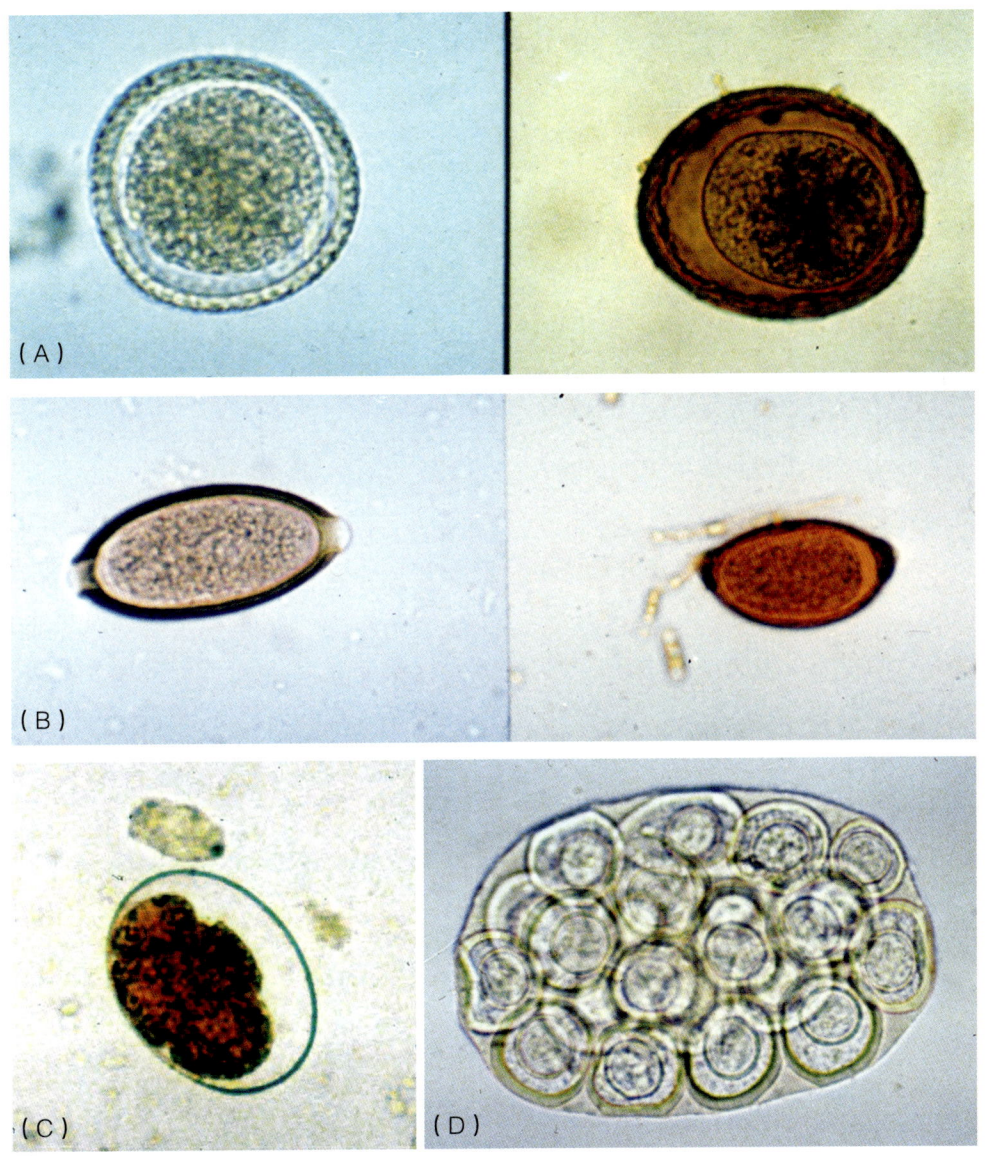

图 29-1　粪便漂浮法检查出的常见寄生虫虫卵：(A) 蛔虫卵（左，犬弓首蛔虫；右，狮弓首蛔虫）；(B) 鞭虫（左，狐鞭虫）和肺线虫（右，嗜气毛细线虫）；(C) 钩虫（钩虫属）；(D) 绦虫（犬复孔绦虫）

蛔虫

蛔虫是大动物和小动物最常见的肠道寄生虫，最常发生在幼年动物。所有的蛔虫都在小肠内生活。蛔虫分为数种类型，雌虫每天排卵超过20万个。

狮弓首蛔虫的生活史最简单，动物摄入感染性虫卵后，孵出幼虫，在小肠内成熟。成年雌虫通过粪便排出虫卵。虫卵在外界环境中至少可保持3~6d的感染性，动物误食感染性粪便污染的东西，就会发生感染。

犬弓首蛔虫有着更为复杂的生命周期，这是确保其物种代代相传的有效途径。它们非常顽强而且有抵抗力。动物可以通过多种途径感染犬弓首蛔虫：摄入虫卵、摄入中间宿主、或幼虫通过胎盘、乳汁进入动物体内。幼虫还可通过循环系统移行到机体的呼吸系统或其他器官和组织。幼虫进入机体组织后，形成不活跃状态的卵囊，在组织中存活数月或数年。

猫弓首蛔虫与狮弓首蛔虫相似，感染性虫卵被吞噬后孵化成幼虫并穿透胃壁，从而移行到肝脏、其他组织和肺。有些幼虫可能在组织内形成包囊。进入肺的幼虫可被动物咳出，然后再被吞咽，幼虫在胃和小肠内发育成熟，雌性成虫开始排卵。

马蛔虫是生活在大动物体内的蛔虫。大动物吞咽被污染的干草饲料和水后，马蛔虫在肠道内孵化。幼虫穿过肠壁，历时一周进入肺。在肺内，幼虫可通过气管进入口腔，第二次被吞咽。2~3个月后，在肠道中发育成熟，产卵通过粪便排出，重新开始生命周期。

小动物感染蛔虫后会出现呕吐、腹泻、胃胀的症状，在粪便中可见到成虫，像细的意大利面（图29-2）。大动物感染蛔虫后，出现腹部疼痛、咳嗽

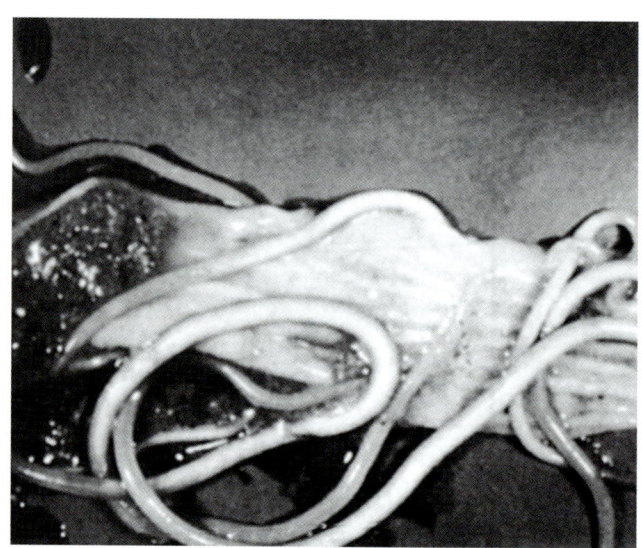

图29-2 犬常见的蛔虫（犬弓首蛔虫）

和腹泻的症状，粪便中可看见15.2~30.5cm的蛔虫成虫。显微镜下，蛔虫卵为圆形，中央有暗圆形中心。表29-1总结了蛔虫类型及其常见宿主。

鞭虫

鞭虫是另一种常见的肠道寄生虫，主要发生在犬。鞭虫是以成虫呈鞭状外形而得名。鞭虫前端尖细，后端粗厚，类似于鞭柄。鞭虫生活在被感染动物的大肠内。狐鞭虫种会通过摄取鞭虫卵污染的食物或水使动物感染。虫卵被吞咽后，历经将近3个月的孵化，幼虫在盲肠和大肠中发育成成虫，在那里它们用口器凿破肠壁吸食血液。成虫通过粪便排卵。虫卵必须在土壤里发育1个月才能成熟，并具有感染性。虫卵抵抗力强，很难控制。感染鞭虫的动物可能会表现腹泻、体重减轻、粪便带血和贫血。粪便中的鞭虫肉眼不可见，但可以通过显微镜观察粪便进行诊断。鞭虫虫卵似足球状（图29-1B）。

表29-1 蛔虫宿主

蛔虫	主要宿主	中间宿主
狮弓首蛔虫	犬、猫、狐狸、其他野生食肉动物	小型啮齿动物
犬弓首蛔虫	犬、狐狸	小型啮齿动物
猫弓首蛔虫	猫	小型啮齿动物、甲虫、蚯蚓
马弓首蛔虫	马	小啮齿动物、螯蝇

钩虫

钩虫是另一种犬常见的肠道寄生虫,偶见于猫。钩虫具有牙齿状结构或切割板,借此吸附肠壁以动物的血液为食。钩虫可以引发人的皮肤病,称为皮肤幼虫迁徙。人的肠道感染也会导致严重的腹痛。犬钩虫生活在宿主动物的小肠中,在那里它们附壁并以宿主血液为食。成虫产卵后通过粪便排出。在2~10d内,卵孵化,孵育出幼虫。幼虫是优秀的游泳者,可以越过树叶和植物上的雨滴或露珠,等待合适的宿主动物。幼虫通过被摄食或皮肤挖洞感染宿主动物。感染钩虫的动物表现呕吐、腹泻、贫血、虚弱、黑便、皮毛杂乱无光和偶尔咳嗽的症状。粪便中的钩虫肉眼不可见,但可以通过显微镜观察粪便进行诊断。钩虫卵椭圆形,清晰(图29-1C)。

心丝虫

1847年,心丝虫病在美国首次发现,之后在美国南部频发。近年来,美国各地都发现了心丝虫病。感染动物的转运是造成其他动物感染的主要原因,由此造成感染传遍北美。在美国,感染心丝虫的犬猫实际数量尚未清楚。心丝虫病由蚊子传播,犬和猫最易感,雪貂也偶尔感染。犬心丝虫与蛔虫属于同类,结构相似,像细长的意大利面。犬心丝虫影响感染动物的心脏和循环系统。心脏中的成虫产出的小幼虫称为微丝蚴,生活在血液中。蚊子吸食受感染动物的血液后,微丝蚴进入蚊子体内,2~3周后,微丝蚴在蚊子体内发育成更大的幼虫,迁移到蚊子的口器中。当蚊子叮咬另一动物时,幼虫进入动物皮肤。幼虫继续生长,3个月后移行到心脏,在心脏中发育成成虫,达到30.5~35.6cm的体长(图29-3、图29-4)。从动物被感染的蚊子叮咬到成虫发育、交配和产出微丝蚴,犬需要6个月,猫需要8个月。心丝虫病患犬运动不耐受、呼吸困难、咳嗽、食欲降低、体重减轻和嗜睡。患猫通常没有症状,可能会突然死亡。有些猫的症状和犬相似。常用操作简便的心丝虫病检测试剂盒诊断该病。心丝虫病的治疗是一个棘手问题:当心丝虫在心脏或血流中死亡时,可能导致血流阻塞,从而引发宠物死亡。每月预防用药是防治该病的关键。

圆线虫

大、小圆线虫是大动物常见的寄生虫,尤其在马最为常见。大圆线虫是体内寄生虫,也叫作血线虫或红线虫。粪便中的虫卵孵化成幼虫,被食草动物摄食。幼虫在肠道中发育成熟后,穿破肠壁,进入血管,随血液移行至各个器官,最终再回到肠内。幼虫可能会对血管内皮造成严重损害。动物感染大圆线虫的症状是体重减轻、贫血和腹痛,严重病例会猝死。小圆线虫与大圆线虫有多方面的差异。第一,小圆线虫不像大圆线虫那样在组织内移行。第

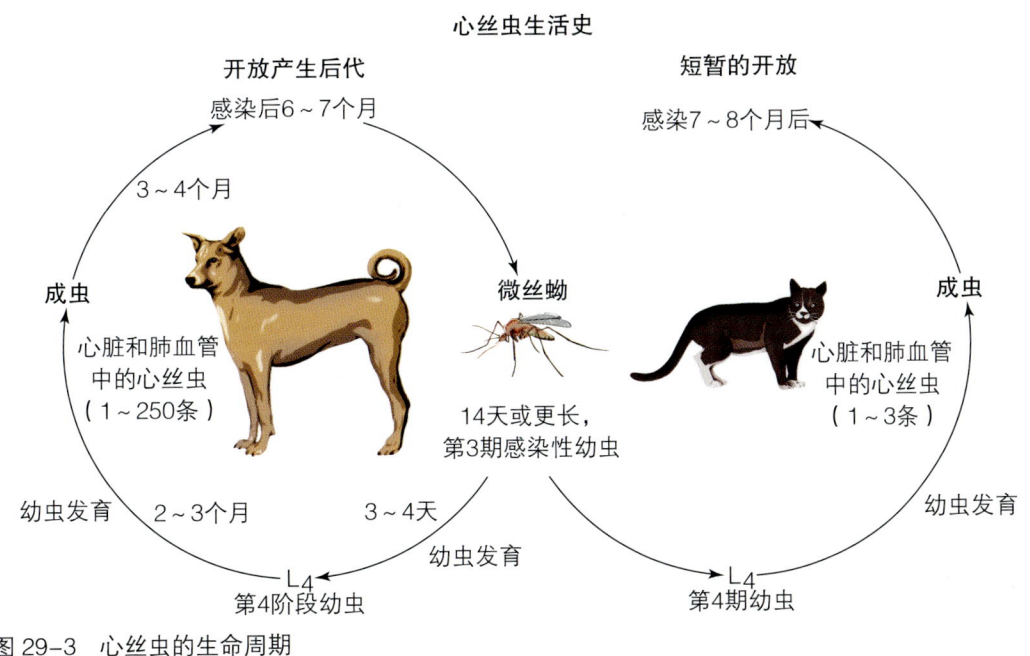

图29-3 心丝虫的生命周期

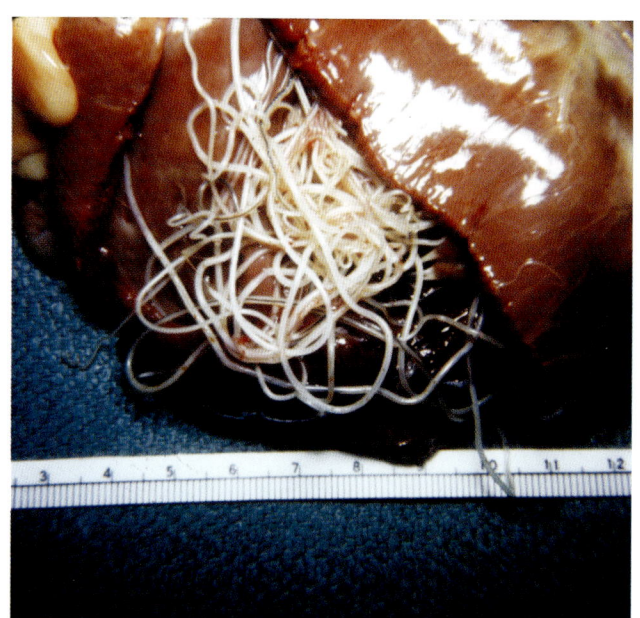

图 29-4 动物的心脏被心丝虫阻塞

二，小圆线虫的幼虫可能形成包囊。这就意味着它们进入肠壁后会静止等待，直到合适的时机出现。在这段封闭的时间内，幼虫对大部分驱虫药都不敏感，这点与成虫显著不同。感染小圆线虫的症状包括腹泻、体重减轻、生长不良、被毛粗糙和腹痛。所有家畜都要频繁驱虫，每年进行粪便检查，确定无体内寄生虫（图 29-5）。圆线虫虫卵在显微镜下看起来大、长，呈椭圆形。

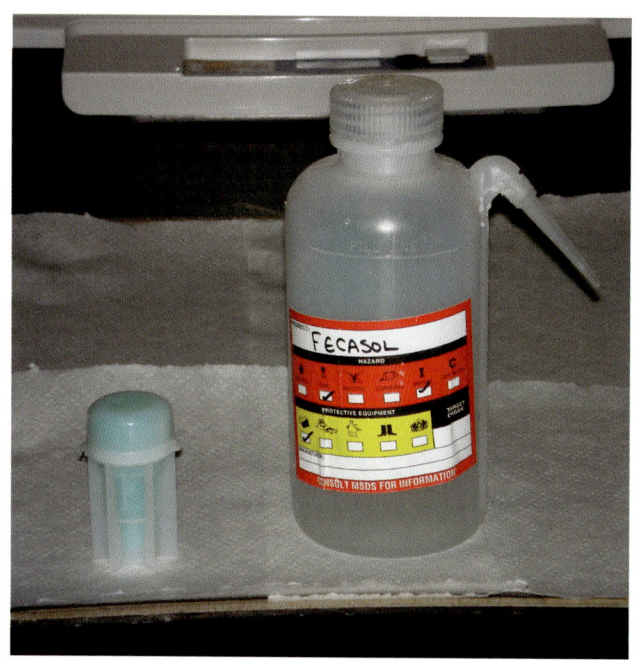

图 29-5 粪便漂浮法使用的材料

球虫

球虫是一种常见的原生单细胞生物，可寄生于所有哺乳动物的体内。尽管可发生多种球虫感染，但是大多数感染球虫的动物都是犬属等孢子球虫。感染球虫的动物通过粪便将卵囊或单细胞卵排出体外。卵囊生活在肠道内，感染动物可能不出现任何症状；有些动物可能会出现慢性腹泻，粪便中可能存在血液和黏液。球虫病有时很难诊断，即便是粪便检查也很难发现。显微镜下，球虫小、圆形，可能会在粪便涂片上漏诊。大多数动物通过受污染的食物、水或土壤感染球虫。鸟粪是球虫最常见的感染源。

贾第鞭毛虫

贾第鞭毛虫是寄生于动物肠道中的一种原虫或单细胞有机体。动物因摄入受污染的水或土壤而感染。室外的水源很容易被污染，或水管破裂，饮用水也容易被污染，这些现象很常见。当水源中存在贾第鞭毛虫时，建议饮用沸水。动物粪便中存在贾第鞭毛虫时，动物常见腹泻。其他症状包括呕吐、体重减轻和总体外观不良。

绦虫

绦虫扁平状，分段或分节生长，虫体随着寄生时间的延长，节片不断成长和脱落。绦虫寄生于动物的大肠和小肠。在犬和猫的肛门周围常看见孕卵节片。这些节片会移动，干燥后看起来像生大米或黄瓜种子（图 29-6）。通常通过在动物身上发现孕卵节片来确诊绦虫感染。大多数动物通过摄食跳蚤、啮齿动物或螨虫感染。犬复孔绦虫寄生于小肠，长达 50.8cm。节片里充满虫卵，通过粪便排出体外。外界温度升高时，节片活跃，干燥后破裂，将虫卵释放出来。虱子成虫或跳蚤幼虫摄食虫卵，虫卵在昆虫体内发育成幼虫，当犬和猫采食昆虫后，幼虫在犬猫体内发育成成虫，完成一个生命周期（图 29-7）。大、小动物均可感染绦虫,其生活史类似（图 29-8）。跳蚤可能是小动物感染绦虫的生活史的开始。生活在牧场的螨虫可能从感染动物排出的粪便里采食绦虫卵，牲畜再吞食螨虫，从而被绦虫感染。感染绦虫的症状包括被毛营养不良、腹部不适、粪便中可见节片。

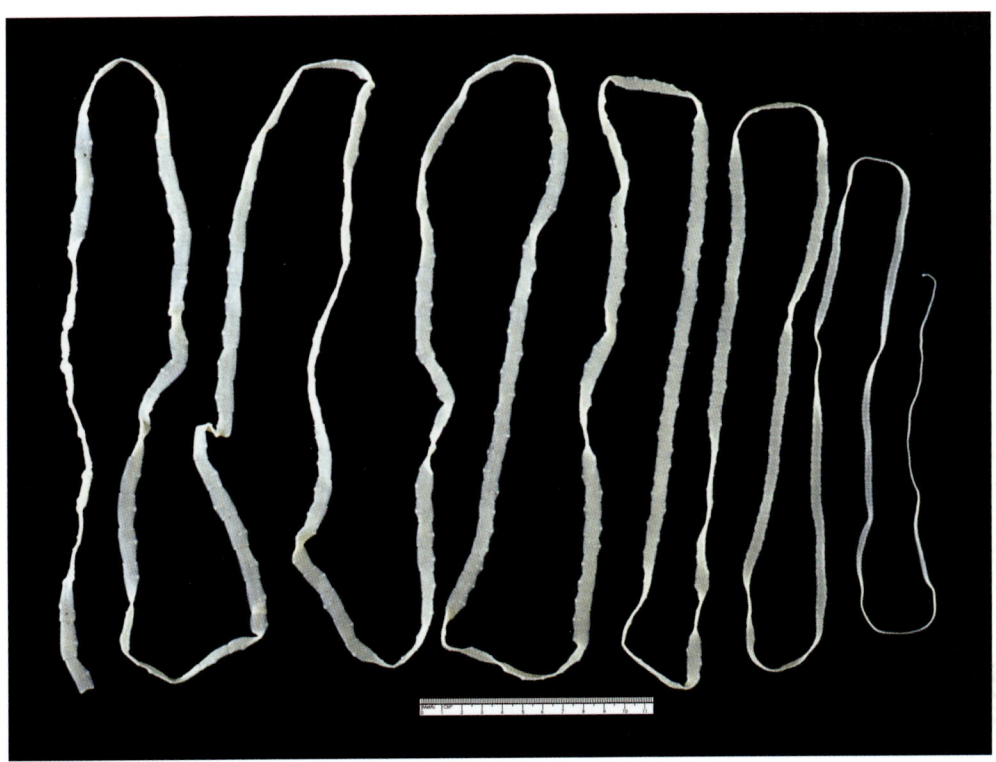

图 29-6　绦虫；绦虫的身体是分节段的

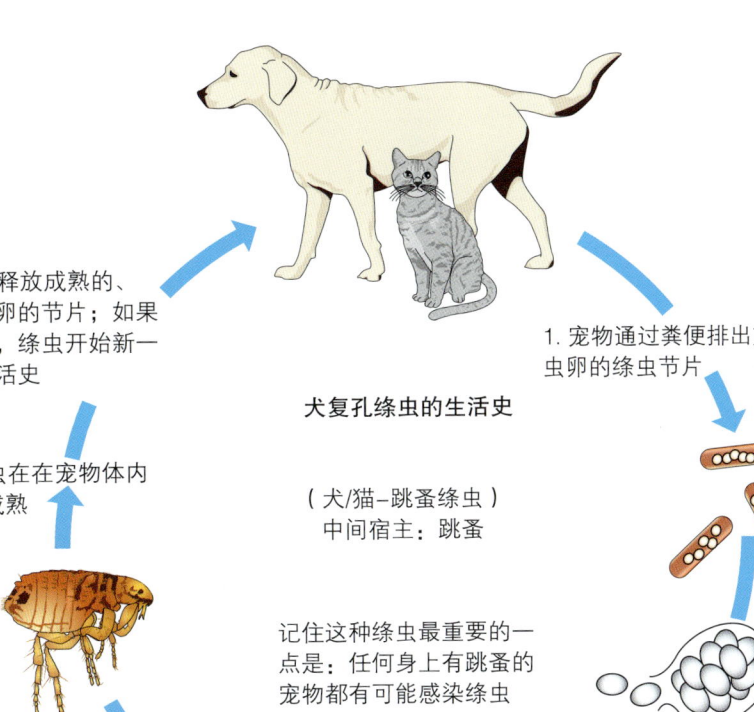

图 29-7　跳蚤绦虫的生活史（犬复孔绦虫）

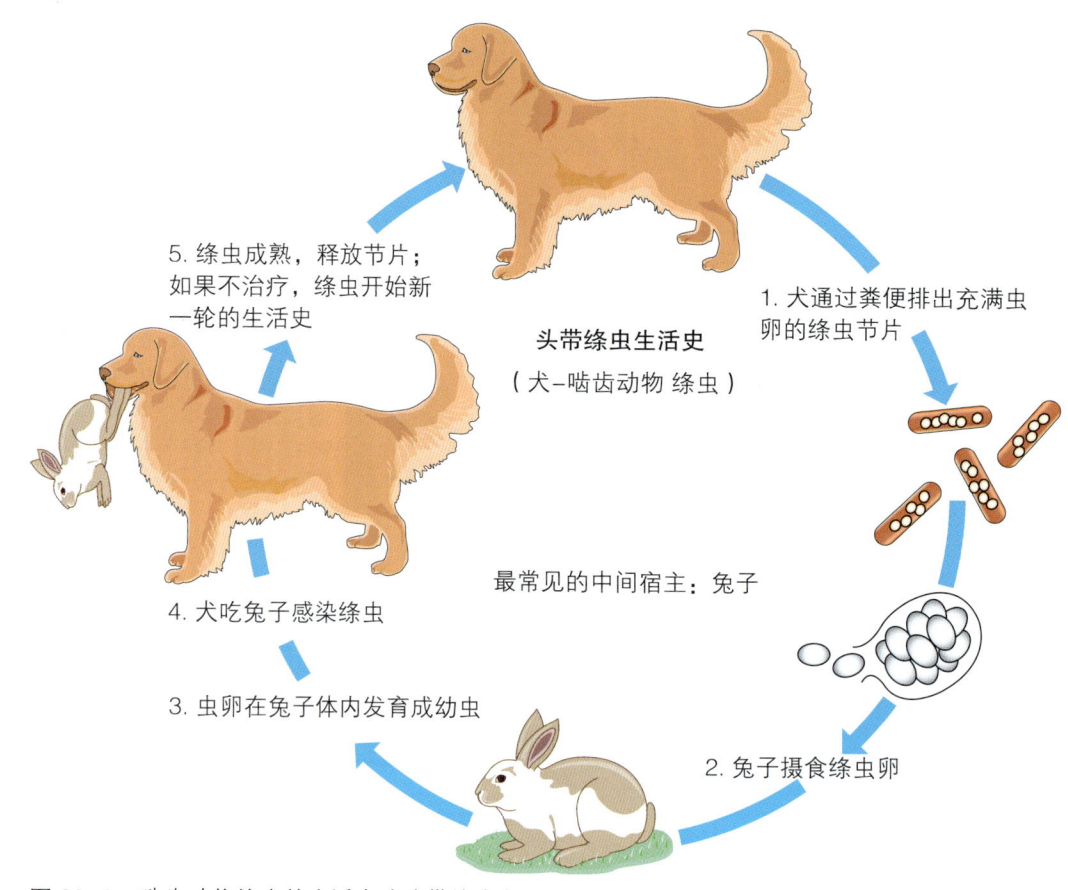

图 29-8 啮齿动物绦虫的生活史（头带绦虫）

体外寄生虫

大动物和小动物会感染多种类型的体外寄生虫。螨虫、跳蚤、蜱、虱子和螫蝇都是常见的，特别是在温暖的天气更容易出现。体外寄生虫可能存在于被毛、皮肤或耳道内。

跳蚤

成年雌性跳蚤每天可产 50 个虫卵。虫卵产在宿主身上，然后掉落到外界环境进行孵化。虫卵最适宜的孵育条件是高湿度，温度在 18.3～26.7℃。虫卵孵化需要 10d 左右成为幼虫。幼虫像小毛毛虫一样在牧区的跳蚤粪便附近爬行，这是大动物吃草时采食幼虫的阶段。幼虫经过几个蜕皮阶段成为蛹，蛹包成一个茧状结构，幼虫在里面发育成成虫。从幼虫发育成成虫可能需要几个月到一年的时间。在理想的温度和条件下，从虫卵孵化出来到成长为幼虫仅需要短短的 21d。当它们感到宿主的震动和热量消失时，就给自己加包成蛹。成年跳蚤以血液为食，如果没有食物来源，可存活数月（图 29-9）。

图 29-9 跳蚤

一旦雌性跳蚤有血源食物，就将在 24～48h 内产卵，然后不断产卵，直到死亡。成年跳蚤的平均生命周期为 4～6 周。跳蚤很容易发现，用梳子就可以把跳蚤从动物身上梳下来。兽医助理也要观察跳蚤的"污垢"——棕色到深黑色的小颗粒，动物看起来很脏。跳蚤的"污垢"实际就是跳蚤的粪便，如果兽医助理不确定这些小颗粒是跳蚤粪便还是外界环境中的污垢，就将一些颗粒放在纸巾或其他浅色表面上，在颗粒上滴一滴水，如果颗粒从棕黑色变成红锈色，则此颗粒是跳蚤粪便，是消化完宿主血液之后的排泄物。主人可以把热毛巾放在动物经常出入的地方，如客厅，熄灭灯几分钟，当灯再次亮起时，主人就会发现热毛巾上有跳蚤粪便。如果家里有跳蚤，它们会很快寻找热量。有跳蚤的动物表现如下症状：瘙痒、皮肤划伤、皮肤咬伤、脱毛、结痂和可见的跳蚤或跳蚤粪便。跳蚤可引起严重的皮肤刺激和瘙痒；在某些动物，跳蚤叮咬动物时，跳蚤唾液会引起过敏反应，称为过敏性皮炎或FAD。FAD的症状包括瘙痒、皮肤划伤、咬伤、脱毛、瘢痕或肿物及皮肤发红。跳蚤也可能导致动物贫血或失血过多。动物被跳蚤叮咬引发贫血时，会表现齿龈苍白、虚弱和嗜睡。动物误食跳蚤或接触到跳蚤生命周期阶段的动物很容易发生绦虫病。绦虫最常见的症状是肛门周围瘙痒或从直肠周围或垫料上直接看到脱落的绦虫节片。跳蚤叮咬引起的另一个不常见的疾病是鼠疫。该病影响动物和人类健康，引起高热、脱水和淋巴结肿大，最终导致死亡。巴尔通体是一种由跳蚤传播的细菌，猫最常见。当猫感染跳蚤时，会搔挠自己，猫爪就可能沾上跳蚤粪便；猫用污染的爪子抓挠人或其他猫时，就会传染巴尔通体。巴尔通体也可能寄居在猫的口腔里，通过啃咬和舔舐猫爪而传染和自我感染巴尔通体。猫也易患猫传染性贫血或血巴尔通体病，该病是由感染影响动物红细胞和免疫系统的细菌的跳蚤叮咬引起的。患猫常见黏膜苍白、黄疸、贫血、嗜睡和发热。

蜱

蜱是寻求热量和运动的节肢动物（图29-10）。在发育为成虫的过程中，蜱要经历4个生长阶段。蜱有多种类型，可以传播不同类型的严重疾病。成年雌性蜱的产卵量取决于从宿主身上吸食的血液量。吸食的血液越多，产卵量越多。当成虫饱食血液时，蜱就会从宿主身上掉落，在环境中产卵，历时数天到数周。雌虫产卵后不久死亡。虫卵发育为

图29-10 蜱

幼虫，然后蜕皮成若虫，最后发育为成虫。每个生长阶段，蜱都需要吸食宿主的血液然后再进入下一个生命周期。从虫卵到成虫的整个生命周期，通常需要两年时间。蜱会从所有动物和人身上取食；当它们吸血时，就会传播病毒性、细菌性和立克次氏体性疾病。动物中最常见的蜱种类包括美国犬蜱、鹿蜱、棕犬蜱、孤星蜱和硬蜱。美国犬蜱传播落基山斑疹热。症状包括发热、关节疼痛（关节痛）、沉郁和厌食；如果不治疗，该病是致命的。孤星蜱传播犬艾利希体病。这种细菌性疾病引起发热、关节疼痛、沉郁、贫血、厌食、体重减轻和局部皮肤肿胀；如果不治疗，也是致命的。鹿蜱也叫黑腿蜱，传播一种常见的疾病——莱姆病。这种疾病导致关节疼痛、跛行、发热、沉郁、厌食、嗜睡和关节肿胀，严重情况下导致严重的肝脏、心脏和神经系统问题。有些动物在感染的早期不会表现临床症状。由鹿蜱引起的另一种不常见的疾病是巴贝斯虫病。该病引起贫血、黄疸（皮肤和黏膜黄色）、发热、呕吐，严重时引起肾衰竭。巴贝斯虫病难以控制，而且经常复发。表29-2总结了由蜱引起的各种疾病类型。

虱子

虱子能在所有动物和人身上生存。虱子只能在物种内传播，因此虱子是物种特异性的。人不能从犬、猫、马或其他动物传染上虱子，也不能将虱子传播到其他动物身上。动物身上的虱子几乎不动；有些虱子吸附在被毛上，以被毛和皮肤细胞为食；有些虱子叮咬和吸食动物血液。动物虱子灰色至浅肤色，是无翅寄生虫，体长大约为21.2mm。它们体型小，但肉眼可见（图29-11）。可以用胶带粘贴法进行诊断；虱子和虫卵易于粘在胶带上。虱子

表 29-2　蜱的种类和引发的疾病

蜱的种类	外观	潜在疾病
美国犬蜱	栗棕色 背部有浅色至白色的标记	落基山斑疹热
棕犬蜱	浅色至深褐色 纯色无标记	无
鹿蜱（黑腿蜱）	深棕色 黑腿	莱姆病巴贝斯虫病
孤星蜱	红棕色 白点或"星"背	艾利希体病
硬蜱（美洲旱獭蜱）	浅褐色至棕褐色 头颈部深褐色	脑炎（罕见）

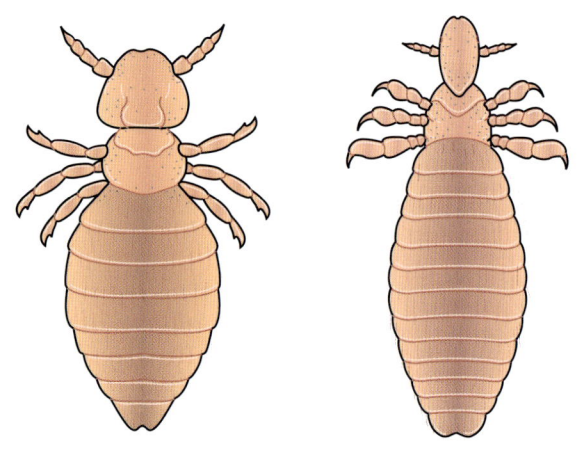

图 29-11　虱子：咬虱（左）吸血虱（右）

可以通过直接接触或与动物经常居住的场所和用品接触来传播。虱子的虫卵称为幼虱，脱落后传播给同一物种的另一只动物。如果卫生不良，美容用品和推子是常见的感染源。虱子会引起严重瘙痒、脱毛和贫血，有时可肉眼见到虱子成虫和幼虱。虱子的一个生命周期为 21d，可以产卵 100 个。

蚊子

蚊子是小型飞虫，叮咬人和动物，并吸血为食。蚊子叮咬动物时，将疾病在动物间传播。心丝虫病是蚊子传播的一种疾病。蚊子吸食感染心丝虫动物的血液，将微丝蚴或心丝虫幼虫从一个动物传播到另一个动物。西尼罗病毒也是蚊子传播的疾病，会导致脑和脊髓的炎症或肿胀。鸟类和马最易感。

螫蝇

螫蝇叮咬可造成动物（特别是大动物）很多刺激。马传染性贫血（EIA）是螫蝇叮咬传播的一种疾病，又称沼泽热，是一种病毒性疾病，没有疫苗预防，也没有治疗方法。该病是马业的严重问题，马在州之间运输前需要做柯金斯检测来筛查 EIA 病毒。柯金斯检测需要由国家认证的实验室进行。许多州都有相关的规定，需要求柯金斯检测阴性；兽医助理要熟悉国家有关马运输的法规。最好的预防途径是通过喷雾减少与马匹接触的螫蝇数量。粪便和废物的控制与清除也有助于预防该病。

螨虫

螨虫有多种类型，寄生在动物机体的多个部位。螨虫可能寄生在皮肤或被毛上，或侵入耳道并在其内发育。耳螨在所有动物都很常见（图 29-12），是类似于微型蜱的微小传染性生物体。耳螨感染的特征性症状是耳道内有类似咖啡状的黑色、干涸性渗出物。螨虫生活在耳道皮肤的表面，有时也会迁移到宿主的面部和头部。螨虫产卵后需要 4d 孵化，

图 29-12　耳螨

虫卵在耳道内以耳垢和皮肤分泌的油脂为食，1周后发育为幼虫，然后通过数个蜕皮阶段变为成虫。整个生命周期大约需要3周。成年耳螨能够存活2个月左右。用清洁耳道和杀耳螨的药物可以有效治疗耳螨感染（图29-13）。动物耳螨的其他症状包括挠耳、甩头、耳内开放性溃疡。

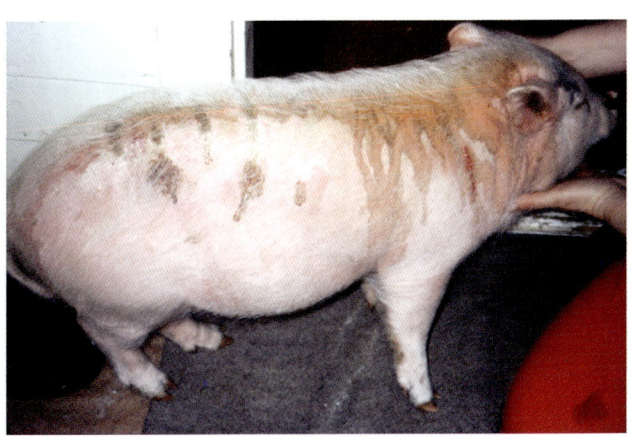

图 29-14　疥螨患病猪的脱毛症

皮肤癣菌病（皮肤真菌病）

皮肤真菌病，也叫皮肤癣菌病，是动物的一种真菌性疾病，可以传染人（图29-15）。该病可以从患病动物传播到另一个物种动物或人，是动物最常见的传染性皮肤病。犬、猫和所有家畜通常都能从外界环境中感染癣菌病。来自感染动物的孢子散落环境，可存活长达24个月。潮湿温暖的环境促进真菌生长。孢子存在于任何与感染动物及其被毛直接接触的物品上，如毛刷、窝垫、家具和圈舍。癣菌病通过与动物身上或环境中的孢子直接接触传染。皮肤损伤的外观和大小各异，典型症状是小的圆形脱毛区，中央皮肤干燥、有鳞屑。病变初期可能为小红斑，之后继续生长，逐渐扩大。病变区域可能瘙痒，也可能不瘙痒。在某些病例中，真菌可能扩散到机体的其他部位。最常见的病变部位包括头部、脸部、耳廓和尾部。最常用的诊断方法是通过皮肤刮片在显微镜下观察被毛和皮肤。另一种方法是使用伍德氏灯，用近紫外光照射病变区产生荧

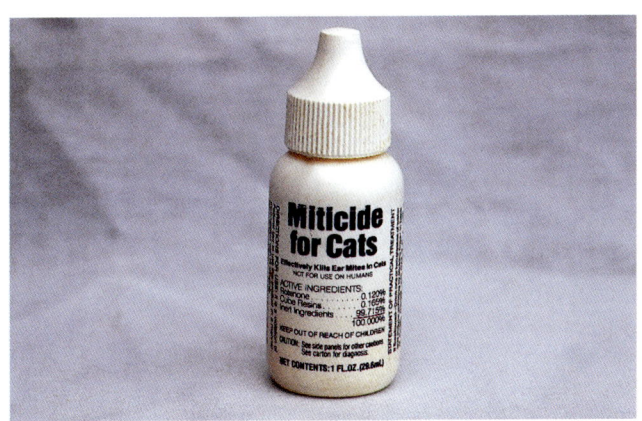

图 29-13　控制耳螨的滴耳液

曼奇螨是另一种常见的螨虫感染，尤其是犬。曼奇螨寄生于皮肤和被毛上，有两种类型：疥螨和蠕形螨。疥螨是由疥螨虫感染引起的一种皮肤病（图29-14）。螨虫不是昆虫，跟蜘蛛关系更密切。它们很小，肉眼不可见。成虫在宿主皮肤上存活3~4周。交配后，雌虫凿洞进入皮肤，在皮肤内开凿隧道，产卵3~4个。虫卵孵化需要3~10d，长成幼虫，然后在10~15d内蜕皮发育为成虫。疥螨是人畜共患病，可引起人的疥癣。疥螨具有高传染性，可以通过直接接触感染，也可以通过接触垫料或其他未经适当消毒的美容用品感染。疥螨症状包括过度瘙痒、脱毛、被毛损伤、皮肤创伤和皮肤感染；通常通过皮肤刮片在显微镜下观察到疥螨来诊断。蠕形螨是另一种入侵皮肤的螨虫，由于在哺育幼犬的初期，母子之间偎依、搂抱等接触，因此所有由母体抚育的幼犬都会从母体身上感染螨虫。大多数犬身上都存在螨虫，但是不表现临床症状。然而，在有些犬中，螨虫过度繁殖会引起严重的皮肤刺激。蠕形螨没有传染性，症状包括局部脱毛、瘙痒增加和皮肤干燥。使用皮肤刮片来识别形状像雪茄的蠕形螨进行诊断。两种类型的螨虫都可以使用药物治疗。

图 29-15　荷斯坦母牛的皮肤癣菌病

光。使用伍德氏灯照射时,多种癣菌都会产生荧光。然而,也有很多种癣菌不产生荧光。可用口服和局部用药治疗皮肤癣菌病,但环境也必须消毒,防止复发。

驱虫程序

小动物和大动物都要定期驱虫。大动物因寄生虫暴露增加,需要每6~8周驱虫一次。小动物要每年驱虫一次,或遵兽医医嘱驱虫。要根据不同物种及其常见寄生虫种类给予驱虫药。目前有很多种驱虫药可用于治疗寄生虫。但遗憾的是,没有任何一种非处方或处方驱虫药可以杀死所有寄生虫。因此,必须根据存在的寄生虫类型选择驱虫药。表29-3总结了伴侣动物寄生虫委员会(CAPC)的推荐与美国犬和猫常见体内(GI)寄生虫的控制方法细则。表29-4列出了伴侣动物常用驱虫药。

表 29-3 伴侣动物的驱虫建议

1. 给予全年广谱的心丝虫药物
2. 幼猫和幼犬在2、4、6、8周龄驱虫,之后每月一次,直至6月龄
3. 哺乳犬猫和幼崽同时驱虫
4. 根据健康状况和生活方式,成年动物每年进行2~4次粪便检查

表 29-4 伴侣动物常用的驱虫药

名称	治疗的寄生虫
Drontal	蛔虫、钩虫、鞭虫和绦虫
Albon	球虫
Droncit	绦虫
Heartgard(犬心保)	心丝虫、蛔虫和钩虫
Interceptor	心丝虫、蛔虫、钩虫和鞭虫
Nemex	蛔虫和钩虫
Panacure	蛔虫、钩虫、鞭虫和某些绦虫
Proheart	心丝虫和钩虫
Revolution(大宠爱)	心丝虫、跳蚤、耳螨、蜱、蛔虫、螨虫和钩虫
Sentinel	心丝虫、蛔虫、钩虫、鞭虫和跳蚤卵
Strongid T	蛔虫、钩虫、鞭虫、绦虫

大动物的驱虫推荐每两个月对消化道内(GI)常见体内寄生虫进行驱虫。其他控制寄生虫的建议包括:

- 每天清除圈舍粪便,每周清理牧场。
- 确保牧场和围场排水良好,养殖密度不要过大。
- 牧场内要堆肥,而不是撒肥在田里。
- 使用喂料机饲喂干草和谷物,避免接触饲喂。
- 启动有效的驱虫程序。
- 常规检查动物是否有感染症状。
- 与兽医共同建立寄生虫预防和监测计划。

肿瘤(癌症)

肿瘤,常称为癌症,是所有动物的常见疾病;目前已经发现动物机体各部位的多种类型肿瘤。肿瘤的发病率随年龄增长而增加。某些动物种类和品种更容易发生某些特定类型的肿瘤,如骨肉瘤或骨癌(图29-16)。一般来说,动物和人罹患肿瘤的概率相同。几乎超过一半的10岁以上的动物因为

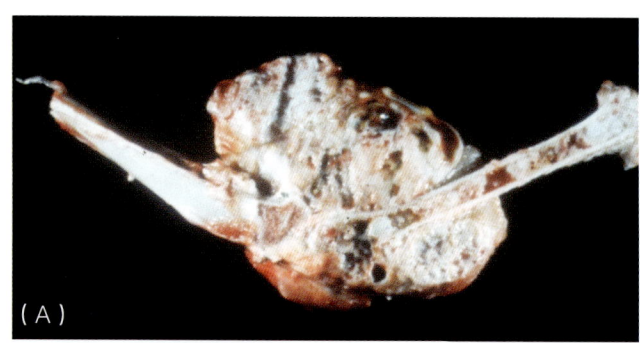

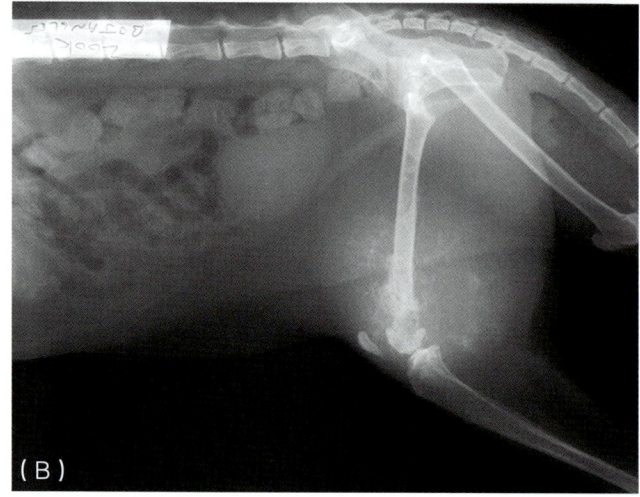

图 29-16 (A)骨肉瘤,恶性骨肿瘤;(B)骨肉瘤的X线片

癌症死亡。与早期绝育一样，某些癌症也是可以预防的。怀疑动物患有癌症时，血液检查、X 线检查、超声检查和活组织检查（组织样本）等方法都有助于诊断和早期治疗。动物肿瘤的常见症状包括：

- 异常肿胀，并不断增长。
- 溃疡不愈合。
- 体重减轻。
- 食欲减退。
- 自然孔出血或排分泌物。
- 异味。
- 进食或吞咽困难。
- 不爱运动，精力减退。
- 持续跛行或步态僵硬。
- 呼吸、排尿或排便困难。
- 整体外观差。
- 沉郁。

每种类型的肿瘤都需要特殊护理；某些肿瘤的早期阶段可能是可治疗的，而有些可能难以治疗。肿瘤的治疗方法包括化学治疗、手术切除、放射治疗、冷冻手术（冷冻组织）、药物或组合治疗（图 29-17）。表 29-5 列出了动物常见的肿瘤。

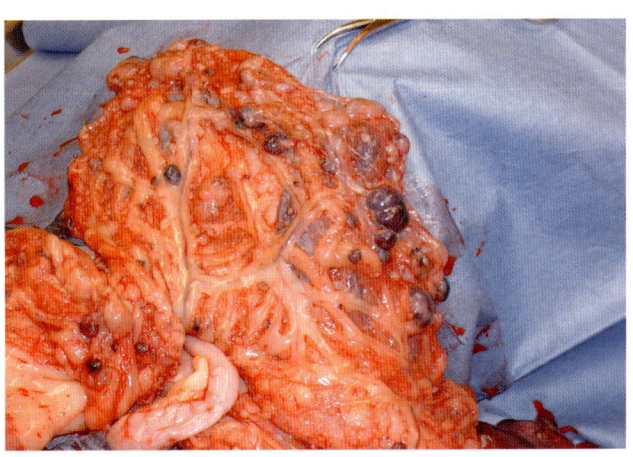

图 29-17　脾肿瘤患犬的术中照片，显示网膜上无数的暗红色肿瘤。肿瘤也扩散到了肝脏

表 29-5　动物常见的肿瘤

肿瘤类型	常见物种	发生部位	症状
骨肿瘤	大型/巨型犬	关节附近的长骨	跛行、肿胀、疼痛
皮肤肿瘤	犬、马	机体和四肢	颜色变化、肿胀、分泌物、疼痛
淋巴瘤	犬、猫、马、奶牛	全身的大淋巴结、脾、骨髓	淋巴结可触及、厌食、疼痛、体重减轻、嗜睡
腹部肿瘤	犬、猫、马、啮齿动物	胃、肠	体重减轻、腹部肿胀、疼痛
乳腺肿瘤	犬、猫	雌性动物子宫、乳腺	乳腺肿胀、触诊有明显的硬块、疼痛
头颈部肿瘤	犬、马	口、鼻、喉	出血、口腔异味、饮食困难、呼吸困难、面部肿胀、疼痛

人畜共患病

由动物传播到人的疾病称为人畜共患病。许多动物感染人畜共患病后可能不表现任何症状。大部分人畜共患病在临床上不重要，然而，兽医专业人员必须注意人畜共患病，并采取措施来预防这些疾病的扩散。以下是最常见的人畜共患病。

弓形虫病

弓形虫是单细胞生物体，虽然仅通过猫的粪便排出（猫是唯一通过粪便排出弓形虫的动物），但是可以感染所有哺乳动物。该病是人需要重点关注的疾病，特别是孕妇；孕妇感染后，会导致流产和胎儿先天性缺陷。患猫通过粪便排出卵囊（卵状未成熟颗粒），卵囊感染前必须在外界环境中孵育 1~5d（图 29-18）。猫感染后 2~3 周会从粪便排出卵囊。卵囊可以存活数年，难以从环境中去除。猫通常通过捕食啮齿动物或鸟类感染。弓形虫患病动物的症状包括沉郁、厌食、发热和嗜睡。该病预防是关键，对人而言，孕妇不要在怀孕期间清洁或处理猫砂盆。清洁猫砂盆后、在花园工作或接触土壤后、孩子在沙盘玩耍回到家后都要立即洗手。这些都是猫排出卵囊的常见地方。

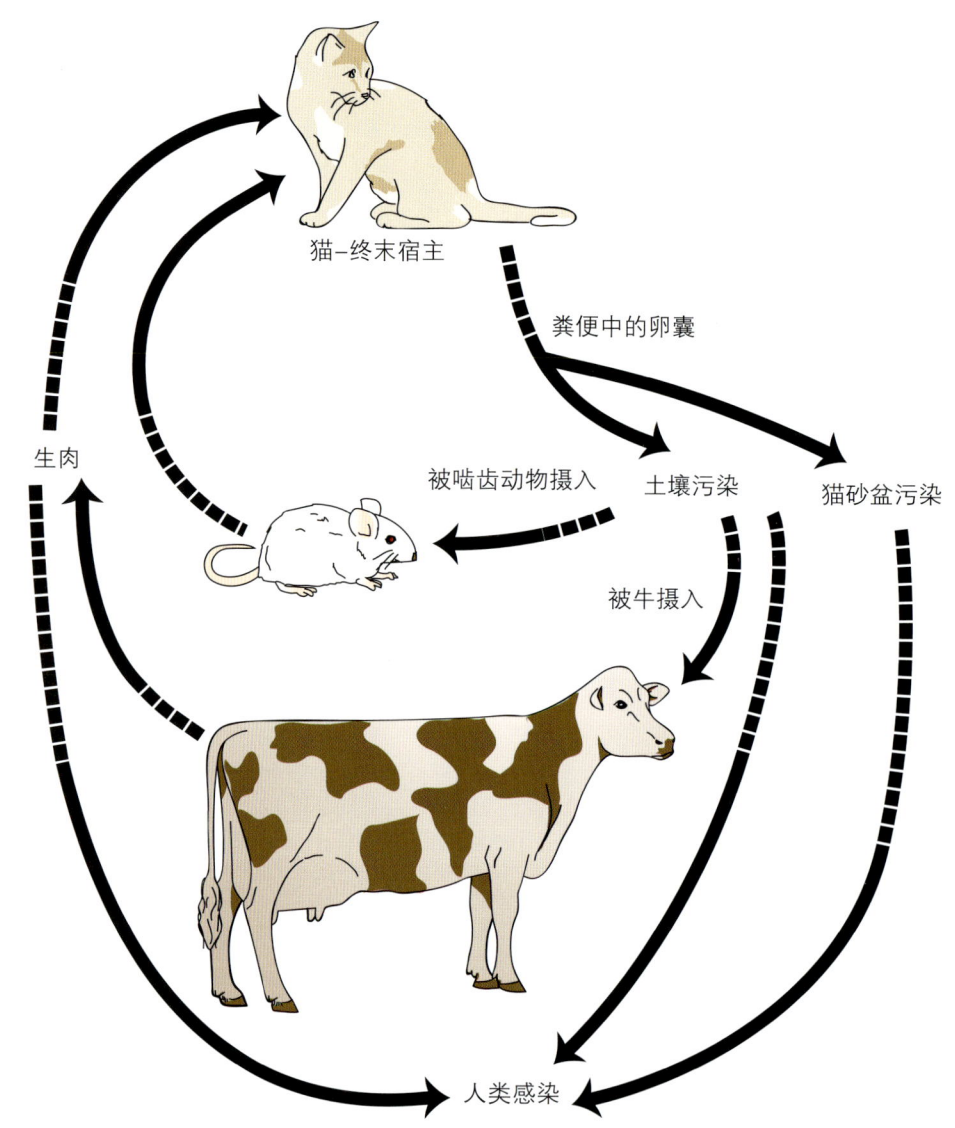

图 29-18 弓形虫的生活史

布鲁氏菌病

布鲁氏菌病是一种可以影响所有哺乳动物的生殖疾病，犬和牛最常见，通过接触阴道分泌物（通常是在分娩时）传染。牛的布鲁氏菌病也叫牛传染性流产，引起动物流产和不孕不育。当人接触含有布鲁氏菌的牛奶时，会感染致病（称为"波状热"），导致高热，从而使布鲁氏菌病成为公共卫生问题。目前没有治疗布鲁氏菌病的方法，所以动物繁殖前对其进行检疫至关重要。牛可用疫苗预防。育种犬的检疫对于控制和预防也至关重要。感染犬在3周左右具有感染性。

脑炎

脑炎，常称为昏睡病，是一种影响马和人的病毒性疾病。马脑炎有几个重要的类型需要重视，如东部马脑炎（EEE），西部马脑炎（WEE）和委内瑞拉马脑炎（VEE）。该病由蚊子传播，病毒引起中枢神经系统感染。鸟类是病毒携带者，蚊子叮咬鸟后，将疾病传播给马。该病没有治疗方法，但是可以使用疫苗预防。马脑炎的症状包括失明、无目的行走、走路撞东西、发热、厌食、沉郁、嗜睡、吞咽困难、磨牙、前肢划动，最终死亡。

维护良好的动物健康

要想让动物处于理想的健康状态，必须考虑很多因素。环境是其中的重要因素之一，疫苗接种是降低疾病风险的最佳方法（图 29-19）。了解某些物种动物常见的易感疾病或特定地区处于高风险状态的常见疾病有助于减少动物感染疾病的机会。如果动物已经感染患病，将其隔离是很重要的，特别是那些群养动物，可以有效减少疾病的蔓延。幼年动物可以预处理，降低应激，从而减少发病的机会。预处理可以帮助幼年动物应对可能的应激，如学习负重和运输，学习与周围其他人和动物相处及习惯被展览。保持动物健康的其他因素包括清洁卫生的环境、适当的营养计划、足够的活动空间、每年体检和健康计划与定期驱虫。

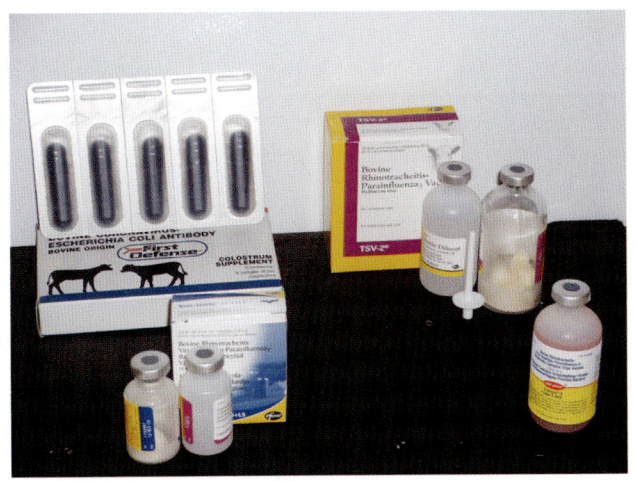

图 29-19 疫苗示例

疾病的治疗

当动物患病需要兽医治疗时，兽医助理要熟悉治疗药物和给药途径。药物是生物制剂，用于治疗疾病。它们是从药房或制造和销售药物的制药公司购买来的。抗生素是用于杀死有机体（如细菌）的药物。杀虫剂是用于治疗体内和体外寄生虫的药物。杀虫剂中有一类药物是驱虫药。药物有不同的给药途径，如注射、口服或局部给药。注射是将药物以不同的方式注入体内（表 29-6），包括皮下注射（SQ）、肌内注射（IM）和静脉注射（IV）。

兽医助理时常在指导下进行皮下和肌内注射。口服是通过经口给药。局部给药是将药物涂抹在体外，如皮肤和被毛。有些药物是与食物或水混合的添加剂。

表 29-6 常见的注射途径

注射途径	注射部位
SQ- 皮下注射	皮下
IM- 肌内注射	肌肉内
IV- 静脉注射	静脉血管内
ID- 皮内注射	皮肤内（真皮层）
IN- 滴鼻	鼻腔内
IP- 腹腔注射	腹膜腔或体腔
IO- 骨内注射	骨髓腔内

小结

动物疾病是兽医学的重要组成部分，兽医助理必须了解动物健康的正常和异常状况。有些疾病具有传染性，而另一些疾病不会在动物间传播。有些疾病是人畜共患病，会对公共卫生造成危害。有些动物物种供人消费，必须格外引起关注。在对待动物健康和疾病时，必须考虑很多因素。了解如何妥善处理患病动物并知道如何治疗动物疾病至关重要。

复 习 题

1. 正常健康的动物是什么样子?
2. 不正常不健康的动物有什么症状?
3. 动物常见的体内寄生虫有哪些?
4. 动物常见的体外寄生虫有哪些?
5. 治疗或控制寄生虫的方法有哪些?
6. 列举几种人畜共患病。
7. 什么是预处理?
8. 注射途径有哪些?

临床案例

Brickell 家刚刚购置了一座农场。他打电话给 Alpine 兽医诊所询问关于农场卫生的一些问题及他们什么时候可以将动物运送到农场内。兽医诊所的兽医助理 Amanda 正在和 Brickell 先生谈论他所关注的问题, "我想请您跟我说说这个农场之前养殖的动物种类?"

"之前的农场主养过牛、马和一些小动物,我们见过他们大部分的家畜和宠物。我只是关心,我把动物都运送过来,会不会出现我需要担心的健康问题,可以跟兽医谈谈吗?" Brickell 回答道。

"好的,我会记下您的电话号码,让 Daniels 医生给您回电话。"

- 新农场主应该担心什么问题?
- 兽医应该建议农场主对农场采取什么预防措施?
- 兽医会建议什么时候把动物搬到农场?

第4部分

临床操作

第 30 章 动物行为

学习目标

学习完本章后，读者应该能够：
- 描述动物行为类型。
- 识别和辨认正常的动物行为。
- 识别和辨认异常的动物行为。
- 描述伴侣动物常见的动物行为问题。
- 描述大动物常见的动物行为问题。
- 讨论动物行为学与兽医学之间的关系。

引言

动物行为涉及动物做什么以及为什么这样做。动物表现出的行为类型是多种多样的，有些是遗传决定的，或是本能的，而有些是学习的行为。动物从母体、其他动物和人那里学习行为。

本能行为

本能行为是动物对刺激的自然反应。伴侣动物早期生活中的许多行为都是本能的。幼犬或幼猫的爪子在母体乳腺上揉捏是一种本能行为，决定着幼年动物的生存。这种特殊的行为刺激对母体同样是本能反应——泌乳反应。激素从脑部释放，使乳汁从乳腺管分泌到乳头。人也有这样的泌乳期反应。

在母体和幼崽之间可以观察到许多本能行为。幼崽眼睛未睁开时，幼崽为了保持体温而依偎在一起是呼唤母体的本能行为（图30-1）。母体本能地舔舐幼崽，可以保持幼崽皮毛干净，并促进粪便和尿液排泄。这种舔舐行为有助于安抚幼崽；猫常发出的咕噜声是猫特有的行为反应。

标记是动物另一种具有社会性和性目的的本能行为。尿中存在的激素让所有遇到其他动物标记的

图 30-1 幼猫依偎在一起保持身体温暖

动物获得各种各样的信息，包括性接受、饮食习惯、年龄和整体健康状况。交配行为在本质上也是本能行为。雌性动物在发情期释放激素，表明雌性动物已经做好繁殖准备。雄性动物辨识这些气味，以定位雌性动物并与之繁殖作为反应。

掠夺行为是另一种本能行为。动物们明白，为了生存，它们必须吃东西，食物必须被猎杀。

顺从和统治姿态也是本能行为（图30-2）。这些姿态使动物知道谁是领导者或它们不会构成威胁。

本能行为包括通过动物遗传构成而获得的行为，这是构建机体部分（包括脑）的一组指令。每个物种的脑都建立在某些不同的模式上。在快乐的时候，犬会摇尾巴，猫会发出咕噜声，人会微笑，而乌龟根本不表现任何外观迹象。这些差异是由每个物种固有的不同脑结构形成的。脑和神经系统的其他部分对环境介入和激素的反应产生行为。某些行为可能是简单的，即对简单刺激的即时反应，包括膝跳反射和受伤时痛苦地哀号。

母性的本能也是一种认知行为。许多新生儿的母体会变得具有保护力，而且更有防御力，并很难靠近。如果可能，在处置幼崽时，要远离母体操作。

图 30-2　犬统治和顺从的姿态。占统治地位的犬抬起头和尾巴；顺从的犬低下头颈，并使尾巴更低

学习行为

学习是对特定经验进行修改的反应行为。动物的学习行为可以按多种方式分类。了解动物如何学习，有助于兽医更好地为存在行为问题的动物提供服务。常见的行为矫正技术包括调教、模仿和记忆。

调教

动物可以学习将一种刺激与另一种刺激相关联，这是通过调教学会的行为。调教是教动物将一个动作与另一个动作关联的过程。一个调教的例子是在发出咔嗒声后，奖励听见声音后走来的犬。犬听到咔嗒声后，当它接近主人时就会收到食物的奖励，这样很快就会学会。

模仿

另一种学习行为是模仿。模仿是动物通过观察其他动物的行为而学习的一种行为。例如，狼这样的群居动物，狩猎行为是模仿学习。

记忆

记忆也是一种学习行为，因为这个过程必须在特定的、通常是短时间内发生的。它涉及一个对象的附属物，该对象将发出成年行为，并可以推广到该对象的所有例子。例如，可以通过抚摸机体并举起和触摸它的脚，实现新生马的记忆，以便习惯被触摸和相处。这些训练技术，如果做得恰当，可使动物更容易相处和适应环境的变化。大多数的学习行为都是让动物信任人。

区分正常与异常行为

超过40%的动物主人反映他们宠物有行为问题。这些问题的范围从排泄问题到攻击问题。有行为问题的动物从一家转到另一家，往往会产生更多的问题。有些动物的行为问题是由不当的处理或训练技术造成的，而另一些可能与遗传有关。重要的是要认识到，并非所有的"正常"动物行为都是主人能接受的。理解动物的自然本能是很有帮助的，这将使兽医助理为宠物主人和宠物可能喜欢的正常行为提供建议。恰当的管理和定期的培训有助于培养一个情绪平稳的伴侣，使主人受益多年。动物行为问题可以通过恰当的培训和指导来解决，这些可以在兽医诊所进行。了解正常与非正常动物行为是能够训练动物不良习惯的良好起点。例如，有些动物天生是食粪的，或吃自己的排泄废物和粪便。对有些动物，这是营养问题的标志，但对另一些动物，它们需要粪便中的营养素以获得足够的营养。表30-1列出了各种动物物种的正常和异常行为。

异常动物行为对某物种是常见的，但对另一种却是罕见的。重要的是学会观察动物的肢体语言，并确定环境是否会引发行为问题，或动物因环境改变而变得紧张或态度改变。当动物变得过于具有攻击性而难以相处时，这是个安全问题，动物主人难辞其咎。寻求专业的帮助来训练难以相处的动物，是某些动物行为问题的最佳解决方案。

大多数家畜依靠嗅觉、听觉和视力。动物可以对人类无法检测到的气味和声音做出反应。气味能引起触发防御本能的行为反应，尤其是育有新生儿

表 30-1　正常和异常的动物行为

动物种类	正常行为	常见的异常行为
犬	吠叫、标记、咀嚼、掘土、跳跃	攻击、咬、狂吠、抢夺食物、破坏性行为、房屋污染、食粪癖
猫	追逐、突袭、跳跃、悄悄走近咕噜声、嘶嘶声、猎捕、梳洗、抓挠	弄脏房子、咀嚼、过度的自我梳洗、破坏性的抓挠
兔子	梳洗、食粪癖（吃粪便）、标记、吠叫、跳	咬、引人注意、隐藏、尖叫
鸟	尖叫、模仿、用嘴梳理羽毛、咬、磨喙	过度尖叫、攻击、占地盘、啄羽、自残破坏性啄击
马	踢、咬、耳朵紧贴身体、嘶嘶声	尥蹶子、竖起、炸毛、破坏性咬、攻击、破坏性咀嚼
牛	推挤、甩尾、炸毛、以蹄扒地	攻击、踢、咬
山羊	顶、跳、攀、咀嚼	攻击、破坏性咀嚼、咬
绵羊	顶、撞、群居、叫、玩闹	攻击、咬
猪	咬、尖叫、撞	攻击、炸毛

的母畜。动物有敏感的耳朵，声音可能会惊吓或刺激它们。很多动物，如牛和羊，看到的大多数都是黑色和白色的。而如犬、猫和马，能看到一些其他颜色。有些动物近视，有些远视。有些动物，如马，视力有限，只能看到前面的物体，而牛有更大的视野，可以看到周围的所有区域。这些发达的感官导致动物以不可预知的方式做出反应。许多动物在群体中具有特定的等级，它们是平等的或具有特定的角色或地位（图 30-3）。

图 30-3　动物中的等级排列可以是线性的也可以是非线性的

家畜处置和行为

家畜行为通常是可预测的。许多家畜物种有自己的行为模式，但总体来说，畜牧业可参考如下指导方针：

- 大多数家畜对平静、安静和温和的触摸反应良好。
- 家畜很容易对环境或日常生活的变化感到惊慌或害怕。
- 牧群有社会秩序，优势动物应优先饲喂，并有足够的空间放牧。
- 许多家畜，如牛和羊，都是群居动物，不要隔离。
- 快速或侵犯性的移动可能会导致家畜危险的反应。

牛的行为

在牧场或圈栏处置、保定牛或进行一般性工作时，应考虑牛的相关行为，提示如下：

- 牛可以看到周围360°的范围，很容易因快速移动而受到惊吓（图30-4）。
- 奶牛在牧场上很满足，但它是最紧张的家养群居动物之一。
- 牛群很容易被奇怪的声音、人或环境的变化所惊吓。
- 总是以一种安静或冷静的方式宣示你在靠近奶牛，靠近后轻轻地抚摸奶牛，而不是让奶牛接触或靠近我们。
- 和奶牛一起工作时，要让它安静，适应环境。
- 奶牛往往向前踢，人适宜站在其旁边而不是身后。
- 在封闭的区域和奶牛一起工作时，始终给自己留个出口。

马的行为

在牧场或厩舍处置、保定或一般性工作时，应考虑马的相关行为，提示如下：

- 马有盲点，不能完全看见四周，所以要安静或平静地在马周围工作。
- 让马随时知道你在哪里，慢慢地移动，轻轻地说话。
- 马将耳朝向专注的方向。耳扁平向后或紧贴于头表示生气，可能意味着马将会踢或咬。马耳可呈现不同类型的信息（图30-5）。
- 马周围的环境紧张会使马紧张和难以驾驭。

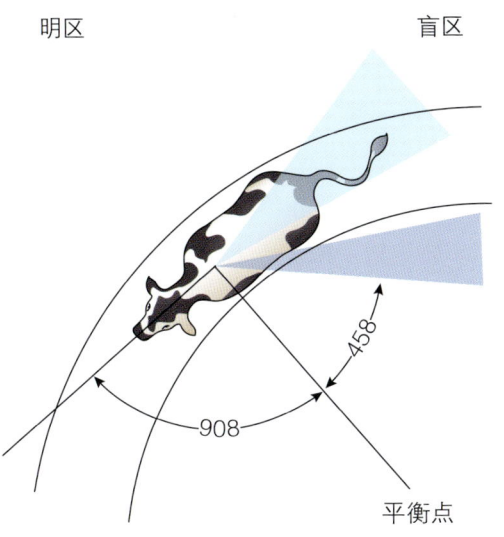

图30-4 牛的活动区域。注意盲点的存在使操作者可以影响动物运动的位置

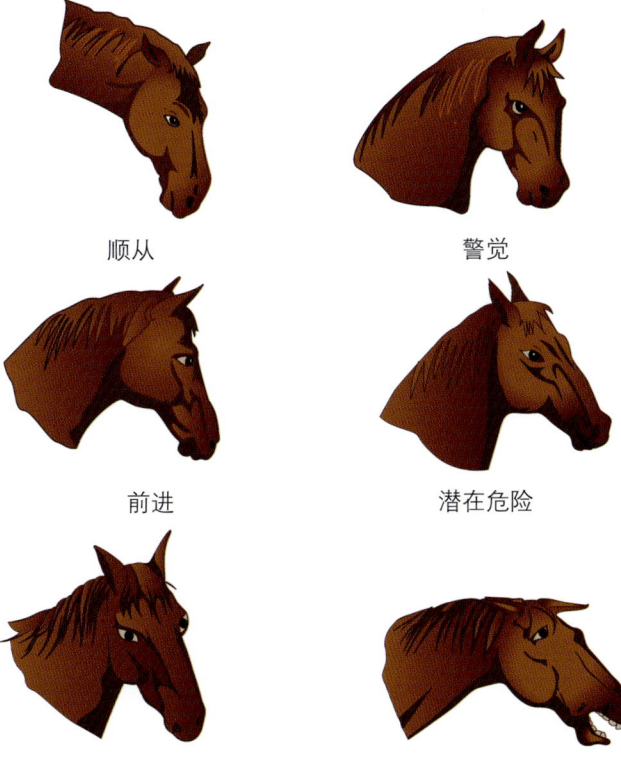

图30-5 马耳的位置传递各种信息

- 从马的左肩接近马，平静自如地移动，并观察其肢体语言。
- 马朝人跑来时，可以通过抬起和挥动手臂驱赶。

猪的行为

在牧场或圈栏处置、保定或一般性工作时，应考虑的相关猪行为，提示如下：
- 母猪对幼崽极力保护。
- 转运猪最好使用面板或斜道。
- 需要兽医观察时，仔猪要与母猪要分开。
- 转运猪时，要使用面板保护人的下半身。
- 猪受到威胁或害怕时会咬人，通常会咬腿和脚。

绵羊和山羊的行为

山羊和绵羊是反复无常和容易受到惊吓的动物。在牧场或圈栏处置、保定或一般性工作时，应考虑羊的相关行为，提示如下：
- 绵羊和山羊是群居动物。
- 母羊对幼崽极力保护。
- 绵羊和山羊在受到威胁时通常会用头顶。
- 可以坐在绵羊臀部进行保定。

动物常见的行为问题

在兽医学中，要对所有表现行为问题症状的动物进行检查，排除引发行为异常的所有机体异常或疾病。当兽医排除了机体异常时，必须确定是什么类型的行为问题以及对该物种而言是正常的还是异常的行为。兽医可能有动物行为学方面的经验，能提供一些用于训练动物和摆脱不当行为的改进建议。有些行为问题很难改正，而有一些可能容易处理。

不恰当的排泄（室内排便）

很多家养伴侣动物都有不恰当的排泄问题，通常称为室内排便。这些行为可能是因为机体异常，如尿路感染，所以这些疾病首先要就诊排除。当行为问题被确定时，应由动物行为专家或在动物行为问题方面经过培训的兽医专业人员处理。犬的排泄问题可能是因为家庭训练不良造成的。对在室内排便的犬要像训练幼犬一样重新训练。强烈建议所有家养动物绝育，减少室内排便的机会。猫比犬往往有更多的排泄问题。猫会排泄或喷洒尿液标记领地。有些猫会因为猫砂盆的问题在家里随地排泄。要确定是否存在猫不接受猫砂盆的情况及猫砂盆摆放位置是否合适。不管什么原因，猫不使用猫砂盆随地大小便都是行为问题。患猫就是不用猫砂盆，选择椅子后面或房间角落里安静的地方排泄。猫不喜欢猫砂盆的常见原因如下：
- 猫砂盆太小。
- 猫砂盆位置不当（潮湿的地窖、人来人往的地方）。
- 位置不便（地下室、二楼）。
- 带盖儿的猫砂盆（大多数猫不喜欢盖儿）。
- 猫砂盆太脏（没有经常铲粪或清洁）。
- 猫砂盆太干净（用刺激性气味的化学品清洁，如漂白剂）。
- 铺垫物（有些猫害怕塑料铺垫）。
- 塑料垫（方便主人，但猫总是不太接受）。
- 错误类型的猫砂（水晶状或颗粒状）。
- 猫砂不够深。
- 室内多猫之间有敌意（竞争或防卫）。
- 难以进出猫砂盆，尤其是对老年关节炎患猫。

患有排泄问题的猫有时容易改正，但有时需要由兽医开具修正行为或抗焦虑的药物。焦虑的原因很难确定，需要额外诊断和治疗。焦虑主要源于应激，如家庭饲养变化。搬家、日常生活中的变化、假期或家庭成员的变化等应激因素都可能导致不恰当的排泄。减少这些应激因素或降低家庭饲养的影响对猫是有利的。

吠叫

吠叫是一种交流方式，犬比其他犬科动物更常见。大多数犬都有不同程度的吠叫、嚎叫或呜咽。有时，可能是人鼓励的结果。某些品种培育的目的是吠叫，作为看门犬或放牧犬，如罗威纳犬和德国牧羊犬。吠叫可以警告他人、保卫领地、寻求关注或玩耍，与另一只犬互相熟悉，并回应讨厌、兴奋、惊吓、孤独、焦虑或挑逗。

让犬懂得在什么时候适合吠叫、什么时候不适合吠叫是很重要的。通常通过训练犬知道什么时候停止吠叫来实现。犬吠叫时，千万不要奖励。犬的过度吠叫是常见的行为问题。在纠正犬吠叫行为之前，首先要确定犬为什么吠叫。纠正犬过度吠叫的训练技巧要向犬训练员或动物行为专家请教。务必要持续训练。

嚎叫是很多情况下远距离沟通的方法。嚎叫在狼更常见，但犬也会嚎叫。狼嚎叫通常是表明领地边界、定位其他群居成员、协调活动，如狩猎或吸引其他狼交配。犬嚎叫可能是对某些刺激（如警笛或其他强烈噪声）产生的反应。狂吠可以发生在不同的活动中，用来威胁、警告、防卫、进攻和显示主导地位。但狂吠也会在玩耍中使用。要通过机体姿势来辨别。进攻时，狂吠，并伴有瞪眼或咆哮；狂吠的犬通常保持静止。玩耍时的狂吠，常有愉快地摇尾和弓腰等愿意玩的信号；这些犬在被逗玩时常常移动或跳跃。

攻击

动物的攻击可能由多种因素引起，包括性行为或交配行为、遗传特性、繁殖特性以及不当的培训或操作。有攻击性的动物是社会的威胁。动物有攻击性的标志根据物种有所不同，包括吠叫、嘶嘶声、咬或踢等(图30-6)。攻击行为可能由以下原因引起：

- 恐惧——害怕或恐惧的动物可能会咬人。
- 领地感——通过发声或攻击来保护财产、地盘、人和其他动物。
- 占有欲——通过发声或攻击来保护食物、玩具，并且窝垫不受其他动物影响。
- 统治欲——更具统治欲的动物对较低阶级的动物表现出攻击性，维持物种内的等级。
- 疼痛——动物疼痛时可能会咬人。
- 交配或性行为——发情期受雌性影响的雄性可能会咬人。

图30-6　嘶嘶声，猫的攻击标志之一

必须根据动物体型、性别和攻击类型谨慎处理攻击行为。跟动物相处时，兽医助理要知道正确的处理方法和安全技术，并对有攻击性的物种可能会做什么进行培训和经验传播。

挖掘

犬是已知的可在院子里造成破坏性挖掘问题的动物（图30-7）。挖掘可能涉及许多因素，包括想逃离院子的界限、试图在夏天保持凉爽或在冬天保持温暖、野生动物捕食的本能，通过挖掘土壤中不熟悉的东西来分散焦虑、无聊和好奇心，攻击院子外的动物，不能得到某样东西时以进攻或挖掘来解脱挫败感。有些挖掘的案例可以通过使用屏幕或其他分散注意力的物品来解决。将动物放在有限接触土壤或地面的区域来限制挖掘。提供玩具和其他以

图30-7　挖掘是某些犬常见的行为问题

供玩耍的物品可以改变动物挖掘行为。分离焦虑的动物需要药物来改善行为。

咬人

任何动物都有可能咬人，尤其是在害怕或受到威胁时。这是野生动物的遗传性反射，是防御性反应。有些动物可能表现咬人的迹象，如吠叫、嘶嘶声或露出牙齿，而有些动物咬人根本不显示任何迹象。很多动物因咬得厉害而出名，如犬、猫、鸟和马。这些动物会对人造成严重伤害，在马或大型鸟类的案例中会咬掉手指或耳朵。动物咬人时，要确定动物为什么咬人。有些动物是自然的攻击性而非愤怒咬人。有些动物咬人是因为被遗弃。还有一些动物咬人是疼痛或受到伤害的反应。为了解决咬人的问题，必须确定动物为什么咬人。许多咬人的问题可以通过训练解决。

咀嚼

过度咀嚼的大动物很常见，如马和山羊。它们破坏和咀嚼木栅栏、墙壁和木板，这可能是一种紧张的习惯、无聊或营养缺乏。咀嚼可能造成建筑物和围栏的损害，并且对动物的健康不利，可能导致齿折、口腔伤口或急腹痛。有些马会在一个地方咀嚼，然后间隔再咀嚼，形成垛式支架（图30-8）。这是一种恶习，马很容易在应激时或模仿其他马而学会。

图30-8　垛式支架

安乐死

动物有时变得太难以处理或对周围人的安全具有危险的攻击性，这时解决行为问题的最后手段是安乐死，特别是那些对人类过度攻击的动物。这个过程需要兽医的讨论和批准，要确定是行为异常的唯一解决方案。在做出这个决定时，务必要考虑动物，必须视为考虑了所有其他方案后的最后选择。当动物出现行为问题而被带到避难所、拍卖行或其他疏散区时，这些行为可能在新环境和变化的应激下变得更糟。在暴躁和难以处理的情况下，攻击性的家畜也可能会危及人的生命。

动物行为学家

兽医动物行为学家是对动物行为问题有特殊兴趣和经验的专业兽医。兽医行为学家培训后，被授权诊断和治疗动物的医疗问题和行为问题。作为兽医行为学家，他们可以诊断可能导致动物行为问题的医疗问题。兽医行为学家还被许可开药，他们熟悉改变行为的药物，如镇静剂和抗抑郁药及其用途和副作用。重要的是要理解，许多动物的行为问题实际上是正常行为，是脱离前因后果单纯从主人不正当的角度考虑形成的。了解动物正在做什么和为什么这么做的原因，往往是解决问题的最好办法和关键步骤。这些知识还可帮助主人形成实施行为改正策略的建议所需要的耐心和理解力。如果行为问题太复杂，不能治疗或诊断，兽医可能推荐或建议与兽医行为学家会诊。

小结

兽医经常会遇到与动物行为有关的临床病例。确定特定物种正常的与异常的动物行为是向客户提供解决方案所必要的。动物可能有超出兽医护理范畴的问题，需要行为学家或动物训练员在物种和行为问题方面有更多的经验和知识。动物主人要理解，在行为矫正治疗之前，以排除医疗问题的体检作为评估动物问题的起点是非常重要的。

复 习 题

1. 动物如何学习行为？
2. 调教、模仿和记忆之间的区别是什么？
3. 什么是本能行为？给出 5 个本能行为的例子。
4. 什么是正常动物行为的表现？给出 3 个物种及其正常行为的例子。
5. 什么是异常动物行为的表现？
6. 行为矫正技术的定义是什么？
7. 什么是兽医动物行为学家？
8. 动物攻击性的类型有哪些？

临床案例

Diane 是 Kitty Haven 兽医诊所的一名兽医助理，正在讨论 Harris 夫人关于她 3 只室内饲养猫的一些问题。Harris 夫人是一位经常打电话咨询问题的客户，但她经常拒绝为她的猫预约检查。

"Diane，我和我的猫们在一起度过的这段日子太痛苦了。它们将尿弄的满屋子都是。我简直受不了了，气味很可怕。我能做些什么来阻止呢？"

"这样啊，Harris 夫人，我们真的需要为猫体检看看，并确定是否有医疗问题导致这种情况的发生。你知道是一只猫这样呢还是所有的猫都这样啊？"

"我不确定，我只是知道我再也受不了了，我要做点儿什么阻止它们。"

"让我们为猫建立检查预约，Miller 医生会逐一检查。"

- 如果 Harris 夫人不想建立检查预约，你会怎么办？

- 你能给出 Harris 夫人什么解释，作为发生这种情况的回答？
- 如果这些问题确定为排泄行为异常，有什么建议可以在家里尝试？
- Miller 医生可能建议的其他治疗方法是什么？

第 31 章 基本的兽医保定法和处置操作

学习目标

学习完本章后，读者应该能够：
- 讨论正确保定和操作的安全问题。
- 了解保定动物需要的设备。
- 了解保定动物的必要环境。
- 保定动物时，能够正确地打结。
- 正确保定犬和猫等小型伴侣动物。
- 正确保定牛和马等大动物。
- 正确保定鸟类和爬行动物等异宠。
- 正确保定小鼠和鼠类等啮齿动物。

引言

兽医助理及全部兽医工作人员都要练习保定法，以便正确安全地处置动物。大多数患病动物不愿意配合操作，它们的行为可能发生变化，给动物和工作人员造成伤害。因此，兽医工作人员学习如何正确地保定各种患病动物是极其重要的。培训工作人员保定和处置动物是最重要的临床工作之一。

解读动物的肢体语言和行为

对兽医人员来说，具备在工作中观察动物的知识和经验是非常重要的。每种动物都具有本能和行为特征，能够对周围的人、环境、心理和健康状况及其天性做出反应。当动物的周围环境发生变化时，作为一种反应，动物的行为模式也会发生变化。去兽医院就诊，因环境变化，动物可能会做出积极的或消极的反应。动物来到兽医院可能会表现某些特征，来表明它们的高兴、恐惧或愤怒。这就要求兽医助理必须掌握所操作动物的正常肢体语言的相关知识和经验。肢体语言是动物对其他动物、人或是周围环境感受的传达。肢体语言有助于确定这只动物在保定和操作过程中的难易程度。

高兴的动物

高兴的动物表现正常行为。高兴的动物是放松的、机警的或舒适地站着、坐着或躺着，耳朵竖立向前（图 31-1）。不同物种的动物会用不同的肢体语言来表达高兴。高兴的动物会比恐惧的或愤怒的动物容易处置。然而，兽医助理应该根据流程操作，要时刻警觉动物行为的变化。

图 31-1 高兴的动物是放松的、机警的和舒适的

恐惧的动物

恐惧的动物可能很难操作，如果不使用正确的操作方法，动物会变得具有攻击性。恐惧的动物往往会有僵硬的姿态，因为紧张而颤抖或震颤，避免直接的眼神接触，耳朵平放或放在头后，身体或尾巴放低至地面（图31-2）。它们可能变得顺从，屈服于人，这是本能反应，因为它们感受到了威胁。这可能导致其乱咬或其他保护性本能（本能地想保护它们自己而伤害到人）。

动物自我保护的本能。很多动物具有"战斗或逃逸"的本能，"战斗"是自我保护，"逃逸"即逃跑，当然也是自我保护。领地性攻击是动物对其所在环境的保护性本能，如对主人、后代和食物的保护。转向攻击是捕食者的本能，动物向其主人发动攻击。这是最严重的动物攻击行为。再次强调，兽医人员必须掌握动物正常行为和肢体语言方面的知识和经验。如果对动物的正常或非正常行为不了解，就很难安全处置动物。

图31-2 恐惧的动物会放低它们的身体，耳朵贴着头部向后

图31-3 有攻击性的动物会龇牙、发出声音或攻击

愤怒的动物

众所周知，愤怒的动物具有攻击性。攻击性也是一种行为，使动物变得难以掌控，具有危险性。动物可能由于多种不同的原因而具有攻击性。攻击性动物会表现出僵步、龇牙、头垂到地面、凝视、尾巴上翘等肢体语言（图31-3）。攻击性动物分为支配性攻击、恐惧性攻击、领地性攻击或转向攻击等类型。支配性攻击是驭兽本能，体现了在群体内的社会地位。恐惧性攻击是对伤害的防卫反应，是

保定注意事项

保定是指使用某些安全的物理和化学方法或心理作用控制、阻止或抑制动物行为，使之安全可控（图31-4）。为了保障人和动物的安全，兽医工作者会使用不同程度的保定方法控制动物。保定可用物理保定（使用手或身体，或辅助物）、化学保定（使用麻醉药或镇静剂）和心理控制（人的声音、眼神或其他肢体语言有助于控制动物）。

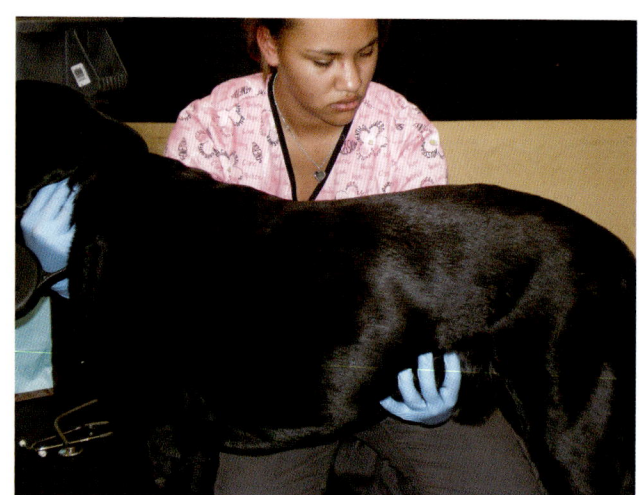

图 31-4 兽医助理对犬进行物理保定

兽医助理要通过经验和实践学会不同种类动物的保定法。任何一种保定法的目的都是要安全地控制动物，尽量减少操作的影响，将应激降到最低。这就是时常提到的"越少越好"。良好的判断力、控制动物的脾气并随时对动物保持警惕，对兽医专业人员非常重要。安全和专注是团队工作的责任体现（图 31-5）。所有参与动物保定的人员都应在有经验的人员指导下操作。

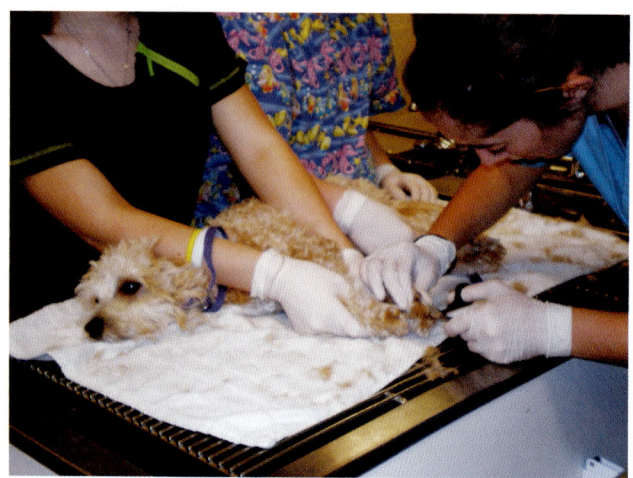

图 31-5 处置需要保定的动物时，团队合作很重要

动物安全

必须考虑每一只患病动物的安全。许多动物虽然已经被人驯化，但离开其领地时还是容易应激。这对非常年幼或年老的动物影响很大。幼年动物的骨骼正在生长和形成，骨骼小而脆弱，要小心操作。老年动物可能患有关节炎和疼痛，也应小心操作。

粗暴地操作可能延迟康复，甚至导致死亡。应激的怀孕动物也要谨慎对待。任何时候，在保定动物时，都要考虑动物和工作人员的安全。禁止非兽医人员或动物主人保定动物，任何一个事故都可能给工作人员或兽医院造成法律纠纷。

保定辅助物

当动物试图咬、抓或踢而难以处置时，必须使用其他安全方法保定。可以使用保定辅助物，如口套、防踢杆、足枷和支架。过度攻击行为必须根据动物的种类、当时情境和动物的行为模式来处理。可以用手舒缓和安抚动物，但是要注意将手放在安全位置。兽医助理要认识到手是脆弱的，如果放错位置，就很容易受伤。大多数保定辅助物是为某一特定物种专门设计的，主要用来分散动物在操作过程中的压力或疼痛。如果辅助物使用不当，也会造成伤害。

口套

口套是一种包住动物嘴和鼻子的保定辅助物，可以防止动物咬人（图 31-6）。口套通常是为犬、猫和马设计的。口套由尼龙、皮革、金属丝或篮子材料制成。口套还可以用纱布、胶带或皮带制成。

图 31-6 口套可用于防止动物咬人

能力技巧

给犬和猫使用商用口套

目标：

适当安全地使用口套，防止动物咬伤。

准备：

- 口套。

为犬戴口套的操作流程：

1. 拿住口套，窄边朝上，宽边朝下。抓住口套的一侧。
2. 站在犬的一侧，把口套小心地罩在犬鼻子上。口套应紧密地贴合（图31-7A）。
3. 将系端放在耳后，并像座椅安全带一样卡入到位。
4. 拉紧系端（图31-7B）。
5. 通过捏拉松开扣环。
6. 握住口套的一端，从犬鼻子上滑落取下。

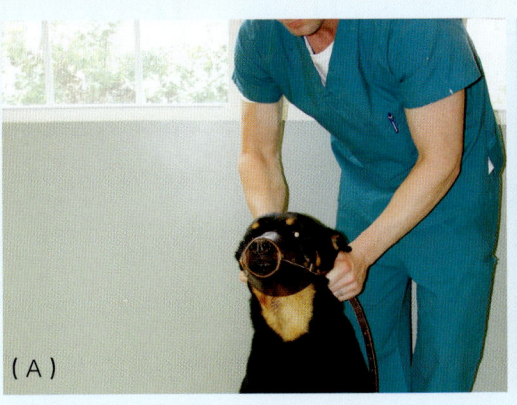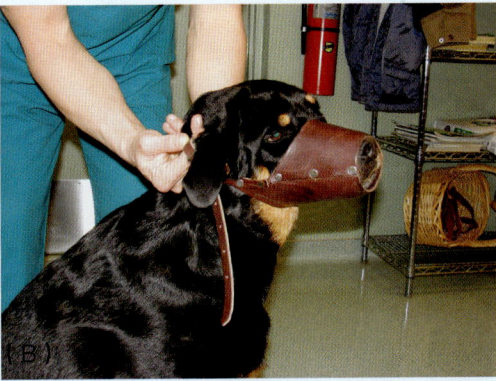

图31-7 给犬戴口套：（A）给犬戴口套，把系端拉到头后；（B）系端扣住，拉紧贴合

为猫戴口套的操作流程：

1. 拿住口套，宽边朝上，窄边朝下。
2. 站在猫的一侧或后面，轻轻地用口套包住脸，包括眼睛（图31-8A）。
3. 粘紧魔术贴，把口套固定在耳后。确保魔术贴紧贴牢固（图31-8B）。
4. 保定四肢，防止猫抓掉口套。
5. 松开魔术贴，将口套从脸上取下。

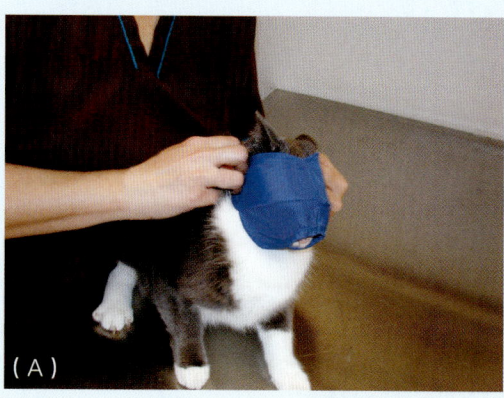 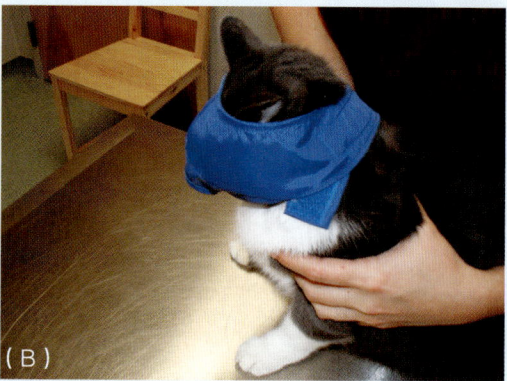

图31-8 给猫戴口套：（A）用口套包住猫脸，将系端拉到头后；（B）粘紧魔术贴

能力技巧

纱布绷带口套的使用

目标：

适当安全地使用口套，防止动物咬伤。

准备：

- 纱布绷带。

第 4 部分 临床操作

流程：

1. 用一块足够长的适合犬的宽纱布绷带系一个圈（图 31-9A）。
2. 站在犬的一侧，将纱布绷带圈套在犬鼻子上。拉紧纱布绷带圈（图 31-9B）。
3. 将两端绕到下颌，在下颌腹侧系一个方结（图 31-9C）。
4. 将两端拉到耳后，打蝴蝶结（图 31-9D）。
5. 解开蝴蝶结，口套从犬鼻子上滑落。

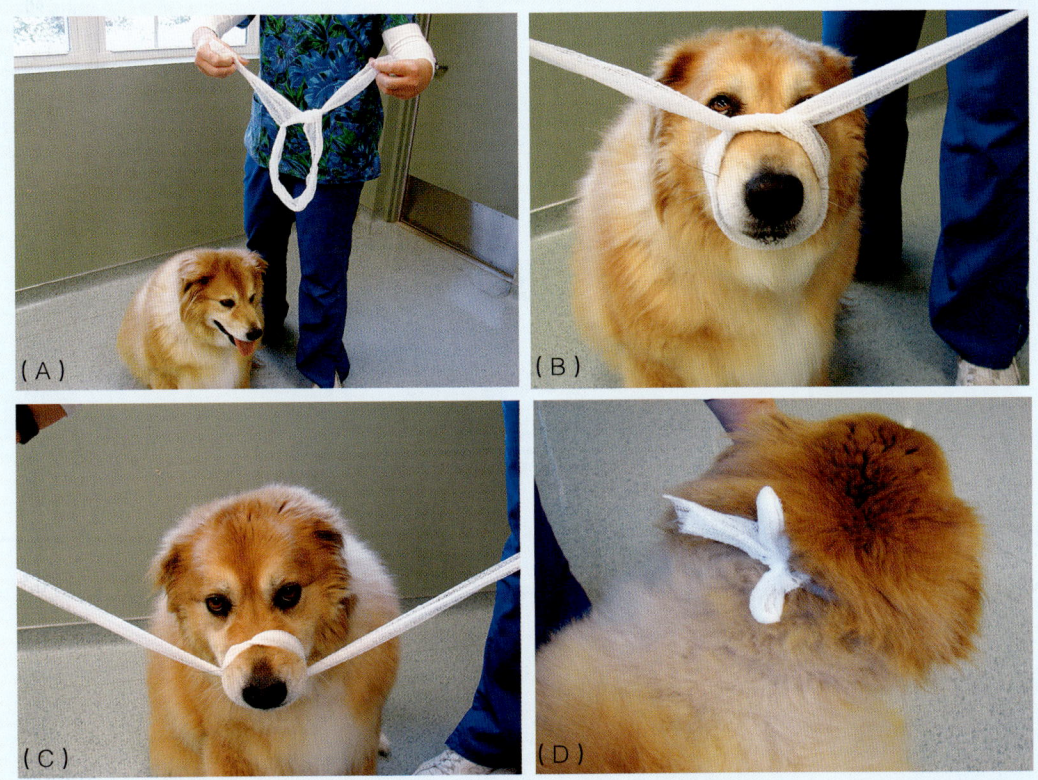

图 31-9 纱布绷带口套的使用：(A) 系一个足够大的适合犬的绳圈；(B) 在口鼻部收紧纱布绷带圈；(C) 在下颌腹侧打一个方结；(D) 在头后方系一个蝴蝶结

能力技巧

胶带口套的使用

目标：

适当安全地使用口套，防止动物咬伤。

准备：

- 胶带。

流程：

1. 用一条 2.5cm 宽的胶带做一个足够长且适合犬的口套。
2. 将整条胶带对折，做一条长的不粘胶带。
3. 胶带系一个大圈。
4. 站在犬的一侧，将胶带圈套在犬鼻子上。拉紧胶带圈。
5. 将两端绕到下颌，在下颌腹侧系一个方结。
6. 将两端拉到耳后，打一个蝴蝶结。

能力技巧

皮带口套的使用

目标：

适当安全地使用口套，防止动物咬伤。

准备：

- 皮带。

流程：

1. 用一条适合犬的足够长的商用尼龙皮带系一个皮带圈（图 31-10A）。
2. 站在犬的一侧，将皮带圈套在犬鼻子上。拉紧皮带圈（图 31-10B）。

3. 将两端绕到下颌，在下颌腹侧系一个方结。

4. 将两端拉到耳后，打一个蝴蝶结（图 31-10C、图 31-10D）。

5. 解开蝴蝶结，让皮带口套从犬鼻子上滑落。

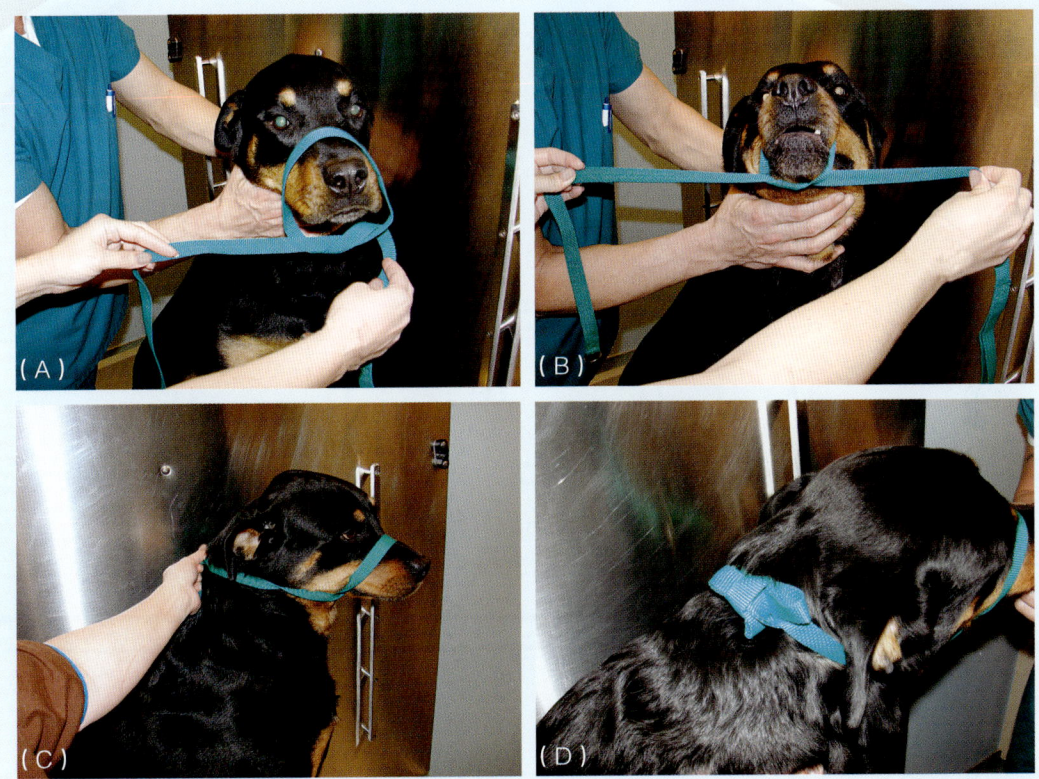

图 31-10　给犬戴上皮带口套：(A) 系一个足够大的皮带圈，绕犬脸一圈；(B) 绕着犬脸系紧皮带圈；(C、D) 在犬头部后方将皮带系紧

毛巾

可以使用毛巾包裹小动物进行保定（图 31-11）。多数动物包裹起来会感到舒适和安全，因为包裹会有隐藏感。

窄笼

窄笼也可以用于小动物的保定，无需人手直接接触动物，常用于在笼内开放区域给动物注射镇静剂或疫苗。

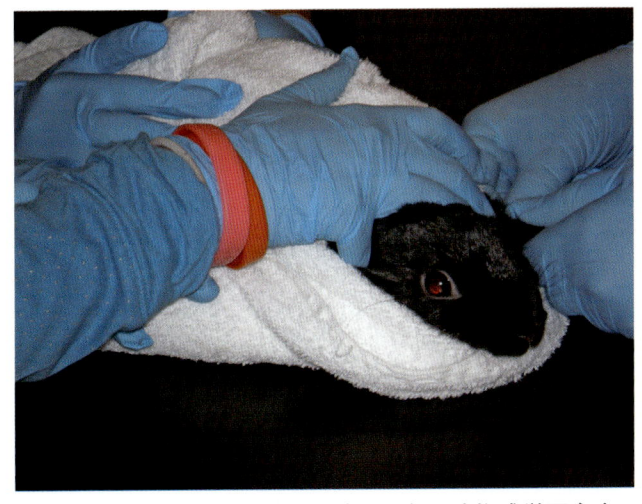

图 31-11　用毛巾包裹小动物进行保定，动物感觉更安全

能力技巧

使用毛巾保定猫

目标：

成功地使用毛巾来安抚和保定猫。

准备：

- 大毛巾。

流程：

1. 轻轻地用毛巾盖住猫的身体和头部。
2. 抓住毛巾下猫的颈背部。
3. 把猫的身体靠向人的身体，保证安全。
4. 毛巾覆盖猫的头部，使其感觉舒适。

能力技巧

窄笼的使用

目标：

用窄笼安全恰当地保定动物。

准备：

- 窄笼。

流程：

1. 打开窄笼顶门。
2. 将猫放进笼内，关好顶门。
3. 使用侧护板将猫推向笼子的一侧。
4. 松开侧护板。
5. 打开顶门，将猫从窄笼放出。

皮革手套

在处置某些动物时,使用皮革手套保护手(图31-12)。

防踢杆

给牛注射或喂药时,可使用防踢杆。

足枷

足枷可以拴住动物的腿来限制其活动。足枷由各种材料制成,如皮革、尼龙或绳子,看起来像放在动物腿上的手铐。

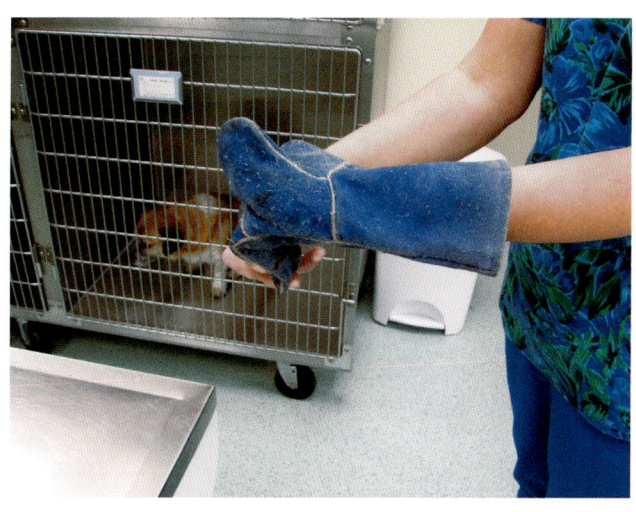

图31-12 处置某些动物时,可以戴皮革手套保护手

能力技巧

皮革手套的使用

目标:

正确地使用皮革手套保定动物。

准备:

- 皮革手套。

流程:

1. 双手戴上皮革手套。
2. 用一只手紧紧抓住动物颈部,另一只手环抱动物身体。这种抓住动物颈背的技巧也可以用于猫。
3. 抓握时要小心,避免太紧而伤害到动物;还要避免动物逃掉。
4. 也可以用毛巾裹盖动物,使动物保持安静。

能力技巧

给牛使用防踢杆

目标：

正确安全地保定牛。

准备：

- 防踢杆。

流程：

1. 确定金属防踢杆的位置。
2. 站在牛的后面或牛的前面或侧面。
3. 避免站在后肢侧面。
4. 将防踢杆放在牛的侧腹位置。
5. 拧紧防踢杆。

能力技巧

给马使用足枷

目标：

安全地保定马，防止其闲逛走得太远、太快。

准备：

- 足枷。

流程：

1. 确定足枷的位置。
2. 站在马的左侧，小心不要被踢到。
3. 将左侧足枷放在后肢靠下的位置，扣好。
4. 移步到马的右侧，将右侧足枷放在后肢靠下的位置，扣好。

支架或头部保定架

头部保定架或支架是用于保定大动物以进行安全操作的柱架。头部保定架是大型的类似板条箱结构，可以装载牛等大动物。在板条箱结构的前面，安装有栏杆，可以安全锁定动物的头部。调整柱架的两侧，防止动物移动。在某些情况下，侧面板可以拆除，方便操作人员或兽医接近动物进行注射等操作。

能力技巧

支架或头部保定架的使用

目标：

安全地保定牛，以便进行各种医学治疗或操作。

准备：

- 头部保定架或支架。

流程：

1. 打开头部保定架或支架的滑槽。
2. 将牛赶入滑槽内。
3. 当牛到达滑槽的前部时，让头部进入保定架。
4. 在牛的颈肩部关上保定架（图31-13）。
5. 如果滑槽有侧壁，要推挤侧壁防止牛移动。

图31-13 头部保定架的使用

设计保定方案

对于动物和保定人员来说,最佳的保定地点是一个足够大的而且干净、干燥、明亮的空间。可以在检查室或在畜舍内。设计保定方案时要考虑多个因素。最好同参与处置动物的所有工作人员一起讨论,这种沟通可以让大家一起安全地工作。移开昂贵的仪器设备,以防损坏。给工作人员和动物一个防滑区。需要在室外操作动物时,要考虑温度。某些品种的动物在温热天时,如遇粗暴操作或紧张时,容易出现体温过高。在温暖地区和进行特定操作时,必须考虑这种情况。此时,清晨是最佳时间,而且要选择阴凉地,使用风扇,提供饮水。寒冷天时,要注意低温。麻醉动物的体温难以维持。处置难控制的动物时,应该注意关闭门窗。要做好动物从保定人员手里逃脱的应急措施。家畜的圈舍在使用前要检查确认安全。无论保定计划多么完善,意外情况还是有可能导致问题出现。最好预见可能发生的事情,并对突发情况制定应急预案。这就要求有安全规划和安全意识。当动物难控制时,不要紧张,因为动物能感觉到这些情绪并可能变得更加难以控制。

保定结

绳结由1~2根绳子缠绕而成,其中的一根绳子可以防止另一根滑动。绳结可以将动物捆绑起来,临时保定一段时间。要检查绳子是否有断裂及确定保定动物的能力。动物站立或躺卧时,都可以使用绳子捆绑保定。捆绑动物保定时,要注意绳结的位置适当,并正确地打结,这是非常重要的。

方结

方结是一种不会松开或滑脱的防滑结,常用于保定动物。"右绕左,左绕右"是打方结常用的方法。可用两根绳子打成方结,完成时,看起来像两个相互交织的环,当两端向相反方向推时,很容易解开。一根绳子也可以打方结,将短的一端放在相对较长端的后面,折叠成一个环,将绳子的末端穿过折叠环(图31-14)。

图31-14 方结:(A)短端折叠环放在长端上,或绳子系在动物的缰绳上;(B)将折叠端穿入环内

第 4 部分　临床操作

能力技巧

如何系一个方结

目标：

系一个不会滑脱或不容易松开的结。

准备：

- 2 根绳子。

流程：

1. 拿 1 根绳子，将右端绕在左端上。
2. 然后再把左端绕在右端上。
3. 最终成品会出现 1 个缠结。
4. 将相对的两端往一起推来松开绳结。

水手结

水手结是一个防滑和快速松开的单弓结。与方结类似，只是第二个环绕是在自身上完成的，这样打好的结，拉绳子的一端就轻易解开（图 31-15）。这个系法常用于大动物的保定，以防止保定时伤害头颈部。

图 31-15　水手结：（A）用短端形成一个环，使长端穿过环；（B）围绕长端缠绕绳子的短端；（C）将短端穿过环，并沿箭头所指的方向拉动

 **能力技巧**

如何系一个活结或速开结

目标：

系一个结，可以快速容易地打开。

准备：

- 绳子、捆绑区。

流程：

1. 把绳子绑在立杆上或捆绑区。
2. 预留 0.6m，可以让动物稍微活动。
3. 在靠近立杆或捆绑区的绳子上做一个环。
4. 靠近立杆的绳子穿过圆环，看起来像一个卷饼。
5. 拉绳圈，系紧结。
6. 拉牵引绳的一端快速松开绳结。

能力技巧

如何系一个水手结

目标：

系一个结，可以快速容易地打开。

准备：

- 绳子、捆绑区。

流程：

1. 把绳子放在立杆上或捆绑区。
2. 在长端的末端做一个绳圈，短端和长端交叠在一起。
3. 将绳子的短端穿过绳圈。
4. 从绳子长端下面绕过，抓住短端，缠绕长端。
5. 将绳子的短端穿过绳圈的后面，与第一次穿入的方向相反。
6. 拉紧。

单结（半扣结）

单结是一种围绕固定位置（如柱子或栅栏）做绳圈的系法。第一下绕过固定位置，第二下直接穿过已形成的绳圈，在绳子直立部分和其所捆绑的物体之间，拉紧绳结（图31-16）。单结常用于将动物固定在手术台上。

保定体位

小动物常用的保定技术包括站立保定、坐式保定、俯卧保定、侧卧保定、仰卧保定和采血保定。站立保定使动物在操作中保持站立，防止坐下或躺下。坐式保定使动物保持坐姿，以便完成操作。俯卧保定是让动物趴着保定。侧卧保定是动物侧身躺卧保定，可以是左侧卧，也可以是右侧卧。左侧卧是身体左侧在下与桌子或地板接触；右侧卧是身体右侧在下与桌子或地板接触。仰卧保定是动物仰躺着保定，这是外科手术和X线检查时常用的保定方法。

兽医助理基础与应用

图 31-16　单结：(A) 如箭头所指方向拉动；(B) 第二个单结

能力技巧

如何系一个单结

目标：

系一个结，可以将动物安全地保定到特定位置。

准备：

- 绳子、立杆或捆绑区。

流程：

1. 把绳子缠在立杆上或捆绑区。
2. 将绳子的短端穿过长端，然后回到顶部，从而围绕捆绑区形成一个闭合圈。
3. 将绳子在捆绑区与闭合圈之间向下推。
4. 拉紧绳圈。
5. 将绳子的短端穿过绳子的末端，形成一个绳圈。
6. 将短端向上穿过绳圈并拉紧。

能力技巧

犬猫站立保定

目标：

站立时，安全地保定犬。

准备：

- 无需特殊设备。小型犬可能只需要1名保定人员，中大型犬需要2名或2名以上的保定人员。

保定犬的流程：

1. 用一只手臂紧紧地搂住犬的头部和颈部。
2. 另一只手放在犬胃的下方，使犬保持站立姿势（图31-17）。
3. 不要让犬坐下。

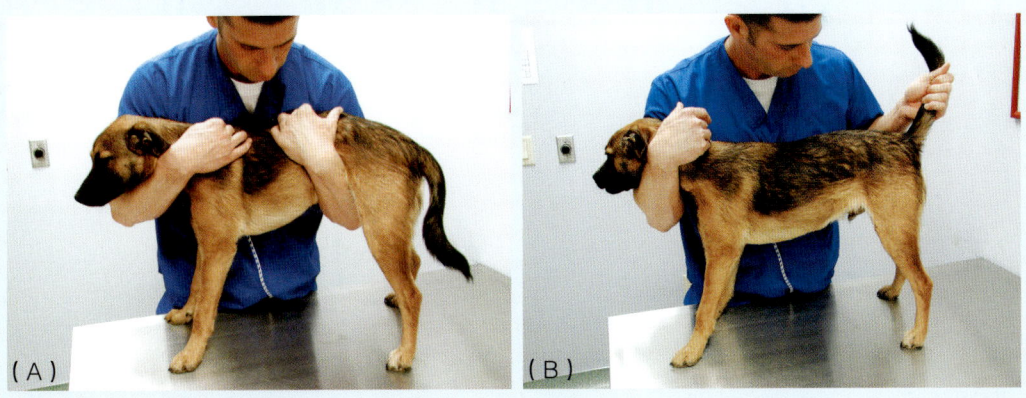

图31-17 （A）站立保定；（B）站立保定，抬起尾巴

保定猫的流程：

1. 用惯用手抓住猫的颈背部，另一只手支撑腹部（图31-18）。
2. 使猫的身体接近人的身体，以便更好地控制。
3. 观察猫身体语言的变化，并根据需要转移猫的注意力。

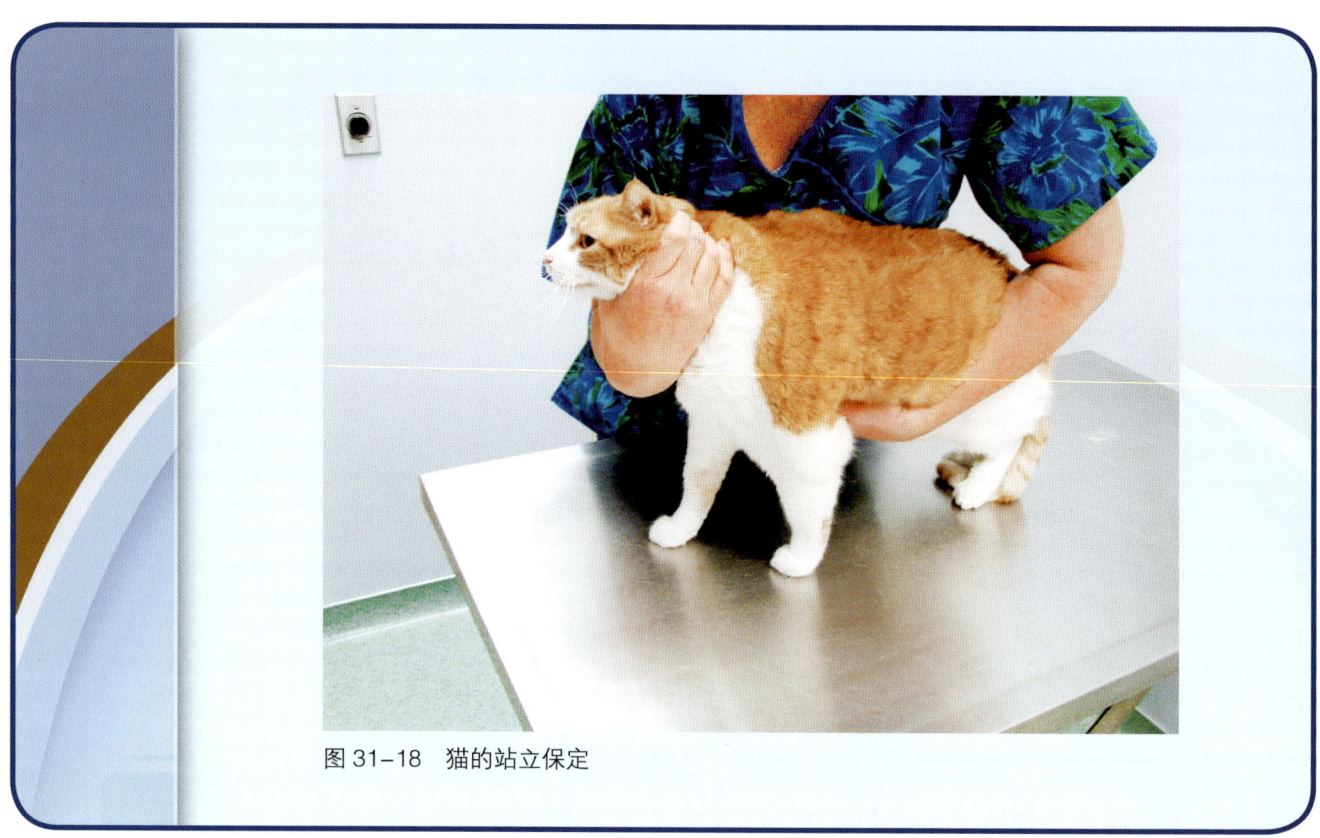

图 31-18 猫的站立保定

能力技巧

坐式保定

目标：

坐立时，安全地保定犬。

准备：

■ 无需特殊设备。适当地保定较大型动物可能需要多人。

保定犬的流程：

1. 用一只手臂紧紧地搂住犬的头部和颈部。
2. 另一只手将犬的身体拉近保定人员，轻压犬的背部，使其保持坐姿（图 31-19）。
3. 小型犬可能只需要 1 名保定人员，中大型犬需要 2 名或 2 名以上的保定人员。

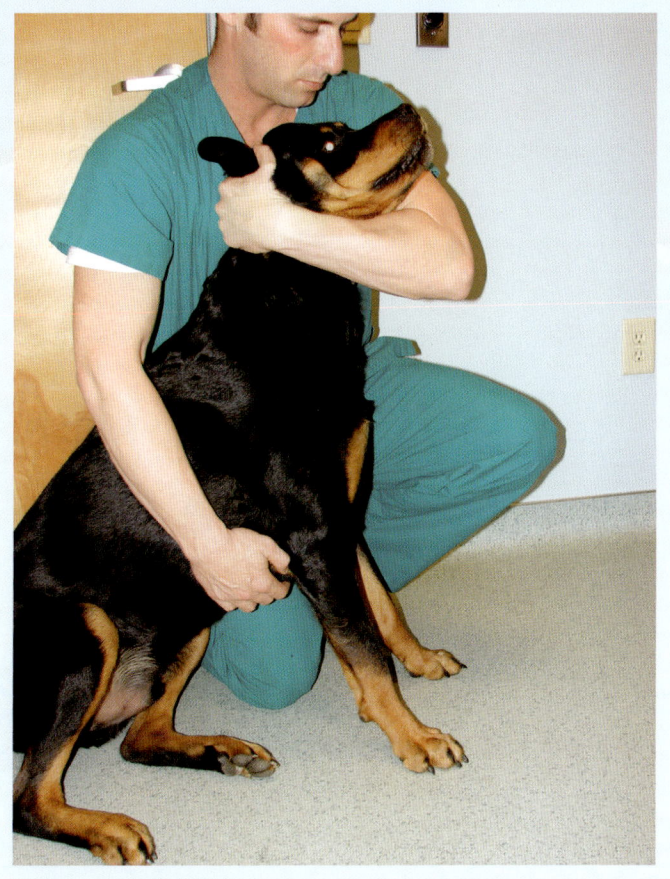

图 31-19 坐式保定

能力技巧

犬猫俯卧保定

目标:

适当安全地保定犬和猫。

准备:

- 无需特殊设备。小型犬可能只需要 1 名保定人员,中大型犬需要 2 名或 2 名以上的保定人员。

保定犬的流程：

1. 犬保持站立姿势。
2. 在臀部施加压力，迫使犬坐下。
3. 将一只手放在前肢下面，同时另一只手在肩部施加压力。
4. 保持肩背部的压力，直到犬趴下。
5. 用一只胳膊紧紧地保定头部。
6. 用另一只胳膊继续在背部施加压力，防止犬站立（图 31-20）。

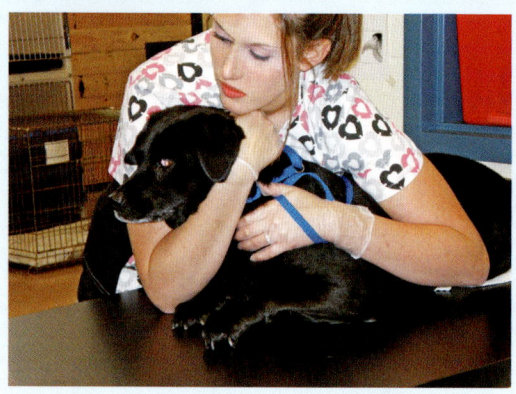

图 31-20　俯卧保定

保定猫的流程：

1. 用惯用手抓住猫的颈背部进行站立保定。
2. 轻轻地将非惯用手放在其臀部附近。
3. 将非惯用手放在猫的身体上，轻轻地用肘部让猫趴下，保定前后肢，防止被猫抓伤（图 31-21）。
4. 对有攻击性或恐惧的猫辅助毛巾保定。

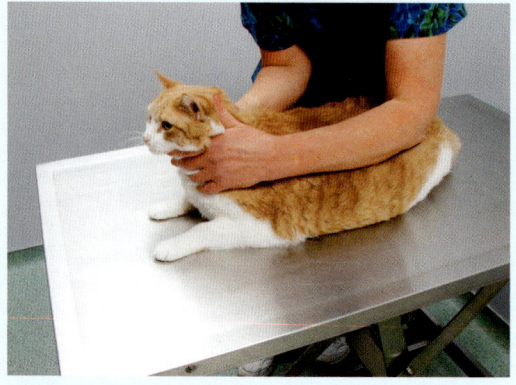

图 31-21　猫的俯卧保定

第 4 部分　临床操作

能力技巧

仰卧保定

目标：

适当安全地保定犬或猫，便于操作。

准备：

- 无需特殊设备。小型犬可能只需要 1 名保定人员，中大型犬需要 2 名或 2 名以上的保定人员。

流程：

1. 先让犬或猫大致保持侧卧位。
2. 轻轻地将犬或猫翻过来，背部朝下，前肢前拉，后肢后拉（图 31-22）。
3. 头部应保持在两前肢之间，并被牢牢地固定住。
4. 后肢应保持不动，避免伤到背部。

根据猫的配合程度可确定由 1 个人或 2 个人来保定。可以用手腕和前臂来稳住头部，但是应时刻警惕猫的嘴，防止被咬伤！

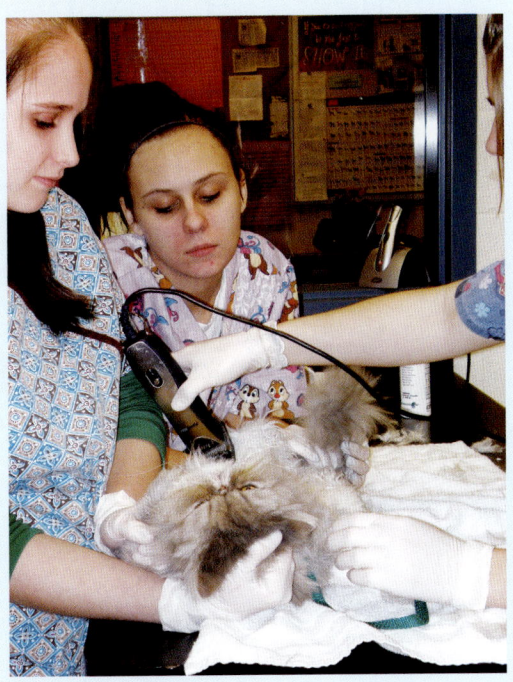

图 31-22　仰卧保定

357

能力技巧

侧卧保定

目标:

适当安全地保定犬或猫,便于操作。

准备:

- 无需特殊设备。小型犬可能只需要1名保定人员,中大型犬需要2名或2名以上的保定人员。

流程:

1. 确定犬的哪一侧朝下贴着地面或诊台。
2. 保定人员站在动物保定后需要朝下的那一侧。
3. 保定人员越过犬的后背和胸部,牢牢抓住犬的前肢和后肢(图31-23A)。
4. 快速一拉,使犬轻轻地侧面躺下。注意避免动物头部撞到任何物体或地面。
5. 一定要牢牢抓住位于下侧的前后肢,防止犬站立起来。
6. 保定人员的上身要对犬背部和胸部施加压力,以阻止犬站立起来。
7. 保定人员的肘部要对犬的颈部施加压力,以避免被犬咬伤(图31-23B)。

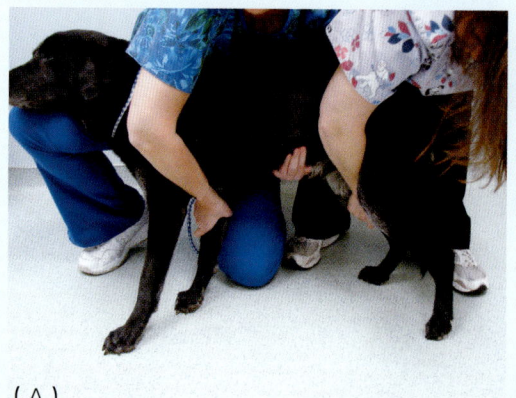
(A)

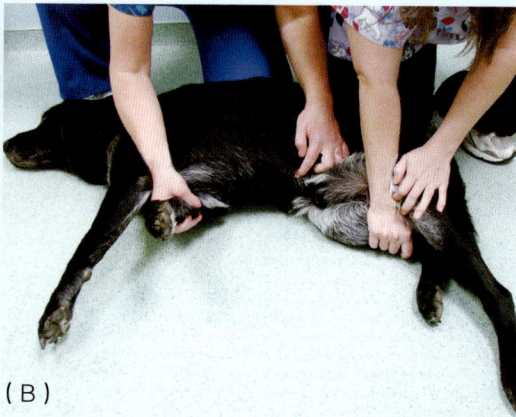
(B)

图31-23 犬的侧卧保定:(A)将手臂越过犬背部,抓住向下一侧的前后肢;(B)轻轻地将犬抬起并放倒在地,用身体的力量来控制犬,防止其站起

采血保定

小动物常用的 3 个采血位置是头静脉、颈静脉和隐静脉。头静脉位于前肢内侧,头静脉采血又称为头静脉穿刺。头静脉穿刺通常采取坐式保定或俯卧保定。颈静脉位于咽喉区下方的颈部两侧。颈静脉穿刺通常采取坐式保定或俯卧保定。隐静脉位于后肢跗关节近端的外侧面。隐静脉穿刺通常采取侧卧保定。

能力技巧

犬猫头静脉采血保定

目标:

适当安全地保定犬或猫,以便从头静脉采血。

准备:

- 无需特殊设备。

保定犬的流程:

1. 先让犬坐下。
2. 保定人员站在需保定肢的对侧。
3. 用熊抱的方式保定犬头部。
4. 用另一只手绕过犬背部抓住保定肢的肘部。
5. 向前伸直肘关节。
6. 握拳在肘关节附近施加压力,使头静脉在前肢怒张。
7. 在整个过程中保持前肢伸展(图 31-24)。
8. 穿刺完成后,轻压穿刺点,直到止血或缠上止血绷带。
9. 如果血粘到毛上,可以用双氧水清洁,之后用水洗净并擦干。

保定猫的流程：

1. 将一只手绕过其头部放于下颌处，防止咬伤。用另一只手将采血腿的肘部向前伸展。
2. 握住肘部，并在其腿顶部头静脉近端施压（图31-25）。
3. 采血结束后将拇指按压在穿刺部位，直到止血或缠上止血绷带。
4. 用双氧水清洁被毛，并用水洗净。

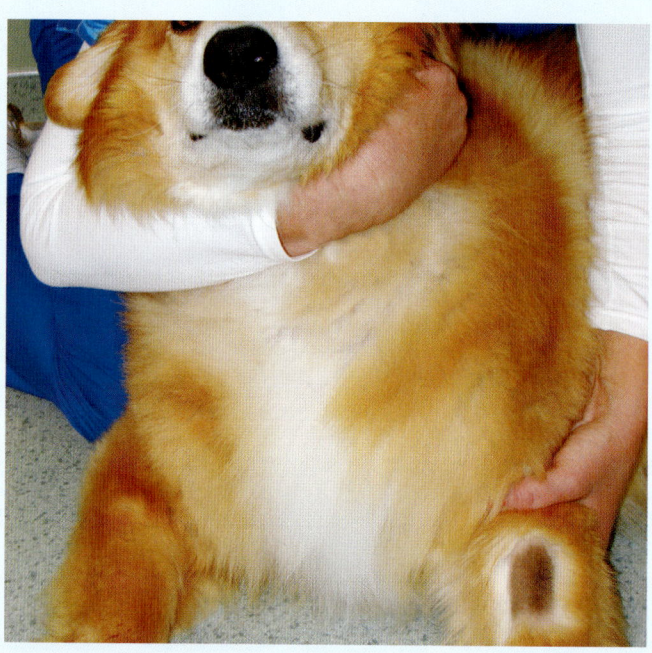

图 31-24 犬的头静脉采血保定

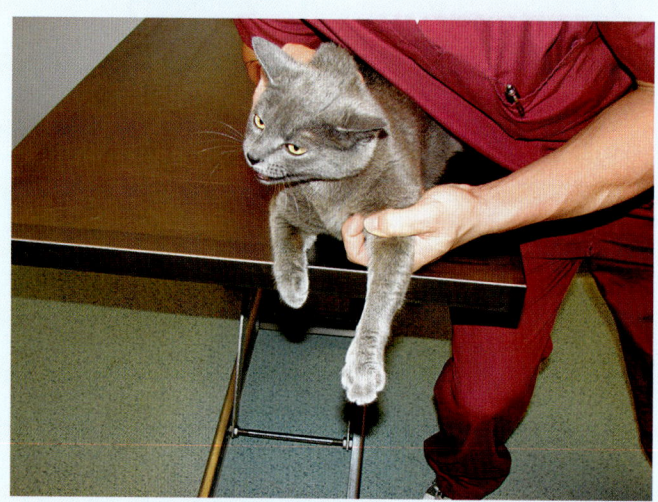

图 31-25 猫的头静脉采血保定

能力技巧

犬猫颈静脉采血保定

目标：

适当安全地保定犬或猫，以便从颈静脉采血。

准备：

- 无需特殊设备。

保定犬的流程：

1. 大型犬在地板上进行坐式保定或俯卧保定，小型犬放在诊台上保定，将其前肢伸出诊台边缘。
2. 去除颈圈，防止受伤。
3. 头部向上伸展，远离采血人。用一只手握紧犬口鼻部，防止咬人（图31-26）。
4. 另一只手保定住犬身体，防止其移动。
5. 针头从颈静脉退出后，保定者应用手指按压采血点以阻止出血。
6. 用双氧水清洁被毛，之后用水洗净并擦干。

保定猫的流程：

1. 一只手围绕其头部保定，用手掌护住下颌防止咬伤。
2. 用另一只手握住两前肢，并将手指置于两前爪之间，牢牢握住，防止被抓伤（图31-27）。
3. 将两前肢伸出诊台边缘。
4. 头部上仰，安全地固定住。
5. 采血结束后，用手指按压穿刺部位以阻止出血。
6. 用双氧水清洁被毛，之后用水洗净。

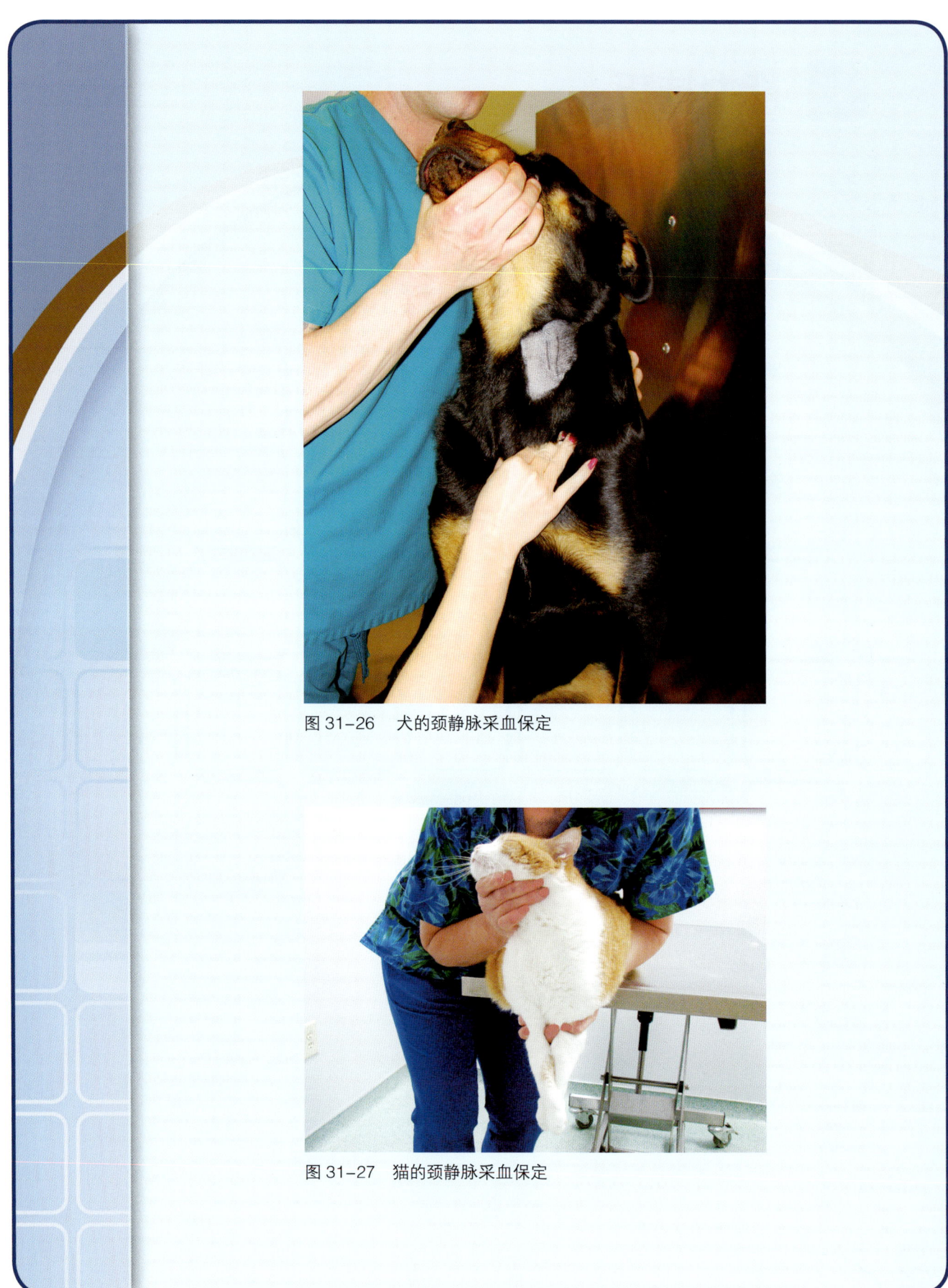

图 31-26 犬的颈静脉采血保定

图 31-27 猫的颈静脉采血保定

能力技巧

犬猫隐静脉采血保定

目标：

适当安全地保定犬或猫，以便从隐静脉采血。

准备：

- 无需特殊设备。

保定犬的流程：

1. 侧卧保定，采血的后肢须在上。
2. 用熊抱的方式保定头部。
3. 调整侧卧保定操作，用保定后肢的手握住其大腿或膝关节下方。
4. 在采血肢外侧施加压力，使隐静脉怒张（图31-28）。
5. 隐静脉采血完成后，用拇指按压采血部位，维持压力直到止血或缠上止血绷带。
6. 如果血粘到毛上，用双氧水清洁，之后用水洗净并擦干。

保定猫的流程：

1. 抓住猫的颈背部皮肤，将猫置于侧卧位。
2. 调整侧卧保定姿势，用手抓住采血肢，并握住其大腿或膝关节下方（图31-29）。
3. 在采血肢外侧施压，使隐静脉怒张。
4. 隐静脉穿刺完成后，用拇指按压采血部位，维持压力直到止血或缠上止血绷带。
5. 如果有血粘到毛上，用双氧水清洁，之后用水洗净并擦干。

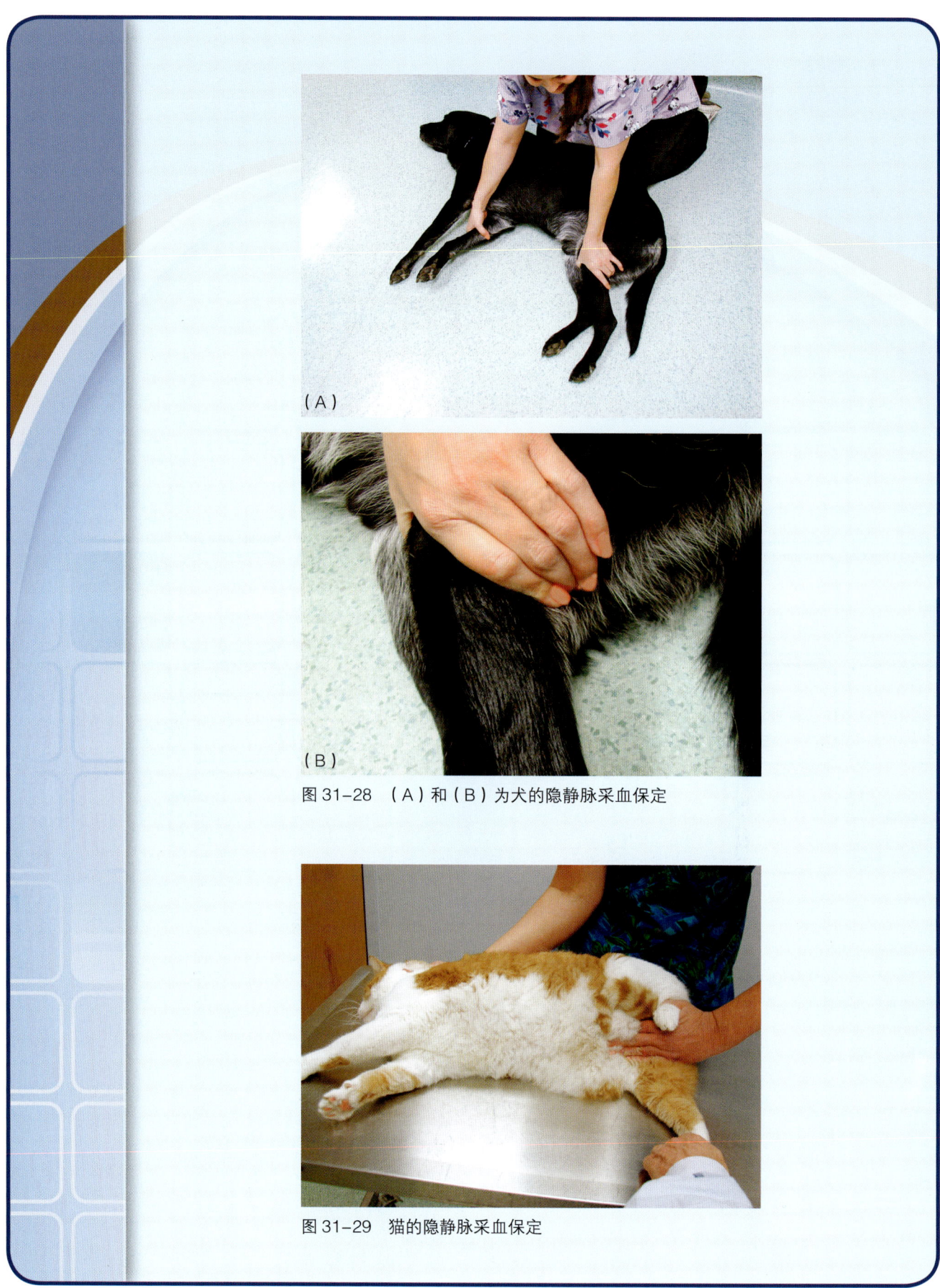

图 31-28 （A）和（B）为犬的隐静脉采血保定

图 31-29 猫的隐静脉采血保定

保定操作和技术

大动物和小动物有多种不同的保定方法。许多保定操作需要使用设备,这既为了确保动物安全,又能保证保定人员和其他兽医工作人员的安全。保定时,要先将动物从笼子、厩舍或围栏转移出来。这个过程是通过使用动物对应的特殊笼头来完成的。要选择适合动物的保定笼头,并将其正确地放置在动物的头颈部。例如,犬通常是用颈圈和牵引带进行控制,而马则通常使用笼头和缰绳进行控制。许多基础的保定方法常用于动物体检。

小动物的保定

在兽医诊疗过程中,常常对小动物采用安全保定的方式来控制肢体,便于临床检查和兽医操作程序。在小动物保定过程中,经常发生的伤害包括咬伤和抓伤。小动物包括猫、犬、啮齿动物、兔、雪貂、爬行动物和鸟类。在保定过程中,可以采用语言安抚和其他技术来转移动物的注意力。有效的转移注意力的方法包括语言安抚、发出舒缓和平静的声音、轻吹面部、轻按太阳穴或这些方法的组合。有时需要创造性地将动物的注意力从正在进行的操作上引开,以便安全地完成保定。观察和学习动物的肢体语言有助于安全保定。

猫

猫会因应激而产生不安或攻击性,从而成为家养动物中最难控制和保定的动物。猫既会咬又会抓,且其牙齿和指甲上的多量细菌很容易迅速地造成严重的皮肤感染。咬伤或抓伤后应引起重视,并立即进行伤口处理。建议对任何看上去已感染的猫抓伤和咬伤伤口,尽快去人医院诊治。

保定猫最重要的部分就是适当安全地保定其头部。就像猫藏在某个物体下面时会感到更安全一样,将毛巾裹住应激的猫会使其感到威胁减少(图31-30)。如果使用覆盖口鼻和眼的专用口套,攻击性的猫也可能变得顺服。猫袋有助于控制其四肢,从而更好地控制其头部。头部是用猫袋保定时唯一暴露在外的部分(图31-31)。猫也可以放在窄笼或麻醉箱中,以减少徒手保定,并获得更好的控制。窄笼是由小板条做成的钢丝笼,可用于给猫注射,如注射疫苗或镇静剂。窄笼有把手,可将猫推至笼子的一边,更容易进行操作。麻醉箱是一种玻璃箱或塑料箱,通过向箱内注入气体麻药来镇静猫或小型哺乳动物。麻醉箱上的孔可连接麻醉机,注入麻醉气体和氧气进行诱导镇静。麻醉箱也可以用于检查和观察猫,无需徒手保定。必要时,还可以用于镇静一些难于保定的或具有攻击性的猫。

猫的徒手保定技术包括抓紧颈背部皮肤并伸展

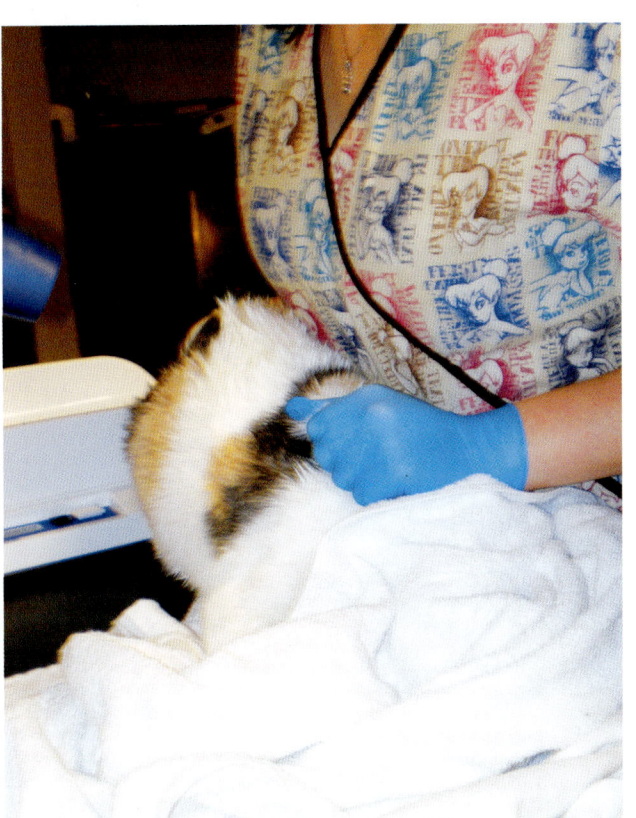

图31-30 毛巾可用于辅助将猫从笼子里取出来

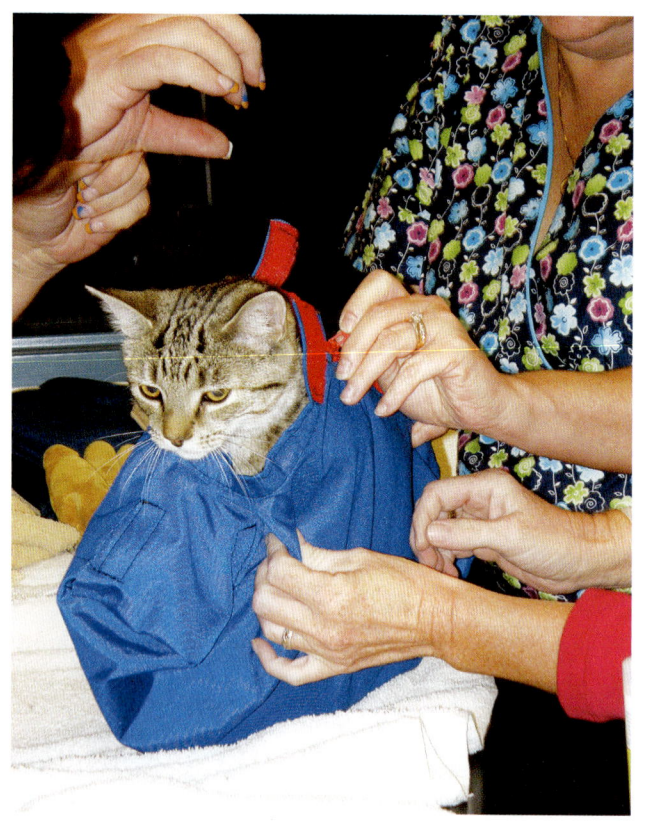

图 31-31 猫袋可用于保定和控制猫进行操作

猫身。抓紧颈背部皮肤的方法是指用手一把抓住颈部弹性较大处皮肤。这样可以转移猫的注意力，一定程度上控制住头部。但还是要注意安全，即使抓得很好，一些猫仍可能很容易地转头并咬伤人。伸展猫身技术是指在动物侧卧时用一手抓紧颈背部皮肤，另一只手握住两后肢并将其向背侧牵拉，使猫处于伸展状态。

能力技巧

猫的头部保定

目标：

通过徒手控制猫头部来安全地保定猫。

准备：

- 无需特殊设备。

流程：

1. 站在猫后背侧，一只手放在猫头部的一侧。
2. 把大拇指放在猫的头顶，其余手指托住下颌（下巴）使其闭合。图 31-32，这项技术用左手或右手均可以完成。

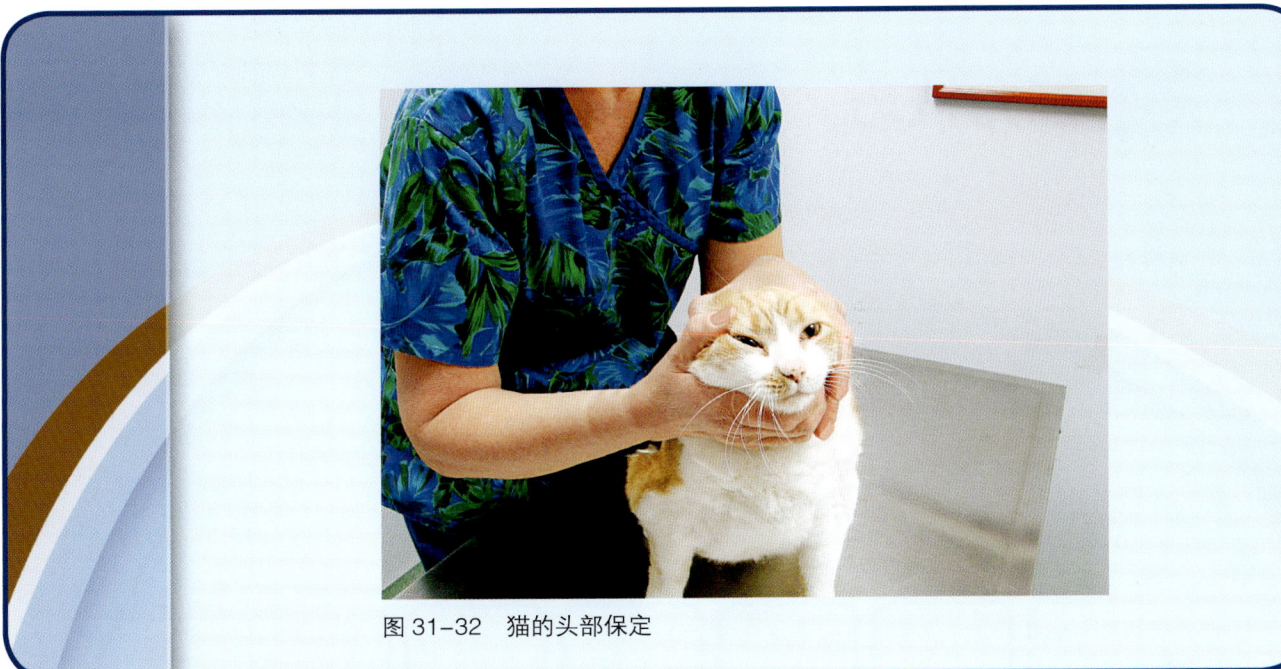

图 31-32 猫的头部保定

 **能力技巧**

使用猫袋

目标：

正确地使用猫袋来保定和控制猫，以便兽医操作。

准备：

- 猫袋。

流程：

1. 打开猫袋，并放在诊台上。
2. 把猫放在打开的猫袋顶部。
3. 抓住猫颈背部皮肤，将猫袋向上拉覆盖住猫的身体。
4. 将猫袋小心地拉上，避免拉链夹住猫被毛。
5. 将猫袋全部拉上包裹住整个身体，只露出头。
6. 控制头部防止咬伤。
7. 打开猫袋的某个部分进行操作。

见图 31-31。

能力技巧

使用麻醉箱

目标：

适当安全地使用麻醉箱，以便保定或观察动物。

准备：

- 麻醉箱。

流程：

1. 打开麻醉箱盖子。
2. 将猫放入麻醉箱，盖好顶部和两侧的箱门。
3. 确保麻醉箱顶门的开口畅通无阻。
4. 打开麻醉箱门，取出猫。

能力技巧

猫颈背部抓取技术

目标：

安全有效地使用颈背抓取技术保定猫。

准备：

- 不需要特殊设备。

流程：

1. 用惯用手抓住猫颈背部上方松弛的皮肤（图 31-33）。
2. 另一只手握住其后肢，防止抓伤。
3. 如果猫很难抓取或试图用前肢抓人，用毛巾盖住进行保定。

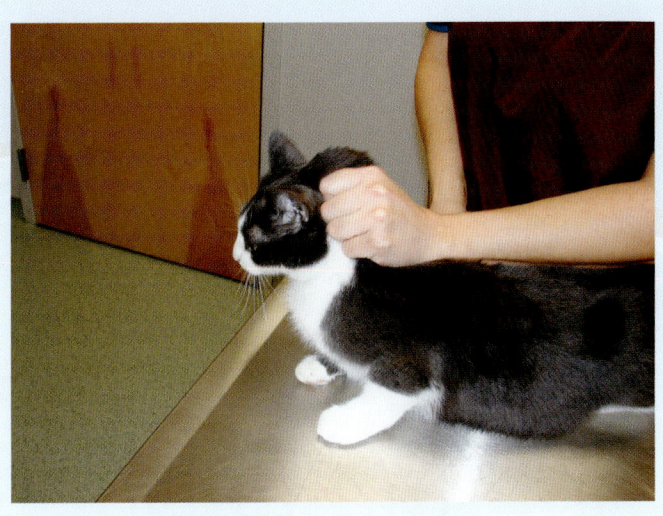

图 31-33 可使用颈背部抓取技术保定猫

 **能力技巧**

伸展技术

目标：

安全有效地使用伸展技术保定猫。

准备：

- 无需特殊设备。

流程：

1. 一只手紧紧抓住猫的颈背部皮肤。
2. 另一只手抓住两后肢，滑动手指分别抓住其后爪。
3. 翻转猫使其处于侧卧位。
4. 用抓住猫颈部的手的前臂支撑猫身体并保证其不动弹（图 31-34）。

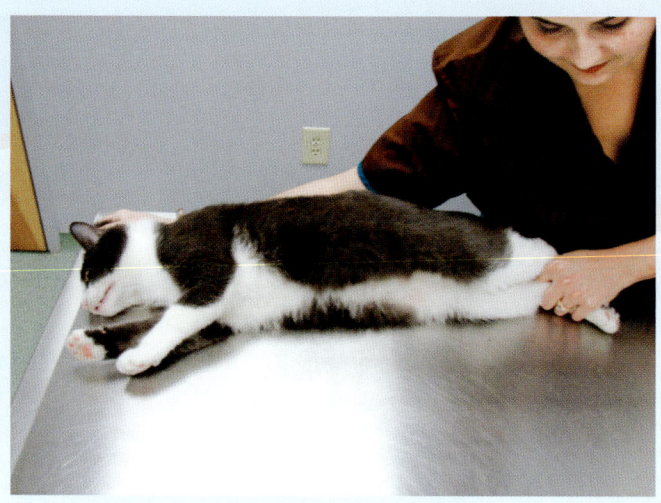

图 31-34 常用的猫保定技术之一：伸展技术

能力技巧

小猫玉米卷技术（Kitty Taco）的使用

目标：

使用毛巾有效地镇静并保定猫。

准备：

- 厚毛巾。

流程：

1. 在诊台上打开厚毛巾。
2. 把猫放在打开的毛巾顶部。
3. 抓住猫的颈背部，把毛巾的一端覆盖在猫身体上，并塞到猫的下面。
4. 把毛巾的另一端包裹在猫身体上，形成小猫玉米卷的外观。猫的四肢被包裹在毛巾里，头部露在外面（图 31-35）。
5. 正确地控制头部，防止被咬伤。

这种保定方法可用于检查头和口腔并进行给药。可以从毛巾内拉出一条腿来进行检查或完成指甲修剪。

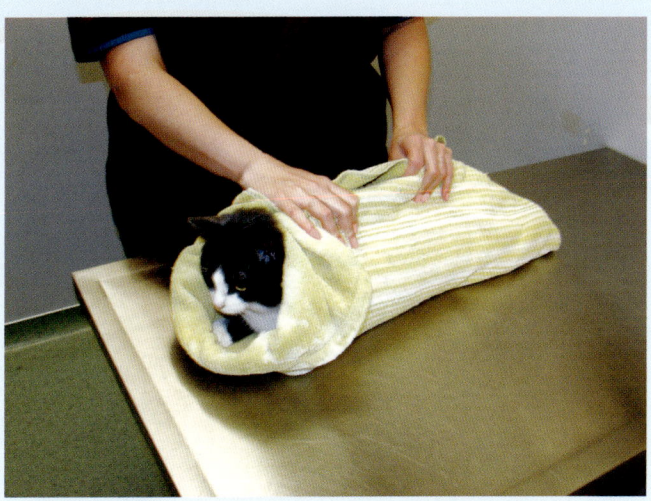

图 31-35　使用毛巾制作小猫玉米卷（Kitty Taco）

能力技巧

从笼子或运载箱中取出猫

目标：

安全成功地从笼子或运载箱中取出猫进行检查。

准备：

- 毛巾。

流程：

1. 在保定之前关闭所有门窗。
2. 打开笼子或门，让猫移动到前面或走出来。
3. 如果猫不愿意走到笼子前，用惯用手抓住猫的颈背部。

4. 另一只手放在其腹部，并把猫提起。

5. 对受到惊吓或攻击性的猫可以使用毛巾，使其感到更安全。把毛巾放在猫的上部，按照之前介绍的操作步骤进行（图31-36）。

图31-36　可以用毛巾盖住猫以便安全地将其从笼子中取出

能力技巧

猫的运输

目标：

安全地把猫运输到检查室或笼子里。

准备：

- 不需要特殊设备。

流程：

1. 载运平静和愉快的猫时，用一只手放在猫身体前部控制其头部和前肢。
2. 用另一只手放在腹部和臀部下方控制后肢。
3. 把猫拉近人的身体以获得支撑。

如果猫是有攻击性的：

1. 用惯用手抓住猫的颈背部，采用颈背部抓取技术。
2. 用另一只手通过臀部把猫提起来，并抓住后肢防止抓挠。
3. 将猫提起悬空，四肢远离人的身体。

见图 31-37，可以使用毛巾裹盖猫，操作步骤同前。

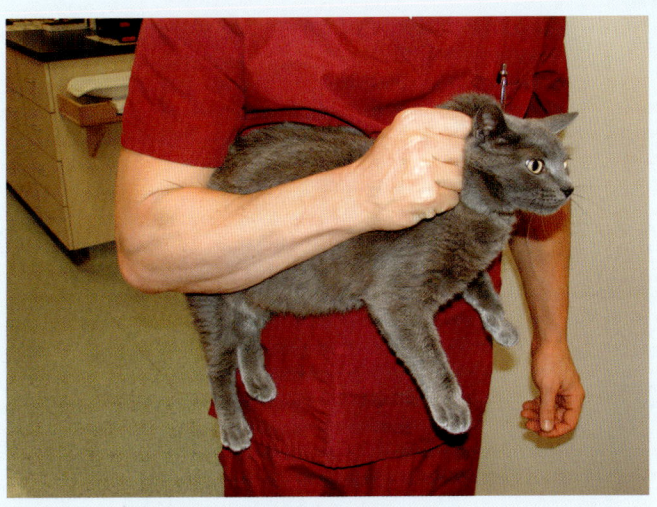

图 31-37　运输有攻击性的猫的技巧

犬

很难捕获或保定的犬，可以用狂犬病保定杆或套索保定杆保定（图 31-38）。这个杆很长，可伸入笼子或犬舍圈套犬的颈部来捕获犬。杆末端的绳扣充当项圈，杆充当牵引带。通过拉紧或放松杆末端控制项圈大小，来适应不同犬的头部。犬一旦被套住，就可以安全地从笼子或犬舍转移到安全区域进行进一步的保定或镇静。当使用套索保定杆带犬移动时，应通过推动的方式让犬走在保定人员的前面，而不是通过牵拉的方式让犬在后面。牵拉犬会导致严重的头部和颈部损伤。

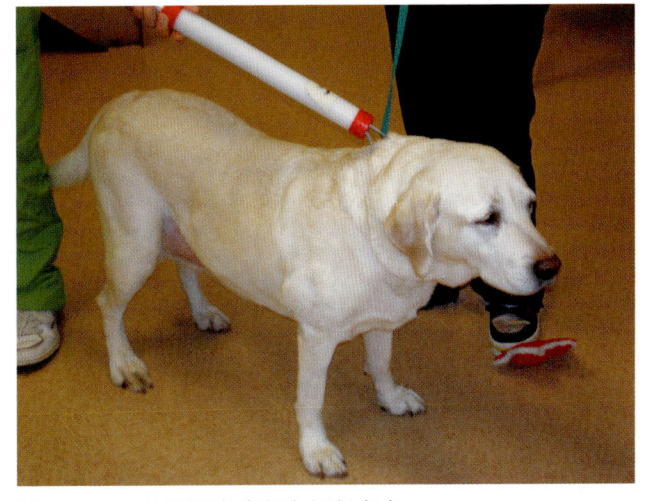

图 31-38　使用狂犬病保定杆保定犬

兽医助理基础与应用

能力技巧

从笼子或犬舍中取出犬

目标：

安全有效地将犬从笼子或犬舍中取出。

准备：

- 牵引带。

流程：

1. 用一只手拿住牵引带形成一个大环，准备套住犬的头部（图31-39A）。
2. 笼门打开足够大，将拿着牵引带的手滑进笼子（图31-39B）。
3. 用牵引带套住犬颈部，轻轻地拉紧牵引带（图31-39C）。
4. 打开笼门，让犬离开笼子（图31-39D）。
5. 让犬保持在人的一侧，使牵引带轻度紧张。

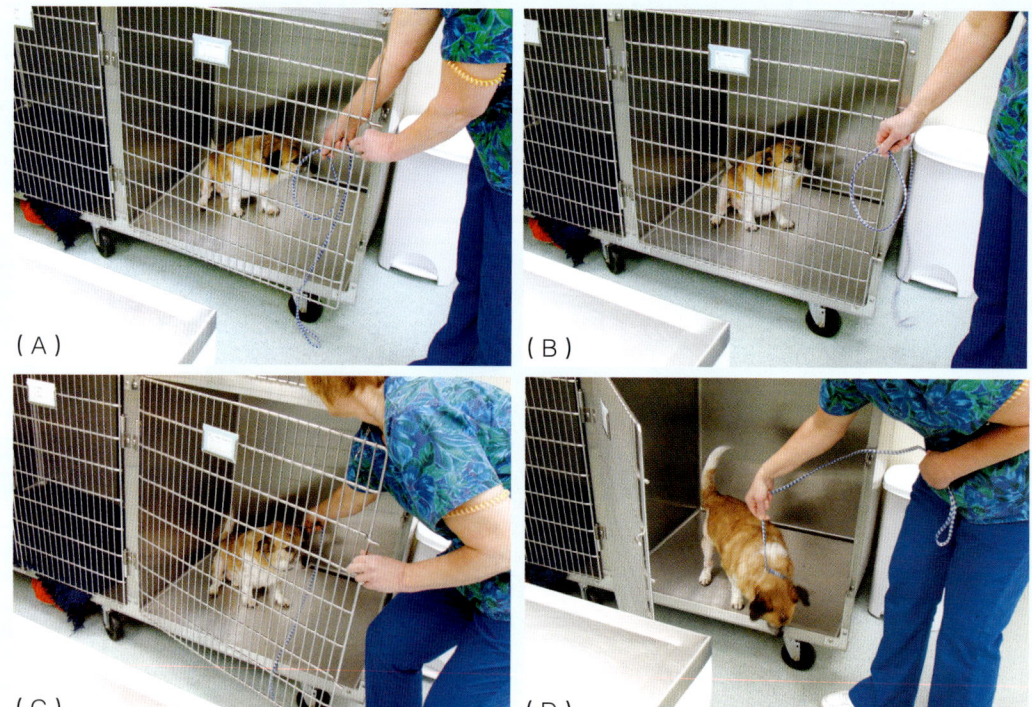

图31-39 （A）用牵引带末端做一个大环；（B）笼门打开足够大，持牵引带的手滑入笼子；（C）将牵引带的环套住犬的颈部，轻轻收紧；（D）引导犬走出笼子

能力技巧

近身遛犬

目标：

在兽医院安全地遛犬。

准备：

- 牵引带。

流程：

1. 一只手拿牵引带，准备用牵引带形成的大环套住犬的头部。
2. 站在犬的一侧，用牵引带套住犬的头部。
3. 轻轻拉紧患犬颈部的牵引带。
4. 站在犬的右侧。
5. 牵引犬向前走，让犬位于人的左侧（图 31-40）。

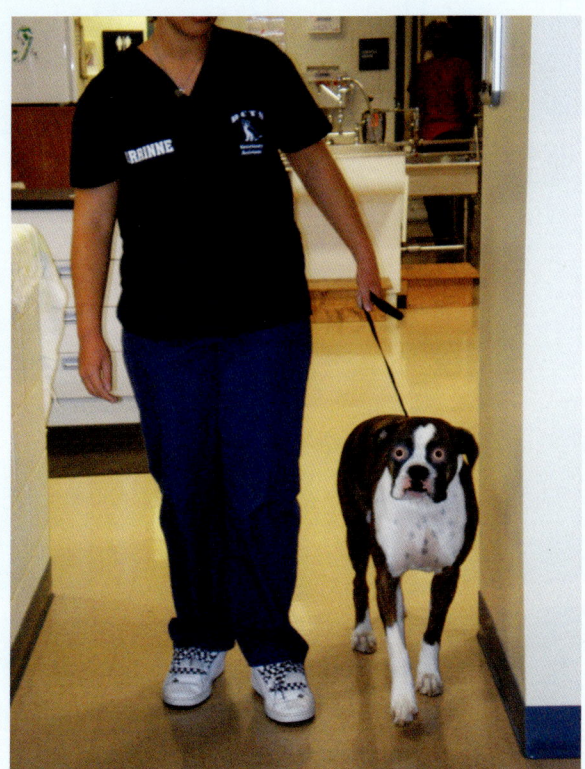

图 31-40　近身遛犬

能力技巧

给犬使用商用牵引带

目标：

正确安全地使用牵引带控制犬。

准备：

- 牵引带。

流程：

1. 一只手拿牵引带，准备用牵引带的大环套住犬的头部。
2. 站在犬的一侧，用牵引带套住犬的头部。
3. 轻轻拉紧患犬颈部的牵引带（图31-41）。
4. 站在犬的左侧。

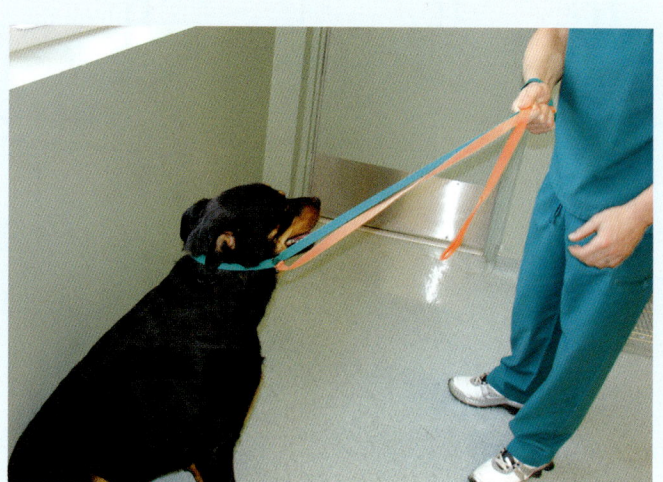

图 31-41　给犬应用牵引带

第 4 部分 临床操作

能力技巧

背腹位（DV）保定

目标：

正确安全地将动物置于背腹位保定。

准备：

- 不需要特殊设备。

流程：

1. 犬或猫站立。
2. 猫需要抓住颈背部。
3. 在臀部施加压力，强迫犬或猫坐下。
4. 用手在肩部施加压力，同时用一只手前拉双前肢。
5. 对其背部和肩部持续施压，使动物呈俯卧位（图 31-42）。
6. 用手臂呈熊抱式保定犬的头部。猫需要抓住其颈背部。
7. 用另一只手在背部持续施压，防止其站立。小型犬可能只需要 1 名保定人员，中大型犬可能需要 2 个或更多的保定人员。猫需要 1 名或 2 名保定人员。

这是 X 线检查时的常用摆位，X 线先进入背侧（背部），再进入腹侧（胃）。

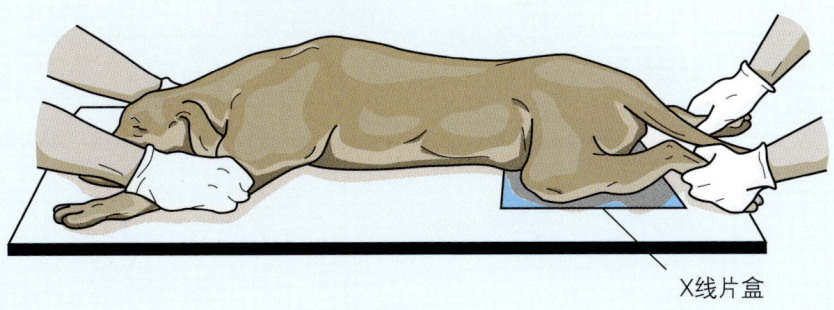

腹卧/俯卧

图 31-42 背腹位保定

能力技巧

腹背位（VD）保定

目标：

适当安全地将动物进行腹背位保定。

准备：

- 无需特殊设备。

流程：

1. 如前所述，犬或猫侧卧。
2. 轻轻翻转犬或猫，使其背部朝下，并使其前肢向前伸展，后肢向后伸展。
3. 动物的头部牢固地固定在两前肢之间。
4. 保定后肢时避免损伤后背（图31-43）。

小型犬可能只需要1名保定人员，中大型犬需要2名或2名以上的保定人员。猫可能需要2名保定人员。

这是X线检查时的常用摆位，X线先进入腹侧（胃），再进入背侧（背部）。

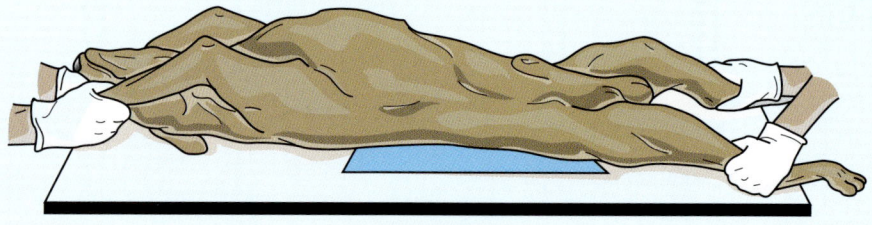

仰卧

图31-43 腹背位保定

第 4 部分　临床操作

能力技巧

把犬放回笼子或犬舍

目标：

安全地把犬从处置区送回笼子或犬舍。

准备：

- 牵引带。

流程：

1. 完全打开笼门。
2. 把犬放进笼子里，使犬面对人。
3. 关上门，留一只胳膊在笼子里。
4. 轻轻地使牵引带从颈部滑脱，然后把牵引带从笼子里拉出。
5. 完全关闭笼门，并牢固地锁上。
6. 检查笼门，确保正确地关闭。

能力技巧

处置易怒的或受惊吓的犬

目标：

适当安全地处置一只行为难以控制的犬。

准备：

- 牵引带、口套。

流程：

1. 平静而缓慢地对待受惊吓的犬。
2. 用轻松、温和的声音与犬交流，消除其顾虑。

3. 从侧面慢慢走向犬。不要从前面或背后接近犬。
4. 轻轻地用牵引带套住犬颈部。
5. 继续温和地与犬交流。
6. 缓慢地在处置区内牵遛。
7. 必要时给犬使用口套。

处置其他小动物

前面讨论过的处置犬、猫的许多技术也适用或部分适用于其他小动物。颈背抓取技术也适用于雪貂。鸟类和小型哺乳动物可以用毛巾包裹的方法保定。某些小动物有一些特殊需求，兽医助理务必要熟悉。例如，兔的后肢如果没有得到适当的支撑，则可能发生瘫痪。

 能力技巧

抱起兔子

目标：

适当安全地抱起兔子。

准备：

- 无需特殊设备。

流程：

1. 抱起兔子时，要使其脚朝前，背部朝向人的身体。
2. 一手抓住其颈背部，另一只手抓住其后肢。
3. 伸展其后肢，抱起兔子。
4. 用抱着后肢的手掌支撑兔子的臀部和身体（图31-44）。
5. 保持兔的背部靠着人的身体。

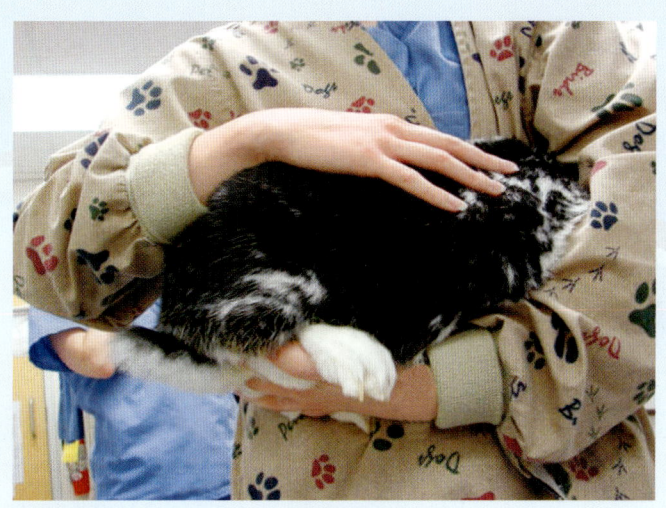

图 31-44 适当地抱住兔子

大动物的保定

大动物包括马、牛、山羊、猪和绵羊等家畜。大动物的行为与种群或动物群息息相关。家畜具有被捕食动物的本能；很多时候，当人试图接近并保定它们时，如果它们不习惯人类接触或保定，就会表现出典型的被捕食动物的行为。它们会表现"战斗或逃逸"的本能来抵抗保定。马往往易与人类接触，因为它们通常接受人类的训练并为人类工作；有时，马也会因某些动作或气味而受到惊吓。其他家畜，如牛、羊、猪，可能不习惯与人类接触，需要有丰富经验的人细心地进行保定。保定大家畜需要考虑安全问题，很多家畜擅长踢人、暴跳、咬人、用巨大的身体伤害人。出于安全考虑，兽医工作人员要精通大动物的行为和特殊保定技术。大多数情况下，大动物是有攻击性的或危险的，为了工作人员和动物的安全，应镇静后处理。

能力技巧

马笼头（缰绳）的应用

目标：

适当安全地使用笼头来牵遛牛、马等大动物。

准备：

- 笼头（缰绳）。

牛的流程：

1. 站在牛的左边。
2. 用笼头的鼻带套住其面部和鼻子周围。
3. 将笼头固定在头背侧和耳后（图31-45）。
4. 确保笼头的尺寸合适，不会滑脱。
5. 在笼头的底部系牵引绳。

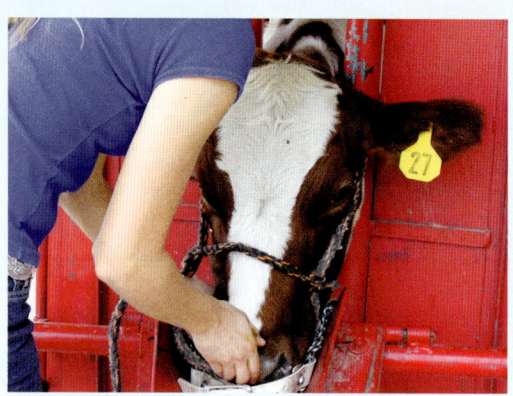

图31-45　给牛安装笼头

马的流程：

1. 站在马的左侧。
2. 用笼头的鼻带套住其面部和鼻子周围。
3. 将笼头固定在头背侧和耳后。
4. 笼头固定到位（图31-46）。
5. 确保笼头的尺寸合适，不会滑脱。
6. 在笼头的底部系牵引绳。
7. 左手握住牵引绳，右手抓住牵引带与笼头的连接处。

图31-46　给马安装笼头

第 4 部分　临床操作

能力技巧

牵引马或牛

目标：

安全地将马或牛从一个地方牵引到另一个地方。

准备：

- 笼头、粗绳、杆或马刺。

流程：

1. 左手握住牵引绳套，右手抓住牵引绳与笼头的连接处。
2. 站在马或牛的左侧，靠近肩部（图 31-47）。
3. 站在离马或牛大约 30cm 的地方。
4. 朝着与马一样的方向，发出驱赶的声音让马向前移动。牛可能需要牵拉或用木棍驱赶。
5. 使马或牛向前行走，注意前脚，避免被踩伤。

图 31-47　牵引马

能力技巧

拴着牵引绳遛马

目标：

安全地训练拴着牵引绳的马。

准备：

- 粗绳，笼头。

流程：

1. 左手握住牵引绳套，右手握住牵引绳与笼头的连接处。
2. 站在马的左侧，靠近肩部。
3. 站在离马大约 30cm 的地方。
4. 朝着与马一样的方向，发出驱赶的声音让马向前移动。
5. 与马一起向前慢走，注意前脚，避免被踩伤。

能力技巧

拴牛

目标：

安全牢固地拴牛保定。

准备：

- 粗绳。

流程：

1. 把牛的头拉向一边。
2. 把缰绳缠绕在柱栏或斜槽上。
3. 打一个容易解开的半个蝴蝶结（活结）。
4. 拉绳子的末端迅速解开。

 能力技巧

拴马

目标：

安全牢固地拴马保定。

准备：

- 粗绳。

流程：

1. 把缰绳缠绕在拴马桩或拴马区。
2. 留出 0.6m 长的绳子，方便马轻微移动。
3. 在靠近拴马桩或拴马区绳上做一个绳套。
4. 在靠近拴马桩的地方把绳套放在缰绳下面，然后使缰绳穿过绳套。就像卷饼一样。
5. 拉绳套收紧结。
6. 拉缰绳的末端，快速打开结。

能力技巧

交叉拴马

目标：

安全牢固地拴马保定。

准备：

- 粗绳。

流程：

1. 让马走到交叉拴马区。
2. 将左侧的交叉绳固定在马笼头的侧面颊环上。
3. 从马前面移动到右侧。
4. 将右侧的交叉绳固定在马笼头的侧面颊环上。

能力技巧

使用训马绳训练马

目标：

安全地训练马。

准备：

- 粗绳。

流程：

1. 将一根长驯马绳牢固地固定在马笼头上。
2. 让马离开人做大直径的圆周运动。

3. 训练马走路、慢跑或来回奔跑，让兽医评定各种跛行问题。
4. 马应该能持续地围绕训练者做大圈运动（图31-48）。
5. 一只手牢牢地握住驯马绳的末端。

图 31-48　训练马

能力技巧

拴马尾技术

目标：

安全适当地固定马尾以助于操练马。

准备：

- 粗绳。

流程：

1. 站在马的后方，稍微靠向一侧。
2. 抓住尾骨下面自尾根起大约1/3处的马尾。
3. 双手轻轻地向上提起马尾。

4. 用绳套固定住马尾。

5. 打一个活结，然后把绳子末端拉向头部（图31-49）。

6. 把绳子的末端系到前肢或脖子上，打活结。

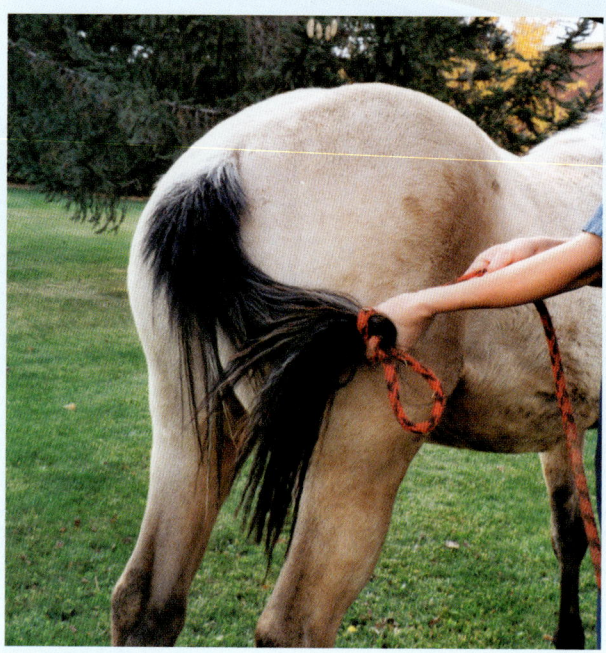

图 31-49　栓马尾

能力技巧

鼻捻子保定

目标：

使用能引起轻微疼痛的器械保定动物，分散其对操作的注意。

准备：

- 鼻捻子。

第 4 部分　临床操作

流程：

1. 站在马头颈部的左侧。
2. 将鼻捻子环的末端套在左手腕上。
3. 右手握住鼻捻子的手柄。
4. 左手抓住马的上唇，连同边缘一起压紧。
5. 快速将鼻捻子的环滑向上唇，将其套住（图 31-50）。
6. 松开左手前，顺时针旋转鼻捻子手柄来收紧鼻捻子环。
7. 左手握住鼻捻子，右手抓住马笼头。
8. 解开鼻捻子将其从上唇移开。

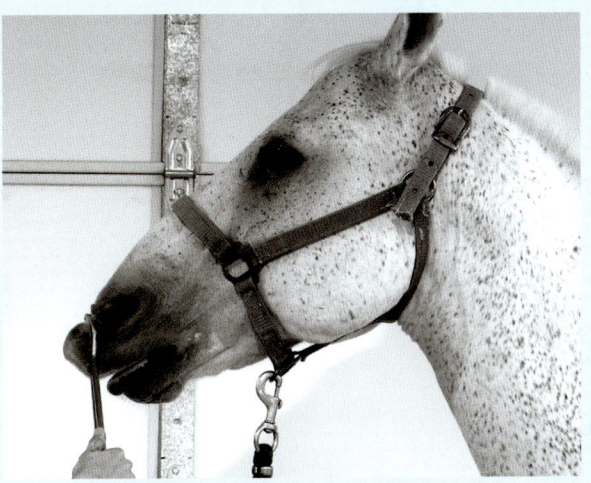

图 31-50　鼻捻子的使用

能力技巧

锁链的使用

目标：

加强保定的运用。

准备：

- 锁链。

流程：

1. 站在马头颈部的左侧。
2. 将锁链穿过左脸颊的环。
3. 将锁链穿过鼻子上面，下颌下面，或唇下方（图31-51）。
4. 从马前面移到右侧。
5. 将锁链穿过右脸颊的环，并固定。
6. 从马的前面移动到马的左侧来控制马。在靠近锁链与马笼头的连接处抓住锁链。

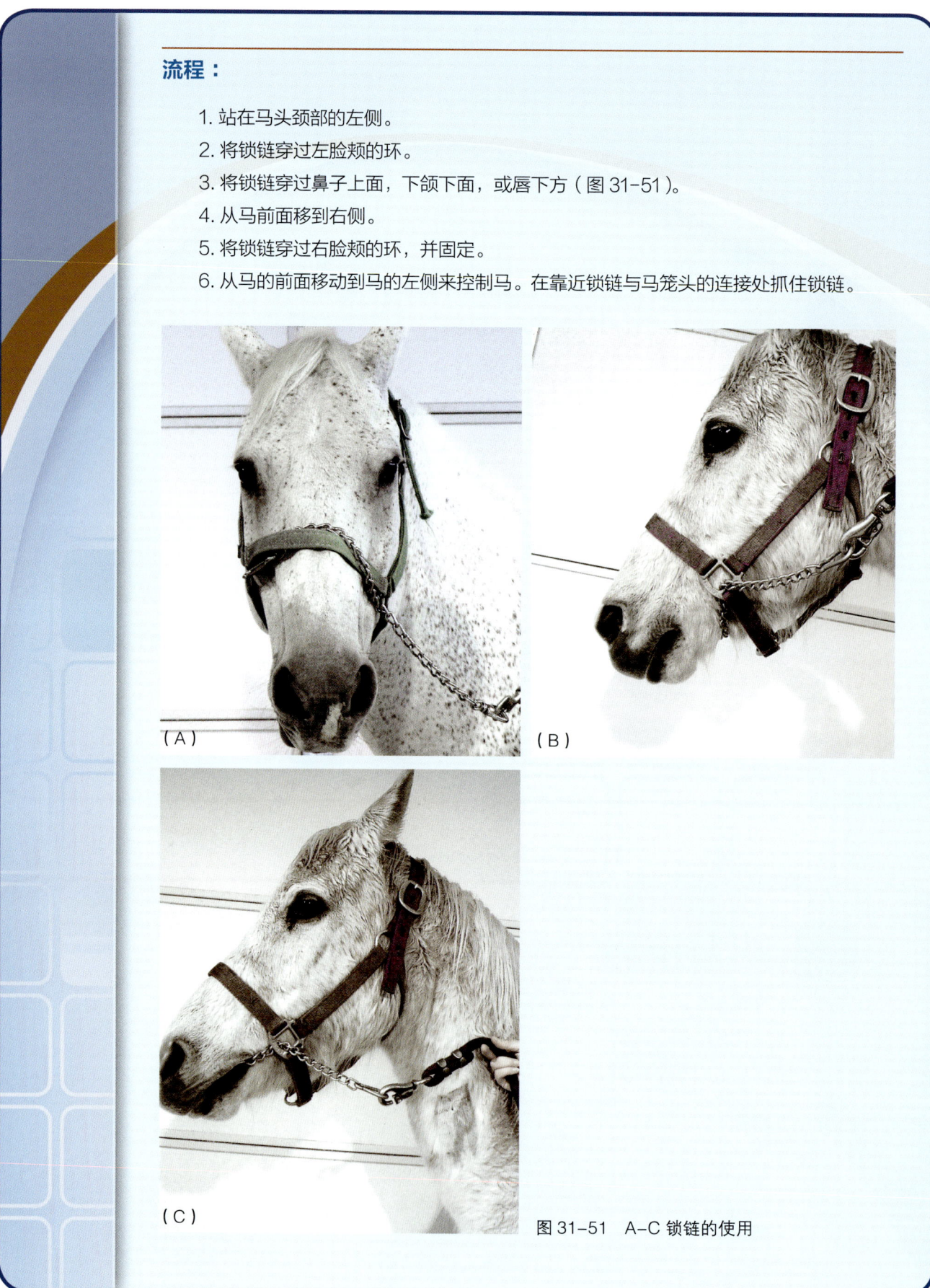

图31-51　A-C 锁链的使用

能力技巧

抬举牛尾保定

目标：

适当安全地保定牛。

准备：

- 无需特殊设备。

流程：

1. 站在牛的后方，尽可能在其腿的后方。
2. 抓住自尾根起大约 1/3 处的牛尾。
3. 用双手轻轻地将牛尾向上抬起（图 31-52）。

图 31-52　抬举牛尾保定

能力技巧

转动牛尾保定

目标：

适当安全地保定牛。

准备：

- 无需特殊设备。

流程：

1. 站在牛的一侧，尽可能靠近牛的后肢。
2. 用双手抓住牛尾。
3. 轻轻转动牛尾，将其转到牛的下方。
4. 使牛尾末梢形成一个小圈。

能力技巧

大动物采血或注射保定

目标：

适当安全地保定大动物，并对其进行血样采集或注射给药。

准备：

- 笼头。

流程：

1. 使用笼头牵引动物。
2. 站在靠近动物左肩部的位置。
3. 左手抓住靠近笼头的位置来控制动物。
4. 右手放在动物眼睛后面，使其分神。
5. 右手触到动物颈部并捏掐皮肤，进一步分散其注意力。

能力技巧

马驹的保定

目标：

适当安全地保定马驹。

准备：

- 无需特殊设备。

流程：

1. 用一只手臂环绕抱住马驹颈部，控制其头部和前躯。
2. 必要时，手臂向下移动抱住马驹的胸部。
3. 用另一只手臂环绕马驹臀部将其抱住（图31-53）。
4. 可以将马驹的尾巴抬起经臀部朝向头部，控制马驹运动。

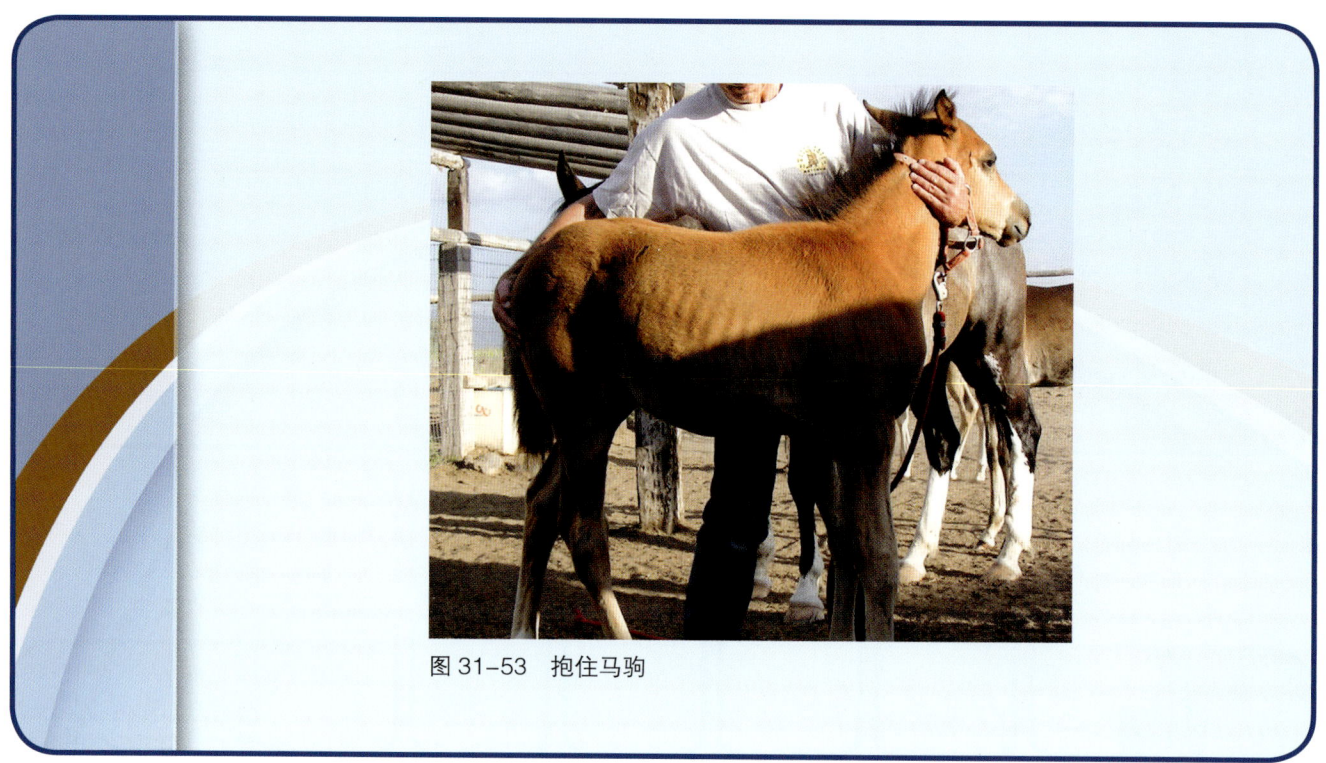

图 31-53 抱住马驹

小结

保定小动物时，必须随时考虑几个安全问题。动物和保定人员的安全是最重要的。在整个操作过程中，保定人员必须关注动物的肢体语言，也必须监控环境安全问题。为了实现安全保定，必须预测可能出现的情况。动物的行为可能因轻微应激而改变，尤其是在兽医院时，其性情无法预知。在处置动物时，由具有丰富经验的人员参与有时是有益的。大动物的保定需要大量实践和技术，同时也需要掌握关于动物行为方面的知识和经验。在处置和保定比较困难的情况下，可能会对大动物造成严重的损伤，甚至可能致其死亡。为了确保工作人员和动物的安全，在照顾和处置动物时可能需要一些必要的额外的保定辅助物，也可能会使用镇静剂。

复 习 题

1. 什么是动物行为？
2. 先天性行为和后天性行为有什么区别？
3. 什么是肢体语言？
4. 什么是方结？
5. 保定小动物和大动物有什么相似之处？
6. 保定小动物和大动物有什么不同之处？

临床案例

Lila 是伴侣动物兽医诊所的兽医助理，在犬病房工作。她沿着一排排的犬笼查看，给那些允许喝水的犬喂水。她注意到有只犬有排泄物需要清理。当她打开笼门开始清理排泄物时，一只名叫 Precious 的卷毛比熊犬紧张不安，开始咆哮并提起上唇。Lila 温柔地将手伸向犬，并轻拍它的头。

她平静地说："Precious，好了，没有人会伤害你。"

这只犬猛地咬住她的手，造成一处牙齿咬伤。Lila 迅速地关上笼门，去清洗伤口。划痕并不深，但为了安全，她让 Todd 医生检查，看是否有需要注意的事项。

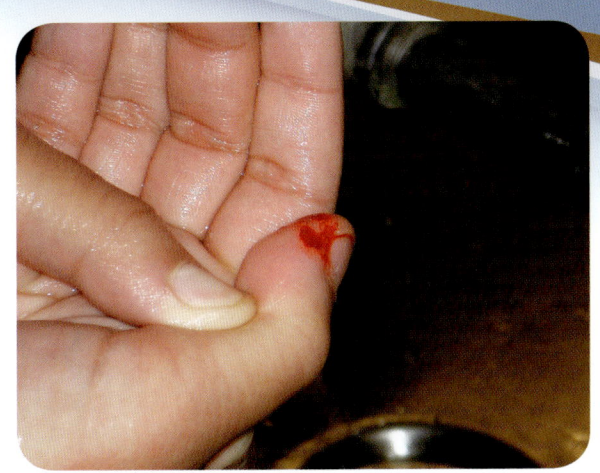

- Lila 应该如何正确处理这种情况？
- Lila 做错了什么？
- 在这种情况下，Lila 应该采取什么样的预防措施？

第32章 兽医安全

学习目标

学习完本章后，读者应该能够：
- 阐明兽医行业中对人和动物安全的关切。
- 讨论兽医行业中的安全隐患。
- 描述并讨论兽医学中的职业安全与健康管理（OSHA）指南。
- 解释化学品安全技术说明书（MSDS）的使用。
- 完成 OSHA 日志和事故报告文书工作。
- 识别安全标志和设备。
- 讨论兽医院中的安全计划指南。

引言

兽医安全措施对于兽医院内的兽医工作人员、客户和患病动物的安全健康是必须的。兽医院内的安全问题包括处置和保定动物、OSHA法则和条例、处理人类医疗急诊、暴露于辐射和麻醉气体的环境下、接触性安全隐患和消毒问题。兽医助理了解兽医行业中的隐患问题很重要。本章讨论关于接触性隐患相关的安全问题以及如何在兽医院内制定安全计划。

兽医院中的安全问题

兽医院必须为多种类型的安全问题制定应急计划。所有工作人员都必须接受适当的安全措施培训，并在兽医院中保留创建的安全计划的副本。所有新员工和现任员工都必须进行培训和年度的安全知识更新。

消防和安全计划

所有兽医院应制订消防安全计划和其他疏散细则，让工作人员知道在急诊状态下该怎么办，如火灾、恶劣天气或其他灾害情况。兽医院内的每部电话都应能方便地接通警察、消防和其他应急响应小组的紧急电话号码。兽医院应制定消防计划，概述人和动物的疏散路线，以及在急诊状态下每个工作人员应负的责任。所有灭火器应定期检查，以确保年份正确并保证其正常工作（图32-1）。应在兽医院的每个入口和出口附近张贴消防出口平面图，标记清楚且易于阅读。应定期检查火警，确保处于正常工作状态（图32-2）。全体工作人员的会议地点应该建立在与消防设施保持安全距离的位置。应该进行例行的消防演习，以确保工作人员熟悉计划和流程。

图32-1　所有工作人员要知道兽医院中消防灭火器的位置

图 32-2 兽医院应具有处于正常工作状态的火灾报警器

图 32-3 兽医工作人员通常穿着整洁合身的刷手服，易于更换和清洗

专业着装

每个兽医健康护理团队的成员都应该适当着装，以减少对客户、员工和患病动物的污染。这不仅是按兽医院人员手册的描述穿戴适当的服装，而且是兽医院中每位工作人员所应承担的义务和责任。兽医、兽医技术员、兽医助理和饲养人员通常穿着易于清洁和更换的刷手服，以减少对整个兽医院的污染和疾病的传播。刷手服是指一件能覆盖上半身的合身的上衣和一条能覆盖下半身的贴身的裤子（图 32-3）。实验室外套是员工处置动物和其他污染物时穿戴的另一种常见服装。当刷手服或实验室外套变脏时，它们很容易更换和洗涤，以防止疾病传播。每位与动物待在一起的工作人员都应该有多套刷手服和实验室外套，以便于更换。

鞋类应包括一双足以覆盖整个足部的包头手术鞋，以防止尖锐物品和动物的伤害。这可能包括必要时容易洗涤的防滑运动鞋，还包括在大动物周围穿的工作靴，这些鞋和靴不但能更好地保护脚，而且便于清洁。

避免佩戴宽松的首饰，如耳环、手镯和项链，因为它们容易挂住物品或动物，并对人或患病动物造成严重的伤害。要从手指上取下戒指，以避免伤害和损坏。防水手表应该紧贴在手腕上，如果被污染，应易于清洁。许多兽医院都有关于特定身体部位穿刺和文身可见度的规定和条例，这将在员工手册中予以概述。每个员工都应该清楚地了解员工和雇主的期望。

个人防护设备

应佩戴检查手套保护手部免受污染；在处理任何可能具有传染性，或可能以任何方式导致人员受伤或受到污染的动物时，都要使用检查手套。在处理不同的动物之前，应更换检查手套。处理完每只动物后，用温水和抗菌皂彻底洗手。

能力技巧

专业着装

目标：

以专业的方式展示自己，有助于减少污染的传播。

在兽医院工作时应遵循以下准则：

- 所有的服装都应该是合身的，包括刷手上衣和刷手裤子。
- 鞋子要防滑且完全包裹脚部。
- 为了患病动物和人身安全，应佩戴检查手套。
- 不要留长指甲或假指甲，因为它们留有细菌，增加感染的可能性，会伤害到其他人和动物。指甲应该是自然的，不要超出手指的末端。
- 不要戴宽松、大或坠挂的首饰，如手镯、项链、戒指或耳环。这些物品可能被动物挂住或咬住，对人或动物造成伤害。
- 手表限于防水款。
- 头发应该扎于脑后，以便于观察并保持工作区域清洁。
- 文身和面部/身体穿刺是不专业的表现，不应该被客户看到。

能力技巧

个人防护设备

目标：

知道哪些个人防护设备是可用的，以及它们的使用方法和使用需求。

按照以下准则正确使用个人防护设备：

- 在接触化学品、动物和危险材料时始终佩戴检查手套。
- 当进行混合化学品、使用电动打磨钻或其他可能导致眼睛受伤风险的操作时，佩戴护目镜或安全眼镜。
- 当进行刷牙、洗牙、使用大功率设备或存在飞溅物落到面部的风险时，应佩戴面罩和防护罩。
- 在嘈杂的区域（如犬舍）工作时，应佩戴耳塞。
- 给动物洗澡或在手术辅助和隔离病房工作时，应穿戴围裙或长袍。

能力技巧

脱掉手套

目标：

正确地脱掉手套。

流程：

1. 牢牢钩住一只手套袖口下约 5cm 处的外表面（图 32-4A）。
2. 向下拉动抓住的手套，并将手从手套中抽出。脱掉的手套将会外翻（图 32-4B）。
3. 用指尖握住取下的手套，将其收集到另一只戴手套的手掌中。
4. 牢牢地钩住第二只手套袖口约 5cm 以下的内表面。
5. 向上拉戴手套的手，将手从手套中抽出。剩下的手套将从里往外翻出，并将第一只手套放在第二只的里面（图 32-4C）。
6. 将手套丢弃到医疗废物垃圾桶中。
7. 立即用含消毒剂的肥皂洗手，彻底干燥，使用杀菌剂。

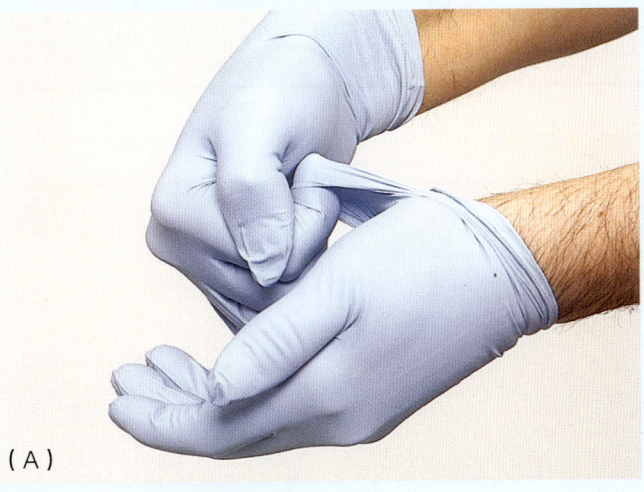

（A）

图 32-4 正确地脱掉检查手套

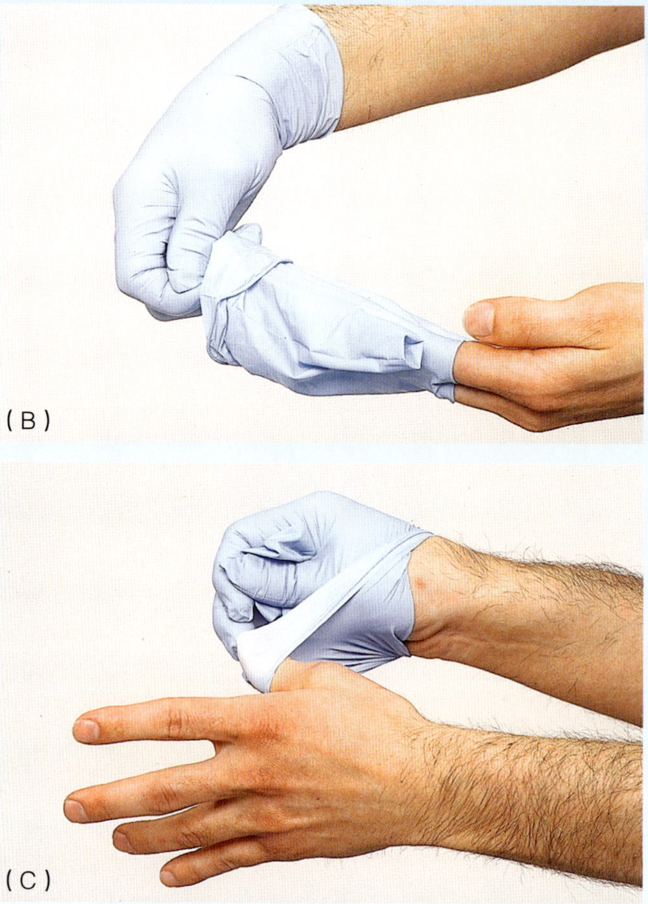

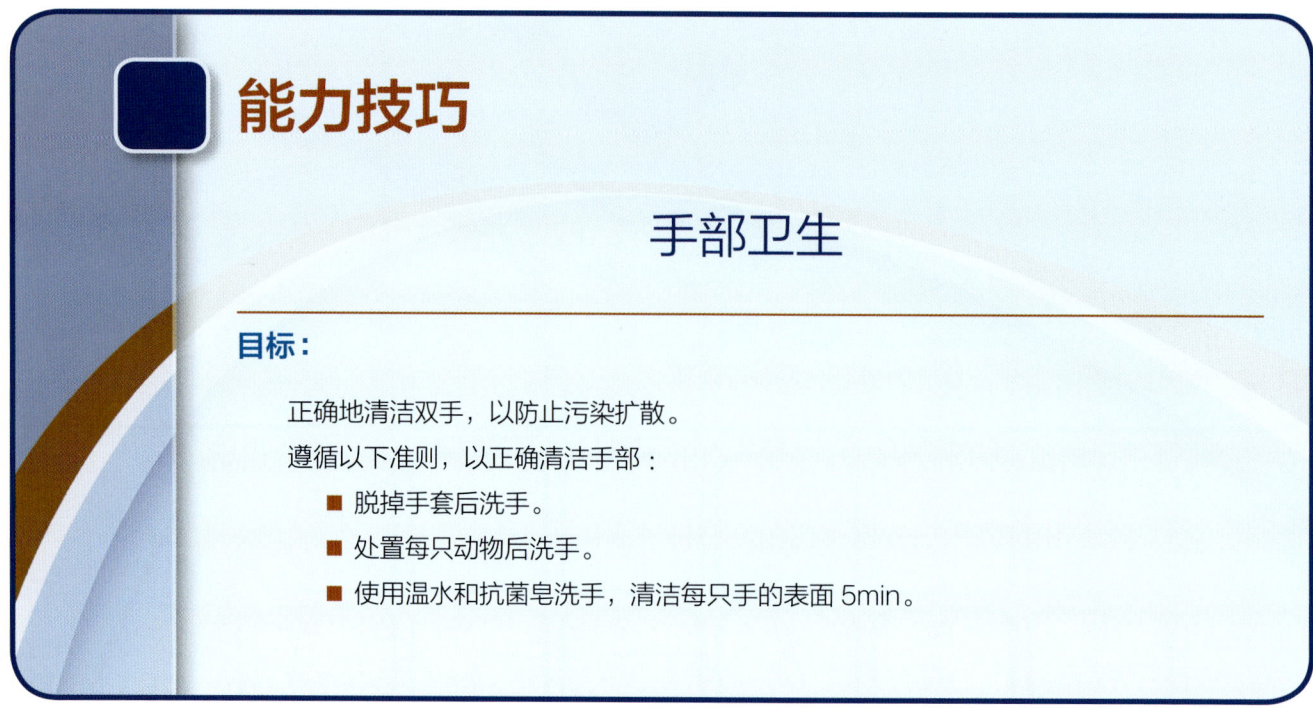

图 32-4 正确地脱掉检查手套

能力技巧

手部卫生

目标：

正确地清洁双手，以防止污染扩散。

遵循以下准则，以正确清洁手部：

- 脱掉手套后洗手。
- 处置每只动物后洗手。
- 使用温水和抗菌皂洗手，清洁每只手的表面 5min。

仪器设备

"锐器"是锋利的仪器和设备，能伤害人或动物并由于伤口或切口的污染而导致传播传染性疾病。锐器材料包括玻璃、针和手术刀片。兽医工作人员必须接受适当的培训，应对这些安全隐患，以预防健康风险。任何能引起穿透伤口的仪器必须放置在锐器箱中，防止污染和传播疾病（图32-5）。通常导致人和动物受伤的其他安全隐患包括沉重的大门和大动物保定设备。手指可能被挤伤或设备本身可能会伤害到人。

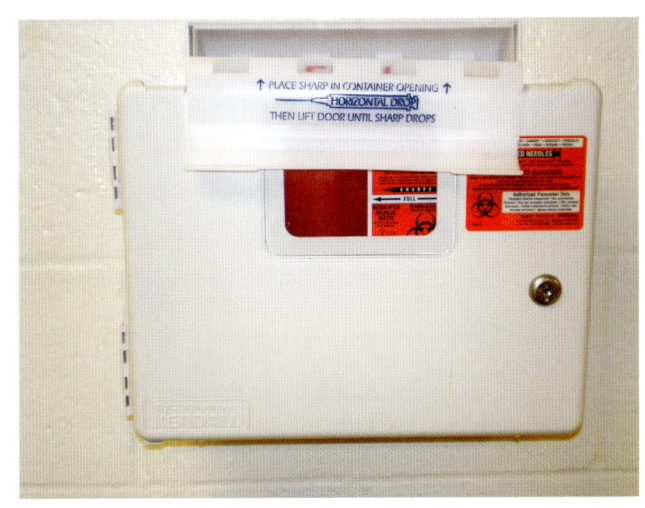

图32-5　任何可能造成划痕、穿透伤或割伤的物体都应放入锐器箱中

能力技巧

生物危害和锐器处置

目标：

识别锐器箱，并妥善处理危险材料。

处理被生物危害材料污染的危险废物时，请遵循以下准则：

- 找到所有生物危害容器（图32-6）。
- 将可能有感染性的废物（针、刀片和任何锋利的材料）放在锐器箱中。
- 将所有体液，包括血液、尿液和粪便，放进医疗废物袋中。
- 将所有手术创巾放进医疗废物袋中。
- 将锐器箱和医疗废物置于适当地点，以便焚化处理或视为医疗废物等待收走。

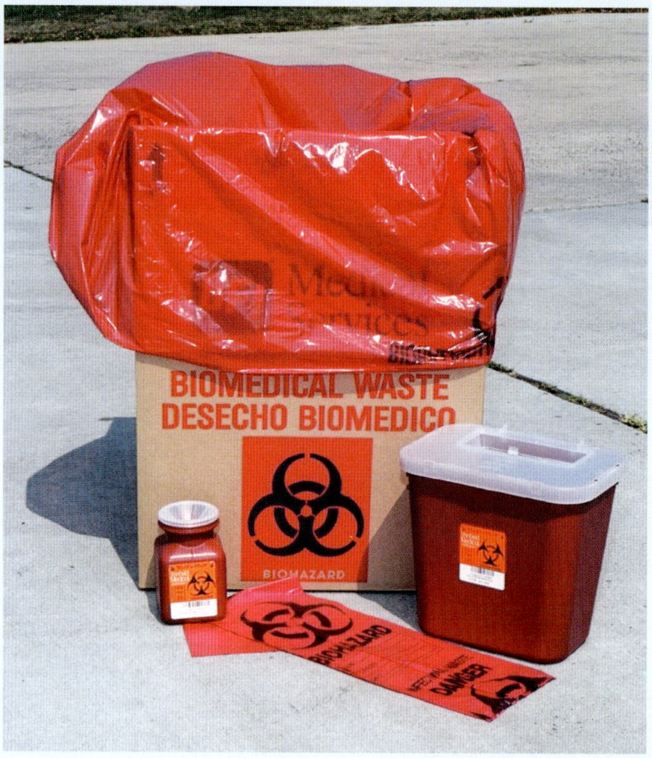

图 32-6　生物危害废弃物应置于红色袋子中，锐器应置于锐器箱中

身体危害

身体危害是能引起人体或动物身体伤害的安全问题。身体危害的例子包括动物咬伤、举起重物时伤害背部、在潮湿的地面上滑倒以及辐射暴露。

动物咬伤和抓伤后应使用温水和肥皂进行清洁，并进行绷带包扎，直至对伤口给予医疗处理（图32-7）。潮湿的地板，应在人们行走、可能滑倒或跌倒的区域放置湿地板警示牌（图32-8）。

化学危害

化学危害是由于暴露而可能引起皮肤、肺、眼睛或其他区域受伤的安全隐患。化学危害包括化疗药物、清洁剂、杀虫剂和麻醉气体。在兽医行业中

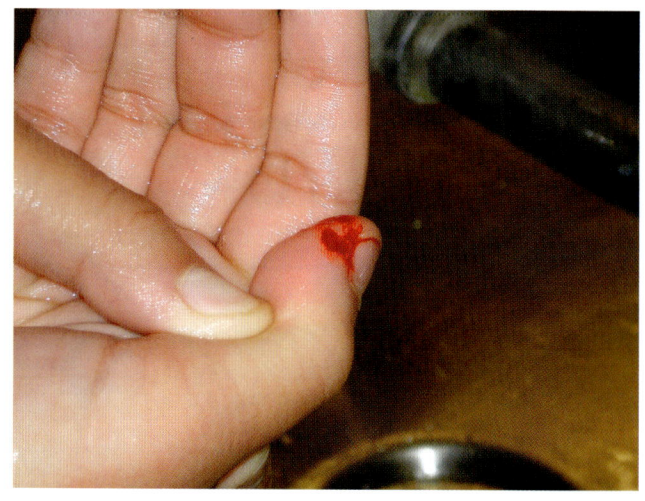

图 32-7　彻底清洁并对工作中造成的任何伤口进行急救。确保遵守兽医院关于事故处理和报告的流程和步骤

第 4 部分　临床操作

人畜共患病危害

人畜共患病危害是安全问题，将传染性微生物传播给人类，导致感染性、病毒性、细菌性、真菌性和寄生虫性传播。病毒会导致不可治愈的疾病，必须完成其病程周期，有些可能是致命的，有些可能不是。病毒的例子是流感或狂犬病。细菌是活生物体侵入人体，引起疾病。真菌是一种活的生物体，通过直接和间接接触侵入身体外部区域。直接接触是通过直接来源（如唾液、笼子或地面）传播疾病。间接接触是通过间接来源（如空气或水）传播疾病。这些间接来源对于正在传播疾病的宿主而言可能导致继发感染。寄生虫是疾病传播的另一种途径。寄生虫可以是原生动物（单细胞的简单生物体），也可以是立克次氏族（通过更复杂的寄生物如跳蚤和蜱吸血来传播）。良好的卫生习惯有助于预防和控制疾病传播。表 32-1 概述了兽医院中的一些常见疾病以及这些疾病的来源。

图 32-8　使用椎体或警示牌警告工作人员和客户地板潮湿或有滑倒的危险

表 32-1　疾病和病原示例

疾病名称	疾病类型
布鲁氏菌病	细菌
犬瘟热	病毒
皮肤癣菌病	真菌
球虫病	原生动物
狂犬病	病毒
莱姆病	细菌
落基山斑疹热	立克次氏体
钩端螺旋体病	细菌
破伤风	细菌
细小病毒病	病毒
肝炎	病毒
弓形虫病	原生动物
蜱麻痹	立克次氏体

使用多种化学危险品，这些化学品可能通过直接接触或吸入性烟雾造成严重的伤害。某些疫苗存在潜在的风险，它们可能导致意外暴露的人患病。处理某些抗生素也可能导致暴露于化学危害中。

生物危害

生物危害是通过身体组织和体液污染生物体，从而给人和动物带来危险的安全问题。生物危害包括血液、尿液、粪便和活疫苗。医疗废弃物是一个值得关注的问题，因为活组织和体液可能具有能引起人畜共患病的传染性和感染性生物体。医疗废弃物可能是手术创巾、绷带材料、被尿液浸泡的床上用品或唾液。

OSHA 指南和法规

1970年颁布的《职业安全与健康法》（OSHA）为所有员工提供安全健康的工作环境和条件。OSHA 指南由美国劳工部制定，规定所有雇主都必须告知员工工作场所潜在的危险和风险，以便每个人都能安全地从事他们的职业。OSHA 监管美国各行业中很多安全方面的业务。兽医工作在以下领域被监管：

- 卫生、清洁和安全。
- 提供清晰标记、足够大小和通畅的安全出口。
- 确保所有用于麻醉和吸氧的压缩气瓶都有正确的标识并处于正常工作状态。
- 在处理化学危险品时提供严格的工作指南。
- 暴露于任何形式的对身体有伤害的情况下，都需要提供眼睛、面部、手、脚、呼吸系统和皮肤的保护装置。
- 提供足够的卫生间设施和清洁的水源。
- 工作中灭火器和喷水系统的维护，以及火灾逃生计划。
- 需要对所有危险机械进行防护。
- 提供无害电动设备。
- 向员工提供所有有关潜在危害的信息，包括 MSDS 黏合剂和 OSHA 事故报告。

材料安全数据表（MSDS）

知情权部门是保存所有 OSHA 活页夹信息和 MSDS 安全表的区域，应允许所有员工访问有关兽医院内所有危险的信息。MSDS 是材料安全数据表，提供各种产品制造商发布的信息，这些信息是关于兽医院内对人可能造成的伤害（图 32-9）。这些产品可以是化学品或物理产品。部分的 MSDS 内容如下：

- 产品名称。
- 制造商信息。
- 危害成分/识别信息。
- 物理/化学特性。
- 火灾和爆炸危险数据。
- 放射学的反应性数据（PEL- 允许的暴露极限）。
- 危害健康数据。
- 安全操作和使用的注意事项。
- 控制措施。

Ⅰ - 产品标识			
公司名称：We Wash Inc.		电话号码：(314) 621-1818	
夜间电话：(314) 621-1399			
化学品运输紧急应变中心（CHEMTREC）		电话：(800) 424-9343	
地址：5035 Manchester Avenue Freedom, TX 79430			
产品名称：Spotfree		产品编码：2190	
别名：器皿洗涤剂			
Ⅱ - 混合物的有害成分			
材料： （CAS#）	湿度百分比	阈限值	允许暴露限度
根据 OSHA 危害通报	不适用	不适用	不适用
标准：29 CFR 1910.1200，本产品不含有害成分。			
Ⅲ - 物理数据			
蒸气压，mmHg：不适用		蒸气密度（空气 =1）60~90F：不适用	
蒸发率（乙醚 =1）：不适用		挥发性重量百分比：不适用	
在水中的溶解度：完全		1%溶液 pH 值 9.3~9.8	
凝固点 F：不适用		分布的 pH：不适用	
沸点 F：不适用		外观：灰白色颗粒状粉末	
水比重 =1@25℃：不适用		气味：轻微的化学气味	

图 32-9　材料安全数据表

Ⅳ – 火灾和爆炸

闪点 F：不可知　　　　　　　　　　　　　　　　　　易燃极限：不适用

灭火介质：本产品非易燃或易燃。使用适合主要火源的介质。

特殊灭火程序：在扑灭任何涉及化学物质的火灾时应小心。自给式呼吸器是必要的。

异常火灾和爆炸危害：未知。

Ⅴ – 反应性数据

稳定性：应避免的条件为未知。

不相容性：碳酸盐或碳酸氢盐与酸接触可释放大量的二氧化碳和热量。

危险的分解产物：在火灾情况下，热分解可能导致硫氧化物的释放。

有害聚合条件：不适用

Ⅵ – 健康危害数据

过度暴露的影响（医学病症加重/靶器官影响）

A. 急性（主要接触途径）眼睛：产品颗粒可能会对眼睛造成机械刺激。

皮肤（主要接触途径）：长时间、反复接触皮肤可能导致皮肤干燥。

食入：如果吞咽，预计不会有毒；然而，可能发生胃肠道不适。

B. 亚慢性，慢性，其他：未知。

Ⅶ – 急诊和急救程序

眼睛：如果接触，用水彻底冲洗 15min。如果刺激持续，请就医。

皮肤：用流动的水冲洗并干燥。使用后务必洗手。

食入：如果吞咽，大量饮水，并请医生处理。

Ⅷ – 溢出或泄漏程序

溢出管理：尽可能清扫材料并重新包装。

溢出的残余物可用水冲洗至下水道。

废物处理方法：按照联邦、州和当地的法规处理。

Ⅸ – 保护信息/控制措施

呼吸：不需要　　　　　　　　眼睛：安全眼镜　　　　　　　　手套：不需要

其他服装和设备：不需要。

通风：正常。

Ⅹ – 特殊注意事项

操作和储存时的注意事项：避免接触眼睛。避免长期或反复接触皮肤。

处理后彻底清洗。不使用时请关闭容器。

附加信息：远离酸储存。

编制人：D. Martinez　　　　　　　　　　　　　　　　　　修订日期：04/11/__

卖方保证关于本产品的使用说明全部标注在标签上。

当使用和/或处理违反标签说明时，买方承担使用和/或处理本材料的所有风险。

虽然卖方认为本文包含的信息是准确的，但此信息仅供其客户在特定使用条件下考虑和验证。此信息不被视为卖方承担法律责任的任何类型的保证或声明。

图 32-9　材料安全数据表（续）

OSHA活页夹应包括安全计划：急诊状态下的疏散计划；水、煤气和电断路器的位置；灭火器的位置；紧急电话号码（包括警察、消防部门和紧急服务公司）。兽医院内的所有化学品、消毒剂和其他物品都应贴有危险警告标签，以标明可能对身体系统有毒。危险标签应标明产品名称、对身体系统或器官的影响、在使用该产品时必须使用什么个人防护设备及包括可识别的危险品图片（图32-10）。此外，兽医院要有应急和个人防护设备，例如，安全眼镜或护目镜、乳胶和塑料手套、耳塞和防辐射装置。要指定1名人员监督所有新员工在实践中的安全培训，并设计每年一次的OSHA安全会议，以审查有关员工安全的所有最新信息。员工有责任阅读和理解兽医院的操作安全手册和条例，了解所有安全设备的存放位置和使用方法。学习如何正确阅读MSDS安全表也是员工的责任。许多实践都有文件和事故报告，一旦发生伤害事故必须归档。未报告事故可能会导致违反法律要求，从而可能会拖延必要的保险索赔和福利的进程。

表32-2列出了每个兽医院应安装的安全设备。

样 本

化学物品明细表

更新日期 _____

牙科办公室 _____

化学名称	危害等级				物理状态	制造商	备注
	(H)	(F)	(R)	(P)			

（H）健康	（F）火灾危险	（R）反应性	（P）保护
0- 最小	0- 不会燃烧	0- 稳定	A- 护目镜
1- 轻微	1- 轻微	1- 轻微	B- 护目镜/手套
2- 中度	2- 中度	2- 中度	C- 护目镜/手套/工作服
3- 严重	3- 严重	3- 严重	D- 护目镜/手套/工作服/面罩
4- 极度	4- 极度	4- 极度	E- 护目镜/手套/面罩
			F- 手套
			G- 面罩/手套

图32-10 每个MSDS活页夹应包含化学品列表和可能产生的健康危害

表32-2 兽医院中的安全设备

灭火器	安全眼镜/护目镜
检查手套（乳胶和乙烯树脂材料）	潮湿地板警示牌
警告标签	生物危害标志牌
放射危害警示牌	铅围裙、手套和甲状腺护具
耳塞	麻醉气体清除系统
洗眼设备	锐器箱
医疗废物袋	

管制药品

管制药品是可能存在的滥用和成瘾的药物，根据法律必须保存在上锁的柜子中。这些药物由药物强制管理局（DEA）监管。药物使用是受控的，根据可能存在的滥用情况列于下表中，从表 I 到表 V，V 代表最低程度的滥用和成瘾，I 代表最高程度（表32-3）。

表32-3 药物分类

一类药：没有医疗用途 – 高度滥用（非法物质，如大麻）
二类药：可接受的医疗使用 – 高度滥用（如吗啡）
三类药：可接受的医疗使用 – 中度滥用[如苯巴比妥（癫痫）]
四类药：可接受的医疗使用 – 低度滥用（如含可待因的泰诺）
五类药：可接受的医疗使用 – 非常低的滥用（如液体咳嗽药物）

根据 DEA 法律法规，兽医需要获得 DEA 许可证才能购买和销售管制药品。许可证必须由 DEA 每年审定，注册号码必须写在所有的处方上，管制药品日志必须始终保持准确，并在文档中保存 2 年，所有列表的药物必须始终上锁保存。管制药品日志需要的信息必须准确记录，并随时可供检查。表32-4 列出了兽医规定的每种管制药品必须保存的必要法律信息。

表32-4 管制药品日志所需信息

药物名称	药物强度
使用日期	客户名称
患病动物姓名	使用剂量
剩余的数量	最初的管理者

能力技巧

《职业安全与健康法》（OSHA）兽医院计划

目标：

了解医院安全计划，并知道需要启动计划时该计划应发挥什么作用。

准备：

- OSHA 计划、安全活页夹、政策和流程手册、MSDS 活页夹。

流程：

1. 复习兽医职业安全与健康管理（OSHA）计划。
2. 识别工作区中的所有危害（物理的、化学的、人畜共患的和生物的）。
3. 找到 MSDS 活页夹。
4. 审查危险物品的安全标签。
5. 了解医院的应急程序（事故、危险材料泄漏、消防疏散、气体释放）。
6. 检查患病动物疏散的紧急程序。
7. 找到灭火器。
8. 找到所有 PPE（个人防护装备）。
9. 找到处理锐器的容器和收集医疗废弃物的地方

能力技巧

目标：

正确地提起物体而不造成伤害。

提起重物时遵循以下准则：

如果物体超过 20.4kg，则须多人抬起。

为了提起物体，每个人都应该站在适当的位置上。

弯曲膝盖并保持后背挺直。

提起物体并移动到所需位置。

小结

所有兽医院员工必须接受适当的安全防护培训，并掌握所有安全计划的相关知识。MSDS 安全表应易于所有员工阅读和查看。其他信息和 OSHA 法规可在网上获得，网址为 http://www.osha.gov 或 1-800-321-OSHA（6742）或美国劳工部，OSHA，200 Constitution Avenue，华盛顿哥伦比亚特区 20210。

复 习 题

1. 兽医行业中发现的 4 种类型的危害是什么？
2. OSHA 代表什么？
3. OSHA 在兽医行业的重要性是什么？
4. 人畜共患传染源的 4 个类型是什么？
5. 直接和间接接触有什么区别？请举例。
6. 什么是 MSDS？
7. MSDS 的部分是什么？
8. 什么是 DEA？
9. DEA 在兽医学中的重要性是什么？
10. 什么是管制药品？
11. 在管制药品日志中哪些信息必须依法保存？

临床案例

Glenmoor 兽医诊所的一名新兽医助理 Jessica 下午在检查术后的患病动物。执行日常手术的兽医 Miles 要求 Jessica 检查每个患病动物的所有疼痛或出血症状。Jessica 仔细查看每只动物，打开和关闭每个笼子，观察每个动物的疼痛症状。她还查看每个动物的手术切口。在接触每个患病动物时，她没有戴手套，也没有洗手。她还决定为每只动物喂少量的食物和水。比格犬，Daisy，看起来极度困倦。她给了 Daisy 一条新毛巾，轻轻地拍拍头。另一只患猫，名叫 Rascal，当天被去爪，试图啃咬绷带。Jessica 笑着说："哦，Rascal，你想嚼你的靴子吗？"她用一条大毛巾包好了猫，认为这会避免啃咬绷带。她轻轻地关掉灯，打

开收音机，调一个频道，然后离开了术后病房。

- Jessica 什么做正确了？
- Jessica 做错了什么？
- Jessica 应该在手术室里做什么？

第 33 章 兽医环境卫生和无菌术

学习目标

学习完本章后，读者应该能够：
- 阐明兽医行业的环境卫生的类型。
- 讨论维护动物医院环境卫生的方式。
- 描述动物医院常用消毒剂。
- 说明选择消毒剂的注意事项。
- 讨论动物医院需要保持清洁的重要区域。
- 识别影响动物医院清洁的因素。
- 描述无菌术。
- 讨论隔离病房的重要性。

引言

动物医院的卫生维护和清洁，为员工、客户和患病动物都提供了安全有效的保障，对预防疾病传播也非常重要。环境卫生、消毒及无菌术是保证动物医院清洁的有效措施。所有员工都需掌握动物医院的清洁、消毒和灭菌等相关技术知识。当客户进入动物医院时，闻到的气味和看到的陈列将是他们对动物医院的第一印象，这对于客户来说非常重要。

维护环境卫生的方法

动物医院有很多维护环境卫生的方法。环境卫生是保持一个区域干净整洁的重要程序，包括保持动物医院整体面貌陈列的整齐和气味的控制。环境卫生类型取决于设施的位置、区域的用途以及用于卫生目的的化学制剂或产品的类型。首先，理解消毒的标准很重要。清洁是物理清除污垢和有机物，如粪便、血液和头发等所有可见物的过程。消毒是通过物理或化学手段摧毁无生命物体上的大多数微生物的过程（图 33-1）。灭菌是利用化学物质和/或压力下的极端高温或低温来杀灭物体上的所有微生物和病毒的过程。

图 33-1　动物笼子的消毒

物理清洁

物理清洁是动物医院中控制环境卫生最普遍的方法，用喷洒了化学消毒剂的拖把、海绵或抹布去擦拭物体。物理清理方法包括清扫、拖地和将笼子里的粪尿清理干净。物理清洁是将诊所内的所有设备表面的污垢、碎屑和有机物清理干净，还有各区域的消毒，以防疾病的传播（图 33-2）。

低温灭菌法

低温灭菌是将各类用具浸泡在化学消毒剂中杀菌以供重复使用的过程。冷盘中装有一种可作为杀菌剂的化学物质（图33-3）。指甲剪、刷子、气管插管和一些外科手术剪之类的物品可通过低温灭菌技术进行处理，这些用具都是可重复利用的，并且要求灭菌过程简单快速。表33-1列出了常用的低温灭菌溶液。

图33-2 物理清理方法——拖地

灭菌

灭菌是杀死物体表面所有生物体的过程。灭菌主要用在检查室、处置室和手术室，确保台面和仪器无菌。下面介绍几种灭菌方法。

图33-3 低温灭菌盘

表33-1 常用低温灭菌溶液

溶液名称	用法	作用时间	稀释方法
洗必泰	用水稀释后擦拭、浸泡、拖洗和喷洒在外部的有生命或无生命物体上	5min	每3.8L水加28.4g或2汤匙
双氯苯双胍己烷溶液	用水稀释后擦拭、拖洗和喷洒在无生命物体表面上，或浸泡无生命物体	10min	每3.8L水加28.4g或2汤匙
鲸蜡醇酸-G	用水稀释后浸泡无生命物体	40min	每3.8L水加60mL 每0.95L水加15mL
粉色杀菌剂	用水稀释后浸泡无生命物体	4min	每0.95L水加10mL

干热或焚化灭菌法

干热是将物品置于极高的温度下或焚烧的灭菌方法。焚化炉是用来焚烧那些有可能传播疾病的物品的装置。焚化具有传染性的或人畜共患的生物危害物、医疗废弃物或动物尸体是十分必要的。这种方法要求将所有物品都烧成灰烬以防疾病的传播。

高压蒸汽灭菌法

另一种常用的灭菌方法，即使用高压蒸汽灭菌器进行灭菌，常用于手术器械。高压蒸汽灭菌器是一个密闭的容器，在高温高压蒸汽的作用下杀灭物体表面的所有生物（图33-4）。

图33-4　高压灭菌器

辐射和超声波灭菌法

另一种灭菌方法是利用辐射或超声波。辐射是使用紫外线或γ-射线来杀灭病原微生物。超声波是高频率的声波，通过使液体震颤来冲洗物体表面的组织碎片。使用超声波清洗仪是常用的灭菌方法。

过滤

另一种维护环境卫生的方式就是在医院里进行过滤。过滤是利用物理屏障将空气中的颗粒物质清理掉，常用于实验室或研究区域。通常需要一个独立的房间，这是进入动物房或动物饲养区之前要进入的房间。对这个房间进行加压，防止病原生物被携带进入到室内。通常，在进入动物饲养区之前，人须进入过滤区域更换无菌服装和个人防护设备。

维持兽医环境卫生的化学制剂和清洁剂

动物医院有很多常用的化学制剂可用于清洁、消毒和灭菌。使用化学制剂时要多加注意，有些化学制剂对人、动物或二者都有伤害。当然，有些化学制剂可能产生蒸汽，如果被吸入的话也会造成伤害。还有的化学制剂如果触及皮肤和眼睛会导致灼伤。因此，在混合或处置任何化学制剂的时候都要十分小心。始终注意阅读化学制剂瓶体标签或化学制剂安全说明书（MSDS）以确定化学制剂的安全性是很重要的。只有在戴着实验手套的时候才能处理或使用化学制剂。在使用化学制剂及混合或稀释化学制剂之前，认真阅读所有的标签和操作指导是很重要的。有些清洁剂也许可以在某一个地方使用，但却不能在另一个地方使用。如果用在地板上的化学液体可能伤害动物，那就不能用于清理笼子和处置台。

抗菌剂是消灭病原微生物或阻止它们在活体组织上生长的液体，是有效的消毒剂。消毒剂具有不同的特性，会影响其使用及有效性。消毒剂的特性如下：

- 消毒谱——指该试剂可以杀灭的病毒、细菌或真菌的种类范围。
- 试剂的浓度——溶液的作用强度。有些试剂在使用前必须稀释，而有些可以直接使用。
- 试剂的作用时间——消毒剂需要在物体表面停留多久后再清理掉。
- 适合表面使用——该类型试剂使用后要清理掉。
- 抑制因素——使用一种消毒剂时要避免使用另一种。
- 毒副作用——该试剂对人或动物的危害作用。

动物医院中常用的试剂归纳如表33-2所示。

表33-2 常用的兽用清洁剂和消毒剂

清洁剂	试剂的类型	用途
洗必泰溶液（双氯苯双胍己烷）	消毒剂	用于非生物体，用水按1:40稀释 用于低温杀菌 保持2d活性 肥皂对其有抑制作用
洗必泰擦剂（双氯苯双胍己烷）	消毒剂和杀菌剂	用于人和动物体 用于外科手术的准备 无菌准备 保持2d活性 肥皂对其有抑制作用
次氯酸钠或氯漂白剂	清洁类消毒剂	注意气味和水蒸气 对皮肤有毒性 作用于所有生物体
粉色杀菌剂	杀菌剂	用于非生物体，用水稀释 用于低温消毒，对皮肤有毒性
仪器清理乳液	清洁类消毒剂	用于外科手术器械和仪器 用于低温消毒
Roccal-D	消毒剂	用水稀释使用 对皮肤有毒性
柑橘Ⅱ	清洁类消毒剂	用水稀释使用 有香味 用于非生物体
乙醇或异丙醇	消毒剂和杀菌剂	需要长时间作用才能杀菌 浓度70% 生物和非生物体都可用
碘酒或必妥碘	消毒剂和杀菌剂	戴手套使用，以防污染皮肤 生物和非生物体都可用 2%的溶液——皮肤消毒按1:10稀释；组织灌洗按1:100稀释 外科手术中擦拭溶液 酒精或有机物质影响活性 保持4~6h活性
季氨盐	消毒剂	对皮肤有毒性，蒸汽有毒性 和其他化学制剂混合时要注意 用于非生物体
甲醛	消毒剂	组织防腐剂 甲醛蒸汽有毒，对皮肤也有很高的毒性，很少用 可以引起癌症
过氧化氢	杀菌剂	用于清洁患病动物，尤其是血液和皮肤伤口 使用3%~20%浓度

能力技巧

物质或消毒剂的稀释

目标：

在医院正确地使用消毒剂，使其具有最好的消毒效果。

准备：

- 消毒剂、个人防护用品、容器、稀释剂。

流程：

1. 将所有的消毒剂收集到一起。
2. 使用化学制剂时要戴防护眼镜和手套。
3. 收集不用的容器，如桶或瓶子。
4. 按照标签所示稀释产品。用注射器量取需要量。
   - 1茶匙 =5mL。
   - 1汤匙 =15mL。
   - 1盎司 =30mL。
5. 向容器中加入水。
6. 容器不要过满，要留空隙。
7. 再将盖子盖在容器上，将从瓶中溢出的试剂擦拭掉，然后储存起来。

手部卫生

良好的卫生习惯包括勤洗手（图33-5）。为了保障动物和其他员工的安全与卫生，让每一位在兽医健康护理领域工作的人都掌握正确的洗手技术是非常重要的。疾病传播的最常见途径就是通过直接的手接触。以下情况需要洗手：

- 上完厕所后。
- 咳嗽后。
- 打喷嚏后。
- 脱掉检查手套后。
- 接触或处置其他动物后。
- 拿过钱后。
- 与人接触后（握手）。
- 与明显患病的人接触后。
- 碰过电话后。
- 碰过门把手后。
- 使用电脑键盘后。

正确的洗手程序是先用抗菌肥皂，然后用手部消毒剂处理（图33-6）。员工应避免佩戴首饰、人工美甲和留长指甲，因为这会引起不必要的污染。由于洗手频繁，所以要使用润肤膏来保护手部皮肤。要在医院中张贴洗手标识，提醒所有员工洗手。

第 4 部分 临床操作

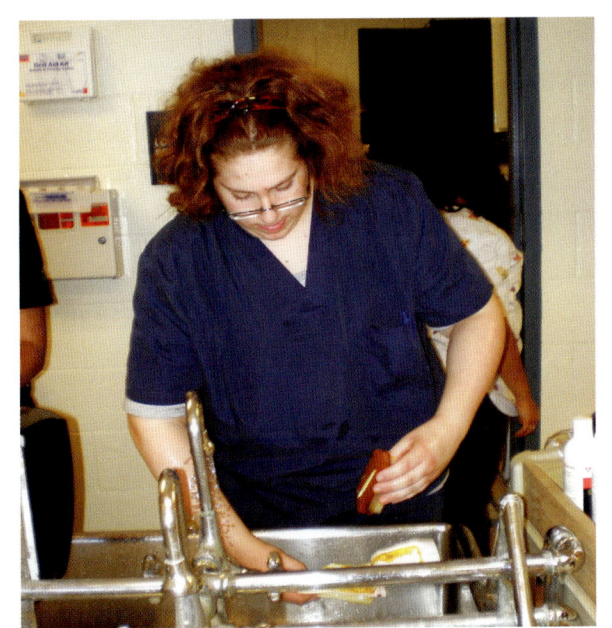

图 33-5 正确的洗手方法是防止疾病传播的关键

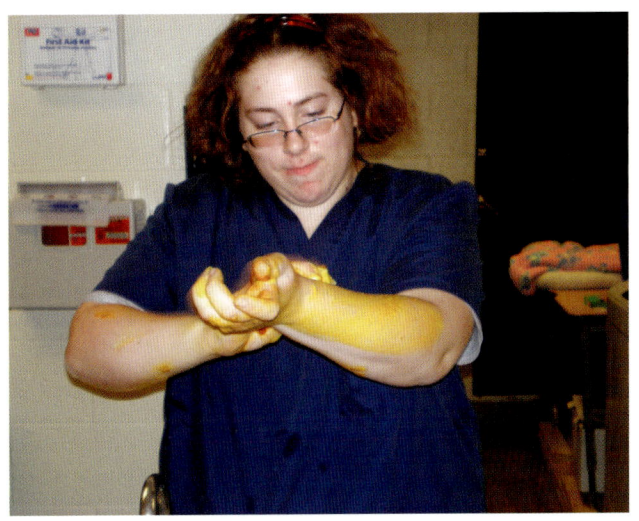

图 33-6 开始洗手时要用抗菌溶液

能力技巧

洗手

目标：

正确有效地洗手，防止自己、患病动物和客户之间交叉感染。

准备：

- 抗菌皂、温水槽、擦手纸巾、洗手液、护手霜。

流程：

1. 收集纸巾。
2. 用温水将手润湿。
3. 将抗菌皂放在一只手掌中，用 5 美分硬币大小的量。
4. 双手用力一起摩擦，从手腕到整个手都要涂上泡沫，持续 15~30s。
5. 手部都要覆盖到，包括手背和指间。
6. 彻底的冲洗手部，将水从皮肤上冲下去。
7. 用纸巾将手完全擦干。
8. 用纸巾关闭水龙头和开门。
9. 将区域清理干净。

415

家务管理和整体清洁

动物医院常规清洁中最重要的问题就是营造良好的卫生，并对气味进行控制。清洁必须是每个工作人员的优先事项。如果一个区域看起来干净，但是气味很差，那么清洁度就没有达到。兽医诊所的许多区域都需要日常清洁和常规消毒。为了工作人员和患病动物的安全，有些区域需要保持无菌状态。高流量和动物接触的区域要求重复清洁与维护环境卫生。医院里的不同区域应该制定不同的清理制度。让所有的工作人员都必须熟知医院整体的消毒制度和清洁方案是非常重要的。

要制定每天和每周的清洁计划。严格要求洁净的区域和物体每天都清理（图33-7）。每个员工都要遵守卫生制度，事后将自身、所使用过的设备和仪器都清理干净。每天保持医院的清洁卫生是每个人的责任。这个职业需要保持作为兽医专业人员可能需要履行职责的开放心态。这就要求兽医助理要保持医院清洁、动物清洁和设备维护，包括动物的洗浴和美容、笼子和犬舍消毒、草地维护。兽医助理必须熟悉医院的清洁和消毒方法以及可供使用的化学制剂。

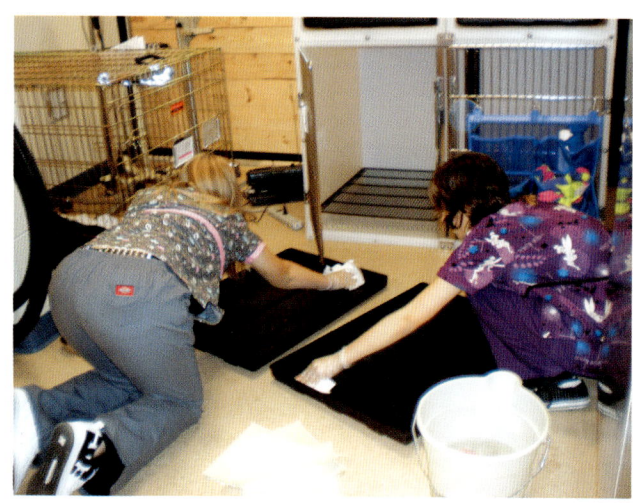

图33-7 动物的排泄底盘必须每天清洁

关于清洁的一些规则需要注意：
- 从上至下对物品进行消毒。
- 从室内后面向门或出口进行消毒。
- 可用毛巾、床单或报纸清洁动物和笼子。

所有的兽医团队成员都要秉承"离开时清洁好"的态度，以保持设施的清洁和安全。这意味着把物品归回原处、使用后更换物品、整理手术后的区域、除尘和清扫以及清理可能存在的混乱状态。这种做法有助于减少疾病的传播。可以考虑很多因素来减少疾病对动物和人类的传播，包括如下内容：
- 限制动物排尿排便的区域。
- 定期清理和更换围栏及笼子里的卧具。
- 清除吃剩的食物。
- 更换和清洁水源。
- 更换污染的衣物。
- 最后治疗隔离动物。
- 离开时清理好。
- 使用适当的气味控制。
- 清理地毯和座椅。
- 擦拭墙壁和门。
- 处理动物的时候戴手套。
- 准备两套换洗的工作服。
- 清理停车场和走廊。

清理后要进行适当的消毒。清洁表面取决于表面是光滑的还是粗糙的。此外，还必须考虑表面的可清洁性。有些物品最好用吸尘器或拖把清洁。织物需要适当的洗烫清洁。被毛是兽医诊所中最常见的问题，必须将所有地面上的被毛都清理掉，然后进行适当的消毒。被毛会在诊所内飞扬，引起污染或疾病传播。清扫、吸尘、除尘和拖地应该是日常清洁的常规部分。窗户和玻璃门也要清洁。表33-3列出了动物医院中需要清理的各个区域。

表33-3 动物医院需要清理的区域

检查台	台面	水槽和水龙头
洗浴盆	桌面	地板
墙面	照明开关	笼子/犬舍
门把手	秤	抽屉把手
窗户和玻璃	橱柜和架子	厕所
仪器	设备	计算机键盘
隔离病房	外科手术室	X线机摄影床
电话	检验室	空气过滤器

能力技巧

清洁笼子或犬舍

目标：

妥善清洁动物排泄底盘，消除感染传播的风险。

准备：

- 消毒剂、垃圾桶、个人防护用品、水桶、海绵。

流程：

1. 清除所有卧具、玩具或碗。
2. 将脏卧具放到洗衣区，用适合的洗衣液清洗。
3. 将所有的玩具和碗用适合的肥皂水和消毒剂浸泡消毒。
4. 用纸巾清理所有粪便、尿液或其他污物，将其丢弃到垃圾箱或医用垃圾箱内。
5. 用适当的消毒液和温水清洗笼子或犬舍墙的所有侧面，包括门、栅栏和门闩。使用的抹布需要在消毒液中浸泡。
6. 用硬刷清理墙上或其他区域用抹布不易清理的污渍。
7. 喷洒在笼子等物品上的消毒剂要有足够的作用时间。
8. 用温水冲洗。
9. 将所有物品烘干。
10. 消毒或洗涤所有清洁物品。
11. 每天擦拭所有的照明开关、门和犬舍的围栏。
12. 根据需要补充清洁用品。

 **能力技巧**

台面和物料的清洁

目标：

了解如何维护和清洁动物医院的所有台面。

准备：

- 消毒剂、桶、海绵、个人防护用品。

流程：

1. 评估需要清洁的台面区域。
2. 评估在动物医院区域所用的清洁剂和消毒剂的安全性。
3. 拂去所有区域的碎屑和被毛。
4. 清扫或用吸尘器吸附地面上的碎屑和被毛。
5. 拖洗所有地面并放置地板湿滑标志，以确保安全。
6. 将所有湿的区域擦干，以防形成水纹。

 **能力技巧**

洗衣服

目标：

妥善洗涤并保持动物医院中床单和衣物的清洁。

准备：

- 消毒剂、洗衣机、烘干机。

流程：

1. 将脏衣物按照材质和大小分类放置。

2. 在洗衣机中提前浸泡脏衣物。
3. 设置洗衣机的水温和容量循环，通常从温水到热水。
4. 加入洗衣液洗涤卧具和其他衣物。
5. 当洗衣流程完成后，将衣物放到烘干机中。
6. 烘干后将衣物叠整齐放到密闭的柜子里存放。

检查室的环境卫生

检查室的环境卫生是安全和疾病控制的重要部分。不仅检查室的卫生很重要，设备、工具和用品的清洁和适当消毒，员工良好的卫生习惯和适当的洗手技术也很重要。

每个患病动物离开后、每天下班前都要清洁检查室卫生，包括清扫碎屑和被毛。打扫的顺序最好从上至下、从干燥处至潮湿处。这样可以防止灰尘、碎屑和细菌等传播到洁净的区域。要先打扫检查室中污垢和碎屑最多的区域。从起点开始顺时针方向打扫整个室内，这样每个区域都能打扫到，不留死角。使用喷雾消毒剂消毒桌面和工作台面时，喷洒足够量的消毒剂后擦拭，放上正在消毒的标签，确保充足的消毒时间。用抹布或海绵蘸取混合化学制剂后，确保消毒区域清理干净并擦干，防止产生水纹。清洁时经常使用上下动作或左右动作以确保所有面都清洁到。要选择能在动物周围安全使用的、尽量少产生甚至不产生味道的化学制剂，以免刺激动物的呼吸系统。

要定期清理垃圾，以免产生气味和传播疾病。喷洒和擦拭空垃圾桶，然后换上新的垃圾袋。将所有尖锐的废弃物品放置于有害垃圾物或专门的锐器箱内。当锐器箱装满时，确保其安全封装，然后置于待运地点。

在每个检查室内都要放置低温灭菌托盘，使器械和设备浸泡在消毒液中以确保消毒。当器械放在低温灭菌托盘时，首先要用消毒剂擦掉所有的血渍、碎屑或身体排泄物。然后将器械完全浸泡在低温灭菌托盘中。根据消毒液标签所示选择浸泡时长。大部分情况下，平均浸泡时间都低于5min。浸泡后将器械从低温灭菌托盘中取出，用温水冲洗后完全擦干，防止生锈。根据用量定期更换低温灭菌托盘中的化学消毒剂。

检查室地板的所有区域，在拖洗前都要将碎屑扫除或用吸尘器吸净。可以用拖把桶或大的推车拖把拖洗。一个拖把桶仅用于一个检查室，防止疾病的交叉传播。在拖地之前，应在该区域附近放置地板湿滑标志。拖把桶中放入适量清洁剂溶液和温水。将拖把放在带有清洁剂的水中涮洗后拧水，保持潮湿状态。从检查室最远的角落沿着墙根纵向拖地，剩下的区域八字形拖地。当拖布变干时再加消毒液重复拖洗。朝门的方向拖，让地面自然风干。当桶中水变得明显浑浊时要马上更换。拖完后将空拖把桶置于安全的地方。拧干拖把后放置，自然晾干。所有的拖把要定期彻底洗涤干净，决不能用脏的或有味儿的拖把拖地。

能力技巧

清理检查室和手术室

目标：

保持检查室和手术室干净无菌。

准备：

- 消毒剂、桶、海绵、个人防护用品、垃圾桶。

流程：

1. 收集使用过的物品，扔进垃圾箱或医用垃圾箱。
2. 清理有被毛和其他碎屑的区域。
3. 人和动物接触的所有区域都用消毒液消毒，再用纸巾擦干。
4. 清扫或用吸尘器吸净地面。
5. 拖洗地面。放置地板湿滑标志，以确保安全。

能力技巧

清洁外科手术器械

目标：

清洁和消毒外科手术器械以防疾病传播。

准备：

- 消毒剂、杀菌工具、个人防护用品。

流程：

1. 将所有的器械放入盛低温消毒液的托盘中。

2. 用钢丝刷将所有物品上的组织碎屑都擦洗干净，然后用器械清洗乳液或清洁剂冲洗。
3. 用蒸馏水冲洗。
4. 如果有大量的残渣组织碎屑，用超声波清洗仪清洗。将所有物品放到清洁剂中浸泡。
5. 按照厂商的建议操作。
6. 从清洁剂中取出，并用蒸馏水冲洗。
7. 烘干器械。
8. 在器械清洗乳液中浸泡 30s，使其润滑。
9. 将所有铰链器械打开晾干。

能力技巧

无菌和无菌术

目标：

正确维护动物医院的无菌状态。

准备：

- 消毒剂、个人防护用品、适当的废物容器。

流程：

1. 按照处置传染性动物的标准对待每一只患病动物。
2. 穿上防护服或实验服，保护自身衣物和患病动物。
3. 佩戴口罩、护目镜、脚套和发套（必要时）。
4. 将患病动物或人使用和接触的所有物品进行消毒。
5. 将传染性动物进行隔离。
6. 将所有一次性物品放入垃圾袋或医疗垃圾袋中。
7. 在低温托盘中浸泡、清洁和消毒所有非一次性物品。
8. 将使用过的卧具放在洗衣区，以便引起明显注意。
9. 摘下检查手套后洗手，使用抗菌肥皂和洗手液。
10. 接触传染性动物或任何体液时更换隔离服。

无菌术

动物医院中最重要的原则就是保持无菌术。无菌和无菌术是指保持环境无菌，使环境没有疾病和污染传播，这对手术室至关重要。无菌术决定动物医院如何清洁、仪器设备如何清洁以及如何执行手术和医疗程序。破坏了无菌术，就可能导致感染、疾病和患病动物死亡。

无菌术包括频繁洗手、处置动物或其他可能的污染物时戴手套、用消毒剂清理所有物体表面防止疾病传播。当人引起动物疾病和污染传播时，称为院内感染。院内感染可能发生于未经灭菌的外科操作、未经清洁的手或器械接触健康动物，或让传染病患病动物与健康动物接触。

隔离病房

动物医院病房要根据疾病类型和患病动物护理的需要来安排，包括健康动物、门诊患病动物、外科患病动物、内科患病动物和传染病患病动物的病房。传染病患病动物要安排在隔离病房，与健康动物分开。将同类患病动物分组居住对所有动物和员工都安全。每间病房都应该有其自己的医疗用品、清洁剂、消毒剂和仪器设备。隔离病房的物品永远不许移到别处。脏衣物和卧具需要与其他的洗涤物品分开清洗和消毒。要在所有笼子和门上留下标签，详细说明住在病房的患病动物的传染病类型。所有进入的员工都要戴检查手套、穿无菌服、戴防护面具、穿鞋套和戴发套（图33-8）。在隔离区使用的所有物品都要丢弃，要么扔掉，要么每次在隔离病房中使用后适当消毒。

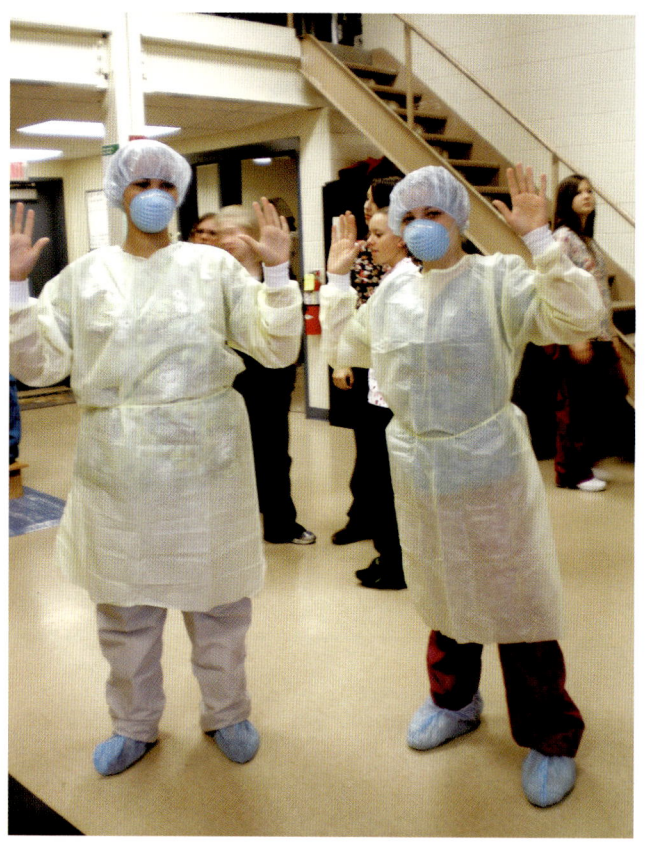

图33-8　在隔离病房工作必须穿上防护服

小结

环境卫生涉及动物医院的清洁和消毒，可以控制动物医院中表面的、空气中的和其他物体上的生物体的传播。动物医院所有员工都必须执行环境卫生的流程标准。做不到高标准的消毒和卫生条件，将会导致患病动物伤害、客户流失、业务减少以及工作岗位流失。每个员工都必须具备关于疾病可在患病动物之间、患病动物与人之间潜在传播的敏感意识。每个人都必须勤勉于采用适当的清洁和卫生技术，并执行无菌操作准则。

复习题

1. 三级清洁是什么？
2. 灭菌的方法有哪些？
3. 使用消毒剂时需要考虑哪些因素？
4. 动物医院中都用到哪些化学制剂和消毒剂？
5. 什么是无菌术？
6. 动物医院中哪些区域需要清理？

临床案例

兽医助理 Judy 和兽医师 Leslie，利用整个上午清洁检查室和外科手术室。Judy 一直在给检查室和设备消毒。Leslie 则给手术室消毒，并将第二天外科手术操作需要用到的器械进行高压蒸汽灭菌。

"我给检查室消毒完毕了"Judy 说，"我还需要做其他的消毒吗？"

"从柜子里拿出来一些来苏儿（煤酚皂溶液）"Leslie 说，"这应该有效。"

Judy 拿出来苏儿，开始用它将检查室和设备清洁一遍。她注意到柜子里的一些其他消毒剂，但是柠檬味的来苏儿闻起来更好些。当她完成时，她将在检查室用的拖把和混有来苏儿的水桶拿给了 Leslie，然后开始拖洗手术室地面。

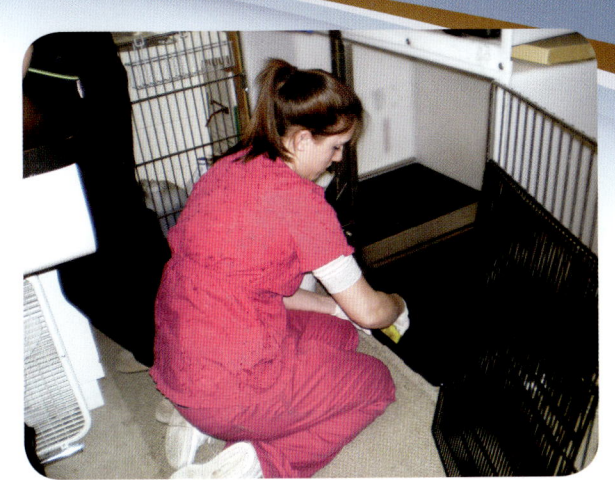

- Judy 和 Leslie 按照正确的清洁和消毒指南操做了吗？
- 你将如何清洁医疗区？
- 来苏儿是好的消毒剂吗？请做出解释。

第 34 章 体格检查和病史

学习目标

学习完本章后，读者应该能够：
- 演示如何获取完整的病史。
- 说明病史的重要性。
- 讨论体格检查所必需的工具和设备。
- 说明体格检查的重要性。
- 描述正常和异常身体系统的症状。
- 讨论体格检查中评估的各部身体系统。

引言

体格检查是对动物整体健康状态的一项重要评估，全面准确的体格检查结果始于完整的病史，包括动物过去的医疗问题以及其他决定动物健康还是患病的因素。兽医助理是获得患病动物病史的重要角色。有些兽医还希望工作人员能够根据动物主人的主诉和来医院就诊的原因，记录动物的生命体征和完成初步体格检查。

患病动物病史

病史是动物生命过程中已经发生过的医疗、手术、营养和行为要素的背景信息。病史要在每一只新动物到医院时获取，并在每一次复诊时更新记录。透彻了解动物的病史是必要的。通常情况下，对病史或新发现问题的细致描述可以简化诊断过程。大多数动物主人如果没有被问到特定的问题，就不会提供更多的信息，所以问问题对获取患病动物的病史很重要。通常与那些和动物一起度过一天中的大部分时光的人进行沟通是最好的，不过为了更好地了解情况，来自其他家庭成员的信息也应当听取。具体的病史信息包括如下：

- 病征（年龄、性别、品种）。
- 过去的疾病。
- 过去的手术或医疗操作。
- 以前的损伤。
- 父代及子代的遗传史。
- 主诉。
- 动物主人观察的症状。
- 动物发生的变化（行为、状态、运动）。
- 症状持续时间。
- 疫苗史。
- 营养史。

病史应简要地记录在图表中，可以是病历表或病程记录。最好不要引导性提问。相反，最好提问回答是"是"或"否"的问题，这样才能捕捉到动物身上发生的任何变化。也要提问开放式的问题，鼓励动物主人提供他们观察到的关于宠物的更具描述性的回答。可能的话，请客户详细描述他们在动物身上看到了什么。表 34-1 列出了兽医诊疗过程中用于获得准确病史的常见问题。

兽医助理应根据动物主人的描述记录病史。关注主诉或动物被带到医院就诊的原因是非常重要的，因为这是需要处理的最重要的问题。确定主诉内容的发生时间也很重要。其他重要的病史内容包括获得患病动物的姓名、年龄或出生日期、性别、

表 34-1 病史问题举例

病史	正确提问	错误提问
食欲	食欲最近有变化吗？	你没有观察到食欲变化，是吧？
主诉	今天为什么来医院？	你今天需要我们做什么？
行为	行为有变化吗？	行为没有变化，是吧？

颜色、品种或物种。这些信息称为病征，可以提供动物的统计数据有助于直达诊断，也有助于识别动物。疫苗史要包括最后的接种日期和接种疫苗的类型。营养的确很重要，兽医助理要获得饮食信息、每次饲喂量和频次以及饮食是否有变化的信息。有些问题常与特定品种相关，所以要形成一种意识，即特定的遗传问题与父代、祖代、同代或后代都有关。虽然遗传性疾病的程度因动物而异，但在发生遗传性疾病的动物却有相当类似的表现。从动物主人获得的信息对诊断遗传性疾病非常有帮助。在某些病例，尤其是与行为有关的疾病，最好能够获得家庭环境史，如动物是饲养在室内、室外或二者兼有，以及动物的笼子或圈舍类型是什么。有些患病动物还要考虑其他问题，如旅行史、目前正在使用的药物、家里其他动物或接触过的宠物。

体格检查

体格检查（PE）是观察全身各个系统是否存在异常，并以此判断是否引起了健康问题。体格检查时，从头到尾，对各系统逐一检查。这是在动物身上完成的最重要的技能之一，也是最具挑战性的，因为动物不会说话，不能告诉我们出了什么问题或哪里有问题。恰当的体格检查可以在疾病发展到严重的健康问题之前就发现疾病的早期症状。每一只患病动物都要参加年度体格检查，确定身体健康的变化（图34-1）。随着动物年龄增长，体格检查的频率要增加到每6个月一次。要进行麻醉或手术的动物，更是应该进行程序性的体格检查，以便确定健康状态可以手术。

给患病动物做体格检查时，要形成并使用一致的方法，这会有助于保证有效的检查，不会遗漏重要的病变区域，而且还能使工作人员快速方便地评估病变区域。尽管要将焦点集中在主诉，但所有其他部位也必须评估。不论目前的健康问题如何，都要做完整的体格检查。有时，医院会同时出现多个急诊病例需要立即检查。在这种情况下，支持人员要进行急诊分级，对动物快速总体评估后确定兽医检查的顺序。

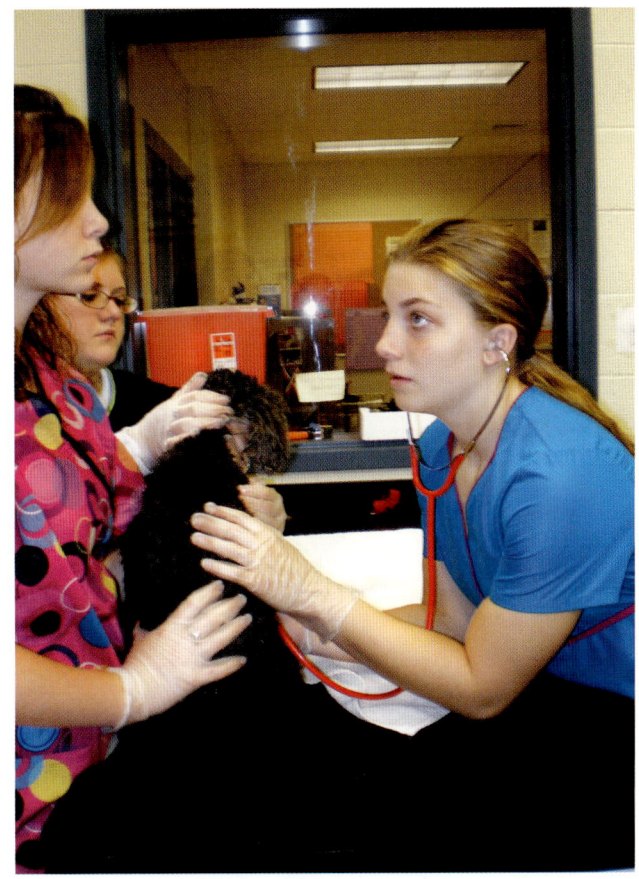

图34-1　体格检查是保持宠物身体健康的重要手段

体格检查的工具

兽医院的体格检查区（包括检查室和治疗区）备齐所有的体格检查工具是很重要的（图34-2）。要保养好所有工具，并按序摆放；这些工作包括检查所有电池、电线和开关。在某些病例，有些品种需要额外的保定辅助物和安全装备，如口套、毛巾、皮革手套、防踢设备、足枷等（具体视动物物种而定），也要备齐。体格检查同时完成的某些操作所需的额外工具和用品也要备齐。提前准备好这些物品对于节省时间和考验动物的耐性非常重要。根据动物体型大小，准备足够空间的检查区也很重要。有些动物可能需要更多的保定人员，也要安排好可临时调动的人。在动物进入检查区之前，要准备好工具和检查位置，并进行消毒。在安静、舒适的地方进行体格检查是很重要的。

表34-2列出了体格检查时常用的工具及其功能。

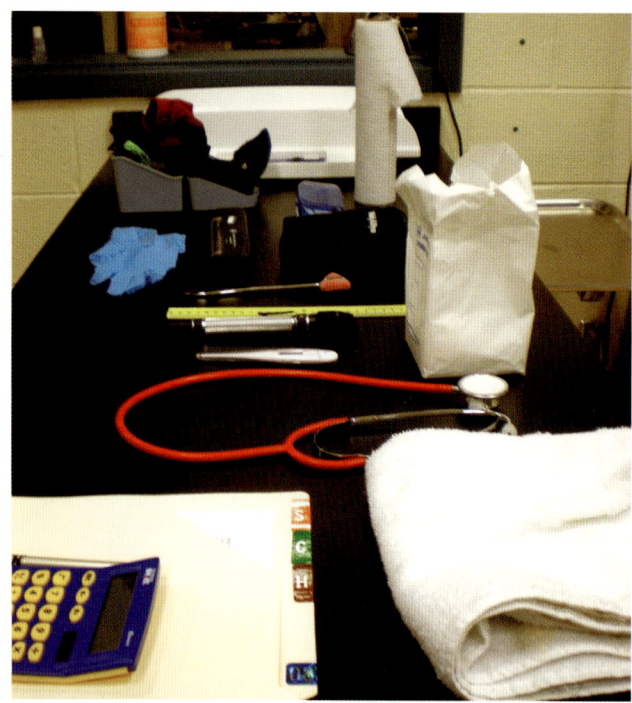

图 34-2 体格检查前要准备好所有的工具

表 34-2 体格检查需要的工具和设备

工具	功能
听诊器	用于检查和听诊心脏、胸部和肺部
检查手套	覆盖保护手,防止皮肤污染或将微生物传播给其他动物
纸巾	快速清理排泄物和溢出物
保定辅助物	辅助安全地处置动物
凡士林或 KY 凝胶	润滑剂,用于进行直肠检查或使用直肠体温计,缓解不适
耳镜	检查耳道
医学检查表	记录病史和检查发现的问题
棉签	末端缠有棉花的细长木棍,用于清洁身体某个区域或用药
纱布块	用于清洁动物身体区域的柔软方形网垫
时钟、定时器或表	用来计数呼吸频率和脉搏
检眼镜	用于检查眼睛
蓝/黑笔	用于在医学检查表中记录信息
神经反射锤	用于敲打身体,检测动物的神经反射
棉球	小而柔软的白色圆形棉球,用来清洁动物区域
笔灯	提供光源,用于观察口腔或光线有限的身体其他区域
计算器	用于计算给药剂量
体重秤	用于动物称重
体温计	用于测量动物的体内温度

观察

体格检查始于观察动物。观察在用手检查前进行。观察是在一定距离外观看动物,看它的外貌、行为和自然步态。当动物走到检查区时,兽医助理要观察动物,看步态是否有跛行的症状。这也是观察动物总体行为特征的时机,如侵略性、羞怯、恐惧、统领或冷静。开始用手检查时,预测到动物如何反应是非常重要的。观察有助于明确动物在干预前是如何表现的以及用手评估后是否变得兴奋或激动。观察需要关注的其他要点如下:

- 精神状态(如警觉、专注)。
- 动物的构型(体形)。
- 体况评分(如瘦、肥胖)。
- 神经系统问题(如蹒跚、无法控制运动、头倾斜)。
- 整体外观(如虚弱、呼吸做功、沉郁)。

观察即将结束时,兽医助理要与动物进行交流,例如,允许动物走近和嗅闻手。这将促使动物与人熟悉,同时让检查者确定动物的行为和接受度。

体重

动物进入检查区时要称重。根据动物体型选择体重秤。小动物用猫秤或婴儿秤称重(图 34-3)。大型犬要在地秤上称重,家畜要用重量秤称重(图 34-4)。应根据种类和品种,以及年龄、性别、用途或使用情况及健康状况记录和评估体重,以确定任何异常情况。

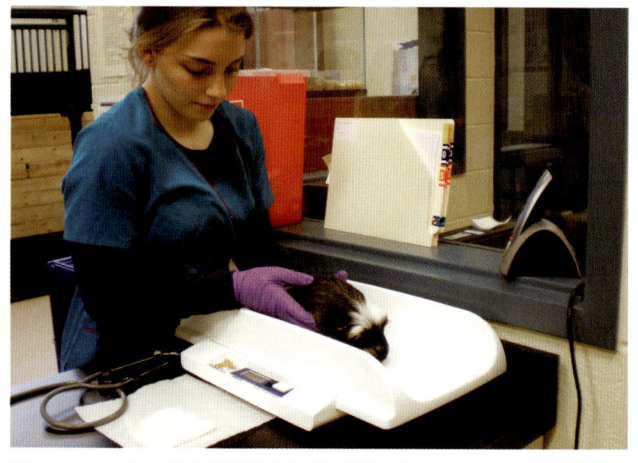

图 34-3 小动物用猫秤或婴儿秤称重

第 4 部分 临床操作

图 34-4 中大型犬用地秤称重

口腔检查

口腔包括齿龈、嘴、牙齿、舌和咽喉。检查口腔要掀开嘴唇检查牙齿，观察牙结石、牙垢、气味或齿折。同时还可检查黏膜（MM）或齿龈颜色（图 34-5）。健康齿龈是粉红色的。也可通过按压齿龈观察返回组织正常颜色的时间来判定毛细血管再充盈时间（CRT）。正常的 CRT 是 1~2s。然后，安全地打开口腔，检查舌和咽喉是否有异常或异物（图 34-6）。如果动物有攻击性，不要尝试撬开嘴，以免被动物咬伤。

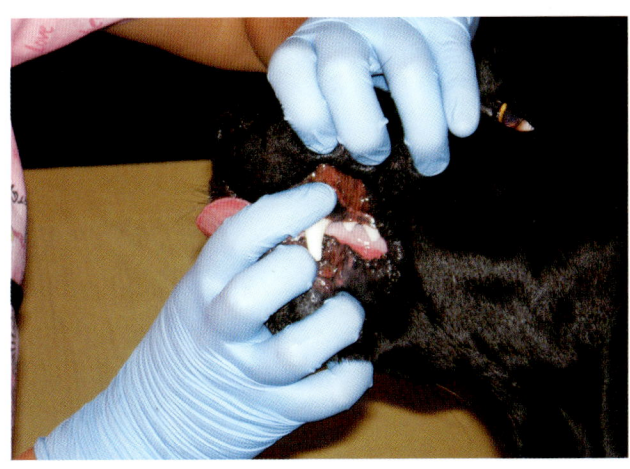

图 34-5 检查口腔时，观察黏膜颜色

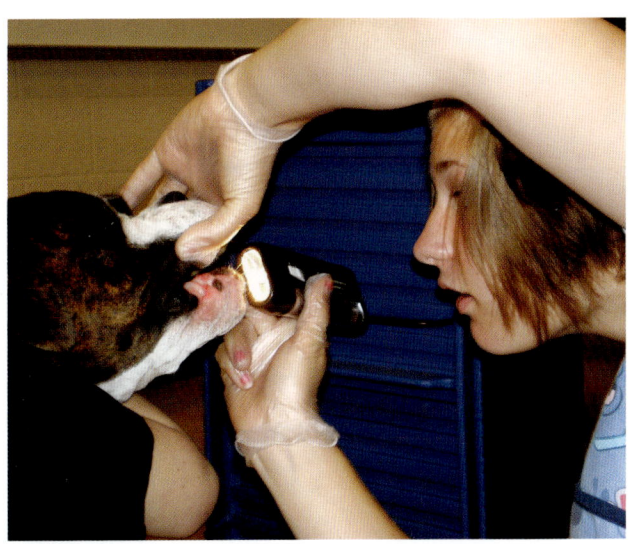

图 34-6 观察口腔里面，看是否有异常或异物

头部检查

头部检查包括检查眼、耳和鼻。眼用检眼镜检查，看眼部分泌物、发红、斜视、划痕、溃疡和瞳孔对光反射（图 34-7）。光直接照射瞳孔时，瞳孔应收缩或闭合；移开光源时，瞳孔扩张或敞开。要比较两侧的瞳孔大小和每只眼的反射。耳道用耳镜检查，看耳垢、红肿、溃疡和气味等症状（图 34-8）。鼻腔或鼻孔用笔灯或耳镜检查，看鼻腔是否有分泌物、异物或肿胀。头、面和颈部要检查是否有溃疡、脱毛或肿胀区。

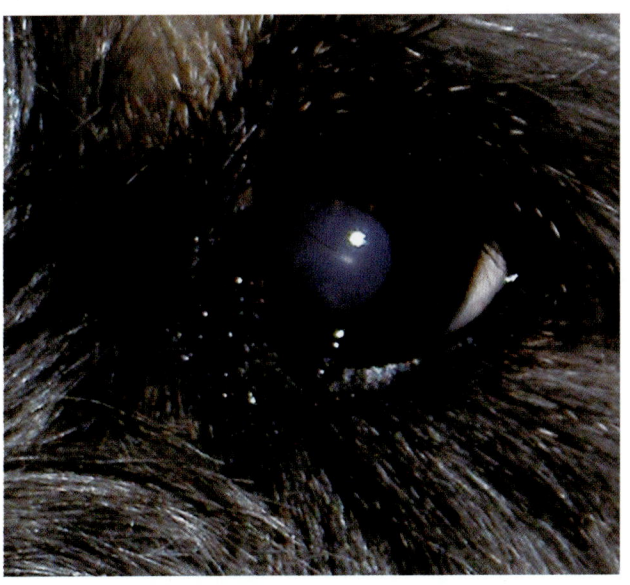

图 34-7 眼要用检眼镜检查，看眼部分泌物、发红、斜视、划痕、溃疡和瞳孔对光反射

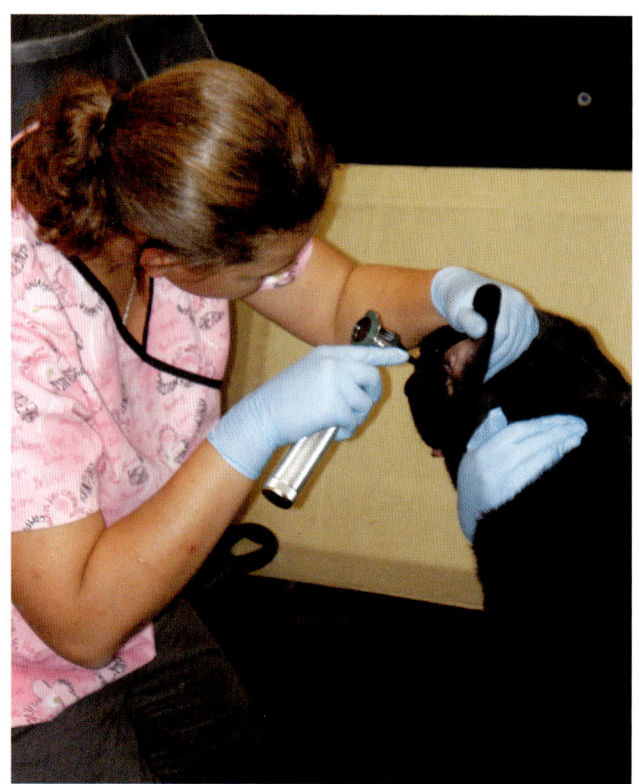

图 34-8 耳道用耳镜检查，看耳垢、红肿、溃疡和气味等症状

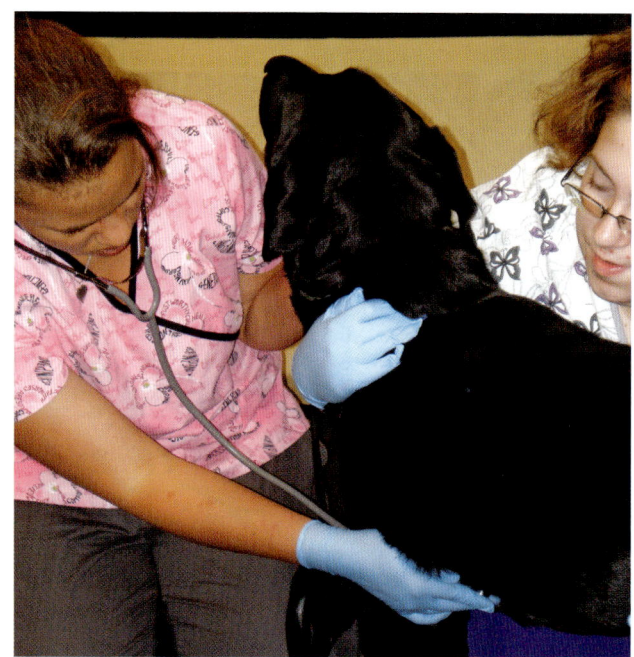

图 34-9 胸部检查通过听诊器评估心脏、胸部和肺的异常声音

胸部检查

胸部检查通过听诊器评估心脏、胸部和肺的异常声音（图 34-9），称为听诊。要确定呼吸型，并注意观察异常症状，如呼吸困难、胸部运动（正常、浅、深）和异常听诊音。异常听诊音可能包括哮鸣音（听起来像音符）或湿啰音（听起来像玻璃纸的声音）。心脏和肺的异常听诊音也要评估，如杂音（通常听起来像嗖嗖的声音）、心律失常（心跳异常）或胸腔积液造成的沉闷音。要评估和记录心率（HR）和呼吸频率（RR）（图 34-10）。还要检查股动脉脉搏的强度和质量，注意是否有虚弱或跳跃的迹象。

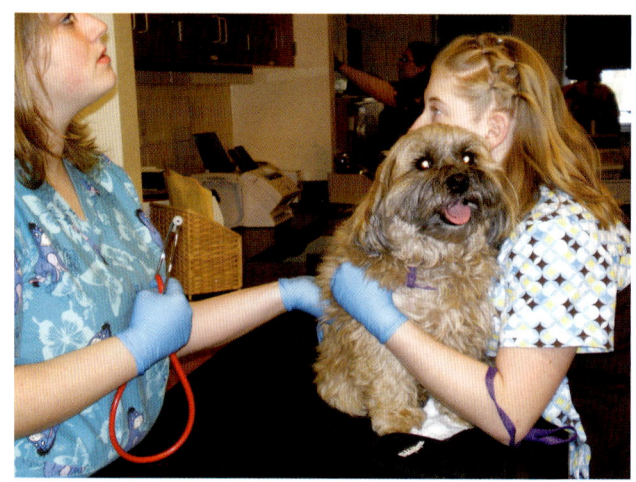

图 34-10 检查和记录心率（HR）与呼吸频率（RR）

皮肤和皮肤系统

皮肤系统包括皮肤、被毛、脚垫、犄角、喙、指甲、蹄和羽毛。皮肤和被毛可以通过脱毛（掉毛）、皮屑或片状皮肤、干燥、过油、无光泽、发红、溃疡或寄生虫的症状评估（图 34-11）。外寄生物包括跳蚤及其污垢、蜱、螨虫（耳道和皮肤）、虱子和蝇卵（蛆）。脱毛的症状可能是真菌病或其他传

图 34-11 检查皮肤和被毛，查找脱毛（掉毛）、皮屑或片状皮肤、干燥、过油、无光泽、发红、溃疡或寄生虫的症状

染性疾病造成的。通过评价颈肩部皮肤，观察眼窝以及齿龈湿润程度来判定水合状态。皮肤失去弹性是脱水的首要症状，脱水程度靠主观评价，以脱水量占体重的百分比表示，范围是 0%～20%。甲床、蹄和脚垫以及喙、犄角和茸角，都可依据损伤、干燥度或创口进行评估（图 34-12）。羽毛应根据被毛和皮肤质量的相关标准进行评估。

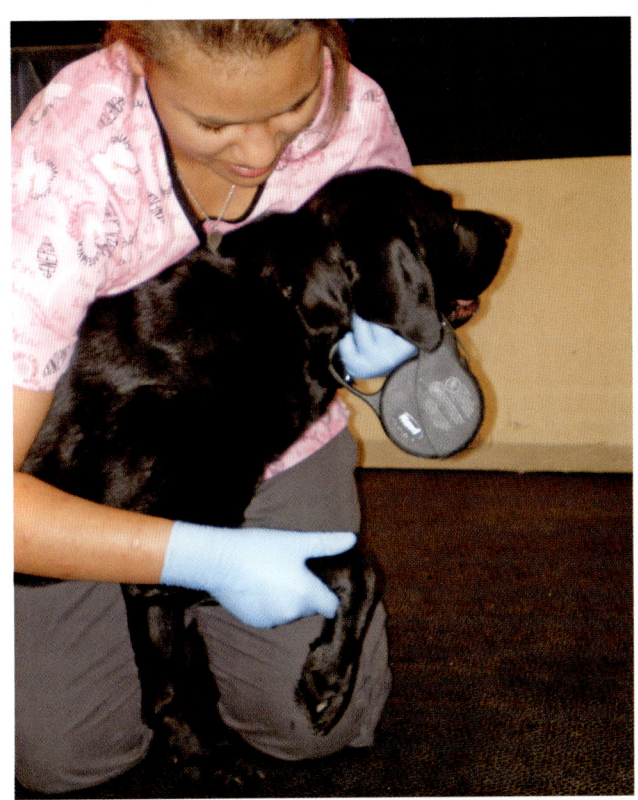

图 34-13　通过屈曲每个关节看是否疼痛和肿胀来评估肢体

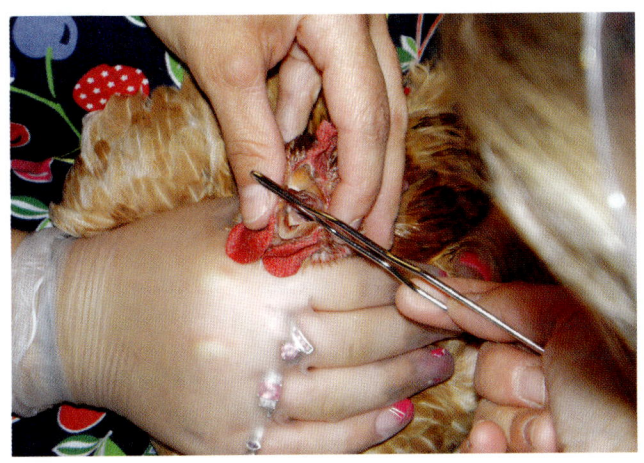

图 34-12　检查喙是否有损伤或异常

神经系统

神经系统的评估贯穿于整个体格检查过程中。重点是观察瞳孔对光反射、步态和其他身体部位（如肢体、爪和指）反射。容易评估的反射检查是关节反射，例如，用叩诊锤评估膝跳反射。这是轻击膝关节引起膝关节反弹的结果。肢体的每个关节都可以通过屈曲评估是否疼痛或肿胀（图 34-13）。爪的评估可以通过测试爪背面与地面接触，看动物能否立即将爪回复正常位置。指被夹痛时，会收缩离开压力处（图 34-14），称为指回缩反射。这些反射可以让助理确定正常的神经系统功能。可疑神经症状的小动物可以用独轮车技术评估，将动物的后躯稍抬离地面，以"独轮车"运动向前推动身体；神经系统功能正常的动物会向前走。

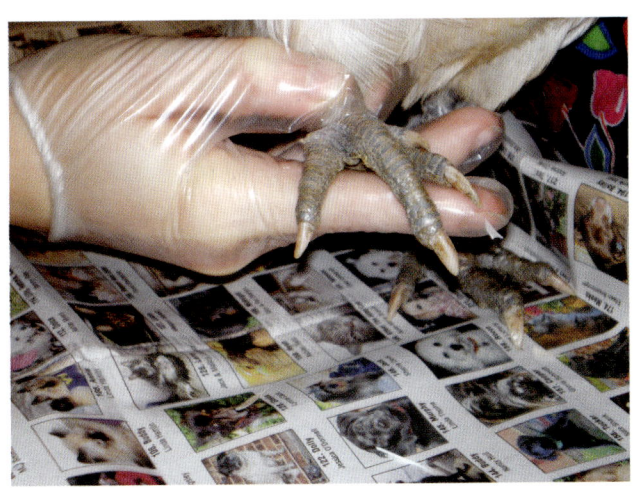

图 34-14　指回缩反射

肌肉是身体发生运动的区域，要评估肌肉的质量。这些区域容易出现疼痛、肿胀和萎缩。检查关节是否有肿胀、疼痛、炎症或关节炎的症状。

肌肉骨骼系统

肌肉骨骼系统包括骨骼、关节和肌肉。可用步态来确定跛行或疼痛的症状。检查四肢和躯干是否有肿胀、发热、损伤或创伤、萎缩和疼痛等症状。

腹部系统

腹部系统包括胃、肠和内脏器官，如肝脏、胰脏、脾脏。要触诊腹部（感觉）确定是否有肿物、肿胀、疼痛和瘀伤的症状。腹部触诊时要轻揉缓慢地进行，不要猛抓感觉可能异常的部位（图 34-15）。助理用双手小心地让手指在腹部上轻轻移动，以感觉怀孕母体内的肿物、肠中粪便、液体、气体或胎儿。大型动物要小心处置，防止被踢或击伤。

图 34-16　获取犬的尿样

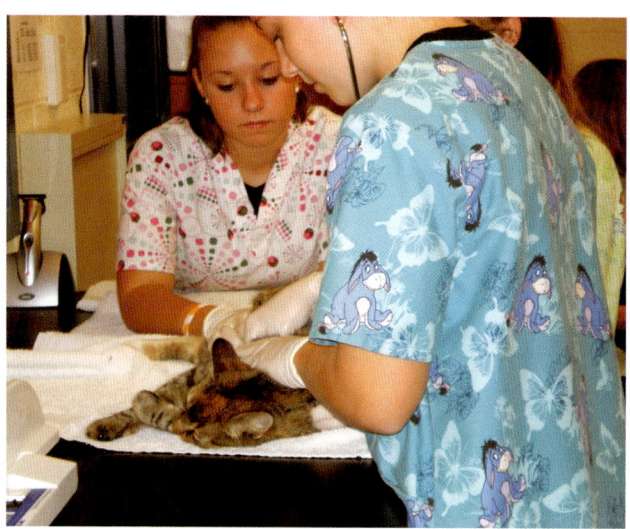

图 34-15　触诊腹部，看是否肿胀或不适

泌尿生殖系统

泌尿生殖系统包括肾脏、膀胱、外生殖器、乳腺和直肠区。触诊腹部背侧可以评价肾脏与膀胱。某些动物难以触诊到肾脏。触诊乳腺，检查是否有肿物、肿瘤、结节或囊肿以及是否有乳汁排出或疼痛和肿胀。最近生产或临产的雌性动物可能发生乳腺炎，包括发热、发红和异常分泌物等症状。哺乳期动物应根据分泌的乳汁确定正常外观。雌性动物要检查外阴分泌物、肿胀、炎症和肿物。雄性动物要检查包皮、阴茎和睾丸，看是否有分泌物、炎症、肿胀和肿瘤。应根据需要采集尿样，并进行评估（图34-16）。评估直肠区，看腹泻症状、肛门腺大小、肛门腺或直肠的气味以及肿物（图 34-17）。动物的直肠温度测量可以在体格检查的最后完成，用凡士林或 KY 凝胶润滑数字或水银体温计，使体温计容易通过直肠，最大限度地减少动物的不适（图34-18）。体温计通常需要约 60s 才能完成读数。在体格检查的最后完成直肠温度测量是理想状态，因为这样就不会造成动物紧张或躁动，进而给后续的体格检查造成困难。

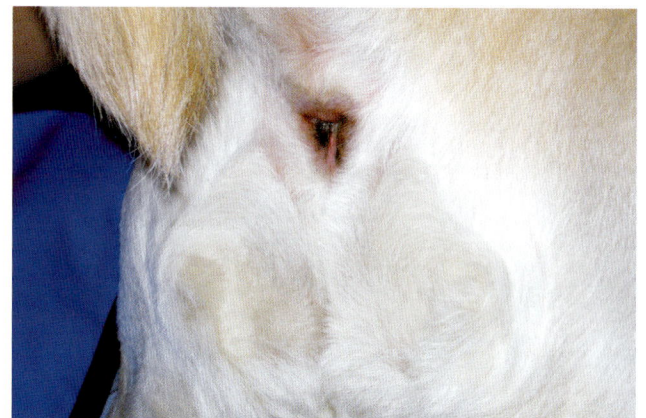

图 34-17　评估直肠区，看腹泻症状、肛门腺大小、肛门腺或直肠的气味以及肿物

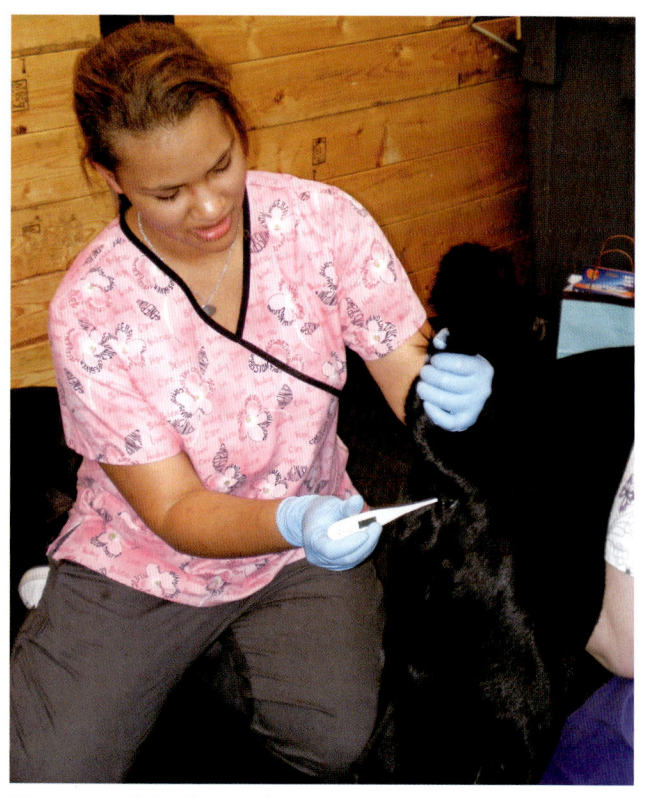

图 34-18　测量直肠温度

记录体格检查结果

许多兽医院有体格检查表，用于记录动物每一个身体系统的情况。这些表格由兽医、兽医技术员和兽医助理填写，这是他们的职责允许的（图34-19）。任何异常的发现都要在记录中注明，以便跟进随访报告。在学习体格检查时，一个人专注实际操作技能，另一个人记录结果，直到兽医助理变得有经验并熟悉每个身体系统。这会有效减少医疗记录中的错误、缺失及异常记录。当助理熟悉评估患病动物而且富有经验时，他或她就能够完成全部体格检查项目，并在体格检查结束后记录发现的问题。此时可以摘下手套，对手进行消毒后书写病历。这就避免了污染检查区和医疗记录的可能性。病历完成后，要花点时间回顾记录，确保所有项目都被覆盖，而且结果记录准确、语法拼写正确。注意到的任何异常情况，都要使用描述性词汇和正确的兽医术语。任何可能出现急诊状态的问题应立即报告兽医，由兽医做进一步评估。兽医评估时会复查病历，继续评估和检查患病动物。

图34-19　完成体格检查报告

小结

即使在没有明显问题的情况下，全面的体格检查也可以让兽医工作人员确定患病动物是否有问题正在发生，或确定患病动物是否有疾病的症状。此外，对于已知异常的动物，如脂肪肿瘤或心脏杂音，定期检查也可以让工作人员跟踪疾病过程，判断病情是否在发展或保持不变。兽医助理和辅助人员在评估患病动物的整体外观和疾病方面起着至关重要的作用。

复 习 题

1. 患病动物病史有什么样的重要性？
2. 患病动物病史有哪些组成部分？
3. 体格检查的重要性是什么？
4. 需要对哪些身体系统部位进行体格检查？
5. 为什么在体格检查中首先要进行观察？
6. 术语"病征"是指什么？
7. 主诉是什么？
8. 什么是急诊分诊？为什么要进行分级？

临床案例

Melissa 是 Ponderosa 兽医诊所的一名兽医助理，正在一所兽医院的检查室内为犬做检查准备。Melissa 在兽医院工作仅 2 周，但已熟知她的职责，清楚兽医和其他工作人员对她的期望。Melissa 已经核对了预约时间，检索了患病动物的病历，并找到门诊和体格检查所需要的所有必要的文件。预约说明显示：下午 4 点，Charles Delmont 会带一只名叫 Taffy 的犬做体格检查和挤肛门腺。Taffy 是一只 4 岁的雌性博美犬，已绝育。

Melissa 查看体格检查表，注意到"Taffy 会咬人"的便条贴在表单前面。Taffy 也有直肠周围被毛物光泽的皮肤病史。之前有几次，还发生过跳蚤、蜱和脱毛的状况。

- Melissa 应该为体格检查准备什么样的工具和用品？
- Melissa 应该向动物主人询问患病动物的哪些病史？
- Melissa 除了准备检查室，还需要为 Taffy 和 Delmont 先生做些什么？

第35章 检查流程

学习目标

学习完本章后,读者应该能够:
- 说明常规的检查流程。
- 与客户讨论并描述常规的检查流程。
- 会使用和说明与常规检查流程相关的兽医术语和缩略语。

引言

整个兽医健康护理团队必须了解检查流程。虽然主治兽医对患病动物负责,但是兽医团队和相关工作人员经过培训获得专业技能后也能进行听诊、获得重要的生命体征信息、提供客户教育及协助兽医技术人员和兽医师执行常规的检查流程。需要注意的是,必须保持清洁、良好的手部卫生,必要时穿戴个人防护设备(PPE)。兽医助理在检查室扮演着极其重要的角色。

重要的生命体征

通过获取生命体征信息来评估动物的正常健康状况,这些生命体征是衡量生命迹象、评估机体基本功能的标志。重要的生命体征包括心率、呼吸频率、体温、血压、黏膜颜色、毛细血管再充盈时间和动物体重。前3个生命体征通常被称为TPR,主要是指体温、脉搏和呼吸。

体温评定

在动物的体格检查和健康状况评估中,体温是极其重要的指标。体温能够反映动物是否感染和患病,能够反映周围环境或其他因素是否有不良影响。温血动物的体温靠动物自身的内部温度来调节;冷血动物的体温靠外部调节或随周围环境温度的变化而变化(表35-1)。

表35-1 温血动物和冷血动物举例

温血动物			冷血动物	
犬	奶牛	小鼠	蛇	青蛙
猫	山羊	兔子	蜥蜴	乌龟
马	绵羊	大鼠	鱼	蟾蜍

体温过低是指动物身体的温度低于正常体温而使动物感觉到寒冷,这可能是动物处于寒冷的环境、代谢性疾病或休克的征兆。体温过高是指动物的体温高于正常体温所引起的发热(发热是过多的热量在体内蓄积),是感染、中毒、中暑的征兆。中暑在高温环境中常见,对动物会产生严重的不良后果。当体温达到或超过40.6℃时,可以诊断为中暑;中暑对身体内脏器官、神经系统和血液供应产生严重危害。

使用直肠体温计测定直肠温度是评估核心体温的最佳方法(图35-1)。测定直肠温度时,动物站立或俯卧,避免损坏体温计或损伤动物直肠区。直肠体温计在使用时务必要小心,直肠体温计的末端有一个水银金属头,在金属头涂上润滑剂后,插入直肠0.6~1.3cm。有些直肠体温计是数字的,在测定结果出现时会发出警报声(图35-2)。有些水银体温计需要很长时间才能读取结果(图35-3)。水银体温计破损后有安全危害,水银是一种具有腐蚀性和可以燃烧的有毒物质。手持水银体温计时一定要注意安全,不要用裸露的双手去触摸水银和玻璃壁。在使用水银体温计以前,要小心地将水银甩到标准刻度以下。水银体温计的刻度线位于玻璃壁的中心，通过看水银线的位置读数。水银会在体温的最高点停止，因此这个数值就是身体的核心温度。耳温计放置在外耳道内，记录耳道的核心温度。表35-2是常见品种动物的正常体温。

表35-2 正常的核心体温

物种	正常的核心体温（℃）
犬	38.3 ~ 38.9
猫	38.3 ~ 39.2
兔子	38.9 ~ 40.0
豚鼠	37.8 ~ 39.4
马	37.2 ~ 38.1
奶牛	38.3 ~ 38.6
绵羊	38.9 ~ 39.2
山羊	39.4 ~ 39.7
猪	38.9 ~ 39.2
鸡	40.6 ~ 41.1
仓鼠	38.3 ~ 38.9

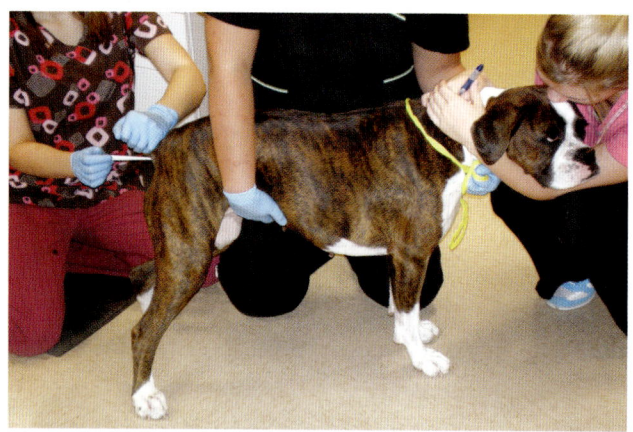

图35-1 直肠温度是衡量身体温度的最准确方法

脉搏

脉搏是心脏每分钟的跳动次数。通过触诊动脉能够感受脉搏。心率（HR）是心脏每分钟收缩和舒张的次数。心率用听诊器听诊测定（图35-4）。表35-3列举了各种动物的正常心率。

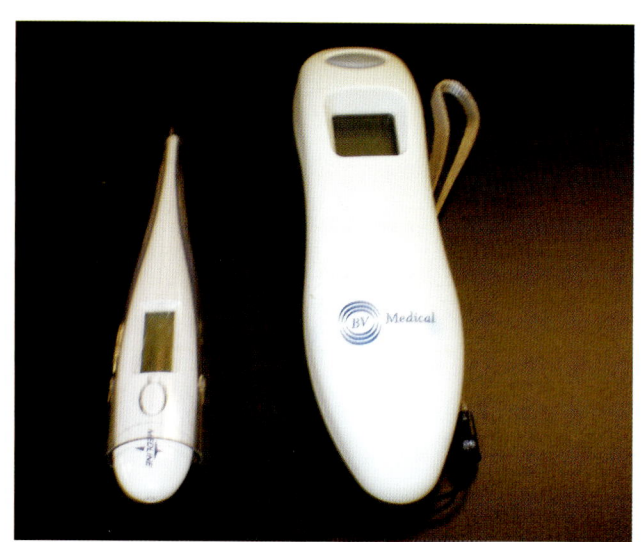

图35-2 数字直肠体温计

图35-3 水银直肠体温计

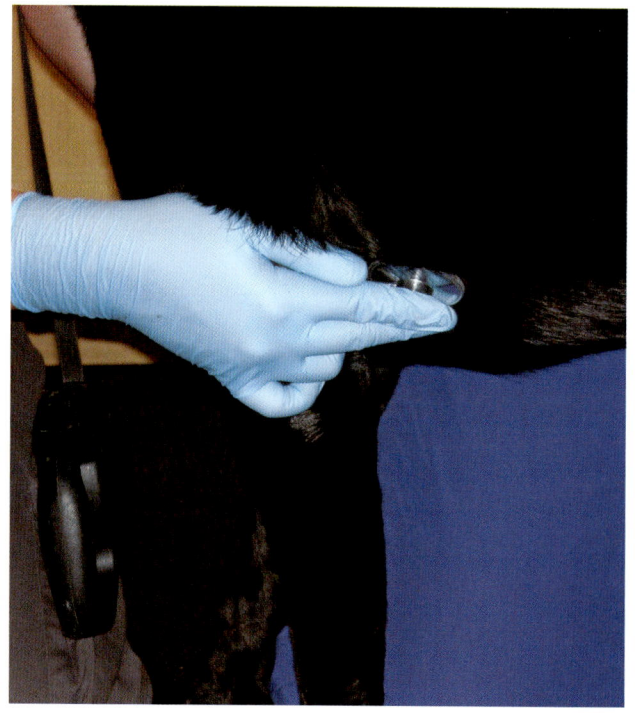

图35-4 听诊心脏，确定心率

表 35-3 正常心率

物种	心率（bpm）	物种	心率（bpm）
犬	70～180	绵羊	60～80
猫	170～240	山羊	70～80
兔子	130～325	猪	60～80
豚鼠	240～350	鸡	200～400
马	35～45	仓鼠	250～500
奶牛	60～70		

能力技巧

测定直肠温度

目标：

正确地测定直肠温度，获得准确的核心体温。

准备：

- 直肠体温计（数字的或水银的）、凡士林或 KY 凝胶润滑剂、检查手套、纱布块、纸巾。

流程：

1. 戴上检查手套。
2. 一只手甩动水银体温计，将刻度甩下或打开数字体温计进行校正。
3. 用纱布块蘸取少量凡士林或 KY 凝胶润滑剂。
4. 将体温计的金属尖端涂上润滑剂。
5. 抬起动物的尾巴并用手把住，保持动物站立或俯卧。
6. 另一只手将体温计的润滑端轻轻插入动物的直肠。
7. 待数字体温计发出鸣警声，或水银体温计在直肠内至少停留 1min。
8. 从直肠内轻轻取出体温计，并用干净的纱布块擦干净。
9. 读取体温计的核心体温。
10. 记录核心体温。
11. 将体温计消毒，并放到安全区域。
12. 清理用具，并将工作区消毒。

呼吸频率

呼吸或呼吸频率（RR）评估动物的呼吸并确定动物每分钟内的呼吸次数。呼吸是动物一次完全的吸气和呼气过程（图35-5）。表35-4列举了各种动物的正常呼吸频率。

表35-4　正常的呼吸频率

物种	呼吸频率（次/min）
犬	16～20
猫	20～30
兔子	32～60
豚鼠	40～150
马	8～16
奶牛	10～30
绵羊	12～20
山羊	12～20
猪	8～15
鸡	15～30
仓鼠	35～135

血压

血压是血液在血管内流动时作用于血管壁的压力。血压用血压计测量（血压袖带），可以测量血液对血管壁形成的压力。心室收缩压发生于心室收缩时，心室舒张压发生于心室舒张时。高血压是用于描述血压高的术语，而低血压是用于描述血压过低的术语。

黏膜

黏膜颜色是动物齿龈的颜色，正常的黏膜颜色是新鲜的浅粉色，齿龈颜色如灰色、蓝色、砖红色或白色都是异常颜色，要向兽医报告（图35-6）。

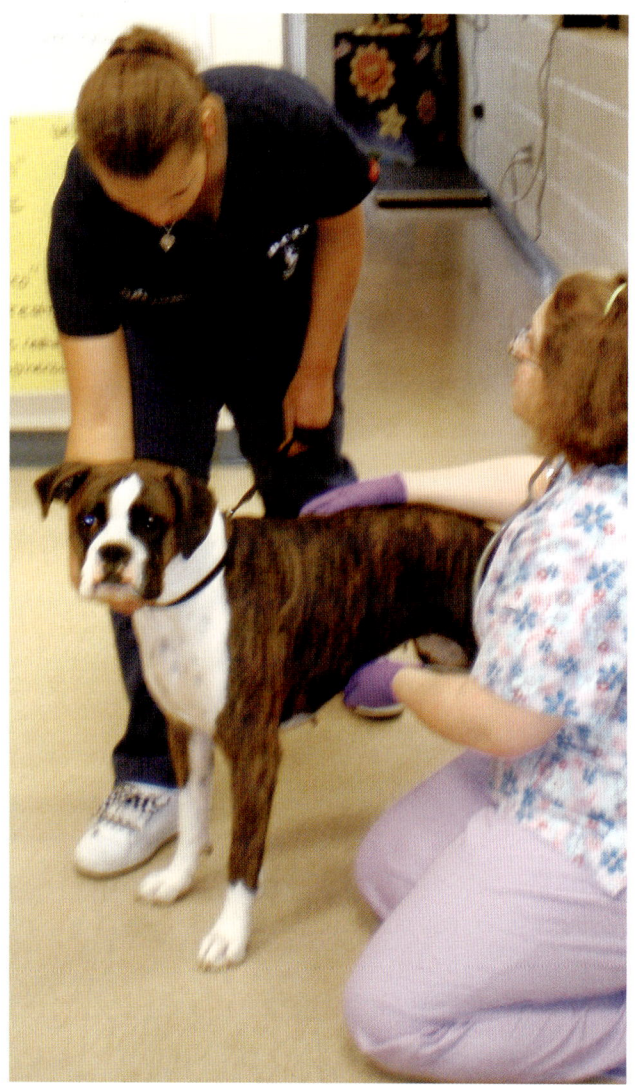

图35-5　测定犬的呼吸频率

> **术语提示**
> 心率或脉搏可以记录为P或HR，标记为bpm，表示每分钟的心跳次数。呼吸或呼吸频率可以记录为R或RR，标记为次/min，表示每分钟的呼吸次数。体重可记录为wt。

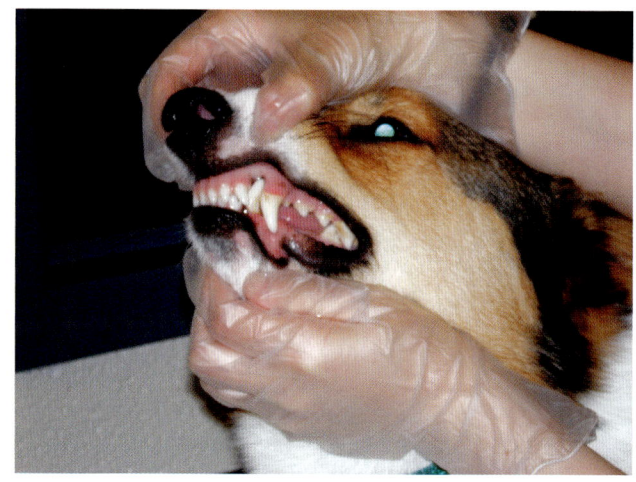

图35-6　检查黏膜颜色

毛细血管再充盈时间

毛细血管再充盈时间（CRT）可以用来评价血液循环状况是否良好。检查时用手指在齿龈上稍微施加压力使龈区变白，然后松开手指让齿龈颜色恢复正常（图35-7）。齿龈颜色恢复正常需要的时间就是毛细血管再充盈时间（CRT）。正常的CRT时间是1~2s，如果超过这个时间要向兽医报告。

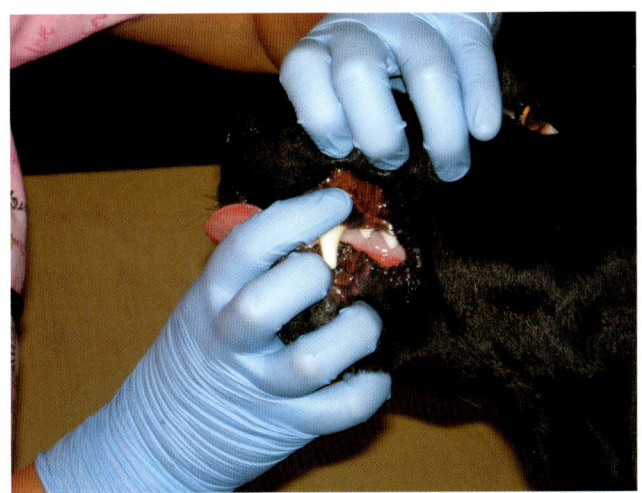

图35-7　检查毛细血管再充盈时间（CRT）

体重评估

动物需要称重来评估肥胖或瘦弱，要选用恰当的体重秤或体尺给动物称重，小动物、中型动物和家畜各有不同的秤。称重时，要求动物站立或坐姿，并进行读数（图35-8）。家畜也可以通过体尺进行称重（图35-9），即用体尺绕家畜腰部一周，计算得出体重的预估值。

图35-8　体重是评估动物健康状况的重要指标

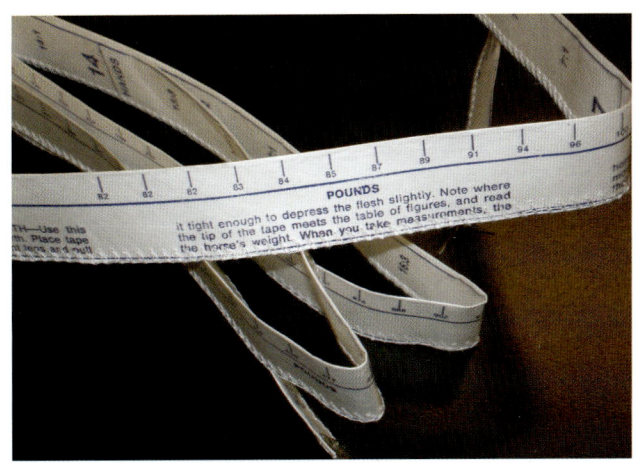

图35-9　家畜体重可以用体尺测定

能力技巧

用体重秤为动物称重

目标：

使用体重秤准确地为动物称重。

准备：

- 体重秤。

流程：

1. 将动物放上体重秤之前，打开体重秤并归零。
2. 让动物走上体重秤，或将动物放到体重秤上。
3. 保持动物站立、静坐或安静地躺在体重秤上，尽量避免移动（图35-10）。
4. 读取体重秤刻度屏幕上的数字。
5. 从体重秤上移走动物。
6. 关闭体重秤开关。
7. 在病历上记录动物的体重。
8. 对体重秤进行消毒。

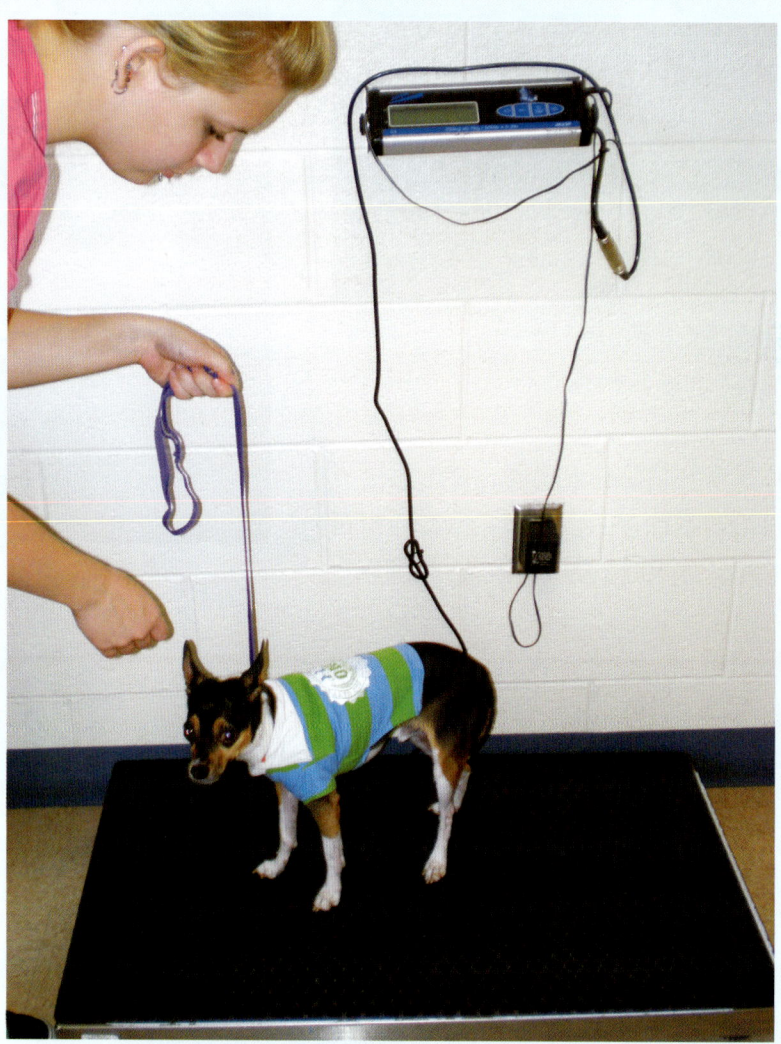

图35-10　称重时尽量让动物保持静止

能力技巧

用体尺为动物称重（家畜）

目标：

使用体尺对大动物和家畜进行精确称重。

准备：

- 体尺。

流程：

1. 拴住或保定好动物。
2. 完全打开或展开体尺，记录下体尺一端的数值。
3. 将体尺紧贴两前肢后部环绕背部和胸部1周。
4. 紧密环绕胸部1周后体尺的两头相接触，读取体尺另一端的数值。
5. 取下体尺，在病历上记录测量结果。

听诊

胸部听诊包括心脏和肺脏的听诊。听诊就是通过将听诊器末端一个外形类似于"铃铛"的物体放置于动物的心区和肺区进行胸部听诊。心脏区域可以通过抬起左前肢并将其拉回到胸部来定位，肘部与胸部相交的位置就是心脏位置。这个区域也邻近肋骨。听诊器必须在胸部听诊区移动至少3个位置听诊心脏和肺脏，以便排除异常声音（图35-11）。右侧和左侧听诊的操作完全一样。心音也可以通过位于胸腹最低处的胸骨处听诊。

异常的心音，如节律降低，可能是胸部有大量积液的征兆。心动过缓是指心率降低或减缓，心动过速是指心率升高或加快。这些也可能是心脏疾病的信号。异常的肺泡呼吸音包括爆裂声、喘息声等。爆裂声有时是指啰音，就像玻璃破裂的声音，大多数情况下提示胸部有积液。喘息声是一种像口哨声的刺耳声音，常见于气道狭窄。对某些短头（扁平或缩短）品种来说，有一些声音可能是正常的，如巴哥、斗牛犬、喜马拉雅猫。

图35-11 使用听诊器评价心音和肺音

能力技巧

听诊操作流程

目标：

在体格检查时正确地使用听诊器进行心脏听诊。

准备：

- 听诊器、检查手套、安静的环境。

流程：

1. 戴上检查手套。
2. 在安静的环境进行胸部听诊。
3. 抬起前肢，将肘部放在胸侧，确定心脏听诊的位置：肘部与胸部接触的位置就是心脏听诊区域。
4. 分别将听诊器的2个听头向外打开，放于双侧耳道。
5. 将听诊器的集音器放置于侧胸区域，进行心音听诊。
6. 在胸部移动听诊器至少3个位置听诊异常心音。
7. 轻轻地向心脏后部移动听诊器听诊肺音，至少移动3个位置听诊异常肺音。
8. 在胸部的另一侧重复以上操作。
9. 记录任何异常的心音和肺音。
10. 将听诊器的集音器和放置在耳道的听头进行消毒。

眼科检查

正常的眼睛是清澈和反应灵敏的。眼白的部分称为巩膜，遍布小的血管。角膜或眼睛中心有颜色的部分应是清澈的。任何异常的症状，如划痕、发红、肿胀、分泌物或黄疸，都要记录下来。黄疸是皮肤或黏膜黄色，可能是肝脏或其他疾病的症状。用笔灯或检眼镜对眼睛进行检查。任何异常的症状，如瞳孔对光反射不良、对强光反应敏感、斜视、眼分泌物或不规则的眼球运动都要记录下来（图35-12）。瞳孔对光反应（PLR）可能正常或缺失。当PLR正常，称为直接PLR；当PLR异常，称为间接PLR。两侧瞳孔大小不均称为瞳孔大小不等。快速和不规则的眼球运动可能造成眼球从一侧转到另一侧或做圆周运动，称为眼球震颤，这可能是一种平衡性疾病，如耳道感染或中枢神经系统疾病。血液在眼内蓄积称为眼前房积血。

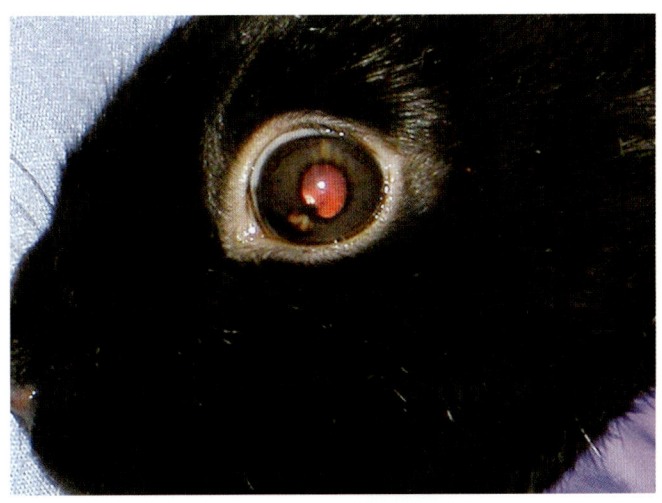

图 35-12　检查眼睛时，要记录所有异常情况

能力技巧

使用检眼镜

目标：

正确使用检眼镜检查眼睛及瞳孔对光反射。

准备：

- 检眼镜、检查手套。

流程：

1. 戴上检查手套。
2. 用一只手托住动物下巴，抬起动物的头部进行固定。动物双眼都要睁开，以便观察眼部结构。
3. 打开检眼镜的光源。
4. 将检眼镜放到距离眼睛 5.1～7.6cm 处，通过位于检眼镜中心的目镜观察眼睛。
5. 观察另一只眼睛。
6. 记录眼睛出现的任何异常情况。
7. 关闭检眼镜的光源，把检眼镜放到安全区域。
8. 将检查结果记录到病历上。

耳朵

耳朵要用耳镜检查（图35-13），一般来说，耳道和耳翼称为耳廓，是浅粉色的，没有耳垢和分泌物（图35-14）。耳朵外观出现的任何病变都要记录下来，包括气味、发红、肿胀、分泌物或污垢。动物可能频繁地抓挠和甩耳，会造成耳血肿。血肿是因为血管破裂引起的充血肿胀。

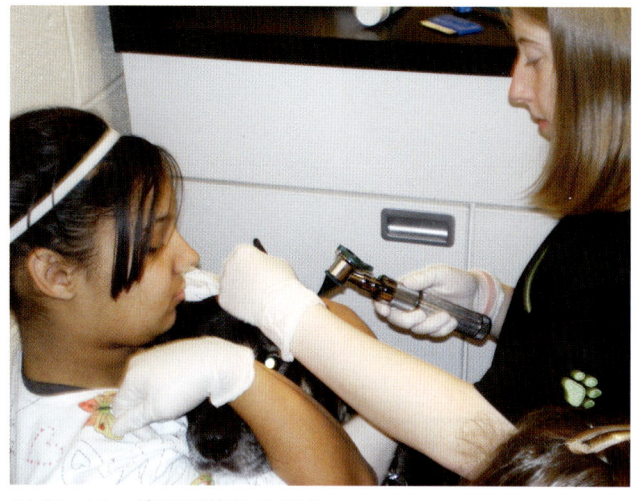

图35-13 使用耳镜检查耳朵

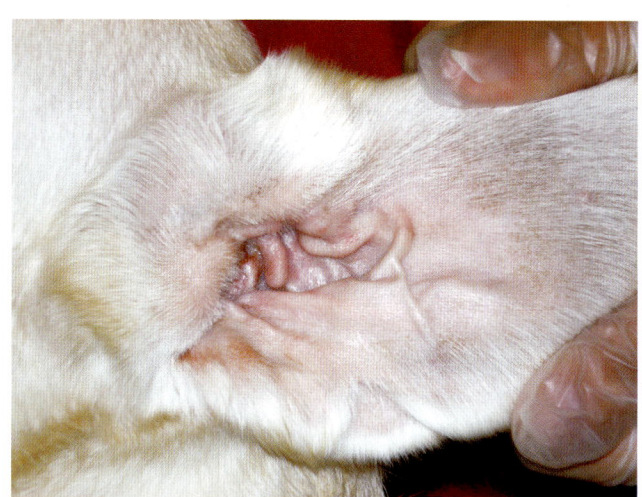

图35-14 检查耳朵，记录耳朵的正常颜色

能力技巧

使用耳镜

目标：
正确地使用耳镜对耳朵进行检查。

准备：
- 耳镜、检查手套、耳镜锥。

流程：
1. 戴上检查手套。
2. 将一个干净的耳镜锥安装在耳镜上，确认牢固。
3. 打开耳镜的光源。
4. 把一侧耳翼向后拉，露出内侧的耳道。

5. 用另一只手将耳镜锥放到耳道附近。
6. 通过位于耳镜中心的目镜观察耳道。
7. 记录出现的任何异常情况。
8. 用相同的方法对另一只耳朵进行检查。
9. 关闭耳镜光源。
10. 取下耳镜锥，并消毒。
11. 将耳镜锥和耳镜放到安全的地方。
12. 将所有异常的情况记录到病历上。

牙科检查

牙科检查时要注意牙科疾病的所有症状（图35-15），包括齿折、齿根腐烂、齿龈发炎、口腔异味和牙垢或牙渍。牙菌斑是在牙齿的表面由细菌、食物、唾液所组成的软性堆积物。牙菌斑可以通过刷牙很容易地去除，但非常容易反复（图35-16）。牙垢或牙结石是一种由矿物质组成的棕色到深黄色的矿物质牙斑，很难清除。牙龈或齿龈是环绕在牙齿周围的软组织，多呈现粉色，有些动物品种有黑色素沉积。齿龈炎是齿龈发生感染，是牙科疾病的第一个阶段，会引起齿龈红肿，触碰时很容易出血。患有牙科疾病的动物需要在麻醉后清洗牙齿，以此预防牙科疾病。

齿根脓肿是动物的常见病。当牙齿断裂或损伤时，齿根会出现脓肿，引起齿根和齿龈的感染。动物咀嚼硬物时会造成牙齿损伤。严重的牙科疾病会引起齿根感染。裂齿是齿根脓肿的最常见位置，裂齿是动物口腔中最大的牙齿，指上颌第四前臼齿和下颌第一臼齿。这些牙齿有3～4个齿根。齿根脓肿会引起严重的面部肿胀和疼痛，通常位于眼睛以下，因为这些牙齿靠近鼻窦和眼窝。

另一种常见的牙科疾病是过度的齿龈组织增生，称为齿龈增生，在某些品种犬常见，如拳师犬、大丹犬、杜宾犬和大麦町。有些动物，如马和啮齿类动物，需要磨牙或剪牙。磨牙是锉平长的、边缘尖锐的牙齿，可以使马在咀嚼和运动时感觉不到疼痛。啮齿类和兔子的牙齿会持续生长，需要修剪才能正常采食，不能让牙齿生长到口腔里引起刺激和疼痛。

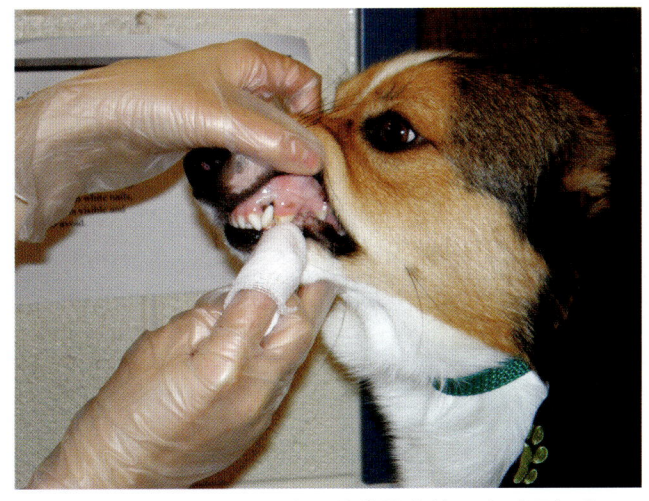

图35-15 检查口腔和牙齿是体格检查的一个重要部分

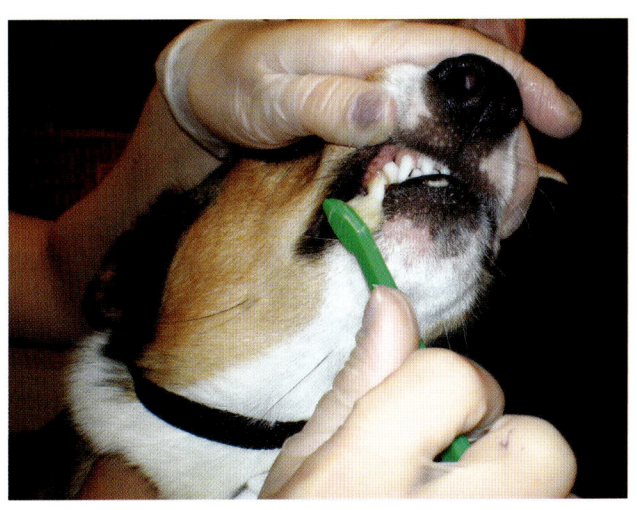

图35-16 洗牙可以帮助阻止牙斑的生成，促进口腔健康

能力技巧

牙科检查

目标：

正确地检查和评估牙齿及口腔。

准备：

- 检查手套、纱布块、牙科探针、检牙镜。

流程：

1. 戴上检查手套。
2. 小心靠近动物，并仔细观察面部看是否有肿胀。
3. 小心固定头部，轻轻抬起动物的下巴，观察牙齿，记录任何异常的外观和气味。
4. 在口腔的另一侧重复相同的操作过程。
5. 在上下颌骨相对处用力将嘴打开，将舌轻轻地向一侧拽出，观察整个口腔。
6. 动物可能会咬到舌头造成损伤，检查口腔时务必要小心。
7. 将任何异常的外观和气味记录在病历上。
8. 可以使用牙科探针来测量牙齿损伤或开口的深度，也可以用来检查残渣和牙垢堆积的情况。
9. 用纱布块擦拭从牙齿上流出的血液、唾液和牙齿上的残渣。
10. 清理检查区并对检查工具进行消毒。

小结

检查室流程承担着大量兽医院日常工作量，每天都会有各种动物和约访占用着检查室，可能会使传染性生物与动物、工作人员和客户接触。了解常规的检查室流程，正确地检查室卫生系统将会确保清洁、快乐的兽医工作环境。

复 习 题

1. 体重秤和体尺在测量动物体重时的区别是什么?
2. 体温过高和体温过低的区别是什么?
3. 安全使用水银体温计的重要性是什么?
4. 犬正常的直肠温度是多少?马正常的直肠温度是多少?
5. 如何定位动物的心脏听诊区?
6. 什么是心动过速?什么是心动过缓?
7. 牙科疾病的症状有哪些?
8. 正确洗手的重要性是什么?
9. 使用检眼镜进行检查时,哪些检查的异常结果需要记录?
10. 用拖把拖检查室地面的正确方法是什么?

临床案例

Brandon 是 Woodbine 动物诊所的兽医助理,正在打扫检查室以准备接诊下一只患病动物。进入房间后,Brandon 看到检查台上有几个使用过的针头和注射器、空的疫苗瓶、脏的纸巾和几个检查用具,其中有一个耳镜、体温计和一把绷带剪。诊台上很脏,而且还有动物的尿渍,地面上有的区域很湿,还有可见的血迹。Brandon 意识到他在准备接诊下一只患病动物前需要做很多清理工作。

- Brandon 应该遵循什么样的清理顺序?
- 准备房间时,Brandon 首先要做什么?
- 如果检查室需要彻底的打扫,要如何安抚客户?

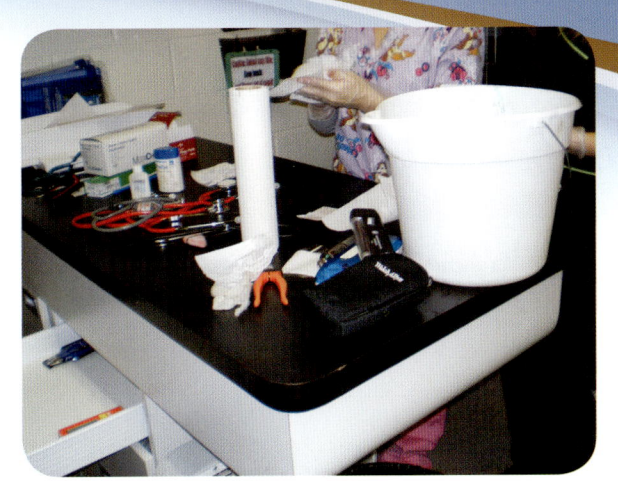

第 36 章　住院流程

学习目标

学习完本章后，读者应该能够：
- 讨论住院动物的入院和出院流程。
- 描述如何记录住院动物的观察结果。
- 评估和确定急诊状态的处理。
- 说明如何辨别不同动物品种的性别。
- 说明如何分辨动物的大致年龄。
- 演示如何正确地混合和准备疫苗。
- 演示伤口的清洁技术。
- 演示基本的包扎技术。
- 讨论给住院动物喂食和喂水的正确流程。
- 对住院动物的笼子进行适当的卫生清理。
- 讨论适当的隔离病房措施。

引言

在兽医院工作的人员需要有丰富的知识和医院工作的经验，能够辨识到兽医院就诊和住院动物出现的急诊状态。兽医助理必须知道患病动物的各种需要，兽医工作人员也要为来院就诊的患病动物提供良好的条件。兽医助理要熟知住院动物的操作流程，成为住院准备、操作和随访护理的主要参与者。

住院动物

住院动物需要不间断地看护、深入观察、重症监护和支持或常规的定期治疗。兽医助理必须熟知正确的患病动物住院流程、如何记录所需的治疗或手术操作以及患病动物应被安置的护理地点。对兽医助理来说，必须要知道患病动物的病史，知道患病动物准备出院的时间，以便给予主人在家护理的准确、适宜的指导。

接收患病动物入院

在患病动物被接收入院之前，要告知客户（主人）患病动物需要的治疗、手术操作和护理。主人签署免责协议书或同意书和预估费用表单后，才能离院（图 36-1）。有时，这对某些主人来说可能很难，因为他们需要确定他们的宠物能得到很好的照顾，能适应与主人分离后的焦虑。患病动物、病历、笼卡、治疗说明要放在治疗区，这是保存所有患病动物信息的地方。为了进一步识别患病动物，有些兽医院还给患病动物戴上颈带。颈带和笼卡包含患病动物的信息和住院的原因。表 36-1 总结了兽医院需要标注的住院动物信息。

图 36-1　客户将患病动物留在兽医院之前必须签署同意书

表 36-1　住院动物的识别信息

笼卡	颈带	患病动物名字	患病动物年龄
物种	品种	毛色 / 标记	性别
电话号码	住院的原因	主人姓名	个人物品（玩具、毛毯等）

笼子、犬舍或豢养区要根据动物体型和护理需要进行准备。小动物或伴侣动物在住院笼内使用毛巾、窝垫、毯子或报纸等；大动物要在畜栏里准备干净垫草。当患病动物放到笼内并妥善地关好笼门后，兽医助理要准备好医院治疗布告板和病历文件夹。医院治疗布告板是兽医诊所中非常重要的和有价值的工具（图36-2）。布告板上包含患病动物信息，显示需要完成或已经完成的治疗以及一般的健康信息，方便所有兽医及工作人员了解。兽医院治疗布告板包含以下信息：

- 客户（主人）名字。
- 电话号码。
- 患病动物名字。
- 患病动物年龄。
- 患病动物品种。
- 患病动物性别。
- 患病动物体重。
- 住院的原因。
- 需要的治疗或手术操作。
- 药物和剂量。
- 注意事项或其他重要信息。

许多兽医院通过医疗病历归档方法记录所有的住院动物，以方便查询医疗表单，并遵循相同的标记方法确保准确性。通过主人名字或顾客编号进行归档记录的医院，也以同样的方式将信息记录在医院治疗布告板上，用于识别主人、患病动物和病历（图36-3）。

每个住院动物都要有兽医出具的指示治疗方案的治疗单。每一位工作人员都要如实记录日常的治疗、手术操作和观察。

图36-2 在医院治疗布告板上记录信息

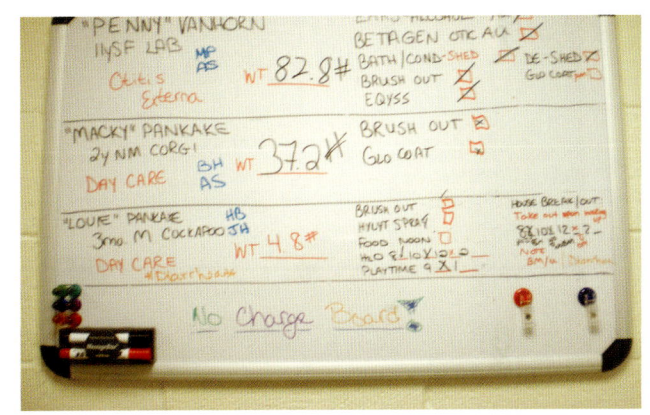

图36-3 注意在医院治疗布告板上记录信息的方式

能力技巧

接收患病动物入院

目标：

为需要住院的患病动物处理入院信息。

准备：

- 根据患病动物体型和护理需要（窝垫、水、食物、猫砂盆等）准备医疗记录、费用预估、免责协议书或同意书、笼子或豢养区。

兽医助理基础与应用

流程：

1. 和主人确认患病动物的治疗计划和预估费用。
2. 主人在免责协议书或同意书上签字。
3. 向主人保证患病动物能够得到很好的护理。
4. 将患病动物和病历一起带到治疗区。
5. 为动物带上颈带，并在笼子上放置笼卡，供患病动物识别（图36-4）。
6. 把患病动物放到笼子里或豢养区。
7. 关闭笼门并检查是否关好。
8. 将住院动物的信息记录到医院治疗布告板上。
9. 将病历放入病历文件夹中。

图 36-4　笼卡

住院动物出院

当兽医认为患病动物不再需要持续护理、能够安全回家时，兽医要在病历表内准备好书面的家庭护理说明。这个说明是兽医助理和支持人员向动物主人提供患病动物护理信息的指导。动物主人得到恰当的家庭护理信息和指导时，就会显著提高家庭护理的依从性。病历要包括家庭护理指导、随宠物一起带回的药物、所有的实验室检查和发票。处方开好后，兽医助理要审查药物的剂量和用法。要告知主人实验室检查结果的获取时间、复查预约的必要性、在家中监测的疾病状态。要跟每一个主人确认是否还有关于患病动物或家庭护理说明的疑问。兽医助理要向主人强调，存在任何问题或疑问时电话联系（图36-5）。要引导客户和患病动物到前台或接待区开具发票和进行结账流程。助理要在病历中记录对话。

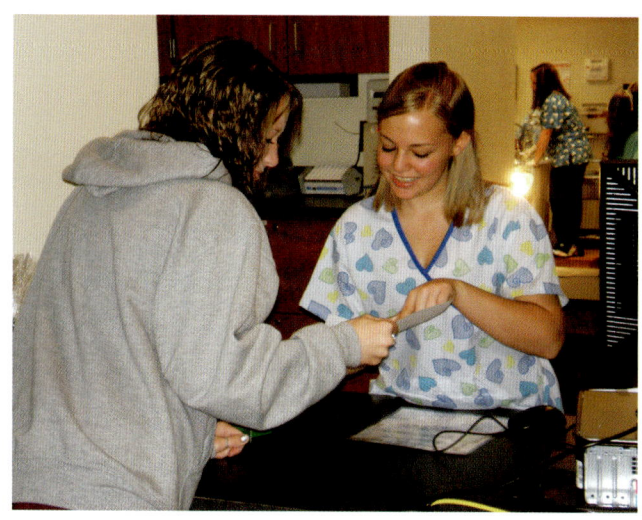

图 36-5　兽医助理需要向动物主人逐条解释出院说明，并给主人时间提问

能力技巧

为住院动物办理出院

目标：

对能够回家的住院动物有效地处理出院信息。

准备：

- 病历、家庭护理说明、药物、发票、患病动物及其个人物品。

流程：

1. 完成所有的处方。
2. 向主人解释家庭护理说明、药物和其他相关信息。
3. 向主人演示给药方法。
4. 提供实验室检查或随访的信息。
5. 以书面形式办理住院动物的出院手续。
6. 把患病动物交给主人。
7. 引导主人到前台。
8. 把病历和发票交给前台人员。
9. 告知前台人员是否需要随访。
10. 感谢主人的到来，并告知有任何疑问或问题时电话联系。

记录观察

所有的工作人员都要学会观察患病动物。从患病动物进入医院直到出院，观察动物是一项必备的技能。观察是成功护理和治疗患病动物的关键性因素。观察包括观看和记录动物行为、外观、精神状态与整体健康状况（图36-6）。这些异常都要与动物物种和品种的正常表现进行比较，发生的所有变化都要被监测并记录在病历上。有些变化可能是细微的，很容易被忽视。观察包括视觉监测、嗅闻气味、触诊和听诊监测。对治疗有益的观察实例包括闻到恶臭的气味或腹泻、腹痛或眼分泌物。日常观察要记录在病历上。

图36-6 在兽医的照顾下，观察技能对患病动物的健康和安全至关重要

急诊状态评估

急诊状态是所有兽医院需要面对的现实,造成患病动物危重状态的原因包括损伤、出血、休克、呼吸窘迫或中毒。急诊是一种要求立即采取抢救措施的状态。当急诊到达医院或在医院内发生时,所有的工作人员必须作为团队一起工作,在主治兽医的领导下提供足够的急诊护理。处理急诊状态的成功与否取决于是否以团队工作,是否在压力下依然保持镇静。兽医和兽医技术员要提供直接的治疗服务,而兽医助理要负责供应用品、药物和急救设备。急救车是配有急诊设备和用品的可移动工作台,要在动物危重状态时方便易用。所有的急诊设备都要在急诊状态发生前准备好。一个高效的兽医助理应该能完成以下工作:

- 找到急救车或急救箱的位置。
- 找到急诊设备的存放位置;急诊设备可能因为尺寸过大或数量有限,没有放在急救车上或急救箱中。
- 维护急救车或急救箱中的急诊设备、药品和用品。
- 更新急诊用品;新购急诊设备和药品。
- 识别常见的急诊设备。
- 找到常用普通用品的存放位置。
- 正确地保定和摆位患病动物。
- 必要时,也做皮肤准备。
- 执行简单的内部实验室流程。

表36-2列出了兽医助理应该熟悉的常用急诊设备。

患病动物稳定后,兽医助理要在兽医和兽医技术员的指导下提供护理和监护。所有工作人员都要接受关于在急诊时应该做什么的培训,以便兽医团队的每个成员都有工作可做;这在急诊状态时非常有用。根据兽医的安排,每月的员工会议要致力于优化总结急诊流程。在急诊状态下,共同制定出来的急诊流程的知识是无价的,因为这不是短时间内就能学会和培训好的。

动物在危及生命的急诊状态下的症状如下:
- 心跳停止。
- 呼吸停止。
- 动物不再警觉。
- 动物呼吸困难。
- 体温过低,齿龈苍白。
- 体温过高。
- 出血过多。

兽医助理必须具备急诊设备的使用、清洁和维护的知识。应遵循定期的保养计划,确保所有设备都处于正常工作状态。所有药品都要注意有效期,要制定好所有药品的检查清单。

常规住院操作流程

兽医助理要能执行基本的住院操作,包括确定动物的性别、应用基本的绷带包扎、混合疫苗和配药、基本伤口护理、判断动物的大致年龄、食物和饮水的饲喂。

表36-2 常用的急诊设备

喉镜和刀片(图36-7)	不同型号的气管插管(图36-8)	加热垫或毯子	电推子和刮刀
器械包	输液架	静脉加压袋	输液连接管
脉搏血氧仪	氧箱	氧气罐	麻醉机
胃管	静脉导管	绷带	导尿管
听诊器	笔灯	注射器	缝针
心电图	血压计	急救气囊	急救药物

判定动物性别

听起来可能可笑和奇特,有些主人不知道宠物性别或判断错性别。有些动物,如幼猫、幼兔和袖珍宠物,很难辨别性别。某些幼年动物没有发达的生殖器官,所以很难辨别性别;有些动物可能已经绝育,也不好辨别性别。大多数袖珍宠物、兔子和猫,可以通过生殖孔的形状及肛门与生殖器的距离来辨别。有些动物的性别可以通过直肠或肛门与排尿区的距离来辨别。许多雄性啮齿类和猫比雌性距离更宽(图36-9)。轻轻地从尾根部抬高尾巴并上移可以暴露肛门和生殖器。表36-3总结了不同物种动物的生殖器形状。

图 36-7 喉镜

图 36-9 辨别幼猫性别:左侧是雌猫,右侧是雄猫

表 36-3 各物种动物的生殖器形状

物种	雄性生殖器官形状	雌性生殖器官形状
小鼠	阴茎轴体	拉开皮肤可见阴道口
大鼠	向外突出	闭合的
兔子	圆形开口	裂缝样开口
仓鼠	圆形开口	长的,裂缝样开口
豚鼠	I- 形,方便暴露的阴茎	Y 形开口
猫	圆;句号型	裂缝样;逗号型

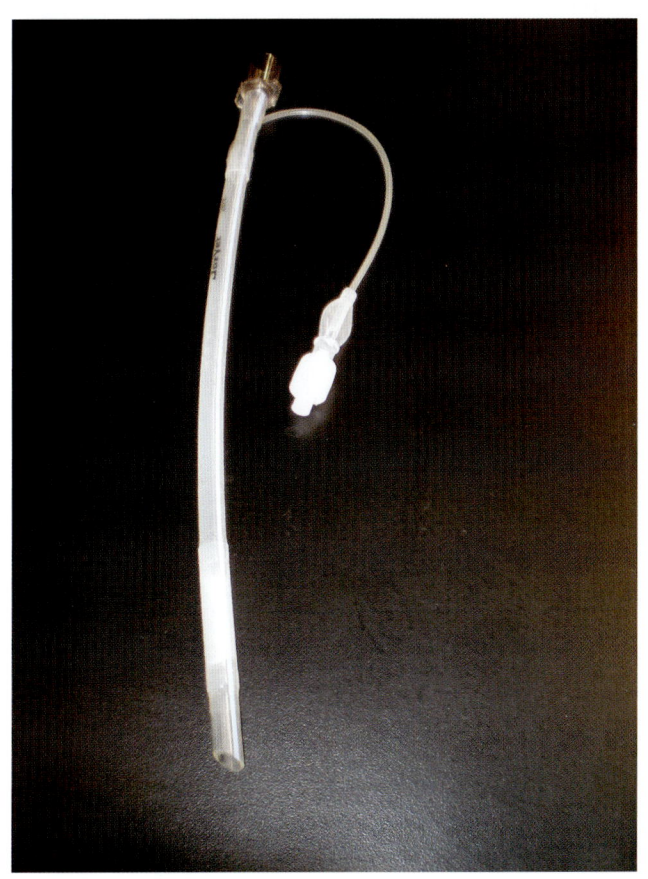

图 36-8 气管插管

判定动物年龄

动物的年龄可以通过检查齿列大致判定。齿列是口腔内牙齿的排列方式。每种动物的乳牙和恒牙的出牙时间都是确定的。乳牙与成年的恒牙相比,又尖又小,而恒牙更大些。而且,随着动物年龄的增长,乳牙脱落,恒牙的间距会随着下颌生长变得更宽。牙齿的外观也有助于判定动物的年龄(图36-10)。老年动物的牙齿会出现着色、牙垢和表面磨损。以马为例,随着年龄的增长,牙齿的形状和角度发生改变,牙齿的齿星(牙齿的中心点)消失(图36-11)。年轻马的牙更圆,中年马的牙三角形,老年马的牙不规则。犬和猫通常在3~6月龄时脱去乳牙,6月龄后长出全部恒牙。表36-4列出了不同物种动物齿列。

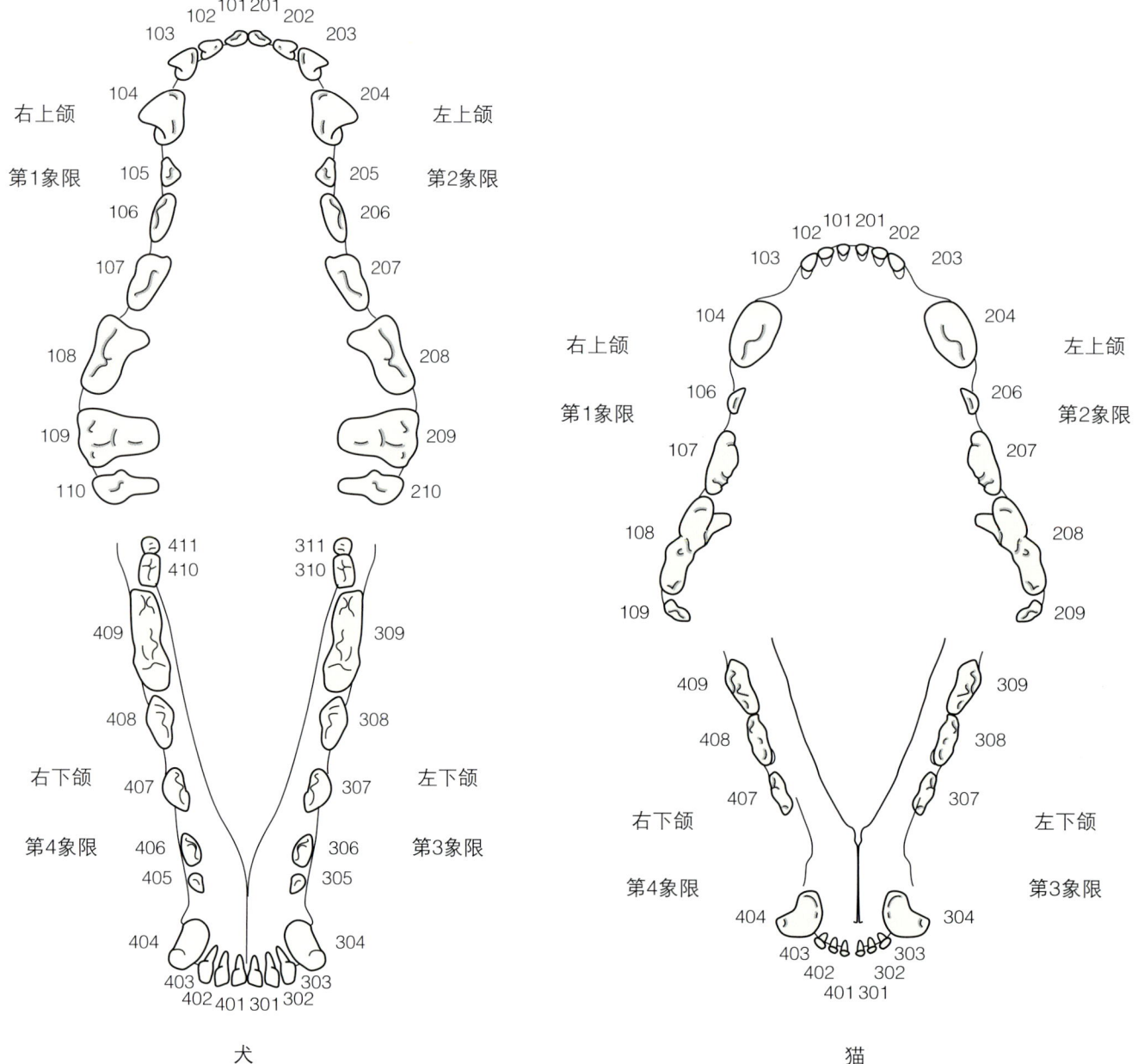

图 36-10　牙齿识别系统

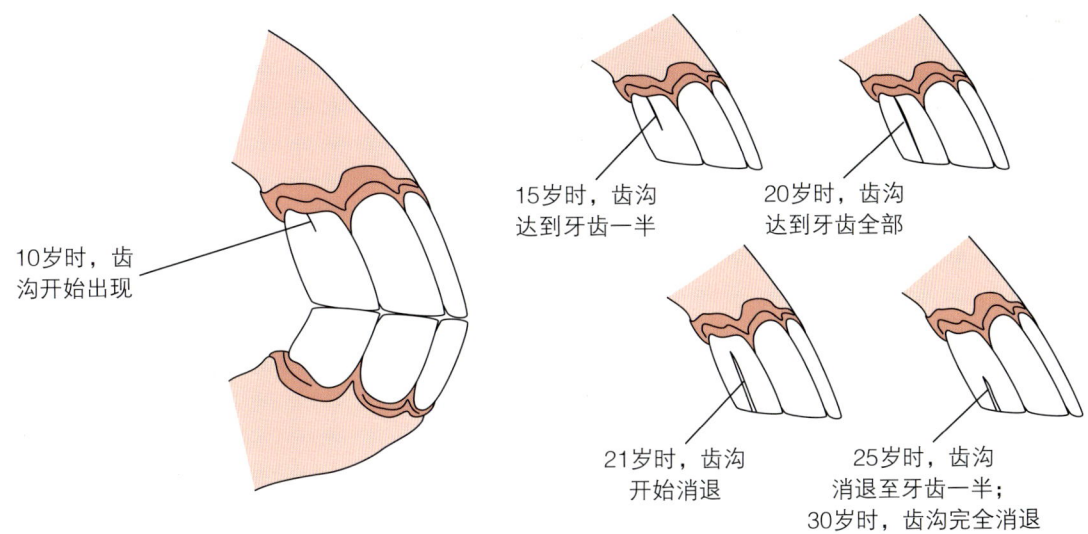

图 36-11 确定马年龄的齿沟

表 36-4 不同物种动物的齿列比较 *

		乳齿				恒齿			
		门齿/切齿	犬齿	前臼齿	臼齿	门齿/切齿	犬齿	前臼齿	臼齿
犬	上	3	1	3		3	1	4	2
	下	3	1	3		3	1	4	3
马	上	3	0	3		3	1	3 或 4 *	2
	下	3	0	3		3	1	4	3
牛	上	0	0	3		0	0	3	3
	下	3	1	3		3	1	3	3

* 表格列出了一侧的牙齿数目，牙齿的总数目是一侧牙齿数目的 2 倍

★ 母马通常没有犬齿和第一前臼齿

准备疫苗

在兽医院，疫苗接种是经常发生的常规事件。所有的动物在幼年或开始使用新的疫苗时都需要加强免疫；在整个成年期，也要制定好免疫流程。动物生病不能注射疫苗，恢复健康后才可以。疫苗可以是单剂量或多剂量的。单剂量疫苗多是预混合包装或分装在两个药瓶中，其中一瓶是液体稀释剂，另一瓶是粉剂（图 36-12）。两个小瓶要混合在一起才能形成可用的疫苗。液体稀释剂必须是可以用注射器抽取的，可能是疫苗的活性成分，也可能是无菌水。稀释液抽吸到粉剂瓶中，颠倒混匀。要使用疫苗专用稀释液，不要将不同类型的疫苗稀释液混合使用。然后，将疫苗注射给标记好的动物。疫苗一旦混合，必须在 1h 内使用，除非标签有特殊说明。疫苗是生物制剂，必须在冰箱内保存（图 36-13）。多剂量疫苗的药瓶标明每个动物需要的剂量，通常是 1mL，具体视药瓶标签说明定。多剂量疫苗要预混合后使用，务必小心不要污染药瓶，否则会导致整瓶疫苗废用。

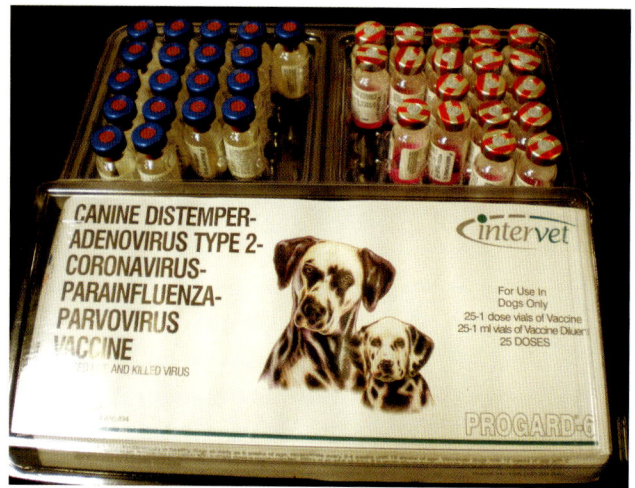

图 36-12 疫苗

图 36-13 疫苗必须在冰箱内保存

能力技巧

混合疫苗

目标：

正确地为患病动物准备疫苗。

准备：

- 与物种适配的疫苗、大小合适的注射器和针头（通常 1～3mL）、酒精、棉棒、检查手套（图 36-14）。

流程：

1. 戴上检查手套。
2. 用棉棒蘸取酒精。
3. 用酒精擦拭每个药瓶的顶部胶塞。
4. 准备抽吸液体稀释剂，倾倒药瓶（多剂量疫苗的药瓶内混合稀释液的量遵循标签要求；图 36-15。）
5. 将针头插入药瓶顶部胶塞中心（图 36-16）。
6. 将药瓶中的稀释液全部抽取到注射器中。多剂量疫苗瓶按照标签要求抽取所需量（图 36-17）。
7. 将注射器中的稀释液全部注入粉剂瓶中。
8. 轻轻将粉剂瓶反复倒置 4～5 次，直到完全混匀。

9. 将粉剂瓶中的混合液全部抽取到注射器中，并将针头从药瓶拔出。
10. 重新装上针头。
11. 注射器用剥下的药瓶标签或自制的标注药名的胶带标记。
12. 把注射器放在治疗区。
13. 清理工作区。

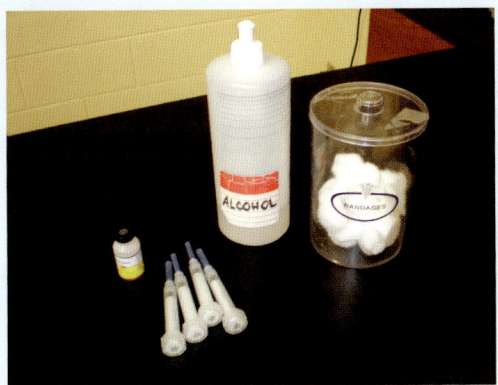

图 36-14　混合疫苗的准备

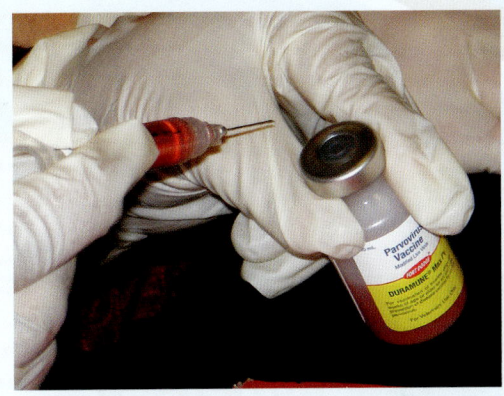

图 36-15　从多剂量瓶抽吸疫苗时，核实标签，确保抽吸量准确

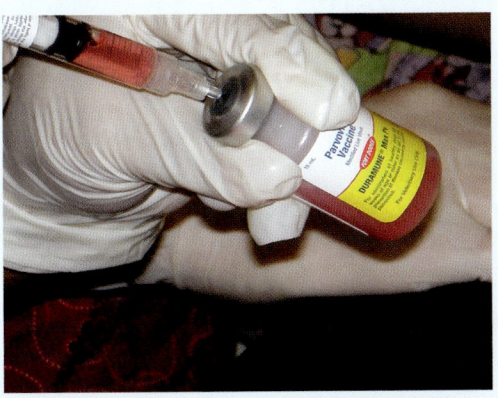

图 36-16　将针头插入药瓶顶部胶塞中心

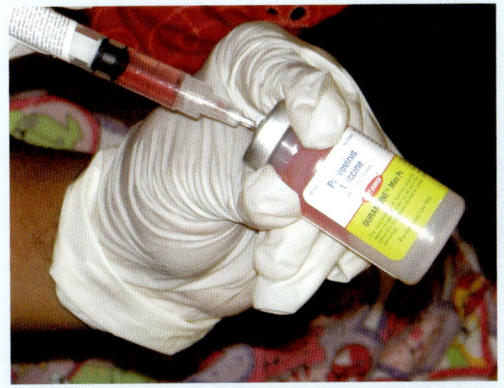

图 36-17　使用多剂量疫苗时，仅抽吸单一剂量的疫苗量

伤口清洁与护理

伤口可能是损伤或皮肤刺激类的浅表伤，也可能是切割伤或贯穿伤类的深部伤（图 36-18）。重要的是，伤口要经过兽医评估，确定治疗方案，决定是否需要缝合。很多伤口的位置在被毛密集的区域，处理时需要剃毛，以便更好地显露和治疗护理。根据伤口需要的治疗方法，创区要清洁和消毒。创区也可能被碎屑和细菌污染，所以要在剃毛后冲洗伤口，这也将有助于冲掉创区的被毛。可用外科刷对这一区域进行清洁和消毒，如洗必泰刷（图 36-19）。伤口的护理与伤口的位置、伤口大小和深度及伤口被处理过的程度有关。抗生素治疗是常用的保护动物免受感染的方法。

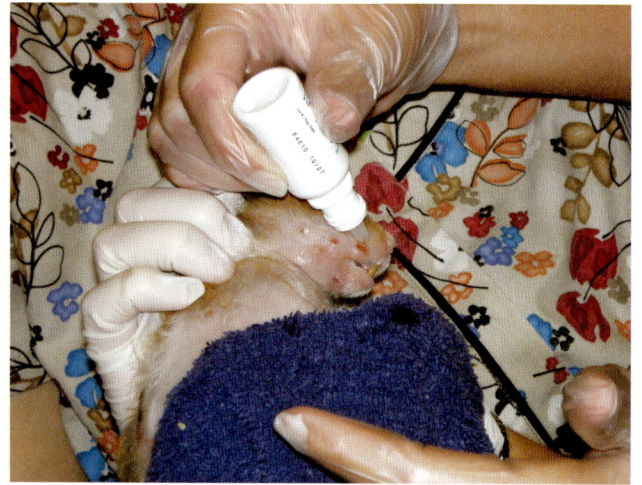

图 36-18 皮肤病变伤口的一种类型

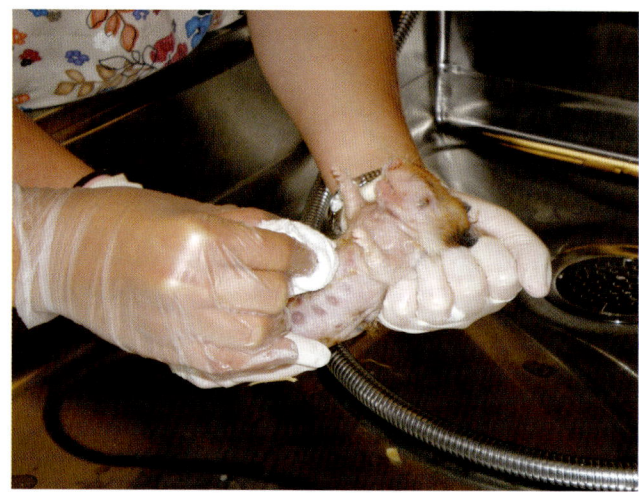

图 36-19 使用外科刷清洁和消毒伤口

能力技巧

清创

目标：

正确地清洁和准备伤口区域，方便兽医评估伤口并实施治疗。

准备：

- 检查手套、大剪刀、KY 凝胶、吸尘器、纱布块、不吸水垫、水盆、无菌生理盐水、碘伏、洗必泰刷、50mL 注射器和大号针头、海绵、止血钳、毛巾。

流程：

1. 在伤口区涂抹 KY 凝胶。
2. 伤口区剃毛。
3. 剃毛区四周剃成矩形。
4. 吸尘器吸净残毛。
5. 将毛巾围在伤口周围。
6. 用 50mL 注射器抽吸无菌盐水轻轻冲洗伤口。
7. 反复冲洗，直到伤口无尘土和碎屑。
8. 使用纱布块蘸取无菌水和洗必泰刷开始刷洗过程。用水碗浸泡纱布块。从伤口周围开始，然后刷洗伤口中心，最后擦洗修剪的被毛边缘。必要时重复刷洗 3～4 次。

9. 从伤口中心以圆周运动的方式开始擦洗，直到外周被毛。重复刷洗3～4次。
10. 每次刷洗使用新的纱布块。
11. 伤口使用手术消毒剂如优碘（碘酒）消毒。
12. 为保持伤口清洁，覆盖无菌的不吸水垫或纱布块。

绷带包扎和绷带护理

动物使用绷带的原因包括伤口敷料、保护、制动（防止活动）及固定夹板。绷带由数层构成，每一层均有特定的目的。兽医助理要熟知绷带包扎技术所必需的材料和设备，会实操简单的保护性绷带（图36-20）。绷带包扎需要的通用材料如下：

- 卷轴脱脂棉。
- 胶带（1″～2″）。
- 卷轴纱布。
- 自粘绷带。
- 不粘敷料。
- 绷带剪。

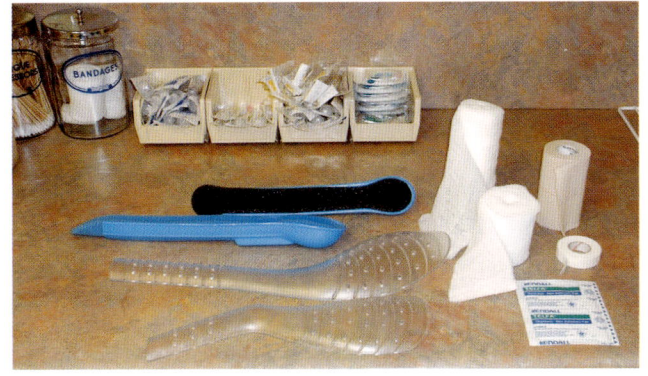

图36-20 绷带材料和夹板

第一层绷带是接触皮肤层，柔软，提供垫护作用，防止摩擦和皮肤刺激，从而保护伤口区域。可用材料包括卷轴脱脂棉、脱脂棉绷带或其他软性纤维材料。如果存在伤口或缝合后伤口，要用非吸收性保护垫覆盖。绷带层应该足够紧，这样才能起固定作用，但不能太紧影响血液循环。缠绕绷带时，从伤口区域中心开始，然后向下或向前缠绕，然后再以相反方向向上或向后缠绕。这就要求第一层绷带要覆盖所有区域，而且多缠绕几层，以便提供保护作用。很多时候，绷带层以45°角缠绕，有助于防止绷带滑脱。在缠绕新一层绷带时，要保证前一层平滑、无皱褶。

第二层绷带是固定第一层绷带的薄层纤维材料，主要由不粘材料包裹，如卷轴纱布，从远端向近端，然后再由近端至远端缠绕，边缘超过第一层绷带（图36-21）。

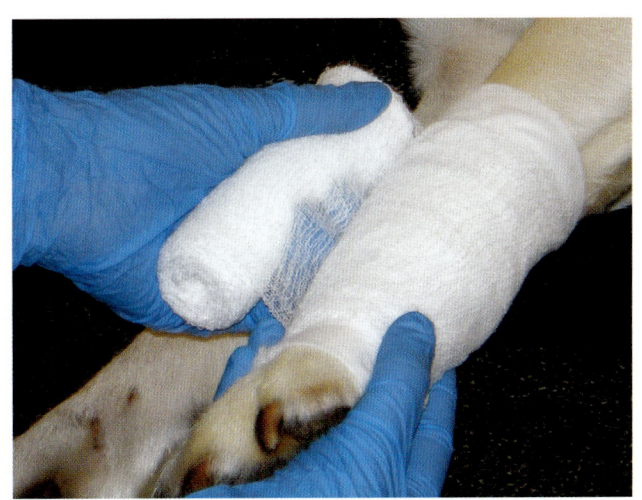

图36-21 在第一层绷带外缠绕第二层纱布

第三层绷带是动物绷带的最外一层，通常是防水的，用以保护内层绷带。从远端向近端，然后再由近端至远端缠绕，边缘超过第二层绷带。该层绷带通常是自粘绷带，可以自身粘贴，如co-flex或vet wrap（图36-22）。边缘要足够宽防止滑脱，但又不能太宽，可能引起患病动物不适。胶带粘在绷带最外一层的近端和远端，有助于防止绷带滑动（图36-23）。胶带条的一半粘在绷带上，另一半粘在动物被毛上。务必注意，绷带太紧可能阻断包扎区的血液循环，引起严重的组织损害。

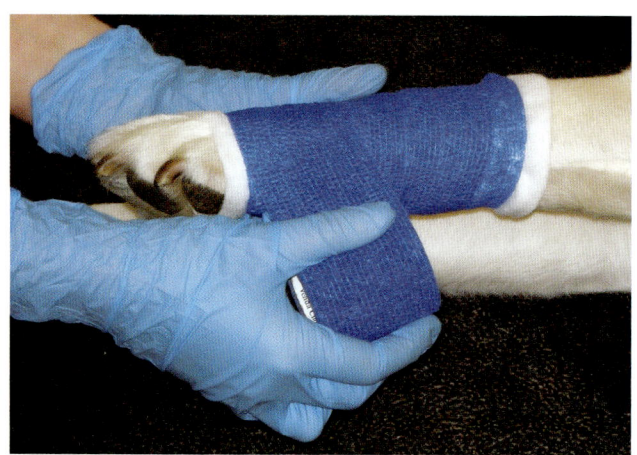

图36-22 第3层通常是防水材料,有助于保护和维持内层的清洁

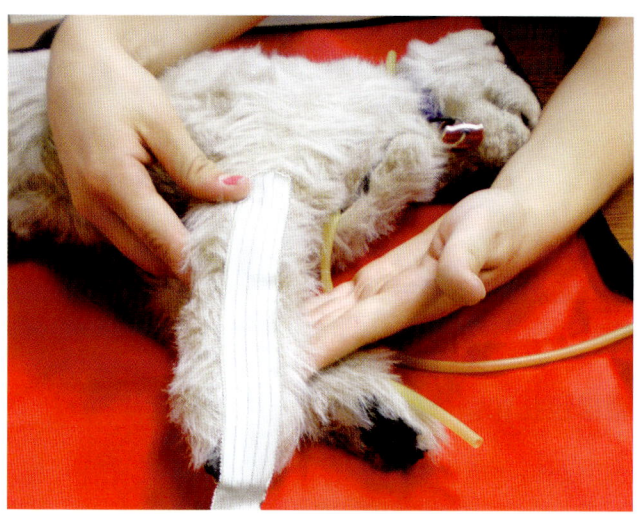

图36-24 使用胶带制作马镫,防止绷带滑脱

当兽医确定绷带可以移除的时候,要完整地拆除绷带。可使用绷带剪剪开绷带层(图36-25)。绷带剪的尖头成一定角度(图36-26),在移除绷带的时候可以防止剪伤动物。绷带移除时,要从近端向远端剪开,并且使绷带剪的尖头始终朝上与绷带层接触。

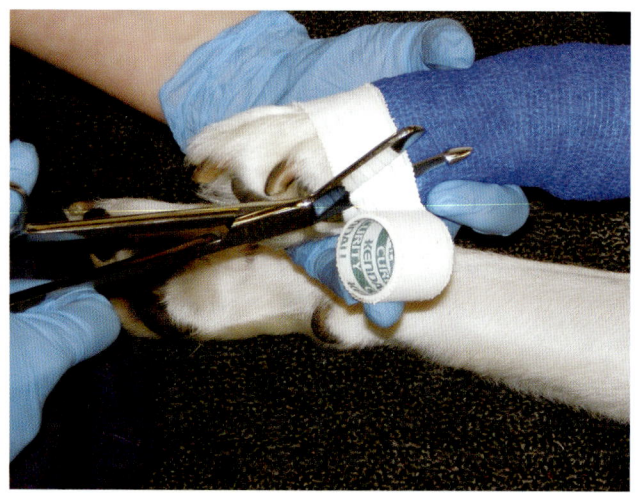

图36-23 胶带粘在绷带的末端,帮助固定

绷带使用及其类型取决于绷带的作用及使用部位。四肢部位的绷带包扎容易滑脱,要在肢体外侧粘贴胶带条(图36-24),胶带条超出肢体末端。然后缠绕绷带,胶带条嵌入到第二层绷带中。这些胶带条称为马镫。

绷带的护理和清洁也是很重要的。绷带要保持干燥、无污渍,要频繁更换污染的伤口绷带。动物可能会频繁地舔舐和啃咬绷带,要注意保护绷带,免遭破坏或移除。在最外层喷洒无毒但有异味的化学喷雾剂有助于限制这种行为。喷雾剂包括Bandguard 和 Bitter Apple。对难以处理的患病动物,可能会采取更激进的措施,如在头颈周围佩戴伊丽莎白圈防止啃咬。绷带护理也包括限制活动、监测肿胀或滑脱、绷带外包裹塑料袋防止潮湿、监测异味等。

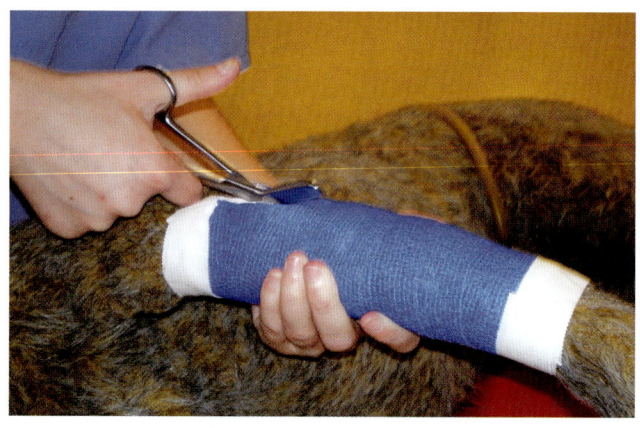

图36-25 使用绷带剪剪开绷带材料,移除绷带

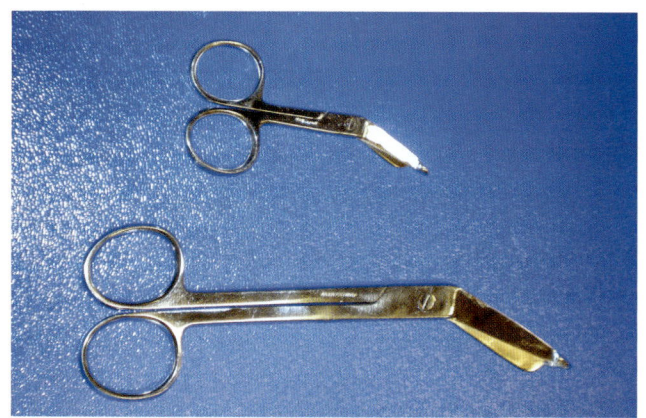

图36-26 绷带剪

能力技巧

绷带应用

目标：

为伤口正确地包扎绷带。

准备：

- 卷轴脱脂棉、卷轴纱布、1″~2″胶带、Vet wrap 或 Co-flex 绷带、绷带剪、检查手套。

流程：

1. 戴上检查手套。
2. 使用 2 条 1″或 2″胶带粘贴在肢体前后侧，防止绷带滑脱。胶带条要超出肢体末端。
3. 一只手持卷轴脱脂棉，另一只手持开端。不要缠绕过紧，以免影响血液循环。
4. 使用卷轴脱脂棉作为第一层绷带，从远端向近端缠绕覆盖。脱脂棉卷需倾斜 45°缠绕。
5. 脱脂棉包扎要光滑平整，防止起皱褶。
6. 脱脂棉卷一层压一层缠绕，直至达到理想的厚度和保护量。
7. 使用卷轴纱布作为第二层绷带，从远端向近端缠绕覆盖。不要缠绕太紧，以免影响血液循环。
8. 倾斜 45°缠绕纱布卷。
9. 每一层纱布要光滑平整，防止起皱褶。
10. 纱布卷一层压一层缠绕。将胶带条向上折转压入纱布卷层。
11. 继续缠绕至需要的绷带量，完全盖住第一层绷带。
12. 使用 Vet wrap 绷带作为第三层绷带，从远端向近端缠绕覆盖。
13. 倾斜 45°缠绕 Vet wrap 绷带。
14. Vet wrap 绷带要光滑平整，防止起皱褶。
15. Vet wrap 绷带一层压一层缠绕。
16. 继续缠绕至需要的绷带量，完全盖住第二层绷带。不要缠绕太紧，以免影响血液循环。
17. 在绷带边缘的近端和远端，使用 1″或 2″胶带粘贴固定。胶带一半粘在绷带上，另一半粘在被毛上。
18. 在绷带开口的末端，沿 Vet wrap 绷带边缘粘贴少许胶带。可以将 Vet wrap 绷带的末端做成三角形，便于定位。

能力技巧

移除绷带

目标：

正确移除绷带，不造成任何新的创伤。

准备：

- 绷带剪、检查手套。

流程：

1. 戴上检查手套。
2. 从绷带的近端到远端剪开。
3. 将绷带剪的长而钝的刀片贴近皮肤，在绷带缘下方。
4. 刀片贴近皮肤，尖端轻微上抬接触绷带。
5. 将绷带层放到绷带剪的刀刃之间。
6. 从近端开始剪开绷带，剥离绷带层。
7. 剥离或剪开绷带层，至绷带远端。
8. 绷带全部移除后，如果有马镫，也一并移除。
9. 轻轻移除每一层绷带。
10. 绷带移除后通知兽医。
11. 清理工作区。

给住院动物喂食和饮水

在兽医院，有多个因素会影响患病动物的饮食，如患病动物的健康状况、完成的操作或手术、药物及患病动物的食欲。有些动物可能禁食（NPO），这与患病动物的状况、所患疾病或手术需要有关。如果动物允许进食和饮水，必须确定适合的饮食类型。年龄和疾病影响饮食类型。特定情况下，患病动物需要饲喂主治医师开处的特殊饮食。例如，心力衰竭动物需要低盐饮食，肾衰动物需要低蛋白饮食。饮食要记录在病历中，以便保持住院期间的一致性。

有些动物在兽医院环境里进食会感觉很舒适。有些动物在笼中或正常环境外进食可能会感觉不安全。这就需要考虑如何鼓励患病动物进食。有些动物可能不习惯食物的类型或稠度。例如，有些犬仅食用罐装食物或干粮，可能不吃其他类型的食物。有些马或牛可能食用特定类型的干草，而不想食用其他干草。在小动物，需要将罐装食品加热，增加适口性。轻微加热食物可以增加食物香味，使食物更具诱惑力。食物中混合少量水有时也能提高食物的接受度。干粮可用水膨化变软。在大动物，可将水或苹果酱添加到谷物中，使其更具吸引力。必要时，可以强制饲喂食物。强制饲喂是将食物送入动物口腔并使其吞咽。强制饲喂有多种方法。一种方法是将动物口腔轻轻打开，然后用手指将少量食物送入口腔顶部。另一种方法是制作流食，用注射器或饲管饲喂。注射器抽满食物，将注射器尖端或饲管放入口腔接近臼齿的位置。患病动物的鼻子轻微向上倾斜。推动注射器针芯使食物进入口腔，要给患病动物吞咽的时间。每天少量多餐地饲喂。要缓慢饲喂食物，防止患病动物将食物吸入肺内。有些患病动物在饲喂少量食物后，可能会自己进食。有些动物可能会对强制饲喂反抗，这时有必要使用鼻胃饲管将食物送至胃内（图36-27）。鼻胃饲管需要由兽医和兽医技术人员操作完成。将鼻胃饲管插入鼻孔，通过咽部，然后进入食道，直到尖端进入胃内，向饲管内注入流食。食物的需要量要由兽医评估，以确保满足患病动物总的卡路里需求。能主动进食的动物也要监测进食的食物量。动物不能超过24h不吃东西。饲喂住院动物需要创造力、毅力和耐心。

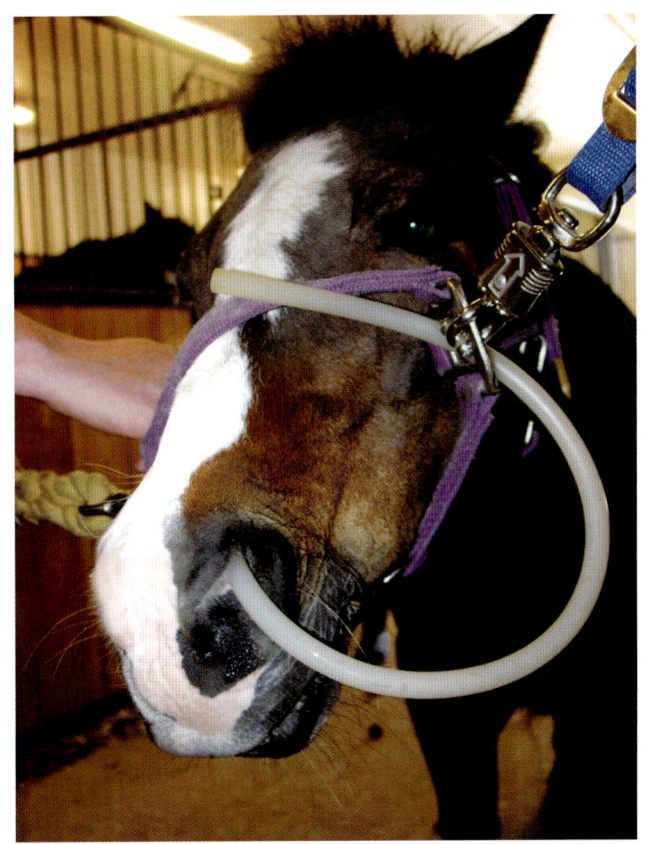

图 36-27　鼻胃饲管

能力技巧

饲喂住院动物

目标：
通过饲喂和饮水合理满足住院动物的饮食需要。

准备：
- 选择合适类型的食物、记录给予患病动物的食物量、食盆、水桶或其他器皿、检查手套、微波炉或热源。

流程：
1. 制备允许饲喂的饮食。
2. 确定食物的饲喂量。

3. 给动物提供食物。如果动物对吃不感兴趣，在食物中添加少量水。对于软性食物，轻微加热至室温。
4. 如果患病动物不感兴趣，用手指尖蘸取少量食物。
5. 轻轻打开患病动物的口腔，将食物送至上腭。
6. 让患病动物吞咽食物。
7. 慢慢饲喂，给患病动物时间吞咽。
8. 重复饲喂操作，直到食物被拒绝或达到需要量。

能力技巧

强制饲喂住院动物

目标：

合理实施强制饲喂动物营养品。

准备：

- 选择合适类型的食物、记录给予患病动物的食物量、注射器、饲管、检查手套、微波炉或热源。

流程：

1. 戴上检查手套。
2. 用温水液化适量的食物来准备流食。
3. 把食物抽进注射器。如果需要，饲管连接到注射器的末端。
4. 把注射器放到患病动物口腔一侧接近臼齿的位置。
5. 头微微向上倾斜。
6. 把嘴角向外拉形成一个小口袋。
7. 轻轻将液体推进口内，在面颊和臼齿之间。
8. 给动物时间吞咽食物。
9. 整天重复饲喂操作，直至满足每日的总卡路里需求。

水是动物需要的另一种重要营养素。住院动物可能允许或不允许自主饮水。如果没有足够的饮水，动物可能脱水。如果允许饮水，要给到足量的水。住院动物容易溢洒水，因此要时常监测笼内情况或将水碗固定在金属环内，避免溢出。有些患病动物会比其他患病动物需要更多的水。应根据需要提供饮水，并保持新鲜干净。

小结

住院动物需要专门护理、持续观察及良好的卫生。兽医助理负责护理患病动物。住院动物可能有传染性或患有严重的疾病或一天内需要多次治疗。兽医助理必须要知道应对患病动物做什么、每个患病动物是正常的还是异常的，兽医助理需要进行哪些治疗。这些需要知识、经验和有计划的工作制度，以满足每个患病动物的不同需要。

复习题

1. 住院治疗布告板有什么重要性？
2. 住院治疗布告板上应该含有什么信息？
3. 急诊状况时，兽医助理的职责和责任是什么？
4. 有哪些常用的急诊工具和用品？
5. 绷带有哪三层？
6. 绷带每一层的作用是什么？
7. 绷带包扎时需要哪些物品？
8. 绷带护理需要注意哪些要点？

临床案例

Alicia 是 Kind Heart Pet Hospital 的兽医助理，在检查室工作。Moore 医生要求她将腿部受伤的猫带到治疗区进行绷带包扎。患猫的 X 线片显示没有骨折，但腿有肿胀和疼痛。兽医认为，患猫在治愈或肿胀减轻之前，一周内猫不能使用患肢。Alicia 进入治疗区，准备用品和设备，协助 Moore 医生进行绑带包扎。

- 这种治疗状况需要什么用品？
- 如果患猫疼痛难以处理时，需要怎么做？
- 治疗结束时，Moore 医生会让 Alicia 给主人提供哪些家庭护理指导？

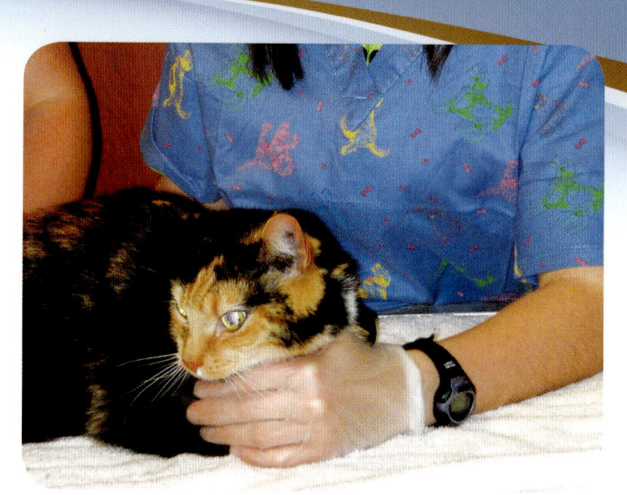

第 37 章　美容操作

学习目标

学习完本章后，读者应该能够：
- 讨论和描述兽医院里常见的美容操作。
- 利用正确的方法消毒和保养美容设备和工具。
- 为患病动物梳理被毛和开结。
- 演示推子和推头的正确保养方法。
- 演示如何使用推子和合适的推头给患病动物梳理、修剪和剃毛。
- 演示如何清理患病动物的正常耳道。
- 演示如何修剪患病动物的指甲。
- 演示如何正确使用外部挤压技术清理肛门腺。
- 演示如何正确地给患病动物洗澡。
- 演示如何正确地给患病动物吹干被毛。

引言

在兽医院中，美容护理是兽医助理很重要的一部分工作。美容是对动物的体表进行护理，包括被毛、耳朵、指甲和肛门腺。与专业美容师提供的美容护理相比，兽医助理的培训内容和视角完全不同。兽医院里美容的重点在于改善动物的福祉，不一定只是外观；而美容护理的主要目标是提高动物的整体健康状况和舒适度。

兽医院里的美容技巧

许多患病动物因整体被毛质量和外观差以及缺乏护理，需要被毛护理。长毛动物可能会出现被毛擀毡打结、沾染脏物、黏附在直肠或泌尿生殖区以及指甲过长、肛囊增大或耳道脏等问题。这些问题常常造成动物不快乐、不健康和不舒适。兽医院需要提供（通常由兽医助理完成）被毛的日常护理和维护。

兽医院要有各种美容工具。所有与动物接触的工具都要正确地消毒，防止外寄生虫或其他传染性疾病传播。美容工具往往是兽医院中寄生虫和疾病最常见的传播途径。

刷毛和梳毛

所有动物，尤其长厚被毛的动物，都需要刷毛和梳毛。刷毛是用软刷清理被毛（图 37-1），可以去除死毛和脏物。梳毛是用细梳清理被毛，有助于去除毛结及其他黏附在被毛上的碎屑和杂物。所有动物都要定期刷毛和梳毛。洗澡前的梳毛是非常重要的，有助于梳开被毛或解开已经打结的被毛（图 37-2）。很多浴液和护毛素不能渗入打结的被毛，这会导致进一步打结。被毛打结会引起动物皮肤疼痛，造成动物不适。刷子和梳子有各种尺寸、形状和材质（图 37-3）。要慎用带钢丝齿的梳子或刷子，如钉耙梳，很容易刮擦或刺激皮肤或拉扯毛结，造

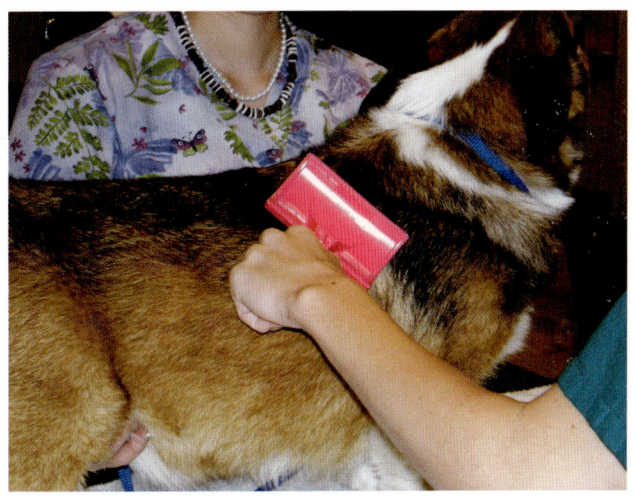

图 37-1　刷毛有助于维持被毛健康

成动物不适。有些刷子很柔软,不能穿透和梳通被毛。梳子和刷子的齿可以是密齿,也可以是宽齿。密齿梳,如跳蚤梳,是用来从被毛上梳理碎屑的。宽齿梳是用来开结的(图37-4)。梳子和刷子必须满足每个患病动物的需要。

基本的刷毛和梳毛应该从身体的后部开始,然后向前,顺着被毛的生长方向梳理。再从足部开始,向上梳理。要用宽齿梳打开所有毛结。毛结是某区域的被毛交织在一起形成的大毛团,会刺激动物。可用开结器分开毛结成小毛结,但是要注意这些工具比较锋利,可能会伤到人、动物或被毛(图37-5)。最好使用梳子在毛结区耐心地轻柔梳理,以免动物因为被毛被过度拉扯变得激动。严重打结的区域需要用电推子剃掉(图37-6)。剃除毛结时,会造成被毛外观不平整,因此,最好使用最小数号的推头。例如,5号推头的留毛长度要比10号推头长。使用电推子时,重要的是推头要保持平直或与皮肤和被毛平行(图37-7)。推头不能倾斜或与被毛成锐角。毛结去除之后,要注意观察打结区下方的皮肤状况。这些区域可能发炎、刺激、有开放性伤口、有寄生虫或皮肤干燥。观察到的任何皮肤异常都要向兽医报告。

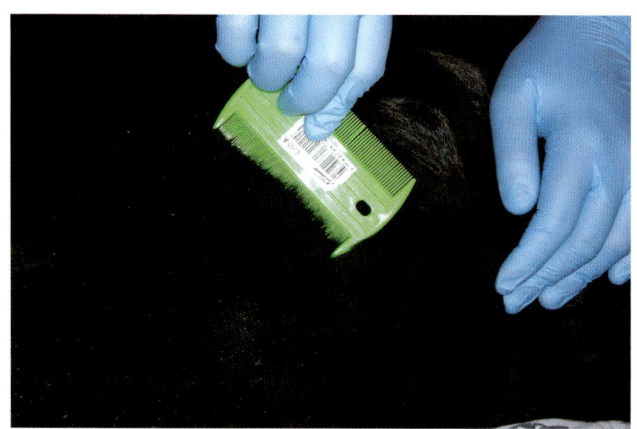

图37-2 梳毛有助于去除打结的被毛

图37-3 梳子和刷子的类型

图37-4 跳蚤梳(左)和开结梳(右)

图37-5 开结器

第 4 部分　临床操作

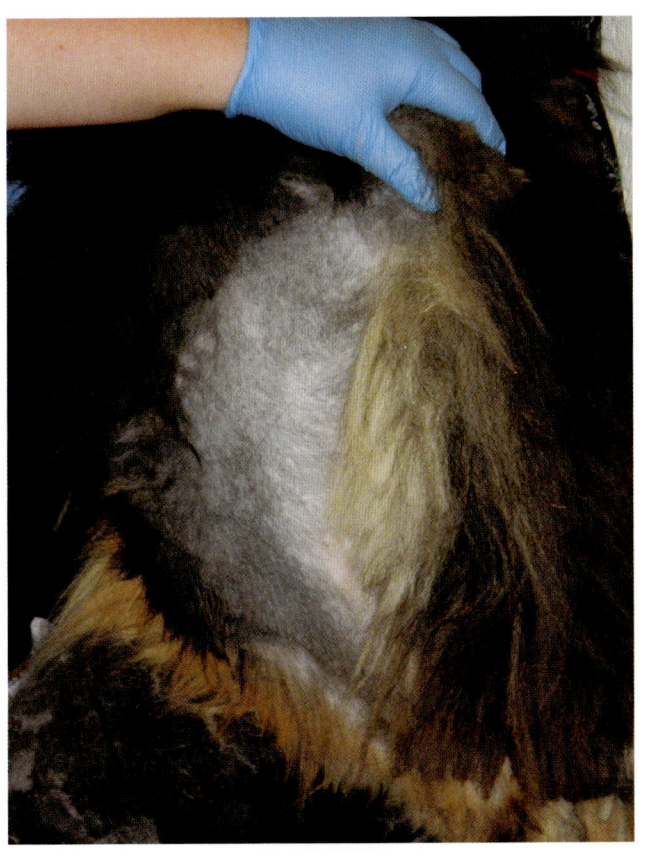

图 37-6　严重打结的被毛需要剃除

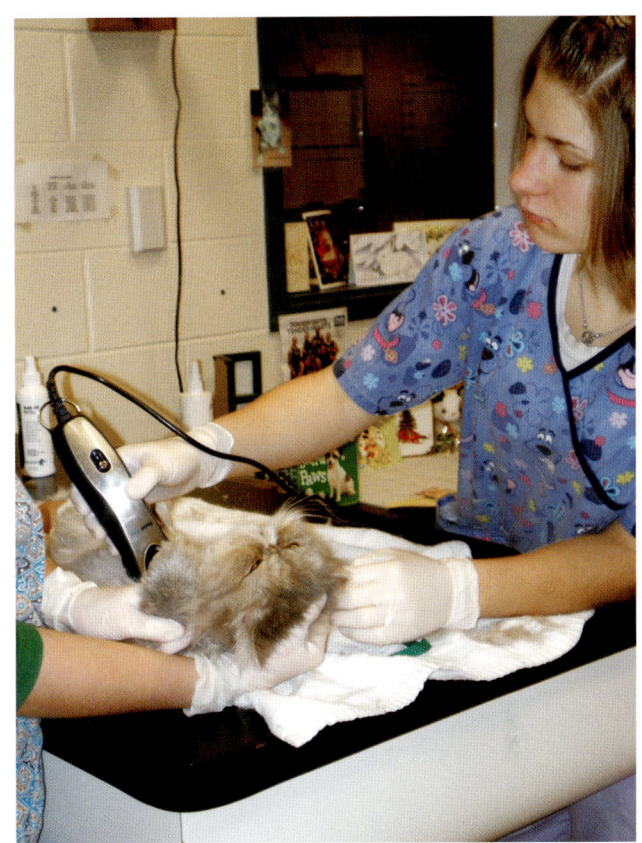

图 37-7　电推子必须与皮肤或被毛平行

能力技巧

刷毛或梳毛

目标：

正确地刷理和梳理各种被毛，掌握被毛健康护理技术。

准备：

- 适合的刷子（密齿）、适合的梳子（宽齿）、剪刀、电推子、各种尺寸的推头、检查手套、美容桌（必要时）。

流程：

1. 首先梳理动物背部和两侧区的中长被毛区，从尾向前至头（图 37-8）。
2. 分开被毛，显露皮肤，让梳子梳理到所有被毛。

3. 梳腿,从足部向近端梳理。
4. 在动物身体的一侧站立,梳理对侧肢体的内侧。
5. 梳理站立侧肢体的外侧。
6. 患病动物站立,梳理腋窝和腹股沟区域。不要在这些区域过度拉扯,因为此处皮肤娇嫩。
7. 梳理尾部,从尾尖向前梳理。
8. 最后梳理腹部,从远端向近端梳理。
9. 梳开毛结,或必要时,剪掉毛结。耐心地开结,不要过度牵拉被毛。
10. 刷理全身,去除死毛,沿着被毛的生长方向刷理。
11. 清洁和消毒所有工具和工作区域。

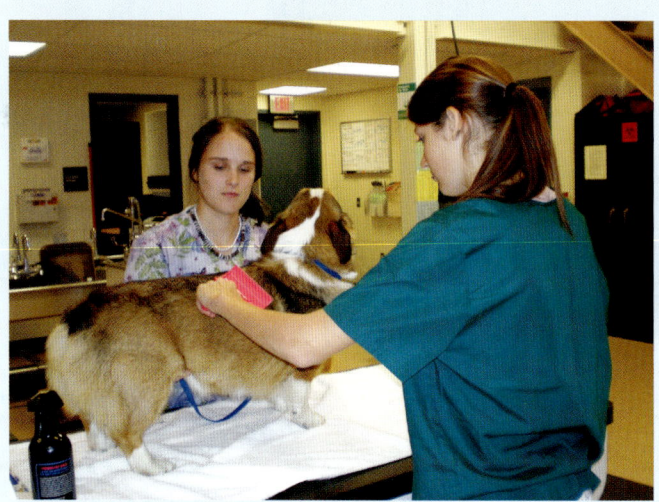

图 37-8 刷毛时,从尾部向前刷理

洗澡

洗澡是给动物清洁皮肤和被毛,或进行药浴。洗澡是使用香波、护毛素和水将皮肤和被毛上的脏物与碎屑洗净(图 37-9)。药浴是用化学杀虫剂或药物对皮肤和被毛的特定疾病(如螨虫或跳蚤)进行治疗的过程。药浴时,药剂通常需要在皮肤和被毛上停留一段时间,让其发挥特定的作用。

要在动物完成刷毛和梳毛后,身上没有毛结时开始洗澡。其他美容需要,如清理肛门腺、清洁耳道或修剪指甲,也要在洗澡前完成。要在耳道内塞入大棉球,防止耳道进水,诱发内耳感染。要在眼睛上使用保护性药膏,保护眼睛免受香波、护毛素或任何药物的刺激(图 37-10)。常用的药膏是凡士林眼膏(Puralube)。

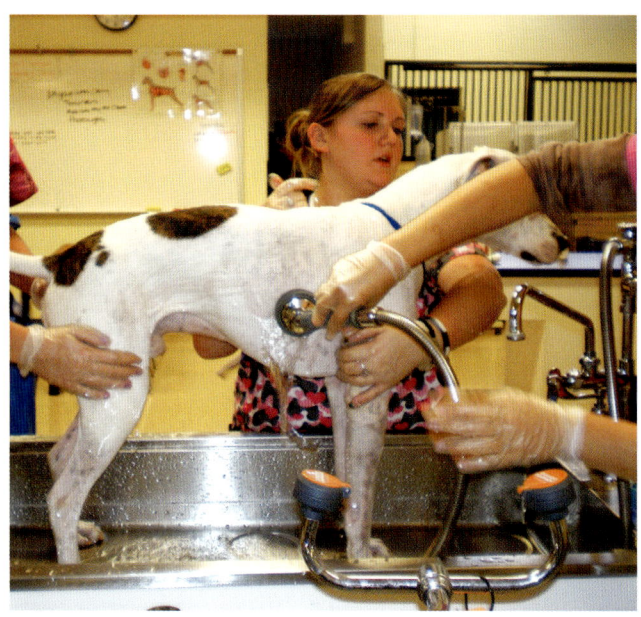

图 37-9 洗澡去除脏物和碎屑

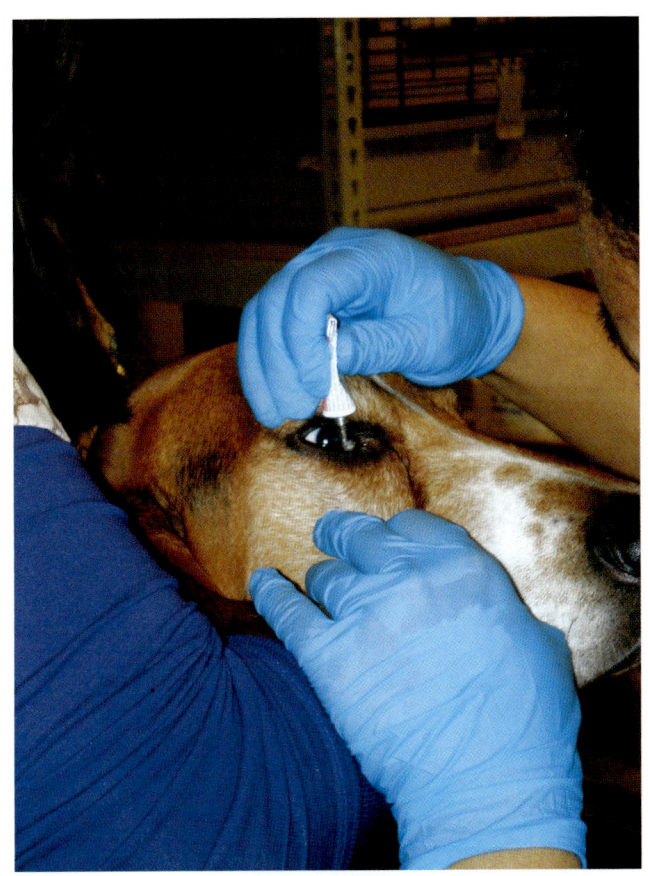

图 37-10 洗澡时使用眼药膏保护眼睛,防止受到香波伤害

所有的用品和工具要在患病动物进入洗浴区(如浴缸或洗澡间)前准备好。给患病动物洗澡的常用工具表 37-1。香波、护毛素或药浴香波要根据患病动物的需要来选择。应由兽医开具药物处方。要准备好擦干患病动物的毛巾。还要准备好动物吹干时待的笼子;对于大型动物,则需要提供干净的区域进行后续的吹干操作。要用洗澡巾、连指手套、海绵或其他吸水洗澡巾给动物洗澡,尤其是洗头部和面部的时候。要穿上围裙或防水工作服,防止弄湿衣服。可戴护目镜或眼镜,防止水溅入眼睛。所有下水口都要有防护盖,防止被毛和其他脏物进入下水道。要确保是温水,让患病动物感到舒适。

患病动物在浴缸内要佩戴牵引绳或缰绳,进行一定程度的控制。牵引绳的一端固定在洗澡区,防止动物从洗澡区逃走。患病动物拴在洗澡区时,永远都不能将其单独留下无人照看。洗澡的第一步是用温水彻底浸湿全部被毛(图 37-11),然后将香波温柔地在被毛上打泡,用按摩的方法揉搓深入被毛和皮肤。全身所有区域都要揉搓打泡,包括趾间、肛门和生殖器周围、腋窝和耳后。面部区域要使用滴有少量香波的湿面巾清洗。眼周必须注意,要防止任何香波进入灼伤眼睛。患病动物全身揉搓起泡后,让香波在身体上停留约 5min,彻底清洁皮肤和被毛。任何药用香波要根据说明使用,许多药用香波需要与被毛和皮肤接触停留一段时间。浸泡时,在标示的时间内将香波在皮肤上持续揉搓。洗毛完成后,用温水冲洗患病动物。将所有区域都冲洗干净,特别是皮肤的皱褶和凹陷处。然后,用与香波相同的使用方式涂抹护毛素。护毛素通常不会像香波那样起泡,因此要在被毛区使用足够量的护毛素。

表 37-1 洗澡工具

防护性眼膏	棉球	毛巾	浴巾、海绵
温水	吹风机	围裙/工作服	护目镜
检查手套	香波	护毛素,柔顺剂	药物

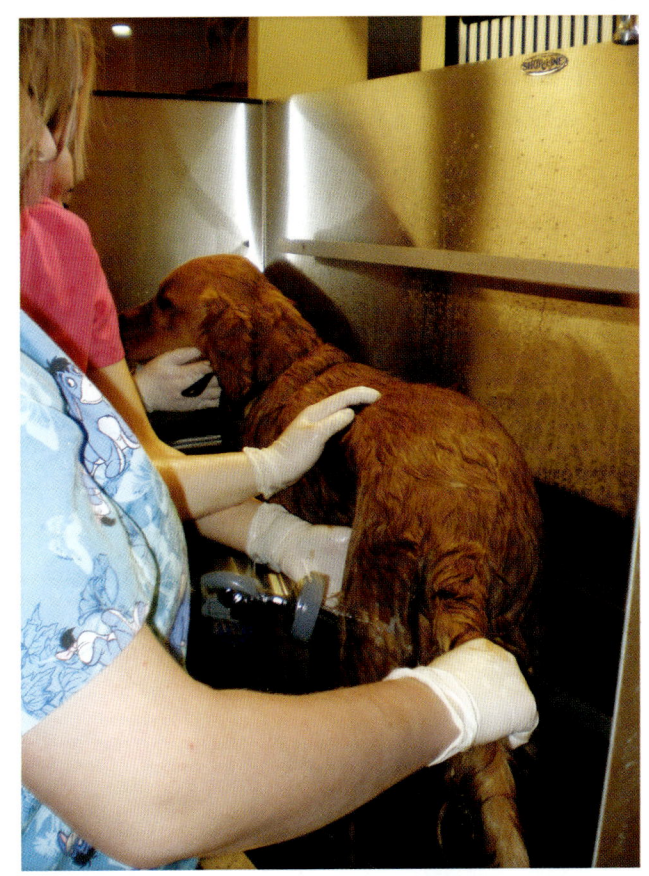

图 37-11 用温水浸湿全身被毛,开始洗澡

涂抹护毛素后，可以用梳子或按摩刷梳理被毛，确保护发素完全涂抹到被毛上。护毛素也必须冲洗干净。任何药浴都要根据说明书使用。将被毛上所有的洗液冲洗干净，用手挤压被毛，尽可能除去多余的水。用毛巾包裹动物，擦干身体，开始吹干操作（图37-12）。可以使用手持式烘干机、笼式烘干机或高功率真空式烘干机干燥被毛（图37-13）。吹干时，要同时梳理被毛，有助于防止动物过热、减少被毛缠结、软化被毛及减少动物的潮湿异味。在梳理和刷理动物被毛时，要从远端到近端、从后到前进行操作。重要的是，要确保所有区域完全吹干，如趾间、尾巴下、腹部和耳廓内。喷雾式护毛素也有助于保持被毛整齐和无异味（图37-14）。手动吹干时，不要将吹风机对着一个地方吹太长时间。使用烘干箱时，每隔5min检查一次动物，确保不会过热。使用低温烘干时，确保动物不能太靠近出风口，防止皮肤灼伤。结束后，从耳道内取出棉球。

动物吹干后，要进行最终的梳理和刷理，并在被毛上使用喷雾式护毛素。将患病动物放到干净区域，避免弄脏。清洁和消毒洗澡区，从浴缸和下水道清除所有被毛。使用拖把擦干潮湿的地板。清洗毛巾和所有物品，如香波和护毛素的瓶子，然后收拾好。吸尘器吸净残毛，消毒吹风机，然后收拾好。

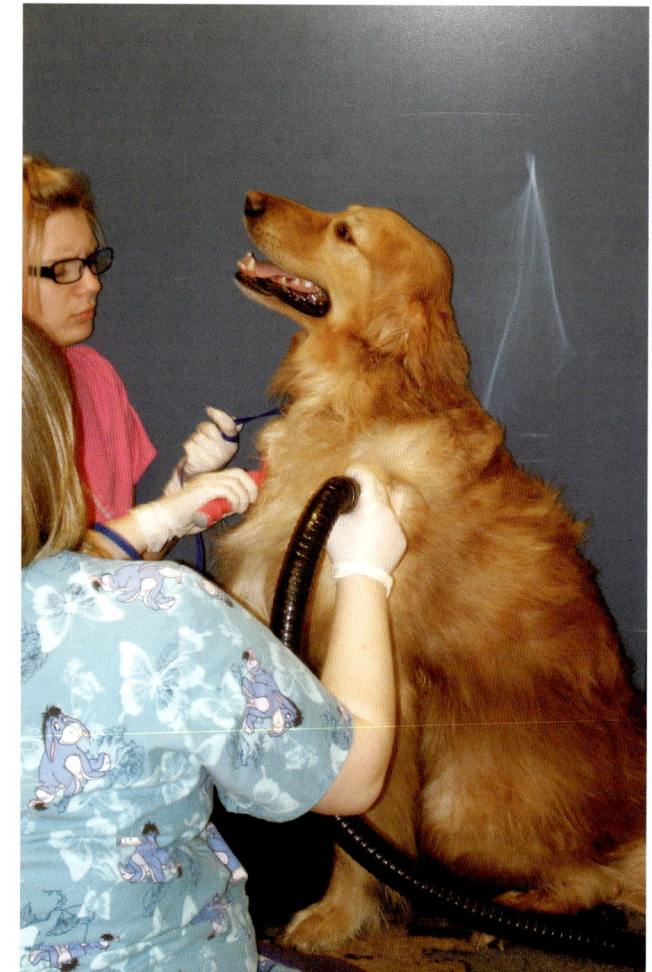

图37-13　使用手持烘干机彻底吹干被毛

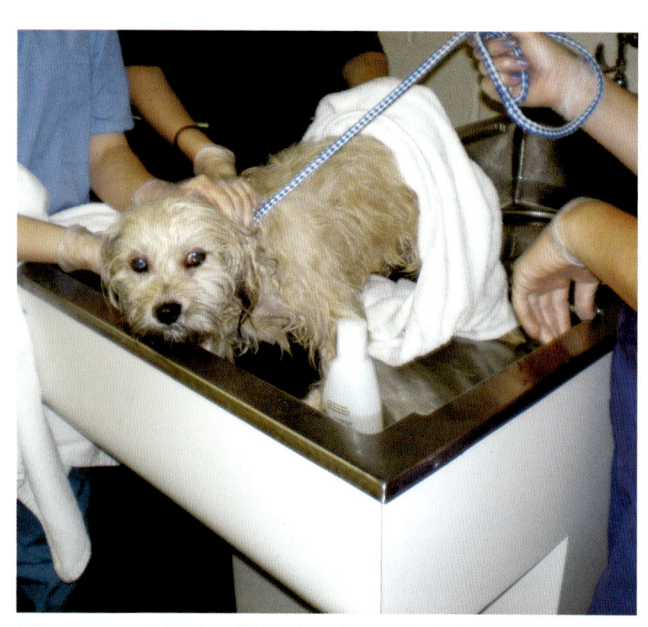

图37-12　开始吹干操作时，先用毛巾去除被毛上过量的水

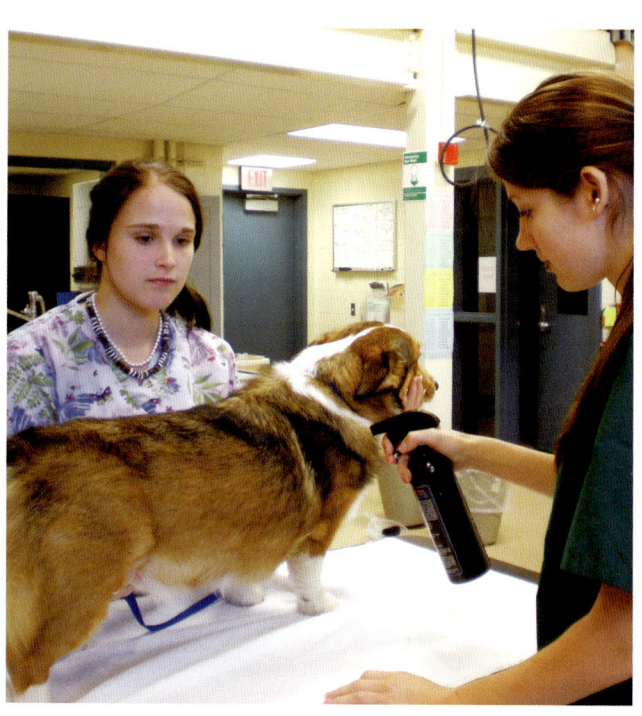

图37-14　喷雾式护毛素有助于保持被毛整齐和无异味

能力技巧

洗澡操作

目标：

用安全的方式正确地给动物洗澡，有效维护健康。

准备：

- 香波、护毛素、药用香波、防护眼药膏、棉球、毛巾、浴巾、海绵、梳子/刷子、牵引绳、围裙/工作服、检查手套、护目镜、吹风机。

流程：

1. 戴上检查手套。
2. 给患病动物系上牵引带。
3. 将棉球塞进两侧耳道内。
4. 将眼药膏涂抹于双眼内。
5. 将患病动物放置在洗澡区。
6. 确保患病动物在浴缸内的安全。
7. 用温水彻底打湿全部被毛。
8. 将香波均匀涂抹到被毛上。对于药浴香波，请阅读并遵照说明书使用。停留5min。
9. 全部冲洗干净。
10. 将护毛素以按摩的方式揉搓到被毛上，并停留5min。
11. 全部冲洗干净。
12. 如果是药浴，按照说明书进行。
13. 冲洗干净。
14. 挤掉被毛上多余的水。
15. 用毛巾包裹患病动物，并擦干。
16. 将患病动物带出洗澡区。
17. 准备吹干。
18. 将患病动物放在烘干箱内，温度设置成中低温，每隔5min检查一次，防止过热。
19. 用手持吹风机低温吹干，吹时需经常移动风口。
20. 干燥后，梳理或刷理全身被毛。
21. 梳理和刷毛时，可同时喷涂护毛素。
22. 被毛完全干燥后，最后再喷一次被毛护毛素。
23. 将动物放进干净笼内。
24. 清洁工作区，消毒所有的工具。

剪毛、修毛和剃毛

剪毛通常是从患病动物的一个或多个区域去除少量被毛的过程。修毛是指从一个或多个位置去除一定量被毛的过程。剃毛是贴近皮肤去除被毛的过程。剪毛和修毛可用剪刀或电推子进行（图37-15）。在兽医学中，剪毛和修毛通常用在需要护理和维持干净的区域，如肛周、生殖器周围或面部。长毛动物的肛周被毛常会沾染大便，造成粪便集结，甚至引发恶臭和弄脏家具，所以经常需要修剪肛周被毛（图37-16）。同样，生殖器周围的被毛也需要修剪。很多雄性和雌性动物排尿时，尿液也会沾染生殖器周围的被毛。照顾患病动物常会需要修剪这些位置的被毛。剃毛是兽医学中的另一项必需技能，可以去除毛结；另外，对手术部位剃毛，为外科手术做好准备。

修剪被毛时要使用钝剪。钝剪的尖部不锋利，有助于减少损伤动物的可能性。也可以使用小型号的电推子，但应小心使用，以免修剪得太短（图37-17）。在使用电推子时，为了防止修剪得过短，建议兽医助理使用推头护罩。推头护罩有多种尺寸，从 0.6～5.1cm 不等，便于均匀修剪（图37-18）。推头护罩安装在40号推头上。若想将被毛修剪得很短，紧贴被毛修剪即可。这时最好使用钉耙梳，逆毛刷理，让被毛直立。修剪长毛动物时，每次用钉耙梳拉毛的动作要大，而且力度要均匀。剃毛通常是针对做手术的患病动物，或打结严重或有皮肤问题的动物。给动物剃毛时，要知道该区域被毛需要剃到多短。对于手术动物，需将整个手术部位剃净，无残毛和碎屑。通常需要使用40#或50#手术推头完成。若只需将毛剃短，可以使用小数号的推头，其齿间缝隙较宽，去毛较少。也可以用推头护罩保证剃毛长度的一致性。使用电推子时，必须使推头面平行于动物身体，并与被毛平齐。手术准备时，先顺毛剃，然后逆毛剃，将手术部位的所有被毛剃除。

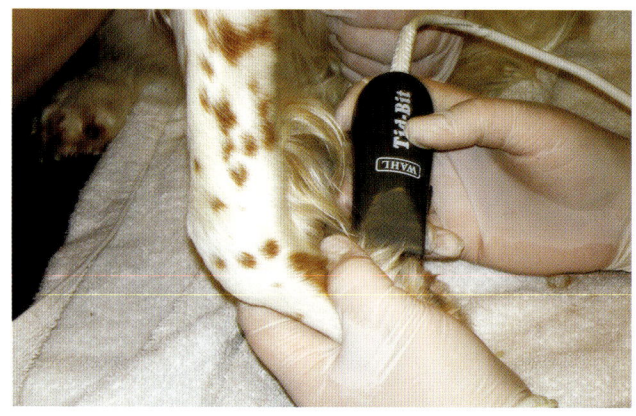

图 37-15 使用电推子修剪被毛

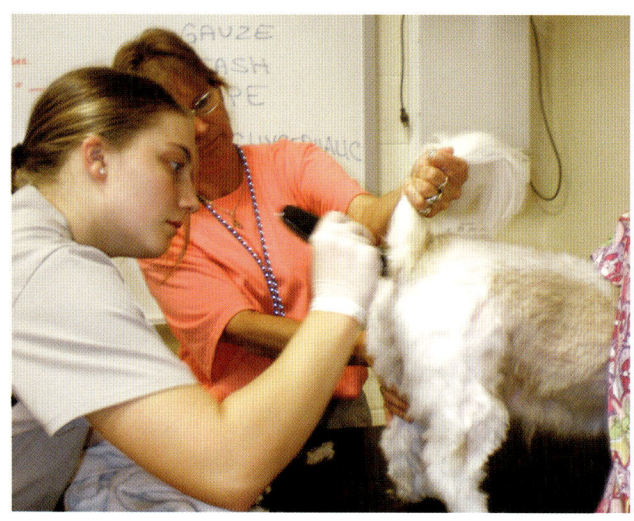

图 37-16 很多动物品种都需要修剪肛门和生殖器周围的被毛，防止尿液和粪便沾染到被毛上

图 37-17 电推子

图 37-18 推头护罩

图 37-19 冷却喷雾和推头清洁剂

电推子和推头的护理和保养

电推子和推头常用于一些比较复杂的情况。为了保持它们的性能，需要对电推子和推头进行保养。要阅读制造商配置的使用手册，了解电推子使用和保养的正确方法。另外，要准备一个备用电推子，在推头损坏或过热的情况下使用。电推子有各种尺寸、形状和速度。有些是无线的，而有些是有线的。应定期检查有线电推子的电源线或插头是否损坏。无线电推子放在充电器上，每次使用后应立即消毒并放回充电器。有些电推子有多个档，可以变速。

每次使用电推子后，都要检查空气滤过器，其容易被被毛和碎屑阻塞，从而导致电机过热而损坏。要按照使用说明定期检查。每次使用后清洁电推子，保证推头无残毛和碎屑，这对延长电推子的使用寿命至关重要。使用电推子时，每 5min 喷一次冷却喷雾，每 15～20min 涂一次润滑油，防止电推子过热和过度磨损（图 37-19）。切勿使用除电推子推头油以外的润滑油。保养时，关上电推子，喷雾冷却电机，使用润滑油维持电推子正常工作。WD-40 之类的防锈润滑剂会损坏电推子。用完推头后，需从电推子上卸下，并使用粗钢丝刷清洁齿缝（图 37-20）。要使用推头清洗剂浸泡推头。推头面朝下存放，以免损坏刀齿。要检查推头是否有损坏或缺齿。损坏的刀齿可能导致皮肤撕裂和刺激。每次清洁推头后，都应将推头弄干。电推子或推头上的任何潮湿区都会造成腐蚀。推头过度使用会变钝。避免在潮湿和肮脏区域的被毛上使用电推子。推头可以请专业人员磨锋利或使用商品化磨刀器磨锋利。要准备好各种尺寸的锋利的备用推头。每次电推子使用后，推头安装区要用钢丝刷和推头清洗剂清洁。然后，弄干所有位置以免腐蚀。每年应拆下几次电推子头部，并在驱动齿轮上涂抹电推子润滑油（图 37-21）。说明书中有介绍。如果电推子损坏或不能正常工作，可能需要返厂维修。

图 37-20　用于清理推头的钢丝刷

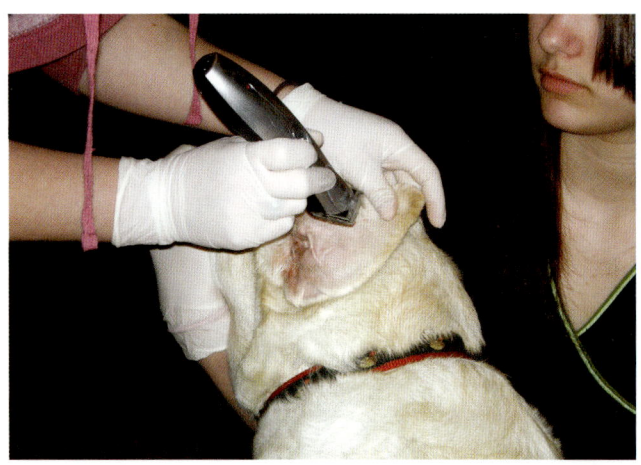

图 37-22　有些品种需要剃掉耳廓内侧的被毛，以保持耳道干净

图 37-21　需要卸下电推子的推头，彻底清洁设备以维持正常使用

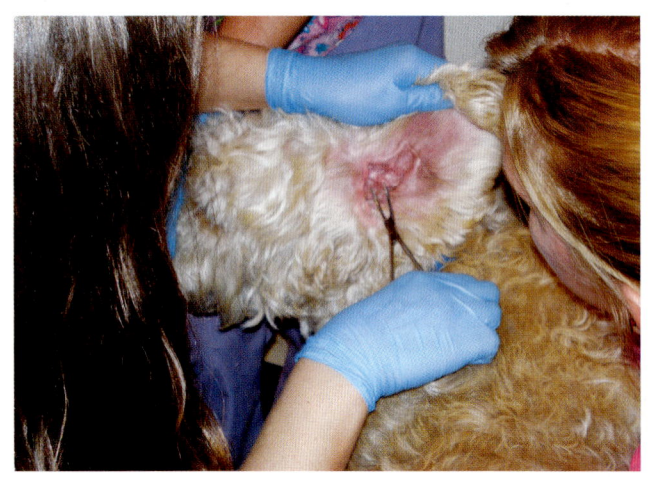

图 37-23　耳道内的耳毛也可以用止血钳拔除

清理耳道

动物的耳道需要定期清洁。作为品种或物种特征的一部分，有些动物在耳道内有被毛生长。有些人会拔掉这些耳毛，而有些人会选择剃掉耳毛（图37-22）。具体请咨询兽医。如果选择拔除耳毛，尝试用手指从耳廓内侧面上尽可能多地拔除耳毛。耳道内生长的耳毛可以使用止血钳拔掉（图37-23）。如果剃除耳廓和耳道口的被毛，务必小心不要损伤耳朵的褶皱。推头要与耳朵表面保持平行。耳道开口的形状像"U"，而耳道形状像"L"。耳膜或鼓膜位于"L"形耳道的末端，在清洁时容易被刺穿，也容易聚集耳垢和分泌物。不建议在耳道内使用棉签。棉签可以用于清洁外耳廓和耳道口的褶皱。耳廓或耳翼可以使用较干的酒精棉球或商品化洗耳液浸湿的棉球清洁。擦拭外耳廓和外耳道的所有区域。如果存在感染的症状，如发红、炎症、有强烈气味或分泌物，请通知兽医。

对于充满耳垢或分泌物的耳道，应将少量洗耳液或耳用杀菌剂注入耳道内进行清洁（图37-24）。将耳屏向后拉，显露耳道（图37-25）。注入洗耳液后，将外耳廓复位，轻轻按摩耳根和耳软骨，使洗耳液松动耳垢。若动作正确，就能听到一种声音，感觉像洗耳液正在软化和松动耳道碎屑。将棉球或纱布块放在耳道开口处，并将患病动物的头部朝侧面倾斜。这有利于将多余的洗耳液流出到棉球或纱布块上。擦拭耳道，去除浮出的分泌物。重复几次，直到流出的液体干净、耳道无分泌物为止。用指尖垫着棉球或纱布块尽可能伸入耳道擦干。确保吸干

第 4 部分 临床操作

耳道内的洗耳液，因为潮湿会促进细菌滋生，引发耳道感染。内耳道可用耳镜进行检查（图 37-26）。

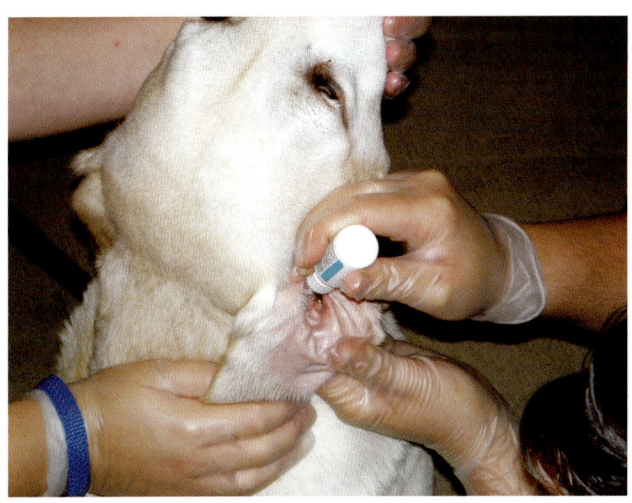

图 37-25　滴入洗耳液时，将耳廓向后拉，显露耳道

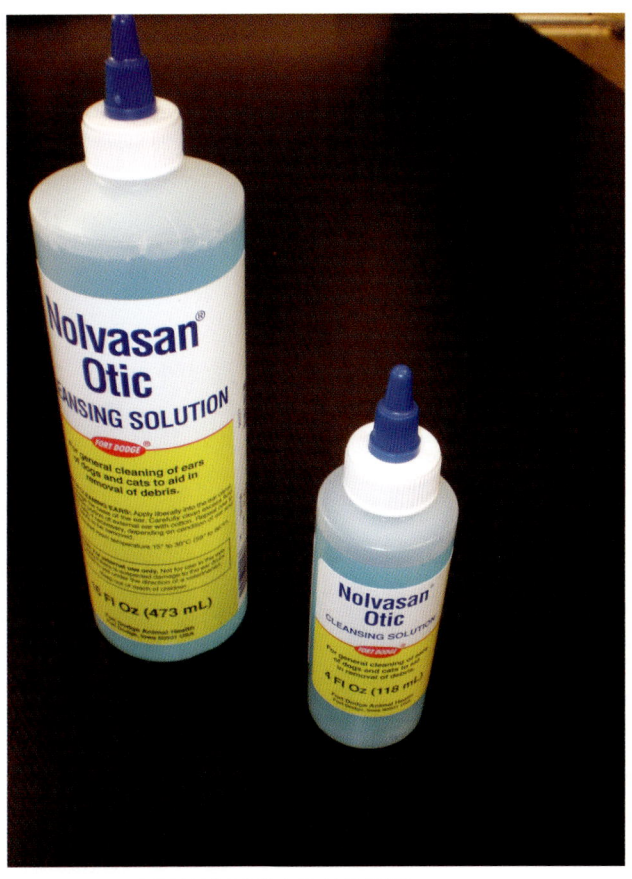

图 37-24　用于清洁耳道内部的洗耳液

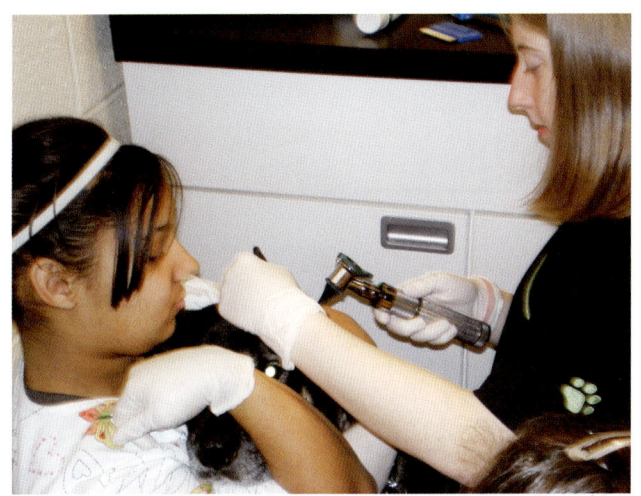

图 37-26　使用耳镜检查耳道是否有耳垢或碎屑积聚

能力技巧

清理耳道

目标：

能正确地修剪或剃除耳部周围的被毛，并从耳道内清除多余的耳垢或碎屑。

准备：

- 棉签、棉球或纱布块、酒精/洗耳液、止血钳、检查手套。

兽医助理基础与应用

流程：

1. 戴上检查手套。
2. 用耳镜检查耳道。
3. 如果有发红、异味、炎症、疼痛或分泌物，请联系兽医。
4. 必要时，将外耳廓或耳道内的毛剃除或拔掉。
5. 用蘸有酒精或洗耳液的棉球或纱布块清洁外耳廓。避免污物进入耳道内。
6. 用棉签清洁外耳廓和耳翼褶皱处。操作避开内耳道。
7. 重复操作直至干净为止。
8. 耳廓向后牵拉，将洗耳液注入外耳道。
9. 按摩外耳道和软骨的根部。
10. 将棉球或纱布块放在外耳道开口处并倾斜头部。让液体从耳内流出，并擦干。
11. 重复操作，直至流出物干净为止。
12. 用棉球或纱布块擦干外耳道。
13. 用耳镜检查内耳道是否潮湿。

修剪指甲

动物的指甲很容易生长过度，需要定期修剪，以免过长后勾住地毯、毯子或其他物品，或因过度生长劈裂。有时，指甲太长会弯曲长进脚垫，造成严重的疼痛和不适。指甲有保护或防御功能，还能增加光滑面的摩擦力。猫的指甲也用来攀爬。有些动物有蹄，也需要修剪，防止过度生长。本节重点介绍小动物的指甲修剪技术，因为多数有蹄动物的蹄维护都是由有经验的、经过专业训练的专业蹄铁匠操作。指甲的解剖结构包括甲床，即指甲生发的区域，位于足趾末端，靠近足部被毛生长的位置。甲床内有嫩肉或血管和神经养护指甲。指甲外层是由与人指甲类似的角蛋白组成。角蛋白是一种使指甲生长和坚硬的蛋白质。修剪指甲的目的是修剪掉嫩肉远端的指甲（图37-27）。有些指甲是白色或未着色的，而其他指甲是黑色至棕色的，含有色素。白色的指甲容易看见和确定嫩肉的位置。嫩肉是指甲末端的浅粉色三角区（图37-28）。深色指甲不容易看到嫩肉。修剪深色指甲时，要一点点修剪，寻找甲床内与嫩肉相连的黑点。看见这个黑点时要停止修剪。与前脚相比，大多数动物会更多地使用后脚增加摩擦力和运动，因此前脚指甲需要更多的修剪。也可能会存在狼趾，因其不与地面接触，通常会更长，而且往往朝向皮肤和被毛卷曲。每只动物都要检查所有四肢是否有狼趾。众所周知，有些猫是多趾畸形，可能有多余的趾/指需要修剪。

如果剪到嫩肉，指甲会流血。动物会感到疼痛，因为甲床内分布着神经。修剪指甲时要备好止血粉，以便甲床出血时使用。止血粉是一种黄色的松散粉末，放在甲床上可以凝血。有专门的容器盛装止血粉，或将止血粉放在纱布块上（图37-29）。务必注意不要将止血粉与人的皮肤或动物的肉垫接触，因为止血粉是腐蚀烧伤性物质。有时止血粉不能达到完全凝血效果，这时需要木制硝酸银棒。木制硝酸银棒是一端带有硝酸银的细长的木制涂抹器（图37-30）。硝酸银灼伤甲床，使出血凝固。由于存在腐蚀性风险，使用硝酸银棒时务必小心。有严重过度生长的指甲的动物需要镇静后修剪指甲，因为有可能需要剪短到嫩肉，动物会感到疼痛，需要止痛药。

第 4 部分　临床操作

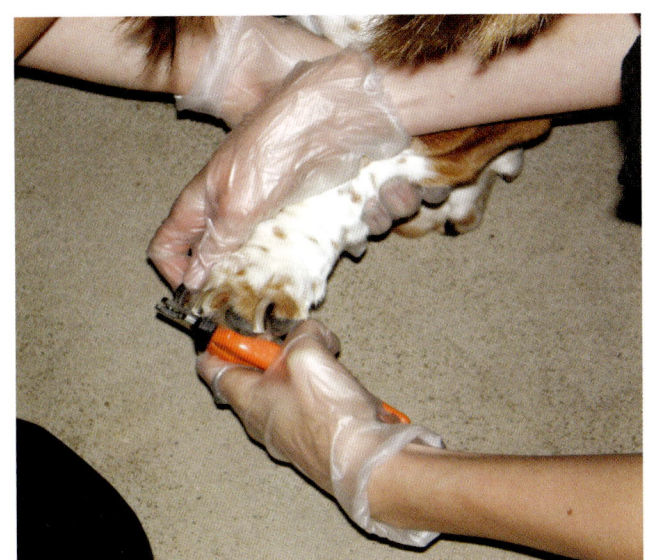

图 37-27　修剪嫩肉远端的指甲

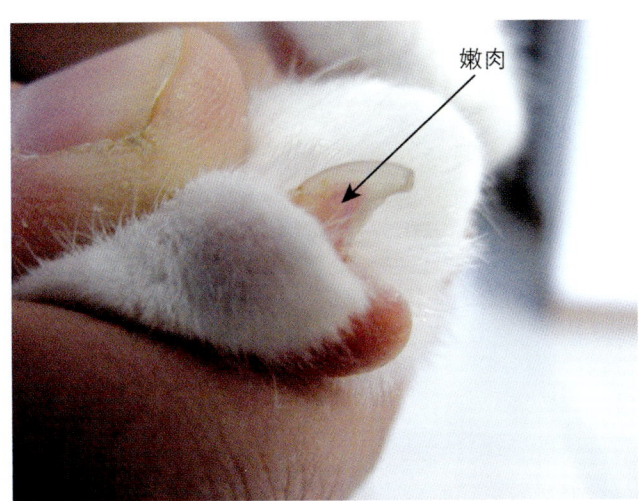

图 37-28　猫指甲的嫩肉

图 37-29　修剪指甲出血时，可用止血粉止血

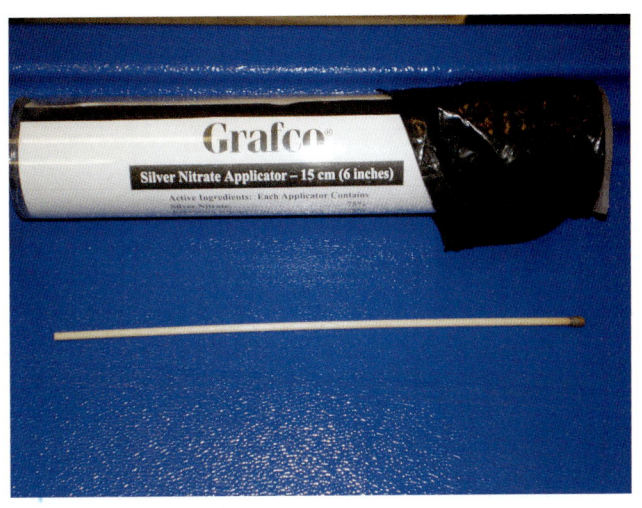

图 37-30　硝酸银棒

指甲钳有各种形状和尺寸（图 37-31）。最常用的一种类型是 White 钳，剪刀式，适用于猫、小型犬、鸟和袖珍宠物，可用于修剪卷曲扎进肉垫的过长指甲。另一种常见类型的指甲钳是手持式专业修剪器，具有刀片和剪刀式手柄，有适配各种动物的不同尺寸。较少使用的指甲修剪器是 Rescoe 或铡刀式指甲钳，靠中间锋利的刀片切断指甲。在

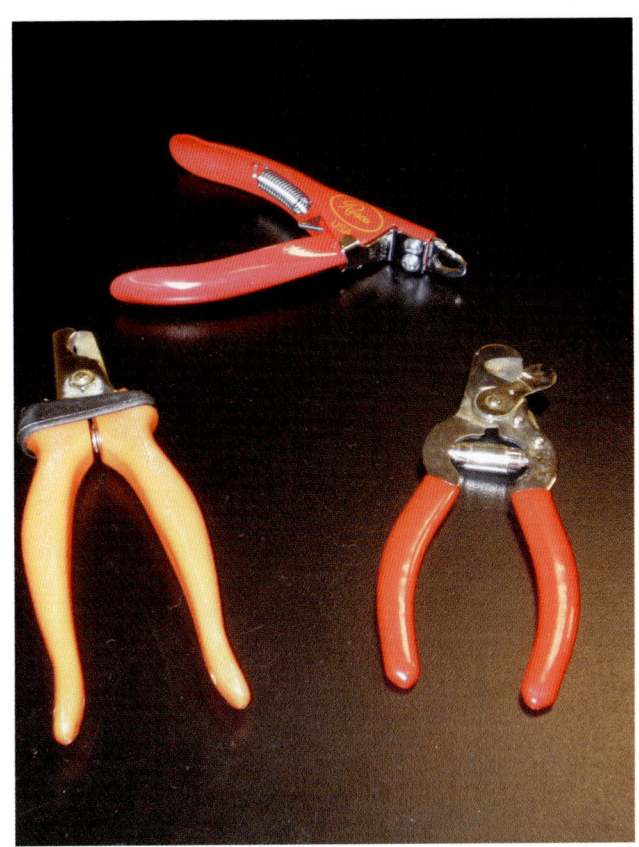

图 37-31　指甲钳

477

使用这类修剪器时，要非常小心，因为可能会切断小动物的脚趾。人用指甲钳可用于修剪小而薄的指甲。琢美电动打磨器也可用于不能坐下修剪指甲的动物。琢美是一个磨削工具，磨砂表面能使指甲的末端圆滑，但不会碰到嫩肉（图37-32）。

当修剪或打磨指甲时，首先要握住脚，按压脚趾进行修剪指甲（图37-33）。这将使指甲伸出来，并保持在适当的位置，防止切割过多。然后修剪指甲。动物可以站立或坐式保定，小型动物可能需要握住指甲以便修剪。最好从后肢的爪子开始，远离脸部修剪，让动物有时间安静下来。将前肢后拉，远离头部，然后修剪。这样可以让不喜欢修剪指甲的动物感到较少的威胁。

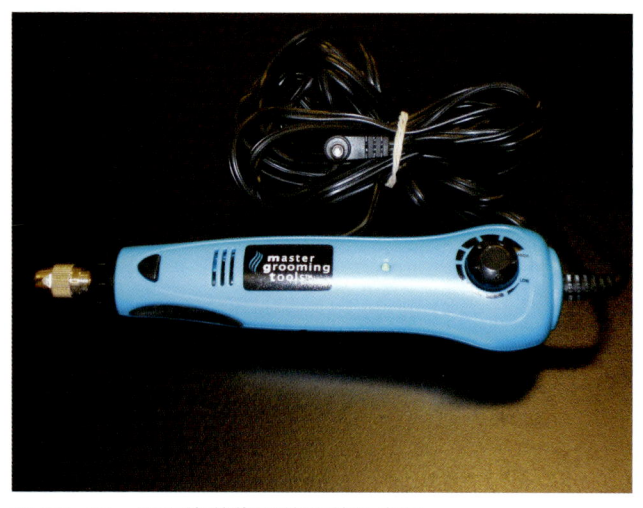

图37-32　用于修剪指甲的琢美打磨器

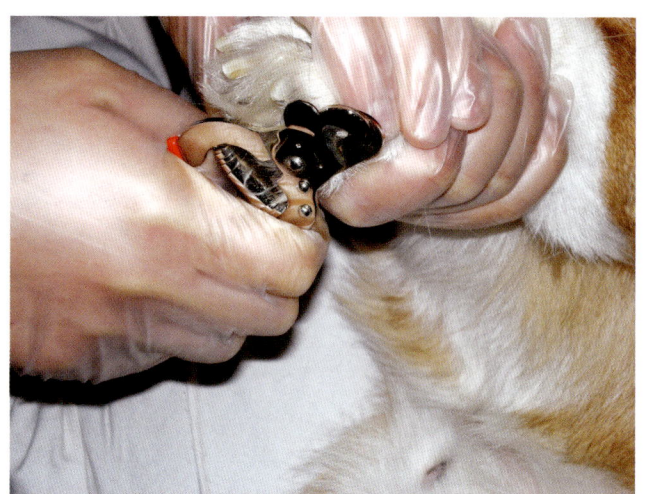

图37-33　修剪指甲时握住脚的正确方法

能力技巧

修剪指甲

目标：

正确地修剪指甲。

准备：

- 指甲钳、琢美打磨器、止血粉、硝酸银棒、装粉容器、纱布块、检查手套。

流程：

1. 戴上检查手套。
2. 选择合适的指甲钳或琢美打磨器。
3. 用手抓住动物的一只后脚（图37-34）。
4. 按压每一个脚趾，使指甲伸出（图37-35）。

5. 用另一只手修剪或打磨嫩肉远端的指甲。深色指甲难以显示嫩肉，要少量修剪直到看见嫩肉的黑色中心圆点。
6. 对每个指甲重复以上操作，记住检查可能存在的悬趾。
7. 发生出血时，将黄色的止血粉涂抹到指甲上，用纱布块按压。严重出血需要使用硝酸银棒按压指甲末端控制出血。
8. 从后肢开始修剪每个脚垫，然后再修剪前肢脚趾。
9. 完成修剪后，检查所有指甲是否出血。

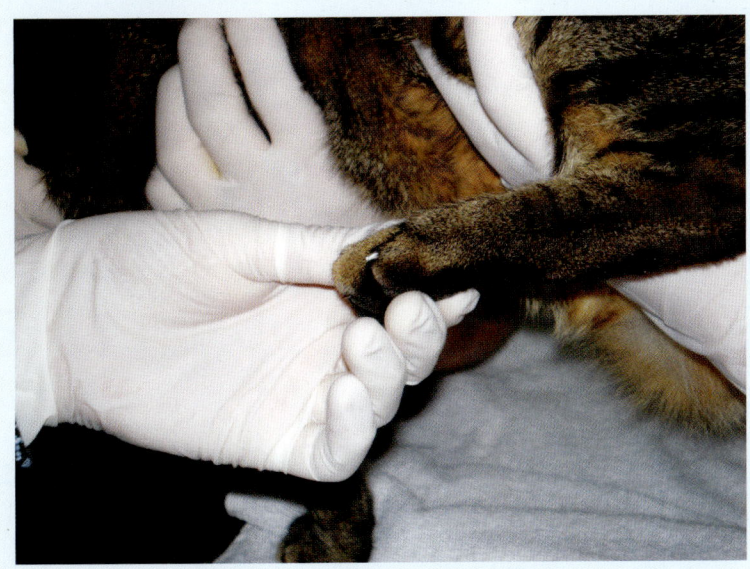

图 37-34　修剪指甲时，从后肢开始，牢牢抓住脚

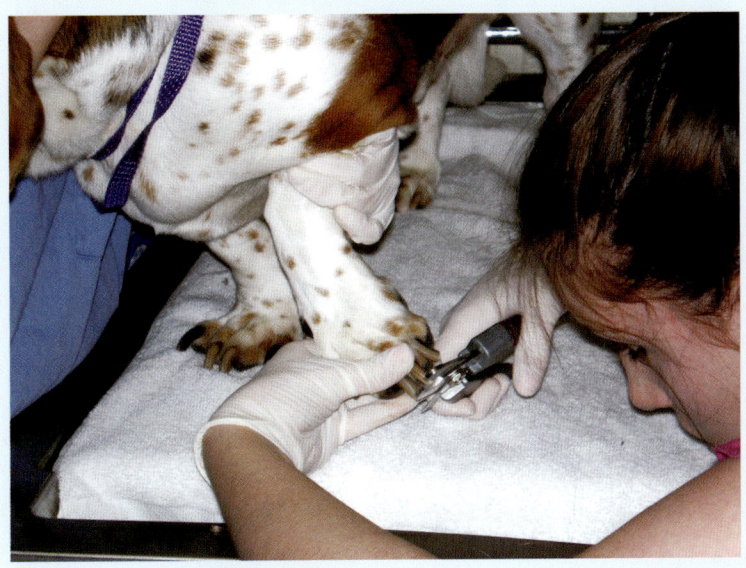

图 37-35　按压脚趾使指甲伸出

兽医助理基础与应用

挤肛门腺

肛门腺或肛囊位于直肠两侧，是犬猫的气味腺（图 37-36）。肛囊本身位于肛周皮肤的前腹侧，在 4 点和 8 点的位置。肛囊有腺管开口，可以被挤压排出内容物。动物每次排便时，积聚在肛囊中的内容物就会排出。如果内容物变稠不能正常排出，肛囊就会形成脓肿和疼痛。当出现犬猫用臀部拖蹭地板、过度舔舐直肠、直肠有异味等症状时，就要挤肛门腺了。

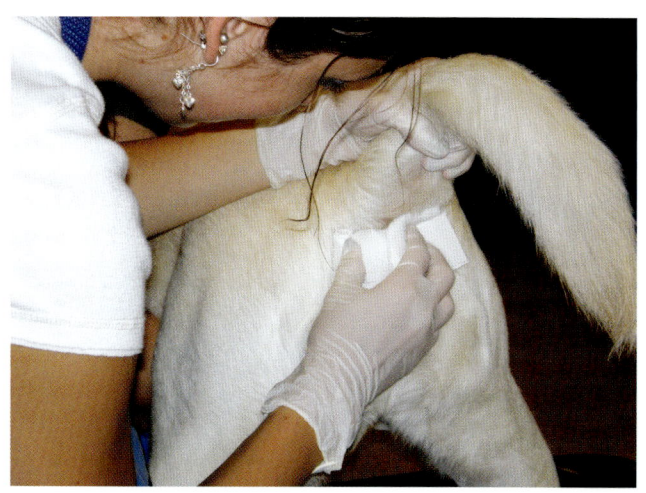

图 37-37 外部挤压肛门腺

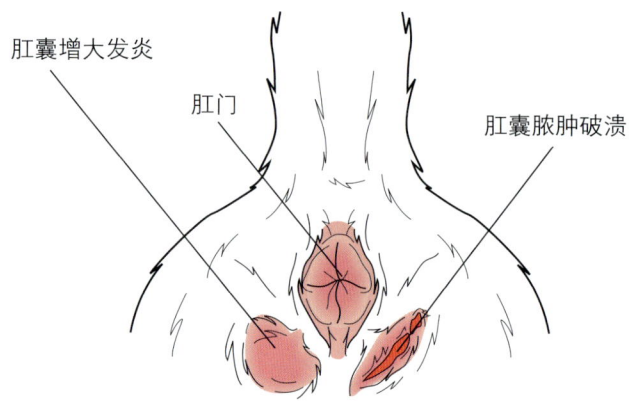

图 37-36 肛门腺的位置

有两种挤肛门腺的方法。兽医助理要使用第一种技术外部挤压肛门腺（图 37-37）。戴上手套，拇指和食指轻轻触及肛门腹外侧。动物的尾巴向上抬，暴露肛门。确定肛门腺位置后，站在动物一侧，将纸巾覆盖在肛周，用手指向内侧轻轻用力挤压，对压两侧肛囊。手指可以向上移动，然后向外做半圆形运动，将腺体互相挤压，肛囊内容物通过腺管排出。用纸巾擦掉内容物。注意挤压出的内容物量、颜色和稠度。完成操作后，将纸巾和手套丢到垃圾桶。戴上干净手套，用湿纸巾或温肥皂水浸泡的纱布清洁肛门和肛周被毛。肛周被毛可以使用对宠物安全的香水或护发素（图 37-38）。

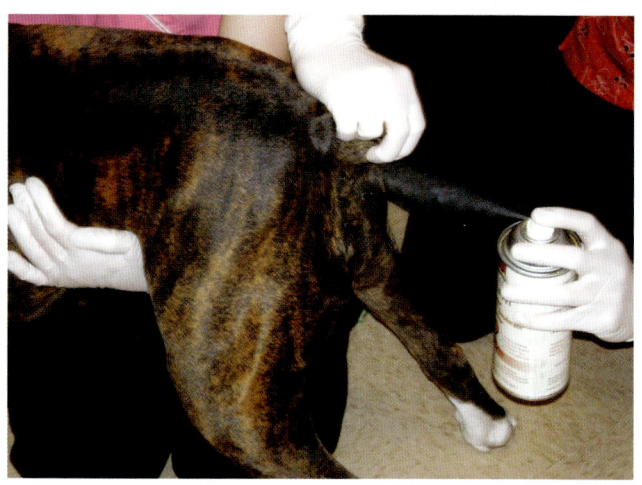

图 37-38 肛门腺挤压后，清洁动物，使用香味喷雾

如果肛门腺难以使用外部挤压技术清理，提醒兽医技术人员或兽医使用内部挤压方法（图 37-39）。当内容物可能变稠或腺管阻塞时，该技术可以对肛囊施加更大的压力。内容物挤出后，要注意所有异常结果，如出血、黄色或脓样内容物、肛门

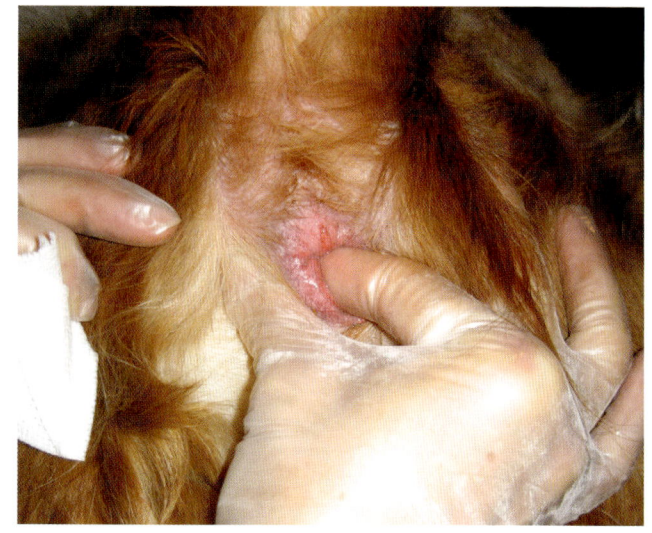

图 37-39 内部挤压肛门腺

发红或肿胀或肛门腺区域严重疼痛等。这些都是肛门腺感染或脓肿的症状。

能力技巧

外部挤压肛门腺

目标：

用手安全有效地挤压肛门腺。

准备：

- 检查手套、凡士林或 KY 凝胶润滑剂、纸巾、纱布块、小碗、肥皂或擦洗剂、香水或护毛素喷雾。

流程：

1. 戴上检查手套，站在动物一侧，向上抬起尾巴。可在纸巾上使用少量润滑剂，增加舒适感。
2. 将纸巾覆盖在肛门上，将拇指和食指放在 4 点和 8 点位置并触及位于腹外侧的肛门腺。
3. 将拇指放在一个腺体的外侧，食指放在另一个腺体的外侧。
4. 轻轻地将手指按向上和向外的半圆形运动挤压，就像按摩一样。
5. 注意内容物的量和外观。
6. 将纸巾丢到垃圾桶中。
7. 如果脏了，要更换检查手套。
8. 用干净的纸巾或温肥皂水浸泡的纱布块清洁肛门区域和肛周被毛。
9. 干燥这个区域。
10. 使用香水或护毛素喷雾。

小结

兽医助理在住院动物的美容与养护和清洁维持方面发挥着重要作用。宠物主人无法提供家庭照顾或被忽视的动物都需要兽医护理。常见的基础美容技能，如修剪指甲、清洁耳道、洗澡和挤肛门腺，对许多不能在家自行操作的客户是有帮助的。兽医助理要能轻松有效地完成这些工作。

复 习 题

1. 动物美容护理涉及哪些项目？
2. 刷毛和梳毛有什么区别？
3. 给患病动物修毛、剪毛和剃毛是什么意思？
4. 洗澡需要什么用品？
5. 耳朵感染的症状是什么？
6. 止血粉或硝酸银棒的重要性是什么？
7. 为什么悬趾会变得过长？
8. 犬或猫需要挤肛门腺的症状有什么？

临床案例

Harland 兽医院的兽医助理 Rhonda 和兽医技术人员 Kelly 正在处理 Cramer 夫人的犬 Tilly。Tilly 是一只亢奋的 5 岁旧金山拳师犬，她在兽医诊所往往会很激动。Tilly 需要经常清洁耳道，因为耳廓没有裁剪而且松软，耳道往往会有很多耳垢和分泌物。清洁过程稍有差池，Tily 就可能发生耳道感染，所以 Cramer 经常到诊所为 Tilly 进行常规的耳部清洁。

"我真的很想在家里给 Tilly 清洁耳朵，这样可以省去开车去诊所的时间。我可以在家里为 Tilly 清洁耳朵吗？"

"当然，您只要有必要的用品而且知道正确的操作方法就可以。"

"太好了，也许这样会让我觉得 Tilly 的耳朵不是大问题。"

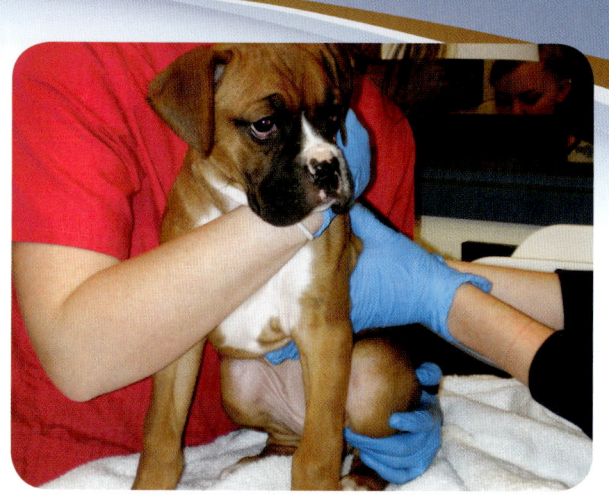

- 关于在家里清洁耳朵，你应该和 Cramer 讨论什么内容？
- 在家里给 Tilly 清洁耳朵时，你会建议 Cramer 准备什么用品？
- 出现什么样的症状时，Cramer 太太需要与兽医预约检查？

第 38 章　兽医辅助操作

学习目标

学习完本章后，读者应该能够：
- 说明患病动物牙齿护理的必要性并实操基本的刷牙技术。
- 讨论并实操注射器抽取药物和标记注射器的正确方法。
- 讨论并实操皮下注射、鼻内注射和肌内注射。
- 演示皮下输液。
- 说明留置静脉导管和输液的重要性。
- 讨论住院动物社交互动和运动的重要性。
- 描述安乐死的操作过程。
- 演示兽医洗涤技术。

引言

兽医助理和人医护士类似，也是服务性工作，需要培训后才能护理和防控住院动物的疾病，尤其是在宠物主人不能在家照顾宠物的时候。兽医助理的技能水平对维护患病动物的健康至关重要。为患病动物提供护理，需要兽医和兽医助理的共同努力。兽医助理需要具备的技能包括牙齿护理、注射给药、静脉输液和静脉导管监护、理解安乐死的适应证和过程。对外伤的护理重视程度要尽可能地达到细小病毒病和心丝虫病的护理标准。

牙齿护理

动物的牙齿护理非常重要，而且各物种（如伴侣动物、大动物和啮齿动物）牙齿护理的需求在不断增加。牙齿护理的多项工作是由兽医助理负责的。麻醉状态下的牙齿护理由兽医技术员操作，而兽医执行口腔手术和拔牙操作。预防性的牙科护理和刷牙是兽医助理的重要职责（图 38-1）。牙齿护理也

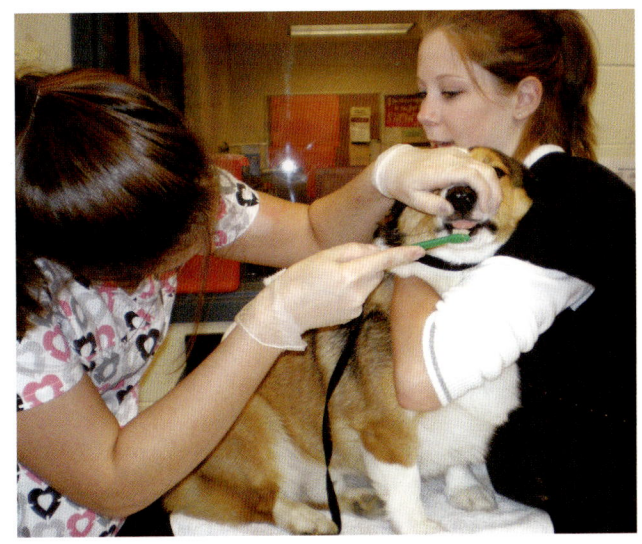

图 38-1　兽医助理可以为动物刷牙

是兽医学和动物护理学的基本组成部分。良好的动物口腔卫生，要始于对宠物主人在家牙齿护理的教育，包括刷牙、饲喂干食及常规兽医牙齿护理项目，如预防性洁牙和磨牙。教育宠物主人如何保护宠物牙齿坚固和健康及如何防止牙齿受伤也是非常重要的。要提供合适的玩具和咀嚼物，如 KONG 或洁齿棒（图 38-2）。生骨、铁链或岩石等不能让宠物咀嚼，会损坏和损伤牙齿与牙龈。要注意观察幼年动物乳牙的生长及成年动物的牙齿排列。每年的体检都要包括牙齿检查。

日常牙齿护理和刷牙

日常的牙齿护理包括饲喂坚硬干燥的食物，促进牙齿健康。强烈推荐使用坚硬的零食、健齿玩具或磨牙棒健齿，这些是动物适合的咀嚼物，不会造成牙齿损伤。日常的牙齿护理也包括用正确的方式刷牙。宠物主人可能会认为宠物刷牙和人刷牙是一样的。然而，宠物的牙齿护理和人还是有很大不同的，这些不同点可能会导致宠物刷牙困难，或对宠

图 38-2 咀嚼类玩具可以促进牙齿的健康

物造成伤害。兽医助理要教给宠物主人正确的刷牙方式,使用必要的工具和用品,将使宠物牙齿护理的过程简单化。当主人感到宠物刷牙的困难时,就很容易放弃,并不再进行宠物的牙齿护理。不能使用人用牙膏,因为人用牙膏含有动物体能不能代谢的酶,可能导致严重的过敏或潜在毒性。兽用牙膏有各种口味,便于宠物更容易地接受刷牙(图 38-3)。这些牙膏含有安全易消化的酶,在动物体内容易降解。宠物喜欢的口味包括鱼、牛肉、麦芽和禽肉。

牙刷也应是专用的,其形状和型号要适合动物。

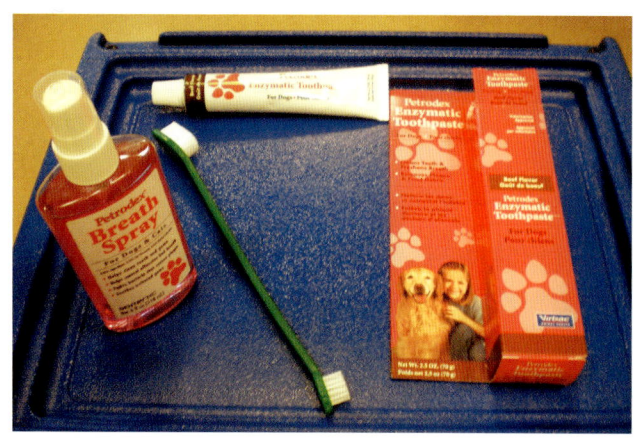

图 38-3 宠物牙齿护理的工具

人用牙刷不适合所有动物的使用,如猫和小型犬。宠物牙刷由一个带软毛的小圆头与短而细的手柄组成,放到动物嘴里会让动物感觉比较舒适。要根据动物的体型来选择不同型号的牙刷。指套刷是小型刷牙工具,是可以固定在手指末端的套筒样塑料制品。指套刷上有小而软的刷毛,可以刷洗牙齿(图 38-4)。

动物的刷牙过程与人刷牙类似,但只需要刷牙

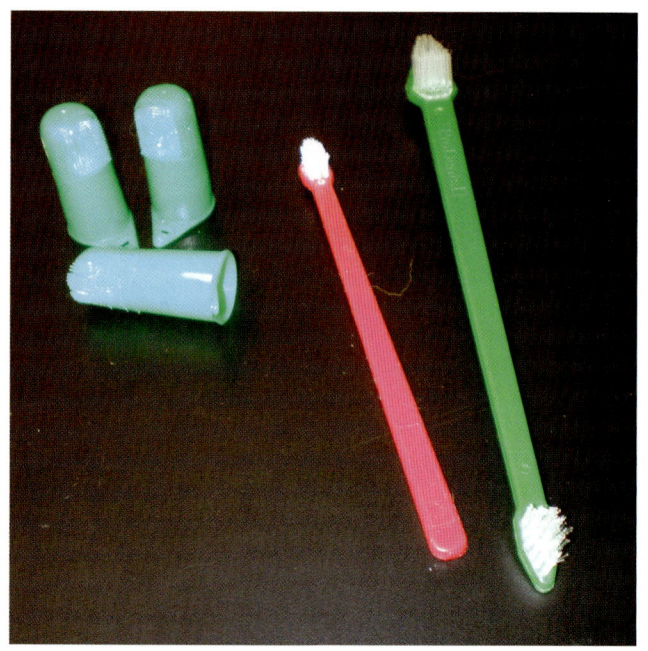

图 38-4 牙刷和指套刷

齿的颊面、唇面和咬合面,不需要刷牙齿的舌面或内侧面。牙齿的颊面是靠近脸颊的牙齿外侧区域(图 38-5)。牙齿的唇面是牙齿的前侧面,覆盖嘴唇(图 38-6)。咬合面是牙齿的顶部区域。打开口腔刷洗牙齿的内侧面既困难又不安全,可能会引起人和动物的损伤。牙齿的重要区域容易通过提起唇部显露牙齿的外表面被刷洗到(图 38-7)。随着坚持和耐心,动物会适应刷牙操作。初期可以取少量牙膏放于指尖或纱布一角,让宠物嗅闻或舔食。然后再蘸取少量牙膏涂抹于牙齿的外侧颊面,使用指套或纱布在牙齿上做摩擦运动(图 38-8)。当宠物慢慢接受了这些操作时,宠物主人就可以使用牙刷刷牙了。小心地掀起一侧的唇部,暴露上下牙齿,然后刷牙。牙刷要和牙齿呈 45° 角,然后在牙齿表面做圆形运动(图 38-9)。该过程需要不断重复,直到上下牙

齿刷完。牙膏的量要根据需要而定。在蘸取牙膏以前，先在杯中盛取少量水蘸湿牙刷（图38-10）。

宠物自幼年起就要接触刷牙。兽医助理要向宠物主人演示如何刷牙，帮助动物和主人愉悦地接

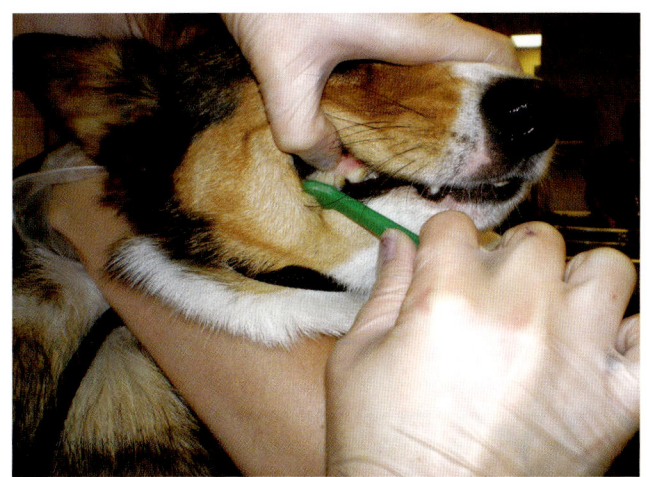

图 38-5　牙齿的颊面

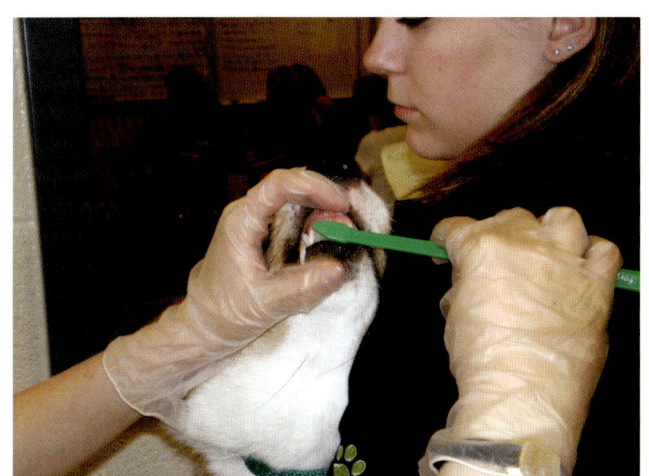

图 38-6　牙齿的唇面

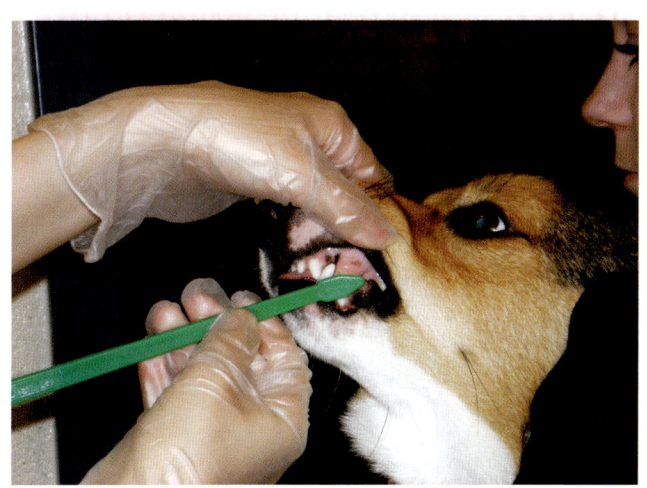

图 38-7　掀起唇，显露牙齿的外表面

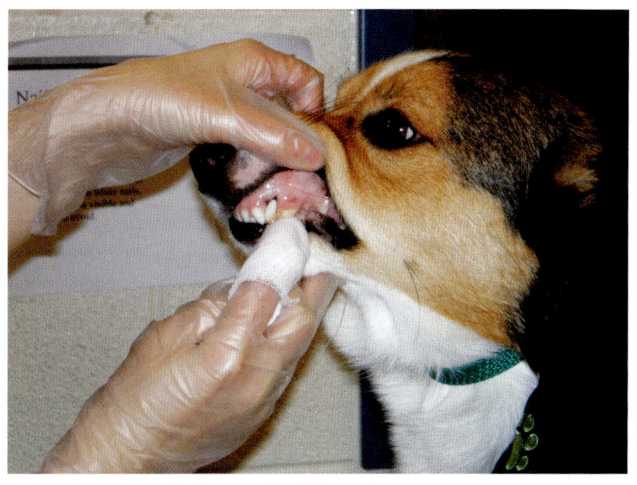

图 38-8　用纱布蘸取牙膏涂擦牙齿表面

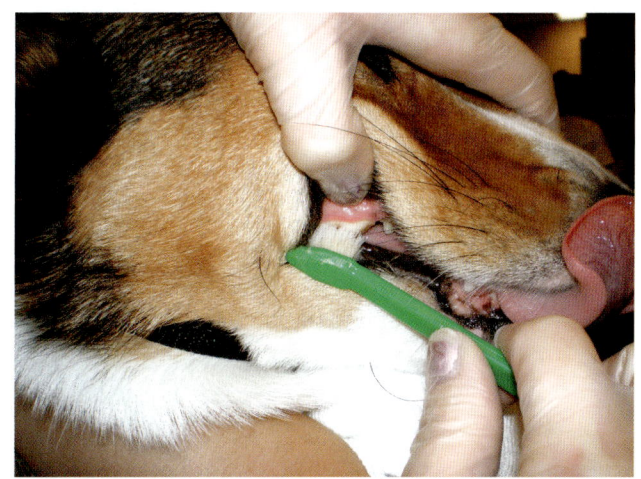

图 38-9　刷牙的正确角度

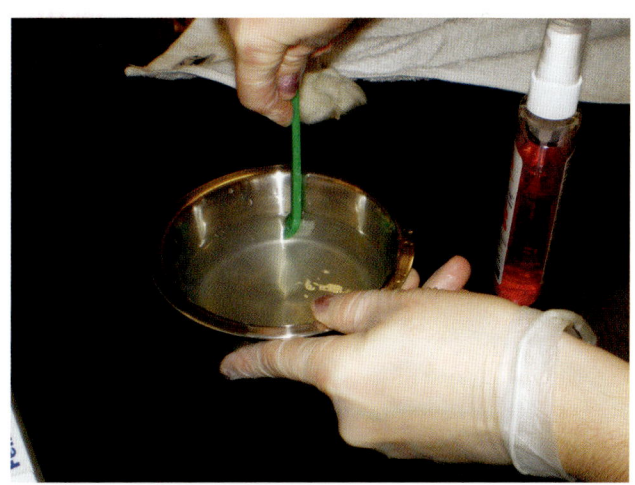

图 38-10　水碗盛水蘸湿牙刷

受刷牙。有些动物需要每天刷牙和牙齿护理。家里要准备一套适合的套装，包括牙刷、指套刷、宠物专用牙膏。可以用牙齿模型为宠物主人演示正确的刷牙技术。要鼓励宠物主人在家对宠物进行牙齿护

理。还要告诉主人宠物需要的预防性洁牙或专业洁牙（如洁牙和抛光）的必要性。专业洁牙需要每年一次或更多次，具体取决于动物的健康状况和年龄。

大动物也需要定期的磨牙，以防止形成尖锐的边缘，导致难以进食。磨牙是一门技术性很高的操作，需要额外的培训和经验。磨牙工具包括锉刀、刀头和开口器（图 38-11）。马通常需要磨牙，当牙齿形成锐利边缘的时候，可能会损伤齿龈、脸颊或舌。继续发展时，马可能会出现咀嚼困难，咀嚼时食物会从口中掉落。

预防性洁牙

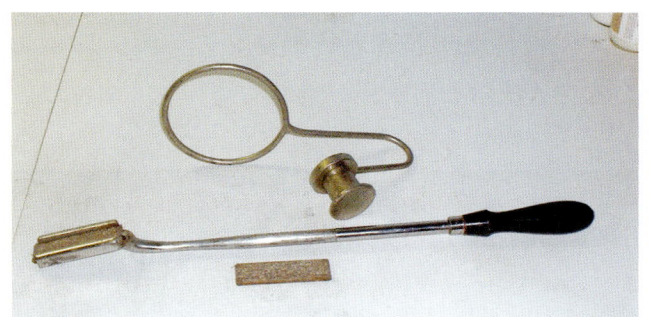

图 38-11　磨牙器用来锉磨马的牙齿。操作时，使用开口器撑开马的口腔

能力技巧

刷牙

目标：

给宠物提供正确的牙科护理和清洁。

准备：

- 牙刷或指套刷、宠物专用牙膏、纱布片、小碗清水、牙科喷雾剂、检查手套。

流程：

1. 戴好检查手套。
2. 挤取少量牙膏放于食指或纱布片上。
3. 让宠物去嗅闻或舔食牙膏。
4. 掀起上唇，将牙膏涂布于牙齿外侧面。根据需要重复上述操作，直到动物接受。
5. 挤取少量牙膏放于牙刷或指套刷上。
6. 宠物嘴闭合，掀起上唇，暴露牙齿的外表面。
7. 手持牙刷，与牙齿呈 45°角，开始刷洗切齿。
8. 接下来刷洗后部的臼齿。
9. 清水涮洗牙刷，根据需要再次挤取牙膏。
10. 刷洗左侧、右侧、上侧、下侧的齿弓。

11. 如果患病宠物配合，可以将牙刷放在上下齿弓之间，旋转毛刷，刷洗上齿弓的内侧面。
12. 下齿弓重复同样的操作。
13. 刷洗上下舌弓面。
14. 刷完牙后，清洗患病动物的脸部。
15. 清理操作区域，消毒所用的相关物品。

兽医技术员负责专业的预防性洁牙操作。兽医助理要理解预防性洁牙的重要性，以此进行客户教育。有些兽医助理可能会在兽医的直接监督下执行某些方面的洁牙操作。可通过参加几门课程完成牙科技术的高级培训，具体根据要求和各州兽医执业法案指导方针选择。预防性洁牙要在全身麻醉下进行，首先要进行牙齿检查，记录受损的或齿折的牙齿、牙龈炎、过多的牙菌斑或牙齿缺失或脱落等情况（图38-12）。兽医会要求检查患病牙齿或拔牙的区域。然后开始洁牙，要清洗上下齿弓的所有表面。最后对所有牙齿进行抛光。洁牙是患病动物最好的牙齿护理方法，务必与所有客户讨论。每只动物都要评估牙齿健康护理的必要性。

注射给药

某些兽医执业法案允许兽医助理准备和实施注射给药。依据兽医执业法案规定和兽医院安排给兽医助理的职责，某些州准许兽医助理实施皮下给药、鼻内注射和肌内注射（图38-13）。皮下注射（SQ）是将药物注射到皮。鼻内注射（IN）是将药物滴到鼻孔内，不需要使用针头。肌内注射（IM）是将药物注射到肌肉内。静脉注射（IV）和皮内注射（ID）分别由兽医技术员和兽医来完成。

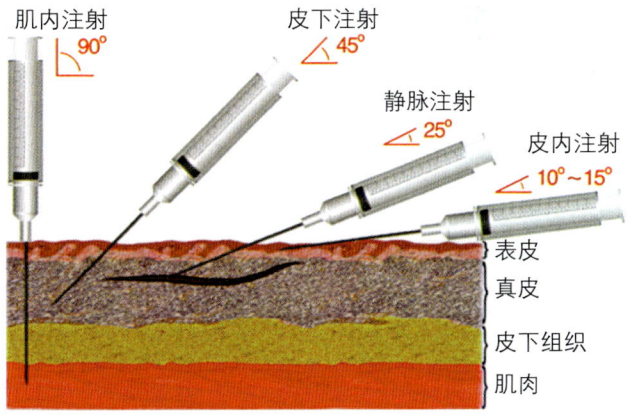

图38-13 药物注射途径示例

抽取药物

用注射器抽取药物之前，需要考虑多种因素。准备注射时，首先要考虑注射器和针头的型号。所选择的注射器量程一定要略大于注射的剂量。疫苗的注射剂量一般是1mL，所以3mL注射器是合适

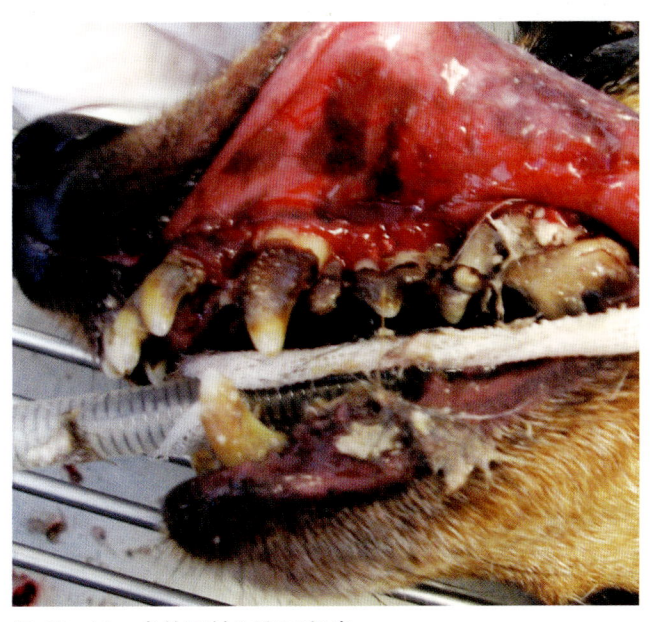

图38-12 犬的牙结石和牙龈炎

的(图38-14)。注射器量程大于注射剂量时,会留有空间,方便将抽取药物时带进的气泡排出。这种多余的量程也给抽吸留出空间。注射器抽吸是指在注射给药时,针头穿透后回抽活塞,确认没有回血。动物非静脉注射给药时,都要回抽确认,避免将药物注入血流中。针头的型号取决于患病动物体型、药物稠度及注射速度。针头的型号以针头的直径衡量。针头的直径越大,型号数值越小,例如,18G针头的直径比25G的大。液体药物越浓稠,越要选择型号数值小的针头。要求快速注射的药物,也要选择型号数值小的针头。猫的静脉直径和肌肉块比马小很多,所以针头型号的选择要根据注射类型和动物物种而定。针头的长度与注射的类型和药物施用的深度有关。短针头用于薄皮肤的动物,如猫和啮齿动物;长针头用于肌内注射。注射器需要小心处理,要避免任何可能的污染。用注射器抽取药瓶内的药物之前,务必用酒精消毒瓶口。除非标签明确说明,否则药物和疫苗不能在同一注射器混合注射,以免不同药物成分产生有害的化学反应。务必在注射器上标记药物名称和准备注射器的人员签名,这一点非常重要。注射器的标记内容表38-1。

抽取药液的时候,药瓶中会出现真空状态,造成抽取药液困难。出现这种情况时,请将注射器与针头分开,针头留在药瓶的顶部。这样会使空气进入药瓶,消除真空情况。再将注射器和针头连接牢固,继续抽取所需剂量的药液。一只手倒置药瓶,另一只手控制注射器,向上插入药瓶内。针头要穿透药瓶的橡皮塞,进入药液当中。注射器的活塞向后拉,抽取足量药液。然后从药瓶上拔下针头,用指尖轻轻敲击注射器的一侧,排出药液中的空气。轻轻推动活塞的末端,促进空气排出。慢慢地用针头套盖好针头,贴上药物或疫苗标签。要始终核查患病动物的病历和治疗白板,确认给药剂量和药物准确无误。阅读每个药物标签至少3次,确保使用的药物准确。

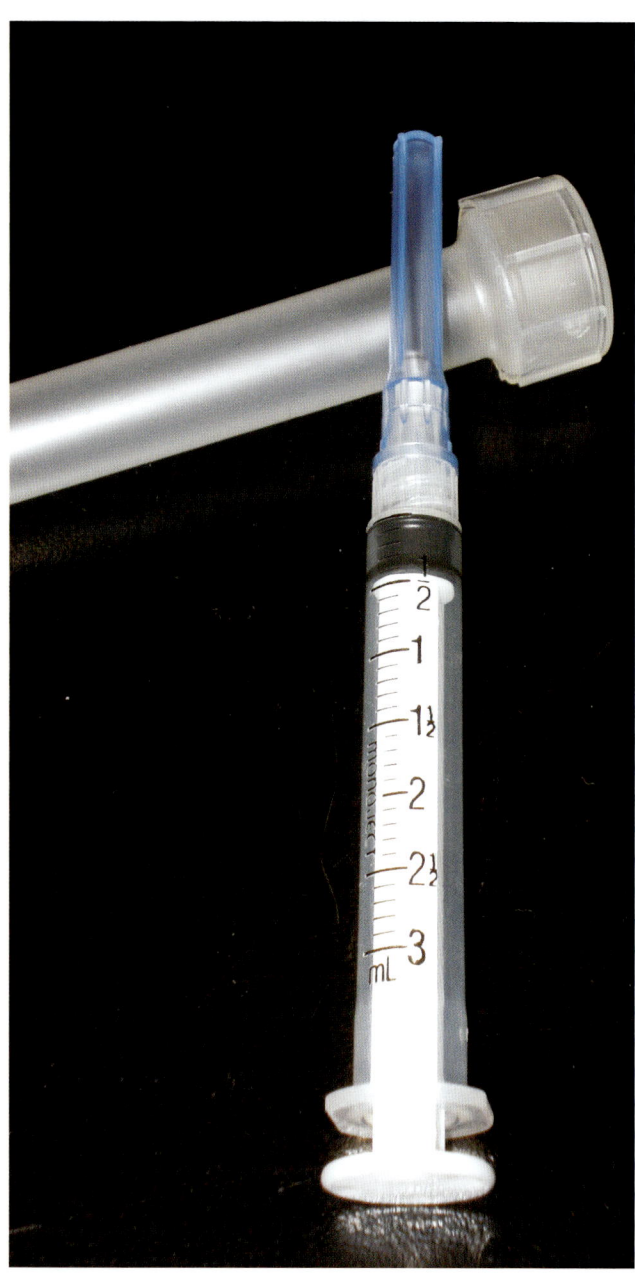

图38-14　3mL注射器

表38-1　注射器标记

药物或疫苗名称/类型
准备的数量或剂量
日期
患病动物的名字
准备注射器的人员签名

能力技巧

用注射器抽药

目标：

用注射器抽取准确剂量的药物。

准备：

- 合适的注射器、合适型号的针头、长度合适的针头、装有药物或疫苗的药瓶、酒精、棉球、胶带、检查手套。

流程：

1. 确定预抽取的药物或疫苗的量。
2. 戴好检查手套。
3. 选择合适的注射器与合适长度和型号的针头。
4. 准备好标签，标注药物或疫苗的名称、抽取的药量、日期、患病动物名字和兽医助理签名。
5. 在注射器的末端贴好标签。
6. 准备好酒精棉球。
7. 用酒精棉球擦拭药瓶顶部的橡胶塞。
8. 一只手拿好药瓶将其倒置。
9. 去掉针头套，将针头插入药瓶的橡胶塞内。
10. 抽取适量的药物。
11. 从药瓶中拔出针头。
12. 轻轻敲打注射器的边缘或缓慢地推动活塞，除去药液中的气泡。
13. 用针头套盖好针头。

皮下注射

皮下注射（SQ）是最简单也是最常用的注射药物和疫苗的方法。小动物颈背侧和肩胛骨之间的皮肤比较松弛，是理想的皮下注射的部位（图38-15）。注射部位要用酒精消毒。一只手持注射器，另一只手捏住肩胛骨处的皮肤，轻轻提起，形成三角形或帐篷状皮褶。将针头平行于身体插入三角形或帐篷状皮褶的底部。如果针头较短，可以全部插入；如果针头较长，则需部分插入。皮下注射的时候要避免针头刺穿皮肤。确定针头位置合适后，松开皮肤，用食指感觉皮下的针头末端。如果针头完全进入皮下，回抽；确认没有回血，注射。拔出针头，轻揉注射区域，并表扬患病动物。

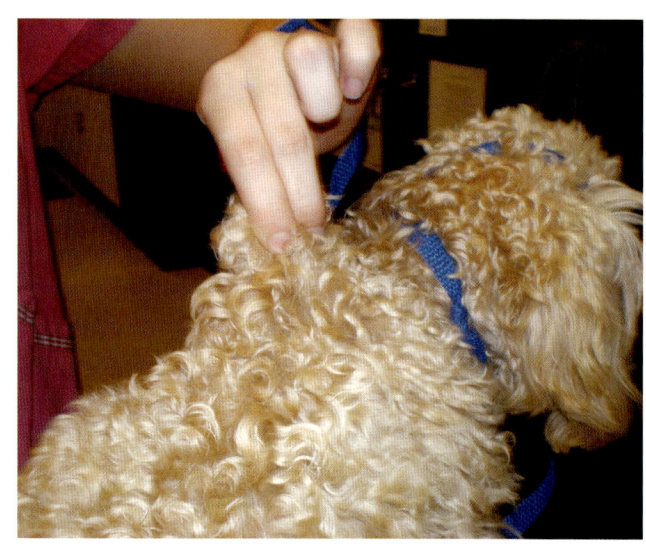

图38-15　皮下注射的部位

能力技巧

皮下注射

目标：

正确地进行皮下注射。

准备：

- 大小合适的注射器、合适型号和长度的针头、酒精、棉球、检查手套。

流程：

1. 戴好检查手套。
2. 用一只手的拇指和食指提起肩胛骨之间的皮肤，形成三角形或帐篷状皮褶。
3. 用酒精棉球擦拭消毒此处皮肤。
4. 用另一只手，将注射器平行于身体插入三角形或帐篷状皮褶底部。
5. 针头进入适当位置后，松开皮肤。
6. 用另一只手触摸皮下的针头，确认位置准确，注意不要将针头刺穿皮肤。
7. 回抽注射器的活塞，看是否回血。没有回血时，注射。
8. 拔出针头，扔至锐器盒内。
9. 轻揉注射部位，并表扬患病动物。

肌内注射

肌内注射（IM）是将药物注射到肌肉深处。动物机体有很多可以进行肌内注射的部位。小动物肌内注射的部位有股四头肌或股后肌群、背部脊柱两侧的轴上肌。股四头肌位于后肢大腿的前侧，股后肌群位于后肢大腿的中后部。在大动物，肌内注射的部位在两前肢之间的前胸部、颈部肌肉或股后肌群。

后肢肌内注射时，要用手固定好后肢，避免移动。在后肢股后肌群或股四头肌进行肌内注射时，务必要小心，以免扎到坐骨神经，导致不可逆的神经损伤或潜在瘫痪的风险。一只手的手指放在大腿内侧，拇指在大腿中部的外侧。另一只手持注射器，同时触摸股骨区域，确认正确的肌内注射位置。下针的位置在髋关节与髌骨连线中点的股骨前侧，针头与股骨平行刺入。注射的位置要先用酒精棉球消毒。进针的时候，将针头慢慢地插入肌肉，以便控制针头刺入的深度（图38-16）。要避免扎到骨骼。回抽，确保没有进入血管；没有回血时，将药物慢慢推入。拔出针头，轻轻地按摩注射区域。如果需要多次或重复肌内注射，建议使用不同的后肢，尽量减少单肢的疼痛和损伤。

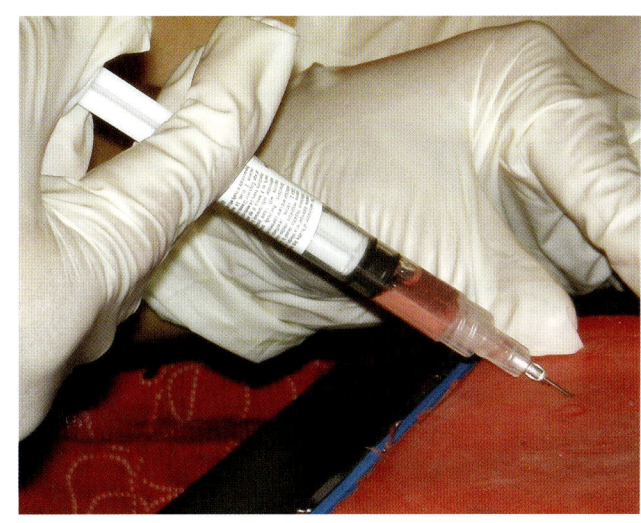

图38-16 肌内注射的正确角度

能力技巧

肌内注射

目标：

正确地进行肌内注射。

准备：

- 大小合适的注射器、合适型号和长度的针头、酒精、棉球、检查手套。

流程：

1. 戴好检查手套。
2. 将一只手的手指放在大腿内侧，拇指放在大腿中部外侧。肌内注射也可以注射到动物后背脊柱两侧的轴上肌。

3. 酒精棉球消毒注射部位。
4. 在股骨前侧，平行于股骨刺入针头。
5. 直接将针头刺入髋关节和髌骨之间的股骨前侧肌群。不要穿透肌肉或碰到股骨。
6. 回抽注射器的活塞，看是否回血；没有回血时，再注射。
7. 拔出针头，扔至锐器盒内。
8. 按摩注射部位，表扬患病动物。

大动物的肌内注射通常选择颈背部肌肉。该区域的肌肉和韧带呈三角形。三角形的中央是肌内注射的最佳位置。大动物肌内注射的部位点还包括胸肌或前肢顶端、前胸偏下部位的肌肉。将针头刺入大动物肌肉时，要快速果断地刺入，然后回抽，确保没有进入血管。

鼻内注射

鼻内注射（IN）是将药物滴到动物的鼻腔内。许多呼吸系统的药物和疫苗可以通过该途径给药。小动物站着、坐着或躺着均可以操作。而大动物需要站着操作。鼻内注射的给药方式，最重要的是要抬高头颈部，防止药液从鼻腔流出。一定要控制好头部。鼻孔要保持向上的状态足够长，确保药物被鼻黏膜吸收。许多动物不喜欢或不能忍受滴鼻，所以在进行鼻内注射时一定要格外小心。

能力技巧

鼻腔注射

目标：

正确地进行鼻腔注射。

准备：

- 合适的注射器、检查手套。

流程：

1. 戴好检查手套。
2. 伸展动物的头颈部，使其鼻孔向上。

> 3. 向每个鼻孔中滴入数滴药物。
> 4. 保持头颈部的伸展状态,让药液和鼻黏膜充分接触。
> 5. 向鼻子吹气,避免打喷嚏。
> 6. 放开患病动物的头部,将注射器或滴管扔至锐器盒内。

输液

输液是动物因患病或脱水而进行补液的治疗方法。有些动物需要少量补液时,可以选择皮下注射(SQ)。动物病得非常严重时,则需要大量补液,这时需要留置静脉导管和静脉输液治疗。皮下输液治疗,可由兽医助理进行给药操作。而静脉输液需要兽医技术员进行给药操作。当患病动物接受输液治疗时,兽医助理要具有监测导管和静脉输液管的能力。

皮下输液治疗

需要少量补液时,可在小动物颈背部松弛的皮肤处进行皮下输液(SQ)。皮下输液通常只能输注200mL以下的液体。液体进入皮下,慢慢地被机体吸收。皮下输液常用于治疗肾脏疾病、尿样采集和不严重的呕吐与腹泻。最常用的皮下输液药物是乳酸林格氏液(LRS)。

皮下输液需要1个静脉输液袋和1根静脉输液管,要带与动物体型和物种匹配的针头。静脉输液管是柔韧的塑料管,可以连接到输液袋上。输液袋由透明的乙烯基材料制成。大部分动物都能忍受皮下输液,皮下输液与皮下注射相似。每个位置可以容受每千克体重2.3~4.5mL的补液量。皮下输液的平均吸收时间为6~8h。打开输液袋,输液管和输液袋的末端相连。输液袋的末端是由塞子密封的,需要将其拉开扔掉(图38-17)。塞子去除以后,倒置输液袋,避免出现漏液。输液管要插到拉掉塞子的位置。输液管的控制器在塑料管上,要将其调节为关闭状态,防止液体从管中漏出。然后把输液袋直立挂在输液架上。开通输液管,排出液体和气泡。输液袋的末端有2个口,一个是注射口,一个是穿刺口。注射口是用来抽液或用针头和注射器加药的;穿刺口是用来连接输液管的。大部分的输液袋的容量是1 000mL。

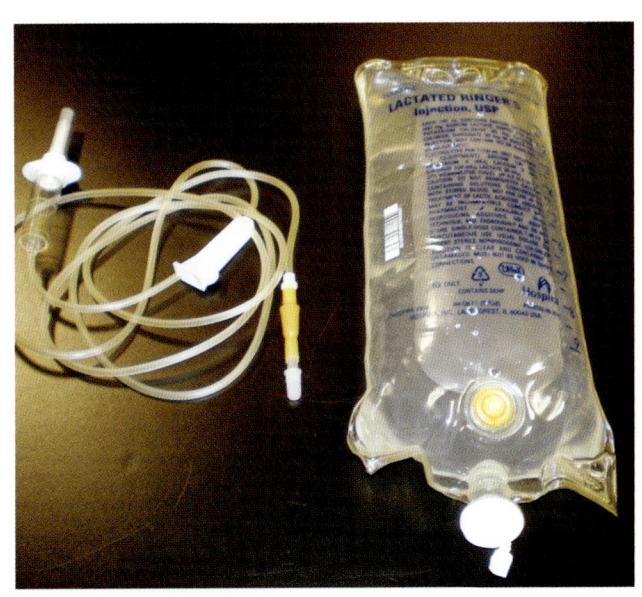

图38-17 静脉输液套装

能力技巧

静脉输液袋和静脉滴注装置的准备

目标：

正确地准备静脉输液袋和静脉输液管。

准备：

- 静脉输液袋、静脉滴注装置、静脉输液架或输液杆、合适型号的针头。

流程：

1. 把手洗干净；可以不带检查手套。
2. 从塑料包装中取出静脉输液袋。
3. 从塑料包装中取出静脉滴注装置。
4. 关闭塑料管上的静脉滴注调节阀。
5. 取下输液管末端的白色尖头的管盖儿；尖头很锋利，操作的时候要小心。
6. 拉开静脉输液袋穿刺口的塞子。
7. 左手握住输液管的尖头，果断径直地将尖头插入输液袋。如果斜插进入，可能刺破输液袋。
8. 将输液袋挂在输液架或输液杆上。
9. 打开输液器的调节阀，让药液和气泡从输液袋和输液管中流出。
10. 当所有的气泡排出输液管的时候，关闭调节阀。
11. 将输液管的末端连接上合适型号的针头。

第 4 部分 临床操作

能力技巧

皮下输液

目标：

正确地进行皮下输液。

准备：

- 静脉输液袋、静脉滴注装置、静脉输液架或输液杆、合适型号的针头、检查手套。

流程：

1. 戴好检查手套。
2. 将颈背部肩胛骨之间的皮肤提起，形成帐篷状皮褶，就像皮下注射那样（图38-18）。

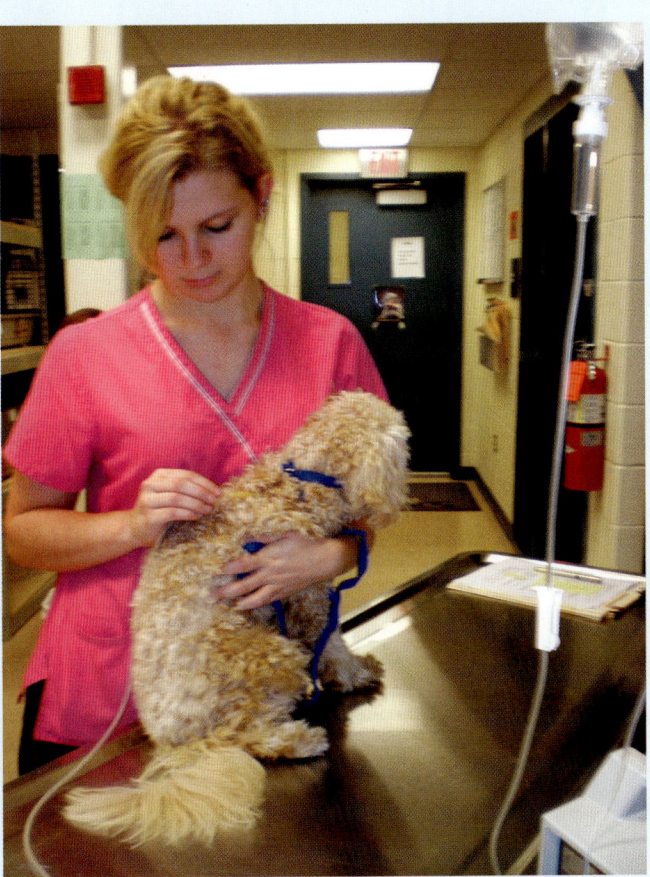

图 38-18　皮下输液

3. 将针头倾斜插入帐篷状皮褶底部，进入皮下。
4. 沿皮褶长轴插入。
5. 松开皮褶。
6. 用手固定注射部位的针头。
7. 用另一只手调节静脉滴注装置的调节阀。输液架越高，输液速度越快。可以轻轻挤压输液袋，加快输液速度。
8. 按照医生的要求，输注适当容量的液体。
9. 输液完成后，关闭静脉滴注装置的调节阀。
10. 拔掉针头，按压注射部位。
11. 少量药液可能会从注射点漏出。
12. 清洁操作区域和消毒物品。
13. 将针头扔至锐器盒内。

静脉导管的监护

静脉导管是一种小的塑料材质的耗材，可以留置在血管内，用于静脉输液和静脉给药（图38-19）。留置静脉导管由兽医技术员或兽医操作，需要良好的血管定位技能，能够将导管插入相对较细的血管。兽医助理的职责是留置好静脉导管后，维护和监测导管的通畅性。大多数静脉导管放置在头静脉；然而，大动物和较大型犬可以放置颈静脉导管。兽医助理要能够识别导管放置的位置、是否开放及流速是否合适。要缠绕绷带保护导管；每天检查绷带，确定是否有漏液、断开、出血或肿胀等症状。需要每天更换绷带进行评估。有些导管可能会引发炎症，需要涂抹抗生素或防腐剂药膏。导管的位置需要重新绷带包扎。也可能在注射部位周围出现静脉炎，要注意观察发红、肿胀、疼痛和炎症等症状。如果治疗时间长，静脉导管要每3~4天更换一次。

静脉导管最常见的问题是通畅性，往往是因为输液管扭结或静脉血凝块阻塞。这时需要几毫升液体或肝素盐水冲洗。肝素是阻止血液凝固的药物，与生理盐水混合后冲洗导管，可以防止血凝块阻塞导管。每次将输液管和静脉导管断开时，或每次经导管给药以前，都要进行冲洗。有些留置头静脉导管的动物，可能向某个方向拉伸腿，会造成输液管扭结，从而阻碍液体流动。可以用夹板或绷带固定，保持导管的通畅性。动物可能会啃咬导管或绷带，这时候需要佩戴伊丽莎白项圈，阻止动物毁坏或移除导管。

如果出现指压性水肿，或导管周组织肿胀，说明液体漏出静脉，这时要停止静脉输液，并在其他静脉位置重新放置导管。

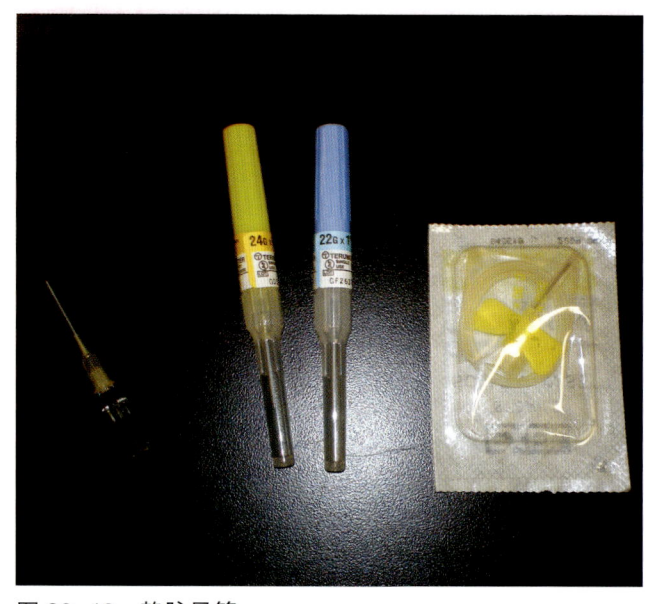

图 38-19　静脉导管

静脉输液的监护

静脉输液时,需要兽医助理持续监护。频繁的观察有助于发现流速不当或阻塞。兽医要确定患病动物每天的输液量。输液总量在规定时间输完,称为输液速度。输液总量确定后,兽医助理要在治疗开始时记录静脉输液袋中的液体量,可以在输液袋或输液瓶的空白边缘处粘贴胶带记录。开始的液量和输液时间用笔记录在标注液体水平线的胶带上。期望的最终输液量和输液结束时间用胶带标记在相对应的液面处。理想状态下,应该用输液泵来调控输液量和输液速度(图38-20)。输液泵可以保证一天内特定速度的持续输液。输液泵有报警器,当液体不流动、输液管阻塞或输液袋排空时,就会发出警报。

有两种类型的静脉输液管,具体选用哪种取决于患病动物需要的输液量。大滴输液管是标准静脉滴注管,每毫升液体滴注15滴(15滴/mL);小滴输液管每毫升液体滴注60滴(60滴/mL)(图38-21)。兽医确定患病动物每天的输液量后,兽医助理可以计算每小时的输液量。将一天的输液总量除以24h,就可以得到患病动物每小时的输液量。表38-2为输液速度计算示例。

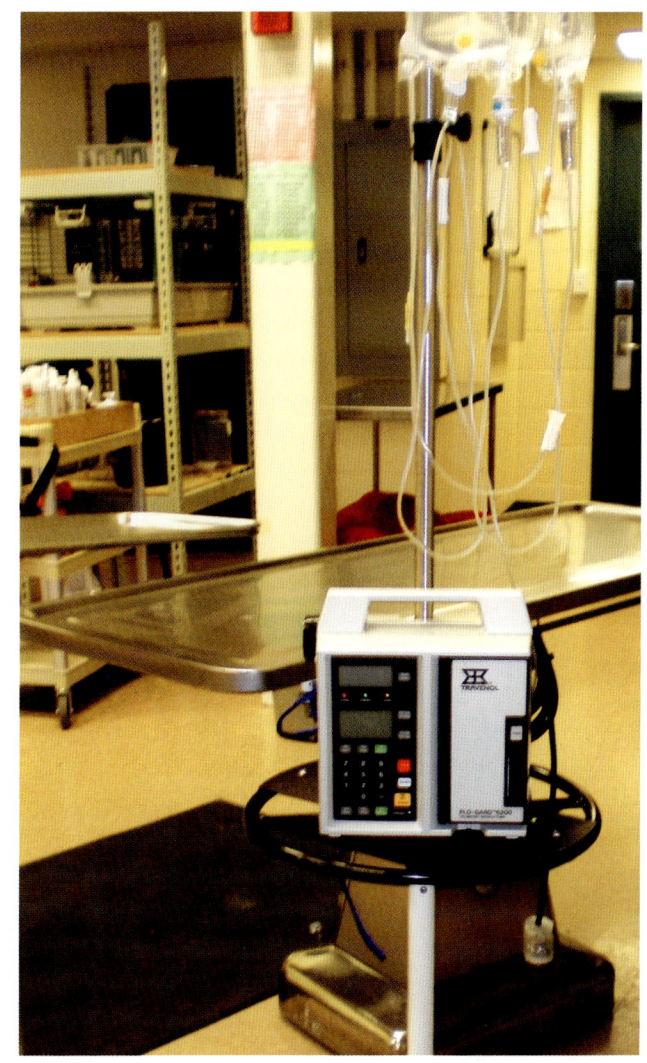

38-20 输液泵

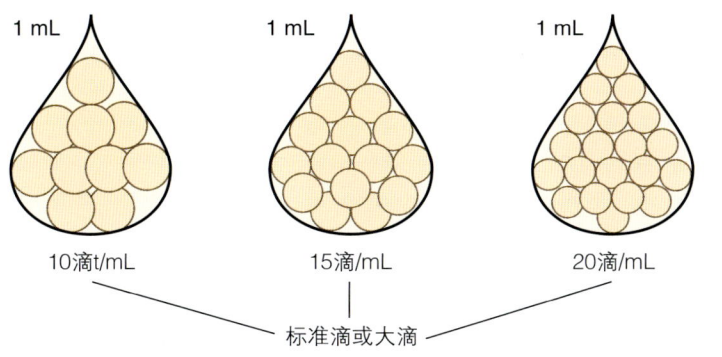
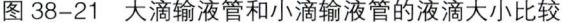
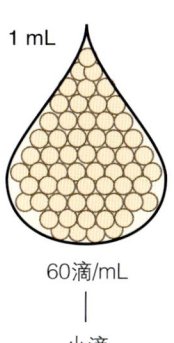

图38-21 大滴输液管和小滴输液管的液滴大小比较

表 38-2　输液速度计算示例

例 1 总液量：1000mL 1000mL ÷ 24h ＝ 41.6mL/h
例 2 总液量：3500mL 3500mL ÷ 24h ＝ 145.8mL/h
例 3 总液量：9000 mL 9000 mL ÷ 24h ＝ 375mL/h

能力技巧

导管通畅性

目标：

正确评估静脉导管和留置部位，确保输液管畅通。

准备：

- 3mL 注射器、无菌生理盐水、乳酸林格氏液、肝素。

流程：

1. 通过静脉输液管和输液袋预估静脉导管内液流。
2. 如果发现液流停止，找到阻塞的原因。
3. 通过伸展足部和肘关节，将患病动物的前肢伸直。
4. 如果恢复液流，安置夹板或绷带，保持肢体伸展。
5. 如果没有恢复液流，去除固定导管的绷带。注意是否肿胀、发红或刺激。
6. 如果没有红肿，导管也在静脉内，断开输液管与静脉导管的连接。
7. 用 3mL 的注射器抽吸生理盐水、乳酸林格氏液和少量肝素的混合液冲洗导管。
8. 如果液体能通过导管，再将输液管连上，并观察液流。
9. 如果液流正常，重新绷带包扎导管位置。
10. 如果液流还没有恢复正常，联系兽医技术员或兽医。

能力技巧

输液泵监护

目标：

正确评估输液泵，确保输液管畅通。

准备：

- 输液泵、3mL 注射器、无菌生理盐水、乳酸林格氏液、肝素。

流程：

1. 检查输液管和输液泵的连接，观察输液管是否出现扭结或阻塞。
2. 如果通过调节阀控制液流，要确保调节阀开放。
3. 将输液管从输液泵中拿出，确保液体可以通过输液管。
4. 如果没有液流，使用 3mL 注射器抽吸生理盐水、乳酸林格氏液和少量肝素的混合液冲洗导管。
5. 检查导管位置是否肿胀。
6. 如果液流良好、输液泵工作正常，就继续观察。

能力技巧

监测输液速度

目标：

正确评估输液泵和给药装置，确保合适的流速。

准备：

- 输液泵、静脉输液袋和静脉输液管。

流程：

1. 每毫升的滴数乘以总毫升量等于要滴注的总滴数：15 滴 /mL × 300mL = 4500 滴。

2. 每天的输液总量除以 24h 等于每小时输液量：300mL÷24h = 12.5mL/h
3. 要滴注的总滴数除以总的输注分钟数等于每分钟滴数：4500 滴 ÷240min（4h×60min/240min）= 18.75 滴，约 19 滴 /min。

能力技巧

静脉导管绷带的更换

目标：

正确评估静脉导管和注射位置，确定更换绷带。

准备：

- 脱脂棉卷、纱布卷、自粘绷带、胶带、绷带剪、检查手套。

流程：

1. 戴好检查手套。
2. 去除全部绷带。
3. 不要触碰固定导管的胶带。
4. 检查导管位置是否肿胀或出血，确认输液管通畅。
5. 根据需要冲洗静脉导管。
6. 如果静脉导管通畅，用脱脂棉卷做第 1 层包扎。
7. 用纱布卷层做第 2 层包扎。
8. 将没有扭结的静脉输液管规整后，放入第 3 层绷带固定。
9. 用自粘绷带做第 3 层包扎。
10. 用胶带在绷带外进行必要的包扎。
11. 如果导管位置不正常或不通畅，联系兽医或兽医技术员。

患病动物的社交互动和运动

动物习惯与人交流。患病动物住院后,可能没有足够的时间与主人互动。兽医助理在所有住院动物进行治疗、笼内清洁或运动的过程中,都要为其提供积极的社交互动,包括爱抚动物、用温柔安慰的声音与动物交谈、尽可能地拥抱动物(图38-22)。这些积极的行为有助于患病动物恢复。

图38-23 患病动物住院时需要牵遛

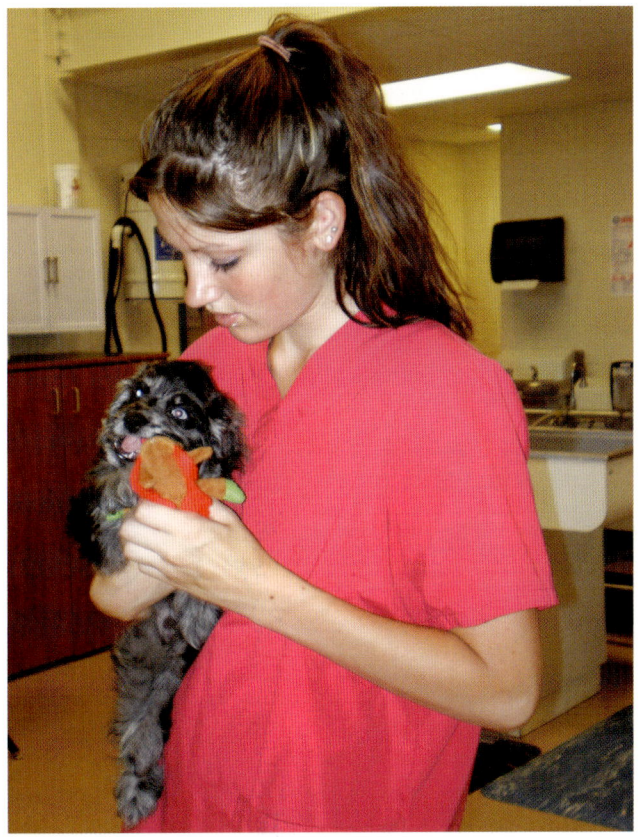

图38-22 住院动物需要人的关注和抚摸

要根据患病动物的病情和治疗需要安排适当的运动。运动很重要,因为有些动物(如犬)在笼子里不会排尿,需要每天在兽医院外面牵遛数次(图38-23)。要在特定的区域内牵遛,这个区域方便清洁和消毒,不会传染寄生虫和疾病。务必注意,患病动物身上一定要带有适当的牵引带或必要的控制设备。也可以在兽医院内腾出某个区域,用于运动和玩耍。每个患病动物出笼活动的时间要有所不同。当某个动物在区域内活动的时候,需要做明显提示。患病动物之间的相互影响对恢复和治疗也有很大的影响。

安乐死

安乐死是通过人道的方法让动物在睡眠中无痛死去。有些住院动物可能无法康复,而且病情继续发展,主人可能决定通过安乐死的方式结束它们的痛苦。这个决定是基于个人价值观、宗教信仰和兽医的经验与建议而做出的。对于宠物主人和兽医工作人员来说,这个决定过程都是很痛苦的。

安乐死的过程要尽可能地无痛和无应激。这时,兽医工作人员要支持并感同身受主人的需求和价值观。要尽到为患病动物和主人保密的责任,仅限于在参与护理的团队成员之间讨论该病例,这一点很重要。主人要签署免责同意书,允许兽医执行安乐死。安乐死的准备包括与客户讨论安乐死的操作过程和先后顺序。同样重要的还有,要确定主人对动物遗体的处理意见。有些医院提供埋葬或火化服务,有些主人会选择不带走动物的遗体,或选择在家里完成埋葬。准备实施安乐死时需要考虑如下问题:

- 在实施安乐死的过程中，客户要和动物在一起吗？
- 客户是希望在安乐死操作前付费，还是操作后根据账单付费？
- 告知客户关于私人埋葬的法律限制条款。
- 确定客户想如何处理动物的遗体，是宠物墓地埋葬，还是火化。
- 告知客户所有遗体处理服务的价格。
- 在安乐死操作实施之前，签署好所有必要的文书和免责同意书。

在操作室里准备盒装纸巾、毯子或毛巾、供动物主人及其家人使用的椅子、家庭成员需要的其他物品。要准备好遗体袋，放在屋里主人看不到的区域，如抽屉或柜子。兽医根据动物的准确体重选择药物。有些兽医院会在安乐死操作前给予镇静剂，使动物平静。如果需要放置静脉导管，要将导管和材料放在检查台上。

能力技巧

安乐死的准备

目标：

为实施安乐死操作提供适当的协助和准备。

准备：

- 毯子或毛巾、盒装纸巾、供家庭人员使用的椅子或座位、遗体袋、胶带、识别便签、镇静剂、安乐死溶液、适当型号的注射器和针头。

流程：

1. 准备实施安乐死的操作室或区域。
2. 根据动物的体型大小，在检查台或地板上铺设毯子或毛巾。
3. 在操作台上放一盒纸巾。
4. 在安乐死操作区域的附近，放一把椅子。
5. 将遗体袋放在抽屉或橱柜内，用胶布贴上识别便签，标好动物名称和客户姓名。
6. 将镇静剂放在操作台上。
7. 将安乐死溶液放在操作台上。
8. 将合适型号的注射器和针头放在操作台上，安乐死溶液的旁边。

安乐死操作的执行要在安静的区域，允许家庭成员在旁陪伴。要让患病动物及其家庭成员尽可能感觉到舒适。安乐死实施前完成所有的文书签署，并放在病历中保存。很多家庭成员可能会问安乐死的操作过程，以便他们了解安乐死过程中会发生的事情。务必要确定主人已经准备好，明确兽医要做什么以及患病动物的反应。兽医可以与主人及其家庭成员讨论这个过程，或让助理回答他们的疑问。重点是让家人理解兽医即将执行的操作过程，知道兽医助理会保定患病动物并提供必要的协助。如果使用镇静剂，患病动物及其家庭成员会留在操作区，直到药物生效。兽医注射镇静剂后，兽医助理每间隔几分钟检查一次患病动物，确定是否起效。兽医助理要尽可能地让动物主人感到舒适。如果需要放置静脉导管，兽医技术员将在兽医助理的保定下进行。如果是通过简单的静脉穿刺执行安乐死，兽医助理则需要保定好患病动物。一切妥当后，兽医要准备好足量的安乐死溶液，并执行注射。全部剂量注射完毕后，患病动物的身体将会完全松弛。然后拔出针头，放入锐器盒。患病动物侧卧，医生检查是否还有心跳、脉搏和反射。此时，可能会有濒死呼吸，这是呼吸系统停止时的喘息声。患病动物的瞳孔会放大，黏膜发绀或蓝灰色。患病动物通常会出现膀胱和大肠失禁。确定没有心跳和脉搏时，宣告动物死亡。主人的反应多变，工作人员要有所准备，以便应对主人从解脱到歇斯底里的各种痛苦反应。使主人尽可能感到舒服，并询问是否愿意单独陪伴一会儿患病动物。主人可能希望带走颈圈，留做纪念。有些客户可能已从其他人或组织中了解到安乐死的相关信息。当主人最后看完宠物后，尽可能将他们从侧门送出。如果主人不带走宠物遗体，兽医助理进入操作区，将遗体装入遗体袋，贴上标签，标注患病动物名、主人姓名及遗体处理的相关事项。遗体袋用胶带封好，保存在兽医院的适当区域。兽医助理要确保镇静剂和安乐死溶液都拿回药房，使用的任何管制药物要记录在管制药物日志里。最后，对操作区域进行消毒和清洁。

清洗物料

洗涤消毒和清洁是实施卫生和疾病控制计划的重要组成部分。经动物使用后，很多物品都需要在兽医院中洗涤。这些物品包括：

- 毛巾、毯子及其他铺垫用品。
- 口套和猫袋。
- 项圈和牵引带。
- 刷手服、白大褂和其他服装材料。
- 手术创巾和包巾。

对清洗物料进行分类是洗涤技术的重要组成部分。在大部分情况下，先要将衣物浸泡于放有洗涤剂或漂白剂的水中进行预处理。清洗物料应根据手术材料、常规医院材料和传染性物品进行分类。这3种类型不能混在一起洗涤；分类洗涤有助于预防和控制疾病的传播。任何沾有血迹、尿液、粪便或其他体液的物料，在清洗前都要浸泡在混有洗涤剂或漂白剂的水中处理至少30min。沾有血迹的物料，要用过氧化氢去除污渍。所有具有传染性的物料，都应放入漂白剂的温水中浸泡。

在高温和高质量工业强力洗涤剂中清洗会更有效。在循环清洗或用烘干机烘干床单的时候，可使用织物柔顺剂。每次清洗时的装载量应合适，避免超载。洗衣机必须定期清洁和消毒，去除被毛、碎屑和洗涤残留物。每一次装载后都要清除过滤器中的棉绒。手术衣洗好后，应迅速叠好，完整地包裹好，然后再次消毒。医院内的其他衣物，洗好后折叠，并存放到清洁干燥的地方。

小结

适当处理和照顾住院动物是兽医助理的工作。为了能够正确地提供护理，兽医助理务必要知道患病动物的需要和兽医护理的要求。这些要求包括牙科保健、兽医助理护理、正确地设置和监测输液疗法、理解安乐死规程及铺垫物和医院相关物料正确的清洗。

能力技巧

洗涤操作

目标：

正确地清洁和消毒所有需要洗涤的污染物料。

准备：

- 洗衣篮3个、桶3个、工业强力洗衣粉、漂白剂、织物柔顺剂、过氧化氢、检查手套、洗衣机、烘干机。

流程：

1. 衣服分类放到贴有手术、医院以及传染性标签的洗衣篮里。
2. 将需要浸泡的物料放入装有洗衣粉和漂白剂的桶中。
3. 用过氧化氢处理血迹。
4. 预先设置每个洗衣机的装载量。
5. 设置洗衣机的循环、加热及适当的装载量。
6. 在清洗的过程中，添加织物柔顺剂。
7. 根据装载量烘干。
8. 消毒、清洁洗衣机。
9. 清理棉绒过滤器。
10. 消毒、清洁干燥机。
11. 叠好衣物。
12. 把衣物放到适当的清洁区域。

复 习 题

1. 对于牙齿护理，兽医助理的职责是什么？
2. 动物刷牙需要的工具和物品有哪些？
3. 兽医助理可以完成哪些类型的注射？
4. 18G 的针头和 24G 的针头有什么区别？
5. 注射器的标签要标注哪些内容？
6. 皮下输液和静脉输液的区别是什么？
7. 使用了静脉导管的患病动物，应该监测哪些项目？
8. 住院动物社交互动的方式有哪些？
9. 准备安乐死时，哪些项目是必需的？

临床案例

兽医助理 Kathryn 正在监护一只住院猫静脉输液，她注意到液流不正常，静脉输液袋上有时没有药液滴下。Kathryn 检查了住院治疗白板和病历记录，了解到这只猫每天需要补液 1 400mL。当输液过程出现明显的问题时，她需要更多的关注。

- Kathryn 应该做些什么？
- 在这种情况下，应该做些什么来正确处理这只猫？
- 这只猫每小时的基础输液量是多少？
- 造成输液问题的原因可能有哪些？

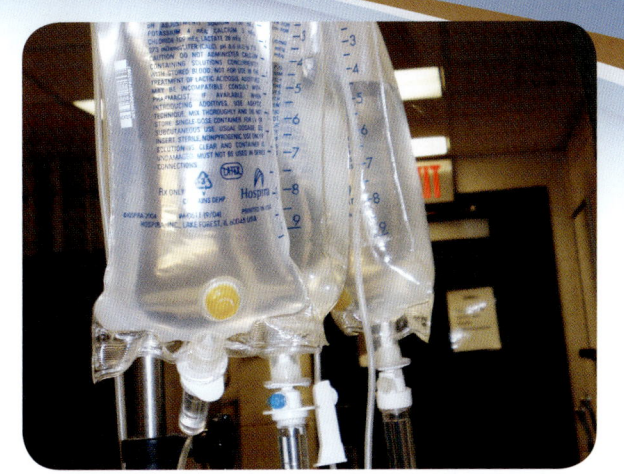

第 39 章　实验室操作

学习目标

学习完本章后，读者应该能够：
- 识别兽医院内常规的实验室设备。
- 演示正确地收集粪便样本。
- 演示如何正确地进行粪便肉眼检查。
- 演示如何正确地制备粪便涂片。
- 演示如何正确地进行粪便漂浮检查。
- 演示如何正确地准备血样。
- 演示如何正确地制备可用的血涂片。
- 演示如何正确地用瑞氏染色法染血涂片。
- 演示如何正确地完成全血细胞计数（CBC）。
- 演示如何正确地使用院内分析仪进行血液生化检查。
- 演示如何正确地用折射仪来测定血浆蛋白或总蛋白。
- 演示如何正确地使用各种血清检测试剂盒。
- 演示如何正确地收集排尿样本。
- 演示如何正确地进行尿液肉眼检查。
- 演示如何正确地测定尿比重。
- 演示如何正确地理解和使用试纸条进行尿液化学分析。
- 演示如何正确地准备尿沉渣用于显微镜检查。
- 演示如何正确地采集用于细菌培养和药敏试验的样本。
- 演示如何正确地准备用于革兰氏染色的涂片。
- 演示如何正确地准备用于剖检的器械和材料。

引言

实验室技能旨在辅助兽医诊断和治疗。实验室检测项目包括院内检测和院外检测。大部分实验室检测是在获得患病动物病史与完成体格检查之后进行的。兽医会衡量每个患病动物化验的必要性，由化验技术员和助理共同完成采样、院内化验、填写化验单。患病动物的福祉依托于整个兽医健康护理团队提供准确和及时的检测结果。兽医实验室检测技术日益进步。操作规程、设备和检测手段都会影响检测结果。所有的院内工作人员需要灵活应对这些影响，重视继续教育的重要性，并与时俱进。在处理实验样品的过程中，要注意保护样品，也要保护自身安全。有些样品可能会潜在地污染区域、人员、患病动物，所以要穿戴好个人防护设备，如检查手套和护目镜等，这一点非常重要。

兽医实验室设备

在兽医院内进行的实验室检测和化验项目，统称为院内检测。有些检测项目无法在兽医院内完成，通常需要送到商业实验室（参考实验室）检测。实验室设备是决定检测项目在院内进行还是送检参考实验室的主要因素。

显微镜

显微镜是院内检测实验室的基础的关键设备（图 39-1）。对于基础的检测项目来说，显微镜极其重要，可以提供快速、准确的识别和诊断。兽医院要配备双目显微镜和研究显微镜，具备各种放大倍数，便于观看不同的检测样品；同时，还能用油镜观察载玻片。兽医助理必须清楚地知道如何使用显微镜，这一点非常重要。显微镜在使用完毕后，需及时关闭。每台显微镜都有多个物镜，提供不同的放大倍数来观察样品（图 39-2）。这些物镜提供不同的放大倍数（表 39-1）。将载玻片放在镜台（物

第4部分　临床操作

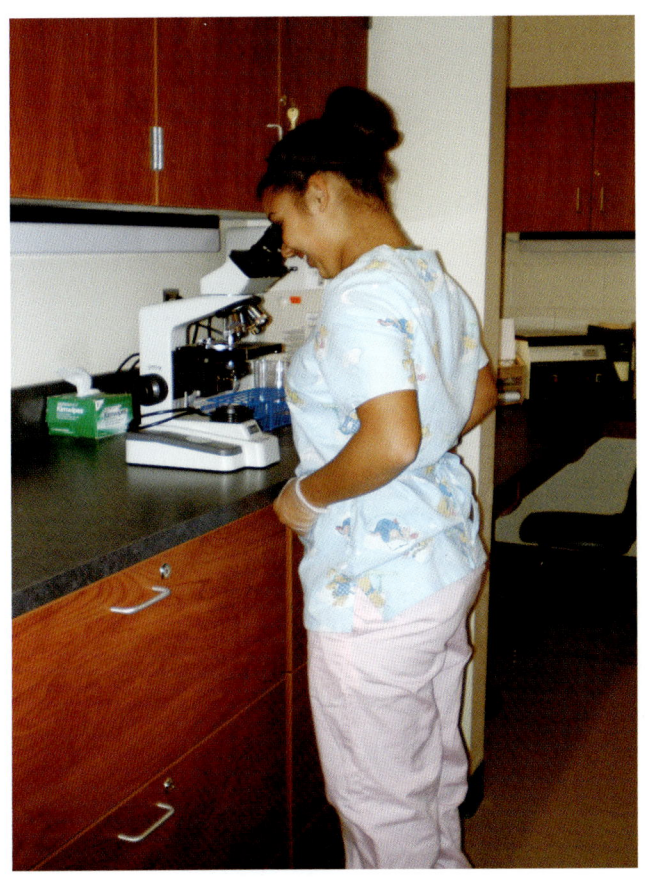

图 39-1　学会正确地使用显微镜非常重要

图 39-2　显微镜上有多个不同的物镜可供使用

表 39-1　放大率

	目镜	物镜	放大倍数
低倍镜	绿色	10×	100×
中倍镜	蓝色	30×	300×
高倍镜	黄色	40×	400×
油镜	红色	100×	1000×

镜下方的平台）上，先用低倍镜观察，再换成高倍镜。通过目镜观察载玻片。将物镜对准载玻片样品，使用目镜观察，同时轻柔缓慢地转动焦距旋钮。使用显微镜时，要打开光源。载玻片样品由上往下移动观察，从一侧观察到另一侧，以便观察整份样品。该操作通过调节载物台移动钮完成。显微镜使用完毕后，用擦镜纸和少量镜头清洁剂或酒精擦拭每个物镜。要根据使用说明书使用和清洁显微镜。载玻片和配对使用的盖玻片大小合适，表面清洁，没有破裂和缺损。

能力技巧

显微镜的使用

目标：

正确了解显微镜的结构和使用方法。

准备：

- 显微镜、显微镜载玻片、盖玻片、镜头纸、镜油。

流程：

1. 取下显微镜的塑料覆盖膜。显微镜正对使用者。
2. 显微镜插电，打开光源。
3. 将载玻片放在显微镜的镜台上，固定好（图39-3）。

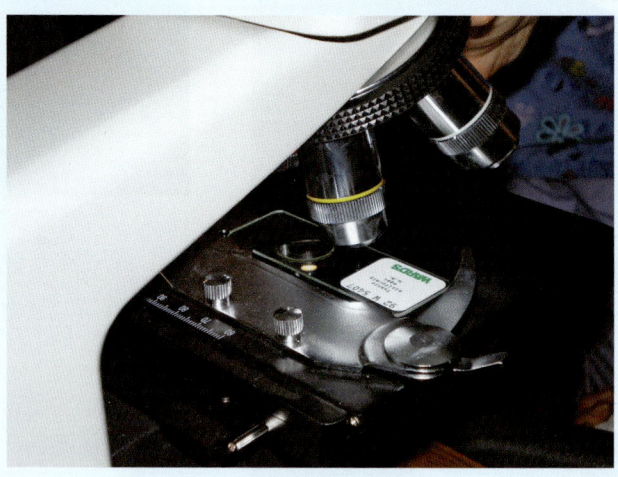

图39-3　载玻片要固定在显微镜的镜台上

4. 调用低倍物镜。
5. 通过目镜观察，先用低倍物镜（图39-4）。
6. 通过目镜观察，调节焦距，微调。使用完毕后，升高物镜臂，离开载玻片。
7. 如果需要使用油镜，将镜油滴在载玻片中央。
8. 将油镜缓慢移动到镜油中。
9. 通过目镜观察，缓慢微调焦距。
10. 使用完毕后，移开物镜臂。
11. 取走镜台上的载玻片。
12. 用kim抹布或镜头纸轻轻地清洁物镜。

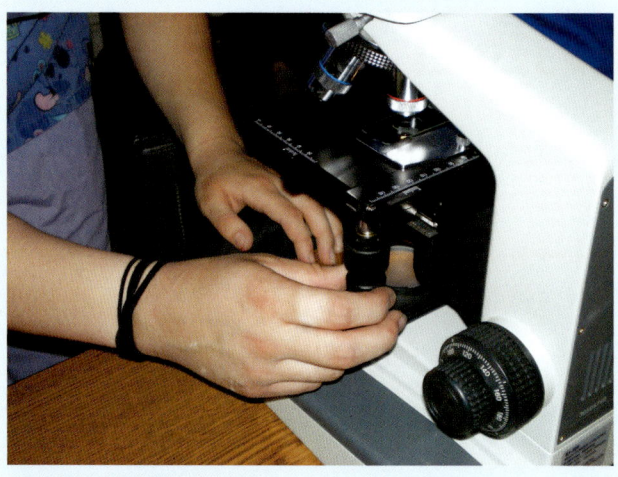

图39-4　通过目镜观察时，先用低倍物镜

离心机

离心机也是兽医基础设备,可以高速强力地离心样品(图39-5)。离心机用于分离或浓缩悬浮在液体中的物质。重力有助于分离不同形态的物质。离心机的样式和大小各有不同,许多兽医诊所配备两台离心机:一台用于离心微量红细胞比容管,一台标准离心机,用于离心体积较大的液体。所有离心机都有多个转盘或转轮,样品类型决定了离心速度(图39-6)。每次使用离心机时,都要在使用前配平。离心机内可放置不同大小的采血管、放置尿液和粪便样品的圆底或尖底离心管、微量红细胞比容管。微量红细胞比容管是薄而细的存血玻璃管(图39-7)。样品放置在转盘上,关闭盖子并锁紧(图39-8)。设定离心机的样品设置,设定所需的转速和时间。离心机转速很快,使用期间不能直接站立在离心机顶部,不能停止或迫使离心机转盘减速。

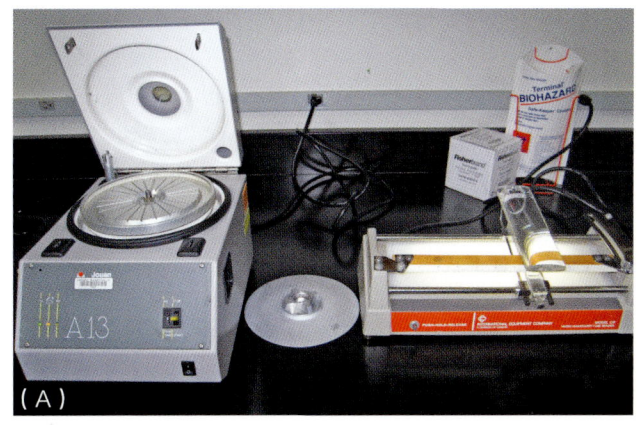

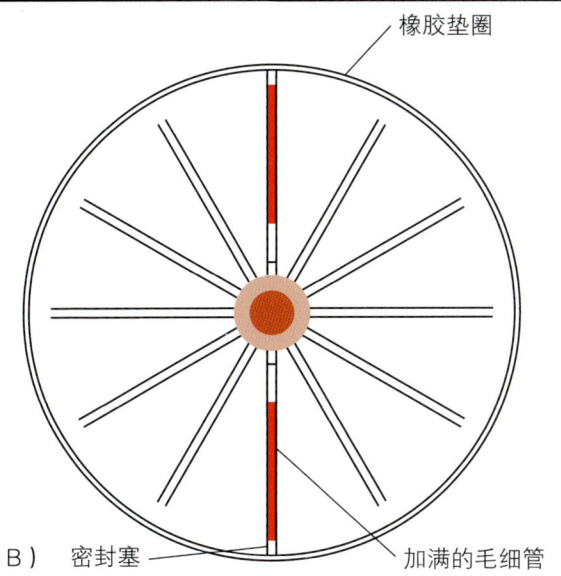

(B) 密封塞　加满的毛细管　橡胶垫圈

图39-7　(A)微量血细胞比容离心机;(B)在微量血细胞比容离心机内放置封闭的毛细管

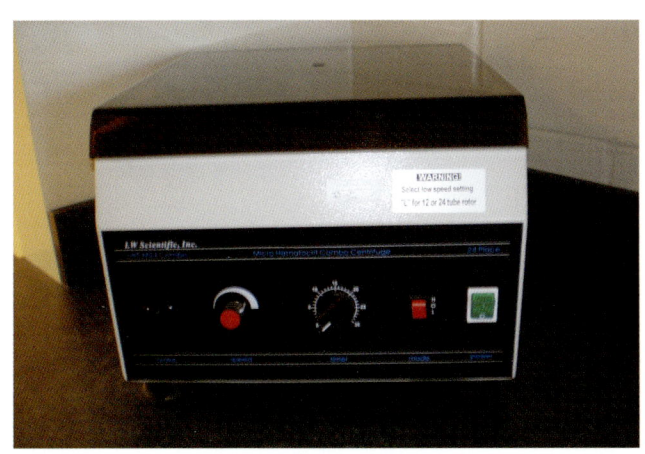

图39-5　离心机

图39-6　离心机的转盘

图39-8　离心机内放好样品后,关闭转盘并锁紧

折射仪

折射仪用于测量液体的比重和 pH 值（图 39-9）。兽用折射仪有两个刻度，与通过棱镜观察到的情况极其相似。折射仪很轻巧，可手持操作。将液体样品放置在棱镜台上，盖好盖子（图 39-10）。将折射仪朝向光源，通过目镜观察比重和 pH 值（图 39-11）。每个刻度都进行标记，左右各一个。使用完毕后，用擦镜纸和清洁液或酒精清洁（图 39-12）。使用和清洁前请阅读说明书。要定期使用蒸馏水校准折射仪，蒸馏水的比重为"0"。使用未校准的折射仪得到的结果是不准确的。

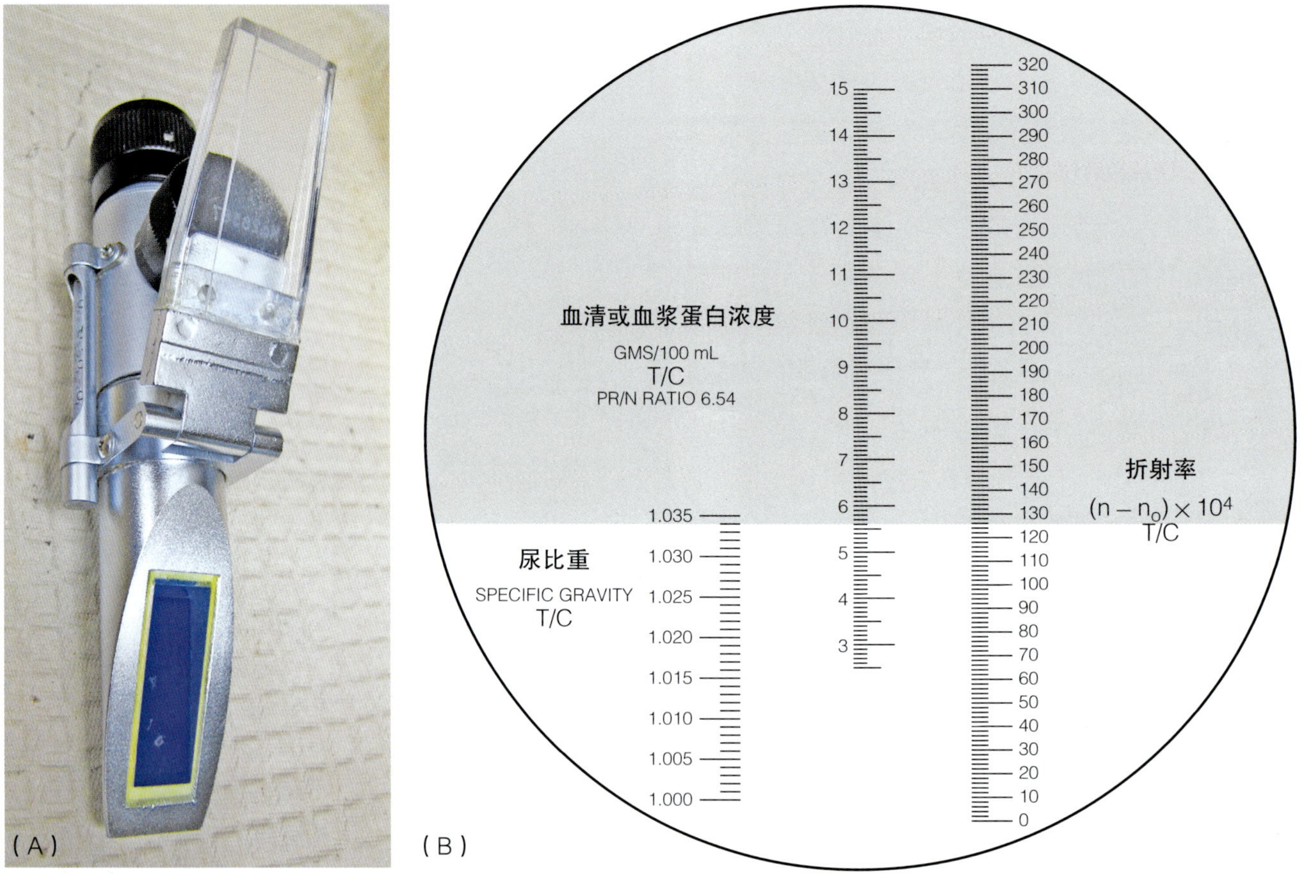

图 39-9 （A）折射仪；（B）该折射仪的刻度显示尿比重为 1.034（较低的左侧刻度），血清或血浆蛋白浓度为 5.6（中间刻度）

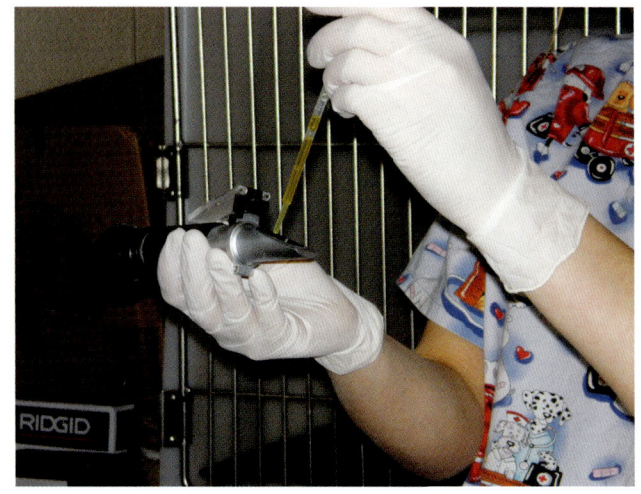

图 39-10 向折射仪内添加液体样品

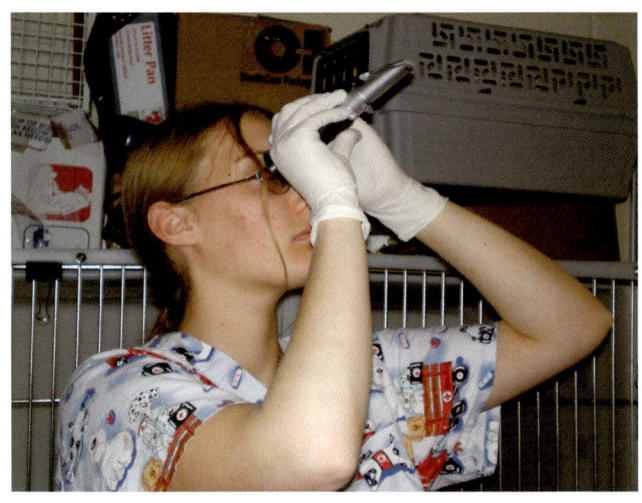

图 39-11 观看折射仪示例

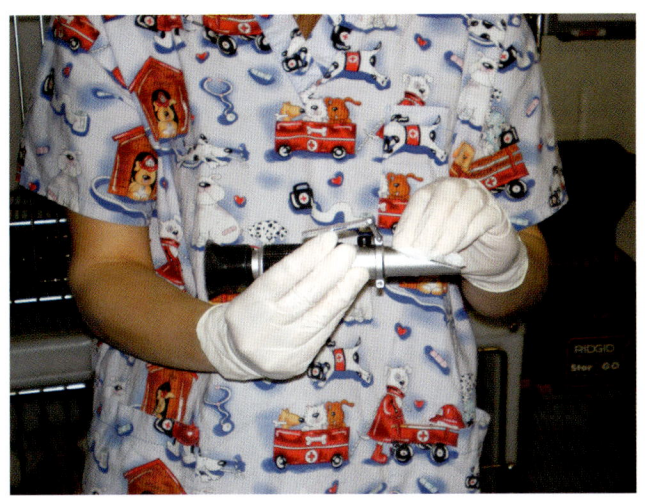

图39-12 清洁折射仪

血液化学分析仪

血液化学分析仪是检测血液样品并测定常规血液化学成分和电解质（包括全血细胞计数或CBC）的机器。血液生化和CBC可使用全血、血清、血浆样品检测。市面上有各种类型的分析仪，请在使用和维护机器前，查询制造商的使用说明书。很多血液生化仪操作方便、高效、准确，可快速获得检测结果用于临床诊断。检测前通常要将需要混匀的血液样品放在摇床上摇匀（图39-13）。

图39-13 血液摇床

血清学检测试剂盒

商品化的血清学检测试剂盒在兽医院内的使用很普遍，可快速准确地诊断常见病毒和疾病（图39-14）。检测试剂盒的类型和生产厂家越来越多。这些检测试剂盒通常由一定数量的单次检测和多个不同的检测项目组合而成，可同时获得多项检测结果。每个检测试剂盒都附带逐步说明，需要按说明书进行操作并解读检测结果（图39-15）。说明书放在检测试剂盒内，检测试剂盒一般都保存在冰箱，使用前要取出复温。试剂盒里的各种试剂或化学品是单次检测不可或缺的，要与检测试剂盒放一起保存，只能在整个检测试剂盒用完后才能扔掉（图39-16）。

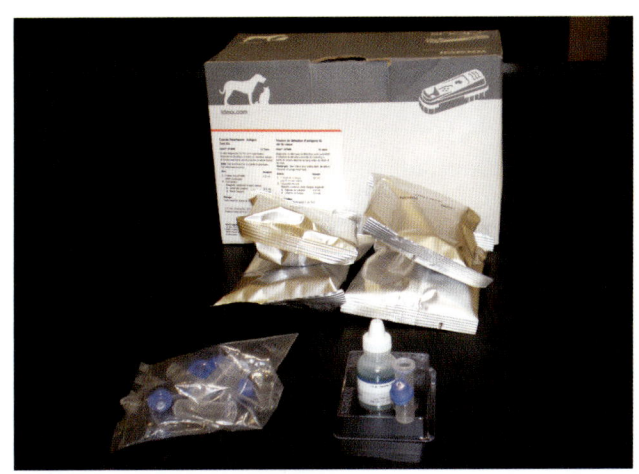

图39-14 血清学检测试剂盒

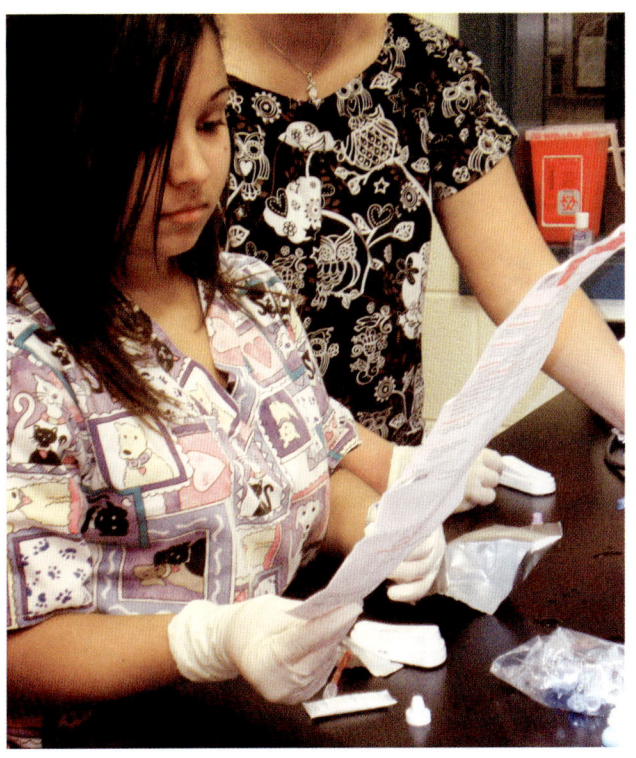

图39-15 随检测试剂盒包装的说明书

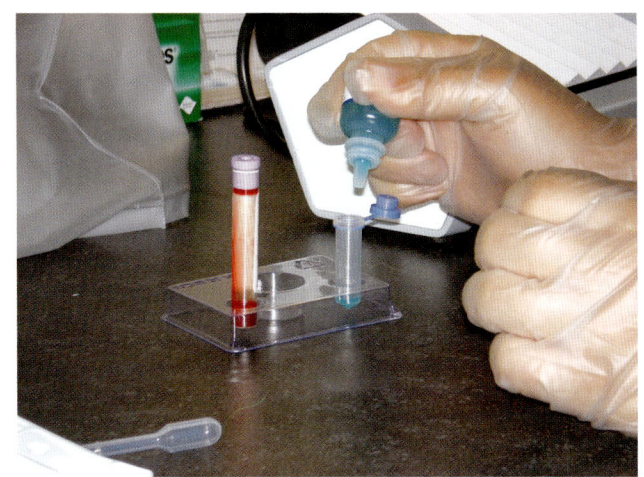

图 39-16　血清学检测试剂盒中使用的试剂

兽医实验室也常使用染色液、试纸条和其他化学反应试剂。兽医助理要熟悉检测项目的类型以及检测结果的正确解读。有些染液和试剂长时间放置后会结晶或挥发，应留意其使用时间和失效时间。染液要保存在科普林瓶中，便于重复使用（图 39-17）。陈旧的染液会集聚杂质，需要定期更换。切勿在旧染液中直接添加新染液。旧染液全部倾倒后，再重新放入新染液。染液要盖紧，正确保存。

图 39-17　科普林瓶

记录化验结果

所有的化验结果应记录或填写在患病动物病历中。某些检测结果要保存在化验室的日志中，以便快速地查阅参考。检测结果全部完成后告知兽医，以便兽医向患病动物主人说明化验结果，并作出诊断。所有的结果以数值单位呈现，并在右侧附带正常值参考范围。不同实验室和书籍给出的参考值各不相同。有些检测结果只以阴性或阳性表示。实验室记录日志要经常维护，保持干净、整洁，最好使用带塑料封面的三孔活页夹。病历要有足够的空间放置化验报告，所有报告按时间顺序从新到旧排列装订。

粪便检查样品

粪便检查样品是用于检测肠道内寄生虫和粪便血液的。可使用少量的动物粪便或肠道内容物作为粪检样品。粪便样品性状的变化有助于确定动物健康问题和疾病症状。

可在兽医院内收集粪便，或使用主人带来的粪便作为粪检样品。粪便样品应放置在密封的容器或袋子内，要标记主人姓名、患病动物名字、检测项目名称和日期。要选择新鲜的粪便作为粪检样品，未能及时化验的需要放在冰箱内保鲜。粪便检查至少需要 1～2g 粪便。

粪便检测第一步是粪便性状的大体检查或可视观察，结果要记录在患病动物病历上，或记录在粪检报告单上。粪便的大体观察如下：

- 颜色。
- 稠度。
- 气味。
- 介于深黑色至鲜红色之间的血色。
- 明显的寄生虫。
- 黏膜。
- 异物或残渣。

下一步是制备粪便涂片，即将少量粪便样品涂抹在显微镜载玻片上。使用涂药棒沿着载玻片纵向涂抹粪便，将少量样品直接转移到载玻片上（图 39-18）。较干的样品需要添加 1～2 滴生理盐水，混匀后再放到载玻片上。载玻片上涂抹的粪便样品应薄薄一层。兽医或兽医技术员使用显微镜观察粪便玻片。

第 4 部分　临床操作

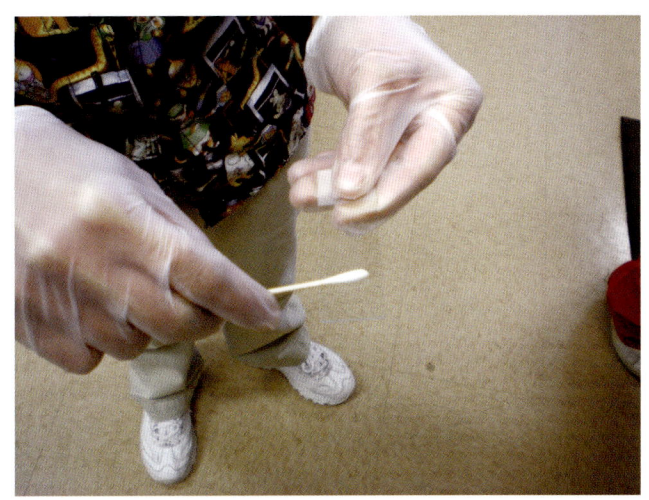

图 39-18　制备粪检载玻片

可用粪便漂浮法技术检测粪便中是否有寄生虫虫卵。原理在于虫卵比溶液的密度低，会漂浮在溶液表面，从而黏附在溶液上方放置的盖玻片或载玻片上。兽医或兽医技术员再使用显微镜观察盖玻片或载玻片。

粪便样品需要用到粪便漂浮液、浓碘溶液和新亚甲蓝染液。常用于制备粪便样品的溶液详表

39-2。还有载玻片和盖玻片、涂药棒、漂浮用的集粪管、离心管及化验室内的粪检专用区（图39-19）。可以使用小托盘来减少污染和化验室内疾病的传播。粪便样品中的许多寄生虫和疾病是人畜共患的，检查全过程要戴手套。每次粪检样品检测结束后，应清洁和消毒检查区。

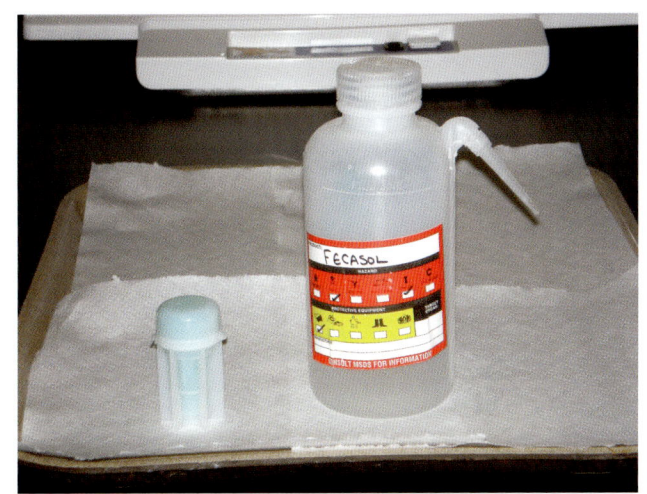

图 39-19　粪便漂浮法需要准备的用品

表 39-2　粪检溶液

浓碘溶液	碘酊溶液，用于粪检涂片检测寄生虫，通常是卵囊和单细胞生物体
新亚甲蓝溶液	蓝色染色液，用于粪检涂片标记细菌和单细胞病原体
生理盐水	粪检涂片上滴加盐水，用于确定卵囊
硝酸钠	最常见的溶液；用于商业粪便漂浮试剂盒；相对昂贵
硫酸锌	用于诊断贾第虫囊孢；与离心的粪便样品一起使用
蔗糖	离心粪便样品时使用的砂糖溶液；更昂贵也更具黏性
硫酸镁	泻盐；价格低廉，但结晶迅速，容易导致蛋卵变形
氯化钠	食盐溶液；导致云雾状的外观便于采样；便宜

能力技巧

粪便检查

目标：

正确地观看和制备粪检样品。

准备：

- 检查手套、粪检样品、托盘、化验区域、粪检试剂盒/瓶子/离心管、粪便漂浮溶液、显微镜、显微镜载玻片、盖玻片、涂药棒、蜡笔、浓碘溶液、新亚甲蓝溶液、生理盐水、离心机、计时器。

流程：

1. 戴好检查手套。
2. 粪便性状检查，并记录。
3. 准备新鲜粪便涂片。
4. 载玻片侧边上用蜡笔标记（患病动物名称、主人名称、日期）。
5. 将少量粪便用涂药棒放置在载玻片中央。
6. 添加1滴生理盐水。
7. 混匀并涂开成薄薄一层。
8. 盖上盖玻片。
9. 使用显微镜观察。
10. 重复以上步骤得到第二份样品。
11. 载玻片上放置1滴浓碘溶液或新亚甲基蓝染液。
12. 盖上盖玻片。
13. 使用显微镜观察。
14. 开始粪便漂浮检测（商品化粪便漂浮溶液试剂盒，如Ovassay或Fecalyzer）。
15. 粪检器上标记患病动物名称、主人姓名和日期。
16. 将少量粪便样品放在粪检器内。
17. 加入粪便漂浮溶液至粪检器容量的一半。
18. 粪便和溶液混合。
19. 放进滤网，扣上盖子，静置。
20. 加满粪检器，形成穹顶液面而不溢出（图39-20）。
21. 液面上放置盖玻片，中间没有气泡（图39-21）。
22. 计时15min，等待虫卵漂浮（图39-22）。

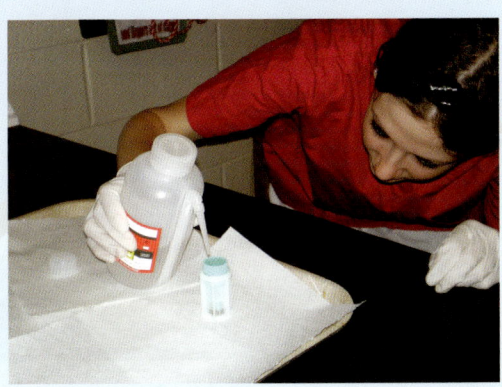
图 39-20　准备粪便漂浮

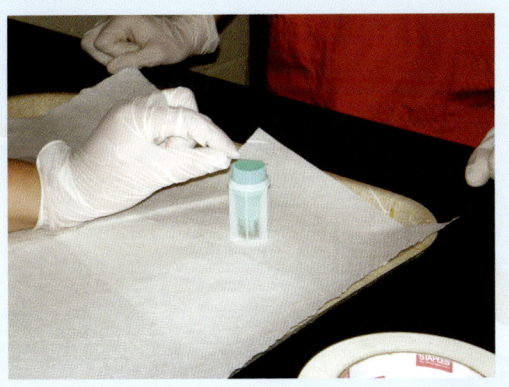
图 39-21　粪便漂浮液上放置盖玻片，再置于载玻片上

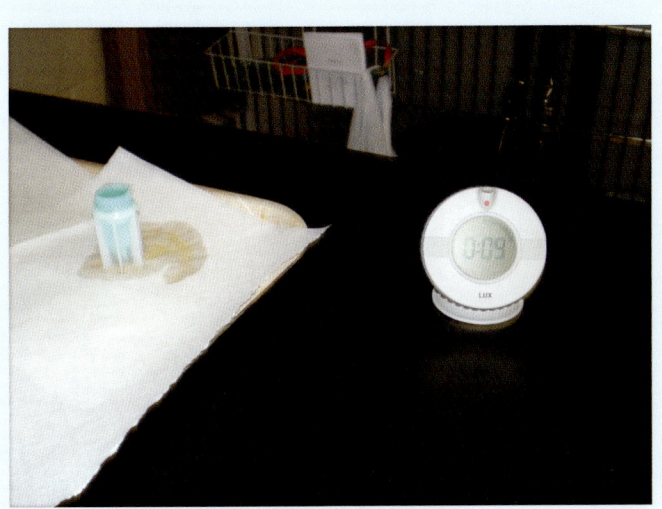
图 39-22　样品漂浮计时

23. 计时器响后，移开盖玻片，放在载玻片上。
24. 将玻片置于显微镜下观察。
25. 用离心机做粪便漂浮（若无商品化的粪检试剂盒时）。
26. 离心管内放 1 茶勺粪便样品和少量水，让粪便软化。用搅拌棒混匀。
27. 离心管内放置漂浮液，至出现穹顶液面。
28. 盖上盖玻片，中间没有气泡。
29. 离心机内低速离心 3 ~ 5min。
30. 将盖玻片放在显微镜载玻片上。
31. 将玻片置于显微镜下观察。
32. 清理工作区。
33. 将粪便垃圾扔至生物危害垃圾桶。

血液生化检查

常用采血操作收集血液样品用于院内或参考实验室的各项检测（图39-23）。使用真空采血管保存血液样本，以备未来检测。这些采血管都是商品管，其产生的真空可在针头和注射器插入橡胶头后获得血样（图39-24）。血样保存在管内，用于化验分析。不同的采血管适用于不同的检查要求。最常用的是红头管、老虎带头管和紫头管。手拿采血管时要小心轻柔，以免破坏血样。从患病动物采血后，拔开管头，将血样直接注入管内。这样可以避免溶血。溶血是指红细胞破裂，造成血浆或血清变成淡红色（图39-25），变色会干扰化验结果。

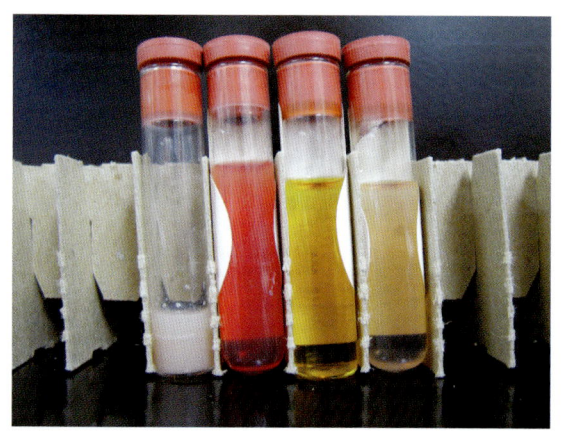

图39-25 左侧第2个管显示粉红的微带血色的颜色，这是由不正确的处理血液样品引起红细胞破坏造成的

每项血液检查都需要特定量的血液、血清或血浆作为检查样品。在采血前需要知道各项检查的样品要求。一般来说，采集的血液量应为所需要的血浆或血清样品量体积的2.5倍以上。未能及时进行化验的样品需要放在冰箱中保鲜，确保样品适用。血样需先复温至少30min，但不超过60min，再进行离心。每个真空管要标记好患病动物的名字、主人姓名、化验项目名称和日期。化验室记录本要记录相关的检测。所有的院外检测应提前准备，填好送检单，通知院外实验室接收样品。

大部分血液检测都是使用血清，即全血样品的液体部分。使用红头管或老虎带头管保存血液。静置凝集，随后离心10min获得血清。也可能需要血浆样本，需要将血液样本冷冻，然后离心得到血浆。血清是最常用于血液生化检查的。

全血样品常用于CBC检测，放在紫头管中保存（图39-26）。紫头管内含EDTA（乙二酸四乙酸），可阻止血液凝集，称为抗凝剂。将全血样品置于管中后，将其上下颠倒数次，使血液与EDTA混合。表39-3列举了不同的采血管及其用途。

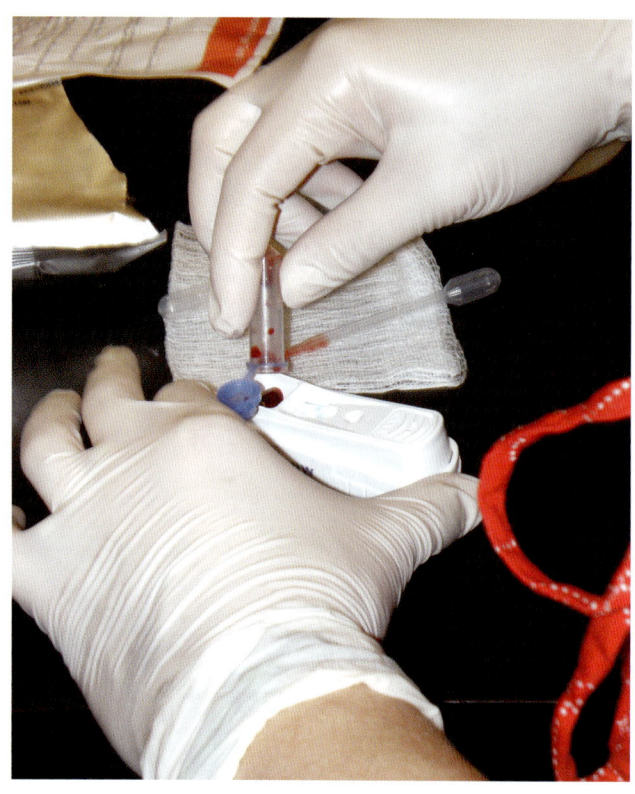

图39-23 血液检查是常用的诊断操作

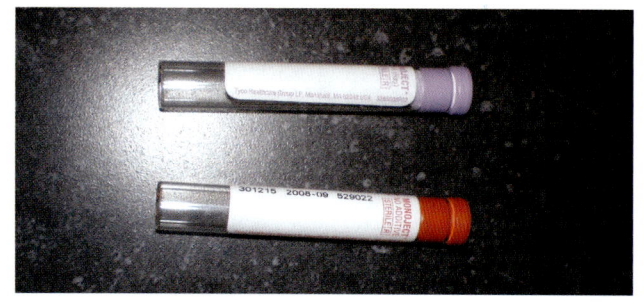

图39-24 采血管

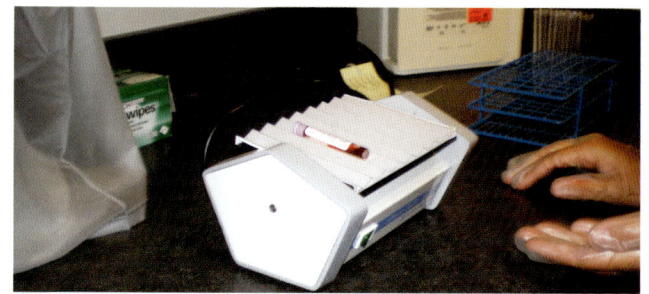

图39-26 检测前将全血样品放在血液摇床上混匀

表 39-3　采血管

红头管	无菌，无抗凝剂或添加剂；含凝胶分离剂。收集血清用于生化或血清学和细菌学检测。可以用于任何需要血清检查的检测项目
老虎带头管	不含硅凝胶、凝胶分离剂、抗凝剂和任何类型的添加剂。可用于收集血清
紫头管	无菌，含 EDTA 抗凝剂。收集血样后主要用于血液学检测、血库操作和某些全血生化检测
绿头管	无菌，含肝素锂抗凝剂。收集血样后用于其他检测。电解质、葡萄糖、尿素氮（BUN）的检测速度比使用红头管更快
浅蓝头管	无菌，含柠檬酸钠溶液抗凝剂。校准管只能盛装 4.5mL 血液；收集血样后主要用于凝血检测
灰头管	无菌，含草酸钾和氟化钠抗凝剂。收集血样用于葡萄糖和乳酸检测。不适用于检测酶或电解质

全血细胞计数

全血细胞计数（CBC）是评价不同类型白细胞（WBC）的一系列检测方法。CBC 包括以下检测项目：

- 血涂片的检查
- 白细胞计数和形态观察
- 血小板评估和计数
- 红细胞形态
- 血液寄生虫检查
- 红细胞压积（PCV）
- 血浆或总蛋白（TP）
- 白细胞总数
- 红细胞平均体积（MCV）
- 血红蛋白浓度

这些检测，操作简单，可院内进行，由兽医助理完成。也可由兽医诊所往院外送检。院内血液分析仪可以准确完成部分检测，其他检测需要人工操作。

CBC 需要紫头管内的抗凝全血。紫头管应尽可能放足够多的血样。院内样品使用 CBC 分析仪进行检测，兽医助理要完全了解采样方法和机器原理。检测结果需打印，放进病历档案中。其结果为兽医提供进一步诊断和治疗依据。

血涂片

血涂片，即血液涂抹的平片，也称为血膜，用于观察血细胞的形态。形态包括细胞的结构、形状、颜色和数量。兽医助理负责制作血涂片，用一张载玻片当作涂抹器，在另一张干净的载玻片上将一小滴血涂布制成薄膜（图 39-27）。涂抹时，将载玻

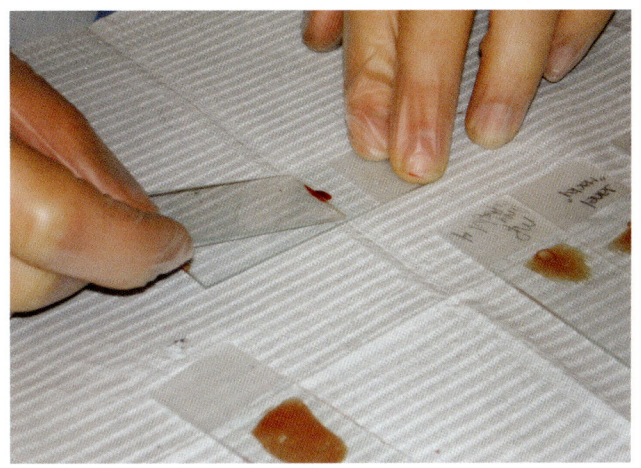

图 39-27　制作血涂片

片倾斜 45° 来完成。有两种方法可以完成血液涂片：推或拉。这两种方法都需要在整个涂抹过程中施加均匀的推力或拉力。一张好的涂片很薄，而且在涂片尾部渐变成羽毛状边缘（图 39-28）。推载玻片时，要确保涂片的两边平行于载玻片的长边。血涂片制作完成后，直接风干即可。血涂片上羽毛状边缘区是兽医或兽医助理读片或解释血涂片的地方，它必须分层并在载玻片的末尾形成轻微的圆周运动。为避免血涂片制作错误，提出下面几点：

- 载玻片干净无破损，边缘无残留物
- 血滴勿太大
- 使用较小一滴血液放在玻片一侧的中间位置
- 推载玻片时，接触血滴中央
- 推载玻片时，保持 45°
- 均匀用力地推片
- 推或拉，不要过慢，否则难以形成羽毛状边缘
- 推载玻片时要迅速

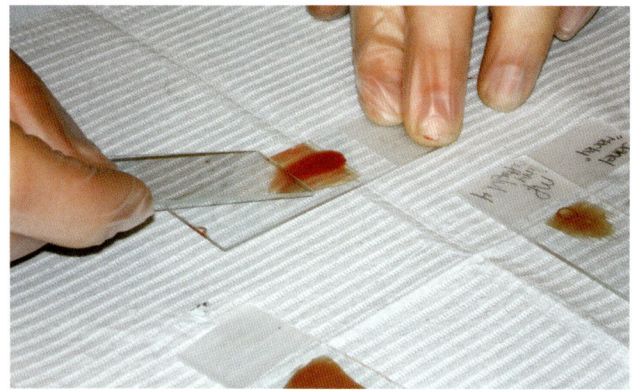

图 39-28　血涂片的尾部渐变为羽毛状边缘

载玻片完全风干后，使用 Wright 染色，即使用商品化复合染液，进行三步染色，也可以在显微镜下方便地观察血细胞。商品化的染液套装，如 Diff Quick 染液，包含 A 液、B 液、C 液，染液是红色和蓝色的（图 39-29）。

图 39-29　血涂片需要的染液

制备血涂片时，最好制作两张，一张在染色后观察，另一张暂不染色用于进一步检查。使用蜡笔或普通铅笔在两张载玻片的磨砂玻璃面标注信息，如患病动物名字、主人姓名、日期（图 39-30）。镜油放在显微镜旁，载玻片放显微镜旁边的纸巾上，等待观察。

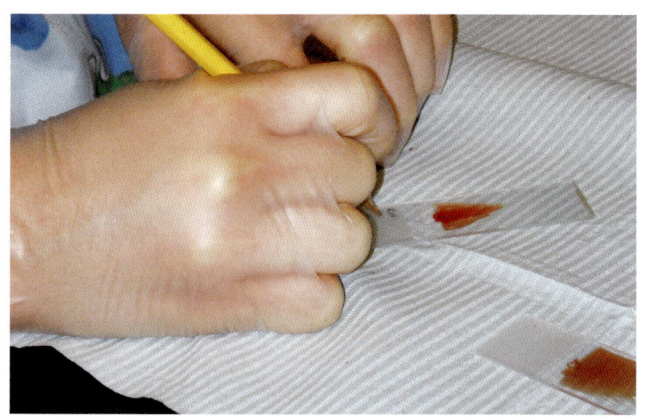

图 39-30　适当地标记血涂片

染色后的血涂片，红细胞呈现粉色、红色或三文鱼色。白细胞的细胞核染成深蓝色到紫色。血小板染成深蓝色到紫罗兰色。细胞质和质粒颜色从粉色到紫色各不相同。肉眼观察染色后的载玻片，整体表现为粉紫色和粉红色。染色缸应清晰标记，如 A、B、C。缸内溶液至少占 3/4，载玻片可全部浸入溶液内。使用蒸馏水冲洗染色后的载玻片。

能力技巧

血涂片制作

目标：

正确制作血涂片用于显微镜下检查。

准备：

- 显微镜、载玻片、蜡笔或铅笔、血样、注射器、检查手套。

流程：

1. 戴好检查手套。
2. 使用干净的注射器在载玻片尾部放置一小滴血液，或从采血管管口蘸取血液。
3. 使用另一张载玻片作为涂抹器，放置在血滴上。
4. 涂抹载玻片倾斜45°。
5. 沿载玻片长轴轻推或轻拉载玻片。
6. 保持匀速、力度一致。
7. 通过快速推片，形成羽状缘。
8. 重复制作血涂片，选择有羽状缘的血涂片（图39-31）。
9. 血涂片制作完成后，吹干或自然风干。
10. 使用同样的方法制作第二张血涂片。
11. 备用，等待染色。

图39-31 正确制作的血涂片和错误制作的血涂片

能力技巧

血涂片染色

目标：

正确地对血涂片进行染色。

准备：

- 风干的血涂片、Wright染液或Diff Quick染液套装、止血钳、蒸馏水、镜油、擦镜纸、纸巾、检查手套。

流程：

1. 戴好检查手套。
2. 打开标记A、B、C的科普林染缸。
3. 使用止血钳夹住载玻片，浸入A液（嗜酸性或红色染液）染色固定。计时器计时。
4. 将载玻片从染缸中取出，倾斜，放在纸巾上抖动多次，沥干。
5. 将载玻片浸入蒸馏水中，上下移动，进行冲洗。
6. 浸入B液（嗜碱性或蓝色染液）（图39-32）。计时器计时。
7. 将载玻片从染缸中取出，倾斜，放在纸巾上抖动多次，沥干。
8. 将载玻片浸入蒸馏水中，上下移动，进行冲洗。
9. 使用止血钳夹住载玻片，浸入C液（清除染液）。计时器计时。
10. 将载玻片从染缸中取出，倾斜，放在纸巾上抖动多次，沥干（图39-33）。
11. 用纸巾擦干载玻片背面。
12. 完全风干。
13. 显微镜旁放一张纸巾。
14. 载玻片旁放一瓶镜油。

 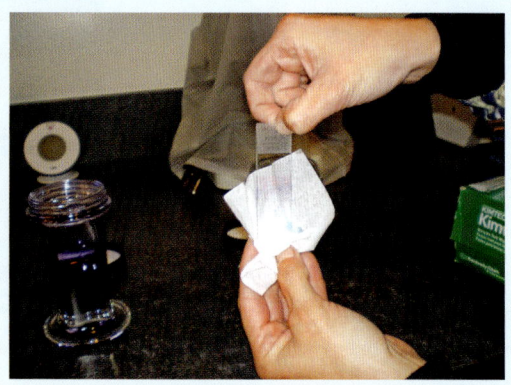

图39-32 血涂片的染色技术　　图39-33 使用纸巾沥干载玻片

红细胞体积

红细胞体积（PCV），也称红细胞比容，是指全血或抗凝血中红细胞的占比。红细胞用于携带氧气到血流中。PCV检测简单、快捷，只需要少量血液。所用设备包括配备微量红细胞比容转子的离心机、红细胞比容管和黏土。离心机带有盖子可以拴住转子，保护比容管不甩出。离心机的转盘必须配平。普通试管可以使用含有抗凝血剂（如EDTA）的全血，而注射器内未经处理的全血要使用肝素化的血细胞比容管。血细胞比容管有时称为毛细管。

血液通过毛细作用吸到红细胞比容管内。管的一端插入血样，充满3/4。有些管上带有黑线，标记充满的血量；然而，这样的标记线对检测的准确性来说没有意义。将手指放在比容管底部，使用擦镜纸清洁，然后再快速、稳定地将管底放进黏土密封胶中，密封管底避免血液漏出。将比容管放到离心机转盘上，使用装水的比容管配平。一个转盘上可以放多个比容管。比容管要对称放置，保持平衡；管底朝外，如果放置错误，离心过程中管内血样会甩出。盖好盖子，将离心机调至合适的转速和时间。

离心机结束旋转后，打开转盘，观察比容管。

靠近黏土密封端的是由红细胞组成的暗红色层。再往上一层是黄色到清亮色的血浆。两层液体之间是白色薄层物质，称为血沉黄层，由白细胞和血小板组成（图39-34）。

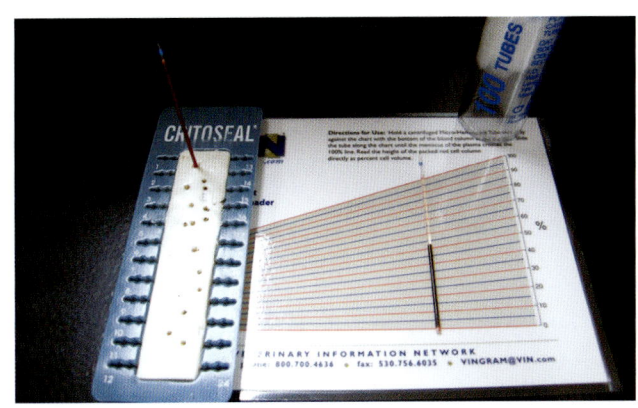

图39-35　血细胞比容标尺

血浆蛋白

血浆蛋白，又称为总蛋白（TP），用于检测血液中的蛋白质水平，帮助兽医判断患病动物的水合状态和炎症状况。TP可用折射仪或总固体量计来检测。TP样品在PCV检测后再进行检测。微量血细胞比容管离心后的血浆层（血沉黄层的上层）用于TP检测。血浆层即管内上层的清亮至淡黄色的液体部分。从血沉黄层以上的位置剪断，获取一滴血浆，放在折射仪镜面上；盖板合上后，将折射仪朝向光源，观察血清或血浆蛋白的刻度，读数作为TP值。在亮-暗线交界处读数。在病历中，以g/dL（分升）为单位记录TP值。这是一项简单快捷的检测，兽医助理可以操作。

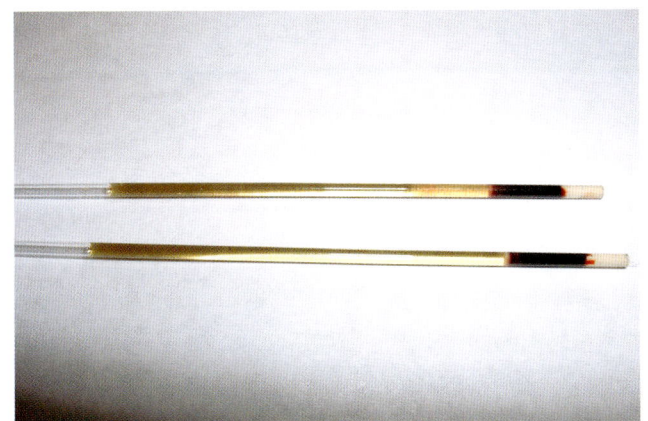

图39-34　离心血样进行PCV检测。注意：血清黄色提示黄疸

可用微红细胞比容标尺确定PCV值或红细胞占比（图39-35）。标尺可以是类似图表样的卡片，或是可以配套在离心机上的塑料卡。使用任意一种标尺时，将密封处对准零，血浆的顶端对准100，红细胞和血沉黄层对应的线，在标尺上指示的就是患病动物红细胞的占比。该检测有助于兽医确定动物是否贫血。红细胞的占比要记录在病历上。

能力技巧

PCV检测

目标：

正确地制作血细胞比容样品，用于PCV检测。

准备：

- 毛细管、血细胞比容管或微量血细胞比容管、密封黏土、擦镜纸、检查手套、离心机、微量血细胞比容标尺、血样。

流程：

1. 戴好手套。
2. 毛细管内充满血样。
3. 手指堵住管的一头。
4. 使用擦镜纸将管壁擦干净。
5. 迅速将管子的另一头扎进密封黏土中。
6. 另一个毛细管充满水，扎进密封黏土中。
7. 将微量血细胞比容转盘放入离心机内。
8. 两根管对称放在离心机转盘上。带密封黏土的管头朝外。
9. 盖好转盘的盖子，锁紧。
10. 根据操作要求，设置血细胞比容仪和离心时间。
11. 离心结束后，将血样管取出。
12. 使用微量血细胞比容标尺比对，将密封黏土的一端对齐 0，顶部血浆对齐 100。
13. 在红细胞与血沉黄层交界处对应的刻度上读数。
14. 病历上记录 PCV 值。

能力技巧

总蛋白（TP）检测

目标：

正确地制备样品，用于总蛋白（TP）检测。

准备：

- 毛细管或微量红细胞比容管（离心）、折射仪、擦镜纸、检查手套。

流程：

1. 戴上检查手套。
2. 打开折射仪的盖板。
3. 毛细管内含有动物血液，从血沉黄层以上的血浆处（清亮至淡黄色液体）剪开。
4. 将一滴血浆放在折射仪上。

5. 合上盖板。
6. 将折射仪对准光源。
7. 通过目镜观察，在 TP 刻度上的暗–亮线交接处读数。
8. 记录数值，单位为 g/dL。
9. 将毛细管丢弃在医疗垃圾桶。
10. 使用酒精和擦镜纸清洁折射仪。

血液生化和电解质

血液生化和电解质常用于诊断疾病和评估患病动物状况。部分检测可在院内进行，其他检测需要送往参考实验室。院内血液分析仪能快速提供检测结果。麻醉前的血液检查需要在手术前进行；另外，老年动物每年也需要例行的血液生化检测。动物在出现临床症状之前，血液生化能提示身体状况的发展进程。大约 10% 的患病动物在常规检查或术前血液检查时可以发现异常。

大多数院内实验室配备了进行血清生化检测、电解质分析和血液学评估的设备。血样离心后，获得血清用于分析。电解质（特别是钾、钠、氯离子）决定着机体的离子平衡。血液学是指研究血液的科学，如 CBC。许多分析仪既能进行检测板的组合检测，也能进行单项检测。这些检测可以提供特定器官的化学信息，有助于评估患病动物的健康状况。务必注意，血液检测仪需要持续更新系统和软件，所以需要对当前使用的设备经常更新，以便提高检测能力，使检测的速度更快、更可靠，减少检测错误，使用更简单。兽医助理需要进行仪器使用、维护和清洁的相关培训。血液检测仪品牌繁多，有很多内容需要学习。兽医助理应理解和掌握以下信息：

- 如何获得和打印患病动物的化验结果
- 如何确定机器检测结果对应的参考范围
- 如何正确地校准机器及记录校准信息
- 如何更换已用完或过期的化学试剂
- 如何正确操作检测板

- 如何排查机器故障及明确由谁负责，就机器问题联系厂家。

助理要知道如何操作和维护血液分析仪。设备必须保持清洁，并遵循建议的维护指导。结果的有效性取决于执行样本检测人员的技能。设备必须以正确方式打开、预热、校准和定期清洁，必要时由厂家进行维护。操作指导和检测说明应保存在机器旁边的活页夹中，以便在必要时参考。

血清学检测试剂盒

多家制造商在生产检测试剂盒，帮助医院快速方便地诊断疾病（表 39-4）。这些检测在不同的物种和样本类型上各有差异。检测样本包括全血、血清或粪便。许多样本含有与试剂盒反应的抗原或抗体。有些血清检测试剂盒检测某种特定疾病，其他检测试剂盒可同时检测多种疾病。大部分检测试剂盒的结果表示为阳性或阴性。检测需要 10 ~ 15min。兽医助理需要快速、准确地完成这些操作。

检测试剂盒内包装有每次检测使用的配套材料。说明书可以提供逐步的操作步骤和结果判读方法。有些检测试剂盒需常温保存，有些检测试剂盒需低温保存。检测试剂盒和测试液都有失效日期，使用时要注意。与检测试剂盒配套使用的试剂要与检测试剂盒放在一起，切勿拿走、替换或扔掉。大部分血清检测试剂盒的原理和操作步骤相同，通常称为 SNAP 检测试剂盒。SNAP 检测试剂盒以"啪"声命名；按下检测试剂盒后，出现"啪"声，检测试剂盒开始反应获得检测结果（图 39-36）。

表 39-4 血清学检测试剂盒的类型

试剂盒类型	厂家	检测的疾病类型
SNAP FeLV	Idexx	猫白血病病毒
SNAP FIV/FeLV Combo	Idexx	猫免疫缺陷病毒、猫白血病病毒
SNAP Giardia	Idexx	猫贾第鞭毛虫、犬贾第鞭毛虫
SNAP Heartworm	Idexx	犬心丝虫病
SNAP Parvo	Idexx	犬细小病毒
PetCheck Heartworm	Idexx	犬心丝虫抗原
SNAP Foal IgG	Idexx	马 IgG 抗体
SNAP Antibiotic Residue	Idexx	反刍动物/奶制品青霉素；四环素、黄曲霉毒素、庆大霉素、磺胺甲嘧啶
SNAP cPL	Idexx	犬胰腺炎
SNAP Feline Triple	Idexx	猫免疫缺陷病毒、猫白血病病毒、猫心丝虫病
SNAP 3Dx	Idexx	心丝虫病、埃利希氏体、莱姆病
SNAP 4Dx	Idexx	心丝虫病、埃利希氏体、莱姆病、嗜吞噬细胞无形体
D-Tec CB	Synbiotics	犬布鲁氏菌病
Witness Relaxin	Synbiotics	犬猫妊娠检查
FeLV Assure	Synbiotics	猫白血病病毒
OvuCheck	Synbiotics	犬排卵
Solo Step	Heska	犬猫心丝虫病

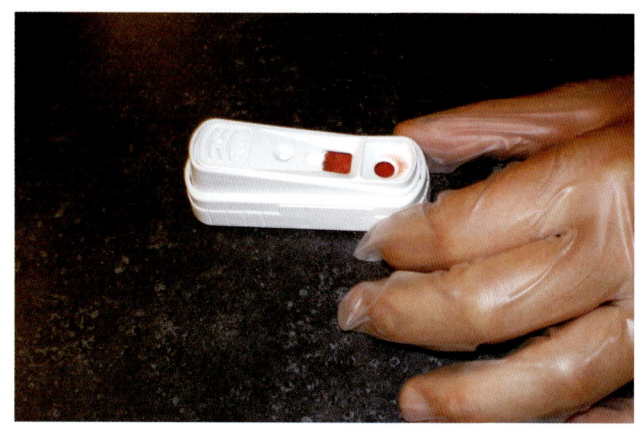

图 39-36 SNAP 检测

尿液样本

尿液样本是评估动物健康的重要组成部分，特别是存在泌尿系统问题时。兽医助理在尿液样本检测中的作用包括收集排尿样本、在其他采尿方法中进行保定、对尿液样本进行大体检查、使用临床试纸条检测以及准备显微镜进行尿液检查。完整的尿液检查称为尿液分析。

尿液采集

采集尿液的方法很多，具体取决于尿液检查的目的和动物身体状况。最常用的方法是采集动物排尿的尿液。这是助理可以操作的唯一一种采尿方式。接尿时，选择中段尿（图 39-37）。存储尿液的器皿要无菌。可以使用塑料无菌尿杯为犬接尿；对于贴近地面排尿或接尿困难的动物，使用带杯托的铁制延长棒盛纳尿杯进行接尿，助理尽量不打扰动物正常排尿。大动物可以用类似的方法接尿。如果使用颗粒状的非吸收性猫砂，猫进入猫砂盆排尿后，也可以收集尿液。有些猫用空猫砂盆收集尿液。尿样转移到无菌尿杯。尽可能不要使用从地板或笼区收集的尿液，因为这部分尿液已被污染，尿检结果不准确。

其他的尿液采集方法包括膀胱挤压排尿，常用于猫。兽医或兽医技术员按压膀胱，助理持尿杯接取中段尿。有些动物需要导尿采集尿液。导尿管是长而细的橡胶或塑料无菌管，经过尿道口进入膀胱。

助理保定动物，兽医或兽医技术员放置导尿管。导尿管末端连接注射器，抽出尿液。对雌性动物，导尿管越过外阴插入尿道；对雄性动物，导尿管直接从阴茎尿道口进入尿道（图39-38）。雄性动物的导尿管放置比雌性动物简单。导尿和收集尿液的全过程要无菌。动物可采用站立、侧卧或仰卧的保定姿势，具体由兽医决定。

图39-37 采集中段尿

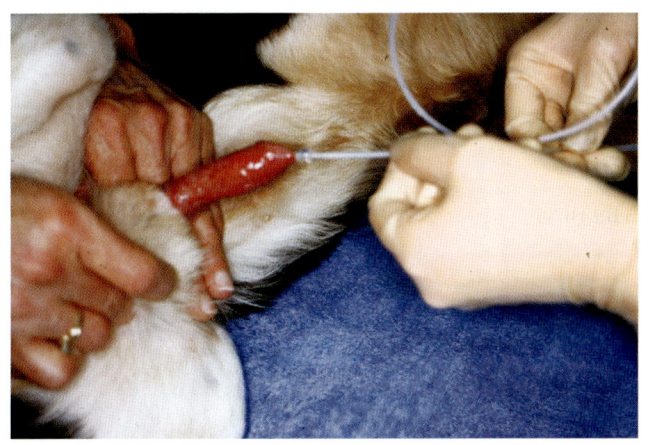

图39-38 公犬导尿

尿液样本也可以通过膀胱穿刺采集，即针头穿刺进入膀胱采集尿液（图39-39）。膀胱穿刺可做到无菌采集尿液，用于细菌或其他微生物检测，如培养和药敏试验（C/S）。培养和药敏试验可以确定尿液内是否有菌，是什么类型的病原菌及应该选用什么样的抗生素治疗。膀胱穿刺采尿避免了细菌的污染，避免了可能与尿道接触引起的污染。膀胱穿刺术需要兽医或兽医技术员有足够的技能将连接注射器的针头穿透腹壁刺入膀胱腔内，然后注射器抽取尿液。助理负责保定动物，通常采用侧位或仰卧位。

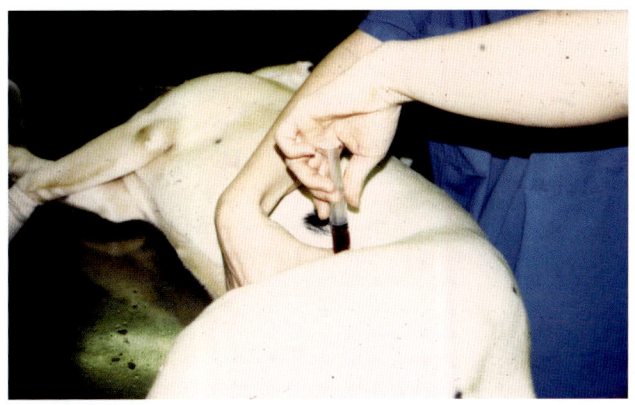

图39-39 犬的膀胱穿刺

尿液的大体检查

尿液检查分为几部分：物理性状、化学成分和显微镜检查。兽医助理负责完成物理性状观察、尿液试纸检测与准备用于显微镜检查尿沉渣的尿样。采集尿液后30min内完成检测。

物理性状包括颜色、清澈度、稠度、气味及是否出现泡沫。大部分兽医院有尿检单，可以很容易地将这些尿检信息填写在内。大多数动物的正常尿液呈现不同程度的黄色。尿液颜色从无色到红色或棕色变化。某些药物和保健品会影响尿液颜色，疾病本身也会影响尿色。大多数动物的正常尿液是清亮的，有时可能有些浑浊，但对某些类型动物可能是正常的。清澈度从清亮、浑浊到凝絮。凝絮是指尿液中含有大量沉渣的状态。尿液气味没有诊断意义，随物种变化很大。大动物的尿液中含有更多的细菌，会产生氨气味。动物的尿液存在酮体时，还会表现甜水果样的气味。震荡尿液时，会产生少量白色泡沫。尿液蛋白过多，会造成大量泡沫。尿液中的胆色素会让尿液中的泡沫呈现黄绿色。

尿比重

尿比重（SG）可使用折射仪测量。将一滴尿液放在折射仪的棱镜台上，通过折射仪的尿比重标尺读数。比重值记录为小数，如1.025。比重值要记录在尿检报告上。

能力技巧

排尿尿样采集

目标：

正确采集患病动物的中段尿。

准备：

- 检查手套、无菌尿杯、标签、笔、铁制杯托及其延长棒。

流程：

1. 戴好手套。
2. 牵引或控制患病动物，室外牵遛。
3. 牵遛过程中，观察有无排尿动作。
4. 患病动物排尿时，将无菌尿杯放置在患病动物下方接取中段尿。
5. 排尿动作结束之前接满无菌尿杯。
6. 让患病动物完成排尿。
7. 让患病动物回到笼子或围栏。
8. 清理干净无菌尿杯外壁，写好患病动物名字、主人姓名和日期。
9. 未能及时化验的尿样，冷藏保存。

化学检测试纸条

尿化学检测试纸条是用化学试剂条来检测尿液样品中的化学成分，也叫化学试纸或浸量尺（图39-40）。尿试纸条是细长的塑料条，上面有多个小方格，含有化学处理的纸片。试纸条检测的项目为1～10个不等，具体取决于制造商和检测需要。装有检测试纸条的瓶子标签上，标识不同颜色对应的结果。每次的检测结果都要记录在尿检报告单上。检测试纸条与标签对应，查看颜色变化，记录结果。要阅读并遵循说明书操作。使用注射器或滴管在检测试纸条的方格上放一滴尿液，等待一段时间反应，然后读数。所有结果都要记录在尿检报告单上。有

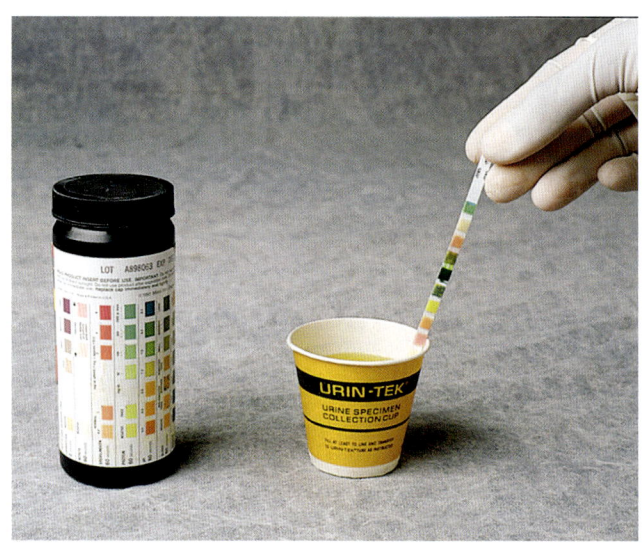

图39-40 使用化学检测试纸条进行尿液分析

些试纸条检查的结果以数值表示，而有些检查结果表示为 +1、+2、+3 或阴性（-）。

准备用于显微镜检查的尿样，首先要将尿液加入锥形离心管中，然后在第二个离心管中加入等量的水，两个离心管放在离心机的对应位置。转盘要与离心管配套，而且离心管在转盘内务必配平。离心机设置尿液离心模式，转速 1 500 ~ 2 000r/min，离心 5min。当离心机完成旋转时，取出离心管，放置在管槽中。倒去管内的尿液上清液，留下管底沉渣。取一滴尿沉渣染色液，如新亚甲蓝染色液或商品化尿染液，加入尿样中，混匀。最常用的商品化染液是 Sedi-stain。兽医一般要求制作两张载玻片，一张染色，一张不染色。载玻片标记好患病动物名字、主人姓名和日期。尿沉渣滴放在载玻片中央，上边放盖玻片。将准备好的载玻片放在显微镜旁，供兽医或兽医技术员评估。图 39-41 展示了显微镜下尿样中的结晶、细胞和管型。

酸性尿中的结晶

尿酸（明视野） 尿酸（偏振的） 络氨酸（明视野） 亮氨酸（明视野） 胱氨酸（明视野） 胱氨酸（偏振的）

碱性尿中的结晶　　　　　　　　　　　　**酸性尿、中性尿和碱性尿中的结晶**

三磷酸盐或鸟粪石（明视野）　尿酸铵（明视野）　　　　马尿酸（明视野）　草酸钙（明视野）

尿液中的细胞

红细胞　白细胞　肾小管和白细胞（尿沉渣染色）　肾小管　移行上皮　鳞状上皮

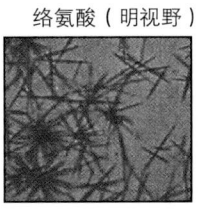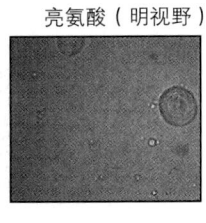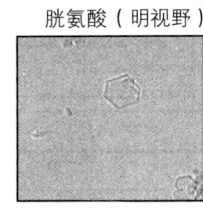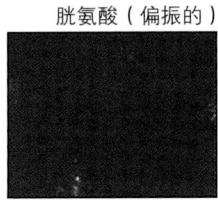
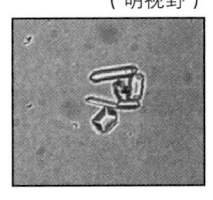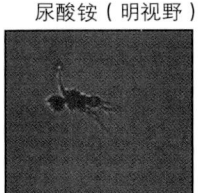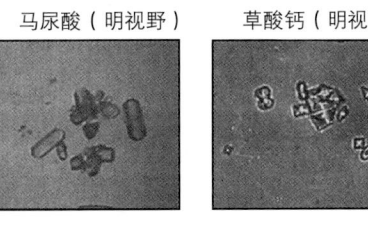
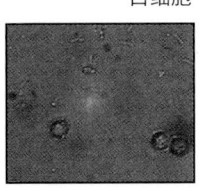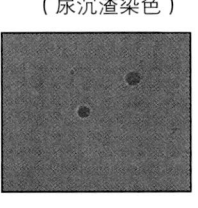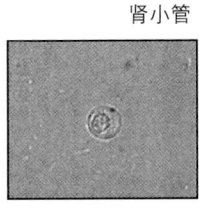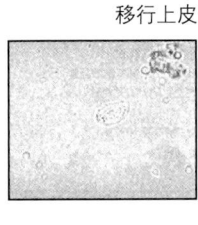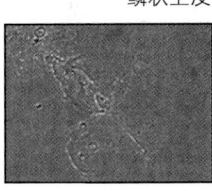

尿液中的管型

颗粒管型　透明管型　白细胞管型　红细胞管型

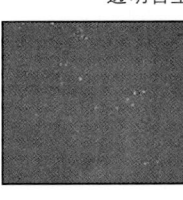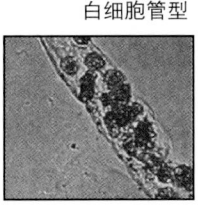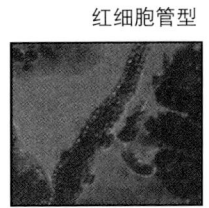

尿液中的细菌、真菌和寄生虫

细菌　酵母菌　寄生虫

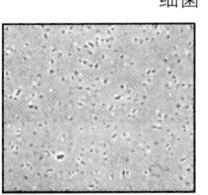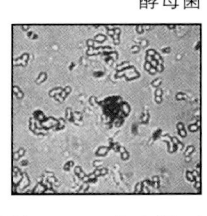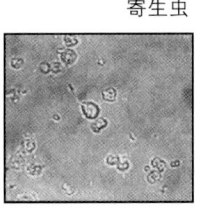

图 39-41　尿液中的结晶、细胞和管型

革兰氏染色

革兰氏染色可以确定尿样是否存在细菌及细菌的类型，还可以辨别革兰氏阳性菌和革兰氏阴性菌，以及初判细菌的数量，有助于建立诊断。革兰氏阳性细菌为紫色，革兰氏阴性细菌为红色。细菌可能是杆状的（长椭圆形），可能是球状的（圆形），也可能见到芽生酵母菌，呈现花苞样。染色的样本可以是粪便、尿液或其他体腔液，如脓汁或分泌物。采样时，要无菌操作，避免引入样品以外的微生物。如果样品存在污染，结果会受影响，从而难以做出诊断。采样过程中，要使用无菌棉拭子。将棉拭子尖端接触采样区，然后转移到显微镜载玻片上，均匀涂层到载玻片中央。风干加热固定后，进行染色。染色套装包括3种染液（结晶紫或紫色染液、浓碘溶液或橙色染液、橙黄色染液或红色染液）和脱色剂。染液放在科普林瓶内，方便染色。兽医助理要学会如何无菌采集样品及准备革兰氏染色，并在载玻片准备好告知兽医或技术员进行镜检。

能力技巧

尿液检查

目标：

正确地制备检测用的尿样。

准备：

- 无菌尿杯、检查手套、笔、锥形试管、试管架、离心机、临床尿液检测试纸条、吸管、载玻片、盖玻片、尿液染色剂、冰箱、擦镜纸、酒精、纸巾、托盘、尿检区域。

流程：

1. 戴好检查手套。
2. 物理性状观察。
3. 记录颜色、透明度、稠度、气味和泡沫。
4. 使用折射仪检测尿比重，记录数值。
5. 使用酒精和擦镜纸清洁折射仪。
6. 取一个尿液检测试纸条。
7. 吸管吸取尿液滴到试纸条上，每个方格各一滴。
8. 根据说明书计时。
9. 观察试纸条上的每个方格，对应瓶上的标签比色卡。
10. 根据瓶子标签上的尿液比色卡记录结果。
11. 准备尿沉渣。
12. 将尿液加入锥形试管内。

第 4 部分　临床操作

13. 将等量的水加入另一个锥形试管内。
14. 两个试管在离心机内对称放置。
15. 设置离心机为尿液离心模式，选择合适的离心速度和时间。
16. 离心结束后，倒掉尿液上清液。
17. 将一滴未染色的尿液沉渣放在载玻片中央。
18. 盖上盖玻片。
19. 余下的尿沉渣中滴入一滴染液。
20. 晃动试管底部混匀。
21. 吸一滴尿沉渣放在载玻片中央（图 39-42）。
22. 盖上盖玻片。
23. 将载玻片放在显微镜旁，待评估。
24. 清洁工作区域。

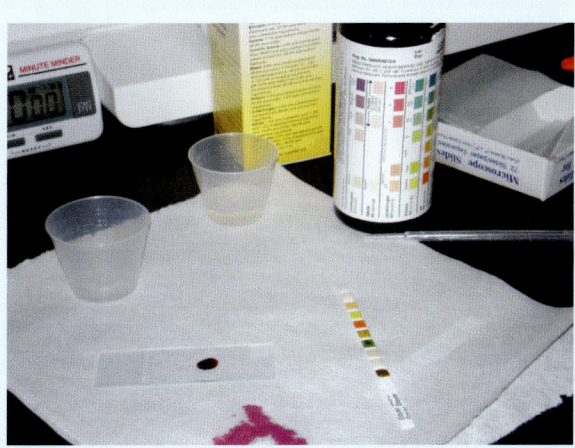

图 39-42　尿样载玻片的制备

能力技巧

革兰氏染色

目标：

正确地准备样本进行革兰氏染色。

准备：

- 检查手套、无菌棉签、载玻片、热源如明火或火柴、革兰氏染色液套装、染色架、纸巾、镜油。

流程：

1. 戴好检查手套。
2. 使用无菌棉签蘸取样品。
3. 在干净的载玻片中央滚动棉签，形成薄层。
4. 放在明火上烤干。
5. 结晶紫染液染色 30s。
6. 用自来水轻轻冲洗载玻片。
7. 用浓碘溶液染色 30s。
8. 用自来水轻轻冲洗载玻片。
9. 用脱色剂清洗载玻片 10s 或等载玻片上的紫色完全消失。
10. 橙黄色染液染色 30s。
11. 用自来水轻轻冲洗载玻片。
12. 风干或纸巾擦干。
13. 载玻片放在显微镜旁边。
14. 镜油放在载玻片旁边。

能力技巧

细菌或真菌培养

目标：

正确地准备样品，进行培养和药敏试验。

准备：

- 琼脂培养皿、DTM 瓶或培养管、检查手套、无菌棉签。

流程：

1. 戴好检查手套。
2. 无菌棉签涂抹样品部位取样。
3. 将棉签放入运送培养基（培养基管、琼脂培养皿或 DTM 瓶）。
4. 标记患病动物名字、主人姓名和日期。

5. 将运送培养基送入化验室进行分析。
6. 盖上 DTM 瓶的盖子，不要拧紧，以便通气。
7. 将 DTM 瓶放在光线明亮处，监测真菌生长或颜色变化。
8. 琼脂培养皿倒置放于培养箱中。
9. 每日观察细菌生长情况。

能力技巧

尸体剖检

目标：

正确地实施尸体剖检。

准备：

- 防水围裙、护目镜或护面罩、检查手套、口罩、样品保存容器、病理送检表、载玻片、大尖刀、咬骨钳、外科手术刀、手术刀片、止血钳、尖剪、持针器、缝线、缝针、尸体袋、胶带、ID 标签。

流程：

1. 戴好检查手套。
2. 将尸体放在水槽的排水架上。
3. 动物左侧卧。
4. 将所有工具和用品放在工作区。
5. 尸体剖检完成后，将尸体装入尸体袋。
6. 用胶带将尸体袋密实包扎。
7. 尸体袋贴好标签，标记主人姓名、患病动物名字、日期、尸体处理方式等。
8. 尸体放入冰箱或保存区，等待处理。
9. 清洁工作区，消毒桌面、水槽和用品。
10. 将送检样品送到实验室，准备好送检表。
11. 将送检样品送到等待邮寄区。

培养和药敏试验

培养和药敏试验（C/S）是通过无菌操作来采集样品，用于细菌或真菌培养。使用无菌棉签蘸取液体或固体样品，放到无培养基或含培养基的容器中。无菌棉签不能接触除样品区域和培养基以外的地方。棉签需插入培养基完全浸没，或直接折断，随后将容器盖子盖好。该器皿可以是培养基管、琼脂培养皿或DTM瓶。DTM是皮肤真菌的检测培养基。使用琼脂培养皿时，将蘸有样品的棉签在培养基上滑动或滚动进行接种。操作要轻柔，以免琼脂破坏。琼脂培养皿和DTM需要无菌培养4~6周，监测生长与颜色变化，鉴定是否存在真菌或细菌。瓶口不能密实，要适度透气。

尸体剖检

尸体剖检是通过检查已死亡动物的身体从而确定死因的操作，与人的尸体剖检相似。尸体剖检要在死亡后尽快进行，因为死亡时间过长后，组织会瓦解，导致检查结果不准确。

检查过程中，要注意所有器官是否存在异常，而且要组织采样送给兽医病理学家进行显微镜检查。检查样本的包装和发货由兽医助理完成。兽医助理要熟知送检的参考实验室及样品应该如何送检。很多实验室会提供保存样品的容器和送检单。有些检测需要特殊说明，要在样品处理前阅读清楚。送检单上应写明患病动物名字、主人姓名和其他识别信息以及患病动物病史、样品组织类型。大部分组织样品需要放在福尔马林液中保存。尸检过程通常在治疗区进行，远离医院公共活动区域。最好将动物放在水槽的排水架上，方便清洁。兽医需要使用的工具和用品如下：

- 外科手术刀和刀柄。
- 镊子。
- 尖剪。
- 咬骨钳。
- 大尖刀。
- 持针器。
- 缝针。
- 缝线。
- 载玻片。
- 样品保存容器。

兽医应穿戴围裙、口罩、护目镜和厚橡胶手套，防止污染。剖检过程要全面、细致，跟体格检查一样。对疑似狂犬病的病例，需要在动物死亡或安乐死后，马上将其头部送检。包装和运输要遵守州兽医实验室规范。

完成尸体剖检后，将所有器官和组织放回体腔，并缝合动物。尸体用尸体袋打包后处理。剖检工作区彻底消毒，所有工具清洗和灭菌。

小结

兽医实验室有许多项由兽医助理执行的检测操作和临床评估。这些实践、操作和流程需要具备操作过程及其需要的工具和设备等相关知识。设备必须正确地使用、清洁和维护。采集和分析样品时，必须使用防护设备。兽医助理在实验室医学和获得检查结果等各个方面起着至关重要的作用。

复 习 题

1. 院内检测和参考实验室检测有什么区别?
2. 兽医诊所中使用的重要的实验室设备有哪些? 这些设备都是检测什么项目的?
3. 粪便检查包括哪些检测项目?
4. 全血、血清和血浆有什么区别?
5. 血涂片上羽毛状边缘的重要性是什么?
6. 尿液分析包括哪些检测项目?
7. 采集动物尿样的方法有哪些?
8. 革兰氏染色的重要性是什么?
9. 使用折射仪可进行哪些实验室检测?
10. 使用血细胞比容管可进行哪些实验室检测?

临床案例

兽医助理 Andrea 要为 Kimba 收集尿液样本。Kimba 是一只 3 岁的去势雄性杜宾犬,有在家排尿的病史。每次 Andrea 到外面遛犬收集尿液样本时,Kimba 都不会排尿,或当其准备排尿,Andrea 试图放置尿杯时,Kimba 就会停止排尿。

- 关于 Kimba,可能要考虑哪些临床疾病?
- Andrea 应如何收集排尿样本?
- 还有其他什么方式可以获得尿液样本?

第40章　X线检查

学习目标

学习完本章后，读者应该能够：
- 说明兽医院内辐射安全措施。
- 演示如何做好兽医院内X线检查记录表。
- 描述X线检查的术语和缩略词。
- 演示X线检查过程中正确的动物保定和摆位。
- 演示如何使用卡尺测量身体部位的厚度（以厘米为单位）。
- 演示如何正确地使用曝光技术表。
- 演示如何设置和确定正确的X线机参数。
- 演示如何正确地标记X线片。
- 正确使用手工洗片槽洗片。
- 正确使用自动洗片机洗片。
- 从片盒内正确装片和取片。
- 正确清洁片盒。
- 正确归档患病动物的X线片。
- 正确清洁和维护兽医暗室。
- 解释超声和内窥镜设备的重要性。

引言

放射学是研究辐射和如何正确拍摄X线片的科学，通常称为X线检查。辐射是兽医行业的安全隐患，需要适当的培训和防护措施，为工作人员创建一个安全的工作环境。兽医助理在正确拍摄X线片和操作其他诊断技术的过程中起着关键作用。诊断影像学包括X线、超声和内窥镜等检查。这些诊断工具有助于兽医建立正确的诊断。所以，熟悉这些操作流程，并且能够正确操作和设置这些昂贵的设备对于兽医助理来说是很重要的。

辐射安全

兽医助理在放射工作中，要具备辐射、辐射工作的危害以及如何适当减少辐射暴露并制定安全防护措施的基本知识。关于设备和个人安全防护的规程由职业安全与健康管理局（OSHA）和州卫生部门制定。每个州均有关于辐射暴露和辐射安全原则的法律。

辐射会引起全身性细胞损伤，生殖细胞、甲状腺细胞和眼部细胞更容易受损，需要引起注意。某些身体细胞比其他细胞对辐射更敏感。长时间的低接触限值的辐射或短期内高接触限值的辐射均会造成损伤。重要的是，要知道辐射是无形的，不可被感触、闻到或尝到，所以辐射暴露是未知的。

遵守安全防护措施可大大降低辐射暴露的风险。拍摄X线片时，可通过使用"尽可能的低剂量原则（as low as reasonably achievable，ALARA）"的方法来减少辐射暴露。最低剂量的辐射暴露会增加患病动物和工作人员X线检查时的安全。

X线剂量计可测量曝光人员受到的辐射剂量（图40-1）。每次拍摄X线片时，或工作人员在放射物周围或附近工作时，均应佩戴剂量计。它可测量每个工作人员的辐射暴露水平和计算每个人的受辐射水平。每个从事放射相关职业的专业人员每年的标准受辐射水平是0.005 Sv。一般公众仅可接受1/10的剂量，而且不能接近放射区。要教育所有的专业人员，不能将身体的任何部分直接暴露在强辐射的X线束内。所有放射从业者必须至少年满18岁，孕妇不能靠近任何辐射区域。

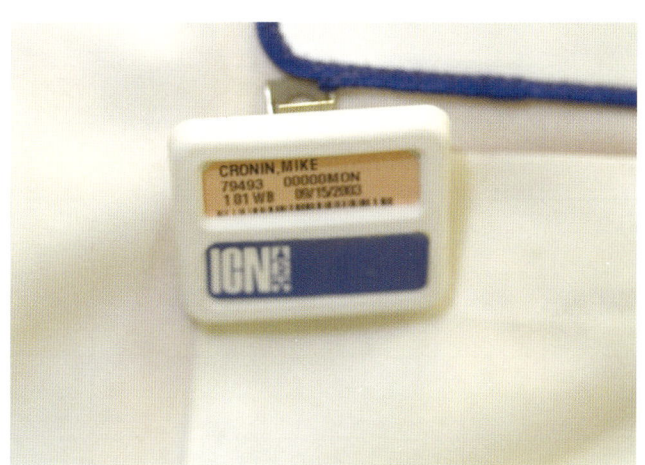

图 40-1　剂量计

只要存在辐射暴露，就要使用防护装备进行辐射防护，包括使用铅围裙、铅手套、铅围脖和铅眼镜。铅装备不能折叠保存，必须悬挂在放射区域的墙上。铅装备的折叠可能会引起铅材料的裂缝和撕裂，从而降低防护能力。理想情况下，在每次使用后，要将铅围裙悬挂在专门的衣架上，铅手套放在手套架上，以便透气。这些装备要定期拍摄 X 线片，检查铅屏障是否有裂缝和损坏。剂量计要放在放射区域的外面。当穿戴装备拍摄 X 线片时，首要应穿戴铅围脖。穿戴铅围裙时，要保证肩部和胸部合身，这样才容易系上或用搭扣搭上。铅围裙要覆盖人员的整个前面。铅围脖要完全覆盖整个颈部和甲状腺区域，并放在外衣的下面。最后佩戴铅眼镜，要注意人在移动时眼镜不能轻易滑落。剂量计要面朝外，平放在外衣的前面，通常夹在颈部或外衣口袋上。

所有的 X 线设备在使用后都要维护和清洁。片盒内有增感屏，要使用增感屏清洁剂每月清洁一次，防止灰尘和碎屑积聚（图 40-2）。必须注意增感屏上是否有裂缝或损坏，若有，可能需要更换片盒。每次使用片盒后，需要清洁片盒的外面，如果被患病动物弄脏，可以使用温和的消毒剂或肥皂和清水清洁。要养成记录每张 X 线片的拍摄信息和机器的曝光参数（图 40-3）的习惯，包括记录患病动物名字、主人姓名、日期、X 线片数量、X 线摆位、体厚和曝光部位等。X 线机要由区域业务人员定期维护保养，以确保机器正常运转及参数校准正确。要定期评估剂量仪，确定工作人员的曝光率。

图 40-2　X 线片盒内的增感屏

给患病动物拍片时，要尽可能减少辐射暴露。如果患病动物容易保定、能够安全地进行拍片，那么应该使用最小的片盒进行曝光，以便获得更低的辐射暴露。可通过调整准直器缩小投照范围，避免散射线的产生。根据片盒的大小，准直器可调整拍摄需要的 X 线束范围，从而达到最小量的辐射。尽量通过正确的曝光设置、合适的摆位和准确的投照区域避免重复拍摄 X 线片。某些保定辅助物，如沙袋、泡沫楔和商品化保定器材，可帮助固定患病动物。疼痛或不配合的患病动物，需要镇静或麻醉，以保证拍摄顺利进行。有些州已颁布了一些关于在拍片时工作人员能否在拍片室内的规定。

每个兽医团队成员必须严格实施和遵守安全措施，尽可能减少辐射暴露。一旦发生辐射损伤，则是不可逆的，会引起严重的疾病或损害。拍片过程中某些简单的安全防护措施将有助于防止工作人员、客户和患病动物不必要的辐射暴露。

X线记录表														
日期	X线片编号	主人姓名	患病动物名字	品种	性别	年龄	体重	体位	体厚（cm）	kVp	mAs	曝光部位	签名

图40-3　X线记录表

放射学术语

当谈到X线检查时，有许多关于设备、操作和患病动物摆位的术语。兽医助理在进行X线检查时，了解基础的X线术语并懂得摆位非常重要。这对正确的胶片曝光、洗片和患病动物诊断来说也是很重要的。

X线术语

当进行X线片拍摄并洗片时，需要了解和掌握几个术语，才能在X线记录表和医疗记录上适当地添加标注。X线必须适当曝光，才能避免X线片曝光不足或曝光过度的情况。曝光不足指X线片颜色较白或浅灰，可能表示坚硬的组织如骨骼，或可能是机器设置的曝光条件太低或测量的患病动物体厚不对。曝光过度指X线片颜色较黑或深灰，可能表示软组织或空气，也可能是曝光条件过高或测量的患病动物体厚不对。

X线机术语

当拍摄X线片时，X线机必须进行恰当地设置和使用。这需要对相关操作程序和术语有一定的了解和掌握。患病动物要使用卡尺测量体厚（单位为cm）（图40-4）。这有助于确定机器正确的千伏电压峰值（kVp）和毫安（mA）设置。kVp是X线束

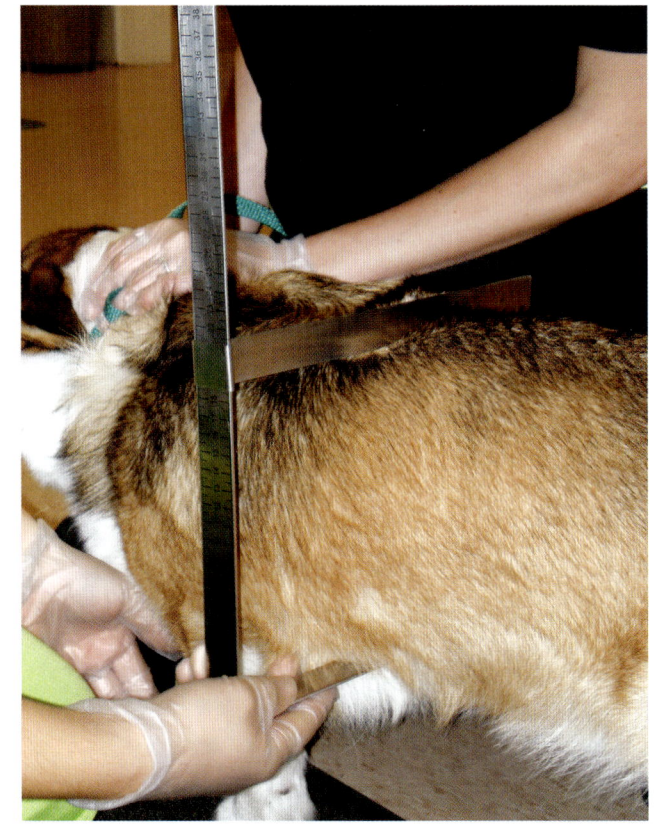

图40-4　测量患病动物的体厚，以确定拍摄X线片的正确机器设置

的强度，因此kVp也是辐射的强度。mA表示基于时间基础上的X线束的量。因此，mA也是规定时间内释放的辐射量。机器的设置是根据患病动物检查部位的体厚来决定的，因此，应准确地测量患病动物的体厚，并正确地计算出这些机器设置。

X 线摆位术语

根据不同患病动物和需要检查的不同部位，X 线检查通常有很多的摆位类型。最常见的 X 线摆位是侧位、腹背位、背腹位和斜位。侧位（LAT）是指患病动物侧卧，X 线束从身体一侧进去，从另一侧出来。腹背位（V-D）是指患病动物仰卧，背部在下，X 线束从腹侧区域（胃）进去，从背侧区域（背）出来。背腹位（D-V）是指患病动物俯卧，胃部在下，X 线束从背部进去，从胃部出来。斜位用于需要以一定角度拍摄 X 线片的区域，以防止其他身体器官双重曝光造成影响；常用于头部 X 线检查，可以防止某个区域在 X 线片上形成阴影。拍摄 X 线片时，标记患病动物的左侧和右侧很重要，以便识别 X 线片上患病动物的正确部位。前后位（AP）常用于四肢的投照，在大型犬和大动物常用，它指 X 线束从身体部位的前侧进去，从后侧穿出。

诊断术语

除了常用的 X 线片之外，还有其他的一些诊断方法。X 线造影是通过连续拍摄的 X 线片研究身体某一部位通过造影剂时的变化。造影剂是指为增强 X 线片上某结构的显影效果而注入机体内的化学制品，如硫酸钡。硫酸钡是经口或直肠给予的混悬液，主要用于显示消化系统。随着造影剂通过消化系统，连续拍摄 X 线片监测。下消化道造影是指将造影剂经灌肠的方式注射到结肠内，以显影下消化道，也称作钡剂灌肠。上消化道造影是指口服给予钡剂，主要研究上消化道结构。

患病动物保定

当拍摄 X 线片时，正确的患病动物摆位和保定是非常重要的。根据拍片目的、X 线片和投照部位的位置，侧位 X 线片需要患病动物侧卧。大部分情况是右侧卧，除非兽医特别注明。根据需要检查的区域，肢体向前或向后拉。拍摄 V-D 位 X 线片时，患病动物仰卧，双前肢向前伸展超过头部，且相互平行，头部固定于两前肢之间（图 40-5）；双后肢

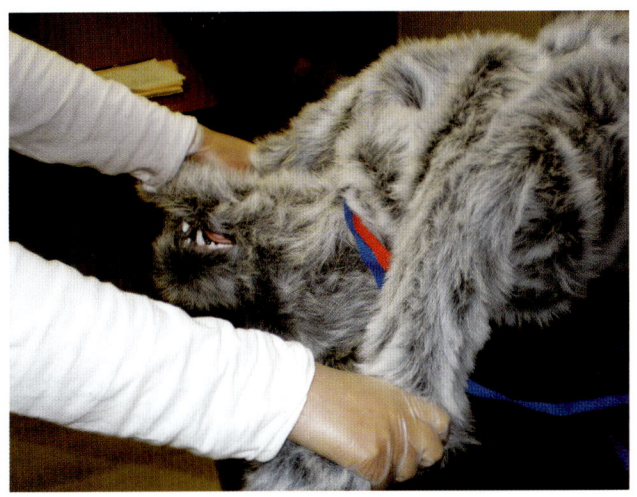

图 40-5　腹背位 X 线片拍摄时前肢的正确摆位

平行向后牵拉并远离患病动物身体，伸直。D-V 位 X 线片需要患病动物俯卧，前肢向前牵拉，并固定头部；后肢自然放置在患病动物身体下方，并远离待检查区域。X 线束的中心直接投照在身体待检查区域的中央位置。在确定合适的摆位后，兽医助理和放射技师必须对患病动物进行摆位。患病动物的保定需要沙袋、凹槽或泡沫楔，以此获得和维持尽可能正常的摆位，同时避免运动或身体重叠造成的伪影。至少要拍摄两张 X 线片，以确保合适的摆位、曝光条件设置和显影。在将患病动物放在 X 线摄影床之前，应先设置好曝光条件，并准备好所有的物品。这样可减少患病动物和工作人员的压力，让团队集中处理手头的工作。

X 线记录表

X 线记录表是法律规定的必需文件，必须保持更新和准确记录，而且要在放射室内存放。X 线记录表有多种用途，包括满足兽医职业的标准，作为患病动物后续 X 线片拍摄的技术对照，以及通过记录每张 X 线片的质量提供参考，有效提高胶片的质量。X 线记录表一般放在活页夹内，旁边放黑色或蓝色的功能笔。每次拍片结束后均需记录。所有记录表的格式类似，包括列和行，输入每一个患病动物的相关信息。这种 X 线记录文件可医院制作或通过办公用品店购买。每个州执业法案规定了兽医 X

线记录表所需要保存的信息。这些信息包括：

- 日期。
- X 线片数量。
- 主人姓名。
- 患病动物名字或识别号。
- 品种或物种。
- 性别。
- 年龄。
- 体重。
- 投照部位。
- 体厚（以 cm 为单位）。
- 摆位。
- 千伏峰值（kVp）。
- 毫安（mA）。
- 曝光时间（s）。
- X 线片的质量。
- 兽医诊断和注释。

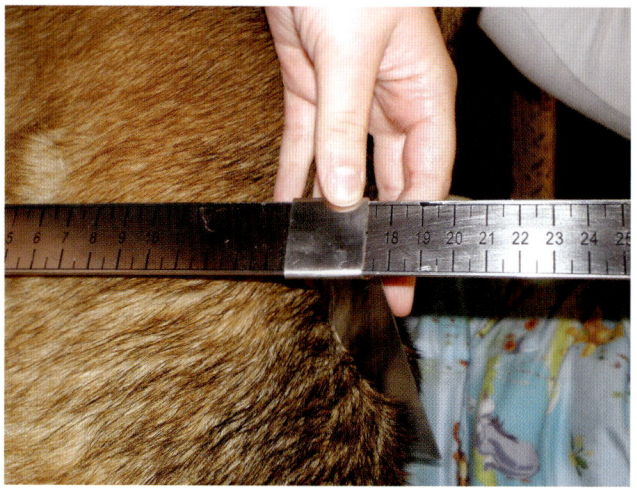

图 40-6　使用卡尺测量投照部位的厚度

患病动物测量

测量患病动物的目的在于确保 X 线能够充分穿透组织。常用卡尺测量投照部位的厚度（图 40-6）。卡尺是一个简单的尺样工具，可沿柄杆滑行并与之平行。柄杆的垂直部分用厘米（cm）和英寸（inch）标记。X 线测量时常以 cm 为单位，因为 X 线曝光技术表是以 cm 为单位计算 X 线机曝光条件设置的。卡尺测量投照区域的最厚位置，测量时，移动滑竿，与测量区域贴合（图 40-7）。以滑竿下方的读数为准，滑竿上方的读数不准确。表 40-1 显示不同物种身体部位厚度的卡尺读数。

卡尺应放在接近 X 线记录表的地方，以方便记录机体厚度和摆位。正确使用卡尺有助于保证 X 线片的质量和减少错误。

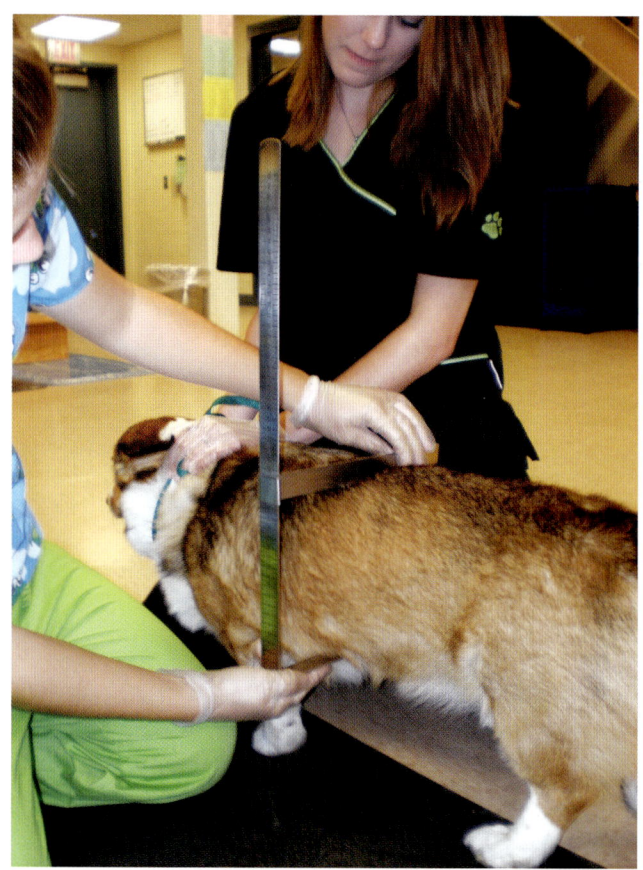

图 40-7　使用卡尺测量投照部位的厚度

表 40-1　卡尺读数的示例

投照部位	物种/品种	厚度（cm）	摆位
腕关节	猫/家养短毛猫	2 cm/2 cm	侧位/腹背位
胸部	犬/腊肠犬	8 cm/10 cm	侧位/腹背位
头部	犬/马士提夫犬	15 cm/11 cm	斜位/背腹位
腹部	雪貂	3 cm/5 cm	侧位/腹背位
跗关节	马	6 cm/9 cm	侧位/前后位

能力技巧

卡尺测量

目标：

正确地测量投照部位的体厚，以确保获得准确有用的X线片。

准备：

- 卡尺、需要的X线投照体位、X线记录本、笔。

流程：

1. 将卡尺底端的固定部分放在X线束从动物身体出来的位置。
2. 移动滑竿至X线束射入位置的上方。
3. 沿着身体移动滑竿，至最厚的部位。
4. 读取最靠近身体处的滑竿下方的读数（cm）。
5. 在X线记录表上记录厚度（cm）与投照体位。
6. 重复其他的投照体位。
7. 每次使用后消毒清理。
8. 将卡尺放在存放区。

曝光技术表

X线曝光技术表是指根据投照部位厚度，对机器进行曝光条件设置的列表。该表格以行与列的形式建表，列出了厚度（cm）对应的曝光条件。一旦测量出投照部位的厚度，就可以根据该曝光技术表确定机器设置。可通过查找竖排列出的某一体厚，然后在行上找到对应的kVp、mA和曝光时间（s）或mAs。使用滤线栅与不使用滤线栅，曝光技术表是不同的。使用滤线栅时，胶片在X线拍摄床下方，滤线栅阻挡X线管的射线能量，使之降低。X线片盒不与患病动物直接接触。不用滤线栅时，X线片盒放在摄影床表面，与患病动物直接接触。

每台X线机要制定配套的曝光技术表。在曝光技术表确定以前，要预估机器的参数。这些因素包括：

- X线束的焦点到胶片的距离（焦点胶片距）。焦点胶片距通常为91.4～101.6cm，是固定值；但在使用滤线栅时，该距离会有所改变。
- 滤过器在X线管窗口与准直器之间，其厚度通常为2～2.5mm。滤过器可吸收散射线，防止过多的曝光量。
- 摄影床内滤线栅铅条的高度和宽度。
- 胶片感光速度，决定着曝光时间。感光速度高的胶片需要的曝光时间短，但是清晰度和细节不足。感光速度低的胶片需要较长的曝光时间，但是有足够的细节。
- 增感屏，位于片盒内，有助于增强胶片的曝光效果。增感屏根据增感速度分类，与曝光时间有关。高速增感屏需要的曝光时间短。

低速增感屏成像清晰度高，但会因运动造成影像模糊。

使用滤线栅和不使用滤线栅，要各自制定曝光技术表。大多数情况下，X线检查不需要使用滤线栅，如头部、四肢与鸟类和啮齿类或异宠。大动物与胸部和腹部投照需要使用滤线栅。

X线机曝光条件设置

X线机的控制面板上有多个仪表盘、开关和按键。首先，要找到电源开/关键，这是控制X线机开/关的按键。X线机在使用时，要确保开/关按键是打开的，这点非常重要。有些机器会发出嗡嗡的声音，有些没有。其中3个比较重要的设置选择按键分别是kVp、mA和限时器。有些X线机把mA和限时器合并在一起，但也提供mA的选择按键，目的是为了使用最高的mA和最短的曝光时间设置。按键的设置应根据患病动物体厚对应的曝光技术表上的数据来选择。熟悉控制面板上曝光按钮的位置对于兽医助理和放射技师来说是很重要的；当然，也可以使用脚闸进行曝光，这样可以让工作人员在正确保定患病动物的同时进行拍摄。当按下曝光按键时，红灯闪烁或出现嗡嗡声提示X线正在产生和发射。X线机的使用时间也会影响机器的设置和使用。所有的设置应仔细检查，确认无误后再进行曝光。所有的放射室工作人员要经过良好的培训，并富有拍摄X线片的经验。

X线片的标记

X线片是患病动物医疗记录的一部分，也是法律文件。大多数X线片与医疗记录分开保存，所以必须做好适当的标记，以便容易查找和复审。每张X线片应永久性标记患病动物、主人与兽医院信息。每个州都有X线片永久性标记特定信息的规定，这就意味着要在X线曝光或洗片之前标记这些信息。需要标记的信息包括：

- 医院名称、地址和电话号码。
- 兽医姓名。
- X线片数量。
- 主人姓名。
- 患病动物名字。
- 日期。

此外，X线片上也需要标记方位，说明正在观看的是哪一侧。通常可通过曝光前在片盒的适当位置放置铅制的L或R做标记。拍摄V-D、D-V或AP位X线片时，这些标记可指示患病动物的左和右；拍摄LAT或斜位X线片时，可提示患病动物下面的那一侧。要确保标记物一定是正确地放置在片盒上，并且在X线束的投照范围内。有些兽医院会在拍摄X线片过程中使用含有患病动物信息的铅带做标记。有些兽医院会在X线片洗片前使用电子胶片识别打印机在X线片上戳上这些信息。如果使用电子闪烁或打印系统，曝光前一定要遮挡住片盒上的标记区域，防止曝光后该区域被挡住。

洗片

兽医院一般有两种洗片的方法，分别是手工洗片或自动洗片。较老的方法是使用含有化学药品的容器进行手工洗片。手工洗片操作和维护的费用比自动洗片更便宜，但是耗时更长。而且，手工洗片也需要控制容器内化学药品的温度。自动洗片设备比较昂贵，但是也有优势，最明显的是洗片速度和胶片质量。洗片液的温度由机器控制，可有效减少失误并提高胶片的质量和保存时间，同时明显减少洗片的时间。自动洗片机需要定期的专业维护。表40-2列出了自动洗片和手工洗片的某些优缺点。

不论使用哪种洗片方法，洗片的过程基本包括以下几步：胶片显影、清洗、定影和干燥。洗片的过程需要在没有光源的暗室内进行，也不能有光从外面漏进来。光线会破坏胶片，使之无法显影。暗室内可放置发低强度红光的安全灯和不会损坏胶片的滤光器。洗片过程中，暗室的门务必牢牢关好，防止任何人进入。暗室在使用时，可在门上放置指示灯或标志。洗片前，要从片盒内拿出未显影的胶片，然后再放进去一张新的胶片。

表 40-2　洗片方法的优缺点比较

	优　点	缺　点
手工洗片	■ 成本低 ■ 易使用 ■ 不需要备用系统 ■ 维修费用低	■ 洗片时间长 ■ 必须维持化学药品的温度 ■ 必须搅拌和准备化学药品 ■ 洗好的 X 线片使用期限短
自动洗片	■ 洗片速度快 ■ 机控化学药品温度 ■ 减少操作失误 ■ 延长胶片的使用期限 ■ 胶片质量更高	■ 成本高 ■ 需要机器预热和准备时间 ■ 需要维护和维修 ■ 如果设备损坏或故障，需要备用系统

片盒

片盒主要用于装载胶片和防止胶片曝光（图 40-8）。片盒一般都有弹簧锁，可将片盒牢牢固定，防止光线进入。取出和装入胶片时，要在暗室内操作。先将片盒正面朝下，打开背面的弹簧锁。然后将片盒翻过来，正面朝上，片盒就可以打开了。要小心地取出胶片。只能抓胶片角，而且要尽可能小心，避免产生划痕、污迹、污渍、静电和曝光。当需要重新装片时，从遮光的胶片盒内取出胶片。选择合适的胶片尺寸，拿掉胶片盒的盖子。每盒胶片均有纸盖子或塑料盖子保护，防止曝光。小心取出一张胶片放到片盒内，关闭并锁紧片盒。放在平时的位置保存或备用。片盒不要没有胶片空放。

图 40-8　片盒

能力技巧

从片盒内取出胶片

目标：

从片盒内正确取出 X 线片，保持胶片的完整性。

准备：

■ 片盒、胶片、暗室、安全灯。

流程：

1. 片盒上下颠倒放置，开锁。
2. 片盒的正面朝上，打开盒盖。
3. 从片盒的一个角落取出胶片，用指尖牢牢抓住胶片。
4. 洗片时，不要关闭片盒。

能力技巧

向片盒内装入胶片

目标：

正确准备片盒，保持胶片的完整性。

准备：

- 片盒、胶片、暗室、安全灯。

流程：

1. 片盒正面朝下，开锁。
2. 打开片盒。
3. 将含有同尺寸胶片的胶片盒放在片盒旁边。
4. 打开胶片盒盖。
5. 打开纸盖或塑料盖，拿出一张胶片。
6. 将胶片放在片盒内，关闭片盒并锁住。
7. 胶片盒盖好纸盖或塑料盖，放进储存箱。
8. 将片盒放在存放区备用。

第 4 部分 临床操作

能力技巧

清洁片盒

目标：

妥善维护片盒。

准备：

- 片盒、温和肥皂、温水、纸巾。

流程：

1. 打开片盒。
2. 用纸巾蘸少量温水和肥皂擦拭片盒两面的增感屏。
3. 把每个屏幕表面擦干。
4. 片盒保持打开状态，直至干燥。

洗片架

洗片架主要用于在手工洗片时固定胶片。洗片架是用夹子将胶片固定在金属框架上的；洗片时，洗片架夹着胶片一起浸入到化学溶液中（图 40-9）。从片盒内取出胶片后，选择合适尺寸的洗片架固定胶片。将胶片固定到夹子上时，先将洗片架颠倒过来。一旦底部的夹子将胶片的角固定后，旋转胶片将洗片架顶部的夹子下拉，咬住胶片的另外两个角。最终，洗片架固定住胶片的 4 个角。然后通过洗片架顶部的把手操作胶片，该把手可使胶片在洗片时悬挂在洗片池内。

手工洗片

手工洗片需要多个洗片槽。洗片槽可以是金属的或重塑料的材质，能盛装大量的化学溶液。这些溶液需要定期更换；更换溶液时，先将化学溶液慢慢排空，然后洗净液槽，清除细菌和藻类，最后再

图 40-9 胶片架

543

冲洗干净，并装满新的溶液。更换的频率取决于每次洗片的使用量与溶液内混合的碎屑和污物量。洗片槽包括盛装显影液的显影槽、盛装定影液的定影槽和盛装清水的冲洗槽。显影液一般放在左侧，主要用于X线片的显影。定影液一般放在右侧，与冲洗槽相比，相对较小。定影液的作用是固定显影后的影像，有助于维持胶片的寿命，使其保持可读性。冲洗槽通常放在最右侧，比其他两个槽都要大。手工洗片完成后，将胶片悬挂起来风干。

自动洗片

自动洗片机在使用前要先打开预热，让化学溶液达到设定温度。检查所有化学槽内的溶液水平是否足够。滚轴要定期取出清洗。使用自动洗片机的操作流程比较简单。先将片盒拿到暗室，取出胶片。注意要抓胶片的边缘，并放到洗片机的入口托盘上。随着洗片机的运转，胶片会进入洗片机内并自动洗片。经过显影、定影、水洗和干燥后，在洗片机的出口托盘处可取出洗好的胶片，以备读片。需要在打开的观片灯上读片，以便兽医做出诊断（图40-10）。

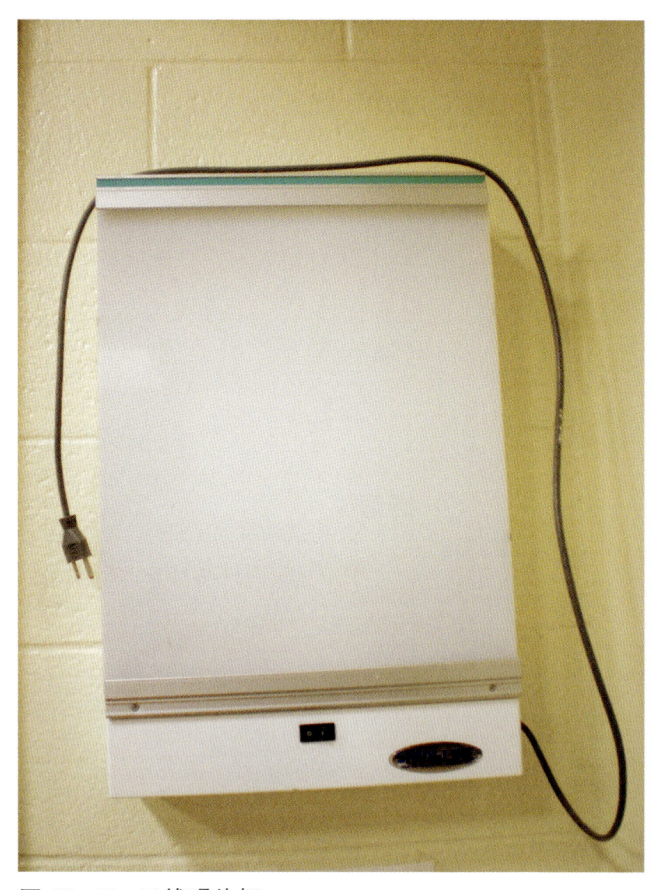

图 40-10　X线观片灯

能力技巧

手工洗片

目标：

使用手工洗片的方法正确冲洗X线胶片。

准备：

- 片盒、胶片、暗室、安全灯、自动胶片标记、患病动物识别卡、笔、手工洗片槽、显影液、定影液、水、计时器、温度计。

流程:

1. 制作患病动物识别卡并放置自动胶片标记。
2. 搅拌显影液和定影液,确保达到合适的温度。
3. 在暗室内正面朝下放置片盒,打开锁扣。
4. 片盒正面朝上,打开片盒。
5. 抓住某个角拿出胶片。
6. 将胶片未曝光的一角放入自动胶片标记器中,在底部进行胶片标记。
7. 将胶片夹在洗片架的两个底角上。
8. 旋转洗片架,用上方的两个夹子夹住另外两个角。
9. 将洗片架放在左侧的显影槽内。
10. 上下提动洗片架数次。
11. 用计时器计数显影需要的时间。
12. 在胶片显影期间,片盒重新装片。
13. 将片盒放到适当位置。
14. 将胶片盒放回储存区。
15. 计时器铃响时,从显影液内取出胶片,放入冲洗槽内水洗,上下提动洗片架数次。
16. 将洗片架放在定影液内,上下提动数次。
17. 设置定影需要的时间。
18. 各液槽盖好槽盖。
19. 离开暗室。
20. 计时器铃响时,回到暗室,从定影槽内取出胶片,放到冲洗槽内水洗。
21. 在冲洗槽内放置30min,取出晾干。
22. 胶片干燥后,从洗片架取下胶片。
23. 通知兽医读片。

数字X线摄影(DR)

许多兽医院正开始从化学洗片获得X线影像向使用数字影像转变。数字X线片是在电脑上显示图像,不是在胶片上。这种形式的诊断影像有很多优点,包括易于使用、影像质量高、成本可接受以及影像的干净度和整洁度高。目前,兽医临床上数字影像很常见,相信在不久的将来,数字影像会成为X线检查的常态(译者按:在中国,数字图像发展迅速,DR已经成为小动物临床的常规设备,数字图像的优势也日益突显)。

能力技巧

自动洗片

目标：

使用自动洗片的方法正确冲洗 X 线胶片。

准备：

- 片盒、胶片、暗室、安全灯、自动胶片标记、患病动物识别卡、笔、自动洗片机、显影液、定影液。

流程：

1. 确保自动洗片机可以使用。
2. 确保所有的化学溶液已装满。
3. 在暗室内正面朝下放置片盒，开锁。
4. 将片盒翻过来，打开盖子，取出胶片。
5. 抓住某个角取出胶片，放在入口托盘上。
6. 贴着滚轴缓慢地放置胶片。
7. 胶片会自动进入洗片机内。
8. 在洗片的过程中，片盒重新装片。把胶片盒放回储存区。
9. 从出口托盘处取出 X 线片。
10. 将 X 线片送给兽医读片。

X 线片归档

X 线片必须像病历一样保存起来，便于查找。只是 X 线片太大，不能与病历储存在一起，所以一般使用较大的保护性 X 线文件夹或纸信封储存在附近的档案区。已有数个系统方法可用来归档 X 线片，如按字母顺序或按数字顺序。大多数兽医院是按 X 线片号码归档，然后按数字顺序储存。一个患病动物的所有 X 线片要储存在同一个资料袋内。一旦 X 线片冲洗好后，患病动物的病历上要记录好资料袋和胶片的号码，文件夹上也要贴上 X 线片和患病动物信息的标签。这些信息包含以下内容：

- X 线片号码。
- 患病动物名字。
- 主人姓名。
- 兽医姓名。
- X 线片的日期。
- 检查的类型或摆位。
- 诊断。

文件夹需要正确地贴上标签，胶片放置在文件夹内，然后将文件夹正确地归档在存储位置。文件归档时需要准确放置，因为文档归档错误会在诊所内引起混乱。

暗室维护与保养

暗室是一个应随时保持干净和整洁的区域，以便提高胶片质量和确保适当的洗片方法。应定期检查暗室是否漏光。要检查门周围是否有裂缝。安全灯在关门后检查，保持暗室黑暗，只打开安全灯光源，然后在桌面上放一张未曝光的胶片，胶片上放一个金属物，如曲别针或钉子。胶片曝光 2min 后，进行洗片。如果该金属物体的影像出现在胶片上，那么安全灯不安全或有其他光源进入房间。这个测试可评估暗室的照明环境是否合适。

桌面工作区应每天清理，所有的物品要放在各自的储存位置，便于暗室内的工作。暗室布局应分为两个区域：湿片操作区和干片操作区。湿片区用于放置洗片机或手工洗片槽。干片区主要是桌面工作区，用于装卸胶片。胶片盒应储存在工作区域下方的箱子内，减少曝光。

地面和工作区域可能会弄湿，所以需要准备毛巾以便清理泄漏和溢出的液体。液体溢出时，使用拖把清理地面。要制定一套暗室维护方案，并监测各材料和化学溶液的存货是否足够。图 40-11 列举了暗室保养计划的示例。

任务	清洁计划	日期	签字
清理洗片机	每天		
清理洗片槽	每周		
补充洗片液	每天，根据需要		
清理桌面	每天		
清理/拖洗地面	每天		
库存供应	每周		
检查光泄漏	每月		
检查安全灯	每月		

图 40-11　暗室保养计划

超声诊断学

超声检查是一种使用超声波来观察身体内部器官和结构的诊断工具。超声波从患病动物机体反射回来，产生的机体组织回声反射到超声仪的屏幕上投射出影像。在超声波反射阶段，超声信号越强，呈现出的影像就越亮和越白。

在进行超声检查时，兽医助理负责患病动物的准备和保定。影像质量与患病动物的准备和保定时患病动物是否安静有关。如果没有恰当地清除空气、毛发、污物或其他碎屑，操作部位的影像质量会下降。超声换能器（探头）是用于扫查待检区域的工具。应使用 40# 或 50# 手术推子剃除超声探头扫查处的被毛。用无菌刷洗液轻轻擦洗该区域皮肤，保持干燥以增加探头的接触面积。皮肤上涂抹少量耦合剂，帮助体内器官显影。患病动物根据检查部位的需要摆位。小动物的腹部检查一般需要仰卧或侧卧；心脏检查需要侧卧。大动物超声检查通常站立进行。

超声仪要安全地放置在检查室或治疗区，插上电源，打开机器，待用。将患病动物带入检查区之前，应先设置好机器的参数。超声检查完成后，根据说明书正确消毒超声仪。打印超声声像图，标注图像日期，报告放在患病动物的病历内。声像图是患病动物内部器官的影像。有些图像可能需要记录在录像带或 CD 上。超声诊断报告应标注其记录方式，将录像带或光盘标注日期并储存在病历档案内或其他储存区域。

内窥镜检查

内窥镜检查是通过使用内窥镜直观地查看身体内部的操作。内窥镜是由一束细长的玻璃纤维管构成，可以进入体内，通过光源投射影像。内窥镜的使用主要受到所通过的机体结构的直径和长度限制。内窥镜内的隧道允许其他的诊断工具和器械通过，可以采样；也就是说，活组织检查之类的项目可以通过内窥镜完成。内窥镜检查操作需要镇静或麻醉。

内窥镜的玻璃纤维管是易耗品，容易损坏。内窥镜要存放在制造商提供的软垫箱内。每次使用后，内窥镜应直立放置；消毒和干燥后，存放在干燥的地方。

兽医助理要能够设置内窥镜和监视器屏幕，掌握正确的清洁和消毒方法，了解存放的要求。如果在检查的同时采集组织样本或进行活组织检查，助理要准备好实验室工作表格和采样需要的容器。要联系参考实验室，以获得任何特殊处理的说明。

小结

X线检查操作是兽医助理日常工作的重要组成部分。在 X 线检查过程中，兽医助理需要经过适当的培训，获得关于辐射安全、维持 X 线记录表和胶片、理解正确的方位术语、正确的 X 线机设置和维护、正确的胶片冲洗和处理以及适当的患病动物保定的知识和经验。X 线是一个日新月异的领域，需要在这一领域保持知识和教育的与时俱进。

复 习 题

1. 放射区域内使用的安全设备有哪些?
2. 什么是 kVp?
3. 什么是 mA?
4. V-D 观和 D-V 观有什么区别?
5. X 线记录表内有哪些信息?
6. 需要使用什么工具测量患病动物的体厚?如何使用这个工具?
7. 曝光技术表的意义是什么?
8. 手工洗片和自动洗片的区别有哪些?
9. 在法律上,X 线胶片上必须标注哪些信息?
10. 什么是超声检查?
11. 什么是内窥镜检查?

临床案例

兽医技术员 Molly 和兽医助理 Lee,在 Best Friends Vet Hospital 从事放射相关的工作。他们现在有多个患病动物要拍 X 线片,包括 2 只大型犬、1 只不配合的猫和 1 只兔子。医院内有自动洗片机和手工洗片槽。兽医想让这几只动物尽量在不使用镇静或麻醉的情况下进行保定拍片。

- 你会如何准备这些 X 线检查?
- 你会以什么顺序完成 X 线检查?
- 哪些保定用品可用于保定这些动物?
- 你会怎样使用洗片设备冲洗胶片?

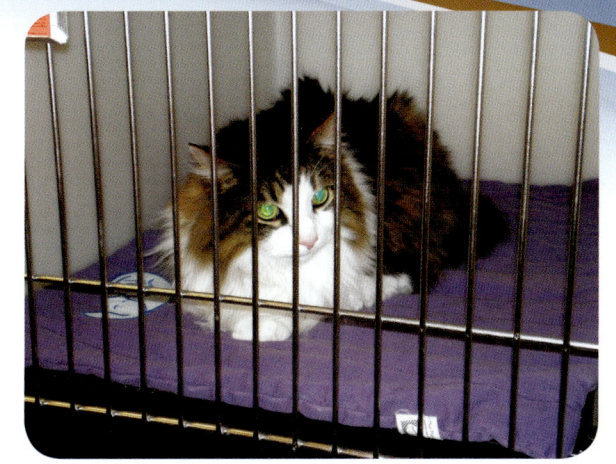

第41章 药房操作

学习目标

学习完本章后，读者应该能够：
- 说明如何解释一个处方。
- 说明如何正确地阅读标签。
- 演示如何正确地标记分装容器。
- 计算正确的分发药量。
- 演示如何正确使用药丸计数盘来统计药物。
- 根据 DEA 规程说明如何处理和记录管制药物。
- 演示如何口服给药。
- 演示如何耳部给药。
- 演示如何外部给药。
- 演示如何眼部给药。
- 根据制造商的说明，演示如何在药房内正确地储藏药物。
- 讨论精确配药技术的重要性。

引言

药房是储存药物以及为患病动物准备药物的地方。配药技术是兽医助理的基本职责之一。在以下方面要确保准确，包括看懂医生的处方、理解兽医常用的药剂学缩略语、正确识别精选药物和正确计算药量。在处理药物和处方方面，准确性也是至关重要的，必须做到。

阅读处方

兽医处方常缩写为 Rx。处方的内容包括药物类型、药量和药物的使用方法。处方是由兽医根据以上要素来确定和准备的。处方包括以下几部分（图 41-1）：

- 药物名称。
- 药物疗效。

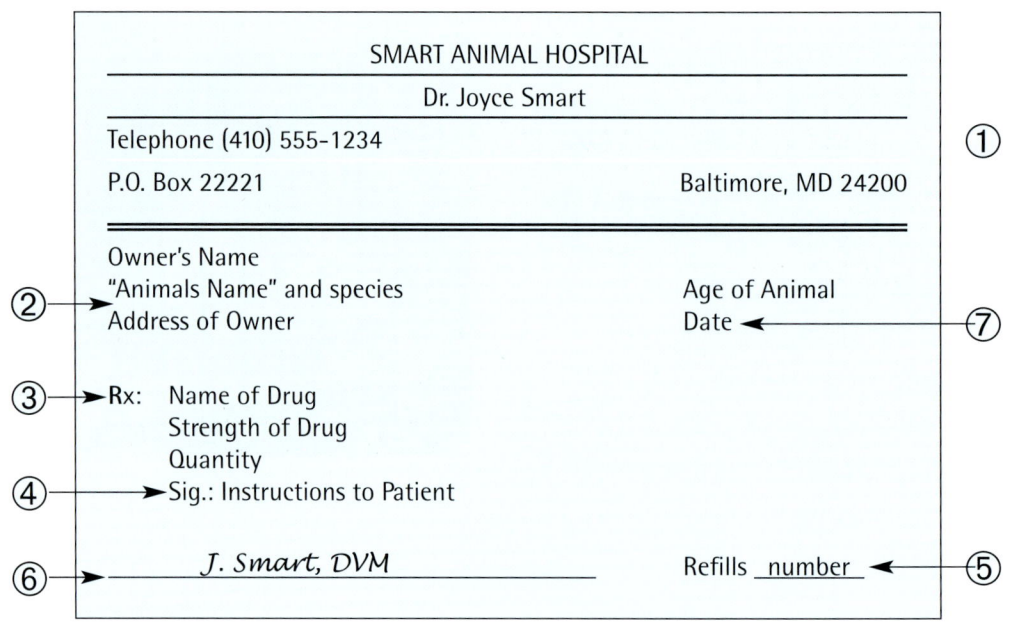

图 41-1　处方的部分内容：①兽医姓名、地址和电话号码；②主人姓名和地址；动物物种和名字；③药物名称、药效和药量；④给药说明；⑤再配药数量；⑥兽医签名；⑦处方开具日期

- 给药方法。
- 给药剂量。
- 给药频率。
- 用药疗程。
- 分发的药量。
- 特殊说明。
- 再配药数量。
- 兽医签名。

兽医助理的基本职责在第一章已经讨论过，要了解处方的所有部分，具备常用兽药缩略语的知识。患病动物必须在 6 个月至 1 年内依法建立兽医—客户—患病动物之间的关系，以便兽医合法开药。

能力技巧

阅读处方

目标：

正确地解读兽医开具的处方。

准备：

- 患病动物病历、处方。

流程：

1. 识别药物名称。
2. 识别药物疗效。
3. 确定给药方法（口服，耳部、眼部、外部，等等）。
4. 确定给药量。
5. 确定给药频率（每日 1 次，每日 2 次，每日 3 次，等等）。
6. 确定药物疗程。
7. 确定药物分装的量。
8. 记录某些特殊说明。
9. 确定再配药数量。
10. 重新检查所有项目的准确性。
11. 重新检查计算，确定所有物品。

处方标记

处方标记的目的是为了提示宠物主人如何给药，并识别容器内的药物（图41-2）。许多兽医院使用打印或手写标签，将标签贴在每一个容器上。如果准备好的标签是手写的，就要确保标签清晰易读、易懂和准确，要包含所有必须标记的信息。法律上要求，以下信息必须在药物标签上显示：

- 兽医院名称、地址和电话号码。
- 处方兽医姓名。
- 主人姓名。
- 客户地址（如果开具管制药品）。
- 患病动物名字或识别号。
- 药物名称。
- 药效。
- 分发数量。
- 药物有效期。
- 再配药数量。
- 宠物的使用剂量。
- 给药途径。
- 给药频率。
- 使用周期或时长。
- 特殊说明。

有些容器可能需要额外的标签，通常以贴纸的形式添加警告标签，如"保持冷冻""和食物一起食用"或"摇匀"（图41-3）。每个容器应标明"仅限兽医使用"作为药品如何使用的法律文件。在药物上标注使用说明时，最重要的是要用通俗易懂的基本词汇书写标签。不要用医学术语或缩略语来书写标签。再核对3次，确保每个标签的准确性，并与客户讨论其用法，确定他或她对药物的使用没有任何疑问。给容器贴标签时，要确保标签居中、笔直、没有褶皱，且包含了全部信息。

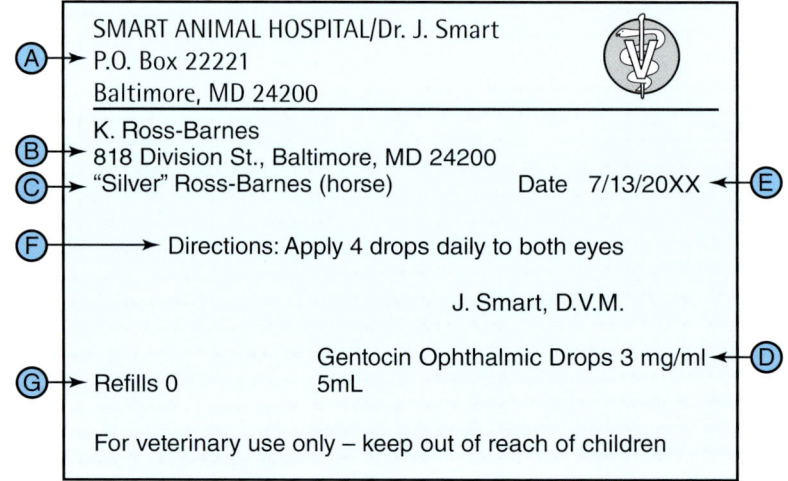

图 41-2 分发药物的部分标签：(A) 兽医姓名和地址；(B) 主人姓名；(C) 动物名字和物种；(D) 药物名称、药效和药量；(E) 开药日期；(F) 使用说明；(G) 再配药数量

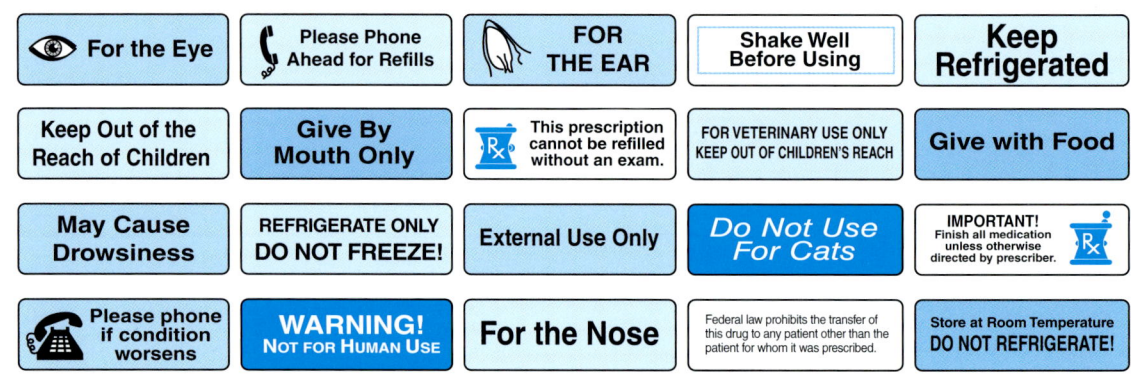

图 41-3 处方药上的警示标签

药物的分发

每种药物都应该分装到儿童触摸不到的容器内（图41-4）。唯一例外的是，如果容器的盖子很难打开，客户会要求不要装入到这样的容器内。儿童和宠物可能很容易够得着容器，安全是需要注意的问题。当非儿童安全的容器被要求或分发给客户时，一定要登记在医疗记录中。

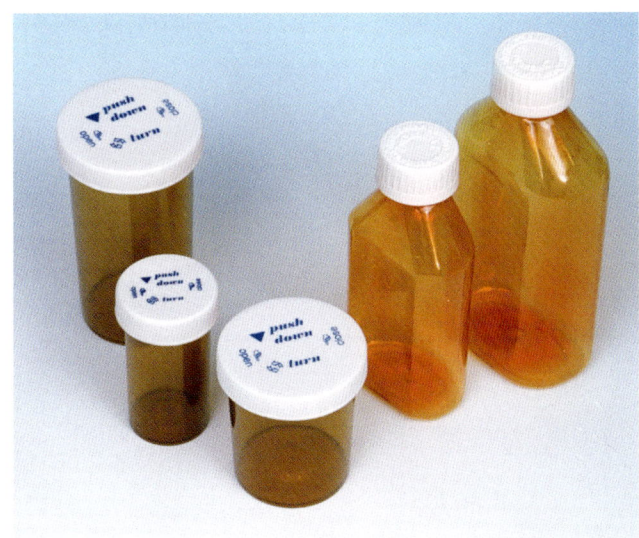

图41-4　各种对孩子安全的瓶盖

药物容器

通常使用拉盖的或拧盖的塑料瓶子。容器的型号用容量来测量。必须选用合适容量的容器来盛装分发的药物。一般用琥珀色的瓶子来盛装药物，避免药物因光照而分解。小玻璃瓶用于盛装片剂、胶囊和粉末。大瓶子用于盛装液体药物。

药物识别

精确地选择合适的药物进行分发至关重要。药量和药效也必须准确。如果药物或药效选择错误，患病动物的状态就可能更糟糕或得不到改善，可能会产生法律纠纷。很多药物有相近的名字和拼写，一定要将处方药物的拼写和药瓶上的标签进行对比。许多药物有各种不同的药效，处方内容要和药瓶标签上的药效相匹配。药量的单位可以记为毫克（mg）、千克（kg）、毫升（mL）、立方厘米（cc）或颗粒（gr），有些可能是mg/kg或mg/片之类的组合。

所有选择的药物都要检查有效期。不要分发已过期的药物。失效日期应在药物标签或瓶盖上标记清楚。务必要检查以下信息的准确性：

- 正确的患病动物。
- 正确的药物。
- 正确的药效。
- 正确的剂量。
- 正确的给药频率。

药物分发的总量

药物分发的总量要在处方上列出，或由兽医助理计算得出。这些需要具备药物缩略语的知识和基本的数学知识。药物分发的总量要以兽医提供的处方为基础，需要了解每次治疗给予的药量、每天治疗的方式以及治疗持续的时间。某些药物可能需要确定药物的实际使用药效和所需要的实际药量是否匹配。要重复检查3次全部的药量和分发的药量，确保准确。

例1：

处方：

阿莫西林250 mg 口服，每天2次，连用14d。

1. 确定给药的频率（每天2次）。
2. 确定给药的时长（14d）。
3. 每天给药的次数乘以给药的时长（2×14 = 28）。
4. 尽可能准确地确定处方上药物的规格（250mg）。
5. 确定每一剂需要的药量（每剂250mg/片）。
6. 每剂的药片数量乘以剂数（1×28 = 28），就是所需要分发的药量（28片）。
7. 确定所需要的剂数，这是通过将每剂药量除以每片可供的药量来计算的。本例中，每片是250mg。

例2：

处方：

阿莫西林250mg，口服，每天1次，连用10d。

1. 确定给药的频率（每天1次）。
2. 确定给药的时长（10d）。
3. 每天给药的次数乘以给药的时长（1×10 = 10）。
4. 尽可能准确地确定处方上药物的规格（500mg）。

5. 确定每一剂需要的药量（250mg 除以 500mg/片＝0.5 片）。

6. 每剂的药片数量乘以剂数（0.5×10＝5），就是所需要分发的药量（5 片）。

7. 确定所需要的剂数，这是通过将每剂的药量除以每片可提供的药量计算的。本例中，每片是 500mg，每天需要半片，每天 1 次，共需要分发 5 片。

药丸计数盘

当需要分发的药物数量确定后，兽医助理要去找到药物。如果是片剂或胶囊，可以使用药丸计数盘来计数需要的数量。药丸计数盘由一个可以放药物的平台和一个漏斗状通道构成，该通道可以收集清点好的药物给患病动物（图 41-5）。这样有助于避免直接接触药物，也有助于分发药物的数量准确。

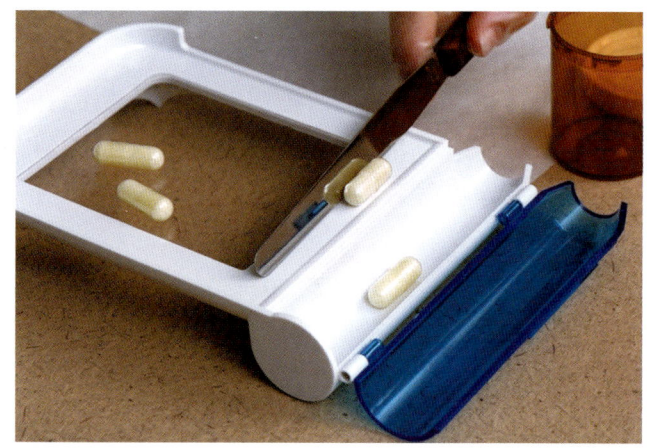

图 41-5　药丸计数盘

能力技巧

药丸计数盘的操作

目标：

正确地使用计数盘来准备处方中的药物。

准备：

- 合适的药瓶、药丸计数盘、药匙或压舌板、药瓶。

流程：

1. 将药丸计数盘放在药房的柜台上，通道在左侧，平台在前方。
2. 将药片或胶囊倒在计数盘的平台内。
3. 打开通道的盖子。
4. 使用药匙或压舌板将药片或胶囊拨到通道内。
5. 计数好需要的药量后，关闭通道的盖子。拿起计数盘将通道插入药瓶。
6. 倾斜计数盘，将药片倒进药瓶。
7. 把药瓶放在柜台上。
8. 把总药瓶放在药房货架上。
9. 用水清洗计数盘。

药物的类型

药物分3类：非处方药（OTC）、处方药和管制药物。非处方药在人医药房就可以随意购买。而处方药只有经执业兽医许可才能购买。管制药物是处方药，具有滥用或上瘾的潜在危险，必须接受药物执法机构（DEA）的监管。药物执法机构有具体的规定，用于指导管制药物的订购、储存和分发。兽医要想开具含有这些药物的处方，就必须具有管制药物许可证。该许可证是与兽医诊疗许可证不同的编号，必须在药房内张贴。管制药物也称预定药物，按Ⅰ–Ⅴ级进行分类（表41-1）。

表41-1 管制药物分级

级别类型	说明或示例
级别Ⅰ	非医疗用途；属于非法药物，如可卡因，仅限科研使用，不允许在兽医院使用
级别Ⅱ	有严重的成瘾性，如吗啡，不允许使用
级别Ⅲ	有中毒的成瘾性，如海可待，每6个月内的使用不能超过5次
级别Ⅳ	低成瘾性，如安定，每6个月内的使用不能超过5次
级别Ⅴ	低成瘾性或滥用，如甲氧苯氧基丙二醇；不限制使用

管制药物

处理管制药物是兽医健康护理团队成员的常见工作。务必要熟知关于管制药物的使用、储存、发放的法律法规。只有药物执法机构授予的持有兽医管制药物许可证的人，才可以购买、开具相关药物的处方。如果兽医院的兽医没有兽药管理部颁发的相关许可，就没有开具相关药物处方的权利。这些许可证由兽药管理部颁发，而且每3年要重新审查。许可证要摆放在药房内的显眼位置。

管制药物必须合法储存，用两重锁确保安全。也就是说，管制药物要储存在有锁的箱子里，且箱子外面还要再上一道锁。外部锁定区域必须永久地固定到位。进入管制药物的储存区域，兽医院应限定1~2人，以便对控制药物防止盗窃。任何管制药物必须依法登记在药房内的管制药物登记册上。

兽医院内使用或分发的每种管制药物都需要书面记录。日志的登记必须使用蓝色或黑色墨水笔记录，而且必须用永久性精装簿本至少保存两年，各州之间的记录要求不尽相同。记录必须要包括以下信息：

- 管制药物名称。
- 药效。
- 剂型（片剂、胶囊、药液、注射剂等）。
- 分发的药量。
- 现存数量。
- 分发日期。
- 分发时间。
- 主人姓名与地址。
- 患病动物名字。
- 动物品种/物种。
- 药物分发人签名。

法律要求兽医院必须依法记录所有管制药物的出入库。分发的数量以及剩下的数量必须准确地记录。要根据受控药物的准确记录，来维护定期库存。

培训客户如何使用药物

兽医只是与客户讨论药物，但是让客户最终理解如何给药、给药时间和给药剂量是由兽医助理来完成的。有些专业术语会使客户感到困惑，或者说，一次性提供如此大量的信息很容易使客户感到迷惑，从而对问某些问题有所顾忌。客户很可能错误地理解信息或获得不全面的信息，从而会对宠物的正常健康状态造成影响，可能耽误宠物的病情或影响恢复。在动物主人和患病动物离开医院之前，兽医助理要检查所有药物的说明，还要叮嘱客户如果有困难和问题要记得打电话咨询。

有些客户会收到如何给药的示例手册，但是兽医助理也要给客户当面演示整个过程，并询问客户是否还有其他问题。一份书面医嘱应包含以下信息：

- 为什么要服用该药物。
- 该药物应如何使用。
- 该药物的使用剂量是多少。
- 什么时候使用该药物。

口服给药

口服给药是指经口投药。口服药可能是片剂、胶囊或液体。给药方式与多种因素有关。动物物种决定了开口的方式以及给药使用的工具。小动物，如犬或猫，需要把口腔打开，将药物放到口腔后部，然后吞下。大动物，如马或牛，需要更大的力量保定和给药。有些动物需要通过宠物投药器或注射器辅助口服给药。宠物投药器是一种小型塑料材质的器械，有一个细长的手柄，手柄末端有一个活塞。活塞是用于盛装药物的，手柄是用来将药物送到动物咽喉处的（图41-6）。大动物需要投药枪，投药枪为带有长柄的金属器械，手柄的尾部有一个活塞，投药枪用于盛装药物（图41-7）。动物的性情也是给药操作中需要考虑的重要因素。给药时，要考虑使用的药物类型。片剂和胶囊可以涂抹黄油、酥油或植物油，使药物润滑，容易通过咽喉。也可以裹在食物中，如花生酱或肉块，诱惑动物吃下。有些动物会把食物吃掉，然后将药物吐出，所以使用这种方法的时候一定要小心。片剂也可以研磨成细粉末，混合在食物或水中作为药液饲喂。常用研钵和杵将药物研磨成粉末状物质（图41-8）。液体可以通过没有针头的注射器喂服（图41-9），这样可以确定给药量，也可以慢慢给药，防止药物从动物口中吐出。膏状药物常从管器挤出，涂抹在动物上下齿之间。

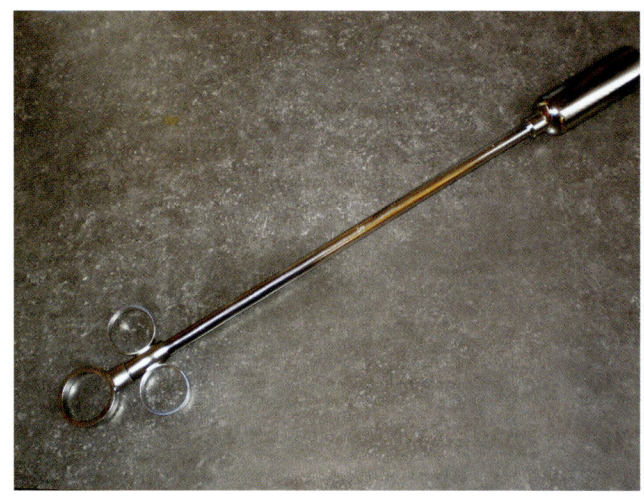

图41-7 投药枪

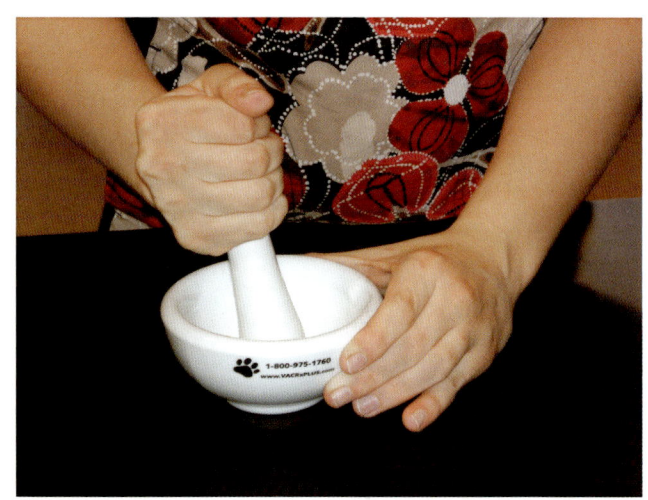

图41-8 用研钵和杵研磨药物

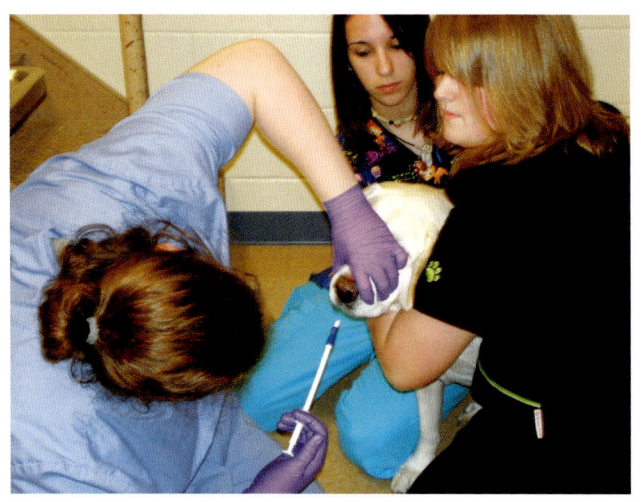

图41-6 通过投药器给犬喂药

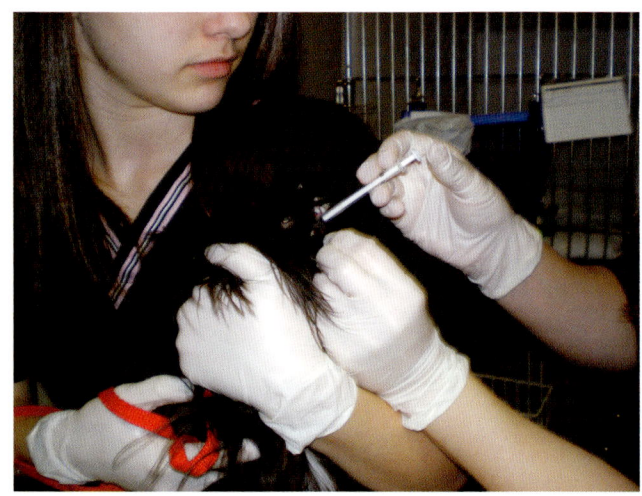

图41-9 使用注射器给药

能力技巧

口服给药

目标：

正确地口服给药。

准备：

- 适合的药物（正确的患病动物、药物、药效、剂量和给药时间）、投药器或投药枪、注射器、检查手套。

流程：

片剂或胶囊（小动物）

1. 戴好检查手套。
2. 将头向上抬起。
3. 挤压上下颌两侧的脸颊部，打开口腔（图 41-10）。
4. 另一只手的食指和拇指夹持药物。
5. 用中指按压口腔的前端，张大口腔。
6. 将药片或胶囊放于咽喉处。
7. 在确保安全的前提下，使用食指将药物推向咽喉深处（图 41-11）。

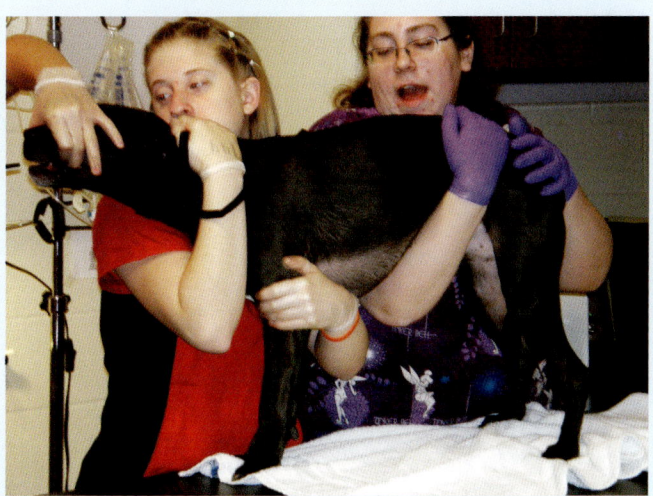

图 41-10　挤压上下颌两侧的脸颊部，打开口腔

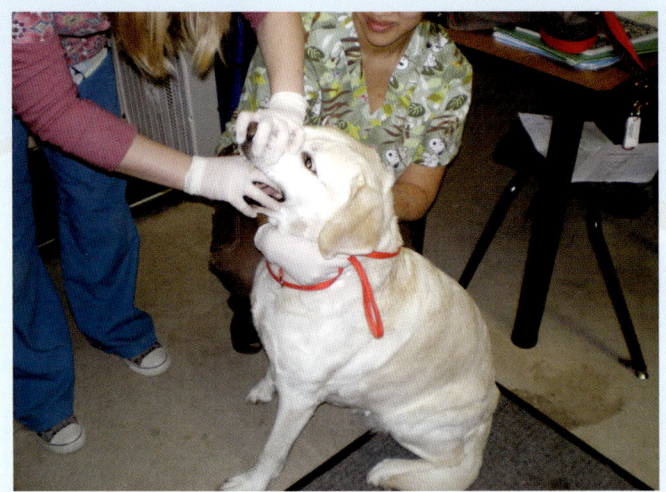

图 41-11　在确保安全的前提下，将药物推向咽喉深处

8. 闭合嘴巴，直到患病动物吞咽药物。
9. 轻轻地吹脸或抚摸喉咙，促进药物吞咽。
10. 监测是否有未摄入药物的迹象。

投药器或投药枪

1. 戴好检查手套。
2. 将药丸放在投药器或投药枪活塞的末端。
3. 把持投药器或投药枪的末端，通过上下齿之间插入嘴里。
4. 一旦进入嘴里，就推动活塞将药物推到咽喉后方。
5. 移走投药器或投药枪，迅速地将头抬起。
6. 吹鼻子或抚摸颈部促进吞咽。
7. 检查确保药物吞咽。
8. 消毒投药器或投药枪，放回原处。

液体和药膏

1. 戴好检查手套。
2. 将头抬起。
3. 将注射器或膏剂管，通过上下齿之间插入嘴里。
4. 推动活塞将适量的药物推入咽喉后方。
5. 移走注射器或膏剂管，迅速地将头抬起。
6. 吹鼻子或抚摸颈部促进吞咽。
7. 保持嘴的闭合状态，直到吞咽。
8. 消毒所有用具，放回原处。

耳部给药

耳部给药是将药物置入耳道内，用于治疗耳部感染、清理耳道或耳螨。耳道结构的开口是耳屏，长有被毛，位于耳翼的前端（图 41-12）。耳廓靠后，没有被毛。内耳道是"L"形的，开始或外侧部分的结构较宽，靠近耳膜处的耳道变短。耳道可以通过皮肤触及，在外耳廓开口的下方，延伸至下颌处。耳道由软骨构成，触摸起来感觉类似于橡胶软管。

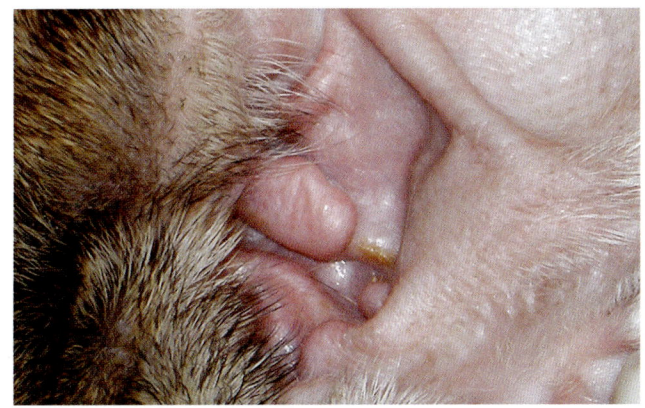

图 41-12　耳朵的外部解剖结构

耳朵可能发生很多疾病，最常见的是耳朵感染，好发于长耳犬种和折耳品种。这些类型的犬的耳朵，耳道潮湿，没有良好的通风，细菌很容易在耳道内繁殖。有些品种的犬，如泰迪或比熊，耳道内长有耳毛，影响耳道通风。所有动物都容易遭受耳螨感染，这是一种耳道深处的寄生虫。苍蝇和蚊子会叮咬动物的耳廓，特别是家畜，易造成耳缘周围结痂和出血。蜡状物和碎屑可能会阻塞内耳道，对耳道造成损伤和刺激。犬和猫通常会咬耳廓上的伤口，导致耳廓和周围组织损伤，从而继发血肿。耳血肿也可能是因头部过度抖动造成的，也可能是耳部感染的继发性创伤。当动物剧烈地摇晃头部时可能导致血管破裂和耳廓充血。

耳部用药通常是液体剂型或滴剂或软膏（图 41-13）。有些药物装在管状容器内或带有滴管的瓶内，可重复使用。耳部给药前通常需要清洁耳朵。患有耳病前来就诊时，兽医助理负责保定动物进行检查。药物应在清理耳道后使用。兽医助理要向客户演示在家如何耳部用药。戴上手套防止污染是非常重要的。重复使用的耳滴剂或容器在使用后，滴口要在每次使用后用酒精消毒。

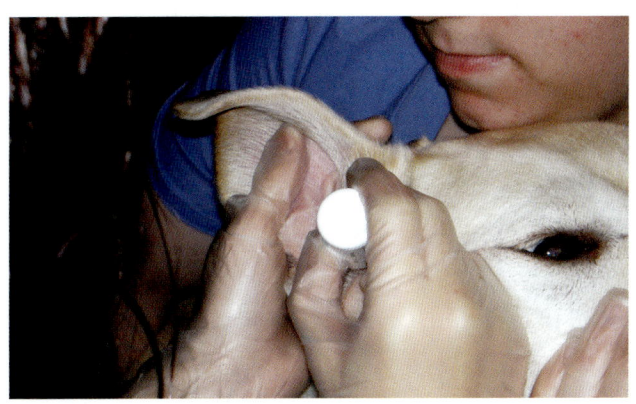

图 41-13　滴耳剂给药

能力技巧

耳部给药

目标：

正确地耳部给药。

准备：

- 耳药、检查手套。

流程：

1. 戴好检查手套。
2. 根据兽医的建议清洁耳朵。
3. 将药物滴管或尖端深入耳道深处，至"L"形耳道的垂直部分的起始端。
4. 按照兽医的说明，将适量的药物涂抹到耳道中。
5. 从耳部移走给药器。
6. 按摩外侧的耳基部。药物在耳道内移动，出现"咕叽声"。
7. 将流到耳外或被毛外的液体清理干净。
8. 用酒精消毒给药工具，将其放回合适的区域。

外部给药

外部给药是将药物施用于机体外表面的被毛或皮肤。外部给药包括应用防腐消毒药清洁皮肤表面，如对跳蚤和蜱预防或伤口处理（图 41-14）。身体的某些部位需先清洁后再外部给药。伤口或擦伤区域可能有结痂或硬皮，在外部给药之前，需要先将其浸湿。最好使用温水、擦洗液、无菌盐水或碘伏溶液进行处理。整个过程需要几分钟，每天需要处理多次。伤口区必须等待干燥，然后根据兽医建议完成外用药的施用。

有些外用药是一次性使用的，而有些是大包装，可以多次使用。治疗区使用的大包装外用药应保持无菌，要使用清洁的没有接触过患病动物的工具从容器中取出需要的使用量。可以用刀片、压舌板或其他类似的工具。皮肤上的伤口区域应仔细处理，防止进一步损伤或创伤。愈合组织和伤口是脆弱的。

跳蚤和蜱的外用药，应根据标签说明使用。市面上有各种各样的产品，每月使用一次。每款产品都针对不同的物种和不同的情况。有些外部用药只治疗跳蚤，而其他药物治疗跳蚤、蜱和蚊子或其他昆虫的叮咬。进行这些外部治疗时必须戴手套，因其可能含有各种对人体有害的化学物质。这些产品在使用的时候，大多数都需要将被毛分开，将其涂抹在皮肤的一个或多个区域。

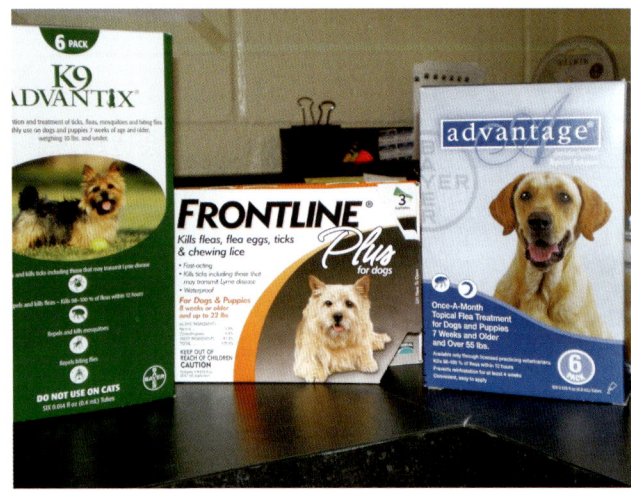

图 41-14 治疗跳蚤和蜱的外用药

能力技巧

外部给药

目标：

安全有效地进行外部给药。

准备：

- 检查手套、外用药、压舌板。

流程：

1. 戴好检查手套。
2. 根据需要清洁伤口区域。
3. 如果盛装药物的包装为多次使用，请用压舌板取出外用药。
4. 从伤口中心开始，由内而外用画圆圈的方式涂抹。
5. 不要触摸接触过动物的物品，以免药物污染；跳蚤和蜱外用药根据说明书使用。
6. 将皮肤上的被毛分开，直接涂抹。
7. 清洁操作区，相关物品回位。

眼部给药

眼部给药是将软膏涂抹到眼内或将液体滴入眼内（图41-15）。眼部给药用于治疗眼病，或在洗澡或美容前使用，保护角膜避免损伤。眼科用药通常是单一动物使用的独立包装。在兽医治疗区，有些药物也可能用于多种动物，但必须保持无菌。取下瓶盖后，用棉球或纱布块蘸取少量酒精擦拭瓶口。药物使用后，要再次消毒。避免瓶口与动物眼睛或其他部位接触。触摸尖端的接触面不仅会造成污染，而且可能对眼睛造成伤害。眼部给药的时候要戴手套。需要将眼睛撑开，便于观察眼球和涂抹药物（图41-16）。将药瓶悬在睁开的眼睛上方，将滴眼液滴入眼睛。软膏在下眼睑涂一薄层，然后让动物眨眼数次将药物覆盖整个眼球。

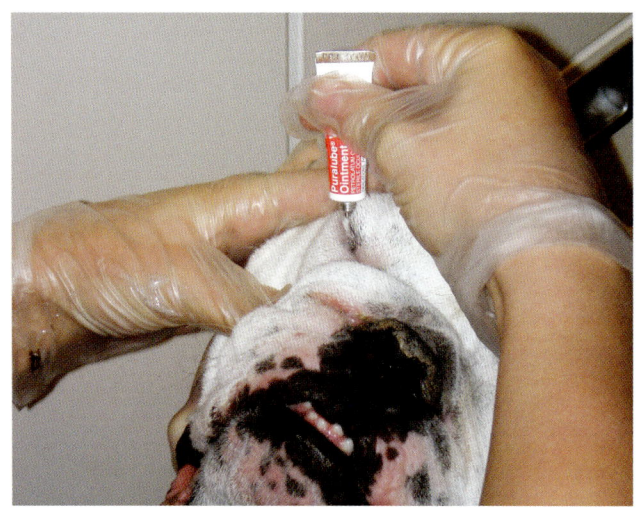

图 41-15 眼科药物的应用

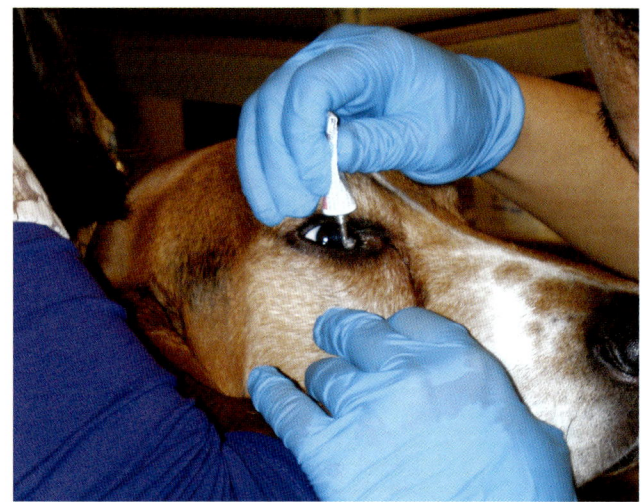

图 41-16 保持眼睛张开,正确地眼部给药

能力技巧

眼部给药

目标：

正确地眼部给药，治疗眼部疾病。

准备：

- 检查手套、眼科药物、纱布块。

流程：

1. 戴好检查手套。
2. 使用纱布块擦拭患病动物眼睛的任何分泌物。
3. 打开眼科药物的开口，握在手中。
4. 使用另一只手的食指和拇指分开上下眼睑，打开眼睛。
5. 拇指将下眼睑向下推，食指将上眼睑向上推。
6. 另一个手指靠在动物头上。
7. 轻微向上倾斜头部。
8. 将适量的滴剂或软膏轻轻地滴入眼睛，计数药滴至适量。药物滴管或尖端不要触碰到眼睛表面。
9. 将药膏涂抹薄层到下眼睑，药物滴管或尖端不要触碰到眼睛表面。
10. 松开眼睑。
11. 使动物眨眼，将药物覆盖整个眼球。
12. 用蘸有酒精的纱布块擦拭清理药物滴管或尖端。

药物的储存

药物有有效期,在分发药物之前一定要检查药物是否过期。药房中的所有药物,应优先储存最长有效期的药物,首先使用离有效期最近的药物(图41-17)。离有效期还有较长时间的药物要放到架子的后面。药物到期的日期要标注在外包装上。分发药物时,到期日期必须标记在药房标签上。过期的药物必须从货架上移走。

每种药物通常单独存放在一个包装中,里面放有药物说明书,详细说明药物的作用和用法。有些说明书贴在药瓶的外表面。药物说明书也写明了储存信息,详细地介绍了药物需要的储存条件。有些药物需要在室温下储存,而有些药物需要冷藏。生物制品,特别是疫苗,须冷藏储存。要有一个单独存放药物的冰箱。有些药物必须储存在阴凉处,避免阳光直接照射。当暴露于强光下时,有些药物会失效或保质期缩短。没有储存信息的药物,最好保存在室温和干燥的环境中。

大多数兽医院的药房,将药物按照字母顺序存放在货架上,方便查找。所有管制药物务必上锁储存。这些药物也必须像其他药物一样要定期盘库。如果是敞开放置的,必须重新封存,放回适当的安全的地方。多瓶相同的药物要储存在另外的区域,避免一瓶未用完又开新瓶。药房的货架必须定期整理,药瓶表面没有灰尘和碎屑。

小结

药房相关的技术和技能要求准确性。配制分发药物的时候,要确保是正确的患病动物、正确的药物、正确的药效和正确的药量,这一点非常重要。如果处方中的任何一项不确定,一定要向医生确认。要向兽医问清楚到底写了什么,而不能冒着错位的风险分发药物。当计算或分发药物的时候,一定要反复检查不少于3次,确保准确性。

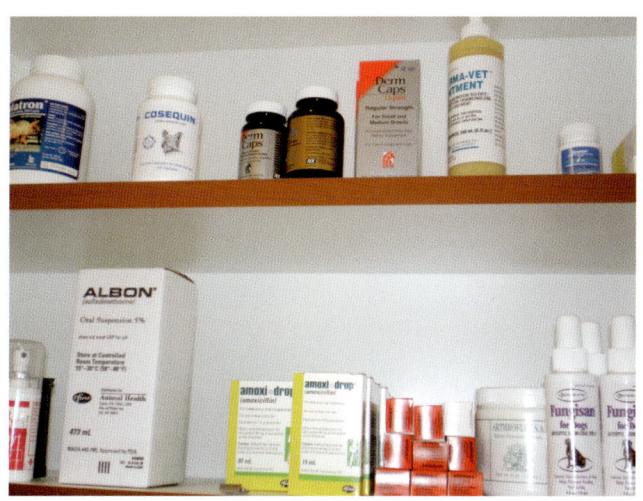

图41-17 兽医院内药物的正确储存

复 习 题

1. 开具的处方包括哪些部分?
2. 分发的药物标签上必须包括哪些内容?
3. 分发药物的时候,为了确保准确性,哪些项目必须至少检查3次?
4. 根据以下信息完成配药:

   头孢氨苄500mg,2粒,每天2次,连用14d。
   a. 处方开具的要求是什么?
   b. 根据这个剂量,应该分发多少药物?
   c. 每天给药的总量是多少?

   阿莫西林100mg,1/2片,每天3次,连用10d。
   a. 处方开具的要求是什么?
   b. 根据这个剂量,应该分发多少药物?
   c. 每天给药的总量是多少?

5. 为什么要使用药丸计数盘?
6. 管制药物的记录日志需要填写哪些内容?
7. 宠物投药器和投药枪有什么不同?
8. 什么是耳部给药?
9. 什么是外部给药?
10. 储存药物时避免阳光直射的重要性是什么?

临床案例

Amy是Seaside兽医宠物诊所的兽医助理,在药房工作,负责住院动物药物的发放。她要为Andrews医生完成几个处方,如下:

50#犬的Advantage Canine,每次1支,每月1次,连用6个月。

强力霉素,2粒,每天1次,连用2周。

头孢羟氨苄,1片,每天2次,连用1周。

阿莫西林滴剂,1mL,每天2次,连用10d。

- Amy需要填写哪些处方信息?
- 应该如何为客户写处方?

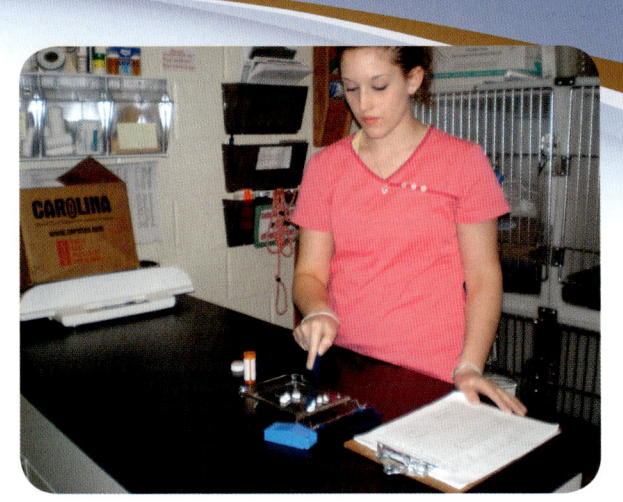

- Amy发给客户的每个处方包括多少项目?

第 42 章 手术辅助操作

学习目标

学习完本章后，读者应该能够：
- 描述如何在手术过程中保持无菌。
- 说明如何维护和记录手术记录表。
- 陈述无菌手术室的重要性。
- 论述如何做好麻醉准备和麻醉诱导的辅助工作。
- 说明如何正确地保定患病动物进行插管。
- 说明如何正确地给患病动物剃毛并做手术准备。
- 说明如何正确地包裹和打开无菌手术包。
- 说明如何正确地准备手术所需的创巾、手术衣、器械包和毛巾包。
- 论述如何正确地使用高压灭菌器进行灭菌。
- 说明如何正确地帮助手术医生穿手术衣。
- 说明如何正确地保定患病动物进行手术。
- 描述如何放置和维护患病动物的监护仪。
- 解释麻醉平台期。
- 说明如何正确地进行患病动物麻醉期间和术后苏醒期监护。
- 说明如何设置、维护和断开麻醉机。
- 解释复吸式和非复吸式麻醉系统的差异。
- 说明如何正确填充麻醉机挥发罐和碱石灰。
- 识别和定位麻醉机的各部分构件。
- 为患病动物选择合适大小的气囊。
- 说明如何正确地检测麻醉机的功能。
- 解释如何调整诱导麻醉、维持麻醉和苏醒期麻醉气体的流量。
- 描述麻醉和手术报告。
- 说明手术助手如何正确戴手套和穿手术衣。
- 说明在苏醒期间如何正确地给患病动物拔管。
- 解释如何回顾患病动物的术后护理。
- 完成拆线病例的预约。
- 清洁和维护手术室。

引言

兽医助理和其他所有工作人员进行手术辅助操作时，都要理解和执行无菌操作技术。这在手术室极其重要，强调了患病动物和手术区域工作人员准备的相关知识。患病动物、医疗护理团队、手术室、仪器设备和所有手术区域内物品的无菌术都很重要。清洁和卫生是保持手术室无菌的重要部分。任何破坏无菌的操作都可能导致潜在的危及患病动物生命的感染、延迟愈合或死亡。

无菌术

无菌术的目的是防止任何微生物通过手术切口、吸入麻醉或静脉麻醉的方式进入到患病动物体内。第一层屏障是皮肤。长时间手术增加了感染的风险；深部体腔手术、免疫缺陷的患病动物、骨科手术，也使感染风险增加。目前已有许多准备技术来确保患病动物的安全。

适当的消毒和灭菌技术可减少手术环境中微生物的数量。任何非无菌的物品都不能使用，手术期间所有与患病动物接触的物品都要尽可能保持无菌状态。这些物品包括麻醉设备、手术台、手术准备设备、手术器械和工作人员。

手术室是需要保持无菌的区域，应该有一个单独的通风区域，与医院其他区域分开。所有手术过程中，手术室门要保持关闭。尽量减少工作人员走动，减少传播病原的风险。

手术室内只能进行无菌手术操作，其他的外科操作如脓肿冲洗、尿道梗阻的患猫导尿、外伤缝合、洗牙等均应在处置区完成，以减少病原菌传播。

手术记录表

手术记录表和报告要记录手术的各个方面，包括术前文件、手术记录和术后苏醒阶段。患病动物的病历中要有手术同意书、手术费用估算、麻醉报告、手术报告和术后苏醒报告。手术记录表是在兽医院内进行的所有手术的详细记录（图42-1）。与X线记录表类似，手术记录表要满足州法律法规关于记录在兽医院内进行的所有手术操作的要求。手术记录表应包括以下信息：

- 手术日期。
- 患病动物名字或病历号。
- 主人姓名。
- 品种/物种。
- 性别。
- 体重。
- 既往手术。
- 麻醉前用药、剂量和给药途径。
- 麻醉剂类型、剂量和给药途径。
- 手术评估分级。
- 技术员和助理签字。
- 兽医师签字。
- 手术时长。
- 获得的实验室样本。
- 手术纪要。

手术记录表要存放在手术室内，手术前和手术完成时需要做好相关记录。

麻醉记录表

除手术记录表外，也要填写麻醉记录表。麻醉记录表详细记录患病动物在诱导麻醉、维持麻醉和苏醒阶段的状况。每5min记录一次TPR和BP，每5~15min记录一次手术过程中的输液类型和输液量、使用过的止痛药和氧流量。麻醉记录表中应包括以下内容：

- 麻醉前用药和剂量。
- 麻醉药物和剂量。
- 给药途径（IM、IV、SQ）。
- 给药时间。
- 止痛药和剂量。
- 生命体征。
- 并发症。
- 麻醉时长。
- 麻醉医生签字。

麻醉记录表可确定患病动物在手术过程中使用的药物及在后续操作中的相应调整。该记录表也是手术过程中关于麻醉的法律文件。

手术室维护

手术室是兽医院内最干净的区域。手术区域只能进行手术操作。在处置区内完成动物的术前准备，然后小心地转移到手术室，以降低手术室污染的风险。手术室应保持关闭和封闭状态，防止微生物扩散。手术期间只允许手术人员在手术室内。手术室内要有单独的清洗设备，与兽医院其他区域分开使用。每次手术后都要打扫卫生，在每天最后一个手术结束后完成最终的卫生和消毒操作。

天花板卫生

每天清洁手术室天花板的污渍或斑点。每周使用海绵拖把和水桶擦拭天花板，这些拖把和水桶仅可用于手术室。天花板应先于其他区域清洁，因为在清洁过程中，天花板上聚集的灰尘颗粒和被毛或其他碎屑可能会落到其他物体上。根据天花板的表层材料，可能需要使用干式真空吸尘器打扫。使用真空吸尘器打扫手术区域时，每次都要使用干净的过滤器和袋子，防止微生物扩散。通风扇的过滤器要每周更换一次。

麻醉 / 手术记录表

日期	患病动物名字	主人姓名	手术	药物	剂量	给药途径	手术时长	手术医生	麻醉医生

评论：

图 42-1　麻醉 / 手术记录样表

墙壁卫生

每次手术后都要清洁手术室墙壁的污渍。每天用海绵拖把配合以水桶擦拭墙面。必要时使用真空吸尘器。最后使用消毒清洁剂和纸巾清洁墙壁污渍。

手术台和货架卫生

手术台、桌面、架子、水槽和垃圾桶应每天消毒。每两台手术间隙应用消毒剂和纸巾清洁需要清洁污渍的物品。从上往下擦拭干净所有的平面和边缘。已经使用过的一次性物品应放置在医疗垃圾桶内。垃圾桶每天清空,或当手术期间垃圾桶填满时,及时清空。

地面卫生

每天或在两台手术间隙应擦拭干净地面。手术室拖把和水桶只能用于手术室区域。必要时,可在这些物品贴上"仅手术室使用"的标签。永远不要使用在兽医院其他区域使用的拖把和水桶,很容易导致手术室被其他高传染性区域污染。

手术室地面的拖洗应使用两次拖洗法。需要准备两个桶,一个装温清水,用于清洗拖把;另一个盛放拖洗地面的消毒液。将拖把放在消毒液内并拧干。先拖洗手术室最远区域的地面,将拖把置于清水中清洗并拧干。再将拖把放到消毒液中,拧干后继续拖洗地面。直到所有地面都拖洗干净。最后清洗和消毒拖把,拧干后悬挂晾干。要立即清空两个水桶,并重新装满液体供下次使用。拖把头要在带热水和漂白剂的洗衣机内每周洗一次。手术室内应配备多个拖把头,用于定期更换和清洁。

设备

应按照制造商的建议清洁和消毒所有的手术设备。手术室内设备的清洗要取决于设备的部件和电源。阅读设备的清洁和保养指南非常重要。永久性的固定装置应每天擦拭和清洁,如手术灯。手术台、放置器械和用品的器械托盘,应在每次使用后消毒,包括清洁托盘面、边缘、底面和底部(图42-2)。

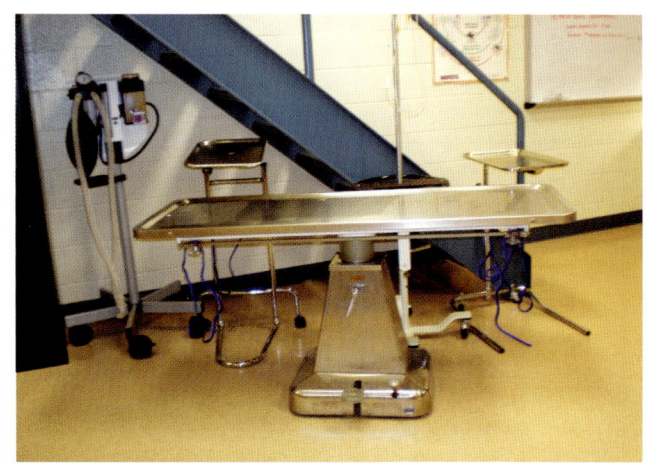

图42-2 手术室、手术台和设备必须每天清洁和维护

手术保定绳应每周洗一次,若被体液弄脏或污染,要立即清洗。用于手术摆位和保定的器具应在每次使用后消毒。注意,手术室内使用的消毒剂应是接触安全的,因为大多数物品会与患病动物紧密接触。

麻醉前患病动物护理

手术病例当天应尽早到医院,进行必要的术前血液检查和体格检查。动物到医院后,为动物主人提供手术同意书、手术费用,并进行手术评估和审查。根据病情的急迫性决定急诊外科手术的进程。不同动物需要的禁食时间不同。要确保早到的动物也有足够的禁食禁水时间。有些物种需要术前禁食12h,有的物种不需要禁食,这与动物的消化系统相关。犬猫一般术前需要禁食12h。啮齿动物、牛和其他反刍动物、马属动物不需要禁食。单胃动物禁食后,胃内没有食物,可降低麻醉期间呕吐的风险。

手术动物的体格检查包括评估各个系统、生命体征和整体健康状态。兽医助理应评估主要的生命体征,兽医师应完成所有的体格检查评估。

根据兽医院的要求或手术类型需要,要在术前进行血液检查(图42-3)。通过血液检查的结果可以确定患病动物的麻醉前体况分级,并选择合适的麻醉药物。在麻醉前根据动物的年龄和体况将动物分为Ⅰ-Ⅴ级。动物年龄越大,分级越高,手术过程中需要预备的方案就越多。表42-1总结了麻醉的体况分级。

第4部分 临床操作

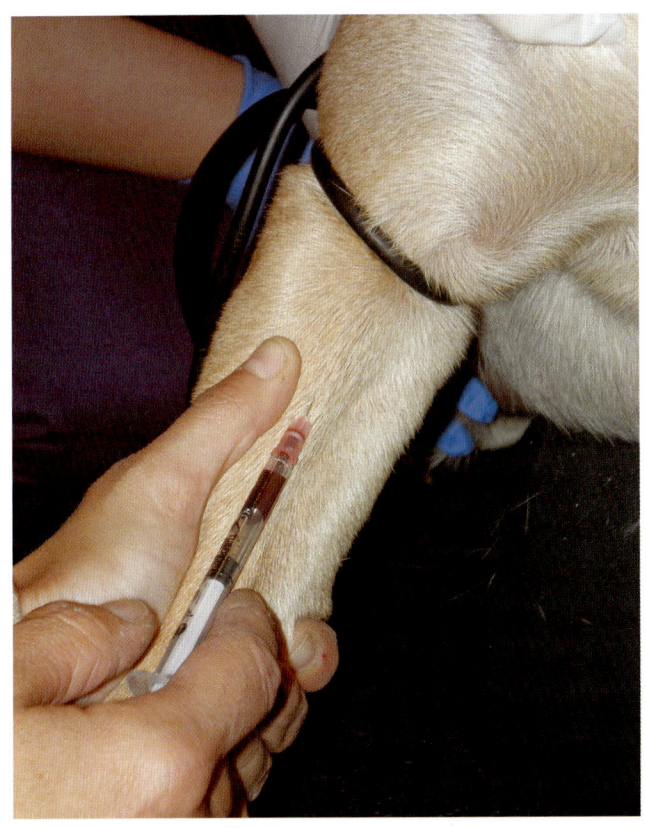

图42-3 抽血检查是术前评估的重要步骤

表42-1 麻醉体况分级

级别	描述
Ⅰ级	最低风险：正常、健康的动物
Ⅱ级	轻度风险：没有临床症状的轻度全身性疾病；包括非常年幼、老年、消瘦或肥胖的动物
Ⅲ级	中度风险：轻度的系统性疾病；有轻微的临床症状
Ⅳ级	高度风险：严重的系统性疾病；临床症状明显，可能威胁生命
Ⅴ级	重大风险：濒危动物；做或不做手术都可能在24h内死亡

麻醉前体况分级不同，术前血液检查、麻醉前用药、麻醉和手术监护的选择都会不同。每个兽医院都有自己的规程，兽医师也有自己偏好的术前和手术规程。麻醉前用药的选择取决于如下因素：

- 物种/品种。
- 年龄。
- 麻醉方法。
- 麻醉分级/评分。
- 手术操作。
- 手术时长。
- 兽医师偏好。
- 动物体重。

使用麻醉前用药的目的是使患病动物镇静、减轻疼痛、降低手术所需的麻醉药量以及手术期间其他必须用药的副作用。要在病历中记录所有的术前麻醉药物，在麻醉记录表中记录所有的管制药物。

液体疗法

液体疗法适用于所有手术病例。动物在麻醉前要留置静脉导管，提供静脉通路，便于给予麻醉药物和止痛药。在急诊病例的麻醉或手术中，如果发生并发症，静脉导管也可提供快速的静脉通路。手术期间，可通过静脉导管给予液体治疗。兽医技术员通常会将静脉导管放置在前肢头静脉上，连接静脉输液袋和输液管。通常选择等渗的晶体液，如乳酸林格氏液（LRS）。在小动物或幼年动物，可在LRS中添加5%葡萄糖溶液。兽医会选择液体类型。输液速度一般是10～20 mL/(kg·h)。脱水的动物需要更高的输液速度，患有肾脏或心脏疾病的动物要降低输液速度，具体速度由兽医评估。兽医助理应能够正确准备输液袋、输液管与合适大小的静脉导管供兽医技术员放置。兽医助理也应能够正确监测输液速度和输液量。

诱导麻醉

兽医助理要保定正在接受麻醉诱导的患病动物。麻醉诱导阶段是指正在给予麻醉药物使动物睡着并保持无意识、无感觉状态的时期。兽医师或技术员给予麻醉药。兽医助理根据正在给予的麻醉类型正确保定动物。麻醉药可以是注射剂，如IV或IM给药，或吸入剂，让动物吸入麻醉气体。吸入给药可能导致动物挣扎，所以需要更多的工作人员保定动物。使用麻醉机使动物持续吸入麻醉剂，保持麻醉状态（图42-4）。在整个手术过程中，应监护动物的生命体征。可借助脉搏血氧仪来监测心率和血氧水平（图42-5）。动物被诱导达到短暂的无意识状态后，进行气管插管。插管是指在气管内放入气管插管建立气道，使患病动物持续吸入麻醉气体，保持足够长时间的全身麻醉状态。气管插管是一个可以紧贴气管的软管。

麻醉平台期指患病动物处于麻醉状态下的深浅情况。评估眼睑反射可以判断患病动物的麻醉平台期。在可进行手术的麻醉平台期，动物眼睑反射消失。在麻醉和手术过程中，要给动物涂抹眼膏，保护角膜和防止眼睛干燥。

插管操作

进行气管插管时，兽医或技术员负责插管，兽医助理保定患病动物。插管是指将气管插管通过动物的口腔和咽喉放入到气管内。这样可以建立气道，方便手术时将患病动物连接到麻醉机上；也可防止患病动物将唾液、呕吐物或其他液体吸入肺内。气管插管有不同长度和直径，适用于不同动物（图42-6）。选择的插管大小应接近动物气管的直径。插管一般是耐用的塑料或橡胶材质，轻微弯曲，与气管形状相似。插管一端逐渐变细，以便插到气管内。另一端有一个适配器，可连接到麻醉机上。有些插管远端3/4处有一个可充气套囊，套囊充气后可使插管与气管紧密接触，防止水或异物进入肺内。套囊是一个平行并连接在气管插管的薄管结构。充气时，套囊内外部像一个气球。一般使用注射器推注空气使套囊充盈。推注太多空气会使套囊过度充盈，务必注意不要损伤或刺激气管。在使用气管插管之前，需要检查插管和套囊，确保没有损坏或泄漏。在插管过程中，兽医助理要理解套囊和插管是如何工作的，因为在拔管前，需要移除套囊内气体。

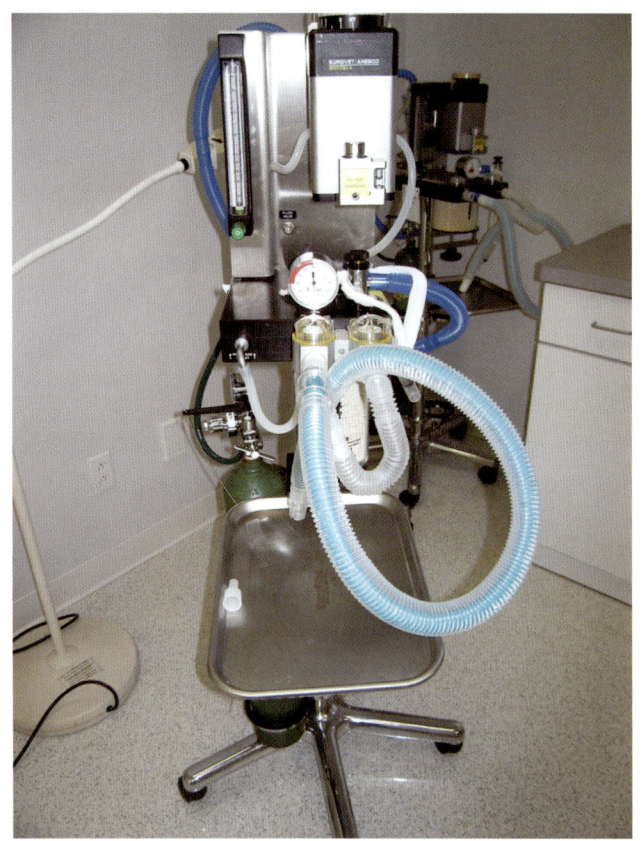

图 42-4　吸入麻醉机

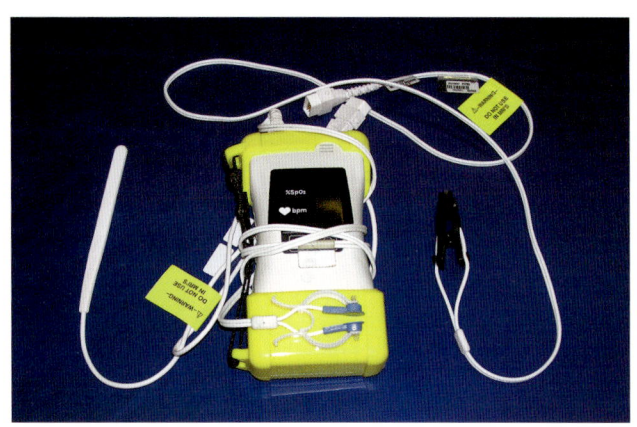

图 42-5　脉搏血氧仪

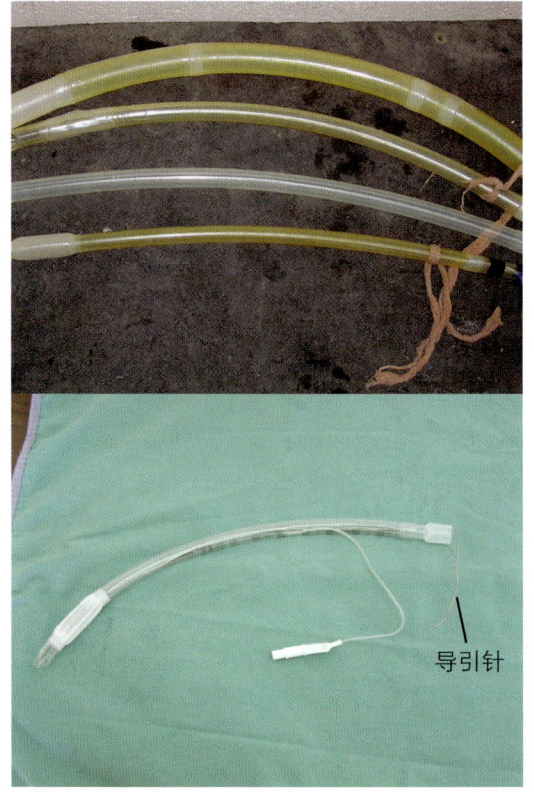

图 42-6　气管插管

气管插管前,要在纱布上放置少量润滑剂,如KY凝胶。润滑气管插管便于进入气管内。有些兽医师会在气管内使用局部麻醉润滑剂,如利多卡因凝胶。猫常用,因为猫在插管时气管的开闭反射明显。利多卡因凝胶可减轻这种反射。

放置插管时,患病动物俯卧或侧卧,头颈向上伸展,显示咽喉。打开动物口腔,向前下方拉出舌头,使其超过切齿。佩戴手套或使用纱布抓住舌头防止滑动。兽医师或技术员使用喉镜将插管放入气管内(图42-7)。喉镜是一种由重金属制成的工具,末端有光源,可照亮气道。将喉镜放在喉部,喉镜柄向下压住喉软骨。动物呼吸时,咽反射性开闭,通过喉镜可看见喉软骨和气管。将插管插入气管内,并检查是否放置正确。可以在动物呼吸时感觉气管插管末端呼出的气体,或连接到麻醉机上,注意呼吸是否与气囊运动一致。插管后用纱布卷在气管插管上打方结固定,将两侧固定在动物犬齿后方,以蝴蝶结固定在患病动物的鼻子上方或耳后方,防止气管插管意外移动。此时,助手松开患病动物的口腔,充盈插管套囊,使患病动物侧卧。

将气管插管适配器末端与麻醉机回路相连,从而连接患病动物和麻醉机。在整个手术过程中,维持患病动物的吸入麻醉状态。根据兽医偏好和设备特点,将各种生命体征监护仪连接到患病动物身上。

图42-7 喉镜

能力技巧

插管保定

目标:

正确地保定患病动物,安全地放置气管插管。

准备:

- 纱布块、润滑剂(KY或利多卡因凝胶)、适当尺寸的气管插管、纱布绷带、喉镜、3~5 mL注射器、检查手套。

流程:

1. 戴好检查手套。

2. 患病动物俯卧或侧卧。
3. 头颈伸展，打开口腔。
4. 用纱布抓住舌头，向前下方拉出舌头至切齿前。
5. 遵照兽医或技术员的摆位要求。
6. 一旦放置好气管插管，闭嘴并握住插管的末端
7. 纱布绷带系住插管末端。
8. 纱布绷带末端放在面部两侧，系上鼻尖或耳后固定插管。要系成蝴蝶结，便于快速打开。
9. 用3～5 mL注射器充盈套囊。
10. 患病动物侧卧。

患病动物监护

麻醉中对动物监护的设备包括脉搏血氧仪、体温探头、呼吸监护仪、食道听诊器、血压监护仪和心电图（ECG或EKG）。在整个麻醉过程中，这些监护设备可详细呈现患病动物的生命体征，这对确保动物的稳定是很重要的。这些监护仪也可检测患病动物是否进入麻醉平台期，是否需要增加或减少吸入麻醉剂。

脉搏血氧仪是通过间接测量血氧饱和度和血容量的变化，来监测患病动物生命体征的装置。常称为血氧仪，可以用放到舌头、爪子脉搏处或直肠的探头连接到患病动物。屏幕读数会一直显示血氧饱和度，有些机器会提供心率、温度和呼吸频率的读数。监测信号随着心跳而跳动，因为动脉血管随着每次心跳扩张和收缩。许多脉搏血氧仪设备有打印机，可为每个患病动物打印出相关数据，放到医疗记录中。正常的血氧饱和度约98%。血氧饱和度指示动物体内获得的氧气。低于90%表示发绀，应立即告知兽医。

食道听诊器是放置在气管插管旁边的食道内的装置，在整个手术过程中可听到心跳的声音。食道听诊器比较廉价，使用一根导管，通过口腔沿着食道向下延伸至心脏水平，导管可连接到放大心脏声音的装置上，然后通过扬声器传出声音。

血压监护仪或血压计用于测量手术期间患病动物的血压。血压监测组织灌注和麻醉深度。如果动物处于浅的麻醉平台期，当手术医生开始手术或牵拉组织时，血压可能升高。手术医生也要监测手术过程中的失血，因为这也影响组织灌注。血压监护仪通过使用类似于人使用的袖带来监测血压。血压袖带有各种尺寸，适用于不同动物。

心电图（ECG或EKG）监护仪是通过称为电极的金属导联连接到患病动物身上，以测量心脏电活动的装置。EKG测量心脏产生的电流，可监测心率、节律和神经冲动的变化。使用EKG持续监测可及早识别与心脏传导障碍有关的电变化和需要治疗的心律不齐。Ⅱ导联是术中最常监测的导联。

手术准备

手术病例要进行术前准备，使术野清洁无菌。在术前准备时，要触诊并按压患病动物的膀胱，排空尿液，防止术中尿液污染。要在处置区完成术野准备。在切口区域剃毛，范围超过预期切口5.1～10.2cm（图42-8）。长毛品种的被毛应修短至不污染切口区域的长度。保持剃毛区域干净、整洁和平滑（图42-9）。应使用40#或50#手术推头。推头与皮肤平行，避免造成皮肤烫伤或刮伤。先顺着被毛生长方向剃毛，然后逆着被毛生长方向剃到

第 4 部分　临床操作

最短。要将手术区域剃光，无被毛残留。有些动物的某些区域可能需要拔毛，而不是剃毛，因为剃刀会使脆弱组织损伤或撕裂，常见于公猫和兔子的去势术。对肢体进行骨科手术准备时，要剃除患肢的整个圆周被毛。剃毛完成后，使用真空吸尘器清理被毛。在动物手术准备区，使用真空吸尘器可有效去除残毛。

剃毛后刷洗，清除手术部位剩余的被毛。刷洗时，将无菌刷洗溶液置于手术部位边缘（图 42-10）。最常用的无菌刷洗液是洗必泰溶液，如 Nolvasan 刷洗液。刷洗液含有肥皂成分，与水混合可分解皮肤上的油渍、污垢和碎屑，更好地清洁剃毛范围。用纱布块对剃毛范围多次刷洗，从手术中心位置开始，以顺时针方向向被毛外缘环形清洁，避免触碰之前已擦拭的区域。始终从切口部位向外刷洗。多次重复刷洗至纱布擦拭后不再有污垢或碎屑。然后以相同的方式用酒精浸泡的纱布块擦拭 3 次。然后在皮肤上使用手术消毒剂，如碘酒或碘伏溶液，之后将患病动物转移到手术室。转移时可在术野上放置一块或数块纱布防止污染。当患病动物在手术台上就位时，喷洒第二次抗菌剂。

用保定绳将患病动物保定在手术台上，要避免污染已准备的区域。必要时可以再进行一次刷洗。将监护设备连接到患病动物上开始监测。

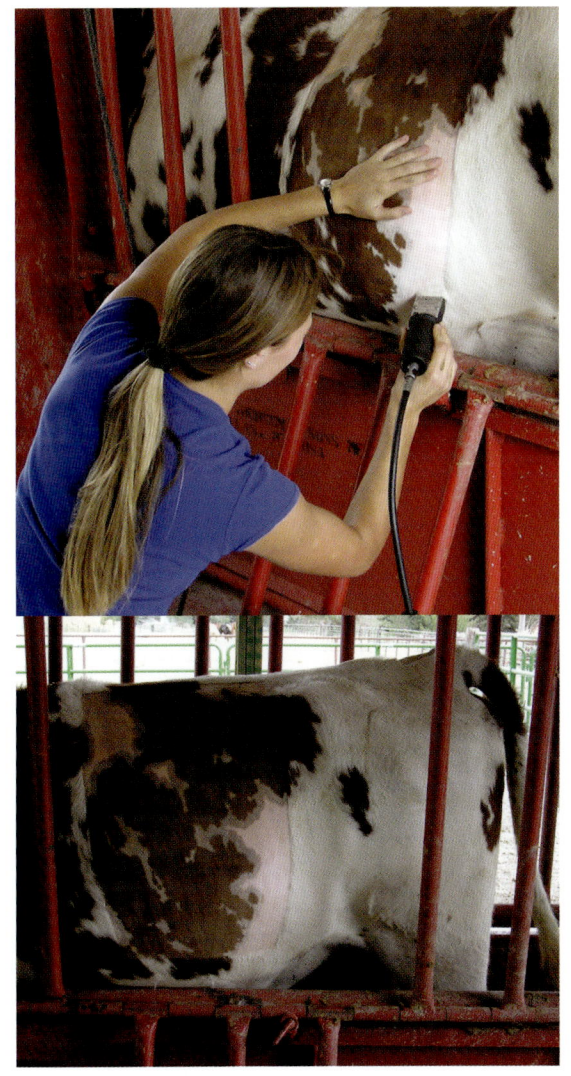

图 42-8　剃除奶牛侧腹部被毛，准备手术区域

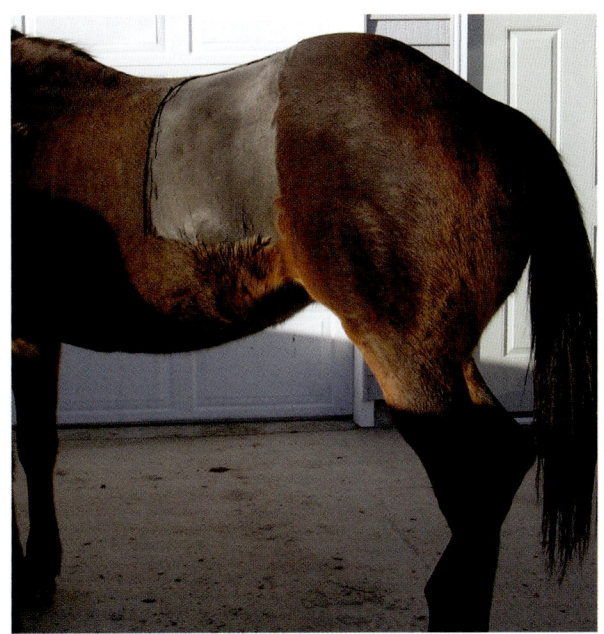

图 42-9　剃除马侧腹部被毛，准备手术区域

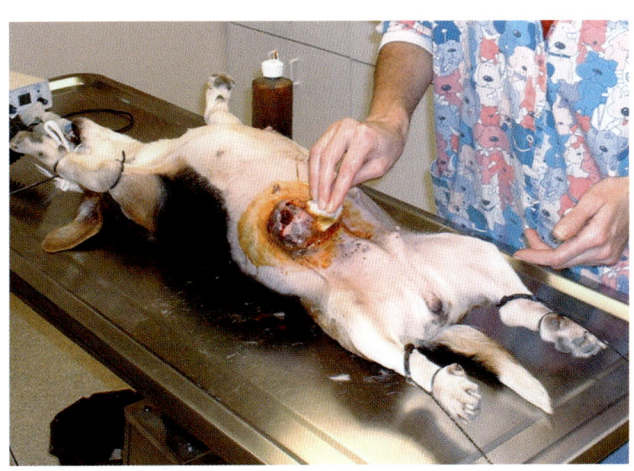

图 42-10　术前外科刷洗

能力技巧

手术准备

目标：

正确地准备手术区域。

准备：

- 电推子、40# 或 50# 手术推头、真空吸尘器、检查手套、纱布块、手术刷洗液、清水、酒精、抗菌液（碘酒或碘伏）。

流程：

1. 戴好检查手套。
2. 使用 40# 或 50# 手术推头和电推子给患病动物剃毛。
3. 根据兽医指导，剃除切口区域和其周围 5.1～10.2cm 的被毛。修剪可能落入手术范围内的长毛。
4. 用真空吸尘器吸掉从患病动物身上移除的散落被毛。清扫患病动物身上、手术台上和地面的被毛。
5. 用纱布块和清水清洗手术部位。
6. 使用浸泡在水和刷洗液内的纱布块，从切口位置中央开始，以圆周运动向外未剃毛区域进行无菌刷洗。
7. 重复这一步骤，直至纱布块没有任何污渍或碎屑。
8. 使用浸泡酒精的纱布块重复这一步骤 3 次。
9. 再重复使用外科刷洗液和水清洗 3 次。
10. 在切口区域使用抗菌喷剂消毒。
11. 将纱布块放在切口区域上，将患病动物转移到手术室。
12. 小心转移患病动物至手术台上，并用保定绳将其保定。
13. 重复外科刷洗 3 次。
14. 再次使用少量抗菌喷剂，晾至皮肤干燥。

手术包准备

手术包准备非常重要,需要在无菌操作下完成。首先要正确打开手术医生所需物品,供手术过程使用。手术医生需要以下非无菌物品:

- 手术帽。
- 口罩。
- 短靴或鞋套。

手术医生需要以下物品,必须保持无菌:

- 含有毛刷的刷洗包。
- 无菌亚麻制擦手巾。
- 外科刷洗液。
- 正确尺寸的手术手套。
- 无菌的手术刷洗包。

手术包

给手术包灭菌时,应使用指示剂和胶带,以确保正确灭菌。指示剂带放在手术包内,内部温度到达指定温度时,指示剂带的颜色改变。密封手术包的高压灭菌胶带上有指示剂带,达到合适的灭菌温度时,指示剂带颜色会变暗(图42-11)。所有手术包都要用高压灭菌胶带贴住,将胶带转到下方形成一个易于打开的拉手。胶带上应标记手术包内的物品、灭菌日期及准备手术包的人员签名。手术包应在手术室内小心地打开,并放置在器械托盘上。打开手术包时,打开胶带标签,将手术包放在器械托盘上。用两根手指打开手术包外包巾,避免污染手术包内物品。打开手术包的左侧和右侧,并将底部拉下来露出手术器械。

外科手术包包含以下分别灭菌物品:

- 手术器械包(绝育手术包、去势手术包、伤口处理手术包、骨科手术包等)。
- 1/2码手术创巾。
- 1/4码手术创巾。
- 毛巾包。
- 单个的器械包。
- 肠道手术器械包。

手术包一般是以特定方式放在一起,每个兽医院可能不一样,主要取决于兽医的建议或偏好。手术包包括不同类型的器械、手术必需的基本材料(图42-12)。所有手术均需要如下材料:

- 纱布块。
- 开腹手术巾。
- 缝合线。
- 手术刀片。

准备外科手术包时,打开后兽医能够尽可能方便地取用器械,并能整齐有序地进行手术。通常,器械放置在开腹手术巾和纱布块上方的中央位置(图42-13)。开腹手术巾用于控制外科手术中的出血,并用作外科医生的手巾。纱布块放置在手术巾上面,每个手术包中纱布块应计数并保持数量一致。在手术完成并清理手术包时,要清点所有纱布块,避免意外留在患病动物体内。将器械放置在棉布上面,以适当的方法包裹。

图42-11 手术包

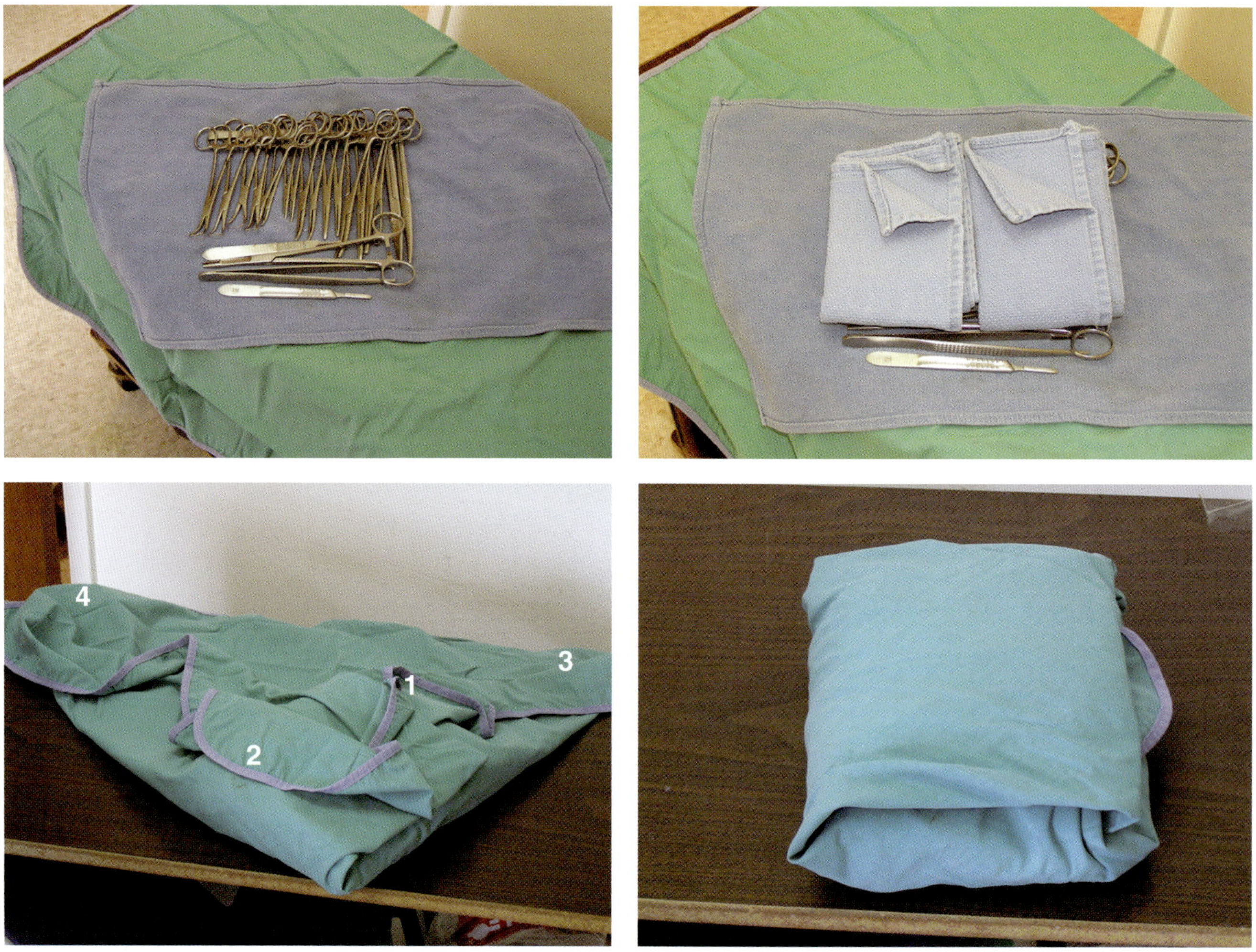

兽医助理基础与应用

图 42-12　手术包内的物品和正确的包裹方法

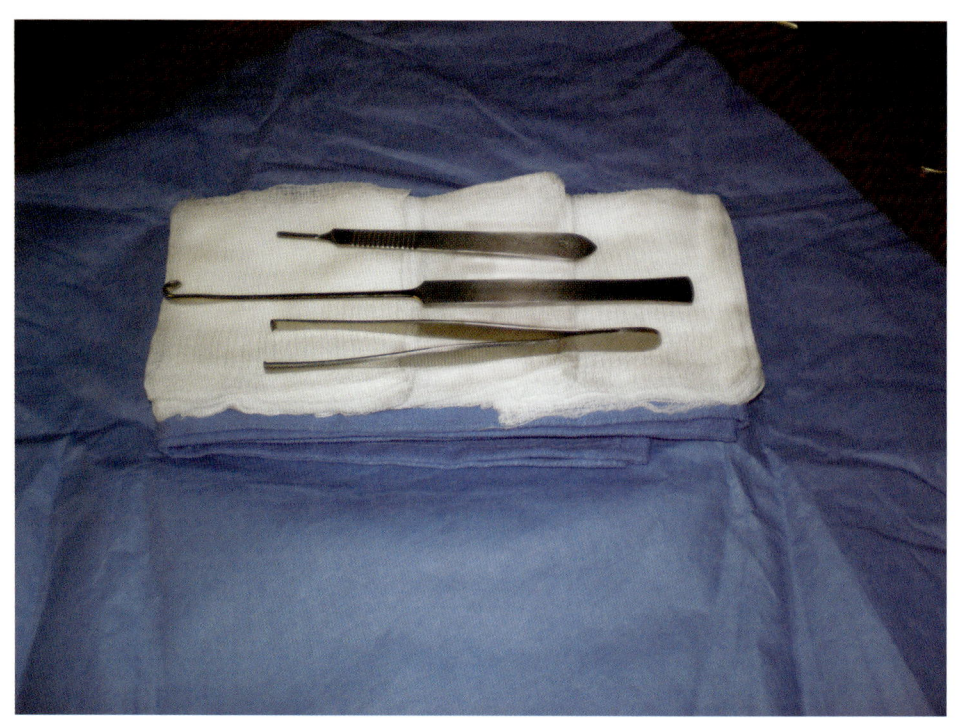

图 42-13　手术包内物品的正确放置

能力技巧

手术包的准备

目标：

正确地完成和折叠手术包，进行灭菌操作。

准备：

- 手术创巾、剪刀、永久性记号笔、高压灭菌胶带。

流程：

1. 剪开一块长约 30.5cm 的手术创巾。
2. 完全打开创巾。
3. 将创巾呈菱形放在工作台上。
4. 将手术包或物品放在包巾的中央位置。
5. 向上将底部包巾折叠到内部物品上并固定。
6. 向内折叠左边包巾，末端形成一个小的折角，并固定。
7. 向内折叠右边包巾，末端形成一个小的折角，并固定。
8. 在上面包巾的每一个边上形成一个小的折角，之后形成信封的形状。
9. 向上折叠包内物品，将手术包紧紧固定在包巾内。
10. 再次折叠，在创巾的末端形成一个向内折叠的折角。
11. 将一端包巾塞在一片高压灭菌胶带的下方。
12. 用永久性记号笔在胶带上写下日期、包内物品和准备人的签名。

能力技巧

手术包的准备

目标：

正确地完成和包裹手术包。

准备：

- 手术创巾、剪刀、手术器械（不同手术包不一样）、指示剂带、永久性记号笔、高压灭菌胶带、纱布块、开腹手术巾。

流程：

1. 剪裁一个手臂长度的或约 91.4cm 长的手术创巾。
2. 完全打开创巾。
3. 将创巾平坦地放在工作台上。
4. 创巾底端 1/4 应向上扇形折叠两次，折叠处位于创巾的背面。
5. 创巾顶端 1/4 应向下扇形折叠两次，折叠处位于创巾的背面。
6. 开腹手术巾纵向对折后，成 4 个方形扇形折叠，并放在创巾的中央。
7. 开腹手术巾的上面放置 3 叠同样数量的 4×4 的纱布块。每个手术包内纱布块的总量应一致。
8. 纱布块的上面放置一个指示剂带，正面朝上。
9. 绝育钩、组织镊和手术刀柄应放在纱布块的上面。
10. 4 把创巾钳应连在一起，并握在一只手中。
11. 弯头止血钳应放在手中向相反方向，放在创巾钳的上方。
12. 直头止血钳应放在手中向相反方向，放在弯头止血钳的上方。
13. 剪刀应放在手中相反方向，放在直头止血钳的上方。
14. 持针钳应反向放在剪刀的上方。
15. 然后整叠器械放置在 3 把平的器械的上方，用一只手将其固定（图 42-14）。

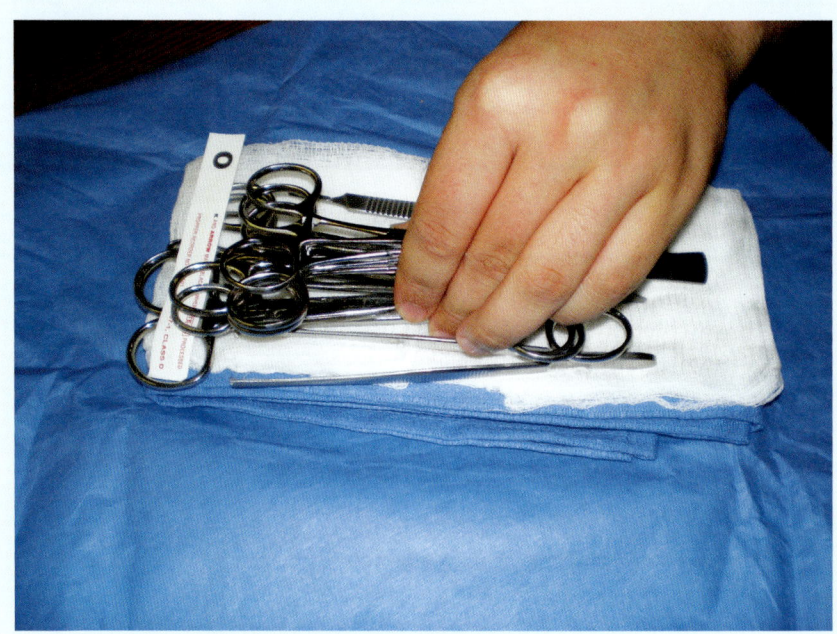

图 42-14　用一只手固定组成手术包的器械

16. 在固定器械的同时，将创巾的底半部分向上折叠盖在器械上。继续固定器械。
17. 将创巾的顶半部分向下折叠盖在器械上。
18. 继续固定手术包的中间部分。
19. 将创巾的左边向内折叠盖在手术包上。在折叠的一侧做一个折角。
20. 向后以扇形折叠左半边包巾，在创巾的一角形成一个折角。
21. 将创巾的右边向内折叠盖在手术包上。在折叠的一侧做一个折角。
22. 向后以扇形折叠右半边包巾，在创巾的一角形成一个折角。
23. 将手术包放在包巾的上面。完成包巾的折叠。

能力技巧

1/2 码或 1/4 码创巾的准备

目标：

正确地准备手术创巾。

准备：

- 手术创巾、剪刀、指示剂带、永久性记号笔、高压灭菌胶带。

流程：

1. 剪裁一块长 1/2 码或 1/4 码的手术创巾。
2. 完全打开创巾。
3. 将创巾放在工作台上。
4. 将创巾纵向对半折叠。
5. 再次纵向对半折叠。
6. 呈扇形折叠相等数量的创巾，做 4 块相同的部分。
7. 将创巾放在包巾的中央位置。
8. 将指示剂带放在创巾的上面。
9. 折叠包巾。

手术刷洗包

手术刷洗包内含有外科医生和技术员或助手准备手术的必需物品,确保他们是无菌进行手术。手术刷洗包内包括以下物品:

- 硬毛刷。
- 无菌手巾。
- 手术刷洗液。
- 手术手套。

毛刷放置在折叠手巾上方。毛巾纵向对半折叠成扇形。毛巾折叠的末端呈一个整洁的小方形。每个手术服包中毛巾应进行计数并保持数量一致。手巾和刷子之间放置无菌的指示剂带。手术刷洗包应与手术包一样小心地打开,并放置在无菌刷洗区域附近,通常位于处置区内。手术刷洗液应放在靠近水槽的位置,以便洗手,刷洗液必须保存在无菌的容器内(图42-15)。单独的硬毛刷和手巾应单独消毒,以防工作人员需要重新刷洗或物品掉落或被污染。

手套包通常是预包装的一次性无菌手术手套,仅一次性使用,然后丢弃。通过拉下外塑料包装打开正确尺寸的手套,并放置在刷洗区域。

戴手套技术

兽医助理应了解戴手套的技巧,因为他们可能需要协助手术。在无菌刷洗双手并干燥后,开始戴手套。每个人都要知道自己的手套尺寸。打开手套备用。取下所有的戒指和饰品,指甲长度不应超过手指末端。完成无菌擦洗后,打开手套的内包装。

开放式戴手套是用右手抓住左手手套袖口的边缘,左手尽可能伸入手套内;用戴上手套的左手将右手戴上手套,这是通过抓住手套折叠的袖口部位来完成的。用手指向上提起袖口,将右手套袖口翻转套在手术衣袖子上。将手套完全拉到右手的位置。然后用同样的方法戴上左手手套,确保手套外面不与皮肤接触。

密闭式戴手套是当双手仍然在手术衣袖子内时戴手套的方法,这样就看不见皮肤,也不会污染手套。隔着袖子抓住一只手套袖口的边缘。用另一只仍在袖子内的手抓住手套袖口的对侧缘。然后将手沿着手术衣袖口向下滑进手套内。用同样方法戴上另一只手套。手术衣的袖口完全被无菌手套的袖口覆盖住。当双手都完全戴上手套时,十指相扣并根据需要调整手套。

当完成戴手套操作时,工作人员应立即抬高双肘,双手握在一起,不要触碰非无菌表面。然后立即到手术区域协助手术医生。

手术衣包

手术衣包内装有供外科医生和在手术区域辅助的兽医工作人员穿戴的手术衣。手术衣可以是一次性使用的,也可以是重复使用的,每次使用后需要洗涤和灭菌。手术衣必须以正确方法折叠,以确保打开和从包内取出手术衣时,是以正确方式穿上,而不会引起污染。

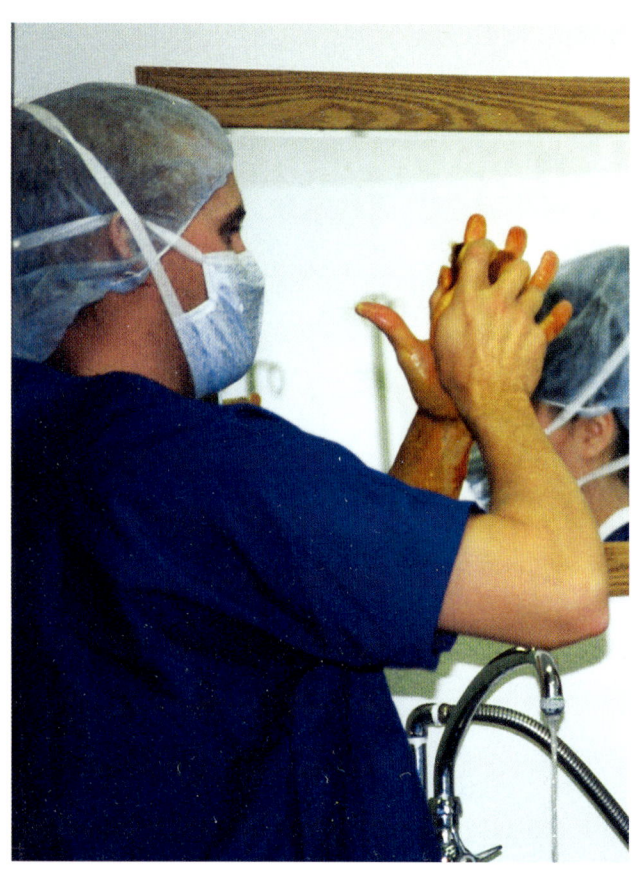

图42-15 手术刷洗

能力技巧

手术衣的准备

目标：

正确无菌地打包手术衣。

准备：

- 手术包巾、外科手术衣、剪刀、永久性记号笔、高压灭菌胶带。

流程：

1. 将手术衣放在平坦的桌面上。
2. 将手术衣的正面朝上。
3. 将手术衣的袖子放在手术衣的前面。袖子应稍微重叠在手术衣的中央位置。
4. 纵向对折手术衣，手术衣的中心形成一个褶皱。
5. 再次纵向对折手术衣。
6. 将颈部和背部系带的悬垂末端塞进手术衣褶皱内。
7. 从手术衣的边缘开始将手术衣呈扇形折叠成小的方块部分。
8. 沿纵向继续折叠手术衣，直到手术衣的颈领处；形成一个整齐的方形。
9. 将手术衣的顶角折叠成一个折角。
10. 将手术衣放在外包装上。
11. 在手术衣的上面放置一个无菌的指示剂带。
12. 将外包装折叠打包。

能力技巧

打开手术包

目标：

正确打开无菌的手术包，而不污染内部物品。

准备：

- 手术包。

流程：

1. 将无菌的手术包放在手术区域的器械托盘上。
2. 牵拉高压灭菌胶带的标签，打开手术包。
3. 将上面的外包装向上牵拉打开手术包。不要触碰手术包内的任何部分。
4. 牵拉折叠外包装向外打开右边。不要触碰手术包内的任何部分。
5. 牵拉折叠外包装向外打开左边。不要触碰手术包内的任何部分。
6. 余下部分让手术医生打开。

缝线和手术刀片

兽医助理要知道缝合材料和手术刀片的类型和尺寸，以及它们的保存位置。这些物品是单独包装而且是无菌的（图42-16）。外科医生需要这些物品，在打开手术包和拿出手术创巾后，将这些物品放在器械托盘架上。手术刀片有编号，显示其尺寸和形状。外科医生根据患病动物和手术操作选择刀片的大小。刀片是封在箔制的可剥开的包装内，在远离刀片的边缘打开包装，让刀片小心地落在手术包内容易看到的开放区域。

手术完成后，从刀柄上取下手术刀片。抓住刀柄的窄端，用镊子抓住刀片的挂钩处向上提起末端，使刀片从挂钩上提起，从刀柄上滑落。处理刀片时应小心谨慎，因为刀片非常锋利，每次使用后应丢弃到利器盒内。

缝合线有各种材料、尺寸和长度。经标记日期并封装在化学包装内，以保持其使用时的无菌和柔软。不同的缝合材料用于不同的组织。有两类缝合材料：可吸收和不可吸收材料。可吸收缝线在体内一段时间后被分解和吸收，可用于身体内部和外部。不可吸收缝线在体内不被分解，可保持较长时间的完整，常用于身体外部。不可吸收缝线一般用于闭合皮肤，在伤口愈合后拆除。某些体内手术可能需要使用不可吸收缝线，但是不能将其移除。有一些缝线连接缝针，称作带针缝线，其他一些缝合材料是绕在缝线卷盘上的，使用时必须穿上缝针。

缝线尺寸与缝针尺寸相似，编号越小，针的尺寸和缝合材料的直径越大（表42-2）。编号越大，针和缝线尺寸越小。较大的整数编号表示较大的缝合线，所以2号缝线比1号更大。然而，较大的编号之后跟一个"零"（0）则表示较小。5-0比2-0缝线更小。用于眼科手术和微观手术的缝线最小可达12-0。

外科吻合器是一种快速简便闭合皮肤的办法。需要配合钉枪使用，拆除时需要特殊的器械。外科粘合剂可用于闭合小伤口或手术部位，通常用于猫的去爪术。这是一种无菌的万能胶水，最终会在体内降解。

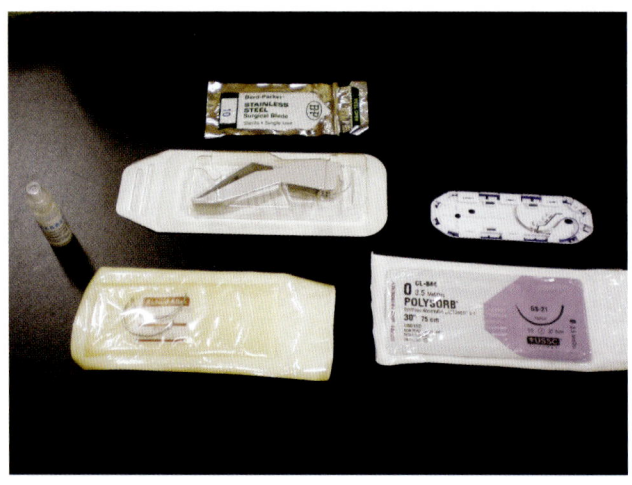

图42-16 缝合材料

表 42-2　缝线尺寸

动物使用的缝线尺寸举例				
10-0 至 8-0	7-0 至 5-0	4-0 至 3-0	2-0 至 0	1-2
显微手术；角膜	眼科；神经手术；输尿管	皮肤和皮下；肠管；膀胱	腹部筋膜；胃；疝	肋骨固定；皮肤支架

协助外科医生和助手穿手术衣

外科医生和手术助手必须戴上口罩、帽子和鞋套，再进行手术刷洗准备。完成刷洗后，用无菌手巾擦干手。提前为手术人员打开手术衣包装。手术人员提起手术衣领围处折角的位置，举起手术衣远离身体防止污染，避免手术衣接触到地面。手术人员把双手伸入各自的袖孔中，使用开放式或密闭式戴手套技术戴上无菌手套。这时候，助手应站在手术人员的后面，帮助手术人员系好系带，打成蝴蝶结。不要触碰到手术衣的外面，只能触碰系带。很多手术衣在颈部和腰部都有系带。除了系带之外，绝不要触碰手术衣的任何部分。

患病动物手术保定

患病动物的手术保定取决于外科手术操作和兽医的偏好。很多手术需要患病动物在手术台上仰卧保定（图 42-17）。这时，需要保持患病动物平直并在手术台中心位置。将患病动物的肢体绑在桌边钩子上。前肢向前拉向头部，头位于双前肢之间。后肢向后拉向尾部，尾巴在双后肢之间。用八字法将固定四肢的保定绳固定在器械或钩子上。其他常用的手术摆位包括俯卧位和侧卧位。肢体应尽可能自然地固定在手术台上。表 42-3 列出了一些常见手术的摆位方法。

根据手术类型和兽医所需，调整手术台的高度。外科医生可能喜欢坐着或站着做手术，需要视情况调整手术台高度。有时会在患病动物和手术台之间放置加热垫，有时可能会使用 V 形槽将患病动物固定在手术台中间。

切开时，将手术灯直接投照在视野的正上方。铺设创巾后应调整好手术灯的投照，外科医生到位后根据需要再指导调整灯的投照。

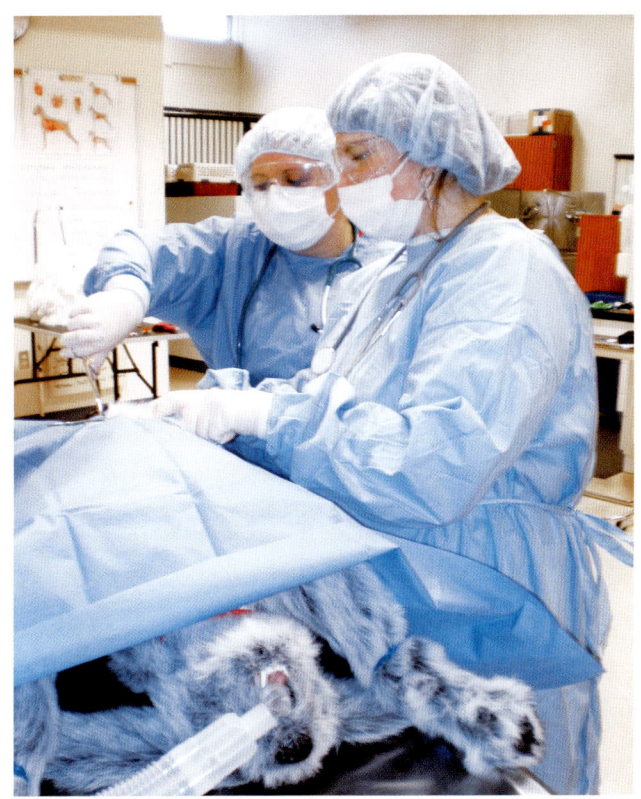

图 42-17　患病动物仰卧保定

表 42-3　常见手术的摆位

绝育或子宫卵巢切除术	仰卧位
公狗去势	仰卧位
公猫去势	俯卧或侧卧位
腹部手术	仰卧位
骨科手术	侧卧或仰卧位
耳部或头部手术	俯卧位
断爪或悬指手术	侧卧位

麻醉平台期

麻醉平台期或麻醉深度是通过评估患病动物的不自主反射来测量的。兽医助理要监测这些反射，确定麻醉深度。可用指尖轻轻敲击眼睑表面来评估眼睑反射。如果有强烈到轻微的眼睑反射，说明动物处于较浅的麻醉平台期，应增加吸入麻醉量以进行手术。随着麻醉平台期的加深，眼睑反射会逐渐减少，最终消失。钳夹脚趾或指/趾间的皮肤，检查足反射，动物肢体运动或回缩提示麻醉较浅。随着麻醉加深，该反射会减弱和消失。也要监测肌肉张力，麻醉较浅时，肌肉张力适中，麻醉加深时，肌肉张力减弱。

第Ⅰ平台期是麻醉诱导期，此时患病动物出现短暂的意识消失，然后进入到第Ⅱ平台期。此期动物出现不自主运动、发声，为兴奋阶段。这个阶段很快就会过去，也可能出现在苏醒阶段。灯光有时会影响麻醉平台期的深度，将患病动物置于弱光或黑暗的环境下有助于麻醉。第Ⅲ平台期是较浅的麻醉深度，适于进行手术，此时生命体征正常，瞳孔大小规则并向内侧转动，反射减少或消失。第Ⅳ平台期是麻醉过量，动物处于一个可能死亡的深麻醉状态。此时，没有反射，生命体征减弱，瞳孔在中央位置并散大。在这个麻醉平台期，动物可能出现心脏骤停。

麻醉机

兽医助理应掌握和了解麻醉机构件的基本知识（图42-18）。麻醉机最关键的部分就是挥发罐。挥发罐将液体麻醉剂转化成气体，供患病动物吸入。不同挥发罐适用于不同的气体吸入剂。用于异氟烷的挥发罐不能用于氟烷或一氧化二氮。挥发罐有一个刻度盘，可调整和控制麻醉气体的输出速度。所有工作人员必须知道如何打开和关闭刻度盘、调整不同数字设置间的刻度盘。气体的输送是以百分比体积来测量的。当使用气液型麻醉剂时，需要将其添加到挥发罐中。麻醉期间要监测麻醉剂水平。在镇静动物前应检查麻醉药液面。加药前，要限制在场的人数，因为麻醉剂具有挥发性，且有毒性。在麻醉机周围工作时要小心，孕妇不应操作麻醉机。吸入逸出的气体可能引起潜在的健康问题，如肾脏或肝脏损伤。短期暴露会引起头晕症状。

氧气罐位于麻醉机下方或旁边的独立气缸中（图42-19）。这些气缸容纳压缩的液态氧气，使动

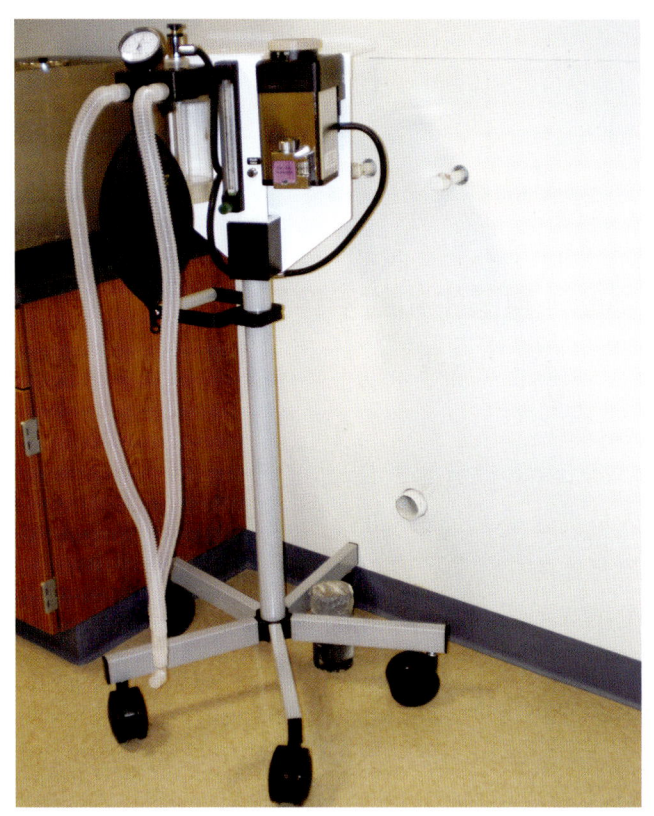

图42-18　麻醉机

物在麻醉期间保持有氧呼吸。氧气瓶是绿色的，有各种尺寸。根据氧气瓶的尺寸和用途，每个氧气瓶都会被标上一系列的数字和字母。氧气瓶侧面有一个数字，表示该氧气瓶能够容纳的氧气升数。字母A、B、C、D和E表示氧气瓶的尺寸。A代表最小的氧气瓶，仅能容纳约34L压缩氧气；E代表较大的氧气瓶，能容纳约680L压缩氧气。大氧气瓶通常安装在建筑物外面或低交通量的区域，通过软管沿着墙壁或天花板将氧气输送到放置麻醉机的房间内，并连接到麻醉机上。通标有M的氧气瓶代表其仅用于医疗用途。氧气罐上有一个压力阀，提示罐中剩下多少氧气。每天应检查压力阀，移除空罐，连接满罐至麻醉机上。在手术时，注意氧气不能被耗尽。可以在氧气罐上放置"满""空"或"使用中"的标签。在某些兽医诊所中，会使用一氧化二氮气体作为麻醉气体，放置在蓝色的压缩罐中。氧流量计位于麻醉机上挥发罐附近，可视情况调整。氧流量计以L/min计算。根据患病动物体型大小、给药方式和使用的呼吸系统类型决定氧流量，通常为30 mL/（kg·min）。

第4部分 临床操作

患病动物呼吸产生的二氧化碳（CO_2）需要被吸收，不能直接排向外界，主要使用吸收罐中的碱石灰对 CO_2 重吸收。碱石灰开始时是白色的，随着吸收 CO_2，碱石灰颗粒会改变颜色，根据不同类型会变成粉色、蓝色或紫色等。当吸收罐中 2/3 的碱石灰变色时，应更换碱石灰。

呼吸气囊连接在机器上，随着动物呼吸而膨胀和缩小。气囊的尺寸取决于动物的体型和所需的潮气量。平均潮气量是 10mL/kg。将潮气量乘以 6 来确定气囊的大小。

举例

某只犬，22 lb，换算为 10 kg

10 kg × 10 mL/kg = 100 mL

100 mL × 6 = 600 mL

气囊的尺寸从 0.5L 到 5L 不等。在这个例子中，0.5L 的气囊太小，需要选择 1L 的气囊。气囊由橡胶材料制成，可连接在麻醉机的钢管或金属管上。观察气囊的运动可评估动物的呼吸速率和深度。有时需要用手有规律有节奏地按压气囊来进行辅助呼吸。每次使用后取下气囊并清洁，彻底干燥后再次使用。

安全阀用于释放呼吸回路内引起过高压力的气体，通常位于麻醉机顶部。安全阀后方连接废气管，废气管另一端连接到室外，让废气排到外界空气中，防止废气泄漏到房间内。

麻醉回路是连接患病动物和麻醉机的软管，由塑料的螺纹管制成，软管较薄，可允许氧气和麻醉气体流向患病动物。该麻醉回路通过"Y"形连接器连接到气管插管上。回路的一端连接吸气阀，另一端连接呼气阀。每次使用后，冲洗回路并悬挂至干燥，以便下次使用。

有些动物会在麻醉箱内被诱导。麻醉箱是透明的玻璃或塑料的方形盒子，它有两个开口，麻醉机上的吸气管和呼气管通过开口连接到麻醉箱上，麻醉气和氧气流入麻醉箱内，诱导患病动物麻醉。当动物诱导进入合适的麻醉平台期时，插管并连接到麻醉机上。麻醉箱适用于猫、啮齿动物、爬行动物和小型犬。较大的动物可使用麻醉面罩，将面罩放

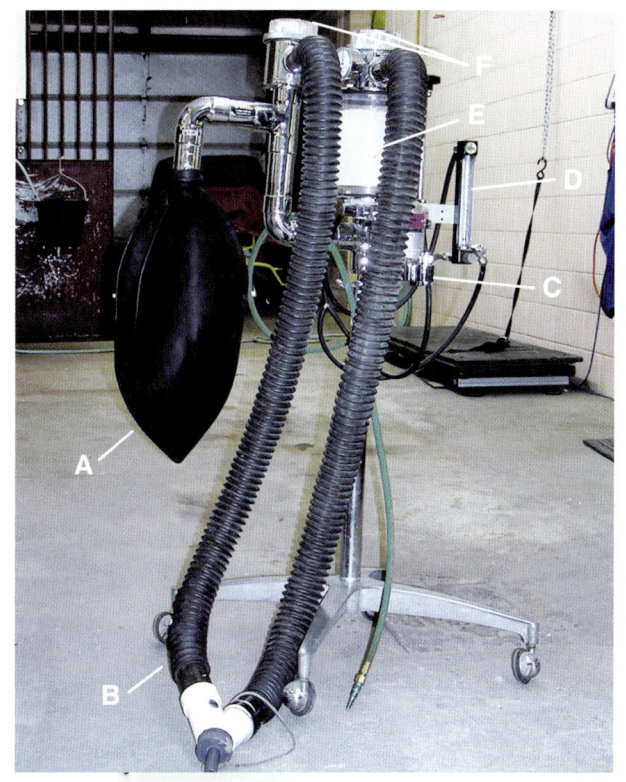

图 42-19 麻醉机使用的氧气罐

举例

体重（lb）	体重（kg）	O_2 流速
22 lb	22#/2.2=10 kg	30 mL × 10 kg=300 mL
50 lb	50#/2.2=22.7 kg	30 mL × 22.7 kg=681 mL

在口鼻部，紧贴动物，让动物吸入麻醉气体诱导。麻醉面罩是锥形的，由塑料或橡胶制成。一旦患病动物处于适合的麻醉平台期时，插管并连接到麻醉机。面罩在每次使用后必须进行清洁，并适当干燥。

呼吸系统

目前有两种麻醉机的呼吸系统，具体根据患病动物体型选择。非复吸式麻醉系统中，没有吸收罐和呼吸气囊，适用于小型动物，如啮齿动物、鸟类、爬行动物或小体型的幼犬和幼猫，因为这些动物太小，自身呼吸无法使气囊运作。最常用 Bain 系统，是用单个螺纹管或塑料管连接到患病动物，另一根软管穿过其中心，内管含麻醉气体混合物，外管供呼出的气体通过。安全阀位于管的末端，保持开放状态以释放压力。根据患病动物体型，流速在 100 ~ 300mL。

在复吸式麻醉系统中，患病动物可重新吸入已通过二氧化碳吸收罐的麻醉气体。分为封闭和半封闭系统。封闭系统提供动物需要的足够氧气，并保持安全阀关闭。这种系统比较节约，因为氧气没有浪费。半封闭系统中的安全阀是开放的，氧流量高。

兽医助理要了解麻醉机的部件，能够调节旋钮和阀门。根据动物体型设定氧流量，选择呼吸系统和气囊大小。应掌握所有制造商的信息，了解每台机器的功能。

麻醉后护理

患病动物与麻醉机断开后，将动物转移到温暖、安静、较暗的舒适的苏醒区域等待苏醒。要使患病动物侧卧，头颈伸展。保持气管插管在气管内，解开绳结，直到动物安全醒来再拔管。期间要监测动物的反射，尤其是吞咽反射。当动物开始出现吞咽反射，可舔舌头、上下颌张力增加时，拔出气管插管。拔管时机很重要，如果拔管太早，动物可能出现呼吸困难或吸入异物。如果在动物苏醒后才拔管，插管可能会被咬断，严重时造成咽部堵塞。准备拔管时，应打开并抽干气管插管的套囊，再将插管移出咽部。

随着患病动物的苏醒，心率和呼吸频率会增加。动物开始移动，尝试坐起来或站立。苏醒时，有些动作可能变得夸张，噪声会加剧这种反应。这时动物可能摇晃，要注意监测，避免动物受伤。苏醒期间要监测动物的生命体征，直到患病动物意识警觉，对周围环境反应良好。有时需要给动物保温。侧卧超过 30min 的患病动物应每 15 ~ 20min 翻身一次，防止发生褥疮或肺炎。患病动物苏醒期间应使用铺好垫子的笼子。

术后动物护理

患病动物苏醒后，应进行术后护理，直到患病动物出院。期间要监测动物有无疼痛、感染或出血。闭合手术切口后，将患病动物与麻醉机断开，并用双氧水清洗切口周围区域，之后用干净的纱布块擦干。兽医可以给患病动物开一些抗生素或止痛药。将动物转移到术后苏醒区，视情况给动物静脉输液。兽医助理应监测苏醒期患病动物状况，确保生命体征正常，动物舒适。

有时难以评估和识别疼痛，其表现如下：
- 躁动。
- 呜咽或叫唤。
- 不愿动。
- 啃咬或舔舐伤口。
- 厌食。
- 行为改变。

需要在术前和术后为动物做疼痛控制。兽医会针对特定的手术操作制定特定的疼痛控制方案。兽医技术员和助理必须确保药物的正确使用和必要的频率。多数手术病例回家时应给予缓解疼痛的药物。

单胃动物术后通常需要禁食12h，术后当晚可少量给予饮水。恢复饮食时，先少量给予，避免消化不良。大动物和反刍动物通常在站立和意识恢复正常时，即可给予少量食物和水。除了胃肠道和口腔手术外，其他动物在术后24h内开始进食和饮水。

当患病动物准备出院时，应根据手术操作和兽医建议准备家庭护理说明书。出院时应与患病动物主人讨论该护理说明书。多数手术病例需要预约拆线，可由技术员或助理一起安排拆线时间。根据外科手术操作，拆线日期为术后 7～14d。要监测有无伤口感染或损伤的症状，并记录在病历中。发现切口异常时，报告兽医并安排检查时间。如果切口正常，用拆线剪拆除缝线（图 42-20）。拆线剪有一个刀刃，其末端有一个小的钩形，可放到缝线下方（图 42-21）切割缝线，然后捏住打结位置从皮肤轻轻拉出缝线。使用吻合钉缝合的病例要用起钉器拆除，起钉器与订书钉类似，将其放在吻合钉下方后挤压打开吻合钉，并轻轻移除。

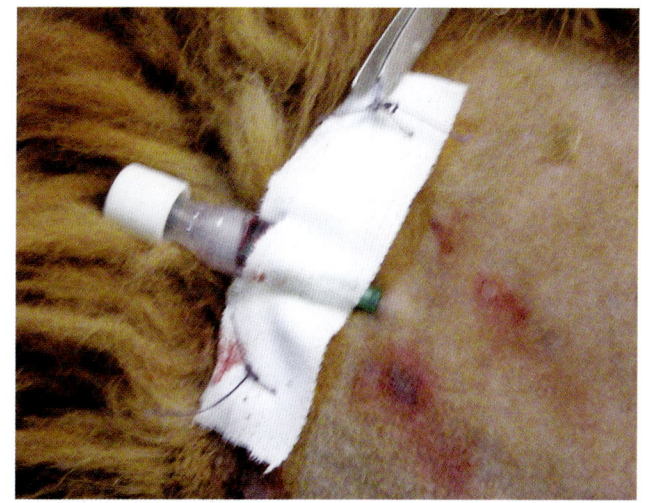

图 42-20　使用拆线剪拆除缝线

能力技巧

拆除缝线和吻合钉

目标：

正确拆除手术部位的缝线或吻合钉。

准备：

- 检查手套、拆线剪、蚊式止血钳、起钉器。

流程：

1. 戴好检查手套。
2. 检查切口部位有无感染或损伤的症状。
3. 尽量仔细检查伤口。
4. 将拆线剪剪刃放在线结下方，在线结和皮肤之间剪开缝线。
5. 用手指或蚊式止血钳牵拉并取出缝线。
6. 将起钉器放在吻合钉下方并挤压手柄。
7. 移除吻合钉并放入利器盒中。
8. 清理并消毒工作区域。
9. 消毒所有的器械。

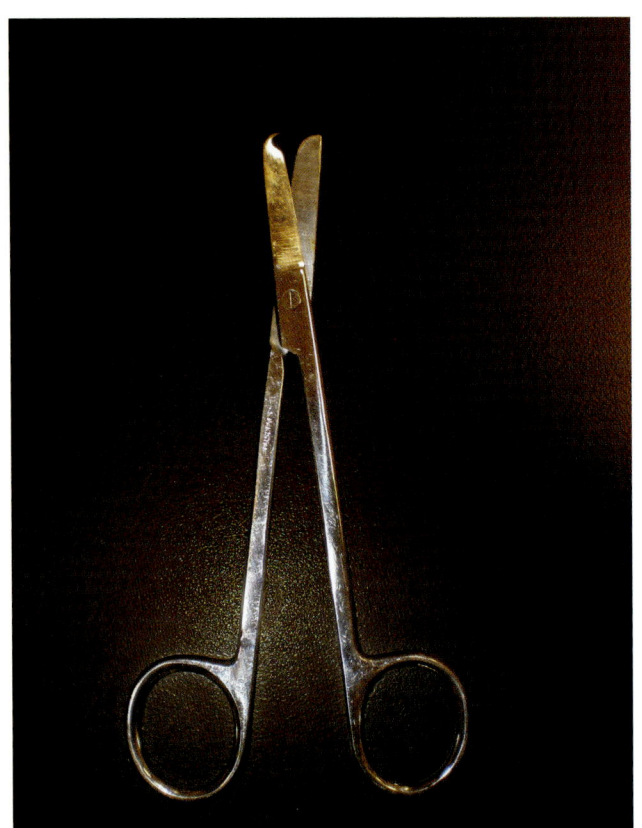

图 42-21 拆线剪

灭菌技术

手术包和手术器械最常用的灭菌方法是高压灭菌（图 42-22），不适用于由塑料、橡胶或其他可能熔化的材料制成的热敏材料。高压灭菌器有各种形状和尺寸。灭菌器内加热蒸馏水形成高温和高压，产生必要的热量以灭菌物品。蒸馏水是无菌水，在储水器内储存至水位线。不要使用自来水，因为会造成设备内的矿物质沉积，堵塞热源。温度越高，微生物的破坏就越快。高压迫使蒸汽进入到手术包内，灭活微生物。手术包不能太紧，因为这样会阻止蒸汽进入到所有位置。将手术包放在高压灭菌器内的托盘上。将手术包放灭菌器内，释放控制杆或按钮，使托盘下方的灭菌器内充满蒸馏水，关闭并密封高压灭菌器门。打开热源，设定温度。不同设备的温度设置和时间不一样。高压灭菌器上应张贴一张使用说明书，方便查阅不同材料的灭菌温度和设置。与烤箱类似，先开始预热循环。当高压灭菌器开始加热时，指示灯将亮起并会发出声音。设置定时器，循环正常运行。期间需要观察，有的机器需要调低温度。循环完成后会发出警报。此时应关闭机器，让压力下降。当压力降低到合适程度时，打开箱门使蒸汽排出。必须注意不要被蒸汽或设备烫伤。切勿让皮肤直接接触高压灭菌器。门应该保持部分开放，直到内容物冷却干燥。移出物品并妥善保存，关闭高压灭菌器门。

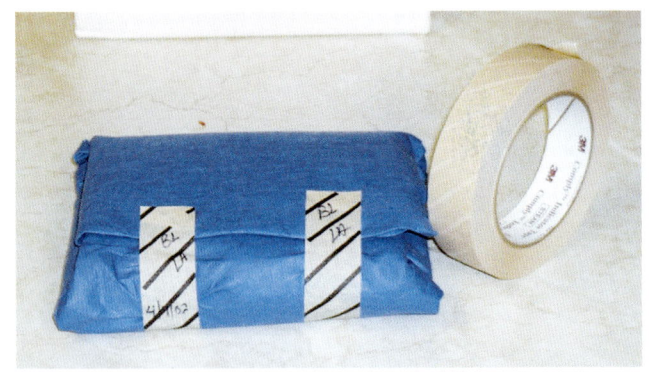

图 42-22 高压灭菌器（上）和高压灭菌胶带（下）

能力技巧

高压灭菌器的使用

目标：

从高压灭菌器内正确放入和取出进行灭菌的物品。

准备：

- 高压灭菌器、蒸馏水、手术包。

流程：

1. 向储水器内添加蒸馏水至水位线。
2. 关闭储水器。
3. 打开高压灭菌器的门。
4. 取出托盘。
5. 将待灭菌材料放到托盘上，避免塞满。
6. 将托盘放进灭菌器内。
7. 水箱装满水。
8. 关门。
9. 设置温度和计时器。
10. 预热。
11. 设置高压灭菌器循环的温度和时间。
12. 当计时器响时，关掉高压灭菌器，让其冷却。
13. 当压力下降时，打开部分门，让蒸汽逸出。
14. 让其内物品冷却干燥。
15. 打开高压灭菌器，将物品储存在合适区域。
16. 关门。

手术器械

兽医助理应能够识别常用的手术器械,知道如何清洁和维持器械的使用寿命,掌握器械的作用和使用方法。

清洁手术器械

每次手术后,需要清洗使用过的手术器械(图42-23)。手术产生的血渍、废物和其他碎屑,可能会堆积在器械内。如果没有正确的清洁、烘干或维护,金属器械可能会生锈。最好使用专门的器械清洁剂和蒸馏水,防止器械磨损退化,延长使用寿命。

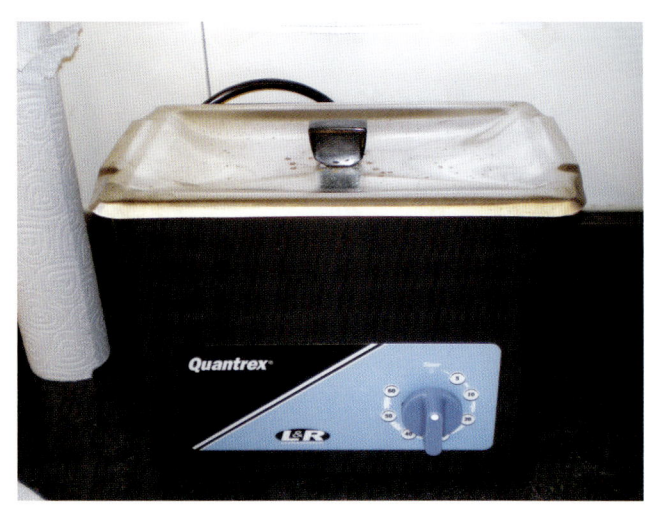

图 42-24 超声波清洗机

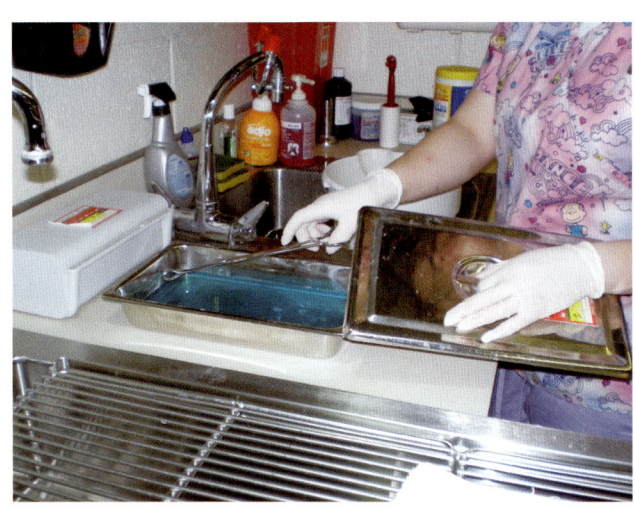

图 42-23 手术器械必须正确清洁

手术后立即将手术包内所有器械取出,浸泡在安全的器械消毒液中。不能让有机碎屑在器械上聚集变干。器械应浸泡至少10min,用钢丝刷手动刷洗干净。常用的器械消毒剂是洗必泰溶液和粉红色杀菌剂。手动清洁器械时要特别注意铰链处和缝隙处。机械清洗器械常用超声波清洗机(图42-24)。将器械放在清洗机内的钢丝篮里,内有消毒液。将器械打开并间隔放在钢丝篮中,完全浸没在消毒液中。接通清洗机电源并打开,振动和清洗至少5~10min。完成清洗循环后,用蒸馏水冲洗器械,之后彻底干燥。然后将它们浸入器械乳液溶液中30s。器械乳液是润滑剂,可保护器械防止生锈。自然干燥后,再将器械放入手术包中。

手术刀柄

手术刀柄小而扁平,其末端可装上刀片做手术切口(图42-25)。

图 42-25 手术刀柄

创巾钳

在手术过程中,创巾钳用于将手术创巾固定在患病动物皮肤上(图 42-26)。用创巾钳轻轻夹住动物皮肤和创巾的 4 个角。创巾钳尖端弯曲、锐利,有各种尺寸,带有锁扣(图 42-27)。偶尔也可用来夹持组织。最常见的是 Backhaus 创巾钳。手术包内应放置 4 把创巾钳。

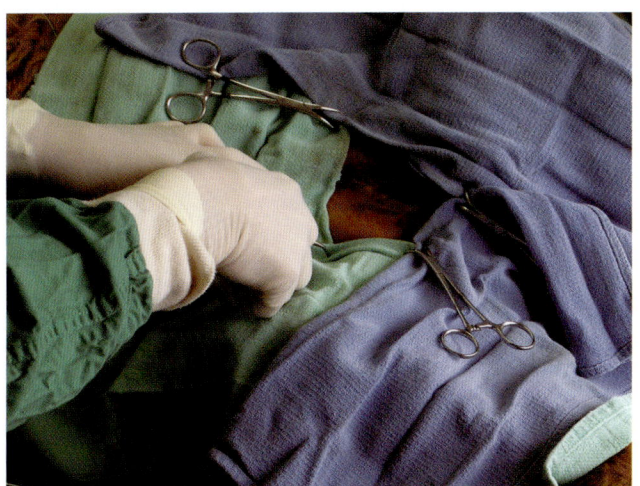

图 42-26 创巾钳的使用

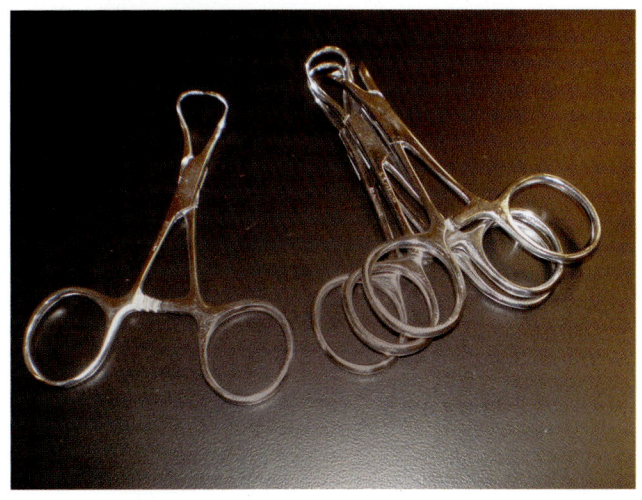

图 42-27 创巾钳

持针钳

在手术过程中,持针钳主要用于夹持缝针缝合组织。持针钳是铰链结构,固定到位再夹持缝针(图 42-28)。有些持针钳只有夹钳功能,有些还有剪刀功能。Mayo-Hegar 持针钳是具有轻微锥形钳口的重器械,只有夹持功能,没有切割的剪刃。Olsen-Hegar 持针钳不仅有固定钳口供夹持缝针,也有剪刀功能可剪开缝线(图 42-29)。缝合时必须注意不要将缝针从缝合材料上意外剪断。

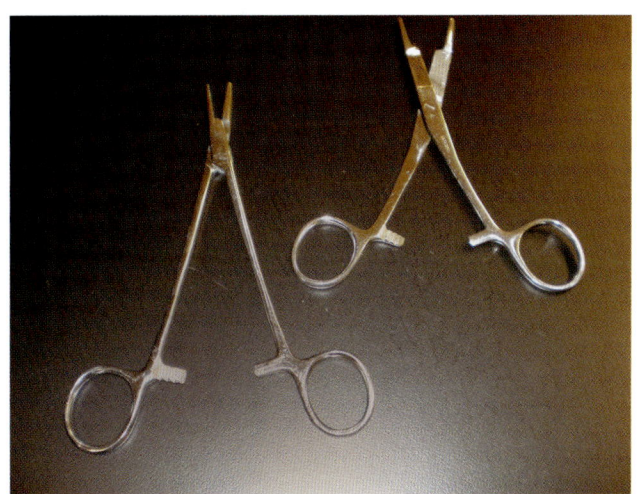

图 42-28 持针钳

图 42-29 Olsen-Hegar 持针钳的头部

组织镊

组织镊用于夹持组织,具有夹持组织的钩齿(图 42-30)。无齿镊用于夹持组织,其尖端没有钩齿,是光滑的平面。镊子有两个手柄,一端固定在一起,像弹簧一样开张和闭合。鼠齿镊有较大的钩齿,类似于老鼠的牙齿,可夹持大的厚的组织和皮肤(图 42-31)。Adson Brown 组织镊有几个细小的锯齿,可用于轻轻夹持脆弱的组织(图 42-32)。Allis 组织钳可固定和夹持内脏组织(图 42-33),它们有小的相互钳合的锯齿，用于夹持大肠组织、小肠组织和皮肤。锁止时，Allis组织钳的宽口可夹紧更厚的组织。Babcock组织钳也叫肠钳，比Allis组织钳创伤性小。这种组织钳具有宽而外展的末端，尖端平滑。可用于夹持脆弱的容易损伤的肠道和膀胱组织。海绵夹持钳可以是直的或弯曲的，用于夹持纱布块或其他吸收性材料以清理出血和其他碎屑（图42-34）。海绵夹持钳可具有平滑或锯齿状的边缘。

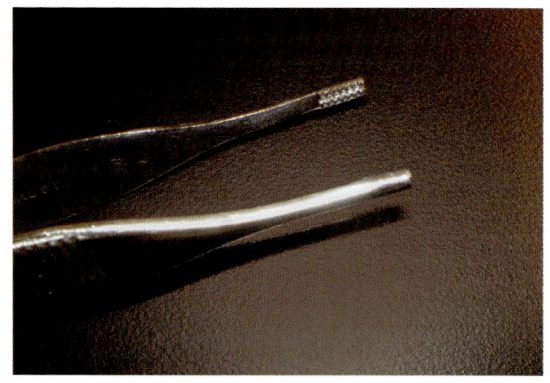

图42-32　Adson Brown组织镊

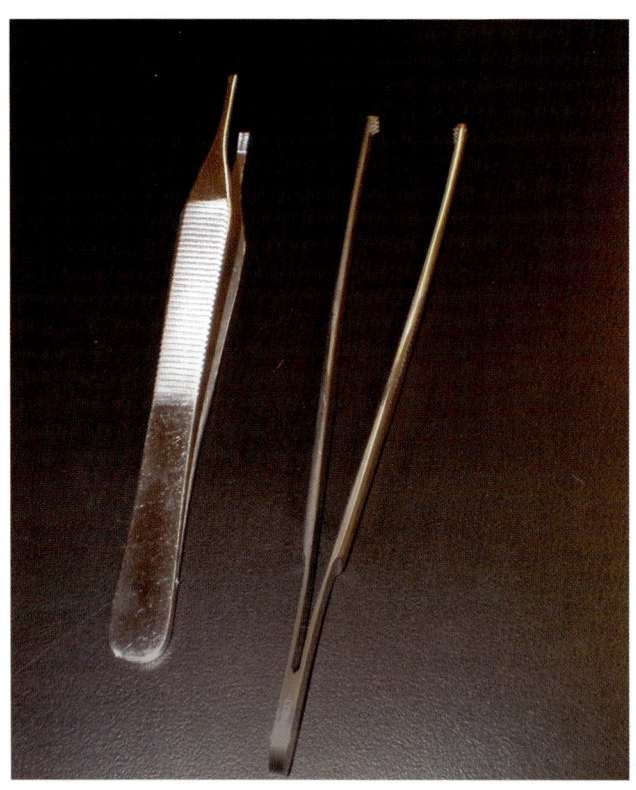

图42-30　组织镊

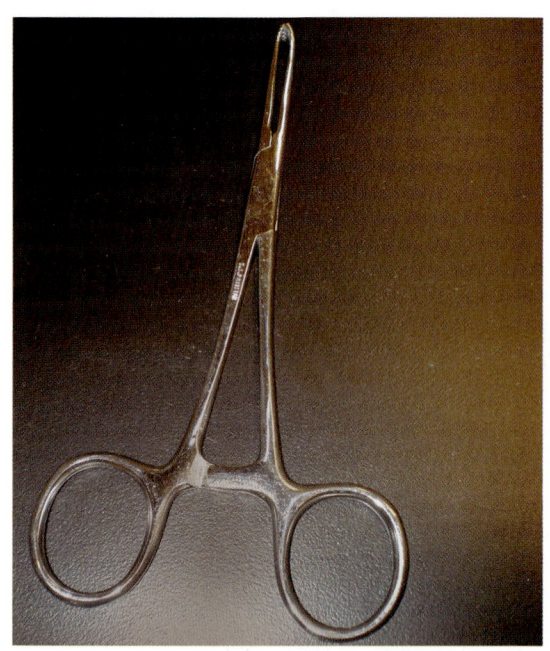

图42-33　Allis组织钳

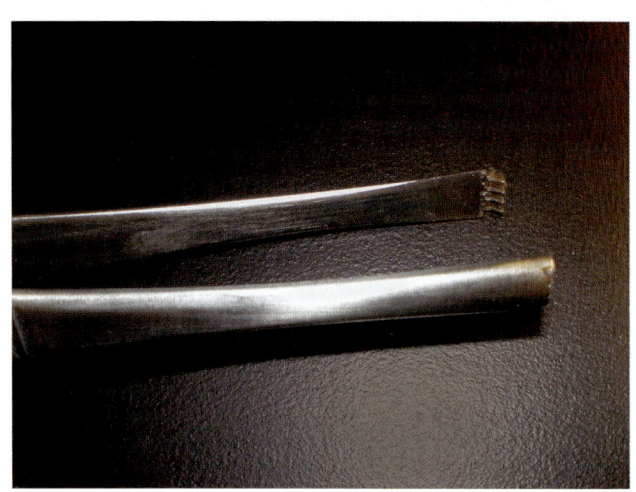

图42-31　鼠齿镊

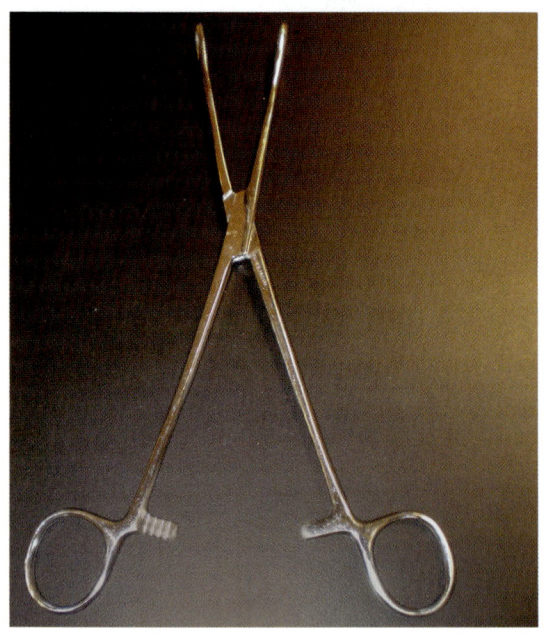

图42-34　海绵夹持钳

止血钳

止血钳是用于夹紧和止血的铰链式锁定器械（图 42-35）。止血钳可以是直头或弯头的。蚊式止血钳尺寸较小，尖端细小，可用于钳夹微小血管（图 42-36）。Kelly 止血钳尺寸较大，部分呈锯齿状，以更好地夹持血管（图 42-37）。Crile 止血钳与 Kelly 止血钳大小和形状相似，但 Crile 止血钳完全呈锯齿状。锯齿位于钳合的钳口内，并沿着钳刃垂直分布。Carmalt 止血钳比较重，用于绝育手术期间防止卵巢残端的滑脱。互相嵌合的钳口完全呈纵向分布的锯齿状。

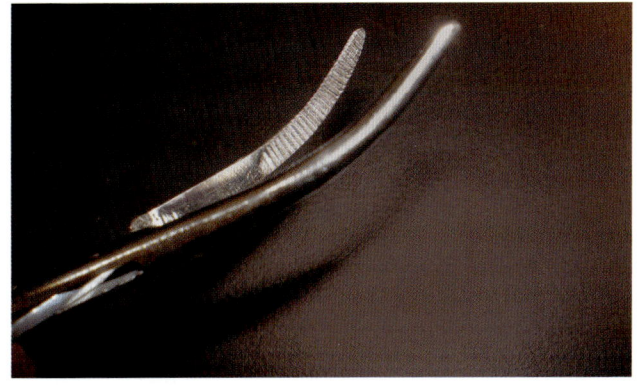

图 42-37　Kelly 止血钳

肠钳

肠钳主要用于腹部手术。Doyen 肠钳是具有纵向锯齿的无创性肠钳，可以夹持肠道血管和组织而不造成任何损伤，也可用于短时间阻断大血管血流。

手术剪

手术剪用于在手术过程中剪开组织，其末端为尖锐端或圆钝端，有直的或弯曲的剪刃。Mayo 剪主要用于剪开厚的组织和缝线（图 42-38）。该剪大小匀称，当放置在平坦表面上时，其向上的弯曲度不会接触到刀刃的末端。Metzenbaum 剪更精细，尺寸更薄，手柄长。主要用于剪开和分离精细的组织。拆线剪具有锐利的尖端，在一侧剪刃上有一个钩形凹槽，可放到缝线的下方剪断以拆除缝线。

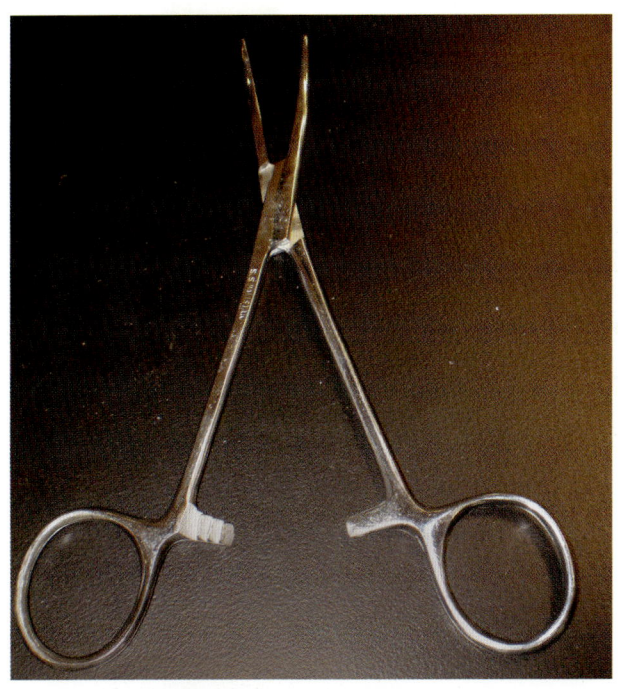

图 42-35　止血钳

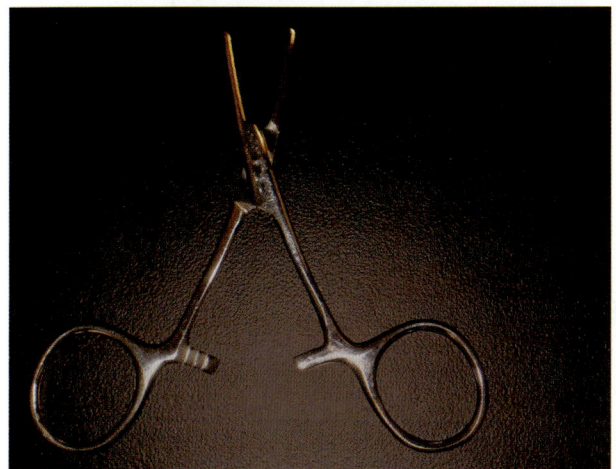

图 42-36　蚊式止血钳

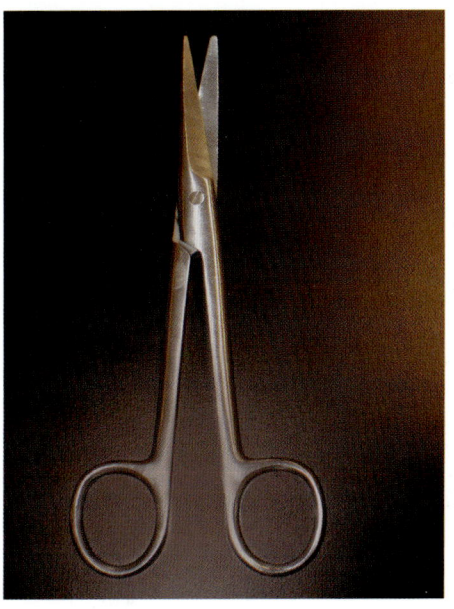

图 42-38　Mayo 手术剪

牵开器

牵开器可以是手持式或自锁式，可在手术过程中保持打开患病动物的体腔，方便进行探查。Senn 和 Holman 牵开器是手持式的。Senn 牵开器的每一端都有拉钩，看起来像手末端的手指，可能是锐利的或钝的。Holman 牵开器是扁平杠杆，其尖头的外观看起来像箭头一样（图 42-39）。该牵开器的手柄上有洞，通常用于骨科手术。自锁式牵开器包括 Weitlaner 和 Gelpi 牵开器。其末端将组织分开，可以更好地看到体腔内情况。Weitlaner 牵开器在棘轮端具有耙状齿，可以是钝的或锋利的（图 42-40）。Gelpi 牵开器的末端为锐利的尖端。

绝育拉钩

绝育拉钩用于定位小型雌性动物的子宫和子宫角，是一个长而薄的金属器械，末端有一个钩子（图 42-41）。

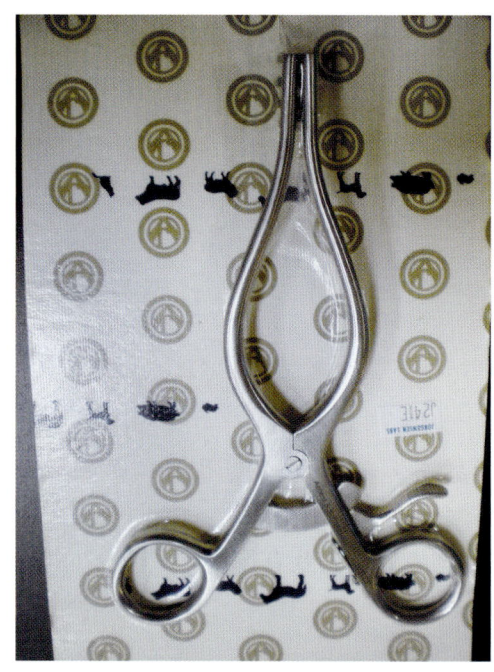

图 42-40　Weitlaner 牵开器

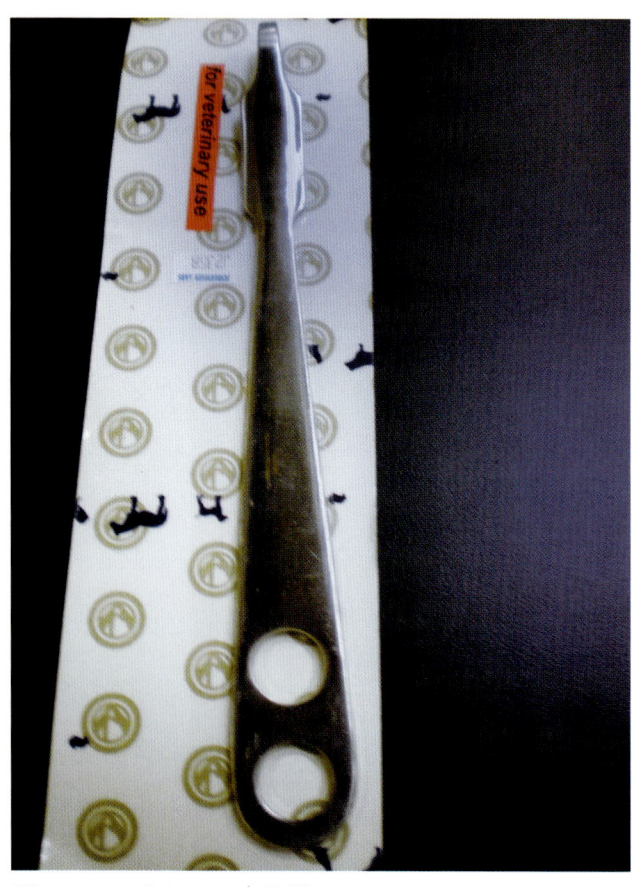

图 42-39　Holmann 牵开器

图 42-41　绝育拉钩

小结

手术辅助操作涉及许多方面。手术准备包括了解手术设备和器械的护理和维护、患病动物准备和护理、外科医生的准备和辅助、清洁和无菌的手术环境以及患病动物的术后护理。手术室内各方面的目标是保持无菌的环境，保护患病动物和兽医医疗护理团队。

复 习 题

1. 无菌术的重要性是什么？
2. 无菌手术区域的目的是什么？
3. 麻醉记录表中应记录什么项目？
4. 为什么要给予患病动物麻醉前药物？
5. 什么是气管插管？
6. 在何种指征下，兽医助理才能拔除气管插管？
7. 手术室内有什么生命体征监护设备？
8. 当在手术区域工作时，哪些物品必须是无菌的？
9. 手术包内有哪些物品？
10. 患病动物疼痛的症状有哪些？
11. 关于麻醉机，兽医助理应了解哪些因素？

临床案例

Sally 是在 Kitty Kat Klinic 手术室工作的兽医助理，与 Sprouse 医生一起工作。Sally 接受过打开手术包、准备手术监护仪和设备、清洁和消毒手术用品的训练。今天，Sally 发现她正准备打开的手术包内有一个小的破口，而且高压灭菌指示剂带颜色不是很深。

- Sally 应该做什么？
- 可能导致这些问题的原因有哪些？
- 将来怎么预防这些状况？

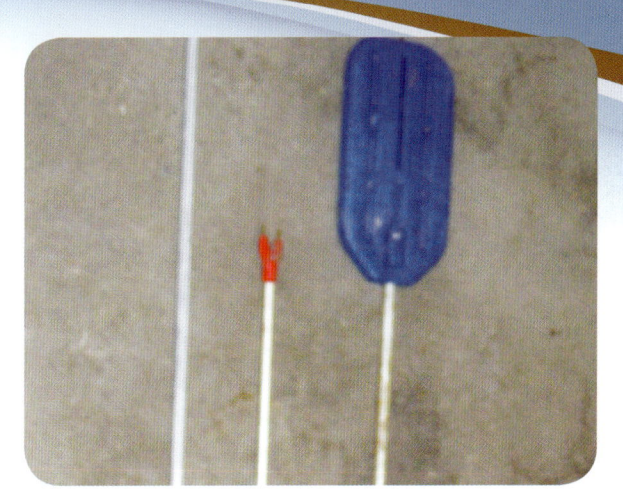